全国林业生态建设与治理模式

国家林业局　编

中国林业出版社

图书在版编目(CIP)数据

全国林业生态建设与治理模式/国家林业局编．－北京:中国林业出版社,2003.5
ISBN 7-5038-3366-1

Ⅰ.全…　Ⅱ.国…　Ⅲ.①林业-生态环境-研究-中国 ②造林-模式-研究-中国　Ⅳ.S723

中国版本图书馆 CIP 数据核字(2003)第 007807 号

策划编辑:徐小英
责任编辑:杨长峰　李　伟
封面设计:黄华强
设计制作:沈　江

出　版　中国林业出版社(100009　北京西城区刘海胡同 7 号)
E-mail:cfphz@public.bta.net.cn　电话:66162880
发　行　中国林业出版社
印　刷　北京林业大学印刷厂
版　次　2003 年 5 月第 1 版
印　次　2003 年 5 月第 1 次
开　本　889mm×1194mm　1/16
印　张　50.25　彩插:32 面
字　数　1405 千字
印　数　1～10 000 册

定　价　180.00 元

《全国林业生态建设与治理模式》

编辑委员会

《全国林业生态建设与治理模式》

编写组

主　　　　编： 祝列克

副　主　编： 魏殿生　赵良平　曹国江　赵廷宁

主要编写人员：（以姓氏笔画为序）

丁国栋　尹建中　尹忠东　方向京　王　贤　王建华　王英伟
王清彬　王福祥　王熠青　先开炳　孙　旭　孙保平　江　波
朱新飞　何友军　吴秀丽　张宇清　张国桢　张洪江　李　冰
李　达　李锡泉　李昌刚　李贵祥　杨大三　杨飞虎　杨建英
杨俊平　杨曙辉　邹恒芳　陈平平　岳金山　房　用　杭金建
罗伟祥　姚建成　祝列克　胡　永　赵廷宁　赵良平　郭拾显
郭宏忠　徐　龙　曹国江　高均凯　黄　永　曾宪芷　温　阳
董希文　慕长龙　熊善松　戴晟懋　魏殿生

各地编写人员：（以姓氏笔画为序）

丁　荣　于德胜　才让丹周　马　达　马安平　尹国平　方向京
王　珏　王　虹　王　琳　王　雷　王丰军　王从耕　王树良
王清彬　车生泉　邓鉴锋　冯学良　甘　露　先开炳　光增云
刘　茜　刘天柱　刘玉华　刘玉漭　刘克新　朱开宪　朱宪珍
江　波　衣汉玉　许东新　何全发　何友军　余本付　利继忠
吴云昌　吴学东　吴黎明　宋宪虎　张文斌　张功勋　张可新
张同伟　张启生　李　卫　李　勤　李　源　李锡泉　李广翘
李东平　李远坤　李岱一　李树民　李贵祥　李卓玲　李康庄
李儒法　杜士才　杨大三　杨伟志　杨学军　汪　荣　苏亚红
陆志星　陆献峰　陈再福　陈志银　陈晓萍　陈殿合　周长东
孟广涛　孟康敏　尚靖敏　房　用　杭金建　林福平　郑　亮
侯坤龙　姚国明　施英俊　洪利兴　赵建林　赵凌泉　倪修平
徐宏强　殷建强　耿养惠　袁其站　郭增江　高玉林　高玉峰
高建平　高智慧　崔培毅　曹美萍　黄荣来　傅　军　程慎重
董希文　蒋家成　蒋桂雄　谢英杰　韩克展　慕长龙　熊起明
缪　杰　蔡宝军　潘　辉　潘学东

其他参编人员： 齐　实　张维江　董　智　范建友　杨海龙　田　宇　李素燕
郑翠玲　曹子龙　周连兄　贾瑞燕　王晓东　祁有祥　王　庆
王多栋

地　图　编　绘： 史明昌　汪福学

插　图　编　绘： 曹　娟　徐　伟　周铁军　武烽东　张　庆　张晓晖　李一为
李世荣　陶学斌　曲大龙

序

生态环境是人类生存的基本条件，是社会经济发展的重要基础。当今世界正面临着森林资源减少、水土流失、土地沙化、环境污染、部分生物物种濒于灭绝等一系列生态危机，各种自然灾害频繁发生，严重威胁着人类生存和社会经济的可持续发展。保护森林、发展林业、改善环境、维护地球生态平衡，已成为全球环境问题的主题，越来越受到国际社会的普遍关注。

新中国成立以来，党和国家三代领导集体都高度重视林业建设，将保护和改善生态环境作为社会经济可持续发展和现代化建设的一项基本国策。建国 50 多年来，我国林业建设取得了举世瞩目的成就，森林覆盖率由建国初的 8.6% 提高到了 16.55%，为保护和改善生态环境，促进国民经济发展，提高人民生活水平做出了重大贡献。但是，从总体上看，由于承受着人口急剧膨胀的巨大压力，我国森林资源发展比较缓慢，现有森林资源总量不足、分布不均、结构不合理，难以满足国土生态安全的需求，严重制约了社会经济可持续发展和现代化建设。

世纪之交，党中央、国务院作出了实施可持续发展战略和西部大开发战略等一系列重大决策，批准实施《全国生态环境建设规划》，并将生态建设作为西部大开发的根本和切入点。明确提出在可持续发展战略中，应该赋予林业以重要地位；在生态建设中，应该赋予林业以首要地位。根据党中央、国务院的总体部署，国家林业局及时对林业生产力布局进行了重大调整，对原有林业重点工程进行了系统整合，确立了天然林资源保护工程、三北及长江流域等防护林体系建设工程、退耕还林工程、京津风沙源治理工程、野生动植物保护及自然保护区建设工程、速生丰产用材林基地建设工程等六大林业重点工程，以大工程带动大发展，实现林业跨越式发展。六大林业重点工程，得到国务院的批准并被整体列入《国民经济和社会发展第十个五年计划纲要》，这标志着六大林业重点工程已经从部门意志上升为国家意志，从行业工程扩展为社会工程。以六大工程的实施为标志，林业建设正在经历着由以木材生产为主向以生态建设为主、由以采伐天然林为主向以采伐人工林为主、由毁林开荒向退耕还林、由无偿使用森林生态效益向有偿使用森林生态效益、由部门办林业向全社会办林业这五个方面的历史性转变。这一历史性转变，意义重大，影响深远，将谱写我国林业建设的新篇章，林业建设将由此进入一个新的历史发展阶段。

林业建设是一项长期、艰巨、复杂、庞大的系统工程。六大林业重点工程建设投资之巨、规模之大、覆盖面之广都是空前的，在世界上也是绝无仅有的。经过多年的努力，一些自然条件较好、植被恢复比较容易的地方已基本得到了治理。目前，六大林业重点工程建设区大部分是干旱少雨、风沙严重、水土流失强烈、立地条件差的难治理区域，生态环境极为脆弱，是今后我国林业生态建设的重点和难点。如何突破严酷的自然条件限制，确保工程建设质量和成效，已受到全社会的普遍关注。多年来，广大基层干部群众和科技工作者在生产实践和科技攻关中，尊重自然规律、经济规律和社会规律，积极探索，不断完善，研究总结出一大批针对性、综合性很强的生态建设与治理模式，卓有成效地推动了各地的林业建设。2000 年初，国家林业局组织编写了

《西部地区林业生态建设与治理模式》，在全国引起了较大的社会反响，各地相继出现了“模式热”，研究探索、总结推广模式在林业建设中已蔚然成风。为稳步推进六大林业重点工程建设，提高工程建设成效，我局又发动全国31个省（自治区、直辖市）林业部门，组织数百名林业专家，深入调查、总结挖掘，经过两年多深入细致的工作，系统归纳和整理出500多个适合不同类型区域、不同治理重点的林业生态建设与治理模式。这些模式是科技创新的成果、生产实践的总结、集体智慧的结晶，凝聚着几代务林人的心血，集中反映了当前我国不同地区林业生态建设与治理的方向和重点，基本能够满足当前各地开展生态建设的急迫需求。

《全国林业生态建设与治理模式》是一本很实用的资料工具书，是林业生态建设者的必备手册。我相信，《全国林业生态建设与治理模式》必将对指导各地开展生态建设起到积极的促进作用。同时，我还希望林业系统的广大干部职工和科技人员积极深入林业生态建设的第一线，不断创造和总结出更多、更有效的模式，在生产实践中推广运用，为推进六大林业重点工程建设，加快林业生态建设与治理的步伐，早日实现山川秀美的宏伟目标做出更大的贡献。

周生贤

2002年5月8日

前 言

改善生态环境，促进人与自然的协调与和谐，努力开创生产发展、生活富裕和生态良好的文明发展道路，既是中国实现可持续发展的重大使命，也是新时期林业建设的重大使命。在这个重要历史进程中，林业的地位和作用发生了根本性的变化，正处在一个十分关键的转折时期。国家林业局根据国家生态建设的总体部署和要求，对林业生产力布局进行了系统整合，经国务院批准，先后启动实施了天然林资源保护、三北及长江流域等防护林体系建设工程、退耕还林工程、京津风沙源治理工程、野生动植物保护及自然保护区建设工程、速生丰产用材林基地建设工程等六大林业重点工程。六大工程的实施，标志着我国的林业建设进入了一个由以木材生产为主向以生态建设为主转变的新阶段。

六大工程是林业跨越式发展的载体，是根本改变林业落后面貌的龙头工程，是今后一个时期林业建设的战略重点和主战场。按照规划，六大工程覆盖了全国97%以上的县，工程规模之大、覆盖面之广、投资之巨，均属前所未有，为全世界所瞩目。特别是随着六大工程建设不断向纵深发展，全社会关心林业、支持林业、参与林业建设的大环境、大气候正在形成，林业真正进入了一个蓬勃发展的快车道。但是，我们要清醒地认识到，六大工程建设任务重、难度大，工程建设的质量问题已为各级林业主管部门和全社会关注的焦点，如果工程质量上不去，即使完成了规划的营造林任务，工程建设目标也无法最终实现，将会给国家造成巨大的人力、物力和财力浪费。如何提高工程建设质量，如何提高林业生态建设与治理的成效，是摆在我们面前的一个重大课题。

众所周知，林业生态建设与治理是一个系统工程，涉及到现有植被保护、恢复、建设等多个方面，涉及到农业、水利、环境保护等多个学科。导致我国生态破坏的原因十分复杂，除了全球气候变化等自然因素外，不合理人为活动造成的森林植被破坏是主要原因之一。我国森林植被总量不足、分布不均、质量不高，水土流失、风沙危害严重，自然灾害频繁。因此，实施六大工程，开展林业生态建设与治理，必须要标本兼治，坚持以生物措施为主，生物措施、工程措施、农耕措施相结合，实行综合治理。要保护和恢复林草植被，提高林草覆被率，改善森林质量，建设一个结构合理、功能稳定的以森林为主体的陆地生态体系，才能减少风沙危害，控制水土流失，保护和恢复生物多样性，改善人类的生存条件，创造一个人与自然协调发展的良好生态环境，促进经济社会的可持续发展。

建国以来，全国广大各族人民一直致力于林业生态建设。仅第一个五年计划期间，全国就完成造林21 090万亩。特别是改革开放以来，以三北、长江中上游、沿海防护林等林业生态工程建设为标志，林业生态建设的步伐不断加快。世纪之交，国家又启动实施了六大林业重点工程。多年来，广大基层干部、群众和科技工作者，在实施林业生态工程、开展生态建设工作中，充分运用各种先进的科技成果和传统的实用技术，不断探索和总结，创造了一大批生态建设与治理模式，涌现出一大批生态建设的先进典型。这些模式与典型在生态建设与治理的实践中已发挥出巨大的作用，一些典型模式区，通过多年坚持不懈的努力，有的地区生态环境已得到了初步改善，有的地区已初步实现了山川秀美的宏伟目标，为全方位指导和支撑全国各地开展林业生态建设与治理提供了鲜活的经验和建设路子。

为此，我们组织各省（自治区、直辖市）林业（农林）厅（局）以及新疆生产建设兵团、黑龙江森工集团等单位，历经两年多的时间编写了《全国林业生态建设与治理模式》一书。在本书编写过程中，我们紧密联系当前的林业生态建设实际，重点把握了以下几个方面：一是比较科学地区划了林业生态建设区域。为了使模式的总结和推广具有较强的针对性，在系统分析全国自然特点、生态问题、区域布局及林业生态建设总体布局的基础上，基本以县级行政区划为单元，将全国国土范围划分为 8 个林业生态建设区域、40 个类型区和 154 个亚区。二是精心选择模式，突出综合性，力求实用性。各地系统总结了建国以来林业生态建设的成功经验，共收集到 700 多个模式资料，结合当前我国林业生态建设及六大林业重点工程建设的需要，结合不同区域不同自然社会经济条件下生态环境建设的需要，按照因地制宜、分类指导的原则，把林业建设置于生态建设的全局进行总体把握，把林业措施与农耕措施、工程措施及其他措施紧密结合，突出模式的综合性，突破了以往单纯的造林模式的局限。充分考虑国家和地方财力的可能，考虑到各地林业生态建设的实际状况，力求经济实用，便于推广，易于操作。据此，我们共遴选、总结出 545 个模式，基本概括了除台湾省、港澳地区和南海诸岛以外的陆地区域林业生态建设与治理的主要模式类型。三是注重应用和推广先进实用技术。在模式总结中，我们突出了治理的关键技术和措施要点，将最先进集水、节水技术，林种、树种选择及其配置技术，造林技术，以及当前已取得的各项国家林业生态建设重大科技攻关课题技术成果和实用技术纳入到模式中进行组装配套，全面提高模式的科技含量。四是精心绘制了模式图和部分配发了模式照片。为了增强模式的直观性与可读性，我们组织基层同志与专业绘图专家一起精心编绘了 320 多幅模式图，尽量做到一个模式一幅图，图文并茂。五是充分考虑满足不同层次读者的需求。本着深入浅出、理论性与实用性兼顾的原则，在编写体例上，各篇、章、节分别按照区域、类型区、亚区展开，并根据各亚区的林业生态建设与治理的特点组织、安排模式。在编写每个模式时，尽可能按照“立地条件特征、治理技术思路、技术要点及配套措施、模式成效、适宜推广区域”这五个方面的内容要求进行论述，言简意赅，通俗易懂，能满足各级党政领导和广大干部的需要，满足各方面专家、学者及各级林业技术干部和科技人员的需要，满足基层广大群众开展林业生态建设的需要，力争使本书真正成为一本林业生态建设与治理的宣传书、教科书、工具书和科普读物，成为指导基层开展林业生态建设的技术理论著作。

两年多来，从资料的收集到编撰成书，林业系统组织了数百名专家以不同的方式参与了本项工作。其中既有两院院士、大专院校科研院所的专家教授，又有生产建设单位的领导和管理人员，基层生产第一线的年轻的技术骨干和生产者，还有已经离退休的老专家，涉及林学、林业工程学、农学、生态学、环境学、生物学、经济学和社会学等 20 多个学科。无须赘言，《全国林业生态建设与治理模式》是我国林业生态建设成功经验的总结，是广大干部群众和科技工作者多年来在造林绿化、科研攻关、生态治理的实践中探索总结出来的，凝聚着几代人的心血，是集体智慧的结晶。全书共分 9 篇、40 章，总计 140 多万字，是我国第一部系统、综合反映全国林业生态建设与治理模式的处女作。但由于总结、编写任务的复杂与繁重，加之工作时间紧，可能会有一些好的模式没有总结收录进来。同时，受编者理论、技术水平的限制，特别是对我国辽阔疆域的自然与社会经济条件、生态环境问题、林业生态建设方向与技术了解得不全不深，不足之处，在所难免，敬请广大读者斧正。各地在推广与借鉴模式时要密切结合当地的自然和社会经济等实际情况，充分发挥灵活性和创造性，不必生搬硬套。我们相信，随着林业生态建设工作的开展，一定会涌现出更多更好的模式，书中收录的模式也会得到进一步验证、完善、充实和丰富。

在本书的编写过程中，国家林业局植树造林司赵良平副司长、国家林业局办公室曹国江副主任和北京林业大学赵廷宁教授负责了全书的总策划和总统稿工作，北京林业大学水土保持学院承担了大量的具体编写工作。此外，编写中还得到了中国工程院资深院士、北京林业大学关君蔚教授，中国科学院院士、中国林业科学研究院蒋有绪研究员，国务院参事、中国林业科学研究院盛炜彤研究员，中国科学院原黄土高原综合考察队队长张有实研究员，国家林业局防治荒漠化管理中心杨维西总工程师，国家林业局林业调查规划设计院原副院长徐孝庆研究员，中国科学院石家庄农业现代化研究所常务副所长田魁祥研究员，以及北京林业大学副校长尹伟伦教授与罗菊春教授、周心澄教授、孙保平教授、亢新刚教授等的指导和大力支持，在此特致敬谢忱。

编　者

2002 年 8 月

目 录

第3篇 长江上游区域（B）林业生态建设与治理模式

第 4 篇　三北区域（C）林业生态建设与治理模式

第 5 篇　东北区域（D）林业生态建设与治理模式

第6篇　北方区域（E）林业生态建设与治理模式

第7篇 南方区域（F）林业生态建设与治理模式

第 8 篇 东南沿海及热带区域（G）林业生态建设与治理模式

第 9 篇 青藏高原区域（H）林业生态建设与治理模式

第1篇

全国林业生态建设与治理区划

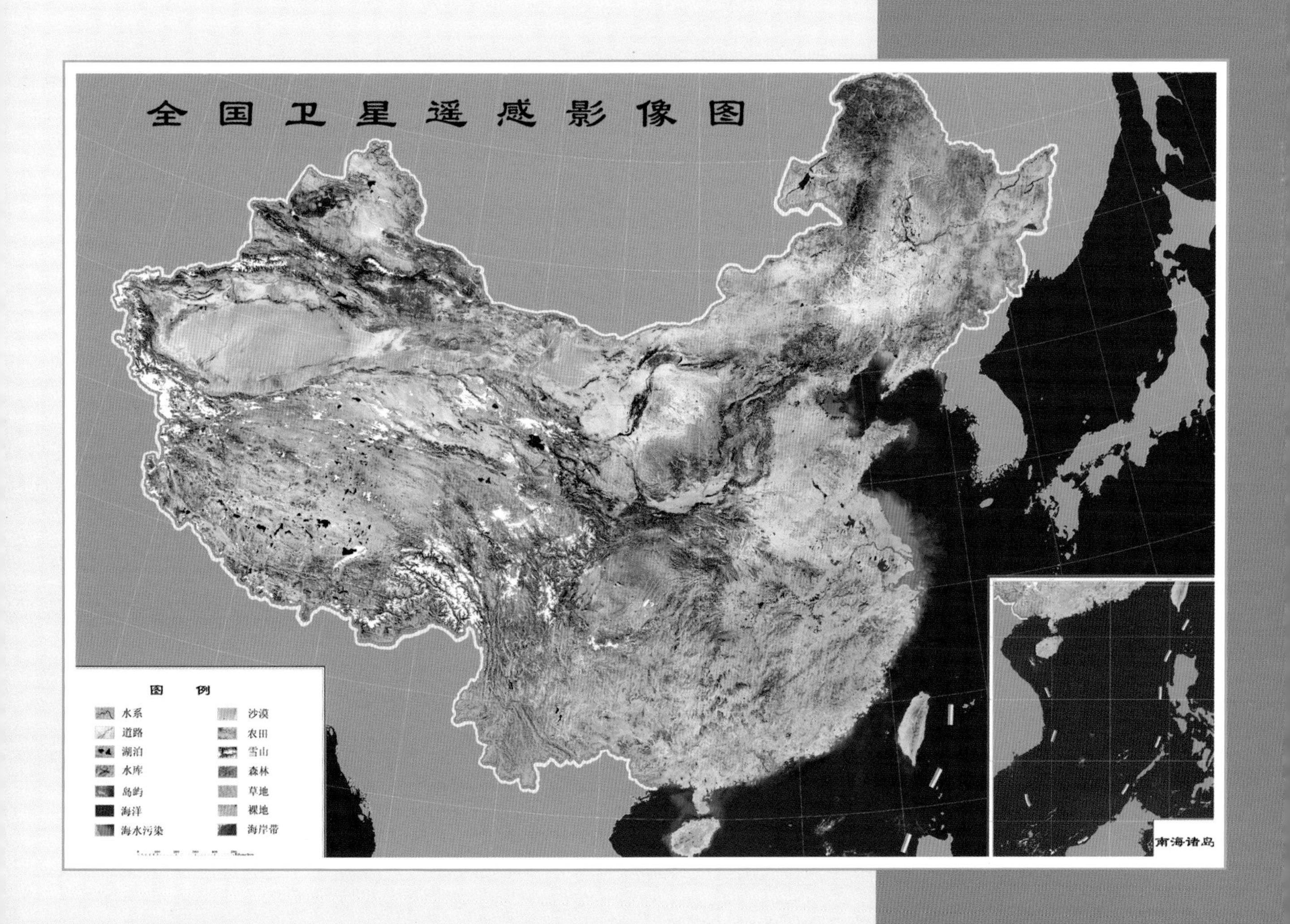

全国林业生态建设与治理区域分布图

图例

- 国界
- 未定国界
- 省界
- 湖泊
- 河流
- 三北区域
- 东北区域
- 北方区域
- 南方区域
- 青藏高原区域
- 长江上游区域
- 黄河上中游区域
- 东南沿海及热带区域

比例尺：1:25000000

本图中国国界线系按照中国地图出版社1989年出版的1:400万《中华人民共和国地形图》绘制

① 塔吉克斯坦 ② 乌兹别克斯坦 ③ 泰国 ④ 台湾资料暂缺

概　述

环境一般是指人类周围的空间范围以及空间范围对人类生活和发展直接或间接产生影响的各种因素的总和。随着人类社会生产力的发展，这种空间范围正在迅速拓展，各种因素也在不断地发生变化。生态环境是指与人类生存、发展密切相关的水资源、土地资源、生物资源、气候资源以及其他资源的数量、质量及其相互关系的状态，实质为一受人类社会活动影响的自然或自然-社会综合体。在人类利用和改造自然、繁衍和发展自身的过程中，由于对自然环境的破坏和污染，逐渐导致和产生了一系列日益危害人类生存与发展的负反馈效应，即环境问题。目前，城镇、工业区等区域面临的环境问题主要是由于人口激增带来的水资源短缺和因工业生产、交通运输和生活排放的有毒有害物质而引起的污染；而广大农村主要面临的是由于不合理开发利用自然资源而引起的植被破坏、水土流失、土地沙化、生物多样性下降、生态失调、生物量急剧下降、自然灾害频繁等生态环境的破坏问题。城镇与农村的环境问题相互影响并复合、扩大，从而造成更大的危害。目前，人类面临的全球性环境问题主要有：气候变化、臭氧层破坏、大气污染物越界传输和酸雨、淡水资源短缺和水质污染、海洋污染、土地退化与荒漠化、森林面积锐减、生物多样性降低、危险废弃物和有毒化学品的扩散等。

生态建设是指遵循生态系统理论、系统工程理论、可持续发展等理论，运用生物、物理、化学、管理及其他等相关学科的理论与技术，通过林业、水利、农业等综合措施对脆弱生态环境和退化生态环境进行保护、治理、恢复与重建的工作。林业生态建设是以保护和改善陆地生态环境为目标，以规范和管理人类对以木本植物为主的森林植被的开发利用活动为基础，采用保护、抚育、培育等一系列综合措施，恢复和扩大森林植被，优化森林植被的布局与结构，增强森林植被的生态功能，改善生态环境，最终保障实现人类与环境协调发展的一系列林业生产活动。森林植被是在一定地质、地貌、地形背景下气候、土壤等生态因素长期作用下的产物，每一种植被类型、每一种植物都有其独特的生物生态学特性，都有其一定的适生范围或生态阈值，人类活动的影响如果超过这个范围，生态系统便会逆行演替，严重者甚至不能被修复。我国疆域辽阔，生境类型丰富多样，林业生态建设必须以区划和立地条件类型划分为基础，通过分区揭示不同区域存在的主要生态环境问题，揭示综合自然条件中对开展林业生态建设的有利因素和不利因素，进而因地制宜、有的放矢地提出保护、建设、改造与利用的途径和对策。

一、自然区划及生态区划

现代自然区划的研究源于19世纪初，德国地理学家洪堡德首创了世界温度等值线图，指出气候不仅受纬度影响，而且与海拔高度、距海远近及风向等因素有关，并把气候与植被的分布有机地结合起来。霍迈尔为自然区划设计了4级地理单元，即大区域、区域、地区和小区。1898年，梅瑞姆对美国的生命带和农作物带进行了详细的划分。1899年俄国地理学家道库恰也夫发表自然地带学说，指出“气候、植物和动物在地球表面上的分布，皆按一定的严密顺序，由北向南有规律地排列着，因而可将地球表面分成若干个带”。1905年，英国生态学家荷勃特逊对全球的各主要自然区域单元进行了区划，并论述了进行全球生态区域划分的必要性。1935年英国生态学家坦斯勒提出并发表生态系统概念后，生态系统逐渐成为区划的主要对象之一。1976年美国生态学家贝利根据“区划是以区域空间关系为基础，组合自然单元的过程”的思想，从生态系统的视点出发，提出了美国生态区域划分的等级系统，按地域、区、省和地段4个等级进行划分，编绘了美国生态区域图，并引导各国的生态学家对生态区划的原则、依据以及区划的指标、等级和方法等进行了大量的研究和讨论，开创了生态区划的先河。随着人类对全球及区域生态系统类型及其生态过程认识的不断深入，国外的生态学家开始广泛应用生态区划与生态制图的方法与成果，阐明生态系统对全球变化的响应，分析区域生态环境问题形成的原因和机制，并进一步对生态环境和生态资产进行综合评价，为区域资源的开发利用、生物多样性保护，以及可持续发展战略的制订等提供科学的理论依据。

我国是世界上开展自然区划最早的国家之一，公元前五世纪的《尚书·禹贡》中就有关于地理区划的记载。但我国现代的自然区划工作实际上始于20世纪上半叶。竺可桢于1931年发表的《中国气候区域论》提出了适用于我国的气候分区标准，第一次将全国划分为华南、华中、华北、东北、云南高原、草原、西藏和新疆8个大区，标志着我国现代自然区划工作的开始；黄秉维于20世纪40年代初首次对我国的植被区划进行研究，所著《中国之植物区域》成为我国最早的植被区划论著；同期，罗士培、葛德石、李长傅、洪思齐、王益崖、斯坦普、李四光、冯绳武、李旭旦等中外学者也先后涉足了中国的综合自然区划工作。1954年，原林业部林业区划研究组编写的《全国林业区划草案》将全国分为18个林区。之后，在20世纪的50～60年代，国家及全国各地普遍开展自然资源综合考察，积累了全面系统的相关科学资料，为自然地域分异规律、综合自然区划和区域自然地理等方面的研究奠定了坚实的基础，并以此为基础对各自然要素和综合自然地理进行了大量的区划工作，提出了一系列符合中国国情的区划原则、指标体系和区划方案，初步形成了我国的自然区划学科体系。1954年，林超等根据地形构造将全国划分为4个部分，然后依气候状况划分为10个大地区，再按地形划分为31个地区和105个亚地区，拟订了全国综合自然地理区划；1956年，罗开富主编的《中国自然地理区划草案》，以景观作为区划对象，以植被和土壤为标志，考虑地形、气候及其对景观的影响，将我国划分为7个基本区和23个副区；1956年，黄秉维主编完成的《中国综合自然区划（初稿）》以为农、林、牧、水等行业服务为目标，拟订了具有中国特点又便于与国外相比较的区划原则和方法，遵循地带性原则对全国进行了区划，对我国的农、林、牧、水、交通运输及国防等领域产生了较大影响。1961年，任美锷等依据自然条件差异的主要矛盾及利用改造的不同方向，将全国划分为8个自然区、23个自然地区、65个自然省。1963年，侯学煜等按照热量将全国分为温带、暖温带、半亚热带、亚热带和半热带等6个带及青藏高原1个区域，再根据水热状况分成29个自然区，形成了为农、林、牧、副、渔业发展服务的自然区划，目的明确、实用。1983年，赵松乔为《中国自然地理·总论》的区域部分设计了一个新方案，将全国划分为3大自然区、7个自然地区和33个自然区。1984年，席承藩等为满足当时规划和指导农业生产的需要而完成的《中国自然区划概要》，将全国划分为3大自然区域、14个自然带和44个自然区，重点论述了各自然区的自然特点、农业现状、生产潜力和发展方向等。1979年，根据全国农业区划委员会的部署，林业部组织全国林业部门分国家、省（自治区、直辖市）、县（旗）三级开展林业区划工作，在1987年出版的《中国林业区划》中将全国划分为8大区域、50个类型区，1988年出版的《中国森林立地分类》以林业区划成果为基础，进一步将全国细分为190个亚区。1988年，侯学煜根据生态系统理论将全国划分为20个自然生态区，并将部分生态区再细分为若干区，重点阐述各自然生态区的大农业发展方针。同期，任美锷组织南京大学、北京师范大学等高校地理系，研究编写了《中国自然区域及开发整治》，系统论述自然地理区划的划分原则、方法与区划方案，将全国分为8个自然区、30个自然亚区和71个自然小区，按自然区阐明资源利用与环境整治问题。进入20世纪90年代，自然区划和生态区划工作开始关注人为活动对生态环境的影响，并在区划中开始引入人为活动影响因子。1998年以来，傅伯杰等先后发表了《中国生态区划的目的、任务及特点》、《中国生态区划方案》等一系列文章，从生态地域、生态资产、生态胁迫过程以及生态敏感性区划等4个方面入手，对全国的生态环境进行了综合区划，共划分出3个生态大区、13个生态地区和57个生态区。1999年，赵跃龙对我国的脆弱生态环境类型分布及典型治理模式也进行了研究、总结。

二、全国林业生态建设与治理区划方案

（一）区划范围

根据全国林业生态建设的现状以及总结、推广林业生态建设与治理模式的需要，确定将我国大陆及其近陆岛屿作为区划范围。对于台湾省以及香港、澳门特别行政区，由于掌握的资料有限，我们只是将其列入东南沿海及热带区域，而并不再区分类型区和亚区。对于东南沿海及热带区域内的南海诸岛，因为人为活动对岛内生态环境的影响较小，因而也只是将其划入海南岛及南海诸岛类型区，不再划分南海诸岛亚区。

（二）区划目标

中国国土辽阔，自然条件、生态环境差异较大，区域间社会经济发展也不平衡。长期以来，由于不合理的经济活动和对资源的不合理开发，已导致各类生态系统逐步退化，区域生态环境不断恶化，许多生态环境问题已成为制约我国社会经济可持续发展的重要障碍。林业生态建设与治理区划是编制区域林业发展规划、制订林业生态建设与治理方略的基础，是区域资源开发与保护、防灾减灾、改善生态环境的重要依据。因此，如何从区域的自然资源与生态环境特征出发，制定符合当地实际情况的保护、建设生态环境的策略或规划，实现环境、社会、经济的协调与可持续发展，已经成为生态环境建设的首要任务。

林业生态建设与治理区划必须要紧紧围绕全国生态环境建设的总体布局。由国家计委组织农业、林业、水利部门起草，经国务院常务会议讨论通过并于1998年11月7日印发的《全国生态环境建设规划》，根据我国大陆及近陆岛屿的自然、社会、经济以及生态环境现状，同时参照全国土地、农业、林业、水土保持、自然保护区等规划和区划成果，将全国划分为黄河中上游地区、长江中上游地区、三北风沙综合防治区、南方丘陵红壤区、北方土石山区、东北黑土漫岗区、青藏高原冻融区以及草原区等，提出了各类型区域生态环境建设的主攻方向和建设重点，规

划、部署了优先实施的重点地区和重点工程，是指导全国生态环境建设的纲领性文件。因此，全国林业生态建设与治理区划，必须在《全国生态环境建设规划》的指导下进行，并配合和服务于全国生态环境建设。

林业生态建设与治理区划必须紧紧围绕林业跨越式发展战略目标的实现，为六大林业重点工程建设服务。1978年以来，我国相继启动并实施了三北防护林体系建设工程、长江中上游防护林体系建设工程、沿海防护林体系建设工程、平原绿化、太行山绿化工程、防沙治沙工程、黄河中游防护林体系建设工程、珠江流域防护林体系建设工程、辽河流域防护林体系建设工程、淮河太湖流域防护林体系建设工程等林业生态建设工程。进入21世纪，国家林业局根据国家生态环境建设的总体部署，确立了以大工程带动大发展，实现林业跨越式发展的新时期林业工作的基本思路，并对全国林业生产建设布局进行了科学调整，将原来的林业生态建设工程系统整合为天然林资源保护工程，三北及长江流域等防护林体系建设工程，退耕还林工程，京津风沙源治理工程，野生动植物保护及自然保护区建设工程，速生丰产用材林基地建设工程等六大林业重点工程。六大林业重点工程覆盖了我国97%以上的县，是今后我国林业生态建设的主战场。因此，全国林业生态建设与治理区划必须充分考虑六大林业重点工程的总体布局，为六大林业重点工程建设服务，为制订工程建设思路和策略，为组织实施工程提供技术支撑。

科学地区划林业生态建设与治理区，有利于有针对性地总结、提炼和推广林业生态建设与治理模式。经过几十年的不断探索和实践，广大科技工作者和人民群众创造出一大批类型多样、成效显著的林业生态建设与治理模式。这些模式都是根据不同区域、不同立地条件下存在的主要生态问题而得出的不同的建设思路和技术措施，针对性、系统性强。科学的区划可使模式的总结、推广做到因地制宜、有的放矢，使林业生态建设与治理实现分区域分类指导，进而推进六大林业重点工程建设的进程，提高工程建设成就，加快全国生态环境建设的步伐。

（三）区划原则

1. 地带性和非地带性原则

生态环境由光、热、气、水、植被、土地等各种自然要素构成。上述要素均随经纬度、海拔高度、与海洋的距离等呈现规律性变化，亦即地带性变化规律。同时，这些要素也受地形、地貌等的影响，表现出一种非地带性的变化规律。在地带性、非地带性规律的综合作用下，诸多生态环境因素组合成种类丰富的生态环境类型。因此，进行林业生态建设与治理区划，需要对构成生态环境的诸多要素、结构特征和自然地理过程等加以辨证分析，充分认识不同区域的主要特征、综合特征及其区域差异和分布规律，充分反映他们之间的因果关系，并据以选择各级区划的主导因子并进行区划。因此，较高级区划单元的划分主要根据主导生态因子的地带性变化规律，较低一级区划单元的划分主要依据中小地貌单元影响下形成的非地带性变化规律。

2. 综合性原则

生态环境是一自然或自然-社会综合体，生态环境的状况与质量受到许多因素的影响，特别是在人类社会生产力高速发展的背景下日益受到人类持续高强度活动的影响。任何区划单位都是由各个自然地理成分和区域单位内的部分所组成，是一个统一的整体。因此，区划时必须全面分析区域单位的所有成分、状态和变化过程，从构成、过程、状况三个方面综合考察区划单元间的相似性和差异性，考虑得愈全面才能把矛盾揭露的愈彻底，划分的区划单元体系才更切合实际。

3. 主导因素原则

构成生态环境的各个要素相互联系、相互影响，但各个生态因子的地位与作用并不相同，主要生态因子决定和制约着次要生态因子的状况和变化。不同的生态环境有不同的主导因子和次要因子组合。区划时需要在分析各个自然因素间因果关系的基础上，从中寻找出1～2个主导因素，以便用来确定相应的区划单元界线。

4. 资源利用与生态环境整治相一致的原则

生态环境与自然资源的开发利用密切相关。合理的自然资源开发利用有助于保持生态环境，长期不合理的自然资源开发利用则会导致一系列严重的生态环境问题。林业生态建设与治理区划的目的在于正确地阐明我国生态环境以及林业生态建设与治理主要影响因子的地域分异规律，揭示自然资源与生态环境的发生、发展及区域组合，为发挥区域的自然资源优势和合理利用自然资源，改善生态环境，维护生态平衡提供科学依据。这就意味着林业生态建设与治理区划必须贯彻资源利用与生态环境建设、治理相一致的原则，即各级区划单元应该具有相对一致的自然环境与生态问题，相对一致的林业生态建设与治理主攻方向。

（四）区划方法

根据区划的成果性质，区划方法可有区域分类、类型分类两种方法；根据区划的具体做法，又可将区划方法分为数值分类与定性分类两类方法。目前，随着地理信息系统（GIS）的应用日趋广泛与深入，基于GIS的区划方法正日渐成为区划的主流方法。在区划步骤上，一般有自上而下、自下而上和先自上而下再自下而上三条路线。

所谓区域分类法，是根据区域的相似性和差异性原理，根据分类的目的和任务，选取相应的主导因子与指标，在综合分析的基础上按照区别差异性、归纳共同性的办法，进行区域的划分，各级区划单元无遗漏、无重叠，连续分布；类型分类法，则是依据与区域分类法大致相同的原理与方法，对区划范围内的地域进行类型划分，同一类型区域零散分布、不连续，各级区划单元充满全部区划范围，无遗漏、无重叠。如草原区、农业区、农牧交错区等。

数值分类法是指利用数学方法进行区域划分的方法。目前多采用主成分分析、逐步判别分析、聚类分析、模糊数学、灰色系统理论与数量化理论等方法，选择主导因子，量化定性因子，合成综合因子，继而进行分类；定性分类方法，一般根据理论分析与一些非数值或难以量化的因子进行分类，纯粹的定性分类方法实质上目前已应用不多，多数方法实际上是定性定量相结合的方法。

从本质上讲，基于GIS的区划方法并不是一种独立的区划方法，它主要是在地理信息系统图形管理、数据库管理、模型运算、空间分析、图形制作等强大功能的支持下，利用数值分类方法进行区域划分的方法，既可应用于区划工作，又可在后续的管理工作中应用，因而在显示出其强大生命力和推广应用前景。

全国林业生态建设与治理区划采取区域分类法，各级区划单元间既无遗漏又无重叠，所有区划单元基本连续分布，全部覆盖我国大陆及近陆岛屿。区划前，首先根据林业生态建设与治理区划的目的，参考《全国生态环境建设规划》、《全国生态环境建设规划林业专题》、《全国水土保持生态环境建设规划》、《全国生态环境建设规划农业专题》、《中国林业区划》、《中国森林立地分类》、《中国森林立地类型》，以及生态区划、自然区划等已取得的成果，先行编制《林业生态建设区划与治理模式编制方案》，确定区划体系、区划原则、区划依据，然后用1/450万的全国行政区划图、地形图作底图，同时参考应用数值制图技术编绘的中华人民共和国地图集，在全国范围内统一划分林业生态建设区域和类型区，区域界和类型区界原则上不打破行政区界，基本上与县（旗、区、市）的行政区界保持一致，但当区域、类型区的边界必须以分水岭等自然区界为界时，相关区段以乡界为界。

林业生态建设与治理亚区的划分是在上一级区划单元的框架内以省（自治区、直辖市）为单位进行的，视区划范围的面积与展布形状，采用1/50万至1/100万的行政区划图、地形图作底图进行区划，一般要求亚区界与乡镇界保持一致。对于相邻省、自治区的相似亚区，应用GIS技术对空间邻域关系进行分析，本着地域相邻、生态问题相似、林业生态建设与治理方向基本一致的亚区合并的原则进行整合，绘制全国林业生态建设与治理区划图。

考虑林业生态建设工程项目规划、项目管理以及全国林业生态建设与治理模式的管理需求，三级区划成果全部用地理信息系统软件建库、编绘。各区域、类型区、亚区的地理坐标范围与面积亦全部用地理信息系统进行量测。

（五）命名方法

区划单元命名是区划工作中十分重要的一个环节，是对区划单元等级性的具体体现与标识。本次区划将我国的林业生态建设与治理区划单元划分为区域、类型区与亚区3个等级，各等级区划单元的命名主要遵循标明地理空间位置、准确体现各级区划单元主要特点、文字简明扼要易被理解接受等原则，规定：区域主要按地理位置或水系命名，如把全国8大区域分别称为黄河上中游区域、长江上游区域、三北区域、东北区域、北方区域、南方区域、青藏高原区域、东南沿海及热带区域；类型区主要按地理区域或水系、山脉＋大地貌命名，如西南高山峡谷类型区、四川盆地丘陵平原类型区、大兴安岭山地类型区等；亚区按地理位置或水系、山脉＋中地貌的原则命名，如三江平原西部亚区等。

三、全国林业生态建设与治理区划体系

根据上述林业生态建设与治理区划的目的、原则、分类及命名方法，将全国划分为8个区域、40个类型区、154个亚区。具体区划见表1-1。

由于区划的目的、原则与方法的不同，全国林业生态建设与治理区划的结果与《全国生态环境建设规划》及其他区划存在一定差异。比如，考虑到区域的连续性原则，针对《全国生态环境建设规划》中草原区分布零散、与其他区域有重叠等问题，取消了《全国生态环境建设规划》中的草原区，并将草原区的范围分归所属各区域。根据沿海防护林建设工程的需要以及工程区内的气候分异等情况，单独划出一个东南沿海及热带区域。此外，青藏高原作为一个独立的地貌单元，在一些区划、规划中一般是将它作为一个独立的一级区来处理的，本次区划考虑黄河中上游、长江上游的整体性，气候和植被条件的相似性，以及林业生态建设工程的布局要求，分别将其中的黄河源、长江源以及柴达木盆地相应地并入黄河中上游区域、长江上游区域以及三北区域；并根据青藏高原的相关材料，对青藏高原除黄河源头、长江源头类型区以及柴达木盆地以外的区域部分划分青藏高原区域（H），并进一步划分为4个类型区。最终形成全国林业生态建设与治理的8大区域，亦即，黄河上中游区域、长江上游区域、三北区域、东北区域、北方区域、南方区域、东南沿海及热带区域、青藏高原区域。

本书以区域为篇、类型区为章，在各篇章的概述部分论述各区划单元的地理位置、包括或涉及的行政区域、面积、自然条件、社会经济状况、存在的主要生态环境问题，以及林业生态建设与治理的主攻方向和对策。各篇章的自然条件部分着重介绍相应区划单元内具有共性的地质、地貌、气候、土壤、植被特征，并概要介绍林业生态建设与治理相关因素的地域分异规律。在上述区划体系的框架下，配置林业生态建设与治理模式，为全国林业生态建设服务。

表 1-1　全国林业生态建设与治理区划序列表

区　域	类　型　区	亚　　区
黄河上中游区域（A）	黄河源头高原类型区（A1）	
	黄河上游山地类型区（A2）	青海东部黄土丘陵亚区（A2-1）
		甘南高原亚区（A2-2 ）
	黄河河套平原类型区（A3）	贺兰山山地亚区（A3-1）
		银川平原亚区（A3-2）
		内蒙古河套平原亚区（A3-3）
	内蒙古及宁陕沙地（漠）类型区（A4）	库布齐沙漠亚区（A4-1）
		毛乌素沙地亚区（A4-2）
		陕北长城沿线风沙滩地亚区（A4-3）
	黄土高原类型区（A5）	陇中北部黄土丘陵谷川盆地亚区（A5-1）
		陇西黄土丘陵沟壑亚区（A5-2）
		宁夏南部黄土丘陵沟壑亚区（A5-3）
		陇东黄土高塬沟壑亚区（A5-4）
		晋陕及内蒙古黄土丘陵亚区（A5-5）
		晋陕黄土丘陵沟壑亚区（A5-6）
		晋陕黄土高塬沟壑亚区（A5-7）
		豫西黄土丘陵沟壑亚区（A5-8）
		六盘山山地亚区（A5-9）
		黄龙山、乔山、子午岭山地亚区（A5-10）
	秦岭北坡山地类型区（A6）	秦岭北坡关山山地亚区（A6-1）
		伏牛山北坡山地亚区（A6-2）
	汾渭平原类型区（A7）	汾河平原亚区（A7-1）
		关中平原亚区（A7-2）
长江上游区域（B）	长江源头高原高山类型区（B1）	长江源头高原亚区（B1-1）
		白龙江中上游山地亚区（B1-2）
		川西北高原亚区（B1-3）
	西南高山峡谷类型区（B2）	川西高山峡谷东部亚区（B2-1）
		川西高山峡谷西部亚区（B2-2）
		滇西北高山峡谷亚区（B2-3）
	云贵高原类型区（B3）	滇中高原西部高中山峡谷亚区（B3-1）
		川西南中山山地亚区（B3-2）
		滇中高原湖盆山地亚区（B3-3）
		滇北干热河谷亚区（B3-4）
		金沙江下游中低山切割山塬亚区（B3-5）
		黔西喀斯特高原山地亚区（B3-6）
		黔中喀斯特山塬亚区（B3-7）

（续）

区　域	类　型　区	亚　区
长江上游区域（B）	四川盆地丘陵平原类型区（B4）	盆周西部山地亚区（B4-1）
		盆周南部山地亚区（B4-2）
		成都平原亚区（B4-3）
		盆中丘陵亚区（B4-4）
		盆周北部山地亚区（B4-5）
		川渝平行岭谷低山丘陵亚区（B4-6）
	秦巴山地类型区（B5）	秦岭南坡中高山山地亚区（B5-1）
		大巴山北坡中山山地亚区（B5-2）
		汉水谷地亚区（B5-3）
		汉中盆地亚区（B5-4）
		伏牛山南坡低中山亚区（B5-5）
		南阳盆地亚区（B5-6）
		鄂西北山地亚区（B5-7）
		陇南山地亚区（B5-8）
	湘鄂渝黔山地丘陵类型区（B6）	三峡库区山地亚区（B6-1）
		鄂西南清江流域山地丘陵亚区（B6-2）
		渝湘黔山地丘陵亚区（B6-3）
	滇南南亚热带山地类型区（B7）	滇西南中山宽谷亚区（B7-1）
		滇东及滇东南河谷亚区（B7-2）
		滇东及滇东南岩溶山地亚区（B7-3）
三北区域（C）	天山及北疆山地盆地类型区（C1）	准噶尔盆地北部亚区（C1-1）
		准噶尔盆地西部亚区（C1-2）
		伊犁河谷亚区（C1-3）
		天山北麓亚区（C1-4）
	南疆盆地类型区（C2）	塔里木盆地北部亚区（C2-1）
		吐鲁番-哈密盆地亚区（C2-2）
		塔里木盆地西部亚区（C2-3）
		塔里木盆地南部亚区（C2-4）

(续)

区　域	类　型　区	亚　区
三北区域（C）	河西走廊及阿拉善高平原类型区（C3）	阿拉善高平原及河西走廊北部低山丘陵亚区（C3-1）
		河西走廊绿洲亚区（C3-2）
		祁连山西段-阿尔金山山地亚区（C3-3）
		祁连山东段亚区（C3-4）
		青海西北部高原盆地亚区（C3-5）
		乌兰察布高平原亚区（C3-6）
	阴山山地类型区（C4）	阴山山地西段亚区（C4-1）
		阴山山地东段亚区（C4-2）
		阴山北麓丘陵亚区（C4-3）
	内蒙古高原及辽西平原类型区（C5）	浑善达克沙地亚区（C5-1）
		科尔沁沙地及辽西沙地亚区（C5-2）
		呼伦贝尔及锡林郭勒高平原亚区（C5-3）
东北区域（D）	大兴安岭山地类型区（D1）	大兴安岭北部山地亚区（D1-1）
		大兴安岭南段山地亚区（D1-2）
		大兴安岭南段低山丘陵亚区（D1-3）
	小兴安岭山地类型区（D2）	小兴安岭西北部山地亚区（D2-1）
		小兴安岭东南部山地亚区（D2-2）
	东北东部山地丘陵类型区（D3）	长白山中山山地亚区（D3-1）
		长白山西麓低山丘陵亚区（D3-2）
		辽东低山丘陵亚区（D3-3）
	东北平原类型区（D4）	松嫩平原亚区（D4-1）
		辽河平原亚区（D4-2）
	三江平原类型区（D5）	三江平原西部亚区（D5-1）
		三江平原东部亚区（D5-2）
		三江平原南部亚区（D5-3）

（续）

区　域	类　型　区	亚　　区
北方区域（E）	燕山、太行山山地类型区（E1）	冀北高原亚区（E1-1）
		燕山山地亚区（E1-2）
		冀西北山地亚区（E1-3）
		太行山山地亚区（E1-4）
	华北平原类型区（E2）	海河平原亚区（E2-1）
		华北平原滨海亚区（E2-2）
		黄淮平原亚区（E2-3）
	鲁中南及胶东低山丘陵类型区（E3）	鲁中南中低山山地亚区（E3-1）
		胶东低山丘陵亚区（E3-2）
南方区域（F）	大别山-桐柏山山地类型区（F1）	桐柏山低山丘陵亚区（F1-1）
		大别山低山丘陵亚区（F1-2）
		江淮丘陵亚区（F1-3）
		鄂北岗地亚区（F1-4）
		鄂中丘陵亚区（F1-5）
	长江中下游滨湖平原类型区（F2）	江汉平原亚区（F2-1）
		洞庭湖滨湖平原亚区（F2-2）
		鄱阳湖滨湖平原亚区（F2-3）
		沿江平原亚区（F2-4）
		江北冲积平原亚区（F2-5）
		江苏沿江丘陵岗地亚区（F2-6）
		长江滨海平原沙洲亚区（F2-7）
		苏南、浙北水网平原亚区（F2-8）
	罗霄山-幕阜山山地高丘类型区（F3）	罗霄山山地亚区（F3-1）
		幕阜山山地高丘亚区（F3-2）
	南岭-雪峰山山地类型区（F4）	雪峰山山地亚区（F4-1）
		湘中丘陵盆地亚区（F4-2）
		南岭北部山地亚区（F4-3）
		赣南山地亚区（F4-4）
		粤北山地亚区（F4-5）
		粤中山地丘陵亚区（F4-6）
		粤东丘陵山地亚区（F4-7）
		桂北山地亚区（F4-8）
		桂东南山地丘陵亚区（F4-9）
		桂中、桂西岩溶山地亚区（F4-10）

（续）

区　域	类 型 区	亚　　区
南方区域（F）	皖浙闽赣山地丘陵类型区（F5）	皖南山地丘陵亚区（F5-1） 浙西北山地丘陵亚区（F5-2） 浙东低山丘陵亚区（F5-3） 浙中低丘盆地亚区（F5-4） 浙西南中山山地亚区（F5-5） 汀江流域山地丘陵亚区（F5-6） 闽江上游山地丘陵亚区（F5-7） 闽江中游山地丘陵亚区（F5-8） 闽江下游山地丘陵亚区（F5-9） 闽南低山丘陵亚区（F5-10） 雩山山地丘陵亚区（F5-11） 武夷山山地丘陵亚区（F5-12） 赣东北山地亚区（F5-13）
东南沿海及热带区域（G）	浙闽粤沿海丘陵平原类型区（G1）	舟山群岛亚区（G1-1） 浙东港湾、岛屿及岩质海岸亚区（G1-2） 浙南港湾、岛屿、岩质海岸及河口平原亚区（G1-3） 浙东南低山丘陵亚区（G1-4） 闽东沿海中低山丘陵与岛屿亚区（G1-5） 闽东南沿海平原亚区（G1-6） 闽东南沿海丘陵亚区（G1-7） 闽东南沿海岛屿及半岛亚区（G1-8） 潮汕沿海丘陵台地亚区（G1-9）
	粤桂沿海丘陵台地类型区（G2）	粤桂东部沿海丘陵台地亚区（G2-1） 珠江三角洲丘陵平原台地亚区（G2-2）
	滇南热带山地类型区（G3）	
	海南岛及南海诸岛类型区（G4）	海南岛滨海平原台地亚区（G4-1） 海南岛西部阶地平原亚区（G4-2） 海南岛中部山地丘陵亚区（G4-3）
青藏高原区域（H）	羌塘高原类型区（H1） 藏北高原类型区（H2） 藏南谷地类型区（H3） 藏东南高山峡谷类型区（H4）	
数量	40	154

第2篇

黄河上中游区域（A）林业生态建设与治理模式

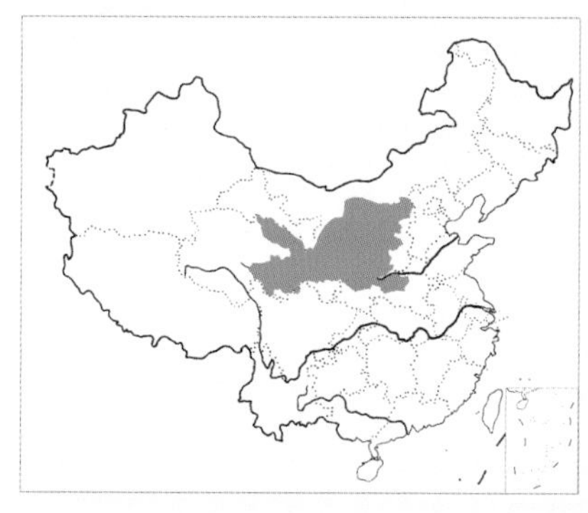

窄林带小网格山地农田防护林建设模式（许国海摄）

毛乌素沙区道路防护林建设模式（赵廷宁摄）

银川平原枸杞生态经济林建设模式（张维江摄）

高寒干旱丘陵区柠条直播造林模式（许国海摄）

宁夏回族自治区中卫沙坡头“五带一体”铁路防沙治理模式（王贤摄）

甘肃省庄浪县大庄沟小流域综合治理模式（摘自《甘肃水土保持》）

概 述

黄河是我国的第二条大河，发源于青藏高原的巴颜喀拉山约古宗列盆地，全长5 464千米，纵贯三大阶梯地形，是中华民族的摇篮和中华文化的发祥地。

黄河上中游区域是黄河干流郑州桃花峪以上的汇水区，地理位置介于东经96°46′9″～114°5′19″，北纬32°48′17″～41°18′35″，总面积798 033平方千米。自河源到内蒙古自治区托克托县的河口镇为上游，河口镇至河南省郑州市的桃花峪（花园口）为中游。本区域包括山西省、陕西省、内蒙古自治区、甘肃省、宁夏回族自治区、青海省、河南省7省（自治区）的大部分地区。人口约9 200万人，人口密度为126人/平方千米。

本区域地势西北高东南低，70%以上的地区海拔在1 000～2 000米。周围被高大山体包围。东部为太行山脉，西部为青藏高原的巴颜喀拉山等高山，北部为高平原荒漠地区，南部为秦岭山脉，著名的黄土高原位于其间。境内的主要山脉有中条山、吕梁山、黄龙山、乔山、子午岭、六盘山、贺兰山、乌鞘岭等，主要河流有大夏河、湟水、洮河、祖历河、清水河、浑河、窟野河、无定河、延河、汾河、涑水河、渭河、泾河、洛河、沁河等河流，其中渭河为最大支流。

本区域是黄河河川径流的主要来源地。黄河年均径流量500多亿立方米，上中游占95%以上。黄河中游土壤侵蚀极其强烈，输沙量占全流域的90%，是黄河泥沙、粗沙的主要策源地，黄河下游每年4亿吨的泥沙主要来自中游。

本区域从南至北纵跨暖温带和中温带，在气候上具有从东南季风半湿润向西北大陆干旱、半干旱过渡的高原性气候特征。年平均气温2～15℃，年降水量200～600毫米，且主要集中在7～9月份，多春旱、伏旱。从东南向西北分布的地带性土壤依次为棕壤、褐土、黑褐土、黑垆土、栗钙土、灰钙土、棕钙土以及黄绵土。植被类型由东南向西北依次为落叶阔叶林、森林草原、干旱草原和荒漠草原。现有森林覆盖率，上游为6.4%，中游为22%。

黄河上中游区域是我国开发最早的区域，开发历史可上溯到3 000年以前。由于历史上长时期高强度不合理开发利用，黄河上中游区域人口超载，环境-资源-人口矛盾突出，是我国目前生态环境最为脆弱的区域之一。本区域存在的主要生态问题是：水土流失、干旱、土地沙化等问题极为突出，部分河流两岸存在洪水威胁， 生态环境呈进一步恶化趋势。 黄河上中游区域的生态问题，不仅对本区域内的社会经济发展构成了较大的威胁，而且影响到黄河下游及下游周边的广大地区。黄河下游地区的地上悬河、洪涝灾害、水资源短缺、黄河断流等诸多问题，在很大程度上都与上中游区域的生态恶化有直接的关系。

黄河上中游区域的林业生态建设与治理，在黄河流域乃至全国生态环境建设与治理的布局中占有十分重要的地位，是一项艰巨、复杂、宏大的系统工程，是党中央、国务院确定的西部大开发的重要内容。针对黄河上中游区域生态问题的特点，林业生态建设与治理的总体思路必须是：以解决人口-资源-环境矛盾为突破口和切入点，以调整产业结构为基础，以建设山川秀美的西北地区为目标，以防治水土流失为重点，周密规划，系统布局，突出重点，综合治理。在保护好现有植被的基础上，加大退耕还林还草的力度，加强开发建设过程中的生态保护，转变区域内传统的农牧业经营内容和方式，充分发挥当地土地、光热资源优势，综合运用工程、农业、生物等技术措施，将林业生态建设和治理与区域经济发展、农民脱贫致富结合起来，充分调动全社会的力量，通过几十年长期不懈的努力，逐步恢复林草植被，遏制生态恶化的趋势，建立促进区域社会经济协调发展的良好生态格局。

本区域共分 7 个类型区，分别是：黄河源头高原类型区，黄河上游山地类型区，黄河河套平原类型区，蒙宁陕沙地（漠）类型区，黄土高原类型区，秦岭北坡山地类型区，汾渭平原类型区。

第1章

黄河源头高原类型区(A1)

本类型区位于青藏高原东北部、青海省的东南部，地理位置介于东经98°46′9″～101°51′54″，北纬32°48′17″～39°16′4″。包括青海省果洛藏族自治州的玛多县、达日县、玛沁县、甘德县、久治县，海南藏族自治州的兴海县、同德县，黄南藏族自治州的泽库县、河南蒙古族自治县，海北藏族自治州的刚察县、祁连县、海晏县，海西蒙古族藏族自治州的天峻县等13个县的全部，以及青海省海南藏族自治州的贵南县的部分区域，总面积158 049平方千米。

本类型区海拔一般在3 000米以上，为典型的高寒区。气候特点是高寒湿润，日照时间长，气温年较差小，日较差大，雨热同季，垂直分异明显。年平均气温0～8.6℃，极端最高气温23.5℃，极端最低气温-36℃，年降水量300～600毫米。

本类型区主要土壤类型有栗钙土、灰钙土、灰褐土、草甸土、暗棕壤等，并按一定的水平和垂直地带分布。本类型区是青海省森林资源最为集中的地区之一，分布的主要植物种类有：云杉、白桦、山杨、杜鹃、山柳、金露梅、紫菀、苔草、唐松草、蕨类等。草地畜牧业的比重较大。

本类型区的主要生态问题是：草原草甸退化、沙化严重，水土流失逐步加剧，植被的涵养水源能力降低，生物多样性减少等。

本类型区林业生态建设与治理的主攻方向是：以防治土地沙化、控制水土流失和恢复植被为中心，实行退耕还林（草），封山禁牧，生物措施、耕作措施和工程措施相结合，封飞造相结合，草灌先行，逐步提高植被盖度，增强水源涵养能力。

本类型区不再分亚区，收录2个典型模式，分别是：黄河源头高寒草原退化草场恢复模式，黄河源头高寒草原草甸“黑土型”退化草场综合治理模式。

【模式A1-1】 黄河源头高寒草原退化草场恢复模式

（1）立地条件特征

模式区位于青海省共和盆地。其特点是：海拔高，一般均在3 000米以上，气候寒冷，年平均气温0.9～6.3℃，≥0℃年积温1 628～2 834℃。干旱少雨，年降水量215～340毫米，风沙大，植被低矮稀疏，生态环境脆弱。土壤主要有高山草甸土、高山草原土、高山石质寒漠土、沼泽土等。植被主要有高山灌丛、高山草甸、森林等类型。

（2）治理技术思路

坚持以保护和发展植被、改善生态环境为原则，采取封山（滩）育草、人工种草、改良草场、防治鼠害等措施治理退化草场；划定禁牧区，实行退牧还草，轮封轮牧，以草定畜，严禁超载放牧，保护和发展现有草场资源，转变传统经营方式。

(3) 技术要点及配套措施

①围栏封育：分灌草型和草本植物型植被进行封育。一般用铁丝网围栏。在有条件的地区可以营造生物围栏封育，树种以沙棘为主。封育面积根据草场退化程度、牧业生产需要而定。围封区严禁放牧和乱采、滥挖。严格按草场使用责任制承包管护，或统一组织管护。

②轮封轮牧：植被条件相对较好的地区可轮封。轮封，也就是季节性封育。为保护牧草，一般在春季牧草返青初期进行全封。以后根据草场质量，以草定畜，逐步实行轮封轮牧。也可在雨季人工喷播优质牧草，促进草场的天然更新。

③人工饲料基地建设：发展圈养、舍饲畜牧业是当地畜牧业的发展方向，其关键在于解决饲料源的问题，可采取建立人工割草场、青储饲料等方式。在条件适宜地区建立以老芒麦、披碱草、中华羊茅等为主要牧草的人工割草场，采用行状或带状整地，铲除毒草，撒播或条播牧草，培育优质牧草，改善草场植物群落结构，提高产草量。通过青储饲料以及对秸秆、枝叶进行氨化、膨化等处理，提高饲料的适口性和转化率，增加饲料资源。

④配套措施：大力推广以牧民定居点、草场网围栏与人工草地建设、暖棚养畜和人畜饮水工程建设为主的牧区"四配套"建设措施。通过网围栏建设实行轮封轮牧，保护草场；推广牲畜良种，发展温棚养畜的高效畜牧业，加快周转，提高商品率；通过建立定居点，解决人畜饮水以及风力发电、太阳能发电等配套措施，改游牧为定居，保护和恢复边远地区生态条件恶化的草场；采取以生物防治为主，保护天敌，辅以人工捕杀、药物防治等办法，消灭鼠害，治理退化草场。

(4) 模式成效

本模式通过各种草原建设措施，有效地保护、恢复了草场植被，局部地区的退化草场得到了恢复和治理，同时促进了畜牧业的发展，提高了牧民的生活水平。

(5) 适宜推广区域

本模式适宜于青海高寒草甸区、草原区、荒漠草原区以及农牧交错地区，也适用于条件相近的甘南、川西牧区。

【模式 A1-2】　黄河源头高寒草原草甸"黑土型"退化草场综合治理模式

(1) 立地条件特征

青海省黄南藏族自治州河南蒙古族自治县位于青海省东南隅，海拔 3 400～4 200 米，高原亚寒带湿润气候，冷季漫长寒冷而多大风，暖季短暂湿润而多雨，高原大陆性气候特征明显。年降水量 597.1～615.5 毫米，年蒸发量 1 414.6 毫米，年平均气温 -1.3～1.6℃，极端最高气温 24.6℃，极端最低气温 -30.2℃，≥0℃年积温 1 070～1 524℃，全年八级以上大风 40 次以上，年平均风速 2.3 米/秒。

河南蒙古族自治县为青海南部牧区 14 县之一，经济以草地畜牧业为主。现有草地 984.75 万亩，占全县总土地面积的 92.59%，其中可利用草地面积占草地总面积的 92.79%，主要草地类型为高寒草甸。

(2) 治理技术思路

高寒草甸是黄河源头高寒草原草甸类型区最主要的草地类型，由于长期以来对草地资源缺乏科学的管理和合理利用，天然草地大面积退化，鼠虫肆虐。部分高寒草甸严重退化后形成大面积的"黑土滩"、"黑土坡"和"黑土山"，统称"黑土型"退化草地。不同地区"黑土型"退化草地所占比例不同，河南蒙古族自治县约为 3%，同德县约占天然草地面积的 45.4%。"黑土型"退化草地虽然面积不大，但由于退化速度逐年加快，水土流失等危害越来越严重，治理难度大，已成为退化草地治理的难点。

“黑土型”退化草地是长期严重超载过度放牧后，优势植物资源位转化，植物群落结构逆向演替，草地初级生产力下降，适宜高原鼠、兔和高原鼢鼠的生境类型增加的生态后果，应采取综合措施从根源上进行治理。

(3) 技术要点及配套措施

①加强宣传教育与管理工作：加强专业技术人员的技术培训工作，提高技术人员的理论与技术水平；深入牧户开展技术培训工作，宣传科技知识，积极倡导季节性畜牧业，引导牧民转变经营观念、科学养畜，提高出栏率，增加收入。

健全和完善草原管理机构，充分发挥草原管理机构的作用，依法规范化、法制化管理和保护草地资源，严禁滥开草地，滥挖草皮、药材等固沙植物。

②集中连片连续治理鼠虫害：根据鼠虫害分布危害的现状与监测预测结果，及早制定防鼠、防虫规划，注意保护害鼠、害虫天敌，组织群众有组织、有计划地集中连片连续防鼠、防虫，将鼠、虫的数量控制在危害水平之下。

③灭除毒杂草：采用混合除草剂（甲磺隆 80%与 20%阔叶净的混合物）防除毒杂草。喷药的第 2 年优良牧草的干物质产量便可由 94.8 克/平方米提高到 223.4 克/平方米，盖度由 60%上升到95%；毒杂草的干物质产量、盖度也分别由 32.4 克/平方米、90%下降到18.0 克/平方米和18%。

④合理利用草场：调整畜群结构，坚决走控制马、稳定牛、发展羊的效益型畜牧业之路，提高出栏率和商品率。调动牧民自我投入、发展电围栏、以草定畜、划区轮牧、合理放牧、提高自我发展的积极性，自觉地保护、利用草地，均衡利用草地，提高草地生产力，改善生态环境。

⑤建设人工草地：在原生植被盖度大于 30%的“黑土型”退化草地，首先灭除毒杂草，进行围栏封育、防鼠，在不破坏原生植被特别是莎草科植物的前提下，浅耕补播多年生适生优良牧草，配合施肥、禁牧封育等措施，提高优良牧草的比例，改善植物群落结构，提高光能利用率，提高产草量，使草地在较短期内得以恢复并形成生产力，给残存植物提供一个休养生息的环境，建设半人工草地。补播宜在坡度较小、水土条件较好、不适于机械作业的退化草地进行。方法是于 5～6 月份雨季人工撒播种子，再借助畜力将种子踏入土中完成播种工作。

人工草地的建植主要在原生植被盖度低于 30%，且地势平坦、水分条件较好的退化草地上配合围栏封育、防鼠、施肥、防治毒杂草等技术措施进行，草种以适合高寒地区种植的老芒麦、披碱草、早熟禾、紫羊茅等多年生禾草为主，混播建植。建植时，应注意选择土层较厚、坡度小、便于机械作业的地段。对于土层薄、砾石裸露、嵩草属植物和草皮几乎消失殆尽的砾石滩，治理上一定要慎重，不要轻易翻耕，而应采用轻耙补播的方法，防止草地沙化或建植失败。地段选好后，切实抓好整地、镇压、保墒、保苗等关键环节，为牧草的生长发育提供良好的条件。特别是镇压，对于提高牧草苗期的耐旱性尤为重要。此外，人工草地的建立应与合理施肥相结合，否则种植当年牧草的保苗率低、产量低，翌年的越冬和返青率也低，草地的利用年限也相应缩短。

⑥建设防灾基地：加强组织领导，争取牧民群众的积极配合，强化管理，确保资金按时足额到位，建设以围栏、种草、暖棚为主要内容的“三配套”防灾基地。

⑦综合利用暖棚：充分利用日光性暖棚，冬春季养羊，夏秋季种植大棚蔬菜，不仅可以提高牲畜的仔畜繁活率，减少牲畜因气候寒冷而掉膘，而且还可以解决牧区牧民的应时蔬菜需求，改变牧民的生活质量，增加牧民的收入。

⑧打贮青干草：高草型草地的平均鲜草产量为443.3千克/亩，应充分利用其优势，全部实施机械打草，打贮青干草，积极储备育肥或冬春补饲草料，提高畜牧业的效益。

(4) 模式成效

“黑土型”退化草地的鲜草产量仅占未退化草地产量的40%左右，植被平均盖度60%，平均每平方米只有11个植物种，分别为原生植被盖度和植物种数的60%和20%。并且，构成退化草地植物种类中的60%～80%是毒杂草，已完全失去利用价值，造成的人均经济损失约为231.79元。应用本模式综合治理“黑土型”退化草地，不仅可以挽回由于草地退化导致的经济损失，而且有助于实现资源与经济的协调持续发展，保护和改善生态环境，综合效益十分显著。

(5) 适宜推广区域

本模式适宜在“黑土型”退化的高寒草原草甸推广，其他条件类似地区也可参照应用。

第2章

黄河上游山地类型区(A2)

黄河上游山地类型区位于青海省南山、甘肃省太子山以南，阿尼玛卿山-西倾山-迭山一线以北，东抵甘肃省岷县、漳县，西至青海省共和县、兴海县及湟水谷地，地理位置位于东经100°37′32″～104°37′10″，北纬33°14′48″～37°59′5″。包括青海省海东地区、西宁市、黄南藏族自治州、海南藏族自治州、海北藏族自治州和甘肃省甘南藏族自治州、定西地区的全部或部分，总面积65 066平方千米。

本类型区处于青藏高原的东北边缘，地势西南高、东北低，海拔在1 750～5 000米，以高山、盆地、阶滩地等地貌为主。境内水资源比较丰富，黄河及其支流贯穿全境。本类型区气候东南高寒湿润，西北多风干旱。年平均气温2～5℃，年降水量一般为300～400毫米，中高山地可达600毫米，且集中在6～9月份，占全年降水量的70%以上。无霜期河谷地区为140～160天，山地高原10多天至数十天不等。

本类型区土壤垂直地带性比较明显，从谷地到山顶依次为栗钙土、棕褐土、棕壤土、草甸草原土、草甸土等，在共和县、贵南县一带有风沙土分布。植被类型有高山灌丛、高山草甸、森林草原等。高山灌丛的主要植物有金露梅、杜鹃、箭叶锦鸡儿、沙棘等；高山草甸主要为蓼草、蒿草、苔草等；森林以冷杉、云杉、山杨、白桦等为主。

本类型区的主要生态问题是：森林涵养水源能力不足，风沙肆虐，水土流失严重，林草植被退化加剧，河流水量减少，生物多样性受到破坏。

本类型区林业生态建设与治理的主攻方向是：以保护和扩大植被为中心，以封育为主要手段，全面恢复林草植被，提高森林覆盖率，增加植被盖度，增强其水源涵养能力，防止水土流失和土地退化，逐步改善生态环境。

本类型区共分2个亚区，分别是：青海东部黄土丘陵亚区，甘南高原亚区。

一、青海东部黄土丘陵亚区（A2-1）

本亚区位于黄河干流龙羊峡至寺沟峡之间的黄河上游最大的一级支流湟水流域，地理位置介于东经100°37′32″～102°41′18″，北纬35°7′45″～37°59′5″。包括青海省西宁市的城中区、城东区、城西区、城北区、湟源县、湟中县、大通回族土族自治县，黄南藏族自治州的同仁县、尖扎县，海东地区的循化撒拉族自治县、化隆回族自治县、民和回族土族自治县、互助土族自治县、乐都县、平安县，海南藏族自治州的贵德县，海北藏族自治州的门源回族自治县等17个县(市、区)的全部，面积32 842平方千米，是青海省的主要农业区。

本亚区地貌类型多为丘陵山地，有少量河谷阶地，海拔1 750～3 500米。气候高寒湿润，年平均气温2～5℃，年降水量300～400毫米，无霜期140～160天，光热资源丰富。地带性土壤主要有栗钙土、棕褐土、草甸土等。主要植被有杜鹃、沙棘等。

本亚区的主要生态问题是：地形破碎，沟壑纵横，植被覆盖率低，水土流失严重。本亚区是湟水的主要产沙区，也是黄河上游第一条向黄河输送泥沙的支流，湟水入黄河后，导致河水变黄。

本亚区林业生态建设与治理的对策是：采取一切可行的措施，扩大森林植被，提高林分质量，增强森林涵养水源能力，减轻水土流失。

本亚区共收录6个典型模式，分别是：黄河上游山地水源涵养林建设模式，湟水源头拉脊山封山育林恢复植被模式，青海东部高寒干旱丘陵雨季直播造林模式，青海东部浅山区集流抗旱造林模式，青海东部黄土丘陵河谷阶地窄林带小网格农田防护林建设模式，青海东部坡耕地退耕还林还草模式。

【模式A2-1-1】　黄河上游山地水源涵养林建设模式

（1）立地条件特征

模式区位于青海省互助土族自治县东和乡村办林场，地处沟谷溪流水源上游，多高山峻岭，海拔2 800米以上。气候温凉湿润，年降水量480～600毫米。土壤主要为黑钙土、灰褐土。立地条件适宜乔木树种生长，宜于营造水源涵养林。

（2）治理技术思路

合理选择树种，大力营造乔灌木混交林，提高造林成效，增强森林的涵养水源能力，发挥森林的综合效益。由于当地是农牧交错带，造林后要采取封育措施，严禁人畜危害。

（3）技术要点及配套措施

①整地：块状整地，长宽各为100厘米×100厘米，150厘米×150厘米或150厘米×200厘米，深50～60厘米。

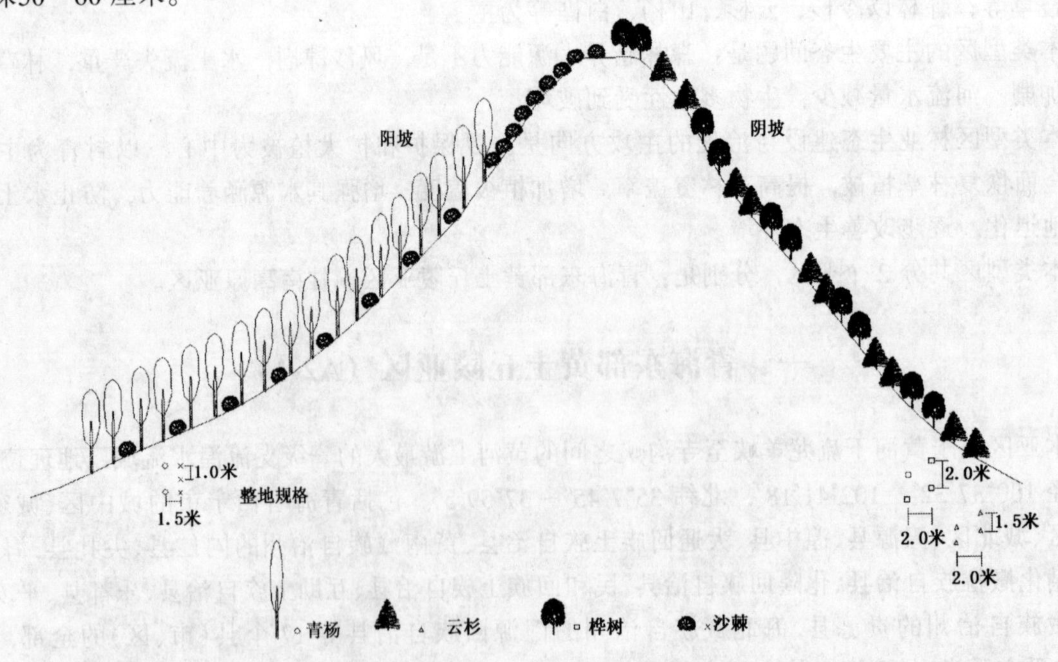

图A2-1-1　黄河上游山地水源涵养林建设模式图

②树种选择：阴坡选择耐寒冷、耐阴湿的树种，如云杉、桦树等；阳坡选择喜光、耐瘠薄树种，如青杨、沙棘等。

③造林技术：春季在整好地的造林地上按 2.0 米×2.0 米或 1.5 米×2.0 米的株行距植苗造林，并在行间种草。

④抚育管理：由于这一地区林牧矛盾突出，造林后须进行封育，设专人管护。同时还要注意防治病虫鼠害，冬春季节干燥时须注意防火。

（4）模式成效

按本模式营造的乔灌混交型水源涵养林，能较好的抵御病虫的危害，林分质量好，枯落物较多，能够在较短时间内恢复和提高林地的水源涵养能力。

（5）适宜推广区域

本模式适宜在青海省东部黄土丘陵区及自然条件类似的地区推广。

【模式 A2-1-2】 湟水源头拉脊山封山育林恢复植被模式

（1）立地条件特征

模式区位于青海省拉脊山-青沙山、达坂山地区的天然次生林区，是湟水河支流的源头地区，属黄土高原向青藏高原的过渡地带，海拔 2 300～3 700 米。气候寒冷湿润，年平均气温2.4～5℃，年降水量 450～600 毫米，生长期 60～120 天。主要土壤类型有黑钙土、灰褐土、山地草甸土和高山草甸土。植被类型有天然次生林、高山灌丛、草地，植被盖度 85％以上。主要树种有青海云杉、祁连圆柏、油松、华北落叶松、山杨、青杨、波氏杨、白桦 、沙棘、杜鹃、高山柳、蔷薇、小檗、金露梅、银露梅等。

（2）治理技术思路

根据不同的自然环境、原生植被等条件采取不同的治理措施。气候湿润、自然植被条件较好的地方，应采取以封为主、封造结合的形式；自然条件差的地区，可采取人工模拟飞播的方式，恢复植被。加快恢复森林植被，提高森林覆盖率，发挥森林涵养水源、保持水土、改善生态环境的综合效益。

（3）技术要点及配套措施

①全面封育：在有天然下种或根蘖萌生能力的残败林地，修筑网围栏、防护墙、防护沟等设施封山，禁止人畜危害。封育方式一般是全面封禁，封禁期内禁止打柴、放牧和其他人为活动。

②封播结合：在集中连片的远高山区，单纯依靠封山育林（草）难以成林，在封育的同时需进行人工模拟飞播（撒播）造林。撒播前要进行植被疏理。灌木盖度大于 60％时要割灌留乔，使盖度小于 60％。撒播在春季进行，选择无风天气，均匀撒播种子。树种以青海云杉、桦树、沙棘为主，精选无病虫害种子。播后出苗不均匀的需要及时进行补（移）植。

③封造结合：在 3 200 米以下的高山灌丛、草地，通过人工造林改变植被类型，促进乔木生长，造林方式以植苗为主。采取带状或穴状整地措施造林，可以随整地随造林。在土壤、水分条件好的湿润地区还可以实行开缝造林，即在造林地上用锄或锹开缝，将苗木放入，压紧土壤，注意深浅适宜，不窝根。造林树种以云杉、华北落叶松、桦树、山杨、油松、祁连圆柏为主。造林时间为春季土壤解冻后。云杉、落叶松的初植密度为 333 株/亩，桦树、山杨为 220 株/亩。灌木盖度大于 40％时需隔带割灌，无天然灌木的草地可以营造乔灌混交林。灌木树种以沙棘为主，采用行间混交。

④人工促进天然更新：在封育区内有天然母树和乔木伐根的地段，通过人工移植和抚育，使

幼树幼苗分布均匀。灌草盖度较大的地段，通过割灌疏理等抚育措施，使幼树幼苗通风透光，加快生长成林。

⑤加强抚育管理：在水源涵养林区进行封山育林，无论实行哪种封育方式，都需要严格管理。要有专门防护设施，落实防护人员，制订管护制度，防止人畜危害。同时，需要适时补植补播，加强病虫鼠害防治，提高林分质量。

(4) 模式成效

森林植被恢复形成的水源涵养林，直接关系到青海省西宁市和东部农业区城镇居民生活用水和工农业用水以及黄河水量的补给。20余年来，模式区通过封育、封造、封播等多种形式营造水源涵养林578万亩，成林面积344万亩，成林率59%，森林的水源涵养功能得到了充分发挥，部分接近干涸的河流流量明显增加，水质也有所改善。

(5) 适宜推广区域

本模式适宜在三北防护林、长江上游防护林建设区的天然次生林区和与之条件相似的高寒湿润山区推广，也可在条件相似的西北其他省区天然次生林区推广。

【模式 A2-1-3】　青海东部高寒黄土丘陵雨季直播造林模式

(1) 立地条件特征

模式区位于青海省东部的湟中县、平安县、乐都县、民和回族土族自治县、互助土族自治县等县，属青海省东部浅山区的低山丘陵山地，地形复杂，丘陵起伏，沟壑纵横，水土流失严重。海拔1 900～2 600米，年平均气温2.4～8.6℃，极端最高气温33.5℃，极端最低气温－28.5℃，无霜期90～120天。年降水量252～426毫米，降水量的80%集中在6～9月份，雨热同期。主要土壤为栗钙土、淡栗钙土、灰钙土和北方红土，土层厚0.2～2.0米，有机质含量低。分布有沙棘、小叶锦鸡儿、针茅、冰草、三叶豆、狼毒、骆驼蓬、蒿类等天然植被，稀疏而不均匀，盖度10%～40%。

(2) 治理技术思路

针对模式区降水量少而集中，雨热同期，春旱频繁，春季造林成活率不高，采用容器苗或其他苗木造林成本高、难以推广等特点，采取雨季直播的方式，营造水土保持林，尽快恢复植被，控制水土流失，减少自然灾害。

(3) 技术要点及配套措施

①树种选择：主要造林树种有油松、山杏、沙棘、柠条等。

②整地：整地应在造林前1年的雨季进行。坡度平缓（15度以下）、侵蚀较轻的坡地采用块状或带状整地，带宽0.5～1.0米，带间距1.5～2.0米，沿坡面水平开挖；山脚地势平坦处可进行全面整地；坡度在15～25度、水土流失较重的地区，采取反坡梯田整地，阶面宽1.5米，内倾3～5度，沿等高线水平开挖；25度以上陡坡，可采用水平沟、鱼鳞坑或水平沟和鱼鳞坑相结合的整地方法。

③播种方法：条播、点播或犁播。条播，在已经整好地的水平阶、水平沟、反坡梯田和撂荒地上按照1.5米的行距开沟，把种子均匀的撒在沟里，然后覆土；点播，适用于任何地形和任何整地方法。播种时按1.5米×1.5米的株行距挖穴，点种入穴，每穴10～15粒，覆土2～3厘米；犁播，在平缓的沟坡、撂荒地或退耕还林地每隔1.5米连犁两犁，按1.0米穴距点种。也可在第二犁过后手溜播种，第三犁覆土，俗称套二犁整地播种法。本方法用畜力代替了人力，省工、省时，工效高，效果好，尤其适用于退耕还林地。

此外，还有“投弹”播种法，即在陡坡立崖、深沟等常人难以攀登的地方，在雨后沿沟边向下投掷种子与湿土的混合土团，亦可由沟底向沟坡投掷。

④播种时间：一般在5月下旬至7月中旬雨后抢墒播种，播种太晚不利于苗木越冬。

⑤抚育管理：柠条如播种太晚，1年生苗生长量较小，为安全越冬，在土地封冻前应将基部土壤踏实。3～4年后进行第1次平茬。以后定期平茬，促进生长并获取燃料和肥料。平茬宜在“立冬”后进行。

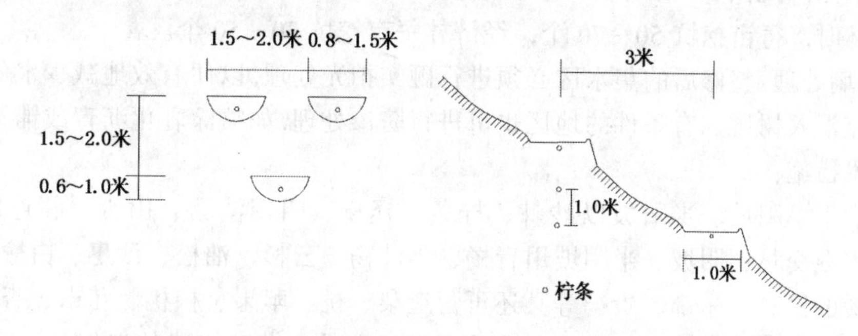

图 A2-1-3 青海东部高寒黄土丘陵雨季直播造林模式图

（4）模式成效

青海省东部的湟中县、平安县、乐都县、民和回族土族自治县、互助土族自治县等县在20世纪80年代即已开始应用本模式，以后逐步推广到青海省西南部的沙区。目前，本模式已成为浅山地区和沙区的一项主要造林方法，年造林面积10余万亩，约占青海省造林任务的20%以上。方法简便，成本低，易于推广。本项成果已获国家科技推广奖。

（5）适宜推广区域

本模式适宜在青海省、甘肃省、陕西省和宁夏回族自治区等地与模式区自然环境、立地条件相似的广大半干旱黄土丘陵沟壑区大力推广。在当前退耕还林工程中的阳坡、陡坡退耕地和沙地造林尤具推广价值。

【模式 A2-1-4】 青海东部浅山区集流抗旱造林模式

（1）立地条件特征

模式区为青海省平安县边家滩干旱造林试验示范区。海拔2 300～2 500米，年平均气温4.5℃，年降水量310毫米，降水量主要集中在7～9月份。土壤有淡栗钙土、栗钙土和灰钙土，土层厚1米以上，无砾石层。以小叶锦鸡儿、猫儿刺、针茅、冰草、三叶豆、狼毒、骆驼蓬等为主的旱生植被块状分布，盖度10%～30%。坡陡沟深、干旱少雨、降雨集中、水土流失严重是这一地区的主要特点。

（2）治理技术思路

青海省东部浅山区造林的最大限制因素是干旱缺水。蓄积并有效利用土壤水分是提高造林成活率的关键。通过人工合理整地，最大限度汇集地表径流，并将其拦蓄在山坡蓄水工程中为林木利用，可在一定程度上满足造林的需要。为此，首先，需要根据不同林种和水分条件因地制宜地构建微型集水系统，实施蓄水整地工程；其次，采取防渗处理、地表覆盖等措施蓄水、保墒、节水；第三，根据造林立地条件选择适宜的造林树种和造林方式。

（3）技术要点及配套措施

①整地时间：在造林前1年的雨季进行，一般在4～5月份第一场透雨后及时整地。降雨后

土壤湿润，便于挖坑、做埂和整修集水面。若春夏季整地并经休闲，造林效果会更好。秋季整地的效果较差。

②整地规格：根据降水量和造林树种确定集水区面积及整地规格，可坑状或沟状整地。沟状整地：长度依地形和造林地面积大小而定，沟间距一般为250～300厘米，宽、深各为60～80厘米；坑状整地：长120～200厘米，宽、深各为60～80厘米。将坑的上方坡面整修成扇形、长方形或三角形集水区，面积6～20平方米，然后在其两边修小引水沟，把径流引入栽植穴内。营造防护林或用材林时，每亩挖坑50～70个，经济林每亩挖坑30～50个。

③防渗、保墒处理：整修后的集水区必须进行砸实拍光处理，以便有效地减少水分入渗，尽可能多地将坡面径流汇入树坑。有条件的地区也可进行防渗处理，如喷涂乳化沥青或铺塑料薄膜等。

④造林技术措施：

树种选择：干旱阳坡、半阳坡以沙棘、柠条、柽柳、四翅滨藜、山杏、祁连圆柏等树种为主，可营造灌木混交林；阴坡、半阴坡用青杨、小叶杨、云杉、油松、沙枣、白榆、沙棘等树种造林。气候较暖的民和、乐都、贵德等县还可营造梨、桃、苹果、核桃、花椒、杏等经济林。

造林方法：以春季造林为主，可植苗造林或插杆造林。针叶树造林选用3～4年生苗，杨树造林选用3年生大苗，苗高2.0米。也可插杆造林，造林前浸泡插杆3～7天。其他造林树种须按苗木质量标准选用1～2年生苗。

栽植要求：根据坑穴长度，每个坑穴中栽植1～2株苗木。若营造乔灌木混交林，每穴可栽植一乔一灌，分别植于坑穴左右两侧距坑壁20厘米处。

抚育管理：造林后覆盖塑料薄膜或枯草，以减少栽植穴土壤水分蒸发损失；暴雨后要对集水坡面和坑穴及时整修，以使工程长期发挥效益；对幼树及时修枝、抹芽；造林成活率达不到要求的地段要及时补植；加强管护，严防人畜危害，强化病虫害防治工作。

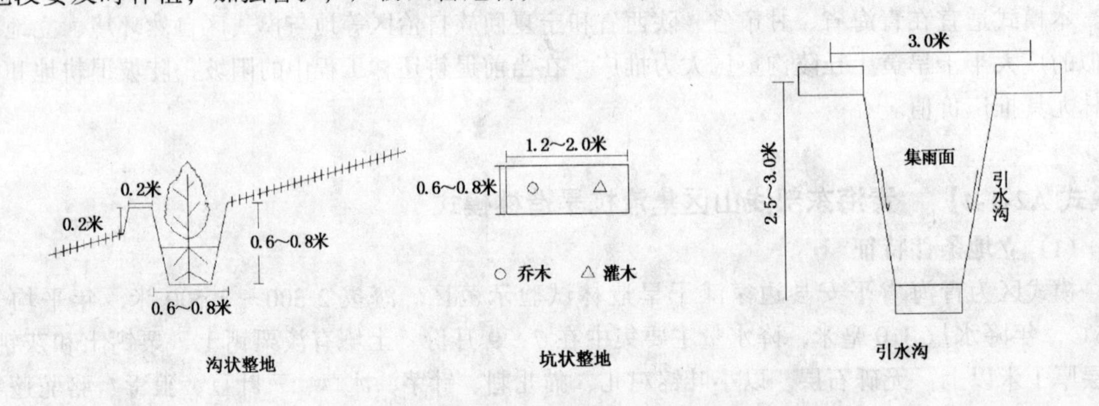

图 A2-1-4　青海东部浅山区集流抗旱造林模式图

(4) 模式成效

本模式自1994年在青海省东部干旱、半干旱丘陵区示范推广以来，已累计推广7.5万亩。其中平安县边家滩造林2万余亩，造林成活率、保存率分别达90%和85%。其成活率、保存率较普通整地造林提高20%～30%。本模式目前已在青海省东部干旱山区广泛推广应用。

(5) 适宜推广区域

本模式适用于降水量不足400毫米的黄土丘陵，同时也可在其他条件相似的黄土丘陵沟壑区推广应用。

【模式 A2-1-5】 青海东部黄土丘陵河谷阶地窄林带小网格农田防护林建设模式

（1）立地条件特征

模式区位于青海省东部农业区的丘陵山地及河谷阶地，习称川水、浅山和脑山地区。海拔一般在 1 700～2 800 米，年平均气温 2～5℃，年降水量 300～500 毫米，无霜期 90～120 天。川水地区土层深厚，气候温暖，浇灌便利；浅山地区地形复杂，丘陵起伏，沟壑纵横，水土流失严重，自然灾害频繁；脑山地区阴湿寒冷，作物生长期短，常因霜冻、冰雹等自然灾害而减产。

（2）治理技术思路

模式区所在地气候条件比较恶劣，干旱、寒冷、风大、沙多、自然灾害频繁，可耕地少，没有林网的保护就不可能有农业的稳产高产。因此，应本着山、水、田、林、路统一规划，综合治理的原则，因地制宜地营造以窄林带、小网格为主的农田防护林。建设原则是：以道路、渠道、害风方向确定林带的走向、株行距，形成窄林带、小网格，发挥群体优势，减少自然灾害，控制水土流失和风沙危害，改善环境，保护农业的稳产高产。

（3）技术要点及配套措施

①农田林网建设类型：东部农业区地形复杂，自然条件差异大，一般根据自然地形、立地条件采取网、带、片结合的形式，每条林带的树木行数、林网的长宽度、网眼大小并不完全一致，共有如下三种林网建设类型：

川水地区条田林网：一般是结合农田水利化、机械化、园田化统筹安排，沿水渠、道路、地埂栽植树木。公路、田间路、干、支渠两侧各栽植 1～3 行树，既是主林带，又是护路、护渠林，其走向一般与主风方向垂直。在小毛渠和条田地埂地边栽植 1 行树，株距 1.5 米，形成副林带。如栽植 2 行以上，则株行距为 1.5 米×2.0 米。网眼一般 200 米×400 米。在河滩、荒坡地可营造成片林，形成防护林带。

浅山阴坡、半阴坡带状林网：适合坡度较缓，一般为 15～25 度，土层深厚的农田。山地农田一般宽 15～20 米，两块农田之间留有 5～7 米的荒坡，该处可进行带状整地，修筑 1～3 条水平台阶，阶面宽 1.0～1.5 米，里低外高，呈 3～5 度反坡。农田防护林的网眼一般为 100 米×200 米。沿水平阶外侧栽植杨树，株距 1.5 米。也可杨树、沙棘混交，形成乔灌木混交林。

脑山、半脑山农田林网：地形比较平缓，一般 5 度左右，气候湿润，土层深厚而肥沃。但地块大小差异很大，营造林网时需统一规划。原则上，仍沿地埂、田间道路栽植，网眼大小一般 100 米×50 米。

②树种选择：阔叶树有青杨、小叶杨、新疆杨、旱柳等；针叶树有云杉、华北落叶松、油松等；灌木树种有沙棘、柽柳等。

③苗木标准：杨树等阔叶类，苗龄 3 年，地径 3 厘米，苗高 2.5 米以上；针叶树苗高 1 米以上；灌木用 2 年生大苗。

④造林技术：春季以植苗造林为主，杨、柳等阔叶树也可插杆造林。

⑤抚育管理：造林后要加强抚育管理，及时浇水、松土、除草、修枝、抹芽。成活率、保存率不符合要求的地段应及时补植。同时，要及时防治病虫害。落叶乔木一般造林 10 年后成材，要注意合理间伐和更新利用。

（4）模式成效

窄林带小网格农田林网建设模式已在青海省东部农业区广泛推广应用，虽然网眼小，密度大，但都是结合田、路、坡、渠、埂进行栽植，一般不占用或少占用耕地，与农作物争水、争肥、争光的矛盾较小，其生态、社会及经济效益非常明显，因而深受群众青睐。

(5) 适宜推广区域

本模式已经在青海省东部农业区的丘陵山地及河谷阶地中广泛应用，也可在自然条件相似的地区推广。

【模式 A2-1-6】　青海东部坡耕地退耕还林还草模式

(1) 立地条件特征

模式区位于青海省东部农业区的大通回族土族自治县。海拔 2 300～2 800 米，年降水量 400～500 毫米，气候温暖，降水集中，旱情比较严重。土壤以栗钙土为主，植被以针茅、冰草为主，盖度10%～30%，水土流失严重。

(2) 治理技术思路

在坡耕地退耕后，以营造"窄林带宽草带"的方式植树种草，可以改变土地利用结构，恢复植被，减少水土流失，改善生态环境，并通过割草养畜，促进畜牧业的发展，短期内即可获得良好的经济效益。

(3) 技术要点及配套措施

①林草比例：一般采用林带与草带相结合的方法，比例1:3。

②树种选择：主要有山杏、油松、圆柏、沙棘、柠条等。造林时用 ABT 生根粉、吸水保水剂进行苗木处理，提高造林成活率，促进苗木生长。

③草种选择：应选择有经济价值的牧草，如多年生牧草紫花苜蓿、沙打旺、披碱草、冰草等。最好采用豆科与禾本科牧草混播。

④整地：采用水平阶、水平沟、反坡梯田等形式，细致整地。

⑤造林种草：柠条采用雨季直播造林，植苗造林在 5～6 月份进行，行间可种草。

⑥抚育管理：林草间作后应封禁林地，每年进行 1～2 次松土、除草，并防治病虫鼠害，2～3 年后苜蓿草可逐年割草养畜。

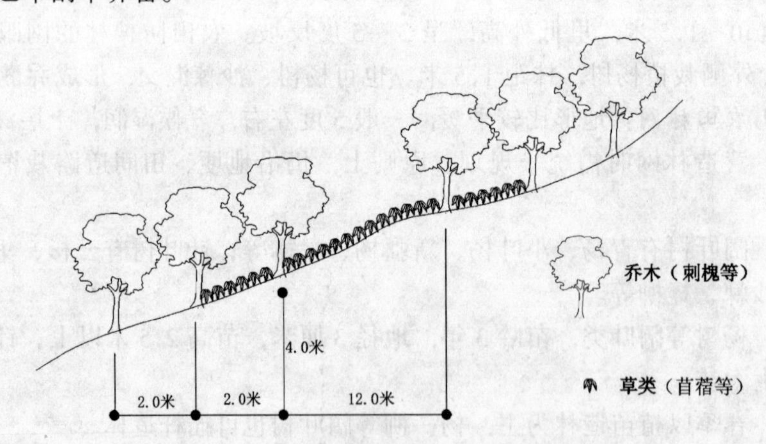

图 A2-1-6　青海东部坡耕地退耕还林还草模式图

(4) 模式成效

林草间作为模式区畜牧业的发展创造了有利条件，使林牧矛盾得以缓解，同时也能够有效防止水土流失，改善生态环境，增加当地农民收入，加快脱贫致富奔小康的步伐。

(5) 适宜推广区域

本模式可在自然条件类似的地区推广。

二、甘南高原亚区（A2-2）

甘南高原位于陇南山地以西，地理位置介于东经 100°37′36″～104°37′10″，北纬 33°14′48″～35°38′1″，属“世界屋脊”青藏高原东部边缘一隅。包括甘肃省甘南藏族自治州的合作市、夏河县、临潭县、卓尼县、碌曲县、玛曲县，定西地区的岷县等 7 个县(市)的全部，面积 32 224 平方千米。

本亚区地势西高东低，海拔从东部的 3 500 米左右逐渐向西增高到 4 000 米以上，为典型的高原区。年平均气温东部为 3.2～6.7℃，西部为 1.1～2.6℃，年降水量 450～700 毫米，年蒸发量 1 300 毫米，属高寒湿润的高原气候。

本亚区的主要生态问题是：森林涵养水源能力不足，土地荒漠化程度加剧，水土流失严重，生物多样性受到破坏等。

本亚区林业生态建设与治理的对策是：封山禁牧，封造结合，草灌先行，恢复植被，提高水源涵养功能，防止水土流失和土地沙化。

本亚区收录 1 个典型模式：高寒阴湿区水源涵养林建设模式。

【模式 A2-2-1】 高寒阴湿区水源涵养林建设模式

(1) 立地条件特征

模式区海拔 2 500～3 300 米，年平均气温 0～5℃，极端最低气温 －36～－28℃，生长期 60～120 天，≥10℃ 的年积温1 500℃ 以下。年降水量 450～600 毫米，并常伴有冰雹和暴雨。主要土壤为黑钙土、灰褐土和山地草甸土。由于模式区跨越黄土高原和青藏高原，植被具有高寒和旱生的特点，块状天然次生林分布较多。典型植物群系有云杉林、杨桦林、杜鹃灌木林、山柳灌木林和金露梅灌木林。主要树种有青海云杉、白桦、山杨、油松、锦鸡儿、栒子、小檗、杜鹃、蔷薇、金露梅、银露梅等；草本植物有紫菀、蓼、苔草、嵩草、唐松草、蕨类等。

(2) 治理技术思路

总的思路是以营造水源涵养林为主，扩大森林植被，发挥森林的综合效益。具体而言，由于模式区所在地属农牧交错带，造林地位于高山牧场，造林时首先要采取封育措施，严禁人畜危害，妥善解决林牧矛盾；其次是合理选择树种，大力营造乔、灌木混交林，提高森林的涵养水源能力。

(3) 技术要点及配套措施

①全面封育：按山系、流域进行封山育林，尽快恢复植被。在人畜危害严重的地区，应修筑网围栏、防护墙、防护沟进行全面封禁，适时进行人工促进更新，尽快封育成林。封育期严禁人为活动、樵采和放牧。

②整地：带状或块状整地。带状整地，长 3.0～4.0 米，宽 1.5～2.0 米，带间距 3.0～4.0 米；块状整地，1.0 米×1.0 米或 2.0 米×2.0 米。草皮要翻松，打碎，拣除树根、草根。

③树种选择：阴坡选择耐寒冷、耐阴湿的树种；阳坡选择喜光、耐瘠薄的树种。主要造林树种有青海云杉、紫果云杉、青杄、白桦、山杨、小叶杨、油松、华北落叶松、祁连圆柏、沙棘、小檗等。

④造林技术：春季在整好的造林地上按 1.5 米×1.5 米或 1.5 米×2.0 米的株行距植苗或直播造林。植苗造林，针叶树一般用 5～7 年生大苗，桦树、沙棘多用 2 年生苗；杨树类，用2～3 年生苗，穴植；直播造林，云杉、落叶松、桦树也可采用直播造林的方法，宜春季早播，但有冻

拔害和鸟兽害的地方不宜采用。在整好的造林地上开穴播种，覆土1厘米，有条件的地段也可再上覆灌木枝条。

⑤抚育管理：由于这一地区林牧矛盾突出，造林后必须进行封育。除采取建网围栏、垒防护墙、挖防护沟等防护设施外，还要制订严格的管护制度，设专人管护。同时，还要注意防治病虫鼠害。冬春季节干燥时须注意防火。

(4) 模式成效

20年来，模式区大力进行封山育林（草），封造结合，封育、营造水源涵养林保存面积300多万亩，森林资源面积逐年增加，有效地涵养了水源，稳定了黄河水资源，保护了生物多样性，有力地改善了这一地区的生态环境。

(5) 适宜推广区域

本模式可在黄河、长江源头的高寒湿润地区以及天然次生林分布区的水源涵养林建设中推广，也可在西北其他省区条件类似的水源涵养林建设区推广应用。

第3章

黄河河套平原类型区(A3)

黄河河套平原类型区位于宁夏-内蒙古沿黄河地带，西起贺兰山西麓，东至呼和浩特陶卜齐，地理位置介于东经103°34′30″～111°23′39″，北纬37°23′23″～41°16′26″。包括内蒙古自治区的阿拉善盟、包头市、呼和浩特市、伊克昭盟、巴彦淖尔盟，宁夏回族自治区的银川市、石嘴山市、吴忠市的全部或部分区域，总面积72 525平方千米。

本类型区地貌类型为黄河冲积平原和贺兰山山前洪积倾斜平原，地势低平，水量充足，光热资源丰富，是我国重要的农业种植区。河套平原发展灌溉农业及相关种植业有着得天独厚的条件，素有“天下黄河富宁夏”、“黄河百害，唯富一套”之说。但由于干燥少雨，蒸发强烈，地势低洼，排水不畅，灌溉方式不合理，次生盐渍化土地分布较广。

温带干旱、半干旱气候。年平均气温5.0～8.5℃，1月份平均气温－10～－8℃，7月份平均气温22～24℃，≥10℃年积温为2 500～3 400℃，无霜期140～160天，年降水量150～430毫米，年蒸发量在2 000毫米左右，干燥度1.5～7.0。风沙大，≥8级大风日数10～50天/年，沙尘暴日数6～20天/年。

土壤大多为灰钙土、栗钙土、棕钙土、漠钙土及灌淤土、冲积土、潮土、盐土，个别地区也有碱土、白僵土等分布。平原区的天然植被已破坏殆尽，仅在河滩和湖盆边缘有少量的柽柳、胡杨、沙柳、乌柳、沙棘等分布的树木。主要树种有杨、槐、榆、刺槐、沙枣、柽柳、苹果、梨、葡萄、桃、杏、枣等，其次为油松、落叶松、文冠果、枸杞等。

本类型区的主要生态问题是：气候干旱，风沙、干热风危害严重，土壤盐渍化程度高，生态环境相对脆弱。

本类型区林业生态建设与治理的主攻方向是：以保护和改善农业生产条件，提高农业经济效益为目标，重点建设好功能完备、生态效益稳定的农田防护林，加强土地盐渍化和沙漠化整治，发展节水灌溉和生态农林业。同时，要发挥光、热、水、土资源的优势，建设特色经济林基地。

根据立地条件差异，本类型区共分3个亚区，分别是：贺兰山山地亚区，银川平原亚区，内蒙古河套平原亚区。

一、贺兰山山地亚区（A3-1）

本亚区地处银川平原与阿拉善高原之间，南起三关口，北至宁夏回族自治区边界。贺兰山是南北走向的狭长山地，南北长约270千米，东西宽20～35千米，以分水岭为界，东坡属宁夏回族自治区，西坡属内蒙古自治区。地理位置介于东经103°34′30″～106°27′16″，北纬37°32′10″～39°36′28″。包括内蒙古自治区阿拉善盟的阿拉善左旗；宁夏回族自治区银川市的郊区、贺兰县、永宁县，石嘴山市的大武口区、石炭井区、平罗县、惠农县等8个县（市、区）的部分区域，面积30 144平方千米。

本亚区在地貌形态上东仰西倾，为一典型的拉张型地垒式断块山地，总体走向东北30度，形成东坡众多的古老岩层出露的断崖。地形特点是中段山体高峻，两头低缓，海拔1 300～3 000米，最高峰3 556米，平均坡度25度左右。气候随海拔高度不同差异较大，总体特点是寒冷、干燥、雨少、大风多、积雪深。本亚区内陆山地气候特征明显，属典型的大陆性气候，是半荒漠草原与荒漠之间的分界线。年平均气温－0.8℃，极端最高气温36.7℃，极端最低气温－32.6℃，≥10℃年积温478.6℃，无霜期122天，年平均日照时数3 039.8小时。年降水量429.6毫米，平均风速7.7米/秒。

土壤垂直分布明显，自下而上为山地灰钙土、山地中性灰褐土、山地草甸土等。植被垂直带谱清晰，海拔1 500米以下为草原荒漠，1 500～2 000米为灌丛和山杨阔叶林或荒漠草原和灌丛，2 000～2 500米为油松、山杨混交林，阳坡常有灰榆疏林和灌丛，2 500～3 000米为云杉纯林，阳坡大多为荒山，3 000米以上为灌丛草甸，大多为裸露岩石，3 100～3 400米为亚高山灌丛、草甸带，3 400米以上为高山荒原带。

贺兰山为国家指定的水源涵养林区，其地理位置十分重要。它不仅阻挡了西北旱风和腾格里沙漠的东移，而且山脊线是我国内外流域的分界线和草原、荒漠植被的界山。又因植被具有半荒漠草原与草原的典型性，表现出耐旱耐寒的特征，在生物多样性保护方面具有重要意义。同时，贺兰山又是阿拉善高原和银川平原的天然屏障，对两地生态环境的改善起着极大的保障作用，特别是对水源的保护和供给，显得更为重要。

本亚区的主要生态问题是：植被退化严重，水源涵养能力下降，生物多样性降低；风力强劲，气候寒冷干燥，水土流失与荒漠化严重。

本亚区林业生态建设与治理的对策是：保护现有植被，实施封山育林，加强水源涵养林建设和自然保护区建设，提高植被覆盖率，浅山地区应有计划地营造薪炭林，解决农村能源短缺的问题。

本亚区收录1个典型模式：贺兰山山地水源涵养林区封山育林育草模式。

【模式 A3-1-1】　贺兰山山地水源涵养林区封山育林育草模式

（1）立地条件特征

模式区位于贺兰山中部地段，系贺兰山主体，海拔一般在1 400～2 600米，年平均气温－0.8℃，年降水量429.6毫米。地带性土壤垂直带谱自上而下主要有山地草甸土、山地灰褐土、山地灰钙土、山地粗骨土。全年干燥少雨，气候变化很大。植被分布属温带落叶阔叶林地带，是我国西北干旱风沙地区典型的温带山地森林生态系统，并以其独特的生态条件孕育了丰富的动植物类群。

（2）治理技术思路

由于贺兰山自然保护区位于西北地区，处于干旱草原与荒漠的过渡地带，干旱少雨，山高坡陡，土层瘠薄，立地条件较差，森林树种生长十分缓慢，森林人工更新难度较大。主要应以保护为主，提高森林防风固沙、蓄水保土、涵养水源、净化空气、调节气候的功能。通过封山育林，使该区植被在严格封育管护下得到较快的恢复发展，增加植被类型，提高植被盖度，增强森林涵养水源、蓄水保土、调节气候等生态功能。

(3) **技术要点及配套措施**

①封育范围：模式区内有林地面积为12.75万亩，疏林面积3.15万亩，灌木林面积为1.95万亩。封育区设于贺兰山中部，面积45万亩，划分封育林班48个。

②立地类型划分：根据海拔、地形部位、坡度、坡向、土壤、植被等环境因子的差异划分为3个立地类型组，10个立地类型（表A3-1-1）。

表A3-1-1 贺兰山山地立地类型及封山育林类型表

组 别	编 号	立 地 类 型	封山育林类型
Ⅰ高中山带阴坡立地类型组	1	高山草甸带山地草甸土立地类型	封山育灌、育草
	2	高山带阴坡云杉纯林山地灰褐土立地类型	在全面封山的基础上，采取野生苗移植等措施扩大成林面积
	3	高中山带阴坡灌草地山地灰褐土立地类型	封山育林、育灌
	4	中山带阴坡灌草地山地灰褐土立地类型	在封山的同时，结合育林措施，、促进天然更新，提高成林质量
	5	中山带山间宽谷灌草地山地灰褐土立地类型	封山育林、育灌
Ⅱ高中山带阳坡立地类型组	6	高中山带阳坡灌草地山地粗骨土立地类型	封山育灌、育草
	7	高中低山带岩石裸露地立地类型	封山育灌、育草
Ⅲ低山带立地类型组	8	低山带阴坡灌木林山地灰钙土立地类型	严禁放牧、樵采、封山育灌、育草
	9	低山带阴坡、阳坡灌草地山地粗骨土立地类型	严禁放牧、樵采、封山育灌、育草
	10	低山带沟谷灌草地山地粗骨土立地类型	严禁放牧、樵采、封山育灌、育草

③封育措施：按山系固定专人进行封育管护，实行全面禁牧和牧户搬迁，对破坏严重的地区设围栏封死，必要的地方采取人工促进更新措施，尽快恢复植被。

④管理措施：模式区内配置150名护林人员，强化管理。迁出羊只13 600余只，建立动、植物监测样地87块（其中对照样地12块），对模式区植被覆盖率、野生动物、幼树更新等情况进行全面监测。

(4) **模式成效**

经过封育，贺兰山地区生态环境逐步得到改善，为银川平原地区经济和社会的进步提供了可靠的生态屏障。

(5) **适宜推广区域**

本模式适宜在贺兰山及条件类似的周边地区推广。

二、银川平原亚区（A3-2）

银川平原亚区位于宁夏回族自治区中北部，西靠贺兰山，东接毛乌素沙地，南与盐池、同心干草原相连，北与内蒙古自治区接壤。地理位置介于东经104°45′56″～106°32′36″，北纬37°23′23″～39°22′10″，面积8 812平方千米。包括宁夏回族自治区银川市的城区、新城区，石嘴山市的石嘴山区3个区的全部以及宁夏回族自治区银川市的郊区、永宁县、贺兰县，石嘴山市的大武口区、石炭井区，平罗县、陶乐县、惠农县，吴忠市的利通区、青铜峡市、灵武市、中卫县、中宁县等13个县（市、区）的部分区域，是宁夏最主要的产粮区，也是我国商品粮基地之一，素有“塞上江南”之称。人口密度74人/平方千米。

本亚区地形起伏不大，地势平坦，大致为西高东低，南高北低，海拔1 070～1 300米。境内沟渠纵横，湖沼繁多，土地肥沃。温带半干旱荒漠气候，年平均气温8.5℃，≥10℃年积温3 300℃以上，无霜期140～160天，年降水量200毫米左右。土壤为经过耕作后熟化的浅色草甸土、灰钙土和淤泥土，北部有部分盐碱土，土层深厚，肥力中等。

本亚区的主要生态问题是：西、北、东三面被腾格里沙漠、乌兰布和沙漠、毛乌素沙地包围，气候干旱，风大沙多，土地沙化、次生盐渍化严重。人工林树种单一，天牛危害严重，生态环境非常脆弱。

本亚区林业生态建设与治理的对策是：以营造农田防护林和四旁绿化为主，改善平原区生态环境，保障农业生产稳定、高产，促进农村经济发展。主要建设内容包括灌区内农田防护林，经济用材林、灌区周边的防风固沙林，发展节水型农林业，加强病虫害防治。

本亚区共收录5个典型模式，分别是：银川平原灌区生态经济型农田防护林建设模式，银川平原灌区轻度盐碱地综合治理模式，银川平原枣粮间作模式，银川平原灌区生态经济林建设模式，包兰铁路中卫段“五带”一体防沙治沙模式。

【模式A3-2-1】　银川平原灌区生态经济型农田防护林建设模式

（1）立地条件特征

模式区位于宁夏平原的扬黄灌区和引黄灌区的中卫等地。地下水丰富，埋藏较浅，大部分地下水位1.5米以下。年平均气温8.5℃，极端最低气温－27.4℃，极端最高气温38.1℃，年降水量191.1毫米。土层深厚肥沃，以浅色草甸土、灰钙土为主，无盐渍化，是灌区发展防护林、经济林和用材林的理想区域。

（2）治理技术思路

充分利用良好的自然条件，建设高标准、高效益、多功能、抗逆性强、能持久稳定发挥效益的农田防护林网。同时，结合农田防护林建设，营建用材型副林带，在扬黄灌区营造枣树防护林，发挥林业的生态、经济和社会效益。

（3）技术要点及配套措施

①林带规划设计：结合农田水利化、机械化、园田化统筹规划，沿河岸、水渠、道路、地埂营造防护林带。在铁路、公路、田间路和干、支、斗渠沟及河岸两侧各栽1～4行树，行距以路、渠宽窄而定，一般5.0米以上，株距3.0～4.0米，形成骨干林带，走向尽量与主风方向垂直；副林带建在农渠农沟或地埂边，如每2～3条（档）农田建1条副林带，则每条林带栽2行树，行距以沟渠宽窄而定，株距2.0～3.0米；如每条农田均建1条林带，则每条林带只栽1行树，

株距 2.0 米左右。扬黄新灌区营造的枣树防护林，每条林带只栽 1 行枣树，株距 3.0 米。网格大小一般 100～200 米×600～1 200 米。

②树种选择：主林带以臭椿、国槐、刺槐、白蜡、丝棉木、枣树、皂荚、梓树、樟子松、油松、沙枣、桧柏、合欢等对天牛抗性强和寿命长的树种为主。辅栽树种有毛白杨、三倍体毛白杨、辽河杨、新疆杨；副林带选择樟河柳、苏柳 194 号、369 号、172 号、新疆杨、辽河杨、欧美杨、中林美荷杨、三倍体毛白杨、中林 46、毛白杨 741 等速生窄冠品种。白蜡、紫穗槐、叉子圆柏（沙地柏）可作为混交树种。扬黄灌区枣树防护林的主选枣树品种有中卫大枣、中宁小枣、灵武长枣、赞皇大枣、金丝小枣、骏枣、大武口枣、临泽小枣、板枣等优良品种。

③混交组合：尽可能营造混交林，主林带以行间或段状混交为主，副林带可带间混交，亦可在带内速生杨柳树种与白蜡进行株间混交。主林带可株间混栽紫穗槐与叉子圆柏。

④整地造林：国槐、刺槐、臭椿、白蜡、丝棉木、皂荚、合欢、梓树选四（年）根三（年）干（地膜育苗可选三根二干）的壮苗，杨柳树选用二根二干或二根一干的壮苗，春季造林。

公路边骨干林带，须于造林前 1 年挖好树池或树坑，整好地，灌足冬水。大苗栽植穴 80 厘米×80 厘米。栽植前苗木须泡水 1～3 天。

⑤抚育管理：及时浇水、松土、除草、修枝、抹芽。对成活率、保存率不合格的地段及时补植。注意及时防治病虫害。副林带一般于造林后 5～10 年根据需要进行合理间伐、采伐和更新利用。

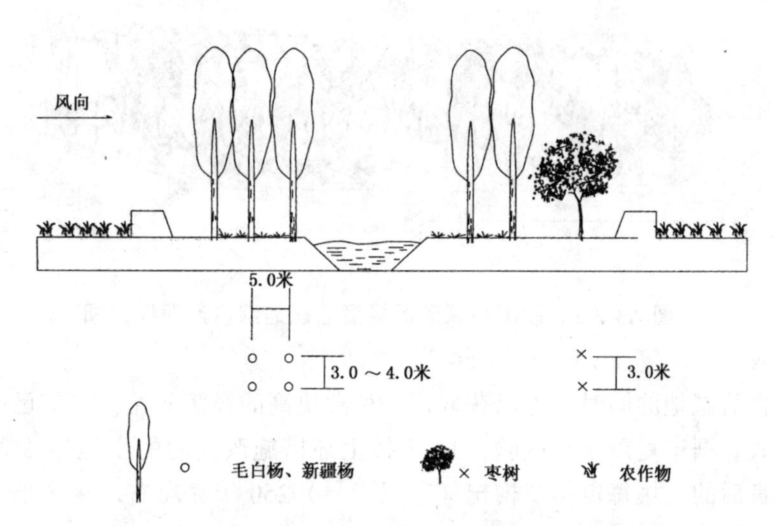

图 A3-2-1　银川平原灌区生态经济型农田防护林建设模式图

(4) 模式成效

本模式能够不占或少占耕地，充分利用渠边、田边、路边的水分、地力和空间，在发挥农田防护林生态、社会效益的前提下，能获得一定数量的木材和较高的经济效益。

(5) 适宜推广区域

本模式适宜在内蒙古自治区的河套灌区、甘肃省的河西走廊、新疆维吾尔自治区的绿洲、青海省的河谷阶地等条件类似地区推广应用。

【模式 A3-2-2】　银川平原灌区轻度盐碱地综合治理模式

(1) 立地条件特征

模式区位于宁夏回族自治区银川市郊区及内蒙古自治区土默特左旗，地势低洼，地下水位一般在0.8～1.5米，一般含盐量为0.1%～0.4%，土壤次生盐渍化严重，是影响本区发展的主要因素之一，严重者已失去农业开发条件。模式区年平均气温8.5℃，最高气温15.6℃，最低气温－24℃，年降水量202.7毫米，年蒸发量为年降水量的7倍以上达1 583.2毫米。

(2) 治理技术思路

采取工程、生物及其他配套措施相结合的方法，进行综合治理。工程措施突出淋与导，即：通过灌溉淋碱、洗盐和工程疏导，促进排水畅通；生物措施就是通过栽植抗盐碱树木进行生物排碱，改良土壤；采用其他技术措施如施用有改碱能力的肥料等，促进盐碱土的改造。

(3) 技术要点及配套措施

①挖沟排水：隔5～7米挖1条排水沟，沟宽1.2米，深1.0米，相对抬高地势，促进排水。

②整地：穴状或带状整地。穴状整地，长宽各50厘米，深60厘米；带状整地，挖宽、深各100厘米的通沟即可。整地须在栽植前1年进行。

③树种选择：选择枸杞（宁杞一号）、柽柳、国槐、胡杨、新疆杨等抗盐碱树种造林。用2年生大苗春季造林，株行距2.0米×3.0米，行间混交。可适当增加宁杞一号比例，提高经济效益。

④栽植：在排水沟两侧栽植杨树大苗，既排水又防护，中间则以营造经济林为主。

⑤配套措施：施用酸性肥料，尤其是目前普遍推广的盐碱地改良专用肥料。

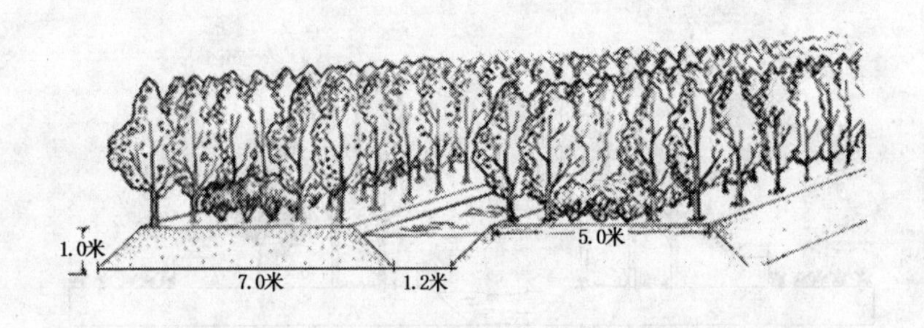

图 A3-2-2　银川平原灌区轻度盐碱地综合治理模式图

(4) 模式成效

本模式在改良盐碱地的同时，可以获取比种植业更高的经济效益，目前已成为河套地区盐碱地改良的主要方式。据宁夏芦花台试验，10亩按上述措施改良后的土地年收入达3万多元。一般情况下，经改良后的土壤每亩年产枸杞（宁杞一号）250千克左右，年产值2 000元左右，经济效益非常可观。

(5) 适宜推广区域

本模式可在河套平原灌区大力推广，其他次生盐渍化地区也可参照实施。

【模式 A3-2-3】银川平原枣粮间作模式

(1) 立地条件特征

模式区位于银川平原的灌溉农业区，温带干旱半荒漠气候，风大沙多，年降水量200毫米左右。土壤以灰钙土为主，肥力中等，灌溉条件较好。

(2) 治理技术思路

枣粮间作是一种高效有序的林农复合立体经营形式，能够提高土地生产利用率，充分利用光热资源，改善生态环境，调整产业结构，达到林农双丰收的目的。枣树采用大行距、小株距的方式栽植，在行间种植矮秆农作物。

（3）技术要点及配套措施

①整地施肥：针对新灌区土层薄、石砾多、土壤贫瘠、有机肥含量低等特点，要求挖定植穴80厘米见方，每穴施作物秸秆3千克、羊粪10千克、尿素0.15千克和土壤拌匀填入。

②定植苗木：为早成形、早结果、早丰产，必须选壮苗栽大苗。要求苗龄2年以上，苗高1.5米以上，地径1.5厘米以上，根系发达完整无损，并用水泡12小时，根系蘸ABT生根粉。枣树以4月下旬至5月上旬枣树发芽时定植为宜，株距一般为2.5～3.0米，行距8.0～10.0米，平均每亩30株，栽后要及时灌水。

③合理间作：留足保护带、选好间作物，保证枣树足够土壤营养面积和充分光照条件，避免耕作机械损伤，是枣粮间作成功的关键。一般定植后1～2年内留0.8～1.0米，3～4年内留1.0～1.5米，5年以后留2.0～3.0米宽的保护带。间作物应选择小麦、豆类、薯类、瓜类等低矮作物。

④肥水管理：按照每生产50千克鲜枣施纯氮0.75千克、纯磷0.5千克、纯钾0.65千克的标准进行施肥。每隔2～3年于秋季落叶后在树冠两侧外缘开挖60～80厘米深的条状沟或放射沟，株施有机肥30～40千克，4月下旬追施尿素0.5千克，促萌芽、抽枝和形成花蕾。6月份追施坐果肥，株施专用肥1千克。8月中旬追施膨大肥，株施1千克复合肥。灌水要与施肥有机结合起来，每次灌水后中耕、除草、保墒。

⑤整形修剪：修剪的任务主要是迅速增加枝芽量，尽快扩大树冠，培养牢固的骨架和合理的树冠结构，控制高度，稳定树势。疏截结合，以疏为主，保持良好的通风透光条件，培养和更新结果枝组，延长年限，保持稳产高产。应纺锤状整形，要求树高3.5～4.0米，有直立中心干，干高70厘米以上，主枝5～10个，主枝间距25～30厘米，呈螺旋式排列，均匀分布在主枝四周，主枝角度70～80度，主枝不留侧枝，直接着生结果枝组。

⑥病虫害防治：病虫害防治是增强树势，提高枣果产量质量和效益的主要措施。主要针对枣尺蠖、枣粘虫、枣瘿蚊、枣红蜘蛛、桃小食心虫等进行及时有效的防治。

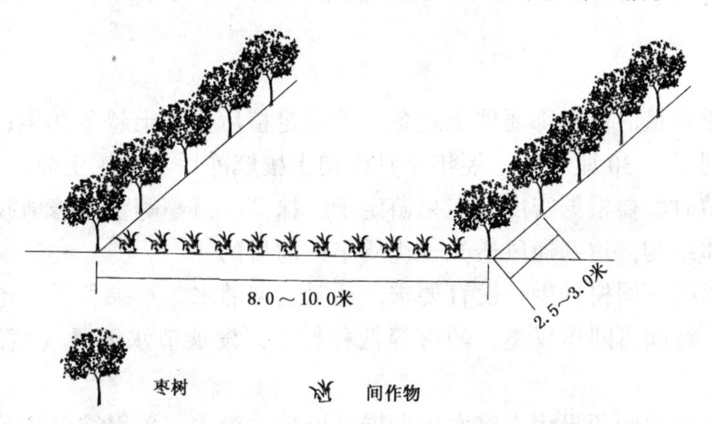

图 A3-2-3　银川平原枣粮间作模式图

（4）模式成效

枣粮间作是一项集生态效益、经济效益、社会效益于一体的林农复合立体经营方式。据中卫县宣和乡的典型调查，枣粮间作10年后亩产红枣300～400千克、小麦200～300千克，比纯农作区增加收入600元以上。

(5) 适宜推广区域

银川平原农业区，特别是扬黄灌区最适宜进行枣粮间作。在同心县、海原县等地的干旱地区、窖灌区也可推广。

【模式 A3-2-4】 银川平原灌区生态经济林建设模式

(1) 立地条件特征

模式区位于银川平原灌区，地处干旱半荒漠区。温带干旱气候，干旱少雨，年降水量200毫米左右，灌溉条件好，地下水位浅，土壤为熟化草甸土、灌淤土。光照充足，无霜期150天左右，天然植被已破坏殆尽。

(2) 治理技术思路

黄河流域是北方干鲜果经济林发展适宜区，已经形成苹果、梨、红枣、枸杞、葡萄等干鲜果经济林高效经济产业。应围绕适宜栽培区，集中统一规划、成规模建设连片的经济林，以形成产、储、加、销统一的产业区。

(3) 技术要点及配套措施

①品种选择：苹果适宜品种有红富士、新红星、皇家嘎拉、宁秋、宁冠、千秋等；梨适宜品种有早酥、锦丰、砀山酥、红香酥、红久安等；红枣适宜品种有赞皇大枣、骏枣、新郑大枣、梨枣、中宁小枣、灵武长枣等；葡萄适宜栽培品种，酿酒葡萄有品丽珠、赤霞珠、蛇龙珠等。鲜食葡萄有乍娜、大青、红地球、红意大利等；枸杞适宜栽培的品种有宁杞一号、宁杞二号、大麻叶优良品系等。

②整地与栽植：要求以无性系扦插繁殖或嫁接繁殖，用良种壮苗建园。春秋季栽植，也可夏季移栽营养袋苗木。建园时，挖100厘米×100厘米的（枸杞60厘米×60厘米）定植穴，穴施有机肥10～20千克、麦秸5千克、尿素0.5千克、磷肥0.5千克。栽植密度（株行距）：苹果乔砧3.0米×5.0米，矮砧2.0米×4.0米；梨3.0米×4.0米；红枣2.0米×4.0米；葡萄1.0米×3.0米或0.5米×3.0米；枸杞1.0米×3.0米或0.5米×3.0米。苹果、梨、红枣等要配置授粉树。

③抚育管理：

埋土防寒：秋季栽植的苗木都要埋土越冬。苹果定植后要埋土越冬2年；葡萄每年都要埋土防寒越冬。灌水后埋湿土30厘米厚，翌年4月份初土壤解冻后及时挖土放开。

整形修剪：定植时就要根据密度确定果苗定干、抹芽、留蔓等整形修剪技术操作方案，按技术要求逐步培养树体结构，达到通风透光、优质丰产的目的。

肥水管理：可根据不同树种生长发育要求，适时追肥灌水。苹果、梨、枣园幼树期可在行内留1米宽的营养带，行间可间作豆类、药材等低秆作物，发展节水灌溉（喷灌、滴灌、渗灌等）生态农林业。

病虫害防治：及时预测预报病虫害发生发展，以预防为主，采用综合防治措施，适时防治各类病虫害。

(4) 模式成效

本模式在银川平原灌区已推广60余万亩，亩效益均在1 000元以上，许多地方已形成规模，成为农民增收的支柱产业。中宁县白马乡发展这种模式，1999年人均果品收入在300元。

(5) 适宜推广区域

本模式适宜在宁夏回族自治区银川平原灌区及黄土窖灌、井灌区推广。

【模式 A3-2-5】　包兰铁路中卫段“五带”一体防沙治沙模式

（1）立地条件特征

中卫沙坡头位于腾格里沙漠东南缘，东临银川平原，西接半荒漠棕钙土山前冲积扇，境内流动沙丘密布，以格状沙丘及格状沙丘链为主。黄河水面海拔 1 200 米，沙丘高处的海拔为1 500 米，相对高差 300 米。年降水量 186.2 毫米，年蒸发量1 913.8毫米，沙漠腹地的蒸发量高达3 206.5毫米。年平均气温 9.6℃，1 月平均气温 －8.1℃，7 月平均气温 22.6℃，无霜期 150～180 天，年平均风速 2.8 米/秒，冬春盛行西北风。在西北风和东南风的交替作用下，腾格里沙漠由西北向东南以年平均前移 3.0～5.0 米的速度呈“之”字形前移，目前已逼临黄河岸沿，高悬于黄河左岸之上。包兰铁路即沿黄河左岸横穿腾格里沙漠东南缘，20 世纪 50～60 年代曾备受风沙危害之苦。

（2）治理技术思路

在铁路上风方向远离铁路的地段设置高立式沙障，阻沙、聚沙成堤，阻止沙丘前移；在近铁路两侧营造机械沙障保护下的植物固沙带，全面固沙。以固为主，固、阻、输结合，保护铁路免受风沙危害。

（3）技术要点及配套措施

防护体系由固沙防火带、灌溉防护林带、无灌溉防护林带、前沿阻沙带和封沙育草带等五条防护带组成，上风方向 300 多米，下风方向 200 多米，总宽 500 多米，其中，无灌溉防护林带是必备的核心部分。由铁路向外，这五条防护带的营建技术要点分别为：

①固沙防火带：在路基上风方向 20 米、下风方向 10 米的范围内，清除植物，整平沙丘，铺设 10～15 厘米厚的卵石、黄土或炉渣，形成固沙防火带。

②灌溉防护林带：在固沙防火带上风方向外侧 60 米、下风方向外侧 40 米的范围内，整修梯田，修筑灌渠，梯田内设置沙障，灌溉造林。可选的乔灌木树种有二白杨、刺槐、沙枣、樟子松、柠条、花棒、黄柳、沙柳、紫穗槐、小叶锦鸡儿、沙拐枣等。春季植苗造林，密度 1 米×2 米，隔行或片状混交，混交时以灌木为主，建议采用柠条-花棒、柠条-油蒿、花棒-小叶锦鸡儿的混交类型。乔木半月灌水 1 次，定额 33 立方米/亩；灌木 1 月灌水 1 次，每次 66 立方米/亩。

③无灌溉防护林带：在灌溉防护林带外侧上风方向 240 米左右、下风方向 160 米左右的范围内，于造林前 1 年的秋季全面扎设 1.0 米×1.0 米的半隐蔽式麦草方格沙障；之后，垂直主风方向，按 1.0 米×1.0 米×2.0 米的株行带距营造以头状沙拐枣、乔木状沙拐枣、小叶锦鸡儿、花棒、柠条、黄柳、油蒿等树种为主的灌木林。春秋两季均可造林，秋季为主，多植苗造林，黄柳、沙柳扦插造林，油蒿也可于雨季撒播。株行距 1.0 米×1.0 米或 1.0 米×2.0 米，油蒿株距 0.5 米。

④前沿阻沙带：在无灌溉防护林带外侧上风方向的丘顶或沙丘较高位置，用柽柳笆或枝条建立折线形高立式沙障，沙障地下埋深 30 厘米，障高 1.0 米，阻沙积沙，保护无灌溉防护林带外缘部分的安全。

⑤封沙育草带：在前沿阻沙带上风方向百米范围内的局部沙丘迎风坡上，采取设栏封沙、铺设沙障、栽植灌木的方法，减少人畜对自然植被的破坏，促进封育区内植被自然繁殖，抑制风沙运动。

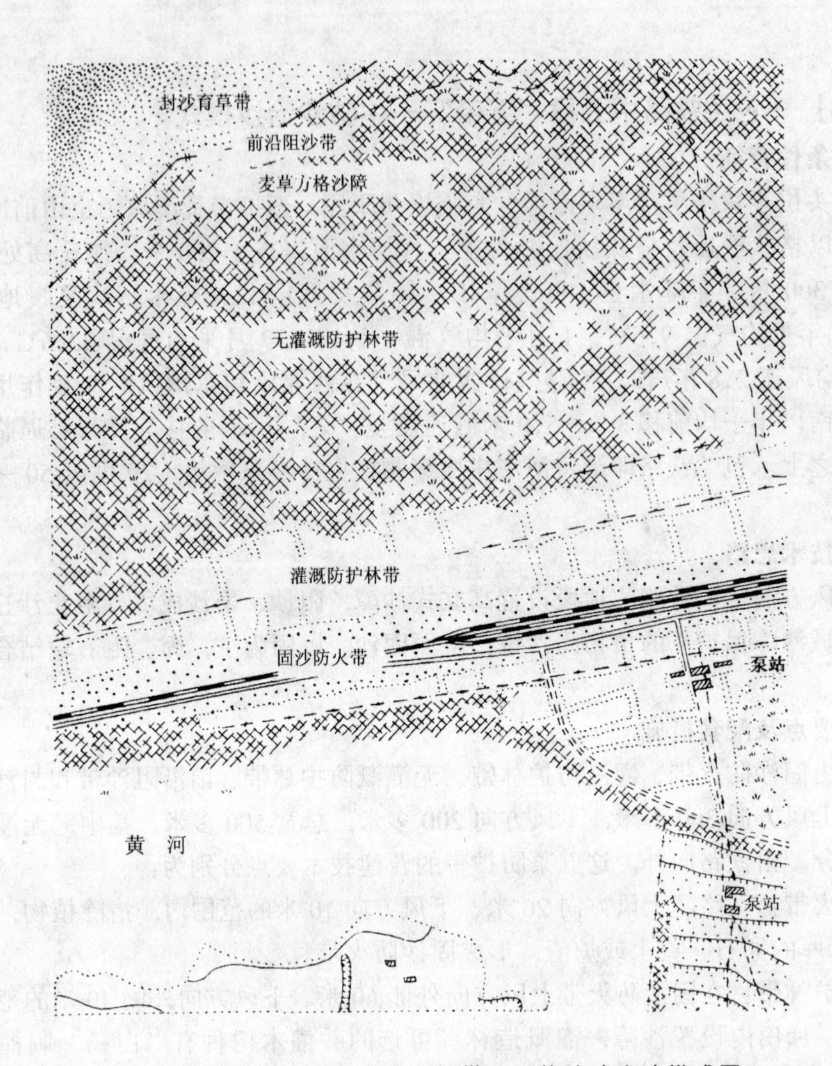

图 A3-2-5　包兰铁路中卫段“五带”一体防沙治沙模式图

(4) 模式成效

该模式保障了包兰铁路中卫段数十年畅通无阻，成果曾获国家科技进步特等奖，引起世界各国相关领域专家的极大关注。

(5) 适宜推广区域

本模式适宜在荒漠、半荒漠有灌溉条件的铁路沙害防护体系建设中推广应用。其他地区道路沙害的防治亦可参考本模式的技术思路。

三、内蒙古河套平原亚区（A3-3）

本亚区位于阴山山地以南，鄂尔多斯高原库布齐沙漠以北，西起内蒙古自治区巴彦淖尔盟的磴口县，溯黄河而上与银川平原相接，东至呼和浩特市的陶卜齐，地理位置介于东经106°12′38″～111°23′39″，北纬 39°14′6″～41°16′26″，面积 33 569 平方千米。包括内蒙古自治区呼和浩特市的玉泉区、赛罕区的全部，以及内蒙古自治区呼和浩特市的回民区、新城区、土默特左旗、托克托县、和林格尔县、清水河县，包头市的昆都仑区、东河区、青山区、九原区、土默特右旗，伊克昭盟的杭锦旗、达拉特旗、准格尔旗，巴彦淖尔盟的磴口县、杭锦后旗、乌拉特前旗、临河市、五原县等 19 个县（市、旗）的部分区域。

本亚区地势由西南向东北缓缓倾斜，海拔1 000～1 100米。大陆性气候特点强烈，热量丰富，雨量不足。年平均气温5.0～7.8℃，1月份平均气温-12～-16℃，7月份平均气温17～27℃，≥10℃年积温2 700～3 400℃，无霜期150～160天。年降水量：土默特川平原为300～430毫米，属半干旱区；后套平原仅为150～300毫米，属干旱区。年蒸发量2 000～2 400毫米，大风日数20～35天，沙尘暴日数15～18天。河套平原为冲积土、潮土、盐土和灌淤土，东西部分别有栗钙土、棕钙土分布。

本亚区的主要生态问题是：植被稀少，覆盖度低，森林覆盖率仅2.9%，加上灌木为4.1%，且大多为草甸盐生和沙生植被。气候干旱，风沙危害频繁，土壤沙化、盐渍化严重，农田防护林体系不完善。水资源利用不合理，浪费严重。

本亚区林业生态建设与治理的对策是：以营造农田防护林和四旁绿化为主，在靠近沙漠的地带重点营造固沙林，河流沟渠营造护岸林，在条件好的地方适当营造用材林、薪炭林和果树经济林，逐渐形成农田防护林与防风固沙林相结合的林网体系。

本亚区共收录2个典型模式，分别为：内蒙古河套灌区外围综合治理模式，内蒙古河套平原北部沙化草场封育保护与恢复模式。

【模式A3-3-1】 内蒙古河套灌区外围综合治理模式

(1) 立地条件特征

模式区位于内蒙古自治区巴彦淖尔盟的磴口县，地处河套平原灌溉农业区外围，土壤瘠薄，气候干旱，自然环境恶劣。分布有流沙侵蚀地、覆沙地、撂荒地和盐渍化弃耕地，林牧、林农矛盾非常突出，植被破坏严重，土地沙化、盐渍化明显。

(2) 治理技术思路

采取由外到内，工程、生物措施结合，乔、灌、草结合，带、网、片结合的措施进行综合治理。最外围，采取封育措施，减少人畜破坏，促进植被的自然恢复；向内，覆沙地先用麦草沙障固沙，再种植固沙植物；侵蚀地则需选择抗风蚀树种配合黏土沙障治理；盐渍化土地，栽植抗盐碱树种改良土壤；在农田周围，营造大型骨干防护林带；村屯周围，搞好整体绿化。总体布局应是封育区→固沙区→土壤改良区→农田防护林区→村屯绿化美化区。

(3) 技术要点及配套措施

①封育区：设立网围栏封育，既可用铁丝围栏进行全封或季节封，也可建生物围栏封育。

②固沙区：撒播、喷播或飞播沙蒿、杨柴等植物，促进植被恢复；流动覆沙地铺设沙障进行固沙，可用麦草或黏土等材料；也可选择花棒、杨柴、柠条、沙柳、沙枣等植苗造林。

③土壤改良区：大量种植豆科类植物，栽植山杏、紫穗槐、胡杨、柽柳等耐盐碱树种及苜蓿、沙打旺、草木犀等耐盐牧草，改造次生盐渍化土地；盐渍化严重的地区，挖沟排碱，降低次生盐渍化程度。

④农田防护林区：宜采取窄林带、小网格的形式，网眼规格一般100米×200米，结合渠道、道路以及地形地势统一规划布设。

⑤村屯绿化美化区：以绿化、美化、香化为主，做到三季有花，四季常绿。

⑥重要设施周边：大型水利枢纽周围以及其他重要地段，采用化学方法固定流沙，如沥青乳液、涅罗森固沙高分子化合物等；也可以采取引洪淤灌的方法改良土壤，或引水拉沙开发利用沙地；在风蚀严重地区，采取免耕法等农业技术措施，防止土地沙化、退化。

(4) 模式成效

本模式的主要作用是保护农田不受风沙危害，保证道路畅通，保护水利灌溉设施，保护村屯居民的生存环境。同时，因本区是黄河的流经之地，模式减少入黄泥沙的作用非常明显，具有较明显的生态效益和社会效益。

(5) 适宜推广区域

本模式可在干旱、半干旱风沙危害地区的灌溉平原周边广泛推广。

【模式 A3-3-2】　内蒙古河套平原北部沙化草场封育保护与恢复模式

(1) 立地条件特征

模式区位于河套平原北部沙化草原。干旱多风，沙暴频繁，降水少，蒸发大，土壤多为冲积土、风沙土。

(2) 治理技术思路

当地植被稀少，气候干旱，草场退化、水土流失和风沙危害严重，应加强天然植被的保护与恢复，同时积极营造以防风固沙、保持水土为主的防护林体系。通过封育，保护好天然草场和人工草场；通过合理利用和人工培育牧草资源，形成高产、稳产的天然草地、半人工草地和人工草地。重点解决牲畜冬、春饲料紧缺和植被保护的矛盾。

(3) 技术要点及配套措施

①基本草场建设：选择主要铁路、公路两侧，大型水利设施周围，草场退化及水土流失和风沙危害严重的地区进行封育。根据封育目的划分出普通封育区、重点封育区和核心封育区。封育期视植被的恢复状况而定，一般为 3～5 年，可全封、半封或季节封。封育的同时采用人工措施促进复壮，如雨季直播柠条、紫穗槐、杨柴等，或进行人工施肥。普通封育区可全封也可半封，或季节封，一般靠自然能力进行恢复；重点封育区则以全封为主，并配合必要的人工措施；核心区则必须全部封死，严禁人畜进入，主要布设在重要设施的周围、铁路两侧、严重风蚀区和受风沙威胁的居民点周围。

②人工补播：于播种前 1 年带状或穴状整地，春季抢墒播种或雨季直播。主要补播多年生优良牧草和灌木，如沙打旺、紫穗槐、草木犀、甘草、沙葱、野麦草、冰草、早熟禾、紫花苜蓿、沙蒿、柠条、花棒等。混播效果较好。

③灌溉、施肥：对有灌溉条件的基本草地，可进行漫灌或喷灌，并结合灌溉进行施肥，力求通过集约化经营提高草场质量和牧草产量。

④铲除有害植物，消灭鼠害。及时清除小花棘豆、苍耳等对牲畜有害的植物，及时投放鼠药防鼠、灭鼠。

⑤轮封轮牧：

划区轮牧：将草原划分为夏秋季草场和冬春季草场，再按季节划分出若干个轮牧分区，让家畜按照一定的次序逐区采食，轮回放牧。

小区轮牧：将全年放牧地划分为若干轮牧小区，每一小区放牧 4～6 天，几个到几十个轮牧小区集合为一个轮牧单元，由一个畜群逐区采食，轮回利用。

地段轮牧：由于划区轮牧的界限不易划定，故需扩大小区轮牧面积，每一地段放牧 10～20 天，用“压旧茬接新草”的方法逐段轮牧。

⑥控制载畜量：平均每 10 亩不得超载 0.3 只羊单位，严禁超载放牧。

(4) 模式成效

封育、改良人工草场后，恢复和增加了植被，提高了草地载畜量，改善了生态环境，是一种投入少、见效快的好办法，具有非常明显的生态效益、经济效益和社会效益。

(5) 适宜推广区域

本模式可在干旱、半干旱沙化草原推广。

第4章

内蒙古及宁陕沙地(漠)类型区(A4)

本类型区为黄土高原向沙地(漠)的过渡地带。主要包括内蒙古自治区伊克昭盟，宁夏回族自治区吴忠市、石嘴山市，陕西省榆林市的部分区域。地理位置介于东经103°49′53″～110°58′45″，北纬 36°43′31″～40°50′30″，总面积 106 724 平方千米。

本类型区地形为起伏较大的破碎丘陵，平均海拔在 1 500 米左右。上有覆沙，土层深厚，流动、半流动沙丘明显发育，丘间低地地下水位高，开发潜力较大。年降水量 200～450 毫米，年蒸发量 2 000～3 000 毫米。年平均气温 3～8℃，无霜期 130～160 天，地带性土壤为栗钙土，也有棕钙土、黑垆土、盐渍土、灰褐土分布。主要植物有河北杨、榆树、油松、紫丁香、沙棘、柠条、沙蒿、沙地柏、沙柳等。

本类型区的主要生态问题是：地处农牧交错地带，气候干旱，多风少雨，土壤贫瘠，十年九旱，降水集中，土地沙化非常严重，水土流失明显加剧。

本类型区林业生态建设与治理的主攻方向：尽快采取措施增加植被盖度，抑制沙化扩展，控制水土流失。在封育的基础上，进行大规模的飞播造林种草，辅之以人工造林措施，达到防风固沙，治理水土流失，改善生态环境的目的。

根据立地条件的差异，本类型区共分 3 个亚区，分别是：库布齐沙漠亚区，毛乌素沙地亚区，陕北长城沿线风沙滩地亚区。

一、库布齐沙漠亚区（A4-1）

本亚区位于内蒙古自治区黄河南岸的各级阶地上，地理位置介于东经 107°9′36″～110°58′45″，北纬 39°48′4″～40°50′30″。包括内蒙古自治区伊克昭盟的杭锦旗、准格尔旗、达拉特旗 3 个旗的部分区域，面积 19 768 平方千米。

本亚区地势南高北低，海拔 1 100～1 300 米，地貌类型主要有流动沙地、半固定沙地、固定沙地 3 种。年降水量 250 毫米左右，年平均日照时数 3 300 小时，≥10℃年积温 2 900～3 000℃，无霜期 130～150 天。风大沙多也是本区气候的特点，年平均八级以上大风日数 8～40 天，年沙尘暴日数11～25 天，最多达 97 天，气候条件十分恶劣。

本亚区的主要生态问题是：植被稀少，气候干旱，风大沙多，土地沙漠化严重，沙尘暴危害逐年加剧。

本亚区林业生态建设与治理的对策是：在恢复和建设草场植被的基础上，对生态脆弱地带中有植物生长基本条件的地段实行封育，同时营建防风固沙林，分而治之，以河流为据点，锁、固、阻措施并用。

本亚区共收录2个典型模式，分别是：库布齐沙漠沙生植物种质资源保护区建设模式，库布齐沙漠穿沙公路防沙模式。

【模式 A4-1-1】 库布齐沙漠沙生植物种质资源保护区建设模式

（1）立地条件特征

模式区位于内蒙古自治区杭锦旗西北部库布齐沙漠西缘，属于硬梁覆沙地，海拔高度为1 110～1 200米。干旱大陆季风性气候，年平均气温7.1℃，生长期为130天，年降水量194.6毫米，主要集中在7～9月份，年平均风速4.5～5.2米/秒。土壤以非地带性的风沙土为主。主要人工植被为大白柠条纯林，盖度30%～60%，密度40～80丛/亩。天然分布有沙米、针茅、绵蓬、蒙古葱、刺沙蓬等植物。

（2）治理技术思路

大白柠条为当地主要的优良防沙治沙树种，种质资源曾经十分丰富，但因过度樵采和放牧，破坏十分严重，保护工作迫在眉睫。遵循“提高自繁能力为主，人工促进措施为辅”的原则，采用围栏封禁，建立天然大白柠条保护区。

（3）技术要点及配套措施

①围栏封禁：根据实地踏查和GPS定位，确定围封面积11万亩。因围封地地处沙漠地段，自然条件恶劣，存在严重的风蚀、沙埋及牲畜破坏等问题，故采取分段围栏，分段布线，水泥桩和木桩并用。水泥桩、木桩长度180厘米，埋深30厘米，水泥桩间距15米，木桩间距3米，用16号镀锌钢丝自下而上围7层，上下钢丝间距20厘米，用钩连接成网格状。

②人工补播，移稠补稀：对于面积较大的空沙地，使用播种机开沟播种，播量0.5千克/亩，行距4米，播期5月下旬至6月上旬，对于天然落种繁育的幼苗，雨季进行移稠补稀，密度控制在2.0米×3.0米、3.0米×3.0米、3.0米×4.0米，即56～111株/亩。

③平茬：对于生长衰退或不良的老龄白柠条株（丛），采用隔带平茬的方法。平茬复壮，带宽10米，带间距30米，用镢头贴地面整齐砍下，防止劈茬。平茬一般在冬季进行。

④病虫害防治：大白柠条的病虫害主要有柠条尺蠖、柠条豆象、柠条种子小蜂和柠条螟，其中以柠条尺蠖、柠条螟危害面积最大，有虫株率70%以上，虫口密度400头/株，一般5月上旬危害最甚。一般用灭幼脲杀螟松、杀虫灵，药液比例1∶100。因保护区面积大，劳力不足，交通不便，一般在5月下旬用飞机喷雾进行防治。

⑤管理措施：迁出保护区内的所有牧户，当地政府负责选择迁移地址及提供必要的搬迁补偿费用。由政府下达禁牧令，严禁放牧及樵采，周围牧户拥有的大小牲畜均实行圈养或在保护区内草场划区轮牧。

（4）模式成效

本模式现已在保护库布齐沙漠天然大白柠条种质资源中成效显著，产籽面积率已达85%，所产种子被三北地区广为引种，为防沙治沙和生物多样性保护起到了积极的推动作用。

（5）适宜推广区域

本模式可在毛乌素沙地、库布齐沙漠等有类似天然植物的种源保护区中推广。

【模式 A4-1-2】 库布齐沙漠穿沙公路防沙模式

（1）立地条件特征

模式区位于内蒙古自治区伊克昭盟杭锦旗穿沙公路两侧，南北纵贯6个苏木，全线长100千米。年平均气温 6.9℃，≥10℃年积温 3 023.6℃，无霜期 163 天。年降水量 139.4 毫米，年蒸发量 2 110.9 毫米。最大风速 19.0 米/秒，年沙尘暴日数 6～7 天。区内以流动沙丘和半固定沙丘为主，气候干旱，沙暴频繁，自然条件极为恶劣。

(2) 治理技术思路

根据穿沙公路各段的沙丘类型与流沙活动程度，分高大流动沙丘、半固定沙丘、固定沙丘 3 种类型进行治理。

(3) 技术要点及配套措施

①高大流动沙丘：先用机械沙障固定流沙，然后栽植灌木进一步进行治理。

布设沙障：机械沙障分为平铺式、直立式 2 种。平铺式沙障根据设置形式及结构，可分为全面平铺和带状平铺式 2 种，所用材料就地取用。主要采用当地的沙柳、农作物秸秆等。直立式沙障又分为低立式、高立式 2 种。低立式沙障主要采用当地的柴草及农作物秸秆，布设时先将沙障材料与沙障线大致垂直平整地平铺在沙障线上，然后沿沙障线用锨将柴草从中部压入沙中 5～10 厘米，两侧再用沙壅起即可，一般障高 15～20 厘米。高立式沙障主要采用长 70～80 厘米以上的沙柳等材料，沿规划线挖 20～30 厘米深的沟，把沙障材料均匀地插放于沟中，稍端朝上，障材下部应比上部稍密，在沙障基部用杂草（沙蒿等）填缝，两侧培沙，扶正踏实，培沙高度 10 厘米左右。

沙障的插设季节以秋末冬初沙层湿润时为宜，这时开沟省力，插后障基较稳固。高立式沙障的障间距应为障高的 10 倍左右，在坡度较大的沙丘应以顶底相照为原则。沙障一般设置在沙丘迎风坡的中下部，行列式设置，走向与主风方向垂直，在风向多变沙区，需全面方格式设置。

障间地造林：造林树种主要采用花棒、沙拐枣、小叶锦鸡儿、杨柴、沙蒿等，植苗造林。在沙区水分条件好的地段也可采用插杆造林和压条造林的方法。春秋季造林，春季一般在 4 月份，秋季在 10 月份。栽植坑的大小以能使根系舒展为准。造林密度须根据树种、地下水位，降水量等因素综合确定。水分条件好的地段密些，否则要稀。在有明显主害风方向的沙区，林分的行向应与主害风方向大致垂直。

②半固定沙丘：通过建植生物沙障进行治理。生物沙障治沙主要选用杨柴、沙柳、黄柳等萌蘖能力强、经济价值较高的优良沙生灌木营造，沙障规格 4.0 米×4.0 米。活沙障的设置，主要通过扦插造林完成。10 月中下旬就近选取枝干木质化程度较好的灌木枝条作插条，注意保持湿润，尽可能做到随采条随造林。划好网格线，沿网格线挖栽植沟，沟深杨柴为 60 厘米，沙柳 80 厘米。采用“两埋两踩一培土”的方法栽植，即将插条按 5 厘米左右株距直立于栽植沟内，回填湿沙，填至一半时踩实 1 次，填满湿沙后再踩实 1 次，最后再培 10 厘米左右的湿沙。造林后保留地上部分 20～30 厘米，剪掉其余部分，使呈疏透度为 0.2～0.3 的方格式紧密沙障。剪掉的部分要铺设于沙障两侧。翌春，插条成活，萌发枝条，沙地渐趋固定。造林后的 3～5 年内严禁人畜破坏。

③固定沙丘：采用生物措施。也就是直接造林措施进行治理，树种以灌木为主、乔木为辅，并以团块状混交为主的多种混交方式造林。灌木树种主要选用沙柳、柠条、枸杞等，乔木有杨、柳、榆等。

(4) 模式成效

机械措施与生物措施相结合，充分发挥了固、阻、输的作用，在改变微地形、增加地表粗糙度、防止风蚀、保证林木存活，保障穿沙公路畅通中发挥了重大作用。

(5) **适宜推广区域**

本模式适合在我国北方干旱、半干旱地区的流沙治理中应用，尤其适合在易受风蚀沙埋，幼苗难以存活生长的严重风蚀沙区应用。建议在科尔沁沙地、毛乌素沙地、浑善达克沙地中广泛推广应用。

二、毛乌素沙地亚区（A4-2）

本亚区地理位置介于东经103°49′53″～109°45′1″，北纬36°43′31″～39°56′20″。包括内蒙古自治区伊克昭盟的鄂托克前旗、乌审旗；宁夏回族自治区吴忠市的盐池县等3个县（旗）的全部，以及内蒙古自治区伊克昭盟的杭锦旗、鄂托克旗、伊金霍洛旗；宁夏回族自治区吴忠市的利通区、中卫县、同心县、灵武市、青铜峡市、中宁县，石嘴山市的陶乐县等10个县（旗）的部分区域，面积66 828平方千米。

本亚区地处鄂尔多斯高原与黄土高原的过渡地带，西北高、东南低，海拔1 200～1 560米，地表物质松散，地形主要由丘陵、梁地、台地与滩地或谷地构成，在台地与滩地上大部覆盖着沙丘，因而形成梁与滩相间，固定沙地、半固定沙地与流动沙地和丘间低地交错分布的风沙地貌景观。年日照时数2 800～3 000小时，≥10℃年积温2 800～3 020℃，无霜期129～145天，年降水量250～400毫米，年蒸发量2 100～2 700毫米。地带性土壤为栗钙土，非地带性土壤主要为风沙土，其次为潮土、沼泽土、盐土等。

本亚区的主要生态问题是：气候干旱，风沙危害严重。由于不合理耕垦和过度放牧，植被稀疏低矮，土地退化、沙化严重，生态环境极度脆弱，一旦植被遭到破坏，在风、水两相自然营力的作用下，水土流失、土地沙漠化就会加速发展。

本亚区林业生态建设与治理的对策是：以治理和遏制沙漠化土地的扩展为目标，坚持生态平衡与可持续发展的原则，做到资源开发与环境治理相结合；以植被恢复为基础，以防护林建设为中心，建立起多功能防护林体系；转变经营方式，种草养畜，改放牧为圈养；不断改善广大农牧民的生产和生活条件，改善环境状况，保障生态安全。

本亚区共收录7个典型模式，分别是：毛乌素沙地混播甘草治理模式，毛乌素沙地生物经济圈建设模式，毛乌素沙地覆沙黄土区针阔叶混交林营造模式，毛乌素沙地草库仑建设模式，毛乌素沙地丘间低地植物固沙模式，包神铁路沿线沙害综合防治模式，河东沙化土地综合开发治理模式。

【模式A4-2-1】　毛乌素沙地混播甘草治理模式

(1) **立地条件特征**

模式区位于内蒙古自治区伊克昭盟鄂托克旗。区内大多为半固定沙地，风大沙多，年降水量仅250毫米，土壤主要为风沙土和栗钙土，无霜期130多天。草场退化、沙化非常严重。

(2) **治理技术思路**

内蒙古自治区伊克昭盟鄂托克旗、杭锦旗有天然甘草的分布区，因多年人为破坏，乱采乱挖，难已恢复。利用现在已成熟的飞机播种造林技术，在沙区播种甘草，是快速绿化沙地，恢复植被，规模发展药用经济植物的一种全新模式。根据两旗植被稀少，风沙危害严重等特点，最好采用混播方式，即在甘草种子中混入适量的花棒、踏郎、籽蒿、沙打旺和锦鸡儿种子，并配以人工机械喷播，提高飞播质量。

(3) 技术要点及配套措施

①种源选择和种质检验：最好选用伊克昭盟当地产种子，便于适应播区环境，如采自播区自然分布区的新种子，对生长更有利。要求种子千粒重为 9.63～9.70 克，平均纯度 85%，发芽率室内 70%以上，室外 80%以上。混播植物种可选择花棒、杨柴、籽蒿、沙打旺、锦鸡儿等。

②种子处理：

化学药剂处理：播前用 1%的硫酸稀释后拌种，进行种子脱毒、除蜡处理。

机械处理：用碾米机对甘草种子进行破壳处理，以种子不被碾破为标准。

促根处理：用 25 毫克/千克的 ABT3 号生根粉拌种。

③播量确定：依据种子质量（千粒重、纯度、发芽率），风沙活动强弱，以及鼠、虫、兔等的危害程度等来确定播量。一般情况下，混播甘草种子不少于 0.35 千克/亩，花棒 0.47 千克/亩，踏郎 0.33 千克/亩，籽蒿 0.23 千克/亩，沙打旺 0.23 千克/亩，锦鸡儿 0.5 千克/亩，如使用鸟鼠驱避剂和多效复合剂进行拌种，播量可适当降低。

④播期选择：根据伊克昭盟降水情况，最好选在降水量集中的 6～7 月份，另外，还要根据气象预报最好选在一次降水过程的前后几日，这样有利于提高种子发芽率和成苗面积率。

⑤种子覆沙：对于大面积甘草混播采取人工覆沙措施较为困难，可采用以羊群为主的畜群踩踏覆沙办法，播前踩踏有利于种子落入坑内，播后踩踏可提高覆沙程度。

⑥防鼠技术：甘草种子以及其他混播的种子停留在沙面上的时间越长，鼠害越严重。使用森林鼠鸟驱避剂于播前拌种，可减少鼠害损失达 26%。

⑦播区管护与经营：播后用围栏封禁播区 3～5 年，组织专人进行管护，严禁开垦、放牧、割草、砍柴、采药等人为活动，移密补稀，防治病虫害。待甘草可以利用时，可适时适量采挖（间挖），并及时采取播种或自然落种的方法促进更新。

(4) 模式成效

采用甘草与其他树草种混合飞播造林的方式，有利于扩大甘草面积，满足市场需求，发展前景非常广阔。据对当地群众的调查，每亩飞播甘草可收入人民币 300 元。同时，对缓解群众滥挖甘草破坏植被、减少沙尘暴的发生具有重要作用。

(5) 适宜推广区域

本模式适宜在甘草的自然分布区或条件类似的其他地区广泛推广。

【模式 A4-2-2】　毛乌素沙地生物经济圈建设模式

(1) 立地条件特征

模式区位于内蒙古自治区伊金霍洛旗。典型的大陆性气候，冬季长冷，夏季短热，年平均气温 5℃，日照充足，降水稀少，年降水量 300 毫米左右。土壤以风沙土为主。植被主要有针茅、沙蒿等，草场沙化退化非常严重。

(2) 治理技术思路

在毛乌素沙区，以住户或居民点为核心，分（圈）层构建具有不同生态、生产作用的功能区，在营建防护林带，防治草场沙化、治理流沙的基础上，恢复和建设草场植被，发展畜牧业，保护和促进核心区的农牧林生产，实现生态系统的动态平衡。伊金霍洛旗地处毛乌素沙地，具有沙丘、梁地与滩地相间环状分布的景观结构。根据各景观元素不同的生态特点，伊金霍洛旗发展了三圈式的生物经济圈。

(3) 技术要点及配套措施

沙地生物经济圈最好选在地下水位埋藏浅，开发潜力大的丘间低地周围或起伏较小的平缓沙地，土壤改良后适宜乔灌木、农作物、优良牧草及其他经济作物生长的地段。圈与圈要相对集中，选址要因地制宜，先易后难。

①建设内容及布局：沙地生物经济圈由核心区和保护区构成，面积以 60～150 亩为宜，最好在 3～5 年内建成。

核心区：面积不少于 30 亩。区内包括房舍、棚圈、农田、果园、菜园和人工草场等。核心区周围营造乔灌结合的防护林带，风沙大的乡、苏木、镇应采用紧密型防护林带。一般乔木 3～4 行，乔木两侧各栽植 1～3 行灌木。核心区外围植被较好的地段，采用以乔木为主的疏透结构防护林带。本区的林木占地面积应不低于 15%。

保护区：位于核心区外围，其面积为核心区的 1～4 倍，保护区外建设机械围栏或生物围栏。保护区内实行以封育、栽植灌木与种植牧草为主的措施。

②具体做法：

第一圈：在浅层地下水资源较为丰富、土壤相对肥沃、生态条件相对优越的中心滩地，建立集约经营的高投入、高效益的农、林、果、牧、药试验区，引种高产作物、牧草、经济植物，使用微喷、中喷、滴灌等节水灌溉技术，采用组织培养、温棚进行良种的快速繁殖与集约栽培，把滩地建成景观单元中能量与物质的主要提供区域。

第二圈：建设成依靠自然降水的径流经济园，运用节水技术，辅以保水剂、地表硬化剂等材料，遵循水分平衡原则，选择高效益的树种，建设经济与生态效益并重的复合系统。

第三圈：在第二圈的外部生态条件较恶劣的高大沙丘，建立灌木林防护体系，形成内外两圈的防护林体系，必要时还可作为适度轮牧区加以利用。

③管理：封闭式管理，集约化经营。农业用地面积以解决治理开发户的粮食需求为限，牧业用地要能以舍饲、半舍饲条件下具备一定防灾抗灾能力为度。同时要有水利配套设施。

④配套措施：为促进生物经济圈建设，盟旗乡三级政府根据情况制定了适合的优惠政策、优惠措施。例如，将宜林荒山、荒沙承包给农牧民，30～50 年不变，并允许继承和转让；在资金的筹措使用上，以扶贫开发为主，统筹利用扶贫、农业开发、林业治沙专项、水利小流域治理、牧业防灾基金、对口扶贫等各部门资金；统筹安排林权证，实行规模建设，凡旗市发放的林权证，新造林谁造谁有，长期不变，允许作价转让；凡是在宜林沙荒地或宜林地发展果园，成活率在 90%以上的免征农业税，10 年内免征农林特产税；以及以工代赈等。

(4) 模式成效

生物经济圈的建设，首先固定了农田、草场，休养了土地，改变了沙区以往乱拱沙砣子地的传统生产习惯，有效地控制了农田、草牧场的沙化、碱化，生态环境得以改善；其次，核心区发展集约化经营的种植业，并以种植业促进了养殖业的发展，经济效益可观。

(5) 适宜推广区域

本模式适宜在毛乌素、科尔沁等沙地推广，库布齐、乌兰布和沙漠可酌情应用。

【模式 A4-2-3】 毛乌素沙地覆沙黄土区针阔叶混交林营造模式

(1) 立地条件特征

模式区位于内蒙古自治区伊克昭盟的东胜市、鄂托克前旗，属毛乌素沙地覆沙黄土区。年平均气温 7～8℃，无霜期 150～170 天，年降水量 300～450 毫米，年蒸发量 2 000～2 500 毫米。土壤为沙壤质，下伏深厚黄土。

(2) 治理技术思路

毛乌素沙地属温带半干旱季风气候区，光、热、水、土资源适宜栽植樟子松，营造樟子松-杨树等类型的混交林，形成生态效益显著且相对稳定的植被群落，可以长期有效地发挥林分的防护作用。

(3) 技术要点及配套措施

①混交类型及比例：樟子松-刺槐-沙柳混交，混交比例为1∶1∶2。油松-沙柳混交，混交比例1∶3。杨树-柠条-沙地柏混交，混交比例为1∶2∶1。

②造林技术：选用2～3年生苗造林。异地造林时一定要将苗木根部蘸浆，并用稻草包装，切忌风吹日晒根部。如用容器苗造林，成活率可达90%以上。新植幼树过冬时需用土全部埋严，翌年4月下旬再将其扒出。

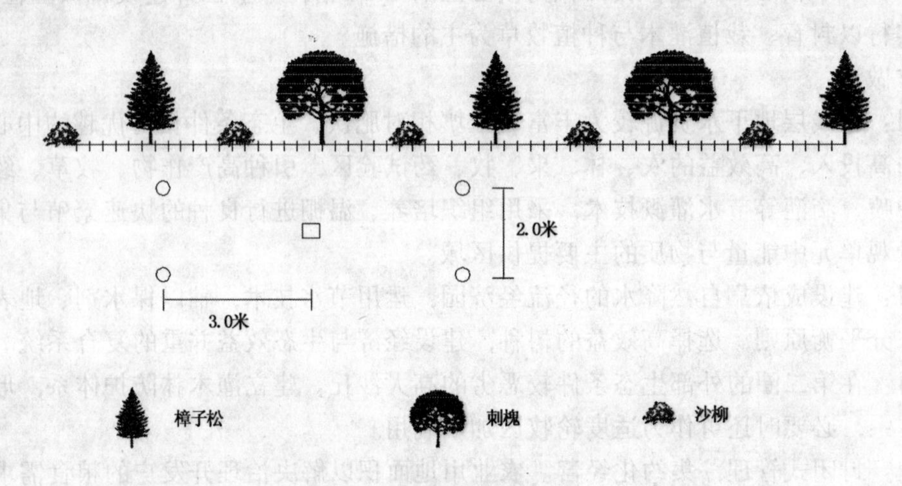

图 A4-2-3　毛乌素沙地覆沙黄土区针阔叶混交林营造模式图

(4) 模式成效

樟子松、油松与适生乔、灌木树种混交造林固沙，不仅可以发挥远较灌木林高的防风固沙作用，又有一定的蓄积生长，将来可以获取一定的优质木材。

(5) 适宜推广区域

本模式适宜在毛乌素沙地覆沙黄土区及晋陕蒙黄土风沙区推广。

【模式 A4-2-4】　毛乌素沙地草库仑建设模式

(1) 立地条件特征

模式区位于内蒙古自治区伊克昭盟。年降水量266～412毫米，年平均气温6～9℃，无霜期130～165天，分布有退化草场，流动、半流动沙丘。

(2) 治理技术思路

选择地下水位埋藏较浅，植物种类较为丰富，草场退化、沙化程度较轻，交通方便的地段围封草库仑。通过围封，利用自然和人工促进措施，建设优质高产高效的人工草地。这是集沙地治理、退化草场建设、牧民致富于一体，实现环境与经济协调发展的一个有效途径。

(3) 技术要点及配套措施

①地址选择：草场退化程度较轻，水土条件较好，地下水位埋藏浅，或靠近河流有灌溉条件的地段。地势应平坦、开阔，临近村庄，交通便利。

②围栏设置：确定草库仑地址后，应根据实际情况，因地制宜地采用刺栏、网围栏或生物篱将周围边界围封起来，防止牲畜破坏。

③防护林营造：在围栏内，根据立地条件选择适宜树种营建周界防护林带。灌木要选择有刺、耐啃食、耐践踏、萌蘖力强的树种。乔木要选择抗逆性强、树冠大、叶量大的树种，以形成"空中草场"。防护林带的外侧选用带刺灌木，密植成绿篱；内侧选用乔木，最终形成乔灌结合的防护林带。在草库仑内部，根据草库仑的面积大小建设窄林带小网格的防护林林网。

④渠、林、路、水、电等综合配套设施建设：草库仑是一个独特的生态系统单元，建设中要采用系统方法统筹规划，综合治理。要求水、渠、林、路、电合理布局，渠、路、林有机结合。没条件通电的地方，可用太阳能或风能发电。通过沙地的水渠要进行衬砌。有条件的地方要尽量应用滴灌技术。

⑤优质人工草地建设：选择优良豆科牧草，采用集约经营栽培技术，精耕细作，力求丰产。结合退化草地的整治，应尽量营建灌木饲料林。比如栽植杨柴，造林后3年即可进行刈割利用。在条件具备的地方，应进行草田间作或轮作，以最大限度地发挥土地的生产潜力，提高单位面积的经济效益。

(4) 模式成效

模式在毛乌素沙地的退化、沙化草场已推广运用多年，取得了良好的经济、生态效益，成效显著。

(5) 适宜推广区域

本模式适宜在内蒙古自治区、陕西省等地的退化草原推广。

【模式 A4-2-5】 毛乌素沙地丘间低地植物固沙模式

(1) 立地条件特征

模式区位于内蒙古自治区伊克昭盟乌审旗的乌审召苏木、伊金霍洛旗新街治沙站和鄂托克前旗城川苏木，气候干旱，光照充足，年降水量在350毫米以上。毛乌素沙地的丘间低地，地势低洼，土壤以风沙土和栗钙土为主，水分条件较好，土壤较为肥沃。主要灾害为风蚀、沙埋。

(2) 治理技术思路

利用毛乌素沙地丘间低地地下水埋藏浅，有利于植物成活生长的优势，栽植灌木和乔木，或乔灌结合、乔灌草结合，迅速有效地固定流沙。

(3) 技术要点及配套措施

①灌木栽植：方法是成带扦插沙柳，每带由2行组成，行距1.0米，株距0.5米，插条长50厘米。为了防止沙埋，沙柳带不能紧靠落沙坡脚，应空留出一段距离。依据沙丘移动速度，高度在3米以内的沙丘移动较快，春季造林宜空留出6~7米，秋季造林易空留出10～11米；3~7米高的中型沙丘，春季造林空留出3~4米，秋季造林空留出7~8米。沙柳只要沙埋不过顶，则越埋生长越旺。

②乔木栽植：树种为旱柳、河北杨、新疆杨、樟子松等，株行距为2.0米×3.0米。栽植初期，幼树林冠小，林木覆盖度低，防风固沙作用不显著，本身会受一定风蚀。随着树木的生长，林木覆被度的增加，防风固沙能力明显增强。

③乔灌混交造林：灌木能迅速有效地固定流沙，保护乔木免受风沙危害。乔木与沙柳混交效果较好，一般是一条沙柳带和几行乔木混交，乔木行与沙柳带之间的距离为2.0～4.0米，乔木株距2.0米；沙柳带之间的距离为16～24米。

④乔灌草结合，逐步推进治沙：第1年秋栽2～3行活沙蒿，一般到翌年春沙蒿的背风面就形成数米宽的平坦地。第2年秋在新形成的平坦地第2次栽沙蒿，按次序"逐年推进"3～4次，一个沙丘即可被拉平、固定。造林时，靠近沙蒿一面先栽沙柳，能提高固沙效果，丘间低地同时栽植旱柳，播种草木樨。

(4) 模式成效

采用此模式，不但可以固定流沙，而且营造的沙柳是当地沙柳刨花板的工业原料，是当地牧民致富的有效资源。旱柳采取乔木头状作业经营方式，是当地农用小径材的重要来源。由于立地条件较好，营造的乔木生长快、成材早，效益明显。

(5) 适宜推广区域

本模式适宜在毛乌素沙地和库布齐沙漠东段推广。

【模式A4-2-6】　包神铁路沿线沙害综合防治模式

(1) 立地条件特征

模式区位于包神铁路伊克昭盟段。半干旱大陆季风气候，干旱少雨，风沙多，极端最高气温达40.2℃，极端最低气温-5.2℃，年降水量350毫米，年蒸发量3 000毫米。植被以沙生植被为主，分布有流动沙丘、固定和半固定沙丘。

(2) 治理技术思路

以固为主，固、阻、输结合，保护铁路免受风沙危害。在铁路上风方向远离铁路的地段设置沙障阻止沙丘的前移，在近铁路两侧营造有机械沙障保护的植物固沙带，全面固沙。

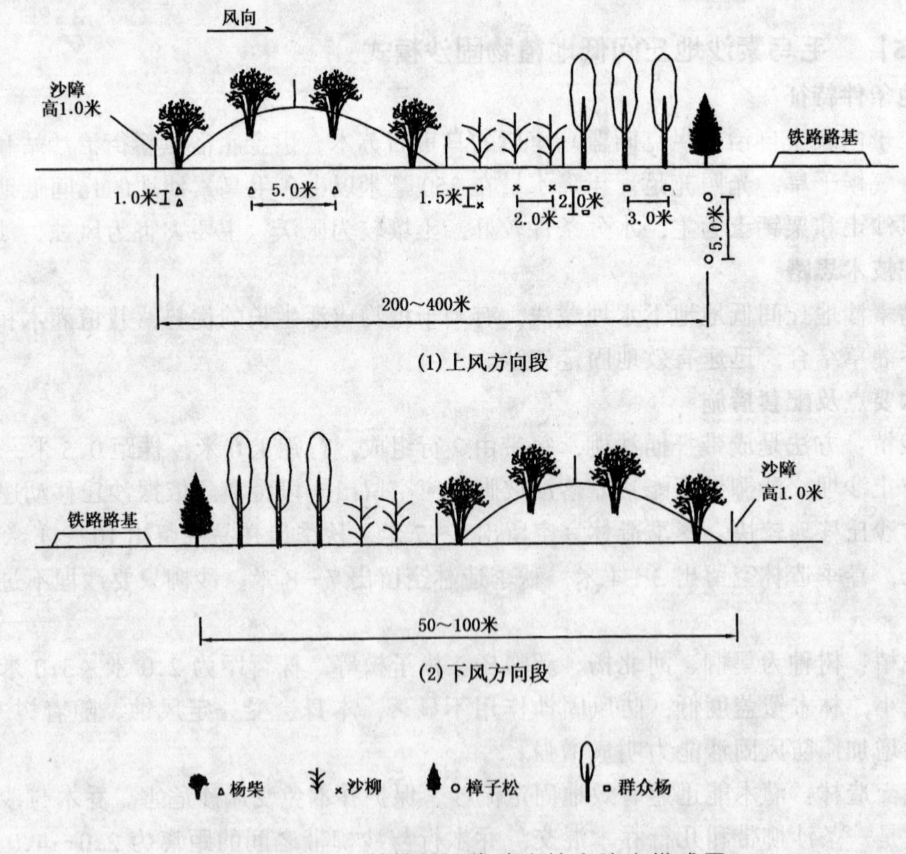

图A4-2-6　包神铁路沿线沙害综合防治模式图

(3) 技术要点及配套措施

①机械沙障固沙：沙障材料以沙柳为主。沙障类型为多层网状高立式透风结构，沙障高度90～100厘米，沙障间距6～11米，副沙障间距为主沙障的1.5～2.0倍，沙障孔隙度0.25～0.50。主沙障走向与主风方向垂直，副沙障与主沙障垂直。沙障配置采用了由多条副障组成的长方形网格。保护带宽度在铁路上风方向宽200～400米，另一侧宽50～100米。

②生物固沙：以生物措施为主，采用沙米、沙打旺、籽蒿、杨柴、沙棘、中间锦鸡儿、柠条锦鸡儿、沙柳、群众杨，并试验栽植了樟子松等乔木。杨柴，株行距1.0米×5.0米；沙柳，1.5米×2.0米、1.0米×3.0米、2.0米×3.0米；沙棘，1.5米×5.0米；樟子松，每侧1行，株距5.0米；杨树每侧3行，株行距为2.0米×3.0米。

(4) 模式成效

保证了包神铁路伊克昭盟段畅通无阻。项目成果于1990年4月获内蒙古自治区科学技术推广二等奖。

(5) 适宜推广区域

本模式适宜在沙区铁路沿线推广应用。

【模式 A4-2-7】 河东沙化土地综合开发治理模式

(1) 立地条件特征

模式区位于宁夏回族自治区灵武市白芨芨滩林场大泉沙区。海拔1 159.2～1 172.8米，区内地形相对高差13.6米，地势由东向西倾斜。沙丘密集，主要为链状或格状流动沙丘。气候干燥，雨量少而集中，年降水量212.6毫米，蒸发强烈。冬冷夏热，日照充足，光能资源丰富。有干旱、风沙、霜冻、冰雹、冷害、干热风等多种灾害性天气。地带性土壤为淡灰钙土，上覆厚层流动风沙土，形成流动沙丘。植被稀疏，种类少，结构简单，主要植物种有针茅、沙米、刺蓬、黑沙蒿、棉蓬、猫头刺、老瓜头等。

(2) 治理技术思路

运用生态系统的物种共生、能量多层次利用及物质循环再生原理，建立一个以林为主，林、农、牧、种、养、加不同组合类型的综合开发治理模式。具体组合包括：林（果）-粮种植类型、林（果）-牧种养类型、林（果）-副种养类型、林（果）-药种植类型、林（果）-禽种养类型、林（果）-绿肥（牧草）种植类型、林-林种植类型等。其中林-林种植类型包括乔木混交、针阔混交、乔灌草混交、防护林经济林用材林混交等形式。

(3) 技术要点及配套措施

①建设步骤：采取“一水电、二林草、三改土、四牧业、五粮食、六加工”的沙地治理开发步骤。

②基础设施建设：

扬水泵站：按照规划设计，利用1991年灵武市政府修建的一级扬水泵站和二级扬水泵站提灌东干渠的黄河水。

渠道工程：采用扬水干渠、支渠、斗渠和农渠4级输水渠道将水引入模式区。4级渠道总长11 973.2米，全部采用混凝土预制板砌护。

林道建设：按规划由主干路、支路、生产路3级道路组成网络状交通路线，共建成各级林道8 887.8米，以解决西林带加宽后的交通问题。

条田建设：按照规划平整沙丘，建成条田27条，面积357亩。

③防护林体系建设：防护林体系由3部分组成，一是模式区东南部的流动沙丘前沿固沙林，面积211.5亩；二是围绕灌溉经济林区四周的5条紧密型骨干林带145.7亩；三是灌溉经济区内农路、农渠两侧副林带构成的防护网络185.9亩。

④灌溉经济林区建设：按照规划设计，2年来共完成357亩经济林木的定植。树品种选择、授粉树配置、园地平整、定植穴基肥施用、栽植技术等，均严格按照设计要求进行。

⑤灌溉经济林区作物间作：

间作豆科绿肥和牧草：在初定植的经济林行间种植和补播绿肥和牧草292亩，其中：紫花苜蓿71.7亩、沙打旺17.4亩、红豆草13.1亩、黄豆189.8亩。

试种中药材：直播和移植2年生甘草63.2亩，生长良好。试种的3.0亩黄芪、银柴胡和板蓝根，出苗率、保苗率良好。

试种瓜果蔬菜：试种了番茄、辣椒、茄子、土豆、豆角、萝卜、菠菜、大葱等多种瓜果蔬菜。2年试种表明，只要有水，沙地经过改良，是可以建成瓜果蔬菜生产基地的。

⑥养殖业发展：按照循环立体开发经营的思路，建立养牛场756平方米，饲养菜牛40头、奶牛20头。建设羊圈129.5平方米，饲养育肥滩羊23只。修建养鸡室73平方米，饲养蛋鸡300只。修筑蘑菇培养室23.4平方米，利用沼气渣等连续生产蘑菇。建设低等动物和昆虫饲养室23.4平方米，试养蚯蚓10 000条。形成多级生产的生物生态链。

⑦加工开发：建立榨油坊46.8平方米，饲料粉碎房23.4平方米。同时，还配套建设饲料室23.4平方米，库房23.4平方米，值班室和作业室178平方米，饲草堆放场600平方米。

⑧温棚和节水技术推广：利用大棚温室和节水技术，发挥沙地阳光优势，克服水分短缺困难，建立半地下大棚温室300平方米，生产多种蔬菜瓜果。

⑨沼气开发利用：将牧草、绿肥、作物秸秆、乔灌木落叶等作为禽畜饲料，转换成动物蛋白，而将禽畜粪尿和各业废弃物通过沼气池，制取沼气、沼液、沼渣。沼气用作优质无污染燃料，沼液作为优质饲料添加剂或优质液肥，沼渣用来繁殖蚯蚓、培育蘑菇，或用作优质肥料。实验建设沼气池10立方米、贮粪池102立方米，溢肥池102立方米。每10天沼气池进出料1次，每次填入禽畜粪尿和废弃杂物2 000千克和水6 000千克，更换50%的原料。

(4) 模式成效

① 生态效益：结构合理、功能健全的防护林体系，能够持续保持最佳的防护性能，所组成的林草与作物复合型群系呈立体结构，幼龄期即显示出调节小气候的效能。经测定，年平均大气相对湿度提高9.5%，年蒸发量降低26%，夏季地温降低1℃，春、秋、冬季地温增高0.2～0.4℃，年平均风速减弱12%。灌溉经济林区和固沙林区的输沙量大幅减少，基本消除了风蚀沙埋现象。

②经济效益：模式区建设前3年（1993～1995年）的基本建设和生产费用总投人为233.86万元，有效产出81.6万元，产投比0.35，单位面积年均有效产出451.6元/亩。

③社会效益：沙化土地综合开发治理模式，将沙漠开发利用中的农林牧三结合发展为农、林、牧、种、养、加多层次、多维度的结合，使生态经济型农用林业得到进一步的拓展。

(5) 适宜推广区域

本模式适宜在干旱、半干旱沙区推广应用。

三、陕北长城沿线风沙滩地亚区（A4-3）

本亚区包括陕西省榆林市的榆阳区、定边县、靖边县、横山县、神木县、府谷县等6个县（区）的部分区域，地理位置介于东经106°53′29″～110°24′6″，北纬37°27′57″～39°34′6″，面积20 128平方千米。

本亚区属于黄土丘陵向沙漠的过渡地带和农牧交错地带，平均海拔1 000～1 400米。丘陵区沟壑纵横，梁峁遍布，起伏不平，沙化土地呈小片状分布。风沙区因风蚀和流沙的堆积作用形成连绵不断的沙丘，沙丘中间或低洼地分布有大小不等的湖盆滩地。温带大陆性气候显著，四季分明，冬长夏短。冬天寒冷少雪，春季干燥多风，夏季炎热，秋季凉爽。年降水量316～450毫米。年平均气温7.6～8.6℃，极端最高气温38.9℃，极端最低气温－32.7℃，无霜期多在150～170天。冬季长达6～7个月，夏季1～3个月。气象灾害频繁，大风、干旱、冰雹、暴雨、低温、冷害、寒潮等灾害时有发生。

土壤以非地带性松散风沙土为主，地带性土壤栗钙土、灰钙土残留极少，其次还分布有盐渍土、草甸土和沼泽土等。天然植被以盐生、沙生和水生植被分布较多，如盐爪爪、盐蓬、芨芨草、芦草、水葱、香蒲等。森林资源主要为人工林，人工栽培的乔灌木树种主要有小叶杨、旱柳、白榆、杨树、沙枣、柽柳、落叶松、樟子松、油松、叉子圆柏、侧柏、葡萄、紫穗槐、花棒、踏郎、沙柳、柠条、沙棘等。天然次生林主要由辽东栎、白桦、红桦、山杨、侧柏等树种组成。草本植物有沙打旺、草木犀等。农作物有糜子、谷子、胡麻、马铃薯、荞麦、玉米等。

本亚区的主要生态问题是：自然条件十分恶劣，风沙、霜冻、干旱、大风、暴雨、冰雹等灾害频繁，沙害尤其严重，50%以上耕地被沙丘覆盖，70%以上的耕地无法耕种。

本亚区林业生态建设与治理的对策是：对现有植被加强保护，防止产生新的沙化土地；对现有沙地通过封（山）沙育林育草，种树种草，恢复和营造植被，构建乔灌草结合、带网片结合的防风固沙体系；对退化草原、草场进行综合治理，恢复其生态及产业功能；搞好水源工程，强化生态用水配置，促进本亚区国民经济和社会的可持续发展。

本亚区共收录5个典型模式，分别是：榆林沙地飞播造林植被恢复模式，榆林红石峡覆沙梁地综合治理模式，榆林河川阶地防护林体系建设模式，陕北长城沿线覆沙黄土丘陵综合治理模式，榆林芹河流域“带、片、网”结合造林模式。

【模式A4-3-1】　榆林沙地飞播造林植被恢复模式

（1）立地条件特征

模式区位于榆林市孟家湾播区，地处毛乌素沙地南缘，分布有大面积集中连片的流动、半固定沙丘、沙地，人工造林困难。模式区年降水量414毫米左右，年平均气温8.1℃，无霜期155天，年平均风速2.4～3.3米/秒，年平均8级以上大风日数8～21天。

（2）治理技术思路

模式区有大面积尚未治理的沙丘、沙地分布在人烟稀少的偏远地区，人工造林难度大，采取速度快、省劳力、成本低、投资少的飞播造林，是加快植被建设步伐的较好方法。

（3）技术要点及配套措施

①播区选择：选择地广人稀，人工造林力所不及的大面积流动和半固定沙丘、沙地，每个播区长度不小于3 000米，面积不小于5 000亩。

②播区地面处理：播前对沙丘流动性较大的地段，尽可能利用人工搭设沙障，稳定沙面。

③树（草）种选择：选择耐干旱、耐瘠薄、抗风蚀、耐沙埋、根系发达、生长迅速、自繁力强、容易更新、病虫害少的柠条、踏郎、花棒、沙棘、紫穗槐、锦鸡儿、沙打旺、沙蒿、草木犀等。

④播期选择：飞播宜在 5 月上旬至 6 月上旬进行，以 5 月中下旬为佳。具体飞播日期尽可能选在雨前或雨后晴天。

⑤播量计算：播种量根据经验公式计算。柠条、沙棘每亩 0.4～0.5 千克，踏郎、花棒每亩 0.50～0.75 千克，沙棘每亩 0.25～0.50 千克，沙打旺每亩 0.4～0.6 千克，锦鸡儿每亩 0.90～1.25 千克。

⑥种子处理：花棒种子轻而大，外被绒毛，播后易被风吹走，播前需进行大粒化处理。通常在种子外表黏黄土粉，种子外黏着的黄土粉量为种子重量的 4～5 倍。处理后的种子在 8 米/秒风速下飞播不产生位移，且易入沙覆沙，从而减少不利条件下的种子损失，提高出苗率。沙打旺是豆科植物，播前要接种根瘤菌和用磷矿粉、钼酸铵等黏着剂进行包衣化处理，处理后的种子幼苗密度提高 3.3 倍，有苗面积率提高 34.3%。草木犀种子包在荚果内不易吸水，需采用电动碾米机进行脱壳处理。经过处理的种子不但可以提高种子纯度，而且播时不会堵塞播种器，同时也可提高发芽率和种子出苗率，提高作业质量，降低飞播成本。为了防止鸟、兔、鼠害，飞播植物种子还应用磷化锌进行拌种处理。

⑦播区规划设计：飞播前，应做好播区踏查、规划和设计工作，详细掌握播区的气候、土壤、植被、社会经济等情况。播区规划设计内容包括播区区划，飞行作业航向设计，航标位置和数量设计，确定播带的长度和宽度、种子需要量、作业架次、作业时间、每架次装种量、播种带数、所需飞行时间等。最后编制由文字说明和图表组成的规划设计文件，图分为 1∶50 万播区位置图和 1∶5 万作业图。规划设计应于播前 2～3 个月完成。

沙区飞行作业航向应与作业季节的主风方向基本一致，播带长度以一架次最大装种量播完数条整带而定，且以偶数为佳。播带密度根据种子大小确定，大小种子混播，播带宽 40 米为宜。单播小粒种子，播带宽应为 30 米。导航现多采取信号员导航的方式。

⑧飞播作业：各项准备工作就绪之后，按选定的播期进行作业。作业时把握好如下关键环节：飞机装种时，要根据种子的大小和播量，调节好飞机播种器的开度。播完一架次若发现误差较大时，应重新调节。当飞行员直线航行至播区航点外端 1 000 米处时，对航线偏离情况进行调整，以便准确进入播区作业。航高根据风力和种粒大小确定。静风作业时，大粒种子航高 80 米，小粒种子航高 70 米。顺风或逆风情况下作业时，根据风力大小升高或降低 5～10 米，当遇到侧风时进行空中位移修正，若侧风超过 5 级时，应停止作业，避免出现重播和漏播现象。

⑨飞播成效的调查评定：飞播当年灌（草）生长停止后，采取路线调查法调查飞播成效。具体方法是沿播带中线设样方，调查有苗面积率。平缓沙地每隔 5.0 米设样方 1 个，较陡沙丘每隔 6.0 米设 1 个。样方面积为 0.015 亩，可设 2.0 米×5.0 米的长方形或以 1.78 米为半径的圆形样地。3 年后采取同样方法调查保存面积率。根据有苗面积率和保存面积率高低评定成效等级，等级分为优、良、少、差四级。

⑩播区经营管理：飞播造林面积大，涉及范围广，地处偏远，交通不便，立地条件差，种子发芽、幼苗成长比人工林困难，必须实行“一分造、九分管”，真正做到“种子落地，管护上马，持之以恒，一管到底”。一般至少死封 5 年，最好直至幼林郁闭。对漏播区和存苗率达不到标准的地段，应及时采取移密补稀的办法进行补植补播。沙区鼠兔多，危害大，可采取投放澳敌隆、

毒鼠灵、鼢鼠灵等毒饵诱杀，也可人工捕杀，或人工营造紫穗槐隔离带。幼林郁闭后方可隔年隔带进行割草、采条、平茬等项经营利用。

（4）模式成效

沙区飞播3～5年后即可郁闭，并逐步产草，进行适度刈割或放牧利用，发展畜牧业，经济效益明显，受到广大群众欢迎。目前我国飞播各项技术居世界领先地位。

（5）适宜推广区域

本模式适宜在年降水量200～500毫米的沙区推广。

【模式 A4-3-2】 榆林红石峡覆沙梁地综合治理模式

（1）立地条件特征

模式区位于陕西省榆林市红石峡，年降水量300～400毫米。浑圆形梁状高地，以黄土梁为主，兼有土石质梁地和强侵蚀黄土梁，一般高30～100米，多数上覆50厘米的沙土。梁坡缓斜，在梁地下部因长期受水力侵蚀，形成诸多小型“V”形侵蚀沟，狭窄陡峻或呈高低参差的刀刃状，水土流失严重。流动风沙土下覆原生粗骨性栗钙土，干燥瘠薄。土石质梁地下覆基岩，多为红砂岩或灰绿砂岩及其半风化物。天然沙生草本植物、灌木和以柠条为主的人工林小片状分布，多系天然牧场。

（2）治理技术思路

覆沙梁地自然条件较差，人畜活动频繁，风蚀水蚀严重。治理应以防风固沙、保持水土、改善生态环境为目标，采取草灌混交、造封并举的措施进行综合治理。

（3）技术要点及配套措施

①树（草）种选择：选择耐旱、耐瘠薄、耐沙埋、根系深而发达、抗风蚀水蚀能力强的柠条、沙柳、沙棘、紫穗槐、踏郎、花棒、叉子圆柏（沙地柏、臭柏）、杜松、沙打旺、沙蒿等。

②配置：在覆沙地段，营造沙柳与沙蒿或沙柳与沙棘、沙柳与沙打旺等带状混交的防风固沙林；在黄土裸露地段营造柠条与紫穗槐或柠条与沙棘、柠条与沙打旺等的带状或块状混交水土保持林，若受地形条件限制也可不规则混交；在侵蚀沟见缝插针地营造以柠条为主的水土保持林；叉子圆柏可在各种立地条件类型栽植。一般不宜采取大面积整地措施。同时，对现有植被采取封育措施，使现有植被和新造林连成一片，形成具有较强防护功能的生态林。

③抚育管护：主要是严加管护，造林后全面封禁3～5年，禁止放牧、砍柴、割青、采条等一切人畜活动。同时及时补植、补播、培沙、培土，注意防治病虫害。幼林郁闭后，隔行或隔带对灌木进行平茬，间隔期4～5年。

（4）模式成效

本模式克服了纯林生态稳定性差，病虫害多的弊端，能显著提高防护功能，减少水土流失，提高草场质量，为发展区域经济和农牧民脱贫致富提供了有效的途径。

（5）适宜推广区域

本模式适宜在陕北覆沙黄土丘陵及其他条件类似区推广。

【模式 A4-3-3】 榆林河川阶地防护林体系建设模式

（1）立地条件特征

模式区位于陕西省榆林市芹河流域，沿河流两岸分布的条带状阶地，地势平坦，宽窄不一，一般高出河床1.5～5.0米，土壤肥沃，多数可提引河水自流灌溉，为基本农田区。邻近河岸地段遇到洪水易淹没或崩塌，系村舍集中分布区。阶地外沿紧靠不同类型的沙丘。

(2) 治理技术思路

在河流两岸修堤、筑坝，营造护岸林；在川地内部结合修渠、筑路营造农田防护林带；在阶地外围沙丘上营造防风固沙林，同时对村舍进行绿化，以求达到稳定河道，保护农田，美化家园，改善生态环境，促进各业发展，增加群众收入，提高人民生活水平的目的。

(3) 技术要点及配套措施

①河道护岸林：在河道两岸修防洪堤，筑土石坝、柳编坝的基础上，在防洪堤的迎水坡面营造护堤林，在背水坡面营造护滩林。树种以旱柳、垂柳、簸箕柳为主，采取乔灌混交方式。

②农田防护林：河流川道地区，人多地少，土地珍贵，风沙危害相对较轻，农田防护林宜结合渠路布设，一般栽植2～3行乔木，树种以杨、柳为主。

③防风固沙林：以阻沙和固沙为主，水分条件好的地方，可营造杨树、沙棘、苜蓿混交林；沙地营造花棒、杨柴固沙林，迅速固定流沙。造林方式以带状混交和团块状混交为主。

④综合发展：耕地本着因地制宜的原则，种植农作物、经济作物或发展果木经济林。

⑤居民点绿化：居民点周围地权归村民所有，自主性强，由村民根据自己意愿，利用房前屋后及村庄周围的空闲隙地，栽植用材、经济林木或种植蔬菜、药材、花卉等。

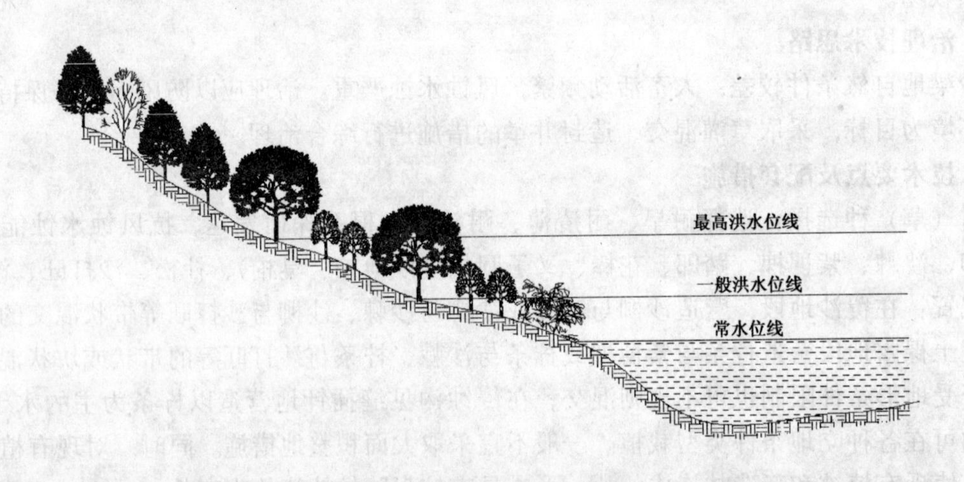

图 A4-3-3　榆林河川阶地防护林体系建设模式图

(4) 模式成效

本模式具有稳定河道，控制风沙，保护农田的作用，在榆林的榆溪河、无定河两岸河道推广后，取得了良好的生态、经济与社会效益。

(5) 适宜推广区域

本模式适宜在倍受风沙危害的沙区川谷阶地推广。

【模式 A4-3-4】　陕北长城沿线覆沙黄土丘陵综合治理模式

(1) 立地条件特征

模式区位于陕西省榆林市靖边县的王渠。受毛乌素沙地南侵的影响，在白玉山、横山一线与古长城沿线之间，形成一条横贯东西的覆沙黄土丘陵带。覆沙厚薄不一，最厚1米，一般为30～50厘米。由于下伏黄土丘陵常呈局部断续袒露状态，沙丘多为中、小型或呈波状起伏的沙地，流动性不大。稀疏分布有小片沙蒿、沙竹、沙米、沙蓬等沙生植物，兼有人工零星营造的小片柠条、沙柳、旱柳、榆树、小叶杨林等。干旱少雨，风大沙多，自然灾害频繁。

（2）治理技术思路

针对模式区有沙、有涧、有峁、有梁、有山、有沟、有林、有草的实际情况，分别进行针对性治理。对分布有零星小片天然或人工植被，且具备自然恢复条件的地段，采取封山（沙）禁牧的措施，促进植被生长和恢复；按照人均保留2亩基本农田的标准，将超种耕地特别是陡坡耕地，全部退耕植树种草；对荒山荒沙本着因地制宜的原则，积极植树或种草；在开阔的沟底筑坝淤地，种粮或植果、种菜、种药、种草；在狭谷沟口修建小型水坝，放养鱼苗。

（3）技术要点及配套措施

①封沙（山）育林（草）：封育要本着"以封为主，封育结合"的原则进行，封育对象要符合生态建设有关规定，封育期限一般5～7年。严格按工程项目管理，需经立项报批、规划设计、组织实施、年度检查、期满验收、建立档案等程序。

②退耕还林还草：本着适地适树的原则，在土层深厚、背风向阳的平缓坡地发展以苹果、仁用杏为主的经济林；梁峁陡坡营造水土保持林，阴坡选择樟子松、小叶杨、榆树、刺槐、紫穗槐等，阳坡选择侧柏、叉子圆柏（沙地柏）、山桃、山杏、沙棘、柠条等，均乔灌混交；沟底营造水土保持用材林，选择杨树和柳树等树种；适宜种草的退耕地选种紫花苜蓿和沙打旺等优良豆科牧草。

③荒沙荒山植树种草：沙丘沙地营造防风固沙林，树种选择沙柳、紫穗槐、柠条、花棒、踏郎等；荒山缓坡营造水保用材林，陡坡营造水土保持林。树种按照适地适树的原则，分阴阳坡和土层厚薄选择，以刺槐、山杏、沙棘、柠条、榆树为主。

④筑坝淤地发展种植业：淤地形成后，按照适宜性原则，分别种粮、种草、种药、种果、种菜，充分发挥土地潜力。

以上每个环节都应积极推广实用技术，实行良种良法。落实责任，加强经营管理。因为干旱少雨，造林时裸根苗必须醮泥浆栽植，针叶树最好用容器苗。

（4）模式成效

采用本模式治理，加快了模式区的植被建设步伐，控制和减少了水土流失，生态环境逐步得到改善，农民的经济收入得到提高。

（5）适宜推广区域

本模式适宜在长城沿线覆沙黄土丘陵区及其他条件相似地区推广。

【模式 A4-3-5】 榆林芹河流域"带、片、网"结合造林模式

（1）立地条件特征

模式区位于陕西省榆林市芹河流域。芹河是无定河的二级支流，流域地貌由河谷风沙地和河源湖盆风沙滩地组成。低湿沙滩多雨年有积水、盐渍化现象。气候特点为春季干旱多风，夏季干燥炎热，秋季凉爽短促，冬季干冷漫长。日照充足，年平均气温8.1℃，≥10℃年积温3 217℃，无霜期168天。年降水量414.1毫米，且大多集中在7～9月份。流域内主要灾害为干旱、大风、霜冻和冰雹。流域内土壤主要为风沙土。天然植被稀疏，风蚀严重。

（2）治理技术思路

为了制止流沙扩张，防止土地沙化，实施"带、片、网"结合的三环式沙化土地治理模式。"带"是指在大片流沙的外围和边缘以及公路沿线营造防风固沙基干林带。"网"是指在风沙滩地区的滩、塬、川的农田或牧场上，大面积营造"窄林带，小网格"式农田防护林网和宽林带大网

格式牧场林网。在坡地上沿等高线或梯田地埂建造灌木林网，并大规模绿化居民点，建设草库仑。“片”是指对远离人烟的大片沙地，采用飞机播种、人工造林种草和封沙育林育草等措施，结合沙障固定流沙，扩大植被。

表 A4-3-5　榆林芹河流域不同立地林网建设规格

林网类型	主林带宽度		主林带间距（米）	副林带间距（米）
	行　数	宽度（米）		
河谷阶地乔木林网	3～5	6～10	200～240	400
风沙滩地乔木林网	4～6	7～11	150～180	250～400
丘陵缓坡地乔木林网	5～6	8～12	140～160	200～300
丘陵坡地灌木林网	2～4	3～5	25～30	50～100

(3) 技术要点及配套措施

①农田防护林网：

林种选择：根据适地适树的原则，要求选择防护作用大、生长快、寿命长、经济价值高的树种。主要树种为小叶杨、旱柳、合作杨、加拿大杨、榆树、箭杆杨等，伴生树种有桑树、红柳、紫穗槐、沙柳和柠条等。

②沙区固沙片林：

固沙造林树种：沙柳、沙蒿、紫穗槐、花棒、踏郎、酸刺、柠条、柽柳、旱柳、小叶杨、河北杨、合作杨、榆树、沙枣、油松和樟子松等。在成片固沙造林中，以沙蒿、沙柳、花棒、踏郎和柠条的造林效果最为突出。

固沙造林方法：可因地制宜地选择前挡后拉造林、又固又放造林、沙湾造林、密集式造林等多种方法。

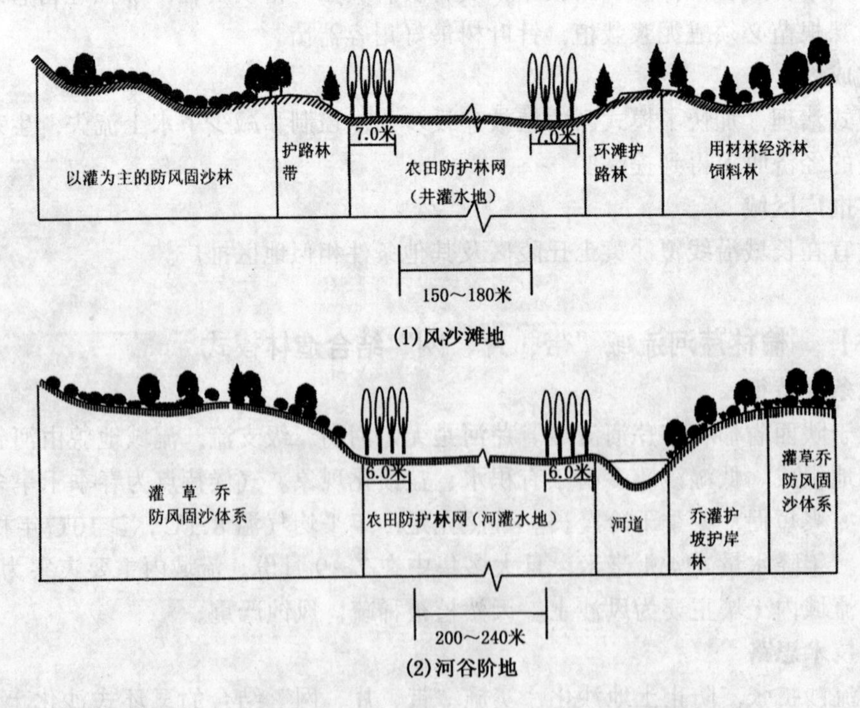

图 A4-3-5　榆林芹河流域“带、片、网”结合造林模式图

(4) 模式成效

自1983年以来，芹河流域应用本模式进行治理，土壤侵蚀强度大大降低，既起到了防风阻沙的作用，又给农业生产创造了良好的环境条件。流域的生态环境得到改善，沙地步入良性生态循环，治理效益十分显著。

(5) 适宜推广区域

本模式适宜在山西省、陕西省、内蒙古自治区类似立地条件区推广。

第5章

黄土高原类型区(A5)

黄土高原类型区是指太行山以西、日月山-贺兰山以东、秦岭以北、阴山以南的广大地区。地理位置介于东经102°16′34″～114°5′19″，北纬34°6′34″～41°18′35″。包括甘肃省临夏回族自治州、定西地区、天水市、平凉地区、白银市、兰州市、庆阳地区，宁夏回族自治区固原地区、吴忠市，内蒙古自治区乌兰察布盟、伊克昭盟、呼和浩特市，山西省忻州市、临汾市、大同市、太原市、朔州市，陕西省榆林市、延安市、宝鸡市、咸阳市、渭南市、铜川市，河南省三门峡市、洛阳市、郑州市、焦作市、省直辖的济源市、平顶山市的全部或部分地区，总面积323 392平方千米。

黄土高原地势总体上是西北高、东南低，自西向东可大致分为3个台阶：第一阶是六盘山、陇山以西的陇中黄土高原，海拔1 800～2 000米；第二阶是六盘山以东、台果山以西的陇东、陕北、晋西黄土高原，海拔1 000～1 500米；第三阶是台果山以东、太行山以西的山西高原，海拔1 000米左右，盆地为700～800米。黄土高原大地貌类型可分为山地（包括高山、中山和低山）、黄土塬（包括黄土完整塬、黄土破碎塬、黄土台塬）、黄土丘陵和平原（包括高平原和低平原）。黄土高原以塬、梁、峁为主的黄土地貌特征是：沟壑众多，地形破碎，沟壑切割深、高差大，坡面陡峭，地面斜度大。

黄土高原位于我国大陆偏西北部，在气候上具有从东南季风往西北大陆干旱过渡的高原性气候特点。年平均气温变化在2.5～14.3℃，≥10℃年积温1 500～4 800℃，极端最低气温－38.2℃，极端最高气温45℃，气温年较差为26～36℃之间，日较差10～16℃（东南部）和15～25℃（西北部）。无霜期一般为100～230天，大部分地区150天左右。年降水量少，年际变化大，分布不均，降水集中，夏湿冬干，并存在明显的地区差异。年降水量200～700毫米，多数地区300～600毫米，7～9月份降水量之和约占年降水量的60%左右。榆林、兰州等地最大月降水量都超过200毫米，占年降水量的70%以上。黄土高原的年蒸发量大多为1 400～2 000毫米，干燥度变化在1.5～4.0。本类型区也是全国大风、沙尘暴较多的地区之一。平均风速为2.0～4.0米/秒，最大风速为23.0米/秒（榆林）和25.2米/秒（西安）。黄土高原的沙尘暴多出现于西北部，年沙尘暴日多的有甘肃景泰21.9天（最多年达47天）、宁夏同心20.8天（最多年达46天）、盐池20.6天（最多年达50天）。沙尘暴主要发生在干季，以春季（3～5月份）和初夏（6月份）最多，秋季最少。

黄土高原由东南向西北分布有褐土、塿土、黑垆土、黄绵土、栗钙土、灰钙土、灰褐土、淡棕壤、风沙土，另外还有新积土、灌淤土、红土、潮土和盐碱土等土壤类型。其中黄绵土、风沙土、粗骨土、盐碱土等退化土地面积占总土地面积的50%以上。植被分属森林、草原、荒漠3个植被类型区，其中以草原区所占面积最大。全类型区由东南向西北可依次划分为森林（落叶阔叶林）植被地带、森林草原植被地带、典型草原植被地带、荒漠草原植被地带、草原化荒漠地带。

由于历史上长期高强度的不合理开发和利用，黄土高原已成为我国生态环境最为脆弱的地区之一，是我国水土流失最严重的地区。20世纪50～80年代，陡坡开荒、资源开发与基本建设进一步加剧了水土流失，虽然国家在50年代以来加大了水土保持工作力度，但水土流失恶化的趋势没有得到根本性遏制。黄河每年输送的16亿吨泥沙主要来自黄土高原，其中又尤以黄土丘陵沟壑区产沙量最大。黄土高原大部分地区年侵蚀模数大于10 000吨/平方千米，最大可达38 000吨/平方千米，其余大部分地区为5 000～10 000吨/平方千米，一些植被较好的山地、丘陵宽谷、平原盆地年侵蚀模数不足2 500吨/平方千米。

本类型区的主要生态问题是：人口严重超载，水土流失严重，干旱问题突出，土地荒漠化加剧，生态环境脆弱，且呈整体恶化趋势。

本类型区林业生态建设与治理的主攻方向是：以防治水土流失为重点，以小流域为单元，以调整产业结构为手段，山、水、田、林、路统一规划，生物措施、工程措施、农业措施综合治理。本着宜农则农、宜林则林、宜草则草的原则，在继续加强以淤地坝、梯田等工程措施的基础上，重点加强天然林保护和退耕还林（草）力度，因地制宜地恢复荒山植被。同时，大力发展集雨节水灌溉及旱作农业技术，积极调整农林牧产业结构，发展林果业、畜牧业和农产品加工业，建立干鲜果品基地，促进农民脱贫致富，繁荣区域经济。

本类型区共分10个亚区，分别是：陇中北部黄土丘陵谷川盆地亚区，陇西黄土丘陵沟壑亚区，宁夏南部黄土丘陵沟壑亚区，陇东黄土高塬沟壑亚区，晋陕蒙黄土丘陵亚区，晋陕黄土丘陵沟壑亚区，晋陕黄土高塬沟壑亚区，豫西黄土丘陵沟壑亚区，六盘山山地亚区，黄龙山、乔山、子午岭山地亚区。

一、陇中北部黄土丘陵谷川盆地亚区（A5-1）

本亚区位于甘肃省会宁县-榆中县-兰州市-永靖县-东乡族自治县一线以北、乌鞘岭以东、甘宁边界以西的甘肃境内，包括甘肃省兰州市的城关区、七里河区、西固区、安宁区、红古区、永登县、皋兰县，白银市的白银区、平川区、靖远县等10个县（区）的全部，以及甘肃省兰州市的榆中县，临夏回族自治州的东乡族自治县、永靖县，白银市的会宁县、景泰县，定西地区的定西县等6个县的部分区域，地理位置介于东经102°28′17″～104°55′39″，北纬35°34′4″～37°40′50″，面积33 156平方千米。

本亚区以黄土丘陵地貌为主，海拔1 500～2 000米。由于黄河贯穿其间，多山间旱川盆地，尤其是西部地区，地势较平坦，有秦王川、中川、儿滩等较大的旱川。中部为黄河谷地，其中有兰州、靖远盆地。东部梁峁起伏，沟壑纵横，地形破碎，水土流失严重。全亚区年侵蚀模数平均为3 000～5 000吨/平方千米。

本亚区属中温带干旱气候，年平均气温6℃左右，≥10℃年积温2 500℃左右，极端最低气温－27.3℃，无霜期150天，年降水量一般200～300毫米。土壤主要为淡灰钙土、灰棕漠土，此外还有少量黑垆土、冲积土、盐碱土。植被主要为中温带荒漠草原类型，小面积青海云杉、油松、沙冬青等天然林分布于海拔较高的山地，其余大部分地区为荒山秃岭，多散布一些极耐干旱的矮生禾本科植物和小灌木组成的植物群落。黄河谷地一带人工栽培的树种有杨树、白榆、臭椿、旱柳、紫穗槐、柠条、桃、杏、刺槐等。

本亚区的主要生态问题是：气候干旱寒冷，树种单一，植被匮乏，地形破碎，沟壑纵横，土壤贫瘠，水土流失剧烈，土地荒漠化严重。

本亚区林业生态建设与治理的对策是：保护好现有森林和其他自然植被资源，坚持乔灌草结合，大力发展水土保持林、固岸护滩林、薪炭林，选择抗逆性强的树种，在适宜地区大力发展农田林网和干鲜果林。

本亚区共收录3个典型模式，分别是：黄河干流兰州段沿岸滩台地治理模式，兰州半干旱黄土丘陵漏斗式集雨抗旱节水造林模式，兰州南北两山抗旱节水灌溉造林模式。

【模式 A5-1-1】　黄河干流兰州段沿岸滩台地治理模式

(1) 立地条件特征

模式区位于甘肃省兰州市黄河沿岸地区，属陇西黄土高原。陇西黄土高原海拔大多在1 100～3 941米，相当一部分为被红层与黄土堆积分割包围的石质山地，起伏较大。由于黄河及其支流的侵蚀、分割，形成梁、嘴、台地及峡谷与盆地相间分布的地貌。模式区地貌类型为黄河干支流沿岸的滩、台地。气候温和，热量充足，年平均气温6.3～6.6℃，极端最低气温-27.2℃，年降水量329.4毫米。土壤主要为灰钙土，土层深厚。当地灌溉条件优越，交通发达，适宜发展各种果树，历史上就是有名的甘肃省瓜果生产基地。

(2) 治理技术思路

根据黄河干支流沿岸的地形地貌、气候等自然条件不尽相同的特点，治理的基本思路是：集中连片，因地制宜，宜林则林，宜果则果，宜菜则菜，宜粮则粮。按照适地适树的原则，逐步建立比较完备的林业生态体系，进一步减轻水土流失危害，促进经济和社会的可持续发展。

(3) 技术要点及配套措施

①规划设计：治理前要进行科学规划、设计，做到适地适树。选择适应性强、具有发展前途、市场前景好、经济效益高的名、特、优经济树品种和良种壮苗。可供选择的主要树种有桃、梨、杏、枣、柿、花椒、苹果等。在条件适宜的地方发展黄河蜜等果品及辣椒、茄子、葱、蒜、番茄等蔬菜。

②整地造林：按设计要求细致整地，采用挖营养坑、营养槽等整地方式，做好土壤消毒工作，施足底肥，灌足底水，栽直踏实，确保成活。以植苗造林为主，辅助直播等方式。

图 A5-1-1　黄河干流兰州段沿岸滩台地治理模式图

对果树要加强栽后管理，要适时拉枝、扩枝，及时松土施肥，注意顶芽消毒，防止虫鼠咬掉顶芽。定植后，如发现缺苗现象一定要在当年或来年春季补植同龄大苗，防止缺苗断行。

(4) 模式成效

本模式的主要优点是因地制宜，可取得良好的经济效益和社会、生态效益，既增加了当地群众的收入，也降低了土壤侵蚀模数，减少了黄河泥沙量，群众乐于接受，便于推广。

(5) 适宜推广区域

本模式适宜在海拔 2 000 米左右，气候温和，热量充足，土层深厚，具有灌溉条件的滩台地推广应用。

【模式 A5-1-2】 兰州半干旱黄土丘陵漏斗式集雨抗旱节水造林模式

(1) 立地条件特征

模式区位于甘肃省中部的兰州市大砂沟，海拔 1 517～2 129 米，坡度 25～45 度。年降水量 327.9 毫米，年蒸发量 316 毫米，年平均相对湿度 58%，干燥度1.2～2.6，年平均气温 9.3℃，极端最高气温 39.3℃，极端最低气温 -23℃，年平均日照时数2 607小时，无霜期 182 天。常见自然灾害较多，但干旱是最主要的灾害之一。

(2) 治理技术思路

根据模式区降水稀少，蒸发量大，气候干旱，土壤肥力低，造林成活率低等不利自然因素，选择抗逆性强的树种，同时采取漏斗式集水整地方式，变小雨无效降水为有效降水，集周围水为树苗所用，改善树木生长的水分条件，提高造林成效。

(3) 技术要点及配套措施

①整地规格：集雨坑上口直径 300 厘米，下底 60 厘米，深 40 厘米。具体实施时可根据当地的降雨情况进行调整。

②整地要求：集水面必须拍光夯实，用塑料薄膜覆盖进行防渗处理。如上面覆盖一层细土，保墒效果更好。

③造林：选用耐旱树种，如柠条、四翅滨藜等。造林时采取生根粉、保水剂、蘸根等措施，选择根系健壮完整的苗木随挖坑随造林。

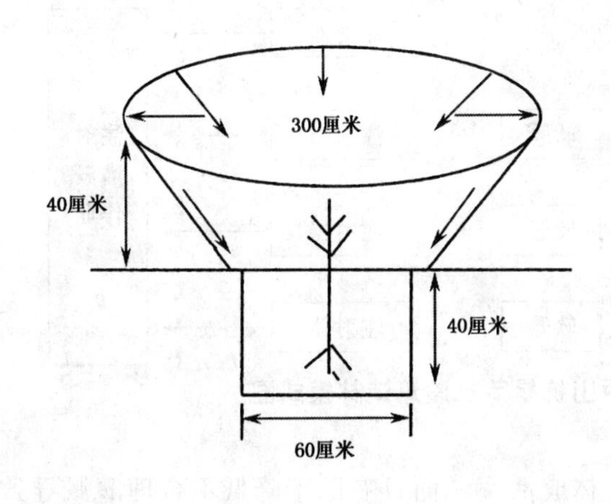

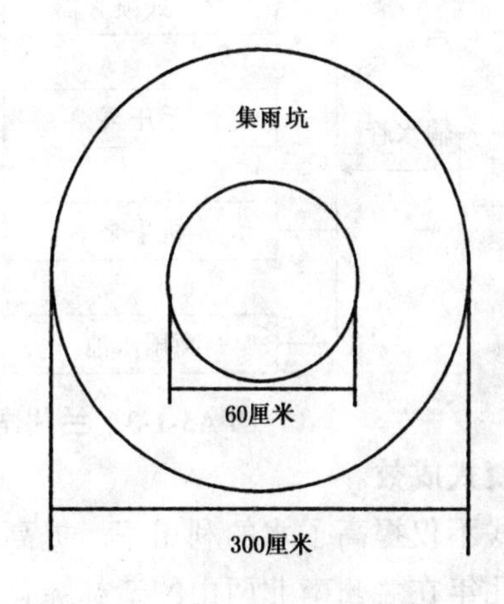

图 A5-1-2 兰州半干旱黄土丘陵漏斗式集雨抗旱节水造林模式图

(4) 模式成效

针对当地干旱少雨，且降水量分布不均的特点，采用此模式将有限的降水汇集到植树穴中，提高了降水的利用率，同时提高了造林成活率。近几年兰州市大砂沟的造林绿化实践表明，本模式能够明显提高造林成活率，是半干旱地区提高造林成活率行之有效的办法。

(5) 适宜推广区域

本模式适宜在半干旱黄土区广泛推广应用。

【模式 A5-1-3】　兰州南北两山抗旱节水灌溉造林模式

(1) 立地条件特征

模式区在位于甘肃省中部的兰州市大砂坪，立地条件特征与模式 A5-1-2 的内容基本相同。

(2) 治理技术思路

南北两山的绿化对改善兰州市生态环境具有重要意义。由于天然降水少，无法满足树木生长的需要，造林成活率低。为提高造林成活率，必须进行灌溉。但采用现行的绿化方法不是需水量大，就是投资大。用“三水”造林方法不仅投资小而且节约用水，有利于加快兰州南北两山的绿化步伐。

(3) 技术要点及配套措施

“三水”技术的要点是，采用漏斗式集雨措施，将有限的降水汇集到栽植穴中，为林木生长利用；采用薄膜覆盖和使用保水剂等防止水分蒸发；采用注射式的节水灌溉方法。

注射式节水灌溉的原理是，将有限的水通过手压泵、机压泵或高位水差增压后，通过长软管连接到根部注射器，将水注入植物根部土壤，供植物根区吸收利用，是一种移动式的局部精确节水灌溉技术。主要设备包括注射器、手压泵、机动泵或高压水池、软管及必要的水管、水龙头和逐级减稳压装置等。

该项技术的主要特点是节省投资、节约用水、安装操作简便、用途广。与喷、滴、渗灌相比，注射式节水灌溉设备的投资仅为其他节水灌溉设施的 10% 左右，用水量分别为漫灌的 1/16～1/23、喷灌的 1/8。操作简便易行，与一般灌水支管相接即可进行灌溉作业。另外，还可用于叶面和根部施肥，防止病虫害等。

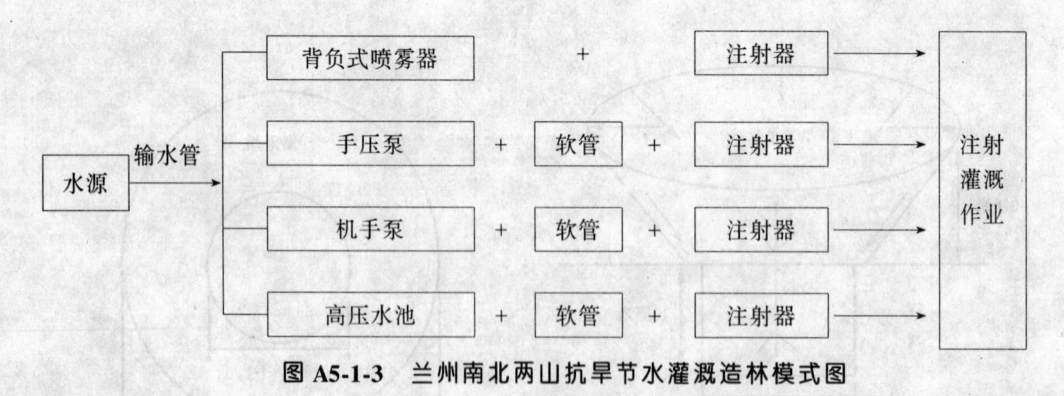

图 A5-1-3　兰州南北两山抗旱节水灌溉造林模式图

(4) 模式成效

本模式不仅提高了水的利用率，提高了造林成活率，而且有助于降低不合理灌溉导致的坡体失稳，近几年在兰州南北两山的造林绿化实践中取得了很好的成效，是干旱、半干旱地区节水抗旱造林的一种好方法。

(5) 适宜推广区域

本模式适宜在兰州及其他干旱半干旱地区推广应用。

二、陇西黄土丘陵沟壑亚区（A5-2）

本亚区位于黄土高原最西部，包括甘肃省临夏回族自治州的临夏市、广河县、康乐县、和政县、临夏县、积石山保安族东乡族撒拉族自治县，定西地区的临洮县、渭源县、陇西县、通渭县、漳县，天水市的秦安县、甘谷县、武山县，平凉地区的庄浪县、静宁县等16个县的全部，以及甘肃省兰州市的榆中县，天水市的秦城区、北道区、张家川回族自治县、清水县，临夏回族自治州的永靖县、东乡族自治县，定西地区的定西县，白银市的会宁县等9个县（区）的部分区域，地理位置介于东经102°16′34″～106°3′53″，北纬34°29′19″～36°43′2″，面积37 438平方千米。

本亚区北部属温带半干旱区，年降水量250～350毫米。南部属温带半湿润区，年降水量350～500毫米。年平均气温6～8℃，≥10℃年积温1 800～3 500℃，极端最低气温为－29.6～－23.0℃，无霜期140～200天。

本亚区内黑垆土类和灰钙土类交错分布。由于黄土结构疏松，遇水后容易溶解，极易产生水土流失。地带性植被为森林草原类型，主要乔木树种有山杨、白桦、青杆，灌木有黄蔷薇、水栒子、绣线菊、珍珠梅、甘肃小檗、小叶鼠李等。人工栽培的树种有侧柏、青杨、小叶杨、河北杨、欧美杨、油松、白榆、旱柳、刺槐、山杏、柽柳、山桃、柠条、毛条等。

本亚区的主要生态问题是：水土流失日趋严重，森林涵养水源能力锐减，荒漠化面积不断扩大，气候旱化趋势继续加剧，生物多样性受到严重破坏等。

本亚区林业生态建设与治理的对策是：以治理水土流失、土地沙化和恢复植被为中心，实行退耕还林（草）、封山禁牧，生物措施、农耕措施和工程措施相结合，封飞造相结合，草灌先行，逐步提高林草覆盖率。

本亚区共收录4个典型模式，分别是：天水北道区整山绿化综合治理模式，天水红旗山规模化综合生态治理模式，陇西水土保持灌木饲料林建设模式，定西地区刺槐混交林建设模式。

【模式A5-2-1】 天水北道区整山绿化综合治理模式

(1) 立地条件特征

模式区位于天水市北道区西北部渭南乡，地处渭河以南罗峪河以北迎风梁中段的南坡。年平均气温10.8℃，年降水量548.7毫米。黄土梁峁沟壑地貌，水土流失严重，治理难度较大。土壤以山地棕色森林土为主，另有淋溶褐色土分布。植被主要是以锐齿栎为主的混交林，混交树种有辽东栎、栓皮栎，以及椴、槭等。灌木有虎榛子、黄蔷薇、扁核木、酸枣、沙棘等。草本有本氏针茅、冷蒿等。

(2) 治理技术思路

在总结历年治理经验的基础上，根据渭南乡水土流失严重的特点，因地制宜，适树适种，合理布局，采用综合治理的方法，达到一次性整山治理、造林绿化、整山灭荒的目标。

(3) 技术要点及配套措施

①合理规划设计：坚持因地制宜、适树适种、合理布局、整山绿化的原则，对模式区规划了点播、植苗2个作业区，划分出23个林班、93个小班，设计了3个林种、4个树种，块状混交，“品”字形配置。

②科学布局：按照梁顶防护用材林戴帽，半山经济林围腰，沟谷水保林护坡的林种布局，设计一次成形，措施一次到位，质量一次达标。

③适法整地造林：采用环山绕带子，缓坡筑台子，泥浆蘸根子，栽树留圈子，保活要林子的整地造林方式，确保天上降雨就地拦截，水不出地，土不下山。

④配套措施：以点带面，整山推进。实行时间、劳力、苗木三集中，规划、技术、标准、供苗四统一，宣传、认识、指导、服务、管理、制度、组织、领导八到位。

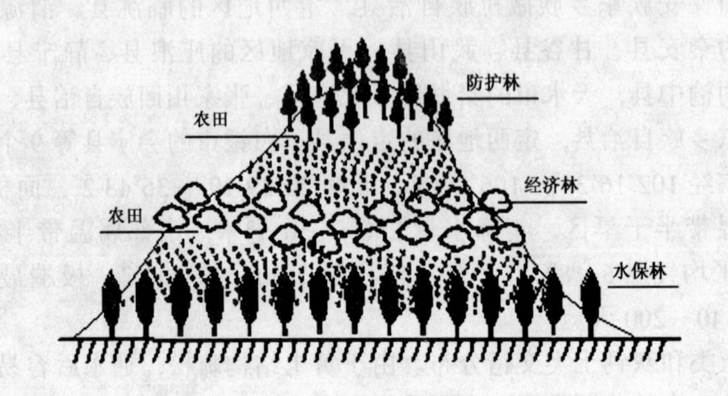

图 A5-2-1　天水北道区整山绿化综合治理模式图

(4) 模式成效

应用本模式造林绿化速度快，单位投资小，集中连片，便于管理，效益突出。一次性完成造林 7 236 亩，人机结合已修通沿梁面宽 4 米的农机路 13.5 千米，共栽植油松、落叶松、刺槐、花椒等合格苗木 100 余万株；在 14 个村 1 093 户完成退耕还林 1 400 亩的基础上，落实护林员 23 人，新建护林房 6 座，使一山二路四梁四沟七面坡初步披上绿装。治理任务全部完成后，林木覆盖率将提高 10 个百分点，达到 26.7%，模式区户均新增林地 3.84 亩，人均 0.74 亩，陡坡地全部退耕，整山一次绿化，生态面貌将极大改观。

(5) 适宜推广区域

本模式适宜在黄土高原条件类似的其他地区推广。

【模式 A5-2-2】　天水红旗山规模化综合生态治理模式

(1) 立地条件特征

模式区位于甘肃省天水市秦城区城郊北山的红旗山，地处暖温带半湿润、半干旱过渡带，属北暖温带大陆性气候。年平均气温 6.6～10.9℃，极端最低气温 -17.5℃，≥10℃年积温2 225～3 536℃，年平均日照时数 2 032.1 小时，光能资源丰富。年降水量 450 毫米左右，主要气候灾害为干旱、冰雹、暴雨和水土流失。红旗山为滑坡多发地区，地形复杂，是城区生态环境建设的难点。

(2) 治理技术思路

依据红旗山水土流失严重，滑坡频发，边治理边破坏严重的实际情况，坚持山、水、田、林、路统一规划，合理布局，因地制宜，分类实施，宜林则林，宜农则农，宜果则果，抓点带面，整山绿化，综合治理的原则，采取部门合作、人机结合、农民投劳、全社会参与的办法，力求一次性达到治理的目的。

(3) 技术要点及配套措施

①治理布局：在田块建设、地坎配置上，因地制宜，大弯就势，小弯取直，生土夯埂，熟土还原。在造林整地上，水平沟（带、槽）方格网状矩形排列，鱼鳞坑“品”字形排列，保水、保土、保肥。农田基本建设与生态环境建设相结合，变农田硬埂为软埂，在软埂上栽植1～2行常绿树、1行经济林，行间种草。

②治理开发相结合：调整农业种植结构，改种粮为山区蔬菜保护地种植，主栽品种为大葱、胡萝卜、洋芋、洋葱等。建设日光温室，栽植蔬菜、花卉、反季节果树并进行高科技育苗。经济林树品种严格选用脱毒元帅系五代早熟苹果和优质富士等品种。在栽植和管理上，坑内填草，树下铺膜，增加土壤有机质，减少土壤蒸发，提高苗木成活率。

③经营管理：建立公司，实体运作，独立核算，自负盈亏；土地使用权流转上实行反租倒包，形成具有一定规模，有较高科技含量，示范带动作用较强的设施农业基地；实行设备业主承包招标管理制度，吸收大量社会机械投入工程建设，以土方定价、分期结算的办法修建梯田，既节约投资，又提高了工程质量；部门协作，优势互补。对农林水等部门按各自职能实行单项承包，按规划施工，统一验收，兑现奖罚；全社会动员，形成建设生态环境的整体氛围。驻区部队和省属单位分块包干，下达任务，统一质量标准，统一技术要求，统一施工，统一验收。

(4) 模式成效

本模式变局部治理为整体治理，变各自为政为部门间互相协作，变小治理为大治理，变单效益为综合效益。采用本模式一次性整地造林670多亩，还草120亩，半年时间新修高标准梯田5 000亩，建优质果园1 300多亩，新建沟道塘坝工程5处，修通农机路8条总长30千米。投资120万元建设喷、滴灌系统，新增灌溉面积1 500亩。治理面积达到4.72平方千米，治理程度达到89%。

(5) 适宜推广区域

本模式综合性较强，黄土高原山丘区相关政府部门或集体经济组织可结合当地实际情况组织推广应用。

【模式 A5-2-3】 陇西水土保持灌木饲料林建设模式

(1) 立地条件特征

模式区位于甘肃省定西地区陇西县，年平均气温5～10℃，年降水量300～500毫米。土壤沙壤质至壤质，植被稀疏，饲料奇缺。

(2) 治理技术思路

在黄土丘陵沟壑区调整产业结构，发展商品性畜牧业，是提高经济效益促进生态环境建设的途径之一。然而由于气候干旱，自然条件恶劣，加之过度放牧，天然草场破坏严重，产草量降低，1亩草地载畜量仅6个羊单位。饲料问题得不到解决，林牧矛盾日益突出，造林成果也难以巩固，生态环境日趋恶化。结合生态建设，在乔木生长因水热条件限制不能大量造林的地区，发展营造灌木饲料林，不仅可以缓解林牧矛盾，而且可以促进植被尽快恢复。

(3) 技术要点及配套措施

①树种及配置：主要有柠条、沙棘、刺槐等，带状混交。

②整地：柠条可用鱼鳞坑整地，沙棘、刺槐可用水平带整地或鱼鳞坑整地。

③造林：柠条，春、雨、秋三季直播造林，但雨季直播效果最好，每亩播种量1.5～2.0千克，株行距1.0米×1.5米或1.5米×2.0米，播后覆土2～3厘米；沙棘用1年生苗春季栽植，株

行距1.5米×2.0米；刺槐用1年生截杆苗造林，株行距1.0米×1.0米或1.0米×1.5米。

④抚育管理：柠条播种后3年内封禁林地。3～4年后进行第1次平茬，以后每隔2年平茬1次。沙棘第3年可放牧。刺槐可灌木化经营，从第2年起每年可平茬2次，第1次6月下旬或7月上旬进行，第2次于秋后进行。

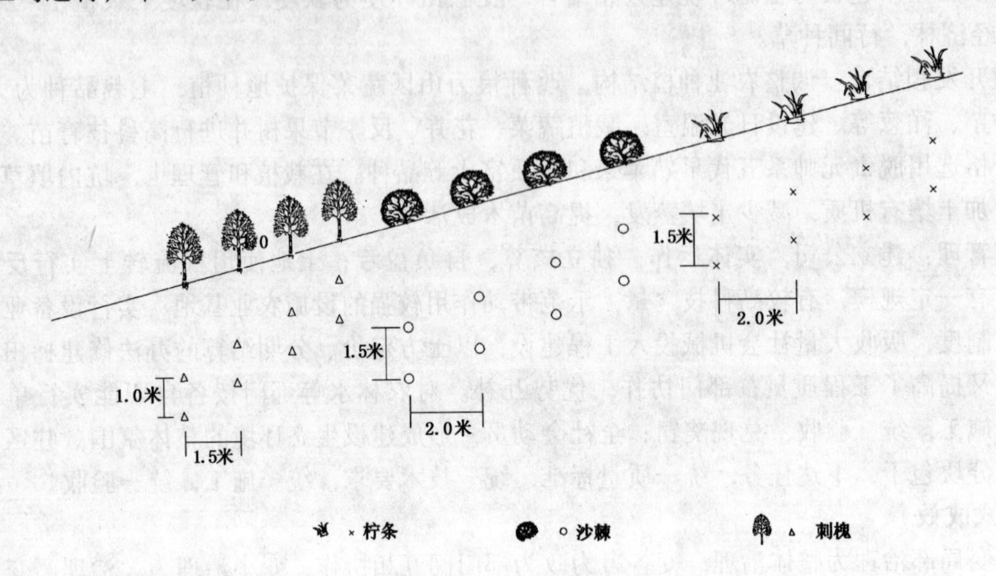

图 A5-2-3 陇西水土保持灌木饲料林建设模式图

(4) 模式成效

自20世纪80年代以来，甘肃省陇西县应用本模式大力植树造林，营造柠条灌木饲料林60多万亩。至1999年，发展羊只31万多只，兴办了食品加工厂，年产量可达10 000吨，产值3.6亿元，实现利税7 640万元，畜牧业收入占到农村经济收入的45.5%。同时，还对防治水土流失，改善生态环境起到了积极的推动作用。

(5) 适宜推广区域

本模式适宜在半干旱黄土丘陵沟壑区推广应用。

【模式 A5-2-4】 定西地区刺槐混交林建设模式

(1) 立地条件特征

模式区位于甘肃省定西地区，年平均气温6.3℃，极端最低气温-27.1℃，≥10℃年积温2 075.1℃，年降水量415毫米左右。土壤为黄绵土、冲积土、沙黄土。现存植被以本氏针茅、冷蒿为建群种，残存有珍珠梅、沙棘等灌木树种，海拔500～1 400米的地带有刺槐分布。

(2) 治理技术思路

刺槐适应性强，生长快，郁闭早，寄生有根瘤菌，能改良土壤，如与其他树种混交，不仅可以相互促进，而且可以增强防护功能，改善生态环境。

(3) 技术要点及配套措施

①混交树种选择：与刺槐混交造林成功的树种主要有侧柏、沙棘、白榆、杨树、紫穗槐等。

②整地：整地方法随地形而异，平缓坡地一般采用水平阶、水平沟、反坡梯田整地，陡坡采用鱼鳞坑整地。整地深度40～60厘米，保证造林后根系能够很快深入土壤疏松、水分稳定的土层内。造林前一年雨季和秋季整地效果最佳。

③造林方式：刺槐与上述树种混交，一般均以植苗造林为主，春季栽植为宜。刺槐、侧柏、榆树造林密度为2.0米×2.0米或1.5米×2.0米，每亩160～200株；杨树为2.0米×4.0米，每亩80株；紫穗槐为1.0米×2.0米，每亩300株；沙棘2.0米×3.0米，每亩110株。混交方式以带状、块状混交为宜，混交比例5∶5。侧柏选用2年生苗，其他树种选用1年生苗。

④抚育管理：造林后的2～3年内进行松土、除草、培土等工作。紫穗槐第2年起开始平茬利用。榆树害虫有紫金花虫、榆毒蛾，可捕杀或用苏云金杆菌或青虫菌500～800倍液喷杀幼虫。

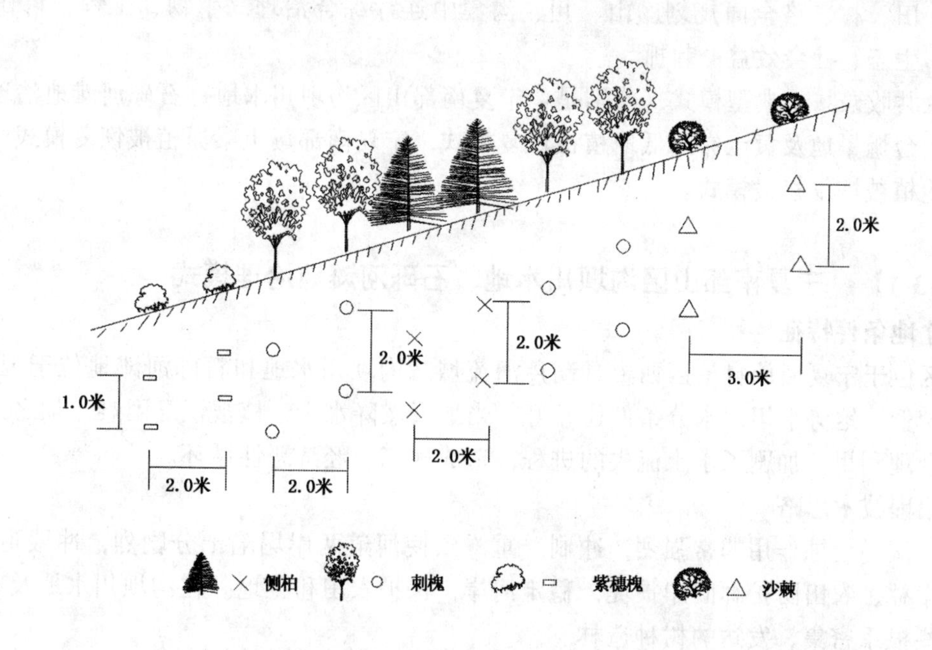

图 A5-2-4　定西地区刺槐混交林建设模式图

(4) 模式成效

刺槐与上述树种混交可以有效减轻病虫害，形成稳定的防护林，并且能促进林木生长。

(5) 适宜推广区域

本模式适宜在黄土丘陵、黄土丘陵沟壑区，年平均气温6℃以上，年降水量400毫米以上的区域推广。

三、宁夏南部黄土丘陵沟壑亚区（A5-3）

本亚区位于宁夏南部，包括宁夏回族自治区固原地区的固原县、西吉县、彭阳县、海原县、隆德县，吴忠市的同心县等6个县的部分区域，地理位置介于东经104°49′32″～106°32′19″，北纬35°38′15″～37°10′27″，面积11 968平方千米。

本亚区地形变化较大，以梁状黄土丘陵沟壑为主要地貌，梁顶、梁坡、梁间、沟坡、沟底5种地形部位分别占总面积的12.3%、71%、9.2%、5.1%和2.1%。梁状丘陵沟壑区内主要河流两侧为川水地、台塬旱地、河滩地等，局部地区也有塬状丘陵沟壑、残塬沟壑地貌与梁状丘陵沟壑地貌交叉分布。海拔1 250～2 050米，相对高差200～300米，沟道为“V”形。梁状丘陵和洪积扇与河流阶地构成盆、峁、川地形。

本亚区气候受西伯利压气流影响较大，寒冷干燥。年平均气温7.0～8.6℃，1月份平均气温－9.0～－6.8℃，7月份平均气温21.0～23.0℃，极端最低气温－29.0℃，极端最高气温

37.5℃，≥10℃年积温2 800～3 085.2℃，无霜期121～150天。年降水量322.4～330.0毫米，年蒸发量1 675～2 500毫米，干燥度1.5～2.0，年平均相对湿度50%～55%。梁峁地土壤为侵蚀黑垆土，沟谷地、黄土盆地以浅黑垆土为主，低洼河滩有盐土斑块状分布。

本亚区的主要生态问题是：气候干旱，植被缺乏，人为活动对环境的压力巨大，水土流失严重，生态环境脆弱。

本亚区林业生态建设与治理的对策是：以治理水土流失和提高群众生活水平为中心任务，坚持山、水、田、林、路全面规划，山、川、沟集中连片综合治理，生物、工程、耕作措施一起上，经济、生态、社会效益一起抓。

本亚区共收录4个典型模式，分别是：宁夏南部山区沟坝川水地、石砾河滩地治理模式，宁夏南部黄土台塬旱地及黄土峁间低地植被恢复模式，宁夏南部黄土梁峁植被恢复模式，宁夏西吉盐碱河滩地植被恢复建设模式。

【模式A5-3-1】　宁夏南部山区沟坝川水地、石砾河滩地治理模式

（1）立地条件特征

模式区位于宁夏回族自治区西吉县葫芦河流域。沟坝川水地和石砾河滩地位于现代沟谷内，一般部位较低，地势平坦，水分条件比较好。当地天然降水少，植被恢复困难，加之人类对水土资源的不合理利用，加剧了水土流失的进程，造成生态、经济恶性循环。

（2）治理技术思路

由于河流的侵蚀作用非常强烈，冲刷严重，致使河道两岸塌陷十分剧烈，冲毁道路和农田，应营造护岸林、农田防护林固岸护堤，稳定河岸，保护农田和土地。在沟坝川水地及石砾河滩地应选择一些根系密集、发达的树种造林。

（3）技术要点及配套措施

①树种选择：油松、河北杨、新疆杨、小青杨、欧美杨、旱柳、国槐、刺槐、白榆、臭椿、沙枣、杞柳、柽柳、沙棘、紫穗槐。

②苗木规格：油松，高50厘米以上4～5年生苗；河北杨、新疆杨、小青杨、欧美杨、旱柳，高2.0米以上2年根1年苗；国槐、刺槐、白榆、臭椿，3年生以上大苗，苗高2.0米以上；沙枣、沙棘、杞柳、柽柳、紫穗槐，用2年生苗，苗高0.5～1.0米。

③混交方式：针阔或乔灌带状混交，主要类型有油松-杨树、油松-沙棘等，混交比例5:5。

④造林技术：沿渠、路、田埂进行穴状整地，春季植苗造林。岸边营造2～3行护岸林，树种以杞柳、柽柳和旱柳为主。石砾河滩地营造小片林，树种以杨柳、刺槐为主。农田营造农田防护林网，树种以新疆杨为主。

⑤抚育管理：结合农田灌溉，每年浇水2～3次。

（4）模式成效

本模式的实施既起到了治理川水地和河滩地的目的，又改善了农业生产条件和生态环境，生态、社会、经济效益显著。

（5）适宜推广区域

本模式适宜在泾源泾河流域、固原清水河流域、西吉葫芦河流域以及彭阳县人山河川、固原北川、西吉马莲川等川水地和各河流水系两旁的河滩地推广。

【模式 A5-3-2】　宁夏南部黄土台塬旱地及黄土峁间低地植被恢复模式

(1) 立地条件特征

模式区位于宁夏回族自治区西吉县、海原县、彭阳县等县黄土台塬区，塬面较平坦，海拔1 200～1 600米。台塬旱地、黄土峁间低地，虽为旱地，但水热条件相对较好。年降水量400～500毫米，年平均气温6～10℃，≥10℃年积温2 500～3 000℃，无霜期130～180天，属半干旱半湿润地区。

(2) 治理技术思路

塬边沟蚀严重，水土流失强烈，蚕食破坏农田，降低了土地生产力。沿塬边营造农田防护林与塬面防护林，构筑防护林网，同时发展一定规模的经济林，可兼顾经济、生态、社会效益，充分发挥土地资源优势。

(3) 技术要点及配套措施

①总体布局：在旱塬边缘营造2～3行锁边林，树种选用杨、松、紫穗槐、沙棘等。在塬面农区，营造农田防护林，网格大小150米×200米左右，树种以河北杨、新疆杨、白榆为主。在农田地埂栽植经济林，主要树种有杏、桃、花椒等。

②造林技术：

树种选择：油松、侧柏、河北杨、新疆杨、小青杨、欧美杨、白榆、旱柳、臭椿、刺槐、沙棘、花椒、文冠果、杞柳、杏、桃、紫穗槐等树种。

苗木规格：油松、侧柏3～4年生，苗高30厘米以上；杨树、柳树2年生苗，苗高2.0米以上；刺槐、臭椿1～2年生苗，苗高1.0～1.5米；沙棘、文冠果、杏、桃等均采用2～3年生苗，苗高0.5～1.0米。

混交方式：带状混交，行内隔株混交，阔叶树约占60%～70%。株行距2.0米×2.0米、2.0米×2.5米，每亩133～166株。

③造林技术：穴状整地，规格50厘米×50厘米×40厘米；鱼鳞坑整地，规格60厘米×50厘米×40厘米。春季植苗造林。

④抚育管理：每年修穴、松土、除草2～3次，连续2～3年。经济林要加强施肥、浇水、防治病虫害等措施。

(4) 模式成效

本模式可合理利用土地，保护农田，生态、社会、经济效益显著。

(5) 适宜推广区域

本模式适宜在台塬旱地、黄土峁间低地等水热条件较好的地区以及较平坦的塬面旱地推广应用。

【模式 A5-3-3】　宁夏南部黄土梁峁植被恢复模式

(1) 立地条件特征

模式区位于宁夏回族自治区海原县牌路山。年降水量403.3毫米，年平均气温7.0℃，≥10℃年积温2 392.3℃，无霜期155天。地带性土壤为黑垆土，植被有禾本科草、百里香、翻白草、草莓、达乌里胡枝子、本氏针茅等一些矮小植物。梁峁顶部较平缓，坡度3～10度，侵蚀轻微，水分条件中等。

(2) 治理技术思路

在梁峁阴（阳）坡立地条件比较好的地貌部位，营造水土保持水源涵养林。

(3) 技术要点及配套措施

①黄土梁峁顶部：

树种选择：油松、侧柏、沙棘、毛条、柠条、柽柳、山桃。

苗木规格：油松、侧柏2～3年生苗，苗高20～30厘米。沙棘、毛条、柠条、山桃1～2年生苗，苗高20～50厘米。柽柳插条长40厘米。

混交方式：行间混交或行内株间混交。如：油松-沙棘、侧柏-沙棘、油松-毛条、侧柏-山桃，针阔比4:6。

整地方法：穴状、鱼鳞坑整地为主，规格50厘米×50厘米×40厘米、100厘米×60厘米×40厘米。整地时尽量减少对地表及植被的破坏，也可沿水平方向作水平阶或反坡梯田，宽0.8～1.2米。

造林方法：春季植苗造林为主，柽柳可插条造林，密度每亩133～166株。

抚育管理：幼林期主要进行穴内松土除草，修整被冲坏的水平阶、穴、鱼鳞坑等，每年松土除草2～3次。

②黄土梁峁坡地：

树种选择：阴坡可选油松、华北落叶松、河北杨、臭椿、杜仲、刺槐、小青杨、旱柳、白榆、山桃、杞柳、沙棘、杜梨等；阳坡采用以耐旱阳性乔灌木为主，如侧柏、叉子圆柏、臭椿、刺槐、山杏、山桃、杜梨、毛条、柠条、文冠果、沙棘、沙柳等。

苗木规格：油松2～3年生苗，苗高20～30厘米。华北落叶松2年生苗，苗高30～50厘米。河北杨、小青杨、旱柳2年生苗，苗高2.0米以上。沙棘1～2年生苗，苗高20～40厘米。山桃、杜梨、白榆均为2年生苗，苗高50厘米。杞柳1年生插条，长40～50厘米。

混交方式：宽带状混交。每个树种一带为2～3行，株行距2.0米×2.0米、2.0米×2.5米。采用油松-刺槐、油松-沙棘、华北落叶松-沙棘、华北落叶松-刺槐、油松-华北落叶松-小青杨等混交方式，阔叶树比例50%以上。

整地方法：沿水平方向水平阶、穴状、鱼鳞坑整地，最好秋整春造。水平阶整地随地形而定，宽60～100厘米，深40厘米；穴状整地50厘米×50厘米×40厘米；鱼鳞坑100厘米×60厘米×40厘米。

造林方法：春季为主，秋季为辅。植苗造林为主，杞柳、沙柳可用插条造林。密度每亩133～166株，针阔各半。

抚育管理：为保证坡面地表植被的保水保土作用，幼林抚育主要包括穴内松土除草、培土、修整被冲坏的水平阶、穴、鱼鳞坑等，增加其保水蓄水能力。

(4) 模式成效

本模式的实施合理利用了土地，具有明显的生态、社会、经济效益。

(5) 适宜推广区域

本模式适宜在条件相似地区的黄土梁峁顶（坡）推广应用。

【模式 A5-3-4】　宁夏西吉盐碱河滩地植被恢复建设模式

(1) 立地条件特征

模式区位于宁夏回族自治区西吉县田坪乡碱滩地。地貌部位为支沟底部、河滩两岸及地势低洼的部位。年降水量403.3毫米，年平均气温5.2℃，≥10℃年积温2 064.4℃，无霜期128天。土壤为冲积土、盐碱土。地下水位高，盐分积聚地表，形成灰白色的盐结皮，土壤次生盐渍化严重。

（2）治理技术思路

栽植耐盐碱树种，进行生物排碱，改良土壤，稳固河滩。同时充分发挥盐碱滩地的水土资源潜力，增加森林覆盖，并为当地群众提供木材等林产品。

（3）技术要点及配套措施

①树种选择：胡杨、新疆杨、柽柳、多枝柽柳、沙枣、紫穗槐。

②苗木规格：胡杨2年生苗，苗高1.0～1.5米。新疆杨2年生苗，苗高1.5～2.0米。沙枣1～2年生苗，苗高0.5～1.0米。紫穗槐1～2年生苗。柽柳插条长0.4米，幼苗0.4～0.6米。

③造林季节：春季为主，柽柳也可秋插。

④混交方式：隔行带状混交或行内隔株混交，采用柽柳-沙棘、柽柳-紫穗槐（胡杨），株行距2.0米×2.0米，每亩166株。

⑤整地方法：为了少破坏地表植被，减轻水土流失，主要进行穴状整地，规格50厘米×50厘米×40厘米。

⑥造林方法：植苗造林，柽柳除植苗外也可直接插条造林。

⑦抚育管理：因河、谷两岸及滩地水分条件较好，常有杂草生长，除每年穴内松土除草2～3次外，还要禁止放牧，封育结合。

（4）模式成效

本模式不仅改良了盐碱土壤，而且为群众提供了紧缺的“三料”，生态、社会、经济效益俱佳。

（5）适宜推广区域

本模式适宜在黄土高原土壤次生盐渍化严重的支沟底部、河滩两岸、地势低洼地区，如宁夏固原北部的清水河、西吉的葫芦河等地推广。

四、陇东黄土高塬沟壑亚区（A5-4）

本亚区位于六盘山以东，子午岭以西的马莲河、泾河流域地区。包括甘肃省庆阳地区的西峰市、环县、庆阳县、镇原县，平凉地区的平凉市、泾川县、灵台县、崇信县、华亭县等9个县（市）的全部，以及甘肃省天水市的张家川回族自治县、清水县的部分地区，地理位置介于东经105°54′42″～107°39′12″，北纬34°45′56″～37°15′6″，面积25 594平方千米。

本亚区地貌以高原沟壑为主。地势西北高、东南低，表层广泛覆盖着黄土，一般深达50～150米。庆阳马岭以北为黄土丘陵沟壑区，地势较高，大部分地区海拔1 500～1 800米。环县北部地势开阔，呈荒漠草原景观；马岭以南为黄土高原沟壑区，海拔1 000～1 500米，较大的塬面有董志塬、屯子塬、平泉塬等，部分地方山、川、塬相间分布。

中温带半湿润气候，年降水量500～700毫米，年平均气温7～10℃，≥10℃年积温2 600～3 200℃，极端最低气温－29.3℃，无霜期140～180天。地带性土壤为黑垆土、黄绵土，部分地方分布有浅色草甸土。植被属中温带森林草原植被类型，以长芒草、短花针茅为建群种，人工栽培有刺槐、泡桐、臭椿、梨、苹果、桃、杏、桑、花椒、柠条等。

本亚区的主要生态问题是：植被覆盖度低，沟壑纵横，水土流失严重，沟壑溯源侵蚀强烈，崩塌、滑坡频繁，致使沟头前进，沟岸扩张，蚕食塬面，良田面积缩小。

本亚区林业生态建设与治理的对策是：加强塬面、沟头防护林，沟底防冲林和以道路为骨架的农田防护林建设。同时采取综合措施防治沟谷冲刷和重力侵蚀，使塬面水不下沟，以达到控制塬面水土流失，保护良田的目的。

本亚区共收录2个典型模式，分别是：陇东塬边防护林体系营建模式，陇东残塬沟壑区水土保持复合生态工程建设模式。

【模式 A5-4-1】　陇东塬边防护林体系营建模式

(1) 立地条件特征

模式区位于甘肃省的陇东塬区，海拔800～1 600米。温带、暖温带半湿润气候。年降水量400～600毫米，年平均气温8～12℃，极端最低气温和极端最高气温分别为－22℃和40℃，年积温2 700～3 500℃，无霜期160～200天。土壤以黑垆土为主，分布于塬面和川台阶地，其次为黄绵土，分布于梁峁沟壑。植被属落叶阔叶林向森林草原的过渡类型。

(2) 治理技术思路

塬区自然条件良好，主要威胁是侵蚀沟蚕食塬面。治理时应以营造塬边沟头防护林、沟坡防护林为主，固沟保塬。

(3) 技术要点及配套措施

①树种选择：考虑树种的生态稳定性，主要选择侧柏、油松、刺槐、沙棘、紫穗槐、青杨、毛白杨、小叶杨、杞柳、文冠果、泡桐、苹果、杏、桃等树种。

②防护林配置：对于深切高塬沟壑，塬沟相对高差一般100～200米，沟谷扩张、蚕食塬面较快。土层虽然深厚，但水源缺乏，肥力不足。为固沟保塬，应首先封沟育林育草，营造沟坡防护林、塬边沟头防护林，在较大的塬面营造农田防护林；对于破碎塬区，地形更为复杂，植被较差，除了营造沟坡防护林、塬边防护林及塬面防护林外，还可在一些梁峁、丘陵地带营造用材林及梯田地埂保护林。

③造林措施：塬面径流汇集常常造成大量泥土下泻，导致塬边崩塌和沟头向塬心伸展，可在沟沿营造5～8行乔灌结合的防护林带予以防护。在地势较缓的地段，可栽植一些经济树种，如核桃、柿子、泡桐、山杏等。配合塬面造林，沟头、沟底亦可栽植一些乔灌木树种，以增加塬边防护林体系的整体防护功能。沟底防护林的密度可适当加大。可植苗、插条、截干或分株造林。造林季节一般以春季为主，亦可在雨季、秋季造林。常见树种的造林方法如下：

侧柏：沿等高线穴状、水平沟整地，2年生实生苗或容器苗造林，株行距1.5米×2.0米。

油松：穴状、水平阶整地，2年生实生苗，带土或蘸根，株行距2.0米×3.0米。

沙棘：穴状整地，1年生实生苗造林，株行距1.5米×2.0米。

杨树：穴状整地，实生苗或插条截干造林。株行距1.5米×2.0米或2.0米×3.0米。

刺槐：鱼鳞坑整地或水平阶整地，截干造林为主，株行距1.5米×2.0米。

(4) 模式成效

塬边防护林体系是多种防护林的有机综合体，具有良好稳定的生态防护功能和经济价值。其最大的特点是依据不同的防护对象和目的进行配置，树种种类较多，混交类型也较丰富，如乔灌混交、针阔混交等。混交林的生长和生态效益均较纯林高。无论在哪种立地类型，侧柏-沙棘混交林降低风速的作用均比纯林大2.21倍，混交林的空气湿度也比纯林高5.3%，混交林地的泥沙年输移量仅为123吨/平方千米，而侧柏纯林的泥沙年输移量为2 508吨/平方千米。

(5) 适宜推广区域

根据地貌特点，高塬沟壑区可划分为 2 个类型：一是深切高塬沟壑区，如洛川塬、董志塬，塬面较开阔，塬面侵蚀轻微，但径流汇集面大，遇雨则侵蚀沟扩张，割切塬面。二是破碎塬区，坡面被沟谷切割的支离破碎，常深切至基岩，塬几乎呈平梁状，沟坡台地较多。本模式在 2 种塬区均有推广价值，并已经在甘肃省的陇东塬区广泛推广。

【模式 A5-4-2】 陇东高塬沟壑区水土保持复合生态工程建设模式

(1) 立地条件特征

模式区在甘肃省东部的泾川县，年平均气温 10℃，≥10℃ 年积温 3 336.6℃，无霜期 190 天。年降水量 550 毫米，且时空分布不均，降水量大部集中在 7～9 月份，多为暴雨，易造成旱涝灾害交替发生。全县 50% 以上的耕地分布在支离破碎的梁峁沟壑，干旱贫瘠，生产力低下，自然植被稀疏零落，大部分沟壑梁峁黄土母质裸露。

(2) 治理技术思路

将全县视为一个生态经济系统单元，“山水田林路综合治理，农林牧副渔五业并举，粮果烟瓜菜多种经营，工商建运服协调发展”，以提高土地综合生产能力为起点，以提高水土保持、经济、生态和社会效益为目的，实行预防、治理、开发三位一体，全面开展水土流失综合治理，坚持以完善水保综合防护体系为基础，由过去的小流域治理发展为大面积、大范围的集中连片综合治理，由单纯的生态治理型转变为生态经济治理开发型，由单一的原料生产型向原料深加工和综合利用转变，对全县水土保持生态经济系统进行多功能、多层次的开发利用，加快全县脱贫致富奔小康进程。

(3) 技术要点及配套措施

①水土保持人工生态系统规划：

塬面综合治理人工生态系统：以建设主干道路为骨架，水平条田为主体，农田防护林为网络，塬边防护林为屏障，辅以大量树穴、集水沟槽、涝池、水窖及沟头防护工程为补充。通过综合治理，形成人工生态体系，使塬面成为全县粮、油、果、烟的主要产区。

塬坡综合治理人工生态系统：以道路建设和防护林营造为纽带，水平梯田建设为主体，山地果园经济林、地边地埂防护林（草）和沟边沟头防护工程为补充，建设塬坡人工生态系统，使塬坡成为全县粮、果、林、草的重要生产区。

沟壑综合治理人工生态系统：以营造固沟护坡防冲林和荒坡荒沟人工草地建设为主体，治沟骨干工程土谷坊、石谷坊为补充，形成沟壑人工生态系统，使其成为全县林、草的重点生产区。

川道综合治理人工生态系统：以修建川区道路为骨架，水平条田和园田化为主体，农田防护林为网络，引灌排洪渠系、护岸护滩护渠林带为补充，形成川道人工生态系统，使其成为全县粮、果、菜、经济作物优质高产农业区。

②水土保持复合生态工程设计：

全面覆盖：无论从上游到下游，从塬面到沟底，从农田到“三荒地”，从村镇“四旁”到道路胡同，治理措施力求全面覆盖。

综合治理：综合治理人工生态系统包含工程措施，生物措施和聚流旱作农业耕作措施。工程措施内部有改变微地貌形态、就地分散消化径流的梯（条）田工程和造林整地工程，又有控制性骨干工程，沟道谷坊群工程及村庄路串联、多次蓄纳利用径流的小型聚流工程，川区引洪灌溉工程等。生物措施内部有防护兼用材的速生丰产林，产业开发的果园经济林，又有以防护为主的护坡林，固岸护滩护渠林、护坡护滩牧草等。在每个地貌单元上，多种措施综合布设，形成多功能、多防线、立体型的人工生态工程系统。

优化结构：依据自然规律、经济规律以及水土保持科学理论进行措施空间分布，粮、林、草镶嵌，田、路、渠配套，块、片、带相连，优化整合，集控制水土流失与发展社会经济为一体。宏观上形成“林包农”框架，微观上形成农、林、牧复合结构。

③规模化治理开发：规模建设梯条田，发展粮、果、烟等支柱产业。梯条田建设表面看只是简单地把坡面改变为水平面，消除了产流产沙的基础，实现了“保土、保水、保肥”的目的。实际上，坡面改变为水平面后，引起了光、热、水、肥、风蚀等生态因子的变化，为发展粮、果、烟等支柱产业打下牢固的基础。

(4) 模式成效

泾川县水土流失初步治理程度达到82.4%，径流模数由1990年的5.19万立方米/平方千米减少到4.05万立方米/平方千米，输沙模数由每平方千米3 950吨减少到2 350吨，拦水效益、减沙效益分别由37.4%、50.5%提高到51.2%和70.5%；森林覆盖率达到34.9%，林草覆盖度由22.4%提高到59.5%。中低产田占粮田面积的比例由69.1%下降到47.9%。土壤有机质含量由1.06%增加到1.16%，病虫害防治面积占农田总面积的比例由29%提高到43%，农田光能利用率达到0.88%，资源利用适宜度达0.5～0.6，农村环境质量提高率达到0.08%～0.36%。先后被授予“甘肃省实现绿化第一县”“全国林业百佳县”“全国造林绿化先进县”和“全国水土保持先进县”等称号。

(5) 适宜推广区域

本模式适用范围较广，不仅适用于县域水土保持复合生态工程，也适合小流域及其他所有的生态环境建设单元，对于西北黄土高原脆弱生态环境，也具有较高的实用价值以及供借鉴、推广的实际意义。

五、晋陕及内蒙古黄土丘陵亚区（A5-5）

本亚区包括内蒙古自治区乌兰察布盟的集宁市、察哈尔右翼前旗、凉城县、丰镇市，伊克昭盟的东胜市；山西省忻州市的河曲县、保德县、偏关县、神池县、五寨县，大同市的南郊区、新荣区、城区、矿区、大同县、左云县、天镇县、阳高县、浑源县，朔州市的朔城区、平鲁区、右玉县、怀仁县、应县、山阴县等25个县（市、区）的全部，以及内蒙古自治区呼和浩特市的清水河县、和林格尔县、托克托县，乌兰察布盟的兴和县、卓资县，伊克昭盟的准格尔旗、达拉特旗、伊金霍洛旗；陕西省榆林市的府谷县、神木县等10个县（旗）的部分区域，地理位置介于东经108°46′56″～114°5′19″，北纬38°18′51″～41°18′35″，面积59 085平方千米。

本亚区属阴山山前丘陵，黄土层覆盖厚度一般在40～100米，并从东向西、从北向南递增。海拔1 000～2 300米，年平均气温3～7℃，≥10℃年积温1 967～3 118℃，无霜期120～170天，年降水量310～415毫米，年蒸发量1 751～2 375毫米，湿润度为0.3～0.6，年平均风速2.5～4.0米/秒。土壤为黑垆土与暗栗钙土交错分布，植被属典型草原植被类型。水系有黄河水系，永定河水系和内陆河水系。

本亚区的主要生态问题是：气候干旱，植被匮乏，是风蚀、水蚀、重力侵蚀并发的混合侵蚀区，最大土壤水蚀模数为20 000吨/（平方千米·年），最大土壤风蚀模数为20 000～30 000吨/（平方千米·年），对黄河危害最大的砒砂岩地区就位于本亚区，是黄河粗沙的主要来源地。

本亚区林业生态建设与治理的对策是：以综合措施为主，在稳定农田的基础上，大力营造以沙棘、叉子圆柏（沙地柏）等灌木为主的水土保持林，逐步建设有防护林、经济林等林种构成的防护林体系。

本亚区共收录6个典型模式，分别是：晋陕内蒙古接壤区“三围”治沙造林模式，晋西北黄土丘陵风沙区农林牧综合治理模式，内蒙古南部黄土丘陵抗旱造林模式，晋陕内蒙古接壤区露天煤矿土地复垦模式，内蒙古准格尔旗天然次生林封育治理模式，内蒙古皇甫川流域砒砂岩区综合治理模式。

【模式 A5-5-1】 晋陕内蒙古接壤区“三围”治沙造林模式

（1）立地条件特征

模式区位于山西省北部的山阴县、怀仁县、天镇县、南郊区等县（区），地处山西北部风沙区，地貌以浅山丘陵为主，属大陆性温带气候，四季分明，干旱少雨、多风，气象灾害频繁。年平均气温7.5℃，≥10℃年积温3 025.4℃，无霜期159天，年降水量379.4毫米，年蒸发量2 102.2毫米。土壤以非地带性风沙土为主，植被主要有百里香、铁杆蒿、绣线菊等。

（2）治理技术思路

“三围”治沙造林是林围农式、林围草式、林围林式治沙造林技术的简称，即在晋北风沙区根据因地制宜、因害设防和集中连片规模治理的原则，实施“林围农”式、“林围草”式和“林围林（经济林）”式的治理。

（3）技术要点及配套措施

对于平川和缓坡丘陵农区，通过营造以窄林带小网格为主的高大乔木防护林带（网），将基本农田围起来，确保耕地不起沙；考虑到牧草防风效能较差和寿命较短的实际，以窄林带大网格式乔灌木林带将草地围起来，增强其整体防风固沙效能；对成片经济林也采用防护林围经济林的办法，建立稳定的生态经济型林业。根据成片经济林的大小，确定适当的防护林网，宜大则大，宜小则小，在确保防风固沙主体生态功能的前提下，尽可能兼顾当地群众的经济利益。

“三围”治沙造林的关键技术主要有半干旱地区杨树新品种的栽植技术、樟子松造林技术、仁用杏良种繁育技术、抗旱造林技术、农田林网营造技术等。这些技术的推广应用，对确保和巩固治沙造林成果非常有效。

（4）模式成效

林围农和林围林的治沙造林技术，先后在晋北数十个县区内得到大力推广与应用，并逐步形成了“林围农、林围草、林围林”的“三围”治沙造林模式，并得到大多数干部群众的好评与肯定。

（5）适宜推广地区

本模式适宜在整个三北风沙区相应地方推广。应用中，可根据不同的自然条件选择其中相应的类型，必须做到农林牧兼顾，乔灌草因地制宜。

【模式 A5-5-2】 晋西北黄土丘陵风沙区农林牧综合治理模式

（1）立地条件特征

模式区位于山西省忻州市偏关县县城的东南部，地处黄土丘陵风沙区，海拔1 242～1 610米，梁峁起伏，沟深坡陡。温带季风型大陆性气候，冬季寒冷少雪，春季干旱多风，夏季降水集中。年平均日照时数2 677小时，≥10℃年积温2 678～3 024℃。年平均气温6.5℃，极端最低气温－28.8℃，极端最高气温36.1℃，无霜期120～130天。年降水量451.7～473.8毫米，其中7～9月份占64.6%。土壤为黄绵土，植被属草原植被型，主要有百里香、沙蓬、沙蒿、沙枣、针茅、沙棘、野刺玫等植物。

(2) 治理技术思路

以维护生态平衡为前提，生态效益与经济效益相结合，通过改善自然条件，为提高经济效益创造基础；在生产建设上，农、林、牧业统一考虑，统筹安排，改变生产结构，达到协调发展；林业生产安排上，以生态林业体系建设为主，生态林、商品林合理搭配，乔、灌、草因地制宜，从实际出发，相对集中地建立果农草生产基地，给专业化商品生产创造条件，并与脱贫致富相结合。

(3) 技术要点及配套措施

①土地利用结构规划：模式区总面积为60 528亩，规划林业用地35 778亩（不包括林网和四旁树折合面积），占总面积的59%，农业用地10 319亩，占总面积的17%，牧业用地11 135亩，占总面积的18.4%，村庄、道路等特用地1 798亩，占总面积的3%。其中，现有林地1 552亩，占总面积的2.6%。

②林业建设规划：根据当地立地条件类型，本着因地制宜、适地适树的原则，对宜林地进行了划分。海拔1 500米以上的阴坡，土层深厚、肥沃，植被条件较好的地方，栽植落叶松，半阴半阳坡栽植油松，干旱阳坡种柠条；海拔1 500米以下的阴坡半阴坡，自然条件较好的栽植油松。半阳坡地质破碎的地方块状栽植油松和柠条混交林，阳坡种柠条；梁峁地段，地面平坦，但风沙较大，较干旱，按不同地形因地制宜地栽植油松、侧柏、杨树等混交林；海拔1 300米以下背风向阳、土壤肥沃的地段内配置经济林；沟塌地、小沟小岔营造旱作丰产林；基本农田地埂上营造柽柳生物地埂；为防止水土流失，在沟头地畔用柠条锁边；模式区内道路两侧各栽两行树。

为了做到长短期利益相结合，尽早提高林业经济效益，规划建立了三个基地。小果园基地：各村都建小果园，户均7亩；柠条种条基地：其中采条基地2 800亩，户均10亩，采种基地1 200亩，人均1亩；农田柽柳地埂基地：建立3 791亩，户均14亩。

③农业生产规划：农业用地减少60%。在10 319亩农业用地中，基本农田3 791亩，人均3亩；一般农田6 528亩，人均5.5亩，其中的2亩发展草田轮作。

④畜牧业发展规划：发展草地1 113亩，户均草地40亩。大牲畜276头，户均1头。猪276头，户均1头。羊2 700只，户均10只，全部圈养。家禽1 350只，户均5只。兔540只，户均2只。

(4) 模式成效

本模式实施后，林茂粮丰，区域内生态环境极大改善，农民生活水平显著提高，对生态环境重要性的认识以及发展和保护生态林业的积极性都明显提高。

(5) 适宜推广区域

本模式适宜在丘陵山区推广应用。推广中应注意根据不同的自然条件，选择适宜的树种，根据人均占有耕地的多少和人们的生活习惯合理安排农林牧比例。

【模式A5-5-3】　内蒙古南部黄土丘陵抗旱造林模式

(1) 立地条件特征

模式区位于内蒙古自治区南部黄土区的凉城，地貌以丘陵为主，地表起伏不平，黄土层厚度

40 米左右，水蚀和风蚀严重。年平均气温 5.0℃，≥10℃年积温 2 539.0℃，年降水量 436.7 毫米，无霜期 150 天。土壤以栗钙土为主，植被以针茅、冷蒿为主，灌丛为沙棘和柠条。

(2) 治理技术思路

在无灌溉条件下，半干旱地区的造林成效取决于从选择良种壮苗到抗旱栽植整个过程中的水分状况，只要能保持在这一过程中苗木不失水或少失水，能通过整地或其他措施为林木生长创造一个水分条件相对较好的微环境，就可以解决造林成活率低下这一长期困扰林业发展的难题。

(3) 技术要点及配套措施

①苗木规格：选用抗逆性强、生长快的优良树品种的健壮苗木。阔叶树一般用 1 年生插条苗，要求苗高 1.5 米，地径 0.8 厘米以上，也可以用大苗。落叶松、油松、樟子松用 2～3 年生移植苗，要求苗高 15 厘米，地径 0.5 厘米以上。

②苗木保湿：起阔叶树苗前要灌足底水，假植时要浇足水。对针叶树做到苗木桶内不离水，起出的苗木用湿土培根，苗木运到造林地后要深埋保湿。造林前须把阔叶树苗根部浸水 48 小时以上，并用 ABT 生根粉等植物生长剂蘸根处理。

③开沟整地：一般在造林前一年的雨季前开沟，风沙危害严重的地方可在造林整地时随开随造。平地和 15℃以下的平缓地，用开沟犁开沟，沟深 35～50 厘米，沟底宽 20～30 厘米；坡度大于 15℃的土石丘陵或不适宜机械开沟的地块，人工开沟或挖水平沟，沟深 50～80 厘米，沟底宽 50～80 厘米，沟长 2～5 米。

④抗旱栽植：沟内挖坑。阔叶树的栽植坑为 40 厘米×40 厘米×40 厘米；落叶松、油松、樟子松等的栽植坑为 25 厘米×25 厘米×25 厘米。栽植时回填湿土，分层踏实。樟子松、油松采用靠壁栽植的方法，苗木定植后再用沟帮湿土在苗木周围培一个抗旱土堆。杨树培高 30～40 厘米，落叶松、油松、樟子松等可酌情深埋。

(4) 模式成效

按本模式造林，可使造林成活率达到 95%以上，并显著提高树木的生长速度。

(5) 适宜推广区域

本模式适宜在无灌溉条件的半干旱黄土丘陵推广。

【模式 A5-5-4】 晋陕内蒙古接壤区露天煤矿土地复垦模式

(1) 立地条件特征

模式区位于黄河中游的乌兰木伦河一级阶地——神府东胜煤田露天煤矿矿区，地处毛乌素沙地与黄土丘陵的交错地带，水蚀、风蚀均十分强烈。典型大陆性半干旱干草原气候，年降水量 357 毫米，其中 7～9 月份的降水量占年降水量的 60%～70%，年平均风速 3.6 秒/米，年最大风速 24 米/秒，年平均沙尘暴日数 17～26 天，其中冬春季发生 11.9～18.3 天。

(2) 治理技术思路

矿区土地复垦以可持续发展、生态学和生态经济学的理论为指导思想，根据具体的环境条件和煤田开发建设的需求，露采、回填、复垦有序进行，进行污水处理、林业、种植、养殖相结合的综合性土地复垦。

(3) 技术要点及配套措施

①污水处理：经过回填、垫底和边坡加固等土建工序，建成含氧性塘、好氧塘和养殖塘生活与井下三级污水处理厂 1 座。

②造林种草：将造林地和种植地 0～60 厘米土层内大于 10 厘米的碎石清理后，平整修垄，

造林种草。乔木树种选用3年生油松和胸径2.5～3.0厘米的杂交杨实生苗，密度111株/亩；灌木，沙柳扦插造林，条长60～70厘米，2根/穴，栽植密度333穴/亩；饲草种植沙打旺与草木犀，于雨季前6月上中旬开浅沟覆土播种。播种量沙打旺为0.33千克/亩，草木犀1.17千克/亩。

③农业复垦：分露地大田栽培和大棚保护地种植2种方式。

改土措施：首先将复垦地1～30厘米土层内大于10厘米的石块全部清出，然后按种植复垦项目分别改良土壤。露地大田种植地平均垫35厘米厚的沙土，施羊粪、鸡粪等农家肥8千克/平方米；大棚保护地内将1～35厘米土层内大于0.5厘米的砂石用筛子过滤清理，施农家肥20千克/平方米，深翻土2次，平整后修筑床垄。

种植品种：露地大田复垦种植作物有糜子、荞麦、玉米、豌豆、葵花、马铃薯、白菜和豆角等；加温大棚保护地种植品种有番茄、黄瓜、茄子和青椒等。

④封闭式养殖：采用封闭式、工厂化、高密度复垦养殖，猪舍内设妊娠舍、分娩舍、保育舍、育成舍、育肥舍，配方饲料喂养，瘦肉型猪存栏每亩466头。

(4) 模式成效

露天采煤坑通过采用污水处理、造林种草、农业种植、养殖等综合性土地复垦措施，取得了显著的生态与经济效果。日处理污水1万立方米，经当地环保部门检测，达到排放标准；乔灌木造林250.5亩，其中乔木成活率86%～97%，保存率98%～99%。沙柳成活率91%，保存率99%。种草复垦405亩，成苗及保存率100%。种植粮豆作物225亩，糜子、荞麦、玉米、豌豆、葵花第1年产量8.5～212.5千克/亩，第2年增至9.9～246.1千克/亩。番茄、黄瓜、茄子、青椒、马铃薯、白菜、豆角等蔬菜的年产量164.3～4 850.1千克/亩。封闭式复垦养殖年产猪肉45万千克。

(5) 适宜推广区域

本模式适宜在黄土高原半干旱地区的露天矿区推广。

【模式A5-5-5】　内蒙古准格尔旗天然次生林封育治理模式

(1) 立地条件特征

模式区位于准格尔旗瓦桂庙天然次生林保护区。地貌类型为丘陵沟壑区，山高坡陡，地形复杂。年平均气温7.2℃，≥10℃年积温3 118.4℃，年降水量401.5毫米，无霜期170天，土壤以栗钙土为主，森林植被主要以油松、侧柏和杜松为主，适宜进行封山育林。

(2) 治理技术思路

模式区的小气候条件较好，天然次生林分布相对集中。在这一地区通过封山育林和人工造林，使原有的天然次生林进一步得到有效保护，并不断增加植被面积，从而达到提高森林涵养水源、保持水土的综合能力，改善生态环境的目的。

(3) 技术要点及配套措施

封育：划定封育区，全封。封育区设置围栏等防护设施，周边设立宣传标牌，增强保护意识；指定专人管护，定期检查。

移民：部分地段实施生态移民，尽量减少人为活动对植被的破坏。

促进更新：宜林地段采取人工播种、移植、补植等手段人工促进更新。主要选用的树种有油松、沙棘、柠条等；加强护林防火和病虫害的防治工作。

(4) 模式成效

经多年封山育林，大面积的天然次生林保存完好，范围不断扩大，植物种类不断增加，提高了森林覆盖率，增加了生物多样性，有效地发挥了森林的综合效益。

(5) 适宜推广区域

本模式适宜在有天然次生林分布的丘陵沟壑区和有封育条件的地区推广。

【模式 A5-5-6】 内蒙古皇甫川流域砒砂岩区综合治理模式

(1) 立地条件特征

模式区位于内蒙古自治区皇甫川流域。皇甫川流域是黄河中游粗沙产区的一条较大支流，流域总面积 3 304 平方千米，其中砒砂岩丘陵沟壑区 900 平方千米。砒砂岩是一种中生界侏罗系和白垩系松散岩层，由于成岩环境较差，形成的岩层结构松散，胶结性差，易风化、易受侵蚀。皇甫川流域沟壑面积占 40%～70%，地形支离破碎，砒砂岩裸露，水土流失面积占到 92.5%。气候特点是干旱少雨，风大沙多，十年九旱。年降水量 400 毫米左右，其中 6～9 月份降水量占年降水量的 80%以上，且常以暴雨形式出现，是黄土高原暴雨中心之一。风灾频繁，8 级以上大风日数年均达 19～87 天。砒砂岩风化物是黄河下游粗沙的主要来源之一。

(2) 治理技术思路

砒砂区治理开发的关键是保护坡面上的土地和土壤资源，提高沟（河）道水资源利用率和土地生产力，建设良好的生态环境，发展区域经济。为了控制坡面沟蚀发育，保护土地资源，模式区以小流域为单元，按照小流域自然条件和经济发展的特点，经济建设和生态建设并重，工程措施与生物措施相结合，沟坡兼治，形成综合治理开发的格局。在坡面上进行工程整地，然后根据不同立地条件进行造林种草，沟坡种植沙棘，主支沟筑坝淤地，建设基本农田。

(3) 技术要点及配套措施

①坡面治理：在 20 度以下缓坡地上，除大力建设基本农田外，等高带状建植疏行（2 行）宽带（20～30 米）式草灌植被。灌木树种为沙棘或柠条，种 2 行；草带宽 20～30 米，播种沙打

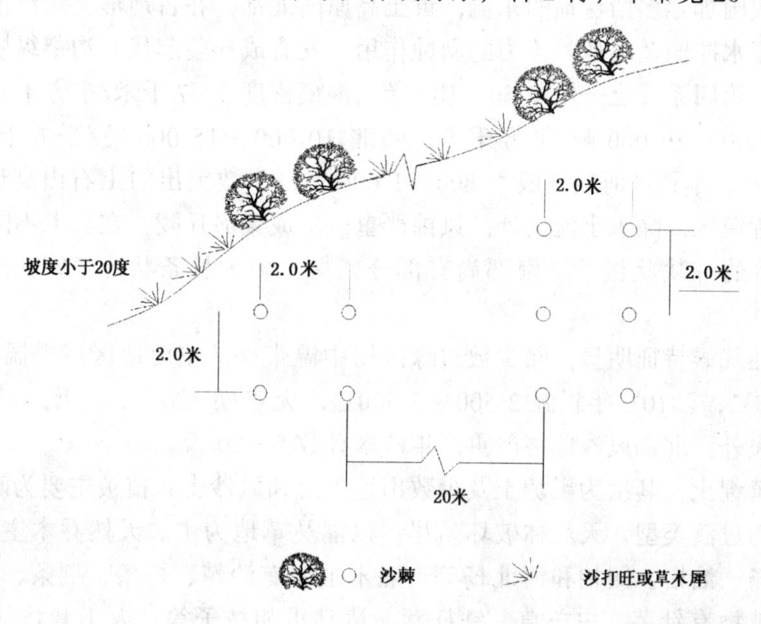

图 A5-5-6 内蒙古皇甫川流域砒砂岩区综合治理模式图

旺或草木犀；在20度以上薄层黄土或风化裸露的砒砂岩山坡上，沿等高线进行竹节形水平沟整地，水平沟宽1.0米，长2.0～3.0米，深0.5～0.7米，营造油松和沙棘混交林，拦蓄坡面径流。

②沟头治理：采取生物措施（种植沙棘）和工程措施（护沟埂）相结合的形式，控制沟头前进。在支毛沟岔、陡崖上，全封闭营造沙棘林，并建造土谷坊，防止沟床下切和溯源侵蚀。

④沟道整治：在沟道打坝拦沙淤地，抬高侵蚀基准面。在行洪渠内营造柳树、杨树、乌柳、沙柳、沙棘等，固定河岸与行洪道。

(4) 模式成效

通过治理，流域经济有了很大发展，加速了群众脱贫致富奔小康的步伐。植被盖度逐渐增加，小气候条件不断改善，生态环境向良性方向发展。流域有限的水资源得到拦蓄、调节、利用，有效地控制了水土流失，减少了入黄泥沙。

(5) 适宜推广区域

本模式适宜在山西省、陕西省、内蒙古自治区交界处的砒砂岩区推广。

六、晋陕黄土丘陵沟壑亚区（A5-6）

本亚区位于山西省西部和陕西省东北部，包括吕梁山以西，黄龙山、乔山以北和长城以南的广大黄土丘陵区。行政区划包括陕西省榆林市的吴堡县、米脂县、绥德县、子洲县、清涧县、佳县，延安市的吴旗县、子长县、延川县、延长县；山西省吕梁地区的兴县、临县、方山县、离石市、中阳县、石楼县、柳林县、交城县、岚县、交口县、孝义市，太原市的娄烦县、古交市，忻州市的忻府区、岢岚县、宁武县、静乐县、原平市等28个县（市、区）的全部，以及陕西省榆林市的榆阳区、横山县、定边县、靖边县，延安市的宝塔区、志丹县、安塞县、宜川县等8个县（区）的部分区域，地理位置介于东经106°52′27″～112°38′11″，北纬36°10′17″～39°17′57″，面积69 603平方千米。

本亚区地处我国鄂尔多斯台地的东侧，黄土高原的北部，在古地形上广泛覆盖着很厚的风成黄土。经过长期流水冲刷及其他外营力的剥蚀作用，发育成丘陵起伏、沟壑纵横，地形复杂的黄土丘陵沟壑地貌。第四系黄土一般厚50～100米，沟壑密度3～7千米/平方千米。年土壤侵蚀模数一般为晋西5 000～10 000吨/平方千米，陕北10 000～15 000吨/平方千米，最高地区达30 000吨/平方千米。本亚区海拔一般为800～1 600米，少数突出的土石山高达1 900米。亚区北部靠近荒漠半荒漠区，除水土流失外，风蚀严重，形成梁峁丘陵，在其上不同部位覆盖厚1～3米、面积大小不等的片块状流沙。南部尚有部分残塬，多为长条状，“V”形沟发育，沟深为70～100米。

本亚区大陆性气候特征明显，除少数边缘区属中温带外，主要地区属暖温带半干旱气候区。年平均气温6～10℃，≥10℃年积温2 500～3 500℃，无霜期120～190天，年降水量400～550毫米。除水土流失外，北部风沙危害严重，年沙暴日数5～20天。

土壤主要为黄绵土，其次为黑垆土及少数山地褐土和风沙土。植被主要为暖温带落叶阔叶林地带向森林草原的过渡类型。天然林破坏殆尽，以灌丛草地为主。天然乔木主要有臭椿、白榆、山杏、杜松、山杨、油松、侧柏和河北杨等；灌木主要有沙棘、柠条、荆条、酸枣、河朔荛花、文冠果等；草本植物有针茅、白羊草、铁杆蒿、达乌里胡枝子等；人工栽培的树种有杨树、油松、白榆、侧柏、刺槐、柠条、核桃、枣等。

本亚区的主要生态问题是：气候干旱，植被稀疏，地形破碎，沟壑纵横，水土流失极为严重，新开垦的陡坡耕地年侵蚀模数达 50 000 吨/平方千米；土壤贫瘠，生产力低，水力、重力侵蚀剧烈，水土流失面积占 90%以上，是黄河中游和全国水土流失最严重的地区之一。

本亚区林业生态建设与治理的对策是：以水土保持林为主，相应的发展用材林、经济林和薪炭林。沟底川地可适当发展以杨树为主的速生丰产用材林，在向阳平缓阶地除发展核桃、苹果、梨、红果、杏等经济林外，可在黄河滩地大力种植枣树。同时，落实退耕还林（草）政策，实行坡改梯，荒沟改坎地，建立林草-果树-农田复合生态经济系统。

本亚区共收录 6 个典型模式，分别是：陕北黄土梁峁坡地生态经济林建设模式，陕北黄土丘陵侵蚀沟水土流失综合治理模式，陕北黄土丘陵沟壑区针阔混交型水土保持林建设模式，陕西延安退耕还林兴林兴果模式，晋陕黄河峡谷生态经济林建设模式，山西关帝山天然次生林封育模式。

【模式 A5-6-1】　陕北黄土梁峁坡地生态经济林建设模式

（1）立地条件特征

模式区位于陕西省延安市安塞县，年平均气温 8.8℃，≥10℃年积温 3 177.4℃，年降水量 531 毫米，无霜期 143～174 天。主要地貌类型有侵蚀沟沿以上的浑圆形长梁、圆丘状土丘、坡面起伏不平陡缓不一的坡地等，仅有少数修成水平梯田，多数为坡式梯田，以种植农作物为主，少量栽植有果树或其他林木，同时也有不少地段为荒山，系天然牧场。土壤主要为黄绵土、潮土、淤土等，土层深厚，立地条件相对比较优越。

（2）治理技术思路

本着因地制宜的原则，按照坡度陡缓，实行农、林、果综合治理，以求合理利用土地资源，控制水土流失。

（3）主要技术措施

坡度 15 度以下的地段，采取人机结合的方法，修建旱涝保收的平台地或宽幅水平梯田，作为基本农田，以种植农作物为主。田边、地埂栽植单行花椒或紫穗槐等固土护埂。

坡度 15～25 度的地段，修窄幅水平梯田或反坡梯田，建设果园。主要选植仁用杏、苹果、

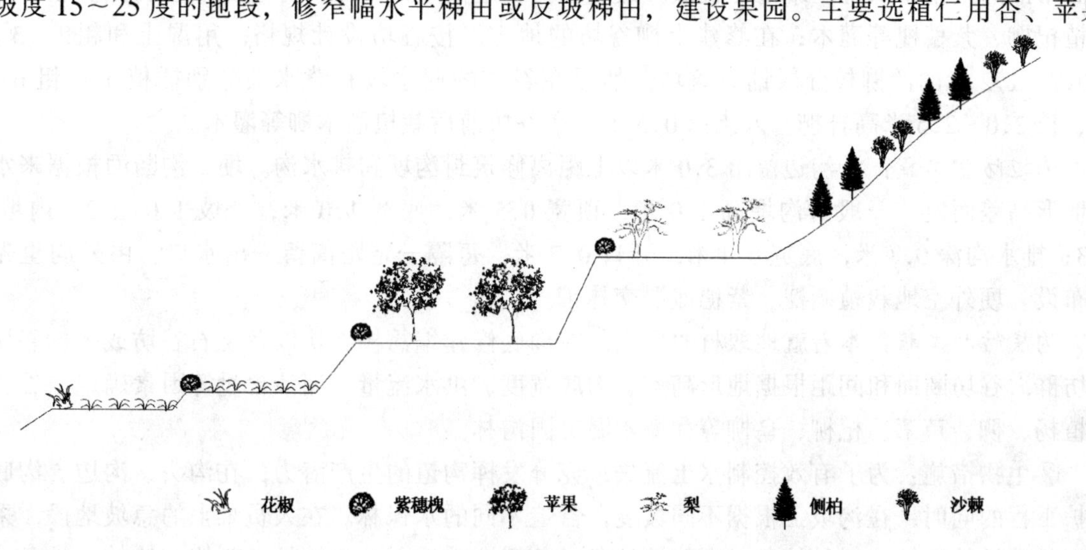

图 A5-6-1　陕北梁峁坡地生态经济林建设模式图

梨、桃、枣等树种，或种植经济效益较高的中药材。

坡度25度以上的陡坡地，全部退耕还林（草），以营造水保用材林为主。撩壕或燕翅形大鱼鳞坑整地。树种选择耐旱耐瘠薄的刺槐、侧柏、沙棘、紫穗槐、柠条等，乔、灌带状或块状混交。同时可根据需要种植以紫花苜蓿、草木犀、沙打旺等为主的优良饲草。

(4) 模式成效

既可充分发挥土地资源潜力，又可获得较高的经济效益，同时有效地控制水土流失，改善农业生产条件。

(5) 适宜推广区域

本模式适宜在山西省、陕西省黄土丘陵沟壑区推广，其他黄土区也可借鉴推广。

【模式 A5-6-2】　陕北黄土丘陵侵蚀沟水土流失综合治理模式

(1) 立地条件特征

模式区位于陕西省榆林市米脂县，地貌部位在侵蚀沟沿以下，河谷川台地以上，系长期受水力切割和重力侵蚀而形成的沟道，以“V”型切沟为主。坡面支离破碎，多为急陡坡，少数地段已成为绝壁陡崖，陷穴、土柱林立，土壤瘠薄。天然草本植被零星分布，部分地段栽植有小片以刺槐、柠条为主的乔灌林木。水土流失极其严重，每逢大雨，沟头向上延伸，沟边向外扩展，其间偶尔可见因山体滑坡而形成的塌地，面积大小不等，地势比较平缓，多数已被开垦耕种。

(2) 治理技术思路

主沟沟头、沟边、沟底采取工程措施或生物工程措施，沟坡采取生物措施进行综合治理，控制水土流失。

(3) 技术要点及配套措施

①工程措施：

沟头防护工程：为了控制沟头前进，在距沟头基部1～2倍于沟头沟壁高度的沟底，垂直水流方向修筑编篱柳谷坊或土柳谷坊，控制洪水冲淘沟头基部。在修建编篱柳谷坊的位置，横向打两排粗8～10厘米、长1.5～2.0米的活柳桩，入土深0.5米，排距1.0～2.0米，桩距0.5米，然后用活的细柳条从桩基编篱至桩顶，最后在两篱之间填入湿土，分层夯实至篱顶。在谷坊前后栽植杞柳、紫穗槐等灌木；在修建土柳谷坊的地方，按谷坊设计规格，用湿土和粗2～3厘米、长0.7～1.2米的活柳枝分层铺夯筑坊，然后在谷坊的迎水坡和背水坡分别插植1行粗6～8厘米、长2.0～2.5米高杆柳，入土深0.5米，在谷坊前后栽植灌木柳等灌木。

沟边防护工程：沿沟边留出3.0米以上距离修筑封沟埂和排水沟。埂、沟断面根据来水面积和地形高差而定，一般封沟埂高1.0米，顶宽0.5米，底宽1.0米；外坡1.0∶0.2，内坡1.0∶0.3；排水沟深0.7米，底宽0.4米，开口0.7米，每隔一定距离留一出水口。由外向里先埂后沟布设。埂外空地栽植刺槐、紫穗槐混交林带。

沟底防护工程：本着就地取材的原则，在沟底修建编篱柳谷坊以及土石谷坊或土柳谷坊。等谷坊群，谷坊断面和间距根据地形高差、沟底宽度、洪水流量、泥沙含量等因素确定，谷坊之间栽植杨、柳、芦苇、杞柳、乌柳等乔灌木混交固沟林。

②生物措施：为了有效控制水土流失，充分发挥沟道的生产潜力，在沟头、沟边、沟底修筑防护工程的同时，在沟坡上根据不同坡度，营造不同的水保林。在人员难上的急坡地段，采取投弹方法，见缝插针地播种柠条；在陡坡地段，鱼鳞坑整地，栽植侧柏、刺槐、沙棘、柠条、紫穗槐等乔灌木混交水土保持林；在缓坡地段和小片塌地，栽植刺槐、侧柏、榆树、小叶杨等乔木水

保用材林或山桃、山杏等水保经济林；宽展平缓、面积较大的塌地，可进行果农间作或建立以仁用杏、苹果、梨、桃等为主的果园。

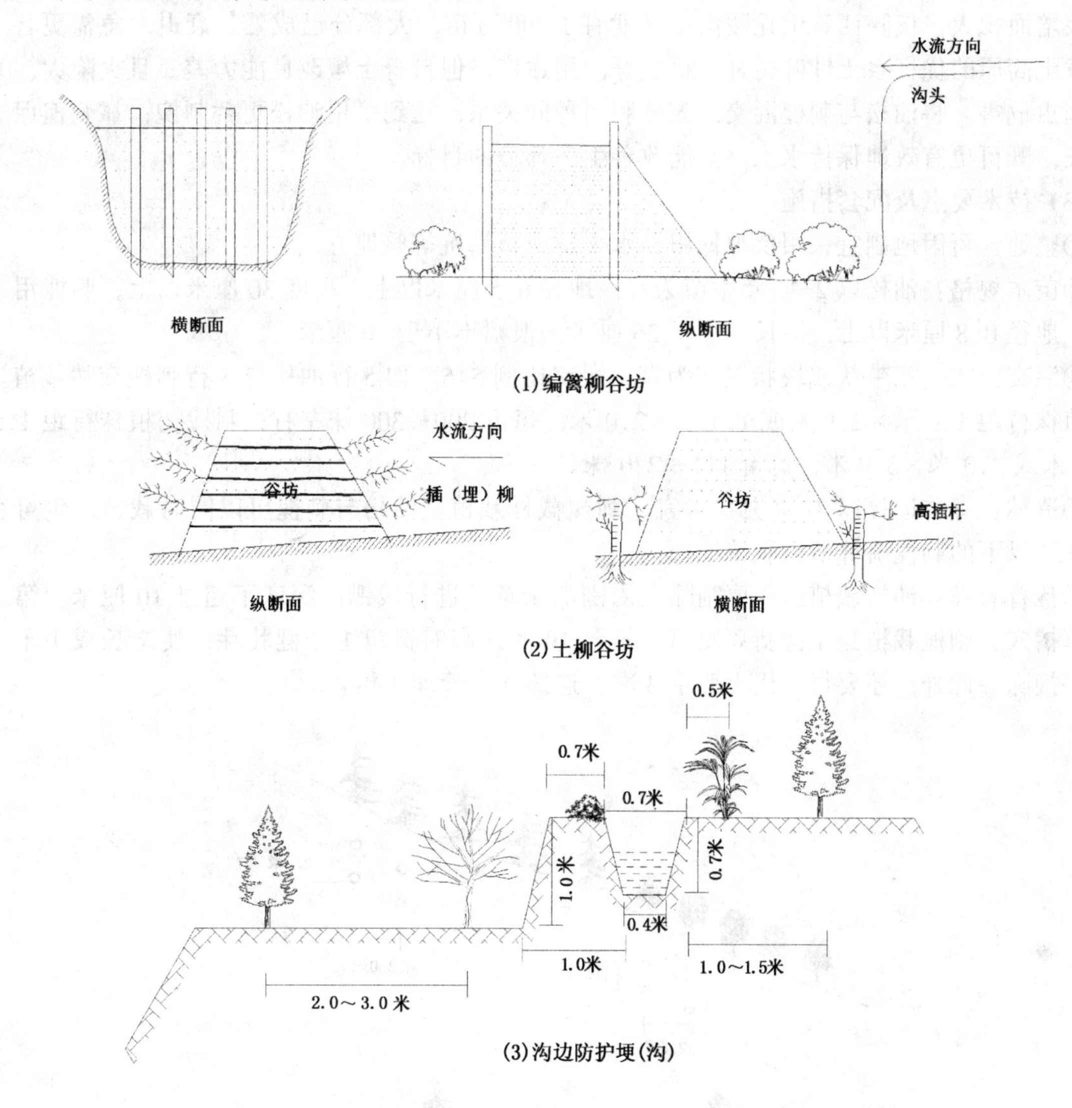

图 A5-6-2 陕北黄土丘陵侵蚀沟水土流失综合治理模式图

(4) 模式成效

通过上述生物措施和工程措施相结合的综合治理，有效地控制了水土流失，基本实现小雨水土不下坡，大雨泥沙不出沟，使沟系中、下游人民免受洪涝灾害。同时也使治理区的土地资源得到了合理充分的利用，获得一定的经济效益。

(5) 适宜推广区域

本模式适宜在黄土丘陵沟壑亚区推广，其他黄土区也可参照应用。

【模式 A5-6-3】 陕北黄土丘陵沟壑区针阔混交型水土保持林建设模式

(1) 立地条件特征

模式区位于陕西省延安市宝塔区，年平均气温 8～10℃，年降水量 400～500 毫米。土壤为黄绵土、红土、潮土等。区内丘陵起伏，沟壑纵横，土地破碎，水土流失严重。

(2) 治理技术思路

刺槐是黄土丘陵沟壑区的主要造林树种，适应性强，具有根瘤菌，改良土壤作用大。分布广，栽培面积大，仅陕西黄土丘陵沟壑区就有1 200万亩，大部分已成熟、衰退，急需更替。油松是黄土高原的优良乡土针叶树种，材质好，用途广，但自身土壤改良能力差，且火险大，又易发生病虫危害。将油松与刺槐混交，充分利用种间关系，达到了用油松更替刺槐，靠刺槐促进油松生长，既可更有效地保持水土，又能改善生态环境的目标。

(3) 技术要点及配套措施

①整地：可因地制宜采用反坡梯田、水平阶或鱼鳞坑等整地方式。

②苗木规格：油松以2～3年生苗为宜，地径0.5厘米以上，高度30厘米以上；刺槐用1年生苗，地径0.8厘米以上，根长不小于25厘米，根幅不小于20厘米。

③混交方式：宽带状或块状混交为宜，混交比例5∶5。如5行油松与5行刺槐交替栽植。油松初植株行距1.0米×2.0米或1.5米×2.0米，每亩200～300株左右；刺槐初植株行距1.5米×2.0米或2.0米×3.0米，每亩111～220株。

④造林：春季造林以3～4月份为宜，刺槐截杆栽植。油松与刺槐可以同时栽植，也可在郁闭度0.3以下的刺槐疏林地内栽植油松。

⑤抚育管理：油松栽植当年要割除穴周围的杂草，进行浅锄，深度不超过10厘米。第二年要锄草扩穴；刺槐栽植当年待新芽发出、长至10厘米高时保留1个健壮芽，使之长成主干，将其余芽摘除。此外，还要每年松土锄草3次，连续抚育管理3年。

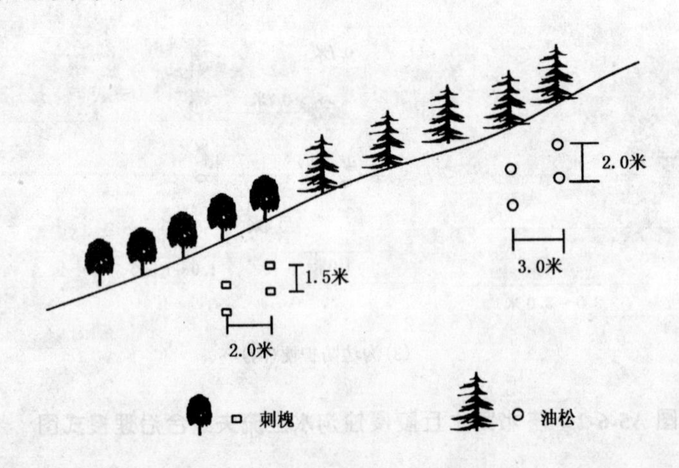

图 A5-6-3　陕北黄土丘陵沟壑区针阔混交型水土保持林建设模式图

(4) 模式成效

利用刺槐枯枝落叶多及根瘤菌的改良土壤功能，提高土壤肥力，促进目的树种油松的生长，从而形成稳定的水土保持林分，同时也有效地控制了病虫滋生，降低火险，更好地发挥防护功能。

(5) 适宜推广区域

本模式适宜在黄土丘陵沟壑区的阴坡、半阴坡及半阳坡推广应用。

【模式 A5-6-4】　陕西延安退耕还林兴林兴果模式

(1) 立地条件特征

模式区位于陕西省延安市，地处落叶阔叶林向森林草原的过渡地带。海拔800～1 300米，年平均气温9.4℃，≥10℃年积温2 800～3 100℃，极端最低气温－25.4℃，无霜期180天，年降水量550毫米左右。梁峁沟壑地貌典型，地面切割强烈，梁、峁、沟、坡皆有，沟壑密度高达3.47～5.10千米/平方千米。陡坡耕地占70%，水土流失严重，土壤年侵蚀模数达10 000吨/平方千米。坡地土壤为黄绵土，沟道分布有冲积土。干旱和严重的水土流失是影响当地林业生产和生态建设的限制因素。当地产业结构单一，农业占主导地位，土地利用结构不合理，广种薄收，粗放经营是影响生态环境建设和经济发展的主要症结。

(2) 治理技术思路

在山、水、林、田路统一规划的基础上，退耕还林（草），快速增加植被，控制水土流失，大力改善农业生产条件和生态环境，全面利用土地资源，兴林兴果，发展林果支柱产业，集约经营，实现农、林、牧、副、渔各业的综合协调发展。

(3) 技术要点及配套措施

①退耕还林兴林兴果的途径与措施：

兴修基本农田，加强基础设施建设：缓坡耕地坡改梯，人均农田4～5亩，其中高标准农田0.5亩；对现有的2 000多亩经济林进行技术改造，将原来果园条宽1.5米的水平带拓宽为幅宽3.0米、坡差1.0米的反坡梯田，做到水不下坡；架设高压电线；将狭窄的山路修成8.0米宽的公路，并通到果园边；在每个山峁修建蓄水池；新建苗圃，培养壮苗；修建果品储藏库，提高果品储藏能力。从各个方面为退耕还林、兴林兴果创造条件。

推广实用技术，推广良种优种：大面积退耕还林后，劳力、资金相对集中，实用技术能够得以应用和普及。小麦、谷子、玉米等农作物全部实现良种化；推广垄沟和山地水平沟种植，精耕细作；推广覆膜栽培技术，加强田间管理，搞好秋翻、中耕除草、病虫害防治；增施化肥，实行配方施肥，发挥增产效益；加强技术培训，提高农民科学种田、植树的水平；多方努力，提高粮食单产，降低人口对农地的需求量。

合理配置林种树种：根据适地适树的原则，不同立地类型选择不同适生树种。按照人均6.4亩防护林、4.6亩经济林的标准，统一规划布局，科学配置林种和树种（表A5-6-1）。造林时根据规划分户栽植，谁造谁有。统一供应苗木，统一质量标准，统一检查验收，严把造林质量关。

表A5-6-1 陕北黄土丘陵立地条件类型及相应的林种、树种配置

立地条件类型	林 种	树 种
土层深厚平缓阳坡	经济林	苹果、酥梨、蜜桃、大杏、葡萄、扁桃等
梁峁陡坡	防护林	山桃、山杏、侧柏、火炬树
阴向沟坡	防护用材林	油松、华北落叶松、刺槐、白榆、黄栌等
阳向沟坡	水土保持林	柠条、沙棘、沙地柏、紫穗槐、火炬树等
沟道(底)	防护用材林	新疆杨、小叶杨、欧美杨、旱柳(172、旱快柳)、垂柳等

发展庭院经济，进行复合经营：利用庭院内的土地，积极发展庭院经济，做到人均8架葡萄，户均1头牛、2头猪。在果园和林地实行林、果、药（柴胡、黄岑）、菜（黄花菜、大葱、洋芋、西瓜）、粮（红小豆、绿豆）间作，增产增收。

②退耕还林技术要点与措施：

整地：提前1季或于前1年的秋季整地。果树采用大坑穴（长1.2米，宽1.0米、深0.8

米）整地或宽带反坡梯田（长10～20米，宽2.0～3.0米，深0.8米）整地。乔木树种采用带状（宽0.8～1.2米）整地，长度依地形而定。灌木树种采用小坑穴（长0.5米，宽0.4米，深0.3米）整地。

造林密度：经济林树种，苹果株行距3.0米×3.0米或3.0米×4.0米，桃、李、杏株行距2.0米×3.0米，葡萄株距0.5～1.0米；防护林树种，阔叶乔木类杨树株行距2.0米×4.0米，旱柳、榆树2.0米×3.0米；针叶乔木类油松、侧柏为1.0米×1.5米或1.5米×2.0米；灌木类柠条1.0米×1.5米，紫穗槐1.0米×1.0米或1.0米×1.5米，沙棘2.0米×3.0米或2.0米×4.0米。

造林栽培方法：苹果选用红富士、乔纳金、北斗、北海道9号等优良品种，用嫁接成品苗，秋季或春季栽植，以春季栽植为主。秋季栽植时用土埋苗干，翌年春土壤解冻后再扒开；山杏、山桃于秋冬土壤结冻前直播造林。春播的种子要进行沙藏催芽处理；柠条雨季直播；旱柳除栽植外，在沟道两侧或冲刷地段可插杆造林，杆长1.0～2.0米，插深0.5～1.0米；油松、侧柏、落叶松等针叶树种，采用蘸泥浆栽植或容器苗造林。

抚育管理：经济林，苹果栽植后需要及时定干，高度0.7～0.8米，发芽后要及时抹芽整形。对未成活植株，要及时补植。修剪时须合理浇水并施肥。苹果的病虫害主要有腐烂病，可用斑状细刮片法和红泥扎防治。桃小食心虫采用氯氰菊酯1 800～2 000倍液进行防治。防护林栽后当年要进行培土、松土、除草，并要扩穴、蓄水保墒，连续抚育3～4年。

(4) 模式成效

本模式已成为黄土丘陵沟壑区生态环境整治、脱贫致富、发展山区经济的示范模式。延安市庙沟村有109户、467人，110个劳力，总面积10 700亩，其中农耕地7 500亩，人均15亩，人均粮油50千克。1984～1985年退耕土地5 500亩，人均耕地仅5亩，亩产粮食500千克。至1996年，水土流失治理程度达到了77.8%，土壤侵蚀模数下降了70%。生产结构已由单一的农业型粗放经营转变为农、林、牧、副、渔综合型集约经营，1996年人均纯收入达5 100元，实现了高产、优质、高效，迈向了可持续发展的道路，取得了显著的生态、经济和社会效益。

(5) 适宜推广地区

本模式已在陕北黄土丘陵沟壑区大范围推广，也可在山西省、甘肃省、宁夏回族自治区、青海省东部、内蒙古自治区南部等自然经济条件相似的地区推广。

【模式A5-6-5】　晋陕黄河峡谷生态经济林建设模式

(1) 立地条件特征

模式区位于山西省吕梁地区临县、陕西省榆林市的佳县。年平均气温10℃，≥10℃年积温3 713℃，年降水量433.9毫米，无霜期202天，植被为森林草原。在侵蚀强烈的梁峁坡下部，表土严重被蚀，基岩或半风化坡积残留物裸露。形成土石斜坡，坡度以陡急坡为主，少数为缓斜坡。土壤瘠薄、干旱，立地条件极差，黄河沿岸为集中分布区，部分地段有面积大小不等的枣园分布。

(2) 治理技术思路

利用枣树耐干旱、耐瘠薄的生态学特性，在立地条件差的土石山坡发展经济林，改善生态环境，增加群众收入。

(3) 技术要点及配套措施

①整地：提前1年沿等高线垒石造田。缓斜坡地段垒造4.0米宽的水平带，外高内低。陡坡

地段挖大鱼鳞坑，株行距3.0米×4.0米，规格为长径2.0米，短径1.5米，深1.0米。拣出坑内石块，回填土肥。

②苗木：选择2年生以上根蘖优质壮苗。规格为高80厘米以上，地径0.6厘米以上。

③配置：水平台田每带1行，株距3.0米；鱼鳞坑株行距3.0米×4.0米，“品”字形配置。

④造林：早秋、晚春或雨季均可，以晚春为好，每穴1株，注意深栽踏实，灌水定根。

⑤抚育：栽后每年松土除草2次以上，或间种麦豆薯类作物，以耕代抚。注意及时防治病虫害，根据情况每年适当施肥、灌溉。2～3年后按树形和经营习惯定杆修剪，促进早日成型，提前挂果。修剪以扩展树冠，培育骨架为中心。结果期应及时清除密集、交叉重叠、直立的徒长枝，以便均衡树势，保证年年稳产高产。

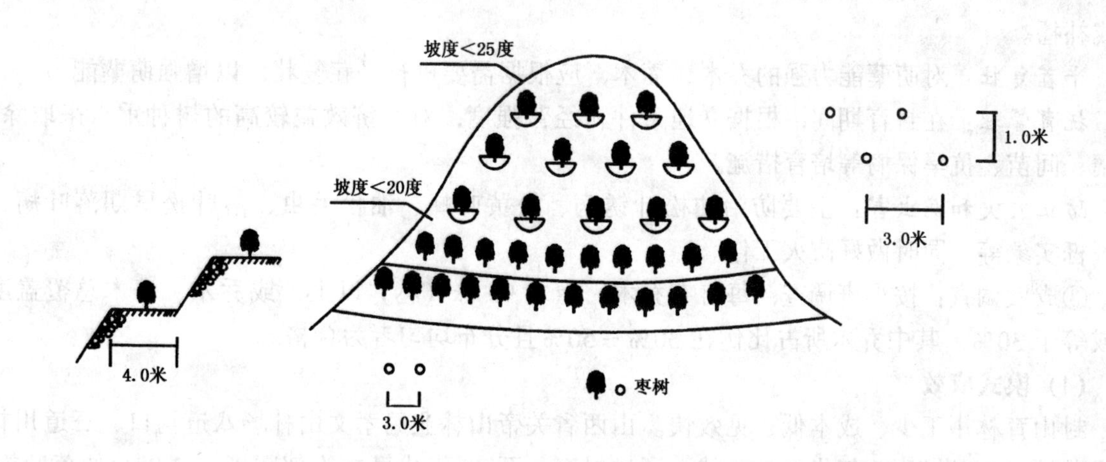

图 A5-6-5 晋陕黄河峡谷生态经济林建设模式图

(4) 模式成效

枣树具有结果早、寿命长、易繁殖、好管理、适应性广、抗逆性强的特点。在土石山坡栽植枣树，既可使不毛之地变成经济收入可观的果园，又可使这类造林十分困难的地方得到绿化，起到保持水土，改善生态环境的作用。单就经济效益而言，据陕西省清涧、佳县枣树基地的多年产量调查，集约化经营的果园，盛果期平均单株可产鲜枣25千克。以每亩50株计，每亩可产鲜枣1 250千克，如以每千克2元计，每亩产值2 500元，扣除投入，每亩纯收入可达将近2 000元。

(5) 适宜推广区域

本模式适宜在黄河沿岸土石山区推广。

【模式 A5-6-6】 山西关帝山天然次生林封育模式

(1) 立地条件特征

模式区位于山西省关帝山林业局孝文山林场，地处暖温带森林草原地带，气候冬寒夏凉。年平均气温6～9℃，无霜期120～160天，年降水量400～500毫米。土壤多为山地褐土，植被以天然次生林为主。乔木有油松、辽东栎、蒙古栎、山杨、河北杨、小叶杨、桦树、侧柏、杜梨；灌木有胡枝子、胡颓子、沙棘、虎榛子、栒子、紫丁香、黄蔷薇、白刺花（狼牙刺）、扁核木等。

(2) 治理技术思路

通过全封、轮封和人工促进更新措施，充分利用本区水土资源，尽快恢复植被，扩大植被盖度，控制水土流失，改善生态环境。

(3) 技术要点及配套措施

①封育方式：

全封：一般在边远山区、江河上游、水库集水区、水土流失严重地区、风沙危害严重地区以及植被恢复较困难的宜封地，实行全封。封育时间一般3～5年，有的可达10年，甚至更长。

半封：有一定目的树种、生长良好、林木覆盖度较大的宜封地，进行季节封禁，也即半封。

轮封：对于当地群众生产、生活和燃料有实际困难的地方，可采取轮封。

②人工促进：

人工促进天然更新：对有较充足下种能力，但因植被盖度较大而影响种子接触地面的地块，应进行带状或块状除草、破土整地，人工促进天然更新。

人工补植：对自然繁育能力不足或幼苗、幼树分布不均匀的间隙地块，应按封育类型进行补植或补播。

平茬复壮：对萌蘖能力强的乔木、灌木，应根据需要进行平茬复壮，以增强萌蘖能力。

抚育管理：在封育期间，根据立地条件和经营强度，对经济效益较高的树种重点采取除草、除蘖、间苗、抗旱保墒等培育措施。

防止火灾和病虫害：主要防治油松叶锈病、松黄叶蜂、油松毛虫、落叶松早期落叶病、蚜虫、栎实象等，同时做好防火工作。

③成效调查：按小班调查，每亩有乔木、灌木90株（丛）以上，或乔木、灌木总覆盖度大于或等于30%，其中乔木所占比例在30%～50%且分布均匀者为合格。

(4) 模式成效

封山育林用工少、成本低、见效快。山西省关帝山林业局孝文山林场八道沟口、三道川林场崖底背岭在20世纪50年代都是疏林，通过封育，至90年代已成为郁闭度0.7以上的落叶松-杨桦混交林。

(5) 适宜推广区域

本模式适宜在森林及森林草原地带的黄土丘陵区中有天然次生林分布的地区推广。

七、晋陕黄土高塬沟壑亚区（A5-7）

本亚区位于黄龙山、乔山以南，关中平原以北。包括陕西省宝鸡市的千阳县、麟游县，咸阳市的长武县、永寿县、彬县，渭南市的白水县、合阳县、澄城县；山西省临汾市的永和县、隰县、大宁县、蒲县、吉县、乡宁县、汾西县等15个县的全部，以及陕西省宝鸡市的宝鸡县、陇县、凤翔县、岐山县、扶风县，咸阳市的乾县、礼泉县、淳化县、泾阳县、旬邑县，延安市的洛川县、黄陵县、富县，铜川市的宜君县、耀县，渭南市的韩城市、蒲城县、富平县等18个县(市)的部分区域，地理位置介于东经106°18′24″～111°12′36″，北纬34°28′32″～37°3′56″，面积31 842平方千米。

本亚区地貌是以黄土塬为主的塬地沟壑，由新黄土和老黄土组成，黄土堆积深厚，最厚可达200米以上。地势由南向北逐渐升高，海拔800～1 300米。塬面平坦，略有起伏，坡度一般不超过5度。塬周受到严重侵蚀，冲沟密布，沟深可达100～150米，并不断向塬面溯蚀，沟谷不断延伸，塬面逐渐缩小，尤其是西部和北部的塬地，已被切割得支离破碎，成为残塬或丘陵。暖温带半湿润气候，年平均气温9～13℃，由东向西递减，无霜期160～220天。年降水量500～700毫米，西部高于东部，夏秋多于春冬。干旱、霜冻、干热风为主要自然灾害。

本亚区地带性土壤为褐土，主要有碳酸盐褐土、普通褐土。农业土壤有黄绵土和垆土，微碱性至碱性反应，除局部为土石山外，一般土层深厚。阴阳坡干湿状况差异明显。塬面土壤侵蚀轻微，沟谷剧烈，年侵蚀模数一般2 000～3 000吨/平方千米，局部地区可达5 000吨/平方千米。地带性植被为暖温带落叶阔叶林。由于长期耕垦、放牧、樵采，天然植被已残存无几，除西部与北部的局部丘陵山地和沟坡上还残存少量以栎类、山杨、白桦和侧柏为主的小片天然次生林外，其余地区基本为人工植被所更替。栽培树种主要有刺槐、油松、侧柏、杨树、泡桐、苹果、核桃、柿子、红枣、花椒、桃、梨、杏等。天然草灌植被以酸枣、黄蔷薇、沙棘、胡颓子、马蹄针、虎榛子、连翘、荆条、胡枝子和菊科、禾本科为主的中、旱生植物最为常见。

本亚区的主要生态问题是：气候干旱，水土流失严重，沟头前进，沟岸扩张，塬地缩小；造林树种单一，成活率低，生长不良。

本亚区林业生态建设与治理的对策是：首先要以市场为导向，进一步调整产业结构，彻底改广种薄收为少种高产，改粗放经营为集约经营；坚决把25度以上陡坡地退耕还林，把单一的粮油生产改为农林牧业协调配合互相促进、共同发展的大农业结构；分区域采取不同措施，有针对性的进行治理。塬区应以恢复和完善农田林网，改造经济林为重点；沟壑区应以大力营造水土保持林，控制水土流失，固沟保塬为核心；河沟川滩区应以积极营造护岸护滩林，保护农田为宗旨。

本亚区共收录6个典型模式，分别为：渭北黄土高塬沟壑区小流域综合治理模式，渭北黄土高塬沟壑区埂坎经济林建设模式，渭北黄土高塬沟壑区道路侵蚀治理模式，陕西北山地区水土保持林改造与建设模式，渭北塬坡梯田地埂花椒防护林建设模式，山西隰县生态经济型防护林体系建设模式。

【模式 A5-7-1】 渭北黄土高塬沟壑区小流域综合治理模式

（1）立地条件特征

模式区位于陕西省咸阳市永寿县，为塬、梁、峁、坡、沟交错分布的高原沟壑地区，海拔1 000米左右，年降水量500～700毫米，无霜期160～220天。土壤以黄绵土、黑垆土为主。主要树种有山杨、白桦、侧柏、沙棘等。气候干旱，水土流失严重，自然灾害频繁。

（2）治理技术思路

黄土高塬沟壑地区地形复杂，地貌类型繁多，既有大型台塬和破碎残塬，又有起伏梁峁和深切沟壑。塬面均用于农作或经营果树，梁峁、塬坡、沟坡的坡缓土厚地段也多修成水平梯田或坡式梯田耕作，坡陡土层较薄或基岩裸露地段，有的被开垦作为轮耕地，有的尚未利用，局部地段有小片人工林分布。为提高经济效益，改善生态环境，在塬面恢复、完善、更新农田林网，改造经济林；在梁峁塬坡，退耕还林，发展干鲜果品，种植经济作物；在沟壑营造水土保持林，修建水保工程，固沟保塬。

（3）技术要点及配套措施

①恢复、完善、更新塬面农田林网：

林带布设：一般主林带应与主害风方向垂直，副林带应与主林带垂直布设。对存在田渠路的结合渠路布设，否则应田、林、渠、路统一规划，一次到位。

林带间距：根据造林树种壮龄期高度确定，一般主林带间距为树高的20～25倍，副林带间距为树高的30～35倍。

树种选择：除选用冠小、干直、根深的新疆杨外，还可选用柳树（垂柳、旱柳）、油松、水杉、法桐、泡桐、国槐、臭椿、楸树、梓树、槭类、白蜡等。灌木可选用紫穗槐等。

配置方式：不同树种行状混交。具体方法是在靠近农田一侧栽杨树或柳树，靠近渠或路一侧及渠路之间选栽其他适生树种。主林带渠路结合的栽 3 行，渠路临接农田一侧各 1 行，渠路之间 1 行;渠路单设的栽 4 行，渠或路每边各 2 行；副林带每带栽 2 行，渠路结合的在渠的两边各栽 1 行，渠路单设的，渠或路每边各栽 1 行。上述配置单指乔木，需要或可能时，每带在邻近农田一侧加植 1 行灌木。

②改造更新经济林：

更新改造经济林品种：模式区经济林已形成较大规模，当务之急是要对劣质品种及时进行更新换代，改粗放经营为集约经营，改单一果品生产为深层次的加工利用。同时应根据市场需求，调整经济林种类结构。需要更替的果园，可供选择的果树种类主要有：梨、桃、杏、枣、核桃、樱桃等。苹果更新换代可供选择的优良品种主要有：红富士、乔纳金、新红星、北斗、皇家嘎拉、2001 富士等。

更新改造方法：中幼龄林可采取高接换头的方法进行改造，老化园可采取除劣换优的办法进行更新。

③梁峁塬坡退耕还林，还果：

果园集约经营措施，因树种不同而各异，但均需抓好种苗、整地、栽植、抚育、管理、采摘、贮藏等几个关键环节。以苹果为例，其主要集约化经营措施具体如下：

苗木：选用 2 年生以上优质嫁接壮苗，嫁接部位愈合良好，苗高 1.0 米以上，根径 1.0 厘米以上，有健壮侧根 4 条以上，接合部以上有 8 个以上饱满芽。

整地：选择排水良好、土壤酸碱度中性的地段作园地，在全面深翻的基础上，按行距开沟，深、宽各 1.0 米，或按株行距大穴状整地，规格 1.0 米×1.0 米×1.0 米，施足底肥。必要时应对土壤进行消毒处理，提前 1 季进行。

定植：乔化园一般每亩 14～22 株，矮化密植园一般 60～80 株。春、秋季均可，以秋季为好。栽前先挖定植穴，挖时表、心土分放，先将表土与肥料混均填入穴内至定植苗根际部位，将苗放置于穴的中央，使根系向四方均匀展开，用表土分层填踩至接口与地面齐平，然后灌水定根，待水渗入后培心土覆盖，每隔 3 行配一定数量的授粉树。

整形：常见的有十字形、自然开心形、自然圆锥形、疏散分层形等，但剪量轻、易成形、枝条从属关系好、结果早、树龄长的疏散分层形比较符合苹果的生长特性。这种树形有中央领导干，在领导干上有 7～11 个主枝，干高距第 1 层枝 50 厘米左右，分 3～4 层，第 1 层与第 2 层层间距 60 厘米左右，以后递减。树高 4.0～5.0 米，第 1 层留 3 个主枝，以后每层留 1～2 个。整形于秋季树液停止流动后进行。

修剪：不同生长期要求的方式、强度各不相同。幼树期以培养树形，扩大树冠，促进花芽分化，提早结果为目的。定植成活稳定后，于树高 40～60 厘米处定干，然后逐年分层培养主枝，坚持按剪强扶弱的原则进行；初果期主要任务是剪除多余徒长枝，疏剪过密枝，控制直立和竞争枝，使树膛通风透光，缩短进入盛果期的时间；盛果期主要任务是维持树形，均衡树势，调整生长与结果关系；衰老期主要任务是更新树冠和结果枝，恢复生长势，延长结果年限。

土壤管理：幼树期充分利用行间空地，间作套种豆、薯、瓜、菜等作物，以耕代抚。盛果期中止间作。生长期及时松土，除草，秋季深耕扩盘。

施肥：坚持合理、分期施肥。一般每年于秋末结合深翻施基肥，发芽前后，花落后、枝叶果实生长旺期施速效肥，花芽分化前施氮肥的同时，注意施鳞、钾肥，为来年开花结果打好基础。

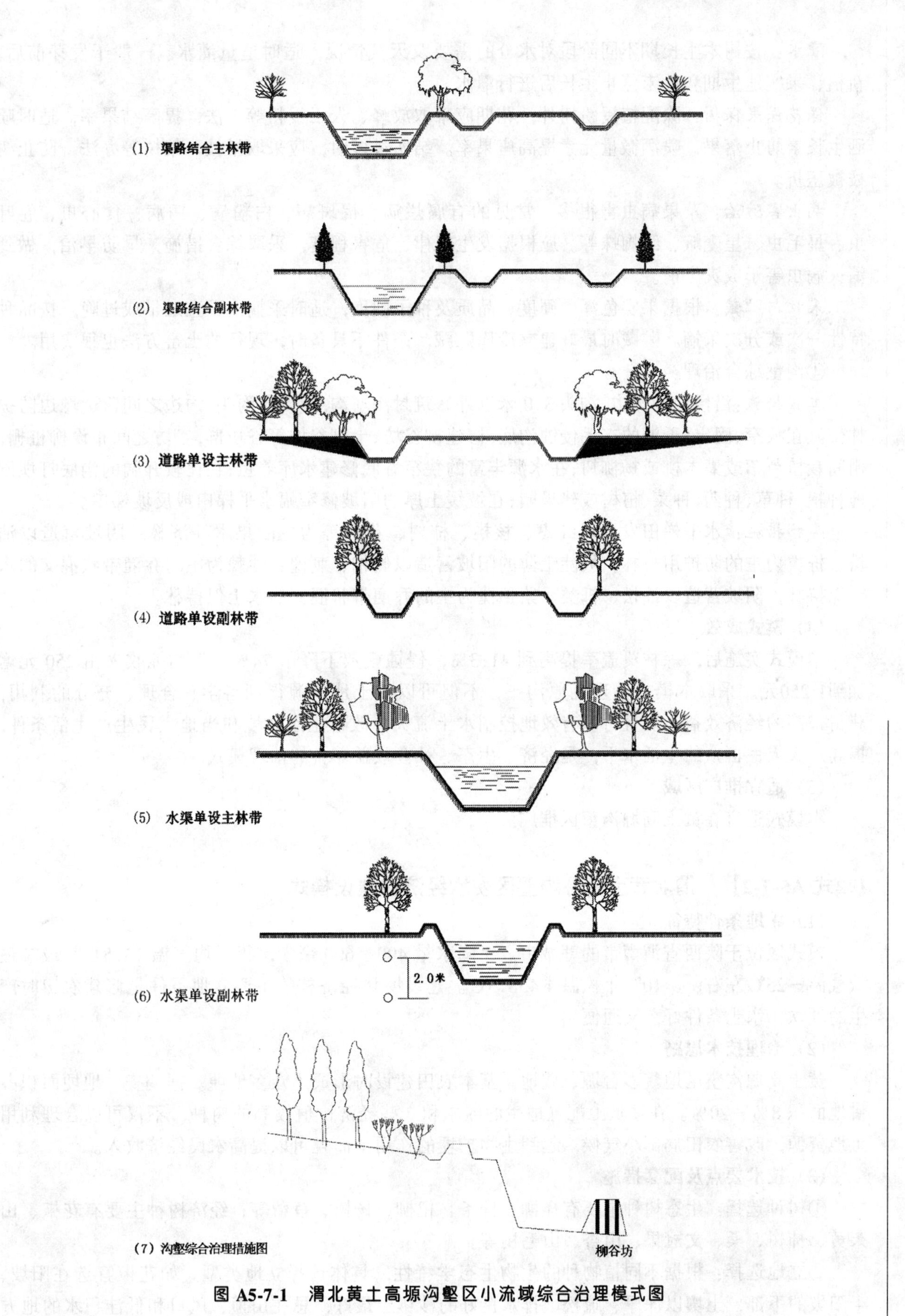

图 A5-7-1 渭北黄土高塬沟壑区小流域综合治理模式图

灌水：按树木生长期不同阶段对水分的需要及天气情况，适时适量灌水。一般于发芽前后，新梢、果实速生期和秋末停止生长后进行灌水。

保花保果保树：除配植授粉树外，花期应采取放蜂、人工授粉等方法，提高结果率，适时喷洒生长素防止落果，喷洒微量元素提高座果率。结实过多时，应采取吊枝、架树等办法，防止树枝被压折。

病虫害防治：苹果病虫害很多，常见的有腐烂病、褐斑病、白粉病、锈病、食心虫、卷叶虫、星毛虫、星麦蛾、红蜘蛛等。应根据发生规律、危害程度，采取综合措施，早防早治，做到消灭病虫害于成灾之前。

采收与贮藏：根据果实色泽、硬度、品质及种子硬度，适时采摘，不宜过早或过晚，按品种特性一次或分次采摘。贮藏时最好建立冷库贮藏，条件不具备时，现行的土窑方法也很实用。

④沟壑综合治理：

工程措施：沿侵蚀沟沟边、沟头3.0米以外修筑封沟埂沟，埂沟与沟头、沟边之间营造塬边防护林带。在狭窄、固定、干涸的支毛侵蚀沟底，修建柳谷坊、土柳谷坊等谷坊群，谷坊之间布设柳桩栅，栅间栽植芦苇或灌木柳或杨柳树；在水源丰富的狭窄谷底修建水库养鱼；在比较开阔的沟底打坝淤地种粮、种草、种药、种菜、植树或建果园；在坡缓土厚的阳坡修窄幅水平梯田或反坡梯田。

生物措施：水平梯田发展以红枣、核桃、柿树、花椒等为主的果木经济林；阴坡营造以油松、栎类为主的防护用材林；坡陡土薄的阳坡营造以侧柏、刺槐、沙棘为主的乔灌带状混交的水土保持林，阴坡营造以油松、栎类、紫穗槐为主的乔灌带状混交的水土保持林。

(4) 模式成效

本模式实施后，森林覆盖率提高到41.3%，侵蚀模数下降了74%，人均纯收入由250元增加到1 250元。采取本模式治理高原沟壑，不但可以使土地资源得到科学、合理、充分的利用，获得最高的经济效益，而且可以有效地控制水土流失，改善生态环境和当地人民生产生活条件，提高广大人民群众的生活水平，是经济、生态、社会效益兼备的治理模式。

(5) 适宜推广区域

本模式适宜在黄土高塬沟壑区推广。

【模式 A5-7-2】　渭北黄土高塬沟壑区埂坎经济林建设模式

(1) 立地条件特征

模式区位于陕西省渭南市的韩城市。年降水量400～600毫米，年平均气温13.5℃，极端最低气温-25℃左右，≥10℃年积温4 458.3℃。建设埂坎经济林的主要立地条件是修建农田时产生的埂坎，水土条件好，交通便利。

(2) 治理技术思路

黄土高塬沟壑区地貌多台塬、坡地，基本农田建设时形成了众多地埂。据调查，地埂面积占耕地面积8%～20%。在埂坎上配置适生的灌木和一些经济价值较高的树种，不仅可以合理利用土地资源，改善农田局部小气候，起到生物护埂的作用，而且可以提高农民经济收入。

(3) 技术要点及配套措施

①树种选择：生态树种主要有杞柳、柠条、杞柳、杨树、苜蓿等；经济树种主要有花椒、山茱萸、柿树、桑、文冠果、山杏、山毛桃等。

②立地选择：根据不同植物种的生物生态学特性，具体选择立地类型。如花椒宜选在阳坡、半阳坡的下部，土壤以深厚、疏松、排水良好的沙壤土最好，忌在山顶、风口和低洼积水的地方

栽植；杞柳生长迅速，属喜光树种，应选择在阳坡水分条件较好的埂坎上栽植；柽柳耐盐碱，可在盐渍化的阳坡下部埂坎上栽植。

③苗木及配置：柽柳、杞柳等灌木树种可用插条扦插，苜蓿、柠条等可采用直播的方法。花椒苗木以2年生实生苗较好，栽植成活率高，生长好，在较为干旱的地方，可采取截干造林，亦可用分株繁殖。春季花椒发芽前，将1～2年生分蘖苗的基部进行环剥，埋于土内，使剥口产生愈合组织分生新根。经一个生长季节后，将分蘖苗与母株分离，用以造林。柽柳和杞柳等灌木株距1米、配置1行。为避免胁地，可在梯田埂坎上稍微靠下的部位栽植。花椒采用株距1.5～2.0米，栽植1～2行的形式。

④抚育管理：埂坎灌木需要经常平茬复壮。杞柳等生长快的树种可每年平茬1次，柠条、柽柳等可每2～3年平茬1次。花椒栽植后每年除松土除草外，还应进行施肥和整形修剪，另外还应注意防治病虫害。

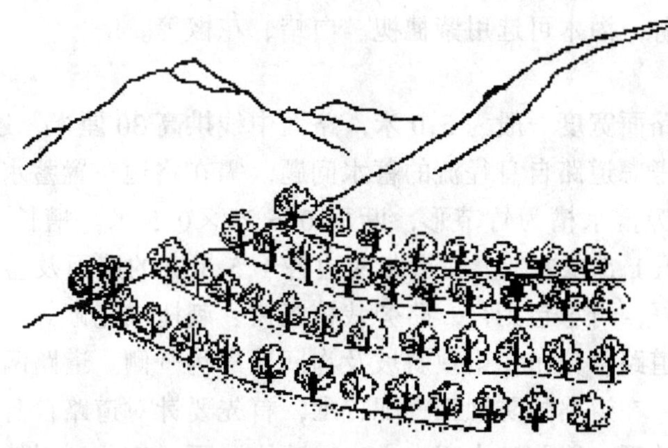

图 A5-7-2 渭北黄土高塬埂坎经济林建设模式图

(4) 模式成效

在田埂或田坎上配置适宜植物品种，可提高土地利用率，改善农业生态环境，解决群众的生活问题。部分灌木种还可以作为编织材料，发展编织业，增加群众收益。如杞柳、柽柳、柠条等可以编织农具和工艺品。花椒的栽培十分普遍。陕西省已形成韩城市、白水县、蒲城县、富平县、耀县、永寿县花椒林带。韩城市已发展以花椒为主的经济林42万亩，占人工造林面积的53%，建成了全国规模最大的花椒生产基地，仅花椒1项，年产量450万千克，收入8 400万元，占林业收入的80%。山区有4 000多户农民靠花椒1项收入超过万元。“地埂花椒-小麦”复合经营的土地生产率较小麦单作提高103.7%。较之小麦单作，梯田地埂的冲刷量降低86.9%。复合经营改变了小气候环境，使光能利用率提高7.5%左右。韩城培育的花椒大红袍品种质地优良，驰名中外。

(5) 适宜推广区域

陕西省韩城市、清涧县、吴堡县，宁夏回族自治区西吉县下堡，山西省偏关县等地的埂坎经济林起到了良好的示范作用。本模式在黄土高原沟壑区和丘陵沟壑区的农田埂坎都可推广。

【模式 A5-7-3】 渭北黄土高塬沟壑区道路侵蚀治理模式

(1) 立地条件特征

模式区位于渭北黄土高塬长武县王东沟，是黄土高塬沟壑区综合治理试验示范区。暖温带半干旱半湿润大陆性季风型气候，年平均气温9.1℃，无霜期171天，年降水量587.8毫米。塬高、沟深、坡陡，塬面破碎，历来水土流失严重。塬地、坡地黑紫土分布广泛，河谷地为红土、黄土、淤土。气象灾害以冬春干寒、晚霜及伏期偏旱、大旱为主，对农作物危害较大。

(2) 治理技术思路

针对沟坡道路的侵蚀特点，防蚀措施的设计遵循“全部降水就地入渗拦蓄”的方略，即在道路上方坡面兴修水平梯田工程，拦蓄降水就地入渗，不使径流下坡进路；在路的另一侧坡面上，栽植灌木和草皮，防止道路散水冲刷道路边坡；在道路内侧崖畔，掏挖蓄水窖，将道路硬地面上产生的径流导入水窖蓄存，就地集中入渗；在适当地方，将拦蓄的道路径流引入梯田灌溉，转害为利。

(3) 技术要点及配套措施

①行道树树种选择及配置：在道路两侧各栽植2行树木。为了节约用地，可采用宽株距(2.0～3.0米)、窄行距（0.5米）的三角形配置形式。在主要干道，乔木可选用杨树类、泡桐、法桐、枣树、国槐等树种，灌木可选用紫穗槐、白蜡、花椒等。

②道路侵蚀防治：

水平路和凸形路：路面宽度一般为5.0米，路面中线拱高30厘米，通常没有外部集水汇入，但在道路防蚀上不能仅考虑道路自身径流的蓄水问题，需在路边布置蓄水槽，防止人为生产活动对路面的侵占蚕食。路旁蓄水槽为竹节形，断面0.6米×0.5米，槽长5.0米一节，隔土埂宽0.5米，蓄水槽每个容积1.5立方米。在道路两边各1.5米宽的路面及蓄水槽隔土埂上植草皮保护。蓄水槽水分条件较好，可承包到户，路旁栽植杨树、刺槐或花椒等，保护、美化道路。

阶梯形道路：此类道路常分布在梁顶斜坡及沟间地靠沟一侧。道路两边为阶状梯田，道路顺坡而下，有较大的比降。在道路的防蚀工程配置上，首先要针对道路自身径流进行治理，其次还应加强路边梯田田埂的治理，以防田内积水溢出，冲刷路面。充分利用地形特点修建蓄水槽或蓄水窖，将部分路面径流就近引入田内。路两侧营造乔灌混交护路林。

崖边单坡形道路：此类道路的防蚀体系，主要包括塬边塬坡或梁坡以及道路防蚀措施。塬边地带主要通过修水平梯田、打地边埂以及布设生物防护带来控制径流。沟坡道路宽度一般为3.5～6.0米，蓄水槽断面积为0.6米×0.5米，蓄水槽长2.5米，蓄水槽间距0.5米，蓄水体积为0.75立方米。路面采取不对称拱形路面，将1/3的路面径流分散到路坡上，通过生物措施拦蓄，将2/3的路面径流拦蓄到蓄水槽及蓄水窖内。为了提高蓄水槽的抗冲强度，隔土埂应为坚硬的原状土体，并对隔土埂采取草皮护理。

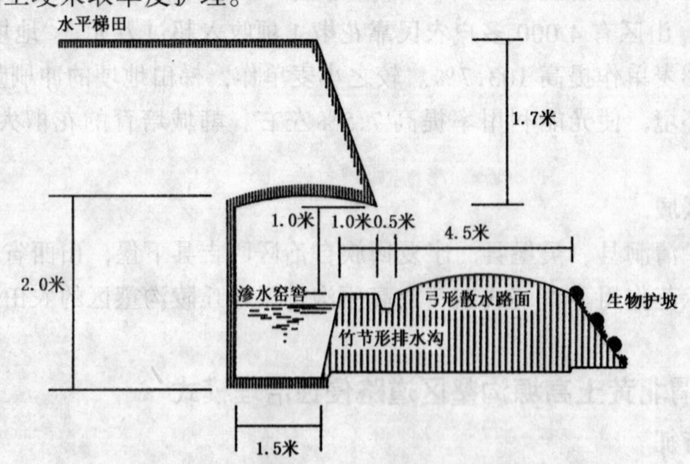

图 A5-7-3　渭北黄土高塬沟壑区道路侵蚀治理模式图

双崖路堑形道路：为了开发沟坡与沟谷地带的土地资源，修筑的道路要穿越古代谷坡与现代沟谷地带的陡崖立壁地段从而形成此类道路。为了保证边坡稳定，边坡比降取1.0:7.5。对于路面径流的拦蓄，应充分利用地形条件修筑防蚀工程。因土体坚硬，应采取就近拦蓄、分散与合理引排相结合的方法，把道路径流引到适当部位进行拦蓄。对于路坡的治理，应采取种植牧草或移植草皮、草根的办法，争取快速控制路坡径流冲刷。

(4) 模式成效

本模式可有效保护道路的安全，拦蓄降水，减少道路的水土流失，实现水资源的高效利用。

(5) 适宜推广区域

本模式适宜在黄土高塬沟壑区推广。

【模式 A5-7-4】 陕西北山地区水土保持林改造与建设模式

(1) 立地条件特征

在陕西省关中平原以北，西起陇县，东至韩城市，蜿蜒数百千米，分布着一条串珠似的馒头状低山丘陵地带，丘间由浑圆形长梁串连，统称“北山”。地面起伏不大，高低错落，基岩为灰岩、砂岩、页岩等，上覆薄厚不一的黄土，局部地方基岩外露，形成”黄土戴帽”的地貌特征。模式区在陕西永寿县，年平均气温10.8℃，≥10℃年积温3 453.0℃，无霜期206天，年降水量590.1毫米。

(2) 治理技术思路

多年来营造的水土保持刺槐纯林多数接近成熟龄，将已近成熟的刺槐纯林逐步改造为混交林，并采取抗旱造林技术绿化立地条件差的光岭秃丘，加快水土保持林的建设。

(3) 技术要点及配套措施

①刺槐纯林更新改造：对已进入成熟阶段的刺槐纯林进行带状间伐，选择油松、栎类等树种，采取带状混交的方式，营造于间伐带内。待新造林林郁闭后，再伐除保留带刺槐。采取此种方式逐年进行改造，可将刺槐林更新为油松、栎类混交林或刺槐、油松混交林。

②光秃岭丘抗旱造林：

树种：选用耐寒、抗旱、耐瘠薄、耐盐碱、适应性强、分布广、材质好、用途广、寿命长的侧柏，以及耐寒、抗旱、耐盐碱的沙棘。

苗木：侧柏最好用2年生容器苗，沙棘用1年生实生苗。

整地：沿等高线水平阶整地，规格为长20米左右，宽1.0米，深0.8~1.2米，阶间距2.0米，保留1.0米现有植被。若遇石坡地段，应采用抽槽换土方法整地。整地需提前1季或1年进行。

配置：侧柏与沙棘行状或带状、块状混交，混交比一般为1:1。侧柏幼树生长慢，长势弱，而沙棘具根瘤菌，有固氮性能，能够增加土壤氮素，提高肥力，促进侧柏幼树生长，二者混交会形成良好的种间互补关系。

密度：株行距1.5米×2.0米，每亩222株，或侧柏1.5米×4.0米，中间插植2行沙棘，株行距1.5米×2.0米。

造林：春、秋季均可，春季为宜。既可二者同植，亦可在已植侧柏林内补植沙棘。

抚育管理：造林后连续松土、除草3~4年，每年1~2次，侧柏8~10年后修去距基部30~40厘米范围内的侧枝，沙棘3年后可开始隔行或隔带平茬。

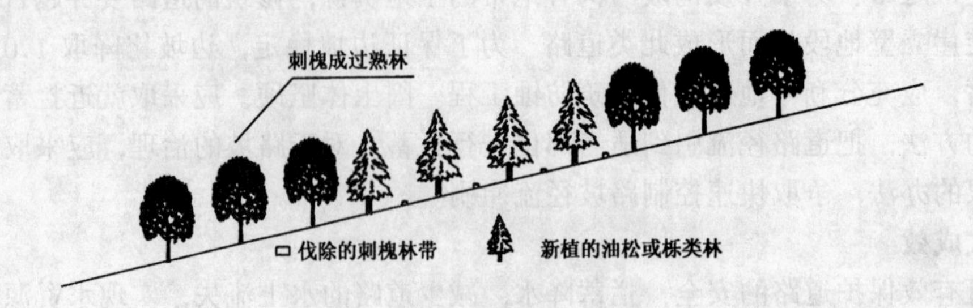

(1) 刺槐纯林更新改造

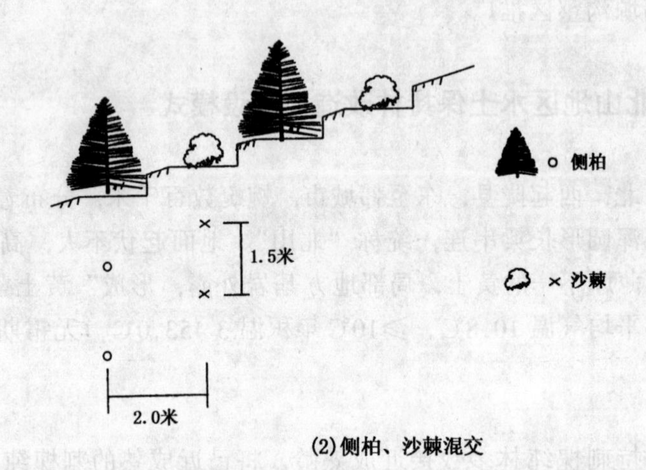

(2) 侧柏、沙棘混交

图 A5-7-4　陕西北山地区水土保持林改造与建设模式图

(4) 模式成效

据调查，侧柏-沙棘混交林比侧柏纯林树高增加 59%，胸径增加 151%，单株材积增加 897.8%，侧柏叶中含氮量提高 41.8%，含磷量提高 4%，叶绿素含量提高 33.7%，土壤侵蚀模数减少 95%，具有很高的经济、生态、社会效益。

(5) 适宜推广区域

本模式适宜在黄土高原的北山以及其他低山丘岭区推广。

【模式 A5-7-5】　渭北塬坡梯田地埂花椒防护林建设模式

(1) 立地条件特征

模式区位于陕西省韩城市中部浅山丘陵和残塬沟壑区，西北部为山区，东南部为川、塬、滩区。地面平坦，土层深厚，土壤较肥沃。年平均气温 13.5℃，≥10℃ 年积温 4 483℃，无霜期 208 天，年降水量 559.7 毫米。

(2) 治理技术思路

坡耕地改造成梯田后会产生大量窄边地埂。若不加以防护，将引起严重的水土流失。地埂占地约 8%，不加利用也是对土地资源的浪费。花椒主根不很发达，以水平侧根为主，且分布在浅层。花椒根系可像网络一样将土壤颗粒缠绕固结在一起，从而起到稳定和保护地埂的作用。为保护梯田地埂和高效利用土地资源，可在地埂上栽植花椒。

(3) 技术要点及配套措施

① 残塬、沟坡、沟谷地区：建设以花椒林网为主体的花椒护埂林防护体系。新修、整修捻

地（条田）、梯田，田边筑埂，沿埂栽植花椒，形成花椒生产基地。整地方法为：栽植前在距地埂边缘50厘米处挖坑，坑径60～80厘米，株距3.0米，回填土时混入17.5～25.0千克的有机肥。

② 梁峁山坡：建成以花椒为主要树种之一的水土保持片林防护体系。栽前采用水平沟、水平阶和鱼鳞坑等整地。

(4) 模式成效

陕西省韩城市通过建设花椒护埂林网，花椒护埂片林，以及封山育林、村庄庭院整治和绿化等各项综合治理措施，共控制水土流失面积400多平方千米，占花椒区面积的51.3%，减沙59.3%，取得了明显的水土保持效益。农民人均花椒收入189.43元，生活水平明显提高。

(5) 适宜推广区域

本模式适宜在陕西省合阳县、富平县和甘肃省泾川县、西峰市等黄土高原的花椒适生区推广。

【模式 A5-7-6】　山西隰县生态经济型防护林体系建设模式

(1) 立地条件特征

模式区位于山西省隰县无愚塬，海拔900～1 360米，年降水量570毫米，水、热资源丰富。主要地形为塬、坡、沟、川，包括1片塬、2面坡和1条川。塬面与川道比较平坦。塬面为农耕地，坡面以旱生植被为主，土层深厚。梁坡耕地面积占农耕地总面积的32%。土地利用不充分、结构不合理和牧地不固定，是造成水土流失严重、影响生态环境建设和经济发展的主要原因。

(2) 治理技术思路

根据当地实际情况，通过全面规划，统筹安排，综合治理，实现沟川塬面建粮田，下湿沟道、阴坡造用材林，阳坡沟头建果园，塬边陡坡造防护林，留足牧坡养牛羊，建设既有防护功能，又有一定经济效益的多功能防护林体系。

(3) 技术要点及配套措施

①建设途径及工程布局：

调整优化农林牧结构，合理利用土地资源：将模式区的农业用地由原来的38.0%减少为27.9%，林业用地由原来的2.34%增加到38.45%，牧业用地由原来的49.1%减少为23.1%，其他用地与暂难利用地由原来的10.5%减少为10.4%。

调整优化林种结构：使模式区内的防护林占57.2%（原来为33.7%），经济林占18.3%（原来为33.8%），用材林占22.9%（原来为32.5%），形成以苹果、酥梨为龙头，油松、侧柏、刺槐为骨架的生态经济型防护林体系。

合理混交：正确划分立地类型，选择合适的造林树种或品种，营造多种类型混交林。主要混交类型有油松-刺槐（5:5）、侧柏-刺槐（5:5）、油松-侧柏（1:1）等，同时发展果粮间作、经济林与农田防护林相结合。

②造林与栽培技术措施：

树种选择：杨、柳、刺槐、油松、侧柏、紫穗槐、沙棘、山桃、山杏、苹果、梨、枣等。

整地方式：一般应在造林前1年或雨季之前整地。塬面经济林整地采取1.0米×1.0米×1.0米的大坑；坡面经济林采取隔坡水平沟，挖1.0米×1.0米的壕，熟土回填，生土做埂，埂高0.5米左右，以防水土流失，蓄水保墒；陡坡采取水平阶、鱼鳞坑整地，栽植防护林及灌木。

造林密度：针叶树株行距为1.5米×2.0米，每亩约200株；阔叶乔木为2.0米×2.0米，每亩约160株；灌木为2.0米×3.0米，每亩约200株（丛）；经济林株行距2.0米×3.0米或3.0米×4.0米，每亩55～100株。

造林方法：一般多为春季造林，刺槐也可秋季栽植，山桃、山杏以秋播为宜。侧柏、油松用3年生裸根苗或2年生容器苗，杨、柳、榆、椿2年生苗，紫穗槐、沙棘为1年生苗，经济林用嫁接的成品苗。

抚育管理：经济林造林当年就要进行扩带、扩穴、松土、除草，每年2～3次，连续3年，并加强施肥、深翻、浇水，防止病虫害。

(4) 模式成效

经过8年治理和建设，模式区的森林覆盖率提高到48.4%，农业生产条件和生态环境明显改善，土壤侵蚀模数下降了60%左右。探索出多种符合市场经济要求的模式，农民人均纯收入达到1 000元，取得了显著的生态效益、经济效益和社会效益。

(5) 适宜推广区域

本模式已在山西省黄土残塬沟壑区得到推广，也适宜在陕西省北部、甘肃省、宁夏回族自治区、青海省东部、内蒙古自治区南部等自然条件相似的地区推广。

八、豫西黄土丘陵沟壑亚区（A5-8）

本亚区位于河南省西部，地处黄土高原东南隅。包括河南省郑州市的荥阳市，三门峡市的湖滨区、渑池县、义马市、陕县，洛阳市的西工区、老城区、瀍河回族区、涧西区、吉利区、洛龙区、孟津县、偃师市、伊川县、新安县等15个县（市、区）的全部，以及河南省郑州市的登封市、巩义市，焦作市的孟州市，三门峡市的灵宝市，洛阳市的洛宁县、嵩县、宜阳县、汝阳县，平顶山市的汝州市，省直辖的济源市等10个县（市）的部分区域，地理位置介于东经109°58′3″～113°9′9″，北纬34°6′34″～35°16′16″，面积19 549平方千米。

本亚区的地貌主要为冲积、洪积、风积和坡积黄土丘陵和缓坡黄土丘陵。黄土覆盖厚度一般为20～40米，最厚可达100米以上。地形破碎，沟壑密度为1～3千米/平方千米，沟壑面积率5%～15%。暖温带半湿润季风气候，夏热多雨，冬冷干旱，年平均气温14℃左右，≥10℃年积温4 000～4 800℃，无霜期160～200天，年降水量500～700毫米。

主要土壤类型为碳酸盐褐色土类的红黄土、白面土和红黏土。天然植被有栎类、油松林。人工林树种有刺槐、泡桐、毛白杨、楸树、臭椿、白榆、侧柏、枣树等。年土壤侵蚀模数2 000吨/平方千米以上。

本亚区的主要生态问题是：天然植被稀少，在长期的水蚀作用下，形成丘陵沟壑交错分布，塬、梁、峁、沟、坡相间的破碎地形，水土流失严重。

本亚区林业生态建设与治理的对策是：切实保护好天然植被，合理退陡坡耕地还林还草，积极营造水土保持林，适度发展经济林和灌木林。在立地条件较差的沟壑区，营造乔灌结合的护坡林、沟头防护林、沟底防冲林；冲刷严重、红黏土裸露、造林难度大的地区，可养灌育草护坡；立地条件较好的平缓丘陵地带及塬面、沟底，可选择泡桐、毛白杨、楸树、臭椿、白榆、刺槐等树种营造用材林，也可营造苹果、柿树、梨、杏、枣、山楂等经济林，海拔较高的地方可营造油松用材林。

本亚区共收录2个典型模式，分别是：豫西黄土缓坡丘陵水土保持型果园建设模式，豫西黄土覆盖石质丘陵混交型水土保持林建设模式。

【模式 A5-8-1】　豫西黄土缓坡丘陵水土保持型果园建设模式

(1) 立地条件特征

模式区位于河南省灵宝县。暖温带半湿润气候，无霜期210天，年降水量500毫米左右。天然植被为麻栎、油松、刺槐等。土壤为褐壤土。黄土缓坡丘陵的坡面大多为10度左右，地势高，缺水严重。

(2) 治理技术思路

本着因地制宜的原则，按照坡度陡缓，实行农、林、果统筹规划，合理布局，以求合理利用土地资源，控制水土流失，发展地方经济，实现群众脱贫致富和可持续发展。

(3) 技术要点及配套措施

①选址、整地、确定合理栽植密度：果园应建在交通便利、较平整的土地上，根据品种特性确定合理的株行距。生产实践表明，在缓坡丘陵立地，乔化苹果树以4.0米×2.0米，短枝型以3.0米×2.0米，矮化型以2.5米×1.5米的株行距为宜。品种可选用红富士、新红星等。建园时挖深、宽各1.0米的栽植坑，下垫20～30厘米的秸秆杂草，中部加入土粪和磷肥，上部填熟土，不施肥。

②适时栽植：9月下旬至10月上旬，选用健壮无病毒的优质果苗，落叶后栽植，冬前可形成愈伤组织和次生根，来年成活率高，生长健壮。

③整形修剪、合理负载：为使树体上下内外通风透光，均衡结果，幼树要抓好夏管（5月下旬至6月上旬）拉（扭、压）枝，冬季修剪整形（12月到来年月完成），春季疏花疏果，确保树势生长健壮，枝条主从分明，上下透光良好，果实负载合理，达到优质高产的目的。

④深翻改土、合理施肥：8月上旬至9月下旬，结合施基肥深翻扩盘。在树冠外缘挖深、宽各1.0米的施肥带，下层填埋杂草秸秆，中上部以每株100千克土粪、5千克磷肥、5千克油渣和0.5千克氮肥与耕层土壤充分拌匀后回填入沟，3～5年完成全园的深翻施肥改土。地面不太平整的果园，可以树为单位，挖鱼鳞坑或带状水平沟，分区拦蓄降水，防止水土流失。花前花后（4月25日至5月10日）和花芽分化期（6月下旬至7月上旬）宜追施适量氮肥。5～10月份每月1次叶面追肥，应以多元微肥和稀土元素为主，对促进着色、提高品质和防病效果最为显著。

⑤防治病虫、保护树体：抓好腐烂病、早期落叶病、白粉病及食心虫、卷叶蛾和蚜虫的防治工作，是一项保护果树实现连续稳产高产的常年性任务。本着预防为主、治理为辅的原则，持之以恒地防治病虫害。食心虫的防治要在准确测报的基础上，抓住防治的有利时期，把越冬幼虫消灭在成虫前或将成虫消灭在产卵盛期。

⑥实行果树节水灌溉：实施果树节水灌溉，是延长果树寿命，提高果品质量和产量的关键技术措施。根据果园面积的大小和水源情况，可单独建立提水工程，或与村庄人畜饮水工程相结合，建立联用工程，充分利用沟壑区有限的水资源。灌溉时间可选择在苹果坐果和果实膨大等需水关键期，灌水定额为180～225立方米/亩。

(4) 模式成效

本模式既可充分发挥土地资源潜力，又可获得较高经济效益，还可有效地控制水土流失，改善当地人民生活水平，增强发展后劲。

(5) 适宜推广区域

本模式适宜在黄土丘陵和其他立地条件相近的丘陵山区推广应用。

【模式 A5-8-2】　豫西黄土覆盖石质丘陵混交型水土保持林建设模式

(1) 立地条件特征

模式区位于洛阳市洛宁县伏牛山外缘的黄土覆盖石质丘陵。海拔在800米左右。年平均气温13.8℃，≥10℃年积温4 447.6℃，无霜期213天。年降水量606.2毫米。黄土覆盖地貌的主要类型有：山坡上部为黄土覆盖，下部有基岩裸露；黄土仅盖于山顶，覆盖范围较小，厚度不大，山顶平坦或浑圆；山顶有岩石露出，下部为黄土覆盖。黄土覆盖厚度约10米。凡黄土覆盖部分，地表破碎，水土流失严重，水、旱灾害频繁发生。坡度小于36度的坡面，土壤中的沙砾含量小于30%；坡度大于36度的坡面，土壤石砾含量大于30%。植被为华山落叶阔叶林带。

(2) 治理技术思路

选择抗旱、适应性强的侧柏和具有较强抗逆性的紫穗槐进行混交造林，能增加森林覆盖，有效防治黄土覆盖石质丘陵区的水土流失，改善生态环境。

(3) 技术要点及配套措施

①整地：整地方法随地形而异。平缓坡地，一般采用水平阶、水平沟、反坡梯田整地。陡坡采用鱼鳞坑整地，深度30～40厘米。穴间修径流槽，深宽各15厘米。雨季和秋季整地效果最佳。

②混交方式：行间混交，混交比例5∶5。

③栽植：选用2年生侧柏苗、1年生紫穗槐苗造林。株行距1.0米×3.0米。侧柏，春、雨季植苗造林。造林时苗根蘸浆，每穴2株，要求根系舒展、踏实，埋深超过原土面2～3厘米；紫穗槐，春季截杆造林，留杆长10厘米，每丛4株，分植于栽植穴四角，栽植深度为顶部与穴面平齐或略高1～2厘米。植坑坡边高出坑内土表20厘米，以便汇集雨水。

④抚育。造林后连续抚育3年，第1年10月割草1次，第2年、第3年的5月、10月各割灌草1次，并修整土埂，蓄水保墒，紫穗槐3年后平茬割条。

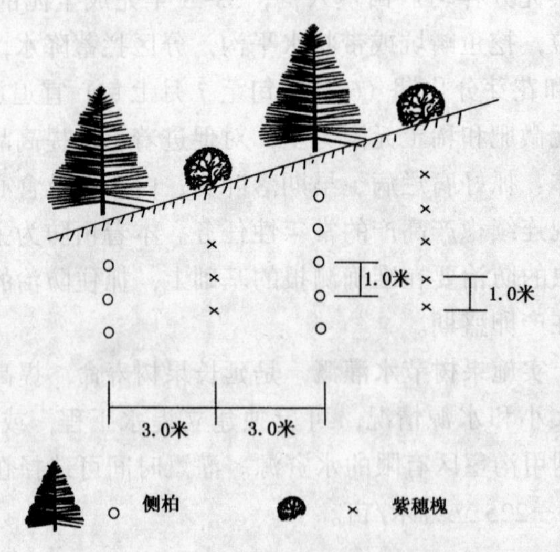

图 A5-8-2　豫西黄土覆盖石质丘陵混交型水土保持林建设模式图

(4) 模式成效

本模式可在短期内增加植被覆盖度，减少水土流失量，大幅度改善黄土覆盖石质丘陵地区的生态环境。

(5) 适宜推广区域

本模式适宜在黄土覆盖石质丘陵区以及条件相似地区推广应用。

九、六盘山山地亚区（A5-9）

六盘山山地亚区位于宁夏回族自治区与甘肃省的交界处，林区森林茂密，有“黄土高原中的绿岛”美称。包括宁夏回族自治区固原地区的泾源县全部以及宁夏回族自治区固原地区的固原县、隆德县、西吉县、彭阳县、海原县的部分区域，地理位置介于东经105°25′56″～106°7′10″，北纬35°27′58″～37°3′14″，面积6 273平方千米。

本亚区平均海拔1 844～2 508米，最高处为2 700余米。因地处东南季风边缘，生物气候带为暖温带半湿润区向半干旱区过渡的边缘地带。夏季受东南季风影响，冬季受蒙古高原控制，四季分明，冬季寒冷干燥，夏季高温多雨，春季升温快，秋季降温急，年温差和日温差较大。年降水量553.3～650.9毫米，最大为920.4毫米，最小380.8毫米，6～9月份的降水量占年降水量的72.2%。年平均气温5.1～5.8℃，≥10℃年积温1 925～1 926.3℃，无霜期126.5～160.1天。

本亚区分布有山地草甸土、山地棕壤、山地棕褐土、黑垆土、沟谷草甸土、草甸沼泽土、新成土等微酸、微碱性土壤。植被属山地森林、山地草甸、草甸草原及灌丛等天然植被类型。主要树种有山杨、白桦、华山松、油松、辽东栎等；灌木有沙棘、虎榛子、多花胡枝子以及忍冬属、蔷薇属、悬钩子属和栒子属的一些植物种。低山植被以艾蒿、长芒草为主。原有的天然植被因长期的过度砍伐、放牧，均被多代萌蘖的次生林、低价林替代。

本亚区的主要生态问题是：天然植被破坏严重，林分质量差，森林涵养水源能力较低，荒山荒地多，水土流失严重；森林草甸区林牧矛盾突出，森林破坏严重；灌丛草甸和草原地区出现草场退化现象。

本亚区林业生态建设与治理的对策是：在保护好现有植被的基础上，采取封山育林（草）和人工造林相结合，乔、灌、草相结合的措施，加快植被建设步伐，增强森林涵养水源的能力，进一步改善六盘山的生态环境。

本亚区共收录4个典型模式，分别是：六盘山水源涵养林建设模式，六盘山山地梁顶植被恢复模式，六盘山沟涧滩地造林模式，六盘山天然次生林封育模式。

【模式A5-9-1】　六盘山水源涵养林建设模式

(1) 立地条件特征

模式区位于宁夏回族自治区固原地区的叠叠沟流域。山顶平缓，海拔2 010～2 600米，平均坡度25～30度。年平均气温4～5℃，无霜期100～110天，年降水量500～600毫米，最深冻土层1.02米。土壤以山地灰褐土为主。地带性植被为草原、落叶阔叶次生林。主要植物种有山杨、椴木、桦木、沙棘、蔷薇、针茅、艾蒿等。干旱、寒冷是该区域造林绿化的主要限制因素。

(2) 治理技术思路

当地林牧、林农矛盾比较突出，应采取先封后造的办法，本着先易后难的原则，平缓地段营造针阔混交林，海拔较高、坡度较大的地段营造乔灌草混交林。整地过程中应注意保留残存的天然阔叶树种和灌木，在不需要人工措施就能复壮的区域，尽量采用以封为主、封造结合的方式。

(3) 技术要点及配套措施

①封育保护：认真组织实施天然林保护工程，切实加强现有植被管护，大力封山育林（草）。

在有天然下种和萌蘖更新能力的疏林地、采伐迹地、灌木林地，采取封育的方式恢复天然植被。采取设立围栏、建立警示牌、设立专职人员等封育措施，严禁人畜危害。

②人工造林：

整地：除山地陡坡、水蚀和风蚀严重地带采取穴状整地外，其他地段一律采用带状整地。整地时间应在造林前1年的雨季或秋季前进行。

树种选择：选择喜光、耐干旱、抗寒的华北落叶松、油松、云杉等为主栽树种，配置耐寒、抗旱、耐瘠薄、根系萌生能力强的栎、桦、山杏、沙棘等为伴生树种。配置比例为针叶树50%、阔叶树20%、灌木30%。阴坡应加大针叶树比例，阳坡应加大灌木比例。

造林方法：主要采用植苗造林，辅以播种造林和插条造林。造林以春季为主，造林密度为2.0米×2.0米或3.0米×3.0米。

抚育管理：造林当年雨季进行松土除草，一般连续进行3年。当年成活率差的地块应在秋季及时补植、补播。造林结束后，加强病、虫、鼠害的防治，杜绝森林火灾。

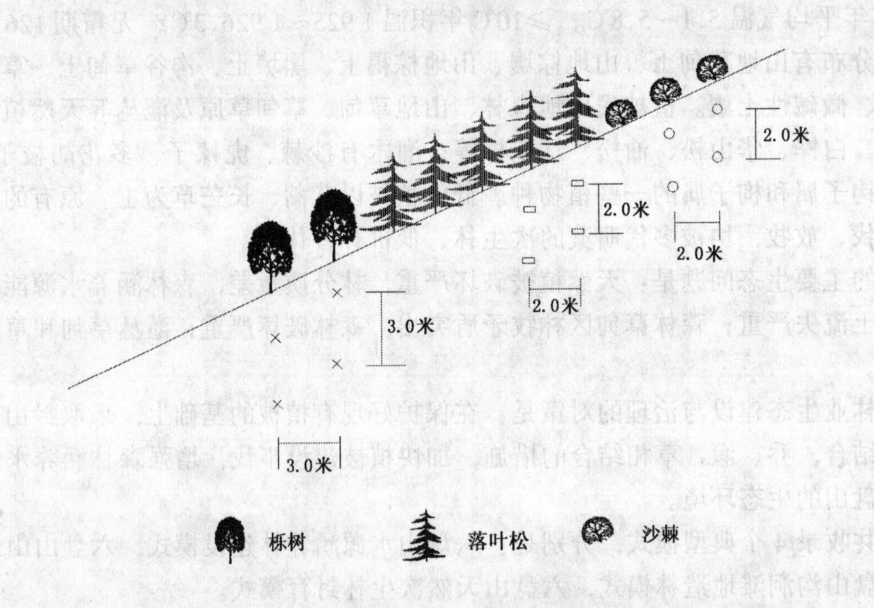

图 A5-9-1　六盘山水源涵养林建设模式图

(4) 模式成效

本模式已在六盘山次生林区广泛推广。由于技术简单明瞭，易为群众掌握，很有推广价值。模式不仅显示出较高的生态效益，而且具有明显的社会效益和经济效益。在缓解水库淤积和保证人畜饮水上起到了举足轻重的作用，同时还保护了年产值近百万元的蕨菜资源及药材、植物种、野生动物资源等，为当地的生物多样性保护和经济发展做出了贡献。

(5) 适宜推广区域

本模式适宜在与六盘山山地自然条件相似的地区，如山西省、陕西省的天然次生林区推广。

【模式 A5-9-2】 六盘山山地梁顶植被恢复模式

（1）立地条件特征

模式区位于六盘山林业局龙潭林场的锅背梁的梁顶，海拔 2 600 米以上。年平均气温 3℃，≥10℃年积温 1 900℃，无霜期 157 天，年降水量 450～750 毫米，相对湿度比较大。土壤以山地棕壤、山地灰褐土为主。基本上属高山草甸，很少有乔木分布。灌木只有蔷薇、山柳等零星分布，草本植物生长茂密。主要草本植物有苔草、草莓、弯头菜、风毛菊、火绒草、柴胡、狼毒、画眉草、蕨类、玉竹、柳兰、铁棒锤等，覆盖度 80%～90%。

（2）治理技术思路

在保护封育好现有高山草甸植被的前提下，采用人工措施将现有植被逐步更新改造为森林；控制利用强度，防止过度开发利用；采取多种综合措施将现有植被，恢复和增加植被，增强涵养水源作用。

（3）技术要点及配套措施

①封育方式：在分水岭、河流的源头等的次生林区，周围群众多，林区与群众的生产、生活关系密切，可轮封或半封，封育年限 5～7 年，届时达不到预期效果者封育期可继续延长。该地区因缺少母树，天然更新可能性很小，需经过人工造林才能恢复森林植被。

②造林树种：乔木为青海云杉、红桦、椴树、辽东栎、山杨等，灌木为沙棘、蔷薇、山柳、虎榛子、忍冬、丁香等。

③造林季节：以春季（3 月下旬至 4 月底）造林为主，配合雨季和秋季（10 月中下旬至 11 月中旬）造林。

④造林方式：以植苗造林为主，辽东栎可直播造林。

⑤混交方式：带状混交，每个树种 2～3 行，株行距 2.0 米×2.0 米、2.0 米×2.5 米，混交带沿等高线设置。

⑥混交比例：云杉 50%，桦树、山柳、山杨、槭树、辽东栎等阔叶树为 50%。

⑦整地方法：带状整地，为了节省劳力和尽量少破坏植被，也可用穴状整地和鱼鳞坑整地。

⑧苗木规格：云杉用 5 年生以上幼苗，苗高 30～50 厘米，其他阔叶树用 2～3 年生苗，苗高 0.6～1.0 米。

⑨抚育管理：造林当年的 7～8 月份松土除草 1～2 次。加强对鼢鼠危害的防治工作。

（4）模式成效

本模式实施后，植被很快恢复，起到了涵养水源、保持水土、绿化荒坡的作用，生态环境明显改观。

（5）适宜推广区域

本模式适宜在六盘山区阳坡、荒坡以及海拔 2 600 米以上的梁顶推广。

【模式 A5-9-3】 六盘山沟涧滩地造林模式

（1）立地条件特征

模式区位于六盘山林业局二龙河林场河道，西峡林场的水沟也较典型。沟涧滩地沿河谷两边分布，海拔较低，滩地宽度为 50～100 米。年平均气温 6.2℃，≥10℃年积温 2 259.7℃，年降水量 478.1 毫米。土壤为冲积土、潮土和淤土等，水分条件比较好。地势平坦，土层薄、石块多，喜水植物一般较多，有草莓、水冬花、酸模、高山蓼、水芹菜、水毛茛、香蒲草、沙草等；灌木有山柳、沙棘、粗毛忍冬、蓝果忍冬、卫矛、天目琼花、蔷薇等，覆盖度50%以上。

(2) 治理技术思路

采用人工造林方式营造经济价值高的林分，培育资源，同时固滩护岸。

(3) 技术要点及配套措施

①树种选择：乔木有云杉、油松、华北落叶松、山柳、白桦、水曲柳、白蜡、杏树等；灌木有沙棘、山荆子、甘肃山楂、珍珠梅、绣线菊、小檗、蔷薇、丁香、荚蒾、栒子、忍冬等。

②造林季节：春季造林。

③造林方法：植苗造林。

④混交方式：带状、块状或随机组合造林均可。为提高保持水土、护岸护堤的作用，采用随机任意混交组合，每亩保持140～160株目的树即可。

带状混交：带宽3～5行，株行距2.0米×2.0米、2.0米×2.5米，每亩株数140～160株。

块状混交：每块面积为20米×20米、40米×40米，块内株行距仍为2.0米×2.0米、2.0米×2.5米。

⑤混交比例：要求针叶树与阔叶树各占50%。

⑥整地方法：春季边整地边造林，以穴状整地为主，穴径60厘米，深40厘米。

⑦苗木规格：云杉5～8年生苗，苗高30～80厘米；油松、华北落叶松2～3年生苗，苗高分别为20～30厘米和50～80厘米；其他阔叶树种同样可以适当用大苗，苗高1.0～1.5米。

⑧抚育管理：因水分条件好，杂草生长迅速繁茂，6～9月份应松土除草3～4次，保证幼苗有充足阳光，正常生长。

(4) 模式成效

本模式选用经济价值较高的乔、灌树种造林，既具有较好的保持水土、保护河床的功能，同时还有较高的经济效益。

(5) 适宜推广区域

本模式适宜在六盘山区海拔比较低、滩地宽度不定、水分条件比较好，地势平坦，土层薄的沟间滩地沿河谷两边推广。

【模式A5-9-4】　六盘山天然次生林封育模式

(1) 立地条件特征

模式区位于六盘山自然保护区。海拔1 800～2 300米，年平均气温5.1℃，≥10℃年积温1 926.3℃。土壤主要为山地中性灰褐土、普通灰褐土。六盘山林区的天然林均属天然次生林，主要树种有山杨、桦木、辽东栎、椴树、花楸、槭树、鹅耳枥、白蜡、毛梾、膀胱果等十余种落叶、阔叶乔木树种，另有山荆子、山楂、沙棘、山李、山桃、丁香、忍冬、卫矛等数十种灌木组成的落叶阔叶灌木林。

(2) 治理技术思路

为提高乔灌木天然次生林的保持水土、涵养水源的功能，采用人工造林方法，适当混植一定数量的针叶树。经过封育，逐渐将其培育成林相整齐的针阔叶混交林，进一步提高生态效益和经济效益。

(3) 技术要点及配套措施

①封育建设：搞好规划，划定封育区，建立封育档案；建立护林机构，设立围栏设施和警示

牌；采取全封方式，除营林外禁止一切人为活动；加强护林防火和病虫害防治工作。

②人工造林：

树种选择：云杉、油松、华北落叶松、华山松。

造林季节：春季造林。

造林方法：植苗造林。

混交方式：因地制宜，随机排列，要求目的树种在林地内均匀分布，每亩140～160株。

混交比例：补入的针叶树逐步达到40%～50%。

整地方法：穴状整地或鱼鳞坑整地，规格为直径60厘米，深40厘米。

苗木规格：云杉5～8年生，苗高30～60厘米；油松、华山松2～3年生，苗高20～30厘米；华北落叶松2年生，苗高40～60厘米。

抚育管理：加强松土除草，保证有足够的光照。加强灭鼠，确保苗木正常生长。

(4) 模式成效

本模式可通过对天然次生林封育、补植、改造，大大增强了涵养水源、保持水土的功能，提高了生态效益和经济效益。

(5) 适宜推广区域

本模式适宜在六盘山林区及条件类似地区郁闭度0.4～0.7的天然次生林区推广。

十、黄龙山、乔山、子午岭山地亚区（A5-10）

本亚区位于陕北黄土丘陵沟壑以南，渭北黄土高原沟壑以北，是中华民族重要文化遗产黄帝陵的所在地，人文景观丰富。包括甘肃省庆阳地区的华池县、合水县、宁县、正宁县；陕西省延安市的甘泉县、黄龙县，铜川市的王益区、印台区等8县（区）的全部，以及陕西省延安市的宝塔区、富县、黄陵县、宜川县、志丹县、安塞县、洛川县，咸阳市的旬邑县、淳化县，渭南市的韩城市，铜川市的宜君县、耀县等12个县（市、区）的部分区域，地理位置介于东经107°7′48″～110°5′56″，北纬35°4′6″～37°3′14″，面积28 884平方千米。

本亚区地貌由西北-东南走向的梁山山脉和子午岭构成，境内兼有部分梁峁丘陵沟壑。梁山在甘泉以北称崂山，以南称黄龙山，海拔1 000～1 700米。子午岭横跨陕西、甘肃两省，海拔1 800米左右。暖温带半湿润气候，因受地形与森林植被的影响，呈现出气温偏低湿度较大的气候特点。年平均气温8.6～9.0℃，≥10℃年积温2 000～3 200℃，无霜期180天左右，年降水量600～700毫米，多集中于7～9月份。

本亚区土壤属褐土带，以普通褐土分布最广，淋溶褐土面积小，大多分布在海拔较高的林下，碳酸盐褐土则分布在比较干旱的荒山草坡上，东北部局部地区有黄绵土分布，其他如棕壤、淤土、沼泽土等隐域性土壤，呈零星小面积分布。由于森林的存在，土壤侵蚀比较轻微，年侵蚀模数西部100～1 000吨/平方千米，黄龙山以东平均年侵蚀模数300～500吨/平方千米。

本亚区是黄土高原现存的重要天然次生林区，除东北部个别地方外，绝大多数地区林草茂密，种类繁多，是一颗镶嵌在黄土高原腹地的绿色宝石。植被类型属落叶阔叶林地带，天然林乔木主要树种有油松、辽东栎、白桦、侧柏、杜梨等；灌木主要有胡枝子、绣线菊、金银木、连翘、悬钩子、虎榛子、胡颓子、山楂、荆条等；草本植物主要有唐松草、淫羊藿、天麻、苦参、野棉花、地榆和禾本科、菊科等植物；人工栽培树种以油松、刺槐居多，另有杨树、白榆、山楂、核桃、板栗、苹果、桃、杏、梨等。

本亚区的主要生态问题是：气温低，冬季干冷，森林分布不均，林相残败，树种杂乱，幼中林多，林分质量低，林地生产潜力未得到充分发挥。

本亚区林业生态建设与治理的对策是：以保护和扩大森林资源为重点，以涵养水源、保持水土、改善生态环境、振兴地方经济为目标，采取封山育林、人工造林等方法，调整树种结构，提高林分质量，使自然生态景观与人文景观相映生辉。

本亚区共收录2个典型模式，分别是：黄龙山、乔山林区植被恢复和建设模式，黄龙山、乔山林区河谷沟川台地生态经济林建设模式。

【模式 A5-10-1】　黄龙山、乔山林区植被恢复和建设模式

（1）立地条件特征

模式区位于黄龙山官庄林场、蔡家川林场、瓦子街林场等，地貌部位主要是乔山、崂山、黄龙山主脉及其支脉的岭脊和山坡。坡形多种多样，坡度有陡有缓，土层厚薄不一。土薄陡坡地段，岭脊明显，峰岭逶延，坡势陡峭，坡面起伏，多有裸岩分布。土厚坡缓地方，岭脊多呈浑圆状长梁或丘状土峁，坡势较缓，坡面也较完整。年平均气温8.6～10.0℃，≥10℃年积温2 739.2～3 207.8℃，无霜期160～180天。年降水量501.6～632毫米。土壤为山地褐色森林土。植被属暖温带落叶阔叶林地带，高山远山森林比较茂密，低山近山森林与荒山耕地呈块状交替分布。

（2）治理技术思路

以扩大森林资源，提高林分质量，绿化荒山荒地，改善生态环境为目的，在保护好现有森林植被的基础上，对有成林条件的疏林地带，实行封山育林；对大面积荒山荒地采取飞播造林，对零星分散的小片荒山荒地采取人工造林。与此同时，根据需要与可能，对林相残败的中、幼林进行抚育，对林分质量不高的低产林进行改造。

（3）技术要点及配套措施

①封山育林：

对象、方式、期限：对乔山、崂山、黄龙山山脉主脊两侧各1 000米以内的森林，子午岭自然保护区范围内的森林，名胜古迹境内的森林，以及分布在坡度45度以上和岩石裸露地上的乔灌木林实行长期绝对封护，不得开展任何经营活动。

对具备下列情况之一的地段实行期限5～7年的阶段封育：有成林条件的疏林地；有天然下种能力（每亩母树，针叶树4株以上，阔叶树6株以上）或每亩有幼苗、幼树40株以上的荒山荒地；每亩有4个以上萌蘖、萌芽能力强的伐根的采伐迹地。

管理措施：封山育林按照工程项目实行分级管理，主要程序为立项报批、规划设计、组织实施、年度检查，期满验收，建立档案等。

技术措施：对母树分布均匀，无影响种子落地触土发芽、生长等不利因素的地块，或不便人工造林和人工促进天然更新的地段，只需加强管护，无需人为干扰，任其天然更新；对母树或幼苗、幼树、伐根分布不均匀，或者草灌植被茂密、地被枯落物层厚、土壤板结，而严重影响落种范围内种子落地触土发芽、生长的地段，采取人工割草、砍灌，清除地被物、简易破土整地等措施，促进天然更新，或根据立地条件，选择适宜树种，进行人工补植补播；加强防虫、防病、防火工作。重点防治栎实橡、松毛虫、松针锈病等。每年10月至翌年5月为火险期，要特别注意防止发生森林火灾。

成林标准：每亩存活乔、灌木90株（丛）以上，或乔灌木总盖度达到30％以上，其中乔木

占 40%～50%，且分布均匀者应视为封育成功。

②飞播造林：在人烟稀少，交通不便，人工造林困难，集中连片，面积最少可满足飞机 1 架次作业的宜林地，且具备飞机飞行条件的地方，采取飞播造林。飞播时做好划定适播区、选择适播期、选择树种、种子处理、加强播后管理等工作。

③人工造林：对于不具备封山育林和飞播造林条件的宜林荒山荒地、林中空地、采伐迹地、退耕还林地等，进行人工造林。本着“因地制宜，适地适树”的原则，根据地理位置、土层厚度等因素确定林种；根据坡向、坡度、坡位、树木生物学特性等，选择乡土、适生、优质树种。

造林布局：在各主、支流的发源地营造水源涵养林；在坡陡土薄、水土流失严重的地方营造水土保持林；在坡缓土厚的地区营造用材林或水保用材林；在背风向阳平缓退耕地上，发展经济林。

造林树种：阴坡选择油松、栎类、华山松、白皮松、槭类、桦类等树种；阳坡选择刺槐、侧柏、杜梨、柠条、沙棘、紫穗槐等树种；沟底选择杨树、柳树等。可供选择的经济林树种主要有：苹果、梨、桃、杏、柿、枣树、核桃、板栗、花椒等。

施工作业：必须按照设计的技术要求，切实做到细致整地，认真栽植，精心抚育，严格管护，确保成林。

(4) 模式成效

本模式实施后取得了较好的效果：扩大了森林面积，恢复和增加了森林资源，提高森林覆盖率到 60%以上，森林涵养水源、保持水土、绿化荒坡的生态效益得到进一步发挥，生态环境明显改观，经济效益进一步提高。

(5) 适宜推广区域

本模式适宜在黄龙山、乔山、子午岭、秦岭北坡关山山地、伏牛山等黄土高原天然次生林区推广。

【模式 A5-10-2】 黄龙山、乔山林区河谷沟川台地生态经济林建设模式

(1) 立地条件特征

模式区位于陕西省黄陵县桥山林区上畛子林场、双龙林场，年平均气温 10.0℃，≥10℃年积温 3 207.8℃，无霜期 180 天，年降水量 630 毫米。黄龙山、乔山林区内的河道、川、台、谷地，是经长期冲积、淤积而形成的。其中河川地分布于较大河流两岸，比较稳定。由于淤积较高，延续较长，常呈“U”型，宽窄不一，地势平坦，系该区较好的农耕地；川台地系常见的各级阶地、沟条地、台地等，一般高出河床 1～5 米，部分用于农作；河沟谷地分布于较大河沟谷底，质地有砾质、土质之分，处于半稳定状态，易遭较大洪水浸灌，很少耕种。河沟谷地多半灌草密布，局部地段生长有杨树、柳树、槭类等。土壤为灰褐土、潮土、冲积土。

(2) 治理技术思路

当地水源丰富，气候湿润，光照充足，土壤肥沃，适宜多种果树生长，同时交通条件也便利。应根据市场需求，进一步调整产业结构，充分利用留足基本农田之后的富余耕地、闲散空地、田边地埂，因地制宜地发展杂果经济林，带动广大农民群众脱贫致富。

(3) 技术要点及配套措施

树种：可供选择的树种主要有核桃、柿树、仁用杏、花椒、山楂、枸杞等。

苗木：选用优质良种壮苗，核桃、柿树、仁用杏用 2 年生嫁接苗。

整地：提前 1 季或 1 年，在全面翻耕的基础上，按设计株行距与大小进行穴状整地，穴内施

足有机肥或填埋秸秆，回填时注意熟土铺底生土覆面。

配置：核桃、柿树每亩20～30株，山楂、仁用杏60～80株，花椒、枸杞60～120株，长方形配置。

栽植：栽前根系应蘸浆或用ABT生根粉处理。栽时应扶正、深埋、分层覆土踏实，栽后及时灌水定根。

抚育管理：坚持年年松土、除草、施肥、浇水、适时整型、修剪、疏花疏果，随时注意防治病虫害。

(4) 模式成效

本模式是黄龙山、乔山林区群众发展杂果经济林的一项重要技术组合，已经成为林区群众治理生态环境、脱贫致富的重要措施之一。

(5) 适宜推广区域

本模式适宜在黄龙山、乔山林区城镇乡村、人口相对集中、自然条件较好的地区推广。

第6章

秦岭北坡山地类型区（A6）

秦岭山脉，西至陇南山地，东出豫西，是一个由古老变质岩组成的巨大断块山体，是我国南北方的分界线，也是长江、黄河中游的分水岭。秦岭主体山势巍峨，西高东低，全长近500千米，南北宽120～180千米。北坡翘起而险峻，断崖如削，河谷深切，多急流湍潭，海拔多在1 000～2 000米，个别山岭海拔达3 000米以上，主峰太白山海拔高3 767米。东部是著名的西岳华山海拔高1997米，耸立在关中平原的东南隅，俯临渭水河谷，峭拔突兀，十分雄伟壮观。

秦岭北坡北接关中平原，南以秦岭山脊和华山分水岭为界，西接甘肃省天水市，东连河南省的洛阳市，地理位置介于东经106°2′47″～113°13′30″，北纬33°39′55″～35°11′28″。包括陕西省宝鸡市、西安市、渭南市和河南省洛阳市、三门峡市、郑州市、平顶山市、许昌市、南阳市的全部或部分，总面积27 802平方千米。

暖温带半湿润气候。由于受北方空气的影响和秦岭山脉的阻挡，温差变幅较大，气候干燥寒冷。年平均气温6～8℃，极端最高气温28～35℃，极端最低气温－24～－18℃，无霜期170～200天，年降水量700～1 000毫米，≥10℃年积温2 000～3 500℃，干燥度1.0～1.4。气候和土壤的垂直分带较明显，从低到高气候依次为暖温带、温带、寒温带、亚寒带、寒带；土壤依次为山地褐土、山地棕壤、山地暗棕壤、亚高山森林草甸土、高山草甸土。秦岭北坡植被属暖温带落叶阔叶林地带。主要乔木树种有栎类、油松、华山松、红桦、山杨、冷杉、千金榆、白桦、侧柏等。

本类型区的主要生态问题是：由于森林植被破坏严重，林线不断上升，荒山增多，岩石裸露，水土流失加剧，致使林区气候日趋干燥，生态失去平衡，水源涵养、水土保持功能显著降低，严重影响到工农业生产和城市居民用水。

本类型区林业生态建设与治理的主攻方向是：加强天然植被的保护，积极营造水源涵养林和水土保持林；在低山山前区划出一定比例的荒山荒地营造薪炭林、用材林和干鲜水果经济林；加强自然保护区建设，切实保护好珍稀濒危动植物；积极发展生态旅游业。

本类型区共分2个亚区，分别是：秦岭北坡关山山地亚区，伏牛山北坡山地亚区。

一、秦岭北坡关山山地亚区（A6-1）

本亚区位于秦岭的北坡，西接甘肃省，东至河南省，北与关中平原相连，南至秦岭山脊，是我国南北方的自然分界线。包括陕西省西安市的周至县、户县、长安县、蓝田县，宝鸡市的宝鸡县、太白县、陇县、岐山县、眉县，渭南市的潼关县、华县、华阴市等12个县（市）的部分区域，地理位置介于东经106°2′47″～110°13′54″，北纬33°48′17″～35°11′28″，面积10 924平方千米。

本亚区地形狭长，东西绵延400多千米，南北最宽处不足40千米，山势陡峻，峭壁林立，峡谷深切，多瀑布、急流、险滩，海拔大多在1 500～2 000米，有许多海拔在2 000米以上的高峰。暖温带半湿润、湿润气候。高中山寒冷湿润，热量不足；中山温和较湿润，热量较足；低中山光照充分，蒸发量大，略显干燥。年平均气温6～15℃，1月份平均气温0～6℃，7月份平均气温18～26 ℃，无霜期120～220天，年降水量为700～1 000毫米，夏天暴雨多，秋季常连阴。

秦岭北坡的土壤、植被呈明显的垂直分布，海拔1 500米以下的褐土带内，分布着以栓皮栎为主的落叶阔叶林；1 500～2 200米的棕壤带内为以锐齿栎、辽东栎为主的混交林；海拔2 200～2 500米的暗棕壤带内，为以桦木为主的林分；海拔2 500～3 400米的灰化暗棕壤与草甸森林土带内，分别为以冷杉、落叶松为主的针阔叶混交林；海拔3 400米以上的高山草甸土带内，为以密枝杜鹃、杯线柳、米叶蒿等组成的高山灌丛草甸植被。关山植被土壤垂直分异不明显，一般土层以含石砾较多的薄层土比重较大。除低中山以下略显干燥外，其他地段由于植被繁茂，比较湿润肥沃。人工造林树种以油松、华山松、落叶松、云杉、冷杉、侧柏等针叶树种为主，其次有太白杨、刺槐、核桃、板栗等。本亚区是陕西省主要林区之一，是关中平原的绿色屏障，内有国家级佛坪大熊猫和洋县朱鹮两个自然保护区。

本亚区的主要生态问题是：由于历史上过量采伐、毁林开荒、采矿压埋、掠夺式割漆、割竹以及森林的粗放经营，致使林相残败，林分生长力低下，生态环境受到威胁。

本亚区林业生态建设与治理的对策是：以充分发挥森林植被涵养水源的功能为宗旨，在保护好现有森林资源的基础上，采取封山育林，植树造林，退耕还林等项措施，不断扩大森林植被覆盖率，并积极开展中幼龄林抚育、低产林改造，逐步提高林分质量；加快风景旅游区绿化、美化，促进旅游业发展；浅山区进一步发展以品种优良的小杂果为主的经济林，振兴地方经济，促进农民脱贫致富。

本亚区共收录4个典型模式，分别是：秦岭北坡中高山综合生态治理模式，陇秦山地水源涵养林建设模式，关山山地生态经济型综合治理模式，秦岭北麓河谷滩地阶地地埂经济林建设模式。

【模式A6-1-1】　秦岭北坡中高山综合生态治理模式

(1) 立地条件特征

模式区位于陕西省宝鸡县潘家湾林场，属秦岭北坡中高山地，海拔1 500～3 500米，气候湿润，地形复杂，山势陡峭，峰岭纵横，沟谷交错，河短流急，交通不便，人烟稀少，有林地分布相对集中，林中空地、陡坡荒山星罗棋布于其间。年平均气温2.7～13.3℃，极端最低气温-25℃，无霜期150天左右，年降水量750～1 000毫米。土壤为山地棕壤、山地暗棕壤、亚高山草甸森林土、高山草甸土。植被由中山到高山为锐齿栎林带→辽东栎林带→桦木林带→冷杉林带→落叶松林带→高山草甸灌丛带。

(2) 治理技术思路

模式区地处众多河流的源头，应加强水源涵养林建设。虽然天然植被覆盖度相对较高，但多数地段山高、坡陡、沟深、石多、土薄，立地条件较差，治理难度较大，故治理应以封山育林为主，保护、扩大森林资源。同时对小片林中空地和陡坡荒山，除采取常规的造林方法外，对其中难度大的地方，还可采取模拟飞播造林等特殊方式进行绿化。

(3) 技术要点及配套措施

①封山育林：分为封禁和封育2种。对于分布在自然保护区、风景旅游区、名胜古迹区、秦岭和关山主脊两侧1 000米范围以内和岩石裸露地、坡度45度以上的森林及母树林等，实行绝

对封护，划界竖标，明确范围，指派专人严加管护。林内禁止一切人为活动，及时补救、防治森林火灾和病虫害。

对留有目的母树的采伐迹地和天然分布有目的母树的林中空地、疏林地及其他无林地，且具备天然下种条件，有成林希望的地段，采取封育措施。具体措施因母树分布状况和其他条件不同而各异。对母树分布均匀，且无阻碍落种触土发芽因素的地段，只需加强管护，禁止人为活动，保护其自然成林即可。存在母树分布不均或地面草灌植被茂密，地被枯落物层厚，土壤板结等因素，严重影响落种触土发芽的地段，则需采取人工割灌、清理地被物、简易破土整地等措施，促进落种触土发芽、生长成林，或根据立地条件选择适生树种进行人工补植补播。

②人工造林：对无母树分布的疏林地，林中空地及其他无林地，应根据立地条件，选择适生树种，进行人工造林。可选树种有栎类、落叶松、华山松、槭树等。在地势相对较缓，人迹可及的地段，尽可能采取人工植苗方法进行造林。由于这一地区普遍坡陡、土薄，应采取小穴状整地或缝植方法，尽量减少破土面，防止因整地不当而引起新的水土流失。在山高坡陡、直接植苗造林困难的地方，可采取人工模拟飞播造林、抛投带泥苗木或带种泥球、人工撒播种子等特殊方法进行造林。

(4) 模式成效

本模式以封山育林为主，多种方式并举，不仅可以很好地保护现有森林资源，而且能快速扩大森林面积，使其形成高效稳定的水源涵养林。

(5) 适宜推广区域

本模式适宜在秦巴高中山地区推广。

【模式 A6-1-2】 陇秦山地水源涵养林建设模式

(1) 立地条件特征

模式区位于甘肃省天水市和陕西省陇西关山林场。陇秦山地主要指甘肃省天水市秦安县以东和陕西省宝鸡市陇县以西的石质山区。温带、暖温带半干旱、半湿润气候。年平均气温 7～10℃，≥10℃年积温为2 100～3 600℃，无霜期 140～180 天，年降水量 400～700 毫米。土壤主要为褐土、碳酸盐褐土、淋溶褐土、山地棕壤和少数亚高山草甸土。植被类型属落叶阔叶林地带，优势树种有辽东栎、山杨、白桦、油松、华山松、杜梨、栓皮栎、荆条、酸枣、杠柳等。

(2) 治理技术思路

当地为半干旱石质山区，土层薄，植被覆盖度低，水土流失严重，必须采取生物措施与工程措施相结合的办法进行治理。造林时需要提前整地，拦蓄径流，蓄水保墒，提高造林成活率。造林林种以水源涵养林为主，乔灌结合，针阔混交，发挥森林涵养水源、保持水土的综合效益，逐步改善生态环境。

(3) 技术要点及配套措施

①整地：整地要在造林前 1 年的雨季或秋季进行。平地、缓坡地采用坑穴整地，小坑穴径和深度为 40～60 厘米，大坑穴径和深度各 1.0 米左右；在梁峁坡面上，可采用鱼鳞坑整地，挖掘近半月形坑穴，坑长 1.0～1.5 米，宽 0.6～1.0 米，深 40 厘米，回填熟土。坑间距 2.0～3.0 米，呈“品”字形排列。坑外缘用生土围成高 20～25 厘米半环状的土埂，并在上方两角各斜开一道小沟；陡坡造林地可采用梯形水平沟整地，宽 30 厘米，深 40 厘米，沟间距 3.0 米，水平沟要沿等高线开挖，保持水平，以利拦蓄径流。整地时注意捡除石块杂物，回填虚土，以利保墒。

②树种选择：以耐旱的针叶树种为主，大力营造混交林。主要树种有油松、侧柏、华北落叶

松、白皮松、白榆、山杏、紫穗槐等。混交可针阔混交，如油松-辽东栎混交林。乔灌混交，如油松-紫穗槐混交林，以及油松-侧柏混交林等。

③造林方法：主要是植苗造林。造林苗木要选择生长健壮、无病虫害、苗根完好的3～4年生优质壮苗，随起随运随栽植。长途运苗要泥浆蘸根、包扎湿草，防止日晒失水。造林以春季造林为主，容器苗可雨季造林。

④抚育管护：造林后及时松土除草，并及时维修挡水埂。栽植头几年松土除草每年不少于3次，一般在4月下旬、5月中旬和7月下旬各进行1次。幼树生长稳定，超出杂草高度后，可以减少松土除草次数，一年1次即可。松土深度为15厘米。造林后成活率达不到要求的，当年秋季或来年春季应及时补植同龄大苗。同时要加强保护，严防人畜危害。

(4) 模式成效

本模式已在陇秦山地造林中广泛应用，为促进该地区的造林绿化，建立水源涵养林基地发挥了一定作用。

(5) 适宜推广区域

本模式可在陇秦山地大力推广应用，也适宜在陕西省秦岭北坡、山西省关帝山、甘肃省子午岭等天然次生林区、水源涵养林区推广应用。

【模式 A6-1-3】　关山山地生态经济型综合治理模式

(1) 立地条件特征

模式区位于陕西省陇县八渡。关山山地，海拔的800～1 500米，最高峰海拔2 857米，随着海拔的降低，地势逐渐由陡变缓。秦岭北麓、关山浅山区多已成为低山丘陵，河沟也渐次开阔，在关山香泉还形成了较大的盆地。暖温带半湿润季风气候，年平均气温5.0～10.7℃，年降水量531～785毫米。土壤为黄墡土、粗骨土、红胶泥、棕色森林土，植被属温带落叶阔叶林。由于人为活动频繁，毁林开荒现象严重，加之超量采伐，不但森林植被覆盖率越来越低，而且残留的多已成为林相残败的次生低产林。

(2) 治理技术思路

当地自然条件差，群众生活贫困，生态环境建设应在保护好现有森林资源的基础上，以解决群众生活贫困问题为突破口，移民建镇，调整产业结构，有计划的逐步将居住过于分散的农户移出山外，坚决把陡坡地退耕还林；选择条件优越的地段，根据市场需求，发展畅销对路的优质果木经济林，解决群众经济来源；引导农民合理利用资源，坚决取缔非法采矿；同时采取封山育林、植树造林、改造低产林等措施，保护、恢复扩大森林植被，提高林分质量，为当地创造稳定良好的生态环境，促进各业健康持续发展，使广大农民群众彻底摆脱贫困。

(3) 技术要点及配套措施

①封山育林：在有封育条件的地方，划定封育区，指定专人严格管护，禁止放牧、滥采等一切人为活动。同时为了解决好因封育给群众造成的烧柴难的问题，应大力推行节能灶，建设沼气池，进一步减轻对植被的压力。

②退耕还林：逐步将25度以上的陡坡地退耕还林，根据立地条件，选择乡土、适生、优良树种，营造水源涵养林。可供选择的造林树种主要有：油松、华山松、落叶松、白皮松、栎类、桦类、槭类等。采用常规的植苗或直播造林方法，栽植裸根苗时，根系应作蘸浆处理，栽后加强抚育管护，防火、防治病虫害，确保幼苗茁壮成长，早日郁闭成林。

③发展杂果经济林：选择邻村近舍、背风向阳、地势缓斜、土层深厚、排水良好的地块，根

据市场需求发展品种优良、畅销对路的杂果经济林。

树种：可供选择的主要有板栗、核桃、花椒、山茱萸、银杏、杜仲、石榴、猕猴桃等。

整地：提前1年或1季大穴或封闭式带状整地，注意深翻，垒石砌坑，熟土回填。

造林：选择良种壮苗，于春季或秋季栽播，以春季为宜。

抚育管护：栽后适时合理施肥、灌溉、整形、修剪、松土，及时除草、防治病虫害。

④低产林改造：对遭受自然灾害或人为破坏严重的残败林或多代萌生无培育前途的林分，视林分实际情况，分别采取不同的改造措施进行改造。对立地条件较好，但生长低质低效的残败低产林、灌木林或疏林地，应采取带状伐造方式逐步全面改造；对目的树种较多，但林龄参差不齐、分布疏密不均的残败林，应本着伐劣留优、伐密留稀、伐老留中幼的原则先伐除，伐后若出现林中空地，选适生目的树种进行补植。

(4) 模式成效

本模式既可有效保护、恢复、扩大森资源，提高森林涵养水源的功能，改善生态环境，又可振兴地方经济。

(5) 适宜推广区域

本模式适宜在关山山地和秦岭北坡立地条件相似的地区推广。

【模式 A6-1-4】 秦岭北麓河谷滩地阶地地埂经济林建设模式

(1) 立地条件特征

模式区位于秦岭北麓河流两岸长期冲积、淤积、坡积形成的台地、阶地、河滩地上。地势平坦，土壤肥沃，水源丰富，交通方便，人口集中，是山区的精华地段和主要农作地区。海拔840～1 400米，年平均气温7～10℃，无霜期173天左右，年降水量531毫米。

(2) 治理技术思路

当地人口集中，土地珍贵，建园经营果树受到限制，但充分利用田边、地埂栽培经济树种，既可护埂保田、改善生态环境，又可使当地农民增加经济收入，提高生活水平。

(3) 技术要点及配套措施

树种：因地制宜，选择乡土、适生、优质的品种。可供选择的主要树种有核桃、柿子、板栗、花椒、银杏、杜仲、大枣、石榴、山茱萸等。

苗木：必须选用良种壮苗。

配置：一般沿田边、地埂栽植1行，土地宽裕的地方也可栽植2行，株行距视栽培树种确定。核桃、柿子可适当稀植，花椒、石榴可适当密植。

整地：提前1季，中穴或大穴状整地，施足底肥。

栽植：春、秋季均可，以春季为好，栽前根系应蘸浆或用ABT生根粉液浸泡处理。

抚育管理：栽后应年年坚持松土、除草，合理施肥、灌溉，适时整形、修剪，及时防治病虫害。

(4) 模式成效

本模式可充分利用田边地埂发展经济林，既改善生态环境，又增加了农民收入。

(5) 适宜推广区域

陕西省陇县八渡、固关、咸宜关一带的地埂核桃，宝鸡赤沙、香泉一带的地埂花椒，太白县的地埂山茱萸，长安、蓝田县的地埂板栗都具有典型示范性。本模式适宜在秦岭北坡关山山地、黄龙山、乔山山地推广。

二、伏牛山北坡山地亚区（A6-2）

本亚区位于豫西黄土丘陵沟壑亚区以南，伏牛山主脉北侧。西与陕西省相接，东临豫东平原，包括河南省洛阳市的栾川县，三门峡市的卢氏县，平顶山市的新华区、卫东区、湛河区、石龙区等6县（区）的全部，以及河南省郑州市的巩义市、登封市、新密市，洛阳市的嵩县、洛宁县、汝阳县、宜阳县，平顶山市的汝州市、郏县、鲁山县、宝丰县，许昌市的禹州市，三门峡市的灵宝市，南阳市的西峡县等14个县（市）的部分区域，地理位置介于东经110°4′47″～113°13′30″，北纬33°39′55″～34°45′13″，面积16 878平方千米。

本亚区分属黄河、淮河水系，地势由西部主峰老鸦岔（海拔2 413.8米）向东北、东和东南逐渐倾斜降低。境内山地多，平地少，地形复杂，灵宝市、卢氏县、栾川县、嵩县、洛宁县、鲁山县等县（市）的部分区域为中山地带，海拔一般1 000～1 500米，主峰都超过2 000米，山势陡峭峡谷呈“V”字形，坡度大多在30度左右。低山丘陵主要分布在中山地带外围的东、北、东南，海拔大多在1 000米以下，山体由于流水切割一般比较破碎，坡度多在20度左右。区内各类地貌面积的比例大体为中山占35%，低山40%，丘陵15%，平原10%。

本亚区气候温凉湿润，年平均气温12℃左右。由于地势相对高差大，气温差异明显。中山地区年平均气温不足10℃，丘陵平川可达14℃，极端最低气温为-20℃，≥10℃年积温3 600～4 000℃，并随高度上升而递减。无霜期180～200天。年降水量700～800毫米，降雨非常集中，分配不均。

河川盆地多为油黄土，低山丘陵为褐土，中山多为棕壤。植被属暖温带落叶阔叶林地带南缘类型。由于人为破坏严重，目前仅在龙池曼、杨树岭、石人山一带尚可看到残留的垂直带谱：海拔1 200米以下为低山针叶林及阔叶林，主要树种有油松、栓皮栎、茅栗、鹅耳枥等；海拔1 200～1 600米为落叶阔叶林，主要树种有槲栎、锐齿栎、元宝枫、千金榆；海拔1 600～1 850米为针阔混交林及亚高山灌丛草甸，主要树种及草本植物有华山松、太白冷杉、河南杜鹃、箭竹、坚桦、臭草等。

本亚区的主要生态问题是：地形破碎，森林植被稀少，水土流失严重，暴雨、洪水、干旱、泥石流等自然灾害频繁发生。

本亚区林业生态建设与治理的对策是：以涵养水源、保持水土为重点，遵循封、飞、造相结合，乔、灌、草相结合，生物措施与工程措施、农耕措施相结合，植被恢复与现有植被保护相结合的原则，因地制宜地选择适宜的治理措施。

本亚区共收录2个典型模式，分别是：伏牛山北麓中山针阔混交型水土保持林建设模式，伏牛山北麓低山丘陵水土流失综合治理模式。

【模式A6-2-1】　伏牛山北麓中山针阔混交型水土保持林建设模式

（1）立地条件特征

模式区位于伏牛山北坡，海拔1 000米以上，年平均气温12℃左右，无霜期190天，年降水量约800毫米。土壤为棕壤，土层厚度不足30厘米。植被盖度50%以下，有轻微水土流失。

（2）治理技术思路

根据模式区地形复杂、起伏较大、气候差异显著的特点，因地制宜，合理配置，中山应发展水源涵养林以及防护用材林；低山丘陵除发展水土保持林外，应大力发展核桃、花椒、柿子等经济林和薪炭林。

（3）技术要点及配套措施

①树种：选择适应性强、根系发达、树冠浓密、落叶丰富、易于分解，可以较快形成松软枯枝落叶层的针阔叶树种。可选择麻栎、油松。

②苗木：油松用1～2年生Ⅰ、Ⅱ级苗木，地径0.30～0.45厘米，苗高15厘米以上。

③整地：整地方式以尽量减少对原有天然植被的破坏，不造成新的水土流失为原则，采用鱼鳞坑和穴状整地。穴状整地规格一般为30厘米×30厘米×30厘米，鱼鳞坑规格为40厘米×40厘米×30厘米。为促进土壤熟化，整地时间一般为秋季造林春季整地，春季造林秋冬整地。

④造林方式：油松为植苗造林，麻栎为直播造林。混交方式采用带状或小块状混交，针阔混交比例5:5，初植密度为每亩222株。栽植时间以春、秋两季为宜，直播在秋季进行，做到随起随栽，尽量缩短起苗到栽植的时间。

⑤抚育管护：栽植后抚育3年，第1年2次，第2年3次，第3年2次。抚育措施包括松土、除草、补植补播、平茬复壮、防治病虫害等。

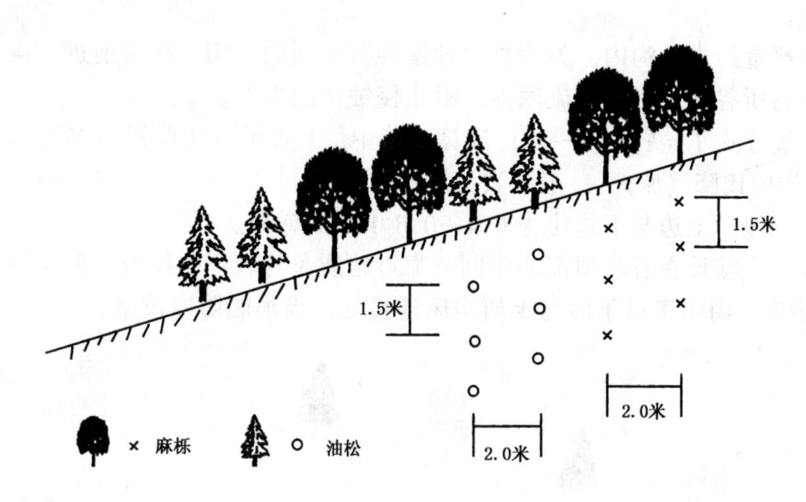

图 A6-2-1 伏牛山北麓中山针阔混交型水土保持林建设模式图

（4）模式成效

本模式技术简单、易于掌握和实施，能尽快恢复混交型植被。混交林能建立起稳定的森林生态体系，极大改良土壤肥力和提高水土保持能力。

（5）适宜推广区域

本模式适宜在伏牛山地、秦岭山地等相应山区推广。

【模式 A6-2-2】 伏牛山北麓低山丘陵水土流失综合治理模式

（1）立地条件特征

模式区位于河南省灵宝市，为伏牛山北侧低山丘陵，海拔一般在1 000米以下。年平均气温14.5℃，无霜期210天，年降水量740毫米。坡度10～30度，土壤为褐土，土壤贫瘠，立地条件较差。植被盖度30%以下，属于中度水土流失区。

（2）治理技术思路

以小流域为治理对象，生物措施与工程措施相结合，通过封山育林、营造水土保持林(草)适度发展经济林等生物措施恢复森林植被。同时修建拦沙坝、谷坊等工程措施，有效控制水土流失。

(3) 技术要点及配套措施

①生物措施：

树种：选择耐干旱贫瘠、适应性强、根系发达、根蘖性强、分枝稠密、落叶丰富、能提高土壤保肥保水能力的针阔叶树种，如刺槐与侧柏等。

苗木：刺槐用1年生Ⅰ、Ⅱ级苗，苗木应根系发达，根长不小于25厘米，根幅不小于20厘米，地径为1.0～1.5厘米。侧柏用2年生苗木，地径0.25～0.60厘米，苗高15～20厘米。

整地：因为中度水土流失区，土壤贫瘠，整地可采用带状整地与鱼鳞坑整地相结合的方式。带状整地规格为带宽1.0米，栽植穴规格为40厘米×40厘米×30厘米。鱼鳞坑规格为50厘米×40厘米×30厘米。为了促进土壤的熟化，整地时间为秋季造林春季整地，春季造林秋季整地，雨季造林春季整地。

造林方式：植苗造林，混交方式为带状或小块状混交，混交比例为1:1。

抚育管护：栽植后抚育3年，第1年2次，第2年3次，第3年2次，包括松土、除草、补植补播、修枝、防治病虫害等。

②工程措施：

在水土流失严重的支毛沟内，为抬高侵蚀基准防止沟底下切、沟头前进、沟岸扩张，应修筑坝高5米以下的石质谷坊，拦蓄径流泥沙，阻止侵蚀沟的扩展。

谷坊间距：按公式 $I = h_o/(i \sim i_o)$ 计算，其中，I 表示谷坊间距（米），h_o 表示谷坊高度（米），i 表示原沟床比降（%），i_o 表示淤沙后比降。

谷坊断面：一般为上边与下边比为0.4～0.8:1.0的梯形。

谷坊溢水口：直接设在谷坊顶部的中间或靠近地质条件较好的岸坡一侧。溢水口一般为底宽0.5～0.8米的矩形。溢洪道口下游与土质沟床连接处，设消能防冲设施。

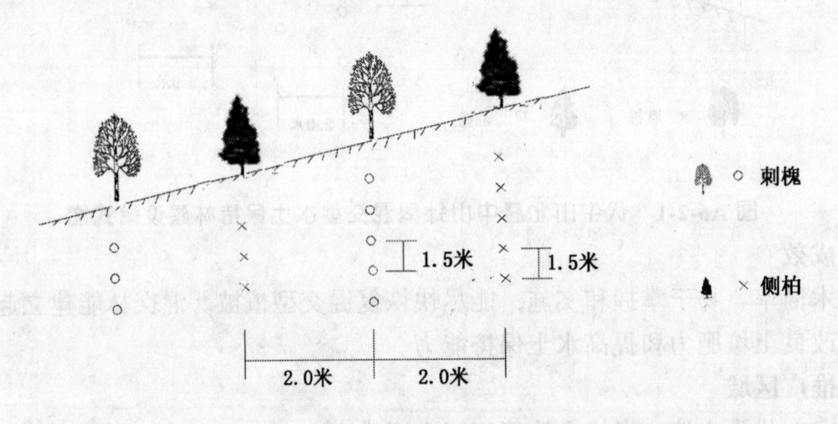

图 A6-2-2　伏牛山北麓低山丘陵水土流失综合治理模式图

(4) 模式成效

采用生物措施、工程措施相结合的综合治理措施，可提高植被覆盖度，有效控制水土流失，改善生态环境，具有较强的实用性。

(5) 适宜推广区域

本模式适宜在豫西低山丘陵水土流失区及黄土丘陵沟壑区推广应用。

第7章

汾渭平原类型区(A7)

汾渭平原是汾河平原和渭河平原的简称，分别位于黄土高原的东部的汾河和南部的渭河两岸，是汾河、渭河的河流阶地。汾河平原东西分别为太行山脉、吕梁山脉所夹持，渭河平原位于渭北高原以南和秦岭北麓以北。包括山西省的太原市、晋中市、临汾市、运城市、吕梁地区和陕西省的宝鸡市、咸阳市、西安市、渭南市的全部或部分。地理位置介于东经106°37′24″～112°37′31″，北纬34°2′56″～38°10′19″，总面积44 475平方千米。

本类型区是一个狭长的构造地堑，分为渭河地堑和汾河地堑。整个地势呈北、西两端高，中间低，两头窄、中间宽。平均海拔高度400～1 000米，个别孤山山体海拔在1 300米以上。

本类型区属暖温带半湿润季风气候，受西北大陆气候影响，夏热多雨，冬季干旱。年平均气温7.0～13.3℃，极端最高气温45℃，极端最低气温-20℃，≥10℃年积温3 000～4 500℃，无霜期160～220天。年降水量从关中平原的750毫米逐渐递减到山西省忻定盆地的450毫米，降水量多集中在7～9月份。本区为山西、陕西两省重要的粮食生产基地。

土壤主要为褐土类，包括褐土性土、碳酸盐褐土，河流附近低洼地带分布有小片的草甸褐土和浅色草甸土。地带性植被为暖温带落叶阔叶林，主要植物种有油松、桑、榆、臭椿、黄栌、丁香、胡枝子、黄刺玫等。

本类型区的主要生态问题是：植被覆盖率低，流水冲刷严重，农田防护林体系不完善，河滩地风沙危害明显。

本类型区林业生态建设与治理的主攻方向是：通过人工植树种草，发展植被，加速河滩地的治理；建设农田林网，生物措施与工程措施相结合改造低洼湿地，建成独具特色的林粮、林果、果粮相结合的生态经济型防护林体系。

本类型区共分2个亚区，分别是：汾河平原亚区，关中平原亚区。

一、汾河平原亚区（A7-1）

本亚区位于山西省中南部的汾河、涑水河流域，包括山西省太原市的小店区、晋源区、迎泽区、杏花岭区、万柏林区、尖草坪区、清徐县，晋中市的榆次区、祁县、太谷县、平遥县、介休市，临汾市的尧都区、曲沃县、襄汾县、洪洞县、翼城县、侯马市，运城市的盐湖区、新绛县、稷山县、万荣县、临猗县、夏县、闻喜县、绛县、河津市、永济市，吕梁地区的汾阳市、文水县等30个县（市、区）的全部，地理位置介于东经109°50′33″～112°37′31″，北纬34°52′53″～38°10′19″，面积24 320平方千米。

本亚区原为整体隆起高地上的一个大断陷沉降带，由于受横向断裂的控制，形成了断续相连的盆地。其中太原盆地海拔 700～800 米，汾河贯穿盆地中部，沿岸有二级堆积阶地，临汾盆地海拔 400～600 米，由于汾河的侵蚀、堆积作用，河床两侧形成多级阶地，阶地上有明显的冲沟发育，山麓发育有洪积扇；运城盆地位于汾河下游和涑水河流域，系中条山山前断陷带，海拔 350～500 米。

本亚区属中纬度大陆性季风气候区，年平均气温从 9℃（太原盆地）至 13.5℃（运城盆地），极端最低气温为－21.7℃～－14℃，极端最高气温为 37.4～42.7℃。年降水量 450～550 毫米，南多北少，多集中在 7～8 月份。日照充足，热量南高北低，≥10℃年积温 3 300～4 570℃，无霜期 190～220 天。

本亚区土壤主要为褐土类的褐土、碳酸盐褐土。其中，太原盆地以淡褐土为主，临汾、运城盆地以碳酸盐褐土为主，碳酸钙含量较高，自然肥力很高，是山西古老耕种土壤之一。构成本亚区植被的植物科属大多系一些北温带成分，运城盆地由于热量条件较好，植被类型较多。植被主要为栽培植被，以小麦、玉米、谷子、棉花为主，其次为杨树、柳树、国槐、泡桐、刺槐、榆树、楸树、紫穗槐、油松、侧柏、华北落叶松、苹果、梨、桃、杏、柿子、枣等，毛竹仅见于南部。边缘山地有少量天然疏林和灌草丛，主要树种有油松、侧柏、山杨、栎类、酸枣、荆条等。

本亚区的主要生态问题是：森林覆被率低，盆地内的天然林已经绝迹，防护林的比重较小，树种和龄组结构很不合理，物种多样性丧失，森林生态系统十分脆弱；在盆地边缘地区黄土阶地或倾斜平原处，水土流失较重；灾害性天气较多，主要灾害为干旱、干热风和霜冻。

本亚区林业生态建设与治理的对策是：采用生物和工程措施相结合的措施，建设高标准的农田防护林网，形成独具特色的林粮、林果、果粮相结合的生态经济型防护林体系。

本亚区共收录 3 个典型模式，分别为：山西太原盆地高标准农田林网建设模式，山西运城盆地枣粮复合经营模式，山西临汾盆地农区林业生态建设模式。

【模式 A7-1-1】　山西太原盆地高标准农田林网建设模式

（1）立地条件特征

模式区位于山西省祁县古县镇，昌源河贯穿该镇。全镇总面积 114 310 亩，平川面积 82 021 亩，占总面积的 72%，其余为黄土丘陵。平川海拔 800 米左右，丘陵最高海拔 1 151.3 米。年平均气温 9.8℃，年降水量 449 毫米。主要的自然灾害为春旱、晚霜和干热风。昌源河流沙对农耕地的侵袭是主要的生态问题。

（2）治理技术思路

营造农田林网不仅可以有效地减免干热风和风沙灾害，改善农田小气候，而且还能以较短的周期生产一定数量的木材。高标准农田林网由于结构合理，林分质量好，生态、经济、社会效益十分明显。

（3）技术要点及配套措施

①营造昌源河护岸林：为了护岸、防风和控制流沙，应在昌源两侧配置护岸林带，林带宽 10～20 米。树种配置形式为三倍体毛白杨或欧美杨、中林美荷杨（国槐）-紫穗槐。三倍体毛白杨等的株行距为 4.0 米×3.0 米，紫穗槐墩行距为 1.0 米×1.5 米，每墩 3～4 株。

②营造农田林网：在村级路、田间路和水渠两侧各栽植 1～2 行树，形成农田林网，网格面积一般为 100～200 亩。可采用的主要树种有漳河柳、旱柳 172（795）、新疆杨、窄冠毛白杨、欧美杨、中林美荷杨等，株行距为 3.0 米×2.0 米，在距乔木行 1.0～1.5 米处配 1 行侧柏，株距 3.0 米。

③造林与抚育：以春季造林为主，要求大坑、大苗、大水，有条件的地方施底肥。大坑：漳河柳等的栽植穴为0.6～0.8米×0.6～0.8米×0.6米，紫穗槐0.4米×0.4米×0.4米。大苗：漳河柳等用2（年）根1（年）干或3根2干苗；侧柏苗高0.8～1.0米；紫穗槐苗为1年生苗，基径1厘米以上。造林后每年抚育修枝1～2次，紫穗槐每年秋季平茬1次。

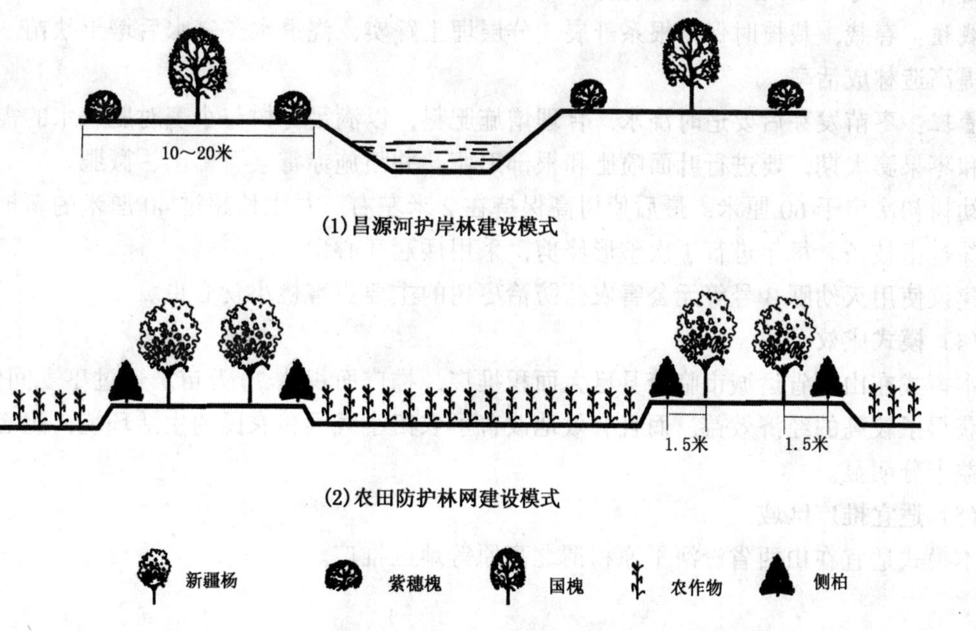

图 A7-1-1　山西太原盆地高标准农田林网建设模式图

(4) 模式成效

目前全镇51 500亩农田已全部建成高标准农田林网，农田林网的生态、经济、社会效益已初步显现。农田林网网格内风速较林网外降低43.3%，相对湿度提高16%，有效地减免了干热风的危害，从而使粮食产量比建网前增加25%以上。昌源河护岸林带有效地防止了昌源河沙尘的飞扬，不仅保证了全镇3万亩果树的丰产丰收，同时改善了当地农民的生存环境。按10年轮伐期轮伐，每年可产木材7 600立方米，仅此1项每年即可增收200万元。另外，紫穗槐嫩枝叶可作绿肥，条子可用于编织、制浆造纸。

(5) 适宜推广区域

本模式可在汾渭平原大力推广。

【模式 A7-1-2】　山西运城盆地枣粮复合经营模式

(1) 立地条件特征

模式区位于山西省运城市临猗县庙上乡山东庄村，地处山西省南部运城盆地，海拔400米，年平均气温13.7℃，年降水量480毫米。土壤为黏壤土，pH值7.8。干热风为当地主要自然灾害。

(2) 治理技术思路

根据枣树树冠较小、枝叶稀、发芽晚、落叶早，可与小麦共生互补的特点，实行枣树密植，行间间作小麦，枣麦复合经营，达到枣粮双丰收的目的。

(3) 技术要点及配套措施

枣树初植密度为行距3.0米、株距1.5米，行间间作小麦或培育枣苗，每亩栽枣树148株。

结果3～5年后，隔行间除，改成行距6.0米，行间间作小麦，每亩留枣树74株。生产中要注意枣树品种的多样化，尤其要多选用当地优良品种，如板枣、骏枣、壶瓶枣等制干和鲜食兼用型品种。

整地：大穴整地，规格0.6米×0.6米×0.6米，每穴施基肥15千克。

苗木：梨枣等1～2年生嫁接苗。

栽植：春栽，栽植时保持根系舒展，分层埋土踩实，浇透水，浇水后培土扶苗。适当迟栽有利于提高造林成活率。

管理：枣苗发芽后要适时浇水，合理增施肥料，以满足枣树与小麦对肥、水的需求。在枣树花期和枣果膨大期，要进行叶面喷肥和根部追肥，并喷施赤霉素、稀土、微肥。

幼树初次定干60厘米，最后使树高保持在2米左右。对生长超过40厘米的新梢要及时摘心并疏除过密枝条。每年进行1次整形修剪，采用矮冠开心型。

建议使用灭幼脲3号等无公害农药防治枣树的主要虫害桃小食心虫。

(4) 模式成效

本模式在山西省运城市临猗县已大面积推广，推广面积达30万亩。通过枣麦间作复合经营，不仅获得了较高的经济效益，而且有效地改善了农田小气候和农民的生活环境，生态、经济、社会效益十分明显。

(5) 适宜推广区域

本模式适宜在山西省汾河平原和渭北高原等地区推广。

【模式A7-1-3】　山西临汾盆地林业生态建设模式

(1) 立地条件特征

模式区位于山西省中部晋中市榆次区，地处汾河东岸，境内海拔769～1 700米，依海拔高度可分为中低山土石山区、黄土丘陵沟壑区和平川区3个类型。平原区面积322平方千米，年平均气温9.8℃，年降水量438毫米。主要土壤为淡褐土和浅色草甸土。

(2) 治理技术思路

因地制宜创造多层次的绿色空间，逐步形成以大范围的绿色环境为背景，以大型集中绿地为中心，道路绿化和防护绿地为纽带，“网、带、片、点”相结合的完整绿化系统，改善生态环境，使自然资源得以最佳的开发利用，使榆次区社会、经济和环境实现可持续发展，人民生活质量全面提高。

(3) 技术要点及配套措施

①绿色通道工程：108国道纵贯山西省晋中市榆次区的平川地区，榆次区将108国道绿化既作为平原森林生态系统建造的骨干与核心，又作为改善对外形象的窗口工程。

公路路肩上设置1.0～1.5米宽的绿化平台，平台上栽植桧柏、桧柏球和花灌木。两侧路肩以外各栽5行树，树种由内向外依次为国槐、栾树（或火炬树、千头椿）、白蜡、垂柳、毛白杨，株行距5.0米×2.5米，乔木林带内间栽紫穗槐。公路林带外侧40米内栽植枣树，建经济林带，株行距4.0米×2.0米，经济林带外为农田林网。公路出入口及桥涵两头，栽植桧柏绿篱，交叉路口设置中心花坛。在路边较大面积的空闲地铺设草坪、种植花卉及观赏树，设置绿化小品或建凉亭。在路边商店、厂矿门前建花池或栽植花灌木、观赏树。

在公路林带建设中，采用大坑（0.8～1.0米×0.8～1.0米）、大苗（杨柳3.0～4.0米高）栽植技术，并在林带内铺设输水管道，每50米一个出水口，保证能及时浇灌树木、花草。

②农田林网工程：农田林网以县、乡、村级公路和干渠为骨架，路两侧各栽2～3行树，在田间路渠两侧各栽1～2行树或单侧栽2行树，构成因路渠间距而宜的网格，每个网格面积100～200亩，栽植树种以漳河柳、新疆杨、三倍体毛白杨、欧美杨、中林美荷杨为主，在部分县、乡、村级路两侧的林带进一步点缀配置桧柏、侧柏，以调剂季节色相。农田林网工程以改善农田小气候，减免风沙、干热风、寒流侵袭，保障农业稳产高产为主要目的，并兼有生产木材、美化环境的功能。

③村庄园林绿化工程：在原有四旁绿化的基础上，通过种草栽花、构造人工景点等，使之形成园林绿化景观，既具有生态效益，又有美化环境功能。有条件的地方还可以通过村庄园林绿化开展乡村旅游。以郭家堡乡南关村为例，该村自1996年起按照园林绿化的标准，对新建的示范住宅小区、新南门、玉苑大道及千亩高科技农业示范园区进行了园林绿化工程建设。首先将高科技示范园区的农田划成50亩一格的方田，配以乔、灌、花、草搭配的林网并硬化路面，形成优美的田园风光；其次是绿化美化环村公路和村间道路；第三是绿化美化公共场所，在村委会、学校、街心空地、住宅区空地栽植桧柏、垂柳、银杏、白皮松、黄杨、红叶李、爬山虎、紫藤等，并铺设草坪，配置假山、雕塑、喷泉，形成园林绿化小品，使之达到三季花香、四季常青、生机盎然、风景宜人的效果；第四是建设农民公园，在村内的玉苑居民住宅示范区建了一个占地10亩的小型公园供村民游乐。园内栽植了国槐、火炬树、桧柏、龙爪槐等多种观赏树木和牡丹、月季、迎春等花卉，铺设草坪，建了长廊、亭台、鱼池，并养殖孔雀100多只。

④潇河绿化工程：在潇河两侧按3.0米×3.0米或4.0米×3.0米的株行距营造以漳河柳、旱柳172、三倍体毛白杨、欧美杨、中林美荷杨为主栽树种的林带，混交刺槐、火炬树、紫穗槐等树种，以绿化河漫滩地，防止沙滩侵蚀农田，美化环境，完善平原森林生态系统。

⑤山地林业生态工程：在对天然林和已有人工林加强管护的基础上，陡坡耕地退耕还林，大力进行人工造林，努力增加森林植被，如在山坡上营造元宝枫纯林，可用2年生苗按4.0米×5.0米的株行距建设。

(4) 模式成效

山西省运城市榆次区农区林业生态系统建设已取得了明显的生态效益、经济效益、社会效益，展示了良好的发展潜力。

(5) 适宜推广区域

本模式适宜在山西省汾河平原推广。推广中应注意选择抗逆性强、速生、防护功能好、观赏价值高的适生树种，并不断探索新的林业生态建设模式。

二、关中平原亚区（A7-2）

本亚区地处渭河两岸，又称渭河平原，位于渭北黄土高塬沟壑区以南，秦岭北坡、关山山地以北。包括陕西省西安市的未央区、莲湖区、新城区、碑林区、雁塔区、灞桥区、临潼区、阎良区、高陵县，宝鸡市的金台区、渭滨区，咸阳市的杨凌区、秦都区、渭城区、武功县、兴平市、三原县，渭南市的临渭区、大荔县等19个县（市、区）的全部，以及陕西省西安市的周至县、长安县、户县、蓝田县，宝鸡市的宝鸡县、凤翔县、眉县、扶风县、岐山县，咸阳市的乾县、礼泉县、泾阳县，渭南市的华县、华阴市、潼关县、富平县、蒲城县等17个县（市）的部分区域，地理位置介于东经106°37′24″～109°59′59″，北纬34°2′56″～35°9′7″，面积20 155平方千米。

本亚区属新生代形成的断陷盆地，由中部向南北扩展，依次由河漫滩地、河川阶地、黄土台塬与山前洪积冲积扇等中小地貌类型组成。暖温带半湿润气候，年平均气温 12～14℃，由西向东递增，无霜期 200～220 天，年降水量 530～700 毫米，由西向东递减。

褐土类土壤由于长期耕种熟化，形成了以垆土为主的耕作土壤。自然发育形成的褐土仅分布在非农耕地或坡耕地上。此外，还零星分布有潮土、盐渍土、风沙土和原始土等非地带性土壤，多呈微碱-碱性反应，大多比较肥沃。年侵蚀模数 200～500 吨/平方千米，土壤侵蚀轻微。植被属暖温带落叶阔叶林地带，因长期耕垦，天然植被已被栽培植被所取代。栽培植被除农、经作物外，主要树种有杨树、刺槐、榆树、泡桐、臭椿、中槐、侧柏、油松、柳树和苹果、梨、桃、杏、枣、桑、柿树、花椒、石榴、葡萄、猕猴桃等。

本亚区的主要生态问题是：冬春少雨，夏旱秋涝，干热风强烈。植被覆盖率低，四旁及林网树木破坏严重。局部范围土地沙化和盐渍化加剧，加之城镇集中，工矿企业较多，人口众多，对资源环境的压力大，环境污染严重。

本亚区林业生态建设与治理的对策是：尽快恢复、完善农田林网，保障农业稳产高产；加快四旁绿化步伐，增加林木覆盖面积，更新改造劣质果园，提高经济效益；加强名胜古迹风景林建设，创造优美旅游环境；着力治理沙地和盐碱地，改善生态环境；积极营造河岸防护林带，保障当地和下游广大人民生产、生命安全。

本亚区共收录 3 个典型模式，分别是：关中平原台塬阶地林业生态建设模式，泾、洛、渭河三角洲下游护岸、护滩林建设模式，泾、洛、渭河三角洲冲积沙地综合治理模式。

【模式 A7-2-1】 关中平原台塬阶地林业生态建设模式

(1) 立地条件特征

模式区位于陕西省关中，年平均气温 12.8℃，≥10℃年积温 4 215.6℃，年降水量 537.2 毫米。渭河两岸，由河漫滩地、一二级阶地和三四级台塬组成渭河台塬阶地。河漫滩地紧邻河岸，以沙壤或轻沙质为主，有嫩滩、老滩之分。嫩滩易遭一般洪水浸淤，不稳定。老滩遇到较大洪水时部分或全部常被淹没，具半稳定性；低洼地段多为盐碱滩地；一、二级阶地位于河漫滩地之上，高出河床 5～30 米，为黄土性沉积物，系该区主体；台塬，居阶地之上，主要为老黄土。渭河以北，台塬发育完整，阶面宽广平坦，土壤肥沃，水源充足，灌溉便利，人口密集，为集约种植区；渭河以南，断续分布，塬面宽窄不一，起伏较大，抬升较高，基本全部为农田，但因地下水埋藏较深，水源缺乏，以旱作为主。

(2) 治理技术思路

以确保农业稳定高产为目标，以路、渠、埂和村庄为骨架，建立完备的防护林体系，营造一个环境优美、农林比例协调、经济可持续发展的生态环境。

(3) 技术要点及配套措施

①水渠道路绿化：田间渠路，结合农田林网建设进行绿化，关中平原人多地少，土地珍贵，宜渠、路、林相结合，栽 1～2 行根深、冠小的乔木，树种选择毛白杨、欧美杨、中林美荷杨、旱柳、国槐、泡桐、侧柏、法桐等。

大型骨干公路、铁路、水渠，应以选择树形高大、生长迅速的乔木为主，落叶、常绿搭配，并选择部分常绿矮化观赏树种和木本花灌木，乔灌混交。同时利用渠路边坡栽植草皮，使其形成乔、灌、草相结合的立体栽种格局。林带宽度视预留绿化地宽窄确定。

②宅旁、村旁绿化：

树种：根据群众爱好选择，应用材、经济、观赏树种皆有，常绿落叶树种适当搭配，乔木、灌木、草本优化组合。做到春季花开满院香，夏季到处可乘凉，秋季家家收硕果，冬季户户暖洋洋，四季景色优美宜人。

配置：村内主要街巷，一般两边整齐地栽植1～2行树木，树种可选用杨、柳、槐、松及泡桐等；村周若空地较多，可营造数行环村林；村内空地除栽植树木外，还可植草坪、设花坛、建喷泉、形成小游园；房前屋后见缝插针，群众可随心所欲地栽植苹果、丁香、石榴等树种。

③河岸、池塘、水库绿化：河岸、塘周栽植2～3行耐水湿的乔灌木树种，如旱柳、杞柳等。在水库上游除兴建必要的水保工程外，还应营造水源涵养林，在接近水位线地带栽2～3行耐水湿灌木，库周栽植喜欢湿润环境的用材、经济、观赏树木。

④经营管理：因人为活动频繁，对树木的无意损坏、有意破坏比较严重，应建立严格的管护制度，加强管护。同时应及时防治病虫害。

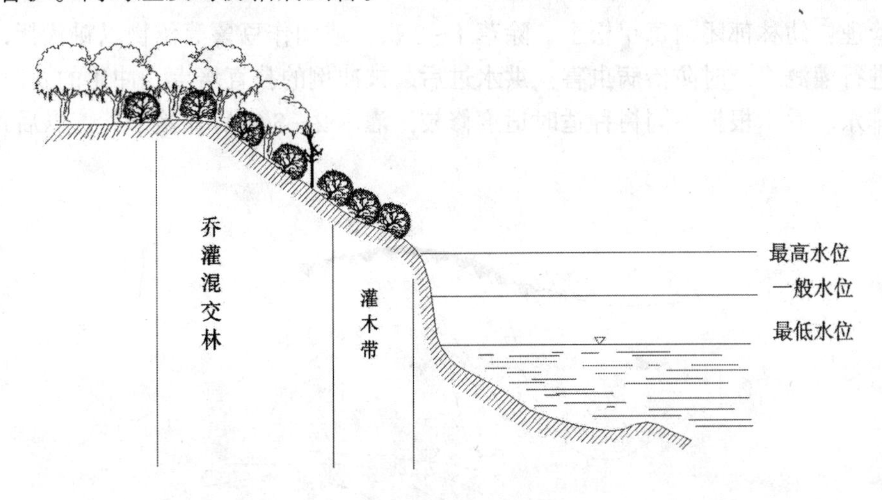

图 A7-2-1　关中平原台塬阶地林业生态建设模式图

(4) 模式成效

本模式建设容易、见效快，既可获得丰厚的经济效益，又可为人们创造优美的生活环境，有益于居民身心健康，是集经济、生态、社会效益于一体的模式。

(5) 适宜推广区域

本模式适宜在整个关中平原、渭北黄土高原沟壑地区的“四旁”植树以及泾河、洛河河流阶地推广。

【模式 A7-2-2】　泾、洛、渭河三角洲下游护岸、护滩林建设模式

(1) 立地条件特征

模式区位于渭河流域杨凌至咸阳段，地处关中平原渭河沿岸，暖温带半湿润气候，年降水量530～570毫米，年平均气温12～14℃，无霜期200～220天。土壤疏松，常遭洪水侵袭。

(2) 治理技术思路

由于上游森林植被遭到破坏，加之该段河床河岸多为沙质，抗冲力差，导致河床抬高，河水泛滥，水土流失严重，给沿河及下游工农业生产和广大人民群众生命财产带来极大的危害和损失。根据治河必须掌握水害的自然规律，坚持“治水、治山、治滩”一齐抓的原则，采取工程措施、生物工程措施、生物措施一齐上的办法，进行全面综合治理，遏制水患灾害。

(3) 技术要点及配套措施

①护岸林：在泥沙质主流顶冲段，砌石护坡，同时修筑石坝、铁笼坝、柳框坝、柳盘头等水

利工程和生物工程，调节洪水流向，缓解洪水冲力。若岸上为平坦耕地，沿岸营造一定宽度的护岸林带。若岸上为荒坡，应全面植树造林、种草。其他河段在修筑防洪堤的同时，在堤内、堤外根据需要与可能营造不同宽度的护岸护滩林带。宜选择根系发达、生产迅速、萌蘖力强、耐水湿的乔、灌、草种，乔、灌、草行间或带状混交。株行距 1.0 米×2.0 米，或 1.5 米×2.0 米。

②护堤林：迎水坡选用旱柳、垂柳、竹子、枫杨、紫穗槐、簸箕柳和小芭茅等；背水坡选用杨树、刺槐、白蜡、芦竹、荻草等。

③护滩林：因滩地水位不同，干湿交替分布，洪水大时有被淹危险，因此造林树种应根据土壤和地下水位不同进行选择。土壤干旱瘠薄的滩地，选择刺槐、臭椿、紫穗槐等；土厚湿润的滩地，选用杨树、水杉、白榆、白蜡等；地势低洼、地下水位较高的地段，选用旱柳、垂柳、簸箕柳、小芭茅、荻草等。

④经营管理：幼林郁闭前每年松土、除草 1～2 次，或间作豆薯等作物以耕代抚，第 1～2 年内应视需要进行灌溉。及时防治病虫害，洪水过后，被冲倒的扶直培土，冲走的及时补植，淹没的抓紧开沟排水。乔木根据不同树种适时适度修枝，灌木 2～3 年后开始平茬，以后每隔 1～2 年平茬1 次。

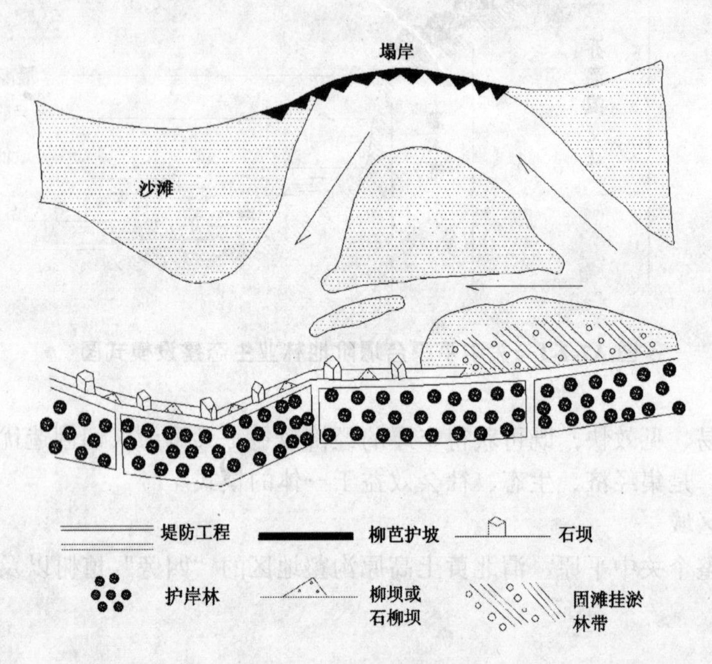

图 A7-2-2　泾、洛、渭河三角洲下游护岸、护滩林建设模式图

(4)模式成效

营造固岸护滩林,不仅可以有效的防浪护岸,巩固河堤,阻滞洪水,淤积泥沙,保护河堤、农田、村镇、工矿、交通线路等。免受洪水灾害。同时,可以控制水土流失,改善生态环境;不但可以为抗洪抢险提供充足的桩料、梢料,而且可以为当地生产大量的木材、薪材,具有较高的经济、生态、社会效益。

(5)适宜推广区域

本模式适宜在关中平原洛河、泾河、渭河中下游河岸、河滩以及黄河干支流同类河段推广。

【模式 A7-2-3】 泾、洛、渭河三角洲冲积沙地综合治理模式

(1)立地条件特征

模式区位于关中平原东部泾、洛、渭河三角洲地带的陕西大荔沙莞一带，暖温带半干旱气候，年平均气温13.4℃，无霜期212天，年降水量514毫米。沙地东西长约35千米，南北宽约6～10千米，其中流动沙丘以小型为主，丘高多在3米以下，少数最高可达10米左右，沙丘形状以新月型沙丘链为主，西南走向，年移动速度1～2米。在零散分布的小型沙丘与沙垅之间常有起伏不大的沙地，呈固定或半固定状态。土壤为风沙土，在丘间低地和起伏不大的沙地上分布有小片人工林，树种以刺槐、杨树、旱柳为主，兼有榆树、椿树等；果树以枣树为主，兼有核桃、柿树、桑树、杏树、葡萄等；灌木有柽柳、紫穗槐、沙棘、枸杞等。

(2)治理技术思路

流动沙丘中的中型流动沙丘，因流动性大，直接栽植乔木存活困难，应因势利导，巧借风力，先在沙丘中、下部栽种草、灌，前挡后拉，待丘顶拉平之后再植乔木。小型流动沙丘则可先全面栽植草、灌，待固定后再植乔木。固定沙地可因地制宜直接栽植乔、灌，最终形成多林种、多树种、多功能的沙地植物群落类型。

(3)技术要点及配套措施

①流动沙丘治理：中型流动沙丘，先在迎风坡中、下部沿等高线栽植耐旱、耐瘠薄、萌蘖力强的沙棘、紫穗槐、芦竹等草、灌，行间混交；在背风坡基部扦插根系发达、耐沙割沙埋的沙柳，株行距1.0米×1.5米，形成前挡后拉态势。待丘顶被拉平基本稳定后，再在草、灌行间栽植以刺槐为主的乔木，形成乔、灌、草混交的防风固沙林。

②固定沙丘治理：在治理流动沙丘的同时，在固定沙丘丘间低地内，根据立地条件、面积大小，因地制宜地营造以杨树、柳树、刺槐、榆树等为主的防护用材林，或发展以优质红枣、葡萄为主的经济林。

③沙地综合治理：栽植以枣树为主的经济林，树下套种小麦等农作物；在林网保护下，种植黄花菜和花生；栽植以三倍体毛白杨、欧美杨、中林荷美杨、沙兰杨为主的速生用材林。

(4)模式成效

本模式既可固定流沙，又可合理利用沙地。营造防风林带，可以使风速降低30%左右。在林带内实行林果农复合经营，间作黄花菜、花生等作物，当年经济收入增加400～800元/亩，经济、生态效益显著。

(5)适宜推广区域

本模式适宜在关中平原泾、洛、渭河三角洲地带及汾渭平原沿河两岸有沙丘的地方推广。

第3篇

长江上游区域（B）林业生态建设与治理模式

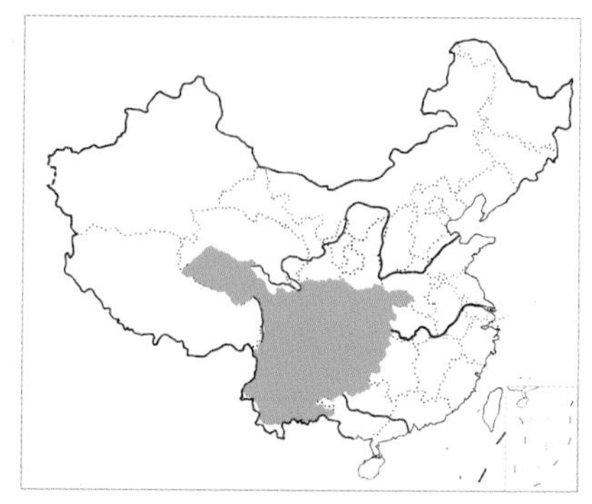

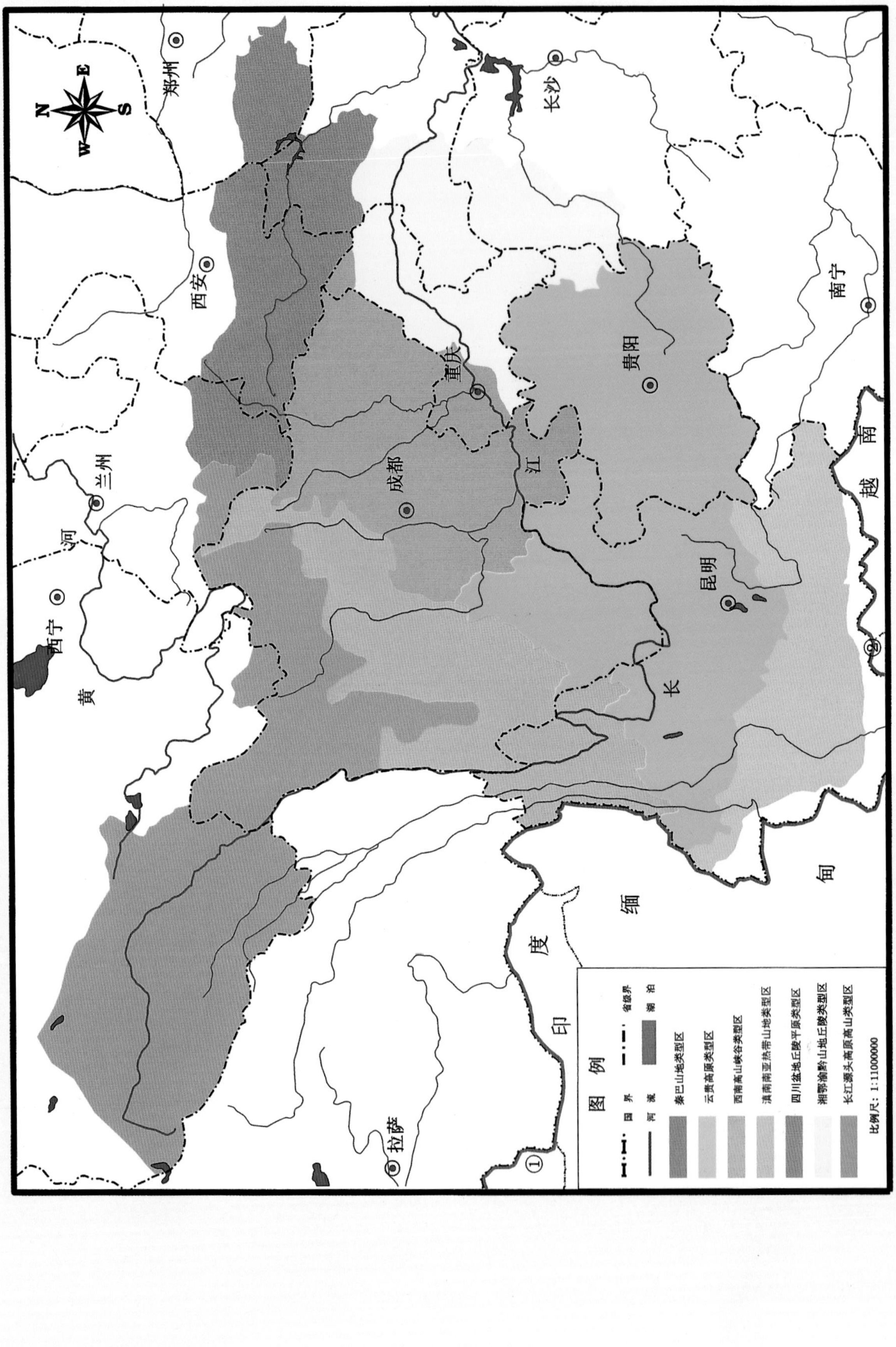

长江上游区域林业生态建设与治理类型区分布图

图例

国界　省级界　河流　湖泊

秦巴山地类型区
云贵高原类型区
西南高山峡谷类型区
滇南南亚热带山地类型区
四川盆地丘陵平原类型区
湘鄂渝黔山地丘陵类型区
长江源头高原高山类型区

比例尺：1:11000000

① 不丹　② 老挝

四川省遂宁市护岸林建设模式（四川省林业厅提供）

四川省盆中丘陵（乐至县）生态经济沟建设模式（四川省林业厅提供）

四川省岳池县水土保持用材林建设模式（四川省林业厅提供）

黔中石质山地封山育林植被恢复模式（殷建强摄）

金沙江中游干热河谷植被恢复模式（杨荣建摄）

云南省东川泥石流多发区林业生态建设与治理模式（云南省林业厅提供）

滇西北高山草甸和湖泊周边林业生态建设模式（贺康宁摄）

滇西北高山封育结合植被恢复模式（贺康宁摄）

云南省建水县云南松林植被恢复模式（云南省林业厅提供）

滇西北中山峡谷水土保持林体系建设模式（贺康宁摄）

滇东及滇东南石质山地封山育林植被恢复模式（贺康宁摄）

秦岭南坡中高山地区（镇安县）封山育林植被恢复模式（宋宪虎摄）

概　述

长江上游区域主要指长江上游流域、西南诸河的汇水区，以及珠江流域的部分区域，东起湖北省宜昌，西至长江源，北界秦岭、伏牛山一线，南抵云南省江城哈尼族彝族自治县、广西壮族自治区十万大山、莲花山一线，地理位置介于东经 98°21′20″～113°39′11″，北纬 23°55′41″～36°0′32″，涉及青海省、西藏自治区、甘肃省、云南省、贵州省、四川省、重庆市、陕西省、湖北省、河南省、湖南省的大部或部分地区，总面积1 558 003平方千米。

长江全长 6 300 多千米，发源于青藏高原唐古拉山脉主峰——海拔 6 221米的格拉丹冬雪山西南侧，穿过青藏高原、云贵高原、四川盆地和川鄂山地等位于我国青藏高原东缘的一、二级地形阶梯，先后接纳了金沙江、雅砻江、岷江、沱江、嘉陵江、赤水、乌江、汉水、清江等诸江河，构成大致呈南北辐射状展布的庞大水系，形成了河床坡降较大而水流湍急的峡谷型河段。

区域内大部分地区属亚热带气候，热量充足，年平均气温 12～18℃，≥10℃年积温 3 000～6 000℃，无霜期 200～300 天；降雨充沛，但时空变化差异较大，西部上游高原荒漠地带年降水量在 500～700 毫米，其他大部分地区在 800 毫米以上，部分多雨区高达1 200～1 500毫米，全年降水量多集中于下半年，降水量约占全年的 70%～80%，岷江上游甚至高达 90%。

本区域植被组成复杂，类型多样，种类丰富，主要植被为亚热带常绿阔叶林和青藏高原高寒植被，主要类型有常绿阔叶林、常绿与落叶阔叶混交林、硬叶常绿阔叶林、落叶阔叶林、针叶与落叶混交林、针叶林、竹林、常绿阔叶灌丛、落叶阔叶灌丛、草丛与草甸、高山流石滩稀疏植被等，水平地带性和垂直地带性明显，其水平地带性植被以壳斗科、樟科以及常绿阔叶林为代表，而垂直带谱结构在不同区域有所差别。

本区域水资源总量居我国七大江河之冠，水能资源蕴藏量约占全国的40%，水运资源发达，总通航里程近 1 000 千米；林木蓄积量占全国的 25%，并主要分布于川西、滇北、鄂西、湘西等地，成为仅次于我国东北林区的第二大林区，经济树种品种多、面积大，均占我国首位；国家重点保护的野生动植物群落、物种和数量多数占首位；矿产资源种类多，有色金属储量大；旅游资源类型完整，特色鲜明。由于开发历史较早，已经初步建立了农、林、牧、渔业综合发展的体系，经济基础较好，是我国西部地区社会经济状况较好的地区。

本区域存在的主要生态问题是：长期以来的过垦、过牧、过伐和围湖造田等不合理的经济活动，使原来稳定的生态系统受到严重破坏，生态恶化的趋势明显。一是水土流失日益严重，水土流失面积已占流域面积的30%，长江宜昌站每年输沙量5.4亿吨，年侵蚀量接近20亿吨。严重的水土流失导致上游支流河道淤塞抬高，水库泥沙淤积，下游湖泊面积减少；二是土地“石漠化”“沙化”面积逐年扩大，局部地区甚至丧失了最基本的生存条件。部分地区植被破坏后土壤流失殆尽，且极难恢复，已经造成了严重的生存危机，引发了一系列社会问题；三是水旱灾害严重，滑坡、泥石流等地质灾害频繁，已经严重影响到区域经济发展和人民生命财产安全；四是区域性生态系统的结构稳定性降低，功能欠缺，近十几年来营造的人工林，普遍存在“三多三少”的问题，即针叶林多、阔叶林少，纯林多、混交林少，单层同龄林多、复层异龄林少，生态功能不能正常发挥。

本区域在我国经济社会发展中占有非常重要的地位，是我国生态建设的重点区域。20世纪80年代后期，我国就已将长江上中游地区列为林业生态工程建设的重点区域，10余年来，长江上中游防护林体系建设大大地加快了区域内荒山绿化的步伐，对防治水土流失、涵养水源、减轻水旱灾害、维护生物多样性起到了重要而积极的作用，初步遏制了生态环境快速恶化的趋势，得到了当地政府和群众的广泛认同。1998年以来，国家又通过发行国债大幅增加了林业生态建设的投入。针对上述情况，本区域林业生态建设与治理的思路是：妥善处理经济发展与生态保护、眼前利益与长远利益的关系，严格保护天然林及湿地生态系统；加大陡坡耕地退耕还林、荒山造林和封山育林力度，增加森林植被；对现有人工林积极采取人工促进等各种有效措施，提高森林质量及森林生态系统的功能和稳定性。

本区域共分7个类型区，分别是：长江源头高原高山类型区，西南高山峡谷类型区，云贵高原类型区，四川盆地丘陵平原类型区，秦巴山地类型区，湘鄂渝黔山地丘陵类型区和滇南南亚热带山地类型区。

第8章

长江源头高原高山类型区(B1)

本类型区指长江上游通天河及其支流的汇水区域，位于青藏高原东北部及川西北高原，地理位置介于东经90°3′18″～104°45′58″，北纬29°8′43″～36°0′32″。包括青海省玉树藏族自治州、海西蒙古族藏族自治州、果洛藏族自治州，四川省甘孜藏族自治州、阿坝藏族羌族自治州，甘肃省甘南藏族自治州、陇南地区等7个州（地区）的全部或部分，总面积341 971平方千米。居民以藏族为主，人口密度仅0.8～3人/平方千米。

本类型区大部分地区海拔在3 500米以上，以山原地貌为主，通天河东南部及金沙江、雅砻江上游有部分高山峡谷地貌分布，其河源部分存在着大量的湖泊、沼泽和湿地。气候寒冷，大部分地区的年平均气温在0℃以下，多数地区的年降水量不足700毫米，河川径流主要靠融雪水补给。植被以灌丛、疏林为主，主要植被类型为灌丛草甸，乔木林呈“块状”分布于通天河流域的东南部及川西高山森林与草原的过渡地带，少而分散，覆盖率仅为1.8%。主要发育高山草甸土和沼泽土，有机质分解慢，有泥炭和潜育化现象。

本类型区为冻融侵蚀、水蚀和风蚀的复合侵蚀区。有效积温低，春季水分、温度变化不协调，林地水分亏缺严重，霜冻严重，致使苗木的成活、保存率均低。造林树种比较单一，人工林结构不稳定且生长缓慢，森林天然更新不良，森林植被一经采伐或破坏极难更新恢复。本类型区的主要生态问题是：由于超载放牧、过度采伐及滥采金矿等不合理人为活动，天然森林植被和草场破坏严重，草地退化、土地沙化问题突出，水土流失面积逐渐增加。

鉴于本类型区严酷的自然条件、植被恢复困难等特点，以及长江源头的森林、灌丛与草甸所具有的特殊地位和作用。本类型区林业生态建设与治理的主攻方向是：以保护现有森林植被为基础，以封为主，封造结合，不断恢复和扩大森林植被的面积，提高江河源头地区森林的水源涵养能力。

本类型区共分3个亚区，分别是：长江源头高原亚区，白龙江中上游山地亚区，川西北高原亚区。

一、长江源头高原亚区（B1-1）

本亚区地处青藏高原东北部，是通天河、雅砻江、大渡河等江河的源头。地理位置介于东经90°3′18″～103°25′49″，北纬31°34′30″～36°0′32″。包括青海省玉树藏族自治州的曲麻莱县、杂多县、玉树县、称多县、囊谦县和果洛藏族自治州的班玛县；四川省甘孜藏族自治州的石渠县和阿坝藏族羌族自治州的阿坝县等8个县的全部；以及四川省甘孜藏族自治州的甘孜县、色达县、德格县，阿坝藏族羌族自治州的若尔盖县、松潘县、红原县、壤塘县；青海省玉树藏族自治州的治多县和海西蒙古族藏族自治州的格尔木市等 9 个县（市）的部分地区，面积275 395平方千米。

本亚区大部分地区海拔在 3 500 米以上，气候寒冷，大部分地区平均气温不足 0℃，年降水量 300～700 毫米。灌丛草甸和乔木疏林呈块状分布于江河源头的高山峡谷地带。主要土壤为高山草甸土和沼泽土，有机质分解慢，有泥炭和潜育化现象。

本亚区的主要生态问题是：长期以来，由于森林过度采伐，特别是草原鼠害、虫害和乱采滥挖等不合理的活动，草场、湿地退化，水源涵养功能下降，水土流失面积逐年增加，部分地区已经出现沙化，生态环境明显恶化。据统计，通天河流域的水土流失面积为 10.6 万平方千米，约占流域面积的 67%，每年向长江输沙 1 132 万吨。

本亚区林业生态建设与治理的对策是：以遏制水土流失、草场和湿地退化、防止土地沙化、提高水源涵养能力为目标，重点保护和恢复原生植被，加强退化草场改良和治理，合理利用草地资源，在条件适宜的地区大力营造防护林，改善生态环境。

本亚区收录 1 个典型模式：大渡河上游水源涵养林建设模式。

【模式 B1-1-1】　大渡河上游水源涵养林建设模式

(1) 立地条件特征

模式区位于大渡河源头地区，包括江河源头及上游两侧的高山峡谷地带，海拔 3 300～4 500 米，气候温凉湿润，年降水量 500～700 毫米，并主要集中于 6～9 月份。自然条件垂直变化明显，植被分布多样，以高山灌丛和高寒草甸为主，河谷地区有寒温性针叶林分布。土壤为暗棕壤土、棕色针叶林土、高山灌丛草甸土，土层厚 30～80 厘米。阳坡土壤瘠薄，造林难度较大。

(2) 治理技术思路

全面封禁，严格保护现有乔、灌木植被。对于原生植被较好，具有自然更新能力，人工造林难度大的区域采取封育措施；对于采伐迹地和宜林荒山的阴坡，人工造林，营建水源涵养林。

(3) 技术要点及配套措施

①封禁：对于坡度 40 度以下土层浅薄、岩石裸露、更新困难的森林，阳坡森林或坡度 35 度以上的阳坡高山乔灌木林，主干流江河两侧的森林、母树林、自然保护区森林及其缓冲带或动物迁徙廊道的森林等不同类型的森林采取特殊保护措施，全面封禁，严格保护，禁止采伐，以尽快形成以“江河两岸、山脊、沟尾成片成网”为骨架的水源涵养林、水土保持林体系。

②封育：在阳坡和高山灌丛草甸区中，对具有天然下种能力或根蘖能力且每亩有 40 株以上根株的荒山，以及人工造林困难但经封育可望成林或增加林草盖度的高山、陡坡和岩石裸露地，采取封山育林育草措施，加快植被恢复速度；一般远山地区、江河上游、水土流失严重地区及植被恢复困难的宜封地区，实行全封；对于当地群众放牧、生活和燃料有实际困难的近山地区，可采取半封或轮封。

③更新造林：

树种及其配置：选择川西云杉、粗枝云杉、高山松、紫果云杉、白桦、红桦、青杨、沙棘、高山柳、红杉等生长快、根系发达、深根性及根蘖性强、树冠浓密、耐干旱瘠薄、有一定经济价值的乔木、灌木和草类，以针叶混交、阔叶混交、针阔混交及乔灌或乔灌草相结合的形式进行配置。

更新方式：郁闭度大于 0.3、林缘 50 米左右、目的树种天然更新能力强且种源丰富的采伐迹地，主要通过天然更新恢复森林；天然更新能力不足的采伐迹地须采用人工促进天然更新和封山育林相结合的措施。

造林技术：穴状整地，规格50厘米×50厘米×50厘米。春季造林。在气候干燥的地段，栽苗后应选用苔藓、地被物、树木枝叶、木片等覆盖穴面。

幼林抚育：阳坡和半阳坡的幼林地，穴状松土；半阴和阴坡的幼林地，带状抚育。云杉、冷杉等生长慢的树种和阔叶树，一般需连续抚育5年，每年1～2次。落叶松等速生针叶树种，须连续抚育3年，每年1～2次。

（4）模式成效

本模式能较快恢复植被，提高森林的水源涵养能力，有效控制长江源头地区的水土流失。

（5）适宜推广区域

本模式适宜在青藏高原东缘、东南缘的江河源头区推广。

二、白龙江中上游山地亚区（B1-2）

本亚区位于甘肃省东南隅的白龙江上游，具体位置在洮河以东、汉水以南，属秦岭褶皱带的南段。地理位置介于东经102°35′3″～104°45′58″，北纬32°59′29″～34°27′0″。包括甘肃省甘南藏族自治州的迭部县、舟曲县，陇南地区的宕昌县等3个县的全部，以及甘肃省陇南地区文县的部分地区，面积13 823平方千米。

本亚区地形复杂，海拔高度差异悬殊，河谷海拔1 000～2 000米，山地海拔多在2 500～4 000米，迭山主峰高达4 920米。白龙江上游除尼什、尼奥、麻牙、九龙峡水深河窄、水流湍急而外，其他河流的比降小、流速慢、切割浅、两岸发育多级宽阔阶地。中游为典型的高山峡谷地貌，两岸山岭屏立，高插入云，相对高差2 000米左右。气候属北亚热带大陆性湿润气候，具有温凉湿润、冬寒夏凉的高山气候特征。春季天气多变，雨量不稳，温度低，云雾多，湿度大，夏季常有冰雹，冬季漫长严寒。年降水量700毫米左右，年平均气温6.7～12.7℃，无霜期147～233天。由于地形、植被等因素的影响，气温、雨量的空间变异较大。高寒阴湿区的极端低温可达－26℃。本亚区是甘肃省天然林的主要分布区，森林覆盖率介于25%～55%，植物种类繁多，区系成分复杂，基本属于北亚热带向暖温带过度的类型，主要由北温带的云杉、冷杉和暖温带的杨、桦、栎、椴等及北亚热带的针阔叶树组成，多集中在阴坡、半阴坡，垂直带谱和水平分布的带型明显。成土母岩多属变质岩系，部分为沉积岩及花岗岩侵入体。高海拔地区多以石灰岩、板岩为主，低海拔地区多以千枚岩、砂岩、板岩为主。棕褐土、褐土为地带性土壤。

本亚区的主要生态问题是：森林涵养水源能力锐减、水土流失日趋严重、气候旱化继续加剧、生物多样性受到严重破坏等。

本亚区林业生态建设与治理的对策是：以保护天然林、退耕还林、恢复林草植被为中心，中高山区以营造水土保持林、水源涵养林为主，大力封山育林；低山丘陵区以用材林、经济林为主，适度发展薪炭林。

本亚区收录1个典型模式：陇南高寒阴湿山区水源涵养林建设模式。

【模式B1-2-1】 陇南高寒阴湿山区水源涵养林建设模式

（1）立地条件特征

模式区位于甘肃省南部的高寒阴湿山区，气候温凉湿润、冬寒夏凉，地势陡峻，相对高差500～1 500米。地带性土壤为棕褐土、褐土。

(2) 治理技术思路

全面封育阳坡、半阳坡和高山灌丛草甸。在重点保护天然林的前提下，在宜林地人工造林，将坡度大于15度的坡耕地逐步退耕还林，以建立水源涵养林和水土保持林体系。

(3) 技术要点及配套措施

①封禁、封育：参照国家和地方有关封山育林政策、技术规程进行，同时参比模式B1-1-1的相应部分。

②更新造林：

树种选择：紫果云杉、粗枝云杉、冷杉、落叶松、桦类、杨类、沙棘等。

更新方式：天然疏林、低产林，通过天然更新恢复森林；天然更新不足的地段，人工促进天然更新、封山育林相结合，加速植被恢复进度；宜林地，采用人工造林的方法恢复森林。

造林技术：为了最大限度地保护原有植被和土层，采用穴状整地方法，规格40厘米×40厘米×30厘米。选用高度25厘米以上无病虫害、无机械损伤的健壮苗于春季造林。在干旱地段，以容器苗造林为好，并需在植苗后用苔藓、死地被物、树木枝叶、木片等覆盖穴面。

幼林抚育：从造林当年或第2年开始到幼林郁闭为止为抚育期。一般抚育3年5次，特殊地段5年7次。抚育的内容包括扩穴、松土、割草、扶苗、施肥等。在人畜破坏严重的地段应封禁保护。

(4) 模式成效

针对高寒阴湿地区不同立地的特点，因地制宜地采取不同的技术措施，很好地保护了天然林，快速绿化了宜林地，水土流失得以遏制。

(5) 适宜推广区域

本模式可在白龙江、岷江、洮河、大夏河流域的高寒阴湿地区推广。

三、川西北高原亚区（B1-3）

本亚区位于四川省西北部，地理位置介于东经98°10′17″～102°26′9″，北纬29°8′43″～32°14′47″。包括四川省甘孜藏族自治州的德格县、甘孜县、白玉县、新龙县、理塘县、炉霍县、色达县、巴塘县、稻城县、道孚县，阿坝藏族羌族自治州的红原县、马尔康县等12个县，以及阿坝藏族羌族自治州壤塘县的部分地区，面积52 753平方千米。

本亚区地貌介于丘状高原与高山峡谷之间，地势高亢，海拔在3 500米以上，高原面上湖泊、沼泽星罗棋布。春秋短暂而无夏，冬季严寒，水热条件差。年降水量500毫米左右，年平均相对湿度50%～55%，年平均气温仅1～4℃，部分地区出现逆温现象。本亚区地处由森林向草原的过渡地带，植被从下到上依次由森林灌丛向草甸逐渐过渡，典型植被为高山草甸与灌丛，以川西云杉和圆柏为主的亚高山针叶林呈块状或斑状分布于山原支沟中，或与草甸、灌丛交错分布，构成山原丘原针叶林的主体。土壤也相应地由山地暗棕壤向高山草甸土过渡。

本亚区的主要生态问题是：早霜、冰雹、干旱等灾害频繁，生态环境极其脆弱，农业生产受到很大影响，亩产仅50～100千克左右。同时，由于过度采伐森林，生态环境进一步恶化，森林线下降，植被退化，采伐迹地水土流失严重，高原湖泊面积缩小，部分草甸退化、沙化，并已沦为牧场或高寒荒漠，是长江上游区域生态环境极为脆弱的地带。

本亚区林业生态建设与治理的对策是：实施天然林保护工程，严格保护现有森林、灌丛；采取封育为主并结合人工造林等技术措施，退耕还林恢复天然林植被，扩大森林植被。

本亚区收录1个典型模式：川西北高原丘陵天然林恢复模式。

【模式B1-3-1】 川西北高原丘陵天然林恢复模式

（1）立地条件特征

模式区位于四川省道孚县、炉霍县等县，地貌以高原丘陵为主，海拔3 500～4 900米，年平均气温-2.0～4.8℃，≥10℃年积温为500～1 300℃。土壤主要为山地暗棕壤、山地棕色森林土、高山草甸土和沼泽土。由于热量不足，阳坡、半阳坡的各类迹地水分严重亏缺，林木生长受到限制。

（2）治理技术思路

根据模式区的气候、土壤等自然条件，人工造林与封山育林相结合，在河漫滩、河谷阶（台）地、受风沙危害的山麓平原灌区、农田与居民点周围及通天河东南部、金沙江和雅砻江上游的部分阴坡，通过人工造林恢复植被，其余地段全部封山育林，保护现有植被，培育森林资源。

（3）技术要点及配套措施

①封育布局：对下列特殊地带的森林实行封禁保护，以期在较短的时期内恢复和建成防护林体系。这些地段包括，高原丘陵阳坡、半阳坡上的森林，草地中的孤立森林，土层浅薄、岩石裸露、更新困难地的森林；森林上限与高山灌丛或与草地接壤500米范围内的森林；省道两侧各200米，县道两侧各150米，大江河两侧各1 000米，干流两侧各350米及尾部2 500米，支流两侧各300米及尾部1 000米，流沙地及主要居民点周围宽150米，以及湖泊周围至山脊的森林；民俗中的神山、宝顶、寺院照山和部落的森林；科研教学实验林、母树林、种子园、环境保护林、名胜古迹风景区、自然保护区森林以及用于科研的草场等。

②造林技术：采用"窄带清林、小穴整地、藏植的微生境造林更新技术"，通过组合应用树种选择、更新季节、荫蔽方式、苗木等级、栽植方式等技术关键，切实提高造林成活率。

树种及其配置：由于高寒林区气候恶劣，应选择抗逆性强、根系发达、深根性、耐沙压、耐风蚀、耐干旱、发芽迅速的乡土灌木、乔木树种，以及枝叶茂密、耐啃食、耐践踏的多年生草种，主要有川西云杉、糙皮桦、紫果云杉、白桦、红桦、柳、青杨、山杨、大果圆柏、沙棘、红杉等。块状、带状、行间或株间混交，乔木的株行距为1.5米×2.0米，灌木的株行距为1.0米×1.0米，以形成针叶混交、针阔混交、乔灌混交或乔灌草结合的林分。

苗木培育：由于气候高寒，露天育苗一般3～5年才能出圃，育苗周期长。大棚育苗可以缩短育苗周期，容器苗的质量高，根系发达，对恶劣条件有较大的适应力，可延长造林季节。因此，应推广塑料温室大棚育苗和容器育苗技术。

微生境造林：窄带清林，采伐迹地或火烧迹地的灌木盖度一般只有30%～50%，高度60～80厘米，对苗木的荫蔽作用甚差。为提高苗木的抗霜、保温和滞水能力，减少蒸散，改善苗木生存的微生境，应该进行窄带清林；小穴整地，为减少穴面水分损失及春季的冻拔害，整地挖穴时，应保护穴面附近的杂草灌木，植苗穴的规格为20厘米×20厘米×30厘米，且穴的底面应大于穴表面，穴的剖面呈梯形；藏植更新，在挖穴和植苗时，应充分利用迹地上现有的堆腐带、伐桩、灌丛等形成的荫蔽环境，将苗木栽植于其下方和侧方的有效荫蔽范围内；插枝抚育，在裸露迹地人工植苗后，为减少高原紫外线对苗木的损伤和早晚霜冻及低温危害，防止牛羊践踏，须采用工程措施进行人工抚育。具体方法是在人工植苗后，将树桠、困山材等采伐剩余物截劈成长60～70厘米、粗3～5厘米、下端削尖的小木条，在穴面周围均匀插入6～7根，形成上小下大的圆台形或伞形木质立体骨架，既保护苗木防止牛羊践踏，又为苗木生长创造较为适宜的环境。

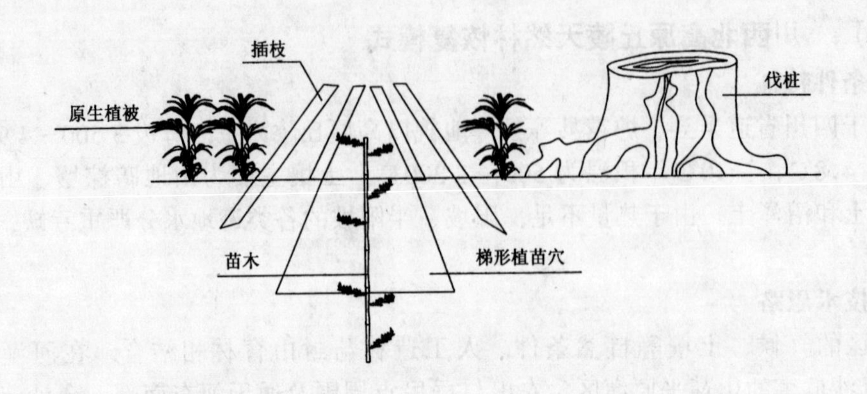

图 B1-3-1　川西北高原丘陵天然林恢复模式图

(4) 模式成效

本模式在川西高山高原推广后，迹地更新成活率、保存率提高了30%，项目组曾获四川省甘孜藏族自治州科技推广特等奖。

(5) 适宜推广区域

本模式适宜在川西高山草原区推广。

第9章

西南高山峡谷类型区(B2)

本类型区分布于青藏高原东南缘，西与西藏相连，东及东南接四川盆地和云贵高原，北靠川西北高原，南至雪盘山南部。是金沙江、雅砻江、大渡河、岷江等流域的上中游地区。地理位置介于东经99°5′43″～104°6′0″，北纬25°29′48″～34°21′51″。包括四川省甘孜州、阿坝州、凉山州，云南省丽江地区、迪庆州、怒江州、大理州等7个地区的全部或部分，总面积185 450平方千米。

本类型区地势北高南低，大部分地区海拔在3 000米以上，山高坡陡，气候温凉湿润。年均日照1 600～2 300小时，光照充足，≥10℃年积温为200～1 900℃。年平均气温2～10℃，1月份平均气温0℃以下，7月份平均气温10～15℃，气温日较差大，年较差小，冬寒夏凉。年降水量为500～800毫米。基岩为沙页岩、板岩、千枚岩、片麻岩、花岗岩、玄武岩等，其上发育红壤、黄棕壤、暗棕壤、漂灰土等主要土壤，在垂直带上还有燥红土、褐土、紫色土、高山草甸土等分布。本类型区林业用地十分丰富，面积达2 356.3万亩，约占全类型区面积的52.6%，是我国西南最大的原始林区、我国珍稀动植物资源最丰富的地区之一，森林类型以云杉属、冷杉属种类组成的亚高山暗针叶林为主，森林覆盖率23.35%。区内人口稀少，平均人口密度不足10人/平方千米，为藏族、羌族、回族等少数民族聚居区，畜牧业基础较好。

本类型区的主要生态问题是：水资源不足、分布不合理，水源保护林体系不完整，森林天然更新不良，导致森林的水源涵养功能减弱，加之农区陡坡耕种，广种薄收，水土流失日趋严重。

本类型区由于地处长江及其主要支流的上游，山高坡陡，水土流失面积大，林业生态建设与治理的主攻方向应是：在保护好现有森林植被的前提下，加大退耕还林力度，采取封山育林和人工造林相结合的方法，并辅之以必要的工程配套措施，促进水源涵养林和水土保持林的发展。

本类型区共分3个亚区，分别是：川西高山峡谷东部亚区，川西高山峡谷西部亚区，滇西北高山峡谷亚区。

一、川西高山峡谷东部亚区（B2-1）

本亚区位于四川盆地西北部的川西北高原东北边缘，为紫坪铺以上的岷江上游区域，地理位置介于东经101°8′31″～104°6′0″，北纬29°17′30″～34°21′51″。包括四川省甘孜藏族自治州的丹巴县、泸定县，阿坝藏族羌族自治州的金川县、小金县、黑水县、理县、汶川县、九寨沟县、茂县等9个县的全部，以及四川省阿坝藏族羌族自治州的马尔康县、松潘县、若尔盖县，甘孜藏族自治州的康定县、道孚县等5个县的部分地区，面积58 104平方千米。

本亚区的地质构造非常复杂，新构造运动极其活跃、强烈。邛崃山、岷山、大雪山为主要山系，地貌以亚高中山为主，其次为高山。海拔一般2 000～4 000米，地表起伏大，相对高差

1 000～3 000米，海拔4 000～5 000米以上的山峰甚多，山高坡陡，沟深谷窄，为中深切割的高山地形。年平均气温2～8℃，年降水量600～1 000毫米，大多集中于5～9月份，相对湿度65%。出露地层主要为砂板岩、千枚岩、碳酸盐岩、岩浆岩和第四纪残坡积碎石和洪积物。由于受地貌影响，气候类型多样、复杂。在水、热条件变化分异作用的影响下，区内植被从下到上的垂直带谱为：山地常绿阔叶林→山地常绿落叶阔叶混交林→针阔混交林→亚高山针叶林→高山灌丛与草甸→流石滩植被。土壤从下到上有褐土、棕壤、暗棕壤、寒毡土、黑色石灰土、棕色石灰土以及冲积土和寒冻漠土等。其中，岷江河谷地带，褐土系列发育，土壤含水量低，严重干旱缺水，发育干旱河谷旱生灌丛，成为本亚区生态环境极度脆弱、退化的地区，也是本亚区林业生态建设与治理的重点区域。

由于自然条件的限制和历史的原因，本亚区地广人稀。虽然人均资源占有量大，但开发层次低，以种植业为主，农业人均收入350～500元，区域经济总体发展水平低下。

本亚区的主要生态问题是：由于长期不合理的开发利用，海拔2 000米以下的森林植被破坏严重，原始云杉林已砍伐殆尽，多为半干旱的灌木草地及高山栎、辽东栎、山杨等次生林代替，森林覆盖率普遍降低，干旱河谷灌丛上限扩展上升，中部林带变窄；过度垦殖的河谷地带部分出现砂石化、裸岩化。森林的水源涵养功能下降，部分地段崩塌、滑坡、泥石流等山地灾害爆发率高，土壤侵蚀加剧。据有关资料，岷江流域已有1/3的干旱河谷向荒漠发展，洪水期径流量增加，枯水期径流量减少15%，每年向长江的输沙量高达5 000万吨。

本亚区林业生态建设与治理的对策是：改变目前农业生产以种植业为主的不合理结构，保护天然林，退耕还林还草，着重发展生态公益林，恢复和改善本亚区的自然生态系统。对于岷江干旱河谷等需要重点治理的地带，通过封育措施，先恢复和培育耐干旱的灌草植被，阻止其向砂石化方向发展，在生态环境恢复较好的河谷区发展干果经济林，增加农民收入。

本亚区共收录4个典型模式，分别是：岷江干旱河谷植被恢复建设模式，川西高山峡谷亚高山针叶林保护和恢复建设模式，川西高山峡谷东部干旱河谷生态经济型花椒林建设模式，川西亚高山道路景观林带建设模式。

【模式B2-1-1】　岷江干旱河谷植被恢复建设模式

(1) 立地条件特征

模式区位于四川省茂县，是干旱河谷天然植被已退化上升到海拔2 400米的中山地带。区内自然植被屡遭破坏，水源涵养能力下降，河谷两岸已退化为石质荒山秃岭，水土流失加剧，泥石流、滑坡、崩塌等重力侵蚀灾害频繁。河谷地带陡坡开荒现象严重，生态环境极度恶化。

(2) 治理技术思路

在河谷下段封山育林育草，河谷两岸海拔1 800～2 400米的中山地带退耕还林还草，重力侵蚀区生物措施与工程措施相结合，营造乔、灌、草结合的复层水土保持林，其余地区封山育林育草。

(3) 技术要点及配套措施

①封山育林育草：岷江干旱河谷人烟稀少，荒山荒坡面积大，稀疏分布着萌蘖能力强和更新良好的乔、灌木树种，中山坡度35度以上地段的土层厚度不足20厘米，石质荒山荒坡的裸岩面积率高达30%，对上述地方应严格围封，禁止人畜入内。

②人工造林：

树种选择：乔木选岷江柏、油松、刺槐、火炬树等，草灌木选紫花苜蓿、白刺花、蔷薇、马桑、黄荆、火棘、沙棘、黄栌等；造林密度，乔木130株/亩，灌木200株/亩。

整地方法：鱼鳞坑，沿等高线自上而下整地，挖成月牙形，上下错综排列成“品”字形，坑间距1.5米，行距1.5米。挖坑时，先将表土刮下分放两侧，然后将心土刨向下方，围成弧形土埂，埂高0.3～0.4米，埂宽0.3米，埂要踏实。之后再将表土回填于坑内，坑底成倒坡形。水平沟，在25度以下荒坡沿等高线挖沟筑埂，沟深0.5～1.0米，沟口宽0.8～1.0米，沟底宽0.4～0.8米，土埂底宽1.2～1.5米，顶宽0.3～0.5米，高0.4～0.7米。

造林方法：岷江柏等乔木树种用营养袋苗雨季造林，灌木树种采取点播或撒播的方法造林。造林后封育，扶苗培土，覆盖穴面减少水分蒸发，必要时进行补植。一般每年抚育1～2次，连续抚育7～15年。

③配套工程措施：

谷坊：在支、毛沟或较大沟道的中上部，按照顶底相照的原则垂直沟道布设、修筑谷坊，谷坊高度一般为5米以下。

微型蓄水池：在沟头破碎区或汇水区的上方，修建圆形石质或砖石结构蓄水池，以拦蓄径流、防止冲刷。

排水沟：在沟头破碎区以及汇水区，修筑导流排水沟，形成阶梯式排水，总落差一般要求不超过5米。

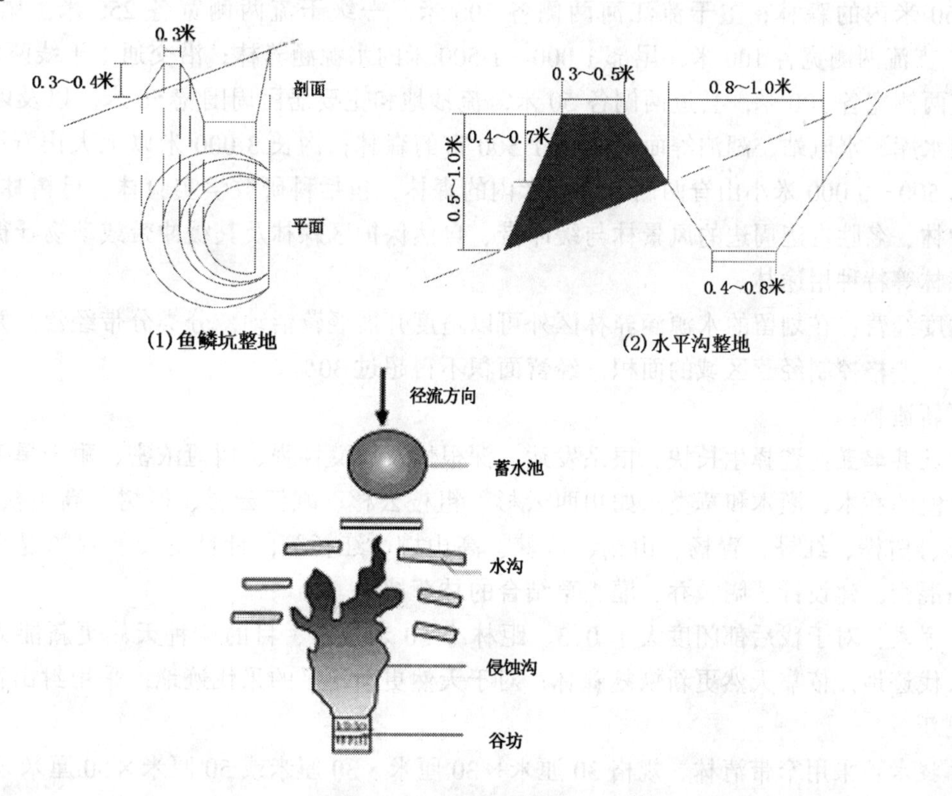

图 B2-1-1　岷江干旱河谷植被恢复建设模式图

(4) 模式成效

本模式通过封山育林育草、营造混交林，并辅以工程措施，可逐步恢复林草植被，防止植被退化。

(5) 适宜推广区域

本模式适宜在岷江上游地区推广。

【模式 B2-1-2】　川西高山峡谷亚高山针叶林保护和恢复建设模式

(1) 立地条件特征

模式区位于岷江上游高山峡谷地带的江河源头及上游两侧，区内山高坡陡，地形复杂，地势起伏大，一般相对高差 2 000～3 000 米，崩塌、滑坡、泥石流等山地灾害严重，是长江上游众多支流的水源区，河谷狭窄深切。主要土壤为山地暗棕壤、山地棕色森林土。自然条件垂直差异明显，植被类型多样。阳坡土壤瘠薄，水分亏缺和霜冻严重，造林十分困难。人口稀少，森林资源丰富，是森林工业企业的主要分布区。

(2) 治理技术思路

对于阴坡划留的天然林实施保护，对于阳坡的高山灌丛草甸，实行全面封育；对采伐迹地、火烧迹地的阴坡宜林荒山，人工造林，建立水源涵养林体系。

(3) 技术要点及配套措施

①封山育林：严格封禁下列地段的人工林或天然林：坡度在 40 度以下的土层浅薄、岩石裸露、更新困难的森林，阳坡森林或 35 度以上的阳坡高山栎林；森林上限与高山灌丛或草地接壤地带宽 150 米内的森林；主干流江河两侧各 500 米，一级干流两侧宽各 250 米，尾部2 000～3 000米，支流两侧宽各 100 米，尾部 1 000～1 500 米的水源涵养林；沿交通主干线两侧宽各 200 米，省道两侧宽各 100 米，县道两侧各 50 米，流沙地和主要居民周围宽 50 米，以及以山脊为界大、中型水库、水电站、湖泊等面积小于 1 500 亩的森林；沟长 3 000 米以上大山脊两侧各 250 米、沟长 500～3 000 米小山脊两侧各 230 米内的森林；包括科研教学实验林、母树林、种子园、环境保护林、名胜古迹周边的风景林与缓冲带、自然保护区森林及其缓冲带或动物迁徙区和走廊通道的森林等特种用途林。

②适度经营：在划留的水源涵养林区外可以适度开展经营活动，分类分带经营，并保留相应的保护带。严格控制经营区域的面积，经营面积不得超过 30%。

③更新造林：

树种及其配置：选择生长快、根系发达、深根性及根蘖性强、树冠浓密、耐干旱瘠薄，有一定经济价值的乔木、灌木和草类，如川西云杉、粗枝云杉、岷江云杉、槭树、高山松、高山栎、紫果云杉、白桦、红桦、青杨、山杨、沙棘、高山柳、红杉等，针针混交、阔阔混交、针阔混交、乔灌混交，建设针、阔、乔、灌、草结合的林草植被。

更新方式：对于伐后郁闭度大于 0.3、距林缘 50 米左右、目的树种天然更新能力强及种源丰富的采伐迹地，依靠天然更新恢复森林；对于天然更新不足的采伐迹地，采用封山育林措施促进天然更新。

造林技术：采用窄带清林、规格 30 厘米×30 厘米×30 厘米或 50 厘米×50 厘米×50 厘米的穴状整地、春季更新造林为主的方法。在土层较薄的干燥地段，栽苗后应选用苔藓、死地被物、树枝树叶、木片等覆盖穴面。

幼林抚育：以“扶苗培土、砍除杂灌”为主，阳坡和半阳坡的林地进行穴状刀抚，割灌除草；阴坡和半阴坡林地沿等高线带状刀抚。冷杉等慢性树种和硬阔叶树一般应连续抚育 5～7 年，每年抚育 5～7 次；落叶松等速生针叶树种和软阔叶树应连续抚育 3～5 年，每年 1～2 次。

(4) 模式成效

本模式实施以来已取得了明显的生态效益，曾先后获林业部、四川省科技进步奖。

(5) **适宜推广区域**

本模式适宜在四川省西部的高山峡谷区推广。

【模式 B2-1-3】 川西高山峡谷东部干旱河谷生态经济型花椒林建设模式

(1) **立地条件特征**

模式区位于四川省茂县、汉源县等地的干旱河谷，冬暖夏凉，气温年较差小，日较差大，日照时间长，降水量少，气候干燥，但部分地区水热条件相对较好。

(2) **治理技术思路**

模式区耕地资源不足，群众经济来源少。花椒为当地群众历来喜欢种植的落叶灌木经济树种，须根发达，喜光喜湿，比较耐旱，不耐雨涝，易遭冻害，经济效益较高。将坡面改为梯田，并每隔一定距离在坎上种植灌、草形成生物埂隔离带，防止水土流失，再在梯田上种植花椒，既绿化荒山，又增加收入。

(3) **技术要点及配套措施**

①营建花椒林：

整地：一般开浅沟，沟距 20～25 厘米；水平阶、穴状整地，规格 30 厘米×30 厘米×25 厘米；成片造林。

育苗：应将种子湿沙催芽，或用温水浸泡 2～3 天，待少数破皮开裂后，捞出放在温暖处，盖上湿布闷 1～2 天，有白芽突破种皮即可播种。当苗高达到 4～5 厘米时，按 10～15 厘米的株距间苗，适当施肥、浇水、中耕、除草。1 年生苗苗高 70～80 厘米时即可出圃造林。

造林：春、秋、雨季植苗造林，以早春树芽开始萌动时为最好。幼林抚育一般以刀抚为主，禁止全面垦复。

②建立生物隔离带：为了增强水土保持功能，在花椒林区按 20 米左右的间距沿等高线布设以沙棘等乡土灌木树种为主的生物隔离带，防治水土流失。

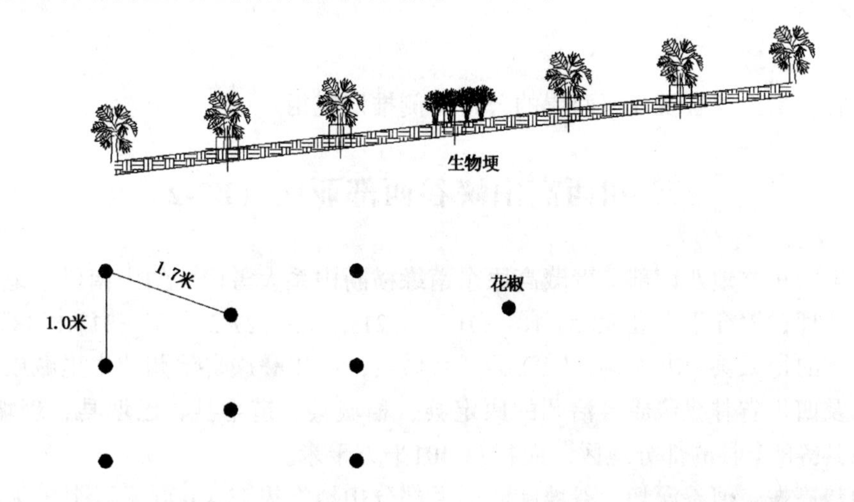

图 B2-1-3 川西高山峡谷东部干旱河谷生态经济型花椒林建设模式图

(4) **模式成效**

花椒的果皮为调料，芳香油含量高达 4%～9%，入药有祛寒、顺气、止痛、促进食欲等功能；种子可榨油，含油量 25%～30%，为工业原料。大力发展生态经济型花椒林，既可绿化环境、保持水土，又可获得较为丰厚的经济效益，极具推广价值。

(5) 适宜推广区域

本模式适宜在四川省、云南省土壤和水热条件相对较好的干旱河谷地带推广。

【模式 B2-1-4】　川西亚高山道路景观林带建设模式

(1) 立地条件特征

模式区位于四川省西部亚高山风景区道路两侧的局部地段。川西亚高山原始林区孕育了极其丰富的生态旅游资源，有四川省独具特色的旅游服务项目，九寨沟和黄龙、四姑娘山、卧龙和蜂桶寨大熊猫保护区、贡嘎山-海螺沟冰川森林公园、雅砻江漂流探险区等，品位高，市场吸引力广泛，已被列入优先开发的旅游资源。其中，九寨沟和黄龙为世界自然遗产，贡嘎山-海螺沟冰川森林公园及四姑娘山为国家级自然遗产。

(2) 治理技术思路

在四川省成都市至川西亚高山各自然生态区的通道周围总长近 2 000 千米的沿江河公路两岸，建立景观林带，是进行生态建设、开展生态旅游的重要一环。景观林带建设不仅要求成景快、生态学上稳定，而且应满足美学要求，以使道路景观林带在与周围景观协调的基础上，尽可能做到四季有花、五彩缤纷、绚丽多彩。为此，在通道两边应该主要采取针阔叶混交、乔灌草立体配置的形式，以实现绿化、美化、香化的目的。

(3) 技术要点及配套措施

①树种选择：观花树种选择杜鹃、百合、山茶、樱桃、木兰、桃、李等；观叶树种选择桦木、银杏、日本落叶松、枫香、火炬树、花楸、荚蒾、丁香、石楠、领春木以及槭属等。绿化、美化树种沿公路分段配置，从而形成四季有花有果、一路花香的公路景观林。

②造林技术：公路两旁栽植 3～5 行，穴状整地，株距 2.0～3.0 米，行距 3.0～5.0 米。

(4) 模式成效

本模式选择观赏树种及树形美观的树种营造通道林，既达到绿化、美化、香化的效果，又为风景区增加了新的亮点。

(5) 适宜推广区域

本模式适宜在高山峡谷及江河两岸的公路两侧推广应用。

二、川西高山峡谷西部亚区（B2-2）

本亚区位于四川盆地西南部，青藏高原东南缘横断山系大雪山脉的中南段，地处大渡河、雅砻江中上游，地理位置介于东经 98°51′18″～102°11′21″，北纬 27°39′38″～31°48′38″。包括四川省甘孜藏族自治州的得荣县、九龙县、雅江县、乡城县，凉山彝族自治州的木里藏族自治县等 5 个县的全部，以及四川省甘孜藏族自治州的康定县、稻城县、道孚县、巴塘县、理塘县、新龙县、炉霍县、白玉县等8 个县的部分地区，面积73 401平方千米。

本亚区山势高峻，河谷深切，谷坡陡峻，大部分山地海拔在 4 000 米以上，为我国的地震易发区之一，地震频繁而强度大。气候冬寒夏暖、干湿季节分明，垂直变化明显。年降水量 550～900 毫米，并集中降于 5～10 月份。靠近河谷的下段由于焚风效应的影响，形成典型的干旱河谷。本亚区森林植被类型复杂，资源丰富，人均资源占有量大，从下至上依次分布旱生河谷灌丛、常绿阔叶林、亚高山针叶林和高山灌丛草甸。随气候、植被的变化，土壤也呈明显的垂直变化，自下而上依次为山地褐土、山地棕壤、山地暗棕壤、亚高山草甸土或高山草甸土。重力侵蚀和水力侵蚀严重。

由于自然条件的限制和历史的原因，在雅砻江、大渡河、金沙江河谷地区，以简单传统的种植业为主，开发历史较早，主要作物为青稞、玉米、豌豆，大渡河泸定段沿岸有部分水稻田，亩产100～150千克，粮食不能自给，农业人均收入仅250～400元，区域经济水平低。

本亚区的主要生态问题是：由于人类不合理的开发利用和地质灾害造成森林生态系统退化，生物资源的种类和数量减少，山地灾害加剧，森林水源涵养功能降低，大渡河河谷地带海拔2 000米以下的森林植被严重破坏后，表现出明显的水土流失、土地退化和荒漠化景观。

本亚区林业生态建设与治理的对策是：封山育林和人工造林相结合，生态建设与经济开发相结合，大力营造水源涵养林和水土保持林，恢复和扩大森林植被面积，改善生态环境，减轻山地灾害。

本亚区共收录4个典型模式，分别是：金沙江上游高山峡谷林业生态建设模式，大渡河干旱河谷坡生物篱建设模式，川西高山峡谷常绿阔叶林带植被保护与恢复模式，雅砻江干旱河谷荒滩林业生态治理模式。

【模式B2-2-1】　金沙江上游高山峡谷林业生态建设模式

(1) 立地条件特征

模式区位于金沙江上游农业生产经营活动集中的地带，人口集中，开发历史久远，雅砻江、金沙江、大渡河两岸的阶地、山麓地段为农耕地，中山部分已被开垦成斑块状不连续的农耕地，作物单一、生产力低下，土壤肥力退化。由于垦殖过度，生态环境出现退化，如大渡河泸定段河谷两岸已出现沙化，部分流动沙丘在风蚀作用下已翻过河岸在山麓形成堆积沙滩，河两岸为大面积荒山。雅砻江、金沙江河谷两岸高山栎林呈不连续斑块状分布，部分高山栎木林已退化成高山栎灌丛。

(2) 治理技术思路

本着先易后难、统筹兼顾的原则，先治理江河两岸和坡地，坡沟兼治，水土兼治，进行林业综合生态建设与治理。具体措施是：江河两岸大于6度的阶地、坡耕地，退耕还林还草；低山带封山育林；中山带植树造林。

(3) 技术要点及配套措施

根据立地条件，本着乔、灌、草结合，1年生和多年生植物结合，水土保持工程与生物工程相结合的原则，由分水岭到沟口，由高到低，营造松树与杂灌木树种混交的防风林，或进行林草间作，并在山沟中部发展核桃、花椒等干果经济林。

①河谷两岸：在河滩地、阶地、沟台地等，选择高山松、云南松、油松、杨树、高山柳、柳树、木麻黄、刺槐、臭椿、槭树、桦木、领春木等树种，营造护坡固岸林带。

②侵蚀沟道：从沟头到沟口，从毛沟到干沟，从沟岸到沟底，因沟制宜，全面布置，层层设防，分类施治，建设沟头防护、蓄水池、谷坊坝、小水库、塘坝、排灌渠系等蓄、引、提、挖相结合的沟道工程防治体系，综合治理水力、重力侵蚀地段。

③坡面治理：

河岸以上山坡上的农耕地退耕还林还草；土层深厚的农地可以退耕还果；林间隙地种植经济作物或药用植物。杜仲、黄柏、红景天、小檗属、大黄、秦艽、羌活、木香等中药材适生于海拔1 800～2 200米的河谷地带，也可考虑与其他种类间种或套种。

在25度以下的荒山营造防护林，主要树种有云南松、高山松、桦木、花楸、高山柳、杨树等树种。雨季造林，营养袋上山植苗造林均可。造林整地可采取30厘米×30厘米×30厘米的规格，株行距2.0米×2.0米或3.0米×3.0米。

全面封禁25度以上的荒山，育林育灌育草。

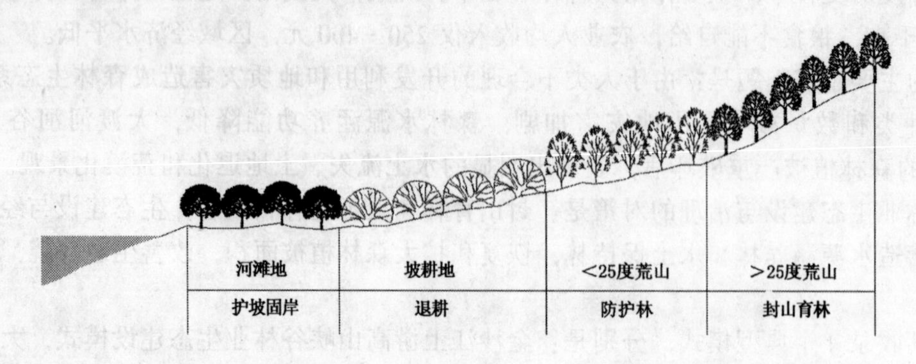

图 B2-2-1　金沙江上游高山峡谷林业生态建设模式图

(4) 模式成效

雅砻江、金沙江、大渡河的干旱河谷地区，是杜仲、黄柏、红景天、小檗属、大黄、秦艽、羌活、木香等中药材的集中分布区和最适宜栽培区，其中木香、杜鹃、沙棘在雅江、康定、泸定已有栽培，沙棘在雅砻江河谷的道孚县已建立沙棘园基地，薯蓣属也已建了基地，并开发出了我国治疗冠心病的首选药物"地奥新血康"。

(5) 适宜推广区域

本模式适宜在四川省甘孜藏族自治州的泸定、康定、雅江、雅砻江、大渡河中上游河谷区的两岸下部和中部地带，金沙江中上游河谷地区，嘉陵江中上游，以及绵阳市、广元市等地推广。

【模式 B2-2-2】　大渡河干旱河谷谷坡生物篱建设模式

(1) 立地条件特征

模式区位于河流两侧谷坡，海拔介于1 200～2 000米，年降水量400～500毫米。坡度大、坡面长，土层瘠薄，土壤干燥，植被总盖度30%～50%，面蚀、沟蚀严重。

(2) 治理技术思路

所谓生物篱是在坡面上每隔一定距离沿等高线布设的宽度较窄的多年生植物带。在干旱河谷两岸已发生侵蚀的地段，于水流集中的地方垂直水流方向布置枝条粗硬的篱笆带，可以缓洪挂淤，有效防止侵蚀的发生和发展。如在退耕坡地上营造以豆科植物为主的生物篱，不但能有效减少坡耕地的面蚀和细沟侵蚀，而且能增加土壤中的氮素。

(3) 技术要点及配套措施

①树种选择：主要有花椒、金合欢、银合欢、刺槐、马桑、黄荆、蔷薇、黄花、火棘、化香、黄栌、木麻黄、沙棘等。

②典型设计：布置于水流集中处的生物篱，篱笆植物的单枝直径不应小于3毫米，高度不应低于0.4米，带长必须超过两边的集水范围，带两边多出部分的长度应超过带长的0.1倍，以避免水流从带的两边溢流而去。

③造林技术：宽度以1.0～2.0米为宜，行距根据坡面的水土流失程度确定，等高种植。

④生物篱修剪：始终维持篱宽在1.0～2.0米、高度1.0米左右。一般在栽植后的1年后开

始剪枝，或在成篱后剪枝，以维持篱的高度和宽度，生产饲料、绿肥和薪柴，防止不必要的种子扩散。

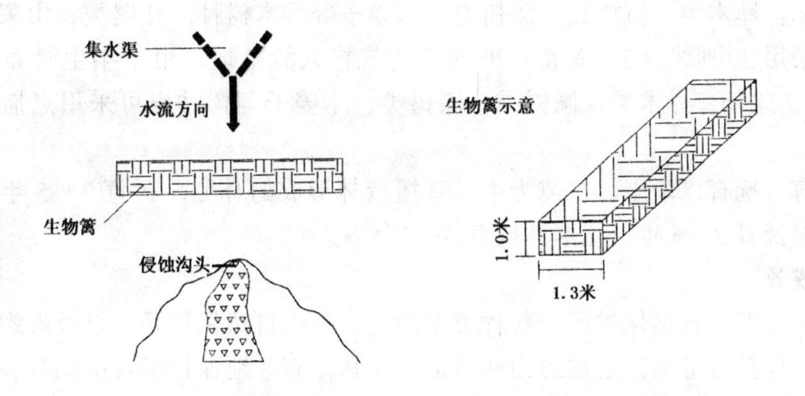

图 B2-2-2　大渡河干旱河谷谷坡生物篱建设模式图

(4) 模式成效

本模式既可防治水土流失，又可生产饲料、绿肥和薪柴，生态经济效益兼备。

(5) 适宜推广区域

本模式适宜在干旱河谷地带的陡坡耕地推广。

【模式 B2-2-3】　川西高山峡谷常绿阔叶林带植被保护与恢复模式

(1) 立地条件特征

模式区位于四川省西部高山峡谷区海拔 2 000～2 200 米的广大地带。这一地带既是当地群众的居住地，又是常绿阔叶林的主要分布区，常绿阔叶林因而成为当地居民的主要采薪对象，原生植被已被破坏。岩体崩塌，山地泥石流，山体滑坡等山地灾害十分频繁和严重，生态环境极度脆弱。

(2) 治理技术思路

常绿阔叶林破坏后，先是形成以多种鳞毛蕨、多种悬钩子、多种莓类为主的多刺灌丛和草丛，以后出现大叶杨、山杨、领春木、山茱萸，以及多种木姜子等喜光落叶小乔木，20 年后演变为由多种槭树、多种桦木、漆树、灯台树等树种构成的杂木林。利用这一植被次生演替规律，采用封禁、封育相结合的综合措施，保护与恢复常绿阔叶林带的植被。

(3) 技术要点及配套措施

①分级保护：

生态地位极端重要的森林地区：包括各级自然保护区的核心区与缓冲区，未经人为干扰的地带性顶极群落，国家一、二级保护野生动植物栖息地、繁殖地、集中分布的原生地及缓冲地带，自然与人文遗产地及其周围的森林，具有历史性和特定意义的纪念地带，亚高山湖泊、水库周围 500 米以内地段的森林，雪线以下 500 米及冰川外围 2 000 米以内的森林，应划为封禁林和禁伐林，进行全面的封禁或定期全面封禁，除经特殊批准的更新采伐和允许有限度的森林经营活动外，禁止采伐林木、挖药等经营活动。

生态环境极度脆弱的森林地区：包括集中连片的天然次生林，各支沟河流源头汇水区的水源涵养林，省级公路两侧 50 米以内的护路林，应在封育保护的基础上通过人工造林，逐步恢复和发展植被。

②封山育林：对现有已划留为保护区的天然林实施封禁，采取封禁管护、封山护林等强制性

措施进行管护，严格限制开垦、樵采和放牧等活动；对未成林造林地和飞播林地进行封山护林，育草育灌。封山育林成林所需要的时间一般为：育林5～10年，育灌4～6年，育草4年。

③人工造林：桦木类、槭树类、漆树类、木姜子等乔木树种，杜鹃类、山茱萸类、沙棘类等灌木树种，均采用20厘米×20厘米×20厘米的规格穴状整地，用1年生营养袋苗造林，密度100～130株/亩。此外，桦木类、槭树类、漆树类、木姜子等树种也可采用点播、撒播等方法直播造林。

④幼林抚育：抚育以培土、扶苗为主。直播造林形成的林分，抚育3～5年；植苗造林形成的林分，乔木林抚育3～6年，灌木林抚育3～5年。

(4) 模式成效

在贡嘎山、二郎山自然保护区，各种类型的省、州级自然保护区，以及海螺沟冰川森林公园冰川下部的重点保护林等地，通过封山和营造混交林，有效地保护了常绿阔叶林带，逐步恢复了植被，增强了森林的水源涵养功能。

(5) 适宜推广区域

本模式适宜在四川高山峡谷及盆周山地天然林保护工程、退耕还林（草）工程与流域治理工程建设区中山段已退化的常绿阔叶林区推广。

【模式B2-2-4】 雅砻江干旱河谷荒滩林业生态治理模式

(1) 立地条件特征

模式区位于雅砻江流域河谷阶地、荒滩以及较平坦的荒坡。海拔1 200～1 300米，年降水量400～700毫米。土壤为山地褐土，土壤厚度50～100厘米，pH值7左右。

(2) 治理技术思路

河滩地、河阶地营造速生树种，荒坡地营造以灌木为主的乔灌混交林，护岸护坡，保持水土。

(3) 技术要点及配套措施

①树种选择：乔木树种，选择光果西南杨、大青杨、南抗杨、小青杨、滇杨、北京杨、高山柳等；灌木树种，选择白刺花、小檗、锦鸡儿等。

②苗木培育：扦插育苗，穗条长20～25厘米，扦插前水泡48小时，生根粉处理，扦插时要求做到"深插紧实、地上留芽"，即扦插深度占穗条长的2/3，地上部分留1～2个芽苞。

③造林技术：河滩地、河阶地造林，采用苗高1米以上、地径0.8厘米以上的1年生壮苗造林，株行距3.0米×3.0米或4.0米×4.0米。造林后除草松土，抹芽修枝，防止病虫害，对幼

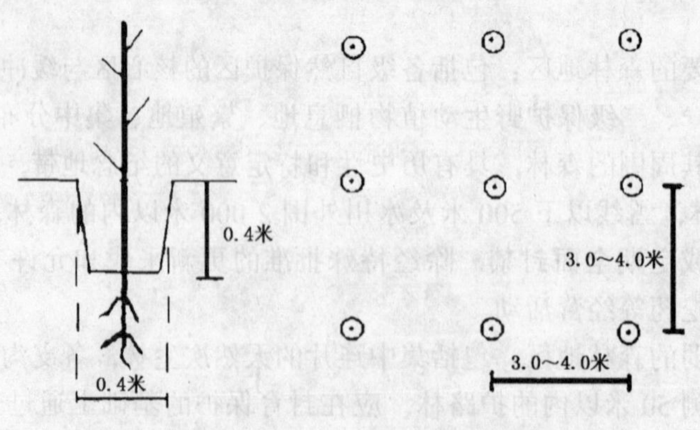

图B2-2-4 雅砻江干旱河谷荒滩林业生态治理模式图

林进行抚育；荒坡造林，乔木雨季植苗造林，株行距 5.0 米×5.0 米。灌木雨季点播，密度 1.0 米×0.5 米。

④幼林抚育：除草松土，抹芽修枝，防治病虫害。

(4) 模式成效

本模式是干旱河谷荒滩造林绿化的主要模式，造林后一般 3～5 年后成林，可大大加快干旱河谷区的绿化进程。

(5) 适宜推广区域

本模式适宜在金沙江、大渡河、岷江上游的干旱河谷河滩地、河阶地、荒滩推广应用。

三、滇西北高山峡谷亚区（B2-3）

本亚区地处云南省西北部，北起西藏自治区边界，南至雪盘山南部，东与四川省交界，西止缅甸国境。地理位置介于东经 99°5′43″～101°33′30″，北纬 25°29′48″～29°37′2″。包括云南省丽江地区的丽江纳西族自治县、宁蒗彝族自治县，迪庆藏族自治州的德钦县、中甸县、维西傈僳族自治县，怒江傈僳族自治州的贡山独龙族怒族自治县、福贡县、兰坪白族普米族自治县、泸水县，大理白族自治州的云龙县、剑川县等 11 个县的全部，面积53 954平方千米。

本亚区地质构造较为复杂，分布有各类石灰岩、砂岩、页岩、玄武岩、花岗岩、片岩及大理岩等，深切割高山峡谷与高原台地（俗称坝子）为两大地貌单元。境内有 4 000 米以上的山峰近 40 座，其中玉龙雪山主峰 5 596 米，最低海拔金沙江边 1 200 米，高差 4 000 米。由于海拔高度差异悬殊和高山对气流的分隔、阻挡作用，形成了典型的立体气候，境内气候类型多样。一般说来，2 000米以下为山地亚热带气候，2 000～3 000 米为山地暖温带和山地中温带气候，3 000～4 000米为山地寒温带气候，4 000 米以上为山地寒带气候。由于人口较少，加之森林资源开发较晚，本亚区的森林植被保存相对较好，物种资源极为丰富，是许多珍稀濒危植物的起源中心和现代分布中心，特别是针叶树种的集中分布区。区内森林类型复杂多样，垂直带谱明显。近期的二类森林资源清查结果显示，本亚区的森林覆被率为 40.0%，如加上灌木林地则可达到 52.9%。森林土壤以棕壤及暗棕壤、红壤为主，垂直带上分布有漂灰土和草甸土。

本亚区人烟稀少，平均人口密度仅为 22 人/平方千米，交通比较闭塞，经济发展相对滞后。但动植物资源、森林资源、草场资源、旅游资源丰富，经济发展的潜力巨大。

本亚区的主要生态问题是：高山低温区和干热河谷区为两大生态脆弱带，植被恢复困难。有关资料显示，本亚区 25 度以上的土地面积占总面积的 57.1%。由于山高坡陡、海拔高度差异悬殊以及沟谷中存在着厚层堆积物，存在着发生严重滑坡、泥石流的潜在危险。水土流失严重，有关资料表明，本亚区水土流失面积占总面积的 21.26%，其中中度以上侵蚀面积高达 27.09%。上述特点表明，本亚区的生态环境具有迅速恶化的危险，而且植被恢复艰难，须在经济开发和生态环境建设中认真对待。

本亚区林业生态建设与治理的对策是：以保护现有天然植被为主，采取适当的抚育措施，建设大江、大河支流源头的防护林体系。

本亚区共收录 5 个典型模式，分别是：滇西北高山水源涵养林体系建设模式，滇西北高山封育结合植被恢复模式，滇西北高山草甸和湖泊周边林业生态建设模式，滇西北中山峡谷水土保持林体系建设模式，滇西北江河护岸林建设模式。

【模式 B2-3-1】　滇西北高山水源涵养林体系建设模式

（1）立地条件特征

模式区位于云南省中甸县，地处江河支流源头。地形崎岖，峰峦重叠，高山与峡谷相间，海拔大多在 2 500～4 000 米，山体高差大，气候夏季温凉而冬季寒冷。生态环境极度脆弱，植被一旦破坏极难恢复。各支流源头及两侧，河床狭窄，比降大，坡度陡，土质疏松，在丰富降雨的影响下，下游河岸极易崩塌。

（2）治理技术思路

以保护成片天然林为基础，造、封、管相结合，逐步形成稳定、高效的水源涵养林体系，提高蓄水保土能力，调节水源，防止两岸崩塌。

（3）技术要点及配套措施

①空间布局：分别在源头区及两岸的陡坡地区进行集中连片的全坡面保护，主干流两侧及坡度平缓地区以带网结合的形式进行保护，从而形成片带网有机结合的水源涵养林体系。

②主要技术环节：包括天然林保护、封山育林、人工造林更新及三者的有机结合。凡划归水源涵养林体系建设及治理类型的森林，其经营目的都要以增强蓄水保土功能为目标，禁止一切削弱这一功能的经营活动。

③天然林保护与封山育林：滇西北高山地区气候条件较为恶劣，山高坡陡，应因地制宜地采取封禁或封育措施，加快森林植被的恢复。

④造林更新：模式区内的宜林荒山和退耕还林地，都应按照水源涵养林的建设要求进行人工造林更新。为提高森林植物层（包括乔木层、灌木层和草本层）的拦截降雨能力，提高森林土壤层的蓄水能力，增强森林的水源涵养能力，造林更新必须注意保护植被、保持水土，尽一切可能防止新增水土流失。

树种及其配置：要求选择生长比较迅速、根系发达、保水改土性能好的树种。在 3 000 米以上的亚高山地区可选择高山栎、黄背栎、山杨、桦木（白桦、红桦）等阔叶树种和云杉、苍山冷杉、大果红杉、高山松等针叶树种，灌木选择沙棘等。可根据适地适树的原则及原有植被状况，

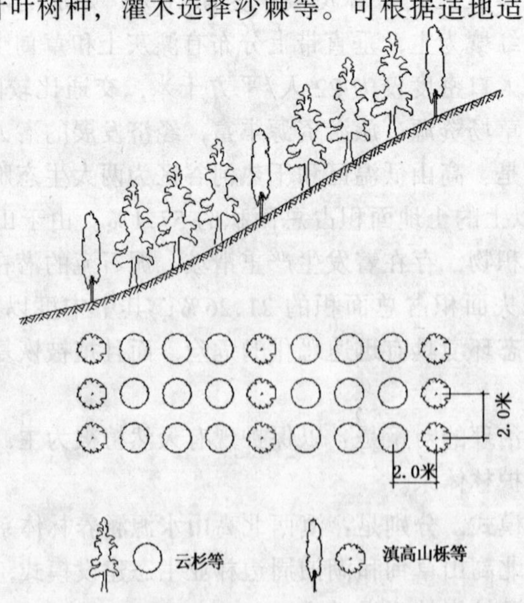

图 B2-3-1　滇西北高山水源涵养林体系建设模式图

营造纯林或混交林。草地和退耕地进行块状或带状针阔混交；对有灌木林、箭竹林或阔叶林等原生植被的林地，补植针叶或阔叶树种。

苗木培育：阔叶树种，采用常规方法培育1年生苗；针叶树，用常规方法培育2年生容器苗。也可应用先进的工厂化育苗技术培育容器苗。

造林技术：采伐迹地，进行带状清林、穴状整地，清林带宽10米，保留带宽5～10米；草地或退耕地，采用常规方法营建针阔叶混交林，混交比为针7阔3，株行距为2.0米×2.0米或3.0米×2.0米。

幼林抚育：适时清除影响苗木生长的灌木和箭竹。

(4) 模式成效

本模式自1987年推广应用以来，人工更新水源涵养林的成活率达85%～98%，保存率达80%～93%，实现了一次更新成功，对于加快当地森林植被的恢复进度发挥了重要作用，已取得了明显的生态效益和社会效益，并因此而获云南省科技进步奖。

(5) 适宜推广区域

本模式适宜在金沙江、澜沧江、怒江各支流源头海拔2 500～4 000米的高山地带推广。

【模式 B2-3-2】 滇西北高山封育结合植被恢复模式

(1) 立地条件特征

模式区位于云南省中甸县的高山与河谷地带，位置偏僻，人烟稀少，人类活动不频繁。但生态环境脆弱，发生山地灾害和水土流失的潜在危险性较大，植被一旦经人为或自然因素破坏以后极难恢复，造林难度大。

(2) 治理技术思路

当地生态极为脆弱和严重退化，应采取严格封禁和保护措施，让其自然恢复。同时在部分地区采取一定的人为辅助措施，加速植被恢复。

(3) 技术要点及配套措施

①草场保护：保护现有草场，避免草场退化形成新的砂砾化、石砾化山地。

②封禁恢复：对于树木线附近的高山地区，由于森林火灾造成树木线下降的地区，尤需禁伐、禁牧，保护残留林木，促进植被自然恢复；而对于干旱和半干旱的河谷陡坡地带，同样应以封禁为主，促进以次生灌木林为主的植被自然恢复，防止地表的进一步破坏及发生崩塌、滑坡等山地灾害。

③人工补植：对一些大坡面的封禁地，为加速植被恢复，可以在条件较好的地段，如较平坦、低凹、土层较厚的地段，采取带状人工补植措施，创造较为优越的小环境，促进植被的自然恢复。高山可以选植高山松、大果红杉、花楸等树种；干旱半干旱河谷区，可以选择苦刺（白刺花）、羊蹄甲、小石积、牡荆、仙人掌等进行补植。带间距及种植带宽度可视具体情况而定。

(4) 模式成效

本模式在滇西北采伐迹地更新中已广泛应用，促进了植被恢复进程，增强了金沙江、澜沧江等几大江河上游森林的水源涵养功能。

(5) 适宜推广区域

本模式适宜在滇西北树木线附近森林植被被破坏的地区以及干旱、半干旱且坡度陡峻难于造林的河谷地区推广。

【模式 B2-3-3】　滇西北高山草甸和湖泊周边林业生态建设模式

(1) 立地条件特征

本模式源自云南省的碧塔海，位于滇西北高山地区、亚高山草甸、湿地（沼泽地）、高原湖泊周围的宜林地、灌木林、疏林等地段。地貌属高原面或盆周山地，海拔一般 3 000～4 000 米，气候温凉湿润，年平均气温一般不足 8℃，年降水量 500～1 300 毫米，且集中在 6～9 月份。

(2) 治理技术思路

高山、亚高山地区的草甸、湿地、湖泊周围的宜林地、灌木林地和疏林地，既是湖周的水源地、黑颈鹤等野生鸟类的栖息地，具有重要的生态旅游价值，同时也发挥着保护牧场和农地的作用，生态地位十分重要。因此，这一地区的生态环境整治与区域经济发展以及群众的生产生活关系非常密切，应该采取集约度相对较高的方式，根据具体治理地段和森林的功能，采取不同的综合治理措施组合。

(3) 技术要点及配套措施

①空间布局：将草甸、湿地、城镇作为一个由河流、廊道连接起来的自然社会复合系统，根据模式区各组分的生态区位和社会经济功能，综合布置林业生态建设与治理措施。草甸，主要是在护牧林带的保护下改良草地，建设人工草场，为畜牧业的发展创造良好的生态条件；湖泊周围，主要是通过封造结合，封育灌木次生林，建设栖息地保护林带和景观林；河岸，主要配置护岸林，防治河岸冲刷；城镇周边，布置建设农田防护林网和景观林带。最终形成一个带片网结合的、集保护、防护与景观功能于一体的林业生态屏障。

②林牧结合：

林带配置：一是结合人工草场建设、沙棘的经济开发利用，营造林草结合的沙棘园，改良土壤，促进牧草生长，并集约经营沙棘园；二是根据草场大小，在草场及其周边营造带宽10～30 米、带间距 200～300 米的护牧林带，改善牧场的生态环境，并结合草场改造，逐步提高草场质量。

造林技术：沙棘，实生苗或扦插苗造林，株行距 4.0 米×5.0 米；护牧林带，主要采用杨树(滇杨、川杨等)、白桦、丽江红杉、油麦吊云杉、柳树等树种，株行距 2.0 米×2.0 米或2.0 米×1.5 米，此后每年对林带进行适当的抚育和补植。

③封造结合：

封山育林：主要对湿地周围的灌木次生林实行保护性封山育林，使之逐步恢复为乔灌结合的复层林，增加生境类型，促进鸟类的栖息与繁衍。

林带建设：在湿地周围的荒山或宜林地，营造乔灌结合的湿地保护林带，带宽 50 米以上，也可采取不规则的林片、林带结合布局。乔木树种，可选择云杉、大果红杉、白桦、槭树、柳树、花楸、杨树等；灌木树种，可选择滇丁香、中甸山楂、刺茶子、锦鸡儿、沙棘等。

④水源保护与景观建设相结合：高原湖泊周围及宽谷河沟两岸的河滩地带常常具有双重功能，一方面是水源和湖岸（河岸）的保护带，另一方面又是生态旅游区的游憩地带。因此，林业生态建设也要求同时满足这两个功能需求。

林带布局：河滩地，沿河岸 50 米以内营建护岸林带；湖泊周围山地，营造片林，防治水土流失；周边草地，不规则造林，以使形成林地、草地结合的自然景观。

造林技术：大苗造林。护岸林带，可选择杨树、沙棘、柳树等树种，营建纯林林带或杨树-沙棘混交林带，株行距 2.0 米×2.0 米或 2.0 米×3.0 米；湖周山地，选植大果红杉、云杉、红桦、白桦、槭树等，株行距 2.0 米×2.0 米或 2.0 米×1.5 米；湖周草地，选择白桦、槭树、花楸及沙棘、滇丁香、中甸山楂等灌木树种，株行距2.0米×2.0米。

管护措施：造林后3年内实施管护，防止牲畜践踏、啃食及人为破坏。

⑤廊道建设：在高原城镇周边的公路干线地区，结合城镇周围的农田防护林与道路绿化带，建设作为城市生态系统重要组成部分的绿色廊道。防护为主的林带，可选植杨树等速生树种；景观型林带，可以选植云杉、冷杉、大果红杉、大果圆柏、柳树等树种；也可营造景观建设与防护结合的混合式林带。带宽2～10米不等，视宜林地状况而定。株行距4.0米×2.0米或3.0米×1.5米。大苗造林为主，以加速发挥防护和绿化作用，同时也有利于防止人畜破坏。

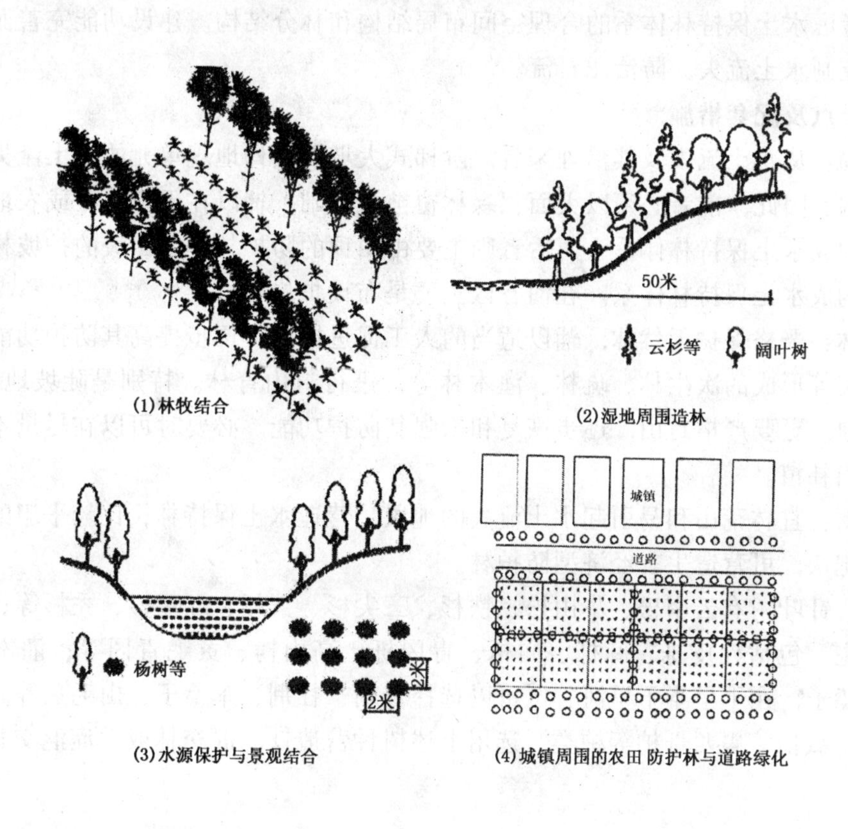

图 B2-3-3 滇西北高山草甸和湖泊周边林业生态建设模式图

(4) 模式成效

本模式通过植被建设措施有效地保护了牧场、农地、野生鸟类栖息地、湖周水源，促进了农牧业的发展，同时为生态旅游提供了优美的景观。

(5) 适宜推广区域

本模式适宜在亚高山地区的亚高山草甸、湿地（沼泽地）、高原湖泊周围的宜林地、灌木林、疏林等地段推广。

【模式 B2-3-4】 滇西北中山峡谷水土保持林体系建设模式

(1) 立地条件特征

模式区为云南省会泽县头塘小流域水土流失综合治理试验示范区。在海拔3 000米以下的中山、河谷相间地带，一般有两种主要地貌组合：一是直至河谷的大坡面或者是中间有些相对比较平坦地段的阶梯式大坡面结构；二是与中山盆地相连的坝山组合结构。根据地貌和气候差异又可进一步分为中山山地、中山盆地和河谷三种地貌单元，而河谷又有干热河谷和半干旱、半湿润河谷之分。境内气候温凉湿润，土层深厚，森林覆盖率较高，仅局部地段植被稀疏。由于地处山体径流的汇集区，海拔高度差异悬殊，坡面长而陡峭，因而也是滇西北高山峡谷亚区中最主要的土壤侵蚀区和泥石流危险区。

(2) 治理技术思路

模式区植被条件虽然较好，但受地形等因子影响，植被稀疏的局部地区水土流失严重，甚至发生石砾化或泥石流。因此，应结合天然林保护、陡坡地退耕还林、封山育林及水土保持林营造等措施，综合考虑水土保持林体系的合理空间布局结构和林分结构，建设功能完善而强大的水土保持林体系，控制水土流失，防治泥石流。

(3) 技术要点及配套措施

①体系布局：从水土流失及其治理来看，阶梯式大坡面结构地貌单元的水土流失危险性远大于坝山组合结构。因此，前者必须以大面积森林覆被为基础，辅以在平坦地区或农地周围营建水土保持林带，构成水土保持林体系；而后者则主要由山顶的防护林带、山坡的护坡林带与坝区的农田防护林带构成水土保持林体系。在河谷区主要是布设护岸林。

②封山育林：严格保护天然林，辅以适当的人工促进措施，逐步提高其防护功能。对于由于人为砍伐、火灾等形成的次生林、疏林、灌木林等，进行封山育林。特别是陡坡地带的次生林、疏林和灌木林地，更要严格封山，逐步恢复和增强其防护功能。必要时可以在尽量不破坏表土的情况下进行适当补植。

③造林更新：宜林荒山和易引起水土流失的地段，营造水土保持林；比较平坦的地段、坝山部，土壤比较肥沃，可营造生态经济型防护林。

混交类型：针叶树有云南松、华山松、铁杉、三尖杉、黄杉、红豆杉、秃杉等；阔叶树以旱冬瓜和栎类为主，包括栓皮栎、麻栎、槲栎、青冈栎、高山栲、黄毛青冈等；灌木可以选择马桑、胡颓子、榛子，在干旱半干旱河谷区可以选择苦刺、牡荆、车桑子、山毛豆等。在石质岩地区选择冲天柏、藏柏、墨西哥柏等柏类。选用上述树种营造针阔混交林或乔灌混交林，常用的混

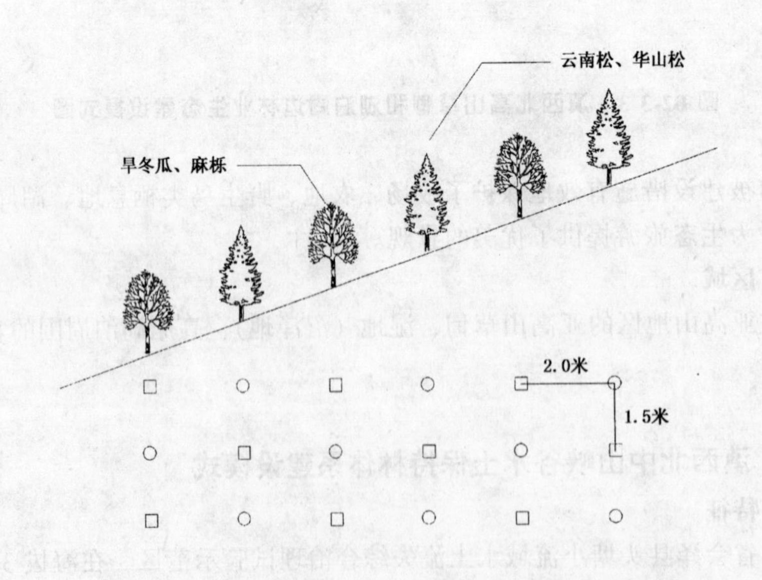

图 B2-3-4　滇西北中山峡谷水土保持林体系建设模式图

交类型有旱冬瓜与云南松、华山松混交，栓皮栎（麻栎、槲栎）与云南松混交，黄毛青冈与云南松混交等。行间混交或株间混交，株行距1.5米×2.0米或2.0米×2.0米。

林种配置：采薪型水土保持林，以栓皮栎或麻栎等为主要造林树种，海拔2 000米左右的村庄附近可以选植银荆（圣诞树）；经济型水土保持林，在进行非全垦型种植的基础上再配置生物埂或防护林带，生物埂选择花椒、青刺尖等灌木树种。防护林带选择核桃、板栗等树种。等高带状配置，株距1.5米×1.5米。

（4）模式成效

本模式通过采取多树种、多林种合理配置，封、育、造综合治理等措施，可有效减少水土流失，防治泥石流，同时提高农民的经济收入。模式成果曾获云南省科技进步二等奖。

（5）适宜推广区域

本模式适宜在金沙江流域的中山峡谷区推广。

【模式B2-3-5】 滇西北江河护岸林建设模式

（1）立地条件特征

模式区位于金沙江支流源头沿江两侧的云南省丽江纳西族自治县金沙江石鼓段。气候垂直差异明显，山高坡陡，易受流水冲蚀，岸缘易崩塌，部分地段基岩裸露，土壤以新冲积上为主，植被毁坏严重。

（2）治理技术思路

在河谷两侧选择生长快、耐水湿、抗冲效果好的树种营造护岸林。易受流水冲蚀、常出现崩塌的地段，辅以工程措施。

（3）技术要点及配套措施

①树种及其配置：主要树种为滇杨、垂柳、枫杨、慈竹、水杉、马桑等。乔灌或乔竹混交，沿河岸两侧各配置5～10行。

②造林技术措施：在江河沿岸水湿条件较好的地段穴状整地，规格60厘米×60厘米×40厘米。用容器苗于冬、春季造林，株行距为2.0米×3.0米。针、阔叶树容器苗的高度要求为分别达到25厘米和40厘米以上。造林后应对幼林连续抚育3年，主要内容为松根、培土、铲除杂草以及禁止人畜破坏。

③配套措施：在易坍塌或冲塌的地段修筑挡墙、排水沟或淤洪坝，工程措施与生物措施相结合，综合治理。

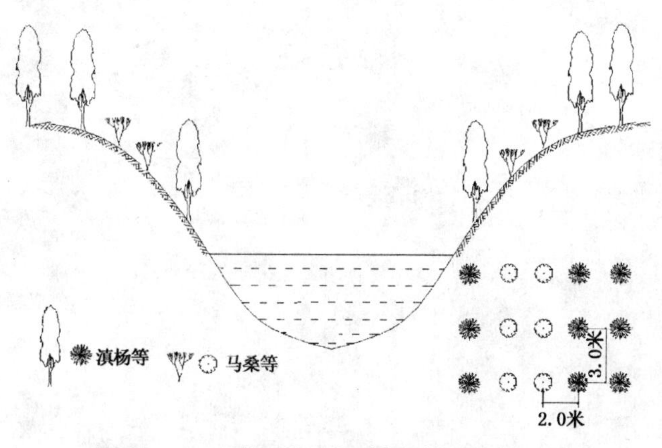

图B2-3-5 滇西北江河护岸林建设模式图

(4) 模式成效

本模式在工程措施的配合下，选择抗冲刷能力强的深根性树种进行造林，能够很好地防治河水对堤岸的冲刷。

(5) 适宜推广区域

本模式适宜在金沙江上游江河沿岸推广。

第 10 章

云贵高原类型区(B3)

本类型区西至中缅边界，东达贵州省雷公山，北至四川省大相岭，南抵云南省南盘江及贵州省南界。地理位置介于东经98°36′6″～109°34′44″，北纬23°55′41″～29°45′39″。包括云南省大理白族自治州、丽江地区、楚雄彝族自治州、昆明市、昭通地区、曲靖市、保山市、玉溪市、临沧地区、思茅地区，四川省凉山彝族自治州、攀枝花市、雅安市，贵州省遵义市、铜仁地区、贵阳市、毕节地区、黔南布依族苗族自治州、安照市、黔西南布依族苗族自治州等20个市（地区、州）的全部或部分地区，总面积384 349平方千米。

本类型区的地貌为经流水侵蚀的高原，夷平面辽阔，以山地高原为主，全境北高南低，北部平均海拔超过2 000米，南部下降到1 500米。由于镶嵌着南北向的构造断陷湖盆，形成众多大小不等的宽谷坝子。中亚热带气候，冬无严寒，夏无酷暑，干湿分明，区域间变化明显。川西南山地年平均气温10～20℃，年降水量700～1 200毫米，5～9月份为雨季，占全年降水量的90％以上，相对湿度为60％～70％，无霜期220～300天。滇东北南部山地的年平均气温12～13℃，年降水量800～1 000毫米，年平均相对湿度小于75％。黔西高原年平均气温10.5～13.5℃，≥10℃年积温2 500～4 500℃，年降水量为1 000～1 200毫米。滇中高原年平均气温13～16℃，≥10℃年积温3 000～5 500℃，年降水量800～1 000毫米。森林土壤为红壤、黄棕壤。主要植被类型为云南松林、华山松林、半湿性常绿阔叶林以及干热河谷稀树灌丛等。

云贵高原为新构造运动强烈抬升的高原，由于剥蚀、侵蚀、溶蚀等的作用，加上人类不合理的开发，特别是对森林植被的破坏，造成了严重的水土流失和滑坡、泥石流，成为金沙江泥沙的主要来源之一，同时由于气候和植被的特点，又是一个森林火灾的高险区域。

因此，本类型区林业生态建设与治理的主攻方向是：保护好现有森林植被，采用飞播造林、人工造林和封山育林等多种措施，加速荒山的绿化和退耕还林工作，同时在滑坡、泥石流危害严重的区域造林时，要采用工程配套措施进行综合治理。

本类型区共分7个亚区，分别是：滇中高原西部高中山峡谷亚区，川西南中山山地亚区，滇中高原湖盆山地亚区，滇北干热河谷亚区，金沙江下游中低山切割山塬亚区，黔西喀斯特高原山地亚区，黔中喀斯特山塬亚区。

一、滇中高原西部高中山峡谷亚区（B3-1）

本亚区位于云南省中西部，处于青藏高原向云南高原的过渡地带。地理位置介于东经100°22′35″～102°8′6″，北纬25°23′22″～27°0′22″。包括云南省大理白族自治州的鹤庆县，丽江地区的永胜县、华坪县，楚雄彝族自治州的永仁县等4个县的全部，以及云南省大理白族自治州的宾川县、祥云县的部分地区，面积15 309平方千米。

本亚区差异抬升和断裂作用比较强烈，山地、平坝、河谷相间排列。海拔高度差异悬殊，最高山峰超过3 657米，最低1 300米左右；平均海拔2 000～2 400米，大部分地区在2 000米左右，并形成1 000～1 200米、1 800～2 100米两个梯级面，许多地方具有保存较好的高原面，形成深切割中山与盆地、阶地相结合的地貌。跨南亚热带、亚热带、温带、寒温带等四个气候带，各气候带的面积比分别为：南亚热带6.60%，中、北亚热带36.34%，温带52.31%，寒温带4.75%。土壤成土母质为各类石灰岩、砂岩、页岩及玄武岩等的风化物。红壤和紫色土为本亚区的主要土壤类型，常绿阔叶林地段分布有棕壤，干热河谷分布有燥红土。森林覆盖率26.2%，加上疏林和灌木林后高达50%以上。半湿性常绿阔叶林是本亚区的地带性森林类型，但由于人为干扰破坏的结果，常绿阔叶林已经很少，且大多数属次生性和萌生性林分，大部分已演替为云南松林，林地生产力较低。

本亚区热量比较丰富，人口相对集中，人口压力较大，陡坡耕地较多，由此导致的主要生态问题是：生态保护与资源开发以及农林矛盾比较突出，生态环境恶化，水土流失严重。

本亚区林业生态建设与治理的对策是：以保护和恢复森林植被为重点，先易后难，逐步扩大林草覆盖，控制水土流失。退耕还林，在保护、恢复植被的同时，兼顾区域社会经济发展和人民群众生产生活需要，多林种、多树种科学配置，林农、林牧、林果等多方向相结合，促进本区资源和经济的良性循环发展。

本亚区共收录3个典型模式，分别是：滇中高原高中山水源涵养林体系建设模式，滇中高原退耕还林还草恢复植被模式，滇中高原切割山地水土流失治理模式。

【模式B3-1-1】　滇中高原高中山水源涵养林体系建设模式

（1）立地条件特征

模式区位于云南省永仁县的高中山区。年降水量较少，一般在800毫米左右，且90%集中在雨季。紫红色砂页岩分布较广，抗冲蚀能力弱，加之地形起伏较大，河谷狭窄、坡度陡峭，水土流失较为严重，自然条件十分恶劣。植被垂直差异明显，分布多样化。

（2）治理技术思路

在保护现有植被的基础上，遵循因地制宜、适地适树、发展近自然林业的原则，采取封山或人工促进封山育林、人工造林等方式，恢复形成乔、灌、草相结合的稳定、高效的水源涵养林，以提高森林蓄水保土、调节水源、稳定河床的能力。

（3）技术要点及配套措施

根据具体条件采取全封、半封或轮封的方式封山育林，配合人工促进天然更新措施育林。在荒山、植被稀疏的地段进行人工造林。

①树草种选择：选择生长迅速、根系发达、耐干旱瘠薄、水源涵养功能强、有一定经济价值的乔灌木和草本植物。乔木树种主要有云南松、华山松、旱冬瓜、圣诞树、滇杨、山杨、栎类、高山栲、黄毛青冈等；灌木树种有马桑、胡颓子、滇榛等；草种有黑麦草、百喜草、香根草等。

②整地：水平阶、穴状整地，栽植穴的规格为40厘米×40厘米×40厘米。更新造林季节选择在夏季（雨季）。造林后连续抚育3年，主要内容为穴周松土除草及培土，修复被冲坏的水平阶增强蓄水保土能力，并适时进行补植。

③混交林营建：营造乔灌、乔草、灌草或乔灌草结合的混交林。常用的混交方式有云南松、华山松与旱冬瓜混交，云南松与栎类混交，云南松与黄毛青冈混交，松类与马桑等进行乔灌或乔

灌草混交。山地造林时，根据小地形和立地条件的变化，采用不规则的块状混交，块状面积应稍大，主要树种的比例应不少于 50%，株行距 2.0 米×1.5 米；初植时伴生树种所占比例应为 25%～50%，株行距 2.0 米×2.0 米。

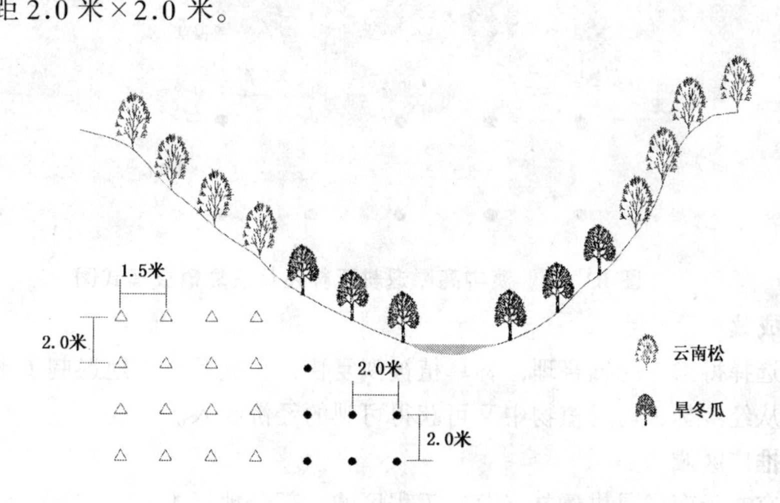

图 B3-1-1 滇中高原高中山水源涵养林体系建设模式图

（4）模式成效

经过封山育林、人工造林，林草植被得以逐步恢复，增强了蓄水保土的功能，改良了土壤结构，提高了土地生产力。

（5）适宜推广区域

本模式适宜在滇中高原高中山峡谷区推广。

【模式 B3-1-2】 滇中高原退耕还林还草恢复植被模式

（1）立地条件特征

模式区位于云南省鹤庆县，境内陡坡耕地比重较大，人均占有耕地较少，水土流失较为严重，且潜在危险性较大，是国家退耕还林的重点县。

（2）治理技术思路

首先对大于 25 度的坡耕地停止耕种，按照生态建设与农村产业结构调整相结合的原则，根据当地的实际情况，林草、林灌、林药相结合，配合封禁管护措施，有组织、有步骤地进行人工造林和封山育林，逐步恢复森林植被。

（3）技术要点及配套措施

①树（草）种选择：本着因地制宜、适地适树的原则，防护型树种主要选云南松、华山松、旱（水）冬瓜、柏木、杉木、圣诞树及栎类；草（药）种主要为黑麦草、香根草、百喜草、龙须草、苜蓿、黄连、山药等。

②林草结合：在林下种植灌草，造林株行距 1.5 米×1.5 米或 2.0 米×2.0 米，维持林分郁闭度为 0.6～0.8；也可林草带状相间配置，林带宽度 30～50 米，间隔灌草带宽 20～30 米。使用 10%的草甘膦和 20%的百草枯，消除和防止杂草生长。

③林药结合：一种林下种植具有药用价值的灌草植物的方式，特别适宜在人多地少的退耕还林还草区应用。选择适宜耐阴且药用价值较高的品种，控制适宜的株行距（1.5 米×2.5 米）和林分郁闭度（0.5～0.7），以保证林内光照和便于药材种植。及时除草和施肥，具体的数量和频度根据林、药材的品种和立地条件而定。

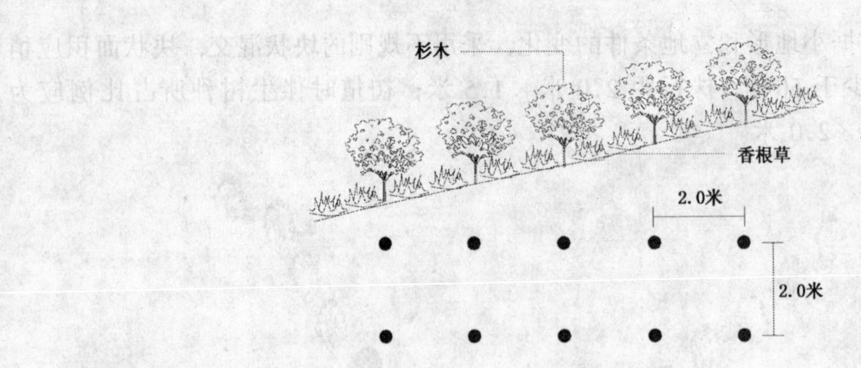

图 B3-1-2　滇中高原退耕还林还草恢复植被模式图

(4) 模式成效

由于树种选择得当，配置合理，林草植被恢复快，实施后有效地遏制了水土流失，保护了基本农田，同时从经济林、药用植物中又可获得可观的经济收入。

(5) 适宜推广区域

本模式适宜在云南省退耕还林（草）工程区的大部分地区推广。

【模式 B3-1-3】　滇中高原切割山地水土流失治理模式

(1) 立地条件特征

模式区位于云南省永仁县，地处滇中北高原，属金沙江流域。由于金沙江水系下切剧烈，南北向断裂发达，促进了高原面的解体，区内地势起伏较大，土壤冲刷较为严重，保水能力较差，是金沙江流域侵蚀较为严重的地段。

(2) 治理技术思路

从汇水的源头开始治理，造林与封育相结合，建设乔、灌、草复层混交的水土保持和水源涵养林，并辅以必要的水土保持工程措施，有效抑制水土流失。

(3) 技术要点及配套措施

① 封山育林：在人烟稀少、具有天然下种更新能力或萌蘖能力的采伐迹地，以及经抚育有望成林的地块，采取封山育林措施，逐步恢复植被。

② 更新造林：

树种选择：山上部适宜的主要树种有云杉、旱冬瓜、山杨、麻栎、栓皮栎、马桑、胡颓子等；山中下部适宜的主要树（草）种有云南松、华山松、圆柏、柳杉、桉树、相思、黑荆、圣诞树、水冬瓜、旱冬瓜、刺槐、滇杨、马桑、胡颓子、黑麦草、百喜草、香根草等。

配置方式：针阔混交且适当配置草种，形成乔灌草结合的复层混交结构。行状或块状混交，主要的混交林方式有：松-栎、松-桤、桤-柏、桉树-黑荆（或圣诞树）、松树-圣诞树（或旱冬瓜）、松树-马桑等。针叶树种的株行距一般为 1.5 米×1.5 米，阔叶树种的株行距一般为 2.0 米×2.0 米。

造林技术：苗木选用国标规定的Ⅰ、Ⅱ级容器苗。整地一般在旱季进行，可采用穴状、鱼鳞坑、反坡阶等方式，具体规格为，穴状 40 厘米×40 厘米×40 厘米；半圆形鱼鳞坑，规格为 40 厘米×30 厘米×40 厘米；弯月形土、石埂，规格为 40 厘米×40 厘米×30 厘米。挖坑合格后，将表土回到穴中。7~8 月份雨季过后定植，随起苗随栽植，要求苗正根直，分层填土，踏实。

③配套措施：在水土流失严重、易坍塌的地段，设置截流沟、谷坊、挡墙等水土保持工程措

施；在沟头侵蚀区营建防护林（草）带。

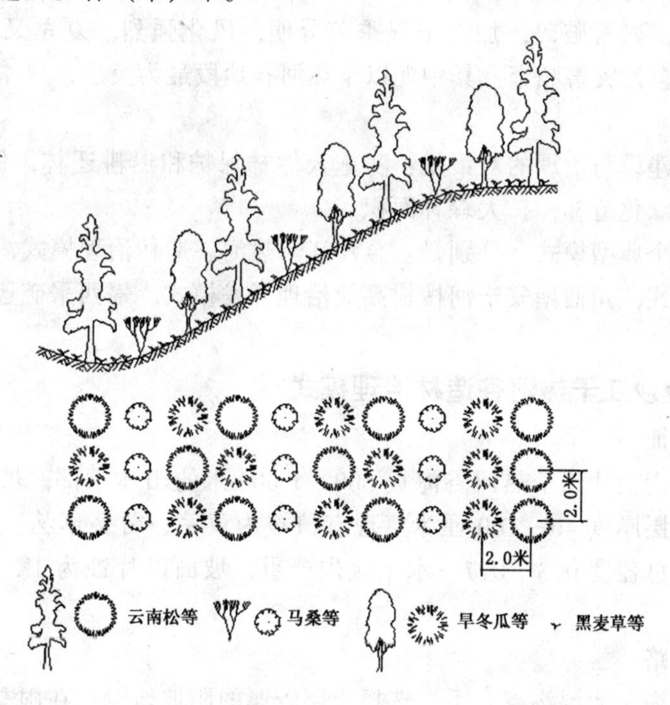

图 B3-1-3 滇中高原切割山地水土流失治理模式图

(4) 模式成效

本模式通过封山育林，多树种、多林种人工造林以及配套水土保持工程措施，有效地减少了水土流失和防止了泥石流的发生，是治理高原切割山地水土流失的有效模式。

(5) 适宜推广区域

本模式适宜在金沙江流域中段以及滇中高原切割山地推广应用。

二、川西南中山山地亚区（B3-2）

本亚区地处云贵高原的西北缘，西北高、东南低，山高谷深，南北并列。地理位置介于东经100°48′36″～103°52′5″，北纬26°6′46″～29°45′39″。包括四川省凉山彝族自治州的西昌市、会东县、会理县、宁南县、盐源县、德昌县、普格县、布拖县、金阳县、喜德县、昭觉县、冕宁县、越西县、甘洛县、美姑县、雷波县，攀枝花市的东区、西区、仁和区、盐边县、米易县，雅安市的石棉县、汉源县等23个县（市、区）的全部，面积58 570平方千米。

本亚区山地面积占70%以上，以中山地貌为主，海拔高度一般为1 700～3 000米，个别山峰超过4 000米，金沙江河谷的海拔仅480米。本亚区的气候受西风南支急流和西南季风的交替控制，具有冬季气温高，夏季不炎热，日照充足，垂直差异大和干湿季节分明的特点。年降水量900～1 200毫米，90%集中在6～10月份，有从11月至翌年5月长达半年的旱季。在河谷地段，因焚风效应形成干热河谷气候。在复杂地形和巨大高差的影响下，土壤和植被表现出极显著的垂直差异。海拔1 600米以下的干热河谷土壤除东部地区为山地黄棕壤外其余均为山地红壤和山地红棕壤，阴坡或半阴坡分布以高山栲、多变石栎、滇青冈为优势树种的偏干性常绿阔叶林，3 000米以下的阳坡为云南松或松栎混交林所占据；海拔2 800～3 200米间分布有山地针阔混交林，主要发育山地暗棕壤；3 000～3 800米为以川滇冷杉、油麦吊杉、丽江云杉、长苞冷杉为建群树种的常绿阔叶林；海拔3 800米以上，亚高山灌丛草甸和高山灌丛草甸分布广阔。

本亚区地势陡峻，岩石破碎，加之干湿季节分明，风化强烈，夏季又多暴雨，水土流失严重，山洪、泥石流等自然灾害频繁，其中尤以干热河谷地段最为突出，旱季长、气温高，易发生森林火灾。

本亚区林业生态建设与治理的对策是：实施天然林保护和退耕还林，保护好现有森林植被，加快荒山和干热河谷绿化造林，扩大森林面积。

本亚区共收录4个典型模式，分别是：金沙江干热河谷造林治理模式，金沙江干热河谷石质瘠薄山地造林治理模式，川西南安宁河桉树高效治理开发模式，攀西采矿迹地植被恢复模式。

【模式 B3-2-1】　金沙江干热河谷造林治理模式

(1) 立地条件特征

模式区位于川西南金沙江干热河谷海拔500～1 600米的山体下部，坡度大于5度，主要土壤为山地燥红土，土层厚度40～100厘米。现有植被为黄茅、白茅草丛、仙人掌灌丛以及余甘子、木棉稀树灌丛，总盖度0.3～0.7。水土流失严重，坡面以片蚀为主，局部有沟蚀，常与冲沟或泥石流沟相连。

(2) 治理技术思路

先从坡面上的宅旁及阴湿沟谷入手，选择土层较厚的阴坡地段，在雨季用容器苗造林，再先易后难地逐步扩大治理范围；为固土稳坡，防止坡面侵蚀，对坡下的冲沟及泥石流沟配套水土保持工程措施，沟坡兼治，综合治理。

(3) 技术要点及配套措施

①造林措施：主要造林树种为新银合欢、余甘子，带状或块状混交。造林前1年雨季结束时穴状整地，用百日营养袋苗雨季造林。新银合欢的株行距为2.0米×2.0米，余甘子的株行距为1.5米×2.0米，三角形配置。

②配套措施：

"稳"：在坡面上造林，固土稳坡，防止坡面侵蚀的基础上，在冲沟中采用谷坊群稳定沟岸，防止河床下切；对滑坡进行截流、排水，用工程手段稳固坡脚，防止水体的渗透侵蚀和坡体下滑。

"拦"：在主沟床内选择有利地形构筑拦沙坝，拦蓄泥沙，减缓沟床纵坡，提高侵蚀基准面，

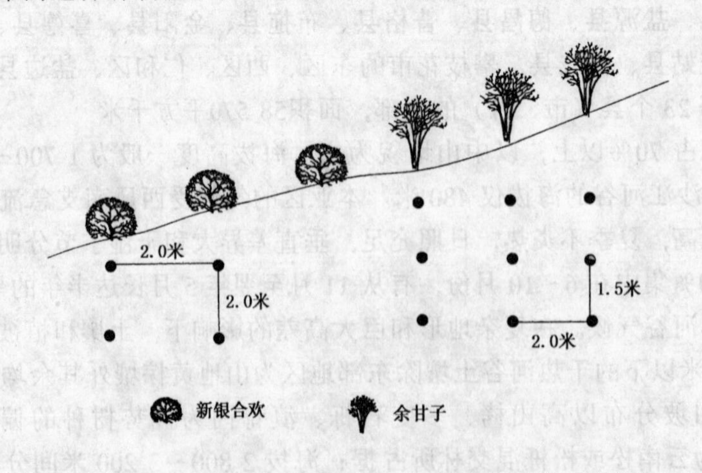

图 B3-2-1　金沙江干热河谷造林治理模式图

稳住坡脚。

"排"：在主河道或泥石流洪积扇上，修建排洪道或导流堤，以排泄洪水或泥石流，达到分离水、土的目的。

(4) 模式成效

新银合欢、余甘子等树种是干旱河谷造林、植被恢复的主要树种。这些树种除了造林绿化、防蚀保土、改良土壤外，还可以提供用材、薪柴、饲料和饮料原料。模式针对区内滑坡和泥石流多发的特征，采取相应的配套工程措施，把治山、治水、治沟紧密结合起来，可较快地遏制干热河谷生态环境的急速退化。

(5) 适宜推广区域

本模式适宜在滇北、攀西等地的干热河谷地段推广应用。

【模式 B3-2-2】 金沙江干热河谷石质瘠薄山地造林治理模式

(1) 立地条件特征

模式区位于四川省攀枝花市境内海拔 500～1 500 米的地带。区内有较多的岩石裸露山地、卵石滩地以及碎石含量较高的公路边坡，土层浅薄、干旱、贫瘠，草灌稀少，盖度极小，水土流失严重。

(2) 治理技术思路

在高温、土壤水分亏缺等人工造林与植被天然恢复极为困难的地段，选择剑麻作为先锋植物进行造林，待生境改善后，再栽植乔木、灌木树种，逐步促进植被的恢复进程。

(3) 技术要点及配套措施

①剑麻的栽培：剑麻的繁殖方式包括抹芽、钻心、挖心破头、钻心破头、钻心剥叶等 4 种无性繁殖方法。剑麻一年四季均可定植，但以雨季前气温高于 15℃的 3～5 月份为最宜。剑麻的种植密度一般为每亩 250～330 株，双行栽植为好。造林时应采用地膜覆盖或利用保水剂减少地面蒸发。土壤特别瘠薄的地方，应客土造林。

种植剑麻 7～10 年以上，生境得到初步改善以后，可适当配置一些乔木，如新银合欢、余甘子、小桐子、车桑子等。

②车桑子的栽培：造林前块状或等高带状整地，块状整地的规格为 30 厘米×30 厘米×30 厘米，带状整地的规格为 40 厘米×30 厘米。一般在雨季开始前的半个月，即 5 月份左右人工点播造林，每穴 5～10 粒。株行距 1.0 米×1.0 米，每亩 666 株。

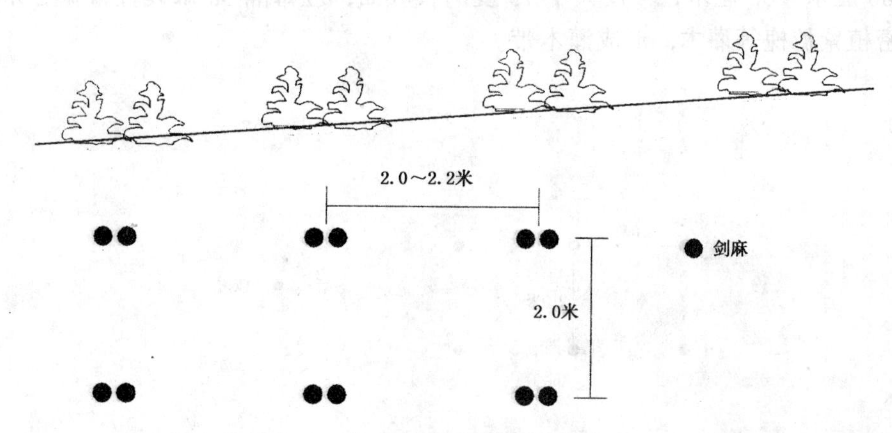

图 B3-2-2　金沙江干热河谷石质瘠薄山地造林治理模式图

(4) 模式成效

多年实践证明，剑麻、车桑子、山毛豆是干热河谷地带植被恢复的先锋灌木树种，对加快干热河谷地区立地条件较差的荒山和侵蚀沟的绿化成效极佳。而且，剑麻根系发达，产叶多，涵养水源和保持水土能力强，纤维质粗硬，含量高，经济价值高，是重要的工业原料。

(5) 适宜推广区域

本模式适宜在长江上游干热河谷区及滇中高原北部地区推广应用。

【模式 B3-2-3】　川西南安宁河桉树高效治理开发模式

(1) 立地条件特征

模式区位于四川省西南部海拔 1 600～2 000 米的山地，区内半阳半阴低山缓坡、台地上的土壤多为中厚层以上的山地红壤，微酸性，非常适合桉树生长。

(2) 治理技术思路

采用"山上建基地，山下办工厂，山外找市场"的整体开发治理思路，即先建立桉树原料基地，然后建立加工厂，以加工利用带动荒山造林。同时，积极在山外寻找销售市场，形成林工贸一体化、产供销一条龙的综合开发治理体系。

(3) 技术要点及配套措施

①主要造林树种：

直干蓝桉：生长快、萌蘖力强、树干通直、枝叶繁茂、材质好、纹理直、结构细、纤维长。叶和小枝含桉叶油醇，出油率 1.5%～2.3%，产油量高，油质好，是医药型芳香油。

巨桉：生长迅速、树干通直饱满、自然整枝良好、伐桩萌蘖力强。栽植前 10 年，在适宜条件下，比其他任何一种按树都生长快。林木较轻软、易劈裂、质地粗糙、纹理通直，可广泛用于人造板、造纸，成熟木材广泛用于修建房屋。

赤桉：生长快，树干微变曲，根系发达且穿透力强、萌发力强、适应性强，木材结构致密、坚硬、抗白蚁，干材热值高，是优良的薪柴树种。

②主要造林技术：

育苗：容器育苗，100 天左右培育成苗高 20～30 厘米、地径 0.2～0.3 厘米的小苗。育苗时间应与造林季节衔接。

整地：坡度 20 度以上的坡面，需横山撩壕或大穴整地。撩壕的规格 60 厘米×70 厘米，大穴的规格为 60 厘米×60 厘米；坡度大于 15 度的长坡面，应每隔 50 米设置带宽 2 米的自然植被保护带，或密植紫穗槐等灌木，形成灌木带。

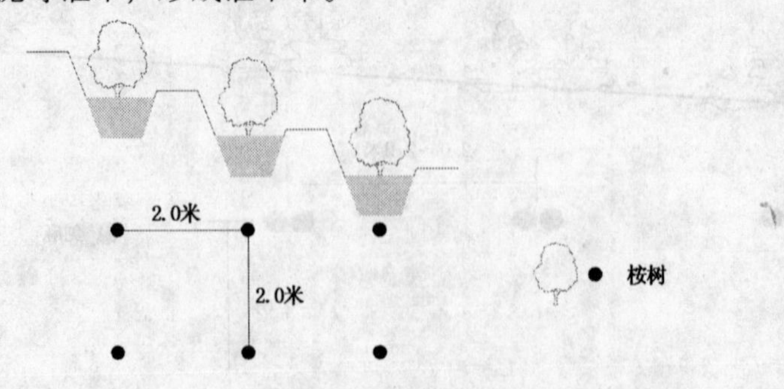

图 B3-2-3　川西南安宁河桉树高效治理开发模式图

造林：用小规格容器苗于雨季、春季或秋季栽植，株行距 2.0 米×2.0 米。造林第 1 年、第 2 年各施 1 次基肥，每穴施磷肥 200 克、渣肥 5 000 克、氮肥 25 克或复合肥 50 克。

幼林抚育：造林第 2 年秋天雨季停止后进行修枝叶，确保苗木渡过长达 5~7 个月的旱季。

③一体化开发利用：以叶为原料提炼桉叶油，同时，开发造纸、用材等功能，开展规模经营，基地建设和产业开发相结合，建立桉树高效开发利用体系。

(4) 模式成效

本模式按照综合开发治理思路，建立林工贸一体化、产供销一条龙体系，既能很好的保持水土，改善生态环境，又具有较高的经济效益，深受群众喜爱，有良好的市场开发利用前景。

(5) 适宜推广区域

本模式适宜在川西南山地及海拔 400～1 000 米的长江河谷地区，以及滇中高原北部海拔 1 500～2 200 米的地带推广。

【模式 B3-2-4】　攀西采矿迹地植被恢复模式

(1) 立地条件特征

模式区位于攀西地区。废弃的采矿（石）区一般光热条件、施工条件较好，但岩石裸露，坡度陡峻，几无土层、植被恢复的难度大。

(2) 治理技术思路

采取客土造林的方法，分区分类恢复植被。

(3) 技术要点及配套措施

①露天采矿区：适用于磷矿、铝矿等露天采矿区的植被恢复。将先期剥离物回填采空区后，覆盖表土。选择刺槐、紫穗槐和松类、栎类等抗逆性强、耐干旱、耐瘠薄、生长快的树种，营造人工混交林。

②露天采石区：人工点播、撒播或栽植乡土乔灌木树种和草种，形成乔、灌、草结合的多层次林分，加快植被恢复进程，有效控制水土流失。造林季节为春季，造林或播种前注意清除石块，灌足底水，促进生根发芽。植苗造林中，松类应采用营养袋育苗和菌根技术。对于一些人为活动频繁的露天采石区废弃地，需严格进行封育。

③采矿塌陷区：浅塌陷区的塌陷深度一般在 2 米以内，表土破坏程度轻微，可直接在浅塌陷区表土上种植乡土乔灌木树种和草种。塌陷深度在 2 米以上的深塌陷区，应首先把表土剥离后运到塌陷区外，单独堆放，然后将矿区内的固体废弃物如矿渣、粉煤灰等填入塌陷区，最后再将剥离表土运回，覆盖在塌陷区表层上，使之成为可利用的土地，然后造林绿化。绿化树种可选择当地耐干旱、抗逆性强的乡土乔灌木树种。也可先种植豆科草类，然后种植林木。

④难风化矿（石）渣库区：在难风化的矿（石）渣倾倒的沟谷，采取修建拦挡库坝等工程措施，保证矿（石）渣库的稳定。覆盖客土后点播、撒播草种或种植绿肥植物。

⑤配套措施：对采矿（石）区要加强执法，严格执行《森林法》和《水土保持法》的有关规定，加强矿（石）区的植被保护、恢复及水土保持工作，及时编报并实施水土保持方案。

(4) 模式成效

本模式采取客土造林的方法，能有效防治采石和采矿引起的水土流失，同时能尽快恢复露天采矿采石区已废弃土地的植被，美化环境。

(5) 适宜推广区域

本模式也适宜在三峡库区及长江上游各矿区推广应用。

三、滇中高原湖盆山地亚区（B3-3）

本亚区位于云南中部的滇中高原，地处南北江河的分水地带，北部为金沙江流域，南部为元江、南盘江、怒江、澜沧江流域。地理位置介于东经98°36′6″～105°6′12″；北纬23°55′41″～27°2′41″。包括云南省昆明市的盘龙区、五华区、官渡区、西山区、富民县、安宁市、呈贡县、宜良县、晋宁县、寻甸回族彝族自治县、石林彝族自治县、嵩明县，大理白族自治州的大理市、洱源县、弥渡县、永平县、漾濞彝族自治县、巍山彝族回族自治县、南涧彝族自治县，保山市的隆阳区、腾冲县，楚雄彝族自治州的楚雄市、大姚县、姚安县、牟定县、南华县、禄丰县、双柏县，玉溪市的红塔区、峨山彝族自治县、易门县、澄江县、江川县、通海县、华宁县，曲靖市的麒麟区、宣威市、富源县、马龙县、陆良县、沾益县等41个县（市、区）的全部，以及云南省昆明市的禄劝彝族苗族自治县，大理白族自治州的祥云县、宾川县，临沧地区的凤庆县，楚雄彝族自治州的武定县、元谋县，曲靖市的会泽县、罗平县、师宗县，保山市的昌宁县，思茅地区的景东彝族自治县等11个县的部分地区，面积108 266平方千米。区内城市和人口相对集中，经济也较为发达。

本亚区主要地貌为高原和山地，滇中高原是云南高原的主体部分，高原面保存比较完好，地势起伏和缓，湖盆区镶嵌着一系列南北向的构造湖泊盆地，经长期河湖泥沙沉积而形成宽广肥沃的坝子。除一些高耸山地和深切河谷外，绝大部分海拔在1 500～2 500米，山地坡度较为平缓，少数因差异抬升形成的山峰，海拔也多在3 000米以下，高差不大。典型亚热带季风高原气候，年降水量800～1 200毫米左右，干湿季分明，旱季降水量仅占10%～15%，冬春干旱比较突出；年平均气温12～16℃，≥10℃年积温3 000～5 500℃，热量条件除受水平气候带的影响外，还受海拔高度以及山体迎、背风坡面的影响，呈现出明显的水平区域性差异和垂直变异。半湿性常绿阔叶林为地带性森林植被，主要类型有滇石栎林、滇青冈林、黄毛青冈林和高山栲林等，另外还有部分分布在低海拔地带的锥连栎林、无背栎林和黄背栎林等硬叶栎林。主要出露地层为各类砂岩、石灰岩及第四纪沉积岩等。红壤及紫色土等主要土壤交错分布，垂直带上有黄棕壤及棕壤分布，并在母岩的影响下出现大面积的红色石灰土、紫色土等岩性土类。

本亚区的主要生态问题是：湖泊逐渐缩小、淤浅。广大山区、半山区水源缺乏，水利条件较差。森林开发较早，原始林破坏殆尽。地带性植被在长期反复的人为干扰破坏下首先演变成为常绿栎类与云南松的混交林，遭受进一步破坏后形成云南松纯林，林分质量严重退化，导致群众缺乏薪材。受母质的强烈影响，红色石灰土、紫色土等岩性土类肥力较差，颗粒大而疏松，易受冲刷，水土流失严重，生态环境恶化。

本亚区林业生态建设与治理的对策是：以营建水源涵养林、薪炭林为主，积极恢复植被，同时大力发展速生丰产林和经济林，保护分水岭地带和各支流源头的生态安全。

本亚区共收录6个典型模式，分别是：滇中高原湖盆山地飞播造林模式，滇中高原湖盆山地水土保持与水源涵养林建设模式，滇中高原山地小流域水土流失综合治理模式，滇中高原薪炭林营建及农村能源配套开发模式，滇中高原绿色通道建设模式，滇中高原城市郊区生态林建设模式。

【模式 B3-3-1】 滇中高原湖盆山地飞播造林模式

（1）立地条件特征

模式区位于云南省晋宁县，滇中高原湖盆山地地貌，海拔 1 600～2 200 米，山地土壤为红壤、棕壤，是云南松的适宜分布区域。天然植被盖度为 30%～70%，具有相对集中连片的宜林荒山荒地，适宜飞播造林。

（2）治理技术思路

云南松是云南省的主要针叶造林树种，生长迅速，适应性强，耐干旱瘠薄，天然更新容易，能飞播成林，既是荒山造林的先锋树种，也是我国大面积飞播造林获得成功的树种之一。利用飞播造林速度快、成本低、省劳力、效果好、不受地形限制等优势，在人烟稀少、荒山面积较大的边远山区飞播造林，加快荒山绿化步伐。

（3）技术要点及配套措施

①树种选择：以天然更新能力强、适应性强的云南松为主，并适当混播车桑子、黑荆、银荆、山毛豆等耐旱植物。在海拔 2 600 米以上地带可根据情况选播华山松。

②播期选择：一般为 5 月中旬至 6 月上旬。

③播量及种子处理：播种前对种子的发芽率、发芽势、含水量等进行检测，选择质量好的种子进行飞播。播种量为 150～200 克/亩。飞播前，使用生根粉、鸟鼠驱避剂进行浸种或拌种，提高飞播质量。

④飞播作业要求：云高不低于当日播带最高峰 500 米，能见度不少于 5 000 米，侧风速不大于 5 米/秒。播区要有气象人员进行天气实况报道。使用 GPS 导航技术，减少播区地勤人员，提高飞播质量，保证飞播作业安全。

⑤飞播质量标准：实际播幅不小于设计的 70%；单位面积平均落种粒数不低于设计的 50%；落种准确率和有种面积率大于 85%。当年有苗样方率大于 50%。3～5 年后的有苗面积应占宜播面积的 30%以上。

⑥播区管护：落实管理机构（组织）及人员，明确林权。飞播后封禁 3～5 年，严禁开垦、放牧、割草、砍柴、采药等人为活动。加强林区的护林防火与病虫害防治工作。幼林郁闭前要因地制宜做好补植、补播、间苗、定株等工作。郁闭后，及时进行抚育间伐。

（4）模式成效

应用本模式先后在云南省的 9 个县（市）的 22 个播区推广造林 85.5 万亩，成林面积 60 万亩，成活率高达 70%，经济效益和生态效益极为显著，在灭荒绿化造林上具有较高的推广应用价值，成果曾获云南省科技进步奖。

（5）适宜推广区域

本模式适宜在滇中高原的云南松适生区以及川西南山地和滇西北高山峡谷地区推广应用。

【模式 B3-3-2】 滇中高原湖盆山地水土保持与水源涵养林建设模式

（1）立地条件特征

模式区位于云南省昆明市松华坝水源保护区，水分条件相对较好，土壤以棕壤、黄棕壤及红壤为主，土层较厚。退化的云南松林、以松类和栎类为主的针阔混交林是当地主要的森林类型。由于人为破坏较为严重，导致森林植被减少，水土流失加剧。

(2) 治理技术思路

在封山保护现有植被的基础上，遵循因地制宜、适地适树的原则，采取人工造林、封山育林等方式，营建乔、灌、草混交的水土保持林和水源涵养林体系。

(3) 技术要点及配套措施

① 封山育林：对山地上部进行封禁，逐步恢复植被，增强其水源涵养功能。

②更新造林：主要在山地中下部进行更新造林。

树种选择：乔木树种主要有云南松、华山松、杉木、圆柏、桉树、圣诞树、麻栎、栓皮栎、刺槐、滇杨等；灌木有马桑、胡颓子等；草本有三叶草、香根草、龙须草、黑麦草等。

配置方式：针阔混交、乔灌草结合，建立复层混交结构。主要的混交方式有：松-栎、松-桤、桤-柏、桉树-黑荆（圣诞树）、松树-圣诞树（旱冬瓜、马桑）等，行状或块状混交，针叶树种的株行距一般为1.5米×1.5米，阔叶树种的株行距一般为2.0米×2.0米。

整地与造林：穴状或鱼鳞坑整地，规格为40厘米×40厘米×40厘米。针叶树选用1年生容器苗，苗高20厘米以上；阔叶树选用1年生容器苗，苗高40厘米以上。雨季造林，随起随栽。

幼林抚育：造林后连续封育3年。每年8～9月份进行抚育，刀抚与锄抚相结合，抚育内容主要有穴内松土、培土、正苗、清除病株、对缺窝进行补植等。

③配套措施：在水土流失严重的坡面和沟道，布设挡墙、水平沟、微型谷坊、淤沙坝等水土保持工程措施。

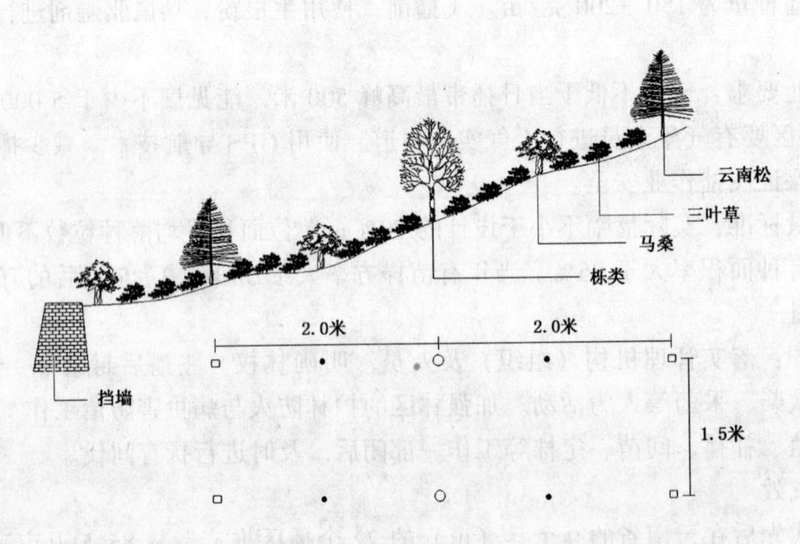

图 B3-3-2　滇中高原湖盆山地水土保持与水源涵养林建设模式图

(4) 模式成效

通过封山育林，营建了多树种、多林种、多层次的复合林体系，同时配套相应的工程措施建设山地水土保持林和水源涵养林，森林涵养水源、保持水土的功能明显增强。

(5) 适宜推广区域

本模式适宜在滇中高原湖盆山地推广应用。

【模式 B3-3-3】　滇中高原山地小流域水土流失综合治理模式

(1) 立地条件特征

模式区位于云南省会泽县头塘小流域，属滇中高原山区、半山区，典型的高原山地。山高坡陡，河谷纵横，海拔变化悬殊，气候垂直分布明显。土壤主要为红壤、黄壤、山地暗棕壤和紫色土。地表植被稀少而破坏严重，一遇降雨，地表松散物全部被径流冲刷入沟，水土流失严重。

(2) 治理技术思路

以小流域为单元，因地制宜，综合治理，恢复植被，防治水土流失。对流域内宜林荒山荒地，人工造林和封山育林相结合，恢复和建设植被；对水土流失严重、易坍塌地段，生物措施与工程措施相结合，防治水土流失。同时边治理边开发，使小流域的各项收益得到不断的提高。

(3) 技术要点及配套措施

①树种及其配置：主要乔木树种有云南松、华山松、水冬瓜、旱冬瓜、川滇桤木、圣诞树、栎类、柏类（藏柏、墨西哥柏、圆柏等）、刺槐等；灌木有马桑、胡颓子、苦刺等；草本有三叶草、香根草、龙须草、黑麦草等。乔灌或乔灌草混交配置，乔木和灌木的株行距为2.0米×2.0米或1.5米×1.5米。乔灌采用行状或块状混交，草本采用带状混交。

②主要造林技术：乔灌木树种，在造林前1年的秋、冬季穴状整地，规格40厘米×40厘米×40厘米；草本植物，带状整地，带宽50厘米，深30厘米。乔灌木选用苗高30厘米以上的1年生营养袋苗，于雨季造林；经济林可在冬季栽植。造林后连续封育3年，每年10～12月份进行抚育。

③配套措施：在冲沟中修筑土石谷坊，以稳定沟岸、防止沟床下切；在陡坡且易发生滑坡地段，截流排水，筑挡土墙稳固坡脚，防止水体渗透侵蚀和坡体下滑；在主沟内选择有利地形构筑拦沙坝，拦蓄泥沙。同时，在冲沟的谷坊淤泥后扦插或种植滇杨、柳树、旱冬瓜等速生树种，快速封闭侵蚀沟。

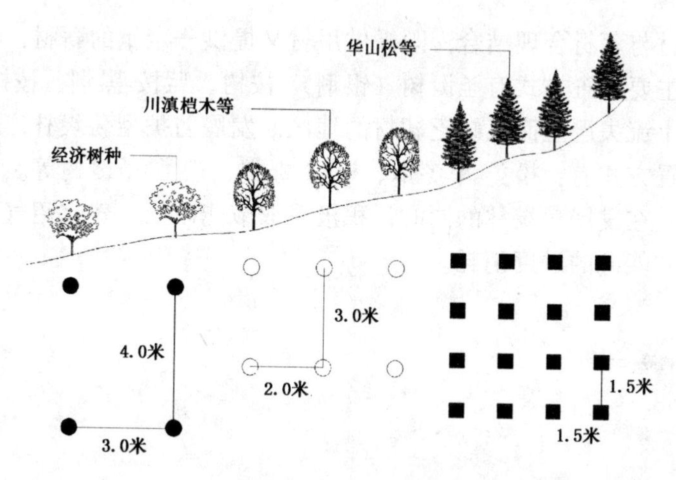

图 B3-3-3　滇中高原山地小流域水土流失综合治理模式图

(4) 模式成效

按本模式治理水土流失5年后，头塘小流域粮食单产达到了250千克/亩，农林复合经营区内的农作物增产12.5%，林业总产值增加54%，农民人均纯收入较治理前提高了31%，土壤侵蚀量减少了39%，人口、资源、环境与经济基本走上良性发展的道路。

(5) 适宜推广区域

本模式适宜在金沙江流域的高原山地推广应用。

【模式 B3-3-4】　滇中高原薪炭林营建及农村能源配套开发模式

(1) 立地条件特征

模式区位于滇中高原湖盆山地的陆良县小莫古。海拔 1 600～2 200 米，山体下部坡度小于 25 度。气候垂直变化明显，土壤为山地红壤、棕壤、紫色土。人口较多，薪材较为缺乏，森林破坏严重，水土流失严重。

(2) 治理技术思路

模式区人口稠密，缺乏燃料，应考虑薪炭林的营建和农村能源的综合开发。在村庄周围、房前屋后和田边地坎上，以萌生能力较强的树种营建薪炭林，解决当地群众的烧柴问题，同时辅以节柴改灶、沼气池等节能措施。

(3) 技术要点及配套措施

①树种选择：选择速生、丰产、萌发能力强的树种，如桉树、圣诞树、黑荆、栎类、旱冬瓜、松类等。

②营建方式：

短轮伐期能源林：选用蓝桉、圣诞树、新银合欢等树种高密度（670 株/亩）造林。圣诞树适应性强、根系发达而具有根瘤、生长快、热值高、燃烧性能好，造林第 4 年后即可首次平茬，平均年产薪材 800 千克以上；蓝桉生长迅速、萌发力强，抗风力强、抗病虫害能力强，种植 3 年后即可郁闭成林，4 年便可平茬，高 10 厘米的伐根当年萌条即可长到 2 米；蓝桉小枝和叶可蒸馏桉油，出油率 1.5%～2%。

用材薪材兼用林：用材与薪材合理结合，既提供用材又提供一定量的薪材，特别适合既缺用材又缺薪材的地区发展。主要配置方式有圣诞树（银荆）-桉树、蓝桉-黑荆、桉树-黑荆等。

防护型薪炭林：在水土流失严重而又缺乏薪材的地区，发展防护型薪炭林，既保持水土，又能适量提供薪材。主要配置方式有：松类-旱冬瓜、松类-栎类、松类-圣诞树等。

③农村能源配套开发：在发展薪炭林的同时，积极采取节能改灶、建立沼气池等配套措施开发新能源，以减少对生物质能源的过度消耗。

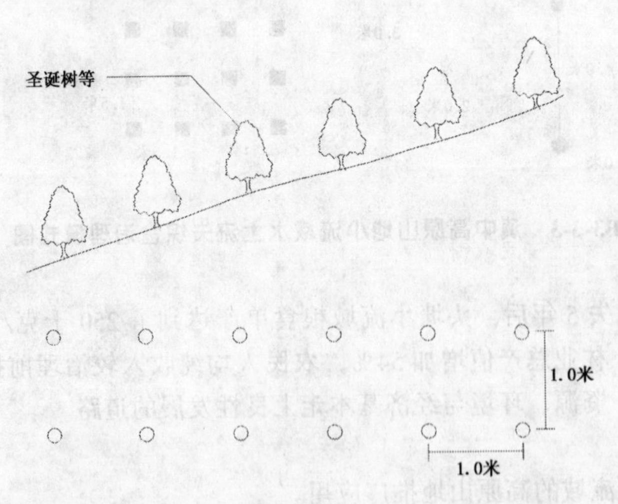

图 B3-3-4　滇中高原薪炭林营建及农村能源配套开发模式图

(4) 模式成效

选用适应性强、生长快、热值高的树种营造多功能薪炭林，既有效解决了群众生活能源不足的问题，又提供了适量的木材，同时还减少了水土流失，改善了生态环境。

(5) 适宜推广区域

本模式适宜在金沙江流域人口密集、缺少燃料的地区推广。

【模式 B3-3-5】 滇中高原绿色通道建设模式

(1) 立地条件特征

模式区位于云南省楚大高速公路两侧。在修建公路时，土石方工程导致公路两侧植被的破坏和水土流失，但土壤较为疏松，条件相对较好，种树（草）比较容易。

(2) 治理技术思路

以公路、铁路边缘为建设对象，对道路两侧绿化树种进行合理布局与配置，并采取必要的配套措施，营建生态经济型绿色通道。

(3) 技术要点及配套措施

①布局与配置：在公路、铁路主干道两侧各 5～10 米建设生态型护路林，固土并美化、香化道路以常绿树种为主，乔灌草或乔草结合，立体配置。根据当地情况，在往外延伸 100～1 000 米地带建设生态经济型防护林带，构建生态经济型绿色走廊。

②营建技术：

树种及其配置：生态型树种有柏类、滇杨、桉树、樟树、木兰科树种、圣诞树、枫香、女贞、柳树等；生态经济型树种有银杏、枇杷、樱桃等。配置方式采用三角形，生态型护路林栽植 3～5 行，株行距 1.5～2.0 米×2.0～3.0 米；生态经济型护路林的株行距为 2.0～3.0 米×2.0～4.0 米。

造林技术：生态经济型林带，秋冬大窝整地，规格一般为 50 厘米×50 厘米×40 厘米；生态型林带，秋冬季穴状整地，规格一般为 60 厘米×60 厘米×60 厘米。大苗造林，要求苗高 2～3 米。雨季定植。

③配套措施：通道绿化应与公路、铁路建设、近山造林、农耕措施相结合。对于易塌方、滑坡的地段，要配筑护坡墙等保护措施，防止坡面垮塌，消除事故隐患。交通 、林业、农业分工合作，各负其责，共同建设通道沿线生态经济型绿色带。

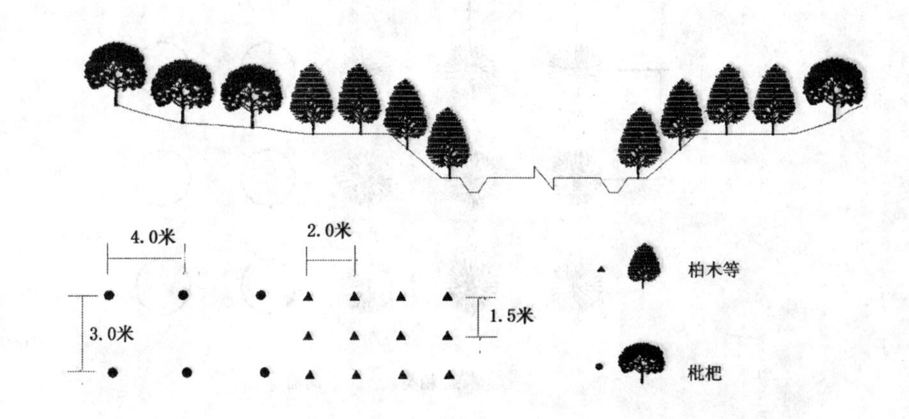

图 B3-3-5 滇中高原绿色通道建设模式图

(4) 模式成效

本模式易于操作，能够尽快地绿化、美化、香化公路、铁路沿线，改善区域景观和面貌，生态、经济、社会效益显著。

(5) 适宜推广区域

本模式适宜于云贵高原公路、铁路两侧，特别是经济发达地区推广应用。但切忌在靠近高速公路的两侧选用高大乔木树种作为绿化树种。

【模式 B3-3-6】　滇中高原城市郊区生态林建设模式

(1) 立地条件特征

模式区位于云南省昆明市西山区，为城市近郊。水分较为充沛，土壤条件相对较好，植树造林相对容易。

(2) 治理技术思路

城市郊区，交通便利，土地资源珍贵。建设时，既要满足当地群众的生产生活需要，又要为城市人口提供生活用品和观光旅游、休闲度假的场所；既要治理生态环境，又要满足城乡的不同需要。

(3) 技术要点及配套措施

①森林公园建设：在离城不远的郊区，选择立地条件较好的旷地建设森林公园，供城市居民周末或假期休闲。树种可选择柏木、银杏、栎类、松类、木兰科树种、润楠、杜鹃、冬樱花、梅花、茶花、竹类及其他高大乔木树种，园中采取团状或大块状混交，株行距 2.0 米×2.0 米。

②花果园建设：在郊区森林公园附近建设既能观花又能采摘品尝的成片经济林果园，春天开展观花旅游；夏天供游人游园品尝鲜果。同时，还可以批量售花、售果，增加郊区农民收入。选择月季、玫瑰、郁金香、康乃馨等具有市场潜力的花卉品种，以及杨梅、枇杷、猕猴桃、桃、李、杏、梨等经济树种，团状或块状混交，建设花园、果园。

③林盘农家乐建设：农家乐以林舍、农舍、庭院为中心，四周种植树木花草，所用树种应与森林公园、花园果园栽植的种类相结合、相协调。乔木株行距为 3.0 米×3.0 米，竹类丛距为 3.0～4.0 米，园林绿化树种的株行距为1.0～2.0 米×1.0～2.0 米。建成后，每年施肥 1 次，以无污染的农家肥为最佳，做到施肥与培土松土相结合，适当修剪经济果木，同时，注意病虫害的防治。

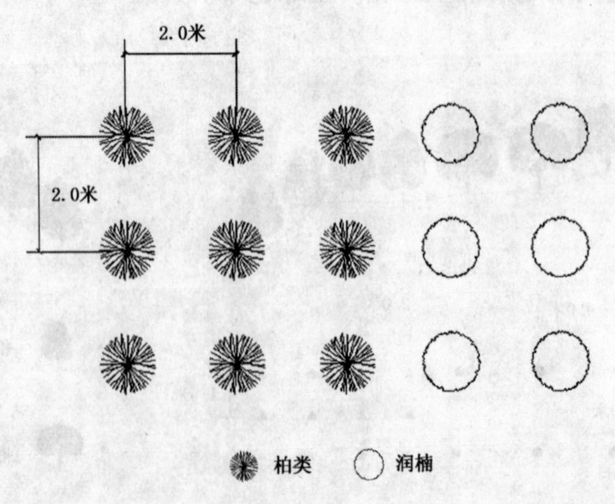

图 B3-3-6　滇中高原城市郊区生态林建设模式图

(4) 模式成效

本模式不仅绿化、美化了城郊，改善城市及城郊生态环境，吸引城市居民旅游观光，还增加当地群众的经济收入。

(5) 适宜推广区域

本模式适宜在云南省城郊交通方便的地区推广。

四、滇北干热河谷亚区（B3-4）

我国西南的怒江、澜沧江、金沙江及其支流雅砻江与大渡河、岷江、元江及川西东北角的白水河等大江、大河沿岸分布着气候独特的“干热河谷”。云南的干热河谷范围最广、面积最大。滇北干热河谷位于永胜金江街至永善段，内含元谋盆地。地理位置介于东经 101°56′7″～103°40′28″，北纬 25°29′36″～27°27′48″。包括云南省昆明市的东川区，昭通地区的巧家县 2 个县（区）的全部，以及云南省昆明市的禄劝彝族苗族自治县，楚雄彝族自治州的元谋县、武定县，曲靖市的会泽县等 4 个县的部分地区，面积 12 314 平方千米。

本亚区处于西南季风的背风面，河流切割较深，河谷狭窄，四周均为高大的山体所封闭，地形的焚风效应对造成背风面河谷底部的干热生境具有明显的作用。干热河谷的最冷月平均气温＞12℃，最暖月平均气温为 24～28℃，日平均气温≥10℃天数 350 天以上；年降水量 700 毫米左右，且主要集中于雨季，年平均蒸发量是年降水量的 2 倍以上；年干燥度 1.5～5.0，且越接近河谷底部气候越干热。植被类型以由耐旱喜光的灌木和草本为主组成的稀树灌木草丛为主，有部分云南松林、半湿性常绿阔叶林分布。主要土壤为红壤、砖红壤和燥红土。

干热河谷是典型的脆弱生态系统，其主要生态问题是：森林萎缩，植被稀疏且难以恢复；水土流失严重，土地资源丧失；大量的泥沙下泄或淤积降低或缩短了水利工程的效益和寿命，也阻碍着航运事业的发展；自然灾害日趋频繁，水旱灾害无常，泥石流、滑坡频繁，危及城镇、村庄、企业厂矿、水利水电、水陆交通和居民的生命安全，严重制约着本亚区的社会、经济发展。

本亚区林业生态建设与治理的对策是：恢复植被为主，先以灌草结合造林，改善土壤的结构和水分状况，再逐步增加乔木树种，提高森林覆盖率，减少水土流失。

本亚区共收录 2 个典型模式，分别是：金沙江中游干热河谷植被恢复模式，金沙江中游滑坡和泥石流多发区林业生态建设与治理模式。

【模式 B3-4-1】　金沙江中游干热河谷植被恢复模式

(1) 立地条件特征

模式区位于金沙江流域干热河谷的云南省元谋县。地处西南季风的背风面，河流切割较深，河谷狭窄，四周均被高大的山体所闭。谷地气流的局部环流与焚风影响耦合形成河谷气候。海拔 2 600 米以下，年降水量为 700 毫米左右，部分地区仅有 300 毫米，最低月平均气温在 15℃以上，越靠近河谷底部，气候越干热，植被恢复较为困难。

(2) 治理技术思路

高温、水分亏缺、土壤承载能力低、适生树种少，人工造林和天然植被恢复困难。必须合理划分立地条件类型，根据立地类型因地制宜地确定植被恢复方式。

(3) 技术要点及配套措施

① 泥岩和砂砾岩低山坡地：

植物种及其配置：灌木有银合欢、木豆、山毛豆、车桑子、余甘子、滇刺枣、金合欢等；草本有香根草、大翼豆、龙须草、芨芨草等。灌、草混交，灌木占30%～50%。

混交方式：1行大灌木，1行小灌木，4～6行草本。

株行距：灌木3.0～5.0米×2.0米；草本1.0～2.0米×0.3米。

造林方式：灌木，直播或用容器苗栽植；草本，采用分蘖或直播。

②砾石层和片岩低山坡地：

植物种及其配置：乔木树种有桉树、相思、刺槐、滇合欢、山黄麻、印楝、塔拉、新银合欢、铁刀木等；灌木有山毛豆、三叶豆、车桑子、余甘子、滇刺枣、金合欢等；草本有香根草、大翼豆、龙须草等。乔、灌、草混交，各占1/3。

混交方式：1行乔木，1～2行灌木，2～5行草本。

株行距：乔木4.0～6.0米×2.0米；灌木3.0～5.0米×2.0米；草本1.0米×0.3米。

苗木培育：乔木采用容器育苗；灌木采用直播或容器育苗；草本采用分蘖或直播。

整地：为分流蓄水，采用宽30～40厘米、深20～30厘米的水平带状和规格为80厘米×80厘米×80厘米穴垦方式整地。

主要造林技术：一般在雨季初期，采用百日容器苗上山定植，可使苗木较快恢复生长，根系充分发育，有利于渡过漫长的旱季。定植沟土层湿润深度超过30厘米时，可选择阴雨天造林。

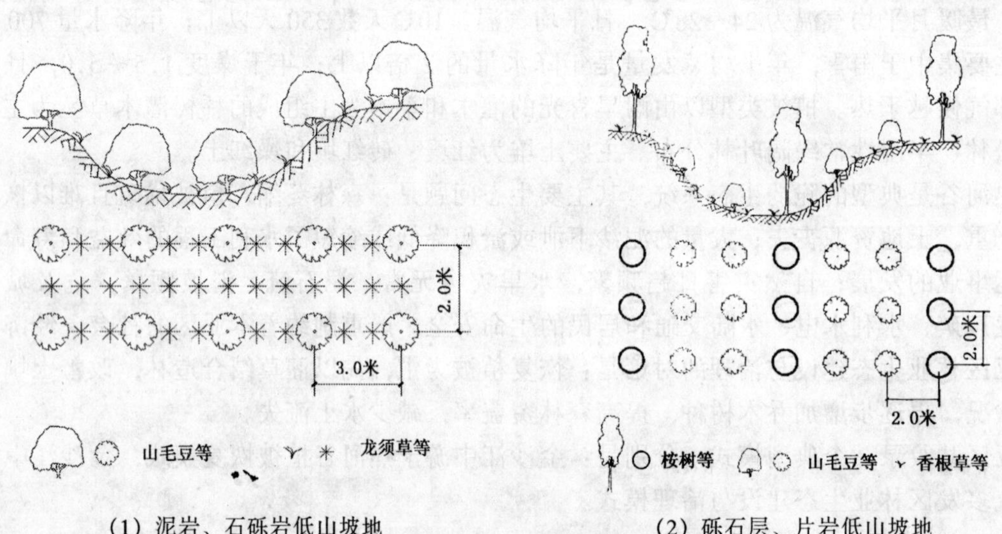

(1) 泥岩、石砾岩低山坡地　　(2) 砾石层、片岩低山坡地

图B3-4-1　金沙江中游干热河谷植被恢复模式图

(4) 模式成效

桉树、相思、坡柳、印楝、木豆等适应性强、经济效益高，是干热河谷植被恢复的优良多功能树种。本模式已在云南省元谋县等典型的干热河谷区试验示范约79 500亩，把元谋县原低于30%的造林成活率提高到了80%以上，同时对泥石流也有明显的防治效果。

(5) 适宜推广区域

本模式适宜在怒江、澜沧江、金沙江、元江等干热河谷区及泥石流盛行的地区推广应用。

【模式B3-4-2】　金沙江中游滑坡和泥石流多发区林业生态建设与治理模式

(1) 立地条件特征

模式区位于云南省昆明市东川区的后山，是金沙江流域滑坡和泥石流的多发地区。年降水量不足800毫米，80%以上的降水量集中在5～9月份。植被破坏严重，土壤疏松、瘠薄，滑坡和泥石流发生频繁，植被恢复较为困难。

(2) 治理技术思路

以生物措施为主，工程措施和管理措施相结合，综合治理滑坡与泥石流，保护土地资源与生产力，改善农业生产条件，使整个流域社会、经济、环境协调持续发展。

(3) 技术要点及配套措施

①生物措施：

树种选择：乔木树种有云南松、华山松、圆柏、侧柏、旱冬瓜、桉树、黑荆树、圣诞树、新银合欢、印楝、塔拉、川楝、甜竹等；灌木有马鹿花、山毛豆、车桑子、余甘子等；草本有香根草、类芦、龙须草、金光菊、臂形草、大翼豆、雀舌豆等。

配置方式：针阔混交并适当配置草种，逐步形成乔灌草相结合的复层混交结构。

整地：小撩壕或穴垦整地，以分流蓄水。

造林：在6～7月份的阴雨天，利用容器苗造林。干旱区域采取地表覆盖措施，以减少地表蒸发，提高苗木的成活率。

抚育：造林后封山育林，第2年进行1次松土、除草及追肥，促进苗木生长。

②工程措施：

"稳"：在坡面上封山育林，固土稳坡，防止坡面侵蚀；在冲沟中修建谷坊群，防止沟底下切；在滑坡地段，截流排水，用工程措施稳固坡脚，防止水体渗透侵蚀和坡体下滑。

"拦"：在主沟内选择有利地形修筑拦河坝，拦蓄泥沙，减缓沟床纵坡，提高侵蚀基准面，稳

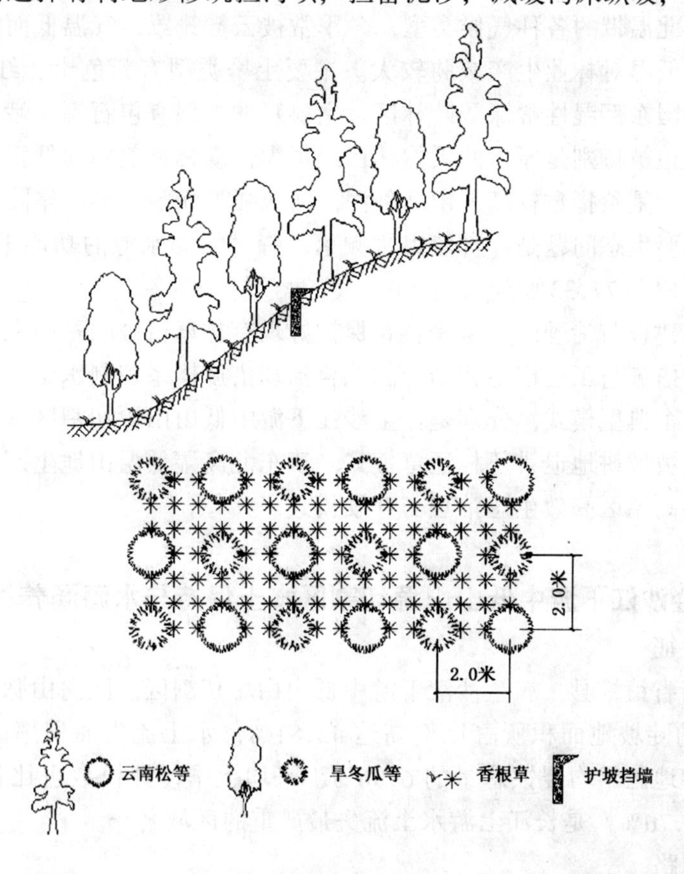

图 B3-4-2　金沙江中游滑坡和泥石流多发区林业生态建设与治理模式图

固坡脚。

"排"：在主沟道或泥石流洪积扇上，修建排洪道或导流堤，以排泄洪水和泥石流，达到水土分离的目的。

(4) 模式成效

云南省昆明市东川区的后山经过 8 年的治理，坡面水力侵蚀和沟床松散固体物得到了控制，泥石流下泄也得到有效遏制。治理后区内新增森林（各类防护林、经济林等）近4 500亩，直接经济收益 400 万元，项目的投入产出比为 1:2 以上。此外，森林植被的恢复对生态环境改善也具有重要作用，当地小气候逐步向半湿润转变，植物种类增加许多。

(5) 适宜推广区域

本模式适宜在金沙江流域滑坡、泥石流等山地灾害频繁发生的地区推广。

五、金沙江下游中低山切割山塬亚区（B3-5）

本亚区地处云南高原与四川盆地和贵州高原的结合部。地理位置介于东经 103°13′38″～105°26′41″，北纬 26°57′17″～28°41′46″。包括云南省昭通地区的昭通市、水富县、盐津县、永善县、威信县、大关县、镇雄县、鲁甸县、彝良县、绥江县等 10 个县（市）的全部，面积20 181平方千米。

本亚区属于切割中低山和山塬地貌，受喜马拉雅造山运动差异抬升的影响，形成了中部高、南北两侧低的地貌格局。大部分地区气候偏温凉，因海拔高低悬殊，气候的地带性差异十分明显，有从南亚热带到北温带的各种气候类型，冬季常被云雾笼罩，气温低而湿度大，常受寒潮和冷空气侵袭，霜冻、低温对林业生产威胁较大。主要土壤类型有紫色土、红壤、黄壤、黄棕壤。森林植被类型属于我国东部湿性常绿阔叶林区，主要森林类型有包石栎、峨眉栲林，在长期的人为干扰破坏下，森林植被特别是原生的天然林已经很少，森林覆盖率均低于 20%。

本亚区人口集中，垦殖指数较高，山高谷深，河流强烈切割，形成岸陡流急的峡谷，森林覆盖不足。本亚区的主要生态问题是：自然灾害频繁，森林涵养水源的功能下降，水土流失严重，其中中度以上侵蚀面积占 74.33%。

本亚区林业生态建设与治理的对策是：在保护好现有林草植被的基础上，采取人工造林与封山育林相结合、生物措施与工程措施相结合的综合治理措施体系控制水土流失。

本亚区共收录 4 个典型模式，分别是：金沙江下游中低山山塬切割区水土保持与水源涵养林建设模式，滇东北陡坡坡耕地退耕还林还草模式，滇东北高湿低温山地生态脆弱带治理模式，滇东北金沙江河谷高湿高温区高效生态治理与开发模式。

【模式 B3-5-1】　金沙江下游中低山山塬切割区水土保持与水源涵养林建设模式

(1) 立地条件特征

模式区位于云南省镇雄县，属金沙江下游中低山山塬切割区，区内山脉交错、峰峦叠嶂、河谷纵横，25 度以上的陡坡地面积所占比例高达 43.81%，水土流失面积率高达 59.8%，年均土壤侵蚀量占长江上游地区年均侵蚀总量的 6.96%，平均土壤侵蚀模数也比长江上游水土流失区平均侵蚀模数高出 7.70%，是长江上游水土流失最严重的区域之一。

(2) 治理技术思路

在保护现有植被的基础上，人工造林与封山育林相结合，恢复和营建乔、灌、草复层结构的水土保持与水源涵养林体系，增强其涵养水源和保持水土的功能。

(3) 技术要点及配套措施

①封禁：对现有植被进行严格保护。尤其对土层浅薄、岩石裸露、更新困难的林地，应采取特殊保护措施全面封禁；在山脊、沿岸的陡坡地区成片成网地全坡面保护；主干流两侧及坡度平缓地区带网结合地进行管护，形成片带网有机结合的植被保护体系。

②封育：对区内的阳坡和高山灌丛草甸，具有天然下种能力或萌蘖能力的采伐迹地，以及人工造林困难但经封育可望成林或增加林草盖度的高山、陡坡、岩石裸露地，封山育林育草，加快植被恢复速度。一般远山地区、江河上游、水土流失严重地区及植被恢复较困难的宜封地区，实行全封；对于当地群众生产、生活和放牧有实际困难的近山地区，可采取半封或轮封。

③人工造林：选择华山松、云南松、光皮桦、栓皮栎、麻栎、刺槐、侧柏、槲栎、杉木、柳杉、紫穗槐、竹子等，以乔灌或乔灌草结合的形式，进行大面积块状或带状混交。苗木采用国标规定的Ⅰ、Ⅱ级营养袋苗。整地方式采用穴状整地，规格为40厘米×40厘米×40厘米，造林密度（株行距）1.5米×1.5米。造林后实施封育，严禁人畜破坏，同时对幼林进行穴内松土、除草、培土。

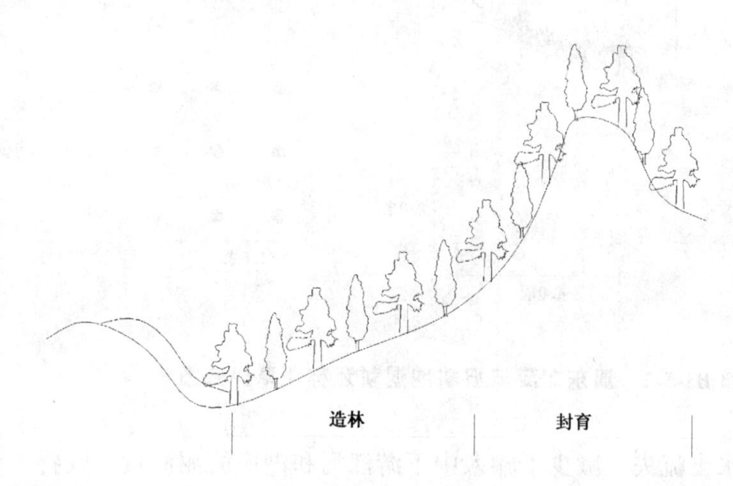

图 B3-5-1　金沙江下游中低山山塬切割区水土保持与水源涵养林建设模式图

(4) 模式成效

本模式应用优良技术组合造林，人工造林成活率达85%以上，保存率达80%，实现了一次造林成功，对加快本区森林植被的恢复，增强植被涵养水源和保持水土的能力发挥了重要作用。

(5) 适宜推广区域

本模式适宜在金沙江流域低中山山塬切割区推广应用。

【模式 B3-5-2】　滇东北陡坡坡耕地退耕还林还草模式

(1) 模式区基本情况

模式区位于滇东北坡度大于25度的陡坡耕地。当地人口压力过大，导致长期过度垦殖，水土流失加剧。严重的水土流失灾害、恶劣的生态环境成为这一地区社会经济可持续发展的重大制约因素。

(2) 治理技术思路

退耕还林（草）应考虑农村经济的发展与环境保护相结合，通过配置一定的经济林果木、笋材两用竹和牧草，发展竹产业和割草养畜，促进农村产业结构的调整和农牧业的发展，改善山区环境和经济状况。

(3) 技术要点及配套措施

①树（草）种及其配置：经济树种选用笋材两用竹竹种、核桃、苹果、花椒、杜仲、木漆等；防护林树种为华山松、滇杨、旱冬瓜、柏木等；草种为黑麦草、香根草等。退耕地上部配置防护林树种，下部水湿条件较好的地段配置经济林树种，并带状配草带。

②林（草）营建技术：种植时行与等高线相平行。经济林用嫁接苗造林，株行距一般为2.0米×4.0米，造林后合理施肥、修枝，提高经营管理水平，2～3年就可挂果；用材林用营养袋苗造林，株行距一般为1.5米×1.5米；带状撒播牧草种子，带宽40厘米，带间配置3～4行经济林。

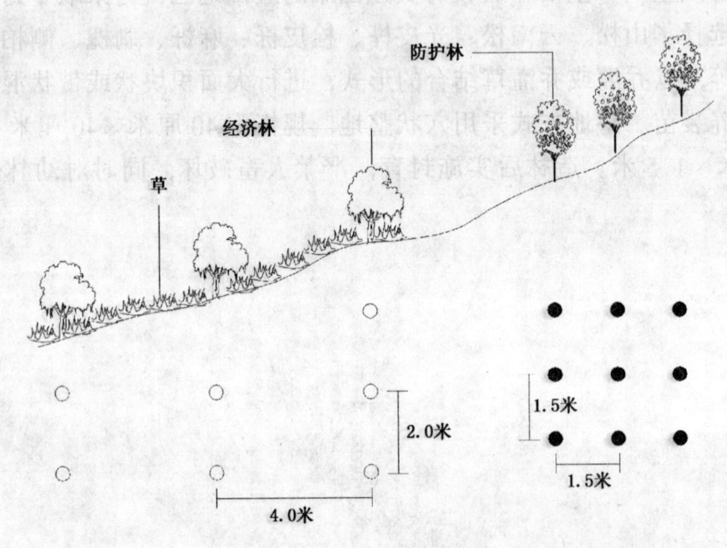

图 B3-5-2　滇东北陡坡坡耕地退耕还林还草模式图

(4) 模式成效

本模式有效地控制了水土流失，减少了输入中下游江河和湖库的泥沙量，改善了当地的生态环境，增加了当地群众的经济收入，对金沙江流域陡坡地退耕还林具有重要的示范作用。

(5) 适宜推广区域

本模式适宜在金沙江流域坡耕地退耕还林中推广应用。

【模式 B3-5-3】　滇东北高湿低温山地生态脆弱带治理模式

(1) 立地条件特征

模式区位于金沙江中下游海拔2 200～2 400米以上的山地，区内湿度大、温度低，森林破坏严重，植被覆盖率低，水土流失极其严重，且潜在危险性大，造林不易成活。

(2) 治理技术思路

根据区内高湿低温的特点，实行封山育林保护好现有植被，选择适宜的耐寒树种，营造以保水、保土为主的生态防护林。

(3) 技术要点及配套措施

①天然林保护：对于现有植被实行严格保护，尤其对土层浅薄、岩石裸露、更新困难的林地，主干流江河两侧的森林，采取有效的保护措施，对天然林进行全面管护。

②封山育林：在高湿低温区具有天然下种能力或萌蘖能力的采伐迹地；人工造林困难的高

山、陡坡、岩石裸露地，但经封育可望成林或增加林草盖度的地块，实行封山育林育草，加快森林植被恢复速度。一般较偏僻的地区、水土流失严重的地区及恢复植被较困难的宜封地区，实行全封，对于当地群众生产、生活和放牧有实际困难的近山地区，可采取半封或轮封。

③造林技术措施：

树种及其配置：主要树种有落叶松、冷杉、铁杉、云杉、华山松、桦树（白桦、红桦）、花楸、槭树等。草地或退耕地，营造块状或带状混交的针阔混交林；灌木林或阔叶疏林，补植针叶树种，形成针阔混交林。

苗木：采用容器苗，针叶树种苗高25厘米以上，阔叶树种苗高40厘米以上。

整地：采用穴状、鱼鳞坑等方式整地，规格40厘米×40厘米×60厘米。

造林：雨季造林，株行距2.0米×3.0米，随起随栽，适当深栽，细土壅根、踏实。

抚育管理：造林后进行封育，禁止人畜破坏，促进灌草生长。刀抚、锄抚相结合，每年8～9月份对幼林进行抚育，抚育内容包括穴内松土、培土、正苗、清除病株等。对缺窝及时进行补植。

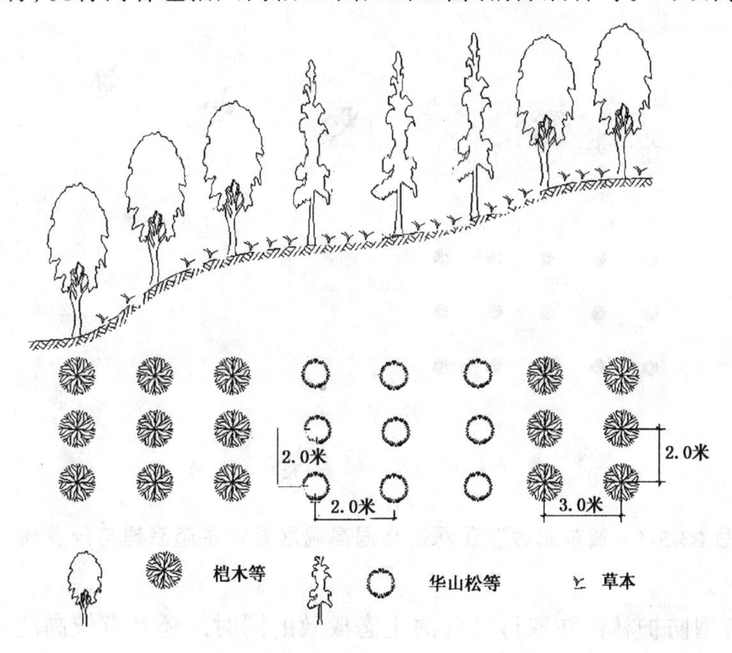

图 B3-5-3 滇东北高湿低温山地生态脆弱带治理模式图

（4）模式成效

本模式采用天然林保护、封山育林、人工造林等综合措施，因地制宜对高湿低温山地生态脆弱带进行综合治理，提高了植被覆盖度，减少了水土流失，改善了脆弱的生态环境。

（5）适宜推广区域

本模式适宜在滇东北的高湿低温区推广应用。

【模式 B3-5-4】 滇东北金沙江河谷高湿高温区高效生态治理与开发模式

（1）立地条件特征

模式区位于云南省昭通市彝良白水河流域，属金沙江下游河谷高湿高温区，海拔800～1 000米，光热条件好，温度较高，气候湿润。当地人口集中，经济贫困，植被破坏严重，水土流失强烈。

(2) 治理技术思路

根据区域内温度高、湿度大的特点，结合经济贫困的现状，生态效益与经济效益相结合，营造生态经济型防护林，同步改善经济落后和生态环境恶劣的状况。

(3) 技术要点及配套措施

①树（草）种及其配置。树种选用苦丁茶和竹子，块状或带状混交。

②造林技术：

苗木：苦丁茶采用容器苗，苗高40厘米以上；竹子用竹鞭。

整地：采用穴状、鱼鳞坑等方式整地，规格40厘米×40厘米×60厘米。

造林：雨季造林，苦丁茶株行距1.0米×1.0米，竹子3.0～5.0米×2.0米，随起随栽，适当深栽，细土壅根，踏实；竹子采用埋节。

③抚育管理：造林后，每年8～9月份对幼林进行抚育管理，内容有穴内松土、培土、正苗、清除病株等。对缺窝及时进行补植。

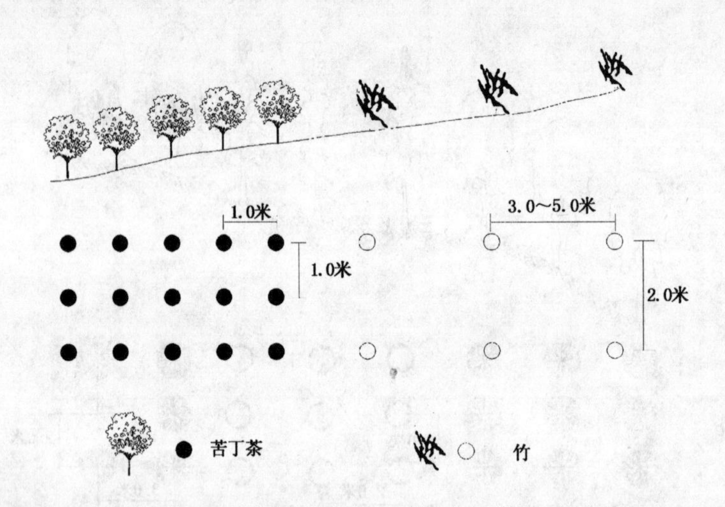

图 B3-5-4　滇东北金沙江河谷高湿高温区高效生态治理与开发模式图

(4) 模式成效

营建生态经济型防护林，在取得良好的生态成效的同时，还具有较高的经济产出，当地农民喜欢接受。

(5) 适宜推广区域

本模式适宜在云南省东北部金沙江河谷高温高湿区推广。

六、黔西喀斯特高原山地亚区（B3-6）

本亚区位于贵州省西部，地理位置介于东经103°47′17″～106°30′7″，北纬25°19′54″～27°47′32″。包括贵州省毕节地区的毕节市、威宁彝族回族苗族自治县、大方县、黔西县、纳雍县、织金县、赫章县，六盘水市的钟山区、六枝特区、水城县、盘县等11个县（市、区）的全部，面积34 354平方千米。

本亚区地势较高，海拔一般1 800～2 000米，高原面较完整，边缘部分切割为高中山。属凉亚热带偏干性常绿阔叶落叶黄棕壤高原山地，年平均气温12～15℃，年降水量1 000～1 200毫米，为贵州热量较低，雨量偏少，海拔较高的岩溶高原高中山区，山地组合类型多样，高原、中山、峡谷、喀斯特丘盆峰丛、峰丛间存在。乌江两大支流六冲河、三岔河发源于本亚区，出露岩石以碳酸盐岩最多，其次为砂页岩、玄武岩。

本亚区的主要生态问题是：砂页岩、玄武岩山地垦殖过度，森林植被遭到破坏，水土流失严重，石漠化程度高，洪涝、滑坡、泥石流等地质灾害十分严重，区域生态环境明显恶化。此外，春旱对农业生产的影响较大。

本亚区是长江上游、珠江上游水土流失的重点治理区。其林业生态建设与治理的对策是：在保护好现有植被的基础上，以调整能源结构和产业结构为切入点，加大退耕还林和荒山造林的力度，采取综合配套措施，培育水源涵养林、水土保持林，防治水土流失和石漠化。

本亚区收录 1 个典型模式：黔西中山、山塬水源涵养林建设模式。有关石漠化治理可参考其他亚区的模式。

【模式 B3-6-1】 黔西中山、山塬水源涵养林建设模式

（1）立地条件特征

模式区位于贵州省西部赫章县、威宁彝族回族苗族自治县，是乌江两大支流六冲河、三岔河的发源地及北盘江的上游。年降水量 1 000～2 000 毫米，一年中干湿交替明显，热量低，年平均气温13～14℃。中亚热带偏干性常绿阔叶林为主，其下发育黄棕壤。中山和山塬地貌，高塬面较完整，边缘部分切割为高中山，碳酸盐岩、玄武岩和砂页岩交错分布。由于山地垦殖过度，原生植被已全部破坏，加上草山过度放牧，水土流失呈强度以上，生态环境明显恶化。区内的造林当家树种少，植被恢复艰难。

（2）治理技术思路

以营建水源涵养林、水土保持林为主攻方向，按照适地适树的原则，栽针保阔，适度加大造林密度，尽快恢复森林植被。

（3）技术要点及配套措施

①树种选择：阴坡、半阴坡以华山松为主，阳坡以云南松为主。整地时保留部分栎类等阔叶幼树，使之形成针阔混交林。华山松与云南松混交对云南松的生长及干形有利，也应提倡应用。

②造林方法：主要采用块状整地方式，规格不用过高，只要能做到苗正根舒即可。主要进行植苗造林，苗木以营养袋苗为主。华山松可丛植春育雨栽的百日苗，每穴 2～3 株，要求苗高 10 厘米以上，地径 0.2 厘米以上，株行距 1.0 米×1.5 米或 1.5 米×1.5 米。

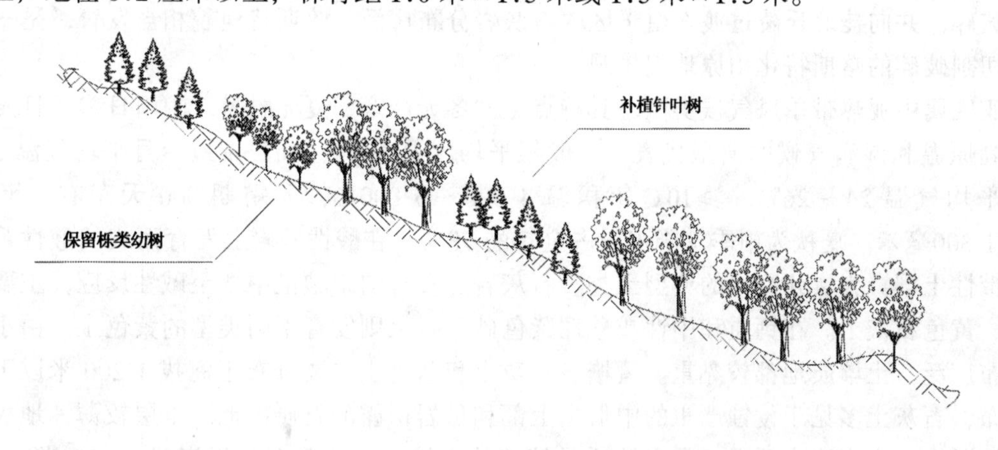

图 B3-6-1 黔西中山、山塬水源涵养林建设模式图

③抚育管理：从造林后的第2年开始连续抚育3年，每年松土除草1~2次，松土结合培土，除草要逐年扩大穴面。

(4) 模式成效

在贵州省赫章县结构梁子长江防护林建设工程的造林中，应用本模式连片治理1万余亩，效果非常明显。

(5) 适宜推广区域

本模式适宜在贵州省的盘县、水城县、毕节市、大方县、纳雍县等县（市）以及与本区条件类似的地方推广应用。

七、黔中喀斯特山塬亚区（B3-7）

本亚区位于贵州省中部。东与南岭山地相邻，东北与西北接渝黔湘鄂山地丘陵和四川盆周南部山地，西与黔西喀斯特高原山地毗连，南为元江、南盘江中山丘陵。地理位置介于东经104°56′25″~109°34′44″，北纬24°39′56″~29°14′5″。包括贵州省贵阳市的云岩区、南明区、乌当区、花溪区、白云区、小河区、清镇市、修文县、开阳县、息烽县，遵义市的红花岗区、桐梓县、赤水市、习水县、正安县、湄潭县、余庆县、道真仡佬族苗族自治县、遵义县、仁怀市、绥阳县、凤冈县、务川仡佬族苗族自治县，铜仁地区的沿河土家族自治县、德江县、印江土家族苗族自治县、思南县、石阡县，毕节地区的金沙县，黔南布依族苗族自治州的瓮安县、长顺县、惠水县、平塘县、独山县、荔波县、罗甸县、福泉市、贵定县、龙里县、三都水族自治县，安顺市的西秀区、平坝县、普定县、镇宁布依族苗族自治县、关岭布依族苗族自治县、紫云苗族布依族自治县，黔西南布依族苗族自治州的望谟县、册亨县、兴义市、安龙县、兴仁县、贞丰县、普安县、晴隆县，黔东南苗族侗族自治州的凯里市、黄平县、旋秉县、三穗县、镇远县、岑巩县、天柱县、锦屏县、剑河县、台江县、黎平县、榕江县、从江县、雷山县、麻江县、丹寨县等69个县（市、区）的全部，面积135 355平方千米。

本亚区是贵州高原的主体，大部分地区海拔为1 000～1 300米，相对高差100～200米。地貌以保存较完整的高塬面为主，山地、丘陵、盆地、谷地交错分布。地势自中西部向东、南、北方向倾斜。北部乌江及其支流切割较深，遵义县、绥阳县一带较平缓。苗岭自西向东蜿蜒于本区中部成为长江与珠江两大水系的分水岭，苗岭以北为长江水系，以南为珠江水系。南部边缘，地形渐趋破碎，并向桂北丘陵过渡。由于区内石灰岩分布广泛，喀斯特地貌相当发育，是一比较典型而又切割破碎的喀斯特化山原地貌景观。

本亚区属中亚热带季风气候类型，其特点是“冬无严寒、夏无酷暑，阴雨日多，日照时少”，为贵州高原温和湿润气候的典型代表。一般年平均气温为14～16℃，最冷月平均气温5～7℃，最热月平均气温24～26℃，≥10℃年积温4 000～5 000℃，无霜期300天左右。年降水量1 100～1 300毫米，夏秋为雨季，降水量占全年的78%。在酸性基岩上发育而成的酸性黄壤，是本区地带性土壤，为贵州高原的典型土类。石灰岩上发育的土壤呈中性至碱性反应，主要有黑色石灰土、黄色石灰土。在钙质和中性或酸性紫色砂页岩上则发育不同类型的紫色土。由于第四纪黏土分布广泛，土壤质地都较黏重。黄壤、石灰土和紫色土主要分布于海拔1 200米以下，多呈复区分布；石灰土多见于侵蚀严重的中低山上部和母岩裸露的石质山地，土层较薄，地表干旱缺水，植被稀少，水土流失严重，是立地质量较差的土壤。黄棕壤多见于海拔1 300米以上地区，而海拔2 000米以上则为山地灌丛草甸土。

本亚区地带性植被为中亚热带常绿阔叶林，主要由以栲属、青冈栎属、樟属、桢楠属、木荷属等为主的优势林分构成，一般分布在海拔 1 400 米以下，海拔 1 400 米以上的石灰岩山地常出现常绿落叶阔叶混交林。目前常绿阔叶林保存很少，在阳坡山地多形成马尾松次生林，林内有壳叶桦、柞、响叶杨、枫香等落叶乔木混生。在阴坡或湿润处，常出现杉木林和由斑竹、苦竹、慈竹、白夹竹、金竹等组成的竹林。石灰岩森林被破坏后，常形成由鹅耳枥、化香树等组成的落叶阔叶林。

本亚区的主要生态问题是：由于过度采伐和陡坡耕种，原生植被常绿落叶阔叶混交林基本无存，石漠化问题十分突出，部分地区已经丧失人类居住的基本条件。

本亚区林业生态建设与治理的对策是：以恢复常绿落叶混交的石灰岩植被为目标，兼顾生态、经济、社会效益，大力营造水源涵养林、水土保持林，提倡农林复合经营，形成以生态公益林为主体，经果林配套的林业生态体系，改善岩溶地区的生态环境。

本亚区共收录 9 个典型模式，分别是：黔中石质山地封山育林恢复植被模式，黔中半石山地封造结合恢复植被模式，黔中荒山荒地水土保持林模式，黔中荒山荒地飞机播种生态公益林模式，黔中干热河谷石灰岩山地陡坡退耕地植被恢复模式，黔中陡坡地退耕还林（草）模式，黔中低中山生态经济型防护林模式，黔中新桥河流域石漠化综合治理模式，贵州干热河谷水土保持林建设模式。

【模式 B3-7-1】 黔中石质山地封山育林恢复植被模式

（1）立地条件特征

模式区位于贵州省中部的贵阳至花溪与贵阳至黄果树公路沿线的石灰岩质山地。区内岩石裸露率高达 70%以上，土壤极少且浅薄，多不规则零星镶嵌在石缝中，因其下基岩透水，保水蓄水功能差，植被恢复过程较漫长，但多数地区热量充足，降水量丰富，水热同季，周围又有植物种源，基本具备封育条件。

（2）治理技术思路

采用全面封禁的技术措施，严禁放牧、放火烧山等人为破坏活动，利用周围地区植物天然下种，先育草、后育灌，最后形成乔、灌、草相结合的植物群落。对有特殊意义的重要地段，在投入保证的情况下，可采用爆破或挖坑客土造林的办法，人工促进恢复植被。

（3）技术要点及配套措施

①封山育林：主要为全封，即在封育期间禁止砍柴、放牧、割草、烧山和其他一切不利于植物生长繁育的人为活动，借助自然力量逐步恢复林草植被，封山前要进行规划设计，设立封山标志，建立管护组织，配备管护人员，严格检查验收。封育年限在 10 年以上。

②客土造林：对有特殊意义又急需造林绿化的区域可爆破或人工挖坑，坑规格为 80 厘米×80 厘米×60 厘米，品字形排列，然后客土栽植大苗，树种以猴樟、香樟、女贞、桂花、玉兰、棕榈等常绿阔叶树种为主，密度为 42～80 株/亩。对新植株应埋木桩捆绑固定，以防风吹摇动，影响造林成活率。同时，认真保护好造林地上所有的灌草植被。

（4）模式成效

封山育林与客土造林相结合，不仅解决了难利用地的植被恢复，而且加快了生态建设进程，增加了林业用地和林草覆盖率。

（5）适宜推广区域

本模式适宜在贵州省各地条件类似地区推广应用。

【模式 B3-7-2】　黔中半石山地封造结合恢复植被模式

(1) 立地条件特征

模式区位于贵州省中部的贵阳市、修文县和安顺市镇宁布依族苗族自治县等地，为黔西碳酸岩出露面积 30％～70％的半石山地。气候温暖，雨量充沛，雨热同季。尽管半石山地土层不连续，土层较薄，但有机质含量高，团粒结构发育良好，仍有多种乔灌木适宜生长。

(2) 治理技术思路

当地人口密度大，立地条件差，小生境类型多样，植被恢复困难，因此采取以封为主、封造结合的方法，加快半石山地林草植被的恢复，并提高其涵养水源和保持水土的功能。

(3) 技术要点及配套措施

①封育管护：为使森林植被得到有效恢复，按照具体的封山育林管理办法，对具备封育条件的区域和山头，统一规划，明确目标，落实措施，分年实施。

②人工促进更新：按照建立生态公益林的要求，采取“栽针、抚阔、留灌”的作法，块状整地并栽植目的树种。树种选择应本着适地适树适种源的原则，以马尾松、华山松、湿地松、火炬松、柳杉和滇柏等作为补植树种，按小生境类型配置。整地规格视树种而定，不宜过大，一般以 40 厘米×40 厘米×25 厘米为宜。对造林地上的原有和天然下种侵入后的阔叶树要严加保护并进行培土等抚育；对灌木则要通过适当调整密度，以使目的树种有一个合理的培养空间。

对补栽的林木从次年起，连续抚育 3 年，以促进其生长，形成结构良好的复层混交林。

③配套措施：为了有效地减少森林资源的消耗和保护地表植被，大力推广改燃、改灶、节柴、建沼气池等措施，开展“清洁能源”工程建设。

(4) 模式成效

本模式充分利用自然条件，采用封造结合的措施营造和恢复植被，加快了半石山地生态环境的建设步伐，提高了其涵养水源和保持水土的功能。

(5) 适宜推广区域

本模式适宜在贵州省中部的半石山地推广应用。

【模式 B3-7-3】　黔中荒山荒地水土保持林建设模式

(1) 立地条件特征

模式区位于贵州省的开阳县、修文县、瓮安县等地。区内的荒山荒地坡度较陡，山体切割严重，原生性喀斯特森林植被基本上全部遭受破坏，目前只有一些残存次生林，且多为藤刺灌丛草坡。土壤类型主要为由碳酸岩发育而成的中性和微碱性反应的石灰土以及覆盖在沉积岩上呈微酸性至强酸性反应的黄壤、红壤和黄棕壤等。水土流失严重，生态环境脆弱。

(2) 治理技术思路

针对该区的自然和社会经济特点，选择耐干旱瘠薄、根系发达、穿串岩石缝隙能力强、生长迅速的树种进行人工植苗造林。根据对防护林的林种功能要求，提倡营造宽带状或大块状针阔混交林。

(3) 技术要点及配套措施

①树种选择：可选择的树种有马尾松、火炬松、华山松、柳杉、杉木、刺槐、麻栎、白栎、栓皮栎、檫木、杜仲、黄柏、山苍子等。

②整地及造林密度：块状整地，规格一般为30厘米×30厘米×25厘米或40厘米×40厘米×30厘米，“品”字形布设。栽植密度为200～400株/亩。坡长超过200米的山地，每隔100米要留一条宽3米的生物带。用1年生Ⅰ、Ⅱ级实生苗或容器苗，人工植苗造林，密度200～400株/亩。栎类树种可以在造林季节用种子直播。

③抚育管护：造林后连续抚育管理3～5年，防止一切人为破坏活动，特别要防止山林火灾的发生。在造林当年的夏秋之间，对植株周围除草抚育1次，次年进行松土、培土和除草。同时，搞好病虫害防治。

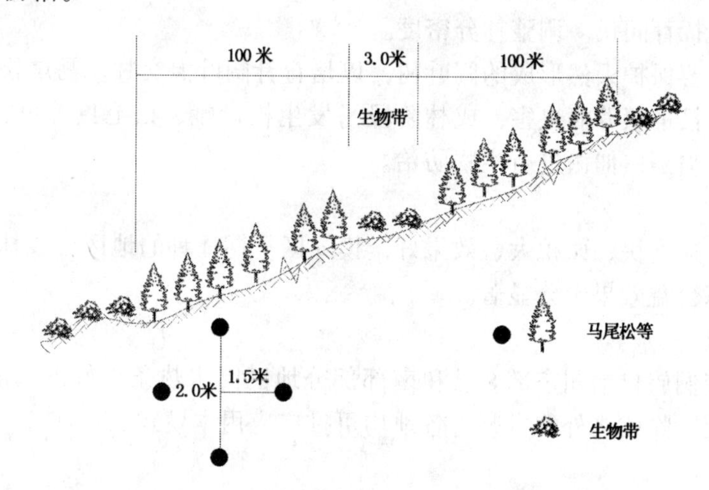

图 B3-7-3 黔中荒山荒地水土保持林建设模式图

（4）模式成效

本模式通过人工植苗造林，不仅充分利用了林地资源，遏制了水土流失，而且增加了有林地面积，扩大了森林资源，提高了森林覆盖率，取得了明显的效益。

（5）适宜推广区域

本模式适宜在有碳酸岩、沉积岩分布的荒山荒地推广应用。

【模式 B3-7-4】 黔中荒山荒地飞机播种生态公益林模式

（1）立地条件特征

模式区位于贵州省黔南布依族苗族自治州的独山县、平塘县、惠水县，安顺市的紫云苗族布依族自治县，及毕节地区的威宁彝族回族苗族自治县等地。区内存在大面积宜林荒山荒地，植被覆盖度不超过0.5，土壤呈微酸性和酸性反应，适宜飞机播种造林。

（2）治理技术思路

为加快荒山荒地的造林步伐，根据许多树种具有天然下种能力的生物学特征，选择马尾松、云南松、柏木等树种进行飞播造林，并通过以飞促封，以封保播的严格管护，建设大面积的生态公益林。

（3）技术要点及配套措施

①播区选择：选择面积不小于1万亩，有效播种面积率不低于70%，呈长方形集中连片分布的宜林荒山。

②植被处理：飞播前20天完成播区的杂草杂灌清理工作。植被盖度小于0.3的播区，无需清理草灌。

③树种选择：赫章、水城、兴义一线以东选用马尾松，每亩用种量150～175克；以西选用云南松，每亩用种量250克。种子上机前，应用防鸟鼠危害的药物进行拌种。

④播种季节：每年雨季即将来临的3～4月份为适宜播期。

⑤飞机作业方式：用“运-5”型或“运-12”型飞机进行飞播，采用GPS导航技术辅助飞播作业。

⑥经营管护：播后封禁管护5年以上，明确专职护林员或建立飞播林场进行管护。播种当年秋季进行成苗调查。对漏播和缺苗地段，翌年春天应进行人工补植补播；第5年进行林木保存率调查；第7～10年开展抚育间伐，调整林分密度。

抚育间伐时，首先要保护天然形成的阔叶树，以培育针阔叶混交林。马尾松幼林阶段容易发生赤枯病、赤落叶病、松梢螟等病虫害，成林阶段易发生松毒蛾、松毛虫等虫害，可在4～5月份用灭幼脲灭除，也可喷洒白僵菌进行生物防治。

(4) 模式成效

飞播造林投资省、速度快、面积大、效果好，模式区早期播种的地区已成林成材，近期播种的也已郁闭成林，生态公益效果十分显著。

(5) 适宜推广区域

贵州省黔东南苗族侗族自治州东部8县和南部部分地区因水热条件好，草灌植被生长迅速，播种幼苗易被压抑致死，除此之外的贵州省各地均可推广应用本模式。

【模式B3-7-5】 黔中干热河谷石灰岩山地陡坡退耕地植被恢复模式

(1) 立地条件特征

模式区位于贵州省贞丰县花江大坡上的兴北镇，典型喀斯特地貌，海拔500～1 000米，坡度26～35度。年平均气温18～22℃，干热河谷气候特征明显，耕地多分布于石灰岩陡坡石旮旯上。

(2) 治理技术思路

针对气候炎热，石旮旯土具有一定肥力，但保水性能差，土壤较干燥的特点，选用根系发达、耐干旱、枝叶繁茂又有较高经济价值的花椒，营造生态经济型防护林。

(3) 技术要点及配套措施

①育苗：选用竹叶椒或小红袍等优良品种，人工分段培育壮苗。即先于大田撒播种子，当幼

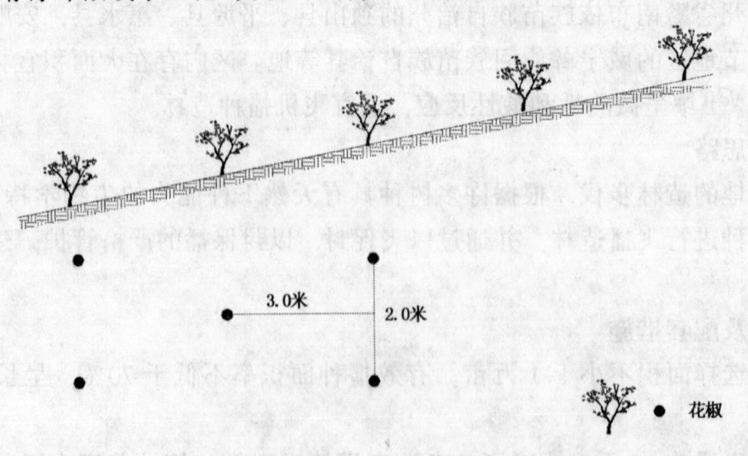

图 B3-7-5 黔中干热河谷石灰岩山地陡坡退耕地植被恢复模式图

苗长至10厘米时，移栽到苗床上再次培育，苗高40厘米时出圃造林。

②造林：在雨季挖定植穴，规格40厘米×40厘米×30厘米，整地后植苗造林，株行距因地制宜，栽植密度一般为80～100株/亩。

③管护：造林后每年都应进行松土、抚育、培土，第2年开始定期剪枝、施肥，其中尤以在冬季施人粪尿等有机肥效果最好。加强病虫害防治，特别是要注意防治春夏之交容易发生的蚜虫。

(4) 模式成效

本模式又称为“顶坛模式”，1993年开始推广，到1999年已经推广24 000多亩，模式区的森林覆盖率已从过去的7.5%上升到现在的70%，1999年的户均收入高达2 900多元。既有很好的生态效益，又有较可观的经济收入。

(5) 适宜推广区域

本模式适宜在气温较高、具有干热河谷性质的石灰岩陡坡退耕地推广应用。

【模式 B3-7-6】 黔中陡坡耕地退耕还林（草）模式

(1) 立地条件特征

模式区位于贵州省印江土家族苗族自治县缠溪镇。坡度介于26～35度的陡坡耕地，由于多年的耕作和侵蚀，水土流失多在强度以上，土壤石砾含量高，土层厚40～80厘米。

(2) 治理技术思路

陡坡旱地是退耕还林（草）的主要对象，但考虑到陡坡耕地所占比重较大，在退耕后营造生态公益林的同时，应适当配置多年生草本经济作物，以帮助群众在林木郁闭前获取一定的经济收入，顺利退耕。

(3) 技术要点及配套措施

①树（草）种选择：意大利杨（69或72）、蓖麻。

②造林：意大利杨采用苗高2米以上的1年生扦插苗，随起苗随栽植。块状整地，规格60厘米×60厘米×50厘米，每穴施钙、镁、磷肥250克，覆土10厘米后栽植，并踏实踩紧，株行距为2.0米×8.0米，应拉绳定点挖坑规范栽植。因行距大，行间可套种蓖麻，每窝播种1～2粒，每亩约400窝，用种量约250克。

③抚育管理：退耕还林（草）后，要及时签订合同，落实管护责任，3年内每年对蓖麻进行1～2次锄抚和施肥。

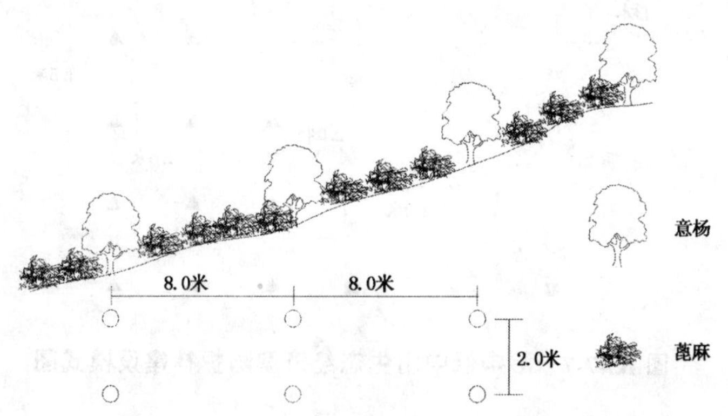

图 B3-7-6　黔中陡坡耕地退耕还林(草)模式图

(4) 模式成效

蓖麻为多年生草本经济作物，由于枝叶繁茂，具有较好的水土保持功能，同时，套种蓖麻当年每亩即可获取经济收入300～400元，群众普遍乐于接受，便于退耕还林（草）工作全面推开。

(5) 适宜推广区域

本模式适宜在各地陡坡退耕还林（草）中推广应用。但应按照适地适树的原则，选择相应的树（草）种。

【模式 B3-7-7】　黔中低中山生态经济型防护林建设模式

(1) 立地条件特征

模式区位于贵州省遵义县松林镇，海拔大多在1 000米左右。由于河谷下切较深，高原面已逐渐破碎。砂页岩成条带状分布在喀斯特山地丘陵和峰丛山地之间。中亚热带湿润温和气候，冬无严寒，夏无酷暑，雨量充足，云雨日多，日照少，空气常年湿润，年平均气温14～16℃，年降水量1 100～1 300毫米。马尾松林、桦木林及马尾松、杉木人工林分布较广。人口密集，交通便利，经济比较发达。

(2) 治理技术思路

按照适地适树的原则，把防护林体系建设与群众的脱贫致富紧密结合起来，充分调动群众植树造林、发展林业的积极性，加快生态环境与经济建设步伐。

(3) 技术要点及配套措施

①树种：可选择的树种有杉木、马尾松、杜仲、黄柏、刺槐等。

②造林：冬季整地，春季栽植。坡上部，保留原生植被，块状整地，按1.5米×1.5米的株行距栽植马尾松1年生裸根苗，栽植穴的规格为35厘米×35厘米×30厘米；坡中部及下部，带状整地，带宽1.0～2.0米，按2.0米的株距用1年生杉木苗与杜仲或黄柏混交，栽植穴的规格为40～50厘米见方，深30～40厘米。

③抚育管理：造林后连续抚育管理2～3年。造林当年松土、除草1～2次，第2年起每年抚育、松土2次。经济林要结合抚育进行施肥，同时搞好病虫害防治。

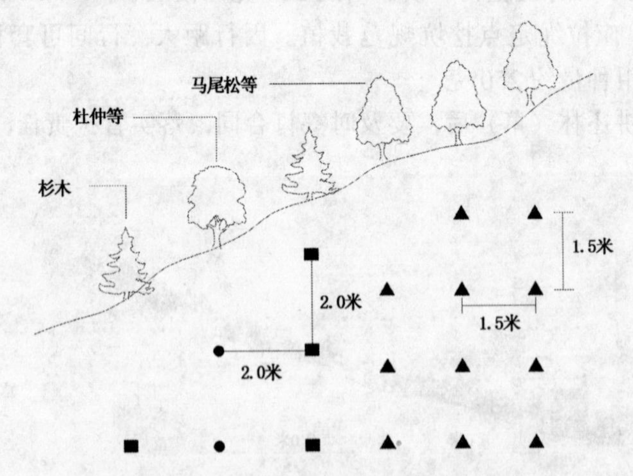

图 B3-7-7　黔中低中山生态经济型防护林建设模式图

(4) 模式成效

在对遵义县湘江、乐民河源头进行综合整治的工作中，本模式取得了明显的生态效益和经济效益。营建的生态经济型防护林既改善了当地的自然环境，又提高了群众的生活水平，群众普遍乐于接受。

（5）适宜推广区域

本模式适宜在黔中地区各县及与本区条件类似的地方推广应用。

【模式 B3-7-8】 黔中新桥河流域石漠化综合治理模式

（1）立地条件特征

模式区位于贵州省关岭布依族苗族自治县中部的新桥河流域，总面积 14 640 亩，省道（贵阳-兴义）214 线与关岭-花江支线在此交汇。中亚热带季风湿润气候，年降水量 700 毫米，年蒸发量 800 毫米。主要的成土母岩为白云岩、石灰岩，主要发育石灰土。植被遭受严重破坏，群落结构简单，森林覆盖率仅 8.2%。喀斯特地貌发育强烈，岩石裸露程度大，年平均侵蚀模数 6 000 吨/平方千米，水土流失严重，石漠化现象严重，生态环境恶劣。

（2）治理技术思路

以影响生态环境的白云质砂石山、石山、灌丛地和陡坡耕地为治理重点，“造、封、管、沼、节”并举，努力增加林业生态建设的科技支撑力度，提高营造林质量，不断扩大森林植被面积，遏制水土流失和石漠化，实现生态、经济、社会效益统一协调发展。

（3）技术要点及配套措施

①树种选择：选择适应性强、根系发达、水土保持功能好、具有一定经济效益的香椿、榆树、刺槐、毛桃、女贞、花红等树种。

②整地：块状整地，规格 30 厘米×30 厘米×20 厘米或 50 厘米×50 厘米×40 厘米，“品”字形排列，时间为冬、春季造林前 1～3 个月。

③ 苗木：造林时要充分利用短暂的有利气候条件，根据具体的土壤状况选用不同规格的壮苗，并推广使用 ABT 生根粉和绿色植物生长调节剂（GGR6～10 号）。

④栽植：行间或带间混交。植苗造林在冬季和早春苗木发芽前或雨季进行。栽植时清除穴内杂物、打碎土块、回填表土、扶正苗木、压紧踏实、稍覆松土，覆土至苗木根际以上 3～5 厘米，要求做到根舒、苗正、深浅适宜，切忌窝根。

⑤抚育管理：从造林的当年开始，本着“除早、除小、除了”的原则连续抚育 3 年，每年 1～2次。刀抚、锄抚相结合，进行块状抚育。松土深度 8～12 厘米，要求近苗浅、外围深。尽量保留株行间的灌木、草本，避免因抚育不当而造成新的水土流失。防护林亩施肥 40 千克；经济林亩施复合肥 142 千克。

⑥配套措施：积极发展常规能源，建设沼气池，开展节能工作减轻居民生活用能对植被的压力。

（4）模式成效

通过 3 年的综合治理，建设 4 立方米商品化玻璃钢沼气池 80 口，6 立方米水泥浇灌沼气池 40 口，节柴灶 180 户。农户通过使用沼气、电、煤，大大降低了居民对植被资源的破坏。模式区净增森林面积 9 000 亩，森林覆盖率由过去的 8.2%提高到现在的 71.4%，完全治理了模式区内的水土流失，土地石漠化得到控制，生态环境明显改善。

（5）适宜推广区域

本模式适宜在贵州省喀斯特地貌发育的地区推广。

【模式 B3-7-9】　贵州干热河谷水土保持林建设模式

（1）立地条件特征

模式区位于贵州省南部的兴义市，为与广西壮族自治区接壤的红水河、南盘江及北盘江河谷地区，海拔在600米以下，年平均气温18～20℃，生长期340天以上，年降水量1 000～1 400毫米。山地由砂页岩组成，原生有热带成分的季雨林已被破坏殆尽，除部分地方残存有细叶云南松外，多数地区已沦为高巴茅草灌丛。

（2）治理技术思路

由于冬春干旱严重，夏季高温高湿，树种选择及造林难度很大。因此，应按照先绿化后提高的思路，合理选择树种，科学造林育林，加大抚育管护力度，尽快恢复森林植被。

（3）技术要点及配套措施

①树种选择：以选择耐干旱、耐贫瘠的车桑子、金银花为主，适当混植细叶云南松等。

②整地。用畜犁沿等高线环山带状开沟整地，带间距1米，带宽30～40厘米，深20～30厘米。

③造林：车桑子以直播造林为主，沿开沟整地的方向均匀地将种子撒入土中，覆盖厚3～4厘米的土，每亩用种量0.3千克。造林时间一般在雨季开始前半个月。在土层较厚的地方，可适当不规则混交，补填云南松容器苗等，形成复层混交林。

④抚育管理：造林后连续抚育3～5年，每年刀抚2～3次，抚育内容包括松土、除草、施肥等。同时加强管护，封山护林，严禁放牧，确保造林成效。

（4）模式成效

实践证明，车桑子、金银花是干热河谷地带恢复植被的主要树种，金银花还可给农户带来一定的经济收入，在干热河谷地区立地条件较差的荒山采用本模式效果比较理想。

（5）适宜推广区域

本模式亦适宜在贵州省的册亨县、望谟县、罗甸县、兴义市、安龙县、紫云苗族布依族自治县等地的河谷地区推广。

第11章 四川盆地丘陵平原类型区(B4)

本类型区主要指嘉陵江流域、沱江流域、岷江中下游、金沙江中下游、大渡河下游、乌江流域和长江上游干流地区，系四川盆地及其周边地区（以下简称“盆周”）。地理位置介于东经102°18′19″～108°59′11″，北纬27°44′48″～33°4′15″。包括四川省成都市、广元市、绵阳市、雅安市、乐山市、德阳市、眉山市、宜宾市、泸州市、达州市、巴中市、南充市、遂宁市、广安市、资阳市、内江市、自贡市以及重庆市的全部或部分地区，总面积202 453平方千米。

本类型区根据地貌特点大致可以分为低中山区和丘陵平原农区。低中山区是长江上游众多一、二级支流的发源地，山体大、坡面长、坡度陡，地表组成物质稳定性差。降水丰富，暴雨多、强度大，生态环境脆弱，易发生严重的水土流失、滑坡、泥石流及洪涝。陡坡耕地分布广，水土流失面积大，占总面积的50%以上。土壤侵蚀严重，年侵蚀模数达4 000吨/平方千米。气候条件优越，物种资源丰富，林业生产潜力大，但森林覆盖率低，森林质量差，森林效益不高；丘陵平原农区，主要为盆中紫色丘陵和盆东平行岭谷向斜丘陵，自然条件好、开发历史悠久、垦殖指数高（40%～60%），是各地重要的农业区和主要的粮食产区。林地与农地交错、镶嵌，森林植被少，农民群众缺薪少柴现象十分严重。本类型区人多地少，人均耕地0.8亩，人均林业用地和有林地仅0.45亩和0.15亩，远低于全国平均水平，土地后备资源极为有限，人地矛盾突出。丘麓、丘坡、丘顶均已开垦耕种，旱地比重高达30%～70%。盆中丘陵地带大于10度的坡耕地占70%以上，大于25度的占10%～20%，尤其是坡耕地的顺坡耕作更加剧了水土流失，水土流失面积高达55%，坡耕地侵蚀占坡地侵蚀的50%～70%，使丘陵平原区成为强度以上的侵蚀区，是水土流失的主要策源地。

本类型区的主要生态问题是：森林覆盖率低，森林质量差，生态环境脆弱，水土流失严重，山区滑坡、泥石流及洪涝灾害多发。

本类型区林业生态建设与治理的主攻方向是：以防治水土流失为重点，因地制宜，恢复森林植被。低中山区，生物措施与工程措施结合，综合治理，恢复和扩大森林植被；丘陵平原农区，充分利用荒地和丘顶脊、埂坎、陡坡岩石裸露地及四旁地，营建水土保持林，防治缓坡耕地的水土流失。

本类型区共分6个亚区，分别是：盆周西部山地亚区，盆周南部山地亚区，成都平原亚区，盆中丘陵亚区，盆周北部山地亚区，川渝平行岭谷低山丘陵亚区。

一、盆周西部山地亚区（B4-1）

本亚区位于四川盆地西缘，北起岷山，南抵金沙江边，地理位置介于东经102°18′19″～

105°19′5″，北纬28°28′28″～33°4′15″。包括四川省广元市的青川县，绵阳市的北川县、平武县，雅安市的雨城区、芦山县、宝兴县、天全县、荥经县，乐山市的峨边彝族自治县、马边彝族自治县等10个县（区）的全部，以及四川省绵阳市的江油市、安县，德阳市的绵竹市、什邡市，成都市的大邑县、彭州市、都江堰市、崇州市、邛崃市，乐山市的峨眉山市、沐川县，眉山市的洪雅县，宜宾市的屏山县等13个县（市、区）的部分地区，面积34 920平方千米。

本亚区以山地地貌为主。坡陡崖多，河谷深切，岭脊海拔一般在3 000米以上。出露地层主要有石灰岩、片岩、千枚岩和中生代的砂岩、页岩、砾岩等。地震频繁，断裂发育、岩石破碎。亚热带湿润气候，年平均气温12～14℃，年降水量1 200～1 600毫米，相对湿度80%以上，常年多云雾。由于海拔高低悬殊，立体气候特征很明显。随着海拔升高，依次出现亚热带、暖温带、温带、寒温带气候。土壤类型多样，由低到高依次出现山地黄壤、黄棕壤、山地棕壤、山地暗棕壤、山地草甸土等，接近盆地的山地丘陵有紫色土分布，山区局部范围内有黄色石灰土分布。森林的垂直分带明显，除海拔1 600米以下为次生落叶阔叶林外，由低到高依次出现常绿阔叶林、山地暗针叶林、亚高山暗针叶林及高山灌丛草甸。

本亚区的主要生态问题是：自然植被遭到严重破坏，水土流失严重，常有崩塌、滑坡、泥石流发生，危害甚大。

本亚区林业生态建设与治理的对策是：充分利用有利的自然条件和社会条件，克服消极因素，因地制宜地综合应用封山育林、人工造林、退耕还林等各种有效措施，并和农业产业结构调整紧密结合，建设起具有水源涵养、水土保持功能并有一定经济效益的多功能森林体系。低山深丘区建设水土保持林，中高山区建设水源涵养林。

本亚区共收录6个典型模式，分别是：盆周西部山地乔灌混交型水土保持用材兼用林建设模式，盆周西部低中山水土保持经济林营造模式，川西生态经济型茶园建设模式，盆周西部水土保持型珍贵树种用材林建设模式，盆周西部水土保持果材兼用林建设模式，盆周西部中山混交型水源涵养林建设模式。

【模式B4-1-1】　盆周西部山地乔灌混交型水土保持用材兼用林建设模式

（1）立地条件特征

模式区位于盆周西部海拔1 800米以下的山地，灌草覆盖度30%～50%，宜林地和退耕还林地一般分布中厚层山地黄壤、微酸性紫色土。

（2）治理技术思路

利用造林地现有灌草作下层地表覆盖，营造乔灌草结合的复层水土保持用材兼用林，以控制水土流失，涵养水源和缓解低山区群众用材缺乏的困难。

（3）技术要点及配套措施

①造林树种：选择杉木、柳杉、水杉、鹅掌楸、木荷、灯台树等。

②混交方式及比例：根据各地实际可采用块状、带状等混交方式，比例一般为1:1或2:1。

③整地：块状或带状整地，块状整地的规格为40厘米×40厘米×30厘米；横山带状整地的规格为带宽0.8米，保留带1.2米，全部保留保留带上的植被。

④造林：选用无性系Ⅰ、Ⅱ级苗木植苗造林，株行距2.0米×2.5米，三角形配置。栽植时注意苗正根舒，适当深栽，分层覆土，压实。造林后用锄抚、刀抚相结合的办法，连续抚育3年。成林后进行封山育林。

⑤配套措施：在造林地顺坡方向上每隔30～50米挖一条截流沟，在冲沟内建谷坊群。

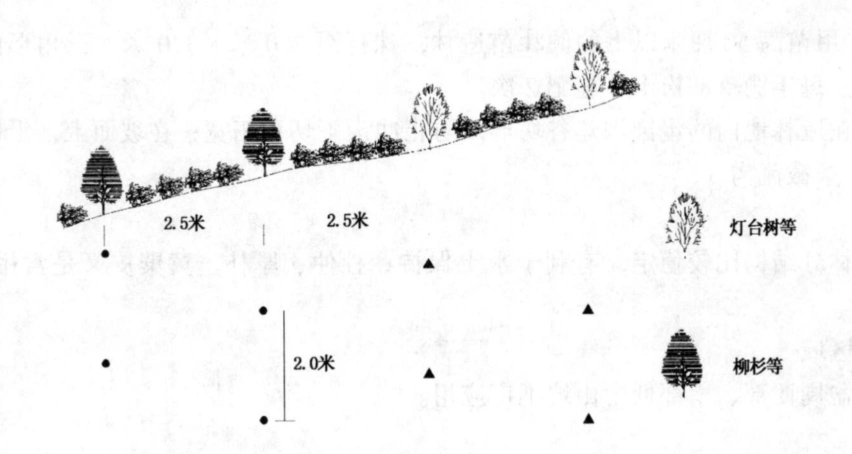

图 B4-1-1　盆周西部山地乔灌混交型水土保持用材兼用林建设模式图

(4) 模式成效

本模式利用坡地现有条件，营造乔灌草结合的水土保持用材林，有效控制了水土流失，并缓解了山区用材困难的问题。

(5) 适宜推广区域

本模式适宜在盆周西部山地推广应用。

【模式 B4-1-2】　盆周西部低中山水土保持经济林营造模式

(1) 立地条件特征

模式区位于盆周西部海拔 1 800 米以下的山地，中厚层土，土壤排水良好，pH 值 6～8。

(2) 治理技术思路

用木本药材树种造林既可保持水土又可增加经济效益，容易为农民接受。用环状剥皮技术采割树皮，可保持林分的长期稳定，如果市场出现滞销，可暂停采割树皮，对树木生长没有影响。

(3) 技术要点及配套措施

①造林树种：杜仲、厚朴、黄檗。

②造林：灌丛盖度 60％以上的造林地，先进行带状清林，带宽 1.0 米，保留带宽 2.5 米。25 度以下的造林地进行带状整地，25 度以上造林地只进行块状整地，块的规格为 50 厘米 ×

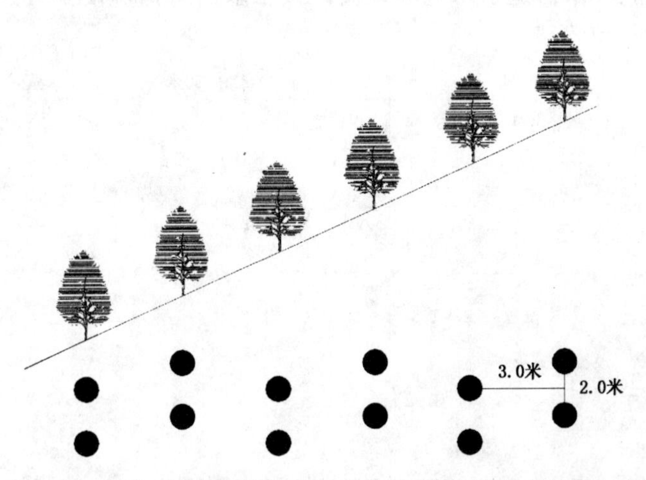

图 B4-1-2　盆周西部低中山水土保持经济林营造模式图

50厘米×40厘米。用苗高50厘米以上的健壮苗造林，株行距2.0米×3.0米，三角形配置。造林后连续抚育3年，每年锄草、松土、施肥2次。

③配套措施：在造林地内的侵蚀沟建谷坊群，防止冲沟下切和拓宽；在坡面上，沿顺坡方向每隔30～50米挖一条截流沟。

(4) 模式成效

乔灌草结合的林分结构比较稳定，有利于水土保持；杜仲、厚朴、黄檗皮又是常用中药材，有较高经济价值。

(5) 适宜推广区域

本模式适宜在盆周西部、南部低中山地推广应用。

【模式 B4-1-3】　川西生态经济型茶园建设模式

(1) 立地条件特征

模式区位于四川盆地西部低山丘区，区内坡度25度以下的宜林荒地、灌木林地、退耕还林地多为酸性黄壤，土层厚大于70厘米。

(2) 治理技术思路

针对低山丘区人口众多、林地资源相对较少、治理水土流失和增加群众收入需同时兼顾的特点，采用坡改梯的整地方法种植茶树，并配以适当水土保持工程措施，建成水土保持效果、经济收益都好的水土保持型经济林。

(3) 技术要点及配套措施

①造林技术：15度以上的坡度，沿等高线修筑宽1.7米以上的水平台地。结合整地每亩施饼肥50～100千克、过磷酸钙230～380千克，并与土壤充分拌和作为基肥。茶树植苗造林以秋季为好，株行距0.33米×1.4～1.7米，每穴植2～4株，栽前浇足定根水；直播造林宜在10月至翌年3月进行，但以10月份为好，播种深度3～5厘米，每穴3～5粒。

②抚育管理：内容包括中耕除草、施肥、水土保持和灌溉等。中耕在茶季间隙期进行。茶树施肥以腐熟的有机肥为主，同时辅以磷钾肥。

③配套措施：为了防止水土流失，在常年管理中应采取修建排蓄系统，间种绿肥，铺草覆盖等措施。坡长超过100米的宜林荒山、灌木林地，每隔50米留一植被保护带，带宽5米；造林地为退耕还林地时，每隔50米营造5米宽的绿篱，或采取封育措施使其自然形成植被保护带。

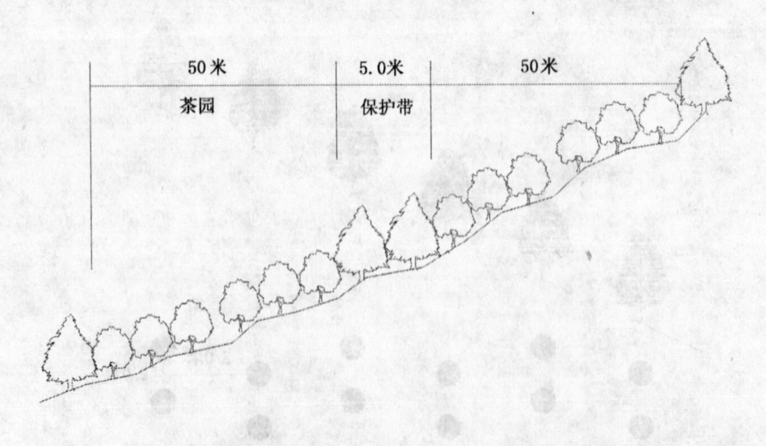

图 B4-1-3　川西生态经济型茶园建设模式图

(4) **模式成效**

本模式兼有水土保持和经济效益双重功能，对促进生态环境建设和农业产业结构调整有重要作用。

(5) **适宜推广区域**

本模式适宜在盆周西部、南部低中山地推广应用。

【模式 B4-1-4】 盆周西部水土保持型珍贵树种用材林建设模式

(1) **立地条件特征**

模式区位于四川盆地西部低山的山坡中下部及山谷，坡度小于 35 度，土层厚 80 厘米以上，肥润。半阴半阳坡分布有宜林荒地、灌丛地。

(2) **治理技术思路**

充分利用林地的生产潜力，用珍贵树种营造水土保持用材林，改善生态环境。

(3) **技术要点及配套措施**

①造林树种：选用楠木、香樟等珍稀树种。

②造林技术：灌丛覆盖度 60%以上的造林地，要进行带状清林，带宽 1.0 米，保留带宽 1.5 米，灌丛盖度 60%以下的不清林。块状整地，规格 50 厘米×50 厘米×40 厘米。初冬和初春造林，用高 50 厘米以上、根系发达的 1 年生健壮苗，起苗时打好泥浆，并用 ABT 生物调节剂处理，尽量随起苗随造林。株行距 2.0 米×2.5 米。栽植时要严格掌握苗正、根舒、深栽、踏紧等技术要领。

③抚育：造林后连续抚育 3～5 年，每年 2 次，抚育内容包括松土、施肥、病虫害防治等，灌草特别繁茂的山谷还应增加抚育次数。楠木幼树严禁打枝。成林后出现生长衰弱的林木时，应伐弱留强。

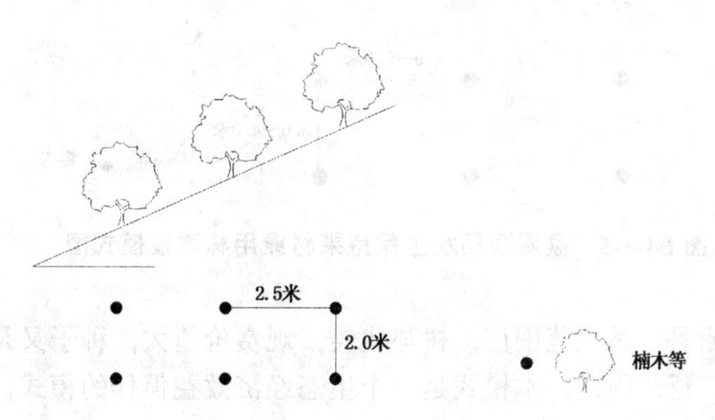

图 B4-1-4 盆周西部水土保持型珍贵树种用材林建设模式图

(4) **模式成效**

楠木、香樟是珍贵树种，寿命特别长，人工造林的生长速度比天然林快几倍，营建楠木、香樟林可起到改善生态环境和开发优良木材的双重效果。四川林业学校于 20 世纪 50 年代初在模式区营造的楠木林平均胸径达 40 厘米以上，生长旺盛。

(5) **适宜推广区域**

本模式适宜在盆周南缘山地低山区推广应用。

【模式 B4-1-5】　盆周西部水土保持果材兼用林建设模式

(1) 立地条件特征

模式区位于盆周西部，海拔 500～1 800 米，年降水量 800～1 200 毫米。阳向坡面的土层较深厚肥沃，微酸性轻壤质、沙壤质或中壤质土，排水良好。

(2) 治理技术思路

充分利用除排水不良、易涝地段外林地的生产潜力，开发既有水土保持作用又能生产果实和优良木材的多用途兼用林。

(3) 技术要点及配套措施

①造林树种：选用优良树种银杏。

②清林整地：对灌丛过于繁茂的造林地进行局部清林，清林后进行大穴整地，规格 50 厘米×50 厘米×40 厘米，拣尽穴内树根、石块，并用腐熟的有机肥做基肥。

③主要造林技术：造林时间为秋季苗木停止生长后或初春开始生长以前，株行距 3.0 米×4.0 米或 4.0 米×5.0 米。用 2 年生苗造林，庭院种植时可带土移栽 4 年生苗。造林时，用 ABT 生根粉处理苗根并浸蘸泥浆，同时做到苗正根舒、细土埋根、分层覆土、踏紧，并灌定根水。

④抚育：造林后 3～4 年内每年抚育 2 次幼林，割除影响银杏苗生长的灌木、杂草。第 1、2 年抚育时要注意松土、培土。

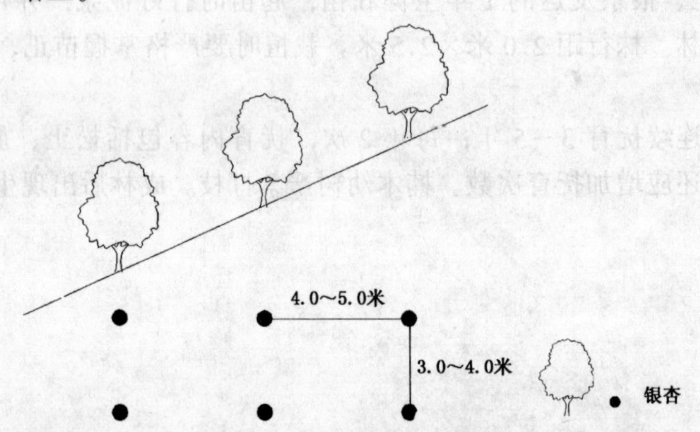

图 B4-1-5　盆周西部水土保持果材兼用林建设模式图

(4) 模式成效

银杏抗性强，耐寒耐暑，适生范围广，树势优美，观赏价值大，种子又是滋补食品，经济价值高，材质优良，用途广泛，因此，本模式是一个生态经济效益俱佳的模式。

(5) 适宜推广区域

本模式在四川盆地海拔 1 500 米以下、年降水量 800～1 000 毫米的山地丘陵区都可推广。

【模式 B4-1-6】　盆周西部中山混交型水源涵养林建设模式

(1) 立地条件特征

模式区位于盆周西部山区海拔 2 000 米以上的中山地段，年降水量 800～1 000 毫米，土壤为黄棕壤、棕壤，土层厚，石砾少，排水、透水能力差，植被茂密。

(2) 治理技术思路

先营造云杉（冷杉）林，再撒播桦树种子或通过封山育林，使其成为一个结构合理的针阔混交林。宽带清林，大穴整地，壮苗丛植，并及时进行强度抚育是模式区冷杉造林成功的关键技术措施。

(3) 技术要点及配套措施

①清林整地：为了得到较多的自然光照，增加土壤温度降低湿度，造林前须进行宽带清林，带宽不得高于杂灌的高度，一般2～3米，保留带宽1.2～1.5米，以能堆放全部砍除物为准。大穴整地，规格50厘米×50厘米×30厘米或40厘米×40厘米×30厘米。

②苗木规格：造林苗木选用粗壮、顶芽饱满、叶色正常的3～4年生I、II级苗。

③栽植造林：春秋皆可造林，春季造林宜为3～4月；秋季造林宜在9月下旬苗木停止生长后进行。每穴丛植3～5株，每亩不少于133穴。栽植时要深栽紧踏，并覆以地被物，以防冻拔。

④抚育管理：造林后连续抚育5年，其中第1～3年每年2次。全部清除造林带上的植被，保留带上的植被也要拦腰切断。云杉造林几年后，可把现采的桦树种子撒播在清林带的边缘。

(4) 模式成效

本模式是中高山冷湿地带成功的造林模式，森林高大茂密，林相整齐，景观美丽，水源涵养效果好，而且易于推广。

(5) 适宜推广区域

本模式适宜在盆周山地中高山冷湿地带推广应用。

二、盆周南部山地亚区（B4-2）

本亚区地处四川盆地南缘，地理位置介于东经104°18′53″～106°18′33″，北纬27°44′48″～28°46′33″。包括四川省泸州市的纳溪区、古蔺县、叙永县，宜宾市的兴文县、筠连县、珙县等6个县（区）的全部，以及四川省宜宾市的高县、屏山县、长宁县、江安县，泸州市的合江县等5个县的部分地区，面积12 511平方千米。

本亚区地形为山地、丘陵，部分地区喀斯特地貌比较发育，山地海拔一般1 000～1 500米。气候温和湿润，年平均气温16～18℃，无霜期300天以上，年降水量900～1 250毫米。主要土壤为黄壤，次有黄棕壤、酸性紫色土、石灰土等。本亚区属亚热带常绿阔叶林区，在泸州市合江县福宝和古蔺县黄金等地保存有一定面积的常绿阔叶林，大部分地区的原生植被已为次生植被及人工植被取代。主要森林类型有马尾松林、杉木林、楠竹林、柏木林、厚皮丝栎林及零星常绿栎林。适宜人工造林的树种较多，是重要的速生丰产用材林基地，已先后营造了大面积的马尾松、杉木、湿地松人工林。

本亚区的主要生态问题是：在长期不合理的人为活动干预下，森林生态系统受到了较大破坏，森林生态功能削弱，水土流失严重。

本亚区林业生态建设与治理的对策是：充分利用本亚区水热资源丰富的优越自然条件，本着治理与开发相结合的原则，因地制宜地采用人工造林、封山育林、退耕还林等综合治理措施，建设具有良好水土保持功能，并能提供一定林副产品的多用途森林综合体系，从根本上控制水土流失，改善生态环境，促进农业产业结构调整，增加农村群众收入。

本亚区共收录4个典型模式，分别是：盆周南部混交型水土保持林建设模式，盆周南部木本芳香植物建设开发模式，盆周南部笋材两用林建设模式，盆周南部岩溶山地人工促进恢复植被模式。

【模式 B4-2-1】　盆周南部混交型水土保持林建设模式

（1）立地条件特征

模式区位于盆周南部500～1 500米的低中山地带，年降水量在1 000毫米左右，丘陵、丘坡地的土壤为黄壤、酸性紫色土，土层厚40厘米以上，杂草、灌丛盖度40%～60%。

（2）治理技术思路

在保护现有植被的基础上，选用根系发达、耐干燥瘠薄、生长较快的树种营造针阔混交林，提高森林生态系统的防护效益。

（3）技术要点及配套措施

①造林树种：选用杉木、马尾松、湿地松、栎类、檫木、香樟、刺槐、马桑等。

②整地：在保护现有植被的基础上进行穴状整地，其规格为：针叶树30厘米×30厘米×30厘米，阔叶树40厘米×40厘米×30厘米。

③造林：造林时间春秋皆可。针叶树和阔叶树带状混交，其中针叶树2行，阔叶树2行。造林株行距为：针叶树2.0米×2.5米，阔叶树2.0米×3.0米。马尾松造林用容器苗，逐步推广菌根处理和切根技术。麻栎用切根苗，也可直播。在灌草较少处，撒播一些马桑种子。造林后连续抚育3年，仅进行局部锄草松土。

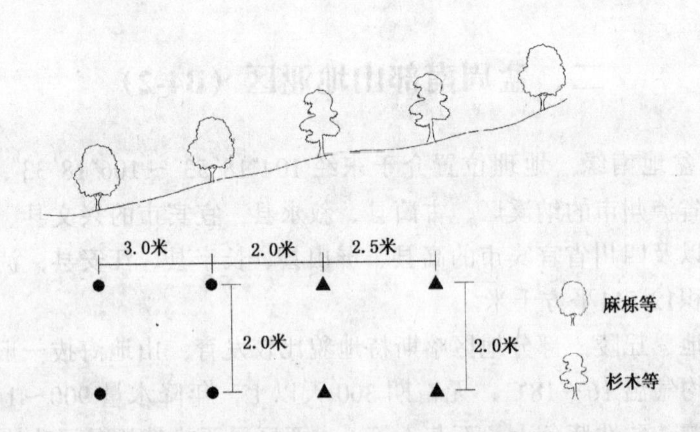

图 B4-2-1　盆周南部混交型水土保持林建设模式图

（4）模式成效

本模式可形成乔灌草复层林分结构，有利于水土保持。马桑落叶较多，易分解，利于提高土壤肥力，间伐的马桑枝又是良好的薪柴。

（5）适宜推广区域

本模式适宜在盆周南部以及盆中丘陵类似区域推广应用。

【模式 B4-2-2】　盆周南部木本芳香植物建设开发模式

（1）立地条件特征

模式区位于盆周南部海拔400～1 000米的石灰岩山区，土壤为山地黄壤和黄色石灰土，肥力不高，雨量、热量充沛的阳坡最为适宜木本芳香油植物生长。

（2）治理技术思路

按照"山上建基地，山下建工厂，山外找市场"以及"公司加农户"的治理开发思路，农户按土地的多少和种植规模的大小折股成为股东成员，公司以股份制的管理方式进行运作。

(3) 技术要点及配套措施

①主要树种：岩桂、黄樟、油樟。

②营建技术：

育苗：播种育苗为主，辅以组培苗培育。苗高25～35厘米，地径0.15～0.25厘米时即可出圃造林。

整地：25度以上坡地中窝整地，长、宽各30厘米，深度依土层厚度而定，“品”字形布局。

造林：春秋两季均可栽植，株行距1.0米×1.5米或1.0米×1.2米。

枝叶采收：按树势确定采摘强度，时间一般以6～7月份为宜。

③加工利用：建立初产品加工厂，提取黄樟油。以基地为依托，以市场为纽带，走基地建设与产业开发相结合的高效利用之路。

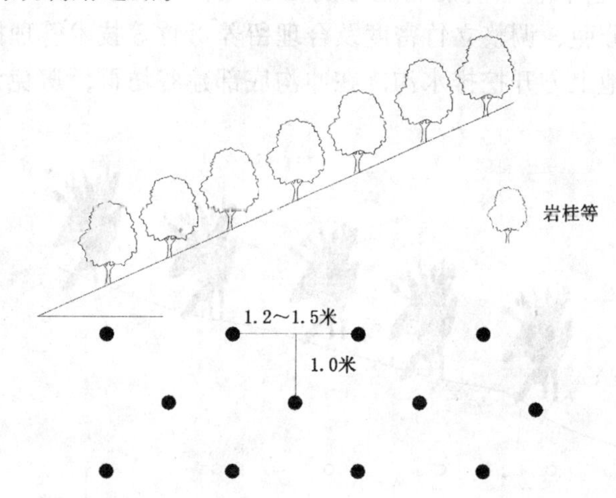

图 B4-2-2 盆周南部木本芳香植物建设开发模式图

(4) 模式成效

种植经济价值很高的黄樟以及根系固土能力强、萌蘖力旺盛的岩桂，既能起到保持水土、涵养水源的生态效益，又能增加山区农民的收入，促进地方经济发展。

(5) 适宜推广区域

本模式适宜在云南省、贵州省、四川省、重庆市的石灰岩山地推广应用。

【模式 B4-2-3】 盆周南部笋材两用林建设模式

(1) 立地条件特征

模式区位于盆周南部海拔1 000米以下的地带，年降水量1 000毫米左右。背风向阳的中山下部山坳及缓坡地，土壤深厚、湿润，微酸性，质地中壤、轻壤，排水良好。

(2) 治理技术思路

在充分发挥竹类优良水土保持作用的同时，利用培育快、竹笋（材）经济价值高的优势，进行多用途开发。

(3) 技术要点及配套措施

①主要造林技术：

竹种：楠竹、麻竹、雷竹、甜龙竹、吊丝球等。

整地：在造林前1年的秋冬进行大块状整地，规格为100厘米×60厘米×40厘米，清除土壤中的石块、树根。结合整地，在造林地上方及两侧开挖排水沟。

密度：株行距5.0米×6.0米或4.0米×5.0米，密度22～33株/亩。

栽植：用1～2年生母竹于惊蛰至春分之间移栽。母竹胸径5～6厘米，保留4～5盘枝，砍去顶梢。移栽前每穴施腐熟有机肥25千克左右作为基肥。栽植时，要做到鞭根舒展，分层踏实，不伤笋芽。栽后最好浇足定根水。

②抚育管理：新造林要连续抚育3年，每年3次，以锄草、松土、施肥为主。也可以耕代抚，间种豆类、花生、绿肥等，但忌种芝麻和禾本科植物。

成林后，要及时清除竹蒲头，结合挖除老竹头、老竹鞭，进行翻土。楠竹结合挖冬笋，每年翻土1次，同时施厩肥。施肥量可参照以下标准：每亩年产1 000千克冬笋的楠竹林，须施氮肥20千克，磷、钾肥各5千克/亩。各种肥料应分别在2月、5月及9～10月份分3次结合培土施用。此外，断鞭、埋鞭、分蔸、调整立竹密度及合理留养母竹等技术管理措施都要及时进行。

③配套措施：在造林地上方开挖排水沟，在冲沟底部建谷坊群，避免沟底下切拓宽。

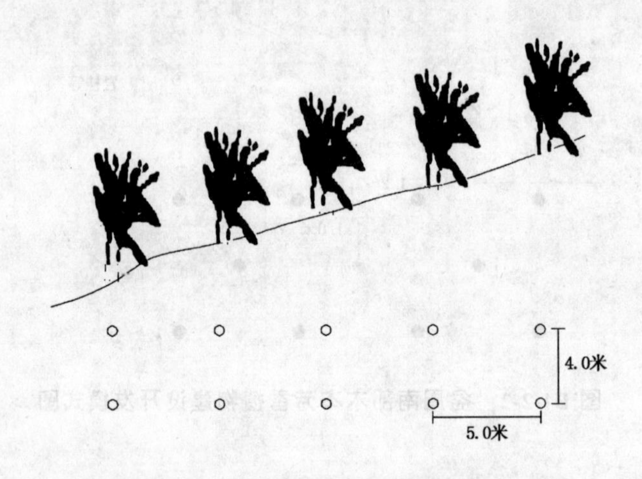

图 B4-2-3　盆周南部笋材两用林建设模式图

(4) 模式成效

本模式既可保持水土，又有较好经济效益，每亩可年产鲜笋1 000～1 330千克，产值高达3万元。鲜笋还可进一步加工，开发附加值更高的产品。

(5) 适宜推广区域

本模式适宜在四川省南部的低山丘陵地区推广应用。

【模式 B4-2-4】　盆周南部岩溶山地人工促进恢复植被模式

(1) 立地条件特征

模式区位于盆周南部的岩溶山地，年降水量1 000毫米以上，年有效积温4 500℃，水热同季。岩石以碳酸盐岩石为主，局部有砂页岩分布。人口密度大，大部分植被遭到破坏，水土流失严重，岩石裸露率高。

(2) 治理技术思路

岩溶石质山地人工造林成败的技术关键在于克服水分亏缺这个障碍性因子，提高成活率和保存率。针对石山、半石山分布广、面积大、造林难度大的特点，采取人工造林与封山育林、人工促进更新相结合的措施，加速石灰岩山地植被的恢复。在立地条件较好的地段人工造林；在岩石裸露率较高立地条件差的地段封山育林。同时加大改灶节柴力度，并在有条件的地方配合采用坡改梯等工程措施。

(3) 技术要点及配套措施

①主要树种：选择耐旱、耐瘠薄、喜钙的树种，如滇柏、桤木、柏木、刺槐、核桃、栎、杜仲、香椿、花椒、枫香、樟、棕榈等。

②造林技术：

苗木：一般用容器苗和切根造林。

整地：整地时间以造林前1年的秋冬季为宜。局部整地为主，规格不要求一致，穴状和鱼鳞坑依地形配置。砍山不炼山，尽量保留造林地原有植被，减少水土流失。

造林：适当调控灌木密度，"栽针、留灌、抚阔"。植苗时汇集表土，增加定植穴土厚，适当深栽。造林后，植苗穴面四周用枯枝落叶、石状覆盖，有条件的地方可用地膜覆盖，以减少水分蒸发，蓄水保墒。

③抚育管护：造林当年不动土抚育，从造林次年起连续抚育3年，促进形成结构良好的复层混交林。

(4) 模式成效

本模式既可保护和恢复石灰岩山地森林植被，提高森林覆盖率，增加木材、薪柴的产量，又可改善农业生产条件，增加农作物产量。据测算，本模式可增加人均产值18.7%，提高人均占有粮食71.5%，同时可以减少农田维修工程费用，延长塘、堰等水利工程的使用寿命。

(5) 适宜推广区域

本模式适宜在长江上游、乌江干流、嘉陵江干流、北盘江流域和三峡库区一带的岩溶山地推广应用。

三、成都平原亚区（B4-3）

本亚区东界龙泉山，西界九顶山麓，北起江油和绵阳一线，南抵眉山至蒲江、邛崃等地，地理位置介于东经105°11′36″～108°59′11″，北纬31°27′37″～32°56′1″。包括四川省成都市的青羊区、锦江区、金牛区、武侯区、成华区、龙泉驿区、青白江区、蒲江县、温江县、郫县、新津县、双流县、新都县，眉山市的东坡区、青神县、丹棱县、彭山县，德阳市的旌阳区、广汉市、罗江县，雅安市的名山县，乐山市的市中区、沙湾区、五通桥区、金河口区、夹江县等26个县（市、区）的全部，以及四川成都市的崇州市、都江堰市、大邑县、邛崃市、彭州市，眉山市的洪雅县、仁寿县，乐山市的峨眉山市，德阳市的什邡市、绵竹市等10个县（市）的部分地区，面积26 010平方千米。

本亚区主要为岷江、沱江两大流域冲积、洪积的菱形冲积扇平原，地形平坦，河网密布。气候温暖湿润，年平均气温16～17℃，年降水量1 000毫米左右，但分配不均，主要集中在夏季，具有冬干、春旱、夏洪、秋雨等特点。本亚区已有2 000多年的开发历史。由于开发历史早，又是人口高度密集的地区，自然植被保存极少，绝大部分为人工植被，在林宅路旁有慈竹及行道树，在老冲积黄壤上有人工马尾松林分布。

本亚区的主要生态问题是：平原地区防护林体系不完善，人居生态环境相对社会经济发展水平而言较差，老冲积黄壤形成的丘岗区水土流失严重。

本亚区林业生态建设与治理的对策是：平原地区以宅旁和渠系为主建设以改善人居环境为主的庭院生态林；丘岗区则以丘顶土层瘠薄和水土流失严重的地段为主营造水土保持林，控制水土流失。

本亚区收录1个典型模式：成都平原城市近郊区观光型生态林业建设模式。

【模式 B4-3-1】　成都平原城市近郊区观光型生态林业建设模式

(1) 立地条件特征

模式区位于成都市城郊，海拔500～800米，年降水量950～1 200毫米，土壤为潮土、老冲积黄壤、酸性紫色土，交通便利。

(2) 治理技术思路

城市近郊区，由于人口密集、交通方便，土地资源十分珍贵，担负着既要满足当地群众生产生活需要，又要为城市居民提供生活用品和观光旅游、休闲度假场所的双重任务。观光生态林业就是要在治理生态环境的同时，建立观光、旅游、开发一体的林业体系。

(3) 技术要点及配套措施

①建设形式：

花园果园：在交通便利地区，建设既能观花，又能吃果的规模较大的成片经济林果园。春天，开展民间观花旅游；夏天，游人可以到果园品尝鲜果。同时，还可以批量售果，增加收入。在配置时，考虑到观花观果的时间序列，应配置不同花期及早熟、晚熟品种。果园要种草或绿肥植物，主要草种有苜蓿、三叶草等豆科植物。

林盘农家乐：以每家每户的庭院绿化为主，在农舍庭院配置多种植物形成优美的环境，与花园、果园相结合，既绿化美化庭院，又提供饮食住宿服务，吸引城市居民休闲度假。

②树种及其配置：

花园果园：选择桃、李、梨、樱桃、枇杷、杨梅、枣、柚、橙等既可观赏又可采果的经济树种和部分花种，树种配置错落有致，四周种植常绿防护林带，园中多种果树，进行团状、大块状混交，种植密度为70～80株/亩。

林盘农家乐：主要选植树种有香樟、楠木、慈竹、金竹、斑竹、白夹竹、毛竹、麻竹、雷竹、苦竹、喜树、香椿、蜡梅、银杏、枫杨、水杉、桉树等和一些园林绿化树种。以林舍农舍庭

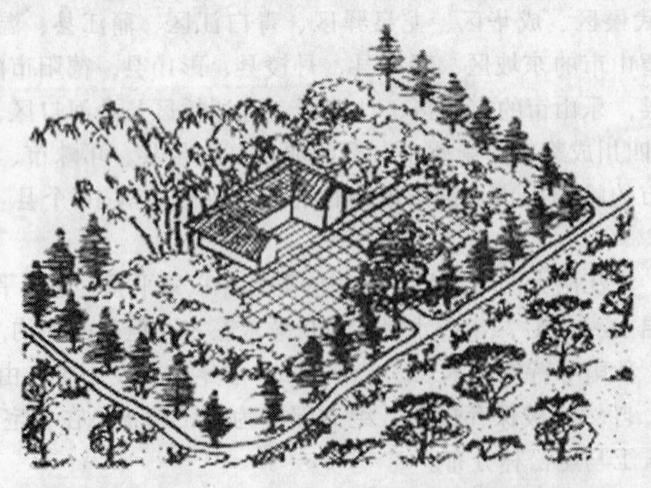

图 B4-3-1　成都平原城市近郊区观光型生态林业建设模式图

院为中心，在四周种植，共有3种配置形式：一是以林盘作背景，房舍居中；二是林盘位于房舍后、左、右，三方宽度、疏密度等大致相同，房舍前空旷；三是林盘在房舍四周合闭，仅门前稀疏。乔木的株行距为3.0米×3.0米，竹类的丛距为1.0～2.0米，园林绿化树种的株行距以1.0～2.0米×1.0～2.0米为宜。

③经营管理：每年施用厩肥、堆肥、人粪、菜籽饼、塘泥等1次，施肥与铺草、培土相结合。丛生竹只在竹丛中施肥，散生竹则需在整个林地进行。同时，要注意病虫害防治。

(4) 模式成效

成都平原古城镇郊区的农家乐、龙泉驿的桃花节、新津的梨花节都较为典型。本模式在改善人居环境，为城镇居民提供休闲、度假地，保持水土和发挥经济效益等方面效果非常显著，是既经济又实用的一种模式。

(5) 适宜推广区域

本模式适宜在城市周围交通方便的地区推广。

四、盆中丘陵亚区（B4-4）

本亚区位于华蓥山以西、龙泉山脉以东地区，北部与川北深丘区相接，南邻长江上游低山区，地理位置介于东经102°57′20″～104°28′12″，北纬29°13′16″～31°40′43″。包括四川省成都市的金堂县，广元市的市中区、元坝区、剑阁县、苍溪县，绵阳市的涪城区、游仙区、三台县、盐亭县、梓潼县，南充市的顺庆区、高坪区、嘉陵区、仪陇县、营山县、西充县、阆中市、蓬安县、南部县，德阳市的中江县，遂宁市的市中区、大英县、蓬溪县、射洪县，广安市的广安区、岳池县、武胜县、华蓥市，达州市的渠县，资阳市的雁江区、乐至县、安岳县、简阳市，内江市的市中区、东兴区、资中县、威远县、隆昌县，自贡市的自流井区、贡井区、大安区、沿滩区、荣县、富顺县，泸州市的江阳区、龙马潭区、泸县，宜宾市的翠屏区、宜宾县、南溪县，乐山市的井研县、犍为县；重庆市的双桥区、大足县、潼南县、荣昌县等56个县（市、区）的全部，以及四川省宜宾市的长宁县、江安县、高县，眉山市的仁寿县，乐山市的沐川县，泸州市的合江县，绵阳市的安县、江油市；重庆市的铜梁县、合川市等10个县（市、区）的部分地区，面积19 720平方千米。

本亚区的西北边缘为丘陵台地，其余均为方山丘陵，海拔一般500～700米，相对高差50～200米。方山丘陵区之间河流众多，水系发达，由渠江、嘉陵江、涪江、沱江及其支流组成。亚热带湿润季风气候，年平均气温17.8℃，年降水量1 043毫米，年蒸发量1 114毫米，年平均日照时数1 300小时，≥10℃年积温5 723℃，年平均相对湿度82%。土壤类型主要为水稻土、紫色土及石骨子土，水稻土类主要为淹育中性紫色田和淹育石灰性紫色田两个土属；紫色土主要分布于丘陵方山和馒头山，肥力较好；石骨子土保土保肥能力弱，土壤抗侵蚀的能力极差。主要植被为常绿阔叶林、亚热带针叶林和次生性的亚热带草丛。主要树种有马尾松、杉木和柏木、桤木和栎类等。此外，在四旁栽植有桉树、千丈竹，在部分农耕地种植着柑、橘、桃等经济树种，地边栽有桑。

本亚区的人口密度高，人均耕地占有量少，土地耕垦率极高，森林覆被率较低，很多县缺少薪炭林。本亚区的主要生态问题是：水土流失强烈，有强度极强度农地片蚀、荒地沟蚀、崩塌等侵蚀类型，局部地区的年水土流失量达15 000吨/平方千米。土层瘠薄，面蚀和崩塌已成为影响本亚区造林绿化的主要因素。

本亚区林业生态建设与治理的对策是：尽快建成水土保持林体系，使水土流失的状况能得到基本控制，同时考虑本亚区的自然和社会经济条件，适当发展水土保持经济林，增加群众收入。整体治理布局为：在山顶和陡坎上建设防护林；在田边地坎和高台地上建设水土保持经济林；不宜耕种的丘坡地退耕还林；发展庭院林和路、渠等防护林；改丘陵斜坡地为水平梯田地。在治理秩序和进度安排上，首先要在山顶上和陡坎上建设防护林，然后在田边地坎建设水土保持经济林，随着林种结构调整和退耕还林还草的实施，逐步增加经济林的比重。

本亚区共收录10个典型模式，分别是：四川盆中丘陵区江岸防冲林建设模式，四川盆中丘陵区江岸库区防护林建设模式，川中丘陵红色石骨子"馒头山"混交型水土保持林建设模式，川中丘陵区低效林改造模式，川中丘陵农区薪炭林营建与农村能源配套开发模式，川中丘陵区蚕桑果立体开发治理模式，渝西丘顶灌木造林防治水土流失模式，渝西丘坡退耕地桤柏混交型水土保持林建设模式，渝西坡改梯经济林建设模式，渝西丘陵农区绿色通道建设模式。

【模式 B4-4-1】　四川盆中丘陵区江岸防冲林建设模式

（1）立地条件特征

模式区位于涪江中游中坝至遂宁长237千米的遂宁市江段。河道缓斜凸岸上缘及河谷两侧陡急坡岸或易受流水冲蚀、淘蚀，或泥沙淤积较多；而凸岸地势平缓，坡度小于或等于25度，土壤深厚，以新老冲积土为主，肥力较高。盆地丘陵区的石骨子坡、岸缘地带分布有沙砾质卵石滩，土层较薄，表土疏松，心土及底土层较黏。

（2）治理技术思路

由于河谷两侧的陡急坡岸、缓斜凸岸上缘均是洪水迎流顶冲地段，洪水冲蚀严重。为此，应选择生长速度快、萌蘖性强、抗冲效果好的深根性树种造林，并乔-灌-草或竹-灌配置，营造防冲林。防冲林的营造要与江河岸建设整体规划相衔接。

（3）技术要点及配套措施

①树种选择：主要造林树种有枫杨、喜树、柳树、香椿、I-72杨、I-69杨、大叶桉、二球悬铃木、银木、桤木、荔枝、桂圆、桑树、柑橘、水竹、刺楠竹、慈竹、紫穗槐、铁杆芭茅等。

②配置与营造：

河谷陡急坡岸防冲林：川江流域多用乔-灌复层结构，长江上游干流多见乔-竹复层结构。在岸坡坡度大于41度的地带，可采取封育措施恢复植被。石骨子坡可撒播或点播马桑、黄荆等灌木树种。一般配置为：在常年洪水位以上的临江一面植造3～5行刺楠竹或慈竹、紫穗槐等，靠竹林带植造桉树或银木、枫杨等。

缓斜凸岸上缘防冲林：采用乔-草双带复层结构。在常年洪水位以下埋植铁杆芭茅，常年洪水位以上植造I-72杨或二球悬铃木等乔木树种。

阶地阶面防冲林：乔-果-农带状复合经营。乔木树种选用香椿或杨树、泡桐等，经济树种可选择柑橘或荔枝、桂圆、桑树等。也可因地制宜地选择适合当地发展的其他树（品）种。

③造林技术：

种苗：所用苗木须符合国家或省规定的Ⅰ、Ⅱ级苗木，点、撒播种子必须使用合格种子。严禁使用劣质、有病虫害的种苗。

整地：一般进行穴状整地，规格为30～100厘米×30～100厘米×20～60厘米。荔枝、桂圆等经济树种规格为60～80厘米×60～100厘米×80～100厘米。

造林：乔木树种的株行距为1.2～2.0米×2.0～3.0米；紫穗槐的株行距为1.0米×1.5米；

刺楠竹采用分蔸造林，株行距为2.5米×3.0米；铁杆芭茅的株行距为0.8米×1.0米。种植点为三角形配置或矩形配置。

④幼林抚育：造林后连续抚育3年，封禁管理，促进植被生长。为保证地表不受破坏，防冲林抚育主要采用穴内松土除草、培土、壅根、正苗，清除藤蔓和病株，对缺窝进行补植等措施。对栽种的经济树种应按需要及时灌水施肥、修枝整形，并加强病虫害防治。

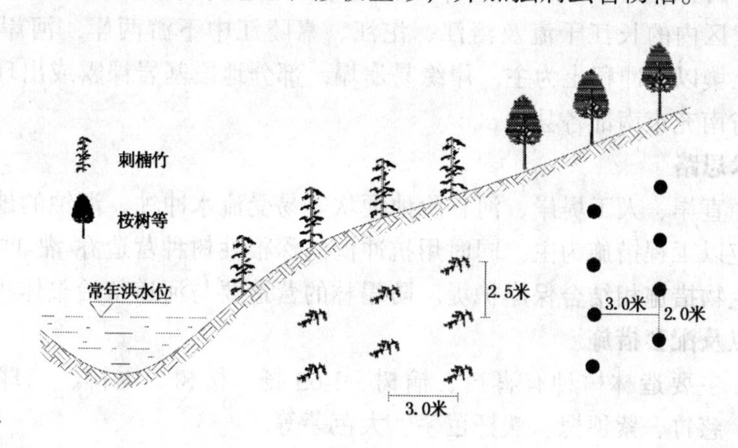

（1） 河谷陡急坡岸防冲林

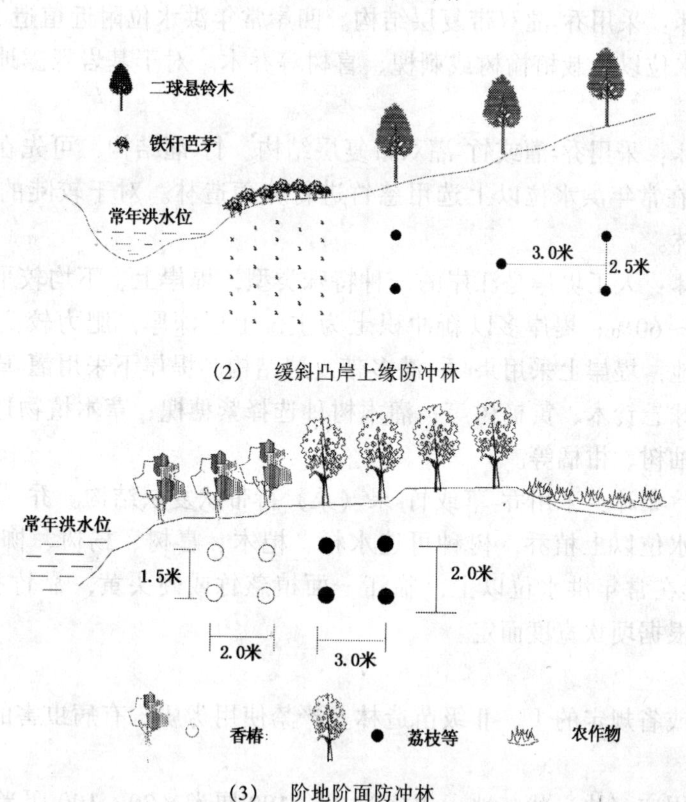

（2） 缓斜凸岸上缘防冲林

（3） 阶地阶面防冲林

图 B4-4-1 四川盆中丘陵区江岸防冲林建设模式图

（4）模式成效

本模式采用乔-灌-草或竹-灌的配置结构营造防冲林，能够有效地增加植被覆盖度，防止洪水对河谷两侧的冲刷，同时对江河两岸的农田可起到良好的保护作用。

(5) 适宜推广地域

本模式适宜在长江干流及其一、二级支流的中下游两岸推广。

【模式 B4-4-2】　四川盆中丘陵区江岸库区防护林建设模式

(1) 立地条件特征

四川盆中丘陵区内的长江干流及涪江、沱江、嘉陵江中下游两岸，河岸流水冲蚀、淘蚀严重，岸缘较陡，土壤以新冲积土为主，岸缘易崩塌，部分地段基岩裸露或出现石骨子地。典型模式区常见于四川省南充市南部各县。

(2) 治理技术思路

在陡急凹岸、直岸、人工堤岸、河谷阶地埂坎等易受流水冲蚀、淘蚀的地段，常出现河岸崩塌现象，防治时应以工程措施为主，同时用抗冲淘的深根性树种营造乔-灌-竹或竹-灌结构的防塌林，工程措施、生物措施相结合保岸护堤。防塌林的营造要与河道整治整体规划相衔接。

(3) 技术要点及配套措施

①树种选择：主要造林树种有喜树、榆树、I-63杨、桉树、垂柳、二球悬铃木、水杉、桤木、桑树、柑橘、慈竹、紫穗槐、铁杆芭茅、大芭茅等。

②配置与营建：

陡急凹岸防塌林：采用乔-灌双带复层结构。凹岸常年洪水位附近植造3～5行紫穗槐或胡枝子等灌木，常年洪水位以上栽植榆树或刺槐、喜树等乔木。对于基岩裸露地段，可栽植藤本植物进行覆盖。

陡急直岸防塌林：采用乔-灌或竹-灌双带复层结构。竹-灌结构，可先在常年洪水位附近植造3～5行紫穗槐，再在常年洪水位以上选用慈竹进行分蔸造林。对于较陡的石骨子地，可点播或撒播马桑，封育成林。

人工堤岸防塌林：人工堤岸是江岸的一种特殊类型，堤岸上、下均较平缓。堤下多砂质卵石滩，卵石含量30%～60%；堤岸多以新冲积土为主，土层深厚，肥力较高，立地条件较好，多为农耕利用。一般地，堤岸上采用果-乔-灌多带复层结构，堤岸下采用灌-草双带复层结构。乔木树种选用垂柳、二球悬铃木、黄桷树等；灌木树种选择紫穗槐；草本植物选择铁杆芭茅、大芭茅等；经济树种选择柚树、柑橘等。

河谷阶地埂坎防塌林：采用乔-草或竹-果（桑）行带状复层结构。乔-草结构，在常年洪水位附近植草，常年洪水位以上植乔，树种可选水杉、桤木、喜树、杨树、柳树、大芭茅等；竹-果（桑）结构，均配置在常年洪水位以上，临江一面植慈竹或硬头黄，靠竹林带植造广柑、红橘、桑树等，栽植行数根据埂坎宽度而定。

③造林技术：

种苗：用国家或省规定的Ⅰ、Ⅱ级苗造林。严禁使用劣质、有病虫害的苗木。点、撒播种子必须使用合格种子。

整地：一般采用穴（块）状整地，规格为30～100厘米×30～100厘米×20～60厘米。

造林：乔木树种的株行距为1.5～2.0米×2.0～2.5米，紫穗槐的株行距为1.0米×1.5米，慈竹和柑橘的株行距可为3.0米×3.0米，铁杆芭茅、大芭茅可为0.5～1.0米×0.5～1.0米。

④幼林抚育：造林后连续抚育3年。为保证地表不受破坏，护岸林抚育主要进行穴内松土除草、培土、壅根、正苗以及清除藤蔓和病株，并对缺窝进行补植。对栽种的经济林应按需要灌水施肥、修枝整形。加强病虫害防治。封育管理，促进灌草生长。

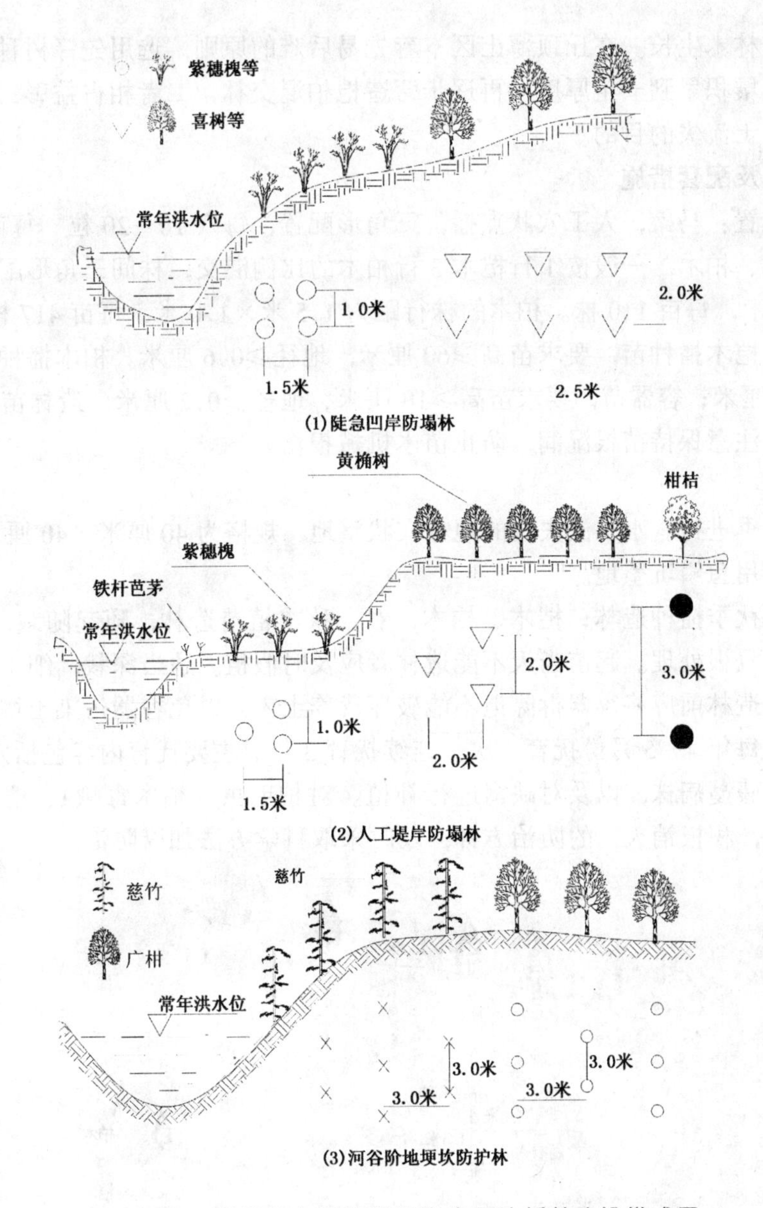

图 B4-4-2　四川盆中丘陵区江岸库区防护林建设模式图

(4) 模式成效

营建防塌林能够有效地防止洪水对凹岸、直岸、人工堤岸、河谷阶地埂坎的冲蚀、淘蚀，可有效防止河岸崩塌现象，对江河两岸的农田也有良好的保护作用。

(5) 适宜推广地域

本模式适宜在长江干流及其一、二级支流中、下游两岸试验推广。

【模式 B4-4-3】　川中丘陵红色石骨子“馒头山”混交型水土保持林建设模式

(1) 立地条件特征

模式区位于丘陵低山直线坡中部、凸形坡中下部、凹形坡中上部、河谷谷坡。土壤为钙质、中性紫色土，土层厚度一般大于 30 厘米。水土流失以面蚀和崩塌为主。

(2) 治理技术思路

紫色土适宜柏树生长，但柏木纯林生长缓慢，桤木具有固氮、改良土壤的作用，可以快速改善土壤条件，促进林木生长。在丘顶薄土区本着先易后难的原则，选用先锋树种马桑及芭茅等尽快覆盖地表，待土壤积累到一定厚度，再逐步营造桤柏混交林，二者相得益彰，从而达到控制面蚀和崩塌，防止水土流失的目的。

(3) 技术要点及配套措施

①树种及其配置：马桑，人工穴状点播，三角形配置，每穴10～20粒，每亩用种0.5千克，播后盖山草；桤木、柏木，一般按1行桤木3行柏木的比例混交，株间三角形配置。桤木的株行距为1.5米×4.0米，每亩110株。柏木的株行距为1.5米×1.0米，每亩417株。

②苗木要求：桤木播种苗，要求苗高≥60厘米，地径≥0.6厘米。柏木播种苗，要求高≥15厘米、地径≥0.2厘米；容器苗，要求苗高≥18厘米、地径≥0.2厘米。造林苗木尽可能做到随起随栽，运苗时应注意保持苗根湿润，防止苗木机械损伤。

③造林技术：

整地：夏、秋季进行。水土流失轻的地方穴状整地，规格为40厘米×40厘米×40厘米。水土流失严重的地方用鱼鳞坑整地。

造林：马桑，秋季播种造林；桤木、柏木，春、秋季植苗造林，随起随栽，提倡用ABT生根粉等药剂对苗木浸根处理。起苗当天不能造林者应及时假植。适当深栽，细土壅根，踏实，浇足定根水。容器苗造林前应将容器拆除但不能破坏营养土团，以免容器污染土壤。

④抚育管护：每年4～5月份抚育1次，连续抚育3年。主要抚育内容包括穴内松土、培土、壅根、正苗，清除藤蔓病株，以及对缺窝进行补植。对柏毛虫（柏木毒蛾）、桤木金花虫等病虫害坚持“预防为主，积极消灭”的防治方针，及时采取科学方法加以防治。

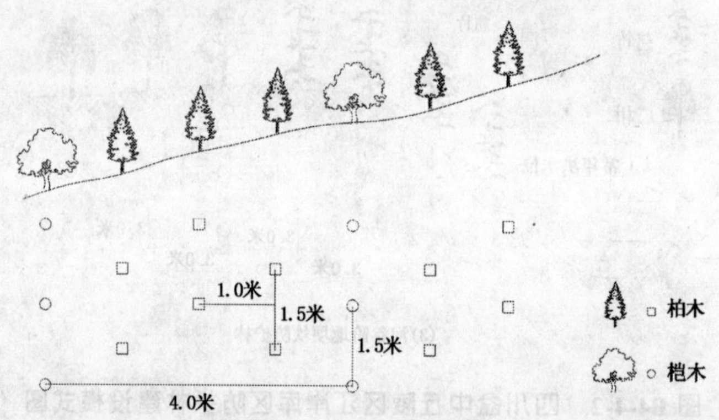

图 B4-4-3　川中丘陵红色石骨子“馒头山”混交型水土保持林建设模式图

(4) 模式成效

本模式技术简单，容易掌握和实施，能尽快恢复植被，解决农民的烧柴、用材等问题，同时，也具有较高的生态效益。据研究，多年生的桤柏混交林，单位面积蓄积量比纯林高80.6%，生物量比纯林高47.2%；林地土壤的氮、磷、钾、钙等营养元素含量分别比纯林高65.47%、50.43%、7.70%和17.96%；空气相对湿度比纯柏木林大9.4%～10.5%。混交林能建立稳定的森林生态体系，大大提高土壤肥力，有效控制水土流失。

(5) 适宜推广区域

本模式已在四川省中部的丘陵地区大面积推广，还可在桤木、柏木分布范围内的四川盆周等低山丘陵区推广。

【模式 B4-4-4】 川中丘陵区低效林改造模式

（1）立地条件特征

模式区位于四川省中部的丘陵地区。低效林通常是指受非自然因素影响，林分系统呈逆向发展的林分。表现为纯林化程度高，郁闭度在 0.5 以下，生长缓慢，分布不均匀，林地肥力低，有机物含量少，保土蓄水能力差，林下土壤侵蚀严重，系统缺乏自我调控能力。川中丘陵区主要的低效林有紫色土柏木林、黄壤柏木林、紫色土马尾松林及黄壤马尾松林。

（2）治理技术思路

低效林多为人为破坏后的次生林和人工纯林，治理时按照低效林的特点、立地条件和不同的经营改造类型，从林分生态功能的恢复、协调及稳定入手，采用间伐补植、林下补植、全面改造和封山育林等措施，合理搭配树种，形成多树种混交、乔灌草结合的复层异龄林，达到优化林分结构，增强林分防护功能的目的。

（3）技术要点及配套措施

①改造类型：

林下补植补播：适宜于郁闭度在 0.4 以下、层次单一的乔木纯林和灌木盖度在 20% 以下、草本盖度在 50% 以下的低效林。

间伐补植：适宜于林分密度较大、树冠狭小，林下几乎无灌木或草本、侵蚀严重的低效林。

全面改造：适宜于立地条件好、林木生长衰弱、病虫害严重或非目的树种的低效林。

②树种选择：主要以亚热带地区常绿、落叶阔叶树种为主。在紫色土柏木林引入桤木、刺槐、光皮桦、漆树、樟树、马桑、紫穗槐、川楝、麻栎、栓皮栎、化香、油桐、乌桕、黑荆树等；马尾松林引入栓皮栎、木荷、亮叶水青冈、化香、枫香、大头茶、樟树、檫木、鹅掌楸、山苍子、盐肤木、胡枝子、油桐、映山红、蓑草等。

③造林技术：于春、秋季对林下空地或林隙进行均匀补植（播）。补植（播）时穴状整地，规格为 60 厘米×60 厘米×40 厘米。补植，苗木使用国家规定的Ⅰ、Ⅱ级苗。补播，每穴 4～5 粒种子，必须使用合格种子。造林后每年锄抚 1～2 次，连续抚育 4～5 年。

④配套措施：在海拔 700～1 600 米的低山区，对土壤侵蚀严重的林分及林下植被极少的中幼龄林，应进行全封，禁止一切人为活动，促进林分更新；对中度土壤侵蚀的林分及林下植被盖度在 50% 左右的中幼龄林进行半封，有计划地组织割草、樵采等人为活动，加快林分改造和利用。

（4）模式成效

本模式能够很快恢复植被，起到保持水土的效果。对于逆向发展的林分，应用本模式可以形成多树种、多功能的林分，增加森林生态系统的生物多样性和稳定性，增强其水源涵养的作用。

（5）适宜推广区域

本模式适宜在长江中上游地区推广应用。

【模式 B4-4-5】 川中丘陵农区薪炭林营建与农村能源配套开发模式

（1）立地条件特征

模式区位于川中丘陵区的浅丘和中丘地带。年平均气温 16.5～18.0℃，热量充足，年降水量 850～1 100 毫米。土壤为紫色土，是四川主要的农业耕作地区。

(2) **治理技术思路**

当地人口密集，农村能源缺乏。林业生态建设应与农村能源开发相结合，合理布局薪炭林，解决当地烧柴问题，同时辅以改灶节柴、建立沼气池等措施。

(3) **技术要点及配套措施**

①密植短轮伐期能源林：在房前屋后选择萌生能力强、热值高、生物量大的麻栎、栓皮栎、刺槐、紫穗槐、黄荆、马桑、桤木、槲栎、柏木、马尾松等树种，高密度造林，一般667株/亩，短轮伐期经营。这类能源林的主要类型有：

麻栎、栓皮栎能源林：麻栎、栓皮栎适应性强，根系发达，实生林前期生长慢，造林后2～3年内苗高仅20厘米左右，第4年后生长加快，即可进行首次平茬，平茬后的当年萌条就可超过原有植株高度。麻栎和栓皮栎的根蔸寿命长，一次造林可多次利用，造林成本低。木材及枝叶热值高，耐燃烧，是生产优质炭材的原料。

刺槐能源林：刺槐适应性强，根系发达，具根瘤，生长快，热值较高，燃烧性能好，造林2年后即可进行首次平茬。平茬可促进萌芽更新，使林分提早郁闭。此外，刺槐也可以用来营造饲料林，枝桠用作生产炭棒的原料。

桤木能源林：桤木既耐水湿又耐干旱，生长快，热值较高，燃烧性能好，是传统的能源树种，造林3年后即可郁闭，便可进行首次平茬，但中老龄树萌生能力较弱。

马桑、紫穗槐、黄荆能源林：马桑、紫穗槐、黄荆都是灌木树种，耐干旱瘠薄，萌生能力强，产量高，造林易成活，造林3年后即可首次平茬，萌生林生长极快，2年即可轮伐，但热值低，燃烧性能较差。此外，马桑还可以压青作绿肥，马桑叶可用来饲养马桑蚕。紫穗槐可以作饲料。

槲栎能源林：槲栎是灌木或小乔木，生长快、产量高，萌生能力强，是传统的薪炭树种，点播2～3年后即可平茬利用。

②材薪兼用型能源林：在既缺用材又缺薪材的地区，发展栎柏林、松栎林、桤木林、柏木-马桑林等用材薪材兼用型能源林，既可提供用材又可提供一定量的薪材。薪材产量少于密植短轮伐期能源林，经营较为复杂。

③水土保持薪炭林：在水土流失区，选择耐旱、萌生能力较强的树种，集生态效益和适量提供薪材两种目的为一体，营造水土保持薪炭林。配置应以不减弱防护效益为目的，并能兼收一定量的薪材。

④配套农村能源开发措施：在发展薪炭林的同时，积极采取改灶节柴、建立沼气池等配套措

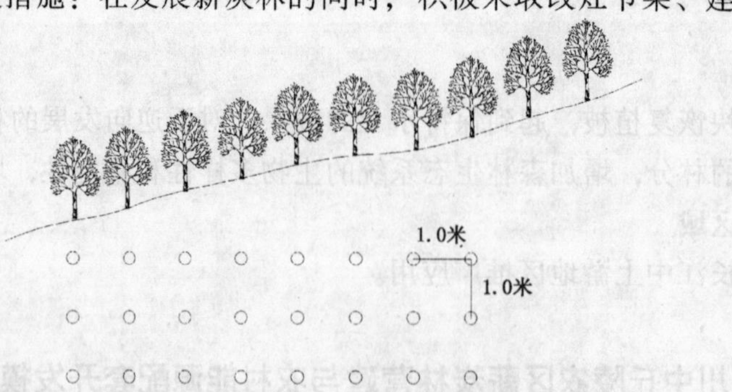

图 B4-4-5　川中丘陵农区薪炭林营建与农村能源配套开发模式图

施，以减少薪炭林的过度消耗。

（4）模式成效

本模式既能尽快恢复植被，有效地控制水土流失，又能为群众提供薪材、饲料和用材等，减少农民开支，保障植被恢复，加快稳定森林生态体系的建立，有效地控制水土流失，具有良好的生态、经济和社会效益。

（5）适宜推广区域

本模式适宜在长江中上游人口密集、燃料缺乏的地区推广应用。

【模式 B4-4-6】 川中丘陵区蚕桑果立体开发治理模式

（1）立地条件特征

模式区位于川中丘陵区的浅丘和中丘地带的农区，大部分为自然阶梯地形。年平均气温16.5～18.0℃，年降水量1 000毫米左右，土壤为紫色土和老冲积黄壤，植物种类丰富，为主要的农业生产活动区。

（2）治理技术思路

在丘陵、低山农耕地较多的地区，农户为了增加收入，充分利用当地自然条件和市场优势，在坡耕地内和田边地埂栽桑养蚕、种植果树，进行立体开发治理，在增加收入的同时提高植被覆盖，形成的耕地立体开发的主要类型有：桑-农复合、果-农复合等类型。在水平方向上，耕地与田边地坎镶嵌分布。在田边地坎上，栽植高矮不同、季相不同、用途不同的各类经济树种、用材树种和草木药材及观花植物，提高土地利用率，发挥多功能效益。

（3）技术要点及配套措施

丘陵或低山中下部土层＞30厘米、坎坡＜35度的田边及地坎，一般为中性或钙质土壤，可营造香椿（或柑橘、柚、荔枝、枇杷、李）-桑树的典型田边地坎林，其技术要点为：

① 造林技术：

树种及其配置：香椿、桑树复层混交。香椿株距3.0～5.0米，桑树株距1.5～3.0米。

种苗规格：香椿1年生播种苗要求高60厘米以上，地径0.8厘米以上。桑树1年生播种苗要求高70厘米以上，地径0.8厘米以上。

整地：穴状整地，随整随栽。整地规格，香椿为40厘米×40厘米×40厘米；桑树为30厘米×30厘米×30厘米。埂的面外缘留10厘米宽不破土，以免造成新的水土流失。

造林：2～3月份植苗造林，覆土至根颈原土印以上2～3厘米，踏实，浇足定根水。桑树苗定植后，需在35厘米高处截干。

②幼林抚育：间种豆类植物、蔬菜等作物，以耕代抚。香椿主干明显，顶端优势强，幼树不宜采摘椿芽。桑树每年修剪，逐步培育树型。

③桑树的合理采养与养蚕布局：桑树的采养决定剪伐形式，不同的剪伐又影响养蚕的布局。主要采养方式有桑树冬季重剪和夏伐2种。

冬季重剪：主要用于“四边”栽培的桑树，适于四季养蚕。在桑叶的采收上，春季稚蚕用桑应从枝条上部向下采摘绿色、豆色叶片；三四龄蚕从枝条基部向上采摘成熟叶。采摘时注意保留枝条顶端6～7片叶，促进桑叶继续生长。

夏伐：主要进行冬季保条短剪、夏季伐条，以平衡春秋两季桑叶产量，保障养好春、秋蚕，提高养蚕质量。

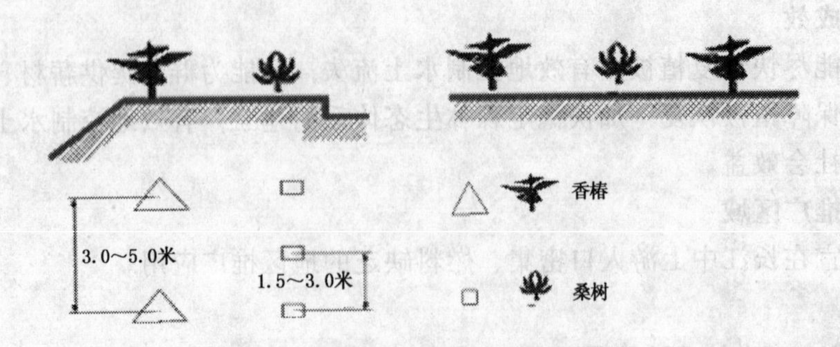

图 B4-4-6 川中丘陵区蚕桑果立体开发治理模式图

(4) 模式成效

本模式能够充分利用土地资源，提高土地利用率，发挥当地优势产业，增加农民收入，有效减少水土流失，是一种生态、经济相结合的立体开发治理模式。

(5) 适宜推广区域

本模式适宜在长江干流地区推广应用。推广本模式要注意处理好林木与农作物的矛盾，兼顾生态效益和经济效益、短期效益和长期效益，达到生态与经济的双赢。

【模式 B4-4-7】 渝西丘顶灌木造林防治水土流失模式

(1) 立地条件特征

模式区位于重庆市潼南县。丘顶或丘坡，紫色土发育，土层瘠薄，小于20厘米或几乎无土层，部分页岩裸露，强度水土流失，造林困难。

(2) 治理技术思路

利用紫色页岩或泥岩易于风化形成土壤的特点，采用加强整地的方式，先种植灌木保持和改良土壤，待土壤条件适宜乔木生长时，再种植乔木树种。

(3) 技术要点及配套措施

①整地：在土层瘠薄的丘顶先进行爆破整地，造林地在第1次整地后再经一个炎热多雨的夏季，再进行撩壕整地，以使被打碎的小岩块进一步风化，有利于造林。

②树种选择：选择抗逆性好、生长迅速的紫穗槐、马桑，营造纯林或混交林。

③造林方法：客土直播，播后覆土。直播前先在整地带上挖好直播穴，规格30厘米×25厘米×20厘米，株行距1.0米×1.0米，错位配置，然后在直播穴内客土播种并覆土。紫穗槐6～10粒/穴，9～10月份播；马桑40～60粒/穴，9月份播。

④抚育管理：出苗后穴内除草1次。6～7月份抚育1次，主要是进行穴内松土、培土、除草、浇水，清除藤蔓病株，并对缺窝进行补植。

(4) 模式成效

本模式能够迅速恢复裸露石骨子丘坡植被，有效防止土壤侵蚀，并能快速改善立地条件，为后续乔木提供生长条件。

(5) 适宜推广区域

本模式适宜在四川盆地周围丘陵的泥岩、页岩分布区及瘠薄地上推广。

【模式 B4-4-8】 渝西丘坡退耕地桤柏混交型水土保持林建设模式

（1）立地条件特征

模式区位于重庆市潼南县的丘顶或丘坡地带，陡坡退耕地多分布于以土壤为在紫色页岩或泥岩上发育的紫色土，土层厚20～40厘米。

（2）治理技术思路

丘坡地耕种，特别是陡坡地耕种，是造成水土流失的主要原因。因长期耕作，陡坡地土壤流失严重，土层厚度常小于40厘米，土壤肥力衰退，农耕投入高产低出，急需退耕还林进行治理。选择柏木、桤木、马桑等树种，营造乔灌结合，兼顾保护自然草本植物的乔灌草复层结构林分，能够迅速成林且收到水土保持效果，同时还可以逐渐提高土壤肥力，促进柏木生长。

（3）技术要点及配套措施

①造林方法：乔木与灌木带状混交，乔木带内2行柏木、1行桤木，灌木带马桑3～5行，行数随坡度增大而增加。柏木、桤木，穴状整地，规格70厘米×60厘米×35厘米，时间为9～11月份。用1年生苗造林，柏木2～3月份栽植，桤木12月至翌年2月份栽植；马桑，临时打窝栽植，穴规格30厘米×20厘米×50厘米，栽植时间为12月或2月。

②抚育管理：柏木第1～2年每年抚育2次，第3年抚育1次；桤木第1年抚育2次，第2～3年抚育1次；马桑只在第1年抚育1次。

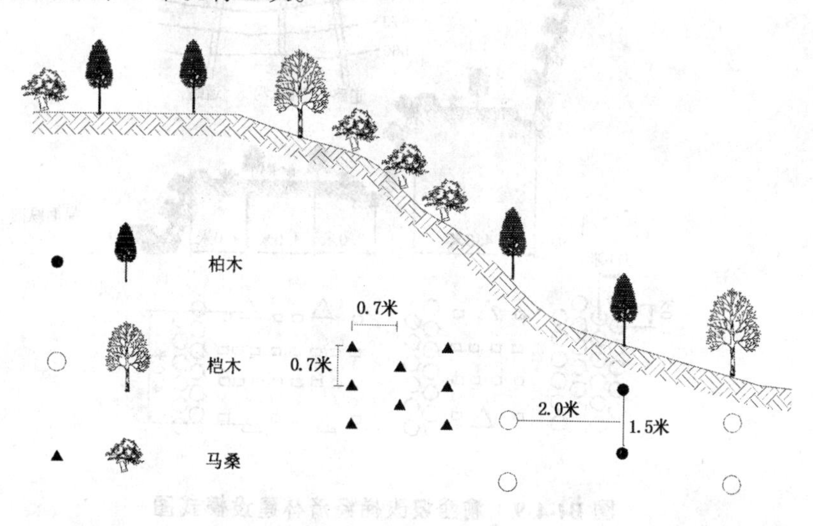

图 B4-4-8 渝西丘坡退耕地桤柏混交型水土保持林建设模式图

（4）模式成效

本模式合理配置乔灌木带和草被，形成乔、灌、草结合的高效复合林分结构，具有较高的生态效益和经济效益，已被广泛应用。

（5）适宜推广区域

本模式适宜在重庆市、四川省等丘陵、低山地带的在泥岩、页岩上发育的紫色土分布区推广。

【模式 B4-4-9】　渝西坡改梯经济林建设模式

(1) 立地条件特征

模式区位于重庆市潼南县土层厚度≥40 厘米的丘坡紫色土分布区。

(2) 治理技术思路

利用坡改梯的工程措施和建设经济型植被治理水土流失，在保持水土的同时提高经济效益。

(3) 技术要点及配套措施

选植桃、枣等经济树种，同时种植紫穗槐、草本犀、白三叶等绿肥灌木、草本植物覆盖地面。造林前沿等高线作梯，梯宽、梯高依设计的行距和坡度而定。9～10 月份挖定植穴，规格 100 厘米×40 厘米×60 厘米，株行距 3.0 米×4.0 米。选用良种优质嫁接苗，11～12 月上旬栽植。灌木植于梯壁，草本植物种植于梯面。

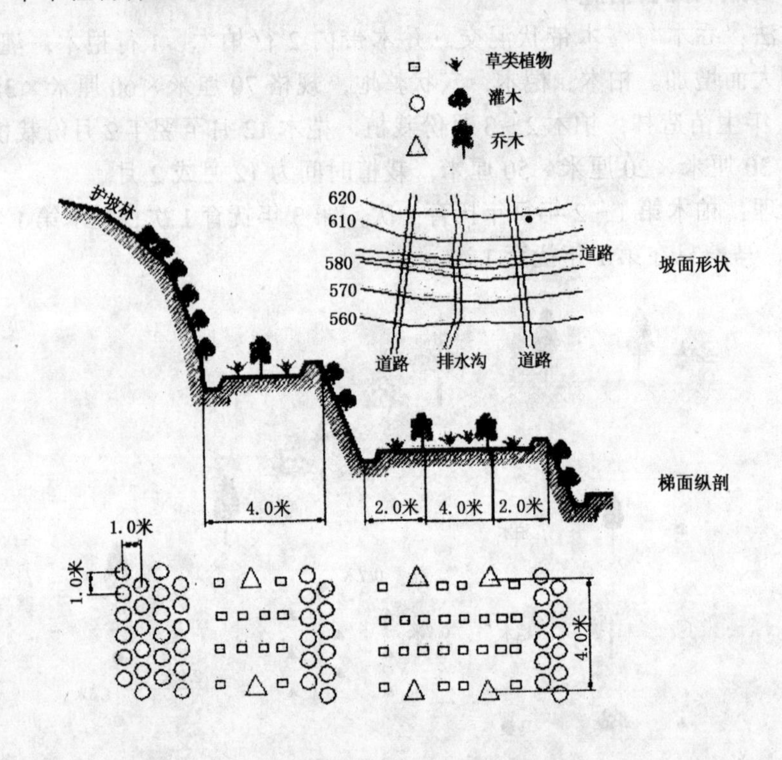

图 B4-4-9　渝西坡改梯经济林建设模式图

(4) 模式成效

本模式以工程措施保障生物措施的实施，并结合经济型林果和生态型林草建设进行综合治理，提高了治理的水土保持效益和经济效益。

(5) 适宜推广区域

本模式适宜在四川省、重庆市等地丘陵区的紫色土丘坡推广，但需要的投入较多。

【模式 B4-4-10】　渝西丘陵农区绿色通道建设模式

(1) 立地条件特征

模式区位于渝西缓丘区或坝区平直公路两侧或弯曲度不至妨碍行车安全视距的弯道两侧，路面与两侧耕地高差很小，土壤为紫色土或黄壤，土层厚度＞40 厘米。

(2) **治理技术思路**

常绿阔叶与落叶阔叶树种搭配、乔木与灌木搭配，形成集绿化、美化与生态防护功能于一体的生态景观型绿色通道。

(3) **技术要点及配套措施**

①树种及其配置：沟外埂选植大叶桉-喜树、紫穗槐；路缘选植栾树-健杨、夹竹桃，或白榆-刺桐、接骨木。当土壤 pH 值<6.5 时，可把白榆换成栾树。树种的配置方式为，常绿乔木与落叶乔木株间混交，乔木与灌木行间混交。

②造林方法：乔木，造林前穴状整地，整地时间为桉树 9 月份，其他乔木 9 月至翌年 1 月份，规格 80 厘米×80 厘米×50 厘米；灌木，临时整地，临时穴的规格为 50 厘米×50 厘米×30 厘米。造林时间，桉树为 9 月上旬至 10 月下旬；喜树、栾树、健杨、刺桐、接骨木等为 2 月上旬至 3 月上旬；紫穗槐为 2 月或 11 月下旬至 12 月下旬；夹竹桃为 4 月下旬至 5 月下旬。乔木均采用 2 年生大苗造林。

③抚育管理：每年抚育 2 次。穴内除草、松土、修枝，清除病株。

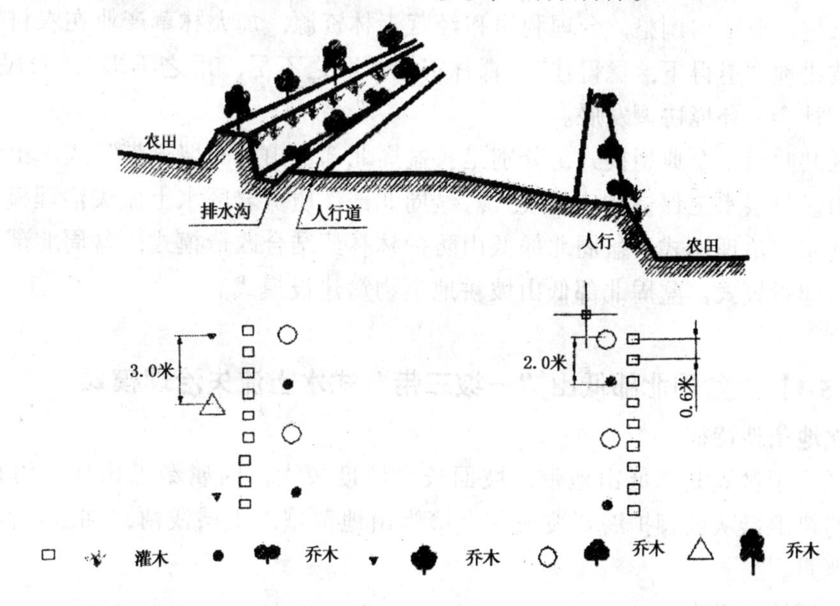

图 B4-4-10　渝西丘陵农区绿色通道建设模式图

(4) **模式成效**

按本模式形成的绿色通道，不但可防暑、降尘、降噪，起到美化、绿化之功效，还能减轻驾驶员疲劳，减少交通事故。

(5) **适宜推广区域**

本模式可在与渝西丘陵区条件类似的道路两侧广泛推广。

五、盆周北部山地亚区（B4-5）

本亚区位于四川盆地北部，北部以米仓山、大巴山的山脊为界，并与四川盆地北部低山丘陵相接。地理位置介于东经 103°38′58″～106°58′24″，北纬 28°26′21″～32°40′58″。包括四川省广元市的朝天区、旺苍县，达州市的万源市，巴中市的巴州区、通江县、南江县；重庆市的城口县等

7个县（市、区）的全部，以及四川省巴中市的平昌县，达州市的宣汉县2个县的部分地区，面积84 123平方千米。

本亚区山地石灰岩分布甚广，岩溶地貌颇为发育，在强烈褶皱断裂及深度侵蚀的作用下，山地高耸，米仓山海拔1 500～2 400米，大巴山海拔2 000～2 500米。大巴山南北坡河流甚多，渠江及嘉陵江部分支流都发源于此。年平均气温约14℃，全年温差变化不很大，年降水量为800～1 000毫米，降水的季节性分配不均，冬季最少，夏季最多，是典型的暴雨区，日最大降水量可达300毫米，南江、旺苍一带的年暴雨日数多达5～7天。土壤垂直分布明显，自上而下分布着山地黄壤、山地黄棕壤、山地棕壤。

本亚区的主要生态问题是：耕地和薪柴短缺，陡坡耕地比重大，低山部分垦殖和过度砍伐森林问题突出，导致以面蚀和沟蚀为主的水土流失严重，南江、万源、广元、城口的北部地区崩塌、滑坡、泥石流多发。

本亚区林业生态建设与治理的对策是：因地制宜地开展荒山绿化、退耕还林和以生物措施为主的水土流失综合防治，增加森林植被，强化森林水源涵养和水土保持的功能。通过林业生态建设，促进农村产业结构调整，合理利用和经营森林资源，加大林草产业在农村经济结构中所占的比重，使坡耕地"退得下，稳得住"，森林资源"取之不尽，用之不竭"，农民生活水平不滑坡，区域经济、社会、环境协调发展。

本亚区共收录7个典型模式，分别是：盆周北部低山"一坡三带"式水土流失治理模式，盆周北部低山区复层水土保持林建设模式，盆周北部泥质页岩区水土流失治理模式，盆周北部低山退耕还林（草）治理模式，盆周北部低山防护林林药结合改造模式，盆周北部低中山区山脊源头水源涵养林建设模式，盆周北部低山坡耕地生物篱建设模式。

【模式B4-5-1】　盆周北部低山"一坡三带"式水土流失治理模式

（1）立地条件特征

模式区位于盆周北部低山地带，坡面长、坡度较大。因属秦巴山地，海拔较高，人均耕地少，群众的耕地已从坡脚扩展到坡顶。土壤为山地黄壤，土层浅薄，加之山高坡陡，降雨集中，水土流失严重。

（2）治理技术思路

山顶上建设水源涵养林，山腰建设水土保持林，山脚建设水土保持经济林，有效控制水土流失，并解决当地群众的收入问题。

（3）技术要点及配套措施

①山顶水源涵养林：选择涵养水源功能强、防风效果好的光皮桦、刺榛、日本落叶松等树种，窄带状或行带状混交，营造多树种混交林，形成乔、灌、草结合的多层结构林分，郁闭度维持在0.5～0.7。

②山腰水土保持林：选择保土功能强的麻栎、柏木、马桑、桤木等树种，同时要注意种植一些耐阴树种，带状混交，营造多树种、多层次的混交林，林分郁闭度维持在0.5～0.7。混交带的数量和带宽应根据坡长、坡度而定。

③山脚经济林带：选择以木本油料和木本药材树木为主的经济树种，如漆树、核桃、乌桕、油桐、杜仲等，水平阶或大穴整地造林。经济林带间每隔10～20米配置一条沿等高线的草带或灌木带，以保护林地，防止水土流失。

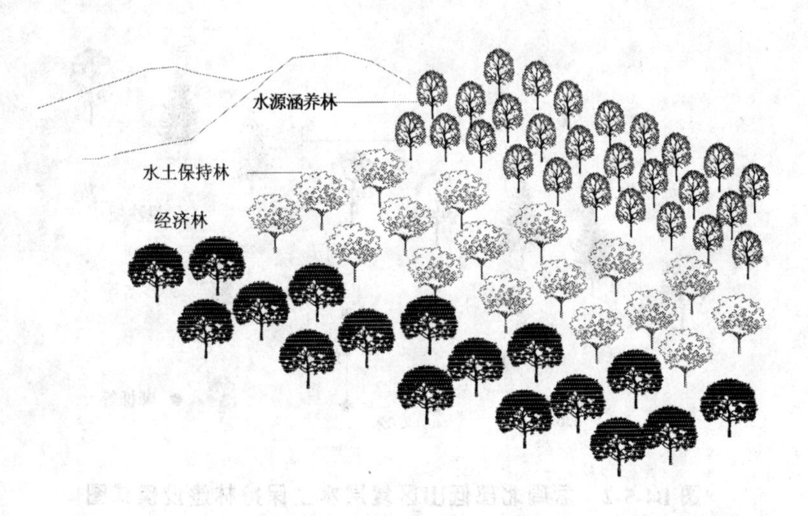

图 B4-5-1 盆周北部低山“一坡三带”式水土流失治理模式图

(4) 模式成效

水土流失减少了 50%以上，水源涵养能力大大增强，当地群众的经济收入显著增加。

(5) 适宜推广区域

本模式也适宜在盆周的低中山地带推广。

【模式 B4-5-2】 盆周北部低山区复层水土保持林建设模式

(1) 适宜立地条件

模式区位于以黄壤为主的盆周北部低山区。亚热带湿润季风气候，水热条件较好，适宜多种植物生长。由于坡度大，原生植被久遭破坏，森林覆盖率低，水土流失严重。

(2) 治理技术思路

由于坡度陡，极易形成水土流失，因此应先造林、再封育，形成乔、灌、草复层结构的水土保持林，并辅以必要的水土保持工程措施，标本兼治，有效抑制水土流失。

(3) 技术要点及配套措施

①树种及其配置：选用杉木、柳杉、马尾松、檫木、华山松、麻栎、漆树、栓皮栎、包栎、椴树、水青冈等树种，针、阔叶树种带状混交配置。

② 造林技术：一般在秋、冬季穴状或鱼鳞坑整地，规格为 40 厘米×40 厘米×40 厘米，植苗造林。针叶树种的株行距一般为 1.5 米×1.5 米，阔叶树种视具体树种和立地条件而定，一般为 2.0 米×2.0～3.0 米。造林用苗，针叶树 1 年生苗高在 25 厘米以上，阔叶树种 1 年生苗高在 40 厘米以上。冬、春季造林，随起随栽，要求苗正根直，适当深栽，分层填土，踏实，浇足水。

③抚育管护：造林后连续抚育 3 年，每年 8～9 月份 1 次，主要进行穴内松土、培土，林下封育灌草，以培育乔、灌、草复层林，使林分的最终郁闭度保持在 0.5～0.7。

④配套措施：在土壤侵蚀和径流冲刷严重的地段应采取下述配套工程措施。

拦沙埂：在坡陡、径流大、表土冲刷严重的坡面，由上至下地每隔 30 米左右设置一道拦沙埂，层层拦截泥沙。

土石谷坊：在侵蚀沟发育、冲刷严重的地段，除了沟源、沟坡营建防护林外，由侵蚀沟上部至下部修建土石谷坊，形成谷坊群，通过有效拦截泥沙，分段把沟底变成水平台阶。土石谷坊淤泥后，再扦插杨树、柳树或栽植灌草等，使其成为生物谷坊，最终形成生物过滤带。

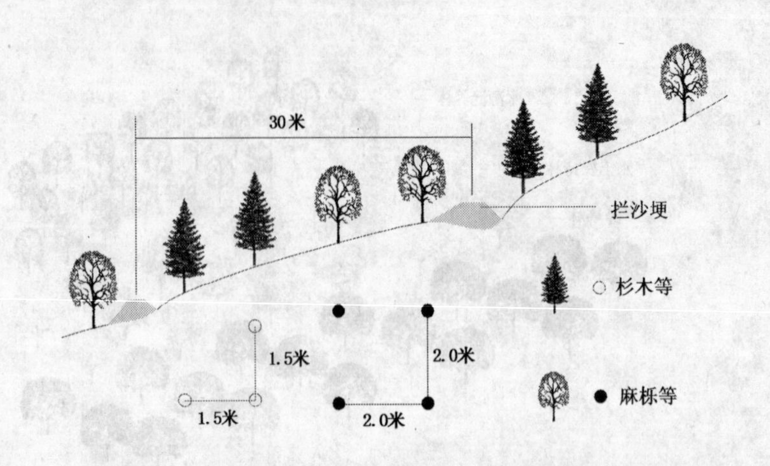

图 B4-5-2　盆周北部低山区复层水土保持林建设模式图

(4) 模式成效

本模式已在盆周低山区广泛推广，取得了显著的生态、经济和社会效益。

(5) 适宜推广区域

本模式适宜在秦巴山地、四川盆地西缘降水量较大的区域推广。

【模式 B4-5-3】　盆周北部泥质页岩区水土流失治理模式

(1) 立地条件特征

模式区位于四川省广元市朝天区，为长江上游泥质页岩区。泥质页岩一经出露地表，在光、热、风、雨等外营力的作用下，极易风化成碎片和颗粒，再加上地表植被稀少，地被物难以生存，一遇降雨，尤其是暴雨，地表风化物会被全部冲刷入沟，造成严重的水土流失，因此被称为“南方的黄土高原”。

(2) 治理技术思路

当地页岩出露，土层薄，土壤贫瘠，造林难度大。应选择耐干旱、瘠薄，根蘖性强，生长迅速，根系发达，树冠浓密，落叶丰富，耐地表高温的树种，并种植灌草，保土蓄植被水，固定土层，形成多树种针阔混交林。刺槐是本区试验成功的先锋造林树种，造林时依据植被演替原理，先造刺槐，待刺槐成林后，再引入马尾松、麻栎、杉木、湿地松等树种，形成稳定的森林植物群落。

(3) 技术要点及配套措施

①树种及其配置：选用刺槐与马尾松，刺槐与麻栎，刺槐与湿地松，马尾松与杉木等树种混交类型，行状混交，三角形或矩形配置，比例为2:1，株距1.0～2.5米。

②造林技术：夏秋季抽槽整地或穴状整地。抽槽整地，沿等高线开挖水平槽，槽宽60厘米，槽深60厘米，槽间距离缓坡为2.5～3.5米，陡坡为3.5～4.0米，构成台阶状地形。穴状整地，规格为50厘米×50厘米×40厘米，注意清除石块。

春季人工植苗造林，刺槐选用高80厘米以上、根径0.5厘米以上的1年生苗；其他落叶阔叶类树种选用苗高50厘米以上、根径0.35厘米以上的1年生苗，随起随造。定植时，所有树种均带客土栽植，尽可能使用保水剂，压实踏平，浇足定根水。

③配套措施：造林时采取侵蚀沟筑埂造林，沟口修拦沙坝、沟头造林等配套工程措施。对现有森林、残次林以及新造林地，一律全封，促进植被的快速更新。

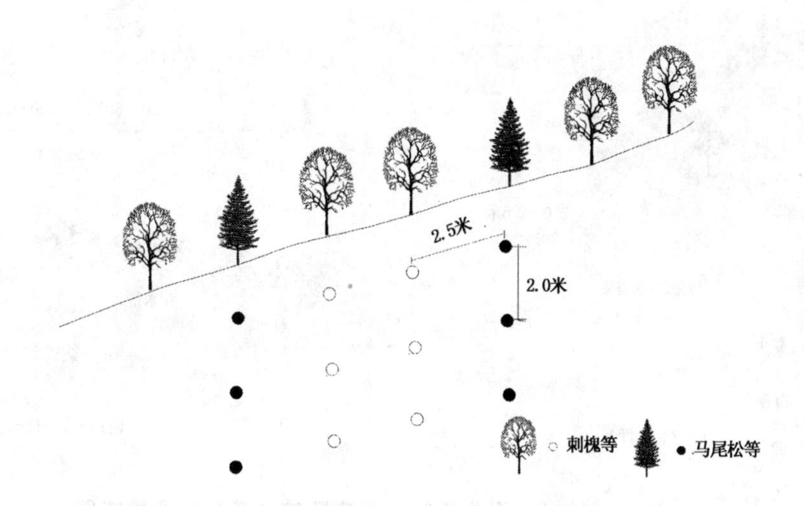

图 B4-5-3　盆周北部泥质页岩区水土流失治理模式图

(4) 模式成效

应用本模式可增大植被盖度，增强地表的蓄水保土能力，明显减少水土流失，效果显著。

(5) 适宜推广区域

本模式适宜在海拔 1 000 米以下的丘陵地带推广应用。

【模式 B4-5-4】　盆周北部低山退耕还林（草）治理模式

(1) 立地条件特征

模式区位于盆周北部低山地带，坡面长、坡度大。因人口众多，陡坡耕种力度大，垦殖度高，加上降雨集中，成为水土流失严重的地区。

(2) 治理技术思路

在坡耕地退耕后，通过植树种草来恢复植被，调整土地利用结构和产业结构，以草养畜，促进畜牧业的发展，在获得良好近期经济效益的同时，减少水土流失，改善生态环境。

(3) 技术要点及配套措施

根据当地特点，选择不同的林草植被配置形式。丘陵区一般为林下种草方式，盆周山地一般为林带与草带相结合的配置方式。

①植物种选择：

树种选择：林下种草方式，应本着因地制宜、适地适树的原则，选择落叶少且易腐烂的树种，如柏木、杉木、各种阔叶树种等，而不宜选择落叶丰富且腐烂慢的树种，如马尾松、云南松等。林草带相间配置方式，可选择各类树种。

草种选择：合理选择有经济价值的牧草，是保证林草植被建设效益的关键。宜选择优质的多年生牧草，如百喜草、黑麦草、聚合草、苜蓿、白花草木犀、香根草等。

②林草结合：林下种草方式，造林株行距宜大些，可选择 1.5 米×2.5 米、1.5 米×3.0 米等规格，并维持林分郁闭度在 0.5～0.7；林草带相间配置方式，林带宽度宜为 30～50 米，草带宽度 50～70 米。

③配套措施：采用 10%草甘膦、20%百草枯等除草剂消除和防止杂草生长，并加以封禁、抚育。牲畜应实行圈养，不允许放养，以免践踏草地。

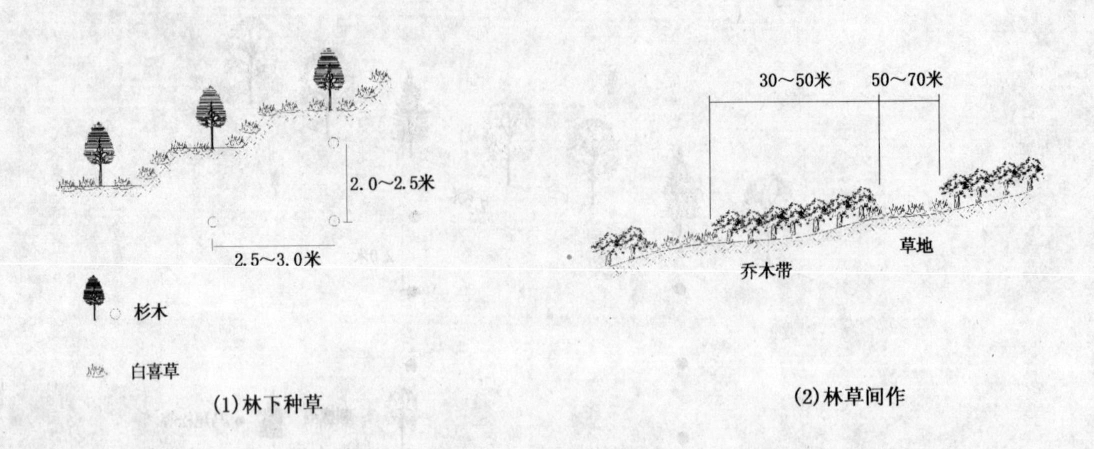

图 B4-5-4　盆周北部低山退耕还林（草）治理模式图

(4) 模式成效

本模式是一种长期效益和短期效益结合的高效林业生态建设与治理模式，既可起到防止水土流失的作用，又对农村产业结构调整起到积极的促进作用。

(5) 适宜推广区域

本模式适宜在四川省范围内的退耕还林工程区推广。

【模式 B4-5-5】　盆周北部低山防护林林药结合改造模式

(1) 立地条件特征

模式区位于盆周北部的低山地带，年降水量在1 000毫米左右，土壤为山地黄壤，土层较为深厚，现有防护林林分密度较大。

(2) 治理技术思路

通过间伐使林分郁闭度保持在0.6,林下种植灌木或草本药材,既可在较短时间内获得良好的经济效益,增加群众的收入,又能减少水土流失、改善生态环境,是一种较好的退耕还林模式,特别是在人均耕地较少的地方更是适宜发展。

(3) 技术要点及配套措施

①药用植物种选择及其配置：药用植物宜选择耐荫、药用价值高且不需耕作的植物种，以适应林下环境和避免耕作时产生水土流失。因不同的药用植物种需求不同的生境条件，因而林药配置形式应根据退耕地的类型和立地条件，选择适合的林药结合形式。一般地，在山地黄壤区，宜选择松（马尾松或湿地松）-沙参、松-山药、杉木-黄连等形式；在丘陵紫色土区，宜选择柏（柏木或柏桤混交林）-连翘、柏木-黄姜、柏木-美国西洋参、柏木-沙参、柏木-山药、柏木-三棵针等形式。

②技术要求：为便于药用植物的种植管理，造林株行距宜采用株距1.0～1.5米，行距2.0～3.0米的规格,并在成林后控制林分郁闭度在0.5～0.7,以满足药用植物对光照的需求。按模式营建后应加强经营管理,特别要及时进行除草、施肥。一般而言,以采收根为主的多施磷、钾肥,以利用枝叶为主的则应追施钠肥。具体数量和次数因立地条件和品种而定。

(4) 模式成效

林下种植药用植物，郁闭好、产量高，既可保持水土，发挥生态效益，也可增加群众的收入，提高经济效益，是一种较好的退耕还林模式。

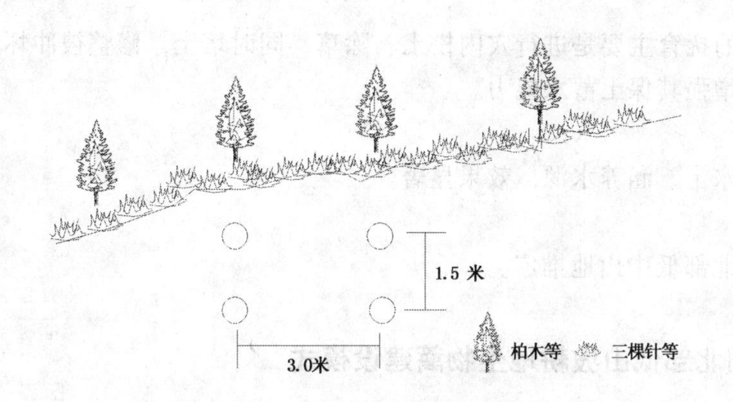

图 B4-5-5　盆周北部低山防护林林药结合改造模式图

(5) 适宜推广区域

本模式适宜在长江防护林体系建设区内土壤条件较好的地段推广。

【模式 B4-5-6】　盆周北部低中山区山脊源头水源涵养林建设模式

(1) 立地条件特征

模式区位于盆周北部低中山区的山脊源头地带，主要包括支流源头 5～10 平方千米的集水区，及主山脊分水岭两侧 100～150 米、次山脊两侧 50～100 米的范围，是盆周北部山地亚区分布较广、类型复杂、治理难度较大的类型之一。

(2) 治理技术思路

在封山保护原有植被的基础上，遵循因地制宜、适地适树、先易后难的原则，主要采取人工造林、封山育林等方式，恢复和营造乔、灌、草结合的复层混交水源涵养林。

(3) 技术要点及配套措施

①树种选择：源头集水区可选巴山松、日本落叶松、华山松、杉木、柳杉、马尾松、湿地松、柏木、侧柏、麻栎、栓皮栎、槲栎、杨树、漆树、刺榛、杜仲、马桑、紫穗槐、黄荆、胡枝子等；顶脊部则可选巴山松、日本落叶松、华山松、光皮桦、山杨等。

②树种配置：乔灌草结合，针阔叶混交、常绿落叶混交，以形成多层混交结构。主要混交方式有日本落叶松（巴山松、华山松）-桦木（山杨）、冷（云）杉-桦木、松-栎、杉-檫、桤-柏、柏-栎、柏木-刺槐、柏木-马桑、桤木-马桑等。

③造林技术：

整地：一般采用穴状、块状、水平阶整地，尽可能使地表少受破坏。在土层浅薄、植被稀少、水土流失严重的地方宜采用鱼鳞坑、植树壕等整地方式，整地规格：块（穴）状 30～100 厘米×30～100 厘米×20～60 厘米；水平阶宽 0.5～1.5 米，长度不定；鱼鳞坑，破土面水平，土、石埂呈弯月形，埂高和宽度各为 20～30 厘米，规格 50～150 厘米×30～100 厘米×20～60 厘米。

苗木：用国标或省标规定的Ⅰ、Ⅱ级苗木上山造林，尽可能使用容器苗，以便提高成活率。直播造林必须使用合格种子。

密度：造林密度与林分郁闭时间和林下植被的生长发育关系密切。最适宜的造林密度是人工林对阳光和土壤最充分利用的密度。马尾松单层林的密度为 296～444 株/亩，复层林为 150～220 株/亩；桤木单层林为 220～300 株/亩，复层林为 70～220 株/亩；柏木单层林为 460～670 株/亩，复层林为 200～450 株/亩。

④抚育管理：为保证地表植被不受较大破坏，要进行封山育林、育灌、育草，严禁人、畜破

坏。对水源涵养林幼林的抚育主要是进行穴内松土、除草，同时培土，修整被冲坏的水平阶、鱼鳞坑、反坡梯田等，以增强其保土蓄水能力。

(4) 模式成效

本模式可有效保持水土、涵养水源，效果显著。

(5) 适宜推广区域

本模式适宜在盆周北部低中山地推广。

【模式 B4-5-7】　盆周北部低山坡耕地生物篱建设模式

(1) 立地条件特征

模式区位于盆周北部低山地带，土壤以山地黄壤为主。坡耕地坡度一般小于25度，但坡面长、水土流失严重。

(2) 治理技术思路

根据坡面长度和坡度大小，选用乔、灌、草植物与经果、木本药用植物相结合的配置方式营建防护林带，形成生物篱，治理退耕坡耕地。生物篱可提高坡面覆盖度和绿化率，充分发挥生物措施的拦水挡土功能，而经果与药材植物则可解决农民收入低的难题。

(3) 技术要点及配套措施

①植物种及其配置：根据自然条件特点，选择不同的植物种。如十大功劳、八角枫、三颗针、山茱萸、五味子、白桦、花椒、漆树、马桑、黄荆、连翘、大枣、山茶、乌柏、杨梅、杜仲、胡枝子、柿、木棉、使君子、侧柏、南天竹、香椿、密蒙花栗、桉树类、核桃、黄栌、悬钩子、盐肤木等。可选的主要草种为铁线草、蓑草等。单行生物篱，乔木株距为4.0米，灌木为1.0米；多行生物篱，乔木株距4.0米，灌木株行距为1.0米×1.0米。生物篱的设置根据坡度大小而异。坡度小者每隔50～60米设1条生物篱带，坡度在30度以上者每隔30～40米左右设1条生物篱带。篱带宽3.0米，每条3行，1行乔木、2行灌木。

②造林技术

整地：在造林前1年的秋天深翻，秋后镇压1～2次，以利保墒；造林时挖穴，穴的规格为50厘米×50厘米×40厘米。整地时注意清除杂草、碎石、枯枝落叶，将表土和心土分别堆放，再加以平整。

造林：在秋冬或早春进行造林。栽植时将表土埋到坑的底层，然后回填心土，浇足定根水。

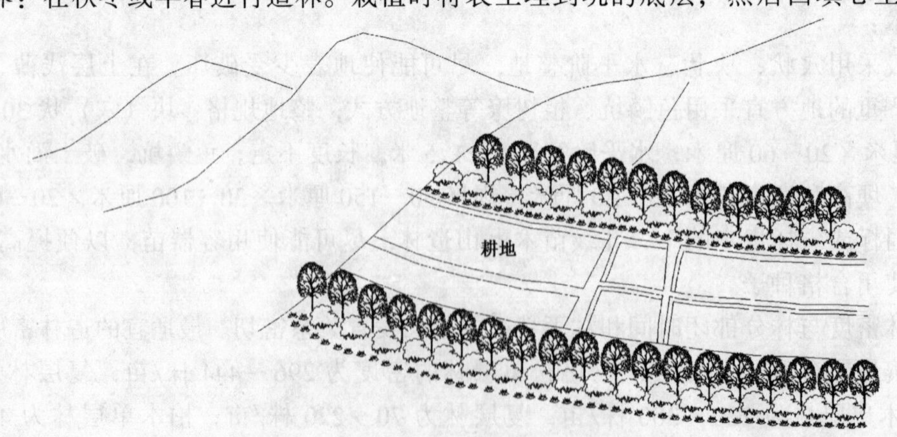

图 B4-5-7　盆周北部低山坡耕地生物篱建设模式图

无灌溉条件的地区，应选在雨季之后栽植。

幼林抚育：刀抚2～4年，每年1～2次。

(4) 模式成效

本模式既能有效防止水土流失，又能充分发挥土地的生产潜力，生产果品或药材，产生一定的经济效益。

(5) 适宜推广区域

本模式特别适宜在人地资源紧张、无法完全退耕的地区推广实施。

六、川渝平行岭谷低山丘陵亚区（B4-6）

本亚区位于四川盆地东部，是指华蓥山以东，大巴山以南，巫山以西，长江以北的背斜低山和向斜丘陵谷地区，地理位置介于东经105°34′2″～108°1′57″，北纬28°57′35″～31°48′42″。包括四川省达州市的通川区、达县、开江县、大竹县，广安市的邻水县；重庆市的渝中区、大渡口区、江北区、沙坪坝区、九龙坡区、南岸区、北碚区、渝北区、巴南区、长寿县、永川市、璧山县等17个县（市、区）的全部，以及四川省达州市的宣汉县，巴中市的平昌县；重庆市的江津市、綦江县、铜梁县、合川市等6个县（市）的部分地区，面积25 169平方千米。

本亚区地处四川台向斜东南褶皱带，构造地形特征极为显著，分布着20余条北东-南西向平行的向斜山地，背斜为山向斜为谷，平行山谷间夹有丘陵和平坝，故称“川渝平行岭谷区”。背斜层的石灰岩被侵蚀成槽谷，底部平坦被辟为耕地，背斜两翼砂岩出露，形成山脊，多猪背山或单面山；飞仙关组与自流井组地层出露常呈25～40度陡坡，山体呈现“一山一槽二岭”或“一山二槽三岭”的排列组合，海拔高1 000～1 300米，华蓥山主峰高达1 704米。与背斜平行的向斜谷地多为沙溪庙地层构成的丘陵，形态受岩性影响，轴部多为方山或桌状丘陵，靠近背斜的单斜丘陵呈叠瓦式逐渐升高并被纵横谷切割。丘陵海拔300～600米，与背斜山高差达300～800米。中亚热带季风气候，年平均气温16～18℃，年降水量950～1 250毫米，5～10月份降水量占年降水量的85%左右，年平均暴雨2.0～3.2次，最多5～6次。同期又经常出现连晴高温少雨、甚至无雨的时段，≥35℃的高温日可连续30天以上，形成长江中游的夏伏旱中心。原生植被为常绿阔叶林，现已较少保存，构成种类有刺果米槠、四川大头茶、木荷、虎皮楠等。植被类型有马尾松林、杉木林、栎类林、柏木林及竹林等。栎类林以麻栎、栓皮栎、白栎等种类为优势。竹林有白夹竹林、慈竹林及硬头黄竹林等。另外，柑、橘、茶、油桐、桑等经济林也有分布。黄壤、黄色石灰土及紫色土为主要土壤。

本亚区的主要生态问题是：一是森林覆盖率较低；二是丘坡耕作造成严重水土流失；三是城郊森林受害较严重而未能充分发挥其环保功能；四是由于地质和不合理的人为活动影响，坡体蠕动加剧，剪裂或拉裂民房、厂房，缩小耕地面积，降低耕地质量，对当地人民生命及财产安全造成较大的威胁。

本亚区林业生态建设与治理的对策是：加大森林的保护和培育力度；不宜耕种的坡耕地退耕还林，扩大森林面积；充分利用城郊优势，发展经济生态型林业，提高近郊森林的三大效益；在积极开展工程治理的基础上，采取加强农田基本建设、改变耕作方式、植树造林生物排水等措施，防治坡体蠕移等潜在地质灾害。

本亚区共收录5个典型模式，分别是：川东背斜低中山水土保持林建设模式，川渝平行岭谷河谷谷坡、阶地水土流失治理模式，川东平行岭谷丘陵农区梯田埂坎生态经济型防护林建设模式，川渝低山丘陵区农林复合型生态经济沟建设模式，川东陡急坡水土流失综合治理模式。

【模式 B4-6-1】　川东背斜低中山水土保持林建设模式

（1）立地条件特征

模式区位于四川省、重庆市的平行岭谷地带，属川东背斜山地。山体陡峻，出露岩层多样，山体上段多发育黄壤、黄色石灰土和紫色石灰土，土层浅薄，片蚀、沟蚀和重力侵蚀较为突出。山体下段的单面山，因地处低山与丘陵的过渡地带，坡耕地多，农地片蚀与沟蚀严重，切沟纵横。

（2）治理技术思路

通过脊岭、陡坡的封山育林固源护脊；坡地造林固坡滞留径流；山下退耕还林、人工造林，并与工程措施相结合，综合治理侵蚀沟谷，固定坡脚，保护农地。

（3）技术要点及配套措施

①封山育林：封禁岭脊、陡坡，禁伐禁樵，保护现有森林植被，育林；对危岩采用工程措施加固，防止崩滑。

②人工造林：主要利用本地区优越的水热条件营造针阔混交林，造林后封育，促进灌木草本层的形成，构成针阔混交的复层林。岩性与土壤不同的地段应该选用不同的混交造林方式。黄壤分布地段，马尾松与麻栎、槲栎、栓皮栎混交；黄色石灰土、紫色土分布地段，柏木与刺槐或桤木混交。马尾松、柏木4行，栎类、刺槐或桤木2行，等高带状混交。穴状整地规格50厘米×50厘米×20厘米。用1年生营养袋苗春季造林，马尾松、柏木的株行距为1.5米×2.0米，栎类、桤木为1.0米×1.5米。

③配套措施：坡地造林，按照水土保持技术规范的要求挖设水平沟和植被保护带；侵蚀沟谷，修设土（石）谷坊；沟谷边坡种植刺槐、芭茅，并封沟育灌护草；坡耕地退耕还林。

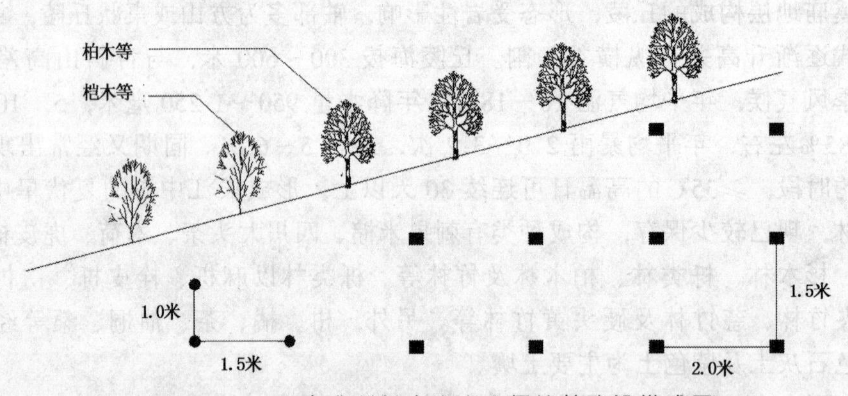

图 B4-6-1　川东背斜低中山水土保持林建设模式图

（4）模式成效

川东平行岭谷地带的背斜山地，多年来基本上采用本模式建设水土保持林，营造了成片的马尾松、栎类混交林，对于改造本地区的生态环境发挥了显著作用。

（5）适宜推广区域

本模式适宜在四川盆地东北部的低山地带推广应用。

【模式 B4-6-2】　川渝平行岭谷河谷谷坡、阶地水土流失治理模式

（1）立地条件特征

模式区位于平行岭谷低山、丘陵地带，水土流失中等。治理对象主要包括“V”型或“U”

形河谷直岸，或弯曲度不大而不至淘蚀一侧曲岸的谷坡下部或沿河阶地。

（2）治理技术思路

用复层林带、灌木林带和草被带适应不同的条件，并发挥其滞流拦泥固沙的功效，各带相得益彰，提高水土保持的总体效益。

（3）技术要点及配套措施

①林带配置：复层林带由新植乔木、灌木和保护恢复的自然草本植物层组成。灌木带密植。固沙草带要选择耐水淹的草本植物，植于正常水位至洪水位间。

②树种选择："V"型河谷谷坡黄壤区，香樟、胡枝子或木芙蓉等混交。紫色土区，用香椿、紫穗槐等混交；"U"型河谷阶地黄色土区，喜树、胡枝子或慈竹等混交。紫色土区，喜树、紫穗槐或枫杨等混交；固沙草带可选铁杆芭茅等。

③造林技术：见表 B4-6-2。

表 B4-6-2　主要造林技术措施

	香樟	香椿	喜树	胡枝子	木芙蓉	紫穗槐	枫杨	慈竹	铁杆芭茅
整地时间（月）	9～11	9～1	9～1	临时	临时	临时	临时	9～1	临时
整地规格（厘米）	70×60×40	70×60×40	70×60×40	－30×20	－30×20	－30×20	50×40×30	100×80×40	50×20×20
造林时间（月、旬）	12上～2下	2上～2下	2上～3上	2上～2下 11下～12下	2下～3中	2上～3中	2上～3中	2上～3中	9上～11下
造林方法	植苗	植苗	植苗	植苗 1～3株/穴	植苗 1～3株/穴	植苗 1～3株/穴	植苗	分殖	埋杆

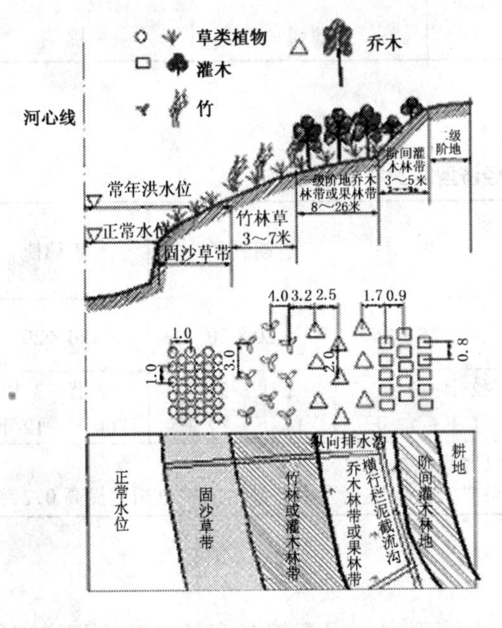

（1）"U"型河谷谷坡　　（2）"V"型河谷沿岸阶地

图 B4-6-2　川渝平行岭谷河谷谷坡、阶地水土流失治理模式图

（4）模式成效

本模式能有效治理河谷谷坡或阶地的水土流失，生态效益明显。

(5) 适宜推广区域

本模式适宜在四川省、重庆市等地溪河两岸的水土流失防治区推广使用。

【模式 B4-6-3】　川东平行岭谷丘陵农区梯田埂坎生态经济型防护林建设模式

(1) 立地条件特征

模式区位于重庆市所辖江津市境内的平行岭谷低山丘陵地带，适宜农作的土地主要分布在平行山谷间的丘陵和平坝，由于人口稠密、农业开发历史悠久，目前多数已辟为农耕地和果园，水土流失严重。此外，受地质、地貌以及气候等因素的影响，低山丘陵是坡体蠕移敏感区，其蠕移速度还受生产、建设活动的影响，对当地的工农业生产、群众生活构成很大威胁。

(2) 治理技术思路

模式区人口稠密，人均耕地较少，不可能大面积退耕还林，只能将坡地改成梯田，并在梯田地埂上营造生态经济型防护林，以期保护梯田埂坎，保障农林业生产，发展区域特色经济。

(3) 技术要点及配套措施

①树种及其配置：地埂上种植杜仲或白蜡树，进行头木作业；地埂边栽植桑树 1 行，矮林作业；埂壁栽植绿肥灌木，丛植 2～3 株/穴；若有窄土边，再在土边上植 1 行果树。见表 B4-6-3 (1)。

表 B4-6-3 (1)　梯田埂坎生态经济型防护林树种及其配置

土　壤	埂　面	埂　边	埂　壁	土　边
黄　壤	杜仲 +	桑 +	胡枝子 +	梨
紫色土	白蜡 +	桑 +	紫穗槐 +	桃

②造林技术：见表 B4-6-3 (2)。

表 B4-6-3 (2)　梯田埂坎生态经济型防护林营造技术

项　目	杜　仲	白　蜡	桑	胡枝子	紫穗槐
整地规格（厘米）	50×30×30	50×30×30	30×25×25	20×20	20×20
造林时间（月、旬）	2 上～3 上 11 下～12 下	2 上～3 上 11 下～12 下	2 上～3 上 11 下～12 下	2 上～3 上 11 下～12 下	2 上～3 上 11 下～12 下
备　注	1. 坎壁种植矮化乔木和灌木，其行距以竖直高差计算 2. 若埂顶不栽乔木（头木）或堤不栽果树，则把矮化乔木和灌木的种植相应提高 0.2 米				

(4) 模式成效

本模式可保护埂坎，种植的绿肥植物还可以提高土壤肥力，提高粮食产量，进一步增加经济效益。同时，改造地形、植树造林、生物排水，也是防治坡体蠕移的有效措施之一。

(5) 适宜推广区域

本模式适宜在四川省东部低山丘陵区条件类似的地区推广应用。

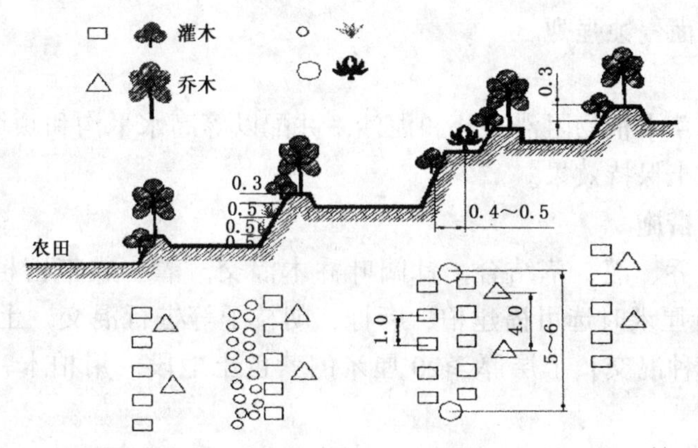

备注：(1) 坎壁种植矮化乔木和灌木，其行距以竖直高差计算。
(2) 若埂顶不栽乔木(头木)或垅不栽果树，则把矮化乔木和灌木的种值相应提高0.2米。

图 B4-6-3　川东平行岭谷丘陵农区梯田埂坎生态经济型防护林建设模式图

【模式 B4-6-4】　川渝低山丘陵区农林复合型生态经济沟建设模式

（1）立地条件特征

模式区位于四川省、重庆市平行岭谷低山丘陵区的小溪河小流域。

（2）治理技术思路

因地制宜地对小流域进行山、水、田、林、路统一规划，合理安排农、林、牧业用地比例，以及林业用地内的林种、树种比例，使自然资源得以合理配置和高效利用，各部分协调发展，取得较高的生态、经济、社会效益，逐步实现区域可持续发展。

（3）技术要点及配套措施

以集水区土地利用状况、水土流失及其他自然资源数量、质量调查结果为基础，本着因地制宜、因害设防、综合治理、持续发展的原则，山水田林路统一规划，优化配置水土资源，建设复杂长链条良性循环的生态系统。

在坡面上的针叶纯林内补植阔叶树，改针叶纯林为针阔混交林；在立地条件适宜地段，营造板栗、银杏、梨等经济片林；扩大饲料和肥料植物的种植面积，增加饲料、肥料来源；在缓坡地或平坝地，坡改梯或平整土地，配套等高截流沟、顺坡导流沟和沉沙池，建设基本农田，建设经济型或生态经济型梯田埂坎防护林，进行林粮间作；房舍前后结合经济片林建设，加大四旁绿化力度，扩大绿化面积；沟底配置拦沙坝等水土保持简易工程。

（4）模式成效

本模式可在生态经济沟系统内形成多种良性循环，不断提高系统的稳定性和生产能力，具体表现为水土流失明显减少，系统内产投比增加，人均收入增加，群众参与生态经济沟建设的积极性高涨。

（5）适宜推广区域

本模式适宜在四川省、重庆市的低山丘陵以及条件类似的丘陵沟壑治理中推广应用。

【模式 B4-6-5】　川东陡急坡水土流失综合治理模式

（1）立地条件特征

低山坡面及深山丘陵坡面，坡度 26～45 度，土层厚度≥20 厘米。降水总量大、强度大，坡陡土薄，径流系数大，坡面侵蚀强烈。

(2) 治理技术思路

以密植灌木带和天然草本植物阻滞径流和泥沙，并配以等高水平沟和顺坡导流沟，拦泥截流与排导结合，从而提高水土保持效果。

(3) 技术要点及配套措施

①树草种及其配置：乔、灌、草结合，针阔叶乔木混交，灌木成带密植，保护天然草本植物。黄壤地段，土层≥20 厘米时选用福建柏、麻栎、胡枝子等进行混交，土层≥40 厘米时选用杉木、枫香、胡枝子等树种混交；土层厚≥20 厘米的紫色土地段，用柏木、白榆、紫穗槐等混交。

②造林技术：见表 B4-6-5。

表 B4-6-5　川东陡急坡水土保持林营造技术

项目	福建柏	杉木	柏木	麻栎	枫香	白榆	胡枝子	紫穗槐
整地时间（月）	9～翌年1	9～翌年1	9～翌年1	9～翌年1	9～翌年1	9～翌年1	临时	临时
整地规格（厘米）	50×40×30	70×60×40	50×40×30	50×40×30	70×60×40	50×40×30	30×20	0×20
造林时间（月、旬）	2上～3上 9上～10上	2上～2下 11下～12下	2上～3上 9上～10上	2上～3上 9上～10上	2上～3上 11下～12下	2上～2下 11下～12下	2上～2下 11下～12下	2上～2下 11下～12下

③配套措施：修筑等高水平拦泥截流沟和顺坡导流沟。

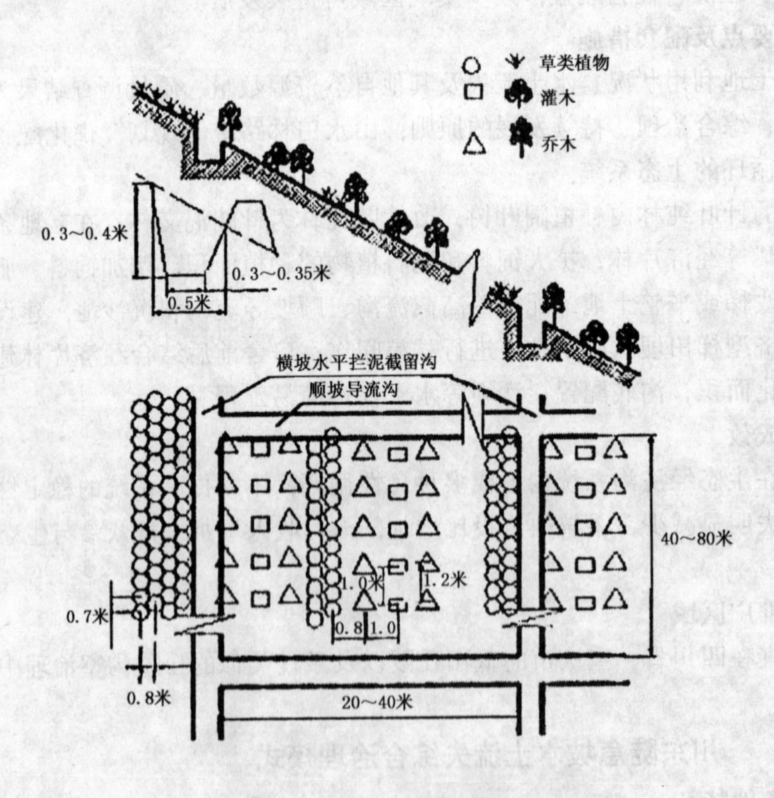

图 B4-6-5　川东陡急坡水土流失综合治理模式图

(4) 模式成效

本模式水土保持效果很好，而且能够提高乔木的生长量。

(5) 适宜推广区域

本模式适宜在四川省、重庆市等地的低山、深丘水土保持林营建区广泛推广。

第 12 章

秦巴山地类型区(B5)

本类型区北起秦岭岭脊及伏牛山山脊，南抵大巴山分水岭和神农架南坡，东临豫东平原及湖北省西北部的丹江口市、谷城县、南漳县的东界，西达甘肃省的漳县、武都县、文县西界一线。地理位置介于东经 104°4′8″～113°39′11″，北纬 31°20′26″～34°43′55″。包括陕西省宝鸡市、汉中市、商洛地区、安康市，河南省南阳市、驻马店市、洛阳市、平顶山市，湖北省襄樊市、十堰市、省直辖的神农架林区，甘肃省陇南地区、天水市等 13 个地区的全部或部分地区，总面积 160 752平方千米。

本类型区山地石灰岩分布甚广，岩溶地貌颇为发育，经过强烈的褶皱断裂，又经过深度侵蚀，山地高耸。位于本类型区南界的米仓山海拔 1 500～2 400 米，大巴山海拔 2 000～2 500 米，是多条河流的发源地。年平均气温约 14℃，全年温差变化不很大，年降水量为 800～1 000 毫米，降水季节分配不均，冬季最少，夏季最多，日最大降水量可达 300 毫米以上，年暴雨日数 5～7 天，是典型的暴雨区。秦巴山地的主要土壤类型有黄棕壤、褐土、棕壤、山地暗棕壤、亚高山草甸土。黄棕壤广泛分布于陇南、陕南、鄂西北、豫西海拔 1 000 米左右的山地，为北亚热带生物气候条件下形成的地带性土壤，淋溶作用较明显，呈酸性反应，质地较黏重，透水性差，肥力中等；褐土也是本类型区的主要土类，分布区多为有黄土覆盖的中山、低山或丘陵地貌，土壤有次生钙积层和结构稳固的褐色腐殖质层，植被为暖温带半湿润耐旱落叶阔叶林和侧柏林，或介于湿润温带暗针叶林和半干旱暖温带灌木草原间的植被，如山杨、华山松、油松、侧柏、枹树、酸枣、马桑等；山地棕壤是本类型区分布较广泛的土类，在松栎林下发育得比较典型，植被以喜温性、中性和旱生的针阔叶林为主；山地暗棕壤为冷杉、云杉暗针叶林或与红桦等落叶阔叶树种混交林下的土壤，是棕壤向漂灰土过渡的类型，肥力中等。总之，本类型区土壤生产力的大致顺序为：黄棕壤→山地棕壤→山地暗棕壤→亚高山草甸森林土。

本类型区的主要生态问题是：人口压力较大，南部低山区过度垦殖，陡坡耕地比重大，农民为取得薪柴，砍伐森林过度。森林资源破坏严重，水土流失严重，崩塌、滑坡、泥石流等山地灾害多发。

本类型区林业生态建设与治理的主攻方向是：坚持退耕还林和荒山造林，建设以水源涵养林为重点的防护林体系，控制水土流失，加强沟谷侵蚀治理，防止山地灾害愈演愈烈。在治理布局和重点上，山脊及上部为水源涵养林，中部为水土保持林，下部为经济林。在退耕还林的过程中应注意发展林业经济和牧业经济。在治理秩序和进度安排上要先进行荒山造林和退耕还林，然后结合林种结构的改变调整产业结构。

本类型区共分 8 个亚区，分别是：秦岭南坡中高山山地亚区，大巴山北坡中山山地亚区，汉水谷地亚区，汉中盆地亚区，伏牛山南坡低中山亚区，南阳盆地亚区，鄂西北山地亚区，陇南山地亚区。

一、秦岭南坡中高山山地亚区（B5-1）

本亚区西接甘肃，东邻河南，北达秦岭岭脊，南与秦巴低山丘陵相连。地理位置介于东经105°29′6″～110°31′44″，北纬33°5′41″～34°23′56″。包括陕西省宝鸡市的凤县，汉中市的留坝县、佛坪县，商洛地区的商州市、洛南县，安康市的宁陕县等6个县（市）的全部，以及陕西省汉中市的勉县，商洛地区的柞水县、镇安县、商南县、丹凤县，宝鸡市的太白县，汉中市的略阳县、城固县、洋县，安康市的汉滨区、石泉县、汉阴县等12个县（区）的部分地区，面积24 291平方千米。

秦岭地域宽广，东西绵延约500千米，南北宽100～120千米，是我国南北方的自然分界线。峡谷宽沟相间，山脊多呈浑圆状，但仍具山高谷深，峰岭纵横交错之特点。西部海拔大多在3 000米以下，东部大多在2 000米以下。岩石以花岗岩、千枚岩、石灰岩、砂岩分布最广，其次有页岩、硅质岩、片岩等。区内水资源丰富，河流沟溪密布，河水源远流长，西部属嘉陵江水系，中部和东部属汉江水系。

高中山寒冷湿润，热量不足；中山温和较湿润，热量较足；低中山光照充分，蒸发量大，略呈干燥。年平均气温6～15℃，1月份平均气温0～6℃，7月份平均气温18～26 ℃，无霜期120～220天。年降水量为700～1 000毫米，夏天暴雨多，秋季常连阴。本亚区的基带土壤、植被分别属北亚热带的黄棕壤和含有常绿阔叶树种以及由杉木、马尾松、栎类等树种组成的针阔叶混交林，其他植被带由于西高东低的地势和其他因素的综合影响，普遍呈梯形分布态势，尤其是海拔2 000米以上的桦木、冷杉、落叶松林带。

本亚区森林资源分布集中，但由于过量采伐，更新欠债较多，综合利用水平低，资源浪费严重，重造轻管，造林更新效果不高，林业生产对资源的掠夺式利用，损失破坏严重，林牧矛盾尖锐，加之区内人口较多，居住分散，人为活动频繁，毁林开荒严重，致使水土流失日益加剧，生态环境日趋恶化，自然灾害频繁发生。

本亚区林业生态建设与治理的对策是：以建设高效水源涵养林为目标，在严格保护好现有森林植被的基础上，采取封、飞、造相结合的措施，不断提高森林植被覆盖率。同时，充分利用本区水热充足、资源丰富的优势，针对不同立地条件，加强防护林、防护用材林、用材林、速生丰产林、经济林建设，发展多种经营，充分发挥林地的生产潜力，建立多效益的生态体系。

本亚区共收录3个典型模式，分别是：秦岭南坡水源涵养林建设模式，秦岭南坡低中山飞、封、造结合治理模式，秦岭南坡低山多林种综合治理模式。

【模式B5-1-1】　秦岭南坡水源涵养林建设模式

（1）立地条件特征

模式区位于秦岭南坡海拔1 500～2 000米的山地。冰川侵蚀亚高山地貌，地形复杂，地势起伏较大，梁脊浑圆，梁坡陡峭，河床狭窄，沟谷深切，自然条件垂直差异明显。土壤以暗棕壤、山地棕壤为主，土层阳坡瘠薄，阴坡较厚。植物种类多样，覆盖率较高，但也有诸多面积大小不等的荒山、荒地、林中空地、采伐迹地、岩石裸露地和小片坡耕地，在高山地带还常有低洼沼泽地和小片块石裸岩出现。

(2) **治理技术思路**

采取封山育林措施，重点保护好现有森林植被；对宜林荒山、荒地、林中空地、采伐迹地，进行人工造林，建立完整的水源涵养林体系，加快模式区的植被恢复，提高植被覆盖度，保持水土，涵养水源。

(3) **技术要点及配套措施**

①封护措施：

全面封禁：对于模式区内分布的坡度在35度以上，土层浅薄、岩石裸露，更新困难的一切植被，主要山脉两侧，主要江河两岸规定范围内的森林、科研教学实验林、母树林、种子园、名胜古迹、风景林以及自然保护区、野生动物迁徙区的森林，划定范围，树立标志，实行全面封禁，严禁一切人为活动。

阶段封护：对于封禁区以外暂不采取措施而能正常生长发育的中、幼龄林，实行阶段封护，保护林木苗壮成长。待林分进入成熟阶段，出现衰老、枯损现象时，再针对不同林分状况，分别采取经营、利用、培育、抚育等不同措施。

②封山育林措施：

天然更新：对于每亩有3株以上母树，且分布均匀，又无落种、触土发芽等障碍因素的宜林荒山、林中空地、采伐迹地和具有萌芽能力的幼龄林，以及受地形条件限制，不便采取人工更新或人工促进天然更新的地段，可采取封山育林措施。主要是加强管护，禁止人畜活动，促进林木自然更新。

人工促进天然更新：对于留有目的母树的采伐迹地，或天然分布有目的树种的宜林荒山、林中空地，以及虽具备天然下种条件，但因母树分布不均，或因地被枯落物层厚，或因土壤板结等因素而严重影响落种范围和触土发芽的宜林荒山、林中空地，应在全面封山的基础上，对存在障碍因素的地段，采取清除枯落物、简易破土整地等措施，因地制宜的选择乡土优良树种，进行人工补植或补播，促进天然更新。

无论采取何种封育措施，均应通过现场调查，明确范围，确定期限，制定措施，并认真实施，定期检查，确保封育成林。

③造林更新措施：

对于无天然母树的宜林荒山、林中空地、采伐迹地和存活率低于40%的未成林造林地，进行人工更新。

树种及其配置：适生造林树种主要有云杉、冷杉、落叶松、华山松、巴山松、油松、辽东栎、栓皮栎、麻栎、红桦、白桦、水曲柳、侧柏、青杨、枫杨、太白杨、核桃、板栗、漆树、猕猴桃等，应根据不同的立地条件，因地制宜进行选择。在配置方式上，除用材林和经济林营造纯林外，其余林种均应以针阔混交林为主，可采取带状、块状或不规则块状混交等多种形式。

造林技术：造林前一季或前半年进行整地，规格根据不同的林种和树种而定。针叶树一般小穴整地，阔叶树中穴整地，也可沿等高线带状整地。造林密度按照原林业部颁布的《国营造林技术规程》中规定的主要造林树种造林密度确定。造林苗木选用Ⅱ级以上的合格苗，针叶树最好用容器苗，裸根苗栽植时应蘸泥浆或用生根粉处理。春、秋、雨季均可造林，以春季最佳。

幼林抚育：造林后连续抚育3～5年，每年1～2次。经济林则需年年抚育。抚育项目包括松土、除草、抹芽、除蘖、防治病虫危害等，经济林还要整型、修剪、疏花、疏果、灌溉、施肥等。具体方法因树种不同而各异。

(4) 模式成效

本模式简单易行，在秦巴中高山地已取得了良好的生态经济效益。

(5) 适宜推广区域

本模式适宜在秦岭北坡、关山山地、大巴山北坡中山山地、汉水谷地及其他条件类似地区推广。

【模式 B5-1-2】 秦岭南坡低中山飞、封、造结合治理模式

(1) 立地条件特征

模式区位于秦岭南坡海拔 800～1 500 米的低山山地。地势相对较缓，土壤以黄棕壤为主。植被乔木以栎类、油松为主，灌木以胡枝子为主，分布疏密不均。相对集中连片的荒山、荒坡较多，局部地段有岩石裸露，低山平缓处多为农耕地。

(2) 治理技术思路

当地宜林地多数分布在山大、沟深、坡陡、土薄的地段，造林难度大，但雨量充沛，热量充足，宜采用人工造林与飞播造林相结合的措施，加快绿化荒山荒地，控制水土流失，改善生态环境。

(3) 技术要点及配套措施

①人工造林：

造林技术：选用栎类、松类、侧柏、刺槐、漆树、板栗等树种，带状或块状混交。水平阶或鱼鳞坑整地，规格视立地条件和具体树种而定。春、秋、雨季均可造林，以春季为佳。裸根苗栽植时必须蘸泥浆或用生根粉处理。造林苗木选用Ⅱ级以上合格苗木，针叶树尽可能使用容器苗。

幼林抚育：造林后连续抚育 3～5 年，每年 1～2 次。注意防治病虫害，特别要加强管护，防止人畜破坏和森林火灾。

②飞播造林：

飞播造林技术：对于人工造林困难及宜林地相对集中连片的地区，采取飞播造林。飞播树种主要选择油松、马尾松、华山松、巴山松、侧柏、漆树等。一般宜在 3 月下旬至 5 月上旬间飞播。若播区灌丛茂密，应提前进行清林处理。播前应检验发芽率、发芽势、含水量、纯度等种子质量指标，防止不合格种子上机。使用 ABT 生根粉、鸟鼠驱赶剂浸种或拌种处理种子，以提高飞播成效。播种量视树种而定。

抚育管理：播后封禁 3～5 年，严禁开垦、放牧、割草、砍柴、采药等一切人为活动。

(4) 模式成效

在山大、沟深、坡陡、土壤瘠薄等造林难度大的地方，采用人工造林和飞播造林相结合的造林技术组合，既节省了人力、物力，又绿化了荒山荒坡，解决了深山无植被的问题，同时也有效保持了本地区的水土。

(5) 适宜推广区域

本模式适宜在秦岭北坡、关山山地和大巴山北坡中山相应地区推广。

【模式 B5-1-3】 秦岭南坡低山多林种综合治理模式

(1) 立地条件特征

模式区位于秦岭南坡山地的中下部或下部。地势平缓，比较开阔，有些地段坡麓和阶地浑然一体，有些地段呈不规则条带状，有些则以洪积、冲积扇形态分布于沟谷出口处。土壤多为坡

积、冲积、淤积砂壤质土，土层厚薄不一，多数已辟为耕地。未开垦的坡地散生有杨、柳、松、栎等乔木树种，常见灌木有胡颓子、杠柳等。

(2) 治理技术思路

当地自然条件相对优越，但易遭洪水侵袭。治理时应首先在河流两岸、滩地外沿营造护岸、护滩林，同时因地制宜地在土层比较深厚的地段营造用材林，在水肥充足、背风向阳的地段营造经济林，有条件时尽可能利用地埂栽桑养蚕或栽植杞柳、紫穗槐、黄花菜等，以形成生态经济型防护林体系。

(3) 技术要点及配套措施

①护岸护滩林：沿较大河流开阔地段两岸、宽展滩地外沿，营造杨树、柳树、水杉、马桑、紫穗槐、巴茅等乔灌草混交的护岸、护滩林。

②用材林：

造林技术：以速生、丰产、优质为目标，因地制宜地选择深根性、耐水淹的旱柳、枫杨、水杉、青竹等树种，采用旱柳与枫杨或旱柳与水杉带状或块状混交方式造林。中穴、大穴整地，提前半年或1季进行，整地规格视树种而定，选用Ⅰ级以上的合格壮苗造林，春、秋季均可。

幼林抚育：造林后连续抚育4～5年，每年1～2次。

③经济林：

造林技术：选择柑橘、板栗、核桃、桑树、花椒、漆树、葡萄、猕猴桃、山茱萸等树种，春、秋季造林。造林前半年或1季进行带状套穴整地，规格因树种不同各异。造林苗木选用2年生嫁接（实生）Ⅰ级合格壮苗，栽植时苗根应用生根粉处理。

抚育管理：每年最少松土、除草2次，并及时施肥、灌溉，逐年扩穴，4～5年后达到全垦。随时注意防治病虫害。整形、修剪因树种、树形和经营强度不同而不同。挂果后应坚持合理疏花、疏果，防止发生大小年现象。

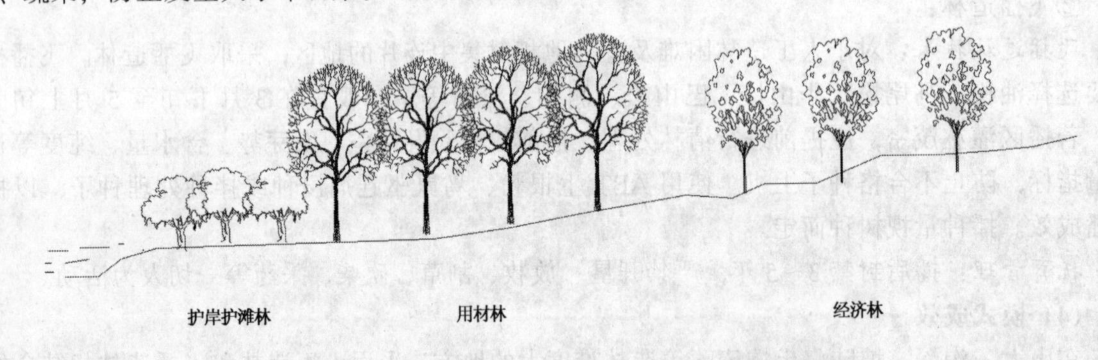

图 B5-1-3　秦岭南坡低山多林种综合治理模式图

(4) 模式成效

在河沟谷地，由于地势条件稍好，而且采取了不同地段栽植不同林木的分类造林方法，所以生态效益和经济效益良好。

(5) 适宜推广区域

本模式适宜在秦巴低山丘陵、汉水谷地、汉中盆地推广应用。

二、大巴山北坡中山山地亚区（B5-2）

本亚区北接汉水谷地，西至甘肃省界，南与四川省、东与湖北省相邻，为由米仓山、大巴山北坡和少部分南坡构成的区域，是汉江诸多支流的源头。地理位置介于东经105°49′23″～109°18′29″，北纬31°48′30″～33°6′33″。包括陕西省汉中市的镇巴县，安康市的镇坪县2个县的全部，以及陕西省汉中市的南郑县、西乡县、宁强县、勉县、城固县，安康市的紫阳县、岚皋县、平利县等8个县的部分地区，面积15 920平方千米。

本亚区地表海拔大多在800～1 000米，主峰光头山海拔2 464米，局部地区喀斯特地貌特别发育，岩层以石灰岩、花岗岩、砂岩、页岩等为主。本亚区具有暖温带与北亚热带2个气候带的特征，气候温和湿润，年平均气温8～14℃，无霜期160～290天，年降水量900～1 400毫米，局部高达1 800毫米，多集中于夏秋两季，暴雨较多，为陕西省日照最少、降水量最多的地区。土壤主要有棕壤、黄棕壤和黄褐土，多为薄层土，砂砾含量高。植被属北亚热带含常绿阔叶成分的针阔混交林带，树种繁多，林木茂密，麻栎、栓皮栎与马尾松、巴山松、油松、华山松组成的混交林最为常见，竹林也较普遍，还有小片状分布的杉木林。

本亚区的主要生态问题是：长期以来由于采、育、用、养失调，加之经营粗放，森林植被遭到不同程度的破坏，不仅降低了水源涵养功能，加剧了水土流失，也使林特产品的质量、数量下滑。

本亚区林业生态建设与治理的对策是：以保护和扩大森林植被，控制水土流失，优化林种和树种结构，提高森林综合效益为目标，因地制宜地大力营造防护林、用材林和经济林，采取封山育林、人工造林和飞播造林相结合的措施，将本区建设成为以涵养水源为主的多功能的生态林业基地。

本亚区共收录2个典型模式，分别是：大巴山北坡水土保持用材林建设模式，大巴山北坡低山生态经济型水土流失治理模式。

【模式B5-2-1】　大巴山北坡水土保持用材林建设模式

（1）立地条件特征

模式区位于大巴山北坡海拔800～1 200米的山地，年降水量1 200毫米左右，土壤为黄棕壤、黄褐土，水土流失严重。

（2）治理技术思路

在保护好现有森林资源的基础上，充分利用本区气候条件优越，适宜多种林木生长的优势，大力营造保持水土、兼顾用材的水保用材林，尽快绿化荒山、荒地和退耕的陡坡地，扩大森林覆盖率，控制水土流失，改善生态环境。

（3）技术要点及配套措施

①造林技术：

造林树种：主要有马尾松、杉木、油松、华山松、落叶松、麻栎、栓皮栎、锐齿栎、侧柏、柏木、漆树、太白杨、枫杨等。

配置方式：在坡缓、土厚地段，营造以纯林为主的水保用材林，也可选择具有共生特性的树种营造带状和块状混交林，如落叶松与华山松，麻栎与油松，杉木与柳树，马尾松与柏木等。在坡陡、土薄处则应选择耐旱、耐瘠薄的侧柏、栎类等，营造带状或块状混交的水土保持林。

②幼林抚育：造林后连续抚育5年，每年1～2次。注意防治病虫害，特别要加强管护，防止人畜破坏和森林火灾。

图 B5-2-1　大巴山北坡水土保持用材林建设模式图

(4) 模式成效

在河沟交错的山区，运用此模式既可尽快绿化荒山荒地，扩大山区的森林覆盖率，提高防护功能，改善生态环境，又可得到农民生活所需的民用材。

(5) 适宜推广区域

本模式适宜在秦岭南坡和汉水谷地相应区域推广。

【模式 B5-2-2】　大巴山北坡低山生态经济型水土流失治理模式

(1) 立地条件特征

模式区位于大巴山海拔800～1 200米的山地。河沟交错，地形复杂，林地、耕地、荒山交替分布，局部地段岩石外露。比较开阔的沟谷两侧，多系洪积、冲积的沙质或砾质滩地，多呈窄条带状或弧扇面状分布，平缓微倾斜。模式区内人口较多，人为活动频繁，水土流失严重。

(2) 治理技术思路

本着把改善生态环境与当地群众脱贫致富奔小康紧密结合起来的原则，充分利用当地名、优经济林木资源丰富的优势，在大力营造水源涵养林、水土保持林、防护用材林的同时，积极发展具有地方特色的经济林，不断提高群众的经济收入，逐步摆脱贫穷落后面貌。

(3) 技术要点及配套措施

本着因地制宜的原则，选择茶、桑、漆、油茶、油桐、板栗、杜仲、香椿、花椒、山茱萸等经济树种，营造生态经济型防护林。空间配置上应充分利用田边地埂栽植，或进行农果间作；在有条件的地方，尽可能建园经营，以获得最大经济效益为目的。

(4) 模式成效

本模式是一种以改善生态环境为前提，以发展经济为目标的山地生态林业建设模式，模式充分利用地理优势和资源优势，既防止了水土流失，又有助于农户脱贫致富，科学适用，具有良好、可靠的生态、经济、社会效益，为山地农户所欢迎。

图 B5-2-2　大巴山北坡低山生态经济型水土流失治理模式

(5) 适宜推广区域

本模式适宜在汉水谷地、陕南等立地条件类似区推广应用。

三、汉水谷地亚区（B5-3）

本亚区西邻甘肃省，东与河南省、湖北省接壤，南以大巴山北坡中山山地亚区为界，北与秦岭南坡中高山山地亚区毗连。地理位置介于东经 105°11′31″～110°38′33″，北纬 32°26′35″～33°50′5″。包括陕西省商洛地区的山阳县，安康市的旬阳县、白河县等 3 个县的全部，以及陕西省商洛地区的商南县、丹凤县、镇安县、柞水县，安康市的汉滨区、汉阴县、石泉县、紫阳县、岚皋县、平利县，汉中市的洋县、宁强县、略阳县、西乡县、南郑县、勉县、城固县等 17 个县（区）的部分地区，面积30 958平方千米。

本亚区地质构造由横贯秦岭的加里东褶皱带和四川台向斜两个地质构造单元组成。出露基岩以花岗岩、千枚岩、石灰岩、砂岩、页岩、砾岩最为常见，低山丘陵、川坝、盆地的母质多为第三、第四纪的红土、黄土或河流冲积物。由于长期受流水切割与冲淤的影响，在秦巴低山地带形成了东西绵延 500 多千米，起伏不平、层层叠叠的岭丘，在岭丘之间形成了无数宽窄不等、长短不一的川台坝地，在较大江河两岸又形成了许多大大小小的串珠似的盆地。

北亚热带气候，年平均气温 12～14℃，无霜期 210～240 天，年降水量 800～1 200 毫米，但年内分布不均，常有伏旱、秋涝和暴雨，年暴雨日数 1～3 天。土壤以黄棕壤、黄褐土为主，其次有山地棕壤、水稻土、潮土等。植被属北亚热带含常绿阔叶成分的针阔叶混交林，植被种类繁多，生长茂密。主要树种有栎类、马尾松、油松、杉木、巴山松、竹类等防护用材树种，以及桑、茶、漆树、油桐、油茶、柑橘、乌桕、棕榈、核桃、柿树、板栗、厚朴、五倍子、红茴香等经济树种。区内矿产资源丰富，种类较多，多数正在开采。

本亚区的主要生态问题是：人口密度大，居住集中，人为活动频繁，强度毁林开荒致使森林资源遭到不同程度的破坏，水土流失严重，年平均流失土壤 1 000～3 000 吨，洪涝灾害频繁，生态环境不断恶化。

本亚区林业生态建设与治理的对策是：坚持因地制宜原则，以保护好现有森林资源为前提，以大力营造水源涵养林、水土保持林为重点，同时积极发展用材林、速生丰产林、经济林，使地尽其利，林尽其效，树尽其用，做到生态、经济、社会效益紧密结合，同步发展。

本亚区共收录4个典型模式，分别是：汉水谷地低山“一坡三带”式治理模式，汉水谷地低山小流域林业生态建设模式，汉水谷地生态经济型庭院绿化模式，陕西安康前坡乡山地开发型生态林业建设模式。

【模式 B5-3-1】　汉水谷地低山“一坡三带”式治理模式

(1) 立地条件特征

模式区位于陕西省安康市、商洛地区，为海拔1 000米以下的山地。当地岭丘绵延、低缓浑圆。森林植被呈片状分布，覆盖率较低。区内人口密集、垦殖指数较高，水土流失比较严重。

(2) 治理技术思路

当地人多地少，收入有限，人民生活水平低，生态环境脆弱。所以，必须把发展经济的着眼点放在改善生态环境上，把群众脱贫致富的切入点放在建设生态经济型林业上。因此在治理上应按照“山顶戴帽子、山腰系带子、山脚穿靴子”的“一坡三带”式模式，把控制水土流失与脱贫致富奔小康有效地结合起来，实现生态与经济双赢的目标。

(3) 技术要点及配套措施

①山顶水土保持林：选择保持水土功能强、适应性强好的油松、栎类、侧柏等乔木和马桑、沙棘、紫穗槐等灌木树种，以乔、灌或乔、乔沿等高线带状混交的配置方式营建多层次、多树种的混交林。混交带宽视坡长、坡度而定。

②山腰防护用材林：选择速生、丰产、优质的杉木、马尾松、柏木等树种，营建以乔木与乔木混交为主的防护用材林。地势较缓处亦可营造纯林。

③山脚防护经济林：可供选择的主要经济树种有茶、桑、漆、油桐、油茶、核桃、板栗、杜仲、柑橘等。各地应根据当地的自然条件，选择各具特色的优势树种，如紫阳县的茶、安康市的桑、镇安和柞水县的板栗等。造林采取陡坡梯田沿地埂栽植1～2行树的农林混作配置，立地条件优越的地段亦可成片建园经营。

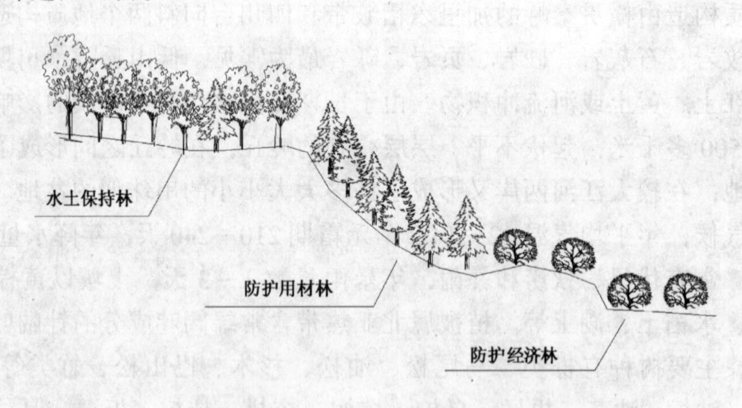

图 B5-3-1　汉水谷地低山“一坡三带”式治理模式图

(4) 模式成效

“一坡三带”是一种集生态和经济效益为一体的山区生态经济型治理模式，通过合理配置土地资源和生物资源，既有效地控制了水土流失，又使当地群众走上了脱贫致富奔小康的道路，深受山区农民的欢迎。

(5) **适宜推广区域**

本模式适宜在汉水谷地及条件类似地区推广。

【模式 B5-3-2】 汉水谷地低山小流域林业生态建设模式

(1) **立地条件特征**

模式区位于汉水流域海拔 1 000 米以下的低山地带。区内岭丘绵延、低缓浑圆。森林植被片状分布，覆盖率较低。人口密集、耕垦指数较高。水土流失比较严重。

(2) **治理技术思路**

本模式以小流域为治理单位，以生物措施为主，生物措施与工程措施相结合，统一规划，分年实施，把治山、治水与广大群众脱贫致富紧密结合起来，实行沟、坡、梁统一治理，林、果、粮全面开发，使当地的生态环境逐步得到改善，社会经济实现可持续发展。

(3) **技术要点及配套措施**

①布局：在沟头、沟边、沟底修建必要水保工程的基础上，在丘顶营造防护林，沟坡发展干果经济林，沟底培育鲜果经济林。

②树种选择：防护林以油松、杉木、栎类、侧柏、柏木、马尾松、马桑、沙棘等为主；干果经济林以桑、茶、漆、枣、核桃、板栗、银杏、油桐、油茶等为主；鲜果经济林以梨、桃、杏、柿、枇杷、葡萄、柑橘、猕猴桃等为主。

③树种配置：防护林采取乔灌带状或块状混交形式，连片栽植；经济林营造形式多样，主要有下列以下几种：

密植园形式：成片栽植，密度因树种、经营强度、经营方式不同而各异，从每亩 20 多株到每亩 300 株不等。

果农混作形式：以农为主，采取农果兼顾的配置形式，在田边地埂上单行栽植果树。

果农间作形式：果树定植株行距 3.0 米×7.0 米或 4.0 米×10.0 米，在果树行间间作农作物。

(4) **模式成效**

本模式在长江防护林工程区的部分县实施后，成效显著，不但有效控制了水土流失，改善了生态环境，而且显著地增加了当地群众的经济收入。

(5) **适宜推广区域**

本模式适宜在汉水谷地人口密集、耕地比重较大的地区推广。

【模式 B5-3-3】 汉水谷地生态经济型庭院绿化模式

(1) **立地条件特征**

模式区位于人口密集的河流两岸。沿岸地势开阔平坦，水肥条件优越，大多数为农田，但易遭洪水侵袭。

(2) **治理技术思路**

利用庭院周围、房前屋后，气候条件优越，土壤深厚肥沃，适宜多种林木生长，且紧邻农户，方便经营管理之有利条件，见缝插针地发展竹林、经济林、用材林，既可绿化、美化家园，又可增加经济收入，改善生产和居住环境。

(3) **技术要点及配套措施**

①主要经营类型与树种：

庭院竹林经营类型：利用房前屋后空闲地栽植竹林，在林下培育蘑菇等菌类。可供选择的品种有巴山竹、拐棍竹、箭竹 、毛竹、刚竹、淡竹、慈竹、水竹、粉绿竹等。

庭院经济林经营类型：利用房前屋后栽植经济价值高、可连年收益的干果、鲜果、木本油料和中药材植物。可供选择的主要果树有桃、李、梨、樱桃、核桃、板栗、柑橘、枇杷、棕榈、油桐、桂花、柿树、枣树等；主要中药材植物有黄连、银杏、何首乌、党参、厚朴、生姜等。

庭院混交林经营类型：利用房前屋后空间地栽植生长快、材质好、树型美、枝叶密、能开花结果的经济用材树种，主要有杉木、水杉、柳杉、泡桐、油松、白皮松、香椿、侧柏、柏木等。

②树种及其配置：农民对庭院的经营有很大的自主性，树种组合与配置形式多种多样。比较常见的配置方式有侧柏、香椿、梨树混交，慈竹、棕榈、香椿混交，核桃、香椿、水竹混交等。

③经营管理：

竹林：应采育兼顾，砍弱留强，砍密留稀，每隔4年打保蔸桩1次。

经济林：经营较为复杂，总原则为适时适量整形、修剪，保持树冠不重叠，还要及时施肥灌溉，防治病虫害。

混交林：因可造林树种繁多，经营方式各异，农户自主经营管理，但应注意控制密度，及时清除密弱林木，适时更新优良树种。

(4) 模式成效

由于大多数农民具有在房前屋后种植林木的习惯，技术简单，容易被农民接受，而且可以尽快美化家园，改善居住环境，增加农民经济收入，提高农民生活水平和质量，具有良好的推广价值。

(5) 适宜推广区域

本模式适宜在汉水谷地及条件类似地区的庭院推广，亦可在长江流域的丘陵和低山地区庭院、住宅周围推广。

【模式 B5-3-4】 陕西安康前坡乡山地开发型生态林业建设模式

(1) 立地条件特征

模式区位于陕西省安康市白河县的前坡乡。亚热带暖温带过渡气候，年平均气温12.2～16.5℃，≥10℃年积温3 170～4 785℃。年日照时数1 850.5小时，太阳总辐射量为45千焦/平方厘米，无霜期261天。年降水量793.5毫米，降水量大多集中在7～9月份，占年降水量的46%。土壤以山地黄褐土、粗骨型棕壤土为主，是一个宜农、宜林、宜牧的地区。

(2) 治理技术思路

在对前坡乡自然资源、生态环境、经济状况以及存在问题等全面系统调查、分析和诊断的基础上，结合当地社会经济发展目标，经过优化设计和区域实践检验，确定了模式区“以开发利用山地资源为中心，以发展经济林果为重点，以建设沼气、多能互补为纽带，实行生物措施与工程措施相结合，传统技术与现代技术相结合，建设农、林、牧、副多种经营协调发展和良性循环”的生态农业总体模式。

(3) 技术要点及配套措施

在实施过程中，前坡乡主要实施了林业工程、农田工程等8大生态工程，并选择和推行了相应的配套技术措施。根据适地适树、兼顾生态效益和经济效益的原则，在全区重点抓了4条林草带建设，基本内容是造林种草，增加植被覆盖度。一是在30度以上山头配置山顶松杉防护林带；二是在25度左右的荒坡地和梯田间隙地，以柑橘、柿子、板栗、花椒、桑、梨等树种为主营建山腰杂果经济林带；三是在汉江沿岸山坡地，以具有商品加工价值的龙须草为主建设固坡护江林草带；四是在村围、路边、田坎地头经营埂坎经济林带。

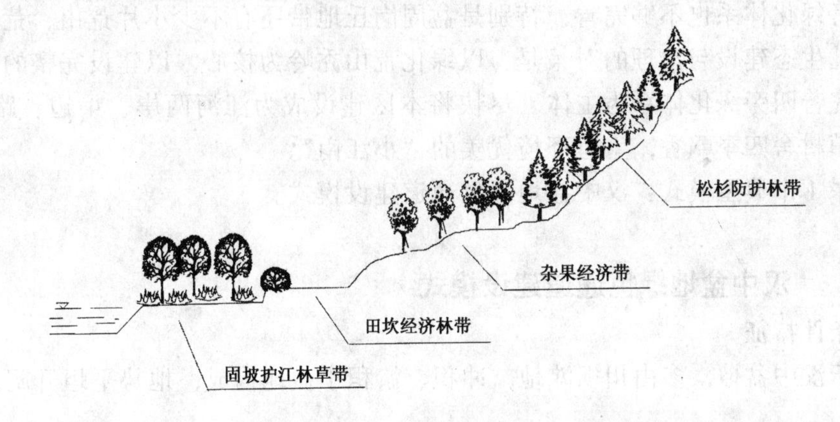

图 B5-3-4 陕西安康前坡乡山地开发型生态林业建设模式图

(4) 模式成效

本模式实施5年后，1992年全区农村人均粮食266千克，人均纯收入587.9元，分别比1988年增加了23.15%和106.93%。另外，由于节柴灶、沼气池和改厕改圈的普及推广，农村的环境卫生也得到明显改善，过去常见的红眼病、寄生虫病等大大减少，农民健康水平和生活文明程度也有了提高。当地干部群众自豪地称赞生态农业是“山上建了银行，地里成了粮仓，庄院通向小康”。

(5) 适宜推广区域

本模式适宜在汉江南岸的沿江低山区推广。

四、汉中盆地亚区（B5-4）

本亚区地处秦巴山地之间的偏西部，西起勉县武侯镇，东至洋县龙亭铺，东西长约100千米，南北宽5～20千米。地理位置介于东经106°27′15″～107°9′20″，北纬33°6′25″～33°30′14″。包括陕西省汉中市汉台区的全部，以及陕西省汉中市的勉县、城固县、洋县、南郑县4个县的部分地区，面积1 840平方千米。

本亚区四面环山，汉江横贯中部，是一个近似椭圆形的山间断陷盆地，盆地中央为汉江冲积平原，盆周有四级阶地，一级阶地高出汉江常水位3～5米，二级阶地高出10～15米，均为沙壤质的汉江近代沉积物，常有砾石夹层。一、二级阶地平坦宽阔，是汉中盆地的主要川地。三级阶地高出汉江常水位30～50米，四级阶地高出70～80米，均由红色亚黏土构成，常夹有石灰结核和砾石层。三、四级阶地属汉江侵蚀阶地，均受到不同程度的侵蚀，尤其是第四级阶地的阶面切割破碎，已成丘陵地貌，波状起伏，相对高度40～80米。

亚热带气候，水热条件比较优越，年平均气温14～16℃，无霜期235～240天，年降水量800～900毫米。土壤以水稻土、黄褐土为主，一般土层深厚且湿润肥沃，微酸至酸性反应，但盆周岗丘的部分地段土层较薄，甚至基岩外露或碳酸钙淀积层裸露，呈碱性反应，板结、干燥、瘠薄，尤以阳坡为甚，利用难度较大。区内植被除有少量栓皮栎、马尾松天然林外，基本上被栽培植被所取代，主要树种有马尾松、油桐、柑橘、桑树、红椿、杉木、水杉、刺槐、棕榈、慈竹、枇杷等亚热带树种。

本亚区地势平坦，气候湿润，名胜古迹、旅游胜地较多，土壤肥沃，人口密集，厂矿众多，历来以农业生产为主，但江河两岸常遭洪水袭击，虽经多年治理，至今仍有许多空白地段，防洪功能脆弱，四旁绿化体系也不够完善，特别是盆周岗丘地带还有不少小片荒山、荒地存在。

本亚区林业生态建设与治理的对策是：以绿化荒山秃岭为核心，以建设完整的江河防护林体系为重点，以完善四旁绿化体系为主体，尽快将本区建设成为江河两岸、渠边、路旁绿树成荫，名胜古迹、城镇村舍四季飘香，生态环境优美的“小江南”。

本亚区收录1个典型模式：汉中盆地绿色通道建设模式。

【模式 B5-4-1】　汉中盆地绿色通道建设模式

(1) 立地条件特征

模式区位于汉中盆地，多由川坝滩地，冲积、淤积小盆地构成，地势平坦开阔，土地条件较

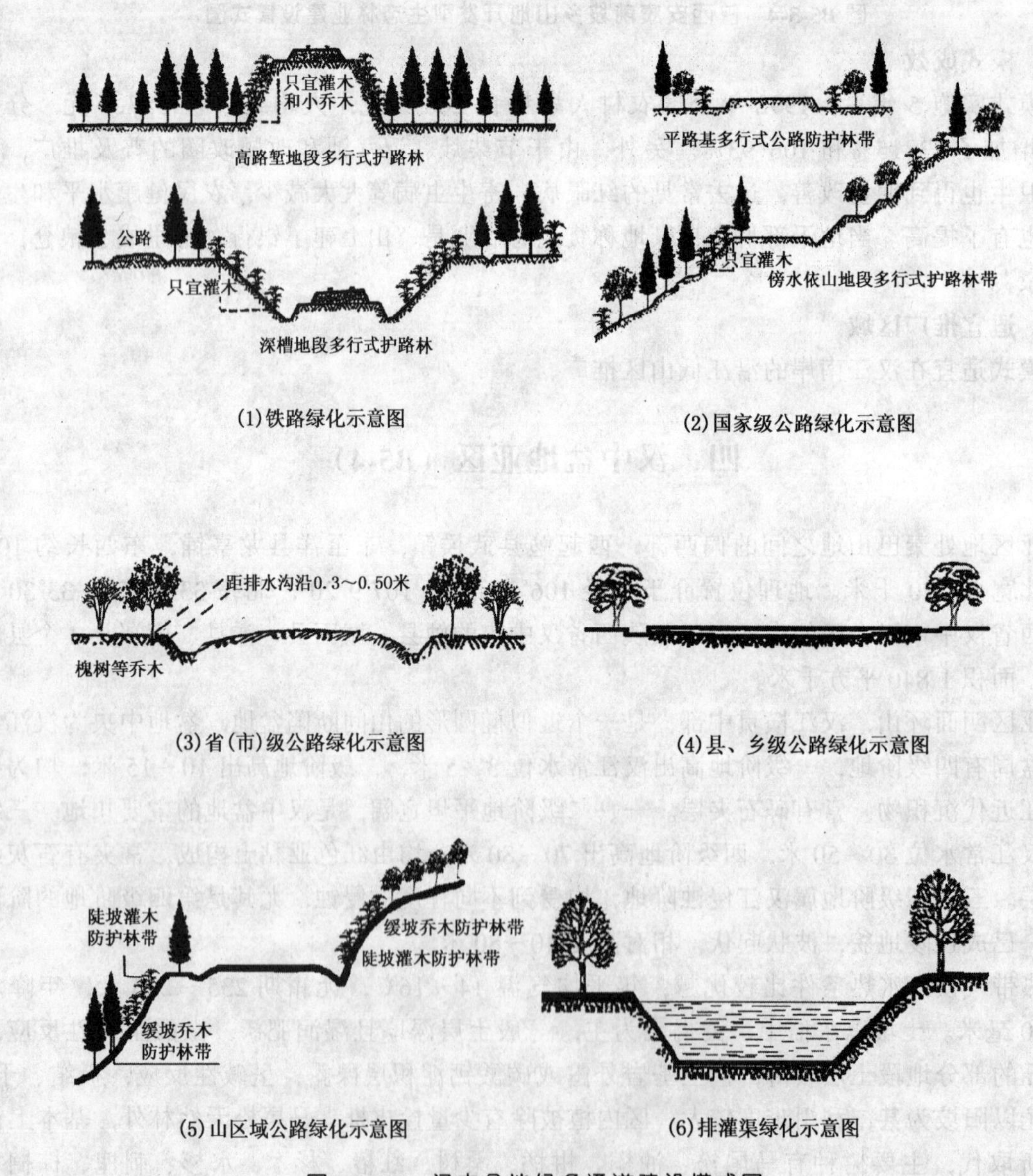

(1)铁路绿化示意图　(2)国家级公路绿化示意图

(3)省(市)级公路绿化示意图　(4)县、乡级公路绿化示意图

(5)山区域公路绿化示意图　(6)排灌渠绿化示意图

图 B5-4-1　汉中盆地绿色通道建设模式图

好，多为粮油生产基地。区内铁路、公路及排灌渠等渠路纵横交错，坝地、台田相互贯连，并有诸多城镇村舍镶嵌其中。江河堤岸、滩沿虽多有堤坝防护林保护，但仍有不少空白地段常遭洪水袭击，许多城镇村舍、道路、水渠尚未绿化。

(2) 治理技术思路

乔、灌、花、草相结合，立体绿化，体现绿化、美化、香化、防风、固渠、护路等多种功能。林带长度依渠、路长度而定，宽度因地制宜，宜宽则宽，宜窄则窄。

(3) 技术要点及配套措施

①树种选择：以乡土、速生、优质、冠小、根深、干直、常绿的用材树种为主，结合美化、香化的目的，发展经济、观赏型乔、灌、花、草。适宜的主要树种有：法桐、杨树、柳树、水杉、柳杉、红椿、合欢、梓树、栾树、白蜡、苦楝、银杏、桂花、青桐、枫杨、枫香、棕桐、竹类、女贞、黄杨、紫荆、丁香、玉兰、木荆、紫穗槐、千头柏、刺柏、圆头柏及部分果树等。

②苗木：乔木选用高3米以上、胸径2厘米以上的2年生以上大苗；灌木用培育成型的带土球大苗。

③配置：

铁路：在离开路基3米以外的缓坡或平地栽植，行数依两边隙地宽窄而定。

公路：在排水沟以外的缓坡或平地栽植，乔灌带状混交或株间混交，行数依两边隙地宽窄而定，具体树种及配置因公路级别而异。

排灌渠：在护渠埂以外栽植，乔灌混交，株行距及行数依具体树种而定。

(4) 模式成效

本模式采用多树种绿化江河堤岸、城镇村舍、铁路、公路和渠道，美化和香化了人居环境，生态效益明显。

(5) 适宜推广区域

本模式是陕西省汉中盆地铁路、公路及排灌渠绿化的好模式，适宜在汉中盆地大力推广，其他条件类似地区也可推广。

五、伏牛山南坡低中山亚区（B5-5）

本亚区位于河南省与陕西、湖北两省的交界地区，地处河南省西南部伏牛山的南坡，汉江支流老灌河的上游。地理位置介于东经110°36′25″～113°39′11″，北纬32°53′36″～33°51′57″。包括河南省南阳市的南召县全部，以及河南省南阳市的方城县、内乡县、西峡县、淅川县，驻马店市的泌阳县、确山县、遂平县，洛阳市的嵩县，平顶山市的鲁山县、叶县、舞钢市等11个县（市）的部分地区，面积12 738平方千米。

本亚区地貌以山地丘陵为主，海拔500～2 000米，成土母岩有花岗岩、片麻岩、石灰岩等。亚热带湿润气候，年平均气温15℃左右，年降水量800～900毫米。≥10℃年积温4 500～5 000℃，热量资源比较丰富。土壤有山地黄壤、黄褐土、山地黄棕壤、山地棕壤。森林植被主要为北亚热带含常绿树种的落叶阔叶林和针叶林，植物种类丰富，有太白松、华山松、金钱松、马桑、飞蛾树、甘肃山楂、四照花等。

本亚区的主要生态问题是：不合理的开垦破坏了原生森林植被，森林覆盖率低，水土流失严重，涵养水源功能低下。

本亚区林业生态建设与治理的对策是：重点以现有天然次生林抚育改造和人工针阔混交造林为主要手段，恢复森林植被，提高森林质量，增强森林涵养水源和保持水土的功能，改善生态环境，提高林业生态与经济效益。

本亚区共收录3个典型模式，分别是：伏牛山中山封山育林模式，伏牛山中山针阔混交型水源涵养林建设模式，伏牛山南坡低山生态经济沟建设模式。

【模式B5-5-1】　伏牛山中山封山育林模式

(1) 立地条件特征

模式区位于伏牛山南坡海拔1 000米以上的山地。山地坡度一般在30度以上，黄棕壤为主，土层厚度小于30厘米。

(2) 治理技术思路

针对当地立地条件差，山高土薄，人烟稀少的特点，以封山育林为主，尽快恢复植被，控制水土流失，涵养水源，改善生态环境。

(3) 技术要点及配套措施

①封育方式：

全封：在边远山区、江河上游、水库集水区、水土流失严重地区和恢复植被较困难的宜封地，实行全封。封育时间一般为3～5年，也可根据需要封育8～10年甚至更长时间。

半封：对有一定植被更新，生长良好且覆盖度较大的宜封地，可进行季节性封育，也称半封。

轮封：对于当地群众生产、生活和燃料有实际困难的地方，可采取轮封。

②抚育管理：

人工促进天然更新：对有较充足下种能力，但因植被覆盖度较大影响种子接触地面的地块，应进行带状或块状除草、破土整地，人工促进天然更新。

人工补植：对自然繁育能力不足或幼苗、幼树分布不均的间隙地块，按封育类型成效要求进行补植或补播。

人工抚育：在封育期间，根据当地条件和经营强度，对经济价值较高的树种，可重点采取除草、松土、除蘖、间苗、抗旱保墒等培育措施，促进林木生长。

森林保护：做好防火及病虫害防治工作。应重点防治的病虫害有油松叶锈病、松黄叶虫病、落叶松早期落叶病、油松毛虫、蚜虫、栎实象等。

③成效检查标准：按小班调查，每亩有乔、灌木90株（丛）以上，或乔、灌木总覆盖度大于或等于30%，其中乔木所占比例在30%～50%，且分布均匀者即为合格。

(4) 模式成效

本模式用工少，成本低，见效快。实践证明，投入同样的劳力进行封育，可比经营人工林面积多5～10倍，使植被尽快得以恢复，社会效益、生态效益和经济效益巨大。

(5) 适宜推广区域

本模式适宜在伏牛山低中山、伏牛山南坡西部低山丘陵及伏牛山南坡东部低山推广。

【模式 B5-5-2】　伏牛山中山针阔混交型水源涵养林建设模式

（1）立地条件特征

模式区位于伏牛山南坡海拔 1 000 米以上的山地。坡度多在 30 度左右，黄棕壤为主，土层厚度大于 30 厘米。

（2）治理技术思路

由于毁林开荒，造成当地森林生态系统涵养水源功能差，水土流失严重。应积极退耕还林，采用针阔混交的方式，营建水源涵养林和水土保持林，加快恢复森林生态系统的功能。

（3）技术要点及配套措施

①造林技术：

树种及其配置：选择油松或马尾松与栓皮栎带状混交，3 行松树，2 行栓皮栎，株距为 1.0 米，行距为 2.0 米。

整地与栽植：穴状整地，规格 40 厘米×40 厘米×40 厘米。油松，早春或雨季造林，要求根系舒展，填土后踏实。栓皮栎，春、秋季播种造林，秋季随采种随播，鸟兽危害严重地区应春季播种。播种前进行种子催芽，种皮开裂、幼芽萌动后即可播种，每穴 4～6 粒。

②抚育管理：造林后连续抚育 4 年，每年 9 月份松土、除草、培土 1 次。对于造林 2～4 年后干形和生长不良的栓皮栎，可进行平茬抚育，从 2 年生萌条中选优定株。造林 4～6 年后，可进行 1 次间苗定株。

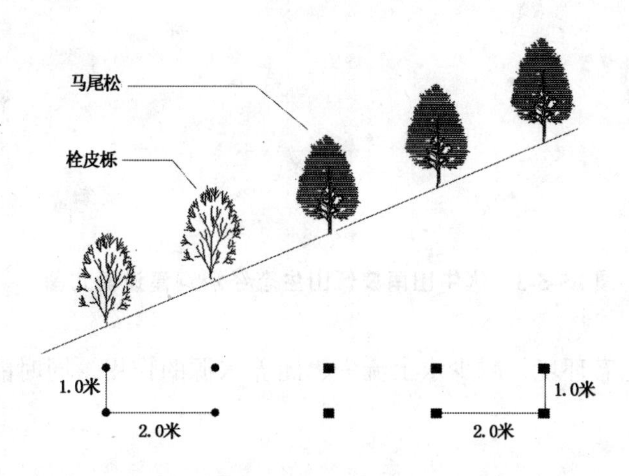

图 B5-5-2　伏牛山中山针阔混交型水源涵养林建设模式图

（4）模式成效

本模式简单易行，能较快地恢复植被，有效控制水土流失，提高森林的水源涵养能力。

（5）适宜推广区域

本模式适宜在伏牛山南坡中山、伏牛山南坡西部低山丘陵区及条件类似地区推广。

【模式 B5-5-3】　伏牛山南坡低山生态经济沟建设模式

（1）立地条件特征

模式区位于伏牛山南坡东部海拔 200～1 000 米的山地。坡度较缓，土层较厚，土壤偏酸性。

（2）治理技术思路

根据模式区立地条件较好，水资源丰富等特点，以沟道为单元通过发展坡面经济林，增加农民的经济收入，提高农民植树造林的积极性，并进而达到绿化荒山，减少水土流失，涵养水源，改善生态环境的目的。

(3) 技术要点及配套措施

①造林技术：

树种及其与配置：山顶封山并补播麻栎种子。山中部和下部栽辛夷，株行距3.0米×4.0米。

种苗与栽植：选用1年生或2年生辛夷嫁接苗，在春、秋季栽植，穴状整地，规格为40厘米×40厘米×40厘米。

②抚育管理：辛夷成活后，前2年注意松土除草和施肥，3年后，注意拉枝，以使每个枝条充分占用空间，通风透光，提高产量。

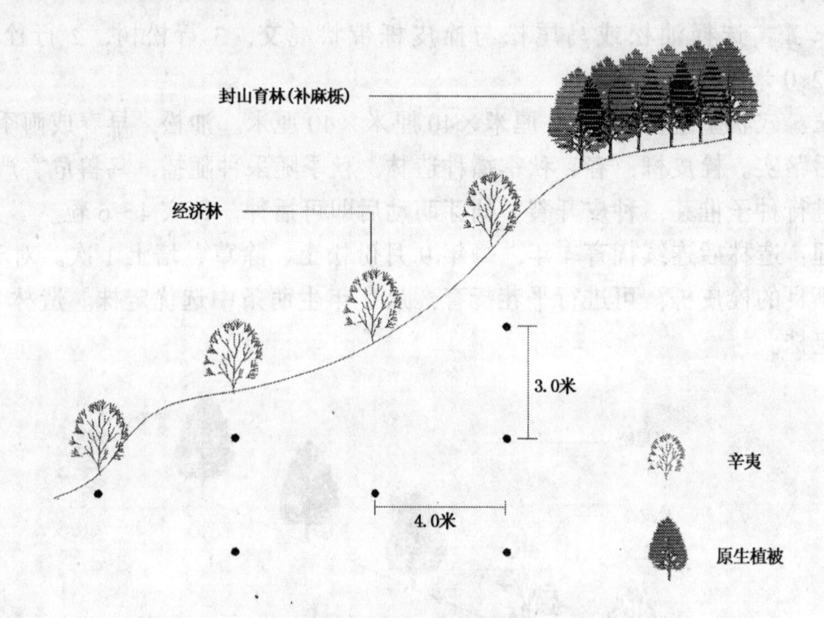

图B5-5-3　伏牛山南坡低山生态经济沟建设模式图

(4) 模式成效

本模式能起到改善生态环境，减少水土流失、涵养水源的作用，同时能提高山区农民的经济收入。

(5) 适宜推广区域

本模式适宜在淮河流域上游和长江中上游地区推广。

六、南阳盆地亚区（B5-6）

本亚区位于伏牛山的南坡中低山亚区以东的南阳盆地，地理位置介于东经111°0′32″～113°7′30″，北纬32°28′23″～33°30′21″。包括河南省南阳市的宛城区、卧龙区、邓州市、唐河县、社旗县、新野县、镇平县等7个县（市、区）的全部，以及河南省南阳市的淅川县、内乡县、方城县，驻马店市的泌阳县等4个县的部分地区，面积15 927平方千米。

本亚区地势北、东、西三面较高，南部低，为一盆地。盆边有海拔200米左右的丘陵地带，盆中有海拔120～200米的垄岗高地，由于河流密布、沟谷发育，多被切割成垄岗和小片倾斜平原。因地处亚热带北缘，背山向阳，热量资源丰富，年平均气温15℃以上，≥10℃年积温

4 700～4 800℃，淅川一带的年积温可达5 000℃，无霜期220～230天，生长期较长。年降水量800～900毫米，西部比东部湿润。

本亚区的主要生态问题是：垄岗地区沟蚀、面蚀严重。在唐白河、潦河等沿岸近代冲积平原，近河两岸有长岗形或新月形沙丘分布。土壤为潮土，盆地内低洼处为砂姜黑土，土质黏重，下有砂姜黏土胶结的隔水层，地表水难以渗入，以致地面与土体内部排水不良，出现上浸，不仅影响农业生产而且影响林木根系的发育。

南阳盆地农业发达，是河南省的粮仓，其林业生态建设与治理的对策是：以农田防护林为主，带网结合、乔灌结合，在沿河两岸、道路两侧、库区周围、风沙地带大力营造防护林带、农田林网；四旁隙地营造用材林。

本亚区收录1个典型模式：南阳盆地农田防护林建设模式。

【模式 B5-6-1】 南阳盆地农田防护林建设模式

(1) 立地条件特征

模式区位于北亚热带北缘。南阳盆地海拔介于80～500米，年平均气温15℃，年降水量800～1 000毫米。大部分地区分布黄褐土，低洼处发育砂姜黑土，土质黏重。

(2) 治理技术思路

发展农田防护林，逐步形成综合防护林体系，以林护农，保障农业稳产高产。

(3) 技术要点及配套措施

①树种选择：结合道路、渠系的绿化，选用中林46杨、2 000系列杨等树种营造农田防护林网，每个网格不超过300亩，每条林带2行，路、渠每边各2行。

②整地：大穴整地，规格100厘米×100厘米×100厘米，秋季以前完成。

③苗木：选用Ⅰ、Ⅱ级壮苗造林。

④造林：秋冬季栽植，株行距2.0米×2.0米，带内三角形配置。按要求浇水，踏实并封土。

⑤抚育管理：造林后进行2～3次中耕、松土、除草，保证浇水2～4次，连续4年以上。合理修枝，加强林带的抚育间伐、幼林抚育及病虫害防治等。

(4) 模式成效

一是有效地防风固沙，林网内风速减低20%～30%；二是有效地保护和促进农业生产，在农田林网的保护下，粮食产量提高15%～25%；三是为当地群众提供部分木材或林副产品；四是带动了相关产业的发展。

(5) 适宜推广区域

本模式适宜在盆地农耕区或丘陵阶地推广应用。

七、鄂西北山地亚区（B5-7）

本亚区为鄂西山地的一部分，西面与四川省接壤，西北与陕西省相连，北面与河南省南阳地区相连，南面以神农架分水岭为界。地理位置介于东经109°7′22″～111°46′8″，北纬31°20′26″～33°24′1″。包括湖北省襄樊市的保康县、南漳县、谷城县，十堰市的张湾区、茅箭区、丹江口市、郧县、郧西县、竹山县、竹溪县、房县等11个县（市、区）的全部，以及湖北省直辖的神农架林区的部分地区，面积33 896平方千米。

本亚区南北两部分的地形地貌、气候、土壤、森林植被等差异较大。南部以神农架、房县、竹山、竹溪为主体，崇山峻岭，切割深幽，地形地貌复杂多变，森林植被茂密，土壤主要为山地黄棕壤；主要水系有发源于神农架的南河、堵河及发源于陕西的汉水等，著名的丹江口水库即处于本亚区；北部属丹江库区范围，以低山丘陵为主，土壤质地较差，土层浅薄，植被稀少。本亚区的年平均气温为15℃，无霜期230～240天，年降水量800～1 000毫米，是湖北省雨量最少的区域。

本亚区的主要生态问题是：南部森林较丰富，但普遍存在森林过伐现象，生态环境遭到一定程度破坏；丹江库区人口稠密，陡坡开垦严重，植被遭到破坏，普遍形成光山秃岭，水土流失面积高达70%以上，农作物产量不高。由于地面倾斜、河床比降大、水流湍急，河水时降时落，久旱不雨时常出现河水断流，一遇强度暴雨，山洪、滑坡、塌方、泥石流又时有发生。

本亚区林业生态建设与治理的对策是：南部山区加强现有森林植被的保护，加强水系源头水源涵养林建设，并适当增加经济林比重，促进山区经济发展；北部丹江库区以增加森林植被为主，防治水土流失，涵养水源，改善生态环境，生态、经济并重，促进经济发展。

本亚区共收录7个典型模式，分别是：鄂西北山地针阔混交型水源涵养林建设模式，鄂西北低山丘陵水土保持经济林营造模式，丹江库区石灰岩山地川柏-白花刺混交型水土保持林营造模式，丹江库区坡地经济林建设模式，丹江库区荒坡油桐生态经济林建设模式，汉江上游（油）桐农复合经营模式，汉江上游消落地固沙生态林建设模式。

【模式 B5-7-1】　鄂西北山地针阔混交型水源涵养林建设模式

(1) 立地条件特征

模式区位于湖北省房县天台山林场，地处鄂西北山地北部边缘。当地雨量丰富，气候适中，自然条件优越。土壤为山地黄棕壤，土层较深，肥力中等。自然形成的松、栎针阔混交林为主要森林类型，植物种类繁多，林分类型多样。由于多年来对这个地区森林的不合理开采，致使森林植被减少，土壤侵蚀加剧。

(2) 治理技术思路

对海拔800米以上、目的树种较多、林相较为整齐的杂灌林地，封山育林恢复植被；对目的树种较少的疏林地、退耕地，人工造林，扩大森林面积。

(3) 技术要点及配套措施

①封山育林：按山区300亩一个封育区的标准合理划分封育区，每个封育区设一块3.0米×6.0米的大碑，碑上写明封山要求和违规者惩罚，建一个护林棚，固定1名护林员，在林区道路上每1 000米建一个小碑，写上护林标语，护林员随身携带挖锄和护林手册，见到群众进入封育区就及时进行宣传。凡人工造林地有缺棵死苗的立即进行补播补植。这样封育一般5年见成效，5年后再进行半封，效果很好。

②人工造林：

树种：目的树种杉木；混交马褂木、檫木和香椿等阔叶树种。

整地：在土壤条件较好、土层深厚的地方沿等高线穴状整地，规格为30厘米×30厘米×30厘米。

苗木：选用经过林木地理种源试验的适生种源进行育苗，杉木采用2年生Ⅰ级苗，阔叶树采用1年生大苗。

造林：栽3行杉木，株行距3.0米×3.0米，再栽植2行适生阔叶树种，针阔叶带状混交。

尽量保留株行之间林地上的杂灌和草类，以保持水土。

③配套措施：人工造林后，要固定专职护林员进行管护，缺株缺苗要及时进行补植。

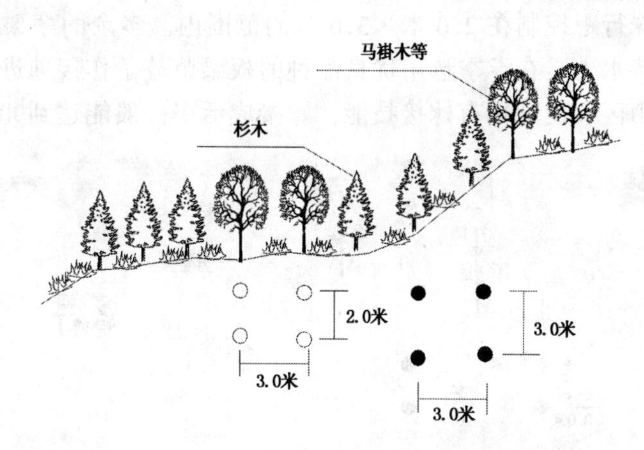

图 B5-7-1 鄂西北山地针阔混交型水源涵养林建设模式图

(4) 模式成效

由于树种适宜及气候条件适中，栽植成活率一般均在95%以上，3～5年幼林苗壮成长，5年后，针阔叶混交林便可形成。

(5) 适宜推广区域

本模式适宜在鄂西山地的大小河流源头、亚热带山地的水源涵养林区推广。

【模式 B5-7-2】 鄂西北低山丘陵水土保持经济林营造模式

(1) 立地条件特征

模式区位于湖北省谷城县，地处南河流域低山丘陵地带。土层深厚，适宜多种用材林和经济林木生长。由于频繁的人为活动，植被破坏严重，水土流失严重。

(2) 治理技术思路

人工栽植用材林和发展经济林是遏制本区水土流失和发展经济的重要途径之一。选用适宜于当地生长的用材和经济树种进行人工造林，一般5年左右即可初步成林，保护好林下草类，基本上能遏制水土流失；经济林木5年亦有较好收成，经济效益和生态效益都能得到发挥，有助于促进地区经济的发展。

(3) 技术要点及配套措施

①水土保持用材林：在植被破坏严重的地方或退耕地，沿等高线以2.0米×4.0米的株行距进行穴状整地，整地时尽量避免发生新的水土流失。穴的规格不宜过大，以30厘米×30厘米×30厘米为宜。整地后，选用湿地松1年生壮苗，打泥浆栽植，栽后要浇足定根水或选雨季栽植。在行间直播1排栓皮栎或麻栎，形成针阔叶混交林，松、栎之间呈三角形排列，栎类直播每穴3颗种子即可。有鼠害的地方，栎类种子要进行药物处理后再直播。

②人工经济林：在立地类型较好，但植被破坏较重的地段，沿等高线将坡地整成梯田，按坡度大小，梯田宽度5～10米不等。在梯坎上栽植茶树或花椒，这2种灌木根系发达，固土能力强，经济收入高；在梯面上按2.0米×3.0米的株行距栽植杜仲，按3.0米×4.0米的规格栽植板栗；梯田上整地时，土层翻动不宜过大，在穴内原地疏松土壤，尽量保留穴周的杂灌草类。栽植时，杜仲选用1年生、高1米以上的大苗，板栗采用1～2年生嫁接苗，栽植后要灌足定根水，

踏实根基土壤。

③杂灌林改造：有些地方杂灌林以茅栗为主，经济效益较低。对这类杂灌林，要先将非目的树种砍去，保留茅栗，株行距控制在 2.0 米×3.0 米的范围内，多余的茅栗亦同时砍去，注意不要破坏林下杂草，以保持水土。在春季选用优良品种的板栗苗枝条作接穗进行高接换种，促进板栗园早日投产收益。因山区农民均具有嫁接技能，嫁接成活率一般能达到90％以上。

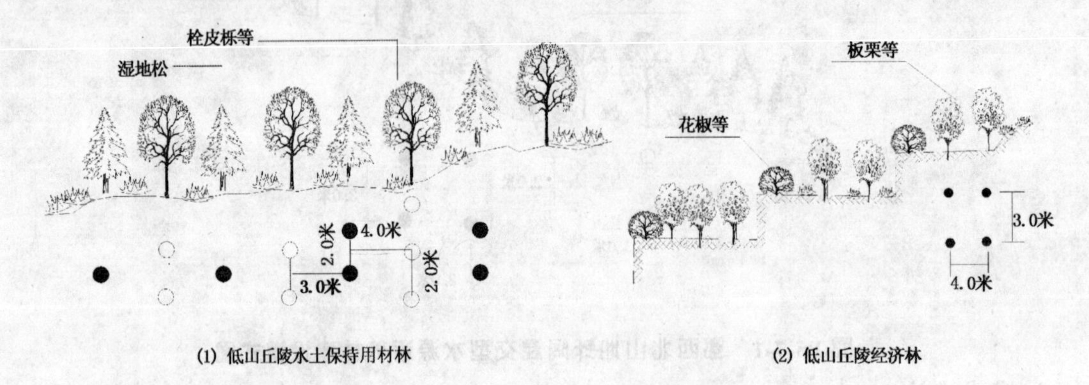

图 B5-7-2　鄂西北低山丘陵水土保持经济林营造模式图

(4) 模式成效

本模式在鄂西山地低山丘陵地区已广为推广，面积已有数十万亩，都已蔚然成林，所选用树种均为当地农民长期栽植的树种，农民具有丰富的栽植管理经验，加上目前市场需求，利润可观，农民经营积极性高涨。

(5) 适宜推广区域

本模式也适宜在湖北省其他地区的低山丘陵区推广应用。

【模式 B5-7-3】　丹江库区石灰岩山地川柏-白花刺混交型水土保持林营造模式

(1) 立地条件特征

模式区位于湖北省郧县青山镇。区内相当一部分石灰岩山地的原生植被破坏后，地表裸露，水土流失加剧，土层逐年变薄，普遍为茅草覆盖，杂灌难以生存。有些岩石裸露处，甚至寸草不生，生态系统十分脆弱。

(2) 治理技术思路

针对当地土层浅薄、甚至岩石裸露的情况，选用适宜当地生长的川柏造林，尽量保存林下原有灌木和草本或适当栽植灌木，恢复植被，并形成复层林相，提高防护效益，改善生态环境。

(3) 技术要点及配套措施

①川柏造林：由于土层浅薄，肥力低，雨量较少，大苗造林难以成活，宜用 1 年生川柏苗造林。鱼鳞坑整地，沿等高线布置，密度 2.0 米×3.0 米，坑的规格为 50 厘米×50 厘米。

②灌木造林：石灰岩山地常见的杂灌树种有盐肤木、酸枣、黄荆条、刺槐、马桑等，在灌木稀少的地方采用人工栽植耐干旱瘠薄、易成活、固土能力强的白花刺，栽植密度 50 厘米×50 厘米，以增加地面覆盖。

③配套措施：栽植川柏时尽量加客土造林，每穴加放约 25 千克客土。为了提高成活率，穴内应加入保水剂。

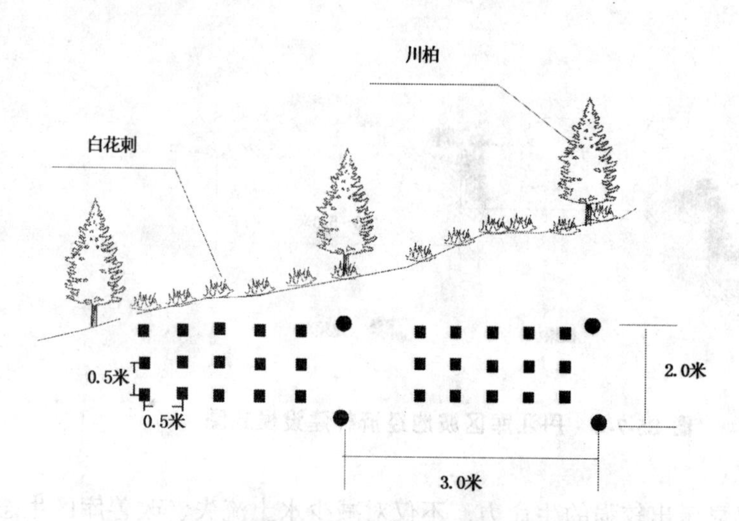

图 B5-7-3　丹江库区石灰岩山地川柏-白花刺混交型水土保持林营造模式图

(4) 模式成效

实践证明，在丹江库区石灰岩山地人工营造川柏林，林下栽植白花刺灌木，是适宜当地立地条件的最好造林模式。10年前按此方式营造的林分，现已郁闭成林，生态效益十分明显。

(5) 适宜推广区域

本模式适宜在丹江库区上游的汉江两岸以及石灰岩山地类似立地类型推广。

【模式 B5-7-4】　丹江库区坡地经济林建设模式

(1) 立地条件特征

模式区位于湖北省郧县青山镇，海拔500米以下的丘陵地带。成土母质多为砂岩、页岩和灰岩，地处丹江库区上游。年降水量800～1 000毫米。由于有秦岭屏障相隔，气温比同纬度较高。土壤为山地黄棕壤，土层一般较厚，石砾含量少，呈酸性和中性反应。由于农民长期以来的开垦种植，水土流失严重，土层逐渐贫瘠浅薄，生态环境日益恶化。

(2) 治理技术思路

坡地退耕还林，栽植适生经济树种，并在林下栽植地方特产草类等有经济价值的草种，在提高生态效益的同时增加经济收益，帮助山区脱贫致富，改善生态环境。

(3) 技术要点及配套措施

①植物种选择：板栗、桃、梨、柑橘等经济树种及龙须草。

②造林措施：沿等高线按坡度大小整成3～5米宽的阶地，然后进行穴状整地，规格为50厘米×50厘米×50厘米，施基肥、草渣或磷肥。整地后，选用苗高1米左右、根径0.5～1.0厘米的2年生嫁接苗造林，栽植后要浇足定根水。

③龙须草栽植：龙须草经济价值很高，是造纸的重要原料。在梯田的地坎上分蔸栽植或用种子直播，当年即可形成浓郁的草带，对保护埂坎十分有利。当年生龙须草的产量就可达1 000千克/亩。

④配套措施：对土地肥沃、土层深厚的地方，前3年林下套种农作物，以耕代抚，促进林木生长；若土层浅薄贫瘠，应在林地内种植豆科植物作绿肥，或种植小冠花、桂花草、三叶草、黄蒿、白花草等，增加地面覆盖，遏制水土流失。

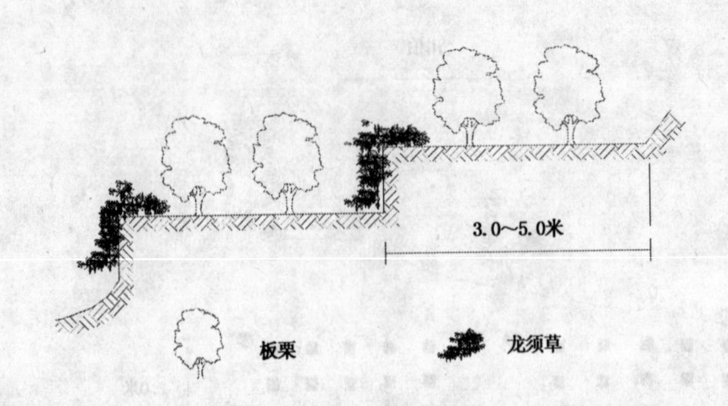

图 B5-7-4　丹江库区坡地经济林建设模式图

(4) **模式成效**

本模式在丹江库区已显示出较强的生命力，不仅对减少水土流失、改善库区生态环境起到了重要的作用，而且经济上获得了较高的收益。据郧县青山镇调查，该镇近年来发展经济林5万亩，1998年经济收益1 000元/亩，山区农民实现了脱贫致富。

(5) **模式适宜推广区域**

本模式适宜在鄂西山区以及立地条件类似区推广。

【模式 B5-7-5】　丹江库区荒坡油桐生态经济林建设模式

(1) **立地条件特征**

模式区位于湖北省郧西县海拔600～800米的低山地带，土壤为山地黄棕壤，土层松散，肥力中等。由于森林植被遭到破坏，林地呈现杂灌草丛生的荒芜状态，生态系统十分脆弱。

(2) **治理技术思路**

以当地适生的油桐营造水土保持林，通过一系列营林措施，提高土地利用率，控制水土流失和改善生态环境。

(3) **技术要点及配套措施**

①造林技术：

整地：在水土流失地区，整地措施以不造成新的水土流失为原则，采用40厘米×40厘米×40厘米的规格进行穴状或鱼鳞坑整地，就地穴状疏松土壤，砍去穴周杂灌，保留穴周围1平方米以外的杂草类。

直播造林：选用大米桐、小米桐、吊桐、公桐、座桐等优良品种，在春季进行直播造林，株行距一般2.0米×3.0米，三角形布置。

抚育管理：直播第2年从顶梢混合芽抽生新枝一轮3～7根，新生枝互不重叠，分层着生，逐渐形成树冠。为促进生长，每年要疏土，并逐渐砍去影响油桐生长的杂灌，有条件的地方，可施肥促进生长。

②配套措施：在水土流失严重的地方，在侵蚀较深处布设沉沙池、谷坊等工程，阻止泥沙下泄。

(4) **模式成效**

本模式在丹江库区利用荒山荒坡营造油桐林，不仅提高了土地利用率，同时对保持水土和改善生态环境起到了重要作用。油桐经济价值较高，是山区致富的拳头产品之一，极受农民欢迎。

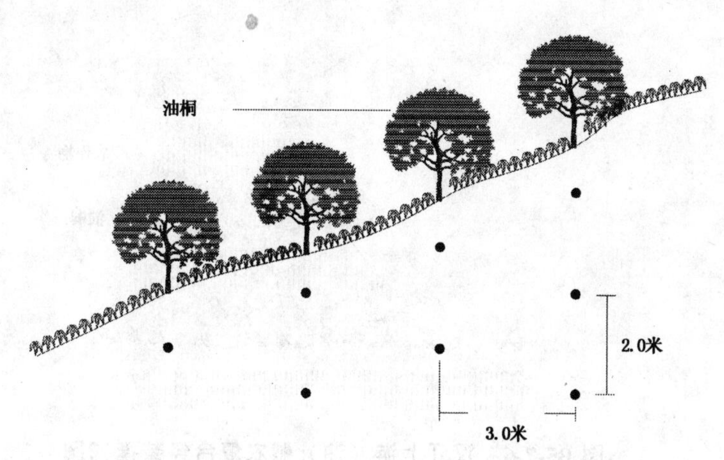

图 B5-7-5　丹江库区荒坡油桐生态经济林建设模式图

(5) 适宜推广区域

本模式适宜在长江中下游低山丘陵地带适宜油桐生长地方推广。

【模式 B5-7-6】　汉江上游（油）桐农复合经营模式

(1) 立地条件特征

模式区位于湖北省郧西县，属汉江流域上游山地。汉江两岸坡耕地较多，坡地耕作导致水土流失，养分随表土流走，土壤越种越贫瘠，产量越来越低，处于恶性循环之中。而且，由于区内雨量较少，常出现伏旱、秋旱，农作物常常歉收，影响经济收入。栽种油桐可提高经济效益，对绿化坡地、改善生态环境有重大作用。

(2) 治理技术思路

为了提高模式区的森林覆盖率，改善生态环境，种植当地适生的、群众有栽培经验的油桐，进行农桐复合经营。由于油桐根深，根系固土能力强，对保持水土十分有利，农作物根浅，二者根系在不同层次土壤中吸收水分、养分，共生互利。

(3) 技术要点及配套措施

①选种点播：丹江库区现有 10 多个油桐品种，性状优良的有大米桐、小米桐、吊桐等，选择优良品种的饱满种子，剥去外壳，在春季 4 月份直播。油桐直播无须挖穴，在熟地上用锄头边挖穴边点播，在荒坡上用挖锄在 20 厘米×20 厘米的范围内松土，将土坨打碎后再点播，点播密度 2.0 米×2.0 米或 2.0 米×3.0 米。

②套种农作物：夏季一般种植黄豆、芝麻、土豆、红薯等，高秆作物玉米、高粱等尽量在地边种植，否则会欺压和影响油桐幼树生长。种植农作物耕抚时，要注意不损伤油桐幼树，3～5 年后，油桐树冠增大，逐渐郁闭，林内光线减少，停止套种农作物。

③管理要求：油桐幼树前 5 年套种农作物，以耕代抚。停止套种时，由于地面裸露易发生土壤侵蚀，应种植豆科绿肥植物，一方面提高肥力，改良土壤，同时保持水土。一般种 2 年绿肥，土壤得到改善后，再种植白喜草，以增强保持水土的能力。

(4) 模式成效

本模式在套种后 3 年以内，油桐不挂果，经济收益略低或与往年持平；3 年后油桐开始挂果，5 年后油桐有相当产量，效益显著提高。即使仅从森林植被保护坡地不发生土壤侵蚀的观点来看，本模式也具有重要的现实意义。

图 B5-7-6　汉江上游（油）桐农复合经营模式图

(5) 适宜推广区域

本模式适宜在陕西省及四川省东部地区推广应用。

【模式 B5-7-7】　汉江上游消落地固沙生态林建设模式

(1) 立地条件特征

模式区位于湖北省郧县境内，地处丹江水库上游汉江滩涂地常年水位线以上的地方，即“消落地”。洪水年份，消落地即被淹没。由于洪水亦涨亦落，沉积了一些枯枝落叶及水中漂浮物质，细小粒径的泥沙也沉积下来，改变了沙土的物理性状。

(2) 治理技术思路

滩涂消落地在丹江库区具有相当的面积，有些地方的农民种植农作物，广种薄收。经试验得出，栽植杨树比种植农作物更为适宜。由于面积辽阔，地势平坦，可规模建立和经营杨树速生丰产林，若能就地建立人造板加工厂，作为工业原料林经营更可发挥较高的经济效益。同时，对大面积滩涂进行造林绿化，保护了沙地，增加了森林覆盖率，进而改善丹江库区的生态环境。

(3) 技术要点及配套措施

①造林措施：滩地造林，无须整地挖穴。选用意杨 1 年生截干苗，用稍粗于苗木的尖状木棒在栽植点打孔，将大苗插入，然后压紧根基部沙土，株行距一般为 2.0 米×3.0 米或 3.0 米×4.0 米。苗木发叶后，由于树冠张风，应采取支架固定措施，防止苗木随风摇动造成大苗死亡。

②配套措施：造林后，为了提高土地利用率，林下应种植绿肥植物，尤其是豆科植物，可增加氮素，绿肥枝叶就地翻入地下可改良土壤结构，促进林木生长。

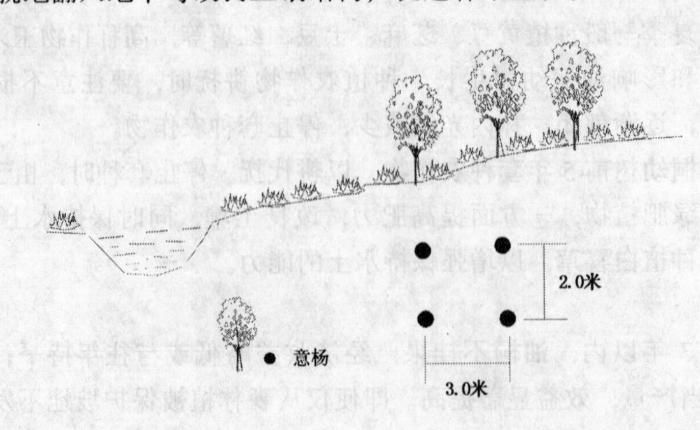

图 B5-7-7　汉江上游消落地固沙生态林建设模式图

(4) 模式成效

意杨耐水湿，适合滩涂生长，造林3～5年后即可形成一条绿色林带，对改善滩涂生态环境十分有利。根据培育目标不同，一般8～12年即可采伐利用，创造较高的经济效益。

(5) 适宜推广区域

本模式适宜在整个汉江流域滩涂地推广应用。

八、陇南山地亚区（B5-8）

本亚区位于甘肃省与四川省、陕西省交界的地区。地理位置介于东经104°4′8″～106°14′39″，北纬32°44′19″～34°43′55″。包括甘肃省陇南地区的西和县、礼县、徽县、两当县、成县、康县、武都县等7个县的全部，以及甘肃省天水市的北道区、秦城区，陇南地区的文县等3个县（区）的部分地区，面积25 182平方千米。

本亚区地处北亚热带与暖温带的交错地带，气候温和湿润，年平均气温8～12℃，年降水量500～700毫米，无霜期180天～220天。由于地形复杂，海拔高低差异悬殊；不仅南北气候差异很大，而且垂直差异也比较显著，同一地区的高山、半山、河谷阶地气候迥然不同，高山地区经常云雾迷漫、阴寒多雨，河谷阶地则气候温暖、常年干旱。土壤以山地棕壤和山地褐土为主。植被类型主要为常绿阔叶、落叶阔叶混交林。

本亚区的主要生态问题是：水土流失日趋严重，年土壤侵蚀模数一般在1 000～3 000吨/平方千米，森林涵养水源能力锐减，气候旱化继续加剧，生物多样性受到严重破坏。

本亚区林业生态建设与治理的对策是：以保护天然林、退耕还林、恢复林草植被为中心，中高山区以营造水土保持林、水源涵养林为主，大力封山育林；低山丘陵区以营建用材林、经济林为主，适度发展薪炭林。

本亚区收录1个典型模式：陇南山地水土流失综合治理模式。

【模式B5-8-1】 陇南山地水土流失综合治理模式

(1) 立地条件特征

模式区位于甘肃省陇南地区的宕昌县、武都县等海拔1 500～4 000米的山地。相对高差大，植被稀少，水土流失严重，滑坡、塌落等重力侵蚀活跃。区内农业生产结构以种植业为主，种植业产值一般占农业的60%以上。由于坡度陡，土层薄，地块小，距离远，主要靠人力耕种，生产落后，亩产量低，口粮不足，“三料俱缺”，人民生活贫困。

(2) 治理技术思路

根据当地特点，采取综合治理的方式，在大力造林种草的同时，积极搞好基本农田建设。坡度大于25度的坡耕地逐步全部退耕还林还草，逐步改善区域生态环境。

(3) 技术要点及配套措施

①总体规划：以小流域为单元，从上到下，从坡到沟，从农耕地到荒坡地，全面进行林草措施、工程措施和耕作措施相结合的综合治理，形成完整的防护体系。在沟道、河流两岸筑坝修堤，防洪护岸，保护川坝耕地和村庄；对滑坡、泥石流冲积扇进行整治，发展基本农田建设；对分布在河川的低洼地，引洪灌淤，改造良田。通过综合治理，发挥模式区经济林和多种经营的优势，逐步改善生态环境和人民生活水平。

②防护体系建设：

林种确定：由于模式区水土流失严重，因此，应以营造水土保持林为主，兼造薪炭林和经济林。

树种选择：选择生长快、根系发达、深根性及根蘖性强、树冠浓密、耐干旱瘠薄、有一定经济价值的乔木、灌木和草类。主要树种有云杉、落叶松、华山松、油松、侧柏、刺槐、杨类、栎类、榆、花椒、核桃、杜仲、沙棘等。

混交方式：针叶混交、阔叶混交、针阔混交以及乔灌混交，或乔灌草相结合。

整地方式：从下往上依次采用水平阶、水平沟、鱼鳞坑等方式进行整地。栽植穴大小依树种而定，经济树种一般大穴栽植。

造林方式及季节：一般进行植苗造林，时间为春季或秋季，以春季为主。

幼林抚育：阳坡和半阳坡的林地采用穴状抚育；半阴坡和阴坡的林地采用带状行抚。云杉等慢生树种和阔叶树一般连续抚育5～7年，每年1～2次；落叶松等速生针叶树种和软阔叶树种连续抚育3～5年，每年1～2次。

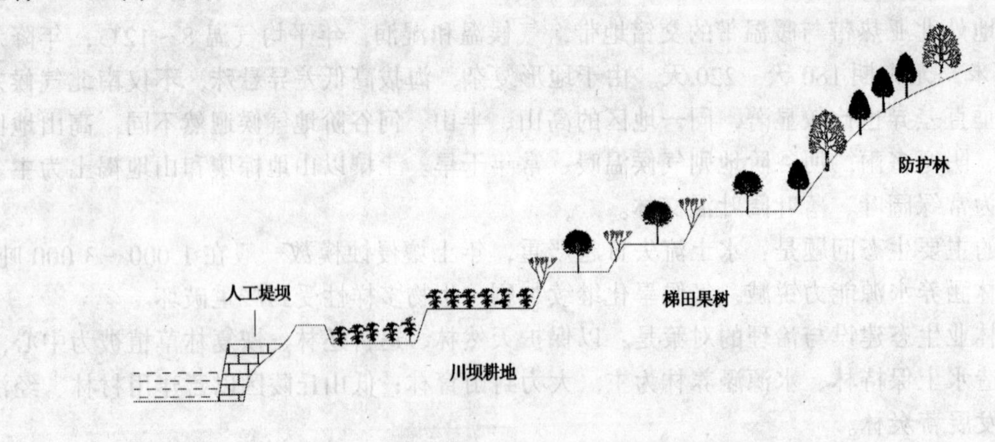

图 B5-8-1 陇南山地水土流失综合治理模式图

(4) 模式成效

本模式的主要优点是以流域为单位进行综合治理，真正做到了因地制宜，取得了良好的生态效益和社会、经济效益，增加了当地群众的收入，改善了生态环境。

(5) 适宜推广区域

本模式适宜在陇南石质山地水土流失严重地区推广。

第13章

湘鄂渝黔山地丘陵类型区(B6)

本类型区地处湘鄂渝黔四省市交汇处，西起重庆市区，东至湖北省宜昌市，北达大巴山脊，南抵黔湘交界的最南端。地理位置介于东经105°56′51″～111°19′49″，北纬27°6′54″～31°50′24″。包括湖北省恩施土家族苗族自治州、宜昌市、省直辖的神农架林区，湖南省张家界市、常德市、湘西土家族苗族自治州、怀化市，贵州省铜仁地区、黔南布依族苗族自治州以及重庆市等10个地区（市）的全部或部分地区，总面积154 318平方千米。

本类型区地貌以西南-东北向展布的山地丘陵为主，一般海拔800～1 500米，主峰都在2 000米左右。气候温暖湿润，年平均气温14～17℃，极端最低气温为－16℃。降水量较多，多数1 000～1 700毫米左右。地带性植被为中亚热带常绿阔叶林，经济林和林副产品丰富。境内土壤垂直分布较明显，丘陵谷地为紫色土，土中常含有母岩碎片，呈中性或微碱性反应，矿物养分丰富，适于发展经济林；海拔800米以下多为黄红壤。

本类型区的主要生态问题是：降雨侵蚀力较强，水土流失潜在危险较高；加之丘陵区人口稠密，垦殖指数高，单斜丘陵和单面山地旱耕地和坡耕地多，农地片蚀和沟蚀严重；背斜山山体陡峻，片蚀和重力侵蚀也较突出。

本类型区林业生态建设与治理的主攻方向是：以恢复和扩大森林植被为目标，生物措施与工程措施相结合，治理水土流失。背斜山地，封育与人工造林并举，营建水土保持林；单斜丘陵和单面山的逆倾陡坡耕地，一律退耕还林；顺倾坡，在营造坡顶防护林、坡面滞留林和护坡林带的基础上，进行坡改梯和侵蚀沟谷治理；低山丘陵区要充分利用空隙地建设农田防护林。

本类型区共分3个亚区，分别是：三峡库区山地亚区，鄂西南清江流域山地丘陵亚区，渝湘黔山地丘陵亚区。

一、三峡库区山地亚区（B6-1）

长江三峡库区是一个特定的区域，系指三峡大坝175米方案淹没水位线涉及的区域，为由三斗坪上溯长江干流至库区尾间的狭长地带，位于大巴山-神农架南侧，及巫山-方斗山-七曜山一线北侧，上承四川盆地，下接江汉平原和长江中下游平原，地跨鄂渝两省市。地理位置介于东经106°8′15″～111°17′34″，北纬27°6′54″～30°17′18″。包括重庆市的涪陵区、万州区、巫山县、巫溪县、垫江县、梁平县、忠县、奉节县、云阳县、开县等10个（县）区的全部，以及重庆市的万盛区、丰都县、南川市、武隆县、綦江县、江津市、石柱土家族自治县；湖北省宜昌市的秭归县、兴山县、宜昌县，恩施土家族苗族自治州的巴东县，省直辖的神农架林区等12个县（市、区）的部分地区，面积74 560平方千米。

本亚区地处长江流域的第二级阶梯，大巴山-神农架与巫山-方斗山-七曜山两大系统汇集于鄂西黄陵背斜，褶皱北紧南松，呈明显层状结构，由北而南层层下降。大巴山褶皱带、川鄂湘黔褶皱带、川东褶皱带和黄陵背斜共同组成三峡库区，地形从西到东由低到高再到低，长江由西向东横切巫山，形成举世闻名的巫峡、瞿塘峡，江面宽仅200～300米，峡谷两岸多悬崖绝壁，山谷高差600～1 500米，江水湍急，景观险峻。亚热带季风气候，年降水量1 000～1 300毫米，年平均气温15～19℃，年日照时数1 560小时、≥10℃年积温5 000～6 000℃，无霜期330天。具有冬暖春早、夏热伏旱、秋雨多、湿度大以及云雾多等特征。

本亚区北部主要出露震旦系及下古生界石灰岩，南部由震旦系、二叠系和三叠系的石灰岩、板岩、页岩组成。土壤在水平方向上属于红壤、黄壤与黄棕壤地带，在垂直方向上发育着黄红壤→黄壤→黄棕壤→棕壤→山地草甸土以及黄壤→棕壤→暗棕壤→山地草甸土这样的垂直带谱。受岩性影响，亦分布有较大面积的发育在紫色砂页岩上的紫色土，发育在石灰岩上的各类石灰土。受耕作影响，也有相当大面积的水稻土和各类耕作土分布。植被种类繁多，但以山地常绿阔叶林、山地常绿落叶混交林和中山针叶阔叶混交林为主，平均森林覆盖率16.9%。在现有森林资源中，用材林占87%，经济林、薪炭林、防护林只占13%。在有林地中，天然、半天然林占72.2%，人工林占27.8%。成熟林少，中龄林也不多，幼林面积多达95%。林分树种组成单调，马尾松比例高达87%，由常绿阔叶树组成的混交林只有5%左右，95%的针叶树都以纯林形式存在。经济林则主要为人工营造的油桐、乌桕、茶、桑、板栗、柑橘、漆树林等，其中漆树林常不郁闭，茶、桑多为灌木状。总之，本亚区的森林分布不均、林种结构不合理，林分结构简单，稳定性差。

在地质活动活跃、山高坡陡、耕地资源少、人口密集而日趋增加、重采轻造、森林覆盖率不高、森林分布不匀、林种与树种结构失调、人工林经营管理粗放、迹地更新缓慢的背景下，本亚区20世纪90年代初的水土流失面积比50年代增加了6.6%，强烈、极强烈和剧烈侵蚀面积率高达63.2%，发生滑坡、泥石流的潜在危险大，不仅裸山比例增加，而且河床抬高，塘库淤积十分严重。有关资料表明，三峡库区的最终迁移安置人口将超过110万，三峡库区淹没的土地多数为沿江河漫滩、一级阶地、部分二级阶地和低丘上肥力较高并已耕种的冲积土、水稻土、紫色土、红壤、黄色石灰土和黄红壤平坝地，耕地面积会进一步减少，本已紧张的人地矛盾将更加突出，生态环境状况将更加严峻，并直接、间接地威胁着三峡水库的运行与安全。

本亚区林业生态建设与治理的对策是：以保障三峡水库的安全为目标，切实调整林业发展方向，封、育、造结合，保护好现有植被，营造水源涵养林和水土保持林，结合当地实际建设生态经济型防护林体系，实现社会经济的可持续发展。

本亚区共收录14个典型模式，分别是：重庆开县泡桐沟水土保持林建设模式，三峡库区退耕地笋材两用林建设模式，长江干流移民区生态经济型庭院绿化模式，三峡库区低中山水源涵养林、水土保持林建设模式，神农架自然保护区生态环境保护与恢复模式，神农架亚高山水源涵养林建设模式，神农架中低山水土保持林建设模式，神农架陡坡耕地水土保持林建设模式，三峡库区高山岭脊天然林植被恢复模式，三峡库区中山坡地水土保持林建设模式，三峡库区坡耕地植被自然恢复模式，三峡库区坡耕地林粮间作模式，三峡库区坡耕地生物埂建设模式，三峡库区临江河谷平缓地柑橘园建设模式。

【模式 B6-1-1】　重庆开县泡桐沟水土保持林建设模式

(1) 立地条件特征

模式区位于重庆市开县郭家镇，面积 4 200 亩，海拔 300～600 米，坡度 20～40 度，砂岩页岩互层，紫色土与黄壤相间分布，土层厚 20～40 厘米。

(2) 治理技术思路

模式区土壤条件差，人为活动频繁，水土流失较为严重。选择马尾松、泡桐等耐瘠薄的乡土树种和部分引进树种，营建以乔灌木树种为主的，乔灌草结合的，防护林与经济林相结合的防护林体系，尽快绿化荒山，加快林业生态建设与治理的步伐。

(3) 技术要点及配套措施

造林树种：马尾松、杜仲、柑橘和桃。

树种配置：坡面的中上部配置马尾松，中下部配置杜仲、柑橘、桃等经济树种。

造林密度：马尾松的株行距为 2.0 米×1.5 米，经济树种为 4.0 米×2.5 米。

整地方式及规格：穴状整地，马尾松栽植穴的规格为 30 厘米×30 厘米×20 厘米，经济树种栽植穴的规格为 50 厘米×50 厘米×40 厘米。

造林与抚育：用 1 年生苗春季造林。造林后，马尾松抚育 1 次；经济林 1 年抚育 2～3 次。

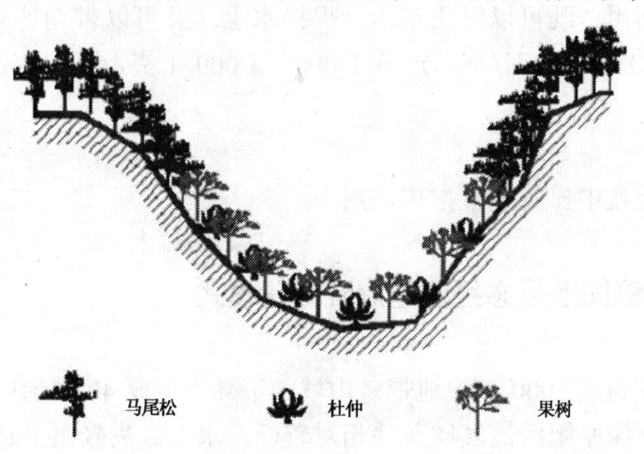

图 B6-1-1　重庆开县泡桐沟水土保持林建设模式图

(4) 模式成效

按本模式造林 4 年后，林木的高、径生长量分别为 2.8 米、3.0 厘米，林分郁闭度 0.6，活地被物盖度 60%，水源涵养能力提高，已没有土壤侵蚀现象，经济林木也已开始挂果，2～3 年后，经济林将进入盛果期。

(5) 适宜推广区域

本模式适宜在整个三峡库区推广。

【模式 B6-1-2】　三峡库区退耕地笋材两用林建设模式

(1) 立地条件特征

模式区位于三峡库区退耕还林工程区内立地条件相对较好的地域，海拔一般 300～800 米，中下坡，坡度 15～25 度，砂岩，山地黄壤，土层厚 40 厘米以上，土壤 pH 值 5.0～6.5。

(2) 治理技术思路

在退耕还林区域内选择立地条件较好的地方，营造、培育笋材两用竹林，发挥竹林的经济价值和保持水土、涵养水源作用，调整林业生产结构，增加农民收入，保障退耕还林的持续发展。

(3) 技术要点及配套措施

选植楠竹、大叶麻竹、勃氏甜龙竹、雷竹、旱竹和哺鸡竹等，密度 50～70 丛/亩。大窝整地，规格 60 厘米×60 厘米×50 厘米。

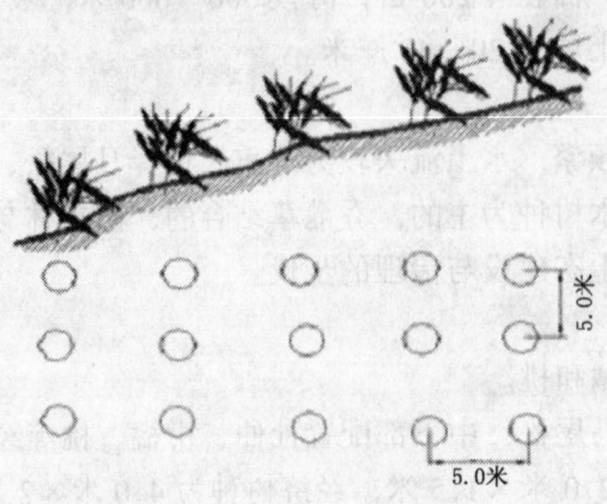

图 B6-1-2　三峡库区退耕地笋材两用林建设模式图

(4) 模式成效

竹林四季常绿，可永续利用，既可以绿化荒山，保持水土，又可以带动群众脱贫致富。5 年后丰产时，每年产竹材 800～1 000 千克/亩，产笋 1 000～4 000 千克/亩，有较大的经济、生态和社会效益。

(5) 适宜推广区域

本模式适宜在三峡库区及盆中丘陵地带推广应用。

【模式 B6-1-3】　长江干流移民区生态经济型庭院绿化模式

(1) 立地条件特征

模式区位于低山丘陵海拔 300～600 米的地带，山坡中下部土层厚 40 厘米以上，地势较为开阔。庭院和住宅周围一般土壤深厚肥沃，气候条件相对较好，水土流失轻微，适宜多种经济树种生长，而且由于距离农户较近，便于经营管理。

(2) 治理技术思路

大多数农民历来就有在房前屋后种植林木的习惯。修建蓄水池，完善灌溉配套设施，合理配

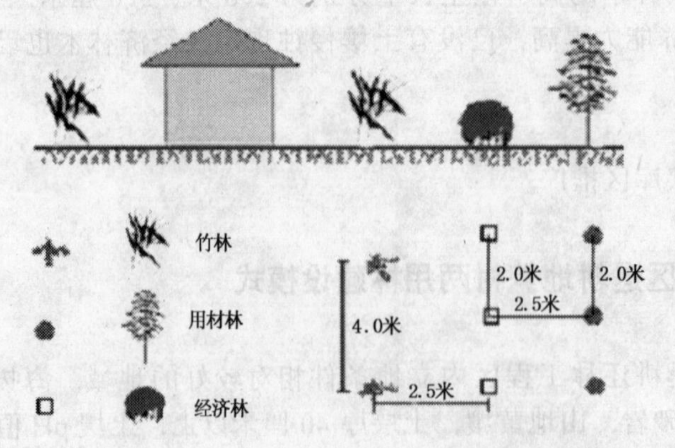

图 B6-1-3　长江干流移民区生态经济型庭院绿化模式图

置树种，因地制宜地发展生态、经济和速生树种，营建生态经济型庭院林，不断增加农民收入，逐步改善生产生活条件。

(3) 技术要点及配套措施

考虑市场需求，选植板栗、塔拉科血橙等经济价值高的干鲜果经济树种，杜仲等木本药材，油橄榄等木本油料，以及香桂等香料植物。

(4) 模式成效

本模式操作简单，群众容易接受，可以尽快美化家园，增加农民收入，改善生态环境，改善和提高农民的生活水平和质量，具有良好的推广价值。

(5) 适宜推广区域

本模式适宜在长江流域丘陵和低山地区的庭院和住宅周围推广。

【模式 B6-1-4】 三峡库区低中山水源涵养林、水土保持林建设模式

(1) 立地条件特征

模式区位于三峡库区巫山县海拔 1 300～2 100 米地带的中上坡，坡度 15～45 度，土壤为石灰土或山地黄棕壤，pH 值 5.5～6.5，土层厚度 30 厘米以上。

(2) 治理技术思路

引进适生树种，丰富树种资源，规范化营造水源涵养林和水土保持林，更新、改造生长衰弱的华山松林。

(3) 技术要点及配套措施

选用马尾松、柏木、日本落叶松、刺槐等主要造林树种，密度 160～225 株/亩，株行距采用 1.6 米×2.3 米或 2.0 米×3.0 米。大窝大穴整地，规格 50 厘米×50 厘米×40 厘米。春季 3～4 月间用 2 年生大苗造林。造林时栽针保阔，尽量保留木姜子、桦木、麻栎、漆树和枫树等阔叶树，特别是山顶上留下的原有阔叶树。造林后连续抚育 3 年。

(4) 模式成效

巫山县从 1976 年开始引进部分日本落叶松，1987 年逐步推广，90 年代大面积造林。造林 5 年后幼树高2～3 米，林分基本郁闭。日本落叶松 15 年生时，树高 8～10 米，蓄积量高达 6～9 立方米/亩，森林的水源涵养功能得以增强，林地没有水土流失现象，三大效益明显。

(5) 适宜推广区域

本模式适宜在三峡库区的低山峡谷及中低山推广应用。

【模式 B6-1-5】 神农架自然保护区生态环境保护与恢复模式

(1) 立地条件特征

模式区位于神农架的巴东垭附近。神农架属国家级自然保护区，海拔 1 200～3 105 米，年平均气温 2.5～12.5℃；主要土壤为山地黄棕壤、棕壤、暗棕壤和草甸土。由于地形复杂、垂直高差大，气候、土壤及森林植物变化较大，野生植物资源丰富，素有华中植物宝库的美誉。自 20 世纪 60 年代开发以来，由于强度采伐森林植被，陡坡普遍开垦种植，导致严重水土流失，生态环境逐渐恶化。

(2) 治理技术思路

根据模式区的地形、气候、土壤、森林及天然植被、野生动物种类等自然资源状况，和业已

确定的经营目标与方针，在坡耕地、退耕荒地及林中空地人工造林种草，其余全部封山育林育草，封育造相结合，恢复和扩大森林植被，改善自然生态环境，保护野生动物。

(3) 技术要点及配套措施

①封禁：对保护范围内的林草植被实行全面封禁，严禁人畜活动的破坏；对野生动物及其栖息地进行绝对保护。

②造林种草：在坡耕地、植被稀少的侵蚀地、居民点周围、沟谷流失地，选适宜温凉气候带的日本落叶松、山杨、冷杉、银杏、厚朴等乔木树种，豆科、蔷薇科等乡土灌木树种，以及禾本科、豆科等牧草，人工植树造林和种草，提高植被覆盖率，为草食类野生动物创造良好的环境。

沿水平线设置株距，沿坡面设置行距。针叶乔木树种的株行距 2.0 米×3.0 米；阔叶树 3.0 米×4.0 米；灌木 1.0 米×1.0 米，正三角形配置；草地适宜建设在坡度 30 度以下的坡地，播量以当年至次年能覆盖地表为宜。植苗与播种造林结合。造林整地以人工挖穴为主。在土壤条件较好的采伐迹地上，人工栽植经济林树种，促进生态、经济效益共同发展。造林时应以不破坏环境为原则，尽量保留周围杂草、灌木，促进生物多样性发展。

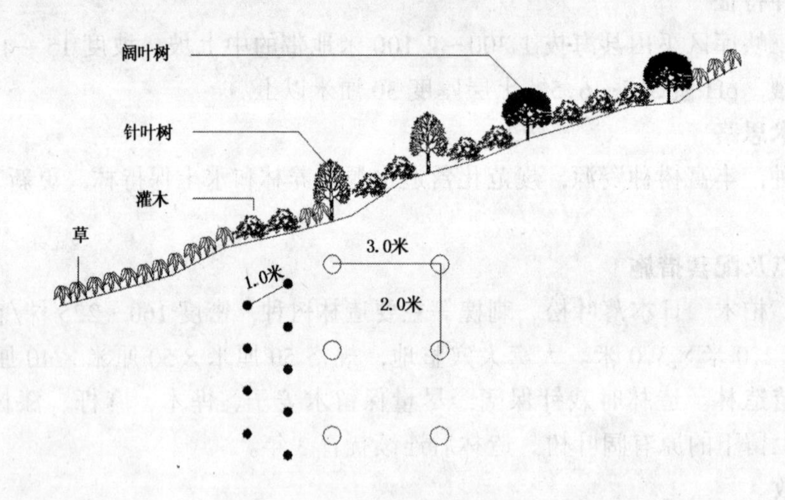

图 B6-1-5　神农架自然保护区生态环境保护与恢复模式图

(4) 模式成效

日本落叶松是引种成功的亚高山速生针叶树种，银杏、厚朴、杜仲以及亚高山地区的冷杉、山杨是当地的乡土树种，具有良好的生态经济效益。

(5) 适宜推广区域

本模式适宜在神农架及海拔 1 400 米以上的长江中上游山地推广应用。

【模式 B6-1-6】　神农架亚高山水源涵养林建设模式

(1) 立地条件特征

模式区位于神农架自然保护区内，主要分布在江河支流源头集水区的坡地、冲槽、主山脊分水岭两侧，以及次山脊两侧。地貌及立地类型复杂，土层浅薄，植被稀少，水土流失严重，治理难度较大。

(2) 治理技术思路

在封山育林保护原生天然林植被的基础上，按照因地制宜、适地适树、先易后难的原则进行造林、补植，恢复植物群落，使其形成乔、灌、草复层结构的水源涵养林。

(3) **技术要点及配套措施**

①封山育林：对幼苗、疏林、林中空地、灌木林地等宜封地，封山育林育草，严禁人畜活动，加强现有森林植被的保护。在山涧冲塌缓坡地段以保持原生植被为重点，增强草地蓄水能力。

②人工造林：选择耐寒耐阴湿的杨树、日本落叶松、旱柳、银杏、桦、冷杉等树种，在土层较厚的地段采取穴状整地，于春季进行植苗造林。造林密度，针叶树 2.0 米×3.0 米，阔叶树 3.0 米×3.0 米，灌木 1.5 米×1.5 米。

③抚育管理：以管护为主，禁止人畜入内，不定时进行补植；四季严防，杜绝森林火灾。

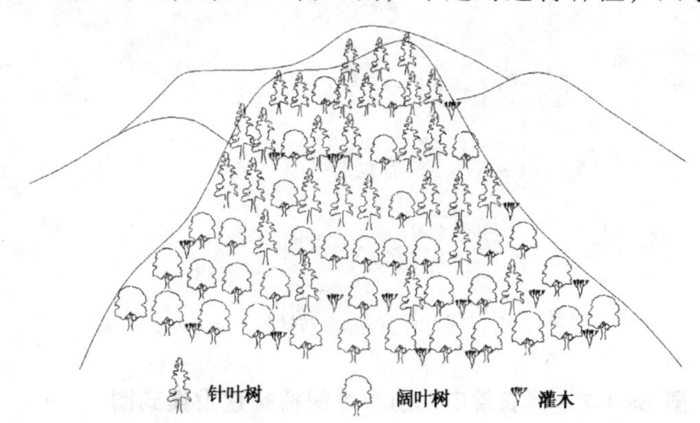

图 B6-1-6　神农架亚高山水源涵养林建设模式图

(4) **模式成效**

本模式已在湖北省西部亚高山地区的长江防护林工程建设中推广，技术简单明了，易于群众掌握和推广，目前已在湖北省建始县高岩子林场天鹅池、肖家坪等地以及神农架林区显示出较好的生态、经济和社会效益，水源涵养区的蓄水功能明显增强，同时有效保护了数百种野生药用植物，10 多种淀粉植物和数十种野生动物，为区域性的生物多样性保护做出了贡献。

(5) **适宜推广区域**

本模式适宜在金沙江下游中低山山塬切割区及海拔 1 200～1 800 米的长江中上游山地推广应用。

【模式 B6-1-7】　神农架中低山水土保持林建设模式

(1) **立地条件特征**

模式区位于神农架木鱼坪林场，海拔 1 200～1 800 米，年平均气温 8～12℃，雨量充沛，土壤较肥沃。森林植被遭受严重破坏，导致森林生态功能受损，水土流失严重。

(2) **治理技术思路**

模式区坡度大、坡面长，极易产生水土流失。因此，首先在宜林地内人工造林，形成乔、灌、草相结合的多层植被结构，同时结合工程措施，标本兼治，控制水土流失。

(3) **技术要点及配套措施**

①主要造林树种：按立地条件选择相应的树种，从下至上依次选择马褂木、檫树、杉木、杨树、油松、巴山松、锥栗、日本落叶松。

②株行距：落叶松 2.0 米×3.0 米；杨树 3.0 米×4.0 米；杉树、油松、锥栗 2.0 米×2.0 米；檫树 3.0 米×3.0 米；马褂木 2.0 米×3.0 米；香椿 1.5 米×3.0 米。

③造林技术：冬季人工挖穴整地，针叶树种整地规格为50厘×50厘米×40厘米；阔叶树种整地规格为60厘米×60厘米×50厘米。春季植苗造林，定植时起苗，随起随栽，苗正根展，适当深栽，分层填土踏实，必要时浇足水。

④抚育管理：造林后以封育管护为主，根据造林地植被和苗木生长情况，松土或培土，培育乔、灌、草结合的复层林，使林分郁闭度达到0.7以上，植被综合盖度达到90%以上。

⑤配套措施：在土壤侵蚀和汇水冲刷严重的地段，相应采取沙凼、谷坊（<10米的石墙沙坝）等控制水土流失的工程措施，提高水土保持的综合效益。

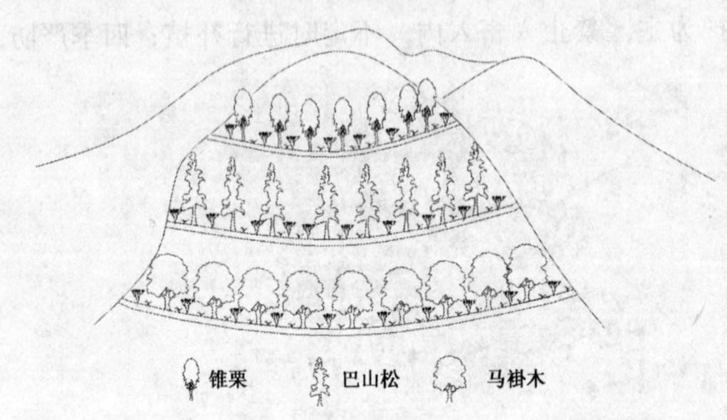

图 B6-1-7　神农架中低山水土保持林建设模式图

(4) 模式成效

本模式已在清江流域的德援长江防护林工程区试验、推广，生态效益、经济效益和社会效益良好。

(5) 适宜推广区域

本模式适宜在海拔1 200～1 800米的长江中上游山地推广应用。

【模式 B6-1-8】　神农架陡坡耕地水土保持林建设模式

(1) 立地条件特征

模式区位于神农架木鱼坪林场。陡坡耕地主要分布在400～1 000米的低山地带，是神农架10多万农民集中居住之地。由于长期开荒种植，广种薄收，使得土壤瘠薄，水土流失严重。

(2) 治理技术思路

以生物治理为主，陡坡耕地迅速停耕，尽快恢复植被；由于神农架地区是湖北天然林集中分布区，经济树种面积比重极低，因此，在陡坡耕地治理过程中应加大生态经济型树种比重，丰富本地植物的资源，同时增加农民收入。对水土流失严重地段辅以工程措施，如坡改梯，建谷坊、挖沉沙池等。

(3) 技术要点及配套措施

①树种及其配置：海拔400～1 000米地带营造杜仲，株行距1.0米×2.0米；海拔600～1 000米地带种植核桃，株行距3.0米×5.0米；800米以下发展板栗，株行距3.0米×4.0米。

②造林技术：挖穴整地，穴的规格为50厘米×50厘米×40厘米，栽植时先回填表土，并施有机肥0.67吨/亩。造林时注意保护原有草本植物，尽量避免产生新的水土流失。

③抚育管理：抚育以穴内松土除草为主；管理重点是病虫防治和修枝整形，其中，修枝整形每年1次，造林后的第2年对果树定干，高度80厘米；同时除去萌条及交叉枝。

④配套措施：一方面在陡坡面按50米的间隔等距设置5～10米宽的生物埂，建设水土保持

水平林草带；另一方面在适宜地段建设沙凼、谷坊、挡土墙等工程措施，控制水土流失。

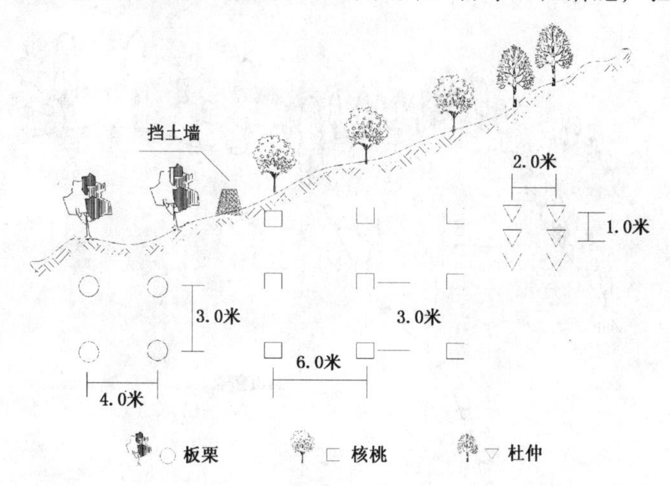

图 B6-1-8　神农架陡坡耕地水土保持林建设模式图

(4) 模式成效

模式区不仅对本地区的生态环境改善起到巨大的作用，而且对神农架地区的生物物种起到间接与直接的保护，对区域生态环境改善具有十分重要的作用。同时退耕还林以经济树种为主，大大提高了农民收入。

(5) 适宜推广区域

本模式适宜在长江中下游山地推广应用。

【模式 B6-1-9】　三峡库区高山岭脊天然植被恢复模式

(1) 立地条件特征

模式区位于三峡库区秭归县境内向峡谷倾斜的岭脊部位，海拔 1 500～2 000 米，土壤为山地暗棕壤、山地草甸土。地势起伏大，地形复杂，土层瘠薄，由于降水量多，土壤侵蚀严重，岩石裸露。当地天然植被类型较多，但已遭严重破坏，人工造林难度较大。

(2) 治理技术思路

根据当地的土壤、气候条件，尤其是山高坡陡之特点，人工造林难以实现。因此，在保护好现有植被的基础上，采用封山育林和重点补植相结合的办法，恢复植被。在整个岭脊山地实行全面封禁，促进天然植被恢复；对局部岩石裸露、侵蚀严重的地方，种草固土，促进母质风化，进一步人工补植乔木树种。

(3) 技术要点及配套措施

①封禁：对整个岭脊山地全面封禁，促进天然植被恢复。在上山路口处设置大标语牌，加大宣传力度，禁止闲人入山，由于本地区降雨量大、气候适中，植被恢复较快，效果明显。

②管护：封禁后，林草植被均有天然下种之能力，对幼树、幼草及幼苗严加保护，禁止人畜入内，不准砍柴、割草和放牧。

③人工促进植被恢复：三峡库区适宜的乔木树种有马尾松、柏木、栎类、枫香、桦木、臭椿、化香等；灌木树种有桤木、忍冬、木姜子、豆腐柴、柃木等；草种有茅草、苔草、麦冬及百喜草等。对林中空地或荒山草地及岩石裸露地，采取人工造林种草等措施进行补植和造林；对裸地，为了尽快遏制水土流失，可种百喜草，固持表土。实验证明，百喜草根系发达，是三峡库区

优良的水土保持草种之一。

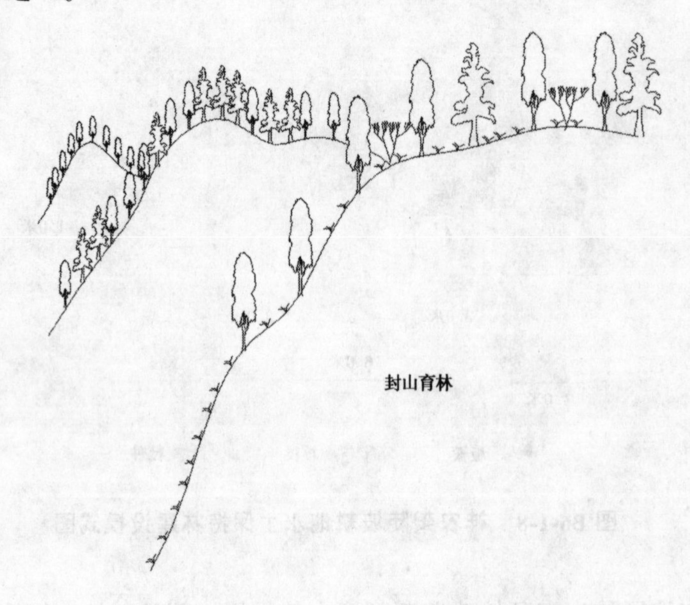

图 B6-1-9　三峡库区高山岭脊天然植被恢复模式图

(4) 模式成效

本模式通过封禁、封育、人工补植等措施，几年后，天然植被能得到有效的恢复，乔、灌、草不同层次的植物组成了新的林分，形成较稳定的生物群落。

(5) 适宜推广区域

本模式适宜在长江流域中下游两岸山脊推广应用。

【模式 B6-1-10】　三峡库区中山坡地水土保持林建设模式

(1) 立地条件特征

模式区位于三峡库区秭归县，属长江两岸中山山地。由于人为活动频繁，有些地方植被减少，出现了荒山荒坡，局部地方岩石裸露，土壤侵蚀十分严重。

(2) 治理技术思路

选择本地适生树种进行人工造林，在林下栽植有一定经济价值的灌木和草本，形成乔、灌、草复层结构，人工组建新的林分结构，增强生态系统的稳定性，既可保持水土，又能增加经济效益。

(3) 技术要点及配套措施

①造林措施：在土层较深厚的地方，选择当地适生的马尾松、山茱萸、丹参造林。

苗木：当年春季育苗，翌年春天用1年生壮苗上山造林。马尾松选用高15厘米，地径0.3厘米的Ⅰ级壮苗；山茱萸宜用1年生嫁接苗。

整地：穴状整地，规格为20厘米×20厘米×20厘米。

栽植：打泥浆栽植，马尾松株行距1.0米×3.0米，边挖穴边栽树；在马尾松林内带状混交栽植山茱萸和丹参，株行距1.0米×1.0米，栽植5排；山茱萸林下种丹参，这样便可在垂直方向上形成马尾松-山茱萸-丹参的针阔立体混交林。

②抚育管理：雨季栽植，若栽植后久旱无雨，应设法引水浇灌1次。每年需割草抚育，促进成活，秋后检查成活率，达不到95%的需在冬、春季节进行人工补植。

③配套措施：造林后要全面封禁，禁止放牧、砍柴割草，加强护林防火，为新造林生长创造良好环境。

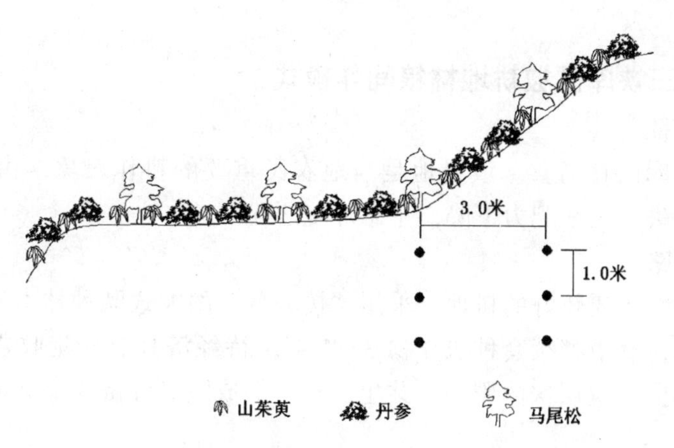

图 B6-1-10　三峡库区中山坡地水土保持林建设模式图

（4）模式成效

本模式在当地酸性土壤立地条件下栽植最适宜生长的马尾松，同时配置经济价值较高的山茱萸与之混交，不仅可提高林分生态系统的稳定性，还能提高防护效益和经济效益。

（5）适宜推广区域

本模式适宜在三峡库区中山地带以及鄂西山地推广应用。

【模式 B6-1-11】　三峡库区坡耕地植被自然恢复模式

（1）立地条件特征

模式区位于三峡库区巴东县。土层深厚，水热条件较好，退耕后，植被容易恢复。部分坡耕地坡度较大、土层浅薄贫瘠，水土流失严重，常有地坎崩塌现象。

（2）治理技术思路

这类坡耕地由于土壤具有一定厚度的耕作层，一旦停耕后，杂灌杂草种子随风飘落蔓延十分迅速。坡地退耕后采用封育手段，防止人畜践踏，禁止砍灌割草，可为灌草植被自然恢复创造条件，使其尽快覆盖地面，达到保持水土目的。

（3）技术要点及配套措施

①退耕封育：陡坡耕地全面退耕，停止一切翻耕土壤的耕作行为。停耕后实行严格的封山措施，严禁放牧和人为割草砍灌。一般情况下，当年滋生杂草的覆盖度可达20%～30%，3年后，灌木覆盖度可提高到50%，为天然下种的乔木种子发芽创造了生境，逐步形成乔、灌、草复层结构，达到改善生态环境之目的。

②补植补播：一般在封育5年后，如果乔木层株数太少，应选择耐恶劣条件的先锋树种马尾松、刺槐和萌芽性强的阔叶树栓皮栎、麻栎等，进行人工造林或直播，“封、造”结合促进早日郁闭成林。

③配套措施：退耕后，土质疏松，易产生冲刷，宜在侵蚀沟较深处挖一些沉沙凼，必要时在局部陡坡垒石坎防止水土流失。

（4）模式成效

本模式省钱省工，由于停耕后杜绝任何耕作行为，坡耕地上灌草迅速恢复，保护了土壤免遭侵蚀，具有很好的生态效益。

（5）适宜推广区域

本模式适宜在三峡库区和鄂西山地退耕区推广应用。

【模式 B6-1-12】　三峡库区坡耕地林粮间作模式

（1）立地条件特征

模式区位于三峡库区宜昌县。坡耕地是当地农民重要的耕作对象，由于过度垦殖，强度作业，造成严重水土流失，土地肥力下降，生态环境恶化。

（2）治理技术思路

对一些坡度较缓、土质较好的耕地，采用“接力赛”的方式既种林木又种农作物，先在耕地上小密度营造经济林，林下继续套种农作物3～5年，待经济林有一定收益后，再停止套种，充分利用不同空间和不同土壤层次的肥力，共生互补，形成既有经济收益又能保持水土的生态林业体系。

（3）技术要点及配套措施

①经济林营造：选择当地适生的柑橘、板栗、脐橙、杜仲等经济树种，用2年生嫁接苗造林，造林密度4.0米×4.0米或4.0米×8.0米。边整地边栽植，栽植前穴内施基肥，促进幼树生长。栽植时尽量减少土壤翻动，栽植后浇足底水。

②套种作物：冬季作物，播种小麦或栽植油菜，沿等高线条播；夏季作物，种玉米、甘薯等。在树穴周围保留1平方米根基不种作物。

③配套措施：面积较大的坡耕地每10～15米修一道土坎，使阶地较为平缓，减轻水土流失。

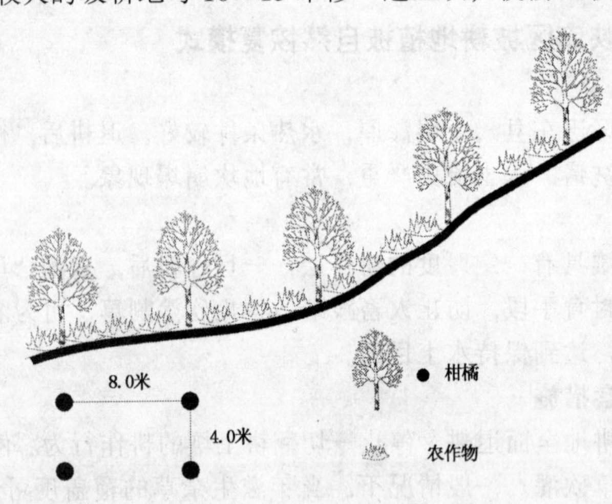

图 B6-1-12　三峡库区坡耕地林粮间作模式图

（4）模式成效

本模式属先还林后停耕的过渡类型，头3年内以农作物收入为主，3～5年果树开始挂果，林果、农作物均有收益，5年后停止耕种以林果收入为主。这种林农接力赛式的方法缓冲了退耕还林过程中粮食减产过多、还林任务过大的矛盾，在改善生态环境与提高农民收入方面起到了良好的作用。

（5）适宜推广区域

本模式适宜在鄂西、渝东的三峡库区以及川东、湘西的坡耕地推广应用。

【模式 B6-1-13】 三峡库区坡耕地生物埂建设模式

（1）立地条件特征

模式区位于湖北省宜昌县瑞坊溪小流域。为了减轻水土流失，当地农民对一些坡耕地进行了坡改梯，但地坎没有砌石防护，在遇到强度较大的降雨时，常出现地坎崩塌的现象，造成严重的水土流失。

（2）治理技术思路

在保证农作物正常种植的情况下，栽种植物固定地坎，形成生物埂，防治水土流失，改善农业生产条件。

（3）技术要点及配套措施

①生物埂植物选择：库区内的农民一直有栽培茶树、多年生草本植物金荞麦的习惯。金荞麦既是药用植物，也是库区农民喂猪、羊，养鸡、鸭极好的一种营养丰富的饲料植物，且具有很强的繁殖能力。一般多用金荞麦培植生物埂。

②生物埂培植：在春季分蔸繁殖金荞麦，当年便可形成一条绿色植物带，相隔 1 个月可以刈割 1 次茎叶。等高条播农作物。翻耕土壤种植作物后，尽量将作物秸秆覆盖于地面，防止水土流失。当幼苗出土后，根系扎于土中，具有固土能力，地表径流逐渐降低，土壤侵蚀也日益降低。

（4）模式成效

本模式的生物埂比石方砌成的石坎成本要低得多，比土坎更坚固，既能保持水土，又是发展畜牧业的重要饲料，具有较高经济价值。

（5）适宜推广区域

本模式适宜在鄂西山地、重庆、川东等地推广。

【模式 B6-1-14】 三峡库区临江河谷平缓地柑橘园建设模式

（1）立地条件特征

模式区位于湖北省宜昌县沿江河谷的平缓地带。降水丰沛、冬暖春早，气候条件优越，适宜柑橘生长，是我国著名的沿江柑橘带。

（2）治理技术思路

绞股蓝富含皂苷被誉为南方人参，枝、叶、干均可利用，产量 1 250～2 500 千克/亩以上，可用来制成多种系列产品，经济价值极高。绞股蓝匍匐滋生，对土壤又有覆盖作用，可有效保持水土。因此，在原有的柑橘园内栽植耐阴植物绞股蓝，通过改进柑橘园林分结构的办法来提高单位面积的产量，从增加植被组成来改善林地的保持水土功能，达到生态经济效益相得益彰之效果。

（3）技术要点及配套措施

选用 1 年生绞股蓝扦插苗，按 20 厘米×20 厘米×20 厘米的密度栽植。在园地周围特别是园地下方的地坎，栽植金荞麦构建生物埂，从而形成完美的人工立体结构，经济、生态效益相得益彰。

（4）模式成效

本模式以柑橘为主栽树种，林下发展绞股蓝，每隔一定长度设置生物埂，经济、生态效益兼顾，综合效益十分明显。

(5) 适宜推广区域

本模式适宜在湖北境内广泛推广应用。

二、鄂西南清江流域山地丘陵亚区（B6-2）

本亚区位于焦支线以西、长江与清江分水岭以南、湘鄂交界以北、鄂渝交界以东，包括清江流域、唐岩河与酉水上游。地理位置介于东经 108°14′20″～111°19′49″，北纬 29°12′59″～31°24′38″。包括湖北省恩施土家族苗族自治州的恩施市、利川市、建始县、宣恩县、咸丰县、来凤县、鹤峰县，宜昌市的西陵区、伍家岗区、点军区、猇亭区、长阳土家族自治县、五峰土家族自治县、宜都市等14个县（市、区）的全部，以及湖北省恩施土家族苗族自治州的巴东县，宜昌市的兴山县、秭归县、宜昌县等4个县的部分地区，面积35 380平方千米。

本亚区属山地丘陵地貌，山地丘陵比重均在89%以上，最高海拔2 320.3米，相对高差大、水系切割深，山高坡陡，地形复杂。境内江河水系密布，发育有磨刀溪、长滩河、阿蓬江、酉水等4条长江一级支流，长5 000米以上的大小支流有30条之多。清江流域自源头利川市向东流经9个县市后注入长江。北亚热带季风气候，年降水量1 214～1 900毫米；年平均气温7.6～16.5℃，极端最高气温41.4℃，极端最低气温－18.0℃，≥10℃年积温变化较大，低山区平均在4 800℃以上，清江河谷在5 000℃以上，热量丰富，无霜期194～296天。由于受复杂地形地貌的影响，气候、植物资源十分丰富，不仅有常绿、落叶阔叶树种，而且从低山到高山分布着多种针叶与阔叶树种，同时还有银杏、金钱松、穗花杉、红豆杉、水杉等多种珍贵树种。经济植物有油桐、乌桕、油茶、茶叶、生漆、杜仲、黄檗、厚朴、柑橘、甜柿、梨、桃、板栗、核桃、五倍子、肚倍、栀子、桂花、棕榈、湖北海棠、橙、甜柚、中华猕猴桃等近百种。野生植物药材品种多达213个。此外，还栖息着40余种野生动物。地带性土壤主要有潮土、黄壤、黄棕壤、棕壤和暗棕壤四大类，非地带性土壤有水稻土、紫色土、石灰土、草甸土。

本亚区的主要生态问题是：由于多年来不合理的采伐森林，森林面积缩小，功能有所下降，加之人为开垦活动频繁，致使水土流失严重，生态环境恶化。

本亚区及其周边地区水利工程较多，如：三峡、葛洲坝、隔河岩、高堤州、水布垭，属国家和湖北省林业生态工程重点建设区。为此，本亚区林业生态建设与治理的对策是：分区施策，加强森林植被的保护与恢复，涵养水源，防治水土流失。南部山区以水源涵养林建设为主；坡耕地较多的地区以农林复合经营为主；在水土流失严重的地区，为了尽快遏制水土流失，应因地制宜地在侵蚀沟中下部修筑谷坊山凼，蓄水保土；在众多溪流两岸及陡坡处，因一遇下雨即发生崩塌，应在采取生物措施的同时，分轻重缓急修建护坡护岸工程；鄂西南深山区，应将生态林业建设与兴办绿色企业结合起来，发展山区经济，巩固林业生态建设成果。

本亚区共收录10个典型模式，分别是：鄂西南石灰岩山地石化半石化坡地林业生态治理模式，鄂西南库区洪积冲积库岸防护林建设模式，清江流域中山顶塬立体型生态经济林建设模式，鄂西南陡坡退耕地生态经济林建设模式，鄂西南低山丘陵河谷生态林建设模式，鄂西南山地生态用材兼用林建设模式，鄂西南坡地农林生态复合经营模式，鄂西南山地生态经济沟综合治理模式，鄂西南山地生态型工业原料林建设模式，鄂西南山地生态型经济林建设模式。

【模式 B6-2-1】 鄂西南石灰岩山地石化半石化坡地林业生态治理模式

(1) 立地条件特征

模式区位于鄂西山地恩施市境内，属碳酸盐石质山地。由于森林过量采伐，植被破坏，坡地遭受严重侵蚀，土壤流失剧烈，肥力急剧减退，岩石裸露，形成石化或半石化坡地。

(2) 治理技术思路

首先，在土层厚度小于 30 厘米或坡度大于 45 度的地带，以封育为主，保护与恢复包括乔木、灌木、藤木以及草本植物在内的天然植被；其次，在适宜人工造林的地块进行人工补植、补播，增加单位面积树种和密度；第三，采取封山育林方式，禁止林地内的一切人畜活动，保证植被的恢复与正常生长。土壤瘠薄地带以封育为主，土层稍厚的地区进行人工造林。

(3) 技术要点及配套措施

①造林树种：刺槐、柏树、杜仲、刺楸、黄连木等为主要造林树种，同时配置馒头果、牡荆、胡枝子等灌木树种，植被稀少地带配置豆科或禾本科草种。

②营造林方式：在具备人工造林条件的地带植苗或直播造林。株行距：刺槐 2.0 米×3.0 米；柏树 1.5 米×2.0 米；杜仲 2.0 米×2.0 米；刺楸 2.0 米×3.0 米；黄连木 3.0 米×3.0 米。

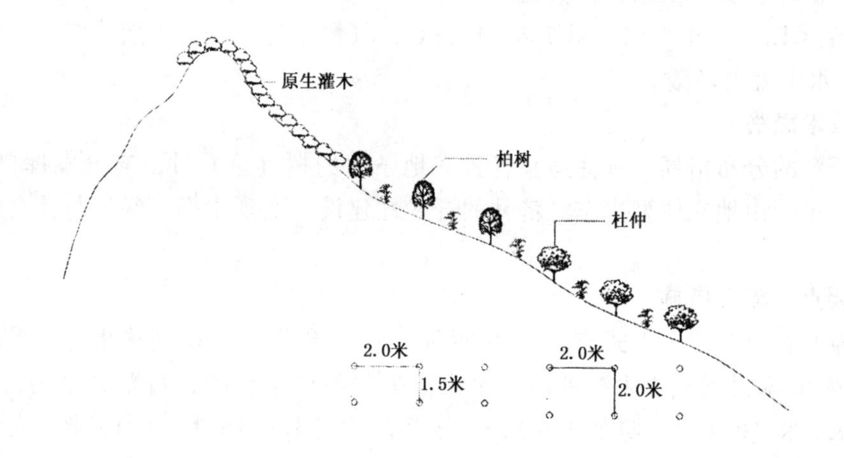

图 B6-2-1 鄂西南石灰岩山地石化半石化坡地林业生态治理模式图

(4) 模式成效

本模式通过封山育林、植树造林，减少水土流失，逐步恢复植被。

(5) 适宜推广区域

本模式适宜在鄂西南山地、长江中上游山地同类型地区推广应用。

【模式 B6-2-2】 鄂西南库区洪积冲积库岸防护林建设模式

(1) 立地条件特征

模式区位于鄂西山地恩施市境内水库周边冲积扇部位形成的冲积库岸沙滩，土层深厚、潮湿，土壤肥沃，地下水位随季节变化，雨季有水淹期或因地下水位提高形成的水湿期。

(2) 治理技术思路

选用多种乔灌木树种分别不同部位配置防护林、固沙林，拦蓄泥沙，控制泥沙对库体的侵入，保障库容不至于减少，延长水库的使用期。

(3) 技术要点及配套措施

①树种及其配置：从迎水面向岸上顺序配置。株行距：河柳 1.5 米×1.5 米，池杉 1.5 米×2.0 米，枫杨 1.5 米×1.5 米，意杨 4.0 米×4.0 米，水竹 3.0 米×4.0 米。

②栽植技术：河柳采用柳桩扦插；池杉采用苗高 3 米以上、地径 4.5 厘米以上的特大苗挖穴定植；枫杨播种造林，或者就地育苗造林；意杨采用苗高 4.5 米、地径 4.5 厘米的 I 级苗挖穴定植，也可用截杆插条苗打孔插条造林；水竹挖穴造林。

③抚育保护：造林后封管 3～5 年，保护和培育天然植被；监测、防治杨树桑天牛、杨小舟蛾、池杉袋蛾等森林虫害。

(4) 模式成效

本模式具有良好的拦沙护库效果和极好的生态、经济、社会效益。

(5) 适宜推广区域

本模式适宜在华中山地水库库区同类宜林地推广。

【模式 B6-2-3】　清江流域中山顶塬立体型生态经济林建设模式

(1) 立地条件特征

模式区位于湖北省长阳土家族自治县海拔 1 000～2 000 米的亚中山斜坡地带，属清江流域。年降水量1 000毫米以上，年平均气温 7.8～12.8℃，气候条件较好，土层深厚，土壤有机质含量在 1.2%以上，水土流失轻微。

(2) 治理技术思路

根据自然资源的分布格局，选择适宜各种立地条件的树（草）种，充分发挥自然资源优势，立体复合种植，进行山地立体型生态经济林的开发性建设，实现生态、经济与社会效益的全面丰收。

(3) 技术要点及配套措施

主要树（草）种及其配置形式有，厚朴-薄荷、厚朴-魔芋、黄檗-黄连木等。采取宽行密株的株行布局，每隔 20 米设置一条生物埂防治水土流失。各树草种的株行距分别为，厚朴1.0 米×4.0 米，薄荷 0.4 米×0.4 米，魔芋 0.5 米×0.5 米，黄连木 0.15 米×0.15 米。穴状整地，植苗造林。整地造林时，应注意少破坏原生植被。

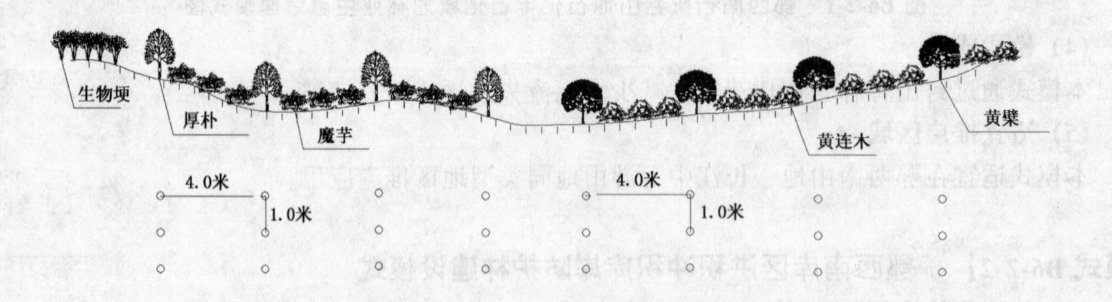

图 B6-2-3　清江流域中山顶塬立体型生态经济林建设模式图

(4) 模式成效

本模式在鄂西南山地已经获得成功，可年产魔芋 3 000 千克/亩，薄荷 1 300 千克/亩，生产黄连的年利润为 1 000 元/亩，黄檗、厚朴平均每株的年产值达 10 元。

(5) **适宜推广区域**

本模式适宜在鄂西、川东、重庆、湘西等地海拔 1 000 米以上的中山地带推广。

【模式 B6-2-4】　鄂西南陡坡退耕地生态经济林建设模式

(1) **立地条件特征**

模式区位于湖北省宣恩县境内。坡度 26～35 度的陡坡坡耕地的土层厚度虽然一般在 40 厘米以上，但由于雨水的侵蚀，土壤及营养元素流失，种植农作物的肥料投入难以抵消流失量，土地渐次发生石漠化。

(2) **治理技术思路**

区别立地条件类型确定林种、选择造林树种。治理地块若为林中隙地，主要选择经济树种人工造林，同时辅以林草措施治理水土流失；治理地块若处在石漠化、半石漠化的无林地，则应选择绿化树种造林，建设防护林。在树种选择上，应注意选择生态功能好、经济价值高的乔灌木树种及草种，建设多功能生态防护林。杜仲、厚朴、黄檗、木瓜、辛夷、杏等经营强度较低的经济树种也可用作防护林树种。

(3) **技术要点及配套措施**

①树草种选择：根据立地条件，按照适地适树原则选择适宜造林树种。海拔 500 米以下的丘陵河谷以杜仲、水竹、毛竹、刺槐、柏树、栎类为主；海拔 500～800 以下的低山地区以杉木、香椿、板栗、核桃、银杏、杜仲、厚朴、棕榈、肚倍、刺五加等为主；在海拔 1 000～1 800 米的中山地地带，可选黄檗、厚朴、辛夷、苹果、银杏、大枣等。

②造林密度：各树种纯林的株行距为：杜仲 1.5 米×1.5 米；水竹 3.0 米×4.0 米；毛竹 4.0 米×5.0 米；黄檗 1.5 米×2.0 米；厚朴 1.5 米×1.5 米；大枣 2.5 米×2.5 米；杜仲 1.5 米×1.5 米；辛夷、苹果 3.0 米×3.0 米；板栗、核桃、银杏均为 3.0 米×3.0 米；刺槐、栎类、柏树均为 1.5 米×1.5 米。各混交类型的株行距为杉木-刺槐 1.5 米×2.0 米；香椿-棕榈 1.5 米×2.0 米；肚倍-刺五加 2.5 米×3.0 米。

③水土保持措施：一是采取人工挖穴造林的办法减免整地造林过程中对原生植被的破坏；二是设置必要的天然植被水平保护带，特别是在坡长大于 200 米的长坡，每隔 20～30 米设置 3～5

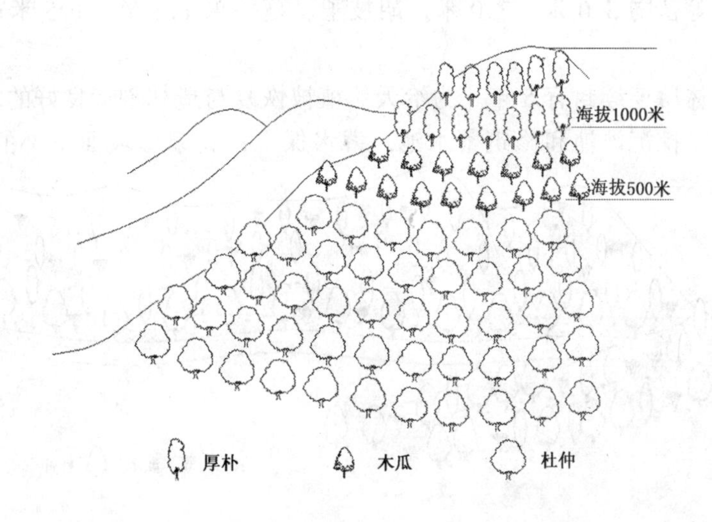

图 B6-2-4　鄂西南陡坡退耕地生态经济林建设模式图

米宽的生物带防治水土流失；在坡下部出现侵蚀沟的地段设置沙函、谷坊及生物埂，及时治理水土流失。

(4) 模式成效

本模式按照适地适树的原则选择多个造林树种合理配置、造林，既改善了坡耕地的生态环境，又扩大和丰富了森林资源，大大提高了林业的生态、经济与社会效益。

(5) 适宜推广区域

本模式适宜在长江中上游中低山区推广。

【模式 B6-2-5】 鄂西南低山丘陵河谷生态林建设模式

(1) 立地条件特征

模式区位于湖北省鹤峰县境内海拔1 000米以下的低山、丘陵河谷沿岸地区，人畜活动频繁，森林植被破坏严重，地面植被极度减少，水土剧烈流失后形成大面积土层瘠薄的难造林地，土壤干燥，一遇暴雨极易成灾。

(2) 治理技术思路

一是春季植苗造林与播种造林结合，二是乔灌草多种植物结合，三是人工造林与封山育林恢复天然植被结合，四是生物与工程治理结合，综合治理环境。

(3) 技术要点及配套措施

①树草种及其配置：主要选择刺槐、柏树、马尾松、黄连木、麻栎、栓皮栎、油桐、杜仲、火棘、野蔷薇、金樱子、胡枝子、蔓头果、龙须草、野荞麦、清江藤等树种和草种。主要混交形式有刺槐-柏树、马尾松-麻栎（栓皮栎）、刺楸-黄连木、油桐-龙须草、杜仲-野荞麦、火棘-金樱子、野蔷薇-蔓头果、胡枝子等。

②造林技术：立地条件、树种不同，整地、造林方式亦不同。在土层厚度小于30厘米的地带，乔灌木树种适宜播种造林；土层大于30厘米的地带，则宜用容器苗造林；灌木均宜播种造林；草本或藤本植物宜采用扦插和移蔸植苗造林的方法。不论播种造林或是植苗造林，均应采用挖穴整地的方法，穴的规格为40厘米×40厘米×30厘米。种植密度，刺槐、柏树、麻栎、栓皮栎、杜仲为2.0米×2.0米；马尾松、油桐为2.0米×3.0米；黄连木3.0米×3.0米；野蔷薇、金樱子、清江藤等植物3.0米×3.0米；胡枝子、蔓头果1.5米×1.5米；龙须草、野荞麦1.0米×0.5米。

③配套措施：造林后连续封育5年。为给天然植被恢复与造林创造良好的环境，在冲刷地段设置沙凼或开排洪沟、挖沉沙池和修筑蓄水池，蓄水保土；在扇形坡面下部的沟谷修筑高度10

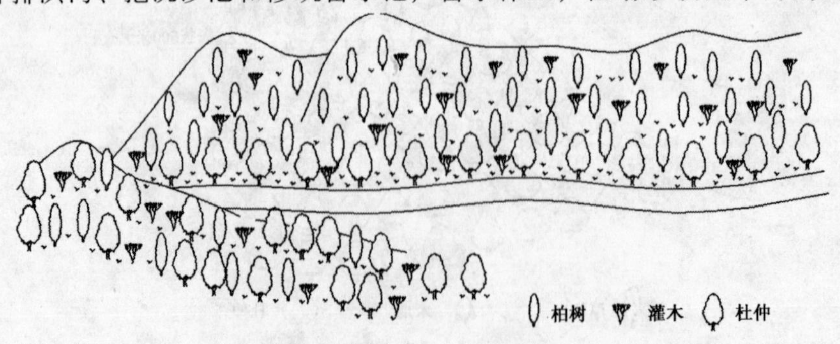

图 B6-2-5 鄂西南低山丘陵河谷生态林建设模式图

米以下的石墙拦河坝或谷坊，控制水土流失。

(4) 模式成效

通过10多年国家长江防护林建设，以及德援湖北长江防护林、世行贷款森林资源发展和保护项目中的多功能防护林建设实践，采取上述综合治理措施不仅效果好，而且易于被山区农民学习、掌握和运用。对于提高区域、流域治理的成效具有重要的生态、经济与社会意义。

(5) 适宜推广区域

本模式适宜在鄂西、川东、重庆、湘西的中山丘陵地带推广。

【模式 B6-2-6】 鄂西南山地生态用材兼用林建设模式

(1) 立地条件特征

模式区位于湖北省建始县长岭岗林场，顶塬地貌，海拔一般在1 400～2 000米，坡度介于15～35度。年平均气温7～12℃，年降水量1 200～1 600毫米。土壤以山地黄棕壤、棕壤为主，土层厚60～100厘米，有机质含量1.0%～3.0%。自然植被以矮乔木和山苍子、高山旱柳、盐肤木等灌木为主，草本植物盖度在90%以上。

(2) 治理技术思路

结合岭塬水源涵养林建设及天然草场改良，引进日本落叶松、毛白杨等速生针阔叶乔木树种，科学布局，按规程进行施工作业设计，营造生态用材兼用林。

(3) 技术要点及配套措施

①造林技术：分布在天然阔叶林区的宜林地块，选造日本落叶松，形成块状混交的针阔叶林。人工挖穴整地，穴的规格为60厘米×60厘米×50厘米。用苗高60厘米以上、地径0.6厘米以上的2年生移植苗植苗造林。株行距2.0米×3.0米，沿等高线按品字形设置。

②抚育管理：造林后第1年培土扶苗，或者是穴内松土、除草扶苗；第2～3年每年各抚育1次。12～15年生时抚育间伐被压木，清除其他非正常生长的林木。根据培育材种的目标确定主伐年龄，大约大径材在35年以上，中大径材在25年，中小径材在16年。采用小面积皆伐方式采伐。大于300亩的连片林地需按100米的带宽沿等高线分年度采伐。

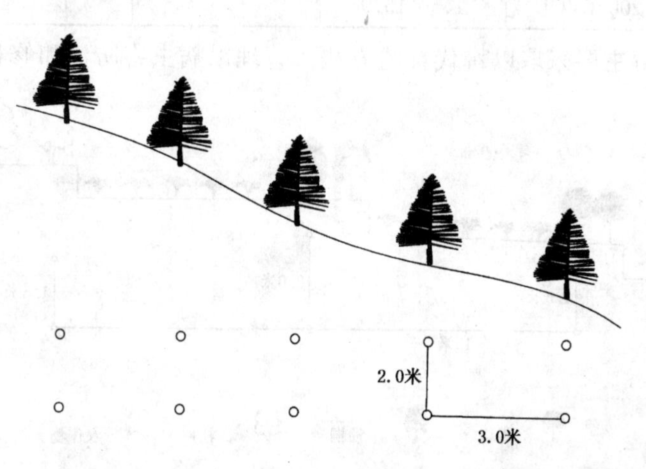

图 B6-2-6 鄂西南山地生态用材兼用林建设模式图

(4) 模式成效

本模式利用山地顶塬平缓地带的土地资源，在保护生态环境的前提下，配置速生用材树种，培育以用材为主要目标的生态用材兼用林，集经济、生态和社会效益于一体，既满足了调整林种、树种结构和用材之需，又改善了森林生态环境，同时在经营活动中也为农村剩余劳力提供了就业机会。因此，在山区，特别是贫困的边远山区受到农民的普遍欢迎。目前，本模式已在鄂西山区推广60万亩以上，日本落叶松的年均高生长达100厘米以上，年径生长1.2～1.6厘米，每亩的年蓄积生长量1.33立方米以上。

(5) 适宜推广区域

本模式适宜在川、黔、湘、鄂1 200米以上的山地顶塬缓坡地带推广。

【模式 B6-2-7】　鄂西南坡地农林生态复合经营模式

(1) 立地条件特征

模式区位于鄂西利川市。地形较缓，坡度15～26度，土层深厚，已辟为耕地，适宜发展多种乔、灌木树种及作物。因人多地少，农业开垦过度，原生植被已遭严重破坏，地表裸露，水土流失较重。

(2) 治理技术思路

营造宽行水平林带以控制坡地水土流失；混种生长期与降水期同季的农作物，以减轻坡地水蚀。改进传统的农林混作方式，进行规范的农林生态复合混作。

(3) 技术要点及配套措施

①造林技术：各垂直带的适宜树种与适宜株行距如表所示。一般采用双排、宽行式的布局。油桐一般播种造林，其余均植苗造林。

表 B6-2-7　鄂西南坡地农林生态复合经营适宜树种及密度

树　种	海　拔	株行距（米）	树　种	海　拔	株行距（米）
油　桐	800米以下	2.0×15.0	杉　木	1 600米以下	1.0×15.0
核　桃	800～1 200米	4.0×15.0	杜　仲	1 400米以下	1.0×15.0
乌　桕	800米以下	4.0×15.0	厚　朴	600～1 800米	1.0×15.0
香　椿	1 200米以下	1.5×15.0			

②抚育管理：抚育主要采取以耕代抚的方法，管理以病虫害防治和修枝整形为主。

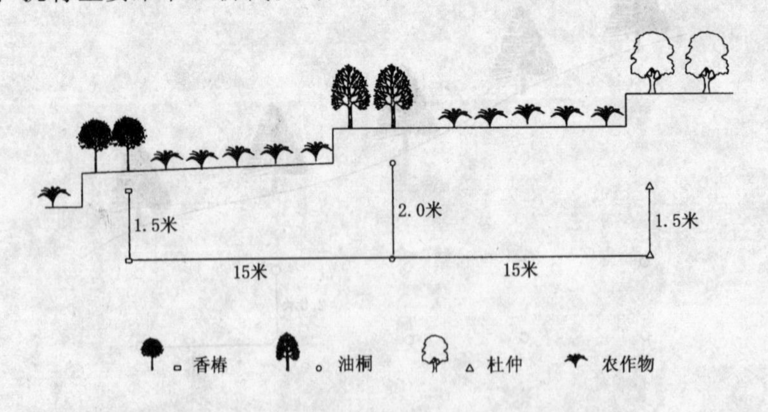

图 B6-2-7　鄂西南坡地农林生态复合经营模式图

(4) 模式成效

本模式是在耕地偏少地区对传统农林混作方式的技术改进和规范。一是坡度限制在26度以下，保证在经营活动过程中对环境不造成不利影响；二是株行距进行规范化设计，提高土地的利用率和单位面积产量；三是农民在不增加投入的情况下可从生产经营活动中获得比传统经营方式多1倍以上的经济收入。

（5）适宜推广区域

农林复合种植在鄂西南山地已有成功实例，可在川、黔、湘、鄂山地推广。

【模式B6-2-8】 鄂西南山地生态经济沟综合治理模式

（1）立地条件特征

模式区位于鄂西南的宣恩县，地形复杂，气候、土壤资源丰富。年降水量1 491.3毫米，年平均气温15.7度，1月份平均气温4.6℃，7月份平均气温26.3℃，极端最低气温－12.7℃，年平均日照时数1 136.2小时，无霜期294天。寒潮、低温、淫雨、干旱、暴雨和冰雹为主要农业自然灾害。

（2）治理技术思路

小流域或沟道是山丘区小尺度的集水区，作为一个以水流为链路组合各种地质、地形部位形成的系统，具有自然和社会的双重属性。土地退化、水土流失及环境恶化，均是自然、社会因素交互影响的产物。因此，水土流失小流域的治理也必须从生态和经济两个方面采取综合措施体系进行治理。

小流域内的不同地形部位，生长有多种具有不同功能的乔灌木，同时也适应多种经济植物生长。为此，应对小流域或沟道从生态、经济的层面进行综合治理，为开发山区，发展区域经济，从根本上保护生态环境服务。

（3）技术要点及配套措施

①措施布局：利用小流域的复杂地形，进行综合治理和开发建设。沟谷部分修筑水坝和蓄水池，为小流域内的经济植物积蓄并提供水源；水坝以上部分建设水源涵养林；坝下水沟两岸坡上部的岭脊部分建设水源涵养林和水土保持林；平缓坡面下部及溪沟沿岸开发种植生态经济林或者其他适宜的高效经济作物；采用必要的水土保持工程措施，控制沟道侵蚀，改善生态环境；建设沼气池，实现生活能源和有机肥料的自给。

②树种及其配置：水源涵养林，在保护岭脊部位天然植被的基础上种植生态效益、经济价值均比较高的水竹和杜仲，其株行距分别为3.0米×3.0米和1.5米×2.0米；水土保持林，除保留天然乔灌木和草本植物外，补植松杉等乔木树种，使乔木林地的郁闭度达到0.7以上，植被盖度达到95%以上；坝下陡坡耕地种植青肤杨（肚倍），株行距2.0米×3.0米；平缓地种植茶树，株行距0.25米×0.4米。

③造林经营：除茶树播种造林外，其他树种全部人工植苗造林，造林保存率要求达到90%以上。肚倍培育以割抚为主。茶树用集约经营方式培育，南坡向阳坡面如利用大棚提温技术，可提早采茶期40～45天，提高产品年均价位5倍左右。茶树以施有机肥为主，矿质肥为辅，其他树种均不施肥。此外，病虫害防治也为主要管理内容之一。

④配套措施：

水面经营：在河（沟）床分段设置拦沙坝，两岸修筑护岸墙。池塘水面可养泥鳅、鳝鱼、鲫鱼、鲤鱼、草鱼、白鲢等多种鱼，多层利用水体。水面养殖鸭子、鹅等家禽，立体配置，综合开发与利用。

沼气建设：一是改进圆形池，建椭圆式池，解决发酵不足、肥料不熟的问题；二是采用大棚提温技术，使海拔400米以下地区的季节性用气变为常年用气。

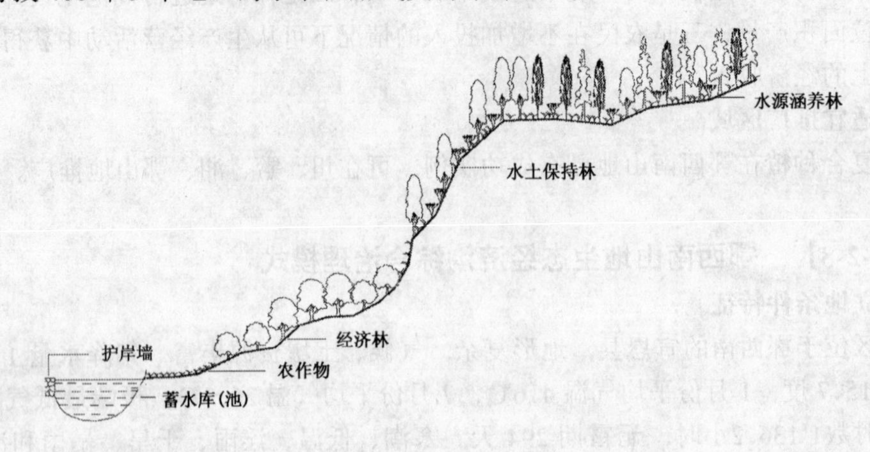

图 B6-2-8　鄂西南山地生态经济沟综合治理模式图

(4) 模式成效

生态经济沟建设在鄂西南山地已经有成功的雏形，成效比较显著。但由于缺乏以小流域为单元的科学的规划、布局和施工设计，效益远未达到应有的水平。按本模式进行规划和实施，小流域的生态环境可得到良好的改善，土地资源与水资源得到合理的开发与利用，同时可获得较传统自然经济高5～10倍的经济效益。通过沼气技术的推广利用，不仅可以解决农村能源的供应问题和有机肥料的来源问题，而且可以在不消耗资源的前提下降低成本。三峡库区的宜昌等县近5年已在德援防护林建设项目区建设沼气池39 995个，每年节约森林资源23 970亩，节约劳动工日159 380个。

(5) 适宜推广区域

本模式适宜在长江中上游山地推广。

【模式 B6-2-9】　鄂西南山地生态型工业原料林建设模式

(1) 立地条件特征

模式区位于湖北省恩施市，属鄂西南山地。树种资源丰富，海拔100米以下以微酸性黄棕壤为主，广泛分布着大面积的马尾松天然林和人工林。这些林分既具有良好的适应性和生态功能，同时又是松脂、木材等工业原料的生产基地。过去，由于过度采伐，林相破坏，生态环境恶化，水土流失严重，亟须在保持水土和生态环境的基础上建设和发展原料林。

(2) 治理技术思路

采取封山、管护、人工促进天然更新与除杂抚育相结合的综合措施，恢复和复壮森林植被，防治水土流失，培育以马尾松为主的生态型采脂化工原料林。

(3) 技术要点及配套措施

利用天然更新和人工播种或植苗造林方法扩大马尾松林面积，提高林分质量。

马尾松化工原料林的培育期一般为25年，幼林抚育以割除杂灌为主，10年以上的中幼林主要进行管护和病虫害防治。

25年生以上的马尾松即已进入采脂期，一般每隔2年采割松脂1年，年采脂25～30次。在经营利用期间：一是要注意防火，马尾松林一年四季均为防火期，其中又以冬春为重点防火期；二是病虫害防治，重点是防治马尾松毛虫，用白僵菌进行生物防治为主，并定期监测和预防病虫，防重于治。

（4）模式成效

本模式是生态、经济相结合进行综合治理开发的成功典型，在建设生态林、保持森林生态功能的同时，又生产林特产品，发挥经济效益，为当地社会、经济、环境的协调发展做出了贡献。

（5）适宜推广区域

本模式适宜在鄂东北、鄂中的马尾松分布区推广。

【模式 B6-2-10】 鄂西南山地生态型经济林建设模式

（1）立地条件特征

模式区位于湖北省利川市。地面坡度一般在45度以下，土壤厚度在60厘米以上，植被盖度大于90%，地表无侵蚀或侵蚀轻微。

（2）治理技术思路

模式区侵蚀轻微，适宜在不影响生态环境的前提下直接营造以生产林特产品为目标的经济林，进而通过林产品进入商品市场获取经济效益，增加农户的经济收入，反过来再推动林业生态建设。

（3）技术要点及配套措施

①造林技术：在坡中部或中下部选择杜仲、厚朴、黄檗、银杏、板栗、柿、杏、花椒、八角、肚倍、五倍子、漆树等为主要造林树种造林。杜仲、厚朴、花椒的株行距2.0米×3.0米；银杏、板栗、柿、八角、肚倍、五倍子的株行距3.0米×3.0米；漆树4.0米×5.0米。造林后抚育的主要内容为穴内松土、除草；管理的重点是防治病虫害。

②配套措施：为减少地表扰动范围，整地宜采取人工挖鱼鳞坑的方法，行向同等高线，上下株呈三角形排列；在保留原生草本植被的同时，对需要设置生物水土保持带的地段，配置人工灌草带，保持良好的生态环境；在侵蚀沟发育的地段，设置沙函和谷坊，控制水土流失。

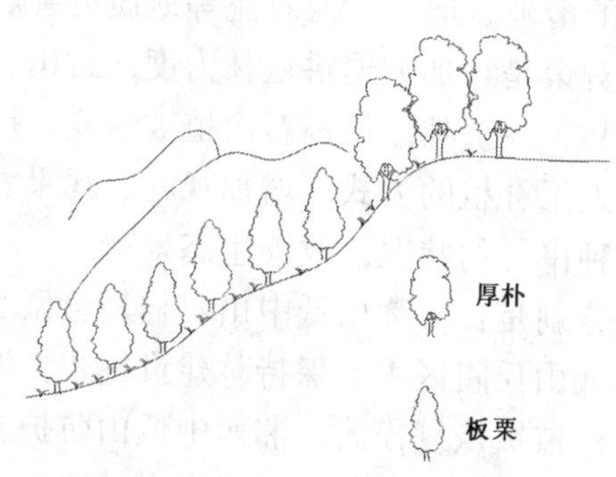

图 B6-2-10 鄂西南山地生态型经济林建设模式图

（4）模式成效

本模式可逐步增加林农收入，实现生态、经济、社会效益的协调发展。

（5）适宜推广区域

本模式适宜在川东、重庆、湘西等山地推广。

三、渝湘黔山地丘陵亚区（B6-3）

本亚区地处渝湘黔三省市的交汇之地，地理位置介于东经105°56′51″～111°7′53″，北纬

28°53′48″～31°50′24″。包括湖南省张家界市的永定区、武陵源区、慈利县、桑植县，常德市的石门县，湘西土家族苗族自治州的吉首市、泸溪县、凤凰县、花垣县、保靖县、古丈县、永顺县、龙山县，怀化市的鹤城区、洪江市、中方县、沅陵县、辰溪县、新晃侗族自治县、芷江侗族自治县、麻阳苗族自治县；贵州省铜仁地区的万山特区、铜仁市、玉屏侗族自治县、江口县、松桃苗族自治县；重庆市的黔江区、秀山土家族苗族自治县、彭水苗族土家族自治县、酉阳土家族苗族自治县等30个县（市、区）的全部，以及重庆市的石柱土家族自治县、綦江县、武隆县、万盛区、丰都县、南川市、江津市等7个县（市、区）的部分地区，面积44 378平方千米。

本亚区是云贵高原的延伸部分，地势由西南向西北和东部倾斜。区内的主要山脉有梵净山、武陵山、大娄山、方斗山等，海拔800～1 500米，主峰都在2 000米左右。河流有澧水、沅水、酉水、乌江中下游段等。气候温暖湿润，年平均气温为14～17℃，极端最低气温为－16℃，1月份平均气温3～5℃，7月份平均气温25～27℃，月平均气温变化平缓，日温差较大达7～10℃，≥10℃年积温4 500～5 500℃，年降水量1 000～1 700毫米。降水量的年际变化较大，最高相差800毫米，多雨年容易造成山洪暴发，出现水患。

本亚区的地带性植被为中亚热带常绿阔叶林，树种丰富，区系成分复杂，植被类型有马尾松林、柏木林、油桐林、油茶林，有些地方还有杉木林、华山松林、巴山松林和铁坚杉林、黄杉林等，部分地区还保存有较原始的常绿阔叶林。境内土壤垂直分布较明显，海拔800米以下多黄红壤，丘陵谷地有紫色土，土中常含母岩碎片，呈中性或微碱性反应，矿物养分丰富，磷钾含量高，宜于发展经济林；海拔800～1 700米的广大地区多为山地黄壤，发育于砂质岩风化物上的黄壤，质地粗松，层次不明显，养分含量较低，呈酸性或微酸性反应，其次是石灰土，因发育程度不同而呈微酸性、中性或碱性；在海拔1 700米以上为黄棕壤和山地草甸土。

本亚区的主要生态问题是：森林质量差，生态功能低。坡面陡急，泥质砂页岩、紫色砂页岩抗风化、剥蚀能力弱，土层薄，保水性能差，加之坡耕地面积大而分散，水土流失十分严重，部分土地“石漠化”问题严重；自然灾害频繁，旱灾、水灾时有发生，以夏旱、秋旱最多，损失大，水灾主要是山洪，还有小面积的滑坡、崩塌，泥石流等地质灾害。

本亚区林业生态建设与治理的对策是：加大退耕还林力度，封山育林与人工造林相结合，因地制宜发展水源涵养林、水土保持林、经济林，促进石山植被恢复，提高森林植被覆盖度，治理水土流失，增加生物多样性；通过人工补植的方式，增加观叶、观果、观花的阔叶树比例，逐步减少针叶纯林，改变区内林种、树种单一的状况，改善生态景观。

本亚区共收录8个典型模式，分别是：七曜山低中山农林复合型工业原料林建设模式，张家界风景区景观林建设模式，湘西北低山丘陵区水土保持林建设模式，湘西高湿低温区植被恢复模式，湘西封山育林人工增阔促进天然植被恢复模式，湘西中低山防护林体系建设模式，黔东白云质砂石山乔灌草结合治理模式，黔东低山丘陵区岸路沿线混交林建设模式。

【模式B6-3-1】　七曜山低中山农林复合型工业原料林建设模式

(1) 立地条件特征

模式区位于重庆市的酉阳土家族苗族自治县，属七曜山低中山退耕还林工程区。海拔300～1 000米，坡度15～25度，土壤为石灰岩土壤或山地黄棕壤，pH值5.5～6.5，土层厚度40厘米以上，立地条件较好。

(2) 治理技术思路

结合退耕还林工程，营造以杨树、桉树为主的原料林，同时兼顾农民的粮食生产，林下种植作物，改善农村生态环境及农业生产条件。

（3）技术要点及配套措施

主要选植杨树、桉树等速生树种。造林在秋冬进行，种苗要采取优质大苗，造林株行距 2.0 米×5.0 米，整地方式为大穴，穴的规格为 60 厘米×60 厘米×50 厘米。造林后结合农耕进行抚育。

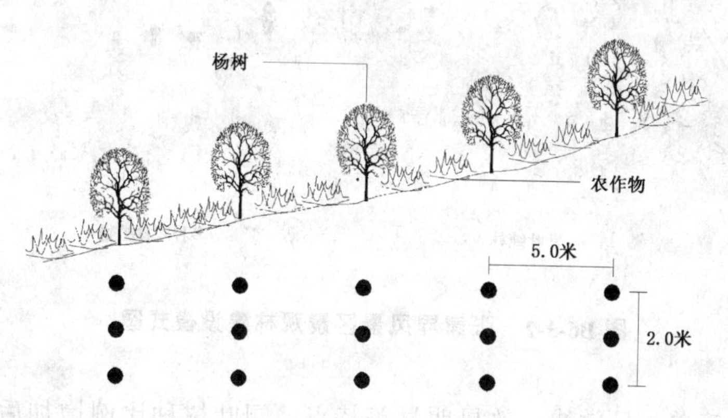

图 B6-3-1 七曜山低中山农林复合型工业原料林建设模式图

（4）模式成效

在重庆市酉阳土家族苗族自治县、黔江区等地已造林 20 余万亩，杨树的年胸径生长量高达 3 厘米，3～5年即可采伐，每亩蓄积量 3～5 立方米。

（5）适宜推广区域

本模式适宜在七曜山低中山、巫山、大巴山等地区推广。

【模式 B6-3-2】 张家界风景区景观林建设模式

（1）立地条件特征

模式区位于张家界景区的黄狮寨、天子山等地，境内砂岩峰林地貌，土层浅、岩石林立，针叶纯林面积大，林地枯枝落叶多，存在火险隐患，林相颜色单调，观赏性不强，森林质量下降，动植物种类减少，生物多样性下降。

（2）治理技术思路

在景区的针叶纯林内通过“增阔减针”、以封促阔、模拟天然更新等措施，选择色彩丰富、观赏价值高的树种，在针叶林内补植大苗，恢复景区的自然面貌，提高景区的观赏性。

（3）技术要点及配套措施

①规划设计：根据旅游路线、观景点位置，采用计算机模拟技术进行树种选择与色调搭配，制定建设方案，逐步调整树种结构。

②树种选择：以观叶、观花、观果为重点，选择枫香、杜英、猴欢喜、槭类、木兰、木莲、山樱桃、木荷、南酸枣、榉树、柿树、椿树等树种。

③造林技术：林内“天窗”，用 2～3 年生大苗造林，穴垦整地，规格 60 厘米×60 厘米×60 厘米。丛状、块状造林为主。造林时严禁炼山，保证景观不被破坏。

④配套措施：编号登记，建立档案，挂牌保护树木。清理林内病、虫、腐、枯木，减少过量的枯枝落叶，改善林地卫生条件，减少病虫害及火灾的潜在威胁，改造天然残次林。建立完善的公园管理和保护机制，成立专职护林队伍，在景区的主要出入口设置宣传牌，张贴标语，宣告惩

罚措施。

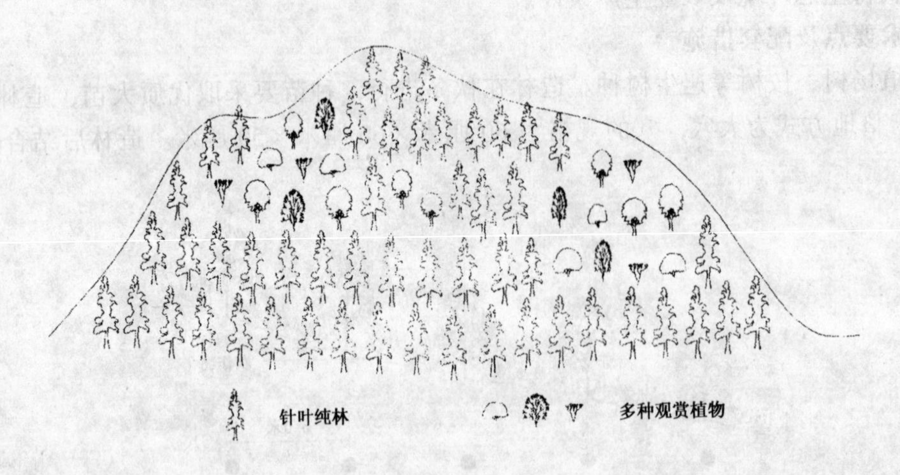

图 B6-3-2　张家界风景区景观林建设模式图

(4) 模式成效

本模式具有操作简单，见效快，效果明显等特点。阔叶树种比例增加后，林相的观赏性增强，同时还增加了林内鸟、虫及其他动物的食物源，为生物多样性的增加创造了条件，维护了生态系统的稳定性。

(5) 适宜推广区域

本模式适宜在各风景区、自然保护区及景观林建设区推广。

【模式 B6-3-3】　湘西北低山丘陵区水土保持林建设模式

(1) 立地条件特征

模式区位于湖南省花垣县，属湘西北低山丘陵区。年降水量 900～1 400 毫米，母岩以石灰岩、板页岩为主，土壤为山地黄壤，中性，土层厚 40 厘米。人口密度大，天然植被稀疏，树种单一，森林质量差，生态功能低。

(2) 治理技术思路

桤木是从四川省、重庆市引进的外来树种，对土壤要求不严，较耐干燥贫瘠，酸碱度适应范围广，生长快，改良土壤能力强。大力发展桤木，营造桤木-柏木、桤木-刺槐等混交林，可促进树种、林种结构调整，提高森林涵养水源、保持水土的能力，建立起稳定的森林生态体系，同时，大大提高土壤肥力。

(3) 技术要点及配套措施

①整地：整地时间为 8～9 月份。坡度 25 度以下的荒山、荒地、退耕还林地，带状整地，带宽 0.8～1.0 米，深度 20～25 厘米；坡度 25 度以上坡面，穴垦整地，穴的规格为 60 厘米×60 厘米×50 厘米，表土回填为龟背形。

②栽植：造林时间为当年 12 月至翌年 2 月中旬。在土层较深厚、肥沃的地段营造薪炭林时，密度 400～500 株/亩；营造用材林，每亩 110～220 株。栽植时选择阴雨或细雨天，当天起苗，当天栽植，未植完苗木应于荫蔽处存放或假植。苗木选择生长健壮，无病虫害，无机械损伤，根系完好的 1～2 年生实生苗，苗高 80～100 厘米，地径粗 0.8～1.0 厘米，要求栽实、踏紧、根舒、苗正。在冲风的山脊、山洼、风口要适当深栽；土壤贫瘠的“三难地”应适当带土移栽，以提高成活率。

③营造混交林：在岩石裸露、土层瘠薄的“三难地”上造林时，可选择柏木、刺槐小块状或行间混交，以形成复层林冠，桤木为柏木蔽荫，且根系具有根瘤，可以提高土壤肥力，促进柏木生长。桤木与柏木混交，行间距 2.5 米，每亩 180～200 株；桤木与刺槐混交，行间距 2.0 米，每亩栽植 150～180 株。桤木作为伴生树种，8～12 年便可采伐用作坑木或造纸材。

④抚育管理：桤木造林后的头 3 年应加强抚育，每年夏、秋各抚育 1 次，即每年 4 月初至 5 月中旬进行第 1 次抚育，培蔸、扩穴、松土，将树四周杂草铲除培蔸，有条件的可每穴施复合肥或磷肥 0.25 千克；第 2 次抚育时间在 9～10 月份，主要是清除杂草。桤木薪炭林，栽植密度一般较大，可采取平茬方法，使其大量萌芽，增加薪材产量。

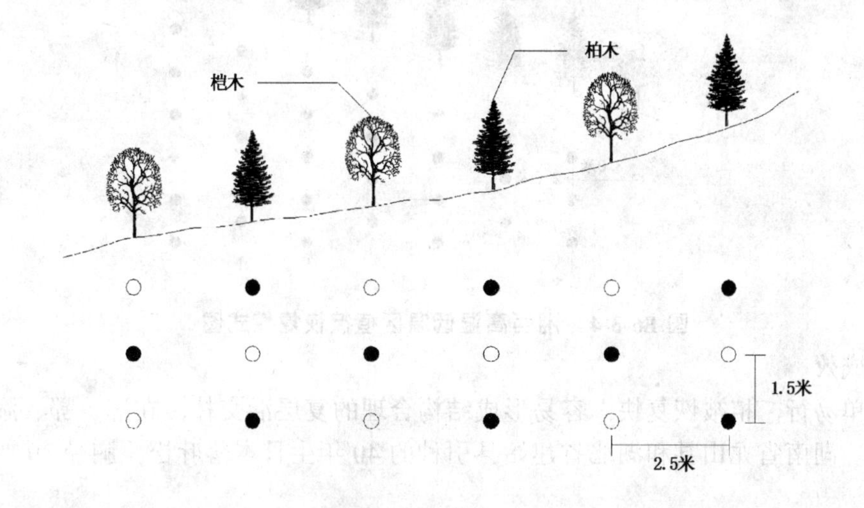

图 B6-3-3　湘西北低山丘陵区水土保持林建设模式图

(4) 模式成效

本模式技术简单，容易操作，能尽快恢复植被，达到较好的绿化效果，并能解决群众的烧柴等问题，同时能促进林种、树种结构的调整，还具有较高的生态效益。花垣县林业科学研究所的调查资料表明，19 年生桤木林的最大单株胸径为 35.4 厘米，树高 28.5 米；11 年生桤木林的平均胸径为 14 厘米，高 9.5 米。

(5) 适宜推广区域

本模式适宜在湘西北低海拔山坡、山谷应用，但忌在风大、有雪害的地段应用。

【模式 B6-3-4】　湘西高湿低温区植被恢复模式

(1) 立地条件特征

模式区位于湖南省龙山县海拔 1 200～2 000 米、相对高差 800 米以上的地带，主要气候特点为高湿、低温。土壤由石灰岩或板页岩风化层发育而成，土层浅，植被稀疏，自然恢复力差，造林成活率低。

(2) 治理技术思路

由于模式区的气候条件恶劣，造林树种选择是成功的关键。为此，须选择合适的造林树种进行人工更新，以形成针阔混交林，提高植被的覆盖度，增强涵养水源、保持水土的功能。

(3) 技术要点及配套措施

①树种选择：以日本落叶松为主。马褂木、黄山松、华山松、水青冈类等在山塬地貌也表现良好，亦可应用推广。

②造林技术：保留有价值的阔叶树，沿等高线呈“品”字形穴垦整地，穴规格为50厘米×50厘米×40厘米。日本落叶松与马褂木以8:2的比例进行带状混交。日本落叶松用2年生苗，马褂木用当年生苗造林。立春至雨水间造林，株行距2.0米×3.0米或2.0米×2.5米。栽植时先汇集表土，增加定植穴土层厚度，做到苗正根舒，深栽压实。造林当年锄抚、刀抚各1次，以后每年刀抚2次，连续抚育3年。

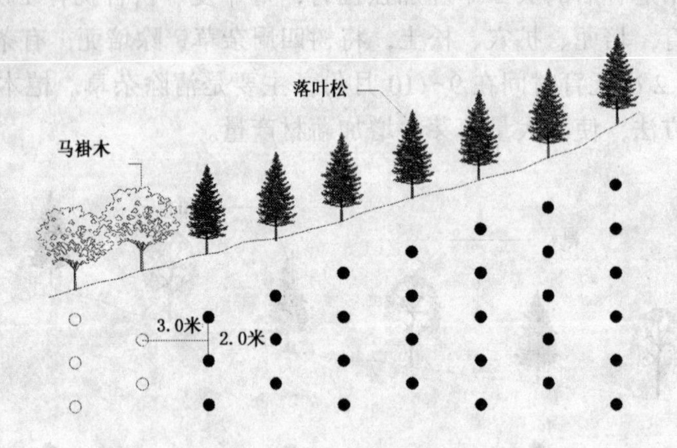

图 B6-3-4　湘西高湿低温区植被恢复模式图

(4) 模式成效

本模式简单易行，植被恢复快，容易形成结构合理的复层混交林，在湘、鄂、渝边区的山塬地区应用较广。湖南省龙山县和湖北省建始县引种的40年生日本落叶松，胸径20厘米以上，生长表现良好。

(5) 适宜推广区域

本模式在湘、鄂、渝边区的山塬地带应用较广，可在长江中游地区及其他适宜区推广。

【模式 B6-3-5】　湘西封山育林人工增阔促进天然植被恢复模式

(1) 立地条件特征

模式区位于湘西土家族苗族自治州，属岩石裸露率高，土层瘠薄的丘陵区，植被稀少，造林难度大，但具有天然下种或萌蘖能力和条件的疏林、灌丛、采伐迹地以及荒山。

(2) 治理技术思路

根据立地条件状况，充分利用南方优越的水热条件、树种天然下种和萌芽能力强的特点，采取全面封禁、人工补植阔叶树等技术措施，减少造林投入，加速植被恢复，形成混交林，提高森林质量，提高森林的涵养水源、保持水土功能。

(3) 技术要点及配套措施

①规划设计：选择适宜的乡土树种，按照建立生态公益林的要求，根据“见缝插针”的原则，采取“育针、补阔、留灌”的办法，营造块状、行状或株间混交的多种形式的复层林。

②封禁保护：制订封育规章制度，落实护林人员和报酬，制订可行的乡规民约，树立封育标志，搞好管护工作。加强宣传管理，在封育期内，禁止采伐、砍柴、放牧、割草和其他一切不利植物生长繁育的人为活动。定期检查，发现问题及时纠正或处理。

③人工促进：对封育区内的林间空地、天窗，采取人工植苗、点播的方式，增加树种的密度和多样性。如树种单一的针叶林可采取补植阔叶树种的方式，如枫香、桤木、刺槐、酸枣、檫木等。整地穴的规格需视树种而定，一般以30厘米×30厘米×30厘米为宜。对造林地上原有的和

天然下种侵入的幼树进行抚育、培土等，促其快速成林。

④配套措施：改燃、改灶节柴，提倡烧煤。在有条件的地方大力推广沼气、小水电等“清洁能源”，减轻农村生活用能对森林植被的压力。

(4) 模式成效

本模式投资少，见效快，效果好。采取封山育林方式，同时辅以人工促进措施，可加快植被恢复进程，形成针阔混交林。湘西土家族苗族自治州近10年来累计封山育林471.15万亩，其中已封育成林178.95万亩，目前在封面积292.2万亩。花垣县兄弟河流域自1989年以来封山育林4.2万亩，现已全部封育成林，从而使境内的森林覆盖率由34%上升到55%，昔日的荒山秃岭，如今已绿树成林，效果十分显著。

(5) 适宜推广区域

本模式在丘陵区土层浅薄且具有天然下种母树或萌芽能力的疏林灌丛、阔叶林采伐迹地应用效果良好，也适宜在湘西、怀化推广应用。

【模式 B6-3-6】 湘西中低山防护林体系建设模式

(1) 立地条件特征

模式区位于湖南省中方县、沅陵县海拔1 000米以上的地带。山体大，坡面长，坡度陡，相对高差大，土层浅薄。气候复杂，降水丰富，雾多，空气湿度大。植被稀少，水土流失严重，生态环境脆弱，经济欠发达。

(2) 治理技术思路

人工造林与封山育林相结合，兼顾生态和经济效益，建设水土保持林和水源涵养林。在山顶选择适生的高山树种，采用封造结合的方式建设水源涵养林；在山腰选择固土能力强的树种营造水土保持林；在山脚选择经济价值较高的适生经济、药材树种，营造高效经济林。坡面较大时，设计、布设“一坡三带”，即三条防护林带，两带经济林或农林复合型经济林。

(3) 技术要点及配套措施

①山顶水源涵养林：选择油松、日本落叶松、黄山松、柳杉、刺柏、光皮桦、桤木等适宜高山生长，涵养水源、保土能力强的树种，采用行状或带状混交方式营造混交林。一般秋冬季穴状整地，规格50厘米×50厘米×50厘米。冬春季造林，密度200～300株/亩，随起随栽，苗正根舒，适当深栽，分层填土、踏实。造林后辅以封山育林措施，以形成乔灌草复层结构。控制林分郁闭度在0.5～0.7。

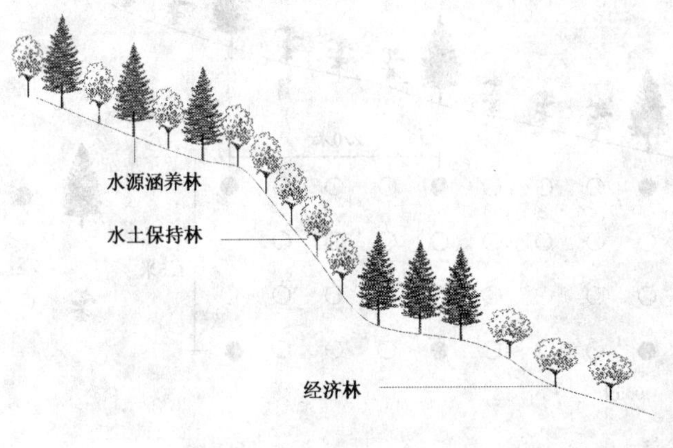

图 B6-3-6 湘西中低山防护林体系建设模式图

②山腰水土保持林：选择保土保水能力强、生长快的树种，如桤木、光皮桦、黄山松、油松、马褂木、马尾松等营造混交林，形成异龄复层结构林分。混交方式采用带状混交，栽植密度200～250株/亩。林带的宽度一般20米左右，两带之间的距离为50米左右。

③山脚高效经济林：选择水果或木本油料、干果为主的经济林树种，如椪柑、脐橙、茶叶、油茶、梨、李等，建设高效经济林。

(4) 模式成效

本模式在湖南省中方县、沅陵县推广面积达80 250亩，年产值在1亿元以上，成效显著，既保持了水土，又成为当地群众脱贫致富的主要途径之一。

(5) 适宜推广区域

本模式适宜在湖南省武陵山区、雪峰山区、幕阜山区、南岭等大山体及河流两侧推广。

【模式B6-3-7】　黔东白云质砂石山乔灌草结合治理模式

(1) 立地条件特征

模式区位于黔东南的白云质砂石山地，立地条件差，土壤极为瘠薄，石砾含量高，蓄水保土功能差，生境严酷，宜林程度低，适宜树种少。

(2) 治理技术思路

保护现有植被，选用耐干旱瘠薄的乔灌木树种造林，封山育林，尽快恢复植被，改善生态环境。

(3) 技术要点及配套措施

①树种及其配置：选择滇柏、柏木、侧柏、藏柏等喜钙柏类树种，以及车桑子、龙须草等。乔灌草混交造林，乔木株行距1.5米×2.0米，灌木或草木植物株行距0.5米×0.5米。

②种苗：本着就地育苗、就近造林的原则，在春季用营养土装袋播种，培育容器苗。滇柏、藏柏容器苗长至30厘米高时即可出圃上山造林。

③整地造林：冬季或雨季人工穴状整地，挖穴规格30厘米×30厘米×25厘米，整地时不准炼山，尽可能保护好现有草类植被。随整地随栽植，用1年生容器苗密植，并适当深栽，密度为296～333株/亩。车桑子采取点播的方式种植，每亩用种量0.3～0.5千克。

④配套措施：造林后全面封禁5年以上。封禁期间不准割草，不准放牧，不准放火烧山，不

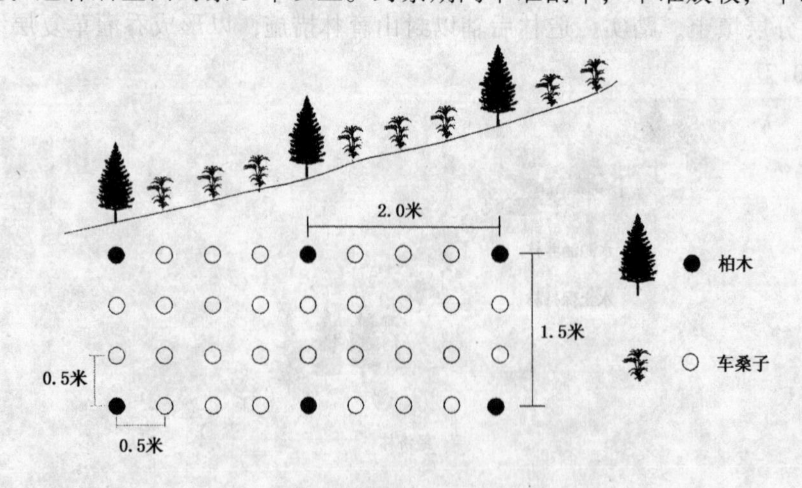

图B6-3-7　黔东白云质砂石山乔灌草结合治理模式图

准开山挖沙取石等。同时要注意病虫害防治。侧柏毒蛾，可在4～5月份用除虫菊酯进行防治。

（4）模式成效

实践证明，乔、灌、草结合治理白云质砂石山地是成功的，可以尽快改善生态环境，增加森林景观，获取较好的生态效益和社会效益。

（5）适宜推广区域

本模式适宜在黔中和黔西南的白云质砂石山地推广应用。

【模式 B6-3-8】　黔东低山丘陵区岸路沿线混交林建设模式

（1）立地条件特征

模式区位于贵州省东部黎平县、从江县等地，海拔500～900米，岩石以变质的板岩和变余砂岩为主。夏季炎热，年平均气温16℃以上，年降水量1 300毫米左右。土壤通透性能好，立地指数高，宜林程度好，林木生长快，是我国著名的杉木中心产区之一。区内森林覆盖率较高，但林种结构单一，林分综合效益不高，由于森林采伐多集中在交通运输比较方便的江湖沿岸及公路沿线，加之土壤比较疏松，一遇暴雨极易产生滑坡和泥石流。

（2）治理技术思路

以保护现有天然林，改善森林生态系统结构，提高防护效益和经济效益为主攻方向，按适地适树原则，多林种、多树种合理配置，营建混交林，发展珍贵阔叶林；在森林植被遭到破坏的江河沿岸及公路沿线加速营建护岸、护路林。

（3）技术要点及配套措施

①树种选择：杉木、柳杉、鹅掌楸、水青冈、竹子等。

②整地方法：块状，规格为50厘米×50厘米×40厘米或40厘米×40厘米×35厘米。

③混交方式：针叶树种和阔叶树种采用带状或块壮混交，混交比例1∶1。

④造林方法：冬春季节选用Ⅰ、Ⅱ级良种壮苗进行人工栽植。

⑤抚育管理：每年刀抚1～2次，连续3～4年。

（4）模式成效

本模式充分利用本区水、热条件好，土壤肥沃的优势，通过人工造林，形成多树种、乔灌结合的森林植被，生态效益明显。

（5）适宜推广区域

本模式适宜在贵州省黔东南各县推广应用。

第14章 滇南南亚热带山地类型区(B7)

本类型区位于云南亚热带南部，西界达中缅两国交界，东与桂西北、黔西南相连，南接滇南北热带地区，北至云贵高原南缘。地理位置介于东经98°21′20″～106°34′46″，北纬22°22′3″～25°15′30″。包括云南省的思茅地区、临沧地区、德宏傣族景颇族自治州、保山市、红河哈尼族彝族自治州、玉溪市、文山壮族苗族自治州、曲靖市等8个地区的全部或部分地区，总面积128 740平方千米。

本类型区西部地貌为中山山谷与峡谷相间；东部地貌为熔岩峰丛和槽谷相间，或石山与土山相间。山脉和河流的走向，在澜沧江以东呈西北-东南走向，以西则呈东北-西南走向。山地海拔一般在1 300～2 000米，部分山体较高，镇康大雪山3 504米、景东无量山3 254米，哀牢山2 948米。河流主要有澜沧江、红河、南盘江等。河流深切成峡谷，最典型的为红河深大断裂带发育的侵蚀构造峡谷，两侧支流的流域面积小而狭窄，谷底的海拔很低，元江县城附近的海拔仅为396米。年平均气温17～19℃，最冷月平均气温10～12℃，日均温≥10℃的持续年均降水期约在310天。区内西、中、东部的水分条件差异十分明显，哀牢山以西，水量充足，年降水量大多在1 400毫米以上，而哀牢山以东的建水、元江等地，年降水量仅在800毫米左右，东部的文山、富宁等地的年降水量又增至1 000～1 200毫米。石灰岩广布，并与砂、页岩相间出现。土壤为砖红壤性土壤，石质山地多有红色石灰土和黑色石灰土。天然植被有季风常绿阔叶林、思茅松林和云南松林等，干热河谷地带多有旱生及稀树灌草地分布，高大山体的植被垂直带谱明显。

本类型区林业生态建设与治理的主攻方向为：在西部原生植被较好地区，以保护现有的森林植被为主，适当培育兼用型生态林；中部以干热河谷为主，植被覆盖率较低，且难以恢复，以恢复植被为主，并充分利用河谷的光热条件，进行开发利用；东部主要是石质山地，森林破坏严重，恢复较为困难，应以恢复植被为主。

本类型区共分3个亚区，分别是：滇西南中山宽谷亚区，滇东及滇东南河谷亚区，滇东及滇东南岩溶山地亚区。

一、滇西南中山宽谷亚区（B7-1）

滇西南中山宽谷亚区，东以哀牢山为界，西至中缅边界，北至景东彝族自治县、施甸县、梁河县一线，南及盈江县、沧源佤族自治县、江城哈尼族彝族自治县、河口瑶族自治县、麻栗坡县一带。地理位置介于东经98°21′20″～103°53′1″，北纬22°22′3″～25°15′30″。包括云南省思茅地区的思茅市、墨江哈尼族自治县、普洱哈尼族彝族自治县、镇沅彝族哈尼族拉祜族自治县、景谷傣族彝族自治县，临沧地区的云县、双江拉祜族佤族布朗族傣族自治县、永德县、临沧县，德宏傣族景颇族自治州的梁河县，保山市的施甸县，红河哈尼族彝族自治州的红河县等 12 县（市）的全部，以及云南省思茅地区的澜沧拉祜族自治县、江城哈尼族彝族自治县、景东彝族自治县，临沧地区的耿马傣族佤族自治县、沧源佤族自治县、凤庆县，德宏傣族景颇族自治州的盈江县、潞西市，保山市的龙陵县、昌宁县，玉溪市的元江哈尼族彝族傣族自治县、新平彝族傣族自治县，红河哈尼族彝族自治州的绿春县、元阳县、个旧市等 14 个县（市）的部分地区，面积71 640平方千米。

本亚区为横断山的南延部分，地势由北向南倾斜，构成中山和盆地相间分布的地貌。多数高原盆地海拔在 1 000～1 300 米，山体高度一般在 2 000 米以内，只有个别山峰超过 3 000 米，河谷底部海拔 800 米左右。本亚区属南亚热带气候，主要受西南季风控制，年平均气温 18～21℃，≥10℃的年积温 5 500～7 500℃，最热月的平均气温大于 25℃，极端最低温的多年平均值为 0.9～2.3℃，无霜期 317～365 天。年降水量1 000～1 500 毫米。成土母质为砂页岩、石灰岩、花岗岩及千枚岩的风化物，主要发育赤红壤为主要土壤类型，另外还分布着黄棕壤、棕壤等土壤类型。地带性植被为季风常绿阔叶林、思茅松林，主要树种有红锥、印度栲、华南石栎、截头石栎、思茅松、红木荷等。

本亚区的主要生态问题是：森林覆盖率日益降低，纯林比例过大，小面积森林火灾频繁，森林病虫害严重，水土流失日趋严重。

本亚区林业生态建设与治理的对策是：以营造兼用型生态林为主要目标，大力发展生态经济型水源涵养林、水土保持林，增加森林覆盖率，控制水土流失。

本亚区共收录 2 个典型模式，分别是：滇西南南亚热带兼用型生态林建设模式，滇西南南亚热带中山宽谷区混农林业立体开发模式。

【模式 B7-1-1】　滇西南南亚热带兼用型生态林建设模式

（1）立地条件特征

模式区位于云南省思茅市，地处海拔 900～1 800 米的中低山区。年降水量1 200～1 600毫米，约 90%集中在雨季，干湿季明显。

（2）治理技术思路

在保护好现有天然林的基础上，针对当地松林易发生病虫害的特点，在森林破坏后形成的荒山荒地及次生灌丛地营造混交林，扩大森林面积，减少水土流失面积，不断改善生态环境。

（3）技术要点及配套措施

①天然林保护：在河谷潜在侵蚀危险性较大以及高大山体植被难以恢复的地段，保护现有天然林，做好病虫害的防治以及林区管理工作。

②造林技术：

树种选择：针叶树采用思茅松，阔叶树采用西南桦、马占相思、大叶相思、台湾相思等。

混交配置：选用思茅松-西南桦，思茅松-相思类等混交类型，带状（5 行 1 带）或块状（5.0 米×5.0 米）混交，株行距 2.0 米×2.0 米。

整地造林：块状或带状整地。块状整地规格为 40 厘米×40 厘米×30 厘米，带状整地时带宽可为 50 厘米。容器苗造林。

③抚育管护：抚育以除草为主，第 1 年抚育 3 次，第 2 年 2 次，第 3 年 1 次。5~6 年后间伐过密、过弱树木，每亩保留 70 株左右即可。

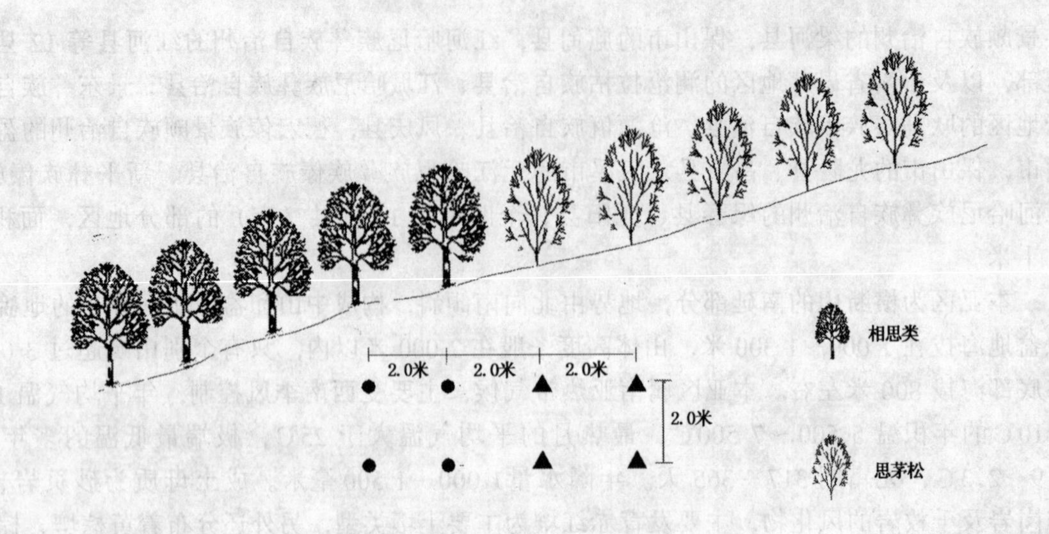

图 B7-1-1　滇西南南亚热带兼用型生态林建设模式图

(4) 模式成效

混交林有利于生态环境的改善，有利于减少病虫害的发生，减轻水土流失，促进树木生长。

(5) 适宜推广区域

本模式适宜在云南省南部山地海拔 900～1 800 米的地区推广。

【模式 B7-1-2】　滇西南南亚热带中山宽谷区混农林业立体开发模式

(1) 立地条件特征

模式区位于云南省景谷傣族彝族自治县、德宏傣族景颇族自治县的南亚热带中山宽谷地区。区内地势平坦、土壤深厚肥沃、雨量充沛，乡村、城镇密集，人口稠密、交通方便，劳力充足。

(2) 治理技术思路

乡镇附近劳力充足，但农林矛盾较为突出。结合农业综合开发，发展混农林业，充分利用当地的土地、光、热、水资源优势，一方面增加植被覆盖率，减少水土流失，改善生态环境，另一方面带动当地经济的发展。

(3) 技术要点及配套措施

①立体开发：在中山宽谷立地条件好、潜在侵蚀危险性较小的地段，中上部营造兼用型生态林，下部进行农业综合开发，种植较为适宜的杧果、荔枝、香蕉等。还可利用较好的光热条件，种植反季节蔬菜，提高当地群众的经济收入。

②造林技术：

植物种选择：经济树种可选择柑橘、柚子、腰果、杧果、香蕉等；农作物以矮秆作物为主，可选择花生、蔬菜、黄豆、瓜类、玉米等。

整地：将坡地改为水平梯田，以株行距 5.0 米×5.0 米的规格种植经济树种，挖穴规格为 40 厘米×40 厘米×30 厘米，注意施用基肥。

造林：选用合格苗木造林。

(4) 模式成效

发展混农林业既充分利用了当地的自然资源，照顾了群众的眼前利益和长远利益，又具有较好的经济效益和生态效益，是深受群众欢迎又符合国家生态要求的经营模式。

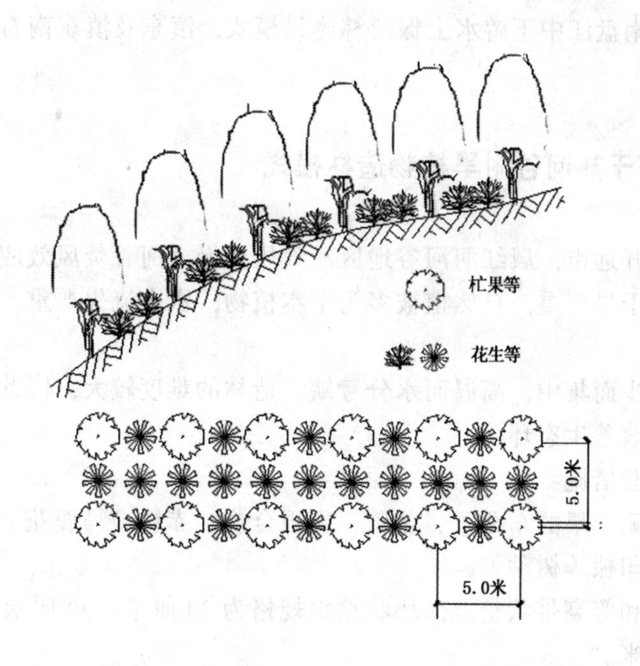

图 B7-1-2　滇西南南亚热带中山宽谷区混农林业立体开发模式图

(5) 适宜推广区域

本模式适宜在云南省西部及西南部的南亚热带及条件类似区推广。

二、滇东及滇东南河谷亚区（B7-2）

本亚区分布于红河河谷和南盘江中下游地区。地理位置介于东经 103°38′25″～105°59′49″，北纬 23°28′22″～25°5′51″之间。包括云南省红河哈尼族彝族自治州的建水县、石屏县、蒙自县、开远市，文山壮族苗族自治州的西畴县、文山县、富宁县等 7 个县（市）的全部，以及云南省玉溪市的新平彝族傣族自治县、元江哈尼族彝族傣族自治县，红河哈尼族彝族自治州的个旧市、屏边苗族自治县，文山壮族苗族自治州的麻栗坡县、砚山县、马关县、广南县等 8 个县（市）的部分地区，面积23 586平方千米。是壮族、苗族、哈尼族、彝族、瑶族等少数民族聚居的地区，经济发展水平比较落后。

本亚区河谷与山地相间，东部多发育为浅切割的岩溶丘陵或低山，西部发育为中等切割的侵蚀中山，河谷主要是干旱河谷。高原面海拔 1 100～1 400 米，个别山脊海拔超过 2 000 米。本亚区虽然处在西南季风的影响范围之内，但气候主要受东南季风的控制，水热条件较好，冬暖夏热，但易受寒潮影响。多数高原面的年平均气温在 17～19℃，≥10℃年积温 5 800～7 000℃，年降水量 1 000～1200 米。成土母质主要为石灰岩、砂页岩、玄武岩等的风化物，土壤垂直变化明显，900 米以下为赤红壤，900～1 900 米为红壤和黄壤，干燥河谷地区分布有燥红土。区内生境类型丰富，出现多种森林类型，包括亚热带常绿阔叶林及部分针叶林、热带常绿阔叶林等。

本亚区的主要生态问题是：农业生产方式落后，仍然采用传统的刀耕火种，森林覆盖率仅为 12%，为云南省森林覆盖率最低的区域，荒山荒地面积占总面积的 52%，水土流失强烈。

本亚区林业生态建设与治理的对策是：迅速恢复森林植被，改善生态环境，同时适当发展多种用材林和经济林，增加群众收入。

本亚区共收录 4 个典型模式，分别是：红河干热河谷耐旱植物造林模式，红河河谷特种经济林、用材林建设模式，南盘江中下游水土保持林建设模式，滇东及滇东南石质山地封山育林恢复植被模式。

【模式 B7-2-1】　红河干热河谷耐旱植物造林模式

(1) 立地条件特征

模式区位于云南省开远市，属红河河谷地区，气候干燥，河谷焚风效应显著，降水少，雨季较短，热量充足，土壤干旱严重，自然植被多为草本植物，水土流失严重。

(2) 治理技术思路

由于干热河谷降雨少而集中，高温而水分亏缺，造林的难度较大，因此应采用耐干旱的植物在雨季适时造林，逐步改善生态环境。

(3) 技术要点及配套措施

①造林树种：选择耐干旱的车桑子、苦刺、新银合欢、赤桉、马鹿花、木豆、山毛豆、大叶千斤拔、扁桃、剑麻、印楝等树种。

②整地方式：块状和等高带状整地，块状整地规格为 30 厘米×30 厘米×30 厘米。带状整地时带宽可为 50～100 厘米。

③造林密度：株行距 1.0 米×1.0 米，每亩 667 株。

④造林方式：点播或用营养袋苗造林。造林时，应使用保水剂、抗蒸腾剂等减少水分蒸发，提高造林成活率和保存率。

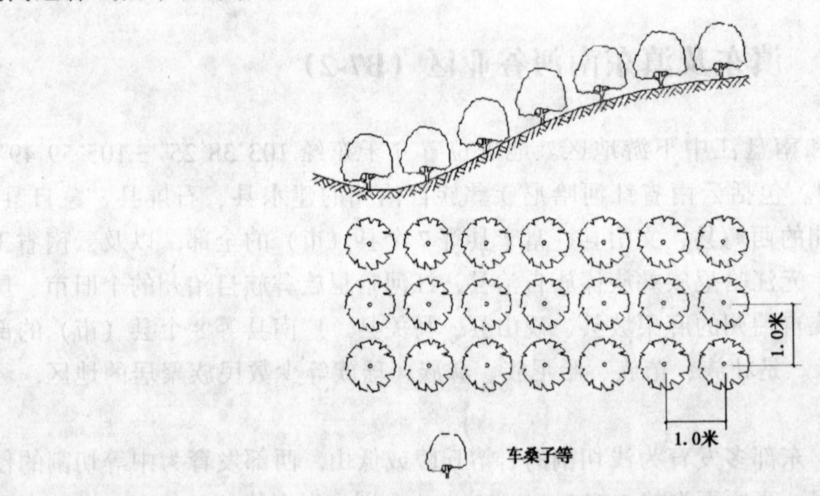

图 B7-2-1　红河干热河谷耐旱植物造林模式图

(4) 模式成效

本模式采用车桑子、苦刺、新银合欢、木豆等耐干旱植物，辅以保水技术措施，恢复干热河谷地区的植被，对区域的生态环境建设具有极其重要的作用。

(5) 适宜推广区域

本模式适宜在干热河谷地区推广。

【模式 B7-2-2】　红河河谷特种经济林、用材林建设模式

(1) 立地条件特征

模式区位于云南省屏边苗族自治县的红河河谷，水热条件较好，土层较深厚，立地条件较

好。

(2) 治理技术思路

充分发挥本区水热条件好的优势，发展速生珍贵用材林和特有经济林，既能保持水土，提高森林覆盖率，又能取得较高的经济收益。

(3) 技术要点及配套措施

①造林树种：八角、肉桂、杧果、香蕉、荔枝、龙眼、竹子、红椿、西南桦、山桂花、南酸枣等。

②种苗：用材林采用营养袋苗，经济林用优质嫁接苗。

③整地：块状和带状整地，整地时间在冬春季节，整地规格为用材林 40 厘米×40 厘米×30 厘米，经济林 60 厘米×60 厘米×50 厘米。带状整地时带宽可为 50～100 厘米。

④造林：施足基肥，在雨季的 6～8 月份尽早定植。

⑤抚育管理：每年 1～2 次，铲除杂灌木和杂草，有条件的地方进行林粮间作，以耕代抚。经济林注意施肥和修枝整形。

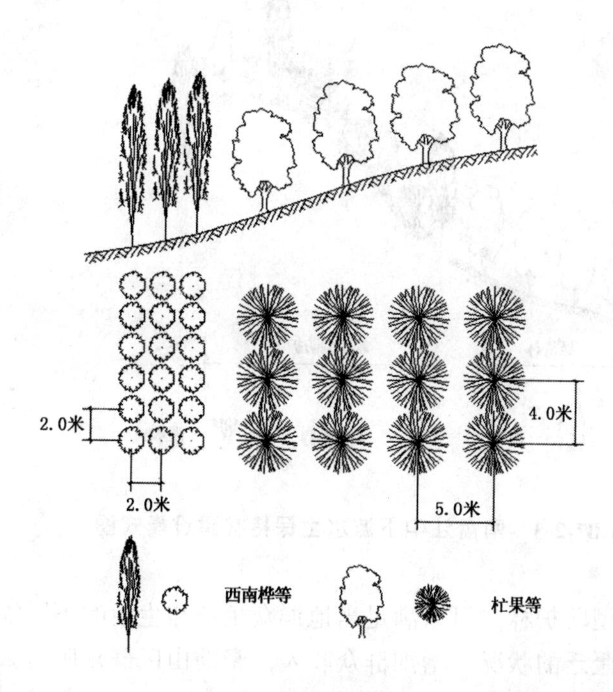

图 B7-2-2　红河河谷特种经济林、用材林建设模式图

(4) 模式成效

本模式大力发展云南省特有的经济林和珍贵用材树种，在满足当地群众生产和生活发展需要的同时，提高了森林覆盖率，保持了水土，改善了当地生态环境。

(5) 适宜推广区域

本模式适宜在红河中上游推广。

【模式 B7-2-3】　南盘江中下游水土保持林建设模式

(1) 立地条件特征

模式区位于云南省马关县，地处南盘江中下游，土层较深厚，水热条件较好。

(2) 治理技术思路

充分发挥本区水热条件好的优势，在山地中下部发展经济林木，山上部种植防护林和用材林，既有利于保持水土，提高森林覆盖率，又能取得较高的经济收益。

(3) 技术要点及配套措施

①造林树种：八角、肉桂、油茶、油桐、乌桕、蒜头果、竹子、红椿、西南桦、毛椿、木荷、川滇桤木、云南松、杉木、大果枣、南酸枣等。

②种苗：竹子用埋节法育苗，其他树种用营养袋育苗。

③整地：冬春季块状和带状整地，整地规格为40厘米×40厘米×40厘米，带状整地的带宽为50～70厘米。

④林种配置：山上部配置防护林和用材林，中下部配置经济林。

⑤造林：施足基肥，在雨季的6～8月份尽早定植。

⑥抚育管理：每年1～2次，铲除杂灌木和杂草，有条件的地方进行林粮间作，以耕代抚。

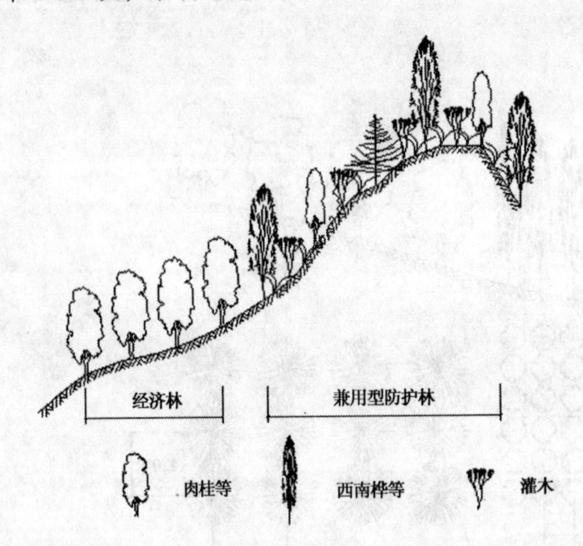

图 B7-2-3　南盘江中下游水土保持林建设模式图

(4) 模式成效

本模式营造的生态经济型防护林，可以满足当地群众生产和生活的不同需要，提高森林植被的综合效益，改善当地资源匮乏的状况，增加群众收入，帮助山区群众脱贫致富。

(5) 适宜推广区域

本模式适宜在南盘江中下游地区推广。

【模式 B7-2-4】　滇东及滇东南石质山地封山育林恢复植被模式

(1) 立地条件特征

模式区位于云南省西畴县法斗乡，属滇东及滇东南劣质石质山地。由于反复垦荒和过度砍伐薪材，水土流失十分严重，石砾含量高，岩石裸露面积率70%以上，特别是在山顶和山中上部，土壤瘠薄，基本不具备人工造林的条件，但有一些灌木和草本植物生长，目的树种数量符合封山育林的标准。

(2) 治理技术思路

劣质石质山地由于立地条件十分恶劣，造林极为困难，因此应利用当地水热条件较好的优势，采取全面封禁的措施，并于个别地段辅以适当的人工造林措施，恢复植被，保持水土。

(3) 技术要点及配套措施

①封山育林：在封育区内，对生态极度脆弱的地段，禁止采伐、砍柴、放牧、采药和其他一切不利于植物生长繁育的人为活动，保护好现存的植被资源，以利其生殖繁衍。在条件稍好的地方，见缝插针地补植一些柏类植物和灌木，以促进植被的恢复进程。同时应制定相应的政策和管理措施，使封山育林措施落到实处。

②补植造林：在个别立地条件稍好的地段，选择墨西哥柏、郭芬柏、旱冬瓜、银荆、黑荆、滇合欢、刺槐、台湾相思、杜仲、香椿等树种。针阔叶树种小块状混交配置。

见缝插针地进行穴状整地，规格为40厘米×40厘米×30厘米，尽量保留原有植被。

在6～8月份雨季雨水把土壤下透后尽早用高30厘米左右的容器苗造林，提高造林的成活率和保存率，进而提高封山育林效果。

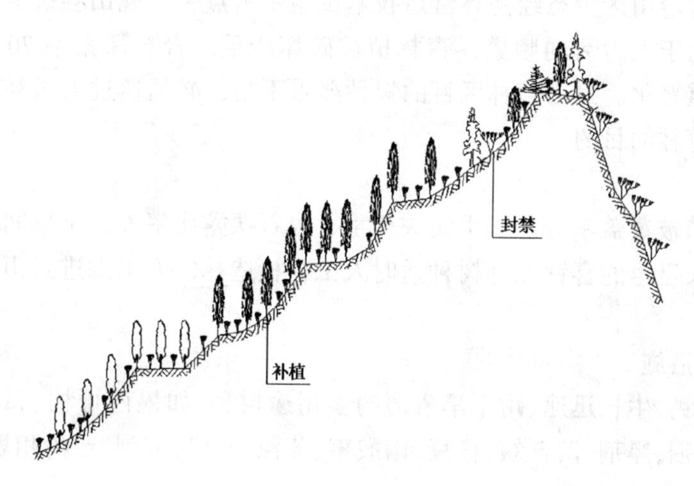

图 B7-2-4　滇东及滇东南石质山地封山育林恢复植被模式图

(4) 模式成效

本模式充分利用自然植被资源和水热条件的优势，具有投资少、见效快的优点，对岩溶地区的植被恢复具有极其重要的作用。

(5) 适宜推广区域

本模式适宜在云南省东部、东南部的石灰岩地区以及其他水热条件较好的石灰岩地区推广。

三、滇东及滇东南岩溶山地亚区（B7-3）

本亚区位于南盘江流域，是云南省石灰岩的集中分布区，以岩溶山原地貌为主。地理位置介于东经101°52′1″～106°34′46″，北纬22°56′12″～24°19′50″。包括云南省红河哈尼族彝族自治州的弥勒县、泸西县，文山壮族苗族自治州的丘北县等3个县的全部，以及云南省曲靖市的罗平县、师宗县，文山壮族苗族自治州的砚山县、广南县等4个县的部分地区，面积33 514平方千米。

本亚区以北亚热带和中亚热带气候为主，≥10℃年积温3 822.3～5 779.7℃，年平均气温13.3～17.8℃，年降水量870.3～1 057.9毫米。基岩为碳酸盐岩、砂页岩、玄武岩等，土壤为红壤、赤红壤、黄壤和石灰土，土山和石山相间分布，土被分布不连续，土层浅薄，岩石渗漏强。区内林业用地虽然比较丰富，但森林覆盖率仅为22.49%，疏林和灌木林覆盖率为19.73%。

本亚区的主要生态问题是：人口密度较高，对土地和生物资源形成巨大的压力，森林植被破坏十分严重，形成严重的水土流失，岩石裸露率高，是我国石漠化集中分布的地区，部分地方甚至已经不具备人类生存的基本条件。土层浅薄地区间歇性干旱严重，对造林成效影响较大。

本亚区林业生态建设与治理的对策是：充分利用自然植被资源和水热条件的优势，保护和恢复岩溶地区的植被，采用生长迅速的喜钙先锋树种适时造林，提高森林覆盖率，并考虑多用途树种的合理配置，增加木材、薪材和经济林的产量，减少水土流失，提高土壤肥力，改善生态环境和农业生产条件，提高农作物产量。

本亚区共收录1个典型模式：滇东及滇东南石漠化岩溶山地人工促进恢复植被模式。

【模式 B7-3-1】　滇东及滇东南石漠化岩溶山地人工促进恢复植被模式

(1) 立地条件特征

模式区位于滇东南岩溶山区生态经济林营造技术试验示范点——砚山县铳卡农场。区内雨热同季，水热条件较好。由于人为活动频繁，森林植被破坏严重，岩石裸露率70%左右，石漠化问题突出，生态环境严重恶化。封山育林区目的树种严重不足，必须通过人工补植一定数量的目的树种，才能达到封山育林的目的。

(2) 治理技术思路

针对岩溶山地森林植被覆盖率低、水土流失严重、岩石裸露比率大、土壤间歇性干旱、造林难度大等特点，采用生长迅速的喜钙先锋树种适时人工补植造林，人工促进封山育林，恢复森林植被。

(3)技术要点及配套措施

①补植树种：选择喜钙、生长迅速、耐干旱瘠薄的多用途树种，如墨西哥柏、郭芬柏、冲天柏、藏柏、川滇桤木、旱冬瓜、银荆、黑荆、滇合欢、任豆、南酸枣、苦楝、刺槐、苦刺、台湾相思、杜仲、香椿等。

②造林技术：

树种配置：针阔叶树种小块状混交配置。

种苗：采用容器苗造林，根据不同树种苗木的生长速度和定植时间进行育苗，苗木高度控制在30厘米左右。

整地：根据石灰岩山地土被分布不连续、土壤易流失的特点，不进行全面的清林整地，以166～

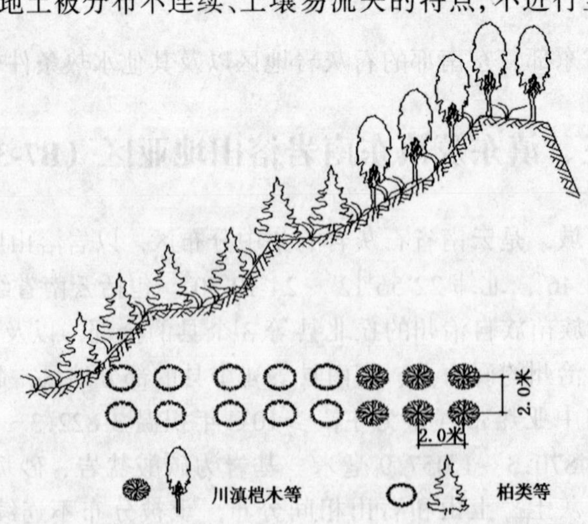

图 B7-3-1　滇东及滇东南石漠化岩溶山地人工促进恢复植被模式图

297 株/亩的造林密度作为控制性指标，采用见缝插针的方法，于冬春季节进行穴状整地，规格 40 厘米×40 厘米×30 厘米，尽量保留原有植被。

造林：打坑合格后，将表土回到坑中，雨季雨水把土壤下透后在 6～8 月份尽早定植，用枯枝落叶或地膜覆盖塘口。

③抚育管护：造林后加强管护，严防火灾和人畜破坏，每年抚育 1～2 次，在抚育中只将影响目的树种生长的灌木和杂草清除即可。

④封山育林：人工补植后，全面封山，禁止采伐、砍柴、放牧、采药等一切人为活动，3～5 年后即可恢复森林植被。

(4) 模式成效

采用本模式保护和恢复岩溶地区的植被，提高森林覆盖率，能够增加木材、薪材和经济林的产量，减少水土流失，提高土壤肥力，改善生态环境和农业生产条件，提高农作物产量，增加群众收入。

(5) 适宜推广区域

本模式适宜在云南省东部及东南部岩溶地区和其他气候类似的岩溶地区推广。

第4篇

三北区域（C）林业生态建设与治理模式

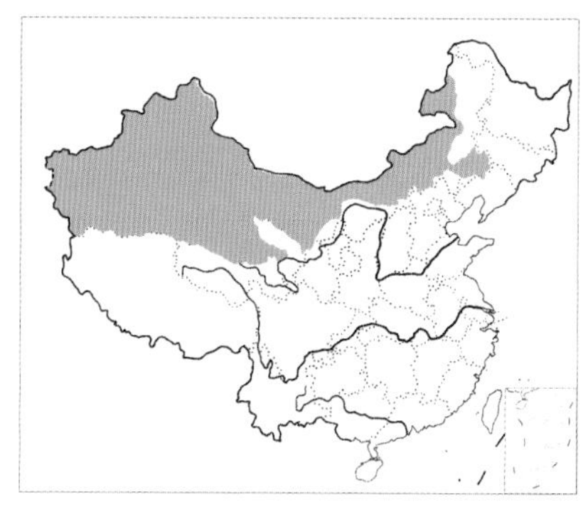

三北区域林业生态建设与治理类型区分布图

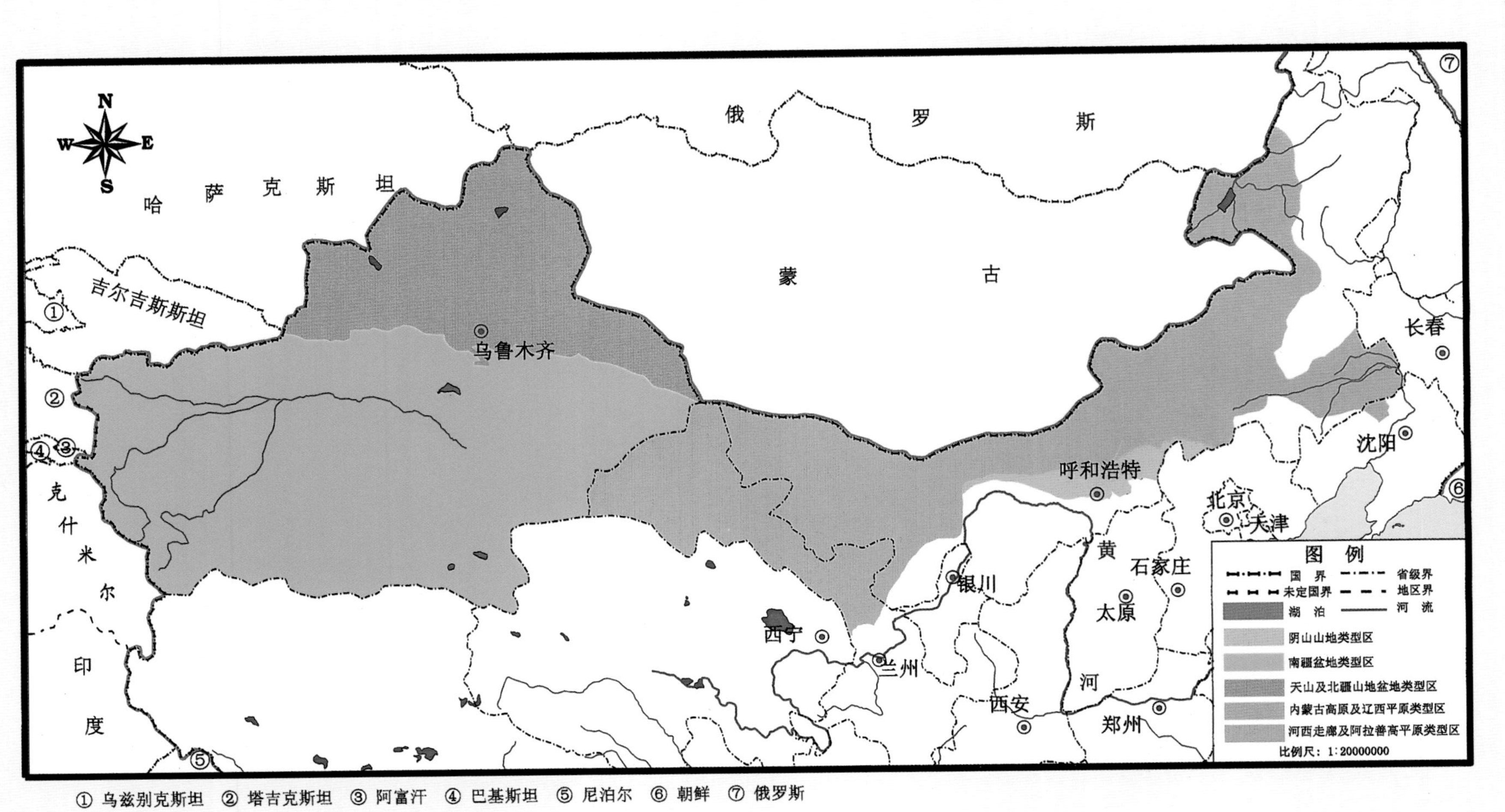

内蒙古自治区敖汉旗牧场防护林建设模式（王贤摄）

荒漠半荒漠地带封育恢复柽柳植被建设模式（王贤摄）

内蒙古自治区赤峰沙区甘草人工栽培植被恢复模式（李钢铁摄）

飞播造林种草、封沙育林（草）建设模式（杨维西摄）

内蒙古自治区赤峰沙地人工樟子松植被恢复模式（李钢铁摄）

新疆维吾尔自治区轮台绿洲农田防护林建设模式（刘钰华摄）

“飞封造”相结合恢复沙地（漠）植被建设模式（王贤摄）

内蒙古自治区赤峰市巴林右旗沙地直播柠条固沙林建设模式（王贤摄）

新疆维吾尔自治区塔克拉玛干沙漠石油公路两侧草方格沙障固沙模式（杨维西摄）

内蒙古自治区西部干旱区沙枣防护林建设模式（王贤摄）

新疆维吾尔自治区和田农田林网建设模式（刘钰华摄）

南疆铁路防沙林建设模式（刘钰华摄）

概 述

三北区域指我国西北、华北、东北（简称三北）地区主要受风沙危害的区域。地理位置介于东经73°31′1″～123°30′56″，北纬35°19′2″～50°52′53″，西起阿拉山口，东至东北西部，南到昆仑山脚下，北与蒙古国接壤，横跨我国西北、华北北部和东北西部的广大地区。包括新疆维吾尔自治区全部、青海省西部、甘肃省西北部、宁夏回族自治区的部分地区、陕西省北部、内蒙古自治区大部以及辽宁省彰武县，总面积2 925 783平方千米。本区域是我国少数民族的聚居区，居住着回族、蒙古族、维吾尔族等20多个民族。

本区域地势西高东低，海拔高低悬殊，自西向东横跨我国地形的“三大阶梯”。山系分布，西部有天山、祁连山、阿尔泰山、阿尔金山，中部有阴山、大青山，东部有努鲁儿虎山。沙漠、沙地以及荒漠戈壁分布较多，有塔克拉玛干、古尔班通古特、巴丹吉林、腾格里、库姆塔格、乌兰布和、柴达木、库布齐等八大沙漠，以及科尔沁、浑善达克、毛乌素、呼伦贝尔四大沙地，还有近50万平方千米的戈壁和近20万平方千米的盐漠及盐渍化土地。

本区域的气候为典型的中温带大陆性季风气候，受东南季风和蒙古高压的影响较大，冬季寒冷漫长，夏季炎热而短促。云量少，光热资源丰富，年辐射总量546～672千焦/平方厘米，年平均日照时数2 600～3 400小时。降水量稀少且分布不均，主要集中在7～9月份，降水量由西北向东南、由北向南逐渐递增，年降水量最多处可达400毫米以上，少的地方不足50毫米。由西至东可依次划分为干旱、半干旱和半湿润3个气候带。在新疆维吾尔自治区的东疆和南疆、青海省柴达木盆地、甘肃省的西部和北部、内蒙古自治区西部等地形成我国乃至亚洲中部的干旱核心地带，这里分布有塔里木河、伊犁河、额尔齐斯河、黑河、柴达木河、格尔木河等多条内陆河流，但水量的季节变化明显，蒸发量又极大，地表水资源缺乏。这种风多风大，气候干燥的特点，加之大面积沙漠沙地的存在，为沙漠化发展和沙尘暴的产生提供了动力和物质条件。

地带性土壤以灰漠土、棕钙土、灰钙土、栗钙土、黑钙土为主。非地带性、隐地带性土壤有盐碱土、沼泽土、草甸土和风沙土等。地带性植被以荒漠草原、干草原、草甸草原、森林草原为主。天然分布的主要树种有雪岭云杉、新疆云杉、青海云杉、新疆落叶松等针叶树，以及杨、桦、野苹果、野山杏、野胡桃等阔叶树；灌木树种主要有柽柳、柠条、梭梭、沙棘、锦鸡儿、沙枣、花棒、沙拐枣等。此外，本区域还分布有丰富的牧草资源，以禾本科、菊科、豆科、蓼科、藜科、蔷薇科、莎草科、十字花科、鸢尾科等为主。

1978年以来，我国在三北地区启动了全国第一个林业生态整治工程，即三北防护林体系建设工程。工程的实施，取得了显著的生态、社会、经济效益，积累了大量经验，为我们进一步开展林业生态建设创造了条件。但三北地区自然条件恶劣，地方经济落后，群众生活困难，加之边治理边破坏的问题仍然存在，生态环境恶化的趋势没有得到根本性遏制。

本区域存在的主要生态问题：一是生态系统极度脆弱，植被破坏严重，土地沙化、退化和盐渍化问题突出，我国每年增加的3 436平方千米的沙化土地绝大部份在本区域内。二是风沙危害严重，沙尘暴频繁，是主要的沙尘暴灾害区和沙源地。近年来，发生沙尘暴的周期越来越短，强度和范围越来越大，每年造成的经济损失达数百亿元。三是由于水资源的不合理利用，加剧了当地生态危机。河水断流，地下水位下降，天然植被大量死亡，地表植被盖度下降，一遇强烈气流，极易成为沙源。新疆维吾尔自治区塔里木河下游的胡杨林和内蒙古自治区西部黑河下游额济纳河流域的胡杨林、梭梭林、柽柳林的大量枯死导致土地大面积沙化就是最好的例证。三北地区的生态问题，已经成为当地经济社会发展和我国实施西部大开发的重要制约因素，引起了党中央和国务院的极大关注。

20世纪末，国家加大了生态环境的整治力度，将三北地区的防沙治沙列为全国生态建设的重点建设内容。特别是国家实施西部大开发战略，突出强调生态建设并加大了投入力度，为三北风沙地区继续开展生态环境治理提供了千载难逢的机遇。根据当前的总体形势，本区域林业生态建设的总体思路是：在区域性产业结构调整、水资源合理利用的基础上，协调农林、林牧矛盾，转变农牧经营方式，加大林业在区域经济结构中的比重；在保护好现有植被的基础上，因地制宜地恢复植被，防治风沙危害，遏止荒漠化加剧的趋势，改善生产、生活条件，促进三北地区实现生态和经济的良性循环和可持续发展。

本区域共分5个类型区，分别是：天山及北疆山地盆地类型区，南疆盆地类型区，河西走廊及阿拉善高平原类型区，阴山山地类型区，内蒙古高原及辽西平原类型区。

第 15 章

天山及北疆山地盆地类型区(C1)

本类型区东至甘肃省边界，西至阿拉山口，南到天山，北至阿尔泰山，地理位置介于东经80°29′36″～96°19′16″，北纬 42°29′47″～ 49°0′46″。包括新疆维吾尔自治区阿勒泰地区、塔城地区、博尔塔拉蒙古自治州、伊犁地区、克拉玛依市、自治区直辖的石河子市、伊犁哈萨克自治州、昌吉回族自治州、乌鲁木齐市、哈密地区等的全部或部分地区，总面积 452 259 平方千米，人口 808.05 万人，约占新疆维吾尔自治区总人口的 49.25%。

本类型区地貌类型多而复杂。中温带干旱气候，温湿度差异很大，年平均气温 0～8℃，≥10℃年积温 3 000～3 500℃，无霜期 150～170 天，年降水量 100～800 毫米。河流水资源较丰富。土壤有棕钙土、荒漠灰钙土，灰褐色森林土、黑钙土、山地栗钙土等。山地植被有天山云杉林、新疆落叶松林等，荒漠植被以梭梭、蒿类等为主。准噶尔盆地的沙漠以固定和半固定沙丘为主，沙漠植被以梭梭、白梭梭、琵琶柴、柽柳为主。本类型区存在几个相对独立的生态系统类型。一是山地森林生态系统，主要包括天山北坡、阿尔泰山西南坡的天然林及坡麓地带的森林草原生态系统，森林茂密，水草丰茂，动植物种类较多，生态系统保持良好，但受气候变化的影响和人为活动的干扰，生态系统的安全受到一定程度的威胁。二是绿洲生态系统，主要包括分布于河流沿线的天然绿洲，以及由城镇、乡村、农田等构成的人工绿洲，其生态系统结构较为单一，范围相对较小，易于受到干旱、风沙、霜冻等灾害性天气的影响，但由于受到较好保护，相对稳定。三是大面积的荒漠生态系统，由于自然条件恶劣，此种类型的生态系统植被种类稀少，结构单一，受自然条件变化和人为活动的影响大，系统稳定性差，生态极为脆弱。

本类型区的主要生态问题是：由于过度砍伐森林、开垦土地和滥用水资源、超载放牧等不合理人为活动，直接或间接地影响到了本类型区不同类型生态系统的稳定，导致了河流沿线绿洲消失、盆地的荒漠植被破坏严重，土地荒漠化速度加快，低洼地土壤出现盐渍化等一系列生态危机。

本类型区林业生态建设与治理的主攻方向是：正确处理开发建设与生态保护的关系，严格保护天然植被，维护和进一步增强山地、天然绿洲等森林生态系统水源涵养等功能的稳定性；加大生态建设力度，合理调整农林牧用地，在水蚀、风沙严重的区域，实行退耕还林，因地制宜地促进不同生态系统的林草植被的恢复和更新；保护人工绿洲生态系统，在农田和牧场内，积极营造多树种、多林种、“网、片、带”相结合的农田、牧场防护林网；在沙漠周边地区，封沙育林育草，封育和飞播相结合，防风固沙，遏制沙漠化蔓延，促进农林牧协调发展。

本类型区共分 4 个亚区，分别是：准噶尔盆地北部亚区，准噶尔盆地西部亚区，伊犁河谷亚区，天山北麓亚区。

一、准噶尔盆地北部亚区（C1-1）

本亚区东起甘肃省，西至哈萨克斯坦国界，南至准噶尔盆地边缘，北到阿尔泰山南坡丘陵，地理位置介于东经83°23′49″～91°31′41″，北纬44°58′31″～49°0′46″，面积162 377平方千米。包括新疆维吾尔自治区阿勒泰地区的阿勒泰市、哈巴河县、布尔津县、吉木乃县、福海县、青河县、富蕴县，塔城地区的塔城市、额敏县、和布克赛尔蒙古自治县等10个县（市）的全部。

大陆性温带气候，春秋相连，无明显夏季，冬季寒冷漫长。山区、平原、沙漠3种地貌单元气候差异甚大。在河谷平原及丘陵地带年平均气温2～4℃，极端最低气温－40℃，≥10℃年积温2 000～2 800℃，无霜期在125天左右。年降水量平原地区100～190毫米，山口附近250～300毫米，中高山地区400～600毫米，降水量自西向东、由北向南递减。冬季降雪量较多，且积雪时间长，年蒸发量1 470～2 180毫米。天然林以新疆落叶松为主，还有新疆云杉、冷杉、西伯利亚红松等。本亚区草场占全自治区的20%，其中优良草场占40%。主要草场类型有高山草原、中山森林草原、低山干旱草原、山前平原半荒漠草原和沙砾质荒漠草原。本亚区水资源丰富，有额尔齐斯河和乌伦古河两大水系。发源于阿尔泰山南坡的额尔齐斯河，境内长593千米，流域面积5.73万平方千米，年引水量不足1/10，每年流出国境水量达90亿立方米。乌伦古河发源于阿尔泰山东南坡，河流长840千米，流域面积3.54万平方千米，年径流量变化在3亿～20亿立方米。此外，吉木乃山水系的年径流量约为1.7亿立方米。

本亚区的主要生态问题是：水土资源地域空间配置组合分布不平衡，开发利用不合理导致土壤盐渍化、沼泽化、沙漠化严重。

本亚区林业生态建设与治理的对策是：在正确处理开发利用与生态环境保护以及水资源合理配置的基础上，分类指导，因地制宜地开展林业生态建设。山区以天然林的保护、恢复为目标，增强其保持水土、涵养水源、维护生物多样性等方面的功能。水蚀和风蚀区有计划地退耕还林还草，进行草场灌溉，封滩育林、育草。在盐化潮土和次生盐土区扩大灌草植被，恢复和抚育河谷次生林，改良土壤。沙区以保护荒漠植被，防风固沙为建设重点，在吉木乃-哈巴河-布尔津-阿勒泰风沙区、乌伦古河三角洲风沙区、青河县的达布逊以北中蒙边界以西的广大地区，以及塔额盆地塔尔巴哈台山北麓，视荒漠林的生长情况，采取全封、半封和轮封等形式封沙、封滩育林，在有条件的地区进行飞播造林和引洪育林，恢复和扩大荒漠梭梭、红柳、沙拐枣等林草植被。在人工绿洲内营造“网、片、带”“乔、灌、草”相结合的草场、农田防护林体系，改善生态环境，促进农牧业健康持续发展。

本亚区共收录2个典型模式：分别是：准噶尔盆地北部林草结合治理模式，阿尔泰半干旱山区水源涵养林建设模式。

【模式C1-1-1】　准噶尔盆地北部林草结合治理模式

（1）立地条件特征

模式区位于新疆维吾尔自治区阿勒泰地区哈巴河县的联合国粮农组织援建项目“2817”工程区，地处荒漠洪积-冲积扇的中下部，土壤为土质戈壁或风沙土。年生长季150天左右，≥8级大风日数年均达40～60天，冬季最低气温多在－30℃以下，多积雪。暴风雪等灾害性天气较多。额尔齐斯等河流充沛的水资源可资利用。

(2) 治理技术思路

阿勒泰地区为新疆维吾尔自治区的主要牧区。为解决冬、春饲草料的不足和减轻风雪、寒冻等灾害，营造防护林网，网格内种植饲草料，建立林草结合的饲草料基地，为牧业发展、牧民定居创造良好的物质和生态环境条件。

(3) 技术要点及配套措施

①规划布局：选择地形较平坦，土层深厚，土壤质地为轻壤、中壤或轻黏壤，地下潜水埋深在3～4米以下，土壤含盐量轻，便于修渠引水灌溉的地段，进行渠、路、林、田、居民点统一规划，建设防护林网，网格内种植牧草、饲料。

②林带配置：主林带8～10行，疏透结构，带间距250～300米。副林带4～6行，疏透或通风结构，带间距500～600米，网格面积187.5～270亩。

③树种选择：额尔齐斯河沿岸以各类黑杨、柳、沙枣、蔷薇等乡土树种为主，春季造林，林带边行配置1行沙枣，形成生物绿篱，株距1.5～2.0米，行距2.0～2.5米，杨、柳树机械开沟埋条造林，其他树种采用1年生苗，植树机开沟造林。

④幼林抚育：除适时浇水、锄草松土外，在郁闭成林前要加强幼林的管护，防止牲畜啃食和冬季兔、鼠的危害。

⑤配套措施：在水费、农林特产税、小额农贷等方面制定优惠政策，鼓励牧民定居，50年承包使用土地，颁发土地使用证，保证可继承使用。对定居牧民加强饲草料的种植管理和牲畜饲养、林木抚育管理等方面的技术培训和指导。

(4) 模式成效

林草结合饲草料基地建成后，可有效地改善沙荒地的生态环境条件，大风风速可降低40%～50%，冬季可免除雪害，使积雪均匀分布于田间，有利于饲草的安全越冬和返青生长。在冬、春出现大风、低温暴风灾害性天气时，可为牧民和牲畜提供一个良好的庇护场所和高质量的饲草料，防灾保畜，促进畜牧业的发展，增加牧民收入。

(5) 适宜推广区域

本模式适宜在新疆维吾尔自治区的北疆以牧业为主的县、市推广。

【模式 C1-1-2】 阿尔泰半干旱山区水源涵养林建设模式

(1) 立地条件特征

模式区位于阿尔泰山南坡的吉木乃县，海拔1 200～2 600米的山地阴坡、半阴坡，森林与草甸、草原相间。年降水量超过400毫米，降水量集中。林下土壤以灰褐色森林土为主。主要针叶树种为新疆落叶松，另有新疆五针松、新疆冷杉、新疆云杉等，森林带下部和河谷则分布有疣枝桦、山杨等次生林。林下灌木有忍冬、山柳、蔷薇等。

(2) 治理技术思路

涵养水源是干旱半干旱山区森林最突出的生态功能。本模式旨在通过封山育林、天然更新和人工造林相结合的办法，在保护现有森林资源的同时，培育针叶乔木、落叶乔木、灌木混交的异龄复层林，及时更新迹地，扩大地表植被，实现天然植被的定向恢复，提高水源涵养林的水源涵养、水土保持、改善水质等功能。

(3) 技术要点及配套措施

①封山育林育草：对具有天然下种或萌蘖能力的疏林、灌丛、有植被恢复条件的采伐迹地以及牲畜危害严重而难以成林的造林地，采取封育措施，恢复天然植被。在牲畜活动频繁地区，设

置刺丝等机械或生物围栏进行围封。在主要山口、沟口、河流交叉点及交通要道设卡，派专职护林员看管，并设立警示标志牌等。

②人工造林：

整地：在造林前1年的秋季或造林当年春季进行。平地、缓坡地采用穴状整地，陡坡地采用鱼鳞坑整地。

树种及配置：以新疆落叶松、新疆云杉、新疆冷杉等为主栽树种，配置耐瘠薄、根系萌生能力强的山杨、桦木等为伴生树种，合理混交。混交方式可采用株间混交、行间混交、片状混交。在海拔较高、落叶乔木不宜生长的地方可用灌木作为混交树种。在海拔较低的森林带的下缘，可营造不同种类灌木配置的灌木混交林。

造林方法：选用Ⅰ、Ⅱ级苗植苗造林，造林密度根据树种、苗木高度及土层厚度来确定。乔木混交林，株行距一般为2.0米×2.0米或2.0米×3.0米。灌木混交林，株行距一般为1.0米×1.0米或1.0米×1.5米。新疆冷杉的更新造林密度为每亩290～400株，新疆落叶松为每亩160～330株。主要阔叶树种的更新造林标准密度为每亩167～222株，灌木、小乔木的更新造林标准密度为每亩222株。

③抚育管理：造林后要松土除草，当年成活率差的地块应在秋季及时补植，同时加大对病、虫、鼠害的防治，严防人畜危害，防止森林火灾。

(4) 模式成效

进一步扩大了当地水源涵养林面积，天然纯林的生态功能得到补充和加强，土壤流失量减少，洪枯流量比减少，缓洪能力提高，水源涵养林持续稳定发挥作用。

(5) 适宜推广区域

本模式适宜在干旱半干旱地区以水源涵养为主要功能的山地森林地区推广。

二、准噶尔盆地西部亚区（C1-2）

本亚区位于新疆维吾尔自治区西北部，东临准噶尔盆地，西至哈萨克斯坦国界，南靠天山，北到阿尔泰山南麓。地理位置介于东经80°35′13″～86°1′42″，北纬43°26′56″～46°27′54″，面积65 827平方千米。包括新疆维吾尔自治区博尔塔拉蒙古自治州的博乐市、温泉县、精河县，塔城地区的裕民县、托里县和乌苏市等6个县（市）的全部。

本亚区主要由一系列断块山地及断陷谷地组成，山地海拔高度在1 500～2 000米。大陆性温带干旱气候，年平均气温5.7℃左右，≥10℃年积温2 300～3 600℃，无霜期140～190天。年降水量200毫米，山区森林地带可达400毫米。主要土壤有棕钙土、栗钙土、草甸土、沼泽土、棕漠土等。

本亚区的主要生态问题是：夏季气候多变，常出现低温、倒春寒、大风、干热风、冰雹等自然灾害，对农牧业生产影响较大，部分地区土壤沙化严重。

本亚区林业生态建设与治理的对策是：山区以保护现有林草植被为中心，大力发展水源涵养林，保持水土。沙区要封育与人工种树种草并举，注重保护、恢复荒漠植被。在坡地、河谷和风沙危害严重区，退耕还林还草，因地制宜地建设多树种、多林种、“网、片、带”相结合的防风固沙林及牧防林、农防林体系，遏制沙漠扩展，改善生存环境。

本亚区共收录1个典型模式：准噶尔盆地甘家湖梭梭林封育恢复模式。

【模式 C1-2-1】　准噶尔盆地甘家湖梭梭林封育恢复模式

(1) 立地条件特征

模式区位于新疆维吾尔自治区的精河县与乌苏市交界处的甘家湖梭梭自然保护区。年降水量140毫米，土壤含水量3%～8%，接近河岸的林灌草甸土地下水位超过3米，分布于其上的梭梭、铃铛刺、柽柳呈混生状态。在远离河道处，梭梭由与柽柳混生的状态逐步过渡到纯林，呈镶嵌状分布。土壤以风沙土、灰漠土为主。

(2) 治理技术思路

梭梭为超旱生小乔木，它的主根发达，沙地萎蔫系数为1.5%，可适应砾土质戈壁、黏土戈壁和沙土荒漠等多种立地条件。利用梭梭这种很宽的生态幅度，在生态脆弱区域有梭梭生长基本条件的地段实行封育，使梭梭林能够得以自然恢复和繁殖更新，保护和扩大天然荒漠植被，遏制荒漠化的发生和发展。

(3) 技术要点及配套措施

①确定封育地段：在统一规划的基础上，划出封育区、人工更新区、放牧区、打柴区。封育区一般选择有梭梭种源分布且具有植物生长的水分条件（如地下水、地表水的补给）、远离村庄、人畜活动较少的地段，在沙丘高大的流沙区和重度风蚀的风沙口，不宜进行封育，封育面积应取决于需要与可能。

②保护及管理：封育区和人工更新区采取死封的方式，在封育区边缘设置围栏，建立醒目标志，深入宣传，提高群众认识，建立护林组织，设专人常年管护。放牧区和打柴区可以有条件开放。放牧区需规定载畜量，如果林地内蒿类发生衰退，应立即禁止放牧。打柴区内采取伐死留活，汰弱留强的方式经营，确保采伐量小于生长量。大片梭梭纯林，其林分生态稳定性较差，必须加强病虫害的监测，保护天敌，对病虫害及时防治以及移密补稀、补播等。

③封育时间：视植被的恢复程度而定，梭梭的封育时间以5～8年全封为宜。

(4) 模式成效

干旱区水资源缺乏区域实施梭梭的大面积封育，是一项行之有效的方法，可在短时期内迅速恢复荒漠天然植被，改变荒漠景观和生态环境，控制风沙活动。

(5) 适宜推广区域

本模式适宜在干旱区有植被生长基本条件的地段推广。

三、伊犁河谷亚区（C1-3）

本亚区地处伊犁河中上游山间河谷盆地，地理位置介于东经80°29′36″～85°13′25″，北纬42°29′47″～44°51′43″。包括新疆维吾尔自治区伊犁地区的伊宁县、伊宁市、霍城县、察布查尔锡伯自治县、特克斯县、昭苏县、巩留县、新源县和尼勒克县等9个县（市）的全部，面积55 856平方千米。

中温带大陆性半湿润气候，海拔1 000米以上的谷地，年平均气温8℃，≥10℃年积温2 940～3 530℃，无霜期160～170天。海拔1 850米的昭苏县、特克斯县年平均气温2.8℃，≥10℃年积温1 300℃，无霜期120天。年降水量200～500毫米，个别迎风坡达到1 000毫米，是全自治区平原区降水量最丰富的地区。年蒸发量1 200～1 900毫米。土壤垂直分布明显，从高山到河谷依次是：山地草甸土→山地森林土→山地黑土→栗钙土→棕钙土→草甸土以及沼泽土。

境内水资源丰富，单位面积占有水量居全自治区之冠，是新疆的丰水区。伊犁河集水面积约5.7万平方千米，上游特克斯河、巩乃斯河和喀什河三大支流的年平均径流量为178.96亿立方米，占全自治区总径流量的20.3%。现引水量不足60亿立方米。

本亚区的主要生态问题是：水资源的不合理利用以及人口超载，导致植被破坏严重，土壤盐渍化，土地风蚀沙化，草场承载力下降。

本亚区林业生态建设与治理的对策是：天山西部山区天然林以保护为主；河谷地带，根据林木的生长情况，分段实施封河育林，辅以人工引洪播种和植苗造林，恢复和扩大山杨、沙棘、毛柳、红柳等河谷次生林；塔克尔莫乎尔沙漠、巴基泰沙漠和图开沙漠风蚀沙化地区实施退耕还林还草；在平原绿洲，营造多树种、多林种、"网、片、带"相结合的绿洲防护林体系，完善农田林网，实现农林牧协调发展。

本亚区收录2个典型模式，分别是：伊犁河谷逆温带生态经济林发展模式，准噶尔盆地西北部防沙固沙治理模式。

【模式 C1-3-1】 伊犁河谷逆温带生态经济林发展模式

(1) 立地条件特征

伊犁地区地处中纬度内陆，大陆性温带气候，气候温和湿润，昼夜温差大。夏热少酷暑，冬冷少严寒，春温回升迅速而不稳定，秋温下降较快。年平均气温2.8～9.2℃，≥10℃年积温2 500～3 500℃，无霜期140～180天，年降水量200～500毫米，全年盛行山谷风，大风日数少。由于地形复杂，南北、东西的气候差异较大。山区多雷雨，年降水量400～600毫米，冬季积雪丰厚，冻土较深。河谷西部光热资源较丰富，年平均日照时数多达2 900小时，但水分不足。东部谷地及丘陵降水较多，但热量资源稍差，年平均日照时数仅2 000小时。昭苏盆地则水多热少，属冷凉的半湿润区。

(2) 治理技术思路

伊犁地区由于其独特的地理位置和地貌，形成了最具特色也最有价值的逆温现象。由于逆温带层在寒冷的冬季发生逆转效应，有利于植物越冬，伊犁塞威氏苹果、红肉苹果、野核桃、樱桃李、树莓、杏等驰名中外的特有种均分布在逆温带的原始森林中。伊犁河谷平原冬春季节常受寒流侵害，促使伊犁地区的林果业向逆温带转移。伊犁逆温地带可控灌溉面积约为13万公顷，如果在注重生态保护和水土保持的基础上按照自然分布规律加以改造，发展生态型经济林，逆温带经济林将成为伊犁地区经济产业的一大支柱，从而促进生态环境建设的发展。

(3) 技术要点及配套措施

①品种选择：经伊犁地区林业科学研究所在新源县、尼勒克县、巩留县、特克斯县、霍城县等地试验，伊犁河谷逆温带可主要发展苹果、枣、梨、山楂、巴旦杏、阿月浑子、油桃等果树。适宜的品种主要有富士二系、新红星、王林、新乔纳金、北海道9号等苹果品种，冬皇梨、砀山梨、雌梨、库尔勒梨等梨品种，赞皇枣、金丝枣、圆脆枣、水定枣、阿克苏红枣等红枣品种，以及大旺山楂、伏山山楂等山楂品种。

②整地措施：逆温带经济林的面积一般都较大，地势高低不平，地形较为复杂，多数地块具有10～25度的坡度，应根据自然地形同时考虑灌溉设施的布设方便，选择合适的水土保持整地方式，如水平梯田、水平带、水平阶、水平沟、大鱼鳞坑等。

③栽植技术：先取土回填半坑，培成丘状，按品种栽植计划将苗木放入坑内，使根系均匀分布在坑底的土丘上，同时前后左右对直，校正位置，然后将另一半土填入坑内，并将苗木稍稍上

下提动，使根系与土壤密合，最后将土填入坑中直至接近地面5～10厘米左右用脚踏实，再在苗木四周围筑1米左右的灌水盘以利保墒。

栽植后及时定干修剪侧枝，以增强树势，然后灌足水，灌后要求苗木根颈与地面相齐，最后封土保墒。

表 C1-3-1 逆温带主要经济树种定植规格

树 种	山 楂	红 枣	苹 果
株行距（米）	4.0×4.0	3.0×4.0	3.0×4.0
定干高度（厘米）	60～80	100～120	70～80

④栽植的管理：定植后进入田间常规管理，包括浇水、挖土、除草、抹芽、施肥、病虫害防治等。同时，为了充分利用行间的休闲地，前2年可在行间套种大豆、黄豆、胡麻、贝母、红花、蔬菜类等低矮作物，以农养果。

⑤配套措施：主要采取国有、集体、个体、农户加公司4种经营模式，推荐农户加公司的模式。农户加公司，双方优势互补性强，互惠互利，共同发展，便于产、供、销一条龙经营运作，适应当前的发展需要。

在建设经济林的1～5年内必须加强农林间作，以期实现前期以农副产品养林，后期经济林挂果、永续利用。定植后的第3～4年是经济林发展的困难期，既不能间作，果树又未形成产量，经济来源受到限制，此间要有经济保证和政策优惠，减免部分税费，以保障和促进逆温带经济林的发展。

针对局部地区逆温带经济林经营粗放，果品质量不能上档次，丰产不丰收的现象，应采取有力措施加强对果农的技术培训，加强管理过程的科技含量，提高果品的理化指标，提高优级、一级商品果率，达到丰产、丰收。

（4）模式成效

试验结果表明，发展经济林比种植常规农作物省工省时，一次投入多年受益，单位面积经济林的产值约为农田2.3倍。此外，发展经济林可合理利用水资源，同时产生水土保持、防风固沙等多种生态效益。

（5）适宜推广区域

本模式适宜在条件类似的逆温带推广应用。

【模式 C1-3-2】 准噶尔盆地西北部防沙固沙治理模式

（1）立地条件特征

模式区位于新疆维吾尔自治区伊犁地区的霍城县，地处塔克尔莫乎尔沙漠。沙丘形态以梁窝状沙丘和平坦沙地为主，沙丘高度西部5～8米，东部20～39米。年降水量224.5毫米，水分条件较好，植被覆盖度较高，多为固定和半固定沙地，但在沙漠边缘植被遭到破坏的地段，形成流沙，从西或西南向东或东北方向移动，危害绿洲和农牧业生产。

（2）治理技术思路

塔克尔莫乎尔沙漠大部分地区水分条件较好，只要技术措施得当，可进行无灌溉造林固沙。但在遭受流沙侵蚀严重的绿洲外围，为尽快防治风沙危害，应结合灌溉等措施营造高效防沙林带。

(3) 技术要点及配套措施

①无灌溉造林固沙：

树种：选择抗性强的沙拐枣、梭梭、柽柳、银沙槐等。

苗木：1～2 年生，根幅在 30 厘米左右的壮苗，沙拐枣可用长 50～70 厘米的 1 年生插条。

造林：春季土壤解冻后即可进行。植苗造林，行距 3.0～4.0 米，株距 1.5～2.0 米，每亩植 83～148 株。在沙丘迎风坡和平坦沙地，可适当深栽，苗木栽植后踏实。沙丘背风坡同常规造林。沙拐枣的插杆造林，用粗细相当的扦钻孔造林，地面以上留 1～2 个芽，踏实。

抚育管理：秋末进行造林成活率调查，低于 85%时应于翌年春季进行补植。未郁闭前的幼林，严禁樵采、放牧，冬、春季注意鼠、兔的破坏。林地郁闭后，严禁樵采，但可分片轮牧，以林地郁闭度不低于 0.4～0.5 为限。

②营造防沙林带：

树种：选择新疆杨、白榆、沙枣、沙拐枣、柽柳等。

整地：根据地面地形坡降等情况的不同，可采用畦状或沟状整地，设置好灌溉渠系。畦状整地，根据地形坡降的不同，每隔 20～30 米筑拦水埂，畦埂要厚实，畦内要平整。沟状整地，沟底宽 0.8～1.2 米，沟口宽 1.5～2 米，沟深 0.5～0.7 米，沟间距 3.0～4.0 米。

造林：畦植行距 2.0 米，株距 1.5 米，带状混交。沟植两行并行，株距 1.0～1.5 米，隔带混交。防沙林带外缘配置 2～4 行沙枣或沙拐枣、柽柳，内部配置新疆杨、白榆。

抚育管理：适时浇灌，下次灌水前要及时修埂、平整、清淤，防止跑水，使整条林带灌水均匀。冬春季节注重防治牲畜啃食和鼠、兔危害。

③配套措施：制定优惠政策，鼓励农户长期管护承包。幼林间作和修枝收入归承包户所有，出售间伐、更新采伐木材利润的 70%应归承包户。

(4) 模式成效

抚育管理措施得当的防沙林带，造林后第 2 年、第 3 年就开始发挥阻沙作用，防止流沙前移侵蚀绿洲、危害农牧业生产。无灌溉固沙林，造林后第 4 年、第 5 年就可固定流沙，增加沙地植被，并对周边地段的生态环境产生良好影响。

(5) 适宜推广区域

本模式适宜在塔克尔莫乎尔沙漠推广。

四、天山北麓亚区（C1-4）

本亚区位于准噶尔盆地南部，东起甘肃省界，西至阿拉山口，南依天山北麓，北临古尔班通古特沙漠南缘，中部为洪积冲积平原，地理位置介于东经85°17′21″～96°19′16″，北纬 42°47′30″～46°9′9″，面积 168 199 平方千米。包括新疆维吾尔自治区乌鲁木齐市的天山区、沙依巴克区、新市区、水磨沟区、头屯河区、南泉区、东山区、乌鲁木齐县，克拉玛依市的克拉玛依区、独山子区、白碱滩区、乌尔禾区，伊犁哈萨克自治州的奎屯市，塔城地区的沙湾县，昌吉回族自治州的玛纳斯县、呼图壁县、昌吉市、米泉市、阜康市、吉木萨尔县、奇台县、木垒哈萨克自治县，哈密地区的巴里坤哈萨克自治县、伊吾县，自治区直辖的石河子市等 25 个县（市、区）的全部。

除巴里坤县和伊吾县为冷凉干旱区外，本亚区系中温带大陆性干旱气候区，气候干燥，气温多变，冬冷夏热，春秋两季不明显。年平均气温5～7.6℃，≥10℃年积温 3 000～4 000℃，无霜期 150～190 天。年降水量 150～200 毫米，天山前山地带在 250 毫米以上，中山地带以上可达

500毫米。本亚区分布有主要河流十余条，建成大中小型水库100多座，总库容量10亿立方米。

本亚区的主要生态问题是：由于人为不合理的利用，植被遭到破坏，水源污染严重，部分地区存在风沙、干旱及干热风的危害。

本亚区林业生态建设与治理的对策是：在天山中东部山区实施天然林保护工程，合理经营森林，培育天山云杉水源涵养林，妥善解决林牧矛盾，加速林草培植步伐，不断扩大森林面积，建立乔、灌、草相结合的立体草场。在平原农区，提高水资源利用管理水平，实施坡地、河谷水蚀和风蚀区退耕还林还草，完善农林田网，搞好城镇绿化，建设绿色通道，营造多树种、多林种、"网、片、带"相结合的绿洲防护林体系；克拉玛依-昌吉-木垒-伊吾的沙漠风沙区，多属半固定、固定沙漠，重点是古尔班通古特沙漠林草植被的保护恢复和营造。应视荒漠植被的生长情况，分片采取全封、半封和轮封等形式实施封沙封滩育林工程，并在有条件的区域进行飞播造林和引洪人工种树种草，恢复和扩大沙漠胡杨、梭梭、红柳等林草植被，防风固沙，改善生态环境。

本亚区共收录2个典型模式，分别是：准噶尔盆地南部绿洲防护林体系建设模式，天山北麓县域林业综合治理模式。

【模式C1-4-1】 准噶尔盆地南部绿洲防护林体系建设模式

（1）立地条件特征

模式区位于新疆维吾尔自治区昌吉回族自治州的昌吉市、呼图壁县、玛纳斯县和农五师103团、105团农场，地处古尔班通古特沙漠南缘的荒漠洪积-冲积平原。土壤为土层深厚的风沙土、龟裂土、土质戈壁等。年降水量100～150毫米，年生长季170～180天，≥8级大风日数年平均10～20天，冬季有稳定积雪。在地下水富集地段，可打井开发利用地下水植树造林。

（2）治理技术思路

古尔班通古特沙漠为固定、半固定沙漠，但多年来由于过樵、过牧、毁林开荒等，梭梭分布向沙漠腹地退缩了20～40千米，流动沙丘、沙地面积从5%左右增加到15%，流沙以每年1～2米的速度前移，危害绿洲。梭梭为本区的主要建群植物种，其种子可以利用早春积雪昼融夜冻的特点，完成吸水饱和、生根、出土过程，其概率约为25%，梭梭林封育恢复植被效果良好。同时为防治大风和流沙对绿洲的危害，在绿洲边缘配合梭梭林封育，打井抽取地下水，营造大型基干防风防沙林带。

（3）技术要点及配套措施

①封沙育林：

封育地段：选择保留有结实母树、地块连片的梭梭残次林地进行封沙育林。

封禁措施：设置围栏和警示牌，设专人进行巡视，发现擅自进入封育区内樵采、放牧、挖沙生药材、偷猎者，报请林业公安派出所按《森林法》及其实施条例进行处罚。

加强宣传：通过广播、电视、报刊等新闻媒体进行广泛宣传，提高封育区周边农牧民、团场职工的环境保护意识，杜绝破坏荒漠植被的不法行为。

人工辅助措施：在封育区内局部缺乏种源的地段，进行雪地人工撒播梭梭。选用发芽率在85%以上、纯度在97%以上的梭梭种子，于早春地面积雪开始融化时撒播，但积雪厚度要大于6厘米，亩播量0.25～0.3千克。如早播则种子会遭到鼠、鸟的严重危害。

②大型基干林带建设：

整地：根据地面和地形坡降等情况的不同，用大型农机具进行畦状或沟状整地，灌渠设置于林带中间，形成两林夹一渠的形式。畦状整地，畦埂要厚实，畦内要平整，根据地形坡降的不同，每隔 20～30 米筑一拦水埂。沟状整地，沟底宽 0.4～0.6 米，沟口宽 1.0～1.5 米，沟深 0.5～0.7 米，沟间距 3.0～4.0 米。

树种：选择胡杨、俄罗斯杨、少先队杨、箭杆杨、白榆、白柳、沙枣等。

林带设置：林带宽 30～50 米，带状或行间混交。

造林：畦植行距 2.0～3.0 米，株距 1.5～2.0 米。沟植 1 沟 2 行树，株距 1.0～1.5 米。林带外缘配置 1～2 行沙枣。

抚育管理：采用一口井、一间房、一片林、一群羊、一片口粮田和饲料地的承包方式进行管理。按林木的年生长量、保存率等签订承包和奖罚合同。

(4) 模式成效

经封育的梭梭残次林，5 年可使沙地森林覆盖率增加 3%～5%，10 年左右可使流动沙地变为半固定、固定沙地，控制沙源。绿洲边缘或外围营造的大型基干林带，可大幅度降低进入绿洲的风速，减少荒漠生态系统对绿洲生态系统的干扰，改善绿洲生态环境条件，促使农牧业的稳产高产。

(5) 适宜推广区域

本模式适宜在整个准噶尔盆地南部地区推广。

【模式 C1-4-2】　天山北麓县域林业综合治理模式

(1) 立地条件特征

模式区位于新疆维吾尔自治区昌吉回族自治州奇台县，地处天山北麓东段、准噶尔盆地南缘，地势南北高腹地低并向西北倾斜。大地貌单元可分为天山山地、中部平原、北部沙漠和北塔山区四部分。面积约 1.9 万平方千米，山区占 30%，平原占 50%，沙漠占 20%，其中荒漠戈壁平原占 34.96%。

(2) 治理技术思路

根据当地不同的立地条件，因地制宜地分别采取不同的治理对策。在天山北坡陡坡地，以营造水土保持林为主，主要树种是落叶松、白榆、桦树、山楂等；在丘陵区逆温带、适宜经济树种生长的地区，通过水土保持措施，发展生态型经济林，主要树种是杏树、黑穗醋栗、文冠果、梨树、枸杞等；在沙漠边缘干旱沙化地区，栽植灌木草本沙生植物，架设围栏，封沙育林；在沙漠前缘农区，营造大型防风阻沙基干林带，同时种植大芸、麻黄等，建立中草药基地，发展沙产业，从而形成乔、灌、草相结合，网、片、带相结合的防风固沙林体系。

(3) 技术要点及配套措施

①天山北坡陡坡地植被恢复技术：选择以日本落叶松、兴安落叶松、新疆落叶松、山楂为主的乔灌木树种和以红豆草为主的草种，乔、灌、草带状或行间混交，混交比例 3:2:5。秋季 9～10 月份沿等高线进行鱼鳞坑整地，长 1.0 米、宽 0.8 米、深 0.3 米，下沿筑埂高 0.3 米，呈半月形、品字形排列，坑内再挖 0.5 米×0.5 米×0.4 米的植树穴。育苗方式以容器育苗为主，外调苗木应带土球。

春季（4 月中旬至 5 月中旬）造林为主。栽植方式为行植和三角形配置，株行距为 2.0 米×3.0 米，造林后采取蓄水保墒措施：鱼鳞坑两侧修筑拦水沟，栽植后灌定根水 1 次，然后覆盖地膜，每株 1 平方米，便于集水或人工灌溉使用；另外，为提高造林成活率，落叶松裸根栽植前，用“根宝”蘸根，浓度为 1:40 的 500 毫升根宝可蘸根 3 000 株，可以提高造林成活率 15%。

②丘陵区植被恢复技术：选择杏树、黑穗醋栗、苜蓿等植物，于秋季 10月中下旬种植，行

间混交，混交比例 3:3:4，乔灌木株行距 2.0 米×4.0 米。杏树以大田生产的实生苗为主，也可以用仁用杏嫁接苗，黑穗醋栗以温棚扦插苗为主。秋季 9～10 月份沿等高线水平沟整地，沟上口宽 100 厘米，底宽 80 厘米，深 40 厘米，下沿筑埂，埂高 30 厘米，沟内挖植树穴，沟内每隔 10 米修拦水埂。

栽植后采取节水保墒措施：一是修建蓄水池、机动提水灌溉；二是喷灌；三是栽植时在地表 20 厘米的土层混入麦草填坑，增加蓄水保墒能力。为提高成活率，栽植前杏树采用根宝蘸根，黑穗醋栗采用容器苗定植，树苗成活率可达到 85%～95%。

③沙漠边缘干旱沙化土地植被恢复技术：选择梭梭、柽柳、碱蓬、榆树、文冠果、大芸、麻黄、沙蒿等树种，带状混交，混交比例为乔灌草 2:4:4。春秋两季造林，行植或三角形栽植，灌木株距 1.0 米，行距 3.0 米，乔木株距 1.5～2.0 米，行距 2.0～4.0 米。梭梭直接挖坑栽植，其他树种，开沟挖穴造林。就地建立治沙苗圃，以播种育苗为主，柽柳用扦插育苗。灌草地采用移动式喷灌，5～8 月份进行补充灌溉。

(4) 模式成效

本模式应用后，极大地推动了当地的生态建设，取得了明显的生态和经济效益。特别是沙漠边缘干旱沙化地，推广梭梭、柽柳、大芸（肉苁蓉）栽植模式，不仅加快了绿化步伐，而且1 亩沙地可获得上千元的经济效益，一举两得。

(5) 适宜推广区域

本模式适宜在天山北坡海拔 1 400～1 600 米的丘陵区和沙漠边缘及条件类似地区推广。

第16章

南疆盆地类型区(C2)

本类型区东起青海省，西至塔吉克斯坦和吉尔吉斯斯坦国界，南至昆仑山，北至天山南麓，地理位置介于东经73°31′1″～96°22′6″，北纬35°19′2″～43°34′57″。包括天山以南的新疆维吾尔自治区广大地区，涉及克孜勒苏柯尔克孜自治州、阿克苏地区、巴音郭楞蒙古自治州、吐鲁番地区、哈密地区、喀什地区、和田地区的全部或部分地区，总面积1 192 512平方千米，人口823.8万人，约占全自治区的50.75%。

本类型区属暖温带干旱区，塔克拉玛干大沙漠位于本类型区的中心地带，85%为流动沙丘，植被盖度低于1%，沙丘移动的速度每年为50～60米。盆地内年平均气温为10～11℃，昆仑山海拔4 000米以上地区为0℃。≥10℃年积温大多超过4 000℃，无霜期200～220天。山区年降水量150～250毫米，盆地为10～80毫米。土壤以棕色荒漠钙土，棕色荒漠土为主，还有山地栗钙土、山地棕钙土等。天山南坡的雪线高度为海拔4 200米以上，海拔2 500～3 000米的地带有稀疏的云杉林分布。

本类型区的主要生态问题是：蒸发强烈，水土资源的不合理利用导致农田土壤盐碱化严重，植被大量减少，沙漠化面积不断扩展，风沙、干热风等自然灾害频繁而严重，直接威胁着农牧业生产和绿洲的安全。

本类型区林业生态建设与治理的主攻方向是：加快林业生态工程建设步伐，保护绿洲。在平原绿洲，以水定地，合理安排农林牧用地，建设高标准的“窄林带、小网络”农田防护林网，并在水蚀、风沙较严重的区域实施退耕还林，推行林农、林草混作，大力发展混农林业，建设优质林果商品基地；营造多树种、多林种、“乔、灌、草”、“网、片、带”相结合的绿洲防护林体系；在沙区，实施封沙育林和引洪育林工程，封育和人工促进更新相结合，恢复和扩大荒漠林草植被，防风固沙，减轻沙害，促进农林牧协调持续发展。

本类型区共分4个亚区，分别是：塔里木盆地北部亚区，吐鲁番-哈密盆地亚区，塔里木盆地西部亚区，塔里木盆地南部亚区。

一、塔里木盆地北部亚区（C2-1）

本亚区东至青海省界，西至吉尔吉斯斯坦国界，南靠塔克拉玛干沙漠北缘，北到天山南坡，地理位置介于东经76°45′38″～89°56′50″，北纬40°10′10″～43°26′35″。包括新疆维吾尔自治区克孜勒苏柯尔克孜自治州的阿合奇县，阿克苏地区的柯坪县、乌什县、阿克苏市、温宿县、阿瓦提县、拜城县、新和县、库车县、沙雅县，巴音郭楞蒙古自治州的轮台县、库尔勒市、尉犁县、焉耆回族自治县、和静县、和硕县、博湖县等17个县（市）的全部，面积283 917平方千米。

本亚区总体属中温带和暖温带大陆性干旱气候，但地域辽阔，地形复杂，各地气候差异显著。高山地带春秋相连，平原地区四季分明。无霜期在天山山区仅22天，而在焉耆盆地则长达165天。北部低山河谷及山间盆地气候温和，年平均气温7～9℃，≥10℃年积温3 340～3 440℃，无霜期168～183天。渭干河冲积平原，年平均气温10.1～11.2℃，≥10℃年积温4 180～4 240℃，无霜期215～228天。塔里木河冲积平原，年平均气温10℃左右，≥10℃年积温4 000℃左右，无霜期180～210天。天山山区无霜期22天，盆地165天。北部低山、河谷及山间盆地气候温和，年平均气温7～9℃，≥10℃年积温3 340～3 440℃，无霜期168～183天，平原地区的年降水量仅有40～50毫米。土壤以草甸土、盐化草甸、潮土为主。

本亚区的主要生态问题是：绿洲地区土壤盐渍化严重，30%以上的耕地不同程度地受盐渍化危害；水资源过度利用，河水干涸，土地沙漠化迅速加剧；干热风、沙尘暴和冰雹等自然灾害频繁，严重威胁着绿洲的安全。

本亚区林业生态建设与治理的对策是：采取生物措施和工程措施，对山区天然林和荒漠次生林实施封育保护。在灌区进一步调整农林牧用地结构，加大林草比重；在河流两岸的宜林河滩地、河谷台地以改良盐碱、涵养水源、保持水土为主，结合人工引洪播种和植苗造林；封河育林恢复和扩大河谷沙棘、胡杨、红柳等次生林，在沙漠地区搞好风沙区荒漠林草植被的保护恢复。

本亚区共收录2个典型模式：分别是：塔里木盆地绿洲外围防风阻沙林建设模式，塔里木河流域平原荒漠引洪灌溉封育模式。

【模式C2-1-1】　塔里木盆地绿洲外围防风阻沙林建设模式

（1）立地条件特征

模式区位于地处库尔勒的新疆建设兵团农二师33团，为生态环境异常脆弱的荒漠绿洲灌溉农业区。气候极端干旱，年降水量10～80毫米，无霜期长达200天。土壤多为风沙土。地表水、地下水资源较为充沛，为农、林业的发展提供了较为有利的条件。

（2）治理技术思路

为减轻风沙对绿洲的侵袭，在其外围配置不同层次、不同功能的防护林带，形成防护林体系，做到阻沙与防风相结合，层层设防，保护沙漠绿洲。

（3）技术要点及配套措施

根据绿洲风沙危害的特点，从外围沙漠边缘向绿洲农田建立两层防护体系。

①封育灌草固沙带：绿洲的最外层防线，它外接戈壁、沙漠，风蚀、风积都很严重，通过封育措施建立足够宽度的、有一定高度和盖度的灌草带，以防止就地起沙、拦截风沙流。条件允许时该带越宽越好，但至少不能低于200米。应尽可能利用冬闲水1年灌溉1次。必要时进行补植、补播。被人为破坏的残次灌木林须恢复、复壮。封育灌草固沙带建成后，可有计划地进行适度利用。

②防风阻沙基干林带：为继续削弱风力、沉降剩余沙粒，须在农田与封育灌草固沙带之间设置第二道防线，即防风阻沙基干林带。

在不需要灌溉、地势较开阔的地方，可大面积营造乔灌结合、多树种混交的混交林。靠近沙丘的地方，选用耐沙埋灌木。沙丘背风坡后空留一定宽度的安全带，选用小叶杨、旱柳、合作杨、黄柳、柽柳等生长快、耐沙埋的树种造林。地势狭窄处，营造乔灌结合的窄林带；风口处，可营造多带式林带，带宽不作严格限制，带间育草。

灌溉造林时，因水分条件所限，林带一般较窄，20米左右即可。如外缘沙源丰富，风沙危害严重，则营造多带窄带式林带。迎风面选沙枣等抗性强、枝叶茂密的树种。若林带内积沙，无法灌溉，须清除积沙，并将之铺撒于背风一侧。

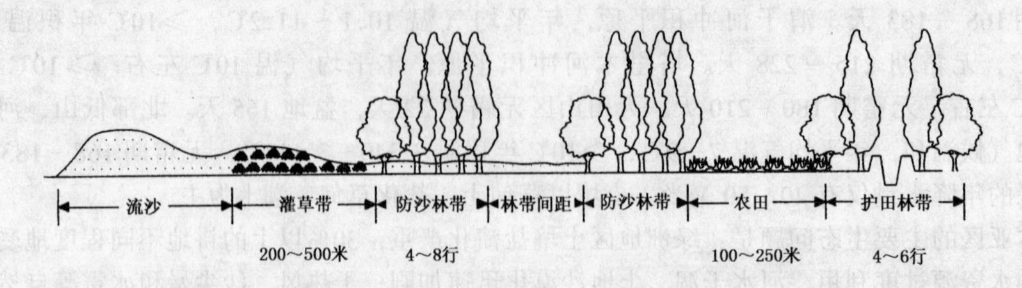

图 C2-1-1　塔里木盆地绿洲外围防风阻沙林建设模式图

(4) 模式成效

本模式可有效保护绿洲免受风沙侵袭，改善绿洲的生态环境，促进绿洲的农、林、副业生产。

(5) 适宜推广区域

本模式适宜在新疆维吾尔自治区、青海省、宁夏回族自治区、甘肃省、内蒙古自治区西部等西北广大荒漠绿洲推广。

【模式 C2-1-2】　塔里木河流域平原荒漠引洪灌溉封育模式

(1) 立地条件特征

模式区位于新疆维吾尔自治区塔里木河流域。热量资源丰富，气候干燥，降水稀少，地表植被稀疏。土地盐碱化与沙漠化并存，土壤以风沙土为主，沙尘暴频繁。植被集中分布在荒漠区主要河流及其各支流两岸的阶地和河漫滩，地下水位较高，6～10月份常有洪水出现，植物种类以胡杨、红柳、梭梭为主。

(2) 治理技术思路

新疆荒漠平原各大河流域，6～10月份常有洪水出现。洪水泛出遍及土壤水分含量不足的河岸阶地、河漫滩地及戈壁荒漠。天然荒漠植被的很大一部分植物的种子成熟期与河流洪峰期相一致。利用这个天然灌溉的有利时机，在洪水期到来前修建引洪渠（坝），引洪灌溉和引洪造林，利用泛溢的洪水有效扩大种源传播范围，增加植被面积；同时可提高地下水位，促进植物生长。

(3) 技术要点及配套措施

①基础工作：修建引洪渠（坝），采集胡杨、红柳、梭梭的种子。

②人工辅助撒种：在缺乏种源的地区或残次林地引洪灌溉时，可在渠道进水口处或沿渠道撒播种子，借水力传播种子。

③封育管理：引洪造林后植被能否得到恢复，封育管护是关键。可设立专人管护，竖警示牌，禁止人畜危害。

(4) 模式成效

本模式可节约人力物力，保存并扩大荒漠天然植被，有效遏制荒漠化强烈发展的趋势。

(5) 适宜推广区域

本模式适宜在盆地各河流域的两岸阶地及河漫滩、盆地绿洲外围的流沙地、盐碱地推广。

二、吐鲁番-哈密盆地亚区（C2-2）

本亚区位于天山东部，青海省以西，南至塔克拉玛干沙漠北缘，北与蒙古国界接壤，地理位置介于东经87°35′5″～96°22′6″，北纬40°50′45″～43°34′57″。包括新疆维吾尔自治区吐鲁番地区的吐鲁番市、鄯善县、托克逊县，哈密地区的哈密市等4个县（市）的全部，面积147 916平方千米。

本亚区属暖温带大陆性干旱气候，地貌为山间盆地，地势低洼，气候干燥。吐鲁番盆地年降水量仅3.9～25.2毫米，年蒸发量达2 879～3 821毫米，年平均气温14℃左右，≥10℃年积温1 600～5 400℃，无霜期210～220天，是全自治区热量最丰富的地区。哈密盆地年降水量33.4～40.3毫米，年蒸发量3 222.3毫米，年平均气温9.1～11.4℃，≥10℃年积温3 600～4 457℃，无霜期109～254天。境内干热风日数最多可达40天/年，8级以上大风日数有25～72天/年，对农业威胁很大。绿洲农田主要分布在冲积扇下部及潜水溢出地带以及以沙漠、轻壤为主的古老山前冲积平原。土壤主要为棕漠土、草甸土、潮土、盐土。

本亚区的主要生态问题是：土壤贫瘠，植被稀疏，水土资源缺乏；气候干旱，风大且频，风沙、沙尘暴危害严重；干热风经常出现，对绿洲农业影响较大。

本亚区林业生态建设与治理的对策是：实施防风固沙工程，封山、封滩育林育草，保护和培育现有林草植被；实施节水灌溉，合理调整农林牧布局结构；在建好农田林网的同时，林农、林草结合，扩大林草种植面积，建立较完备的绿洲防护林体系，巩固绿洲。

本亚区共收录2个典型模式，分别是：吐哈盆地干旱风沙区冬灌节水梭梭造林模式，吐鲁番盆地干旱风沙区窄带多带式防护林防沙模式。

【模式C2-2-1】　吐哈盆地干旱风沙区冬灌节水梭梭造林模式

（1）立地条件特征

模式区位于新疆维吾尔自治区吐鲁番市。大陆性气候特征典型，极端干旱少雨，年降水量多在20毫米以下。植被稀疏，风大沙多，沙漠浩瀚，戈壁绵延。目前存在的主要生态问题是水资源缺乏导致天然植被急剧衰退，生态环境加剧恶化，沙漠蔓延，危害并蚕食绿洲。

（2）治理技术思路

梭梭为极抗旱的超旱生小乔木，主根发达，沙地萎蔫系数1.5%，生态适应幅度宽，可适应砾土质戈壁、黏土戈壁和沙土荒漠等多种立地条件。在吐鲁番极端严酷的生态环境条件下，利用冬闲水深层灌溉造林，提供或补充植物生存所必须的水分条件，可成功营造梭梭林，既合理利用了当地水资源，又有效地促进了植被恢复。

（3）技术要点及配套措施

①整地：在砾质戈壁、黏土戈壁或沙土荒漠等立地条件下，用推土机沿等高线推平起伏地形后，再用机带大开沟器每隔5米开挖栽植沟，沟深40～50厘米，沟口宽80厘米左右。

②冬灌：利用冬闲水沿沟进行灌溉，冬灌土壤的渗润深度要达到1米以上。

③造林：翌春土壤解冻后，抢墒造林，株距2.0米，多采用1年生梭梭苗。造林前必须对苗木进行挑选，选择苗高在40～60厘米、根长30厘米以上的苗木，剔除小苗、弱苗和断干、短根苗。造林时两人一组，一人用脚将铁铲近垂直地踩入沟底，深度在30厘米以上，前后摇动铲把撤一缝隙，另一人将苗木插入缝隙后，抽出铁铲踏实即可。如遇砾土质戈壁土质坚硬，则必须挖

穴造林，规格为40厘米×40厘米×40厘米。

④补植：当年秋季对新造幼林地进行成活率调查，达不到85%者，冬灌后翌春必须进行补植，以使林分形成较好林相。以后，每年冬季也都必须冬灌1次，才能保证林木的正常生长。

⑤抚育管理：加强病虫害的监测，保护天敌，对病虫害进行及时防治。

(4) 模式成效

本模式可改变荒漠景观和生态环境条件，控制沙源，保护绿洲不受流沙侵袭。

(5) 适宜推广区域

本模式适宜在吐鲁番地区或其他水资源十分短缺，但有冬闲水或春水可资利用的地区推广应用。

【模式C2-2-2】　吐鲁番盆地干旱风沙区窄带多带式防护林防沙模式

(1) 立地条件特征

模式区位于新疆维吾尔自治区吐鲁番地区的鄯善县。暖温带大陆性干旱气候，年降水量3.9～25.2毫米，而年蒸发量高达2 879～3 821毫米，年平均气温14℃，≥10℃年积温4 500～5 500℃，无霜期268～304天。8级以上大风31～72天，对农业威胁很大。河流主要依赖天山冰雪融水、雨水和地下水补给，除阿拉沟、白杨河、葡萄沟等常年有水外，其余河流均为季节性河流。有较丰富的地下水资源，现有坎儿井1 000多条，并建成近30座中小型水库，总库容0.6亿立方米。

(2) 治理技术思路

在沙漠化严重的干旱地区，根据风沙运动规律，采用窄带多带式防护体系，可减少灌溉用水，降低造林投资，有效地防止流沙危害。

(3) 技术要点及配套措施

①树种：选择柽柳、沙拐枣、柠条、花棒等抗逆性强的沙生灌木，或沙枣等枝叶稠密、枝条下垂的小乔木。

②结构与布局：采用紧密式林带结构，可有效地将流沙阻截在林带的迎风面。防护体系为窄带（2行树木）多带式格局，林带走向应与主风方向垂直，带间距15～20米。

③造林：沟植沟灌或滴灌造林，密度及林带配置如图所示。

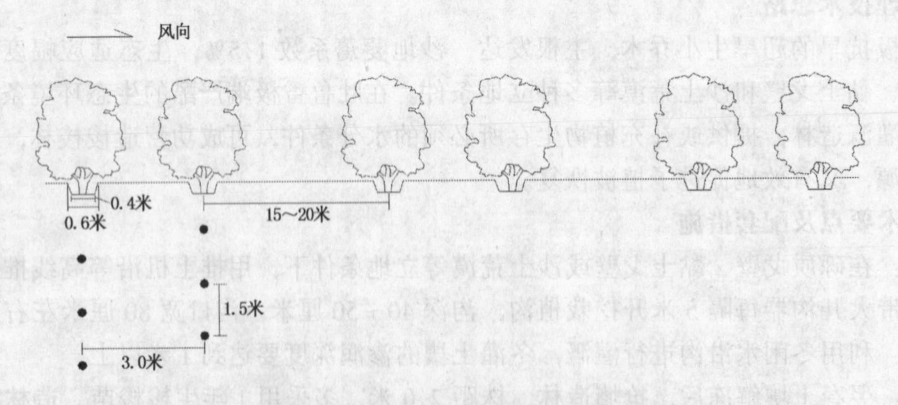

图C2-2-2　吐鲁番盆地干旱风沙区窄带多带式防护林防沙模式图

(4) 模式成效

紧密结构林带构成的窄带多带式防沙林体系，上风方向的第1条林带，可阻截外来沙源来沙量的80%左右，第2条林带为10%～15%，第3条林带为5%～10%，第3带以后就没有任何积沙。同时由于带间距在带高的5倍以内，带间距较小，带间很难产生起沙风。这样，窄带多带式防沙林体系，便可获得与同样宽度（54～69米）的宽林带相同的防、固沙效果，不仅省水，还可节省造林投资85%左右。

(5) 适宜推广区域

本模式适宜在南疆风沙危害严重的地方推广。

三、塔里木盆地西部亚区（C2-3）

本亚区东起塔里木盆地西部边缘，西至塔吉克斯坦国界，南至昆仑山脚下，北到天山南麓，地理位置介于东经73°31′1″～79°54′46″，北纬35°19′2″～40°28′40″。包括新疆维吾尔自治区克孜勒苏柯尔克孜自治州的阿图什市、乌恰县、阿克陶县，喀什地区的喀什市、疏附县、疏勒县、伽师县、巴楚县、英吉沙县、岳普湖县、莎车县、泽普县、叶城县、麦盖提县、塔什库尔干塔吉克自治县等15个县（市）的全部，面积173 975平方千米。

本亚区属暖温带大陆性干旱气候，境内大致可分为由喀拉昆仑、小帕米尔和天山南支脉构成的山区，木吉、塔什干、青干、哈尔峻、塔什库尔干等山间盆地和谷地，喀什平原三个地貌单元。水、光、热资源地区差异大，年平均气温10～12℃，≥10℃年积温4 000～4 500℃，年降水量40～60毫米，年蒸发量高达2 700毫米，无霜期200～240天。境内地表、地下水可开发利用的条件比较优越，是南疆水资源最丰富的区域，但因年内分配不均，春季严重缺水，夏秋又受洪水的威胁。

本亚区的主要生态问题是：降水季节分布不均，春旱严重，雨季受洪水威胁；风多风大，风沙危害严重，≥8级大风日数年平均近30天，浮尘天气多达50～125天/年。

本亚区林业生态建设与治理的对策是：采取生物措施与工程措施相结合，对荒漠次生林实施封育保护。调整农林牧用地结构，合理规划、引进灌溉与排水新技术，治水改土，种树种草，加大林草比重，保持水土；防沙治沙，改良土壤，建好生态经济性的农田林网，巩固和扩大绿洲。

本亚区共收录2个典型模式，分别是：塔里木盆地西部沙化土地林果结合治理模式，塔里木干旱风沙区沙漠公路防风固沙模式。

【模式C2-3-1】 塔里木盆地西部沙化土地林果结合治理模式

(1) 立地条件特征

模式区位于新疆维吾尔自治区阿克苏市的柯可亚工程区和温宿县的核桃林场，地处洪积-冲积荒漠平原。土壤为土层深厚的风沙土、土质戈壁、砾土质戈壁、盐碱土等。暖温带极端干旱荒漠气候，干旱少雨，光热资源充沛，年生长期约190天，≥8级大风日数年平均10～15天，冬季最低气温多在－12～－10℃。阿克苏等河流的水资源可供利用。

(2) 治理技术思路

当地荒漠植被稀少，易就地起沙造成风沙灾害。但气候温和，有利于各种温带果木丰产栽培和安全越冬，并拥有苹果、葡萄、香梨、红枣和核桃等名特优干鲜果品。针对上述特点，在荒漠化治理中，采用林果结合，有利于发挥资源优势，实现可持续发展。

(3) 技术要点及配套措施

①立地选择：选择引水便利，地形平坦，土层深厚，土壤质地为壤土或轻黏土，地下潜水埋

深在3米以下，土壤含盐量较轻，排水条件好的地段进行治理。

② 规划布局：渠、路、林、田、居民点统一规划。迎风面边缘营造基干林带8～12行。内部营造林带网格。林带网格，主林带4～6行，稀疏或透风结构，带间距300～350米；副林带2～4行，透风结构，带间距500～600米。网格面积225～315亩。

③树种和配置：选择新疆杨、箭杆杨、胡杨、沙枣等树种。在基干林带迎风面配置2行沙枣，主林带1行。基干林带行距2.0～2.5米，株距1.0～1.5米。主林带行距1.0～1.5米，株距1.0米；副林带行距1.0～1.5米，株距1.0米。

④整地、造林：春季畦状或沟状整地，采用1～2年生壮苗造林。造林后适时浇水和松土锄草，在郁闭成林前要加强幼林的管护，防止牲畜啃食和冬季兔、鼠的危害。

⑤果木栽植：在网格内挖大坑，每坑施10千克左右的有机肥，按相应的行株距定植1～2年实生苗或2～3年生苹果、香梨、葡萄、核桃等良种嫁接苗。果木定植后，加强水肥管理和病虫害的防治，适当追施复合肥。未郁闭前，可在行间间种苜蓿、小麦、蔬菜等。

(4) 模式成效

林果结合治理荒漠化，3～5年即可一改沙荒地荒芜景观面貌和自然环境条件，防风固沙，调节气候，并对周边绿洲、城乡居民点产生多种有益的影响。6～8年果木进入盛果期后，亩纯收入1 000～2 000元，具有显著经济效益。

(5) 适宜推广区域

本模式适宜在整个塔里木盆地地表水或地下水资源可资利用的沙荒地推广。

【模式C2-3-2】　塔里木干旱风沙区沙漠公路防风固沙模式

(1) 立地条件特征

模式区位于新疆维吾尔自治区塔里木盆地中部塔里木油田，塔里木沙漠的气候表现为干旱、降雨稀少、高温、温差大、风多、风沙天气多等几大特点。年降水量仅为35.3毫米，年蒸发量达3 389.7毫米，平均相对湿度43%，气温最高可达42℃，7月份平均为34.5℃。每年每千米断面风沙流的输沙量2 700～4 000吨，1米左右高度的沙丘年移动速度7～20米，沙漠公路沿线除塔里木河主流外，无地表径流，沿线的天然植被稀少。油田公路在沙漠中部穿行几百千米，跨越三种地貌单元。肖塘以南52千米为塔里木古冲积平原，大尺度的风沙地貌为复合型链状沙山，高度在15～20米，西北-东南走向，垂直于主风向，复合在沙山上的沙丘为不规则的格状沙丘；距肖塘52千米以南为广布有穹状沙山的盐质土平地，穹状沙山高30～50米，上覆格状沙丘；约在肖塘以南70千米，穹状沙丘沿主风向纵向延伸，连接成复合型纵向垄状沙山，大尺度地貌为复合型纵向沙山和沙山间平地相间，沙山高度50～70米，沙山间条形低地分布有纵向和横向的各种沙丘。

(2) 治理技术思路

公路防沙要确立“机械固沙工程，保证公路畅通为基础，结合生物固沙，建立和恢复生态平衡为奋斗目标，以化学固沙为辅助措施”的指导方针，并且要求生物防治与绿化相结合，简便易行。

(3) 技术要点及配套措施

①工程措施：在公路两侧建立以阻沙栅栏、平铺草方格沙障为主，固阻结合的机械防沙体系。

②生物措施：采用滴灌、渗灌等先进灌溉技术，在公路两侧建立绿色走廊。主选植物种有柽

柳（13个种）、沙拐枣（6个种）、梭梭柴、蒙古沙冬青、沙木蓼等灌木，灰杨、青杨、沙枣、白榆等乔木，盐生草、沙蔗茅、大颖三芒草等草本植物。

③配套措施：沙面高温，植物幼苗期难以承受，必须采取遮盖和灌溉降温等综合措施。

（4）模式成效

沙漠公路的建成具有很大的经济、生态和社会效益。综合防护体系的建设，保证了沙漠公路的畅通无阻。防沙工程的直接经济效益可以用清沙费估算。如果每年清沙6次，每千米每年需花清沙费54 830元，仅塔里木沙漠公路干线416千米流沙段一年要花费清沙费2 280万元，而目前维护防沙体系的费用仅为每年300万元。南北贯通塔克拉玛干大沙漠的公路防护体系把大沙漠分隔为两边，在一定程度上有利于控制流沙的蔓延。防沙体系加大了地面粗糙度，改善了局部地区小气候条件，有利于草本植物种子的保存。

（5）适宜推广区域

本模式适用在大部分沙漠和沙漠腹地公路推广。

四、塔里木盆地南部亚区（C2-4）

本亚区位于塔里木盆地南部，东起青海省，西至塔克拉玛干沙漠西边，南到昆仑山北麓，北到塔克拉玛干沙漠南缘，地理位置介于东经77°39′37″～93°41′4″，北纬36°5′40″～43°27′43″。包括新疆维吾尔自治区和田地区的和田市、皮山县、墨玉县、和田县、洛浦县、策勒县、于田县、民丰县，巴音郭楞蒙古自治州的且末县、若羌县等10个县（市）的全部，面积586 704平方千米。

本亚区南靠昆仑山、阿尔金山，北临塔克拉玛干沙漠，山地与沙漠面积大，平原十分狭窄，绿洲呈斑点状分布在各河流两岸冲积平原上。属暖温带干旱荒漠气候区，炎热干燥，昼夜温差大，日照时间长，雨少风多，蒸发量大。绿洲年平均气温10～12℃，≥10℃年积温3 300～4 000℃，平原地区年降水量15～47毫米，年蒸发量是年降水量的70～150倍，无霜期192～253天。春、夏间多沙暴浮尘天气，每年有沙暴10～40天，浮尘天气多达115～200天。境内水资源地区间分布很不平衡，西多东少。西部玉龙喀什河和喀拉喀什河的径流量约占全区径流量的55%，于田以东除车尔臣河外，无大河分布，水量较少。地表水的季节分配也不平衡，春旱夏洪。6～8月份大量洪水顺河流出山后，流经80～100千米的山前洪积扇，地表水利用率只有0.3左右。平原地区在河谷两岸古河道上有成片胡杨林分布，是本亚区防风固沙阻挡沙漠南移的主要屏障，东部因塔里木河下游断流，造成大片林木衰退死亡。

本亚区的主要生态问题是：气候极端干旱，植物种类单调，植被盖度低；风大风频，扬沙、浮尘和沙尘暴天气多，危害严重，水资源过度利用，河水断流。

本亚区林业生态建设与治理的对策是：防风固沙，封山封滩，保护和培育现有林草植被。昆仑山以北、阿尔金山以西、塔克拉玛干沙漠南缘及玉龙喀什河、喀拉喀什河、车尔臣河、且末河等流域以荒漠林草植被的保护和恢复为重点；在风沙危害较严重的绿洲边缘区实施退耕还林，人工造林阻沙与引洪拉沙相结合，营造大型防风基干林带，建立“网、片、带”相结合的绿洲防护林体系。绿洲灌溉农业区，引洪育林育草，以建设高标准农田林网为重点，发展混农林业，建设“名、特、优”经济林商品基地和薪炭林基地。

本亚区共收录4个典型模式，分别是：塔里木盆地干旱沙地滴灌造林治沙模式，塔里木盆地干旱风沙区荒漠绿洲农田防护体系建设模式，荒漠绿洲生态经济型防护林网建设模式，塔里木盆地荒漠绿洲林网内部农林复合经营治理模式。

【模式 C2-4-1】　塔里木盆地干旱沙地滴灌造林治沙模式

(1) 立地条件特征

模式区位于塔里木盆地塔中石油公路、南疆铁路库车段、和田地区洛浦县玛丽艳经济林基地。境内分布有干旱的流动、半流动沙丘，具有井灌条件。年降水量 100 多毫米，年蒸发量 2 100多毫米，无霜期 125 天。

(2) 治理技术思路

干旱地区造林依赖于灌溉，采用常规地面灌溉造林，要平整沙地，作畦或开沟，修渠引水。由于远离水源，渗漏、蒸发量大，不仅造成水资源的浪费，而且幼林得不到适时灌溉，造林成活率低。为以水定耕，以水定产，采取滴灌节水灌溉技术进行节水造林，既可充分利用当地丰富的热量资源，又能提高水分利用率，而且使造林后的沙地水分条件得到改善，促进其他天然荒漠植被的生长。

(3) 技术要点及配套措施

①灌溉设计：根据单井出水量（立方米/小时）和水的利用率，按成林时最热月份单位面积日耗水量（毫米/日）或单株日耗水量（毫米/日）设计灌溉量、灌溉周期和轮灌区。

②首部工程：主要由水泵、过滤系统和施肥罐三部分组成。水泵扬程的选定，经管网系统的水利学计算后，能满足最不利的一条毛管滴头所需的工作压力；井灌区的过滤系统，一般经离心和筛网两级过滤；施肥罐可根据单井出水量和轮灌区面积，选择相应容量规格的施肥罐。

③管网系统布局：滴灌系统的管网，一般由主管、支管和毛管三极管网构成，毛管垂直于支管，支管垂直于主管。对于高大沙丘，毛管应按等高线设置。

④造林技术：根据造林目的和立地条件类型选择适宜树种，并确定相应的造林方式。防沙阻沙林带的营造一般多用耐旱、抗风蚀、耐沙埋的乔灌木，如红柳、沙拐枣、梭梭、沙枣和胡杨等，株行距为 1.5 米×2.0～3.0 米。沙区果园须根据所栽果树种类进行选择，一般行距 4.0～10 米，株距 3.0～8.0 米。如沙区葡萄园可选择较平缓的沙丘地，全部选用小棚架栽培。株行距为 5.0 米×1.0～1.5 米，每亩定植 90～130 株，开沟深挖 1.2～1.5 米的梯形沙壕，行直底平，最后回填沙土至低于原沙面 5～10 厘米的地方，毛管裸露在地表，每株葡萄根部留一出水口。

⑤配套措施：选用良种壮苗，并用浓度为 2 000 微克/克的旱地龙浸根 30 分钟，可缩短苗木缓苗期，提高成活率。

(4) 模式成效

滴灌造林，一次性投入 400～1 000 元/亩，节水 70%左右。排盐防盐，无须洗盐压碱；减少灌溉施肥打药等用工 90%以上，提高水肥利用效率。开发利用贫瘠沙地，不与农业争地。局部地形高差 12 米以下，不需整地，直接造林，造林成活率较常规造林提高 40%～50%，一般 1～2 年即可收回滴灌系统的全部投资。

(5) 适宜推广区域

本模式适宜在干旱地区绿洲外围的流动、半流动沙丘沙地，砾土质戈壁，城市周边荒山荒地，铁路、公路、输水干渠等需防沙阻沙的地区推广应用。

【模式C2-4-2】 塔里木盆地干旱风沙区荒漠绿洲农田防护体系建设模式

（1）立地条件特征

模式区位于新疆维吾尔自治区和田县，地处昆仑山北麓、塔克拉玛干沙漠的西南边缘，玉龙喀什河与喀拉喀什河之间。年降水量仅34.8毫米，年蒸发量达2 564毫米。土地总面积为4.27万平方千米，可供人类活动的绿洲面积仅占总面积的2.5%。总人口23.5万人，以维吾尔族为主。现有耕地32.23万亩，人均不足1.5亩，是全自治区人均耕地面积最少的县之一。沙化现象严重，塔克拉玛干沙漠正以每年3～5米的速度逼向和田。

（2）治理技术思路

在干旱和风沙危害十分严重的地区，应利用绿洲水分条件相对较好的特点引洪灌溉，在进行封育、保护的同时，营造以窄林带小网格为主要形式的农田防护林网，阻沙与防风结合，层层设防，保护沙漠绿洲。农田防护林的营造，应尽量选择适生的经济树种，营建生态经济型防护林带，提高民族地区群众的收入。

（3）技术要点及配套措施

①设置引洪封育区、保护区：在风沙前沿、戈壁荒漠和三滩（碱滩、河滩、沙滩）荒地上引洪封育，封禁保护、恢复发展以胡杨、红柳为主的天然荒漠植被，巩固和扩大绿洲。形成保护绿洲农田的第一道防护屏障，以遏制流沙南移。

②营建大型环绿洲防风固沙林体系：在绿洲边缘与沙漠衔接部营造乔灌草、带片网、多林种、多树种相结合的防风固沙林体系。基干林带长600千米、宽50～100米。同时，在基干林带的外围建设10～15千米宽的荒漠植被保护带。形成内有防风固沙基干林带，外有草灌保护带的第二道绿色防线。

③营建农田防护林网：在绿洲内部的农田上，建设以窄林带、小网格为主要形式的高标准的农田防护林网。在对原有防护林进行更新改造时，栽植1～2行的经济树种，如核桃、杏、巴旦杏、红枣等。或利用已实现农田林网化绿洲的田间机耕道，营建葡萄长廊。

图 C2-4-2 塔里木盆地干旱风沙区荒漠绿洲农田防护体系建设模式图

（4）模式成效

模式区封育恢复发展胡杨、红柳等荒漠林面积15.3万亩，三道绿色防护屏障保护了绿洲免受流沙掩埋与侵袭，使绿洲生态环境得到改善。林网保护下的农田与空旷地相比，风速降低25%，风沙流中含沙量减少40%～60%。经济树种的栽植，增加了防护林持续发展的后劲，经济效益明显。20世纪90年代初期与70年代末期相比，模式区粮、棉、油总产分别增加了1.17倍、1.1倍和2.31倍，粮食亩产提高了3.3倍，人均收入提高了7.5倍。盛果期1条500米长的杏树林带，在扣除胁地损失后，可净增收入1 553～2 178元。每千米葡萄长廊纯收入约7 000

元，由于1千米长廊的实际用地面积仅4.95亩，但生产面积高达12.4亩，每千米便可节约土地7.45亩。

(5) 适宜推广区域

本模式适宜在我国广大干旱荒漠绿洲推广。

【模式 C2-4-3】 荒漠绿洲生态经济型防护林网建设模式

(1) 立地条件特征

模式区位于新疆维吾尔自治区和田地区的和田县、和田市和洛浦县，地处昆仑山北麓，暖温带荒漠绿洲，气候温和，年降水量仅有34.8毫米，年蒸发量高达2 564毫米。干旱、大风、沙尘暴等自然灾害频繁。

(2) 治理技术思路

当地有一些名特优经济树种，但受干旱的限制，难以大规模发展。传统农田防护林一直以各类杨树为主，多沿渠、路两侧配置，自然条件较好。结合农田防护林带的更新改造，栽植一些当地的名优经济树种，形成生态经济型防护林带，既能发挥良好的防护效益，同时又具有较大的经济产出。

(3) 技术要点及配套措施

①副林带改造：为不影响农田防护林的防护效益，伐去渠、路两侧副林带向阳面一侧的林带，栽植核挑、杏、巴旦杏、红枣等经济树种。一般栽植2行，品字形配置，行距1.5～2.0米，株距6.0～8.0米。为增加林带的早期效益，可在2株主栽树种之间，加植1株桃树。

②副林带更新：杨树副林带采伐后，渠、路两侧各栽植1行树体高大的经济树种，如核挑、杏树等，株距8.0～10.0米。

③主林带改造：在主林带向阳侧距主林带3.0～4.0米处，加植1行核桃、杏或红枣等，株距6.0～10.0米，以增加主林带的经济效益。

④造林：一般采用嫁接后的良种壮苗造林。实生苗造林时，须在栽植后的1～2年内用优良品种的接穗进行嫁接换头。核桃的优良品种有扎343、新早丰、温185和179等；优良的制干杏品种有胡安那、赛买提、黑叶杏等；红枣有哈密大枣、赞皇大枣、辉枣等。

⑤管理：栽植1～2年后定干整形，加强水肥管理和病虫害防治。进入丰产期后，要增施有机肥，以利稳产。

(4) 模式成效

在保证林带生态防护效益的基础上，提高了林带的经济效益，增强了防护林持续发展的后劲。以杏树为例，盛果期平均株产鲜杏150～175千克，5千克鲜杏可制杏干1千克，单株产值60～70元。1条500米长的林带，产值3 750～4 375元，扣除胁地范围内作物减产的损失后，可净增收1 553～2 178元。

(5) 适宜推广区域

本模式适宜在新疆塔里木盆地和甘肃河西走廊推广应用。

【模式 C2-4-4】 塔里木盆地荒漠绿洲林网内部农林复合经营治理模式

(1) 立地条件特征

模式区位于新疆维吾尔自治区和田地区的和田县、洛浦县以及喀什地区的莎车县、叶城县和泽普县。年降水量稀少，地表水资源丰富，光热等自然资源充足，无霜期较长，非常适合石榴、核桃、杏等经济树种生长，而且品质优良。

(2) 治理技术思路

利用塔里木盆地充沛的光热资源和林果、蚕桑的优势，进一步优化农田生态环境，发展多物种共栖、多层次配置、立体栽培的农林复合经营，提高农业自然资源的利用率和单位面积经济产出，增加农民收入。

(3) 技术要点及配套措施

①布局规划：将田间相距32～50米的临时性毛渠改为固定毛渠，毛渠内侧栽植经济树种。如果为冬季需要埋土越冬的经济树种，则不与毛渠结合。

②树种与配置：选择核桃、红枣、巴旦杏、白桑和石榴等经济树种。株行距因树种而异，白桑、石榴的株距为2.0～4.0米，红枣、巴旦杏、核桃的株距6.0～8.0米。

③造林：经济树种要选用良种壮苗，同时注意授粉树的配置。特别是巴旦杏自花不育，可在选育出的麻皮、双仁、大果、鹰嘴等10余个栽培品种中选择授粉树，每条带至少要配置3个品种，按等比例搭配。

④抚育管理：因树种而异。桑树5月上旬开始摘叶养春蚕，待4～5龄蚕大量食叶时，正值小麦灌浆期，施行头状作业取叶，主干高1.5米左右；石榴于深秋、初冬时埋土，翌春气温回升稳定后再开墩出土。在桑、农复合经营模式中，农业植保只能用人工喷洒农药，注意不要喷洒到桑树上，以免发生家蚕农药中毒。

⑤配套措施：在经济林下可间作棉花等经济作物，充分提高土地的使用效率。

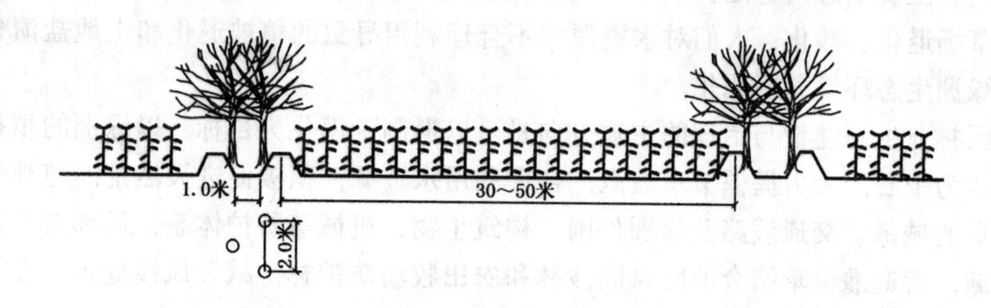

图 C2-4-4　塔里木盆地荒漠绿洲林网内部农林复合经营治理模式图

(4) 模式成效

在绿洲林网内实行农林复合经营，可使农田森林覆盖率提高6%～10%，进一步优化农田生态环境。立体栽培提高了叶面积指数和水土资源的利用率，太阳能利用率提高0.09%，能量转换率提高15%左右，每千克小麦、玉米的耗水量降低14.2%～22.8%。农林复合经营的经济效益因混作的树种不同而异。扣除林木占地和胁地减产损失后，较单一农作产值提高17%～60%。

(5) 适宜推广区域

本模式适宜在已实现农田林网化的暖温带干旱荒漠绿洲内部推广应用。

第17章

河西走廊及阿拉善高平原类型区(C3)

本类型区西邻新疆维吾尔自治区，东至内蒙古自治区锡林郭勒高平原西部，北与蒙古国接壤，南至柴达木盆地南缘，地理位置介于东经90°10′28″～112°20′43″，北纬35°10′50″～44°7′55″。包括内蒙古自治区锡林郭勒盟、包头市、乌兰察布盟、巴彦淖尔盟、阿拉善盟、伊克昭盟，甘肃省酒泉地区、武威地区、张掖地区、金昌市、白银市、嘉峪关市，青海省海西蒙古族藏族自治州、海南藏族自治州的全部或部分地区，总面积814 513平方千米。

本类型区地处内陆，大陆性季风干旱气候，太阳辐射强，日照充足。年降水量30～300毫米，年蒸发量1 657～3 800毫米。土壤主要为灰钙土、棕钙土、盐碱土、灰棕荒漠土等土类。植物种类以红砂、盐爪爪、白刺、柽柳、梭梭、胡杨、沙枣等为主，为典型的荒漠与荒漠绿洲景观。

本类型区的主要生态问题是：干旱、大风、沙尘暴危害、大面积荒漠植被破坏以及严重的土地荒漠化及草场退化、沙化；人们对水资源的不合理利用导致的植被退化和土地盐渍化；河湖萎缩、干涸，绿洲生态环境急剧恶化。

本类型区林业生态建设与治理的主攻方向是：以遏制荒漠化为目标，以绿洲的植被保护为重点，防沙治沙为中心，大力提倡节水灌溉，合理利用水资源，积极促进天然荒漠植被的恢复；在风沙危害严重的城镇、交通线路及绿洲外围，构筑生物、机械等防护体系，局部有水源的地方应采取综合措施，营造灌、草结合的防风固沙林和农田牧场防护林，减轻风沙危害，控制沙漠的扩展与侵袭，扭转沙进人退的局面。

本类型区共分6个亚区，分别是：阿拉善高平原及河西走廊北部低山丘陵亚区，河西走廊绿洲亚区，祁连山西段-阿尔金山山地亚区，祁连山东段亚区，青海西北部高原盆地亚区，乌兰察布高平原亚区。

一、阿拉善高平原及河西走廊北部低山丘陵亚区（C3-1）

本亚区东起贺兰山，西至新疆维吾尔自治区，南到祁连山下，北与蒙古国接壤，地理位置介于东经93°15′22″～107°32′34″，北纬37°27′27″～42°47′23″，面积329 768平方千米。包括内蒙古自治区阿拉善盟的额济纳旗、阿拉善右旗，乌海市的海勃湾区、海南区、乌达区等5个区（旗）的全部，以及内蒙古自治区阿拉善盟的阿拉善左旗，巴彦淖尔盟的乌拉特后旗、磴口县，伊克昭盟的鄂托克旗；甘肃省酒泉地区的敦煌市、玉门市、安西县、金塔县、肃北蒙古族自治县（北部），武威地区的武威市、古浪县、民勤县，张掖地区的张掖市、高台县、临泽县、山丹县，金昌市的金川区、永昌县，白银市的景泰县等19个县（市、区、旗）的部分地区。

本亚区属暖温带干旱荒漠草原及干旱荒漠区，地貌有高平原、荒漠戈壁，干燥剥蚀丘陵与中低山地，分布有巴丹吉林、腾格里、乌兰布和等大沙漠，海拔850～1 500米。年平均气温7.4～8.8℃，≥10℃年积温3 200～3 656℃，年降水量40～240毫米，年蒸发量2 600～3 800毫米，8级以上大风日数30～58天。土壤为灰漠土、灰棕漠土、风沙土，局部有盐碱土、草甸土。植物主要种有红砂、霸王、珍珠、沙蒿、梭梭、沙拐枣、沙生针茅、骆驼刺、泡泡刺、盐爪爪、芨芨草、冰草、芦苇、甘草、蒿类等。

本亚区的主要生态问题是：干旱缺水、风大风频，风沙及沙尘暴危害十分严重；植被退化，土壤沙化，生态环境极度脆弱。

本亚区林业生态建设与治理的对策是：采取封沙（山）育林（草）和轮封轮牧等措施，保护和恢复植被。适宜地区可推广飞播灌草技术，水分条件较好的地段或有补水条件的地方，可采用综合措施营造防风固沙林。

本亚区共收录2个典型模式，分别是：敦煌莫高窟崖顶风沙危害防治模式，河西走廊北部干旱荒漠固沙模式。

【模式C3-1-1】 敦煌莫高窟崖顶风沙危害防治模式

（1）立地条件特征

模式区位于敦煌莫高窟（千佛洞），属暖温带干旱区，日照充足，太阳辐射强烈，温差大，年降水量仅30毫米左右，蒸发强烈，气温日较差大，无霜期短，年平均风速3.5米/秒，多风向的风沙吹蚀、埋压对莫高窟构成严重危害。

（2）治理技术思路

为使莫高窟免受风沙危害或减轻危害程度，控制偏西风所搬运的大量沙物质在崖顶、崖面和栈道造成的严重堆积，以及防止东风对莫高窟的严重风蚀、剥蚀，有针对性的采用防风、输沙措施，以达到防治多风向的沙砾质戈壁风沙流危害文明古迹的目的。

（3）技术要点及配套措施

经过对莫高窟崖顶、崖面和栈道及崖体不同部位风沙活动规律的观测研究，采用防沙新材料——具有防火性能的尼龙网栅栏建立防护体系，以防治多风向的沙砾质戈壁风沙流危害。防护栅栏“以阻为主，输导为辅”，既可阻拦主风向的流沙又能输导一定数量的积沙。同时，为了控制远方沙源，配置了适当的固沙设施，并采取了防止强烈风蚀加固崖面的化学防护措施。

（4）模式成效

本模式对防治沙砾质戈壁风沙流对文明古迹的侵蚀危害具有明显的效益。工程防护可直接控制偏西风向洞窟搬运沙量的95%以上。外围栅栏对来自主风向的外侧积沙的输导率平均35%，内侧积沙的输导率为15.9%～57.5%。

（5）适宜推广区域

本模式适宜在风沙危害严重地区的重要景点和文物保护中推广应用。

【模式C3-1-2】 河西走廊北部干旱荒漠固沙模式

（1）立地条件特征

模式区位于甘肃省安西县北桥子。干旱荒漠气候，降水量稀少，年降水量只有36.5毫米，且集中于秋季，年蒸发量达3 317毫米，是降水量的92倍，气候极端干旱。大风频繁，最大风速达34.5米/秒（12级）。东南4 000米处是长岭沙漠，南北长约11千米，东西宽6 000米，总面积2.2万平方千米，其沙源是由疏勒河上游河床冲积以及戈壁起沙汇集而成。在全年主风的吹袭下，以年平均22米的速度前移，形成长约3 000米、宽220米的风沙线，直接危及当地居民的生活。

(2) 治理技术思路

在摸清风沙活动规律的基础上，通过设置半隐蔽式方格状柴草沙障、营造以柽柳为主的固沙林，生物固沙、封沙育草和保护天然植被相结合，有效地防止风沙危害，改善当地的生态环境。

(3) 技术要点及配套措施

①工程固沙：工程固沙采取设置半隐蔽式柴草方格沙障的方法，其规格为1.0米×1.0米，材料采用当地资源丰富的罗布麻。要求根部向下栽20～30厘米，高出沙面10厘米，扶正踏实。其特点是风沙流从其顶部和沙障间通过时，由于沙障前后左右的气流受阻，形成许多细小涡流互相碰撞，减少动能，使大量的沙粒截于沙障间。

②生物治沙：生物治沙主要是在水分条件好的丘间低地营造带状、斑块状的灌木固沙林。树种选择梭梭、柽柳、沙拐枣等，株行距1.0米×1.5米。在地势较高的丘间低地以梭梭、柽柳株间混交；低洼丘间低地、积水线以上沙丘下部栽梭梭，积水线以下栽柽柳；积水较深的丘间低地待夏季地表水全部渗入土壤内后直播柽柳；沙丘中上部，等到水分条件改善后种草或栽植灌木，进一步固定沙丘。

③配套措施：封沙育草，保护天然植被，并撒播一定数量的碱蓬、沙蒿等草籽，促进植被繁衍。

(4) 模式成效

本模式操作简单，投资小，防护效益大。实施后，流沙地面积和受风蚀影响的耕地较治理前明显减少，农民收入有所增加，不仅改善了环境，而且促进了经济发展，取得了明显的生态、社会和经济效益。

(5) 适宜推广区域

本模式适宜在干旱荒漠地区条件类似处推广。

二、河西走廊绿洲亚区（C3-2）

本亚区东起乌鞘岭，西至新疆维吾尔自治区东部，北靠巴丹吉林沙漠，南到祁连山脚下，地理位置介于东经92°35′28″～103°27′11″，北纬37°13′37″～40°32′31″，面积76 297平方千米。包括甘肃省嘉峪关市，酒泉地区酒泉市的全部，以及甘肃省酒泉地区的敦煌市、玉门市、金塔县、安西县，张掖地区的张掖市、高台县、临泽县、山丹县、民乐县，金昌市的金川区、永昌县，武威地区的武威市、古浪县、天祝藏族自治县、民勤县等15个县（市、区）的部分地区。

本亚区地处内陆，系温带大陆性干旱气候。太阳辐射强，日照充足，昼夜温差大，年平均气温6～8℃。降水量少，年降水量仅30～196毫米，蒸发强烈，多大风和沙暴。土壤主要为灰钙土、灰棕漠土、风沙土等。植被为荒漠草原和荒漠类型，植物种以红砂、盐爪爪、白刺、柽柳、梭梭、胡杨、沙枣等为主。

本亚区的主要生态问题是：沙尘暴、干热风等危害严重，草场退化，绿洲萎缩，土壤盐渍化，水资源缺乏，荒漠化加剧。

本亚区林业生态建设与治理的对策是：以防沙治沙为中心，采取植物固沙、工程固沙、营造防风固沙林等综合措施，增加林草植被，建立农田、牧场保护网，减轻风沙危害，遏制荒漠扩展，确保农业稳产高产。

本亚区共收录2个典型模式，分别是：河西走廊沙区咸水利用模式，河西走廊绿洲边缘流沙治理模式。

【模式C3-2-1】 河西走廊沙区咸水利用模式

（1）立地条件特征

模式区在甘肃省民勤县，位于甘肃省河西走廊东段北侧的石羊河下游。地势自西南向东北倾斜，海拔1 200～1 500米。年平均日照时数3 028小时，年平均气温7.8℃，极端最高气温39.5℃，极端最低气温－27.3℃，无霜期平均151天。年降水量110毫米，主要集中在7～9月份，干燥度＞4。地下水平均埋深11米。植被有荒漠草甸植被、盐渍荒漠植被、沙质荒漠植被，灌木为主，胡杨是惟一的天然乔木。人工造林以白杨、沙枣、梭梭、花棒等为主。

（2）治理技术思路

由于石羊河上游地表水逐年减少，流域内地下水开采深度逐年加深，致使水质矿化度逐年增高，高矿化度水的分布范围也逐年扩大，完全用淡水灌溉已相当困难。为了节约用水，实行一年一度的河渠淡水储灌加洗盐，淡水、咸水交替灌溉，确保土壤盐分大致平衡，利用咸水缓解淡水资源短缺，解决农业、林业用水。

（3）技术要点及配套措施

①储灌和淋溶洗盐：根据水的矿化度不同确定不同的控制灌水量。土壤需深翻改土。

②灌溉技术：年灌溉3～4次，每次灌水量55～57立方米/亩，在含盐量5～6克/升的地区，一定要用淡水灌1次。虽然淡水洗盐能使耕层脱盐，但经多次灌溉后盐分会沉积到100厘米或200厘米土层中。所以，为了保证绿洲和耕地的盐分平衡，必须完善排水系统，使咸水灌溉积累在土壤中的盐分排向耕地以外的湖泊或洼地中。采用竖井或“干排水”方式排盐，控制地下水埋深在4～5米以下。

③配套设施：修建用混凝土薄板衬砌的引水渠，并配备水量、水质检测设施与用具，确保定量灌水。毛渠一般用三角量水堰量水，秒表计时。

（4）模式成效

本模式为治沙造林及农田防护林建设创造了有利条件，对当地生态环境的改善，水资源的合理利用，特别是种植业的产值增加起到了积极的保障作用。

（5）适宜推广区域

本模式适宜在甘肃省、内蒙古自治区、新疆维吾尔自治区等淡水资源严重短缺并有咸水分布的地区推广，吉林省、辽宁省、陕西省、山西省、河南省等省区也可参照推广。

【模式C3-2-2】 河西走廊绿洲边缘流沙治理模式

（1）立地条件特征

模式区位于甘肃省临泽县平川，位于甘肃省河西走廊中部的黑河北岸、巴丹吉林沙漠西南缘。绿洲北部是密集的流动沙丘、剥蚀残丘与戈壁。年降水量117毫米，年蒸发量2 390毫米，≥8级大风日数40～50天，植被破坏严重，沙丘活化，农田风蚀，弃耕地广泛发育着新月形沙丘、沙丘链、灌丛沙堆及风蚀地。

(2) **治理技术思路**

针对绿洲北部沙漠步步逼近和流沙侵入的现状，以绿洲为中心，建立“阻、固、封”相结合的防沙阻沙防护林带，在绿洲边缘形成“条条分割，块块包围”的完备的防护体系。

(3) **技术要点及配套措施**

①外围封沙育草带：通过围封，促进以沙蒿、沙米、五星蒿、沙拐枣、绵蓬、骆驼刺和猪毛菜等为主的天然植被恢复。冬季有农田灌溉余水时引入沙地，可加速植被的恢复。

②绿洲边缘防风固沙片林：在绿洲边缘的丘间低地及流动沙丘上，先设置黏土、芦苇或其他材料的沙障，在沙障的保护下营造固沙灌木林，带宽10～50米不等，多采用紧密结构。树种以梭梭、柽柳、柠条、花棒等为主。

③绿洲边缘干渠防沙林带：利用绿洲北部流动沙丘之间狭长的丘间低地和可以利用农田灌溉余水浇灌的有利条件，营造防沙林带。树种以二白杨、沙枣等为主。

④绿洲内部农田防护林网：林网规格为300米×500米，主林带4行，副林带2行，株行距1.5米×2.0米。树种以二白杨、箭干杨、旱柳、白榆为主。

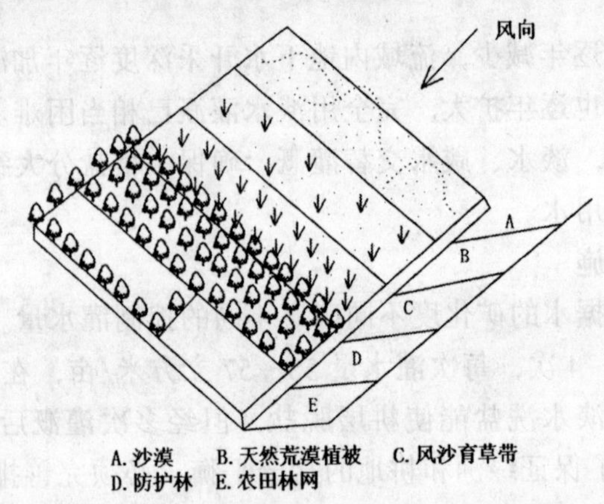

图 C3-2-2　河西走廊绿洲边缘流沙治理模式图

(4) **模式成效**

模式区新发展绿洲面积44 025亩，林业用地从治理前的6.1%增加到治理后的43%，乔木林地面积从1%增加到28.1%，灌木林地面积从5.0%增加到6.2%。流沙面积从治理前的54.6%减少为现在的9.4%，受风蚀影响的耕地从治理前的17.8%减少到0.4%，生态环境有明显改善，粮食产量显著提高，人均收入增加了153.6%。

(5) **适宜推广区域**

本模式适宜在有风沙危害的绿洲地区推广。

三、祁连山西段-阿尔金山山地亚区（C3-3）

本亚区东起嘉峪关，西与新疆维吾尔自治区毗邻，南与青海省接壤，北到蒙古国边界，由祁连山西部和阿尔金山东部组成。地理位置介于东经92°47′9″～97°22′47″，北纬38°29′39″～40°9′53″。包括甘肃省酒泉地区阿克塞哈萨克族自治县的全部，以及甘肃省酒泉地区的肃北蒙古族自治县南部地区，面积35 390平方千米。

本亚区山脉高峻，谷地幽深，海拔大多在3 000～5 000米，最高的疏勒南山团结峰海拔高达5 808米，多有冰川分布。温带干旱气候，高寒干旱，疏勒南山和陶勒南山是我国著名的冷区。

冬季悠长，生长期短，无霜期100天左右。年平均气温3.9℃左右，年降水量150～300毫米，年蒸发量3 073毫米。地带性土壤为栗钙土和棕钙土。植被垂直带谱由下至上为：荒漠带→山地荒漠草原带→山地草原带→高寒草原带→亚高山冰雪稀疏植被带。旱生、超旱生植物占绝对优势，主要牧草有多种针茅、鹅观草、披碱草、赖草、苔草、蒿类等。天然森林稀少，仅分布有小片圆柏、胡杨林。

本亚区的主要生态问题是：超载过牧严重，土地逐年沙化，草场退化；沙尘暴、干热风等风沙危害日趋严重，荒漠化面积不断扩大。

本亚区林业生态建设与治理的对策是：针对这一地区气候干旱寒冷、人烟稀少的特点，林业生态建设应以封山育林（草）为主，实行轮封轮牧，限制超载放牧，加快植被恢复，改善生态环境。

本亚区收录1个典型模式：阿尔金山退化草场植被恢复模式。

【模式C3-3-1】　阿尔金山退化草场植被恢复模式

（1）立地条件特征

模式区位于甘肃省肃北蒙古族自治县，海拔一般在3 000米以上，气候寒冷，年平均气温3.9℃，干旱少雨，年降水量150～300毫米。高寒干草原，植被低矮稀疏，风沙大，生态环境脆弱。植被以旱生、超旱生植物为主，种类有针茅、鹅观草、披碱草等。

（2）治理技术思路

针对当地的自然条件和社会经济特点，采取封山育草、划定禁牧区，严禁超载放牧，实行退牧还草，轮封轮牧，以草定畜，防治鼠害等综合措施，发展草场资源，保护和恢复草场植被，改善生态环境。

（3）技术要点及配套措施

①围栏封育：根据当地的具体情况和生产发展方向，划定灌草型和草本植物型植被封育区。在有条件的地区营造生物围栏，树种以沙棘为主。面积根据地形开阔程度和当地群众的草场承包面积而定。围封区内严禁放牧和乱采、滥挖。严格按草场使用责任制承包管护，或统一组织管护。

②发展人工牧草：在一些条件较好的地区建立以老芒麦、披碱草、中华羊茅等为主要牧草的人工割草场，发展圈养、舍饲畜牧业。人工种草，穴状或带状整地，点播或条播牧草。通过人工种草，改善草场结构，铲除毒草，培育优质牧草，提高产草量。大力推广秸秆、枝叶的氨化、膨化等处理技术，增加饲料资源，提高饲料的适口性和转化率。

③轮封轮牧：在植被条件相对较好的地区进行轮封轮牧。一般在春季牧草返青初期进行全封。以后，根据草场质量，以草定畜，逐步实行轮封、轮牧。在雨季人工喷播优质牧草，促进草场的更新复壮。

④配套措施：大力推广以牧民定居点、草场网围栏、暖棚养畜和人畜饮水工程建设为主的牧区“四配套”建设措施。通过网围栏建设实行轮封轮牧，保护草场；发展暖棚、温棚养畜，加快周转，发展高效畜牧业；通过建立定居点，解决人畜饮水；发展风力发电、太阳能发电等配套措施，改游牧为定居，保护和恢复边远地区生态条件恶化的草场；采取药物防治、人工捕杀和保护天敌、生物防治相结合的办法，消灭鼠害，治理退化草场；推广牲畜良种，发展效益型畜牧业。

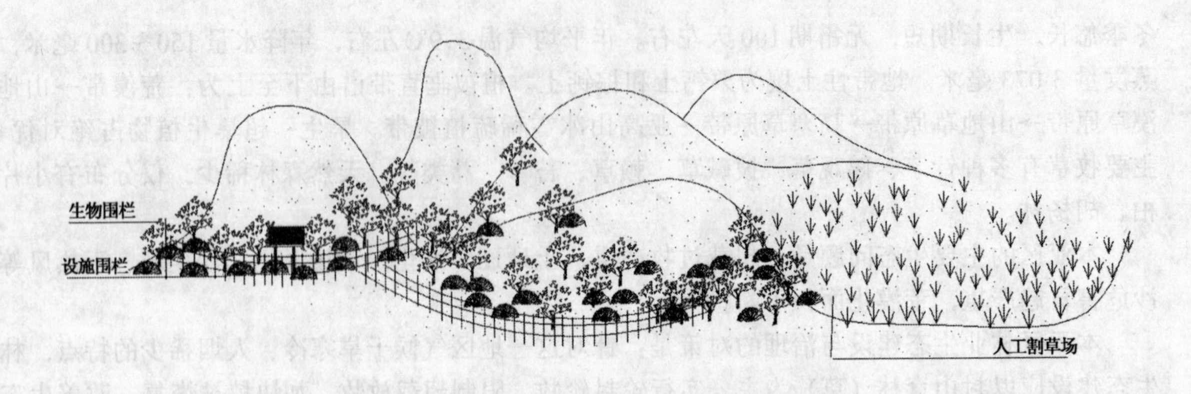

图 C3-3-1　阿尔金山退化草场植被恢复模式图

(4) 模式成效

本模式通过各种草原建设措施，有效地保护、恢复了草场植被，局部地区的退化草场得到了恢复和发展，同时也促进了牧业的发展，提高了牧民的生活水平。

(5) 适宜推广区域

本模式适宜在阿尔金山、祁连山山地退化草场推广。

四、祁连山东段亚区（C3-4）

本亚区位于甘肃省河西走廊南部，南接青海省，北临河西走廊，西至玉门石油河，东临永登连城林区，包括甘肃省张掖地区肃南裕固族自治县的全部，以及甘肃省武威地区的天祝藏族自治县，张掖地区的民乐县、山丹县等3个县的部分地区，地理位置介于东经90°10′28″～100°55′38″，北纬35°10′50″～39°18′31″，东西长1 200余千米，面积273 918平方千米。约占甘肃省总土地面积的5.9%。

本亚区高山、谷地相间分布，海拔一般在3 000～4 500米，相对高差1 000～2 000米。东部为高寒半湿润气候，中部为高寒半干旱气候。年平均气温0℃以下，极端最高气温28℃，极端最低气温－36℃以下，气温变化剧烈。无霜期90～120天，生长季很短，冬季漫长。年降水量428.6毫米，年蒸发量1 638～2 245毫米。降水量分布不均，1年内大多集中在5～9月份，降水量从东到西、从南到北逐渐降低，雪线由东向西逐渐增高，冰川区的年降水量为400～700毫米。祁连山东部从山麓到山顶的土壤垂直带谱为山地淡栗钙土、山地草原土、山地灰褐土、山地草甸土，但有些地方与祁连石质山地犬牙交错。

本亚区的主要生态问题是：雪线上升，植被萎缩，林牧农矛盾尖锐，水土流失严重，河川径流减少，旱象增加，严重威胁着河西走廊的生存发展以及黑河下游的生态环境。

本亚区林业生态建设与治理的对策是：加强天然草场和水源涵养林的保护，禁止不合理的开发与利用，保护现有的自然生态系统；加大退耕还林还草力度，采取综合性封育措施，加快荒山绿化步伐，改善生态环境。

本亚区收录1个典型模式：祁连山高山谷地水源涵养林建设模式。

【模式 C3-4-1】　祁连山高山谷地水源涵养林建设模式

(1) 立地条件特征

模式区位于青藏高原东北部边缘的祁连山高山谷地，分布有冰川、森林、草地，是甘肃省河西地区及内蒙古自治区西部部分地区的主要水源涵养林区，对其下游地区的工农业生产和生态环境建设具有特殊的地位与意义。

（2）治理技术思路

针对模式区的主要生态问题，一是要加强经营管理，保护现有森林、草场植被；二是采取蓄水保墒等措施提高造林成活率，营造以水源涵养林为主的防护林体系，快速增加森林面积；三是乔灌结合、针阔混交，增强森林的涵养水源、保持水土的综合效益。

（3）技术要点及配套措施

①细致整地：造林前1年的雨季或秋季整地。平地、缓坡坑穴整地，小坑穴的穴径和深度分别为40～60厘米，大坑穴的穴径和深度为1.0米左右。坑外缘用生土围成高约20～25厘米的半环状土埂，并在其上方两翼各开一道小斜沟集流；陡坡地，沿等高线开挖宽30厘米的梯形水平沟以拦蓄径流。整地时均需注意捡除石块杂物，回填虚土，以利保墒。

②造林方法：以青海云杉为主，适当配植沙棘等灌木。于春季选择生长健壮、无病虫害、苗根完好的3～4年生优质壮苗植苗造林。随起随运随栽植。长途运苗要用泥浆蘸根，包扎湿草，防止日晒失水。如用容器苗也可雨季造林。

③抚育管理：造林后要及时松土除草。头几年松土除草每年应不少于3次，4月下旬、5月中旬和7月下旬各1次。幼树稳定生长、高出杂草后，可以减少松土除草次数，1年1次即可。松土深土为15厘米。造林成活率达不到要求的，须于当年秋季或来年春季及时补植同龄大苗。同时要加强保护，严防人畜危害。

（4）模式成效

本模式促进了当地造林绿化和水源涵养林建设的进度，提高了效果。

（5）适宜推广区域

本模式适宜在河西走廊及周边山地的主要水源涵养区推广。

五、青海西北部高原盆地亚区（C3-5）

本亚区东起青海湖，西至新疆维吾尔自治区，南到昆仑山脚下，北与甘肃省接壤，地理位置介于东经97°13′53″～103°16′8″，北纬36°35′16″～39°43′55″，面积25 813平方千米。包括青海省海西蒙古族藏族自治州的格尔木市、德令哈市、都兰县、乌兰县，省直辖的茫崖镇、冷湖镇、大柴旦镇，海南藏族自治州的共和县等8个县（市、镇）的全部，以及青海省海南藏族自治州贵南县的部分地区。

本亚区属内陆高寒干旱区，气候特点是气温低、年较差小、日较差大，极端干旱，年降水量少而集中。土壤为灰棕漠土、棕钙土。植物有柽柳、梭梭、泡泡刺、盐爪爪、猪毛菜、沙蒿等。

本亚区的主要生态问题是：降水少而集中，气候干旱，风大沙多，植被稀疏，土壤贫瘠，水资源缺乏，草场退化、土地沙化呈逐年上升的趋势。

本亚区林业生态建设与治理的对策是：保护好现有天然荒漠植被，在沙漠前沿建设乔、灌、草结合的防风固沙林带；在风沙危害严重的城镇、交通线及绿洲外围构筑生物、机械等防护体系，防止沙漠的扩展与侵袭。龙羊峡库区风沙治理和柴达木盆地风沙治理是本亚区防沙治沙的两个重点区域。

本亚区共收录5个典型模式，分别是：青海共和盆地沙珠玉绿洲防护林体系建设模式，柴达木盆地抗旱整地造林模式，青海共和盆地高寒沙地流沙综合治理模式，青藏高原高寒沙地深栽造林治沙模式，青海都兰封沙育林育草模式。

【模式 C3-5-1】　青海共和盆地沙珠玉绿洲防护林体系建设模式

(1) 立地条件特征

模式区位于青藏高原东部边缘的青海省共和盆地黄河北岸的共和县沙珠玉和柴达木盆地香日德，属于高寒干旱沙质草原。海拔 2 800～2 900 米，年降水量 246.3 毫米，年蒸发量1 716.7毫米，年平均气温 2.4 ℃，极端最高气温 31.3℃，极端最低气温 －28.9 ℃，无霜期平均为 91 天。年平均大风日数 51 天，最多可达 97 天，风向主要为西、西北风，平均风速 2.7 米/秒，最大风速 40 米/秒。沙珠玉河自西向东横穿模式区，形成了由沙珠玉河下切侵蚀造成的大小不等的侵蚀面和风力作用形成的风蚀堆积地貌，沙漠化土地主要分布于沙珠玉河南岸。在西北风的作用下，流沙向东南方向侵袭，不仅危害沙珠玉河两岸的农田牧场，而且对龙羊峡库区的安全也造成了威胁。

(2) 治理技术思路

干旱、寒冷和风蚀沙化，使得模式区的生态环境十分脆弱，农牧业生产极不稳定。根据绿洲由内到外生态条件和立地类型变化的规律性，分别营造乔、灌、草，不同层次、不同功能组合的防风阻沙林带，形成综合防护体系，保证沙漠绿洲功能的正常发挥。

(3) 技术要点及配套措施

①绿洲外围封沙育林育草带：在有残存种源的沙地上，采取封禁的方法，依靠天然下种或根系萌发，同时‘辅以人工移植、补种、抚育、管护等措施恢复植被。在种源缺乏的地段，要采用人工补植或植苗的辅助措施。

②防风阻沙林带：在流动沙丘上造林前必须设置沙障。材料可用麦草或砾石、黏土、芦苇等，规格一般为 1.0 米×1.0 米或 1.0 米×2.0 米，垂直主风方向为 1.0 米，顺主风方向为 2.0 米。做麦草沙障时，先将麦草按走向线在沙面上铺好，用铁锨从中间插入沙地内 15 厘米，地上露出 15～20 厘米，草厚度 10 厘米左右为宜。主要造林树种为柠条、花棒、沙棘、柽柳、梭梭、沙拐枣、沙蒿，障内造林。

③绿洲内部农田林网：农田林网的结构是疏透通风型。主林带间距 150～200 米，副林带间距 400～600 米，每个网格的面积为 90～180 亩。主林带带宽 5.0～8.0 米，4～6 行乔木或乔灌混交；副林带的带宽 2.0～5.0 米，2～4 行乔木或乔灌混交。营造农田林网的乔木树种主要为青杨、新疆杨、小叶杨、白柳、旱柳等；灌木树种有沙棘、柠条、柽柳、沙柳、棉柳、黄柳、乌柳

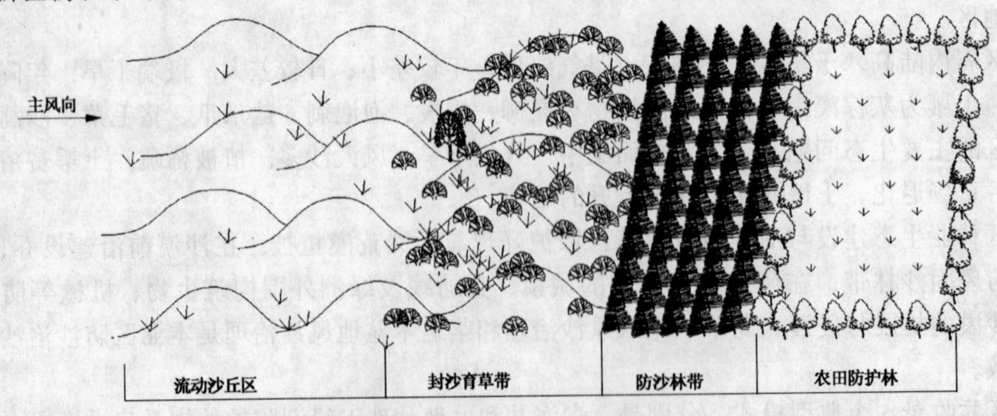

图 C3-5-1　青海共和盆地沙珠玉绿洲防护林体系建设模式图

等。

（4）模式成效

封育后植被盖度从原来的10%～15%增加到30%，粮食产量比治理前增加了206%，有效地保护了绿洲免受风沙危害，改善了绿洲生态环境，保证绿洲的农、林、牧业高产稳产。

（5）适宜推广区域

本模式适宜在我国西北广大荒漠绿洲地区推广应用。

【模式 C3-5-2】 柴达木盆地抗旱整地造林模式

（1）立地条件特征

模式区位于青海省都兰县的香日德，海拔2 900～3 100米，高原高寒大陆性气候。年降水量178毫米，年平均气温2.7℃，干旱多风，无绝对无霜期。土壤有棕钙土、棕漠土、风沙土和盐碱土等。植被以沙生植物为主，主要有猪毛菜、棘豆、白刺、芨芨草、早熟禾等。立地类型主要有沙质河漫滩、戈壁滩、半固定及流动沙丘。

（2）治理技术思路

柴达木盆地由于相对寒冷，日温差大，土壤热交换只在30厘米以内的地表进行，30～50厘米以下的地温特别低，造林难以成功。即使成活，主根也不能扎入土壤深层，根幅小，导致林木生长不良。此外，极端干旱的戈壁荒滩土层薄，也不利于造林。针对上述情况和特点，通过引洪挂淤积累淤泥，增加土层厚度，挖坑暴晒，提高土壤温度，挖沟换土，改善土壤理化性状，最终为苗木生长创造较好的生存条件，从而提高造林成活率，增加林木生长量。

（3）技术要点及配套措施

①引洪挂淤整地造林：造林前按自然地形筑埂，初春时将携有大量泥沙的消融冰雪水拦截，经1～2年的淤积，淤泥可达20～25厘米厚。再按照条田要求，带状机耕，深翻30～35厘米，营造林带。由于深翻改变了淤泥的不可透水的特点，改善了土壤结构，造林成活率相对较高。

②挖沟换土整地造林：在造林地按3.0～4.0米的距离挖0.5米×0.5米的沟，全部换土，再进行造林。

③挖坑暴晒整地造林：挖60厘米深的坑，暴晒20天左右后造林。

（4）模式成效

采用本模式造林，成效显著，可使戈壁荒滩的造林成活率提高到80%以上，萌发期也明显提前。

（5）适宜推广区域

本模式适宜在柴达木盆地有水源条件的戈壁荒滩推广应用。

【模式 C3-5-3】 青海共和盆地高寒沙地流沙综合治理模式

（1）立地条件特征

模式区位于青海省共和盆地黄河南岸的贵南县黄沙头，地处青藏高原，海拔2 962～3 450米，年平均气温2.0℃，年降水量398毫米，年蒸发量1 414.9～1 678毫米，年大风日数15.4天，沙尘暴日数17.8天。土壤类型主要为栗钙土、风沙土，分布有流动沙丘、固定半固定沙丘。植被主要是耐旱的多年生草类和灌木，主要有芨芨草、冰草、针茅、骆驼蓬、锦鸡儿、沙蒿、白刺等。

(2) 治理技术思路

综合分析当地的立地条件特点和风沙灾害的发生发展规律，从适地适树的原则出发，选择合适的乔灌木造林树种。在此基础上，把工程治沙、生物治沙措施和先进的造林技术有机地结合起来，提高造林的质量和成活率，达到治理沙害、改善生态环境的目的。

(3) 技术要点及配套措施

①总体布局：充分考虑到微地貌差异造成的生态异质性，在树种选择、林种配置、技术保障等方面做到因地制宜。树种选择方面，宜用荒漠植被区系的耐旱灌木，也可选择森林或森林草原地带的中湿生大灌木或乔木树种；树种配置方面，其基本原则是低地杨柳高地灌、经济植物栽林下，即将喜湿的杨柳栽于低地，耐旱的灌木栽于沙丘；流沙治理上，采用前挡后拉削丘顶、卵石黏土方格化；造林方法上，采取直播、植苗、深插杆，推广容器苗造林技术。

②设置沙障：凡在流沙地特别是沙丘上造林需先设置机械沙障，机械沙障所用材料原则上就地取材。一是利用附近河滩地上粒径3～10厘米的河卵石，沙障规格可为1.0米×1.0米或2.0米×1.0米；二是利用丘间地原生黏性土壤，黏土沙障的棱高和面积要相配套，高棱相应的方格面积也应大，棱高最大20厘米，沙障规格1.2～1.5米见方。沙障建立后最好先经历一个"预蚀"期，让方格内四角四边分别承受一定的沙蚀或沙埋量，使方格中间的沙面达到一个风蚀基准面，然后才可在沙障内直播造林。

③造林技术：

直播造林：主要用于沙障方格内的造林。春播在5月初，雨季播种在5月中下旬至6月初进行。树种主要有柠条、沙蒿、梭梭、沙拐枣等。穴播于沙障方格内来风端的棱边或角内，此处为落沙部位，水分条件较好。播深取决于种子大小，小粒种子可撒播、穴播、条播，覆土一般1～6厘米左右。

容器苗造林：主要用于沙障格内或坡度较缓的没有设置沙障的沙丘背风坡造林。容器苗播种育苗时间的确定用倒推法计算，苗期速生的树种在大棚内育苗时间不应超过2个月，否则苗根穿透容器底部，不但起苗困难，而且影响造林成活率。适宜于容器苗造林的树种有甘蒙锦鸡儿、花棒、杨柴、树锦鸡儿等。

插杆造林：主要用于沙丘背风坡、未设沙障低矮平缓的迎风坡或沙障格内。造林密度3.0米×3.0米，插杆造林成败的关键是插穗的质量，达到一定直径规格的插条，枝龄越小越好。柽柳等灌木插条直径的下限为1.5厘米，杆长以50厘米为宜；青杨、小叶杨直径为2厘米，杆长1.0～1.5米为宜。如果插在沙障内还可细一点，杆长20～30厘米即可。造林时插杆提前1个月用活水浸泡，插杆皮孔处形成白色不定根，即"露白"为好。

大苗深栽造林：在地势平坦、原生土壤肥沃的丘间地，选用3年生大苗，挖深坑、大坑，深栽50厘米，株行距3.0米×3.0米，适宜树种有杨树、乌柳、沙柳、柽柳、沙棘等。

种植经济植物：地下原生土壤肥沃、地上有杨柳树庇护的丘间地，在林下可引种经济植物，如西藏沙棘、麻黄、大黄、甘草等。

(4) 模式成效

通过综合分析树种特性、立地质量和造林技术措施，进行合理组合与配套，提高了造林成活率。3年生直播沙蒿单株侧根长达1.6米，冠幅直径超过2.0米；大苗深栽造林、容器苗造林在不使用任何抚育措施的情况下成活率几乎达100%。流沙治理在短期内取得了显著效益。

(5) 适宜推广区域

本模式适宜在海拔3 000米以上的高寒风沙地区推广应用。

【模式 C3-5-4】 青藏高原高寒沙地深栽造林治沙模式

（1）立地条件特征

模式区位于青海省的共和县塔拉滩、贵南县黄沙头、都兰县夏日哈等地，海拔 2 800～3 200 米，年平均气温 2.4℃，年降水量不足 300 毫米，日照强烈，年蒸发量远远大于年降水量。温度日较差大，风沙多，形成了许多沙丘和沙地。植被主要以青藏高原高寒植被和温带荒漠植被为主。

（2）治理技术思路

高寒沙地风大、沙多、干旱，造林苗木不易成活。在固定半固定沙丘、丘间洼地以及河谷两岸水分条件相对较好的沙地，采用深栽造林并配合生物、机械沙障，可达到提高造林成效，尽快改善生态环境的目的。

（3）技术要点及配套措施

①插杆选择：在 8～15 年生的青杨或柽柳母树上，选取 1～2 年生无病虫害、生长健壮、直径分别大于 3 厘米（青杨）或 1 厘米（柽柳）的枝条，青杨截成长 1.5 米、柽柳截成 0.8 米的插杆。

②插杆处理：在 4 月上旬将插杆放在流水中浸泡 40 天左右，直至树皮表面出现白色、浅黄色的凸起时，再用 ABT 生根粉处理后，方可用于造林。

③造林：5 月中旬开始，株行距 1.5 米×2.0 米，栽植深度 1.0 米，地上部分留 50 厘米左右。栽前去掉植树穴范围内的干沙层，随挖坑随栽植，坑深 1.0～1.5 米，也可用直径 3 厘米左右的钢钎打钻孔插杆造林。对于小片流沙地，造林前用砾石或秸秆按 2.0 米×2.0 米的规格设置成正方形沙障，再在沙障内直播柠条、沙蒿或深栽造林。

④管护：栽植后用围栏封育保护，并及时抚育。

（4）模式成效

沙地深栽造林成本低，成活率高，防风固沙成效好。

（5）适宜推广区域

本模式适宜在柴达木盆地高寒风沙区、龙羊峡库区风沙区及干旱严重、沙化日益加剧的高海拔沙地推广。

【模式 C3-5-5】 青海都兰封沙育林育草模式

（1）立地条件特征

模式区位于柴达木盆地东部的巴隆、宗加之间的青藏公路两侧，地处青海省都兰县宗巴滩，由许多洪积、冲积扇联结而成，海拔 2 820 米，地势平坦，以 1/50～1/100 的比降度向盆地中心倾斜，平均坡度在 5 度以下，地下水埋藏深度在 30～130 米。年平均日照时数 3 227 小时，年平均气温 2.7～4.4℃，≥ 10℃年积温2 339℃，生长期 203 天。年降水量 66.8 毫米，集中于 6～8 月份，年蒸发量 2 088～2 716 毫米。年平均风速 3.5～3.7 米/秒，最大风速 24.6 米/秒，≥8 级大风日数年平均 32～54 天，年平均沙尘暴日数 14.6 天。土壤以灰漠土为主，还有风沙土与部分盐渍土。温带荒漠植被，具有覆盖稀疏、结构简单、组成种类和群落种类少等特点。

盆地沙区植被破坏由来已久。荒漠植被破坏后直接逆行演替为沙漠荒壁，经过封育，又从戈壁直接恢复为原来的群落，中间不存在其他植被类型或群系的过渡，无论植物种、组成、结构、群落外貌等均与原生状态无大差异。

(2) 治理技术思路

采取封沙育林育草的方式，恢复被破坏的植被，既能够解决当地开发过程中燃料不足的问题，又较好地克服了人工营造薪炭林资金需求缺口较大的困难。

(3) 技术要点及配套措施

①封育规划：在全面普查的基础上，将宗巴滩划分为管护区、封育区、樵采区、示范区和对照区，并对各区采取相应的管护和治理措施。

②样地设置：为了观测封育过程中的植被变化情况，在封育区内以青藏公路为基线，以桥涵作为永久性标志，沿公路南北两侧各 400 米设置了 14 个固定样地。

③配套措施：封育区以保护为主，在有条件的地段种草栽树，人工更新复壮与天然更新结合。

(4) 模式成效

本模式实施 10 年内，封育区 18 万亩植被的地上生物总量达到 823.7 万千克，相当于 1.6 万人 1 年的烧柴需要量，总价值 246 万元。减去原存生物量 22.9 万千克，新增 800.8 万千克，其中 10% 作为饲草，可供 800 峰骆驼食用 1 年。封育后，起到了一定的固沙作用，使戈壁滩的风蚀量降低，减少了沙源，削弱了沙漠向附近农田和香日德绿洲的推进速度；减少了地表径流，使青藏公路路基得到保护；改善了荒漠景观，使破坏后的裸露戈壁滩植被得到初步恢复。

(5) 适宜推广区域

本模式适宜在我国西北戈壁荒漠需要而且有植被恢复条件的地区推广应用。

六、乌兰察布高平原亚区（C3-6）

本亚区位于内蒙古自治区中部，北与蒙古国交界，南至阴山北麓丘陵，东起内蒙古自治区锡林郭勒高平原西部，西与阿拉善高平原衔接，地理位置介于东经 106°28′16″～112°20′43″，北纬 41°14′43″～44°7′55″。包括内蒙古自治区锡林郭勒盟的二连浩特市的全部，以及内蒙古自治区锡林郭勒盟的苏尼特左旗、苏尼特右旗，包头市的达尔罕茂明安联合旗、固阳县，乌兰察布盟的四子王旗，巴彦淖尔盟的乌拉特中旗、乌拉特后旗等 7 个县（旗）的部分地区，面积 73 327 平方千米。

本亚区海拔 1 100～1 400 米。年平均气温 2～4℃，≥10℃ 年积温 2 200～2 800℃。年降水量 150～250 毫米，年蒸发量 2 000～2 800 毫米，湿润度 0.3～0.13。8 级以上大风日数 60 天。土壤为棕钙土、淡栗钙土、草甸土、风沙土等，土壤瘠薄，有机质含量很低。植被从东南向西北依次为干草原、荒漠草原、草原荒漠植被类型，植物主要有针茅、无芒隐子草、多根葱和小叶锦鸡儿等。

本亚区的主要生态问题是：降水少、气候干燥、风沙大、土壤贫瘠、无霜期短、水资源严重短缺，植被破坏严重，生态环境极其脆弱。

本亚区林业生态建设与治理的对策是：有计划地封育退化草场，保护好天然植被，坚决制止滥樵、滥牧、滥垦。严格遵守“依水定林”的原则，在有条件的地区小规模造林。

本亚区收录 1 个典型模式：阴山北麓风蚀沙化土地治理模式。

【模式 C3-6-1】　阴山北麓风蚀沙化土地治理模式

(1) 立地条件特征

模式区位于内蒙古自治区包头市固阳县、达尔罕茂明安联合旗的农区，丘陵地貌，半干旱大陆性气候，年平均气温 3.9℃，无霜期 110 天，年降水量 250～400 毫米。土壤为棕钙土，栗钙土。植物种类有柠条、锦鸡儿、沙棘、针茅等。风蚀沙化严重。

(2) 治理技术思路

模式区多为半农半牧区，广种薄收和超载过牧是影响这一地区生态建设的主要因素。结合这一地区的自然条件特点，发展以柠条、沙棘为主的灌木林，不仅可以改善当地植被状况、防风固沙，而且可以部分解决饲料不足的问题。

(3) 技术要点及配套措施

①种子选择：柠条、沙棘直播造林选用纯净度、发芽率高的种子，最好选用当年的新种子或前 1 年的种子。

②造林时间：当年雨季，一般在 7～8 月份择时播种。

③造林方法：以直播造林为主。在透雨天后，按 5.0 米带距、1.0 米带宽，用农具带状整地造林。整地要沿等高线进行，并随整地随点播，点播种子量为 5 粒左右，点播间距 1.0～2.0 米，平均每亩用种约 0.5 千克。在农具后要拖一镇木或石滚，点播后随即一次性镇压覆土，完成造林。个别土层较薄、播种造林难以成功的地方，可于春季用裸根苗或在雨季用容器苗造林。

④管护：幼苗出土后易被鸟、鼠侵害，应确定专人看护或树立假人以起惊吓、驱赶作用，减少破坏。同时，也要注意防止人畜危害。

(4) 模式成效

本模式多年来一直作为当地林业生态建设的主要方法推广应用，获得了良好的生态、经济和社会效益。特别是包头市固阳县，目前已有大面积成林，生长旺盛，效果非常好。

(5) 适宜推广区域

本模式适宜在三北半干旱地区广泛推广，但坡度太陡、地形复杂地区慎用。

第 18 章

阴山山地类型区(C4)

本类型区是一个沿阴山山脉南、北走向的狭长地带，东起锡林郭勒盟，西至阿拉善盟，南至黄河边，北与蒙古国接壤。地理位置介于东经106°12′2″～115°49′31″，北纬40°43′5″～42°25′24″。包括内蒙古自治区巴彦淖尔盟、呼和浩特市、包头市、乌兰察布盟、锡林郭勒盟的全部或部分地区，总面积95 138平方千米。

本类型区海拔大多在1 200～1 600米。干旱、半干旱气候，年平均气温1～6℃，年降水量150～400毫米，降水量分布不均，集中于7～9月份。地带性土壤为栗钙土、棕钙土，部分地区有盐碱土、风沙土分布。

本类型区的主要生态问题是：在干旱、半干旱的气候背景下，人为过度的经济活动造成植被严重衰退，地表裸露，土壤风蚀沙化、盐渍化及水土流失。

本类型区林业生态建设与治理的主攻方向是：以保护天然植被为基础，大力调整农林牧结构，人工造林和封山育林相结合，加快植被建设步伐，保持水土、防风固沙、减轻土壤盐渍化，进一步改善当地的生态环境。

本类型区共分3个亚区，分别是：阴山山地西段亚区，阴山山地东段亚区，阴山北麓丘陵亚区。

一、阴山山地西段亚区（C4-1）

本亚区东起西山嘴，西至狼山西端，南临内蒙古自治区河套平原，北接内蒙古自治区乌兰察布盟和阿拉善高平原，包括内蒙古自治区巴彦淖尔盟的磴口县、杭锦后旗、乌拉特后旗、乌拉特中旗、乌拉特前旗、临河市、五原县等7个县（市、旗）的部分地区，地理位置介于东经106°12′2″～109°15′49″，北纬40°51′24″～41°25′55″，面积5 804平方千米。

本亚区的地形特点为山峰耸立、山峦连绵，南坡陡峭，北坡较缓，海拔1 200～1 600米。干旱、半干旱气候，年平均气温3～6℃，≥10℃年积温2 000～3 200℃，无霜期120天左右，年降水量150～250毫米，年蒸发量2 400～2 600毫米，湿润指数0.13～0.3。土壤主要为淡栗钙土、棕钙土。植被基本为荒漠草原及山地荒漠，植物种类主要有针茅、锦鸡儿、狭叶鼠李、黄刺玫、杜松、灰榆、蒙古扁桃等。

本亚区的主要生态问题是：在脆弱的生态环境条件下，由于长期超载过牧，植被破坏严重，水土流失加剧。

本亚区林业生态建设与治理的对策是：在切实解决好林牧矛盾的基础上，加大封育力度，促进天然更新，同时积极开展人工造林，发展以灌木为主的水土保持林，合理控制载畜量，逐步恢复和建设林草植被，改善生态环境。

本亚区收录 1 个典型模式：阴山山地水土流失生物防治模式。

【模式 C4-1-1】 阴山山地水土流失生物防治模式

（1）立地条件特征

模式区位于内蒙古自治区呼和浩特市、包头市所辖大青山林区。年平均气温 3～4℃，极端最低气温 -34.3℃，无霜期 117 天。年降水量 300～400 毫米，年蒸发量 2 900 毫米，风力强劲，年平均大风日数为 55～60 天。地带性土壤为栗钙土，山前分布有少量冲积土。水土流失十分严重。

（2）治理技术思路

在保护好现有山地植被的前提下，以适地适树适草为基本原则，精细整地与高质量造林相结合，进行坡面综合治理，逐步建成以水土保持林为主的防护林体系，防止水土流失，改善生态环境。

（3）技术要点及配套措施

①造林立地分类：以 30 厘米土层厚为界，区分为薄层土和中厚层土。小于 30 厘米者为薄层土，大于 30 厘米者为中厚层土。

②树种选择：山地阴坡中厚层土立地类型，选用华北落叶松、油松、沙棘等树种营造水土保持林。山地阳坡薄层土立地类型，营造杜松、油松、侧柏与山杏、柠条等灌木树种的混交林。

③配置形式：在阴坡中厚层土的立地条件下，乔木 5 行 1 带，林带两侧栽植沙棘，中间栽植落叶松或油松，带间种草；对于阳坡薄层土，营造灌木纯林或混交林带，两侧配置沙棘，林带间种草或保留原有植被，形成草田林带形式。

④整地：采用水平沟、鱼鳞坑相结合的整地方式。在中下坡缓坡地带土层较厚的部位，于造林前 1 年沿等高线进行水平沟整地，品字形排列，规格是 120 厘米×60 厘米×40 厘米，中心距 3.0 米。沟挖好后回填表土 0.3 米，用心土在沟下缘筑土埂。在坡上部土层较薄的地带于造林前 1 年进行鱼鳞坑整地，规格是 80 厘米×60 厘米×40 厘米。

⑤造林：春季植苗造林，针叶树用 2 年生合格苗，进行蘸浆造林；山杏、柠条、沙棘等灌木用 1 年生苗，每条沟植 2 株，靠壁栽植。雨季以针叶树容器育苗造林为主，选用 2 年生容器苗，

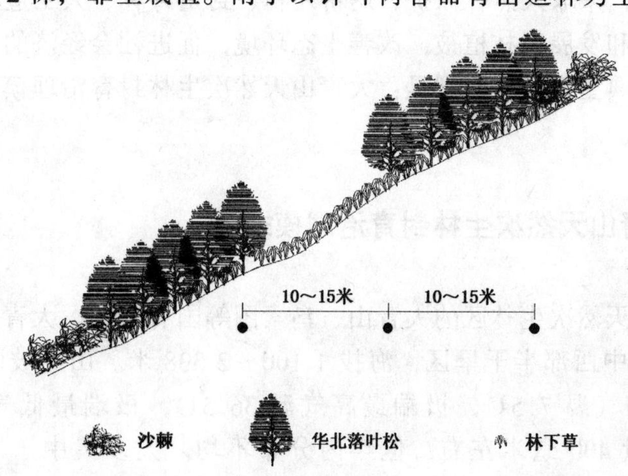

图 C4-1-1 阴山山地水土流失生物防治模式图

每穴（沟）2株，在降雨集中期栽植。例如：呼和浩特市在大青山阳坡造林，春季选用2年生油松裸根苗植苗造林，雨季再选择2年生油松容器苗对春季植苗未成活的林地进行补植。

⑥抚育管理：栽植5年内进行封禁管护，防止人畜破坏。每年夏季对植树穴松土、除草1～2次，同时扩穴培土修埂，维持植树穴的蓄水能力。

(4) 模式成效

本模式采用适宜的造林树种、整地方式和造林方式等，有效地拦截了地表径流，涵养水源，有利于保护和恢复植被，减少水土流失，改善了生态环境，提高了生物多样性。

(5) 适宜推广区域

本模式适宜在内蒙古自治区的大青山山地及其他条件类似地区推广。

二、阴山山地东段亚区（C4-2）

本亚区东起内蒙古自治区的乌兰察布盟，西至内蒙古自治区的阿拉善盟，南到黄河岸边，北至阴山脚下。包括内蒙古自治区包头市的石拐区、白云矿区的全部，以及内蒙古自治区呼和浩特市的回民区、新城区、土默特左旗、武川县，包头市的昆都仑区、东河区、青山区、九原区、土默特右旗、固阳县，巴彦淖尔盟的乌拉特前旗，乌兰察布盟的卓资县等12个县（区、旗）的部分地区，地理位置介于东经109°6′29″～112°28′56″，北纬40°43′5″～41°22′16″，面积14 761平方千米。

本亚区主要山脉有大青山、乌拉山和色尔腾山，南坡陡峭巍峨，北坡缓缓倾斜，海拔1 100～2 000米。年平均气温2～4℃，≥10℃年积温2 000～3 000℃，年降水量350～480毫米。无霜期100～120天，年平均风速5米/秒，≥8级大风约40天。土壤有栗钙土、褐土、黑钙土、草甸土、石质土、粗骨土等。植被为山地典型草原、草甸草原和森林草原，残存有少量次生林。树种有油松、白桦、山杨、云杉、侧柏、杜松、虎榛子、绣线菊、黄刺玫等。

本亚区的主要生态问题是：在脆弱的自然生态系统状态下，过度开垦、超载过牧等人为不合理的经济活动致使植被退化，造成风沙危害和水土流失。同时，干旱也是制约该亚区生态环境建设的主要因素之一。

本亚区林业生态建设与治理的对策是：以提高森林水源涵养和水土保持能力为重点，从调整农、牧、林业结构入手，采取天然林保护、退耕还林、封山育林、人工造林等多种手段，加快荒山荒地绿化步伐，恢复和发展森林植被，改善生态环境，促进社会经济的协调发展。

本亚区共收录2个典型模式，分别是：大青山天然次生林封育治理模式，阴山南麓生态经济型农田防护林营建模式。

【模式C4-2-1】　大青山天然次生林封育治理模式

(1) 立地条件特征

模式区位于大青山天然次生林区的大青山、乌素图等国有林场。大青山是阴山山脉的一条支脉，位于内蒙古自治区中西部半干旱区，海拔1 100～2 338米。山高坡陡，地形复杂。日照充足，温差较大。年平均气温7.5℃，极端最高气温36.5℃，极端最低气温－32.8℃。无霜期129～140天。年降水量400毫米左右，但年内分布不均，大多集中于7～9月份。年蒸发量1 707.4毫米。春季多大风天气，旱灾频繁。土壤以栗钙土为主。该区为内蒙古自治区中西部的主要次生林区，有天然次生林180万亩，森林覆盖率11.5%。森林植被主要有油松、侧柏混交林，辽东栎林、白桦、山杨林，虎榛子、绣线菊灌丛；草本有长芒草、短花针茅、百里香、羊草等。

（2）治理技术思路

大青山地区土壤和水热条件较好，天然次生林分布相对集中，进行封山育林育草，成本低，见效快，尤其在人工造林难以成林的高山、陡坡、岩石裸露地，是恢复植被的一种有效方式。在这一地区通过封山育林育草，可增加森林面积，进一步提高森林涵养水源、保持水土的能力，有效改善生态环境。

（3）技术要点及配套措施

①划定封育区：根据不同的立地条件确定不同的封育树种，主要以油松、华北落叶松、白桦、沙棘、柠条为主。主封区包括20度以上的坡地和侵蚀沟。

②围封管护：修建铁丝网刺围栏，围栏高度1.5米，刺丝间距0.3米。在封育区的主要路口树立标牌、宣传牌等。封育期间禁止采伐、樵采、放牧、割草和其他一切不利于林木生长繁育的人为活动。落实管护人员，分片划段，明确责任区，定期检查，严格奖罚制度。制订严格的封育管护制度和乡规民约，严格管理。依法治林，及时查处各类毁林失火案件。加强森林防火和森林病虫害防治工作。

③配套措施：建立封育技术措施档案，设立固定标准地，定期观察记载，摸索封育规律。在天然更新不易成林的地区，采取适当的人工促进更新措施，如人工播种、移植、补植等，封造结合，促进植被恢复。

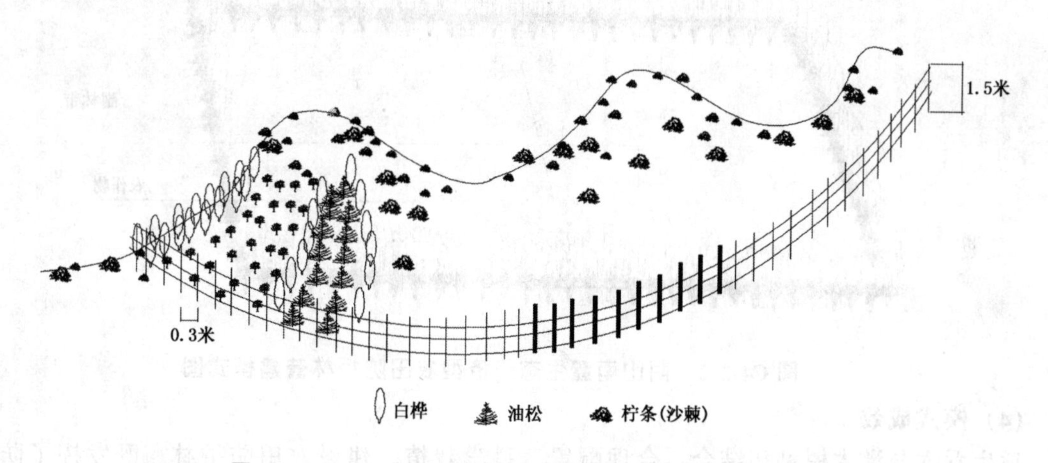

图 C4-2-1　大青山天然次生林封育治理模式图

（4）模式成效

近年来，大青山天然次生林区的大青山、乌素图等国有林场把封育作为扩大森林资源的一项主要措施，人工促进天然更新，封造结合，大力封山育林（草），使森林面积大幅度增加，森林覆盖率提高，有效地发挥了森林的综合效益，保护了生物多样性。

（5）适宜推广区域

本模式适宜在半干旱地区的天然次生林区推广。

【模式 C4-2-2】　阴山南麓生态经济型农田防护林营建模式

（1）立地条件特征

模式区位于内蒙古自治区呼和浩特市的托克托县，北靠大青山，南临库布齐沙漠，大黑河、黄河横贯东西。年平均气温4.0～6.8℃，无霜期145天。年降水量250～400毫米，地下水位

1.5～4.0 米。土壤为栗钙土、暗栗钙土。区内沟壑密布、水土流失严重。

(2) 治理技术思路

以农区的渠和路为骨架，营造乔灌结合、多林种结合的新一代农田防护林，确保农业的稳产高产。

(3) 技术要点及配套措施

①树种：乔木选择新疆杨、沙枣、旱柳、白榆等，灌木用紫穗槐、杞柳。

②整地：春秋季全面耕翻，耙平后挖坑。土层深厚地段栽植坑的规格为 70 厘米×70 厘米×70 厘米；土层薄、有石砾、粗砂的地段，挖 100 厘米×100 厘米×100 厘米的大坑。修好畦埂、地堰、水渠等。杞柳插条造林时需挖穴 40 厘米深。

③造林：新疆杨、沙枣、旱柳和白榆，用高大于 2.0 米、地径 2 厘米以上的 2 年生大苗；杞柳插条要求地径 0.8 厘米、长 40 厘米；紫穗槐要求苗高大于 40 厘米、地径 0.5 厘米以上。乔灌木混交造林为主，营造疏透结构林带。主林带一般 4 行，株行距 2.0 米×1.0 米。副林带 2～4 行。春秋季栽植，栽后立即灌水。浇水后隔半天扶苗、踩实、覆土。

④抚育管理：及时除草、松土、浇水，入冬封冻时浇冻水，加强管护。

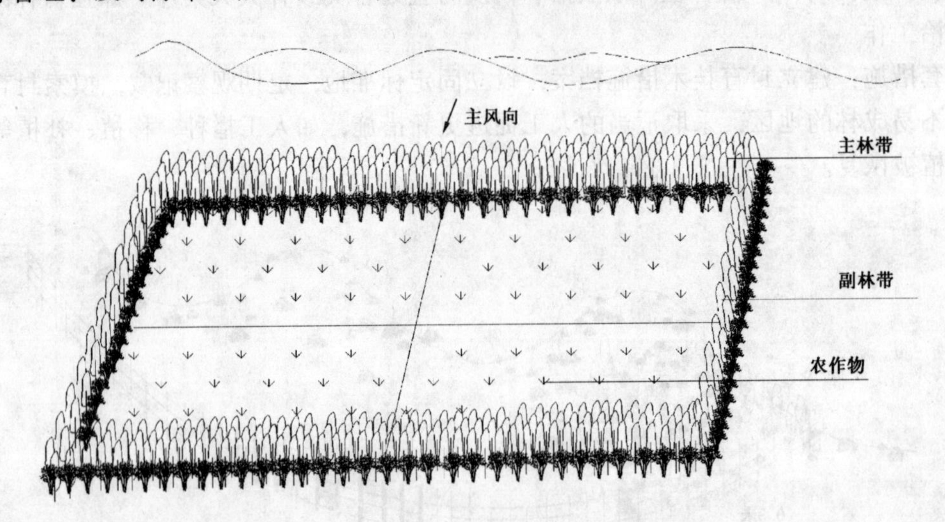

图 C4-2-2　阴山南麓生态经济型农田防护林营建模式图

(4) 模式成效

适生乔木与灌木树种相结合，合理配置，科学栽植，建设农田防护林，既发挥了防护效益，又提高了自身的经济价值。

(5) 适宜推广区域

本模式适宜在阴山南麓条件类似的地区推广。

三、阴山北麓丘陵亚区（C4-3）

本亚区位于阴山北麓，东起内蒙古自治区锡林郭勒盟的多伦县，西至包头市的固阳县，南为阴山山地，北至锡林郭勒盟和乌兰察布高平原，包括内蒙古自治区乌兰察布盟的察哈尔右翼后旗、察哈尔右翼中旗、化德县、商都县，锡林郭勒盟的太仆寺旗等 5 个县（旗）的全部，以及内蒙古自治区包头市的达尔罕茂明安联合旗，乌兰察布盟的四子王旗、卓资县、兴和县，锡林郭勒盟的镶黄旗、正镶白旗、正蓝旗、多伦县，呼和浩特市的武川县等 9 个县（旗）的部分地区，地理位置介于东经 108°47′25″～115°49′31″，北纬 41°10′45″～42°25′24″，面积74 573平方千米。

本亚区属阴山山地向高平原过渡的丘陵地带，主要由丘陵和宽谷滩地组成，地势南高北低，海拔 1 000～1 600 米。年平均气温 1～4℃，≥10℃年积温为 1 800～2 200℃。无霜期 90～120 天。年降水量 250～400 毫米，年蒸发量 2 400～2 800 毫米。≥8 级大风日数 40 天。地带性土壤为栗钙土，滩川和河谷地土质较好，丘陵坡地土质疏松瘠薄。植被为典型草原，主要植物有针茅、羊草、绣叶菊，小叶锦鸡儿；河谷滩地有杨、柳、榆等人工林。

本亚区的主要生态问题是：气候干旱，过垦，过牧，植被退化，地表裸露，农田、牧场风蚀沙化严重。此外，较低的积温和土壤盐碱化也是林业生态建设的重要制约因素。

本亚区林业生态建设与治理的对策是：在保护好现有植被的基础上，对沙化严重的耕地实施退耕还林还草，营造防护林及薪炭林；牧区推行舍饲和轮牧，恢复草场植被。水土流失严重的地区大力营造水保林，最终实现生态经济系统的良性循环。

本亚区收录 1 个典型模式：乌兰察布盟后山地区退耕还林（草）模式。

【模式 C4-3-1】 乌兰察布盟后山地区退耕还林（草）模式

（1）立地条件特征

模式区位于内蒙古自治区乌兰察布盟。春季干旱少雨，夏季温热短促，冬季寒冷。年降水量 300 毫米左右，极端最高气温 35.9℃，极端最低气温 -36℃，无霜期 90～110 天。年平均风速 4～5 米/秒，年内 8 级以上大风日数 50～80 天。大风、干旱、冰雹、霜冻四大自然灾害频繁。

（2）治理技术思路

当地气候干旱少雨，风沙灾害严重，土壤瘠薄，农业生产环境恶劣；广种薄收，农业产量低而不稳。人均占有粮食 272 千克，人均收入只有 200 元，生态经济恶性循环。根据这种情况，当地政府制定了进一步调整、优化产业结构，以畜牧业为基础，立林草为主业，逐渐加大退耕还林、还草、还牧力度，实行“进一退二还三”战略，即每建成 1 亩高标准农田，退出 2 亩低产田，并在退耕地上还林还草还牧，把“退、还”放在突出位置，加快改善生态环境的步伐。

（3）技术要点及配套措施

①合理规划：针对丘陵、滩川，坡梁、沟壑等不同立地条件，宜农则农，宜林则林，宜草则草，实施草田间作、林粮间作、“林经”间作，使农、牧、林业协调发展。

②确定退耕土地：重度风蚀沙化地、撂荒地、轮歇地、贫瘠地、pH 值高的中度和重度盐碱地、农田防护林占地、15 度以上的坡梁地等。

③造林：营建人工林时，将过去的宽林带大网格调整为窄林带小网格。在树种选择上，以灌木为主，主要是柠条，草本包括沙打旺、草木犀、披碱草等。

④配套措施：大力推行舍饲养畜，在封育区采取严格管护措施，严禁放牧和人为毁坏。

（4）模式成效

本模式自 1994 年实施后，农林牧比例得到明显优化，农田面积大幅度减少，畜牧业基础进一步牢固，林草业迅速发展，形成具有地方特色的区域经济格局。到 1997 年，3 年种植灌木 117.315 万亩，种植以沙打旺为主的多年生牧草 241.5 万亩，林地面积达到 328.005 万亩，比 1993 年增加了 61.005 万亩，森林覆盖率由 3.25%提高到 4.23%。

（5）适宜推广区域

本模式适宜在青海省、宁夏回族自治区等风沙灾害较严重的农业区、农牧交错区推广。

第19章

内蒙古高原及辽西平原类型区(C5)

本类型区位于内蒙古自治区的乌兰察布盟以东，黑龙江省的大庆市和吉林省的长春市以西，北与蒙古国接壤，南至内蒙古自治区赤峰市的喀喇沁旗。地理位置介于东经 111°10′40″～123°30′56″，北纬 41°46′16″～50°52′53″。包括内蒙古自治区呼伦贝尔盟、锡林郭勒盟、兴安盟、赤峰市、通辽市，辽宁省阜新市的全部或部分地区，总面积 371 361 平方千米。

本类型区属温带半干旱及半湿润区，年降水量200～600 毫米，西部水分条件较差，东部水资源较丰富。地势起伏较小，年平均气温 0～5.6℃，土壤有栗钙土、黑钙土、风沙土。植被类型为温带森林草原、阔叶疏林草甸草原及半干旱草原。区内分布有呼伦贝尔沙地（流沙占沙地总面积的 4.3%，半固定沙地占总面积的 22.2%）、浑善达克沙地（流动沙地占总面积的 12.9%，半固定沙地占 19.6%）、科尔沁沙地（流动沙地占 17.5%，半固定沙地占 46.5%）及嫩江沙地(基本为固定沙地)。

本类型区的主要生态问题是：由于人为过度开发利用，原生植被遭到破坏，致使沙丘活化、农田风蚀沙化、草场“三化”（沙化、盐渍化、退化）加剧，荒漠化土地面积扩展迅速，风沙危害日益严重。同时，气候干旱和土壤盐渍化也是制约生态环境建设与治理的主要因素之一。

本类型区林业生态建设与治理的主攻方向是：通过建立保护区、封禁等措施，保护好现有天然植被；根据不同立地条件和风沙危害的程度，因地制宜地合理利用当地的水、土、气、生等资源；采取封山育林育草、人工造林种草和飞机播种相结合的方法，营造各种防风固沙林、农田防护林、护牧林、薪炭林，恢复和重建植被，治理沙化土地，减轻风沙危害，改善生态环境，促进当地经济的健康发展和群众脱贫致富。

本类型区共分 3 个亚区，分别是：浑善达克沙地亚区，科尔沁沙地及辽西沙地亚区，呼伦贝尔及锡林郭勒高平原亚区。

一、浑善达克沙地亚区（C5-1）

本亚区位于内蒙古高原的中段北部，地理位置介于东经 111°43′38″～118°31′31″，北纬 41°46′16″～44°33′32″。包括内蒙古自治区锡林郭勒盟的锡林浩特市、苏尼特右旗、苏尼特左旗、阿巴嘎旗、镶黄旗、正镶白旗、正蓝旗、多伦县，赤峰市的克什克腾旗等 9 个县（市、旗）的部分地区，面积 74 573 平方千米。

本亚区海拔 1 000～1 400 米，地貌类型以风蚀劣地、风积沙地为主。年平均气温 0～4℃，无霜期 60～110 天，年降水量 200～350 毫米，年蒸发量 2 000～2 700 毫米，年平均风速 4～5米/秒，全年 8 级以上大风 60～80 天。东部主要是沙质暗栗钙土，西部多沙质淡栗钙土和棕钙土。

植被为半干旱草原植被，树草种有山杨、白桦、蒙古栎、山杏、沙地榆、小黄柳、锦鸡儿和禾本科、菊科、豆科牧草等。

本亚区的主要生态问题是：脆弱的生态系统由于超载放牧、过度开垦等原因，草场日益严重破坏，草场退化、土地沙化、风沙危害和沙尘暴灾害频繁。

本亚区林业生态建设与治理的对策是：积极保护现有植被，促进沙地林草植被恢复；采取封、飞、造并举，带、片、网结合，乔、灌、草结合的治理方针，以生物措施为主，工程措施为辅，营造防风固沙林、牧场防护林等，逐步提高林草植被覆盖率，达到防风固沙、遏制扬沙、改善沙地生态环境、恢复草原植被、保障畜牧业健康发展的目的。

本亚区共收录4个典型模式，分别是：浑善达克沙地封沙育林育草、飞播造林恢复植被模式，浑善达克沙地半干旱沙化草场生物围栏营建模式，浑善达克沙地沙化草场综合治理与开发模式，浑善达克沙地流动、半流动沙丘综合治理模式。

【模式 C5-1-1】 浑善达克沙地封沙育林育草、飞播造林恢复植被模式

（1）立地条件特征

模式区位于浑善达克沙地克什克腾旗的退化草场，平缓沙地、流动沙丘、半固定沙丘相间分布。在流动、半流动沙丘上分布的主要植物有小叶锦鸡儿、白榆、杨柴、沙竹、沙米等；平缓固定沙地上分布有白榆、小叶锦鸡儿、冷蒿，草本植物有沙生冰草、糙隐子草等；丘间低地上分布有小红柳、披碱草等。

（2）治理技术思路

在生态脆弱的浑善达克沙地，为恢复草场生产力，必须首先对退化和沙化草场进行封育管理，并采取相应的配套措施。在流动沙丘上，选用萌蘖性强的灌木树种设置活沙障，促进天然植被恢复和繁殖更新。进而利用这一地区地广人稀、沙化土地面积大的特点，大力飞播造林种草，加快植被恢复步伐。

（3）技术要点及配套措施

①封育：选择有利于植物繁育的丘间低地、固定及平缓沙地，用网围栏围封。封育面积根据需要和地形确定。围栏规格，每4米一根水泥桩，桩高2.2米，埋深0.8米，地上部分1.4米，挂网。封育区设专人进行管护，必要时进行补播。封育时间视植被恢复程度而定。

②活沙障固沙：在流动沙丘上选用黄柳、杨柴等灌木，在水分条件较好的平缓流沙上选用小红柳扦插，营造活沙障。沙障设置形式为行列式和网格状，行距为4.0～8.0米，网格为4.0米×4.0米。一般在4月中下旬和10月中下旬扦插。沙障设置后3年内严禁人畜破坏，第2年可在网格内栽植固沙树种。

③飞播造林：适宜在沙化土地面积相对集中、连片，沙害严重地段进行。适宜播种的植物种有锦鸡儿、杨柴、沙打旺、沙蒿等。播种前对种子进行包衣处理。平均每公顷播种量为7.5千克，最佳播期在6月中旬至7月上旬。播后3～5年内严禁开垦、放牧等人为活动。

（4）模式成效

本模式综合了封育、生物沙障和飞播等治沙措施，在防止草场退化、沙化和控制流沙以及保护天然灌木柳、山杏、杨柴、扁桃方面取得了良好效果。活沙障不仅能稳固流沙，而且为植被恢复创造了有利条件，发挥作用持久。草原地广人稀，飞播造林种草是实现快速治理沙地的有效手段。

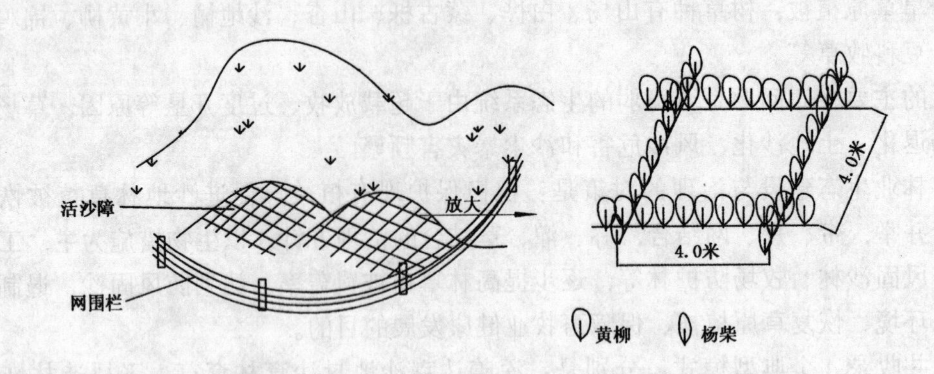

图 C5-1-1　浑善达克沙地封沙育林育草、飞播造林恢复植被模式图

(5) 适宜推广区域

本模式适宜在半干旱沙区推广。

【模式 C5-1-2】　浑善达克沙地半干旱沙化草场生物围栏营建模式

(1) 立地条件特征

模式区位于浑善达克沙地境内的苏尼特右旗、正蓝旗的沙化草场，年降水量 300 毫米左右，集中在夏秋季，冬春多大风，无霜期 100 天，牧草低矮稀疏，草场沙化严重。

(2) 治理技术思路

草原造林成功的关键是解决好林牧矛盾，常规做法是设置各种机械围栏轮牧，防止牲畜啃树，但成本高、有污染、使用年限短。生物围栏是一种融生态、防护、环保、景观、经济功能于一体的绿色可再生围栏，它不仅克服了设施围栏投资成本高、使用年限短的弊端，而且能够起到良好的防护效益。

(3) 技术要点及配套措施

生物围栏种类较多。根据树种的组成，可分为单树种生物围栏和多树种生物围栏；根据枝干是否有刺，可分为有刺生物围栏和无刺生物围栏；根据树木类型及其组合特征，可分为灌木型生物围栏、乔灌混交型生物围栏和乔木型生物围栏；根据树木是否落叶，可分为落叶生物围栏和常绿生物围栏。生产中需要根据实际情况，因地制宜地选择适宜的生物围栏。营建技术要点如下：

①树种选择：以沙棘、柠条、锦鸡儿、沙枣、白榆等抗逆性强、耐啃食、耐践踏、萌蘖力强、枝干带刺的乡土树种为主。

②整地方法：在开阔的丘间甸子地或轻度沙化草场可用机械开沟犁进行行带状整地。环沙丘或在周界不规则的人工草地营建时可采用穴状整地方法。在平缓沙地或沙丘中下部营建时可以随挖穴随造林。

③造林：灌木选用 1 年生健壮苗木；阔叶乔木选用 1～2 年生苗，采用系列抗旱造林技术栽植。一般生物围栏由 4～8 行树组成，带宽 6～12 米，形成紧密结构的绿色生物围栏。营造乔灌混交型生物围栏时，要把带刺灌木配置在林带外侧，窄带密植。当生物围栏与牧场防护林配合运用时，在牧场防护林带的两侧各植 1 行带刺的灌木绿篱，形成生态防护兼有生物围栏作用的多功能林带。灌木生物篱一般高 1.0～1.5 米。

④抚育管护：造林后的前 3 年，要避免牲畜破坏林带。成林后，可根据防护与景观的要求进行修剪、整形，人为调控生物围栏的高度、密度与造型。

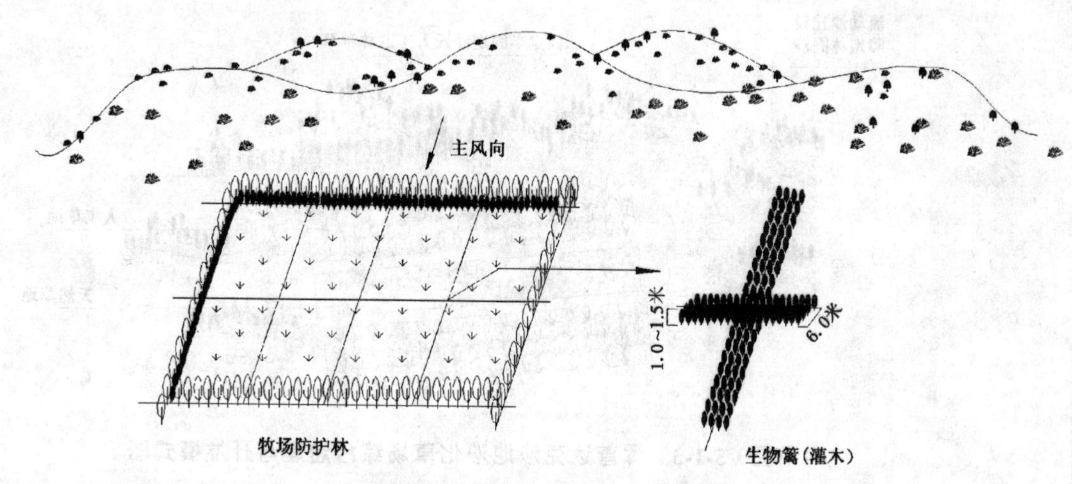

图 C5-1-2　浑善达克沙地半干旱沙化草场生物围栏营建模式图

(4) 模式成效

本模式的技术源于内蒙古自治区锡林郭勒盟林业科学研究所。本模式能够有效地防止牲畜毁树，有利于实行划区轮牧，遏制草场沙化，是一种简便易行的围、封措施组合，已在沙区运用多年，成效显著。

(5) 适宜推广区域

本模式适宜在半干旱沙化草场推广应用。

【模式 C5-1-3】　浑善达克沙地沙化草场综合治理与开发模式

(1) 立地条件特征

模式区位于内蒙古高原东南部的锡林郭勒盟正蓝旗，海拔 1 200～1 300 米，地势起伏不大。中温带半干旱大陆性季风气候，年平均日照时数 3 000 多小时，年平均气温 1～2℃，≥10℃年积温 2 000℃左右，极端最低气温 -30℃以下，无霜期 100 天左右，年降水量 350 毫米左右。大风日数 60 天左右，主害风西北风。寒冷期长，大风多，光照充足，降雨少，生长期短，冰冻早，是主要气候特征。土壤主要为栗钙土、风沙土、草甸土、盐碱土等。地带性植被为克氏针茅-羊草典型草原类型。乔木树种主要为白榆等，灌木有黄柳、锦鸡儿等。草场退化沙化严重，固定沙丘西北坡风蚀严重，限制了牧业发展。

(2) 治理技术思路

以生物措施为主，工程治理为辅，采用封沙育草、人工治沙造林、沙地生物圈建设等手段，实现乔、灌、草科学配置，建设比较稳定的防风固沙林体系。在防护林体系的保护下，合理开发利用草场资源，促进畜牧业的健康发展。

(3) 技术要点及配套措施

在以流动沙地为主的立地类型小区中，先布设机械沙障，沙障规格根据风沙危害程度而定，材料可用灌木或秸秆。沙障设好后，再在其中栽植黄柳、沙蒿、柠条等灌木或牧草，固定沙地；半固定和固定沙地，栽植杨树、沙棘、柠条等乔灌木树种，恢复和增加林草植被盖度；在丘间低地，人工种草与天然牧草条块状相间分布，建设人工草地。

造林时需因地制宜地采用系列抗旱造林技术，配合围封措施。对于已经开始衰退的灌木林，可根据树种的生物生态学特性，适时进行平茬复壮。沙柳一般 3～4 年平茬 1 次。

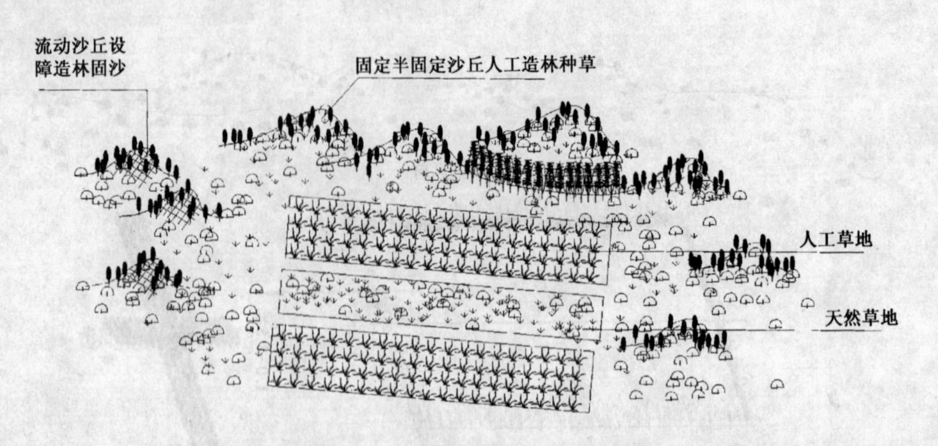

图 C5-1-3 浑善达克沙地沙化草场综合治理与开发模式图

(4) 模式成效

模式区 4 年造林 1 516 亩，种草 30 亩，沙地全部得以固定，林草盖度由治理前的不足 10%提高到现在的 80%。平均产草量由治理前的 8.25 千克/亩增加到 145 千克/亩，3 年生沙打旺的产草量高达 900 千克/亩，实现了牧草自给。同时，灌木柳平茬也为固定沙地提供了大量苗条。模式的经济效益和生态效益十分显著。

(5) 适宜推广区域

本模式适宜在半干旱沙化草场推广。

【模式 C5-1-4】 浑善达克沙地流动、半流动沙丘综合治理模式

(1) 立地条件特征

模式区位于内蒙古自治区锡林郭勒盟的多伦县。年降水量 250～400 毫米，年平均气温 0～4℃，无霜期 60～110 天。流动沙丘、半流动沙丘为主，多种沙地立地类型交错分布，土壤为风沙土。

(2) 治理技术思路

对以流动沙丘、半流动沙丘为主，多种沙地立地类型交错分布的重沙化土地，因地制宜地采用多树种、多形式的治理措施，进行沙地植被建设。

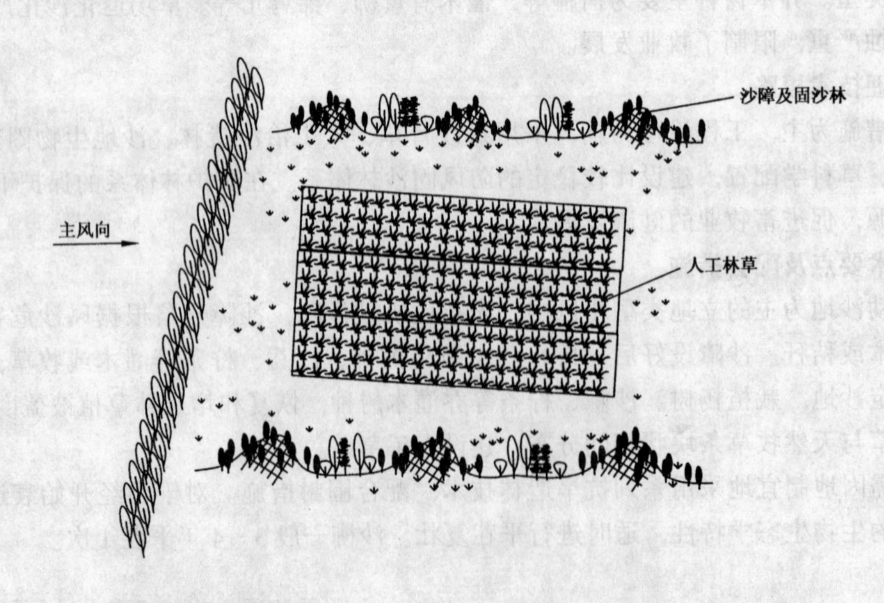

图 C5-1-4 浑善达克沙地流动、半流动沙丘综合治理模式图

（3）技术要点及配套措施

①树种选择：丘间低地可选择杨树、榆树、樟子松、沙棘等树种；沙丘上可选择沙柳、沙蒿、柠条、杨柴等。

②配置方式：流沙地上设置沙障并营造固沙林，沙丘外围营造防风林，丘间低地营造带状防护林，湿地及一般草场播种优良牧草或建设集约型人工草地。

③抚育管护：造林种草后3～5年内严禁放牧，但可作为割草场利用；对灌木林要适时进行平茬，以后注意适时平茬复壮。

（4）模式成效

模式在沙地广泛应用，不仅增加生态系统的生物多样性，使群落生态稳定，而且固沙效果显著，效益较高。

（5）适宜推广区域

本模式适宜在浑善达克沙地及立地条件相近的沙区推广。

二、科尔沁沙地及辽西沙地亚区（C5-2）

本亚区位于大兴安岭南段东坡、松嫩平原的西南部，地理位置介于东经116°49′13″～123°30′56″，北纬42°21′3″～45°5′10″。包括辽宁省阜新市的彰武县；内蒙古自治区通辽市的科尔沁左翼后旗、开鲁县、科尔沁区、科尔沁左翼中旗等5个县（区、旗）的全部，以及内蒙古自治区赤峰市的阿鲁科尔沁旗、巴林右旗、巴林左旗、林西县、克什克腾旗、翁牛特旗、敖汉旗，兴安盟的科尔沁右翼中旗，通辽市的扎鲁特旗、奈曼旗、库伦旗等11个县（旗）的部分地区，面积79 685平方千米。

本亚区处于冲积洪积波状平原，地势西高东低，海拔高度为82～1 000米，地貌以流动沙丘、半固定沙丘、平坦沙地、坨地、甸地相间分布为特点。局部分布有较高的纵向沙垄、新月形沙丘和新月形沙丘链。固定沙地多为灌丛沙堆，沙丘高一般在20～30米。温带大陆性季风气候，年均气温6℃左右，无霜期100～150天，年降水量300～400毫米，年蒸发量1 741～2 199毫米，年平均风速3.0～4.4米/秒，8级以上大风日数21.8～32.1天。土壤主要为风沙土、灰色草甸土、沼泽土、盐碱土和碱土，丘间低地和冲积平原多为灰色草甸土和栗钙土。植物种类较多，但覆盖度低，乔灌木有黄柳、麻黄、锦鸡儿、踏郎、沙蒿、榆、河柳、胡枝子、山杏、酸枣、沙柳等，丘间地散生有榆树和河柳。草本植物主要为旱生和中旱生多年生草本植物，如羊草、野古草、披碱草、针茅、隐子草等。

本亚区的主要生态问题是：由于气候干旱，地处农牧交错区，长期受人为活动干扰，过度放牧、过度开垦和樵采，植被破坏严重，造成土地沙化、草原退化、土壤盐渍化，风沙活动频繁，对当地群众的生存环境和生命财产构成威胁。

本亚区林业生态建设与治理的对策是：在保护好现有植被和科学合理利用各种资源的同时，将流动和半流动沙地、沿河沙地、丘间低地作为重点治理对象，针对具体的立地条件分别采取相应的对策。流动和半流动沙地通过工程措施、生物措施、飞播造林相结合的方法进行综合治理，固定沙丘以封沙育林育草为主，沿河平缓沙地和丘间低地以人工造林种草治沙为主，提高林草植被盖度，改善生态环境。

本亚区共收录16个典型模式，分别是：科尔沁沙地生态经济圈建设模式，科尔沁沙地草牧场防护林及灌木饲料林建设模式，科尔沁沙地植物活沙障治沙模式，科尔沁河谷平川农田防护林建设模式，内蒙古赤峰市平川生态型用材林建设模式，内蒙古白音敖包旱地农田防护林建设模式，赤峰市沙区庭院经济开发模式，科尔沁沙地农牧交错区综合治理模式，辽宁章古台沙地樟子松营造模式，科尔沁流动沙地植被恢复模式，科尔沁河两岸丘间地林业生态治理模式，辽西北部沙地生态经济型果园建设模式，辽宁章古台沙地针阔混交林建设模式，科尔沁沙地宽林带大网格防护林网建设模式，内蒙古科左中旗草田林网建设模式，内蒙古科左后旗近自然林生态治理模式。

【模式 C5-2-1】　科尔沁沙地生态经济圈建设模式

(1) 立地条件特征

模式区位于内蒙古自治区通辽市科尔沁左翼后旗，风沙土占总土地面积的68.9%。属典型风沙区。年平均气温5.9℃，年降水量400～450毫米，无霜期138～148天。地下水资源比较丰富，埋藏深度在沙丘链区为2～10米，在甸子区为1～2米。地带性植被为草原草甸，地形低洼及甸子处为草甸，生长的植物有差巴嘎蒿、羊草、隐子草、狗尾草、沙蓬、沙芥、大针茅等，局部地段有蒙古栎、五角枫、刺榆、欧李、山杏等。

(2) 治理技术思路

以户或居民点为核心，分（圈）层构建具有不同生态、生产作用的功能区，在营建防护林带，防止草场沙化，治理流沙的基础上，恢复和建设植被，发展畜牧业，保护和促进核心区段的农牧业生产，实现可持续发展。

(3) 技术要点及配套措施

“生物经济圈”以户为基本单位，各生物圈之间要相对集中，形成体系，便于发挥群体优势和规模效益。“生物经济圈”由核心区和保护区构成，一般3～5年建成。

①核心区建设：选择条件比较好的丘间低地或沙丘起伏较小的平缓沙地30～60亩，在适宜位置建立农户的庭院、牲畜棚圈，并进行院内绿化。

沿所选区域的周边设置刺围栏或网围栏围封，围栏内侧栽植乔灌木防护林带，乔木林带一般3行，采用2～3年生杨树大苗，株行距2.0～3.0米×2.0～3.0米，三角形配置。乔木带两侧2.0米以外，各植灌木2～3行，内侧种植紫穗槐等灌木，外侧灌木带紧贴工程围栏，郁闭后可做生物围栏。株行距0.5米×1.0米。

核心区内打井、平整土地、建设基本农田和人工牧草地，种植药材、蔬菜、农经作物，栽植果树，搞小型加工。达到以林护农、护牧，以农养畜，以牧促农，立体种植，复合经营的目的。

②保护区建设：在核心区的外围划定一定面积进行固沙种草和补播改良草场，建设草库仑，实行有计划的封育和放牧，以提供冬春补饲的饲草和保护核心区的环境，并通过封育和补播等措施，使内部流动、半流动沙丘得到治理，固定半固定沙丘植被得到恢复。保护区以封沙育林育草和种植灌草为主。

(4) 模式成效

生态经济圈的建设，改变了沙区以往乱垦沙砣子地的传统生产习俗，提高了土地的利用率，有效地控制了农田、草牧场的沙化、盐碱化。在一定范围内形成了一个综合性的防护体系，使建设范围内的草场、居民点及其他设施得到充分保护。生物圈内平均风速比旷野低23%～32%，调节气温1～2℃，相对湿度提高4%～7%，增强了防灾抗灾的能力。在圈内发展种植业，并以种植业促进养殖业，实现了农、林、牧业协调发展。

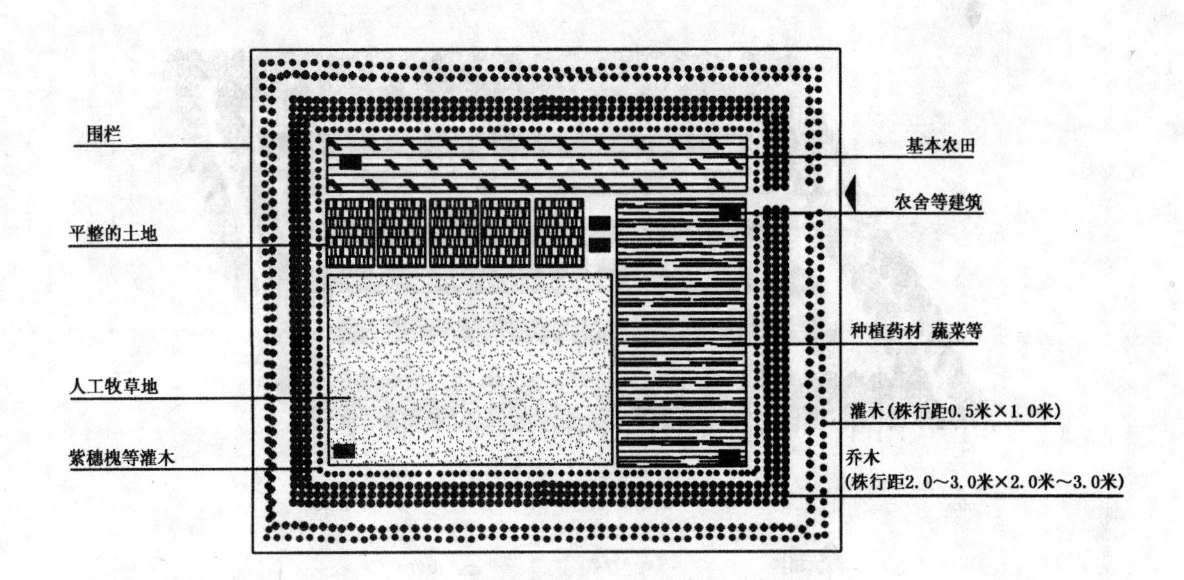

图 C5-2-1 科尔沁沙地生态经济圈建设模式图

(5) 适宜推广区域

本模式适宜在地下水源丰富、降水量在300毫米以上的沙区推广。

【模式 C5-2-2】 科尔沁沙地草牧场防护林及灌木饲料林建设模式

(1) 立地条件特征

模式区位于内蒙古自治区赤峰市的敖汉旗，地处燕山山地和西辽河平原的过渡地带，科尔沁沙地南缘。地势平坦，土壤为风沙土。植被以森林草原和干草原为主，但已遭到严重破坏。大风日数长达3个月，影响林业生态建设的主要因子是风沙危害和干旱。

(2) 治理技术思路

在保护好现有草场的基础上，统一规划，营造牧场防护林和灌木饲料林，解决林牧矛盾和饲草不足的问题，提高土地利用率，建立保农促牧的绿色屏障。

(3) 技术要点及配套措施

①配置格局：用50米宽的主、副林带构成250米×250米或250米×200米的网格，主要造林树种为小黑1号杨、青杨、哲林杨等杨树，株行距2.0米×5.0米。在网格内营造灌木饲料林，树种为柠条、山竹子，按2∶4的比例带状混交，形式为两行一带。柠条株行距2.0～2.5米×5.0～10.0米，山竹子1.5～2.5米×5.0～10.0米。

②整地：主、副林带采用深沟大坑整地。先用JKL45-50型开沟犁等机械开45～50厘米深的沟，再在沟的中间挖60厘米×60厘米的大坑。

③造林：用2年生大苗造林，苗木在起运过程中要注意保湿，栽植前将苗木浸泡24小时以上。适当深栽，并在树周围培30厘米大小的土堆。

④ 抚育管理：树木栽好后要扩穴松土，以达到减少蒸发和保墒的目的。

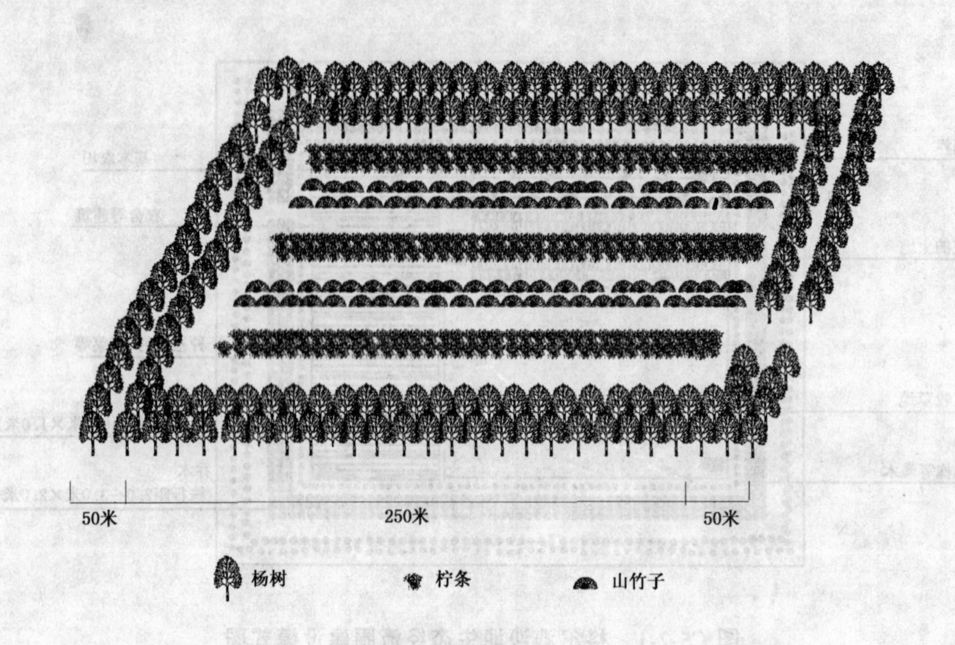

图 C5-2-2　科尔沁沙地草牧场防护林及灌木饲料林建设模式图

(4) 模式成效

内蒙古自治区通辽市的奈曼旗、库伦旗、科尔沁左翼后旗已试验栽植5万亩，治沙效果良好，有效地保护了草牧场免受风沙危害。据观测，林网内的风速比旷野降低了21.4%～37.95%。草牧场防护林体系建成以后，草场质量不断提高，草场生境得到极大改善，促进了畜牧业的发展，实现了林多草多、畜多肥多、粮多钱多的良性循环。草场防护林已成为该地区保农促牧的绿色屏障。

(5) 适宜推广区域

本模式适宜在半干旱的沙区草牧场推广。

【模式 C5-2-3】　科尔沁沙地植物活沙障治沙模式

(1) 模式区概况

模式区位于内蒙古自治区通辽市奈曼旗、库伦旗、科尔沁左翼后旗，赤峰市巴林左旗。流动、半流动沙丘的植被盖度不足15%，沙丘相对高度10米以下，沙层含水率2%～4%。

(2) 治理技术思路

植物活沙障就是利用一些沙生灌木枝条具有再生能力的生物学特性，在流动沙丘上按设计好的网格进行插条造林，在机械沙障的配合保护下形成的可再生沙障。当年主要靠机械沙障固沙，灌木插条成活后植物活沙障即发挥作用。

(3) 技术要点及配套措施

①树种：选择黄柳、踏郎等耐沙埋、抗沙压、根蘖萌芽能力强的灌木树种，以黄柳、踏郎混交为佳。

②规格：网格式配置，根据风蚀程度选择网格大小。流动沙丘上部可采用2.0米×2.0米；丘脚和平缓沙丘，网格可适当放大到6.0米×6.0米。株距20～30厘米。

③栽植：选择1～2年生枝条，黄柳截成长1.0米的插条，踏郎截成长0.8米的插条。种条采割要做到截口整齐，无破损劈裂。尽量随采随用，或及时用湿沙假植。采割后的种条不宜超过

24小时，有水源的地方，最好浸泡一昼夜再造林效果更好。其他填充料可利用截成0.5米长的作物秸秆、树木枝杈等。10月下旬至封冻前或3月中旬至4月上旬栽植，此时植物枝条已充分木质化，成活率高。

④施工：首先在沙丘上按网格走向定点放线，埋设作业应挂线施工，采用倒土法进行。原则上5人为一个劳动组合，第1人按设计铲除干沙，再挖30厘米深的基础沟；第2人在基础沟中按株距下挖50厘米（踏郎30厘米）深的坑穴，使坑深达到80厘米（踏郎60厘米）；第3人将种条靠沙丘上坡壁放置，按种条上留20厘米扶好，第2人挖下个坑时，将湿沙倒入该坑内埋设；第2人与第3人这样边放种条边倒湿沙边踏踩，达到三埋三踩，最终埋深50厘米（踏郎30厘米）至基础沟底；第4人与第5人合作在株间放置填充物料，设置机械沙障。填料宜填充紧密，在沙障两侧分层填湿沙踩实，培湿沙超过地表。小网格中，可种草或栽植樟子松、灌木等。

(4) 模式成效

本模式简单、易操作、省工、成本低、见效快、防风固沙效果显著、恢复植被快。利用植物活沙障治理高大流动沙丘，可使流沙一次性得到治理，2年后可使植被覆盖度提高到80%以上。

(5) 适宜推广区域

本模式适宜在三北地区年降水量250毫米以上地区的流动、半流动沙区推广。

【模式C5-2-4】　科尔沁河谷平川农田防护林建设模式

(1) 立地条件特征

模式区位于内蒙古自治区赤峰市松山区太平地海拔550米的丘陵地带。年降水量350～400毫米。土壤为淡栗钙土，地下水位10米左右。影响林业生态建设的主导因子是风沙危害及干旱。

(2) 治理技术思路

打破村与村之间的界限，山、水、田、林、路统一规划，将原有的弯路、弯渠改直，做到田成方、林成网，综合治理。

(3) 技术要点及配套措施

选用黑林一号杨、北京杨等适应性强、生长快的优良品种造林，同一林带宜选用同一品种。主林带与当地的主害风方向垂直或夹角小于30度，副林带垂直主林带设置。主、副林带由3～4

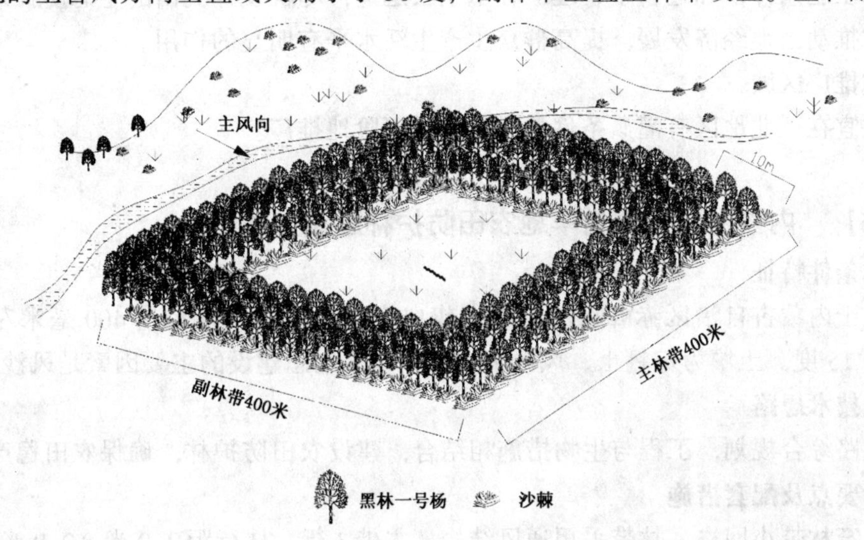

图C5-2-4　科尔沁河谷平川农田防护林建设模式图

行的杨树和每侧1行的沙棘、柠条等灌木组成，带宽8～10米。林网规格为400米×400米的正方形网格。

（4）模式成效

本模式能够有效地控制风沙危害，全面改善模式区生态环境，形成对作物生长发育极为有利的条件，确保农田的稳产高产，且能为群众提供三料，促进农、林、牧业的协调发展。

（5）适宜推广区域

本模式适宜在辽嫩平原的河谷、平川地区推广。

【模式 C5-2-5】　内蒙古赤峰市平川生态型用材林建设模式

（1）模式区概况

模式区位于内蒙古自治区赤峰市的敖汉旗小河子林场，地处灌溉条件的平川及沿河阶地，地下水位1.5～4.0米，土层厚度达0.5米以上。

（2）治理技术思路

利用当地优越的水肥条件，调整种植结构，发展杨树速生丰产林，在改善当地生态环境的同时，增加农民收入，兼顾生态效益与经济效益。

（3）技术要点及配套措施

①造林技术：选用昭林6号、赤峰杨、北京杨、加拿大杨等树种。于造林前1年平整和深耕土地，平整后的土地坡降应小于0.5%。土地整平后，用大犁开沟，沟深40～50厘米。之后，片状或双行一带造林。根据自然条件和用途的不同，株行距可分别为2.0米×3.0米、3.0米×5.0米、4.0米×6.0米、2.0米×5.0米。造林时在沟内挖栽植穴，回填表土。将苗木直立中央分层覆土踏实、浇透水，水渗完后要将苗木扶正。

②抚育管护：造林当年灌溉4～5次，以后每年浇3～4次水。幼林地进行间作，以耕代抚。设定专人进行看护。本着预防为主的原则进行防火、防虫。注意适时间伐，降低林分密度，增加单株营养空间。

（4）模式成效

优越的水土肥条件，加之科学管理，林木生长迅速，尽快发挥突出的生态防护效益和巨大的经济效益，对推动当地经济发展，提高群众生产生活水平有明显的作用。

（5）适宜推广区域

本模式适宜在三北地区有灌溉条件的平川、沿河阶地推广。

【模式 C5-2-6】　内蒙古白音敖包旱地农田防护林建设模式

（1）立地条件特征

模式区位于内蒙古自治区赤峰市的巴林左旗白音敖包乡。年降水量400毫米左右，丘陵坡地，坡度小于15度，土壤为棕钙土、风沙土。影响林业生态建设的主要因素是风沙和干旱。

（2）治理技术思路

田、林、路综合规划，工程与生物措施相结合，建设农田防护林，确保农田稳产高产。

（3）技术要点及配套措施

①布局：窄林带小网格，林带采用通风结构。主带3行，株行距2.0米×2.0米，副带2行，株行距2.0米×2.0米，主带间距300米，副带间距400～500米。

②树种：选择赤峰杨、小黑杨、北京杨等抗逆性强的速生杨树品种。

③整地：半地下式或水平槽式整地，前1年雨季进行。半地下整地规格为：宽4.0～6.0米，深0.5米，向下再挖0.6米×0.6米×0.6米的栽植坑，回填上层表土30厘米。水平槽整地规格为：深0.5米，上宽0.8米，下宽0.6米，长3.0～5.0米，在槽内挖栽植坑，回填表土30厘米。

④造林：选用2根2干或3根2干杨树苗。运输过程中要注意苗木保湿，造林前要全株浸泡48小时，栽植时苗木直立穴中，分层填土，浇水。踏实后培高30厘米的抗旱堆，以提高造林成活率。

⑤管护：在距林带边行1.0米处，挖上口宽1.0米，底宽0.8米，深1.0米的沟，沟后垒墙，以防人畜破坏。抚育3年，林带内松土除草。设专人常年进行看护。

⑥配套措施：统一栽植，统一管护，按“433”的比例分成，即村4、户3、护林员3，多方受益，充分调动造林、护林的积极性。

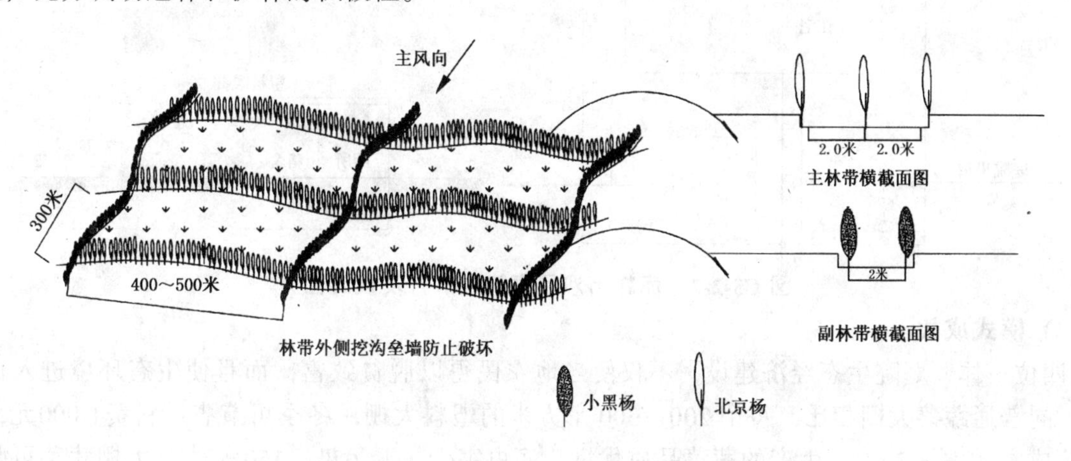

图 C5-2-6　内蒙古白音敖包旱地农田防护林建设模式图

(4) 模式成效

本模式可提高造林成活率，有效保护农田，避免风沙危害。

(5) 适宜推广区域

本模式适宜在半干旱地区丘陵坡度在15度以下的农田推广。

【模式 C5-2-7】　赤峰市沙区庭院经济开发模式

(1) 立地条件特征

模式区位于内蒙古自治区赤峰市的翁牛特旗玉田皋乡。年降水量340.5毫米，年蒸发量2 233.7毫米，年平均气温5.9℃，极端最低气温-36℃，极端最高气温39℃，年平均风速4米/秒，8级以上大风日73.9天/年，作物生长期120～130天。

(2) 治理技术思路

以庭院为单位，以太阳能为能源，以沼气为纽带，以薄膜温室种植蔬菜、塑料暖棚养猪为手段，将塑料温室、沼气池、猪舍、厕所4个部分有机结合在一起，实现物质能量相互转换和高效利用，发展“四位一体”庭院生态经济，以达到尽快使农民脱贫致富、生态环境良性发展的目的。

(3) 技术要点及配套措施

“四位一体”庭院生态经济开发模式的关键技术在于转化太阳能和利用沼气能，通过塑料大棚的加温作用，提高蔬菜等的光能利用率及猪的生长量。

① 温室大棚蔬菜、葡萄生产：暖棚每年种植蔬菜3茬，大力发展反季节蔬菜。7月中旬芹菜育苗，8月中上旬黄瓜育苗，与芹菜套种，11月份收获黄瓜，1月份收获芹菜；1月上旬西葫芦育苗，3月份收获。蔬菜、葡萄以沼渣和沼液为主要肥料，视生长状况可补施少量化肥，同时进行病虫害防治。

② 塑料暖棚养猪：生猪养殖可为沼气生产提供必需的有机物质，保证沼气池正常产气。要求猪舍内必须有4头以上的生猪存栏，每天清扫冲洗猪舍，将粪便随时冲到沼气池内。

③沼气池建设：沼气池设在大棚内的地下，依靠大棚的增温作用，可常年产气。生产沼气的主要原料为人畜粪尿、杂草、秸秆。

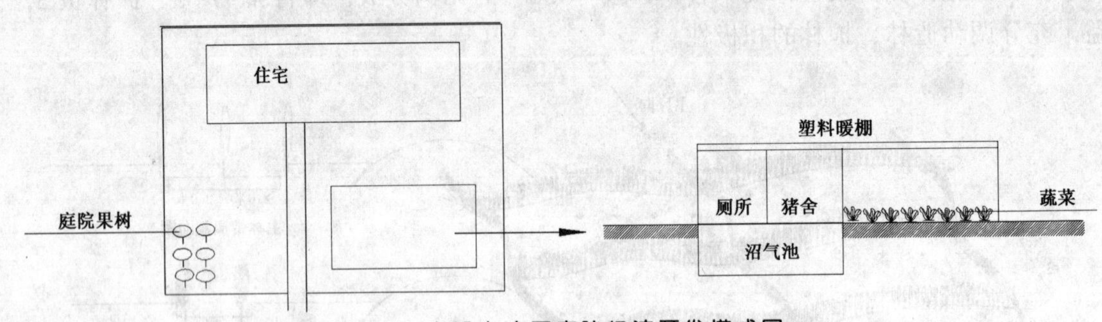

图 C5-2-7　赤峰市沙区庭院经济开发模式图

(4) 模式成效

“四位一体”庭院生态经济建设，不仅使当地农民得以脱贫致富，而且使生态环境进入良性循环。同普通蔬菜大棚相比，每个200～300平方米的塑料大棚，冬季可节省燃料费1 000元，降低蔬菜成本20%～25%，生产的蔬菜品质优良、病虫害少，无污染。150平方米大棚蔬菜可收入3 000～4 500元，养猪收入1 500～2 500元，葡萄收入300～500元，年直接纯收入共计可达5 000～7 000元。

(5) 适宜推广区域

本模式适宜在我国北方广大农牧地区推广。

【模式 C5-2-8】　科尔沁沙地农牧交错区综合治理模式

(1) 立地条件特征

模式区位于科尔沁沙地中部的奈曼旗。年降水量360～400毫米，起沙风日每年210～310天。坨甸交错分布的沙地疏林草原景观，流沙呈斑点状分布，植被破坏严重，盖度30%～70%。

(2) 治理技术思路

针对该区沙漠化土地的类型及特点，调整以旱作农业为主的土地利用结构，以甸子地为中心建设基本农田；坨子地以封沙育草为主，并以在沙丘栽植固沙植物及在丘间地营造片林相结合的方式固定流沙；适度利用天然植被，发展畜牧业；对退化草地封育与补播牧草相结合，建设人工草地。

(3) 技术要点及配套措施

①沙化严重发展的地区：压缩旱地面积，退耕还林（草），建立护田护牧林网体系，使每一网格形成一个小的生态系统，从而形成一个带、网、片相结合，多结构、多功能的生态网。

②甸坨交错、坨子地面积较大，以牧为主的沙化地区：以坨间低地的居民点和周围的农田为中心，发展灌溉农业，并在其边缘栽植乔灌草相结合的防风固沙阻沙林。在外围的沙地实行封育，丘间地营造片林，沙丘上进行植物固沙，配合补播牧草。

③甸坨交错、甸子地面积较大，以农为主的沙化地区：首先固定流沙，封育草原。沙化严重的农田退耕还牧；沙化较轻的农田，注意保护，增加投入，增加经济作物的比重，并加强农田牧场的防护林体系建设，配合节水灌溉技术的应用，进一步提高经济效益。

（4）模式成效

模式区内的农林牧土地利用结构趋于合理，森林植被盖度达到30%～35%，粮食总产增加1～2倍，人均年收入增加1～2倍，沙漠化土地面积减少60%，产草量增加了150多万千克，生态和经济效益相当明显。

（5）适宜推广区域

本模式适宜在北方半干旱区的农牧交错带（特别是科尔沁沙区）推广。

【模式C5-2-9】 辽宁章古台沙地樟子松营造模式

（1）立地条件特征

模式区位于辽宁省彰武县的章古台乡，年降水量512毫米，年平均气温6.1～6.2℃，年平均风速3.7～3.8米/秒，无霜期154天。椭圆形沙丘群与风蚀洼地、平沙地交错分布，流动与半流动沙丘占18.9%，固定沙地和平缓沙地占69.1%，风蚀洼地、平地占12.0%。土壤以风沙土为主。植物稀疏。

（2）治理技术思路

樟子松耐寒、耐旱、耐瘠薄，适应性强，生长快，是我国北方沙地经济价值较高的速生用材和防护树种。针对樟子松幼树怕风吹沙打的特点，在流沙上栽植时配合工程固沙措施或灌溉措施，确保成功。

（3）技术要点及配套措施

① 造林地选择与处理：以固定沙地为最佳。若为流动沙地，须先用1.0米×1.0米的草方格沙障将沙丘固定后造林。

② 整地：带状整地，带宽60～70厘米，整地带与主风方向垂直。在7米高以上的沙丘丘腹造林采用块状整地，规格50厘米×50厘米×40厘米；植被稀疏的沙荒地上也可用铲草皮法整地，铲深4～5厘米。春季植苗造林，须在前1年的雨季或秋季整地；秋季栽苗造林，应在当年的雨季前整地。用2年生松苗造林时挖坑深度可在25～35厘米。

③造林：采用隙植法、垂直壁法、明穴栽植法、簇植法植苗造林。适当晚植，避免早春风吹沙打，以4月中旬为宜；尽量深植，以利于防风保墒，能提高造林成活率。

④苗木标准：一般用2年生健壮苗木，苗高12～15厘米，地径0.35厘米以上，主根长20厘米。

⑤造林密度：株行距1.0米×3.0米或1.0米×2.0米，每亩222～333株。簇式栽植时用3.0米×3.0米或4.0米×4.0米的规格，每亩222株。

⑥抚育管护：成活率低于85%或幼株死亡较多的地段，选用健壮大苗补植。做好立枯病、油松球果螟、松梢螟、松毛虫等的防治工作。如用2龄苗造林，入冬前须全株埋土越冬，翌春化冻后扒开，重复1～2年。注意适时间伐。造林后严格封禁林地5～7年，不许人畜破坏。

(4) 模式成效

模式区的樟子松林生长状况良好，不仅积蓄了木材，而且具有很好的生态改善作用。据调查，樟子松林内距地面1.5米高处的平均风速比无林地低69%，蒸发量低60.4%，流动沙丘得到固定。同时，通过枯枝落叶的蓄积与分解作用，改良了风沙土的理化性质，表土层的有机质含量为流沙的3.12～4.63倍。11 430亩23～35年生樟子松林，林副业产值34.87万元，蓄积量为2.12万立方米，按当时的物价统计，价值高达226.93万元。

(5) 适宜推广区域

本模式适宜在呼伦贝尔沙地、科尔沁沙地、浑善达克沙地、毛乌素沙地以及北方水分条件较好的沙区推广。

【模式 C5-2-10】　科尔沁流动沙地植被恢复模式

(1) 模式区概况

模式区位于辽宁省彰武县章古台乡的四合城和白音皋，以及内蒙古自治区赤峰市敖汉旗的北部沙区，流动沙丘、平缓流沙地以及风蚀坑广泛分布。

(2) 治理技术思路

流沙地造林的难点是沙地的流动性大，风沙流活动强烈，致使植物频遭风蚀、沙割、沙埋之害，不易存活。加之流沙养分贫瘠，一些抗逆性和耐瘠薄性较差的树种，难以正常生长。因此，必须先用灌草植物固定流沙，然后才能进行造林。

(3) 技术要点及配套措施

①树草种选择：主要有杨树、樟子松、油松、花棒、杨柴、山竹子、柠条、小叶锦鸡儿、胡枝子、黄柳、紫穗槐、差巴嘎蒿、黑沙蒿、白沙蒿 、沙打旺、草木犀等。

②布局与配置：流动、半流动沙丘和地下水位较深的丘间低地，宜种植差巴嘎蒿、胡枝子、紫穗槐、小叶锦鸡儿等耐旱灌木，带状栽植，2行1带，带距2.0米，与主风方向垂直，株行距1.0米×1.0米。地下水位较浅的丘间低地及风蚀坑，植苗或扦插造林，选择杨树和黄柳，在迎风坡脚部位栽植，以达到前挡后拉的效果。当治沙区面积每块小于3 000～5 000亩时，流动沙地外围的固定沙地要直接造林，适宜树种为杨树、樟子松和油松。

③栽植：灌木以1年生苗木为好。沙蒿以0.5～1.5年生苗为宜。如果当地无沙蒿苗木，可在丘间低地穴播或条播沙蒿籽，待沙蒿长起即可固沙，在固沙3年后的灌木丛间造林时，可在灌丛外0.5米处挖坑栽植樟子松、油松。

④抚育保护：栽下的灌木，特别是迎风口处，应辅以“平铺草压沙”法保护。造林地严格封禁，4～5年内不许牲畜等入内。灌木在秋后至解冻前平茬更新，无大面积风蚀危害地段可实行“全平”，风蚀危害严重地段可进行条状、带状平茬更新。平茬更新不宜年年进行，最好2～3年平茬1次。

(4) 模式成效

自20世纪50年代以来，本模式先后在科尔沁沙地和毛乌素沙地等处进行过较大面积的推广应用，均取得较好成效。

(5) 适宜推广区域

本模式适宜在科尔沁沙地、浑善达克沙地、呼伦贝尔沙地和毛乌素沙地推广应用。

【模式 C5-2-11】 科尔沁沿河两岸丘间地林业生态治理模式

（1）立地条件特征

模式区位于内蒙古自治区通辽市的河流冲积平原，包括河流两岸和低山缓丘下部及固定沙丘的丘间低地，主要分布有柳树、杨树、榆树和黄柳等植物。年平均气温 6℃左右，年蒸发量 1 741～2 100 毫米。

（2）治理技术思路

通过营建以杨树为主的生态经济型防护林，不仅可以解决沙区木料、燃料、肥料、饲料短缺的问题，而且能有效地改善沙区生态环境，并在较短的时间内取得可观的经济效益。

（3）技术要点及配套措施

①树种选择：可选择黑林 1 号杨、银中杨、中黑防 1 号杨、哲林 4 号杨、群众杨、白城 41、彰武小钻杨、107 杨等杨树优良品种。

②整地：可选用全面整地、带状整地、穴状整地、开沟整地、台田式整地 5 种方法。采伐迹地和生荒地造林采用全面整地，夏季全面翻耙，耕翻深度 30～35 厘米。在地下水位较低地带进行机械开沟整地，一般沟深 40～45 厘米，沟底宽 26～28 厘米，沟口宽 1.0～1.2 米。在地下水位较高或雨季积水的地带采用台田式整地，台高 40～50 厘米，台幅可按设计的株行距确定。

③造林：采用“三大一棵”的栽植方式，即大坑深栽、优质大苗、大株行距。挖坑标准 60 厘米×60 厘米×60 厘米，表层土和心土分放在穴两旁，栽植时先填表层土，再施入农家肥，后填心土，栽后灌水。用 2 年生或 3 根 2 干大苗，2 年生苗胸径在 2 厘米以上，3 根 2 干苗胸径在 3 厘米以上。培育中、大径材，1 次定株，株行距一般为3.0 米×6.0 米、4.0 米×5.0 米、5.0 米×6.0 米、6.0 米×6.0 米等。轮伐期 10～15 年。

④抚育管理：造林后，林间栽种作物或牧草 3～5 年，第 1 年宜栽植矮秆豆类作物或牧草。要及时修剪，幼龄期冠干比 2∶1，中龄期冠干比 1∶1，此后至伐前保持在 1∶2。修剪必须使用锋利的工具，不能留茬。栽后 2～3 年内应适时追肥，在幼树周围 50 厘米处开 10～15 厘米深的浅沟，按每株 400 克氮肥的用量，均匀撒在沟内，覆土、平沟。栽后定期检查，发现病虫害时要及时进行处理。

图 C5-2-11　科尔沁沿河两岸丘间地林业生态治理模式图

（4）模式成效

本模式造林成活率极高，而且可以较好的利用土地，实现生态、经济效益双丰收。

(5) 适宜推广区域

本模式适宜在科尔沁沙地河流两岸及坨间低地推广。

【模式 C5-2-12】 辽西北部沙地生态经济型果园建设模式

(1) 立地条件特征

模式区位于辽宁省彰武县，土壤为风沙土，pH值6.5～7.0，地下水位3.0～5.0米。气温变幅大、四季变化明显，冬冷夏热春秋多风。年降水量250～400毫米，年平均气温5.7℃，极端最低气温－30.05℃，极端最高气温36.6℃。初霜期9月下旬，终霜期4月下旬，无霜期约150天。

(2) 治理技术思路

通过积极引进适合本区沙地生长的苹果、葡萄等新品种，进一步丰富防护林的树种组成，使防护林体系从以往单纯的防护型转变为生态、经济效益并重的多功能体系。

(3) 技术要点及配套措施

①品种选择：适合该区栽培的苹果品种有甜黄魁、甜丰、秦冠、赤阳、锦红、东光、金红。梨有早酥梨、小南果、大南果、苹果梨、锦丰梨、尖把王。葡萄品种有巨峰、白鸡心、黑汉、红提、87-1、8611。

②整地：沙地一般起伏不平，为方便灌水和经营管理，首先要平整土地。造林时大穴整地，规格为100厘米×100厘米×80厘米。

③土壤改良：沙土层深厚，土质疏松、通气、排水良好，是果树生长的有利条件，但沙地土壤结构松散，保肥、保水力弱，容易干旱，有机质含量少，造林时需更换部分土壤、增施底肥。方法是将表土和底土分别放置，先将表土混拌农家肥100千克后施入坑内，然后填入底土，踏实。

④栽植密度：根据地势、土壤、气候和管理条件的不同，可分别采取4.0米×5.0米（长方形配置），4.0米×4.0米（三角形配置），3.0米×4.0米（长方形配置）几种密度。

⑤造林：用嫁接苗建园。苹果苗在栽前1年利用山丁子作砧木嫁接；大秋梨用杜梨和山梨作砧木嫁接；葡萄苗用贝达葡萄作砧木嫁接。起苗时保证根系完整，随起随栽。栽植前对苗木进行修根处理，把根系伤口剪成“马耳形”，然后蘸上泥浆。栽植时不要露根，接口与地面齐平，埋

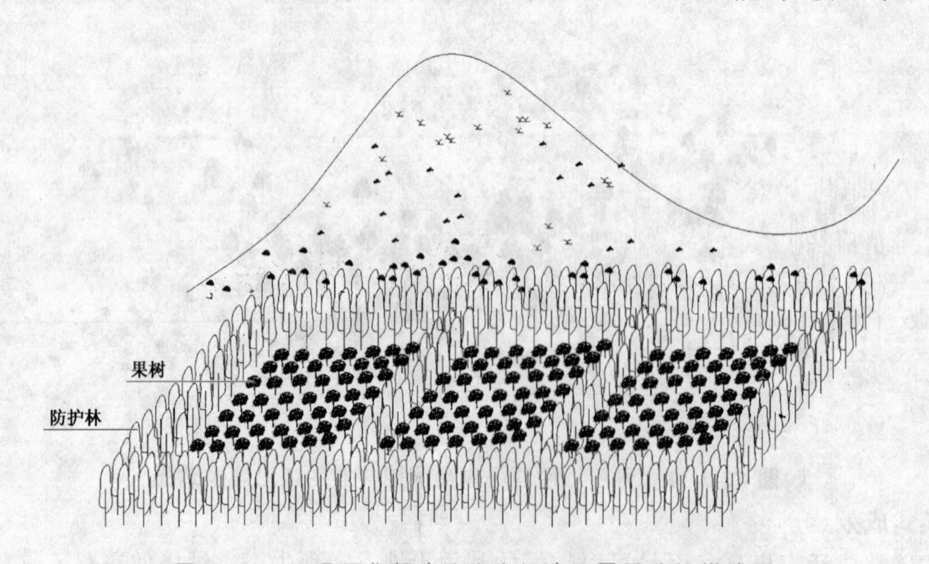

图 C5-2-12 辽西北部沙地生态经济型果园建设模式图

土踩实，随后灌水，待水渗完后及时封坑，防止土壤裂缝透风。

⑥经营管理：苗木成活后，须及时进行田间管理和整形修剪，同时特别要注意幼树的越冬保护。

⑦配套措施：在果园四周和区内营造防风林带，确保果树的正常生长发育。环周林带栽植4行，株行距1.0米×2.0米，采用2～3年生小青杨大苗造林，1次成林防风效果好。区内林带与林带间隔200米。

(4) 模式成效

经过40多年的引种实践，选出了适宜沙地栽培的优良品种，并繁殖了大量果树苗木，果树苗木定植成活率高达98%，取得了明显的经济效益和生态效益 。

(5) 适宜推广区域

本模式适宜在半干旱沙区、山区推广。

【模式 C5-2-13】 辽宁章古台沙地针阔混交林建设模式

(1) 立地条件特征

模式区位于科尔沁沙地东南缘的辽宁省彰武县的章古台乡。流动沙丘、半固定沙丘和坨甸地相间分布，固定沙地多为灌丛沙堆。年降水量300～512毫米，年平均气温6.1℃，无霜期100～154天，年平均风速3.7～3.8米/秒。土壤主要为风沙土、沼泽土、盐碱土。

(2) 治理技术思路

依据树种的生态学特性不同和适地适树的原则，充分利用其种间优势，由多个树种相互有机搭配，形成带状、块状、行间针阔混交林，以充分利用空间和土壤肥力，改善林种结构，促进林木生长发育，更好地改良土壤。

(3) 技术要点及配套措施

①树种选择：根据不同沙地类型和树种的生物学特性，按适地适树的原则，针叶树选择樟子松、赤松、油松，阔叶树选用小美旱、小钻杨、小黑杨等窄冠型杨树，以及白榆、色木槭（五角枫)、花曲柳、白丁香等，灌木有胡枝子、锦鸡儿、紫穗槐、沙棘等。

②混交方式：平缓沙地采用樟子松、赤松与杨树、色树、白榆等带状混交，针阔叶树种的行数可相等也可不等。如松、杨各5行的松杨带状混交方式及松5杨3、松5色3等混交方式；由各种类型沙丘组成的起伏不平的沙地采用不规则多树种的块状混交；在易风蚀的半固定沙地密植胡枝子、锦鸡儿，条件好的地块栽植松、杨、红皮云杉等；半固定沙地、弃耕地采用乔灌行间针阔混交。易流动的沙丘首先密植胡枝子，行距4.0～5.0米，生长2年后在其行间栽植松树；围封后的半固定沙地可同时营造松树和胡枝子，胡枝子长至2～4年时平茬1次，以促进松树生长。

③造林方法：在有大苗的地区，可采用5～7年生松树大苗，2～3年阔叶树大苗，最易成林。如果利用小苗造林，用2年生容器苗或换床松树苗，1～2年生阔叶树苗造林亦可，但要注意根系保湿。固定沙地在造林前1年进行带状（宽0.8～1.0米）或穴状（1.0米×1.0米）整地，采用机械造林或隙植法造林，初植密度为1.5～2.0米×3.0～4.0米。

④经营管理：松苗造林后1～2年内入冬前须全株埋土越冬，翌春解冻后扒开。植后1～2年内每年中耕除草2～3次。林地内严禁放牧搂草，保护好林内的枯枝落叶。待混交林郁闭后及时进行抚育间伐。

图 C5-2-13　辽宁章古台沙地针阔混交林建设模式图

(4) 模式成效

20世纪70年代以来，模式区营造了樟子松、赤松与杨树、色木槭、白榆等针阔混交的带状、块状和行间混交试验林7 000余亩，现已郁闭成林，起到了防风阻沙，改良土壤，减少病虫害发生、发展，改善生态环境的良好效果。

(5) 适宜推广区域

本模式适宜在内蒙古自治区东部半干旱沙地推广。

【模式 C5-2-14】　科尔沁沙地宽林带大网格防护林网建设模式

(1) 立地条件特征

模式区位于内蒙古自治区通辽市奈曼旗兴隆沼林场，地处科尔沁沙地腹部，属半干旱地区，春季干旱多风，夏季短促炎热，冬季寒冷漫长。年平均气温6.4℃，年降水量362.3毫米。沙地漫沼地貌。土壤多为风沙土土类。地表水资源匮乏，地下水较丰富，一般埋深4.0～6.0米，分布均匀，易于开采利用。

(2) 治理技术思路

当地原为水草丰美的疏林草原，由于过度垦殖和放牧，造成土地沙化，风沙危害严重，土地生产力极低。为加快治理步伐，提高治理成效，针对沙区地形开阔平坦、便于机械化作业的特点，建设宽林带大网格防护林体系，恢复和改善沙区生态环境，保障沙区农、牧业的健康发展。

(3) 技术要点及配套措施

①林网设计：骨干林网的规格一般为1 000米×1 000米。林带走向与主害风向垂直，即东南-西北走向，也可按群众的耕作习惯采用东西-南北走向。主林带宽50米，栽树8～12行。林带可为乔木或乔灌混交，提倡营造混交林。骨干林网内可封沙育草，也可划方切块，建16个250米×250米的小网格，林带宽12～24米，栽树4～6行，小网格内搞深度开发。

②树种选择：根据本地的自然条件，选用耐干旱、耐瘠薄、生长迅速的杨树、榆树、樟子松、沙棘、锦鸡儿、踏郎、黄柳等。

③整地：为节约费用，在不致引起风蚀的地段可提前耕种1年，代替整地。一般在雨季带状

翻耙整地。

④造林：秋天或第 2 年春天造林，播种造林在雨季进行。一般采用机械开沟，沟内挖坑栽树，栽后灌水的方法。土质疏松、植被稀少的地块可随开沟随造林。

(4) 模式成效

造林成活率一般可达 85%，杨树的生长量能达到一般旱作杨树用材林的生长指标。12～15 年后，每亩活立木蓄积可达 5 立方米左右。本模式在面积较大、便于机械化作业的平缓沙地推广应用，具有防风固沙效果好、治理速度快的特点，目前已在通辽市推广 50 万亩。

(5) 适宜推广区域

本模式适宜在干旱、半干旱地区地势平缓开阔的沙地推广。

【模式 C5-2-15】 内蒙古科左中旗草田林网建设模式

(1) 立地条件特征

模式区位于内蒙古自治区通辽市的科尔沁左翼中旗，属干旱、半干旱的半农半牧区。年平均气温 5.5～6.0℃，无霜期 229 天，年降水量 200～400 毫米。地势平坦开阔，地下水位 4～10 米。土壤为风沙土或栗钙土。长期以来的过度放牧和开垦，造成土地沙化、植被退化，生态环境恶化，对农牧业经济发展和人民安身立命构成威胁。

(2) 治理技术思路

采取机械整地造林与封沙育林相结合的方法，治理沙盖地漫岗，恢复植被，防风固沙，改善农牧业生产条件和生态环境。

(3) 技术要点及配套措施

①树种选择：选择耐干旱、耐瘠薄的树种，主要有哲林 4 号杨、黑林 1 号杨、小黑杨、榆树、樟子松、沙棘、小叶锦鸡儿、踏郎、山杏等。

②林网规划：林带一般东西-南北走向，乔木林带主带距 200～250 米，副带距 200～300 米。灌木林带主带距 40～60 米，副带距 50～100 米。林带宽 8～30 米，栽树 4～8 行，根据土壤水分条件可栽乔木、灌木，或乔灌混交。造林密度因条件而异，条件好的密些，条件差的稀些。乔木林带两旁各配置 1 行灌木，形成疏透结构。

③整地造林：沙化土地不提前整地，非沙质土壤应在前 1 年雨季翻耙带状整地，带宽 1.5～2.0 米。杨、柳树，用机械开深 40～50 厘米的沟，沟内挖坑栽植。壮苗造林，栽后灌水，精管细种。灌木要适时平茬复壮。

④网内建设：网内可造林种草，也可封沙育林（草），还可以推广 2 行 1 带式造林模式、窄灌木带宽草带治理模式等。

⑤配套措施：为确保幼树成活生长，同时便于对草田林网实施深度经营，一般需打井配套，小管井一般 20～30 亩打一眼，机电井 100～200 亩打一眼。

(4) 模式成效

本模式不仅治理速度快、效果好，而且乔木林网树木生长较快，成材期同一般的用材林。灌木可采种，具有相当的经济效益。同时，林网内栽树种灌种草收益可观，是一种集生态建设和经济发展于一体的、有前途的生态建设模式，目前已在通辽市推广 10 万亩以上。

(5) 适宜推广区域

本模式适宜在干旱半干旱的平缓沙盖漫岗以及起伏较小的丘陵漫岗推广。

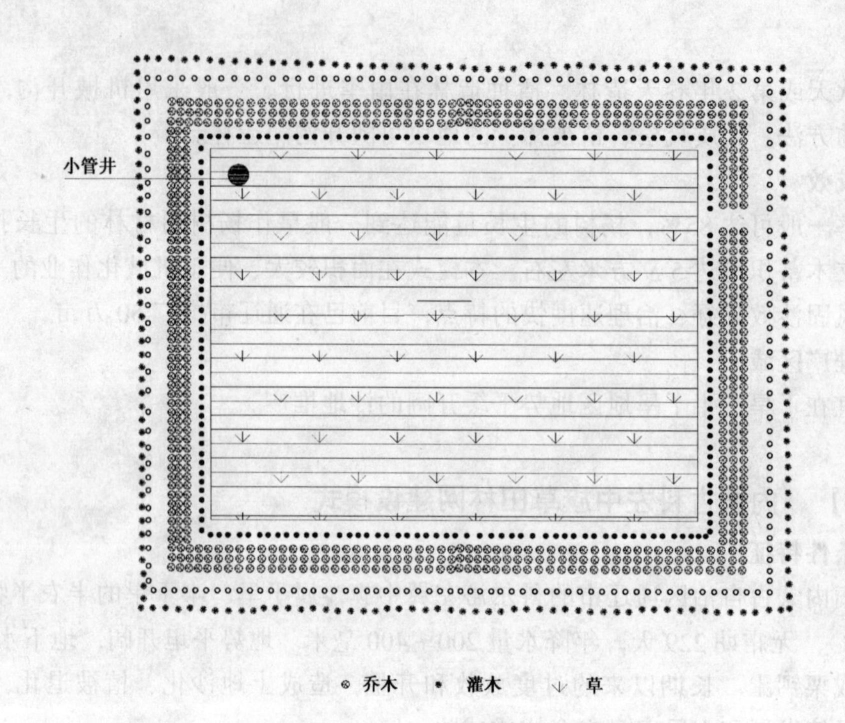

图 C5-2-15　内蒙古科左中旗草田林网建设模式图

【模式 C5-2-16】　内蒙古科左后旗近自然林生态治理模式

(1) 立地条件特征

模式区位于内蒙古自治区通辽市的科尔沁左翼后旗，地处科尔沁沙地南部。温带大陆性季风气候，年平均气温5.8℃，无霜期148天，年降水量452.1毫米，地下水埋深2～4米。地貌类型以流动、半固定沙丘为主，地形起伏较大、立地条件复杂。土壤为风沙土。植被退化严重，生态环境恶劣。

(2) 治理技术思路

在科尔沁沙地上残存有一些天然林分，长势良好，表现出对环境极强的适应性，且各种植物互利共生，群落呈现出较好的稳定性。为充分利用这种立地条件，加快植被恢复速度，在保留原生植被的基础上，遵循生态学规律，因地制宜、适地适树，在天然植被分布的空隙配置人工植被，形成天然植被与镶嵌其中的斑块状人工植被相混合的近似自然林的植物群落类型。

(3) 技术要点及配套措施

①树种配置：在禁垦禁牧区封沙育林育草的基础上，采取人工补植补播方式造林种草，恢复和建设植被。乔、灌、草结合，针、阔搭配，条带式、斑块式混合配置。沙丘顶部栽种锦鸡儿、踏郎、胡枝子等，沙丘中部栽植樟子松、山杏、沙地云杉、沙地柏、榆树等，丘间低地育草。

②整地：造林前1年的雨季前穴状整地，穴径70厘米，深30～50厘米，穴位选择在植被稀疏、土壤疏松的地段。

③造林：灌木每亩栽植80～100株，阔叶乔木每亩栽植40～60株，樟子松每亩栽植20～30株。植苗时挖穴栽植，回填湿土，分层踏实，栽后立即浇透水。也可在雨季播种锦鸡儿、踏郎等灌木。

(4) 模式成效

本模式的造林成活率在85%以上，植被恢复迅速，抗干旱能力强，结构稳定，防风固沙作用显著。一般当年即可使植被盖度提高到25%以上，3年即可完成治理，实现生态系统的良性发展。在沙区发展近自然林已是恢复当地植被的重要途径，操作简单，成本低廉，效果显著。

(5) 适宜推广区域

本模式适宜在干旱、半干旱区有原生植被分布，地形起伏较大的固定、半固定沙地推广。

三、呼伦贝尔及锡林郭勒高平原亚区（C5-3）

本亚区位于大兴安岭以西与国境线之间的高平原上，地理位置介于东经111°10′40″～120°43′42″，北纬43°39′4″～50°52′53″。包括内蒙古自治区呼伦贝尔盟的海拉尔市、满洲里市、新巴尔虎右旗，锡林郭勒盟的东乌珠穆沁旗、西乌珠穆沁旗等5个市（旗）的全部，以及内蒙古自治区呼伦贝尔盟的新巴尔虎左旗、陈巴尔虎旗、鄂温克族自治旗、额尔古纳市，锡林郭勒盟的阿巴嘎旗、苏尼特左旗、苏尼特右旗、锡林浩特市，兴安盟的阿尔山市、科尔沁右翼前旗等10个市（旗）的部分地区，面积217 103平方千米。

本亚区地形较为开阔，地势波状起伏，河流较多。属温带大陆性半干旱气候，年平均气温－2～4℃，≥10℃年积温为1 800～2 700℃，年降水量300～400毫米，年蒸发量1 700～2 000毫米，无霜期80～120天。地带性土壤以黑钙土、栗钙土为主，非地带性土壤有风沙土、草甸土和盐碱土等。植被类型有森林草原、草甸草原和典型草原。境内的呼伦贝尔沙地以固定和半固定沙丘为主，水分条件相对较好，对于恢复天然植被和营造人工植被极为有利。

本亚区的主要生态问题是：超载放牧、过度开垦及樵采等原因，造成天然草场退化、沙化，生产力下降，风沙危害严重，畜牧业的发展受到限制。

本亚区林业生态建设与治理的对策是：舍饲和划区轮牧相结合，严格控制载畜量。在科学、合理利用天然草场的基础上，大力加强包括营造牧场防护林、固沙林等在内的林、草植被建设，对于退化、沙化草地实行封育管理，保护草场和沙地疏林。

本亚区收录1个典型模式：锡林郭勒沙化草原饲用型牧防林营造模式。

【模式C5-3-1　锡林郭勒沙化草原饲用型牧防林营造模式

(1) 立地条件特征

模式区位于内蒙古自治区阿巴嘎旗，地面开阔，地势波状起伏。年平均气温－2～4℃，≥10℃年积温为1 800～2 700℃，年降水量300～400毫米，年蒸发量1 700～2 000毫米，湿润度0.3～0.6，无霜期80～125天。土壤以黑钙土、栗钙土为主；分布有森林草原、草甸草原和典型草原等植被类型。

(2) 治理技术思路

从防止草场退化、沙化入手，选择可饲用的树种，建设牧场防护林体系，保护和发展草地资源，提高草地生产力，促进畜牧业和当地社会经济的可持续发展。

(3) 技术要点及配套措施

①树种及其配置：主要选择锦鸡儿、榆树、樟子松、小黑杨等抗寒杨树以及沙棘等抗逆性强的树种，网格状栽植。根据利用途径、目的确定带间距。疏透结构林带。一般灌木林带的主带间距为50～100米，副林带间距200～400米，带宽20～30米，一般10行；乔木林带，主带距150～200米，副带距300～500米，带宽15～20米，两侧可加植1行灌木。

②造林及抚育：局部带状整地，春季大苗造林。林网建成后，应对网格及草场进行全面封

育，并对林网加强抚育管理，网格内可适当补播优良牧草。

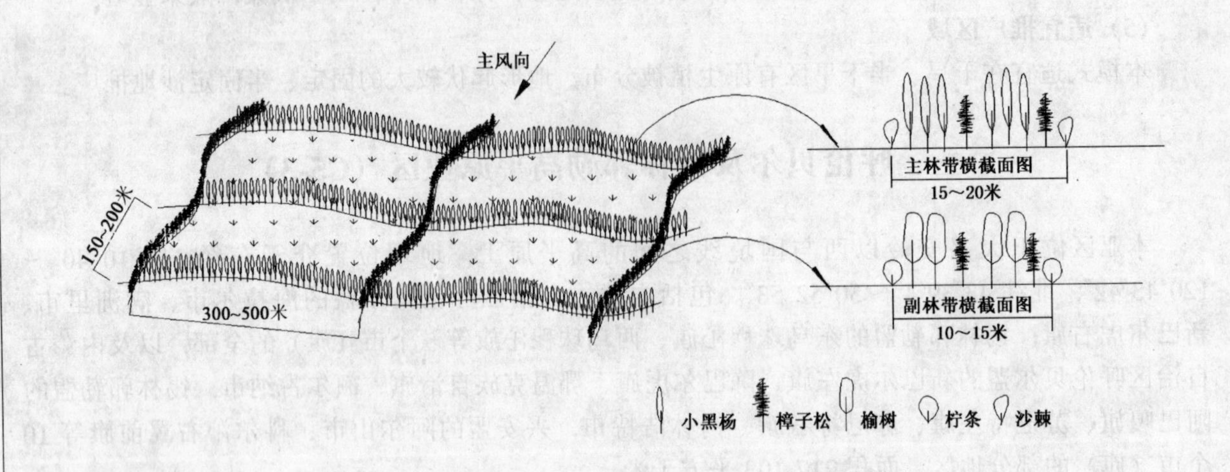

图 C5-3-1　锡林郭勒沙化草原饲用型牧防林营造模式图

(4) 模式成效

牧场防护林对于改善草场生态环境，促进牧草生长，提高产草量和质量具有极大作用，同时还可作为饲料林，提供补充饲草，提高牧区的抗灾减灾能力。

(5) 适宜推广区域

本模式适宜在内蒙古自治区锡林郭勒盟西北部高平原风蚀沙化草原区推广。

第5篇

东北区域(D)
林业生态建设与治理模式

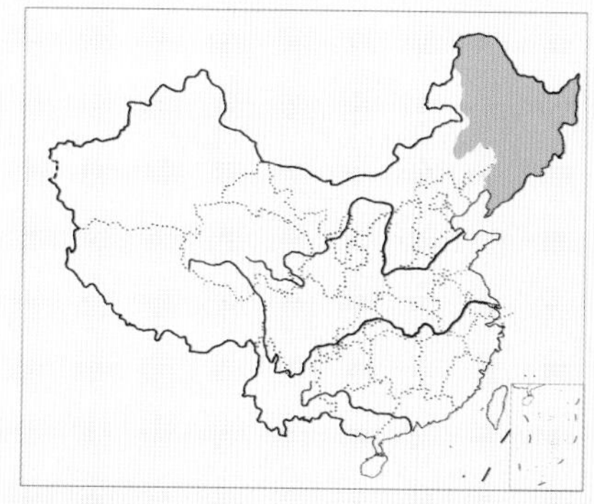

东北东部山地天然林保护模式（辽宁省林业厅提供）

辽宁省大连市旅顺口海岸防护林建设模式（辽宁省林业厅提供）

辽宁省凌海市农田防护林建设模式（辽宁省林业厅提供）

东北长白山阔叶红松林建设模式（罗菊春摄）

白石砬子国家级自然保护区建设模式（辽宁省林业厅提供）

辽宁省绥中县海岸防护林建设模式（辽宁省林业厅提供）

概　述

东北区域东至朝鲜国界和兴凯湖，西至额尔古纳河，南抵辽东湾，北至黑龙江干流，是我国纬度最高的地区，地理位置介于东经118°25′7″～135°31′25″，北纬 38°58′47″～53°20′16″。包括黑龙江省、吉林省全部，辽宁省大部分地区和内蒙古自治区的东部地区，总面积992 630平方千米。区域的西、北、东三面分别分布有大兴安岭、小兴安岭、长白山及千山丘陵，一般海拔1 000～1 500米，是我国最主要的天然林区，大兴安岭还是鄂伦春族的传统狩猎地。中西部和东北部分布着松嫩平原、松辽平原和三江平原，平均海拔 50～200米，地面起伏平缓,土层深厚,是我国主要的商品粮基地。

本区域从辽宁省南部的旅大到大兴安岭的漠河,地跨暖温带、中温带和寒温带 3 个气候带。其中,南部辽宁省南部地区地处暖温带北缘,北部大兴安岭北坡为寒温带,大部分地区属温带大陆性气候。年降水量约 300～1 000 毫米,5～9 月份降水量一般占年降水量的 80%以上。其中,长白山东南侧的鸭绿江流域为 1 000 毫米以上,长白山西侧为 600～700 毫米,松嫩平原为 400～600 毫米,大兴安岭东南坡为 500 毫米左右,而岭西只有 300 毫米左右。11 月至翌年 3 月期间的主要降水形式是降雪,以长白山地南段、小兴安岭和三江平原东部为最多,一般在 100 毫米以上,大兴安岭山地一般在 80 毫米以上,松嫩平原约 30～70 毫米。

本区域内天然林与湿地资源分布集中。大兴安岭、小兴安岭、长白山、张广才岭和老爷岭等地,分布有大面积森林,是我国主要的森林分布地带和重点林区,北方最重要的森林生态系统。尤其在大兴安岭北部山地,还保存有大面积的原始森林,是我国极其珍贵的绿色文化遗产。主要树种有红松、落叶松、樟子松等针叶树种和椴、桦、栎、水曲柳等阔叶树种,其中针叶树种的比重约为 1/3。林区的森林覆盖率接近 50%。而湿地则主要分布于东北平原的西部、北部以及三江平原。境内发育黑土、黑钙土、暗草甸土等地带性土壤,土地肥沃,为世界三大黑土带之一。东北平原是我国重要的粮食生产基地,素有“米粮仓”美誉,而且城市密集,工业发达,分布有一批我国重要的工业城市,具有十分重要的区位优势。

本区域存在的主要生态问题是:由于近半个世纪以来对天然林的过量采伐,森林生态系统严重退化,突出表现为原始林锐减,次生林比重上升,林缘后退,针叶树种组成减少,阔叶树种比例上升,森林面积减少,林分质量下降,林产工业难以为继,湿地遭到破坏,生物多样性减少。这一点在小兴安岭和大兴安岭南部地区尤为明显。其次,地形坡缓而长,表土薄而疏松,极易形成水土流失。加之对一些不适宜于耕作的丘陵坡地进行开垦,水土流失比较严重,以致部分科学家以"消失的黑土"警示世人。第三,在目前气候持续干旱的背景下,加之不合理的土地经营利用,导致东北平原的部分地区出现土地退化。其四是水旱灾害频繁发生,对农业的稳产高产造成危害,甚至对一些重工业基地和城市的安全构成了威胁。

本区域林业生态建设与治理的思路是:重点抓好天然林保护工程,通过封禁保护和培育等多种途径和措施,增强森林生态系统的功能,实现森林资源的永续利用,支撑东北区域社会经济的可持续发展。在保护现有森林资源的基础上,在江河流域、山地、丘陵区,因地制宜地营建水源涵养林和水土保持林,保护天然草地和湿地资源,减轻洪涝危害,特别是防止大江 大河的洪水泛滥。在平原农区,结合区域经济的发展方向,特别是农业生产的发展,建设以农田防护林为主的完备的防护林体系,促进农业和农村经济的全面发展。

本区域共划分为5个类型区,分别是:大兴安岭山地类型区,小兴安岭山地类型区,东北东部山地丘陵类型区,东北平原类型区和三江平原类型区。

第 20 章

大兴安岭山地类型区(D1)

大兴安岭山地类型区位于东北区域的西北部，东起小兴安岭和东北平原，西至呼伦贝尔高平原和额尔古纳河，北抵黑龙江，南至内蒙古自治区锡林浩特市、巴林右旗一线。地理位置介于东经118°25′7″～127°11′37″，北纬43°48′39″～53°20′16″。包括内蒙古自治区的兴安盟全部和呼伦贝尔盟、通辽市、赤峰市的部分地区以及黑龙江省的大兴安岭地区，总面积312 667平方千米。

大兴安岭是呼伦贝尔草原、锡林郭勒草原与松嫩平原的天然界限，也是额尔古纳河与嫩江的分水岭，山脉呈北北东至南南西走向，由中低山和丘陵组成，东陡西缓，由北向南逐渐升高，海拔500～1 500米。

本类型区地处中温带寒温带，冬季漫长寒冷，夏季短促凉爽。年平均最低气温－35℃，≥10℃年积温1 400～1 600℃，年降水量400～500毫米，年蒸发量1 000～1 200毫米，湿润度为1.0，无霜期80～120天，地带性土壤有棕色针叶林土、黑钙土、灰黑森林土、暗棕壤等，非地带性土壤有草甸土和沼泽土。植被为森林植被类型，针叶树种以兴安落叶松、樟子松为主，阔叶树以白桦、黑桦、蒙古栎、杨树为主，区内寒温带森林是世界寒温带森林的重要组成部分。有林地面积21 000万亩，林木蓄积11亿立方米，分别占全国森林面积、全国森林总蓄积量的11.2%和12%；森林覆盖率比全国平均水平约高4倍，其面积和蓄积居全国各林区之首。因而在我国的生态环境保护、建设和农林业生产中具有非常重要的战略意义。

本类型区的主要生态问题是：由于近半个世纪以来的过量采伐，本类型区的许多森工企业出现了可采资源枯竭的局面。特别是在本类型区的南部，森林资源危机和经济危困局面尤为突出。由于大面积森林采伐，林缘后退，森林生态系统功能降低，导致水源涵养和水土保持功能弱化，一些地区每到雨季，山洪暴发，河流泛滥，给当地人民和松辽平原人民的生命财产安全、工农业生产的正常进行和生态环境带来严重影响。

本类型区林业生态建设与治理的主攻方向是：一是实施好天然林保护工程，通过围封、禁伐和综合管护等多种措施，复壮天然林；二是在江河源头和重要水源区、重点水土流失区，营建以水源涵养林和水土保持林为主体的防护林体系，充分发挥森林的水源涵养和保持水土作用；三是加强森林生态安全体系建设，通过护林、防火、病虫害防治、交通与通信网建设、森林生态监测网络建设，确保森林生态系统的安全，实现森林资源永续利用和当地社会经济的协调、持续发展。

根据自然条件和生态环境状况的区域性差异，本类型区共划分为3个亚区，分别为：大兴安岭北部山地亚区，大兴安岭南段山地亚区，大兴安岭南段低山丘陵亚区。

一、大兴安岭北部山地亚区（D1-1）

本亚区位于东北区域的最北端，北至俄罗斯国界，南至洮儿河，西至呼伦贝尔高平原，东临松嫩平原。包括内蒙古自治区呼伦贝尔盟的鄂伦春自治旗、莫力达瓦达斡尔族自治旗、阿荣旗、牙克石市、根河市、扎兰屯市；黑龙江省大兴安岭地区的呼玛县、漠河县、塔河县等9个县（市、旗）的全部，以及内蒙古自治区呼伦贝尔盟的额尔古纳市、陈巴尔虎旗、新巴尔虎左旗、鄂温克族自治旗等4个市（旗）的部分地区，地理位置介于东经119°37′12″～127°11′37″，北纬47°12′24″～53°20′16″，面积243 634平方千米。

本亚区由中低山和丘陵组成，由北向南海拔渐高，一般500～1 500米，个别山峰可达1 700米。山地东侧陡峭，明显由中山向低山下降为东北平原，相对高差1 000余米；西侧徐徐下降，没入呼伦贝尔高平原，相对高差400～700米。山体主要由花岗岩、流纹岩、石英粗面岩等构成。以降水和融雪水为主要水源，发育有额尔古纳河和嫩江两大水系。河流多呈放射状，地表切割破碎。因受地质时期冰川活动的影响，河谷一般开阔，坡降较小，流水不畅，河流两岸有沼泽发育，地面水资源丰富。在北纬47°以北，永冻层呈岛状分布。气候寒冷湿润，热量不足。年降水量400～500毫米，且多集中于夏季，蒸发量约1 000～1 200毫米，湿润度1.0以上。牙克石至古里一线为寒温带与温带的大致界限，该线以北为寒温带，年平均气温低于-2℃，1月平均气温低于-30℃，极端最低气温可达-50℃，7月平均气温低于16℃，极端最高气温可达36℃，≥10℃年积温仅1 400～1 600℃；此线以南，气温逐渐升高，阿尔山一带的年平均气温为2℃，≥10℃年积温1 800～2 200℃，已属温带。山地土壤主要为灰白色森林土、灰棕壤、灰色森林土和黑土，具有较明显的垂直地带性，且东西两侧垂直带谱各异。东坡自中山低山至平原，由灰白色森林土→灰棕壤→黑土所覆盖；西坡自山地至高平原，依次为灰白色森林土→灰色森林土→黑钙土所覆盖。灰白色森林土分布在山地上部的地形平缓地段，是在寒冷湿润气候条件下以兴安落叶松为主的针叶林下发育的土壤；灰棕壤分布于山地东侧的低山丘陵，是在蒙古栎或兴安落叶松-蒙古栎林下发育的土壤；黑土主要分布于大兴安岭东麓的山前丘陵平原，即低而平缓的地貌部位上，系在草甸草原植被下发育而成；灰色森林土主要分布在大兴安岭山地的西坡，发育在白桦、山杨次生林或桦、杨林向森林草原的过渡地带；黑钙土是在森林草原下或草甸草原下发育的土壤。

大兴安岭北部山地以其独特的地理位置，在长期的自然历史演变过程中形成了以兴安落叶松为主体的森林生态系统，不仅是我国重要针叶林区之一，同时也是我国东北大平原和内蒙古高原的天然生态屏障。由于地形、气候及采伐森林的影响，本亚区的南北两端和东西两侧在森林植物种类组成和分布上存在明显差异。莫尔道嘎—满归一线的西北部，保留着尚未开发的原始林区，兴安落叶松林分占绝对优势，并且多为同龄单层的成过熟林分；该线以南地区，经过近半个世纪的采伐，只在交通不便的地区还保留有面积不等的兴安落叶松原始林，其余的广大地区大多分布桦、杨等阔叶林或针阔混交林。山地东侧地势下降，湿度和热量增多，以蒙古栎为代表的阔叶林成分增加；山地西侧地势比较平缓，并逐渐过渡至蒙古高原，干旱程度加剧，森林植被逐渐过渡为以桦杨为代表的森林草甸或草甸草原。

本亚区的主要生态问题是：部分地区森林面积减少，林分质量下降，针叶树比例减小。特别是由于滥捕、滥伐、滥垦、乱采乱挖，林区野生动物的种类和数量明显减少，生物多样性下降，森林的多种效益削弱。

本亚区林业生态建设与治理的对策是：以保护天然林为重点，限额采伐，加强森林抚育，改善林分结构，充分发挥其生态功能；利用人工造林、人工促进更新、封山育林等手段，建设完善的林业生态保护体系。

本亚区共收录13个典型模式，分别是：大兴安岭北部山地高效水土保持林和水源涵养林建设模式，大兴安岭北部林区小城镇景观林建设模式，大兴安岭北部山地边境景观防护林建设模式，大兴安岭北部山地原始森林自然保护区建设模式，大兴安岭北部山地湿地自然保护区建设模式，大兴安岭北部天然林封禁保护建设模式，大兴安岭北部森林安全保护建设模式，大兴安岭北部天然林抚育复壮经营管理模式，大兴安岭北部迹地森林恢复模式，大兴安岭北部植针保阔造营林模式，大兴安岭北部低效天然林改良增效建设模式，大兴安岭北部林区集材道森林恢复建设模式，大兴安岭北部专用工业原料林建设模式。

【模式 D1-1-1】 大兴安岭北部山地高效水土保持林和水源涵养林建设模式

（1）立地条件特征

模式区位于大兴安岭北部山地主脊两侧各200米的地带、海拔1 000米以上山峰周围1 000公顷的地域，以及坡度31度以上的地带。生境高寒，风力强盛。主要植物群落类型为偃松灌丛、偃松-落叶松林、偃松-岳桦林、杜鹃-落叶松林、杜香-落叶松林等，林下常见兴安杜鹃、小叶桦、东北赤杨、崖柳、大叶蔷薇、岩高兰、北极花、杜香及越橘等灌木，以三叶舞鹤草、七瓣莲、兴安野青茅、苔草为主的草本层与苔藓层较为发育，盖度可达80%，石质残积物母质，多发育粗骨质棕色针叶林土，石砾含量多，土层薄但一般大于30厘米。

由于采伐或火烧等因素，大兴安岭北部山地有些地区的水源涵养林林分结构以及组成与功能退化，形成了劣质低效水源涵养林。

（2）治理技术思路

为增加森林涵养水源的功能，遵循因地制宜保护现有植被、适地适树、先易后难的原则，主要采取人工造林、封山育林以及人工促进天然更新等方式，一方面对劣质低效水源涵养林进行保护和培育，另一方面在林中空地和水源涵养林分布范围内的荒山荒地进行人工造林，恢复和形成乔、灌结合的复层高效水源涵养林，提高土地的生产力，增强水源涵养功能。根据坡向和地貌部位可划出3种立地条件类型，即山地阴坡、山地阳坡和河谷阶地。

（3）技术要点及配套措施

①封禁：郁闭度0.4以上的现有林分在森林分类中是划入禁伐区的，应采取全封方式封山育林，禁止任何性质的采伐，以保护好现有林分，充分发挥其水土保持作用。分布在海拔800米以上的堰松-落叶松林型，因其所处立地条件很差，更应加强封禁。

②人工促进更新：对郁闭度0.4以下的林分和疏林地，进行人工促进更新。具备天然下种条件者，在母树周围破草皮，以便种子直接接触土壤；对无天然母树的林地，利用容器苗进行补植，然后封山育林。

树种选择：选择适应性强，生长强盛，根系发达，固着力强，根系穿透能力强，利于保护土壤，耐瘠薄，抗干旱，可增加土壤养分，恢复土壤肥力，能形成疏松柔软，具有较大容水量和透水性地被物的树种。山地阴坡的中厚层土立地，营造兴安落叶松、云杉；山地阳坡的中厚层土立地，营造樟子松；河谷阶地营造杨、柳树林。

树种配置：采用针阔带状混交方式，带宽10米。针叶树的株行距一般为1.5米×1.5米，阔叶树一般为2.0米×2.0米或2.0米×3.0米，视具体树种和立地条件而定。

造林技术：秋季整地，穴状或鱼鳞坑，规格50厘米×50厘米×20厘米。鱼鳞坑为半月形坑穴，外高内低，坑与坑在坡面上排列成三角形，以利蓄水保土。春季顶浆植苗造林，针叶树用当年生容器苗，阔叶树及灌木用1～2年生苗木。苗木随起随栽，深栽，分层填土踏实。

抚育与管护：造林后连续3年抚育5次，既"2、2、1"抚育。主要包括穴内松土、培土，林下封育灌草，培育乔、灌、草复层林，将林分的郁闭度控制在0.5～0.7。

③配套措施：在山路路口、沟口及交通要道设卡，加强管护力度。在封禁区的周边明显处设立永久性标志牌，立牌公示，设专职护林员对封禁区进行巡护。

鉴于林区降雨大多集中在6～8月份，雨水涵养困难，每年冰雪融化季节，融雪径流汇集冲沟，应在山坡沿等高线布设截水沟。坡度较陡地段每隔50米设置一处。

(4) 模式成效

封禁和人工促进更新相结合，多树种混交，同时配套工程措施，可有效地控制水土流失，涵养水源，改善生态环境。

(5) 适宜推广区域

本模式适宜在整个大兴安岭北部山地亚区推广。

【模式 D1-1-2】　大兴安岭北部林区小城镇景观林建设模式

(1) 立地条件特征

模式区位于大兴安岭北部林区小城镇。大兴安岭北部林区经过50多年开发建设，建成了许多林区小城镇及林业局、场址、村屯，但普遍存在绿化差的问题。

(2) 治理技术思路

结合区域社会经济的发展需求，围绕提高居民生活质量，改善居住地生态环境，创建绿色文明等工作，在林区小城镇及林业局、场址、村屯、居民点周边选择坡度平缓，排水良好，土壤深厚的立地条件，采用有别于林区本身森林类型的保护型、绿化型及美化型等形式，分周边、镇区、庭院3种类型进行景观林建设，以达到改善环境、防止污染、净化空气、减低噪音的目的。

(3) 技术要点及配套措施

① 建设布局：林区小城镇景观林包括镇区周边、镇区和庭院绿化三部分。镇区周边景观林建设须兼顾生态防护与绿化、美化，并完成向林区森林景观的过渡；镇区内部的景观林，着重于绿化、美化，并应与村镇周边景观林、庭院绿化相协调，以便构成一个有机的整体。

②镇区周边：建设镇区周边景观林主要是为了美化镇区的周边环境，加强镇区的防火、防风、防污染、防洪、防病虫害功能。由镇中心向外的树种配置依次为观赏灌木、阔叶树、针叶树，并需垂直主风方向建设宽林带的防护林带，以形成层次分明的梯形的、观赏性强的绿化布局与结构。

③镇区：镇区景观林建设包括公共绿地建设和道路绿化两部分。须在对镇区整体功能和景观进行科学分析的基础上，先进行规划。公共绿地的景观林建设要结合市镇土木工程建设进行，应有别于林区森林景观，力求做到三季开花，四季常青，建成防护与美化并重的花园式生态景观；道路景观林建设，采用针阔或乔灌草规则混交的形式，做到一路一景，整齐划一，错落有致，以构成高低有序、人移景异的林荫花草景观。

在对生长健壮、无病虫害、树形美观和已成材的树木进行保护利用的基础上，对生长弱、有病虫害、树形差的树木进行改造更新，力求做到标准统一、新颖美观。更新改造和栽培植物种，须选择美观、防风、抗尘、抗污、减噪、能净化空气的树（草）种，如圆柏、侧柏、樟子松、油松、杜松、云杉、杨、柳、黄槐、梣叶槭、丁香、榆叶梅、胡枝子、兴安杜鹃、金老梅、黄刺玫，杏、葡萄等果树，以及草本花卉和草坪草等。绿篱可用桧柏、侧柏、小叶黄杨等。

④庭院：庭院景观生态林是居民住宅、机关单位院内营造的美化环境，创造优雅舒适生活、工作空间的景观林。林木、花草的配置须根据庭院的空间布局和造型特点，同时综合考虑城镇的总体规划，采取园林手法，林木、花草、建筑和周围环境相互协调，创造优美和谐的休闲庭院环境。植物种主要以杏、葡萄等果树，杨、柳、黄槐、梣叶槭、胡枝子、兴安杜鹃、金老梅、黄刺玫、丁香、榆叶梅、玫瑰、草本花卉和草坪草等为主。封闭式院落可用杜梨、沙棘、东北小叶黄杨作绿篱。

⑤管护：根据园林建设要求，采用修枝等特殊抚育措施，对现有林分加强抚育管理；对新造林地，要及时浇水、除草、松土，必要时施肥，同时注意病虫害防治。

(4) 模式成效

现有植被保护与改造更新相结合，绿化、美化镇区周边、镇区以及行政管理单位、企业以及居民生活区，起到了绿化、美化，防污抗污、减尘降噪、净化空气的作用。

(5) 适宜推广区域

本模式适宜在本亚区的居民生活区、机关、企事业单位庭院内及林业场圃周围推广，其他东北林区也可参考应用。

【模式 D1-1-3】 大兴安岭北部山地边境景观防护林建设模式

(1) 立地条件特征

模式区位于额尔古纳河沿岸的20千米及哈拉哈河流域阿尔山林业局一侧20千米的范围内，土地平缓，土层深厚，土壤肥沃。

(2) 治理技术思路

边境景观防护林是以促进边境环境美化、在边境合作与交流方面树立良好的国际形象、防护边境设施、明示边境界线为主要目的的森林，已在森林分类中划入禁伐区。因此，首先应加强对现有林的保护、抚育，对无林地要以人工造林为主，最后辅以封育措施。建设目标应为：林分郁闭度≥0.8，灌草植被层高1.0米以上，覆盖率≥80%，防护性能好。

(3) 技术要点及配套措施

①树种：选择树体高大，树冠郁闭度高，林分枯枝落叶丰富，枯落物不易分解，根量多，根域广，长寿，生长稳定且抗性强的树种，如兴安落叶松、樟子松、红皮云杉、山杨、甜杨。

②整地：造林前1年整地，穴状，规格50厘米×50厘米×30厘米。整地时先将表土放于坑上方的坡面待用，然后用心土筑埂，防止水土流失，再回填表土。

③苗木：兴安落叶松，用苗龄1-1、地径>0.4厘米、苗高>40厘米的移植苗；红皮云杉，用苗龄2-2、地径>0.45厘米、苗高≥18厘米的移植苗；樟子松，用地径>0.45厘米、苗高>15厘米的播种苗（苗龄2-0）或移植苗（苗龄1-2）；阔叶树全部采用大苗造林。

④造林：春季蘸浆植苗造林，株行距1.5米×2.0米，初植密度220株/亩。随起苗随栽植，要求苗正根直，分层填土，踏实。

⑤抚育管理：造林后连续抚育3年4次，顺序为"2、1、1"。第1次抚育主要是扶正、踏实、培土等，以后则为穴状抚育。穴抚时松土面应以栽植点为中心，面积50厘米×50厘米，抚育季节宜在杂草结实前。当年造林成活率低于90%时，需在当年雨季或翌年春季利用容器苗进行补植。造林、抚育后全面封禁。

⑥配套措施：设置机械围栏，采用刺丝，在山口、沟口及交通要塞设管护站，加强管护力度，在国防林的周边明显处，如主要山口、沟口、河流交叉点等树立永久性标牌，立牌公示，设专职护林员定期巡护。

(4) 模式成效

通过封育和人工造林，以及连续多年的抚育管理，提高了边境景观防护林的质量和防护功能，树立了良好的国防形象。

(5) 适宜推广区域

本模式适合在内蒙古自治区大兴安岭林区和东北其他地区的国境沿线推广。

【模式 D1-1-4】　大兴安岭北部山地原始森林自然保护区建设模式

(1) 立地条件特征

模式区位于大兴安岭北部原始林区，温带大陆性季风气候，冬季严寒漫长，气温低；夏季短，湿热多雨，四季和昼夜温差变化很大，植物生长期较短。长期以来，因人为活动干扰，使原始森林遭受不同程度的破坏，一些珍稀、野生动植物种处于濒危边缘。后经国务院和内蒙古自治区人民政府批准，对该区予以特殊保护。

(2) 治理技术思路

分区采取有效措施保护好保护区内现有的动、植物资源。对特色显著的自然保护区，搞好旅游规划，适度合理地利用保护区内的自然景观，为林区创造经济效益。

(3) 技术要点及配套措施

根据自然保护区内不同区域的功能及主要目的，将保护区进一步划分为核心区、缓冲区和实验区。

①核心区：采取封闭式的严格保护，除了经过批准的科学研究、生态监测、调查活动外，禁止任何单位和个人进入，严格管护。

②缓冲区：可以开展非破坏性的科学研究、教学实习和标本采集，禁止开展生产经营活动。

③实验区：可以从事科学实验、教学实习、参观考察、旅游、野生动植物驯化繁育以及自然资源的适度开发利用。对实验区内天然下种良好的地段进行天然更新，不具备天然下种的林地，结合科研课题进行人工促进更新、人工造林等。

④病虫害防治：对危及保护区的物种生存、生长的病虫害，应提出积极的防治措施，病虫害的防治主要以生物防治为主，但所选用的天敌种类必须为保护区内或邻近的地区所具有。

⑤森林防火：对于有防火要求的自然保护区，应在火险地段设置防火隔离带或防火线。隔离带的宽度一般为20～30米。

⑥配套措施：在保护区周围树立宣传牌，设生物围栏或机械围栏。建立和完善区内野生动植物保护行政管理网络，禁止在保护区内狩猎和采集野生经济植物。

(4) 模式成效

通过自然保护区的建设，既保护了原始森林及林内的珍稀动植物，又合理开发了特色自然景观，增加林区经济效益，同时为林业科学研究提供了良好的空间。

(5) 适宜推广区域

本模式适宜在全国范围内原始森林区推广。

【模式 D1-1-5】 大兴安岭北部山地湿地自然保护区建设模式

（1）立地条件特征

模式区位于大兴安岭北部山地水域、沼泽地及季节性积水地带，地势较低，主要土壤为沼泽土。由于年平均气温较低，区内常有永冻层存在。河流两岸及沼泽地间有林分及灌木丛分布。主要植物群落类型为苔藓-兴安落叶松、泥炭藓-兴安落叶松、绿苔-水藓-落叶松林等。

（2）治理技术思路

湿地被称为“地球之肾”“生命的摇篮”，维系着额尔古纳河和嫩江水系。为保护湿地，应加强保护宣传力度，提高公众对湿地功能、效益及重要意义的认识，做好湿地的监测、规划与设计工作，在重点保护区域设立自然保护区，实施重点保护，保护好现有资源，防止破坏湿地及植被。在保护的基础上，对特色湿地景观进行适度旅游开发利用，创造一条保护与利用相互促进的自然保护区建设途径。

（3）技术要点及配套措施

①封禁：对湿地保护类型区内所有森林、灌木及草本植物都要进行封禁。泥炭藓-兴安落叶松及绿苔-水藓-落叶松林等林型，一旦遭到破坏将极难恢复，因此更要严格封禁。对湿地草场要严禁放牧，禁止乱捕、乱猎河流、水域、湿地内栖息的鱼类、禽类和兽类，保护和促进生物种源的恢复和发展。

②封育：对湿地内具有天然下种能力且分布均匀的乔、灌木区域，如果幼苗密度在 40～60 株/亩、具有萌蘖能力的根株密度为 50～60 株/亩，应封山育林育草，加快植被恢复。封育期间禁止采伐、放牧、割草和其他一切不利于植物生长繁育的人为活动。

③配套措施：划定封育区，注明四旁界限，树立标牌；在重点区域设置高度 1.5 米、刺丝间距为 0.2 米的铁丝网围栏。同时在封育区的主要路口树立标牌、宣传牌等；落实管护人员，分片划段，明确责任区，定期检查，严格奖罚制度，制定严格的封育管护制度，在主要入口设立堵卡站，严格入山检查制度；依法治林，及时查处各类毁林、乱捕、乱猎案件；加强护林防火和病虫害防治工作；改革牲畜饲养制度，发展季节性效益型畜牧业，缓解畜草矛盾，减轻对草场的破坏；在重点区设置观测站，对湿地资源进行监测，发现病、伤、幼等珍稀野生动物，应及时采取相应的救护措施；同时在湿地内进行气象、水文、物候、动植物种群变化方面的观测与统计。

（4）模式成效

在短期内使原始森林、湿地、野生动植物资源得到有效保护，尽快遏制了毁林、开荒等破坏资源的现象，生态环境得到了有效保护。

（5）适宜推广区域

本模式适宜在东北区域以及全国范围内的水域、沼泽地及季节性积水地带等湿地保护区建设中推广。

【模式 D1-1-6】 大兴安岭北部天然林封禁保护建设模式

（1）立地条件特征

模式区位于大兴安岭北部，适宜封禁保护的地段，具体包括：具备更新潜力的天然乔木或灌木林地段，难以人工造林但适宜发展林业的荒山荒地，规划发展各类防护林及特种用途林的地段。

(2) 治理技术思路

天然林是陆地生态系统中功能最完善的植物资源库、基因库、蓄水库、贮碳库和能源库，具有调节气候、涵养水源、保持水土、防风固沙、净化空气、美化环境、抵御自然灾害、维护生物多样性等多种生态、经济、社会功能。加强天然林保护，意义重大。对天然林进行综合性管理，及时发现和预防森林火灾与森林病虫害的发生发展，防止乱砍滥伐、乱捕乱猎、乱采滥挖、超载过牧等破坏森林资源的行为，促进天然林生态系统组成、结构、功能和稳定性等要素的优化和提高。

(3) 技术要点及配套措施

根据管护对象的特点，一般分封禁管护、重点管护和一般管护 3 个等级进行管护。

①封禁：对新造林地要进行封禁保护，不准进入林地放牧和打柴，尤其是土层浅薄岩石裸露，更新困难的森林，湖泊周围至山脊的森林，科研教学实验林，母树林，种子园，环境保护林，自然保护区森林以及名胜古迹风景区要严加保护，实行全面封山。

②封育：对边远山区、水土流失严重地区以及恢复植被较困难的宜封地，造林抚育后实行全封。有一定目的树种，生长良好，林木覆盖度较大的宜封地，采用半封，也叫季节封，对于当地群众生产、生活和燃料有实际困难的地方，可采用轮封。在封育区周围明显处，树立坚固的标牌，在牲畜活动频繁地区，采用刺丝、开沟挖壕设置机械围栏或栽植有刺乔木、灌木设置生物围栏，进行围封。在山口、沟口等交通要塞设管护站，加强封育管护。封育期间，禁止采伐、砍柴、放牧、割草和其他一切不利于植物生长繁育的人为活动。

③配套措施：以综合管护区界线结合行政区划界限开设防火线或栽植防火林带，形成防火阻隔网络，健全森林防火组织；做好病虫害的预测预报和防治工作。

(4) 模式成效

通过封禁管护、重点管护和一般管护 3 个等级的实施，保障了森林健康生长，提高了森林覆被率和木材蓄积量，森林生态系统的综合功能得以增强。

(5) 适宜推广区域

本模式适宜在东北区域以及全国其他区域的原始林管护中推广。

【模式 D1-1-7】　大兴安岭北部森林安全保护建设模式

(1) 立地条件特征

模式区位于内蒙古自治区得耳布尔林业局，地处内蒙古自治区大兴安岭北部西坡，地势特点东北高，西南低，地形较平缓，坡度一般为 10～30 度。寒温带大陆性季风气候，年平均气温 -5.3℃。极端最高气温 35.4℃，极端最低气温 -49.6℃，年积温 1 308.9℃，年平均相对湿度 71%；年平均日照时数 2 630.0 小时，年降水量 437.4 毫米。冬天多西北风和西风，夏季多东南风和南风，春秋两季多西北风和西南风。气候的总体特点是，冬季严寒漫长，气温低，夏季短，湿热多雨，四季和昼夜温差变化很大，植物生长期较短。模式区内森林分布集中连绵，优势树种以易燃的兴安落叶松为主，林下枯枝落叶、杂草等易燃物较多，林缘荒草茂密，道路网密度小，防火隔离带少。在春季气候干燥、风大的情况下极易发生火灾。

(2) 治理技术思路

大兴安岭林区是国家重要的森林生态系统，其独特的生态功能与社会经济价值无可替代。为了切实保护好这一地区珍贵的森林，加强以防火为主的森林生态安全保护建设势在必行。为此，必须全面贯彻“预防为主，积极扑救”的方针，行政手段与法律、经济手段相结合，加强管理与提高素质相结合，坚持动员全社会开展森林防火，以“四网两化”为建设目标，形成火险预测预报网、瞭望网、通讯网、阻隔网和队伍专业化、扑火设备现代化的控制森林火情、火灾的完整网络体系和较强的扑火能力，“打早、打小、打了”，减免森林火灾。

(3) 技术要点及配套措施

①设置生土隔离带：在森林边缘与荒山、草原和农田等可燃物较多地类的毗连处开设林缘生土带，宽度 30～50 米。在开阔平坦地带可用机耕，在起伏不平的地带可畜力耕作或人工翻地。

②建立“绿色防火带”：利用绿色植物的自身特性和环境的动态变化，选择合适地区进行营林、造林、补植及栽培等经营措施来减少林内可燃物积累，改变灭火环境和森林小气候，提高林内的林地湿度，降低燃烧性，增加林分自身的难燃性和抗火性。造林树种采用杨树、柳树、椴树等阔叶树种，整地为规格 200 厘米×100 厘米×80 厘米的水平坑，株行距 2.0 米×4.0 米。

③建设防火线：顺小河流、溪流、山脊两侧清理可燃物，伐木或割灌，形成有效宽度的防火线。

④设置防火隔离带：对集中连片的人工林，每隔 2 千米开设 30 米宽的防火隔离带，皆伐，割灌，清理枯枝落叶，可能时用机械、畜力、人力在秋季翻耕土地，并充分利用天然河流作为永久性防火隔离带。防火阻隔带必须纵横交错、互相连接，形成封闭网状（网眼）。一般林区的网眼面积为22 500～45 000 亩，重点防火部位为 1 500～7 500 亩，人工幼林 450～1 500亩。

⑤配置防火瞭望台：对面积 15 万～150 万亩的连片森林需设置一个瞭望台，并配置必要的观测、通讯和记录设备。

⑥林区防火道路建设：加强林区防火公路建设，路网密度要求达到 0.27 米/亩，利于发现火情及时扑救，有效地保护森林资源。

(4) 模式成效

本模式通过层层设防，阻隔或抑制林火蔓延，同时增加林分自身的难燃性和抗火性，有效控制了森林火灾的发生，实现了连续 42 年无森林火灾的好成绩。

(5) 适宜推广区域

本模式适宜在大兴安岭林区推广，对东北其他林区也有借鉴价值。

【模式 D1-1-8】 大兴安岭北部天然林抚育复壮经营管理模式

(1) 立地条件特征

模式区位于大兴安岭北部需抚育复壮的林分地段，包括郁闭度在 0.7 以上的天然幼、中龄林，或下层目的树种幼树较多且分布均匀、郁闭度在 0.6 以上的林分，郁闭度在 0.9 以上的人工幼龄林分，郁闭度在 0.8 以上的中龄林分，遭受一般轻度自然灾害的林分，以及坡度在陡坡以下的林分。

(2) 治理技术思路

培育目的树种，调整林分组成，缩短林分的工艺成熟期，提高林木生长量和木材质量，改善森林卫生状况，增强和发挥森林的多种效益。

(3) 技术要点及配套措施

①总体规划布局：根据林分的整体状况，合理确定优良木、辅助木、砍伐木。

②培育目的树种：伐除非目的树种和过密幼树，对稀疏地段补植目的树种，封山育林形成的幼龄林必须进行定株抚育。

③合理进行抚育伐：对坡度小于 25 度，土层较厚，立地条件好，兼有生产用材的防护林采

用生态疏伐法或综合疏伐法进行抚育，一次疏伐后郁闭度应保留在0.6～0.7；坡度大于25度的防护林，原则上只进行卫生伐，伐除受害林木；森林公园，应进行景观伐，以改造或塑造新的景观，增加自然景观的异质性，维护生物多样性，提高旅游和观赏价值。

透光抚育，人工林伐去原有株数的25%～45%或蓄积的15%～30%；天然林伐去原林分蓄积的10%～20%，间隔期7～10年，伐后林分郁闭度不得低于0.6。生长抚育，人工林伐去原有株数的10%～20%或蓄积的10%～20%；天然林伐去原有蓄积的15%～30%，间隔期10～20年，伐后林分郁闭度不得低于0.5。

抚育间伐的季节，全年均可进行，一般以冬季、春季为好。

④合理修枝：幼龄林阶段修枝高度不超过树高1/3，中龄林阶段修枝高度不超过树高的1/2，修枝后林带疏透度不大于0.4。

(4) 模式成效

通过对现有林的抚育管理，可以调整林分组成，提高林木生长量和木材质量，增强和发挥森林的多种效能。

(5) 适宜推广区域

本模式适宜在大兴安岭整个林区的现有林地推广。

【模式 D1-1-9】　大兴安岭北部迹地森林恢复模式

(1) 立地条件特征

模式区位于大兴安岭北部林区采伐迹地和火烧迹地。立地类型包括高海拔型、坡地干燥型、坡地湿润型和谷地型4类。高海拔型，气候恶劣，土层浅薄，天然更新困难；坡地干燥型，多位于阳坡，土壤比较干燥，林木更新过程中死亡率较高；坡地湿润型，主要位于阴坡，土壤含水率大，种子发芽和幼苗生长条件好，林木成活率高，但灌木、草本生长茂盛，对幼苗的竞争力也强；谷地型，土层深厚，土壤水分过多，生长更新条件好，但土壤容易沼泽化。

模式区内有些地块采伐后或火烧后具有天然下种能力，但因植物覆盖度较大而影响种子触地；有些地块采伐后或火烧后自然繁育能力不足，或幼苗、幼树分布不均匀。

(2) 治理技术思路

以天然更新和人工促进天然更新为主，人工更新为辅，在采伐后或火烧后的当年与次年及时进行更新。对高海拔立地类型全部采取人工更新方式，干燥型坡地采取人工更新和人工促进天然更新方式，湿润型坡地采用天然更新或人工促进天然更新方式，谷地采用天然更新、人工促进天然更新或人工更新方式。最后通过育林措施，重建和恢复森林植被，提高森林生态系统的稳定性。

(3) 技术要点及配套措施

①采伐迹地更新：

天然更新：集中于湿润坡地和谷地2个立地类型，包括择伐更新林地，采伐后保留目的树种的天然幼苗不少于400株/亩的迹地，具有天然下种母树4株/亩以上或萌蘖能力强的树根不少于60个/亩的迹地，以及保留木分布均匀的迹地。方法主要为封育，并在采伐时保留母树，保护目的幼树。

人工促进天然更新：集中于干燥坡地、湿润坡地和谷地3个立地类型，包括渐伐更新林地，采伐后保留目的树种天然幼苗270～400株/亩且通过补植、补播可以成林的林地。方法为在封育的同时，对密度小的地块用2年生落叶松苗补植，株行距为2.0米×3.0米；或人工撒播落叶松种子，播种量0.67～1.33千克/亩，并对幼树进行松土、除草、割灌等抚育管理。

人工更新：不满足天然更新和人工促进天然更新条件的林地，集中于高海拔山地、干燥坡地和谷地3个立地类型。方法为在封育的同时，用2年生落叶松苗补植，株行距为2.0米×3.0米，并对幼树进行松土、除草、割灌等抚育管理。

如果划带更新，则包括带内更新、带间更新和原带皆伐更新3种方式。带内更新，在原带隔株采伐带内栽植新树种，或将原带一侧皆伐一部分林木，在皆伐迹地上栽植新树种。大行距时也可不采伐；带间更新，对宽度500米以上的大网格，在2条老林带间营造1条新林带，当新林带建成后将老林带伐除；原带皆伐更新，对已不起防护作用的衰老林带或小老树林带，将原带全部伐除，原地用大苗营造新林带。

伐后郁闭度大于0.2，林缘50米左右，目的树种天然更新能力强及种源丰富的采伐迹地，采用天然更新恢复森林；天然更新不足的采伐迹地采用人工促进天然更新和封山育林。

②火烧迹地更新：

天然更新：集中于干燥坡地、湿润坡地和谷地3个立地类型的中低强度火烧迹地，方法主要为抚育伐过火木，按每亩不少于4株的密度留好母树，保护目的幼树。

人工促进天然更新：适宜立地类型、更新方法及抚育管理同采伐迹地的人工促进更新。

人工更新：不满足天然更新和人工促进天然更新条件的林地集中于高海拔山地、干燥坡地和谷地3个立地类型的高中强度火烧迹地。方法是在择伐或皆伐过火木后，用与采伐迹地相同的人工更新方法恢复森林。

全部更新方式都要结合封山育林进行。更新造林后立即采取封育措施。

（4）模式成效

通过对迹地进行采伐、抚育、封育和人工造林，加快了迹地更新进度，调整了林分组成，提高了林木生长量，恢复了森林的多种生态效能。

（5）适宜推广区域

本模式适宜在大兴安岭林区的迹地更新中推广。

【模式 D1-1-10】　大兴安岭北部植针保阔造营林模式

（1）立地条件特征

模式区位于大兴安岭北部坡度16度以上、土层厚度大于30厘米的山坡和坡度16度以下、土层厚度大于60厘米的山麓或平缓坡地，并称为中厚层土立地条件类型。年平均气温－4～－2℃，≥10℃年积温1 000～2 000℃，无霜期80～120天左右。土壤主要为棕色针叶林土、灰色森林土、暗棕壤、黑钙土、草甸土。植物群落类型主要为杜鹃-落叶松、杜鹃-白桦林、杜鹃-山杨林、杜香-落叶松林、草类-落叶松林、草类-白桦林、草类-山杨林等。

由于立地条件较为优越，适宜发展乔木，通过营造针叶树，保护阔叶树，提高土地利用率和林分质量，建立针阔混交林，增强森林生态系统的稳定性。

（2）技术思路

大兴安岭原始林是以落叶松为优势树种组成的顶极森林群落类型，但由于近半个世纪以来的采伐，林分组成发生了很大变化。一些地区优势树种变成了以山杨、白桦为主的阔叶林类型。为了提高森林群落的稳定性和生态经济价值，在条件适宜地区栽植兴安落叶松林，保留天然阔叶林的珍贵树种，形成针阔混交林，是提高林分质量、效益和稳定性的有效途径，实现资源永续利用的目标。

(3) 技术要点及配套措施

① 坡度16～31度的中层土坡面：针叶树为主的林地，采取小面积择伐，对珍贵阔叶树种蒙古栎、水曲柳、椴树等和落叶松幼苗加以抚育管理，伐除劣质白桦等阔叶树和灌木，同时营造落叶松。阔叶林间空地和阔叶林周边的宜林地，营造落叶松林。

树种选择与混交方式：应选择适应性强、生长迅速、耐寒冷、耐水湿、强喜光、树干通直高大、材质优良的乔木树种，主要以兴安落叶松为主，与现有林分形成块状混交。

整地造林：造林方法及时间、苗木、造林密度详见表D1-1-10。

表D1-1-10　主要造林技术措施

树种选择	造林方法	整地	苗木	造林密度
以兴安落叶松为主，与现有林分块状混交	春季顶浆明穴栽植，并在穴面反扣草皮，防止土壤蒸发	在更新造林前1年秋季采用等高线穴状整地，规格为50厘米×50厘米×20厘米，株行距1.5米×2.0米	2年生Ⅰ、Ⅱ级优质换床苗或容器苗	180～296株/亩

抚育管理：造林成活率低于85%的不合格造林地，要在当年雨季、秋季或翌年春季进行补植，造林后连续抚育3年4次，顺序为“2、1、1”即第1年抚育2次，第2、3年各抚育1次。抚育方式主要为穴状抚育，并进行除草和松土，松土以栽植点为中心，面积一般为50厘米×50厘米。

② 坡度16度以下的厚层土坡面：对蒙古栎、水曲柳、椴树等珍贵阔叶树种和落叶松幼苗要加以抚育管理，伐除劣质白桦等阔叶树和灌木，同时营造针叶树。

树种选择与混交方式：选用乡土树种兴安落叶松与现有林分形成块状混交。树种选择、造林方法、造林密度、苗木和整地，详见表D1-1-10。

抚育管理：造林成活率低于90%的，要在当年的雨季、秋季或翌年春季进行补植，造林后连续抚育5年7次，顺序为“2、2、1、1、1”，即第1、2年各抚育2次，第3、4、5年各抚育1次。此外，还应在第1次透光伐和第2次生长伐后以氮、磷肥为主追肥1次，以增加土壤中的养分，加快林木生长。施肥采用环树挖沟施肥法。

(4) 模式成效

本模式因地制宜，根据自然演变规律，通过积极的人为干预，促进自然趋同，缩短了自然演替进程，恢复和扩大了森林植被，以较快的速度重建生产力更高的群落结构，通过治理达到保护天然植被、保持水土的生态效益。

(5) 适宜推广区域

本模式适宜在整个大兴安岭山地推广选用。

【模式D1-1-11】　大兴安岭北部低效天然林改良增效建设模式

(1) 立地条件特征

模式区位于大兴安岭北部低效天然林区。东部海拔为300～850米，南部海拔为600～1 000米，阳坡为5～35度。土壤为暗棕壤及黑土、黑钙土，土壤肥沃，土层厚30～100厘米。黑桦、蒙古栎呈混交状态。

低效天然林是指天然状态下的过熟林分、主体组成树种或目的树种密度过小或过大的林分、林相单一引起生长不良的林分、劣等植物组成比例大的林分、遭受自然灾害的林分和生长于天然分布界限边缘地带的林分。这些林分天然更新不良，生长缓慢，品质低下，多种防护功能差，效益低。

(2) 治理技术思路

鉴于模式区土层深厚，属低山丘陵地区，立地条件好，通过更换树种，重新造林的综合改造方式，建设层次结构复杂、功能多样的森林群落，提高生态公益林的复层郁闭水平，增加林下植被盖度，从而减轻水土流失，提高涵养水源能力，增加森林的多种效益和功能。

(3) 技术要点及配套措施

①经营粗放的稀疏、残、破林：根据林分内林隙的大小与分布特点，采用不同的补植方式进行治理。

均匀补植：适于林隙面积较小，且分布相对均匀的低效林。

在林分中割除影响整地和幼苗生长的灌丛杂物，进行穴状整地，规格为50厘米×50厘米×30厘米。造林树种为兴安落叶松。苗木采用容器苗或裸根苗，1年生Ⅰ级容器苗，地径≥0.2厘米，苗高≥5厘米，根系长≥5厘米；2年生移植苗，地径≥0.4厘米，苗高≥30厘米，根系长≥15厘米。

补植密度视林隙天然更新频度确定，一般天然林中补植70～170株/亩，改造后形成人工林与天然林镶嵌分布的混交群落。

岛状补植：适于林隙面积较大，形状各异，分布极不均匀的林分。又称局部更新。

选择适宜树种在林隙内人工栽植山杨、甜杨等阔叶林或兴安落叶松针叶林，形成不同规格的效应岛，岛的大小7.5～15亩，初植密度依造林树种而异。造林后及时进行除草松土等幼苗管护，每年1～3次，连续3～5年。改造后形成原有林分与人工栽植的“阔叶岛”或“针叶岛”，镶嵌分布的复合群落机构。

②遭受火灾等自然灾害的低效林：通过伐除受害木，引进与气候条件、土壤条件相适应的树种进行造林。一次造林强度控制在蓄积的30%以内，清理迹地后穴状整地，造林。

带状改造：适宜坡度16度以上的黑桦、蒙古栎低效林分。在低效林分中平行等高线进行带状改造，等带间隔，伐除带宽10米，保留带宽10米，伐除时重点保护好针阔叶幼中龄林木，并做好场地清理。选用兴安落叶松更新，与现有黑桦、蒙古栎形成带状混交林。造林后连续抚育3年4次，顺序为“2、1、1”，第1次抚育主要是扶正、踏实、培土等，以后采取穴状抚育进行松土除草，松土以栽植点为中心，面积一般为50厘米×50厘米。抚育季节为杂草结实前，造林当年成活率低于90%的，要在当年秋季或翌年春季进行补植。

块状改造：适于坡度16度以下的低效林分。在低质林分中进行面积不大于75亩的块状皆伐改造，保留带宽度10米。伐木时保护兴安落叶松幼苗、幼树，做好迹地清理。选用兴安落叶松更新，与保留带形成块状混交林。伐除低效林后进行机械带状整地，带宽60厘米，带间距140厘米，深25厘米，整地一般在造林前1年的7～9月份进行。造林时在带上进行穴状植苗，株行距1.5米×2.0米，造林密度为220株/亩。造林成活率低于90%的，要用容器苗于当年的雨季或翌年春季及时进行补植。造林后连续抚育5年7次，即“2、2、1、1、1”的顺序进行，第1、2年各抚育2次，第3、4、5年各抚育1次。抚育时结合整地方式，采用带状抚育。

(4) 模式成效

本模式通过对现有低效林的改造，可以调整林分组成结构，提高生态公益林的复层郁闭水平，形成层次结构复杂、功能多样的森林群落，提高林木生长量和木材质量，增强和发挥森林的多种效能。

(5) 适宜推广区域

本模式适宜在大兴安岭林区的低效林改造中推广应用。

【模式D1-1-12】　大兴安岭北部林区集材道森林恢复建设模式

(1) 立地条件特征

模式区包括4种立地类型：坡度小于16度，土层厚度小于30厘米的山坡集材道；坡度小于16度，土层厚度大于30厘米的山坡集材道；坡度大于16度，土层厚度小于30厘米的山坡集材道；坡度小于16度，已形成侵蚀沟的坡地集材道。

林区开发50年来，由于部分集材道没有及时更新或者更新成活率未达标准，集材道水土流失非常严重，有的甚至形成侵蚀沟，严重破坏了林地，影响了森林涵养水源的功能，同时也降低了林地生产力。

(2) 治理技术思路

主要以加强人工更新为主，改善更新技术措施，尽快恢复森林植被，提高森林覆盖率，控制水土流失，改善生态环境。

(3) 技术要点及配套措施

①坡度小于16度的集材道：在集材道上以“人”字形摆放树枝，防止土壤进一步流失。当土层厚度达到10～30厘米时，采用落叶松容器苗人工造林；当土层厚度大于30厘米，采用2年生落叶松换床苗进行人工造林。造林前穴状整地，规格为50厘米×50厘米×30厘米。造林树种选用兴安落叶松，密度100～170株/亩。

②坡度大于16度的集材道：同样在集材道上用“人”字形摆放树枝，当土层厚度达到10～30厘米时，采用水平阶整地，并采用容器苗营造落叶松。

③已形成较宽侵蚀沟的集材道：应横拦木枝，两头固定石料筑坝，再铺垫枯枝，在侵蚀沟两侧造林或种植生长快、根系发达的灌木，如胡枝子、金老梅、刺玫、榆叶梅等。

④配套措施：严格执行森林采伐更新质量检查标准，采伐结束后及时造林，造林成活率达不到85%标准的，要在当年雨季、秋季或翌年春季及时补植，并进行抚育管理；针对现有林区可采森林资源逐年减少，伐区越来越分散的现状，逐步改用机动灵活、对林地和幼树幼苗破坏少、适合于冬季在坡度小于16度的零散伐区作业的畜力集材，以保护林地以及幼树幼苗，防止林道土壤侵蚀。

(4) 模式成效

本模式的实施提高了土地利用率，恢复了森林的自然景观，有利于封山育林，增强和发挥森林的多种效益。

(5) 适宜推广区域

本模式适宜在大兴安岭林区实行过采伐的地区推广。

【模式D1-1-13】　大兴安岭北部专用工业原料林建设模式

(1) 立地条件特征

模式区位于大兴安岭北部林区。按照“天然林保护”工程规划，在林区有目的地划出专门基地，营造工业原料林。一般选择立地条件非常好，坡度15度以下，土层厚度大于30厘米，林分蓄积年生长量≥0.43立方米/亩，生长有杜鹃、杜香、草类等立地条件好的宜林地。

(2) 治理技术思路

为适应人民对木材日益增长的需要，保障天然林保护工程的实施，按照“适地适树”，速生、优质的原则，选择优良树种，采取先进技术和有效措施，以培育中小径材为目的，营造专用工业原料林。

(3) 技术要点及配套措施

在立地条件较好的地段，当现有林培育达到工艺成熟时，采用带状皆伐，伐10米留6.0米，伐后立即用兴安落叶松更新造林，与现有林形成带状混交。

①良种壮苗：造林用种苗必须符合良种壮苗的要求，种子品质达到一级标准，造林用苗为经过换床培育达到林管局规定的等级标准的Ⅰ级落叶松苗，苗龄2年，苗高≥30厘米，地径≥0.4厘米。

②整地：在造林前1年的夏季，最好6月初至7月中旬，对采伐后的迹地进行带状整地，带宽60厘米，带间距90厘米，深25～30厘米。

③造林：春季“顶浆造林”为主。一般以4月下旬至5月中旬为宜，也可在10月初至10月中旬。株行距1.5米×1.5米，初植密度296株/亩。按设计的株距在带中央随挖穴随栽植，穴径30厘米，深25厘米，栽植时要将苗木栽在穴中央，做到立直栽正，深浅适宜，根系舒展，培土厚度要超过原根系1～2厘米，表层覆1厘米厚虚土。造林成活率不足90%时，应在当年秋季或第2年春季及时补植。

④幼林抚育：专用工业原料林连续抚育5年7次，第1、2年每年2次，后3年每年1次。第1次抚育，主要是扶正、培土、踏实。以后各次抚育主要是除草、松土、扩穴、割除灌木等。年抚育2次的一般在6月中旬、7月下旬各1次；年抚育1次的一般在6月下旬。

⑤抚育管理：主要包括修枝和施肥。修枝，是专用工业原料林经营的技术措施之一，在林木生长过程中，适当修剪树冠下部生长衰弱枝和枯死枝，有利于林分通风透光和森林卫生，减少养分和水分的无效消耗，减少病虫害的孳生和蔓延，对提高林木生长量和材质有促进作用；施肥，造林第5年结合除草松土，将腐烂后的草粉培于苗木周围，代替有机肥。随着林木的生长，应补充土壤中的养分含量，加速林木生长，采用环树沟施，每5年1次，每株施氮磷钾复合肥0.5千克。

当林木胸径达到12～14厘米时，留有一定的保护林带和防护林带，进行带状采伐；成林保护主要是森林防火及病虫鼠害防治。

(4) 模式成效

本模式选择立地条件较好的地段，营造工业原料林，提高了土地利用效果、林木生长量和木材质量，一定程度上满足了工业对木材的需求，减轻了森林特别是天然林的压力，有利于发挥森林的多种效能。

(5) 适宜推广区域

本模式适宜在大兴安岭林区立地条件较好的地区推广。

二、大兴安岭南段山地亚区（D1-2）

本亚区位于大兴安岭山地类型区南部山地地带，包括内蒙古自治区兴安盟的乌兰浩特市、扎赉特旗的全部，以及内蒙古自治区兴安盟的科尔沁右翼前旗、阿尔山市、突泉县、科尔沁右翼中旗，通辽市的扎鲁特旗等5个县（市、旗）的部分地区，地理位置介于东经119°28′6″～123°26′34″，北纬45°35′30″～47°35′27″，面积33 448平方千米。

大兴安岭南部山地，呈东北西南走向，全长约600千米，宽70～150千米，海拔大多在1 000～1 500米，西南克什克腾旗境内可达1 800米以上，碾盘沟附近主峰最高，海拔2 039米。山体东侧陡峭，比较明显地从中山下降至低山丘陵；西侧平缓，逐渐没入锡林郭勒高平原中。山地水网较密，河流较多，分水岭多在西北部，东南集水面广，河流切割深达600米。年径流模数一般为每平方千米约9.1万立方米左右。地下水资源较丰富，河谷中广泛分布沙砾石孔隙潜水和基岩裂隙水，补给量约22亿立方米。

本亚区属温带半湿润气候，年平均气温－2～6.9℃，≥10℃年积温1 800～3 000℃，年降水量330～450毫米。本亚区是大兴安岭针阔叶林向南，燕山山地针阔叶林向北，锡林郭勒高平原草原植被向山地伸展的一个过渡区域。兴安落叶松、华北落叶松、油松、红皮云杉等具有代表性的树种在这里呈零星分布，同时也是这些树种的分布边缘区。兴安落叶松自北而南只在本区东北部有小范围、少数量的分布，愈往西南，数量愈少，分布位置上升到海拔1 600～1 900米山地。华北落叶松、油松沿南部山地可连续零散分布至克什克腾旗境内山地，红皮云杉分布于海拔1 600米以上的阴坡。分布范围较广的是以白桦、山杨、蒙古栎等为主的阔叶林以及以线叶菊为主的杂类草草甸草原植被。本亚区土壤，东坡主要由黑钙土和森林土组成，黑钙土随着海拔升高自下而上渐次由淡黑钙土→黑钙土→暗黑钙土演替，局部平缓山顶还分布着山地黑土；森林土壤分布于阴坡，有棕壤和灰色森林土，棕壤分布最广，灰色森林土多分布于北部及海拔较高的山地。西坡由黑钙土和森林土组成，两侧山麓为栗钙土。

本亚区的主要生态问题是：由于森林过伐，导致山地有林地水源涵养功能下降，无林荒山荒地水土流失严重，给下游平原地区的生产和人民生活造成严重威胁；森林病害虫害频繁。

本亚区林业生态建设与治理的对策是：大力保护和发展水源涵养林和水土保持林，在立地条件较好的地段发展水源涵养兼用材林。采取人工造林和封山育林相结合的措施，构建山地水源涵养林、水土保持林体系，恢复和提高森林生态系统的功能和作用，保障下游平原地区的生态安全。

本亚区共收录2个典型模式，分别是：大兴安岭南段山地水源涵养林建设模式，大兴安岭南段山前丘陵混交型水土保持林营造模式。

【模式D1-2-1】　大兴安岭南段山地水源涵养林建设模式

（1）立地条件特征

模式区位于内蒙古自治区克什克腾旗海拔1 000米以上的山地，属天然次生林区。森林与荒山荒地并存，适宜人工造林的荒山荒地可分为山地阳向薄层土、山地阴向薄层土与山麓缓坡厚层土3个立地条件类型。适宜封山育林的林地、荒地交错分布，草本植物生长茂盛，并有天然灌木零星分布。

（2）治理技术思路

采取人工造林和封山育林相结合的办法，分别不同立地条件，营造复层混交林，保护现有林草植被，提高林草植被盖度，提高涵养水源能力。同时在水肥条件较好的地区营造水源涵养、用材兼用林。

（3）技术要点及配套措施

①总体布局：在山地阴向薄层土立地类型营造兴安落叶松与胡枝子混交林；在山地阳向薄层

土立地类型营造蒙古栎与胡枝子混交林；在山麓缓坡厚层土立地类型营造兴安落叶松林；在宜封育地带实行封山育林，并辅以人工措施促进天然更新。

②造林：

整地：造林前1年整地，为水平沟、鱼鳞坑或机械开沟均可，水平沟整地规格为300厘米×60厘米×50厘米，穴状规格为40厘米×40厘米×40厘米，鱼鳞坑规格为100厘米×60厘米×40厘米，机械开沟口宽110厘米，沟深35厘米。整地后，在沟内挖30厘米×30厘米×30厘米坑栽植兴安落叶松，鱼鳞坑内栽植蒙古栎。

栽植：兴安落叶松苗蘸浆造林，靠壁栽植，扶正踩实，埋土深度超过根标印的2～4厘米，在栽植后培抗旱堆。

抚育管理：对新造林，要进行抚育，抚育期5年，抚育内容包括除草、松土、定株等。松土除草要做到除早除小，里浅外深，不伤幼树根系，一般深5～10厘米。同时，对新造林要进行看护，防止人为破坏。

表 D1-2-1　主要造林技术设计

造林树种	立地条件	林种	混交方式	整地方式	株行距（米）	造林季节方式	需苗量（株/亩）	苗木	幼林抚育年、次数
兴安落叶松、胡枝子	海拔1 000米以上阴坡，土壤厚20～30厘米	水源涵养林	行间混交	水平沟穴状	2.0×3.0、1.0×3.0	春秋植苗	55 110	2年生Ⅰ级苗、1年生	3年2、2、1 第2年平茬
蒙古栎、胡枝子	海拔1 000米以上阳坡，土层厚20～30厘米	水源涵养林	行间混交	鱼鳞坑穴状	2.0×2.0、1.0×2.0	春秋植苗	83 167	2年生Ⅰ级苗、1年生	3年2、2、1 第2年平茬
兴安落叶松	海拔1 000米，土层厚80～100厘米，坡度4～8度	水源涵养兼用材林	纯林	机械开沟	2.0×3.0	春秋植苗	111	2年生Ⅰ级苗	3年2、2、1

③封山育林：对整个模式区实行围栏封育，并配备专职人员看护，在不宜人工造林或暂时来不及造林的地带，封山并人工促进天然更新，措施包括：保护母树并抚育复壮；雨季人工撒播落叶松种子；对更新起来的幼林进行割灌、锄草、修集水坑（埂）等抚育管理。

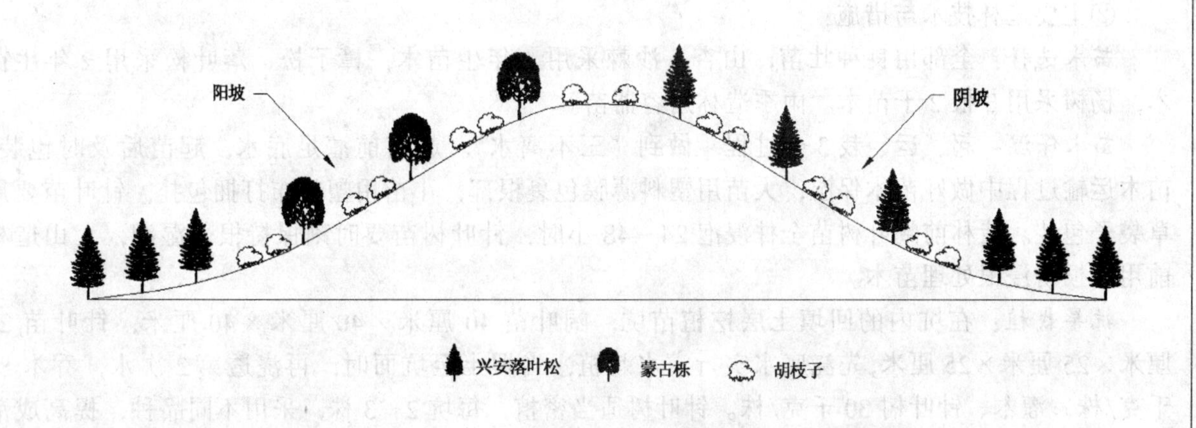

图 D1-2-1　大兴安岭南段山地水源涵养林建设模式图

(4) 模式成效

本模式采用针阔混交、人工治理与封护相结合的措施，植被恢复快，植物群落的涵养水源功能强。

(5) 适宜推广区域

本模式适宜在内蒙古自治区赤峰市的阿鲁科尔沁旗、克什克腾旗、巴林左旗、巴林右旗及林西县等大兴安岭南段山地推广。

【模式 D1-2-2】　大兴安岭南段山前丘陵混交型水土保持林营造模式

(1) 立地条件特征

模式区位于内蒙古自治区兴安盟突泉县太平乡，地处大兴安岭向东南方向延伸的山前丘陵地带，多为光山秃岭。海拔一般 400～600 米，相对高差 50～100 米。属温暖半干旱气候，年平均气温在 4℃左右，极端最高气温可达 39℃，≥10℃年积温 2 500℃左右，无霜期 130 天左右，年降水量 390 毫米左右，年蒸发量在 1 900 毫米以上，约是降水量的 5 倍，具有十年九旱的特点。土壤大多为栗钙土。当地是以农业为主的地区，过去由于盲目开荒、过度放牧，致使植被逐年减少，加之丘陵起伏，坡缓而长，沟壑发展快，水土流失严重，是水土保持治理的重点地区。

(2) 治理技术思路

采取工程措施与生物措施相结合，以工程促造林，大力发展水土保持林。

(3) 技术要点及配套措施

①措施布局：

生物措施：根据不同坡向、坡位，选择不同树种，本着宜乔则乔，宜灌则灌的原则，建设乔灌、针阔混交林。土层大于 30 厘米的地段，树种选用樟子松、落叶松，在土层大于 60 厘米的地段，选用杨树。阴坡半阴坡，可配置沙棘与落叶松混交林，阳坡半阳坡，可配置山杏与杨树、山杏与樟子松、柠条与樟子松混交林。在同一坡面，根据土层厚度，可采取乔灌、针阔复合混交。如：山上部为山杏，中部为樟子松，下部为杨树，形成“一坡三段式”或“一坡多段式”。杨树选用适宜当地生长的较速生的品种，如黑林 1 号、小黑 14、哲林 4 号、晚花等。

工程措施：沿等高线呈“品”字形组合大坑整地，规格为阔叶乔木树种 80 厘米×80 厘米×60 厘米，针叶乔木树种及灌木 200 厘米×60 厘米×50 厘米，回填土 50 厘米，坑距 1.0 米，行距阔叶树 5.0 米，针叶树 4.0 米，灌木 2.0 米。整地时间为夏季。

②主要造林技术与措施：

苗木选择：全部用良种壮苗，山杏、沙棘采用 1 年生苗木，樟子松、落叶松采用 2 年生苗木，杨树采用 3 根 2 干苗木。雨季造林用容器苗。

苗木保湿：起、运、栽 3 个过程，做到“三不离水”。起苗前灌足底水，起苗后及时包装，苗木运输过程中做好苗木保湿，大苗用塑料薄膜包裹根部，小苗用塑料布打捆包扎，针叶苗要用草袋子包装。造林前阔叶树苗全株浸泡 24～48 小时，针叶树苗要时刻保持根部湿润，上山造林前用生根粉浸根处理苗木。

抗旱栽植：在坑内的回填土层挖植苗坑，阔叶苗 40 厘米×40 厘米×40 厘米，针叶苗 25 厘米×25 厘米×25 厘米，先浇底水实行灌水栽植，当埋土至坑面时，再浇透第 2 次水，乔木 80 千克/株，灌木、针叶树 30 千克/株。针叶树适当密植，每坑 2～3 株，采用不同品种，提高成活率。柠条在埂上穴播，2～3 穴/埂；有条件的地方，栽植时可在坑的底部施入适量的碎秸秆、葵花头等，以利于保水增肥。栽完后，也可在坑面覆盖秸秆稻草等物，或于冬季在穴盘上堆冰块、培雪堆等，增加土壤水分。

混交方式：行间混交。

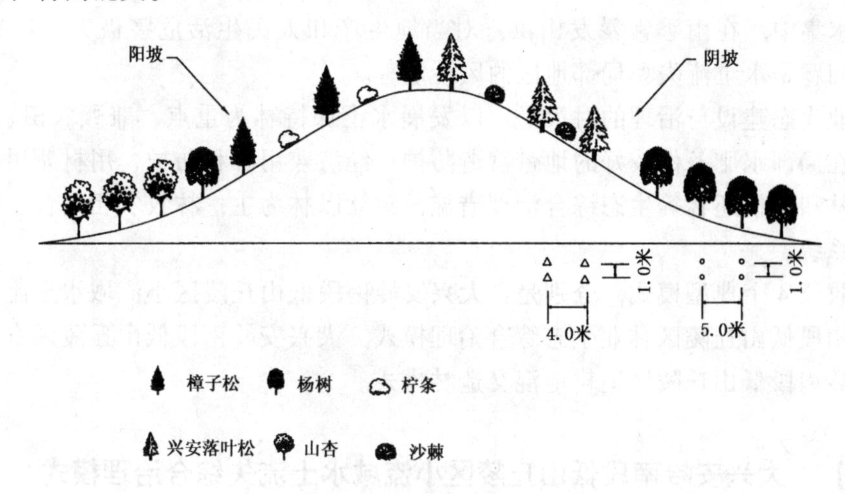

图 D1-2-2 大兴安岭南段山前丘陵混交型水土保持林营造模式图

(4) 模式成效

本模式通过工程措施与生物措施紧密结合，大坑整地，可以最大限度地截流地表水，提高造林成活率。通过多种树种混交，达到生物群落稳定，以扩大森林面积，保持水土，改善生态环境，促进农牧业发展。

(5) 适宜推广区域

本模式适宜在内蒙古自治区东部浅山丘陵区推广。

三、大兴安岭南段低山丘陵亚区（D1-3）

本亚区是介于大兴安岭南段山地与辽嫩平原之间呈北北东至南南西走向的狭长地带，包括内蒙古自治区通辽市的霍林郭勒市全部，以及内蒙古自治区兴安盟的科尔沁右翼中旗、突泉县、扎赉特旗，赤峰市的阿鲁科尔沁旗、巴林左旗、巴林右旗、林西县、克什克腾旗等8个县（旗）的部分地区，地理位置介于东经118°25′7″～121°53′48″，北纬43°48′39″～45°52′56″，面积35 585平方千米。

本亚区地貌类型为大兴安岭南段山地向东南方向延伸的低山丘陵地带，海拔400～800米。区内河网密布，如西拉木伦河、老哈河、教来河等，地面水较丰富，地下水多河谷潜水和基岩裂隙水。

本亚区为温带半湿润半干旱气候，年平均气温4～6℃，≥10℃年积温2 800～3 400℃，年降水量350～400毫米，总的趋向是北部、西部气温较低，东部、南部气温较高。本亚区的地面组成物质比较复杂，主要有：分布于本区各地的黄土性物质；集中分布于西拉木伦河右岸以及老哈河、教来河河岸的风积沙地；土石质丘陵，多为玄武岩、片麻岩、花岗岩、安山岩残积坡积物。植被基本上为草甸草原和典型草原，草甸草原多为线叶菊、贝加尔针茅、羊草等为主组成的杂类草草甸草原植被；典型草原多以大针茅、冷蒿、隐子草、地椒为主所组成。森林植被除河谷地有杨柳人工林外，还有榆树疏林及山杏、小叶锦鸡儿、虎榛子、绣线菊、小黄柳、沙蒿等灌丛散布各地。土壤主要为黑土与灰棕壤，前者分布于地形开阔平缓的草甸草原中，后者分布于石质残丘地的落叶阔叶林下。

本亚区开发较早，基本上是一个农牧林结合的经济区。农耕地面积比重较大，绝大部分为旱作，因早春风沙危害比较普遍，广种薄收，产量极不稳定。丘陵坡地森林覆被率低，荒山荒地比重大，加之降水集中，在雨季常暴发山洪，对当地生产和人民生活危害极大。自然灾害比较频繁。主要生态问题是水土流失和局部地区的风沙危害。

本亚区林业生态建设与治理的对策是：以发展水土保持林为重点，兼顾农田、牧场防护林、经济林建设，在局部水肥条件较好的地带营造防护、经济兼用林和防护、用材兼用林。采取人工造林、封山育林和退耕还林等生态综合治理措施，建立以林为主，林牧农相结合、可持续发展的复合生态经济系统。

本亚区共收录4个典型模式，分别是：大兴安岭南段低山丘陵区小流域水土流失综合治理模式，大兴安岭南段低山丘陵区林业生态综合治理模式，大兴安岭南段低山丘陵区农田防护林建设模式，大兴安岭南段低山丘陵区退耕地混交造林模式。

【模式 D1-3-1】　大兴安岭南段低山丘陵区小流域水土流失综合治理模式

(1) 立地条件特征

模式区位于内蒙古自治区赤峰市阿鲁科尔沁旗新民乡的保安流域，属大兴安岭南段土石山低山丘陵。流域内坡度较缓，山顶岩石裸露，土层结构松散，干旱缺水，水土流失严重，治理难度较大。具体可分为低山丘陵中部或上部薄层土、山麓或丘陵下部厚层土、山间谷地3种立地类型。

(2) 治理技术思路

以流域治理为单元，按山系统一规划，实行山水田林路全面治理，因地制宜，因害设防，配置不同林种树种。工程措施和生物措施相结合，建设以水土保持为主导功能的森林，有效拦截地表径流，保持水土。

(3) 技术要点及配套措施

①措施布局：沿沟道修建谷坊，坡面修建集雨场、沟头防护埂，营建以油松、山杏、沙棘为主的水土保持林；山间谷地修建塘坝，营建杨树用材林和果树经济林；干道要结合路面硬化或修整，建成集水坡面。

②生物措施：在低山丘陵中部或上部薄层土坡面营造山杏、沙棘混交林；山麓或丘陵下部厚层土地段种植油松；山间谷地栽植杨树、果树。油松造林选用2年生顶芽饱满、根系发达、无病虫害的Ⅰ级苗，适当深栽。山杏选用1年生优质苗，栽植深度比原土印深2～3厘米，栽植时要浇足底水，覆土后培抗旱堆。杨树、果树造林要大坑、大水。

成林后，采取封育和人工管护等措施，定期进行松土除草，做好防虫、防火工作。

③工程措施：

整地：在造林前1年雨季进行，山坡上部为鱼鳞坑整地，中下部为水平沟整地，山脚为水平阶整地。鱼鳞坑整地规格为150厘米×100厘米×50厘米，水平沟整地规格为150厘米×80厘米×70厘米，水平阶阶面300厘米，埂高50厘米，宽50厘米。

谷坊：防御标准为十年一遇的24小时的最大暴雨。根据谷坊所在位置的地形条件确定谷坊断面尺寸，谷坊间距一般20～50米。

沟头防护埂：在沟头以上有坡面天然集流槽的地方，重点修建沟头防护埂。防御标准是十年一遇3～6小时最大暴雨。

表 D1-3-1　水土保持造林模型设计

造林树种	立地条件	林　种	混交方式	整地方式	株行距（米）	需苗量（株/亩）	造林季节	苗木准备	抚育措施
山杏 沙棘	中上坡、薄层土	水土保持林	带状混交	水平沟 鱼鳞坑	2.0×2.0 1.0×2.0	167 333	春秋植苗	1年生 1年生	3年 2、2、1
油松	中下坡、中厚层土	水土保持林	纯林	水平沟	2.0×2.0	167	春秋植苗	2年生	3年 2、2、1
杨树	山间谷地、厚土层	用材林	纯林	水平阶	2.0×3.0	111	春秋植苗	2年生	林内可间作、以耕代抚
果树	山间谷地，厚土层	经济林	纯林	水平阶	3.0×4.0	56	春秋植苗	1年生嫁接苗	林内可间作，以耕代抚

集雨场：为了充分利用降水资源，解决林业生产的缺水问题，通过对坡面进行硬化或覆膜处理，把降雨形成的坡面径流导入蓄水池以备旱季使用。其主体工程是蓄水池，可采用浆砌石（本地区为土石山区，石料丰富），矩形或圆形结构均可，集水坡面规格可依坡面形状而定。

塘坝：布设于沟道，蓄积上游来水作为灌溉水源，拦截沟道泥沙，使沟川台化，变成肥沃的农地。

道路：通过修整或硬化路面，把路面作为集雨坡面，既解决水源问题又改善了交通条件。

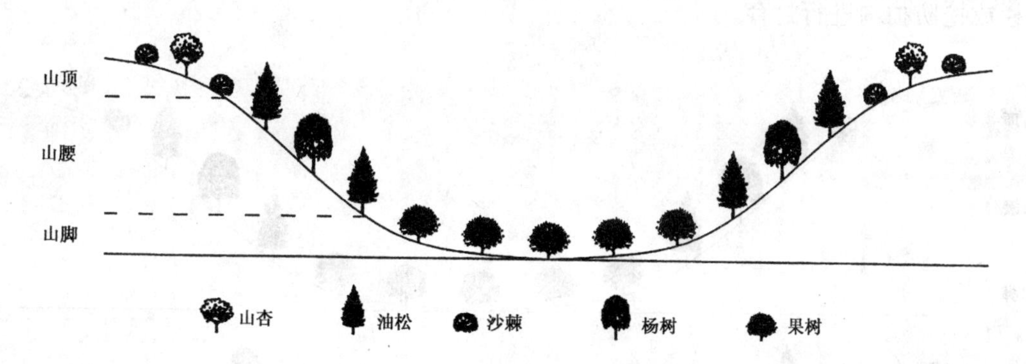

图 D1-3-1　大兴安岭南段低山丘陵区小流域水土流失综合治理模式图

（4）模式成效

工程措施和生物措施、多林种多树种、山水田林路紧密结合，统一规划，有效地控制水土流失，同时栽植的山杏等果树和杨树也可带来一定的经济收入。

（5）适宜推广区域

本模式适宜在大兴安岭南段土石山区推广。

【模式 D1-3-2】　大兴安岭南段低山丘陵区林业生态综合治理模式

（1）立地条件特征

模式区位于内蒙古自治区赤峰市的巴林左旗，地处大兴安岭南段低山丘陵区海拔较高地段。为中温带大陆性气候，年降水量 350～400 毫米。地势较陡，海拔较高，土壤以栗钙土为主，结构松散，土层较薄，地表植被覆盖度低，水土流失比较严重。

（2）治理技术思路

以小流域为单元，因地制宜，因害设防，配置不同林种、树种。按山地坡度遵循“灌木盖帽、针阔缠腰、果树垫脚”的格局建设以水土保持林为主的林业生态体系。

(3) 技术要点及配套措施

①整体布局：

灌木盖帽：在山的上部、顶部营造以山杏、沙棘、柠条为主的混交林，株行距为2.0米×2.0米。

针阔缠腰：在山的中部营造以落叶松、樟子松为主的针叶林，株行距为2.0米×3.0米。在山的下部营造以杨树为主的阔叶林，株行距为2.0米×3.0米。

果树垫脚：在山脚下立地条件较好的地块营造以果树为主的经济林，株行距为4.0米×6.0米。

②工程整地：以小流域为单元，集中连片，采取“品”字形排列的水平大坑整地。坑的规格为200厘米×100厘米×80厘米。

在坡度10度以上的退耕地，每隔20～30米，沿等高线修一条坝埂，即埂式梯田。埂的上坡挖200厘米×100厘米×80厘米的水平坑，坑内栽植山杏、沙棘等生态经济树种。

③造林关键技术：造林前全苗浸泡48小时，并配以生根粉、高吸水剂；大苗和经济林果树采取地膜造林技术，即造林后，用50厘米×50厘米的塑料薄膜将苗木四周覆盖，保温、保墒、提高成活率。

④管护措施：对新造林地进行抚育，4年4次，内容包括松土、除草、定株等。成林后，采用网围栏或挖防护沟进行封育。

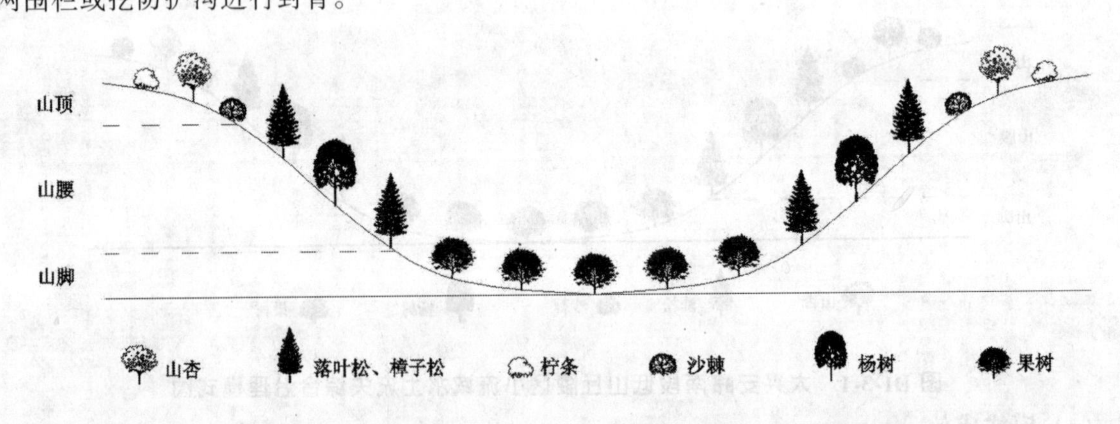

图 D1-3-2　大兴安岭南段低山丘陵区林业生态综合治理模式图

(4) 模式成效

本模式以整个山坡为单元，综合布局，采用一些关键造林技术营建林业生态体系，有效控制了水土流失，改善了生态环境，增加了农民收入。

(5) 适宜推广区域

本模式适宜于大兴安岭南段低山丘陵区海拔较高的山地。

【模式 D1-3-3】　大兴安岭南段低山丘陵区农田防护林建设模式

(1) 立地条件特征

模式区位于内蒙古自治区兴安盟扎赉特旗的八岱乡、好利保乡、王家互乡，地处兴安盟东部，松嫩平原的西北端，是大兴安岭山前丘陵向辽嫩平原的过渡地段，大部分为波状平原，小部分为冲积平原和河谷平原。温带半干旱气候，年降水量390毫米，年蒸发量约2 000毫米，年平均气温约4℃，≥10℃年积温2 700℃左右，无霜期135天左右，土壤以栗钙土为主，草甸土与其相间分布，并有少量的沼泽土。植被属于半干旱草原和草甸草原类型。

（2）治理技术思路

结合道路、渠道及主风向确定林带结构、走向，因地制宜营造农田防护林网，达到田成方、林成网、渠成系，发挥群体优势，改善生态环境，保护农业稳产高产。

（3）技术要点及配套措施

①配置方式：

旱作农田防护林：与道路相结合，按400米×500米或500米×500米的方格设置，主路每侧2行，农田路可在一侧营造2～4行，南林北路，西林东路，林带两侧挖防护林沟。

灌溉田防护林：在干、支渠（路）两侧，斗渠的一侧（西侧或南侧）营造防护林，林带应2～4行。造林前要平整土地，并与路面平齐。

旱田、灌溉田林带株行距按2.0米×3.0米营造，按“品”字形排列，必须提前1年整地，规格80厘米×80厘米×80厘米。

②树种选择：根据适地适树的原则，选择能够充分适应当地气候和土壤条件的速生树种。旱田防护林选择黑林1号、小黑14、晚花等，有条件的地方，可选用樟子松与杨树混交；灌溉田防护林选择旱柳、金丝柳、垂暴109、中黑防等。杨树采用胸径2.5厘米以上，树高2.5米以上的大苗。

③抗旱栽植：起苗、运苗、栽苗3个过程连续进行，做到随起随栽，运苗时，用塑料薄膜包裹根部，防止苗根失水。栽植前，苗木全株浸泡48小时以上，并用生根粉进行浸根处理。栽植时，先浇1次底水，当埋土至坑的1/2左右时，浇第2次水，当埋土至坑面15厘米左右时，再浇第3次水。栽植深度可在地茎以上20厘米左右。当苗木栽完后，用塑料薄膜覆盖树盘，周围培土压实。

（4）模式成效

本模式因地制宜，合理布置农田防护林体系，有效地防风固沙，减少风速20%～30%；保护和促进农业生产，可提高粮食产量5%～20%；且为当地群众提供部分木材和林副产品，促进农村经济发展。

（5）适宜推广区域

本模式适宜在大兴安岭南段低山丘陵区平川地推广。

【模式D1-3-4】 大兴安岭南段低山丘陵区退耕地混交造林模式

（1）立地条件特征

模式区位于内蒙古自治区兴安盟扎赉特旗，地势由西北向东南以中山、低山、丘陵呈阶梯状向辽嫩平原倾斜。中温带大陆性季风气候，年平均日照时数2 500～3 100小时，年平均气温－3～5.5℃，≥10℃年积温1 400～3 000℃，年降水量350～460毫米。土壤种类主要有棕色针叶林土、灰色森林土、暗棕壤、黑钙土、栗钙土、草甸土、风沙土等。

（2）治理技术思路

退耕地多是土质瘠薄的坡地，经多年风蚀、水蚀，地表粗化，植物生长环境较差。在退耕地营造混交林可以改善立地条件，提高林分的稳定性，提高生态效益。

（3）技术要点及配套措施

①树种及其配置：主要乔木树种有杨树、樟子松、落叶松、榆树。灌木树种有沙棘、山杏、

柠条。在棕色针叶林土、灰色森林土、暗棕壤的退耕地上，采用落叶松与樟子松块状混交。在土层大于60厘米的栗钙土退耕地，采用杨树与山杏隔带混交，4行为1带。在风蚀沙化危害严重的退耕地，采用柠条与山杏（沙棘）隔带混交，6行为1带。在水土流失较严重，土层较薄的退耕地，首先要采取工程措施，主要是挖水平坑，然后营造带状或块状混交林。

②整地：平地或坡度小于15度的坡地，穴状整地，阔叶乔木栽植穴的规格为60厘米×60厘米×60厘米，针叶树或灌木栽植穴的规格为40厘米×40厘米×40厘米。坡度大于15度的坡地，大坑整地，规格200厘米×100厘米×80厘米，回填土50厘米。提前1年整地。

③苗木：针叶树采用2年生健壮苗木，随起随造，造林时蘸泥浆。杨树和山杏造林前浸泡24小时，并用生根粉进行浸根处理。

④栽植：针叶树主要在春季栽植，容器苗亦可在雨季，阔叶树主要在春秋两季。乔木株行距2.0米×2.5米，初植密度133株/亩；灌木株行距2.0米×2.0米，初植密度167株/亩。植苗前，先灌足底水，当埋土至1/2时浇灌第2遍水，踏实。柠条可在夏季穴播或条播，覆土2～3厘米，播种量0.4千克/亩。

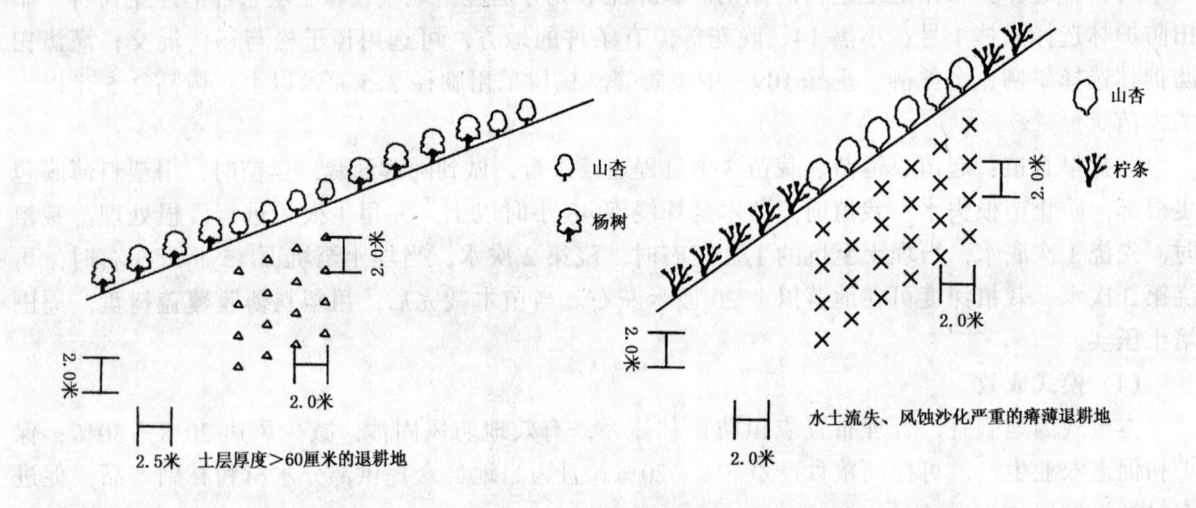

图 D1-3-4　大兴安岭南段低山丘陵区退耕地混交造林模式图

(4) 模式成效

本模式充分利用营养空间，提高造林成活率，加快林木生长，增加群落的多样性，可以达到群落稳定，生态功能、经济功能与社会功能整体优化的效果。

(5) 适宜推广区域

本模式适宜在大兴安岭南段低山丘陵退耕农区推广。

第 21 章

小兴安岭山地类型区(D2)

小兴安岭山地类型区位于黑龙江省北部，北部隔黑龙江与俄罗斯相望，南抵松花江，西达嫩江，东至三江平原，呈北北西-南南东走向，是我国著名的大林区之一。地理位置介于东经124°40′40″～131°10′8″，北纬 46°9′3″～50°56′37″。包括黑龙江省黑河市、绥化市、哈尔滨市、鹤岗市、佳木斯市、伊春市的全部或部分地区，总面积 131 416 平方千米。

本类型区地势南高北低，山体平滑，河谷宽阔。一般海拔 300～600 米，其余山峰不超过1 000米，最高峰平顶山海拔1 420 米。山地约占 60%，丘陵约占 30%，谷地和冲积平原占 10%。温带大陆性季风气候，年平均气温 －2.4～－2.1℃，冬季漫长而严寒，1 月平均气温 －30～－25℃，最低气温可达 －48.1℃；夏季温暖多雨，7 月平均气温 20～26℃，最高气温 37.7℃。≥10℃年积温 1 900～2 300℃，无霜期 100～125 天。年降水量 480～650 毫米，大多集中于 6～8 月份，约占全年降水量的 70%，全年有 6 个月地表被积雪覆盖，积雪厚度 30～60 厘米。土壤以暗棕壤为主，几乎占据了小兴安岭南坡海拔 650 米以下山地及丘陵的各向坡地。植被组成，东南部山地属长白区系，分布有以红松为建群种的森林类型，林分混有大量鱼鳞云杉、臭冷杉和红皮云杉以及少量紫椴、裂叶榆、春榆、白桦、风桦、水曲柳、黄波罗、核桃楸和色木槭等阔叶树种；西北部低山丘陵山地的阳坡为蒙古栎林所占据，阴坡和平坦分水岭及宽平低湿的河谷平原、洼地分布着兴安落叶松、白桦林，林下有越橘、杜香、笃斯等大兴安岭代表种；沿黑龙江沙质岗地及岭顶石质山地有团块分布的樟子松林。

本类型区的主要生态问题是：森林植被严重破坏，防护效益降低；丘陵坡地水土流失，沿江两岸重力侵蚀、崩塌严重；孙吴至北安一带风沙危害频繁；局部湿地遭受破坏，生物多样性降低。

本类型区林业生态建设与治理的主攻方向是：保护和管理现有天然林、人工林；加强森林抚育，改善林分结构，充分发挥生态功能；利用人工造林、人工促进更新、封山育林等手段，建设完善的林业生态保护体系。

本类型区共划分为 2 个亚区，分别是：小兴安岭西北部山地亚区和小兴安岭东南部山地亚区。

一、小兴安岭西北部山地亚区（D2-1）

本亚区位于小兴安岭山地西北部，包括黑龙江省黑河市的嫩江县、爱辉区、北安市、五大连池市、孙吴县、逊克县等 6 个县（市、区）的全部。地理位置介于东经124°40′40″～129°30′42″，北纬 47°48′1″～50°56′37″，面积 69 962 平方千米。

本亚区地形破碎，地貌类型、山脉走向复杂，是小兴安岭的北部主山脊，为黑龙江与嫩江及松花江的分水岭，平均海拔400～800米。主要地貌有低山、台地、丘陵和沿江河的阶梯平原，还有火山地貌的玄武岩台地、火山锥、方山及石垅。主要河流有：注入黑龙江的逊河、法别拉河、公别拉河、库尔滨河及其支流；流入嫩江的臣都河、门鲁河、科洛河及讷漠尔河、乌裕尔河中上游及其支流，河网密布，水力资源丰富。沿江河及山间宽阔谷地有多处大面积沼泽分布。温带大陆性季风气候，夏季短，温热多雨；冬季长，干燥寒冷。年平均气温-1.8～1.0℃，极端最高气温31.3～38.2℃，极端最低气温-47～-43℃，≥10℃年积温2 000～2 300℃，年平均日照时数2 500～2 600小时，无霜期105～125天。年降水量490～500毫米，大多集中于夏秋两季，干燥度0.8～1.0。平均风速2.3～4.0米/秒。山地丘陵区土壤以暗棕壤为主，岗地及平原以黑土、白浆土为主；河流两岸为草甸土和沼泽土。植被属东西伯利亚植物区和东北植物区的过渡地带，西部地带性植被为寒温带兴安落叶松林，东部则为温带红松针阔叶混交林。

本亚区的主要生态问题是：森林过度采伐，防护效益降低，生态环境恶化；小兴安岭岗脊森林屏障受到重创，大风从北向南长驱直入，严重威胁孙吴、五大连池、北安等市县，给工农业生产和人民生活带来严重威胁；黑龙江江岸坍塌，沿江农田风蚀沙化。

本亚区林业生态建设与治理的对策是：认真贯彻实施天然林资源保护工程，大力培育和保护水源涵养林、水土保持林，重建和恢复小兴安岭岗脊森林屏障，减轻风灾危害；对重要湿地建立保护区，迁出已建保护区核心区内的居民，被开垦的湿地退耕还湿；对黑龙江沿岸进行综合治理、实施护堤护岸工程，营造护堤护岸林、水土保持林、国防林、农田防护林，确保国土安全。

本亚区林业生态建设与治理，可参照小兴安岭东南部山地亚区等其他类似地区的模式。目前仅收录1个典型模式：北安垦区水土保持型生态农业建设模式。

【模式D2-1-1】北安垦区水土保持型生态农业建设模式

（1）立地条件特征

模式区位于黑龙江省西北部，海拔250～350米，主要地形有低山丘陵、山前漫岗和平原洼地三类，而又尤以丘陵漫岗居多，山坡地多达75%。地面坡度一般1～3度，岗上坡度平缓，自岗顶向下坡度逐渐变陡，起伏变化大。年降水量558.1毫米，80%集中在6～9月份。地带性土壤为黑土和暗棕壤。由于光照充足，雨热同季，黑土层深厚，土质肥沃，适于多种农作物生长，一直是国家重要的商品粮基地。目前，土地垦殖率50%，林草覆盖率31.8%。

由于坡面长大，降雨集中，耕作层下伏黏土和白浆土，雨季天然降雨入渗困难，耕作层土壤含水量过大，耕层滞涝、水土流失比较严重。此外，北安地处季节性冻土区，冻土深达2.0～2.5米，初春时节冰雪和表土层反复昼融夜冻，致使本来就疏松的黑土更加松散，下伏冻层又增加了地表融雪径流，从而加剧了坡面的面蚀和沟蚀。如遇降雨，则雨水、融雪水合二为一，侵蚀更为严重。致使境内的水土流失面积率高达45.7%，耕地的水土流失面积率甚至达到70%。另外，春末夏初气流活动频繁，风速大于16米/秒的天数平均为18天，裸露、干裂的表土风吹土动，尘土飞扬甚至飞沙走石。因此，水蚀、风蚀以及滞涝就成为当地影响农业生产和生态环境的主要因素。

（2）治理技术思路

以小流域为单元，工程措施、农业措施、生物措施相结合，因害设防、因地制宜地布设各类措施，山、水、田、林、路、草综合治理。

(3) 技术要点及配套措施

①生物措施：

防护林体系建设：种植水源调节林和防冲固土植物带，建立岗坡耕地农田防护林网体系，地埂布设生物防护带，防治和减轻风蚀、水蚀。地形坡度陡、水土流失严重的地区，退耕还林、还牧，发展水土保持薪炭林、用材林、经济林和牧草。为防治沟蚀，应注意加强对坡耕地附近的自然水线的保护。

布设生物防冲措施：在坡耕地排水沟的陡坡段布设可就地取材、便于施工的生物防冲措施。设置排水沟生物防冲措施时，应根据排水沟的设计流量、流速、坡降确定生物护砌形式，利用草垡块在排水沟上修建生物跌水工程，生物跌水的跌差一般控制在1.0米以内，或者在排水沟道的陡坡段平铺或叠铺草垡块进行护砌。草垡块的厚度为20厘米，长度为50～60厘米，宽度为40～50厘米。实践证明，进行护砌，流量达到0.3立方米/秒、流速为2.0米/秒左右时，草垡块护砌的排水沟段仍不产生冲刷。

②耕作措施：根据坡耕地坡长、坡大的特点，改顺坡垄作为横坡或斜坡垄作，使垄向坡度控制在1:100左右，控制和减少面蚀；采用少耕深松、耙茬、原垄卡、秸秆还田等农业生产技术措施，拦截地表径流，进一步减缓坡面径流速度，提高坡耕地的保水保土能力，减少水土流失；把鼠洞作业作为农业耕作措施，增强土壤的透水透气性，提高地表水分的入渗速度，减少地表径流量，发挥土壤水库的抗旱保墒作用。鼠洞的布置形式依地形的变化而变化，一般鼠洞深70厘米，间距2.0～5.0米，洞径11厘米。

③工程措施：在坡耕地的规划设计中，大力推广明暗结合的排水技术。设置明沟时，一般不采用系统排水的形式，而是采用重点排水，高水高排，低水低排，尽可能减少各排水沟的控制面积，从而减少明沟排水流量。排水干沟，在不破坏自然植被的情况，多利用自然水线，使水流自然漫散。暗沟，可采用柳条暗沟的形式。

对通过的流量、流速和坡降都较大的排水沟，采用修建工程跌水和衬砌的办法解决排水沟的防冲问题。一是结合田间过路涵洞修建涵洞式直落跌水，跌差一般以0.5～1.5米为宜；二是用无纺布水泥板护砌陡坡段，钢筋混凝土板的厚度为10厘米；三是在跌差较大的陡坡上修建多级钢筋混凝土跌水，跌差一般控制在1.5米以内。

对坡长、坡陡、面积较大的坡耕地，采用在坡耕地上设置等高截流沟的方法，分割水流，缩短流程，降低流速，防止和降低坡耕地水土流失。

岗坡耕地水蚀沟多发生在水线处，特点是水蚀沟狭长，下切深度大。条件许可时，可采取用推土机削沟，用两侧边坡土填沟的办法，变窄深式水蚀沟为宽浅式平凹沟。经推土机碾压后，再在垂直于水蚀沟的方向上每隔10米设置一道草垡阻水带，对水蚀沟汇水量较大的末端部分采取植柳和种植草木犀的方法，增加糙率。

④配套措施：小流域治理应实行竞争立项，按项目管理，国投资金拨改贷。保质保量完成年度治理计划者年终国投资金按拨款列决，来年继续扶持；完不成计划者，已拨款按贷款处理，令其下马，不再扶持。小流域内的四荒资源开发，要坚决克服重开发、轻治理，重当前、轻长远，重经济、轻生态的倾向，坚持治理与开发相结合，以治理保开发，以开发促治理。

(4) 模式成效

截至1999年，北安垦区已累计退耕还林5万亩，营造水土保持林7万亩，治理岗中洼地2万亩，治理水蚀沟500多条，草皮护沟10万平方米，用混凝土板、块石衬砌沟河5 000延长米，修建各种工程跌水100多座，建设水库、塘坝80多座，调整林带走向近百条，埋设暗管60 000延长米，进行鼠道犁作业近百万亩。通过治理，北安垦区呈现了“田成方树成行，道路通田间”的新气象。提高了土壤的蓄水能力，降低了土壤养分流失，减轻了水蚀、风蚀的危害程度，改善了农业生态环境。农作物产量逐年稳步递增，出现了单产提高，总产稳定的可喜局面。综合治理后的农田，年均粮食增产率在20%以上，平均每亩增收60余元。职工人均收入比治理前提高了3倍。

(5) 适宜推广区域

本模式适宜在条件类似的漫岗滞涝地带推广。

二、小兴安岭东南部山地亚区（D2-2）

本亚区位于小兴安岭山地东南部，包括黑龙江省哈尔滨市的木兰县、通河县，绥化市的绥棱县、庆安县，伊春市的伊春区、南岔区、友好区、西林区、翠峦区、新青区、美溪区、金山屯区、五营区、乌马河区、汤旺河区、带岭区、乌伊岭区、红星区、上甘岭区、铁力市、嘉荫县，鹤岗市的兴山区、向阳区、工农区、南山区、兴安区、东山区等27个县（市、区）的全部，以及黑龙江省鹤岗市的萝北县，佳木斯市的汤原县的部分地区。地理位置介于东经126°58′7″～131°10′8″，北纬46°9′3″～49°36′46″，面积61 454平方千米。

本亚区地形完整，境内重峦叠嶂、山地起伏。小兴安岭主脉由北向东南，构成小兴安岭东部山地丘陵。地势南高北低，平均海拔600米。本亚区是黑龙江和松花江的分水岭，主要河流南有松花江，北有黑龙江，汤旺河自北向南流经本区东部。夏季短促，秋季早霜，冬季漫长多雪。年平均气温0.1～3.2℃，极端最高气温34～36.9℃，极端最低气温－44.9～－36.4℃，≥10℃年积温1 900～2 600℃，年平均日照时数2 300～2 400小时，无霜期116天。年降水量650毫米，降水的64%集中在6～9月份，干燥度0.8，平均风速2.0～4.1米/秒。土壤类型以暗棕壤为主，海拔700～800米以上有棕色针叶林土；岗地有白浆土，沿河两岸及谷地有草甸土和沼泽土，海拔1 000米以上的高山有高山草甸土或棕毡土。地带性植被为以红松为主的针阔叶混交林，成林树种有百余种，组成各种类型的森林，既有针阔叶树种的纯林，又有针叶、针阔叶和阔叶混交林。阔叶树中北部以白桦为主，南部以蒙古栎树为主，分布有核桃楸，水曲柳、黄波罗、紫椴等珍贵树种。

本亚区的主要生态问题是：近50余年，尤其是在国家经济恢复和建设时期，为满足经济建设对木材的需求，集中过量采伐森林，造成可采资源枯竭，森林植被严重破坏，丧失了生态屏障作用。黑龙江（界江）江岸坍塌，水土流失严重；孙吴至北安一带形成风口，大风由此长驱直入，造成区域气候异常，农田受风蚀，农作物遭春旱、早霜危害；森林的涵养水源、蓄水保土功能减弱，丘陵坡地水土流失，松花江及支流河水泛滥；汤旺河湿地的局部地段泥炭开发利用随意性很大，使湿地受到破坏，减弱了湿地的生态功能。

小兴安岭是我国主要林区之一，其森林生态系统的稳定和可持续经营与发展对维系当地乃至区域性的生态安全有着十分重要的作用。因此，本亚区林业生态建设与治理的对策是：全面实施天然林保护工程，严格禁止在重点生态公益林区进行商品性采伐，加大管护力度，切实保护好现存的森林资源；加大坡耕地退耕还林、宜林荒山植树造林的力度，采取有效措施，大力营造以红松为主的针阔混交林，消灭荒山秃岭；对低效林分实施有效的人工调节，加快其群落演替的进度，尽快恢复地带性森林植被，不断提高林地生产力和加强森林生态环境的屏障作用；有效保护湿地资源，因地制宜采取综合性措施，保护国土安全、农业生产稳定；同时，统筹兼顾，在保护森林生态系统稳定和功能有效发挥的前提下，科学合理地经营利用，充分发掘森林的经济产出。

本亚区共收录5个典型模式，分别是：小兴安岭东南部山地森林分类经营模式，红松采伐迹地植生组造林森林恢复更新模式，小兴安岭保土防冻迹地森林恢复模式，小兴安岭清河林业局承包经营责任制营林管护模式，小兴安岭国有林业局订单式森林综合经营发展模式。

【模式 D2-2-1】 小兴安岭东南部山地森林分类经营模式

（1）立地条件特征

模式区位于黑龙江省中部的铁力市，处于小兴安岭南部低山丘陵与松嫩平原东部边缘交界地带，总面积6 620平方千米，林区面积4 630平方千米。境内多山，海拔190～1 429米，平均海拔450米。年平均气温1.2℃，无霜期128天，年降水量630毫米。地形、地貌复杂，土壤种类繁多，有8个土类，39个土种。植被属小兴安岭植物区系，原始林相是红松针阔混交林，主要木本植物有红松、云杉、冷杉、樟子松、落叶松、水曲柳、黄波罗、核桃楸、桦、榆、椴、色木槭等乔木树种，榛、忍冬、杜鹃等灌木。现有林地面积259 740亩，总蓄积89.5万立方米，用材林面积217 380亩，占有林地面积的83.7%；中、幼龄林面积169 125亩，占有林地面积的77.8%。野生动物主要有熊、鹿、麝鼠、野猪、林蛙等。

（2）治理技术思路

根据森林的用途和生产经营的目的，将林地划分为重点生态公益林、一般生态公益林、商品林。针对不同林分实施不同的经营策略。

（3）技术要点及配套措施

①经营策略：对重点生态公益林以保持水土、涵养水源为主，禁止一切采伐活动，同时对区域内的宜林地、未成林地采取以封育为主，造林为辅，适地适树、乔灌结合的方式恢复森林植被；对一般生态公益林，以恢复、保护和培育天然林为重点，改善现有的林种、林龄和树种结构，通过抚育、补植等培育大径材，对商品林中的人工造林坚持定向培育、细致整地、合理密度、适时抚育、效益优先的原则，选择适宜的树种造林。林分改建以提高林分质量和林分生产力为目的，进行补植、综合改造。

②规划调整：全市森林面积由目前的259 740亩增加到372 735亩，木材产量由目前的每年0.7万立方米，调减到0.2万立方米，森林蓄积由89.5万立方米增加到132万立方米，天然林和人工林的采伐比例由7:3调整到3:7。同时加大造林和管护力度，到2010年，全市森林资源得到基本恢复，重点公益林区的林地全部完成造林绿化，逐步实现木材生产由采伐利用天然林为主，向经营利用人工用材林、速生丰产林的转变。

（4）模式成效

通过分类经营，森林资源得到有效保护，森林覆盖率由14.6%提高到20.9%，使一些珍稀的野生动物、植被资源的生存环境得到改善，增加了生物多样性。水土流失基本得到控制，地表径流量大幅减少，增强了抗御洪涝灾害的能力，为农业生产提供了可靠的环境保障。

同时，实施分类经营后，通过集约经营、定向培育，大大提高了商品林的生长量和林分质量，缩短了培育周期，每亩蓄积量由4.5立方米提高到6.3立方米；落叶松的主伐年龄由41年缩短到25年，杨树主伐年龄由31年缩短到15年，经济效益明显增长。

（5）适宜推广区域

本模式适宜在小兴安岭各林区推广。

【模式 D2-2-2】　红松采伐迹地植生组造林森林恢复更新模式

(1) 立地条件特征

模式区位于黑龙江省铁力市，山地丘陵立地类型，平均海拔 600 米。温带大陆性气候，年平均气温 0～3.2℃，≥10℃年积温 1 900～2 200℃，无霜期 116 天，年降水量 650 毫米左右，且大多集中于夏秋两季，约占全年总降水量的 60%以上。干燥度约为 0.6。以春季来得晚，夏季短促，秋季早霜，冬季漫长多风雪为特点。主要成土母质为花岗岩。山地暗棕壤主要分布于海拔 650～700 米以下的山地和丘陵，海拔 700 米以上主要为棕色针叶林土，沿河两岸发育有沼泽土、草甸土和河滩森林土。地带性森林植被为红松。

(2) 治理技术思路

在红松林的皆伐迹地上，无论伐区宽窄和采取哪一种集材方式，红松的天然更新都极差。一般伐后第 1 年更新较少，第 2 年更新数量最多，第 3 年逐渐减少，第 5 年几乎停止更新。因此红松林采伐后要及时进行人工更新。采用植生组法栽红松，不仅符合红松幼龄阶段生长发育规律，而且有利于培育出稳定、优质、速生、丰产的林分。

(3) 技术要点及配套措施

①提前整地：在更新的前 1 年秋天整地，先铲去草皮或搂去地被物后，全面细致整地，土块打碎。作业小区里的低湿地块，可以用筑高台的整地方法，台高 20 厘米，以栽植红皮云杉为宜。

②合理密度：红松人工植生组更新有两种密度，即植生组密度（个/亩）和植生组内的栽植密度（株/植生组）。植生组密度可根据迹地类型、伐区年龄和天然更新数量、质量及集约经营程度来确定，一般新皆伐迹地每亩 53～67 个，旧皆伐地或采育择伐造成的“四不像”伐区，每亩 27～40 个较适宜；植生组内的栽植密度，根据实地调查和经验，1.0 平方米地块的植生组栽红松或云杉 5 株（中间和四角各 1 株），1.2 平方米（0.8 米×1.5 米）地块的植生组栽红松或云杉 6 株，株距 50 厘米为宜。

③细致栽植：起苗时要保持根系完整，水分充足，不要风吹日晒，栽植时刨大坑，栽当中，不窝根，踩实，深浅适宜。

④适时抚育：初植幼林抚育 4 年 5 次。当年抚育 2 次，主要是培土、除草，并预防冻拔害；后 3 年各抚育 1 次，主要是除草、割灌。对植生组间天然更新的幼苗、幼树，要同时抚育。初植幼树抚育结束后，要每隔 5～7 年进行 1 次透光抚育。植生组内的红松栽植后 15～20 年，可以在植生组内间伐。以后可每隔 5～10 年间伐 1 次，使 80%以上的植生组中都能有 1 棵或最多有 2 棵优势株，确保形成稳定的，以红松为主的针阔混交林。

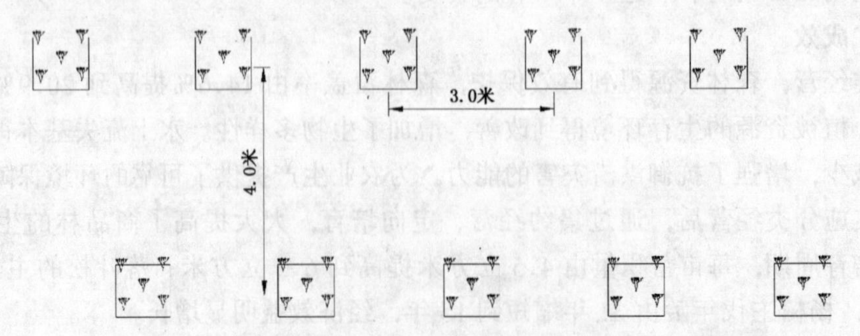

图 D2-2-2　红松采伐迹地植生组造林森林恢复更新模式图

（4）模式成效

实践证明，植生组造林法较之纯林具有能“充分利用林地条件，有效地改良林地环境，显著增进抗灾性能，提高防护效益和促进林木速生丰产，稳产优质”的特点，能较易恢复红松为主的针阔混交林。植生组栽的红松培育出来的优势株，比块状整地单株栽的红松长得快，平均树高增长36.1%，平均胸径增长42.7%，能形成干高质优的速生丰产林，比单株栽植提早郁闭4～8年，而且能减少抚育次数，节约1/3左右的用工量。

（5）适宜推广区域

本模式适宜在小兴安岭林区的新皆伐迹地、尚未达到天然更新标准的旧皆伐迹地等条件相类似林区推广。

【模式 D2-2-3】 小兴安岭保土防冻迹地森林恢复模式

（1）立地条件特征

模式区位于小兴安岭中段的新青林业局 。地貌以山地为主，平均海拔400米。温带大陆性季风气候，冬季漫长而寒冷，夏季温暖而短促，1月最冷，月平均气温－24.0℃，7月最热，平均气温21.5℃，年降水量550～600毫米，65%的降水集中于6～8月，无霜期115天。北部地区普遍存在永冻层。雨热同季，河谷、沟谷地带的含砾粗砂及沙砾岩地层上覆盖亚沙黏土、亚黏土土层。

（2）治理技术思路

根据多年的成功经验，采用符合当地实际情况的保土防冻更新造林法，进行治理，有利于保持土壤的原状结构，克服永冻层对造林成活的不利影响，有利于蓄水保墒，可避免杂草种子落入植树穴内繁衍，有利于促进苗木生长。

（3）技术要点及配套措施

①立地选择：适宜的立地条件是土壤疏松，土层厚，水分适中，杂草较少的新皆伐迹地、火烧迹地、疏林地、坡度较小的矮林地和筑高床整地的草甸沼泽地；凡是草根盘结度大，土壤含水量较高和土壤黏重的立地条件，采取这种方法，效果很差；阳向陡坡、中位以上沼泽和草根盘结度大的荒山荒地不能用保土防冻更新法。

②树种选择：适于保土防冻更新法的树种为落叶松、红松及红皮云杉。水曲柳和杨树则不适于保土防冻更新法。

③苗木选择：选择根系发达的优质换床苗。

④整地方式：将地表枯枝落叶搂出，草皮铲净露出表土即可。植苗采用植苗锹，只要深度合适，缝隙压紧，苗木不悬空，苗根不窝即可。

⑤规范作业：必须把住栽植关，在整个植苗过程中，挤紧、踏实是关键，技术人员和验收员要加强技术指导和质量检查，确保达到此法规定的质量要求。

（4）模式成效

模式区地处我国东北自然条件恶劣地区，常规穴状整地根本无法解决本区林业建设的问题。在新皆伐迹地应用保土防冻更新法，不仅保存率高、幼苗幼树长势好，而且效率高，成本低，约可降低费用58.33%。新青林业局应用该方法更新造林共45万亩，占同期更新造林总面积的91.3%，其面积保存率高达54.7%，比穴、块状整地更新造林高31.9%。

（5）适宜推广区域

本模式适宜在小兴安岭地区类似森林迹地推广。

【模式 D2-2-4】　小兴安岭清河林业局承包经营责任制营林管护模式

(1) 立地条件特征

模式区位于辽宁省铁岭市清河区，地处小兴安岭南麓、松花江中游北岸。年平均气温3.0℃，无霜期110天。年降水量472.7毫米，春季风大而干旱，秋季降温急剧，常有霜冻，温带大陆性季风气候特征明显。主要土壤有暗棕壤、草甸土、沼泽土和泥炭土四大类，山地阔叶红松林、谷地冷云杉林等为模式区的主要森林类型。

(2) 治理技术思路

根据模式区不利的自然生产条件和“造林不见林”的林业生产实际情况，在森林资源所有权、林地用途、森林规划和技术规程“四个不变”的前提下，积极探索适宜本区的林业经营新模式，采取因地制宜的政策，把林地分成若干个责任区，交给职工管护经营，实施森林资源管护经营责任制，把营林造林质量落实到人头，充分调动职工群众的积极性。

(3) 技术要点及配套措施

①全面调查，掌握第一手资料，制定承包方案：根据调查结果和资源分布情况，从不影响森林资源生长，不破坏森林植被，有利于森林多样性恢复出发，制定实施方案。按照分类经营的要求和林副资源分布情况，结合地理特点、交通条件等设定经营承包区。按照公开、公平、公正的原则，在承包职工自愿的基础上，由林场将责任区分给职工承包，同时签订管护经营合同书。

②遵循四项原则：一是保证森林资源保值增值的原则；二是三大效益协同发挥，生态优先的原则；三是坚持森林所有权与部分经营权适当分离的原则；四是资源有价，使用有偿的原则。

③健全管理机构，落实管护责任制：清河林业局对该区具有全局管理权，依照行政职能和管护经营合同书对各个承包责任区进行管理和监督。将该模式区的治理工作引入有法可依和有序发展中来，以达到预期的各项目标。

(4) 模式成效

造林成活率、保存率和幼林抚育质量明显提高，有效地解决了造林不见林的老大难问题。3年来，模式区内没有减少1亩林地，没有发生森林火灾、滥砍盗伐案件和病虫害成灾面积。造林成活率达95.3%，比管护前提高5个百分点；森林抚育37万亩，平均质量达到了96分，提高了森林资源的增长率和覆盖率，实现了蓄积面积双增长，同时职工群众收入有了大幅度提高。

(5) 适宜推广区域

本模式适宜在东北、内蒙古自治区东部及其他国有林区借鉴推广。

【模式 D2-2-5】　小兴安岭国有林业局订单式森林综合经营发展模式

(1) 立地条件特征

模式区位于辽宁省铁岭市清河区，地处小兴安岭南麓、松花江中游北岸。年平均气温3.0℃，无霜期110天。年降水量472.7毫米，春季风大而干旱，秋季降温急剧，常有霜冻，温带大陆性季风气候特征明显。主要土壤有暗棕壤、草甸土、沼泽土和泥炭土四大类，山地阔叶红松林、谷地冷云杉林等为模式区的主要森林类型。

(2) 治理技术思路

对模式区原有经营管理模式进行全面调研，根据模式区不利的自然生产条件和造林不见林的林业生产实际情况，找出原有管理模式下造林成活率、保存率低，及造林不见林的根本原因所在。遵循国家法律，政策及地方行政文件的前提下，积极探索，大胆改革，探讨管理改革的方向所在，彻底解决林业生产停滞不前的现象。实施符合本模式区的“订单林业”生产经营模式。所谓“订单林业”是指在实施“天保工程”中，发展区域经济，引入民营机制，以法律为依据，可持续的培育和经营森林资源，是森林资源管护承包责任制内涵的延伸。

(3) 技术要点及配套措施

①全面调研，制定林业新政策：林业局设定指标对林场，林场对个人，进行公开竞价承包，一包5年。林业局将苗圃所有房舍、生产机械、苗圃地提供给林场（竞标者）无偿使用（不收管理费），林场应保证国有资产保值增值，并接受林业局的监督检查，林场对竞价承包人在技术支持、苗圃地积肥改土、灌溉、种子催芽等方面提供有偿服务。固定资产、基本建设由林业局投入，折旧费用计入苗木成本，取消各种管理费用。

②健全机构，强化管理：林业局与各场所签订合同，林场所与管护承包人分别按树种，经营年限签订更新造林合同。合同期间，承包者应严格按照造林设计及《技术规程》施工。合同期满，林业局组织有关部门，依据国家成林标准，对更新造林地块进行成效评定，株数保存率达85%以上的面积，兑现合同；株数保存率低于85%，责令补植1年。经复检后达到合格的兑现合同的80%，补植后仍达不到标准的，不予兑现合同并处以罚款。

(4) 模式成效

通过几年的实践，订单林业为国有林区企业体制改革探索出一条新路。在国有体制下引入民营机制，打破以往传统经营管理模式，划区承包给个人，充分调动林场、职工积极性，为林场自立，搞活林场经济和自我发展，增加职工收入，进一步深化国有体制改革奠定了基础，保证了国有资产保值增值。

森林管护经营责任制是实现林业跨越式发展的途径之一，实现了资源增长、企业振兴、职工致富的三大目标，森林质量有了明显改善，社会总产值增长近亿元，职工人均收入由管护前1 700元增加到4 800元，林区各项事业实现了跨越式发展。

(5) 适宜推广区域

本模式适宜在东北、内蒙古自治区东部及其他国有林区借鉴推广。

第22章

东北东部山地丘陵类型区(D3)

本类型区位于东北区域的东部，西北与小兴安岭、松辽平原交界，东南隔乌苏里江、图们江、鸭绿江与俄罗斯、朝鲜为邻，东北部接三江平原，西南沿辽东半岛与海相连，是一个呈东北、西南方向贯通黑龙江省、吉林省、辽宁省东部的长型地带。地理位置介于东经120°52′5″～134°9′59″，北纬38°58′47″～47°13′32″。包括黑龙江省的七台河市、双鸭山市、哈尔滨市、牡丹江市、鸡西市、佳木斯市，吉林省的延边朝鲜族自治州、白山市、通化市、吉林市、辽源市、四平市、长春市，辽宁省的铁岭市、抚顺市、本溪市、丹东市、鞍山市、辽阳市、大连市、营口市的全部或部分地区，总面积276 539平方千米。

本类型区北部为低山丘陵，平均海拔600～800米，完达山最高海拔为830米，张广才岭最高海拔1 760米；太平岭为数条切割中等的平行山脉。上述山地主要为花岗岩山地，山体破碎，山坡陡峭，山岭之间为"V"形谷地，有河流发育。中部为老爷岭、长白山熔岩高原与中山，地势显著升高，平均海拔1 000～1 500米，尤以长白山为最高，最高峰白头山（天池）海拔2 744米，为东北地区最高峰。岩溶台地面积较大，地面平坦，呈阶梯式下降。由于流水与重力侵蚀的作用，切割比较强烈。南部为辽东丘陵，平均海拔600～800米，地貌以低山丘陵为主，间有山间盆地或谷地。温带季风气候，冬寒夏热，热量从北往南逐渐升高。年平均气温3～5℃，1月平均气温－22～－14℃，7月平均气温20～24℃，极端最低气温－40～－33℃，≥10℃年积温为2 300～3 300℃，无霜期140～170天。降水量从北往南，从西至东递减，全区年降水量550～1 300毫米。地带性土壤主要为森林暗棕壤，另外还有漂灰土、亚高山草甸森林土、白浆土，沼泽土等。地带性植被属长白植物区系的红松阔叶林，其组成以阔叶树为主，主要的阔叶树种有蒙古栎、水曲柳、黄波罗、核桃楸、香杨、大青杨、青榆、枫桦等。

本类型区的主要生态问题是：原始森林遭受严重破坏，林分质量、结构发生很大变化，其涵养水源、保持水土、防风固沙的综合效应明显降低，加上土地超强度垦殖，导致山地水土流失，沿河沿海土壤侵蚀、崩塌严重。

本类型区林业生态建设与治理的主攻方向是：加强天然林保护，培育和恢复森林资源；加强森林抚育，改善林分结构，充分发挥生态功能；以流域为单元利用人工造林、人工促进更新、封山育林、退耕还林等手段，建设完善的林业生态保护体系。

本类型区共划分为3个亚区，分别是：长白山中山山地亚区，长白山西麓低山丘陵亚区，辽东低山丘陵亚区。

一、长白山中山山地亚区（D3-1）

长白山山地亚区位于吉林省东部和黑龙江省东南部，包括黑龙江省哈尔滨市的方正县、延寿县、尚志市，七台河市的桃山区、新兴区、茄子河区，双鸭山市的尖山区、岭东区、四方台区、宝山区，牡丹江市的爱民区、东安区、阳明区、西安区、宁安市、绥芬河市、海林市、林口县、穆棱市、东宁县，鸡西市的鸡冠区、恒山区、滴道区、梨树区、城子河区、麻山区；吉林省延边朝鲜族自治州的延吉市、珲春市、龙井市、敦化市、安图县、汪清县、图们市、和龙市，白山市的八道江区、抚松县、靖宇县、长白朝鲜族自治县、临江市、江源县，通化市的东昌区、二道江区、通化县、集安市等44个县（市、区）的全部，以及吉林省通化市的柳河县、辉南县，吉林市的桦甸市、蛟河市；黑龙江省哈尔滨市的依兰县，双鸭山市的宝清县、友谊县、集贤县、饶河县，七台河市的勃利县，佳木斯市的桦南县、桦川县，鸡西市的鸡东县、虎林市、密山市等15个县（市）的部分地区，地理位置介于东经125°14′24″～134°9′59″，北纬41°8′16″～47°13′32″，面积163 861平方千米。

本亚区地貌类型为山地，平均海拔在600米以上，长白山主峰白头山（天池）海拔2 744米，此外还有1 000～1 500米的山峰20余座。大部分山地为中山，山岭之间河谷发育着山间盆地式的带状冲积平原。阶地、山麓、盆地周围常有海拔500米以下的低山丘陵。温带大陆性季风气候，年平均气温2～4℃，≥10℃年积温为2 000～2 700℃，无霜期100～120天，年平均降水量600～900毫米。地带性土壤为暗棕壤，隐域性土壤有白浆土、草甸土、沼泽土。地带性植被为红松、云冷杉针阔混交林带，物种丰富，主要乔木树种有：红松、云杉、冷杉、落叶松、大青杨、蒙古栎、水曲柳、核桃楸、桦树等，珍贵药用植物有五味子、细辛、贝母、草苁蓉、高山红景天、人参、天麻等。

本亚区的主要生态问题是：原始森林砍伐过度，取而代之为过伐林、天然次生林、人工林。植被生态功能低，水土流失严重。

本亚区林业生态建设与治理的对策是：保护天然林、减少采伐量、改造次生林、人工林，使其恢复为以红松为主的针阔混交林，提高森林水源涵养、保持水土的功能。

本亚区共收录6个典型模式，分别是：长白山山地山脊、跳石塘植被封育模式，长白山山地低质低效林定向改造模式，张广才岭丘陵漫岗区退耕还林模式，老爷岭山地丘陵区退耕还林混交栽培模式，长白山森林采育结合、持续利用经营模式，长白山地亚布力林区森林综合更新模式。

【模式D3-1-1】 长白山山地山脊、跳石塘植被封育模式

（1）立地条件特征

模式区位于长白山林区的白山市。长白山山脊及跳石塘是当地较为普遍的一种小立地类型，特点是地处中高山上部、山脊、江河源头、火山岩浆流经的峡谷，以及森林采伐后剩余的“山帽”，土壤瘠薄或无土，山坡上岩石裸露较多，石间有土，石下有水。

（2）治理技术思路

遵循因地制宜、适地适树、先易后难的原则，在封山保护原有植被的基础上，采取人工造林，恢复形成乔、灌复层混交的水源涵养林，达到防治水土流失、涵养水源的效果。

（3）技术要点及配套措施

①对植被盖度较大地块实行全封：划定封育范围，立牌标明四界，严格限制人为活动，绝对禁止采伐、砍柴、挖药、放牧、垦荒。通过天然更新，恢复原生植被。

②在植被破坏较重的地块，采用先造后封的方式：先在林间空地用见缝插针的方法补植，树种采用3年生的红松、4年生的红皮云杉以及当年生的山杨、白桦、风桦和一些灌木，各树种随机配置；也可以飞播或人工播撒适宜的树种种子，然后封育，加快植被恢复速度。

(4) 模式成效

采用以上2种方法封育3～5年，即可恢复森林、灌木和草类植被，短期内达到涵养水源，保持水土的功能。

(5) 适宜推广区域

本模式适宜在整个东北东部山地丘陵区陡坡及山脊推广。

【模式 D3-1-2】　长白山山地低质低效林定向改造模式

(1) 立地条件特征

模式区位于吉林省延边朝鲜族自治州安图县南部的白河林业局。模式区所在地原为长白山原始红松阔叶混交林的广大山地丘陵，后经采伐、火烧、开垦，形成天然次生阔叶混交林、过伐林。主要林分类型有以山杨、白桦、蒙古栎为主，水曲柳、核桃楸、风桦、槭树类、榆树的混交林或纯林。"过伐林"多分布在深山、高山，带有少量云冷杉类针叶树。低山丘陵区还有郁闭度0.2～0.4的低质低产林。土壤为暗棕壤，台地上有白浆土，土壤有机质含量高，比较肥沃。

(2) 治理技术思路

通过针阔混交以及在冠下和林中空地引入红松、红皮云杉或落叶松等针叶树种，并根据次生林林分密度差异采取不同的造林措施和相应的管护措施，快速恢复红松针阔叶混交林。

(3) 技术要点及配套措施

①郁闭度大于0.7的林分：首先进行综合抚育，伐除病腐木、被压木、霸王树，及干形不良的非目的树种，以利透光，保留郁闭度0.5～0.6，使林中空隙达到12～13米，为引入幼树创造适宜生长的环境。抚育时，株数采伐强度不得高于35%，每亩保留阔叶树28～33株。冠下整地每亩107～133穴，穴径50厘米×50厘米，栽植3年生红松、4年生红皮云杉大苗，每穴1株。植苗穴的分布，视林中空隙大小非均匀分布。造林后连续抚育5年，第1年扩穴、培土、扶正，以后各年割灌、除草，严防幼苗被压。

②郁闭度小于0.4的疏林、低效林：冠下造林前进行1次清林，清除病腐木、灌木；林下空地上大穴整地，穴规格0.8～1.0厘米，每穴栽植3株，"品"字形分布，每亩整地33～40穴。栽后幼树连续抚育管理5年，直到幼树不被杂草、灌木欺压为止。

③透光抚育：冠下栽植10年左右的红松、云杉高度可达1.0～1.5米，对光的需求增加，此时上层木郁闭度可达0.65～0.8，应进行透光抚育，结合改造，继续伐除上层非目的树种，如霸王树、病腐木、被压木以及干形不良的中小径木。每亩保留阔叶树16～18株，郁闭度0.4，林中空隙15米为宜。

④间伐抚育：再过20年左右，林分郁闭度可达0.7～0.8，此时红松可达10米左右。第2代阔叶树已成中小径木，上层郁闭度达0.7以上，应再次进行抚育采伐，伐除40%～50%的上层木，每亩保留8～10株，其中山杨、白桦、风桦全部伐除。并对红松、云杉及第2代阔叶树进行间伐，伐除干形不良木及病腐木，每亩保留红松53～67株，第2代阔叶树27株左右，即形成了以红松为主的各种不同针阔叶树组成的混交林。

(4) 模式成效

通过针阔混交以及在冠下和林中空地引入针叶树种，并采取不同的造林措施、管护措施，改造过伐林、次生林，恢复以红松为主的针阔混交林，增强了森林群落的稳定性，提高森林的涵养水源、保持水土的功能。

(5) 适宜推广区域

本模式适宜于吉林省延边朝鲜族自治州、白山市、通化市、吉林市的大部分县（市、区），并可在黑龙江省的张广才岭、牡丹江林区应用。其他地区，凡红松可以生长并在山坡上生长着各种类型次生林及低效林的区域均可借鉴。

【模式 D3-1-3】 张广才岭丘陵漫岗区退耕还林模式

(1) 立地条件特征

模式区位于黑龙江省尚志市，海拔 200～1 000 米，属于低山、丘陵、沟谷和局部中山相间的低山丘陵区，森林资源丰富，代表性森林群落为红松阔叶混交林。东部深山区以核桃楸、水曲柳、黄波罗、榆树、色木槭、蒙古栎、椴树为主，并混生有相当数量的红松、云杉、冷杉及杨、桦，构成了以硬阔叶为主的针阔混交林；中部由于人为干扰，形成以杨、桦为主的天然次生林和人工落叶松纯林；西部则是以天然散生林和人工针叶树为主的混交林。在天然次生林中阔叶混交林占 91%，针阔混交林占 9%。模式区的退耕还林地多分布在丘陵漫岗上土壤有机质含量较高、水肥条件较好的暗棕壤区。

(2) 治理技术思路

通过退耕还林、封山育林、人工造林及人工促进天然更新等技术措施，把坡度在 12 度以上、适于造林的坡耕地全部退耕还林，加快造林进程，增加水土保持林、水源涵养林以及护堤护岸林比重，控制干旱、洪涝、风沙等自然灾害的频繁发生，从根本上遏制生态环境恶化，使农业生产环境条件得到明显改善。

(3) 技术要点及配套措施

①细致整地：在造林前 1 年秋季进行穴状整地，直径 60 厘米，穴深 35 厘米，株行距因树种而定。

②适地适树、良种壮苗：根据适地适树原则选择具有速生丰产、抗病性强等的造林树种。主要有小黑杨和迎春 5 号杨。苗木采用 S2-1 扦插苗，苗高 1.5 米以上，生长健壮无病虫害。

③规范造林：春季造林一般在 4 月 15 日至 5 月 1 日进行，栽植时不窝根，栽后扶正踏实，干旱年份要灌透水，确保造一块成一块。

④加强抚育管理：退耕还林后，在头 3 年内以 3、2、1 的次数进行幼林的抚育管理，在林木管护上要做到地块落实、任务落实、责任落实、人员落实、措施落实。

(4) 模式成效

本模式由于选用优良的速生丰产树种，具有成林成材周期短，生长快、见效快、效益高的特点，15～20 年即可主伐利用，能够很快发挥生态经济和社会效益。

(5) 适宜推广区域

本模式适宜在张广才岭或其他立地条件相似的丘陵漫岗地区推广应用。

【模式 D3-1-4】 老爷岭山地丘陵区退耕还林混交栽培模式

(1) 立地条件特征

模式区位于黑龙江省穆棱市，属于典型的低山丘陵区。有低山丘陵、丘陵漫岗、谷盆地 3 种地貌类型。坡度大于 10 度的退耕还林地块可依据“坡度-土壤”划分为 4 种类型，即斜坡薄层棕壤型、斜坡中层暗棕壤型、斜陡坡薄层暗棕壤型、斜陡坡中层暗棕壤型。4 种类型经多年耕作后，土壤有机质和蓄水能力均大幅度下降，耕层厚度不足15厘米，石砾含量15%～30%，pH值6.0～6.5。

(2) 治理技术思路

在保护好现有森林资源基础上，通过退耕还林、封山育林、人工造林等措施尽快恢复森林植被，营造水土保持林和水源涵养林。对于陡坡农田采取造林前1年秋季工程整地和地埂生物带建设等措施退耕还林，实现控制水土流失，改善生态环境的目标。

(3) 技术要点及配套措施

①大工程整地和营造生物带：造林前1年秋季进行全面整地，机械修筑梯田，人工挖鱼鳞坑。梯田坡面工程按最低十年一遇洪水设计，按等高线绕山转，埂高80厘米，下底宽120厘米，长度不限，大弯就势，小弯取直。小鱼鳞坑规格为长径60厘米，短径40厘米，深30厘米；大鱼鳞坑规格为长径100厘米，短径60厘米，深40厘米，土埂高15～20厘米。

②选择优良标准苗木，并进行栽前处理：落叶松造林采用Ⅰ、Ⅱ级裸根苗或容器苗，以保证成林后林相整齐。栽植前为提高成活率可用浸水、蘸泥浆、生根粉、或保水剂等对裸根苗木进行处理。栽植时要细致、扶正、踏实、不窝根、不漏根、深浅适宜。造林过程中苗木要做到“四不离水”，即“苗圃假植不离水，苗木运输不离水，造林地假植不离水，苗木罐中不离水”，确保造林一次成活。

③落实配套措施：实施“造管并举”和“谁退耕，谁造林，谁经营，谁受益”的政策，加强对幼树的抚育管理，一般按3年5次，即2、2、1的方法进行。同时积极防治病虫害和防止发生火灾。

(4) 模式成效

本模式可使退耕还林的造林成活率和保存率均达到90%以上。对于防止水土流失、涵养水源、调节气候和维护生态平衡起着重要作用。在穆棱市退耕还林工程中该模式推广面积将达到9.7万亩，其中落叶松造林面积9.2万亩，紫穗槐造林面积0.5万亩。届时林木直接经济效益可达966万元，林副产品收入可达200万元。

(5) 适宜推广区域

本模式适宜在老爷岭山地丘陵地区和其他同类地区推广。

【模式D3-1-5】 长白山森林采育结合、持续利用经营模式

(1) 立地条件特征

模式区位于长白山东部汪清林业局。温带大陆性季风气候，春季干旱少雨，夏季温热多雨，秋季凉爽少雨，冬季漫长寒冷。年平均气温2～6℃，无霜期128天左右，年降水量600毫米左右。现有森林经营面积450万亩，总蓄积3 800万立方米，森林覆盖率95.4%。

(2) 治理技术思路

改变以前掠夺式采伐方式为以育为主、采育兼顾、抚育改造、双向推进的经营策略，采取采坏留好、密间稀留、控制强度、保护幼苗和幼树的经营原则，应用先进的森林经营技术对林分进行调控管理，使森林资源不断增长。同时，在确保天保工程实施、减少采伐量、增加造林面积的情况下，加大林副产品的开发力度，确保生态效益和经济效益同步增长。

(3) 技术要点及配套措施

①经营管理：为满足商品化经营和资产化经营的需要，对采育林实施了因林、因地、因用，全方位的集生物工程、生态经济、计算机技术和现代企业制度于一体的小班经营法以及国外森林

经理新技术（检查法）对采育林进行管理，培育时间序列上多世代、空间分布上多层次、卫生状况良好、林分生产力明显提高的复层异龄针阔混交采育林，林分小（小于35厘米）、中（35～55厘米）、大（大于55厘米）径阶林木的比例保持在2∶3∶5，针阔叶树木的比例保持在6∶4，采伐强度控制在8%～20%，伐后每亩年均材积生长量达到0.53立方米。

②多种经营：通过良种选育、嫁接等技术措施，培育优质红松果材林，计划培育20万亩，现已完成10万亩。

③培育后备资源：结合天然林保护工程，积极培育后备森林资源，营建了7 500多亩的天保工程示范林。根据森林分类经营方案，只进行择伐和抚育，不皆伐，对商品林实行集约经营，在森林限额采伐管理上，实行采伐消耗一本账，做到采伐限额与计划管理的统一。

④加强管理，落实责任制：实行场长离任营林成果审计制度，确保公益林建设的高标准、高质量，造林成活率及保存率均始终保持在98%以上。

（4）模式成效

已培育的12.5万亩采育林，年净增蓄积15万立方米以上，比其他天然林每亩至少增加0.22立方米。已完成改造的140万亩混交林分，针阔混交林抚育前生长率为3.2%，抚育后为5.6%；杨桦混交林抚育前生长率为4.2%，抚育后为7.1%，生长率的增加，避免了出现资源连续空档期。

自1998年实施天然林保护工程以来，截至2000年，虽然木材的采伐量减少了13万立方米，但森林的蓄积量增加了25万立方米，森林资源得到有效保护，达到了累计增产的目的。

生态效益和经济效益均十分显著，林副产品明显增多，最突出的是红松籽由过去的5年2收变成了4年3收，培育出的10万亩优良红松果材林已有5万亩进入结实期，其中一个林场红松种子的年收入就达500多万元。

（5）适宜推广区域

本模式适宜在长白山及大兴安岭、小兴安岭各林区推广。

【模式D3-1-6】 长白山地亚布力林区森林综合更新模式

（1）立地条件特征

模式区位于亚布力林区的虎峰林场，山地丘陵立地类型，海拔300～400米，温带大陆性季风气候，四季分明，气温温差大，极端最高气温34℃，极端最低气温－44℃，年平均气温2～10℃，≥10℃年积温2 000～2 300℃。年降水量650毫米，无霜期125天，积雪期110天左右。土壤为暗棕壤，土层厚度10～30厘米，pH值6～6.9。

（2）治理技术思路

由于森林天然更新速度缓慢、成林期较长，难以在较短时期内发挥其生态、经济和社会效益，因此在长期摸索实践的基础上，形成了森林综合更新的技术方法。该方法是人工更新和天然更新的有机结合。它是以天然更新为前提，以植生组人工更新所引进的目的树种为主，保证目的树种在林分组成中占优势地位的一种更新方法。

（3）技术要点及配套措施

①综合更新：在天然幼树幼苗数量不多，分布不均，目的树种数量不足的迹地，郁闭度一般在0.4左右，进行割带、整地，本着适地适树的原则选择树种，根据具体情况，每亩设计27～54个植生组，每组栽3～5株。

②整地：根据植生组更新特点，采用大穴整地法，纯整地面积1.0平方米，呈圆形或正方

形。整地时先铲除草皮，面积为1.2米×1.2米，堆于穴的下缘，使穴面呈水平，整地深度为25厘米左右，清除树根等杂物，细致整地，在低湿地块可采用高台整地方法。

③更新密度：经十几年观察研究，应以树种特性为依据，每穴栽植3～5株为宜，植生组穴内3株应用三角形配置，5株采用正方形中间加株方式配置。幼龄期生长较快的树种株间距应大些，反之则小些。

④管护：森林综合更新的人工更新部分采用植生组更新，整地穴面大，采用大苗栽植（红松、樟子松、云杉为4龄以上，落叶松、大青杨2龄）植穴配置较稀疏，植生组内密度宜大。在更新后第9年前后进行一次透光（扩穴）抚育，即在原定植株基础上扩穴抚育，扩穴面积约为9.0平方米（3.0米×3.0米）。

⑤抚育伐：更新后第13年即可进行抚育伐，郁闭度在0.4以下者可1次伐除，在0.4以上的林分可分2次伐除为宜；抚育伐的主要对象是上层林冠，即8厘米以上非目的树种全部伐除；抚育伐最好在春季解冻之后，落叶之前或秋季落叶之后、结冻之前进行；抚育伐时，要严格控制树倒方向，采用小型集材机械或畜力集材。

(4) 模式成效

采用森林综合更新法更新，省时、省工、省苗，成本比单株降低37.5%～66.7%。亚布力林业局虎峰林场经过20多年的试验，现已更新各类采伐迹地31 981亩，早期营造的21 628亩已郁闭成林，获得了一定的生态效益、社会效益和经济效益。

(5) 适宜推广区域

本模式适宜在立地条件相类似、采育比例严重失调的林区推广应用。

二、长白山西麓低山丘陵亚区（D3-2）

本亚区位于威虎岭、牡丹岭、龙岗山脉连线以西，大黑山脉以东，包括吉林省吉林市的船营区、龙潭区、昌邑区、丰满区、永吉县、磐石市，通化市的梅河口市，辽源市的龙山区、西安区、东辽县、东丰县等11个县（市、区）的全部，以及吉林省长春市的双阳区、九台市、榆树市，四平市的伊通满族自治县、梨树县，吉林市的蛟河市、舒兰市、桦甸市，通化市的柳河县、辉南县等10个县（市、区）的部分地区，地理位置介于东经124°3′24″～128°0′9″，北纬42°15′53″～44°56′58″，面积40 355平方千米。其中有林地1 500多万亩。

本亚区基岩多为花岗岩、片麻岩。地形为低山丘陵和河谷冲积平原。温带半湿润气候，年平均气温3.5～5℃，≥10℃年积温2 600～2 900℃，年降水量600～700毫米，无霜期120～135天。地带性土壤为暗棕壤，多分布在低山丘陵和河谷冲积平原。隐域性土壤有白浆土、冲积土。

本亚区的主要生态问题是：过度放牧、土地频繁垦殖，森林经营不合理，林分密度低、质量差，水土流失严重。

本亚区林业生态建设与治理的对策是：经营好现有森林，减少林内放牧数量，进行低效林改造，提高森林的水土保持和涵养水源的功能。

本亚区共收录3个治理模式，分别是：吉林中部低山丘陵区水土流失生物防治体系建设模式，长白山西部低山丘陵侵蚀沟生物防治模式，吉林中东部河流、水库堤岸防护林建设模式。

【模式 D3-2-1】 吉林中部低山丘陵区水土流失生物防治体系建设模式

（1）立地条件特征

模式区位于吉林省中部低山丘陵地带。海拔 200～500 米，地形起伏较大，坡度一般在 6～20 度之间，坡面较大，坡长达几百米。土壤为暗棕壤和黑土。森林植被为次生阔叶混交林，阳坡多为蒙古栎林、林分密度较低。因长期陡坡开垦，加之降水量集中，造成大量表土流失，有机质含量逐年下降，水土流失极为严重。

（2）治理技术思路

在保护好现有天然次生林的基础上，采取封山育林、人工造林、林分改造等措施，加大林分密度，提高林分质量，使其恢复和形成乔、灌、草复层混交水土保持林。

（3）技术要点及配套措施

①山顶防蚀水保林：一部分是属于开荒未到顶而保留的“山帽”林，以蒙古栎、山杨、桦、椴、色木槭为主的天然次生林。另一部分是山顶弃耕后营造的人工林。这些林分因处于分水岭处，是径流的起点，多已划分为生态公益林。实行封禁措施，严禁一切采伐、樵采和放牧，尽量保护林下灌木和草本植物，以提高林分的防护功能。

②护坡水保林：对坡地上分布密度较小，林分郁闭度不足 0.5 的天然次生林，在保护好现有乔、灌、草的前提下，引进针叶树进行冠下造林。造林前可进行卫生伐，即伐除病腐木、濒死木和霸王树，其采伐蓄积强度为 10%～20%。伐后营造红松、红皮云杉。造林密度为每亩65～100株，秋季整地，春季造林，穴状整地规格为穴径 60 厘米、深 50 厘米，造林苗木为 3 年生健壮Ⅰ级移植苗或容器苗。造后连续幼林抚育 3 年 6 次（即 3、2、1），使其形成针阔混交林。

③林分改造：对坡地上分布的疏林地（包括天然疏林地和人工疏林地）、灌丛林地以及多代萌生低质蒙古栎林进行林分改造。对灌丛地和疏林地进行全面改造，伐除林木、清理林地后造林；对低质蒙古栎林进行带状改造，等距隔带采伐，带宽 10 米，采伐带应横山或斜山设置。伐后清理林地造林。造林树种为日本落叶松、樟子松或蒙古栎等耐干旱瘠薄的树种。造林密度为每亩290～440 株。秋整地春造林，穴状整地，穴径 60 厘米，深 50 厘米，清除石块杂草树根等。选择健壮的Ⅰ级苗木。落叶松为 2 年生换床苗。樟子松和蒙古栎为 3 年生移植苗或容器苗。造后连续幼抚 4 年 7 次（3、2、1、1）。

④人工护坡林：对分布在坡地上的撂荒地、退耕地、荒山荒地等宜林地人工营造水土保持林。造林树种为日本落叶松、樟子松、蒙古栎等耐干旱耐瘠薄的树种。在坡度较大水土流失严重的地带可营造火炬树、刺槐和紫穗槐。造林密度,日本落叶松、樟子松、蒙古栎每亩为290～440株。落叶松为 2 年生换床苗，樟子松、蒙古栎为 3 年生移植苗。火炬树、刺槐、紫穗槐，造林密度为每亩330～400 株，火炬树、刺槐为 2 年生Ⅰ级苗、紫穗槐为 1 年生苗。进行穴状整地，穴径 60 厘米，深 50 厘米，清除穴内石块杂草。秋季整地，春季造林，植苗应摆正苗木，根系舒展，按“三埋二踩一提苗”的方法造林。造后乔木树种连续幼抚 4 年 7 次（即 3、2、1、1），灌木树种连续幼抚 3 年 6 次（即 3、2、1）。

（4）模式成效

本模式针对低山丘陵区的不同地貌部位，因地制宜地采用不同的关键技术营造水土保持林，充分发挥了植被的保水、保土作用。

（5）适宜推广区域

本模式适宜在整个东北东部低山丘陵区推广。

【模式 D3-2-2】　长白山西部低山丘陵侵蚀沟生物防治模式

(1) 立地条件特征

模式区位于吉林省德惠市莱园子乡张农沟村。长白山西部主要江河沿岸以及漫岗丘陵坡地，由于天然植被的破坏，多数存在着土壤冲刷和侵蚀沟壑，已明显地危及农业生产，造成了局部生态环境的恶化。

(2) 治理技术思路

根据土壤侵蚀原理，利用生物措施和工程措施，对沟头、沟坡、沟底进行综合治理，以最大限度地减少沟壑冲刷。

(3) 技术要点及配套措施

①措施布局：侵蚀沟的治理分沟坡造林、沟底造林和沟头治理3个部分。沟坡造林，为缓流护坡，防止沟岸继续冲刷扩张，进一步稳定沟坡地貌，控制水土流失，在侵蚀沟两侧坡面，包括45度以上的降坡切方坡面，营造乔灌混交的护坡林；沟底造林，为防止沟底下切，沟壑扩张，拦淤泥沙，于沟底处营造灌木林；沟头治理，沟头是侵蚀沟冲刷最严重和最不稳定的部位。为固定侵蚀沟的基部，防止沟头发展，避免沟头坍塌，在距沟头上部5.0米处，修筑一条封沟埂，封沟埂高1.0米，上宽1.0米，迎水埂坡为1:1.25，背水埂坡为1:1。封沟埂以上营造宽20米的乔木林带，封沟埂以下，沿水平方向密植5行灌木。

②造林技术：乔木为小黑杨、小青黑杨、三北1号。灌木为紫穗槐、灌木柳、火炬树；杨树密度220株/亩，株行距1.5米×2.0米。灌木密度440株/亩，株行距1.0米×1.5米；乔木，穴状整地，规格为穴径60厘米、深25～30厘米。灌木带状整地、带宽100厘米，深20～25厘米。秋季整地，春季造林。

③幼林管护：幼林阶段应进行除草，松土和培土，抚育为4年6次，即2、2、1、1。

(4) 模式成效

本模式针对沟蚀的特点，合理布置治理措施，生物措施和工程措施并用，沟头、沟底、沟坡综合治理，有效地控制了沟道侵蚀。

(5) 适宜推广区域

本模式适宜在东北东部低山丘陵区的沟壑地带以及主要江河沿岸的侵蚀沟地区推广应用。

【模式 D3-2-3】　吉林中东部河流、水库堤岸防护林建设模式

(1) 立地条件特征

模式区位于吉林省中东部低山丘陵区内江河和大型水库沿岸地带，影响该区生态环境的主导因子是河流水库的风浪和洪水冲刷河岸、堤坝。

(2) 治理技术思路

在江河、水库沿岸，因地制宜选用耐水淹、抗风浪的树种，营造护堤护岸林以防治河岸侵蚀与冲刷。

(3) 技术要点及配套措施

① 护堤林建设技术：在河面、江面较宽、风浪较大的堤段为防止洪水冲刷堤坝，可营造护堤林带。林带与江河堤坝平行设置，林带位置应离开堤（坝）脚10米。林带宽度10～30米。堤内林带宜窄些，堤外林带宜宽些。在江河岸狭窄地段不设林带。主要造林树种有杨树、柳树，株

行距为 2.0 米×1.0 米或 2.0 米×2.0 米［图 D3-2-3-（1）］。

② 护岸林建设技术：为巩固河岸，防止洪水冲刷河岸，对一般河流可在沿河流两岸营造 5～10 行的乔灌结合的林带。在主要江河两岸可设置 10～20 米宽的乔灌结合的林带，灌木林带应设在靠水面的一侧。在河岸地段应离开河岸 3.0～5.0 米处设置林带。乔木树种有旱柳、杨树等，灌木有火炬树、紫穗槐、灌木柳。乔木株行距为 2.0 米×1.0 米，灌木株行距为 1.0 米×1.0 米［图 D3-2-3-（2）］。

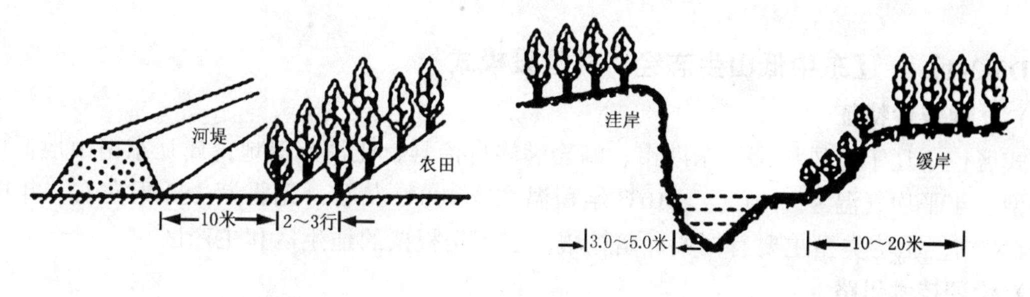

图 D3-2-3　吉林中东部河流、水库堤岸防护林建设模式图

（4）模式成效

本模式因地制宜选用耐水淹、抗风浪的树种营建护岸护堤林，防止了河岸侵蚀与冲刷。

（5）适宜推广区域

本模式适宜在东北东部低山丘陵区江河和大型水库沿岸地带推广应用。

三、辽东低山丘陵亚区（D3-3）

辽东低山丘陵亚区位于长白山系龙岗山脉西南延伸部分和辽东半岛。包括辽宁省铁岭市的清河区、银州区、西丰县、开原市、铁岭县，抚顺市的新抚区、东洲区、望花区、顺城区、清原满族自治县、新宾满族自治县、抚顺县，本溪市的明山区、平山区、南芬区、溪湖区、桓仁满族自治县、本溪满族自治县，丹东市的振兴区、元宝区、振安区、宽甸满族自治县、东港市、凤城市，鞍山市的铁东区、铁西区、立山区、千山区、岫岩满族自治县、海城市，辽阳市的白塔区、文圣区、宏伟区、弓长岭区、太子河区、辽阳县、灯塔市，大连市的西岗区、中山区、沙河口区、甘井子区、旅顺口区、金州区、庄河市、普兰店市、长海县、瓦房店市，营口市的站前区、西市区、鲅鱼圈区、老边区、盖州市、大石桥市等 53 个县（市、区）的全部，地理位置介于东经 120°52′5″～125°40′54″，北纬 38°58′47″～43°22′59″，面积 72 323 平方千米。

本亚区为中温带半湿润气候，年降水量 800～1 000 毫米，水资源丰富。地带性土壤为棕壤和暗棕壤，还兼有草甸土、水稻土、沼泽土、盐碱土、风沙土。植被处在长白山和华北植物区系的交替地带，地带性植被为温带针阔叶混交林，沿海地区有草甸植被、耐盐植被、盐生植被、沿海沙生植被等。

本亚区的主要生态问题是：由于降水多而集中，山地水土流失严重，且易引起山洪和泥石流；沿海地区因地处海陆交替、气候易变地带，极易遭受台风、暴雨、洪涝、风沙、冰雹、低温等自然灾害的危害。

本亚区林业生态建设与治理的对策是：在河流的源头、分水岭两侧、大中型水库周围及主要河流两岸，通过实施以封为主，封山育林、人工造林和森林经营相结合，以林为主，立体开发、多种经营和综合利用相结合的措施体系，提高森林涵养水源、保持水土的能力，实现减灾、防火和繁荣山区经济的目的。沿海地区要大力营造内陆农田林网，培育以人工森林植被为主的多林种、多层次、多功能、多效益的沿海防护林体系，增强防御自然灾害的功能，提高防护林的效益，为社会经济的可持续发展和人民生活水平的提高创造良好的环境。

本亚区共收录4个典型模式，分别是：辽东中低山生态经济林建设模式，辽东野生榛林生态调控及改造利用模式，辽南石质山地混交林建设模式，辽南低山丘陵生态防护林营造模式。

【模式 D3-3-1】　辽东中低山生态经济林建设模式

(1) 立地条件特征

模式区位于辽宁省凤城市、东港市、岫岩满族自治县、庄河市等地，属辽东南山地低山丘陵立地类型。年平均气温8～10℃，≥10℃年积温在3 400℃左右，无霜期180天左右，年降水量900毫米左右。土壤类型主要有棕壤、暗棕壤。辽东是板栗的适生区和主产区。

(2) 治理技术思路

中、幼龄实生栗林的改造，应走良种化、嫁接化、管理集约化的道路；新植栗林时，有条件地区，应选用2年生良种嫁接苗上山造林的方式。上述两种造林（营林）方式，都要按高效栗林栽培技术模式要求进行，首先区划好立地条件类型，并配合相应的良种品种组合类型及丰产配套栽培技术措施。

(3) 技术要点及配套措施

① 立地条件类型划分：主要依据坡位、坡向、土壤、肥力等要素来划分。

坡位分山下腹及沟谷地，山地中上腹、山上腹；坡向分阳坡、半阳坡、阴坡；土壤分土层深厚、中等、较瘠薄；肥力分土壤肥沃、较肥、贫瘠等。

② 良种组合类型配置：根据立地条件类型，一般阳面山地中下腹及沟谷地所配置的品种组合类型是：金华-9210-丹泽-923等；山地中上腹：9210-915-金华-丹泽-923等；山上腹：9210-915-923-927等。

③ 嫁接改造或植苗造林：嫁接或植苗造林时，要按立地条件类型、品种组合类型设计要求进行。一般生产中，主栽品种和授粉品种按3∶1比例配置，行间及小地块配置都可。嫁接方法：实生林改造多采用插皮接，嫁接苗主要采用舌接法。

辽东地区降水丰沛而集中，为防止水土流失，植苗造林多采用50厘米×50厘米×60厘米的小坑造林法，随挖坑随栽植，栽植密度依经营目标而定，一般株行距多为3.0米×3.0米、3.0米×4.0米、4.0米×4.0米。

④ 土壤管理：林间生草栽培，割草覆盖树盘。结合压绿肥，2年刨树盘1次，提高土壤有机质含量。4月下旬和8月下旬用环状或放射状追施化肥，并结合病虫防治进行根外追肥。施肥量见表D3-3-1。

⑤ 整形修剪：生产上一般采用低干、矮冠、变则主干疏层形。盛果期前栗树大多采用夏、冬2次修剪。夏剪以摘心为主；冬剪时，运用截、疏、缓综合技术调整骨干枝、多年生枝组及结果母枝。一般每平方米树冠投影保留结果母技8～12个，疏除病虫枝、重叠枝，有计划回缩更新多年生枝，改善光照条件。

表 D3-3-1　辽东中低山栗树施肥标准

砧木年龄	嫁接树龄	冠影面积（平方米）	单株产量（千克）	成分	单株施肥总量（克/株）	第1次施（春季）（克/株）	第2次施（秋季）（克/株）
1年生/4年生	3～4年生	1.5～3.5	1	氮	92		92
				磷	70		70
				钾	45		45
5年生/10年生	3～4年生	9	2～3	氮	184	92	92
				磷	105	105	
				钾	90		90
5年生/10年生	5年生	16	5	氮	276	138	138
				磷	140	70	70
				钾	135	45	90
5年生/10年生	8年生	16	10	氮	414	276	138
				磷	175	105	70
				钾	180	90	90
5年生/10年生	8年生以上	≥16	15	氮	690	345	345
				磷	195	105	90
				钾	270	90	180

⑥ 病虫害防治：该区栗树的主要病虫害有：栗实象鼻虫、栗实蛾、栗瘿蜂、栗透翅蛾、栗大蚜、栗疫病等，应根据病虫害发生规律，采取相应的综合技术进行防治。

(4) 模式成效

辽宁省凤城市、东港市、庄河市、岫岩满族自治县等地自1982年起已改造实生栗林约15万亩，平均每亩年新增产值240余元；新植幼林近30万亩，5年生良种嫁接林，每亩可达150千克以上。经济效益、社会效益十分显著。目前，该区域地方政府已把此项目作为发展地方经济的支柱产业。

(5) 适宜推广区域

本模式适宜在辽宁省东、南部栗产区土层厚度20厘米以上、土质较肥沃、土壤酸碱度在5.5～6.5、地下水位1.0米以下、排水良好的荒山荒地，沙化蚕场及退耕还林地上推广应用。辽西地区较为干旱，可根据具体情况参照实施。

【模式 D3-3-2】　辽东野生榛林生态调控及改造利用模式

(1) 立地条件特征

模式区位于辽宁省抚顺市郊，属辽东中低山地，温带海洋性半湿润气候，年平均气温8～10℃，≥10℃年积温3 400℃左右，无霜期180天左右，年降水量900毫米左右。土壤类型主要有棕壤、暗棕壤、草甸土。辽宁省东部地区的低丘、山坡上分布着大量的野生榛树，总面积约为30万亩，主要分布在铁岭市、抚顺市、辽阳市、鞍山市等辽宁省东部的中低山地区。

在过去的几十年里，野生榛林一直被作为宜林地、薪炭林地进行改造利用和割柴，造成野生榛树资源的锐减及植被的破坏，随着榛子市场前景的变好，榛子果实价格的升高，合理利用榛树资源，保护野生植被成为辽东地区发展农村经济、改善生态环境的一项重要工作。

(2) 治理技术思路

通过限制野生榛林的砍伐、改善林地通风透光条件、加强病虫害防治等主要治理措施，提高坚果产量和质量，使榛林的经济效益、生态效益有机的结合起来，增加辽东地区林区自我发展的能力。

(3) 技术要点及配套措施

① 园地选择：野生榛林分布范围广、面积大、地形地势复杂、自然分布形式多样，园地应选择榛林面积较大、集中连片、坡度缓、株丛较密、纯度较高的榛林地。

② 园地清理：野生榛林通常和蒙古栎、桦树等其他乔灌木混杂，各种杂草也很多。因此在选定园地后，必须清除其他杂树及较高的杂草，以便榛树能有一个良好的生长环境。

③ 调整密度，改善通风透光条件：通常情况下，野生榛树的密度分布十分不平衡，有些地块表现为株丛过密，而有些地块又过稀，可通过对过密地块的疏伐，对过稀地块的补植来调整榛林密度。2～3年生的幼树林，每平方米保留15～25株为适宜；4～6年生榛林可保留10～15株/平方米。依榛林的天然分布情况，采用丛状疏伐、带状疏伐两种方式调整株丛密度，以带状疏伐为主。带状疏伐是指：在冬季或早春按保留带2.0米、疏除带1.0米的宽度将疏除带的株丛全部割掉，生长季可依疏除带内新萌生植株的生长情况，再除萌1～2次。

④ 更新复壮：榛地上部枝条的年龄达6～8年时，开始衰弱，结实能力下降，通常采用平茬的方法对其进行更新复壮。

⑤ 病虫害防治：辽东榛子产区榛实象鼻虫危害十分严重，虫害大发生年份，虫蛀果可达50%，榛实象鼻虫的防治须采用综合防治措施。一是在成虫产卵前及产卵初期（5～6月中下旬），全面喷施杀虫剂；二是在幼虫脱果前及虫果脱落期，地表施杀虫剂；三是人工拣拾虫果、集中消灭；四是对虫害十分严重的地区，进行全园平茬，使成虫无处产卵，对控制其他虫害也有一定作用。

⑥ 坚果采收：榛子坚果必须充分成熟后才能采收，榛子成熟期为8月下旬至9月上旬。

(4) 模式成效

野生榛林每亩产坚果约5～10千克，而垦复榛园亩产可达50～70千克。亩净收入500元以上，榛树资源的合理开发利用不但可以保护生态环境，还可以带来可观的经济效益。

(5) 适宜推广区域

本模式适宜在辽宁省的抚顺市、铁岭市、鞍山市、辽阳市等辽宁省东部地区推广。

【模式 D3-3-3】　辽南石质山地混交林建设模式

(1) 立地条件特征

模式区位于辽宁省南部的瓦房店市、盖州市、营口市、海城市，属辽南石质山地。温带半湿润气候，年平均气温8～11℃，年降水量600～800毫米，无霜期为160～180天，≥10℃年积温3 400℃，土壤为坡地棕黄土和平地棕黄土。

(2) 治理技术思路

石质山地岩石裸露率高、土层较薄、造林难度大。选用适应性较强、根系发达、保水力强的针、阔叶树种带状、块状混交，以保持水土，提高林分稳定性，改善生态环境。

(3) 技术要点及配套措施

①树种选择：侧柏、胡枝子、油松（樟子松）、刺槐。

②整地措施：根据不同立地条件，采用不同的整地措施。石质山的中、下腹，地型较为平坦

整齐的地块，宜采用水平沟整地，环山沿等高线品字形排列，具体规格为长 100～160 厘米、宽 40～60 厘米、深 40 厘米；石质山的上腹，地形较为破碎，应根据实际情况，采用鱼鳞坑或穴状整地，鱼鳞坑整地规格为长径 70 厘米，短径 60 厘米，薄土层深 30 厘米、厚土层深 40 厘米，穴状整地规格为穴径 50 厘米，深 30～40 厘米。整地时先把上层熟土置于沟上沿，后将底土或母质土放于沟下沿筑拦水埂（埂高 15 厘米），待沟挖到标准后，将上沿的熟土（拣净杂草、灌木根和石块）回填到沟内，回土厚度 30～40 厘米。整地时间以造林前 1 年的雨季之前为宜。

③造林技术：

苗木：侧柏，2 年生播种苗，地径 0.35 厘米、苗高 14 厘米、根长 18 厘米、苗木含水率 55%；胡枝子，1 年生播种苗，地径 0.4 厘米、苗高 30 厘米、根长 18 厘米、苗木含水率 50%；油松（樟子松），2 年生移植苗，地径为 0.3～0.35 厘米、苗高 10～12 厘米、根长 18 厘米；刺槐，1 年生播种苗，地径为 0.6 厘米、根长 18 厘米。

混交方式和比例：根据不同立地条件可采用带状、块状或不规则混交。混交比例侧柏与胡枝子为 5:5 或 6:4；油松（樟子松）与刺槐为 5:5 或 6:4。

造林密度：侧柏的株行距为 1.0 米×2.0 米，每亩 167～200 株，胡枝子株行距为 1.0 米×2.0 米，每亩 167～200 株。油松（樟子松）株行距为 1.5 米×1.5 米，每亩 153～180 株，刺槐株行距为 1.5 米×2.0 米，每亩 100～230 株（宽带状混交），其他混交方式视具体情况而定。

造林时间：一般在春、秋季进行，以 4 月中上旬栽植最为适宜，随起随栽、苗正根直、适当深栽、分层填土、踏实、浇足水。

④抚育管理：造林后 3 年共抚育 5 次，第 1 年 2 次，分别在栽后和 6～7 月进行，以清淤扶苗、刈大草、培土、维修拦水埂为内容；第 2 年 2 次，分别在 5 月和 7 月各进行松土、除草 1 次；第 3 年 1 次在 6 月间以松土、除草为内容。

(4) 模式成效

据调查，侧柏与胡枝子混交林中的侧柏比侧柏纯林树高增加了 49%，胸径增加了 65.2%，单株材积增加了 243.7%，混交林中侧柏叶的氮、磷含量也分别提高了 41.8% 和 4.0%，叶绿素含量提高了 33.7%，侧柏、胡枝子混交林的土壤侵蚀量要比纯林减少 87%。油松（樟子松）刺槐混交林较油松纯林树冠截留量和截留率分别提高 8.66% 和 8.69%，混交林中的枯落物数量、半分解量及饱和持水量分别是纯林的 2.2 倍、3.6 倍和 4.2 倍，混交林中油松的树高、胸径分别比油松纯林提高了 14.9% 和 22.9%。

(5) 适宜推广区域

本模式适宜在辽东湾等同类地区大范围推广应用。

【模式 D3-3-4】 辽南低山丘陵生态防护林营造模式

(1) 立地条件特征

模式区位于大连市，属低山丘陵地区，海拔 400～1 200 米，年平均温度 8～11℃，平均相对湿度 65%～80%，年降水量 600～800 毫米，≥10℃ 年积温 3 200～3 600℃，极端最低气温 -28～-19℃，无霜期 180～210。天然植被以蒙古栎林和榛子灌丛为主，土壤主要为坡地棕黄土、平地棕黄土和少量砂石土。

(2) 治理技术思路

充分利用辽南大部分低山丘陵区土层较厚、水分条件较好的有利条件，选择适应性强、生长快、成材早的刺槐造林，不仅能够改良土壤，提高林分水土保持功能和林地的生产力，而且能够提高林分的经济效益。

(3) 技术要点及配套措施

①树种：刺槐。

②整地：坡度较小的地块采用水平沟整地，规格为长160厘米、宽60厘米、深40厘米。坡度较大时可采用小水平沟或穴状整地，规格为长60厘米、宽60厘米、深40厘米。其他同模式D3-3-3中的整地部分。

③造林技术：

苗木：1年生播种苗，地径0.60厘米、根18厘米。

造林密度：株行距为1.0米×2.0米，每亩333株。

造林季节：春季4月上中旬，秋季10月上中旬为宜。栽植时将苗木栽植在水平沟的中央，苗木植于坑内后先填大半坑土，进行灌水，待水渗下后再覆满坑土，并将穴面全面踩实，最后穴面再覆1层虚土。

④抚育管理：造林后3年共抚育5次，第1年2次，分别在栽后和6～7月进行，以清淤扶苗、刈大草、培土、维修拦水埂为内容；第2年2次，分别在5月和7月各进行松土、除草1次；第3年1次在6月间以松土、除草为内容。

(4) 模式成效

营造刺槐纯林不仅可以改善林地土壤状况，增加土壤肥力。而且能够减少地表径流，防止水土流失。辽宁省干旱地区造林研究所的研究表明，3年生刺槐与荒地相比能减少地表径流86.4%。因此，应用该模式不仅能提高林分的经济效益，也有较好的水土保持效益。

(5) 适宜推广区域

本模式适宜在辽宁省南部的金县、营口市、鞍山市等条件类似的地区大范围推广应用。

第23章

东北平原类型区(D4)

东北平原位于东北地区的中部，三面环山，一边靠海，东接长白山地，西连大兴安岭东麓，北靠小兴安岭，南达辽东湾。由松嫩平原、松辽平原、辽中平原组成。地理位置介于东经121°27′40″～134°10′3″，北纬40°55′41″～50°6′41″。包括黑龙江省哈尔滨市、绥化市、大庆市、齐齐哈尔市，吉林省长春市、四平市、松原市、白城市，辽宁省沈阳市、铁岭市、鞍山市、辽阳市、盘锦市、锦州市的全部或部分地区，总面积211 343平方千米，是我国重要的商品粮生产基地。

本类型区地质构造为辽台向斜，东南两侧为吉林准褶皱带，是一个三面环山，由北向南倾斜的开阔大平原。温带半湿润、半干旱季风气候，北部年平均气温0～4℃，1月平均气温－22～－18℃，7月平均气温20～22℃，≥10℃年积温为2 000～2 250℃，生长期100～120天；南部年平均气温4～6℃，1月平均气温－18～－14℃，7月平均气温23～24℃，≥10℃年积温2 400～3 300℃，生长期140～160天。区内年降水量350～550毫米，从东向西递减。蒸发量从东北向西南递减，一般600～2 000毫米。由于母岩和成土条件的差异，土壤类型较多，主要有暗棕壤、棕壤、白浆土、黑土、黑钙土、褐土、草甸土、盐碱土、沼泽土和风沙土等。植被类型以羊草草甸，针茅、蒿类-杂类草甸，草原及沙生、盐生植被为主。平原边缘的山前丘陵地带，分布有蒙古栎、白桦、山杨、椴、榆等树种组成的次生林。人工栽培的有杨、柳、榆、樟子松、兴安落叶松、油松、华北落叶松及少量水曲柳人工林。

本类型区的主要生态问题是：森林覆盖率低，防护林体系不完善，冬春季风大，易造成土地荒漠化；雨量少且夏季雨量集中，易造成内涝。

本类型区林业生态建设与治理的主攻方向是：保持农田防护林体系、草场防护林、水土保持林体系的完整性和持续效益，改善环境，防治土地荒漠化。

本类型区共划分为2个亚区，分别是：松嫩平原亚区和辽河平原亚区。

一、松嫩平原亚区（D4-1）

松嫩平原北靠小兴安岭，南至内蒙古自治区奈曼旗和辽宁省彰武、铁岭一线，西邻大兴安岭，东接长白山。由黑龙江省、吉林省的西部松嫩平原、松辽平原，内蒙古自治区的大兴安岭东部的辽嫩平原组成，是我国的重点产粮区。包括辽宁省沈阳市的康平县、法库县，铁岭市的铁法市、昌图县；黑龙江省哈尔滨市的道里区、南岗区、道外区、太平区、香坊区、动力区、平房区、五常市、阿城市、双城市、宾县、巴彦县、呼兰县，齐齐哈尔市的龙沙区、建华区、铁锋区、昂昂溪区、富拉尔基区、碾子山区、梅里斯达斡尔族区、讷河市、拜泉县、克山县、克东县、甘南县、龙江县、泰来县、富裕县、依安县，大庆市的萨尔图区、龙凤区、让胡路区、大同区、红岗区、林甸县、杜尔伯特蒙古族自治县、肇州县、肇源县，绥化市的北林区、安达市、明水县、肇东市、海伦市、望奎县、兰西县、青冈县；吉林省长春市的朝阳区、南关区、二道区、绿园区、宽城区、农安县、德惠市，白城市的洮北区、镇赉县、大安市、洮南市、通榆县，松原市的宁江区、乾安县、长岭县、扶余县、前郭尔罗斯蒙古族自治县，四平市的铁西区、铁东区、双辽市、公主岭市等71个县（市、区）的全部，以及吉林省长春市的朝阳区、南关区、宽城区、二道区、绿园区、双阳区、榆树市、九台市，吉林市的舒兰市，四平市的梨树县、伊通满族自治县等11个县（市、区）的部分地区，地理位置介于东经121°32′27″～134°10′3″，北纬41°8′40″～50°6′41″，面积196 363平方千米。

本亚区的主要地貌类型为丘陵、波状冲积平原及谷地。海拔150～300米。主要河流有讷谟尔河、乌裕尔河和通肯河、饮马河、伊通河、双阳河等。半湿润气候，年平均气温2.0～5.5℃，≥10℃年积温2 400～3 000℃，无霜期120～155天，年降水量450～600毫米。地带性土壤为暗棕壤、黑土及部分黑钙土，此外还有少量的白浆土、草甸土、沼泽土，在大黑山附近有少量棕色森林土。植被为森林向草原的过渡类型，主要树种有蒙古栎、山杨和白桦，人工林以杨树和落叶松为主。灌木有胡枝子、榛子等，草本植物以菊科、禾本科和莎草科为主。

本亚区的主要生态问题是：过度垦殖，植被破坏严重，水土流失，土地严重退化；春季大风干旱，又缺林少绿，加剧了风蚀和干旱；雨量少且夏季雨量集中，遇连降暴雨的异常天气易酿成洪涝灾害。

本亚区林业生态建设与治理的对策是：生态建设的内容和方式要与区域经济特点和社会发展水平相协调。平原区营造以防风固沙为主的农田防护林及草牧场防护林体系；丘陵区以小流域为单元，生物治理和工程治理相结合，进行综合治理，防治水土流失，对15度以上的坡耕地和部分6度以上的坡耕地，实行退耕还林；沿江河两岸营造水源涵养林和护提护岸林；退耕还湿，保护湿地，增强湿地蓄水和调节洪峰的功能；盐碱地植树种草，逐步改善生态环境。

本亚区共收录16个典型模式，分别是：松嫩平原农田防护林建设模式，吉林东部丘陵台地防护林建设模式，东北平原农区道路、村屯绿化美化模式，东北黑土丘陵漫岗区小流域水土流失综合治理模式，松嫩平原农林复合生态系统建设模式，松嫩平原村屯林业生态建设模式，松嫩平原湿润沙地林业生态治理与开发模式、松嫩平原草牧场防护林体系建设模式，松嫩平原草场治理与立体开发模式，嫩江沙地生态庄园开发与建设模式，扎龙湿地生态系统保护与建设模式，东北平原农田防护林建设模式，吉林扶余县万民乡农林牧复合生态系统建设模式，松嫩平原西部固定、半固定沙丘防风固沙治理模式，松嫩平原西部流动沙地防风固沙治理模式，松嫩平原西部风沙区盐碱地改造治理模式。

【模式D4-1-1】　松嫩平原农田防护林建设模式

（1）立地条件特征

模式区位于吉林省德惠市的布海乡、农安县的前进乡，分属平原、台地和低山漫岗，地形起伏较小，平均海拔在300米以下，相对高差50～100米。土壤因地形的不同而有所差异，主要为黑土和黑钙土，低山漫岗分布暗棕壤，台地顶部和缓坡上部为白浆土，台地间平地多为草甸土。土壤腐殖质深厚，结构良好，水肥条件优越，大部分土地已开垦为农田。

因受季风影响，东南风盛行，风力强劲，春季平均8级以上大风达14次，加之春季雨量又少，在风力作用下年平均扬沙和沙尘暴达50次之多。大风、春旱和风蚀是制约该区生态建设的主导因子。

(2) 治理技术思路

在合理利用土地的基础上，田、林、路、渠综合治理，建设以防风、防沙为主导功能的农田防护林，控制风沙灾害，庇护农田，改善农田生态环境，实现农业稳产高产。

(3) 技术要点及配套措施

①配置形式：营造横断面为长方形的疏透结构或通风结构的林带，主林带间距为400～500米，副林带间距为500～1 000米；林带规格是，主、副林带宽度均为9.0～12米，通风结构可造5～7行乔木，疏透结构可造5行乔木，2行灌木；株行距，乔木树种为1.0米×1.5～2.0米，灌木树种为1.0米×1.0米；根据该区主害风向和农田垄向特点，为便于群众耕作和不斜切耕地，其主林带走向基本以南北向设置为宜（一般可偏东5～10度），副林带垂直于主林带设置。实践证明，这样设置林带走向并不显著降低防风效果［图D4-1-1（1）］。

为减少林带胁地，在造林同时于林带两侧挖断根沟（即侧沟），挖沟位置距林带外侧乔木2米为宜。沟深50～60厘米，上口宽50厘米，下底宽30厘米。

在分布有水渠、道路等固定设施的地方，与林带合理结合配置，既起到护渠、护路的作用，也可以减少树木胁地面积和少占耕地。生产实践中常用的林渠结合形式有两林夹一渠和一林一渠等2种形式。两林夹一渠，适合于干渠，一般在干渠的两侧各配置3～4行树，其中乔木2～3行，灌木1～2行［图D4-1-1（2）］；一林一渠，适宜于干渠以下的分支渠，一般在水渠的一侧造5～7行乔木、1～2行灌木。东西向渠道可将林带配置在渠道的北侧，南北向渠道可将林带配置在渠道的东侧，以减少胁地面积［图D4-1-1（3）］。

②造林技术：

树种选择：乔木有双阳快杨、白林一号、二号、小黑杨、小青黑杨、三北一号、樟子松、旱柳等；灌木有胡枝子、紫穗槐、灌木柳等。

整地：进行全面整地或带状整地，全面整地是将造林地全面翻耕，翻耕深度为25～30厘米，翻后耙压平整；带状整地是按行距进行带状翻耕，带状宽度50～60厘米、深25～30厘米，翻后耙压平整；对个别低洼易涝地段，进行高垄整地，垄高顶部为30～60厘米，垄高为20～30厘米。整地时间以造林前1年的春季或秋季为宜，但常年耕作的农田亦可随整地随造林。

苗木：杨树采用1年生插条苗或2～3年生的大苗；樟子松采用干型通直，根茎完好的2年生Ⅰ级换床苗。杨树大苗的胸径不小于2.5厘米，苗高3.0米，栽前应修剪枝条，保留冠高为苗高的2/5，或整个平头，根部剪掉损伤或过长的须根、侧根；插穗长15～20厘米，径粗1厘米，要求芽饱满，水分充足。

造林：营造农防林可植苗或插条造林。植苗造林有两种方法：一是挖坑植苗，适于杨树和樟子松，植苗坑为穴状，坑径30厘米，坑深35～40厘米，栽植时要求将苗木置于坑中间，保证根系舒展，覆土踏实。二是窄缝栽植，适于樟子松造林，用植树锹于栽植点开深40～50厘米、上口宽10厘米的一窄缝，栽后距苗8～10厘米用锹别实土壤。插条造林是在栽植点挖深20～25厘米的穴，插穗埋于中间，上部露一个顶芽，覆土踏实。造林时间以春季土壤解冻20厘米以上到苗木萌动前或秋季苗木停止生长到土壤封冻前为宜。

抚育管护：凡造后达不到设计植株数时，应于第2年按同龄苗木进行补植；造林当年进行培土，除草、松土、割灌、抹芽定干，以保证幼苗的正常生长；杨树幼抚4年8次即3、2、2、1，每年由5月下旬至7月中旬结束，樟子松5年9次，即3、2、2、1、1；插条造林应于当年抹芽除萌，最后留1株壮幼苗。

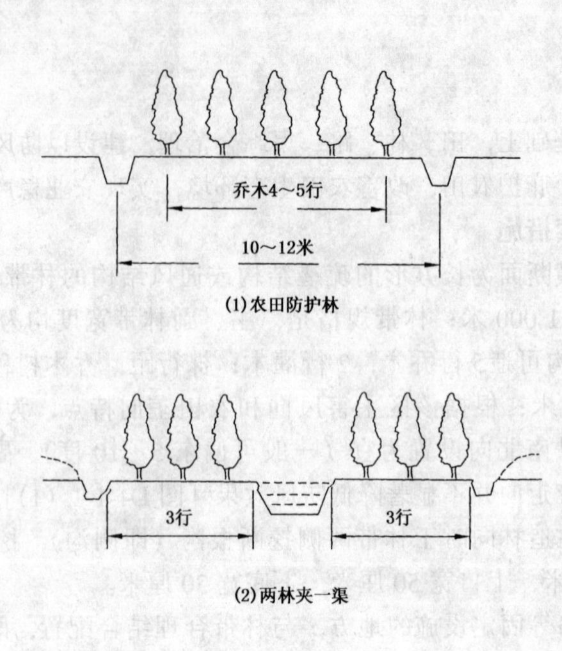

(1) 农田防护林

(2) 两林夹一渠

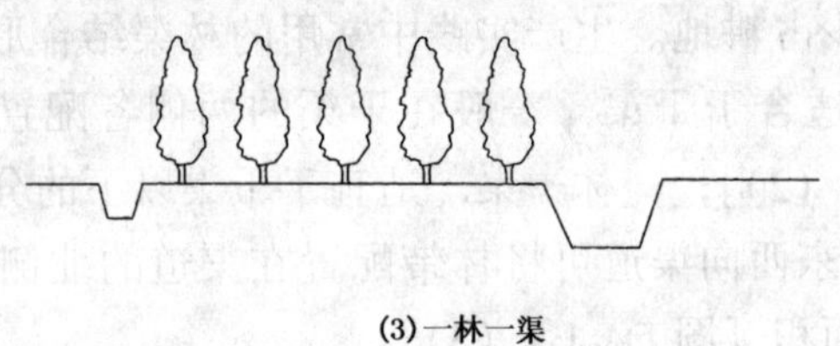
(3) 一林一渠

图 D4-1-1　松嫩平原农田防护林建设模式图

(4) 模式成效

林带走向不斜切耕地，消灭了三角地，便于耕作；网格大小适宜农机作业；网格内的农田基本控制在有效防护范围之内，全部农田得到了庇护；减少了胁地面积；宜于和农田基本建设相结合，有利于路、水、林、田的综合治理；连网连片后，可改善大范围农区的生态环境，提高整体抗御风沙干旱的能力。

(5) 适宜推广区域

本模式适宜在整个东北平原农区推广应用。

【模式 D4-1-2】　吉林东部丘陵台地防护林建设模式

(1) 立地条件特征

模式区位于吉林省德惠市菜园子乡张家沟村和达家沟乡的杏山村，属吉林省东部低山向平原的过渡地带，丘陵台地地形，海拔 200～400 米，地形起伏较大，坡度一般在 6～15 度之间，局部成波状起伏，切割强烈，冲刷沟较多，沟谷深达 30～50 米。过度开垦使原始森林遭受破坏，森林覆盖率低。土壤类型较多，暗棕壤分布较广，但土壤发育程度较低，粗骨性土质厚度在 25 厘米以下，B 层不明显；台地多为白浆土，黑土层较薄为 10 厘米左右，沉积层成柱状结构，母质黏重透水性差；陡坡上部多为石质土，土层薄，水肥条件较差。当地年降水量的 60％集中于 6～8 月份，土壤抗冲力弱，水土流失比较严重。侵蚀形式以水蚀为主，主要是面蚀和沟蚀，轻度和中度侵蚀所占比重较大，个别严重侵蚀多发生在岩体松散的地带。当地还有风害存在。

(2) 治理技术思路

根据丘陵、漫岗的地形和水土流失的特点，采取以生物措施为主，生物措施与工程措施相结合的方式，营造防护林带，治理水土流失，防止风害。

(3) 技术要点及配套措施

① 林带走向：主林带设置尽量与害风方向垂直，一般横山设带，副林带与主林带垂直；对较大沟系，可根据大沟走向和害风方向确定，当大沟走向和害风方向垂直时，主林带垂直流线设置。

②林网规格与林带结构：主带间距可适当小些，一般为 200～400 米，副带间距 300～500 米。网眼面积不强求统一。疏透结构，乔木为 5～7 行。坡度较大地带，乔木两侧可营造 1 行灌木。

③截流沟设置：在坡度较大而横山设带的水保林，在林带上坡一侧挖防护截流沟。截流沟上口 2.0 米，深 1.0 米，沟底 0.5 米，每 5.0 米留一土格。

④造林树种：乔木树种为小黑杨、小青黑杨和白城杨，灌木树种为紫穗槐、灌木柳。杨树密度 220 株/亩，株行距 2.0 米×1.5 米；灌木密度 440 株/亩，株行距 1.0 米×1.5 米。乔木，穴状整地，穴径 60 厘米，深 25 厘米；灌木带状整地，带宽 1.0 米，深 20～25 厘米。秋季整地，春季造林。

⑤幼林管护：幼林除草，培土为 4 年 6 次，每年次数为 2、2、1、1。

(4) 模式成效

本模式是充分利用森林多功能的特点设计防护林，把防风和保水保土结合起来，既保护了农田不受风害，又防止了水土流失；在林带上方挖截流沟，既能起到蓄水保墒，又起到拦截雨水，防止土壤侵蚀的作用。1982 年 8 月一次降雨 31 毫米，坡度为 6 度、坡长 400 米的农田，每个截流蓄水沟内蓄水 2.1 立方米，淤土 1.3 立方米，根治了跑土、跑肥，玉米亩产提高到 550 千克以上。

(5) 适宜推广区域

本模式适宜在东北平原中的丘陵漫岗地带推广。

【模式 D4-1-3】 东北平原农区道路、村屯绿化美化模式

(1) 立地条件特征

模式区位于东北平原农区，地形起伏较小，平均海拔在 300 米以下，相对高差 50～100 米。土壤因地形的不同而有所差异，主要为黑土和黑钙土，低山漫岗分布暗棕壤，台地顶部和缓坡上部为白浆土，台地间平地多为草甸土。土壤腐殖质深厚，结构良好，水肥条件优越，大部土地已开垦为农田。村屯之间道路密布，交通方便。

因受季风影响，东南风盛行，风力强劲，春季平均 8 级以上大风达 14 次，加之春季雨量又少，在风力作用下年平均扬沙和沙尘暴达 50 次之多。大风、春旱和风蚀是制约该区生态建设的主导因子。

(2) 治理技术思路

因地制宜规划和营造护村林和护路林，改善农村生态环境，提高居民生活质量。

(3) 技术要点及配套措施

① 两林夹一路的形式：一般适于乡（镇）间的公路或机耕主道，即在道路的两侧各配置2～4 行乔木作为道路的护路林，采用株行距 2.0 米×3.0 米的密度造林。

护村林内应留出一定面积的建房用地。

④主要技术措施：

树种选择：适宜树种有白城杨、小黑杨、小青黑杨、樟子松。村内街道绿化树种可选樟子松和垂柳、垂榆。

整地：可采用带状整地或穴状整地。带状整地要深翻30厘米，穴状整地为穴径50厘米。秋整地，春季造林。

植苗造林：杨和柳树用2年生大苗，樟子松为4～5年生实生换床苗，植苗于坑中央，按"三埋二踩一提苗"的方法，造后覆土踏实。

幼林抚育：主要是除草、松土和培土，连续抚育4年8次，即3、2、2、1次。

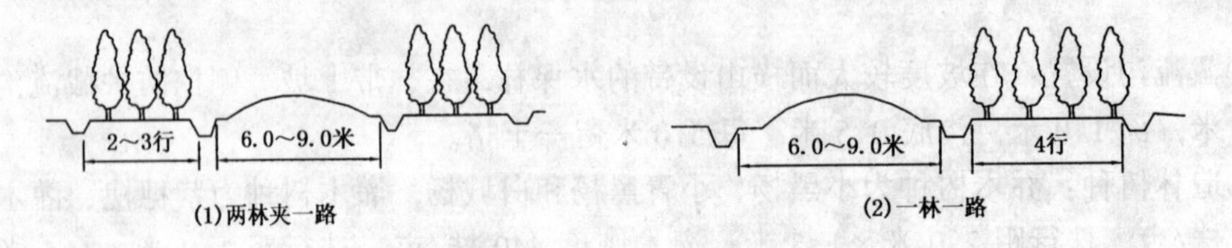

图D4-1-3　东北平原农区道路、村屯绿化美化模式图

(4) 模式成效

改变了过去"光杆路"和"光头村"，实现了道路林荫化，村屯全绿化的目标，改善了农村的生活环境，尤其是护路林，还起到了抗御风沙灾害，保护农田的作用。

(5) 适宜推广区域

模式区位于吉林省长春市郊，适宜在东北平原农区及三江平原农区推广。

【模式D4-1-4】　东北黑土丘陵漫岗区小流域水土流失综合治理模式

(1) 立地条件特征

模式区位于黑龙江省望奎县东北部鞠家沟流域，属于典型的黑土丘陵漫岗区，土壤主要为黑土、草甸土，治理前的森林覆盖率仅有7.82%，天然植被为蒙古栎、榛子、胡枝子、灌木柳等。84.26%的土地水土流失，有的地方甚至出现"破皮黄"现象，沟壑密度1.71千米/平方千米。

(2) 治理技术思路

根据黑土漫岗区小流域水土流失规律、土地资源分布及社会经济状况，对流域内农林牧用地及各林种造林面积进行科学规划，合理调整产业结构，应用适宜的造林树种、混交类型及先进的造林技术优化配置水土保持林体系，有效治理水土流失，改善生态环境。

(3) 技术要点及配套措施

①产业结构调整及土地利用规划：根据产业结构调整和土地利用规划的结果，将农、林、牧、渔及其他各业的用地比例由原来的7.2:0.8:0:2调整到6.4:2.6:0.3:0.7，科学、合理地利用土地资源。在宜林荒山荒地，配合水土保持整地工程植树造林，以保持水土；对10度以上坡耕地全部退耕还林；将部分低洼涝的耕地调整为放牧地；在部分背风向阳的耕地上发展经济林。

②合理配置水土保持林体系：以防治水蚀为主要目的的水土保持林，用胡枝子、灌木柳营造紧密结构的灌木林带，株行距0.3米×0.7米，带宽3.0～4.0米；以防治风蚀为主的水土保持林，采用樟子松、落叶松、杨树等乔木树种混交造林，株行距2.0～3.0米×2.5米，带宽7.0～14米；分水岭防护林，以杨树、樟子松为主，沿等高线配置在岭脊两侧；水流调节林，林带走向也应尽可能平行等高线配置；护坡林按照"荒山丘陵带帽、荒坡全面造林、耕地宽带拦腰"的

格局配置，均采用乔灌隔行混交或株间混交的方式造林；固沟林采用耐水湿、萌蘖力强的短序松江柳造林，株行距0.5米×1.0米，行向垂直水流流线，三角形配置。

③造林技术：按照“三大一深”抗旱造林技术及樟子松抗旱造林技术的要求造林。

(4) 模式成效

本模式以流域为单元，以产业结构调整为切入点，运用系统工程理论及生态学原理对小流域的农林牧各业用地进行综合规划，合理配置林种，科学配置树种，建设水土保持林体系，林木蓄积量高达3.3万立方米，活立木价值478万元，降低土壤流失量93.88%，农业收入增加1.26倍，治理后年均总收入达到了464.4万元，年人均收入1 620元，较治理前翻了两番。生态、经济效益十分显著。

(5) 适宜推广区域

本模式适宜在黑土丘陵漫岗地区及三北条件类似地区推广。

【模式 D4-1-5】　松嫩平原农林复合生态系统建设模式

(1) 立地条件特征

模式区位于黑龙江省中西部的拜泉县，盛产大豆、玉米、马铃薯等农作物，为一典型的农业县，同时也是三北防护林体系建设重点县。境内黑土漫岗丘陵地貌十分典型，丘陵起伏，漫岗漫川，地下水资源贫乏，土壤以黑土和黑钙土为主。治理前，由于长期违背自然规律和经济规律，盲目毁林（草）开荒，进行掠夺式开发，致使农业生态环境和农村经济状况日趋恶化，干旱、风蚀、水蚀等自然灾害频发。

(2) 治理技术思路

总结拜泉县过去由“不上粪肥也打粮”的丰腴之地变成全国重点扶持的贫困县的历史经验，吸取过去靠牺牲资源、破坏生态环境为代价、以粮为主实现暂时发展的严酷教训，从整治生态环境，狠抓造林，恢复植被入手，打破传统的农业经营方式，进行区域性生态农业建设，合理利用自然资源，实现可持续发展的目标。遵循“山处者林，水处者鱼，谷处者牧，陆处者农，结合者工”的原则，发展了“林果畜粮综合经营”“粮牧企经庭立体开发”“坡水田林路综合治理”“畜禽鱼稻良性循环发展”“贸工农一体化”及“资源永续利用经营”等6种生态农业建设形式，因地制宜地实施生态农业发展战略。

(3) 技术要点及配套措施

①总体布局：生物措施、工程措施和农业措施相结合，林粮花果一齐上，畜禽鱼稻共发展。根据全县的主要立地条件类型，采取不同的开发、治理、经营策略。地势平坦的西南部，林果畜粮综合经营；中部漫川漫岗区，采取粮牧企经庭立体开发；东南丘陵区，坡水田林路综合治理；河流沿岸易涝区，畜禽鱼稻良性循环发展；围城沿路地带，贸工农一体化发展。在全县范围内，普遍推广包括“三大一深”、“三水保活”、“筑台整地”、容器育苗、水土保持林体系优化配置、农田防护林林结构优化与树种更新、小流域林业生态治理等25项林业科技成果在内的综合技术，把全县32个小流域、150个生态小区建成环境优美的资源开发区和规模效益宏大的生态经济区。

②“十子登科”：所谓“十子登科”系指在不同的立地条件类型区，采用10种经营、治理方法，每种方法都包含科技含量比较高的若干种技术措施。

山顶栽松戴帽子：岗脊栽植根系发达、耐旱的樟子松，用4年生以上的容器大苗造林；坡地栽植杨树，坡下插柳。

梯田地埂扎带子：坡上修梯田，沿等高线筑埂，埂上种植胡枝子等耐旱灌木带，既可防治水土流失，又可获取一定的经济效益。

退耕还草铺毯子：为防治水土流失，将25度以上的坡耕地退耕还林、还草。土层厚30厘米以上的地块栽植耐旱灌木，不足30厘米的地块种草。

沟里养鱼修池子：在条件适宜的侵蚀沟，修建养鱼池，沟边栽植适于柳编的优良灌木短序松江柳，生态效益和经济效益并举。

坝内蓄水养鸭子，坝外开发种稻子：拦河筑坝，调控水流，控制河流对堤岸的冲刷，坝内养殖鸭子等水禽，坝外河滩地种植水稻。

瓮地植树结果子：充分利用瓮地（丘陵上形成的小盆地）的优越小气候条件，种植杏树、李子等果树。

平原林网织格子：在平原农区，以三北防护林体系建设为基础，应用“三大一深”、“三水保活”等技术营造农田防护林、护路林，进行村屯绿化；同时增针减阔，调整林种结构和树种结构，每年用樟子松、云杉、落叶松替换原有杨树林带或林分的10%～15%，5～10年完成防护林改造与更新，以建立持续稳定高效的新型防护林体系。

立体开发办场子：主要有在荒山荒坡采用5.0～6.0米×5.0～6.0米的株行距营造樟子松、果树林，林内间种粮食、药材；利用荒山荒坡上的柞树养蚕等。

综合经营抓票子：在主要公路所经乡镇及路边建立有当地特色的、以加工和经销当地农副特产为主的小型工厂和商店，农工贸一体化经营。

③配套措施：层层落实林木管护责任制，一级抓一级，一级对一级负责；完善组织保障体系、技术保障体系和物质保障体系等3个生产保障体系。坚持育造管并重，建立健全经营管理体制，确保全县百万亩人工林发挥最大的生态经济和社会效益。

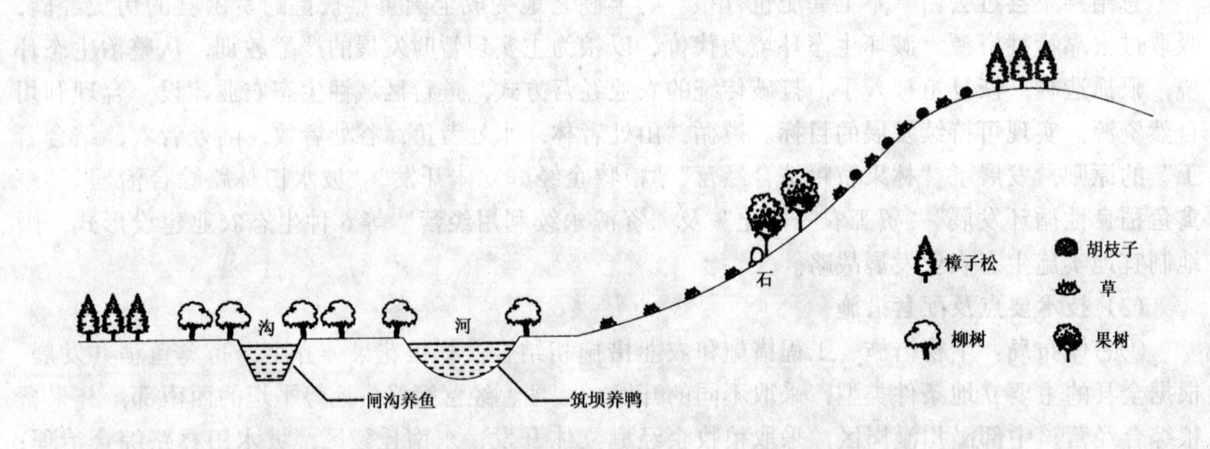

图 D4-1-5　松嫩平原农林复合生态系统建设模式图

(4) 模式成效

本模式坚持生态环境优先的原则，把发展地方经济建立在保护和改善生态环境的基础上，实现了环境与经济的协调发展。模式区现已营造农田防护林主林带4 388条、副林带6 655条，构筑500米×500米的网格10 629个，庇护农田361万亩，森林覆盖率达到了22%，活立木蓄积高达286万立方米，粮食总产连续10年突破50万吨大关。据测定，模式区内春季多风季节的风速平均降低38%，干旱季节的空气相对湿度提高10%～14%，坡耕地减少地表径流57%，水土流失量平均减少50%，土壤有机质含量提高0.39%。以1998年为例，在发生特大洪涝灾害的情况下，模式区减少经济损失7.5亿元，系统稳定性大大增强。拜泉县于2001年12月25日被联合国工业发展组织指定为国际绿色产业示范区。

（5）适宜推广区域

本模式适宜在三北同类地区推广。

【模式 D4-1-6】　松嫩平原村屯林业生态建设模式

（1）立地条件特征

模式区位于黑龙江省甘南县音河镇，面积384 315亩。地势平缓，主要土壤为冲积沙土，土层厚30～40厘米，土壤有机质含量2.4%，pH值6.5～7.5，土壤较为瘠薄。因西邻内蒙古自治区，春季多风、干旱，缺水少林。年平均气温2～2.5℃，无霜期130天，年降水量430～440毫米，年蒸发量1 500毫米。农业用地比例过大，缺少生态屏障，同时原有林分杨树的比重又高达90%，过分单纯，存在着胁地重、病虫害严重、防护功能低等诸多弊端。

（2）治理技术思路

首先是通过合理调整产业结构，使农林牧及其他业的用地比例趋于合理；其次是扩大造林，居民点全部达到平原绿化标准，森林覆盖率从12.7%提高到15%以上；第三是将建设重点放在体系优化上，“以松改杨”“增针减阔”，减少占地，减轻胁地。

（3）技术要点及配套措施

①总体布局：以村为单位，根据各村的立地条件和社会经济状况等，对农林牧各业用地进行优化配置。采用各种技术措施，减轻树木胁地。平坦地段，营造以松树为主的农田防护林和草场防护林；在低山丘陵，营造水土保持林；沿沟堤岸，营造护堤护岸林；村屯周围及道路两侧营造护村林，并进行绿化、美化。

②农田防护林改造：

“以松改杨”：用4年生以上的樟子松、3年生以上的落叶松、5年生以上的云杉大苗更新杨树林带，确保一次成形。更新方式有带外更新、半带更新、全带更新、网间加带等；采取林带皆伐，全面整地，林粮间作，以耕代抚等措施，营造针阔混交林，更新改造杨树低效林。

“小网窄带”：把原来营造的500米×500米、带宽10米以上的杨树防护林（网）带改造成250米×250米以下、由1～2行松树构成的小网窄带，达到“以松改杨”、“增针减阔”、增加生物多样性、增强系统稳定性、减少占地与胁地面积的目的。

“切根贴膜”：在靠农田一侧距杨树林带最外行1.2米处，沿林带走向挖深度为1.2米左右的沟，将厚度为4道以上与沟同高的塑料布贴于沟壁，然后回填，以阻挡杨树根系扩展，减轻胁地程度。沟的深度以无树木根系为准。

③水土保持林配置：在土壤瘠薄的荒山、荒地，营造樟子松、沙棘混交林；土壤条件较好的荒山、荒地，营造落叶松、云杉混交林；土壤肥力较高的地段，营造大果沙棘和枸杞混交林。株行距均为2.0米×4.0米。

④护岸（堤）防浪林建设：采用萌蘖力强的短序松江柳，按1.0米×2.0米的株行距建设护岸林；防浪林采用银中杨、中黑防等树种，株行距3.0米×4.0米；护堤林采用速生的乔木109柳，株行距2.0米×2.0米。在堤岸防护林的行间间作农作物。堤坝防护林采用大果沙棘和枸杞混交，株行距1.0米×2.0米；水库堤坝防护林，按照3.0米×3.0米的株行距营造樟子松、沙棘混交林。

⑤护村林及村屯绿化、美化：村屯四周营造樟子松与落叶松，或樟子松与杨树的行间混交护

村林，株行距 3.0～4.0 米×4.0 米，3～4 行，三角形配置；村屯内的街旁、屋旁，用杜松、云杉、银中杨和垂柳绿化；水池旁栽植 109 柳、垂柳、灌木柳等。

⑥配套措施：各村均设置苗圃，就近培育樟子松、云杉等树种的容器苗，以便就近造林，随起随造，降低造林成本，提高造林成活率。

(4) 模式成效

通过产业结构调整和优化土地利用结构，实现了长短效益的结合以及生态效益、经济效益和社会效益的结合。坚持适地适树的原则，采用"增针减阔"的措施，建设针阔混交、持续、稳定、高效的防护林体系。通过优化和更新改造措施，解决了树种单一、网格配置不合理、林带占地多、胁地重等实际问题，最大限度地减轻了防护林体系的负效应，解决了防护林带更新过程中防护效益的维持难题，达到了持续效益不减，功能稳定递增的目标。几年来，模式区共减少林带占地 1 865 亩，减少林带胁地 9 324 亩，相当于解放出耕地 11 189 亩，累计创产值 195 万元。同时，村屯内绿树成阴，四季常青，环境条件得到明显改善，取得了显著的生态、经济和社会效益。

(5) 适宜推广区域

本模式适宜在三北同类地区推广应用。

【模式 D4-1-7】　松嫩平原湿润沙地林业生态治理与开发模式

(1) 立地条件特征

模式区位于黑龙江省杜尔伯特蒙古族自治县的新店林场，年平均气温 3.2～4.2℃，≥10℃年积温 2 400～3 000℃，无霜期 120～155 天，年降水量 376～465 毫米，70％的降水集中于6～8月间，年蒸发量 1 400～1 800 毫米，年均 5 级以上大风日数 110 天左右。春季风多雨少，蒸发量大，十年九春旱，夏季高温湿润。土壤多为风沙土，散见草甸土、盐碱土、沼泽土。天然植被为草甸草原，天然分布有山杏、胡枝子等树种，人工林基本上是寿命短、胁地重的杨树纯林。

(2) 治理技术思路

根据樟子松常绿、耐旱、耐寒、耐瘠薄，在沙地速生、成材快、防护效益高等特点，通过开沟创造良好的土壤水分状况、便于枯落物积累的微域小地形，利用带土大苗抗旱造林等技术，在嫩江沙地上大力营造樟子松，以改变过去造林树种单一、杨树为主、成林成材难的状况，改善沙地生态环境。

(3) 技术要点及配套措施

本模式具有"四改"、"四不"、攻克"四难"的特点。"四改"即改春季一季造林为多季造林，解决春季的农林用工矛盾；改裸根苗造林为带土坨苗造林，提高成活率；改小苗造林为大壮苗造林，成活率、保存率高，见效快；改密植为合理密植，减少苗木用量及用工量。"四不"即：造林时不浇水可确保成活和生长；造林后不培土防护；不铲趟抚育；成林后不必间伐抚育。攻克的"四难"为：浇水难、培土防护难、抚育管理难、间伐抚育难。

①苗木培育：在不易松散的壤土上直接培育大苗或进行容器育苗。直接培育大苗时，为便于使用移植桶等移植，苗木间的株距应在 1 米以上，隔垄栽植 2 年生以上裸根苗；容器苗可采用扁径 18 厘米以上、长 22 厘米以上的塑料袋容器培育，在宽 1.2 米、深度以容器袋装土后高度为准的育苗池内集中育大 2 年生裸根苗。适时灌水、除草，为防止生理干旱，第 1 年冬季覆土防寒。就近育苗，以防长途运输散坨。

②造林方式：在造林的前 1 年秋季用开沟犁开沟整地，沟宽 60～70 厘米，沟深 30～40 厘

米，沟内再挖穴造林。一般用4年生以上（一般为4～9年生）的容器苗或使用移植桶移植培育的苗木造林。

③造林密度：片林采用4.0米×4.0～6.0米的株行距。

（4）模式成效

与常规方法相比，本模式的成效可总结为“四提高一降低”。即提高成活率20%～30%，各季造林成活率均在90%以上；提高保存率40%～45%；缩短缓苗期2～3年，提高生长率；造一片，成一片，提高成林率；造林成本降低16.8%。截至1990年，本模式已经推广10.8万亩，生态效益、经济效益、社会效益十分显著。

（5）适宜推广区域

本模式适宜在三北地区的湿润沙地推广。

【模式 D4-1-8】 松嫩平原草牧场防护林体系建设模式

（1）立地条件特征

模式区位于黑龙江省杜尔伯特蒙古族自治县靠山种畜场，位于松嫩平原的东南部，年平均气温3.6℃，年降水量400毫米左右，6～8月份降水占70%，年蒸发量为降水量的4.4倍，年平均风速4.1米/秒。春季风大、干旱。土壤为风沙土、草甸土，土壤瘠薄，pH值7.0～8.0。草原、林地面积分别占总土地面积的86.7%和7.3%。瘠薄的土壤和干旱的气候加之过度放牧、打草、采薪和滥挖草药等掠夺式粗放经营，草甸草原已严重退化，其中重度退化草场占10.3%，中度退化草场占43.2%，主要植被类型为羊草-杂草、羊草-针茅-杂草类型，年均牧草单产已不足66.7千克/亩。

（2）治理技术思路

模式区以前曾大量营造杨树、榆树、糖槭林，但由于立地条件差、管理粗放等原因，大部分形成生态、经济效益差的“小老树”。为此，模式区吸取过去造林失败的教训，针对草牧场适宜树种少、森林覆盖率低的状况，本着因地制宜、因害设防的原则，选择耐旱、耐瘠薄的樟子松作为营造草牧场防护林建设的理想主栽树种，应用樟子松沙地抗旱造林技术及其他配套技术措施进行造林，并根据立地条件，营建以网带林为骨架，网、带、绿伞、疏林、片林相结合的草牧场防护林体系，以达到防风固沙、改善草地生态环境的目的。同时，遵循以防为主，防、治、用并举的原则，以最合理结构布局的防护林和最小的占地比例，在较短的时间内取得最大的生态效益。

（3）技术要点及配套措施

①网带林：布置在割草场上，网格大小有500米×500米、500米×1 000米、600米×1 000米、1 000米×1 000米4种规格，林带行数为1、2、3或4。主栽树种为樟子松，初植密度3.0米×4.0米或4.0米×5.0米。

②绿伞林：布置在放牧场上，每隔200～300米营造一块矩形绿伞林，树种樟子松、家榆、银中杨、旱快柳，株行距2.0米×4.0米或4.0米×4.0米，单块面积30～60亩。

③疏林：在退化较为严重的草场上营造樟子松疏林，密度有5.0米×10米、5.0米×20米和5.0米×30米3种。疏林内种植草（羊草）、药（防风）、粮（玉米、大豆等）、果（李子、大扁杏等）。

④固沙片林：在跑风沙丘岗地上营造樟子松固沙片林，株行距3.0米×4.0米、4.0米×4.0米或4.0米×5.0米。

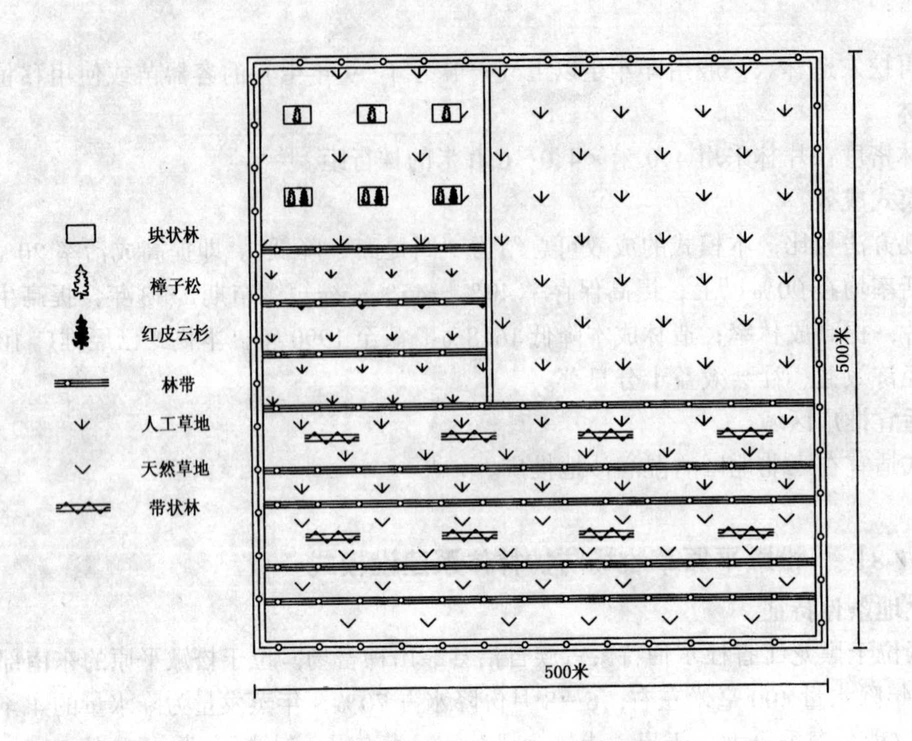

图 D4-1-8　松嫩平原草牧场防护林体系建设模式图

(4) 模式成效

造林6年后，与无林地相比，作物生长季节内林网庇护范围内的平均风速降低了11.6%，水面蒸发量平均减少了9.2%，平均气温增加了0.95℃，地面温度平均增加0.3℃，生态环境得到初步改善；由于疏林的庇护率高，其内部环境的改善更为明显；跑风沙丘岗地上营造的片林遏制了沙化，植被恢复迅速；绿伞林改善了局部的生态环境，成为牲畜的理想避难场所。

由于遏制了草原退化，植被得以恢复，草场得以改良，从根本上改善了生态环境，牧草增产效果明显，为草地的多层次利用打下了基础。据测定，造林6年后林带庇护范围内的牧草平均增产9.5%；疏林内的平均增产17.8%；片林内的增产36.1%，经济效益大幅度提高。而且，随着林龄的增长，模式的生态效益及经济效益将同步增长，培育民用材的效益也将日渐显现。

(5) 适宜推广区域

本模式适宜在半干旱地区的条件相似地区推广。

【模式 D4-1-9】　松嫩平原草场治理与立体开发模式

(1) 立地条件特征

模式区位于黑龙江省杜尔伯特蒙古族自治县靠山种畜场，位于松嫩平原的东南部，年平均气温3.6℃，年降水量400毫米左右，6～8月份降水占70%，年蒸发量为降水量的4.4倍，年平均风速4.1米/秒。春季风大、干旱。土壤为风沙土、草甸土，土壤瘠薄，pH值7.0～8.0。草原、林地面积分别占总土地面积的86.7%和7.3%。瘠薄的土壤和干旱的气候加之过度放牧、打草、采薪和滥挖草药等掠夺式粗放经营，草甸草原已严重退化，其中重度退化草场占10.3%，中度退化草场占43.2%，主要植被类型为羊草-杂草、羊草-针茅-杂草类型，年均牧草单产已不足66.7千克/亩。

(2) 治理技术思路

在退化程度中度以上的草场营造果树经济林和樟子松疏林，待林内的环境条件得到改善后，再根据土壤养分、水分、水源等立地条件，立体配置、发展草药粮菌等，从而达到改善生态环境，提高土地利用率，提高经济效益的目的。

(3) 技术要点及配套措施

①中度退化草场及弃耕地：在该类土地上，以果树为主，果树、药、粮、菜、莓（草莓）、菌（食用菌）结合，立体开发。经试验，从 11 个果树或经济树种中筛选出李子（绥李）作主栽树种，小苹果（k9）、大扁杏为辅栽品种，株行距 5.0 米×10 米。主要结合方式有李子、桔梗、党参；李子、小苹果、马铃薯、白菜；李子、草莓；李子、苹果、大扁杏、大豆；李子、平菇。

②退化较为严重的草场：营造株行距分别为 5.0 米×10 米、5.0 米×20 米、5.0 米×30 米的 3 种樟子松疏林，疏林内种植草（羊草）、药（防风）、粮（玉米、大豆等），建设以疏林为主，疏林与草、药、粮相结合的草地立体开发模式。

③配套措施：由于经济树种及经济作物较难管理，应采用政府与个人共同投入、个人管理、利益共享的办法，提高个人参与的积极性，加快建设步伐。

(4) 模式成效

以林为主的草牧场立体开发模式，建立了空间上多层次、时间上多序列的产业结构，土地资源及太阳能得以更充分的利用。而且长短结合，生态、经济效益相结合，具有很强的生命力。无论是以果树为主，还是以樟子松为主的疏林，都起到了防风固沙，改善草牧场生态环境的作用。果、药、粮、菜、莓、菌结合模式的经济效益十分显著，其中又以果药结合效果最好，产值是农田的 12.6 倍；即使是效益最差的果粮结合模式，其产值也是农田的 7.1 倍；各种经济林配置形式的产值平均比农田增加 7.5 倍。樟子松疏林与草、药、粮结合的立体开发模式的经济效益也非常可观，其中林草（药）结合的产值是无林草场的 6.1 倍；林粮结合的产值是无林草场的 32.6 倍，是无林农田的 1.3 倍。

(5) 适宜推广区域

本模式适宜在半干旱地区的退化草场治理与开发中推广。

【模式 D4-1-10】 嫩江沙地生态庄园开发与建设模式

(1) 立地条件特征

模式区位于黑龙江省泰来县街基乡，属中温带半干旱区与亚湿润区的过渡地带，春季多风，年降水量 376～465 毫米，年蒸发量 1 400～1 800 毫米，十年九春旱，夏季高温多雨，秋季低温早霜，冬季漫长寒冷。大风次数多，强度大，并多集中于春季，起沙风日数在 40 天以上。植被以蒙古植物区系为主，属于草甸草原植被。土壤类型主要有风沙土、盐碱土、黑钙土和沼泽土 4 大土类。沙地集中，沙丘分布零散，以固定、半固定沙地为主。流动沙地、半固定沙地、固定沙地分别占沙地总面积的 1%、10% 和 90% 左右。干旱、风蚀是制约模式区生态建设的主导因子。

(2) 治理技术思路

根据当地的自然、社会和经济状况，全面规划、综合治理，建设一个以农为主、以草为辅、林草田结构合理的生态景观，并在保护的基础上，把治理与开发结合起来，促进当地生态和经济的全面发展。

(3) 技术要点及配套措施

①规划布局：按照农户人口的多少和经济实力划分土地，并且按需要搞好道路等基础设施建设。承包沙地的农户把家搬到其承包的沙地中，按规划的要求建造庄园式住宅，农民自己管理其承包的沙地及周围的防护林。房舍周围建塑料大棚和温室，供冬季生产蔬菜和饲养牲畜之用。从

而形成林草田复合生态系统，庄园内形成人、畜、瓜、蔬菜相结合的庄园式生态体系。具体布局如图 D4-1-10 所示。

②防护林体系建设：农耕地集中连片的沙地，营造 500 米×500 米的林网，林带宽 12 米，由 3 行乔木（株行距 5.0 米×4.0 米）和 2 行灌木（株行距 2.0 米×3.0 米）构成，栽植的树种以小黑杨、樟子松和沙棘为主。半固定沙地，林网规格 250 米×250 米，林带宽 10 米，由 2 行乔木、2 行灌木构成；流动、半流动沙地，采取片、带结合的方式，营造防风固沙林。

③农牧副业经营：在建成的林带网格里，为解决农作物与林木生态位的冲突以及疏透式防护林在林带边缘防风效果不佳的弊端，在防护林网内侧设置人工牧草带，草带宽度设为 7.0～10 米，牧草带内侧种植粮食、经济作物、果树、蔬菜或牧草等。在一个网眼或几个网眼中配置一眼机井，以解决缺水问题。

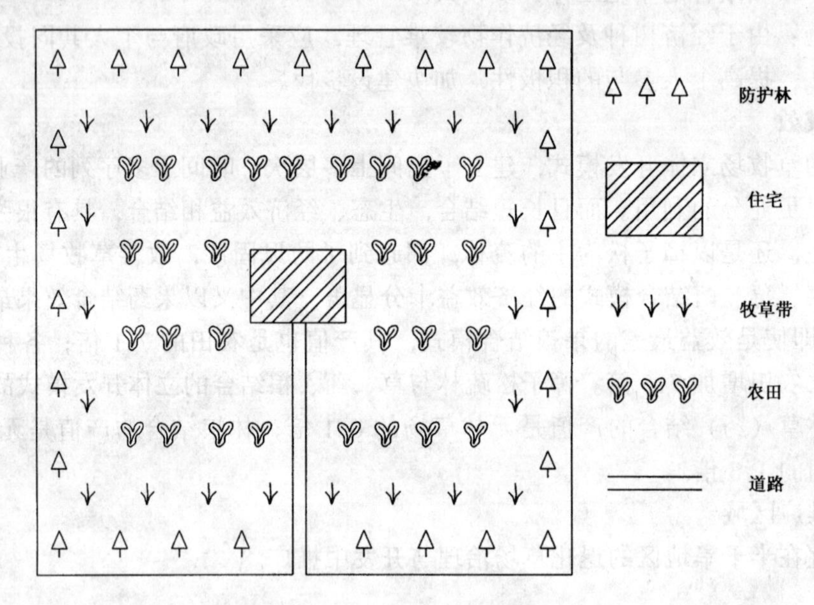

图 D4-1-10 嫩江沙地生态庄园开发与建设模式图

(4) 模式成效

通过营建防护林，增强了对牧草和农田的保护，改善了区域小气候和开发区的生态条件，极大地提高了农业生产率，增加了农民收入。自 1992 年始，推广该模式区的农户仅种植业一项人均年收入就逾千元，比全乡的平均人均年收入高近 500 元。

(5) 适宜推广区域

本模式适宜在嫩江沙地、科尔沁沙地及呼伦贝尔沙地等条件类似地区推广。

【模式 D4-1-11】 扎龙湿地生态系统保护与建设模式

(1) 立地条件特征

模式区位于黑龙江省齐齐哈尔市郊的扎龙湿地自然保护区，总面积 315 万亩。温带大陆性季风气候，春季多风干旱，夏季气候温和、雨热同季，冬季寒冷干燥。年平均气温 2.0～4.2℃，极端最高气温 39.0℃，极端最低气温－43.3℃，年降水量 402.7 毫米，无霜期 121～135 天。土壤主要为黑钙土、草甸土和沼泽土。自然植被主要有草原草甸、草甸、沼泽植被和水生植被。目前存在的主要生态问题是由于掠夺性开发等人为原因致使湿地的水位下降，生物种类减少。

(2) 治理技术思路

近代的“农业开发”使原始湿地景观几乎灭绝。为了保护和利用现有湿地资源必须重新调整人与自然的关系，控制湿地保护区内的人口增长，有计划迁出人口；削弱居民生产活动，减轻人类生产活动对环境的压力。为此，首先通过实施湿地宣传教育工程，形成广大群众自觉参与恢复和保护湿地资源的社会氛围，提高全社会对保护湿地资源的认识，加强现有湿地资源的保护。在保护的前提下，通过湿地保护示范工程建设及移民工程，退耕还湿、还滩，使湿地生态系统尽快恢复。同时，依靠独特的湿地资源优势，科学规划、合理布局，建设规范有序、管理高效的湿地生态旅游产业，最大限度地发挥湿地生态系统的生态、社会和经济效益。建立健全湿地资源调查监测系统，全面掌握保护区内湿地资源的动态变化，实现资源优化配置，充分发挥湿地在改善生态环境中的巨大效能，实现湿地生态系统的可持续发展。

(3) 技术要点及配套措施

①加强管理：积极开展湿地水资源保护、动植物资源状况与恢复等方面的研究工作，加强环保意识、湿地保护意识的宣传教育。湿地自然资源的保护和利用要实行统一领导、统一规划、统一管理，实现湿地资源管理的规范化、科学化、社会化。

②保障水源：保证湿地需水量，防止水环境污染，是保护湿地生态系统的关键。为此,、需要采取加强天然水源的保护和涵养，合理调控和引用上游来水，控制污染，改善水质等措施，保障水源。

③保护生物多样性：主要采取迁移湿地内的居民，恢复和建立“无人区”，还鸟类和其他野生动物以安全宁静的栖息繁殖地，保证湿地充足水量，严格控制水质污染，还鱼类和水生动植物以清澈透明的生存空间，建立健全有关湿地植被保护的政策法规，严禁乱垦乱牧，加快恢复湿地植被等措施。

(4) 模式成效

经过近几年的建设和发展，扎龙湿地生态系统已经开始发挥其巨大的环境调节功能。据测算，每亩湿地可蓄水54立方米，有很强的调蓄洪水功能；可净化氮磷残留，吸附铁、锰等金属离子；可调节区域性气候，补充地下水不足，保护物种多样性，提供高能量的生物生产力。每年生产芦苇10万吨以上，生产鱼类2 000多万吨。

(5) 适宜推广区域

本模式最适宜的推广地区为三江平原的湿地以及松嫩平原的湿地。

【模式 D4-1-12】 东北平原农田防护林建设模式

(1) 立地条件特征

模式区位于黑龙江省富裕县富路镇兴胜村。东北平原农区，春季风大干旱，夏季温热多雨，冬季干冷，秋季常有早霜。开垦之前，本区边缘的山前起伏台地为茂密的森林所覆盖，地带性植被为阔叶混交林及少量针阔混交林，低山丘陵地带分布有次生林，中部低平原主要是草甸草原。主要土壤有黑土、黑钙土、草甸土、暗棕壤、沙土等。目前，这一地区的土地垦殖率已经达到60%以上，仅山地丘陵尚保存有以杨、桦、柞为主的次生林。

(2) 治理技术思路

充分发挥本区的自然资源潜能，推广应用“小、窄、优”模式，营造高质量的网、带、片相结合的农田防护林体系，降低风速，有效庇护整个农区，提高气温和湿度，改善农田小气候，促进农作物的稳产高产，发展地域经济。

(3) 技术要点及配套措施

①林网布局与树种选择：以路渠为骨架，合理配置农田防护林。本着适地适树的原则，以小黑杨、银中杨、中黑防、109柳等优良阔叶树种及樟子松、云杉等针叶树种为主栽树种，针阔结合，乔灌结合，增强林带的稳定性，提早成林成材，充分发挥林带的多种效应。

②林网设计：沿渠、路配置，林渠结合，大苗上带，建设"小、窄、优"的农田防护林。根据主栽树种壮龄期可能达到的高度（15米）和林带的一般有效防护距离（迎风面15倍树高，背风面25倍树高左右），在确保农田得到全面庇护的前提下，确定标准网格的面积一般为500米×400米。研究表明，在距离林带25倍树高的范围内，2、3、5、9、18行林带的总防风度分别为11.4%、13.8%、25.3%、24.7%和16.4%。据此，设计东西走向的斗渠林带宽度为6行，农渠林带为4行，渠道位于林带中间，一可充分利用水渠的润周水分，二可利用根系的趋水性防止树根串向田间，减轻林带胁地的副作用，一地两用，占地少，胁地轻。

③造林技术：根据模式区春季多风、寡湿、干旱、缺雨的自然特点，采用"三大一深"技术造林。"一大"是指大工程整地，机械开沟40～45厘米或深挖坑50～60厘米；"二大"是指采用大株行距稀植；"三大"是指栽植大苗。"一深"就是比一般栽植深度的50～70厘米适当深栽。坚持秋整地，春造林，栽后灌透水或灌溉造林，确保成活。

(4) 模式成效

本模式具有占地少、胁地轻、稳定性强、防护周期长，防护效益高等优点。2～6行宽的林带较过去减少占地40%～80%；合理布局，利用根系的趋水性减轻林带的胁地影响；增加针叶树种比例，使农田防护林的稳定性增加1倍，防护周期延长35～50年；500米×400米的小网格，可使网内农田较快地进入全庇护状态，促进了农作物的高产和稳产。随着三北防护林体系二、三期工程的实施，本模式已在黑龙江省三北地区的数十个县得到广泛推广，取得了显著的生态、经济和社会效益。

(5) 适宜推广区域

本模式可在东北平原及三江平原广泛推广，其他条件类似区可以借鉴推广。

【模式 D4-1-13】　吉林扶余县万民乡农林牧复合生态系统建设模式

(1) 立地条件特征

模式区位于吉林省扶余县万民乡新农村，地势平坦，水资源适宜，气候条件优越。长期以来，由于多种原因，植被过度砍伐，农业生态环境遭到严重破坏。农田失去保护，耕地只利用、不培肥，掠夺式生产，越种越薄；草原沙化、盐碱化、退化明显。

(2) 治理技术思路

植树种草，把恢复植被作为生态农业建设的突破口。首先建设完备的防护林体系，保证农牧业生产；在此基础上，将农作物秸秆、家养牲畜、沼气池等联系到一起，构成一个能够良性循环的生物链。与此同时，充分利用当地的光热资源进行立体栽培，发展庭院果树、蔬菜等。最终建成林网保护农田→农作物丰产稳产→提高粮食和秸秆产量→秸秆饲养牛羊→促进畜牧业发展→粪肥增加→粪肥入沼气池→沼渣还田→提高地力→提高粮食产量的农林牧复合生态农业发展的循环模式。

(3) 技术要点及配套措施

①重风口区：设置与主风方向垂直的防风墙，墙的两侧栽杨柳树8～10行。将全村土地规划成若干个网眼，在各网格交界处建立防护林带。形成以防风固沙林网、护屯护渠林为主的完整防护林体系。

②低洼易涝盐碱地:通过开挖排水渠排碱、掺沙改良和打井种稻等方法变成稳产高产农田。

③庭院：立体栽培果树、蔬菜。果树以葡萄、李子、海棠为主，下面栽草莓、大蒜、芹菜，再下面种平菇。

④配套措施：通过建立节柴灶、沼气池，解决农民烧柴问题，使一部分秸秆喂牛羊过腹还田，一部分秸秆直接还田。并大力发展养殖业。

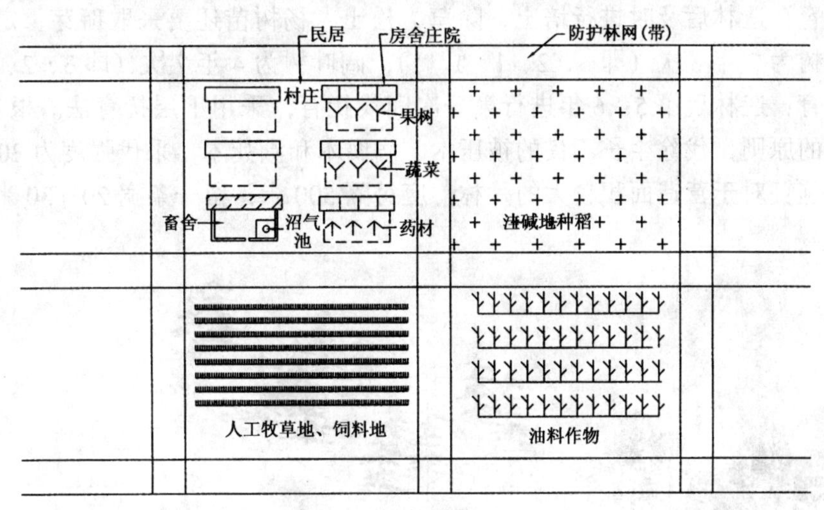

图 D4-1-13　吉林省扶余县万民乡农林牧复合生态系统建设模式图

(4) 模式成效

模式区经过近10年的努力，改造盐碱地2 250亩，风沙地3 000亩。控制了土地沙化、退化、碱化的发生，提高了土地生产力，农业生态系统结构趋于合理，抗御自然灾害能力明显增强，1989年遭受特大自然灾害时，附近村屯粮食减产20%，而新农村粮食增产11%。

(5) 适宜推广区域

本模式适宜在东北风沙脆弱生态环境区域推广。

【模式 D4-1-14】　松嫩平原西部固定、半固定沙丘防风固沙治理模式

(1) 立地条件特征

模式区位于吉林省西部松嫩平原沙地。地貌以风蚀、风积和河流冲积的沙地为主，地形起伏较小，海拔150～250米。沙丘多为复合聚集的固定沙地，沙丘与丘间低地相间分布，组成“坨子”和“甸子”地形。年降水量350～500毫米，年蒸发量1 300～2 000毫米。全年盛行西南风，平均风速4.0～5.0米/秒，最大风速20～34米/秒，全年8级以上大风天数为30～60天，大多集中在3～5月份。土壤为风沙土，通体细砂，通透性强，结构不稳定，养分含量小，保水保肥性差，吸热快，热容量小，易干旱，易风蚀。该区制约生态建设的主导因子是风沙和干旱。

(2) 治理技术思路

根据立地条件的不同，在固定、半固定沙坨子上营造防风固沙林，以遏制土地沙化，保护周边的农田，促进农牧业的发展和生态环境的改善。

(3) 技术要点及配套措施

①树种：选择耐干旱、寿命长、固沙能力强的樟子松、白城1.2号杨、小黑杨、小青黑杨等优良树种。

②整地：机械带状整地，带宽1.0米，深30厘米，翻后耙压平整。整地时间为前一年的秋

季或当年春季。

③造林：针叶树为 2.5 米×3.0 米的株行距，杨树为 2.0 米×3.0 米的株行距。最好春季造林，亦可秋季。机械和手工相结合，机械开沟，人工摆苗，摆苗应严格按株行距要求，且要摆正并使根系舒展，覆土，踏实。杨树为 1 年生带根苗，地径大于 1.0 厘米；樟子松为 3 年生换床苗。

④幼林抚育：造林后及时进行培土、除草、松土，杨树苗还要采取掰芽、定干等抚育措施。抚育年限针叶树为 5 年 8 次（即 3、2、1、1、1），阔叶树为 4 年 7 次（即 3、2、1、1）。

⑤成林抚育：造林后第 5～6 年进行第一次间伐抚育，采用下层抚育法。根据自然稀疏的规律和留优去劣的原则，伐除生长不良的被压木、病腐木和濒死木，采伐强度为 20%～30%。

⑥配套措施：对于营造面积较大的片林，应每隔 500 米，留一条宽 20～30 米的防火线。

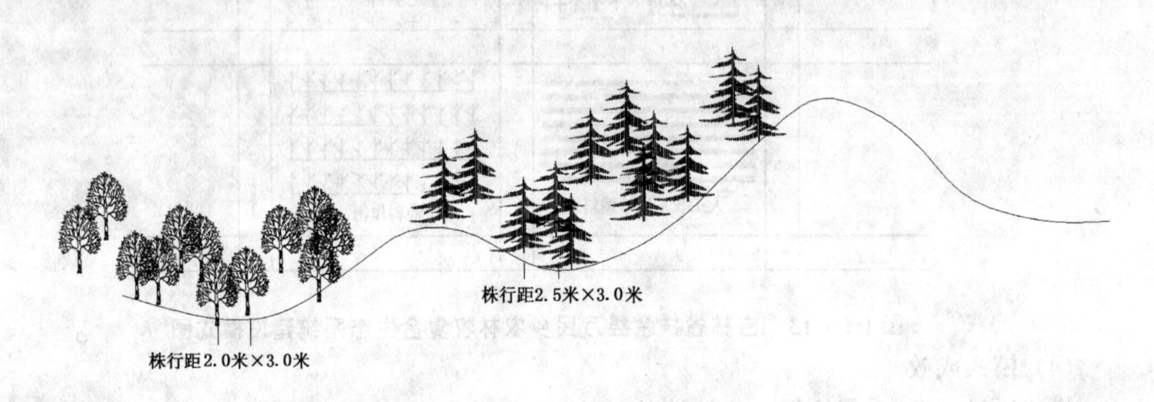

图 D4-1-14　松嫩平原西部固定、半固定沙丘防风固沙治理模式图

(4) 模式成效

通过营造防风固沙林，固定和半固定沙丘得到了不同程度的治理，提高了植被覆盖率，遏制了土地的沙化，改善了生态环境，保护了小区农田与草场生态系统，促进了当地农牧业发展。

(5) 适宜推广区域

本模式适宜在三北半干旱、半湿润沙区固定与半固定沙地推广。

【模式 D4-1-15】　松嫩平原西部流动沙地防风固沙治理模式

(1) 立地条件特征

模式区位于吉林省前郭尔罗斯蒙古族自治县白沙尖流动沙地、扶余县松花江右岸流动沙地。地形起伏小，海拔为 150～250 米。土壤为风沙土、通体细砂，土壤贫瘠，在沙丘 5～10 厘米以下水分条件较好，干旱的年份含水量在 2.0%左右。制约该区生态建设的主导因素是春季的风沙危害和春旱。

(2) 治理技术思路

由于流沙发达的非毛管孔隙切断了沙丘中毛管水的蒸发，因而在沙丘表层 5～10 厘米以下形成含水量较高沙层，水分条件较好，植树、种草均易成活。根据沙丘水分分布的特点和流沙的类型及危害程度，因地制宜，分类治理，机械固沙和生物固沙相结合，控制流沙，达到固定流沙和恢复沙区植被的目的。

(3) 技术要点及配套措施

①为阻止流沙面积的扩大，在流动沙丘或流动沙丘群周围的固定或半固定沙地上，营造与盛

行风向垂直的阻沙固沙林带。迎风面林带宽30～50米，背风面林带宽20～30米。造林株行距为1.0米×2.0米或2.0米×2.0米。造林树种为白城杨，小青黑杨或小黑杨。

②高度大于7.0米的流动沙丘，采用“前挡后拉”的方法，削平沙丘顶部而后全面固定。首先在沙丘的迎风面1/2或2/3处沿等高线设置2～3行沙障（沙障材料用粗5厘米以上、长1.0米左右的杨树或柳树枝干，插入沙内40～50厘米，上部留50厘米）；在沙障下边，等高营造黄柳、沙棘等灌木林带，林带宽2.0～3.0米，株行距为0.5米×1.0米，带间距为2.0～3.0米。然后在沙丘背风坡脚处营造3～5行杨树林带，株行距为1.0米×2.0米。空留丘顶让风力自然削平，待平缓后再进行固沙造林。

③3米以下的小流动沙丘，不留丘顶，按等高线，由丘顶开始营造柳、沙棘、山竹子等灌木林带。林带宽2.0～3.0米，株行距为0.5米×1.0米，带间距2.0～3.0米。待沙丘被灌木固定后，再营造乔木林。

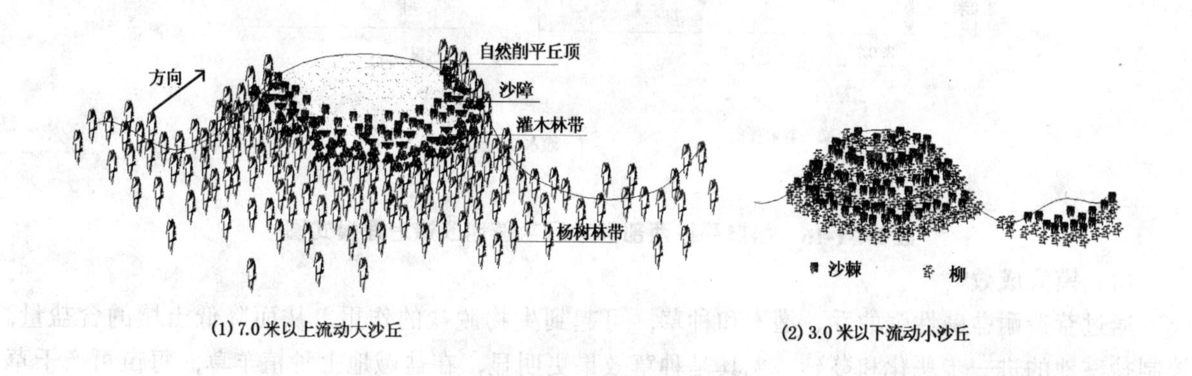

图D4-1-15　松嫩平原西部流动沙地防风固沙治理模式图

(4) 模式成效

在较短的时间内，固定了流沙，生态环境明显改善。

(5) 适宜推广区域

本模式适宜在三北半干旱区的流动沙地推广。

【模式D4-1-16】　松嫩平原西部风沙区盐碱地改造治理模式

(1) 立地条件特征

模式区位于吉林省大安市姜家店风沙区盐碱地。土壤可溶性盐分含量高，物理性状极端不良，一般不能开发为农田，植树造林也有一定的难度。影响生态建设的主导因子是土壤的盐渍化。

(2) 治理技术思路

通过筑台整地、施用有机肥等措施进行排水排盐、改良土壤结构，在此基础上，栽植抗盐碱性强的乔灌木树种予以脱盐脱碱。从而达到制止盐碱化土地蔓延，恢复和重建植被的目的。

(3) 技术要点及配套措施

①树种、草种选择：选择抗盐碱性强的树种，乔木有小黑杨、白城5号、白榆；灌木有沙棘、柽柳；草本植物有小花碱茅、朝鲜碱茅，以及吉生1、2、3、4号羊草。

②整地：营造乔木、灌木树种采用筑台整地、台条田整地，造林前1年进行；种草可开沟撒

种，播后覆土。

③造林：春季造林，乔木采用3.0米×3.0米或2.0米×3.0米的株行距，灌木采用1.0米×1.0米的株行距。造林用2年生苗木，宜深栽，栽后埋实踏实。

④幼林抚育：林后连续幼抚3年6次，即3、2、1次。

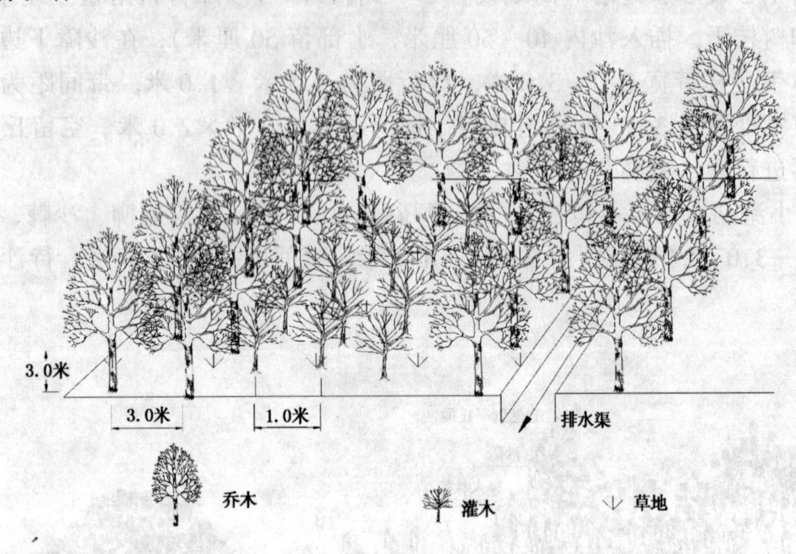

图 D4-1-16　松嫩平原西部风沙区盐碱地改造治理模式图

(4) 模式成效

通过营造耐盐碱性强的乔、灌木和种草，可起到生物脱盐的作用，从而降低土壤的含盐量，控制盐碱地的进一步恶化和蔓延。尤其是种草效果更明显，在盐碱地上种植羊草，每亩可产干草500千克，比现有天然草场平均产量高十几倍。

(5) 适宜推广区域

本模式适宜在类似条件的盐碱地上推广。

二、辽河平原亚区（D4-2）

本亚区东临辽东丘陵西麓，西至辽西低山丘陵，北抵内蒙古自治区奈曼旗和辽宁省彰武、铁岭一线，南达辽东湾。包括辽宁省沈阳市的沈河区、和平区、大东区、皇姑区、铁西区、苏家屯区、东陵区、新城子区、于洪区、新民市、辽中县，鞍山市的台安县，锦州市的黑山县，盘锦市的双台子区、兴隆台区、大洼县、盘山县等17个县（区）的全部，地理位置介于东经121°27′40″～123°35′19″，北纬40°55′41″～42°30′37″，面积14 980平方千米。

本亚区地处辽东山地西缘与辽河平原二大地貌单元交接地带的中部地区，是吉林省哈达岭山脉由东北向西南在境内延伸形成的低山丘陵与阶地。在辽河及其支流浑河、太子河、柳河、寇河、招苏台河、柴河两岸形成沿河平原，在南部为面积约400万亩的辽河三角洲，地势低洼平坦。北部为辽北平原，地势自北向南缓倾，属侵蚀低丘准平原。横跨中温带亚湿润和暖温带亚湿润两个气候区，气候因子变化有较大的差异。辽河西北部即科尔沁沙地南缘，降水量偏低，风大，季节性干旱发生频率高；辽河东南部气候温暖湿润。年平均气温7～10℃，≥10℃年积温3 300～3 443℃，无霜期147～164天，年降水量400～684毫米。土地肥沃，辽河三角洲是泥沙淤积的沿海平原，大面积的盐碱地经长期种稻，大多已演变成为肥沃的脱盐水稻土；辽北平原土层深厚，土质良好，肥力较高。地带性植被处于长白、华北、蒙古三个植物区系的交汇处，森林基本是人工林。

本亚区的主要生态问题是：森林覆盖率低，防护林体系不完善。

本亚区林业生态建设与治理的对策是：继续加强以农田防护林为主体的三北防护林体系建设，改善农田、草场的小气候；加强江河流域及低洼盐碱地的综合治理，恢复其涵养水源、蓄滞洪水的能力，减轻洪涝灾害的损失。

本亚区共收录4个典型模式，分别是：辽中低洼盐碱地林业治理开发模式，辽中沿海低洼盐碱地堤岸防护林建设模式，辽东沿海针阔混交型海岸防护林建设模式，辽河三角洲海堤防护林建设模式。

【模式 D4-2-1】 辽中低洼盐碱地林业治理开发模式

（1）立地条件特征

模式区位于辽宁省盘锦市、凌海市、台安县，为低洼平原轻度盐碱区。年平均气温9～10℃；年降水量400～500毫米；年蒸发量1 600～1 800毫米；地下水位1.0～2.0米。

（2）治理技术思路

生物措施与工程措施相结合，在轻度盐碱地上修筑台田，洗盐淋碱；选用小黑杨、群众杨、白榆、旱柳等耐水湿、抗盐碱的乡土树种造林排除盐碱。

（3）技术要点及配套措施

①立地分类：根据狗尾草、罗布麻、白茅、虎尾草等盐碱地的指示植物来判断。中、轻度盐碱地的土壤含盐量一般在0.1%～0.3%左右，pH值8～9。

②台穴整地：先修筑宽10米、高1.0米、沟宽2.0米的台田，再在台田上穴状整地，规格为0.6米×0.6米。一般在造林前1年的秋季整地。

③树种配置：为了防止病虫害发生，应尽量采取小黑杨（群众杨）与紫穗槐株混，白榆与沙棘行混。

④造林技术：春季造林，穴植1年生大苗，株行距1.0米×2.0米。

⑤补植与管护：由于种种原因，造成的林带参差不齐、缺苗断条，林相不整齐。因此，从造林当年开始便要连续补植、抚育。第2年开始采取“打头控制法”修枝。

（4）模式成效

造林3～5年后，根际初步形成腐殖质层，盐碱地的立地条件会明显改善，肥力有所提高，从而促进林分生长，改善生态环境。

（5）适宜推广区域

本模式适宜在辽宁省营口市等地的低洼盐碱地推广。

【模式 D4-2-2】 辽中沿海低洼盐碱地堤岸防护林建设模式

（1）立地条件特征

模式区位于辽宁省大洼县，土壤次生盐渍化严重，每年造林不成林，成林不成材，抗盐碱树种匮乏，森林覆盖率仅为7%。

（2）治理技术思路

采取工程整地，结合生物技术，综合配套措施，通过栽植耐湿、抗碱的树种，改良土壤，保护沟渠，防止土壤流失和河岸崩塌，防风护堤；发挥树木的生物排碱，改善堤坝盐碱土的物理性状。

(3) 技术要点及配套措施

①树种配置：结合农田水利工程建设，沿河岸、干渠背水堤坡营造乔木旱快柳，堤坝下部栽植灌木柳。

②整地：堤坝及地势低洼、土壤含盐量大于0.3%、pH值9以上的造林困难地段，应大鱼鳞坑整地，规格60厘米×60厘米。在质地黏重的地段，坑底还要填铺稻草或草皮。

③造林：用1～2年生苗造林，株行距1.5米×2.0米，春季适时早栽，栽后浇水封埯。盐碱地区土壤容易板结，对幼苗发育十分不利，成活率、保存率难以保障，一般1穴2株，并覆地膜或铺压稻草，以保证成活率，及早郁闭林地。必要时及时补植。

④抚育管理：幼苗期要灌水，及时松土除草。6～7月应追施速效氮肥。5年后可平茬复壮，时间以早春解冻前为好。

(4) 模式成效

成活率提高20%。乔灌草相结合形成的多树种、多层次的综合性森林植被防护林体系，既可防风、固岸、护坡，又可降低地下水位，落叶枯枝还可以提高土壤肥力，以肥压碱，改善土壤性质，提高土壤肥力，促进土地的综合开发利用。

(5) 适宜推广区域

本模式适宜在辽河三角洲、盘锦、凌海、盘山地区适宜推广应用。

【模式D4-2-3】　辽东沿海针阔混交型海岸防护林建设模式

(1) 立地条件特征

模式区位于辽宁省的锦州市、凌海市、营口市及盖州市，地处渤海岸辽东湾段，年平均气温9℃，年降水量为500～600毫米，集中在7～8月份，水土流失严重，形成了沿海平原河漫滩地、海滨细沙地及盐荒地。盖州市、营口市岸段有山地侵蚀的砾沙质岸段。土层薄、有机质含量低、含盐碱量高；海风大、海雾严重；夏、秋台风和冬、春寒潮常对农业生产造成危害。

(2) 治理技术思路

辽宁沿海地区经济发达，而沿海台风、暴雨、海雾、春旱、夏涝等自然灾害制约着沿海经济的发展。选择耐瘠薄、耐盐碱、抗干旱的树种营造针阔混交的沿海防护林，形成生物群落，旨在发挥森林防风、防暴潮、控制水土流失、改善生态环境的综合效益。

(3) 技术要点及配套措施

①树种配置：日本黑松与色木槭采用带状混交方式，各2行，带宽6.0米，造林密度1.5米×1.5米。樟子松与刺槐混交比：樟子松4行，刺槐2行，造林密度1.5米×1.5米。侧柏与沙棘混交比：侧柏、沙棘各2行，带宽8米，造林密度1.5米×2.0米。

②造林技术：日本黑松采用2年生移植苗，色木槭1年生苗，苗高0.4米以上。容器苗造林成活率高，异地苗运输要将苗根蘸泥浆，草袋包装。最好就近育苗，成活率高、成本低。造林前1年秋末穴状或鱼鳞坑整地，规格为40厘米×40厘米。造林时苗根要伸直，分层填土，要踏实，浇足水。

③抚育管理：造林后要穴状除草、松土、连续3年5次。

(4) 模式成效

针阔树种带状混交模式可以建立起周期长、生态效益高、且相对稳定的植被群落，可长期有效地发挥林分的防风、护岸功能，改善沿海生态环境。

（5）适宜推广区域

本模式适宜在辽东湾沿岸推广应用。

【模式 D4-2-4】 辽河三角洲海堤防护林建设模式

（1）立地条件特征

模式区位于辽宁省大洼县辽中平原海岸，西起锦州小凌河口、盘锦双台河口直到营口老边区辽河入海处。年平均气温 9℃，年降水量 500～600 毫米。土层薄、有机质含量低，含盐量高，水土流失严重，海风大，对农业生产造成严重危害。

（2）治理技术思路

辽河每年携带 3 000 万吨泥沙流入渤海湾，已逐渐堆积成近万亩滩涂。靠自然淋盐会使土壤碱化，生境更加恶化。通过修建拦海防潮堤，控制海水浸润，降低滩涂盐分含量，改善土壤，同时营造沙棘（或柽柳）等护岸林，有效改善我国北方沿海脆弱的生态环境。

（3）技术要点及配套措施

把迎水坡修筑成拦海防潮的石堤，在背水坡土壤全盐量小于 0.4%的沙质壤土上选择沙棘造林。在土壤全盐量大于 0.6%的重盐土上，先以柽柳为先锋树种，3～5 年后盐分可下降 50%，待土壤质地变为粉沙壤土后，再混交目的树种沙棘。

鱼鳞坑整地造林，株行距为 1.0 米×2.0 米，造林后浇水封埯。为尽早郁闭，防止盐碱聚集地表，最好每穴双株。

（4）模式成效

本模式工程、生物措施相结合，拦改结合，先降后改，可加快沿海土地资源的开发利用进程。大洼县辽河三角洲 26.3 千米的拦海防潮堤，营建 10 年来确保了 24 万亩有水稻田的开发，年经济效益 5 亿元。

（5）适宜推广区域

本模式适宜在渤海湾泥质海岸段推广应用。

第 24 章

三江平原类型区(D5)

三江平原位于黑龙江省东北部，北起黑龙江，南抵兴凯湖，西至小兴安岭东侧山麓北缘，东南达乌苏里江。地理位置介于东经129°15′59″～135°31′25″，北纬45°11′43″～48°50′12″。包括黑龙江省鹤岗市、佳木斯市、哈尔滨市、双鸭山市、七台河市、鸡西市的全部或部分地区，总面积60 665 平方千米。

本类型区为由一级堆积阶地和高、低河漫滩构成的平原，其间零星分布有孤山和残丘，平原面积占96%，丘陵占4%。海拔多在50～60米，最低的抚远三角洲仅高出海平面34米。完达山横贯中部，山北为松花江、黑龙江、乌苏里江冲积而成的三江平原；山南则是由穆棱河、七虎林河、阿布沁河和兴凯湖冲积、湖积形成的穆棱、兴凯低平原。地面坡降很小，仅1/10 000～1/5 000。

本类型区为温带大陆性季风气候，由于东临日本海，受海洋季风的影响，具有温凉湿润的特点。年平均气温1.3～3.9℃，极端最高气温为32.9～38.8℃；极端最低气温－42～－32.1℃，≥10℃年积温2200～2700℃，年降水量450～600毫米，集中于4～9月份，春旱和秋涝十分严重。3～5月大风日数多，年平均风速3.2～4.3米/秒，最大风速超过30米/秒。主要土壤类型有白浆土、黑土、草甸土、沼泽土。黑土及其亚类草甸黑土是本区最好的土壤；白浆土及其亚类主要分布在完达山南北两麓坡地、漫岗及平坦地和抚远三角洲；草甸土及其亚类主要分布在平地、低平地及江河沿岸；沼泽土主要分布在大面积的低湿地-沼泽地。主要植被类型为沼泽及草甸，在平原的边缘及残丘分布有蒙古栎、水曲柳、山杨、白桦、核桃楸、榆树、色木槭等树种组成的阔叶纯林或混交林，灌木以榛子、胡枝子为主；在沼泽、草甸则形成沼泽植被和沼泽化草甸植被，主要种类有苔草、小叶章、大叶章、柴桦、沼柳、白毛地榆等。

本类型区的主要生态问题是：大面积开垦草原、沼泽以及毁林开荒，造成植被破坏，草原和沼泽面积减少，水土流失严重，区域气候异常。沼泽生态系统退化，生物多样性下降，生态环境恶化。

本类型区林业生态建设与治理的主攻方向是：建设以农田防护林、水土保持林为主的林业生态体系，防治水土流失，改善平原农业生产条件；建设湿地自然保护区，迁出核心区居民，对已开垦的耕地全部退耕还湿，保护生物多样性，维护湿地生态平衡。

根据立地条件的差异，本类型区共划分为3个亚区，分别是：三江平原西部亚区，三江平原东部亚区，三江平原南部亚区。

一、三江平原西部亚区（D5-1）

本亚区位于三江平原西部，北靠黑龙江，南临双鸭山，西至小兴安岭东侧，东抵富锦县、同江县西界，是黑龙江、松花江及牡丹江支流倭肯河的冲积平原。包括黑龙江省鹤岗市的绥滨县，佳木斯市的前进区、永红区、向阳区、东风区、郊区等6个县（区）的全部，以及黑龙江省哈尔滨市的依兰县，佳木斯市的汤原县、桦南县、桦川县，双鸭山市的集贤县、友谊县，鹤岗市的萝北县，七台河市的勃利县等8个县（区）的部分地区，地理位置介于东经129°15′59″～132°52′28″，北纬45°52′4″～48°7′52″，面积19 748平方千米。

本亚区西部和东南部为小兴安岭山地及完达山山地与三江平原的过渡地带，地势平坦，最高海拔500米，最低海拔150米。主要河流有黑龙江及其支流梧桐江和都鲁河。温带大陆性季风气候，春季少雨干旱。年平均气温1.3～3.9℃，极端最高气温38.8℃，极端最低气温-39.7℃，≥10℃年积温2 200～2 700℃，年平均日照时数2 300～2 500小时，无霜期120～150天。年降水量为450～550毫米，7～9月的降水量占全年降水量的60%，干燥度0.8～1.0，全年平均风速3.2～4.2米/秒，最大风速为20～30米/秒，5级以上大风天数为100～150天，8级以上大风天数20～60天。地带性土壤有暗棕壤和白浆土，还有一定面积的草甸土和沼泽土。植被属长白植物区系，西部和南部边缘地区的地带性植被为红松针阔叶混交林，但已被以杨、桦、蒙古栎为主的天然次生林所替代。人工林以落叶松、樟子松、杨树为主。江河两岸及低洼地分布有大面积的沼泽植被。

本亚区的主要生态问题是：早期的大面积开垦草原、沼泽以及毁林开荒，造成植被破坏，草原和沼泽面积减少，引起生态环境恶化，区域气候异常，水土流失严重，粮食产量逐年降低，给工农业生产和人民生活带来严重威胁。

本亚区林业生态建设与治理的对策是：退耕还林，建设以农田防护林、水土保持林为主的防护林体系，实现农田林网化，迁出湿地保护区核心区的居民点，将已开垦的耕地全部退耕还湿。

本亚区共收录2个典型模式，分别是：黑龙江省鹤岗市丘陵漫岗区杨树栽培模式，佳木斯市西部山区小流域造林治理模式。

【模式D5-1-1】　黑龙江省鹤岗市丘陵漫岗区杨树栽培模式

（1）立地条件特征

模式区位于小兴安岭东麓低山丘陵与松花江下游平原交界处的鹤岗市。地势西北高、东南低，多为低山丘陵，山峦起伏，平均海拔750米。林业用地面积约1 739万亩，占全市总面积的63.9%。寒温带大陆性季风气候，年平均气温为2.9℃，≥10℃年积温2 898.4℃，历年平均日照时数为2 510小时，生长季节（5～9月）日照时数1 129小时，占全年日照时数的45%，无霜期为119～131天。年降水量在500毫米以上，对林木生长较为有利。土壤呈明显地域性特征，林区腹部丘陵山地几乎都是暗棕壤；平原及山前谷地分布有黑土和白浆土；此外，还有草甸土和沼泽土分布于各河流两岸、低阶台地和山间谷地及河边低洼地区。

（2）治理技术思路

随着三北四期、退耕还林、商品林基地等一系列国家重点生态建设工程的实施，根据鹤岗市国有林区多集中在丘陵漫岗区的实际情况，选取种源丰富、易于育苗、抗病抗虫、群众乐于接受的速生杨作为造林树种，应用适宜的混交类型及先进的造林技术，有效治理水土流失，改善生态环境。

（3）技术要点及配套措施

①作业设计：以小班调查和土壤调查为依据，坚持适地适树的原则，以营造用材林、生态林为主，适当营造一些经济林，比重不得超过总面积的20%。

②树种：选择速生丰产的杨树新品种小黑杨和迎春5号作为栽培树种。

③苗木：上山造林苗木采用Ⅱ级以上扦插苗，苗高1.5米以上，主干挺直、生长健壮。

④整地：在造林前1年秋季以株行距2.0米×2.0米或2.0米×1.8米，每亩170～185株的布局进行穴状整地，穴面直径60厘米、穴深35厘米。

⑤造林：造林时要抓紧时机一气呵成，一般要在5月1～20日期间，按照造林技术规程认真完成造林任务。

⑥混交：为林地更好发挥生态效益，防止大面积森林病虫害，在面积较大的地块营造针阔混交林，但应避免落叶松和杨树混交。

⑦抚育：造林后，在3年内要以3、2、1的比例进行抚育，即第1年抚育3遍，扩穴、培土、扶正、除草；第2年抚育2遍，除草、松土；第3年抚育1遍，除草。

⑧补植：为提高成林速度，对成活率低的地块抓紧时机进行补植，一般在当年秋季或翌年春季用3根2干大苗进行补植。

⑨管护：在造林地块的管护上，"三分造，七分管"。从造林到成林，始终贯彻落实管护任务。要做到五落实，即地块落实、任务落实、责任落实、人员落实、措施落实。

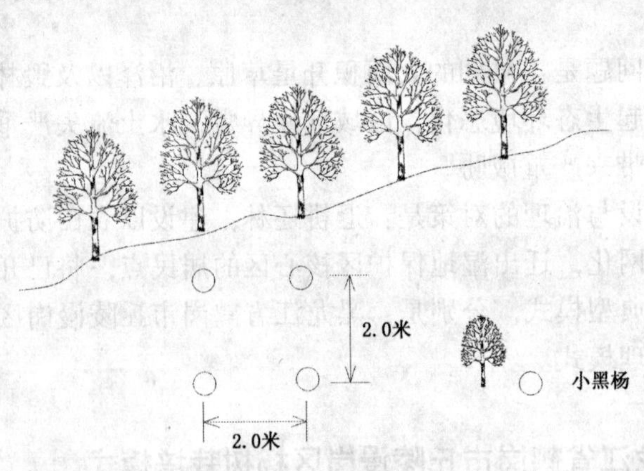

图 D5-1-1　黑龙江省鹤岗市丘陵漫岗区杨树栽培模式图

(4) 模式成效

本模式选用的优质杨树品种造林，生长快，效益高，15～20年即可主伐利用，每亩出材8.5立方米以上，可用于造纸或建筑。

(5) 适宜推广区域

本模式适宜在东北丘陵漫岗区推广。

【模式 D5-1-2】　佳木斯市西部山区小流域造林治理模式

(1) 立地条件特征

模式区位于黑龙江省佳木斯市西部山区的桦南县阎家镇。土壤类型主要是黑土、草甸土，天然植被有蒙古栎、桦树、榛子等。平均海拔高度400米，由于人为和自然的因素造成植被破坏严重，水土流失，土地退化，特别是乱砍滥伐、毁林种地、陡坡开荒，造成土地变硬，犁底层板结、透水性差，跑水跑肥严重。

(2) 治理技术思路

根据生态学原理，合理调整产业结构，结合农田水利工程，对流域内的各种造林面积进行科学规划，选用适宜的造林树种、混交类型，营造水土保持林，有效治理水土流失，改善生态环境。

(3) 技术要点及配套措施

①林种规划：在林种规划上，以水土保持林为主，并与农田防护林、用材林、薪炭林、经济林相结合，根据小流域地貌特点，进一步设置为：

分水岭防护林：顶部面积较宽，应成片造林，地形复杂多变，应因地制宜，带、片结合造林。

水流调节林：根据地势情况，从林带走向，林带位置，林带宽度，林带间距、林带结构几方面确定面积、混交比例、方式。

另外，还有水源涵养林、护坡固沟林、护埂护岸林、护堤林等。

②整地方法：营造水土保持林主要是为了解决水蚀问题，所以整地方法，也必须从有利于防止侵蚀，保持水土出发。可采用穴状整地、水平阶整地、鱼鳞坑整地、水平沟整地。

③树种选择：在树种选择上，以乔木为主，乔、灌、草相结合，针阔混交。选择根系发达，固土力强，根蘖性强的树种，在汇水线沟头部位，进水凹地、侵蚀沟水路附近地段造林，多采用灌木柳。沟谷两侧和沟底下部，土壤湿润、肥沃，可栽植圆头柳、水曲柳、核桃楸、落叶松和杨树。沟坡、沟边和干旱陡地，可栽植樟子松、胡枝子或榆树。缓坡地可栽植落叶松。主要树种有小黑杨、中黑杨、银中杨、109 杨、长白落叶松、樟子松、胡枝子、沙棘等。

④造林季节和方式：以春、秋两季造林为主，容器育苗可雨季造林，造林方法以植苗造林为主，根据治理区域和目的不同，也可采用不同的造林方式。

(4) 模式成效

运用生态学原理和工程措施相结合的方式，对流域内不同地势进行分类规划，合理配置林种、树种结构，充分发挥森林的三大效益，有效地控制流域内的水土流失。

(5) 适宜推广区域

本模式适宜在三江平原周边山区、丘陵、漫岗地区推广。

二、三江平原东部亚区（D5-2）

本亚区为三江平原的中心部位，北至黑龙江，东至乌苏里江，南以完达山林区的北缘为界，西至松花江，系黑龙江、松花江、乌苏里江及其支流挠力河的冲积、洪积低平原。包括黑龙江省佳木斯市的同江市、富锦市和抚远县全部，以及黑龙江省双鸭山市的宝清县、饶河县的部分地区，地理位置介于东经 131°41′48″～135°31′25″，北纬 46°51′55″～48°50′12″，面积 29 065 平方千米。

本亚区地形平坦，分布有少量残丘。海拔高 50～150 米。温带大陆性季风气候，春季少雨风大，夏秋季温凉多雨，极端最高气温 36.6℃，极端最低气温 -42.0℃，≥10℃年积温2 200～2 600℃，无霜期 145～150 天。年降水量 500～550 毫米，干燥度 0.6～1.0，平均风速 3.5～4.0 米/秒，5 级以上大风天数 80～100 天，8 级以上大风天数 30 天左右。土壤主要为黑土、白浆土、草甸土和沼泽土。植被属长白山植物区系，平原上有以白桦为主的片林；残丘上分布有以蒙古栎为主的次生林以及少量的水曲柳、核桃楸和黄波罗等珍贵树种；草甸和沼泽植被主要有莎草科、禾本科、菊科、毛茛科、蓼科、豆科、唇形科等草本植物；灌木以柴桦、沼柳等为主。

本亚区的主要生态问题是：开垦草原和毁林开荒造成水土流失；湿地破坏导致生态环境恶化，生物种类减少；气候干旱，土地沙化。

本亚区林业生态建设与治理的对策是：加强黑龙江和乌苏里江流域综合治理，大力营造水源涵养林和水土保持林及护堤护岸林；农耕地营造农田防护林网，农田林网化达到85%，确保农业的稳产高产；对湿地实施退耕还湿，迁移湿地保护区核心区内的居民，保护湿地。

本亚区共收录3个模式，分别是：三江平原东部道路、村屯绿化美化模式，佳木斯市东部界河堤岸防护林建设模式，三江平原洪河国家级湿地自然保护区建设模式。

【模式 D5-2-1】　三江平原东部道路、村屯绿化美化模式

(1) 立地条件特征

模式区位于佳木斯市中部城镇、乡村地段，温带大陆性季风气候，春季少雨风大，夏秋季温凉多雨，极端最高气温36.6℃，极端最低气温－42.0℃，≥10℃年积温2 200～2 600℃，无霜期145～150天。年降水量500～550毫米，干燥度0.6～1.0，平均风速3.5～4.0米/秒，5级以上大风天数80～100天，8级以上大风天数30天左右。当地道路密集，交通方便，基础设施完备。

(2) 治理技术思路

本着护路、护村、改善生态环境并兼顾经济效益的原则，因地制宜对道路、村庄进行绿化美化，向园林式发展，提高人类生存环境质量。

(3) 技术要点及配套措施

①道路绿化：在乡（镇）间公路两侧配置1行绿篱、1行针叶林、2行阔叶树，造林密度2.0米×3.0米（株行距）[图 D5-2-1 (1)]。

②村屯绿化：床宽6.0米，两侧设边沟，沟面宽1.0米，沟深0.8米。村屯三面植树，每行植树3行，株行距3.0米×2.0米 [图 D5-2-1 (2)]。

③主要造林技术：

树种选择：适宜树种有白城杨、小黑杨、小青黑杨、樟子松、文冠果、核桃楸、水蜡、青杆、白杆等。

整地造林：带状或穴状整地，施基肥，土壤消毒，按“三埋一提苗”方法造林，造后覆土踏实。

幼林抚育：主要进行松土、除草、培土，并加强病虫害防治，适时进行修枝。

图 D5-2-1　三江平原东部道路、村屯绿化美化模式图

(4) 模式成效

道路林荫化，村屯园林化，不仅遏制了风沙侵害，改善了生态环境和生活环境，而且为群众游览、休息、开展文体活动提供了良好的场所。

(5) 适宜推广区域

本模式适宜在黑龙江省佳木斯市郊区、富锦市、同江市、抚远县等地区推广。

【模式 D5-2-2】 佳木斯市东部界河堤岸防护林建设模式

(1) 立地条件特征

模式区位于佳木斯市东部同江市和抚远县，地处松花江下游、黑龙江和乌苏里江下游的佳木斯市东部平原地区。土壤为暗棕壤、草甸土、沼泽土、天然植被有蒙古栎、桦树、榛子等。

(2) 治理技术思路

营造乔灌木林，增加植被盖度，阻止沿岸径流携带泥沙进入河道，改善江河水质。

(3) 技术要点及配套措施

①配置形式：离江岸 50 米打树床，床面宽 40 米，两侧设边沟，沟口宽 1.0 米，沟深 0.8 米，在床面上栽 20 行杨树，株行距 1.5 米×1.0 米 [图 D5-2-2 (1)]；迎水面距江堤 50 米打树床，床面宽 40 米，两侧设边沟，沟面宽 1.0 米，沟深 0.8 米，栽植 4 行灌木、16 行柳，株行距 1.5 米×1.0 米；背水面距江堤 50 米打树床，床面宽 8.0 米，两侧边沟，栽 14～16 行落叶松或樟子松，株行距 1.5 米×1.0 米 [图 D5-2-2 (2)]。

②造林技术：选择根系发达，耐水湿的树种，如 109 杨、杞柳、胡枝子、沙棘等；带状整地，施肥和土壤消毒同步进行；植苗造林，杨树、柳树用 2 根 1 干苗，樟子松用 4～5 年生的实生换苗床。

③幼林抚育：主要进行松土、除草和培土。

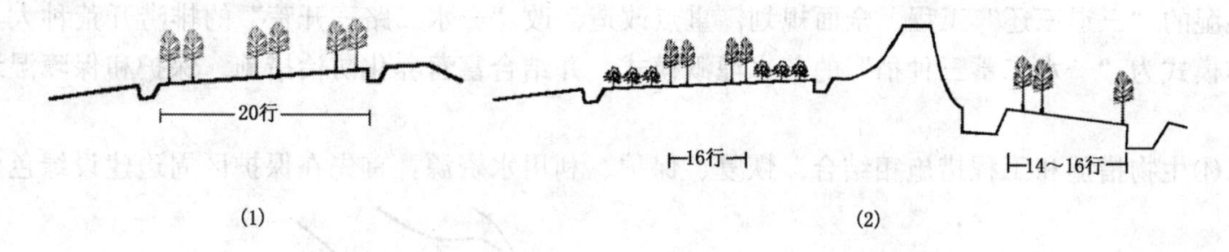

图 D5-2-2 佳木斯市东部界河堤岸防护林建设模式图

(4) 模式成效

可以减少沿岸入河泥沙 50%～80%，并有效地保护了堤岸。

(5) 适宜推广区域

本模式适宜在三江平原条件类似地区推广应用。

【模式 D5-2-3】 三江平原洪河国家级湿地自然保护区建设模式

(1) 立地条件特征

洪河国家级自然保护区位于三江平原腹地的同江市和抚远县境内，东以浓江一干渠为界与前峰农场接壤，西以浓江七干渠为界与洪河农场相连，北以浓江防洪堤为界与鸭绿江农场相邻，南界浓江二十四干渠，分别与洪河农场、前峰农场毗邻，属浓江中游支流沃绿兰河小流域。东西宽约 17 千米，南北长约 19 千米，实际面积 272.8 平方千米。洪河自然保护区为一由岛状森林湿地、沼泽草甸湿地和河流湿地构成的一个完整的沼泽湿地生态系统，有 1 012 种植物、284 种动物分布、栖息于此，是世界上颇具代表性的湿地之一，生物基因十分丰富。

温带大陆性季风气候，年平均气温 1.3℃，≥10℃ 年积温 2 300～2 580℃，最高气温 37℃，最低气温 -40℃。年降水量 500～600 毫米，降水主要集中在 7～9 月份，无霜期 125～140 天，冻土层 2.0 米左右。年蒸发量 810 毫米，年平均风速 3.7 米/秒。

(2) 治理技术思路

20世纪80年代以前，模式区是亘古荒地，现已为国营大型机械化农场所包围。受资源开发利用方式与强度的影响，湿地资源已经受到一定程度的威胁。由于地处国家主要商品粮生产基地，自然保护区的建设必须与周边农场的建设相结合，遵循保护区与周边农场共同存在，保护区与周边农场共同受益，保护区与周边农场共同永续发展的“三共同”原则。为此，根据洪河自然保护区在世界湿地保护及基因保护方面的特殊地位，在充分保护现有自然资源的基础上，以水资源的保护与利用为核心，科学规划，合理布局，采取综合措施，实现自然保护与开发利用的协调发展。

(3) 技术要点及配套措施

①界定区域，设置标志，封禁治理，严格管护：对保护区进行全面封禁，对区内林草植被、野生动物及其栖息地进行绝对保护，严禁人畜干扰、破坏。

②划分三区，分区规划，重点治理，自然保护与试验示范相结合：在充分调查研究的基础上，根据湿地类型、地貌特征、植被以及动物及其栖息地等因子，把整个自然保护区划分为核心区、缓冲区和实验区三个区。用种群生存力分析法确定核心区，用层次分析法确定缓冲区，以缓冲区和保护区边界为依据，确定实验区。核心区重点保护，缓冲区重点治理，实验区试验研究。

③结合“三退三还”工程，改革农业集约化经营方向，保护和恢复湿地水源：模式区周边的5个农场主要以旱作大豆为主，经营粗放，管理落后，效益较低。结合退耕还林、退耕还草和退耕还湿的“三退三还”工程，全面规划，重点改造，改“一水二路三开荒”的排涝开荒种大豆的旱作模式为“一水二蓄三种稻”的节水灌溉模式，并结合富营养化防治措施，保护和保障湿地水源。

④生物措施和工程措施相结合，恢复、保护、利用水资源：首先在保护区周边建设绿色保护

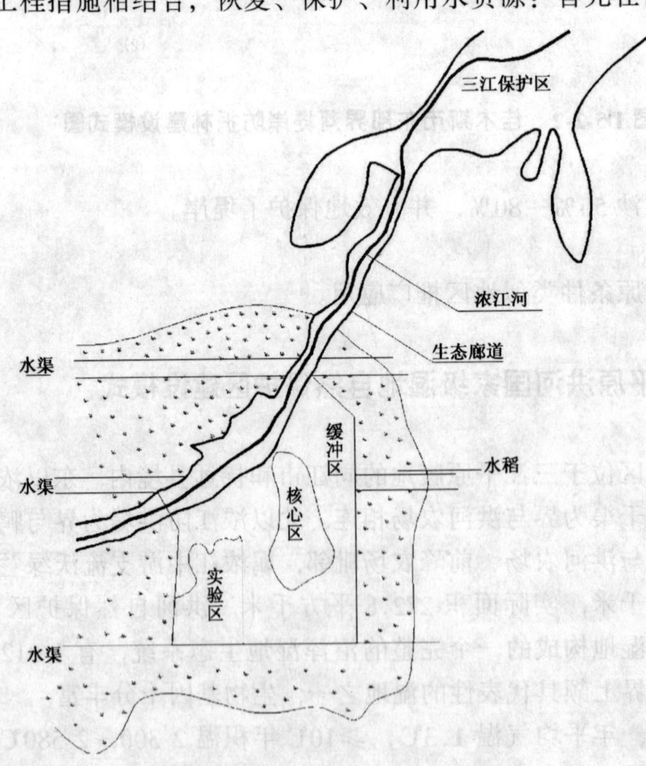

图 D5-2-3 三江平原洪河国家级湿地自然保护区建设模式图

带，封闭保护区，削弱外界对保护区的干扰。同时配合其他水利工程措施，既防止保护区的水源外流，又控制外界污水流入保护区。其次，在科学观测、实验的基础上，建立水资源管理模型，制定、实施便捷有效的补水方案。

⑤生态廊道建设：洪河国家级自然保护区距抚远三江自然保护区 80 千米，由浓江相连。浓江河床宽 100 米，在浓江两侧建设保护带，形成带状自然保护区生态廊道。通过建立生态廊道，将二者连接起来，为基因交换、物种迁移提供一个“绿色通道”，同时给缺乏空间扩散能力的物种提供一个连通的栖息地网络。

（4）模式成效

本模式的实施成功地保护了沼泽湿地景观和生物多样性，而且为世界“生物基因库”留下了一笔宝贵遗产。同时，保护区周边 5 个国有农场也发挥了区域农业自然资源优势，转变了农业生产方向，摆脱了困境，增加了职工收入。模式的生态、经济和社会效益十分显著。

（5）适宜推广区域

本模式适宜在条件相近的湿地自然保护区推广。

三、三江平原南部亚区（D5-3）

本亚区北起东方红林业局、迎春林业局，南抵兴凯湖，东至乌苏里江，西达鸡西市区。包括黑龙江省鸡西市的鸡东县、密山市、虎林市的部分地区，地理位置介于东经 131°8′54″～134°19′24″，北纬 45°11′43″～46°52′52″，面积11 852平方千米。

本亚区地形平坦，海拔 100～300 米，分布有丘陵和残丘，最高海拔 500 米。东北最大的淡水湖——兴凯湖即分布于本亚区。温带大陆性季风气候，冬季漫长寒冷，春季少雨干旱风大，夏秋两季温暖多雨。年平均气温 2.8～3.8℃，极端最高气温 38.8℃，极端最低气温 －39.7℃，≥10℃年积温 2 400～2 600℃，无霜期 140～150 天。年降水量 500～550 毫米，干燥度 0.8～1.0，年平均风速 3.2～4.3 米/秒，5 级以上大风天数 80～100 天，8 级以上大风天数 40～60 天。土壤以白浆土为主，黑土有少量分布，阶地和谷地、江河两岸有草甸土；沿湖和沿河及低洼地有大面积的沼泽土。植被属长白山植物区系，主要植被类型有兴凯赤松林、蒙古栎和杨桦为主的天然次生林。草甸和湿地植被以莎草科、禾本科植物以及沼泽水生植物为主。

本亚区的主要生态问题是：人为活动对植被的破坏严重，水土流失，地力衰退，湿地面积减少。

本亚区林业生态建设与治理的对策是：通过营造农田防护林、水土保持林及水源涵养林，构建生态防护林体系，保持水土，保护湿地，维护生物多样性，逐步改善生态环境。

本亚区共收录 2 个典型模式，分别是：三江平原南部村屯道路绿化模式，三江平原南部丘陵小流域水土流失综合治理模式。

【模式 D5-3-1】　三江平原南部村屯道路绿化模式

（1）立地条件特征

模式区位于鸡西市区、鸡东县、密山市、虎林市乡镇居民生活区。村屯之间道路密布，交通方便。

（2）治理技术思路

因地制宜规划和营造护路林、护村林，改善农村生态环境，提高居民生活质量。

(3) 技术要点及配套措施

①绿化形式：

两林夹一路：一般适用于乡镇间的公路或机耕主道，在道路两侧各配置2~4行乔木为道路的护路林，造林密度（株行距）为1.0米×3.0米。

一林一路：结合乡间或农田作业道设置林带，即于道路一侧，配置4行乔木，株行距1.0米×3.0米。为减少胁地面积，林带设置在道路的北侧和东侧。

护村林沿村屯的四周营造4行以上的乔木护村林，株行距为1.0米×3.0米。

②造林技术：适宜树种有小黑杨、小青黑杨、迎春5号杨、樟子松、云杉。村内街道绿化树种可选云杉、垂柳、垂榆。采用带状或穴状整地。带状整地要深翻30厘米，穴状整地穴径50为厘米。秋季整地，春季植苗造林。杨、柳用2年生大苗，云杉用5年生实生换床苗，植苗于坑中央，按"三埋两踩一提苗"的方法栽植。栽后覆土踏实。

③幼林抚育：主要是除草、松土和培土，连续抚育4年8次，即3、2、2、1次。

(4) 模式成效

改变了"光杆路"和"光头村"，实现道路林荫化、村屯全绿化的目标，改善农村的生活环境。护路林还起到了抗风沙、保护农田的作用。

(5) 适宜推广区域

本模式适宜在穆棱河流域两侧冲积平原推广应用。

【模式D5-3-2】　三江平原南部丘陵小流域水土流失综合治理模式

(1) 立地条件特征

模式区位于鸡西市丘陵漫岗区，属三江平原南部浅山区。土壤主要为暗棕壤、白浆土；天然植被有蒙古栎、榛子、胡枝子。

(2) 治理技术思路

以小流域为单元，以产业结构调整为切入点，运用系统工程理论及生态学原理，对农林牧各行业进行综合规划，合理配置林种、树种，营造综合型水土保持林体系，防止水土流失，改善生态环境。

(3) 技术要点及配套措施

①土地利用优化及产业结构调整：运用系统工程学理论中的线形规划方法进行土地利用规划，使流域内的土地得到科学合理利用。在土地利用线形规划的基础上，科学地进行产业结构调整。

②合理配置水土保持林体系：在林种规划上，以水土保持林为主，水土保持林与农田防护林、用材林、经济林等相结合。根据地貌以及水土流失特点，设置水源涵养林、水土保持林、护坡固沟林。

③树种选择与配置：以乔木为主，乔、灌、草结合，针阔混交。树种以小黑杨、中黑杨、银中杨、109柳、落叶松、樟子松、胡枝子、沙棘等为主。

(4) 模式成效

产业结构得到调整，形成了水土保持林体系，有效地治理了水土流失，改善了生态环境。

(5) 适宜推广区域

本模式适宜在浅山区、深山区以及同类型区域推广应用。

第6篇

北方区域(E)
林业生态建设与治理模式

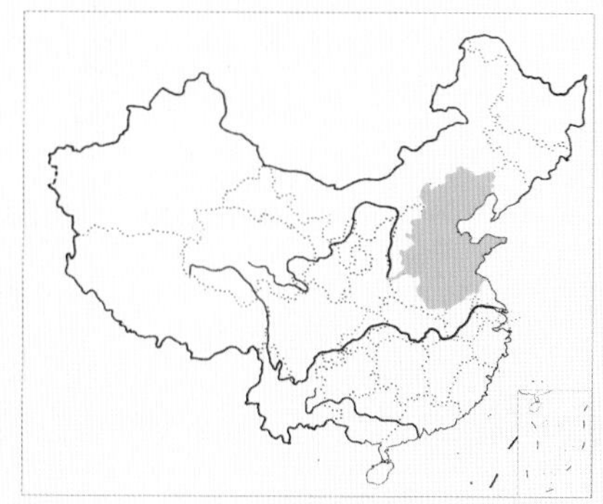

北方区域林业生态建设与治理类型区分布图

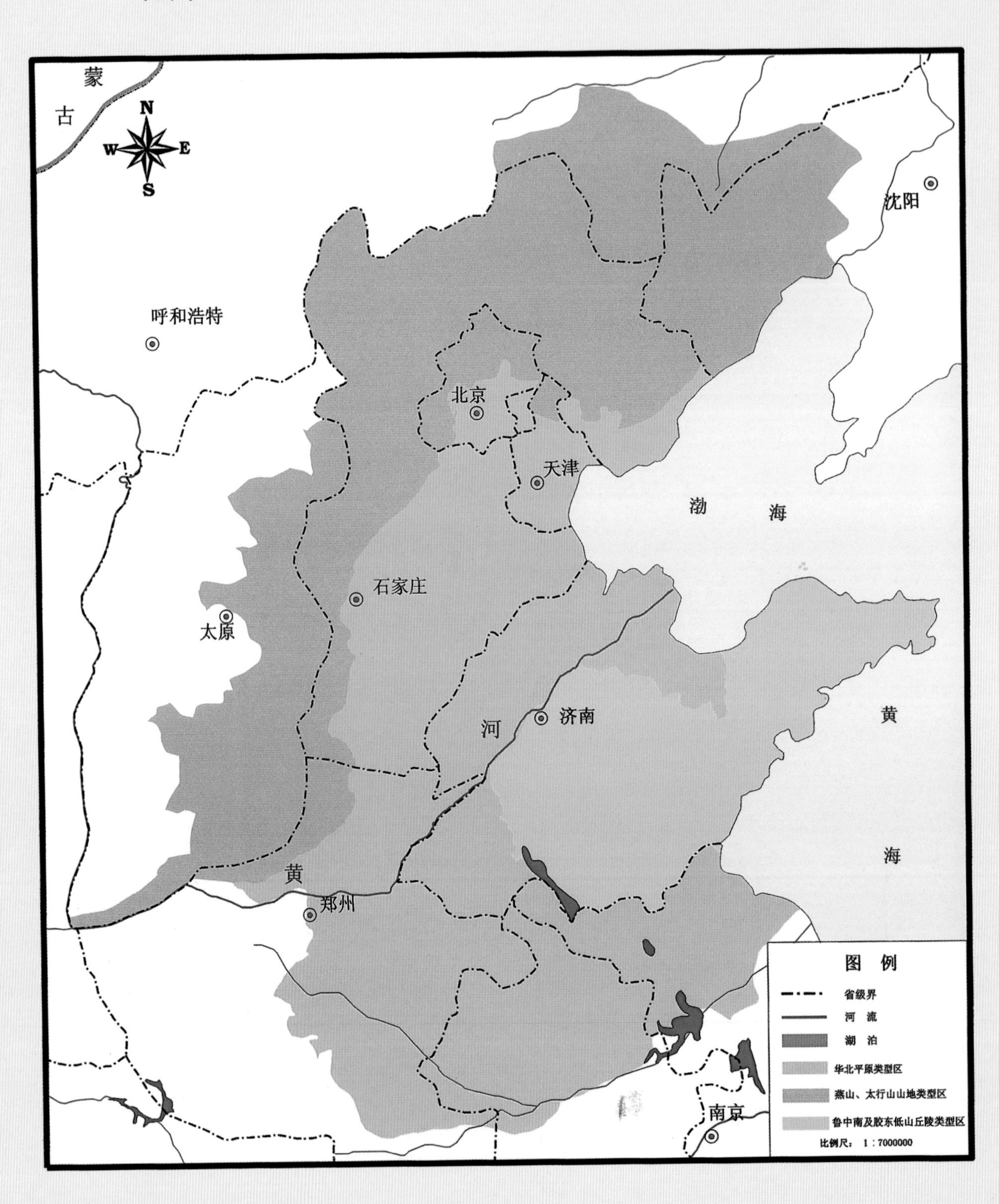

河北省沽源县坝上地区林草间作模式（范明祥摄）

河北省隆化县中低山水土流失治理模式（李远坤摄）

河北省张北县坝上农田牧场防护林建设模式（范明祥摄）

北京市密云水库周围水源涵养林建设模式（韩广奇摄）

山东省兖州市小马青村屯绿化模式（丁国栋摄）

山东省成武县桐粮间作模式（赵坤摄）

河南省林州市临淇镇官岭村山区绿化模式（方建红摄）

河南省淮滨县河道绿化模式（河南省林业厅提供）

山东省无棣县生态经济型海防林建设模式（赵坤摄）

北京市大兴区永定河沿河沙地农田防护林建设模式（赵廷宁摄）

黄淮海平原农田防护林体系建设模式（夏凡摄）

河南省沭阳县悦来镇小方村林套大棚蔬菜建设模式（河南省林业厅提供）

概　述

北方区域是指淮河北部华北平原及其周边山地，为我国主要粮食基地之一，也是首都北京的所在区域。它西起太行山与黄土高原的连接处，东到渤海与黄海之滨，南起淮河，北至内蒙古高原的南部边界，地理位置介于东经109°51′39″～122°28′13″，北纬32°25′13″～43°23′28″。包括北京市、天津市、河北省、山东省的全部和河南省、山西省、内蒙古自治区的部分地区及江苏省、安徽省的淮北地区，总面积670 530平方千米。

本区域地形整体呈半封闭状态，西部、北部群山环绕，成为华北平原及北京市、天津市等大城市的天然屏障。境内较大山脉有北部的燕山山脉、西部和西北部的太行山山脉、东南部的沂蒙山山地。地势相对高差较大，太行山主峰高达3 058米，而东部滨海地区与海平面齐平，海拔为0米。北部为典型的半干旱温带大陆性气候，中部为暖温带大陆性季风气候，东南部为暖温带与亚热带气候交错带。春季干旱少雨，风大沙多；夏季高温闷热，降水集中；秋季多晴温凉，气候宜人；冬季气温多变，天气寒冷。年降水量约300～600毫米，总体趋势由东南向西北减少。平原区积温较高，无霜期长，南部部分区域农作物1年2熟。天然植被主要分布在山地，植物种类丰富；平原区几乎全为人工植被，森林覆盖率低，林业生产落后。

本区域的地貌类型差异较大，生态问题各有所不同。山地区山高坡陡，土层浅薄，水源涵养能力低，水土流失问题普遍存在；暴雨后还经常出现突发性洪水或泥石流，冲毁村庄、道路，埋压农田，淤塞河道。平原区地势低平，是黄河、海河、淮河、滦河等众多大河流的下游区域，水资源严重短缺，地下水超采过度，形成全国最大的地下水漏斗，地表水污染严重，下游河道基本呈断流状态，但遇暴雨仍会泛滥成灾，对当地生产和人民的生命安全构成威胁；丘陵区水土流失、干旱等问题较为突出；黄泛区沙源丰富，沙地分布广，风沙危害严重；东部滨海地带土壤盐碱化、沙化明显，适生树种稀少，植被恢复困难。无论是山地区还是平原区，普遍经受干旱的影响，特别是春季更加强烈。

本区域林业生态建设与治理的思路是：山地区在保护好现有天然植被的基础上，人工造林与飞播造林相结合，加快植被恢复与重建步伐，并加强多林种配置，提高抗病虫害、防火和水源涵养能力；以生物措施为核心，结合水保工程措施与农业耕作措施，提高抵御自然灾害的综合能力；积极开展退耕还林工作，合理利用沟滩平地，建设基本农田，发展经济林果和多种经营，提高单位面积产量，增加群众收入。平原地区加强农田防护林体系建设，防风固沙；适宜地区发展林农间作，提高土地利用率；选择速生树种，开展速生丰产林建设，并解决民用材问题；同时完善和提高城镇、乡村绿化美化水平。

本区域共划分为3个类型区，分别是：燕山、太行山山地类型区，华北平原类型区，鲁中南及胶东低山丘陵类型区。

第25章

燕山、太行山山地类型区(E1)

本类型区位于区域的西部和北部，由冀北山地、燕山山地及太行山组成，燕山、太行山为华北平原与内蒙古高原和黄土高原的分界线。恒山把燕山与太行山连为一体，并沿华北平原的西、北边缘隆起，形成华北平原的天然地理屏障。地理位置介于东经109°51′39″～122°11′14″，北纬39°46′6″～43°23′28″。包括河北省石家庄市、张家口市、承德市、唐山市、秦皇岛市、邯郸市、保定市、邢台市，北京市，天津市，辽宁省阜新市、锦州市、朝阳市、葫芦岛市，内蒙古自治区赤峰市、通辽市，山西省太原市、运城市、晋城市、临汾市、长治市、晋中市、阳泉市、忻州市、大同市，河南省安阳市、鹤壁市、新乡市、焦作市、省直辖的济源市的全部或部分地区，总面积272 347平方千米。

太行山自北向南蜿蜒于华北平原西侧，西坡是山地、黄土丘陵、山间盆地镶嵌分布的复合山地地貌，南端为位于黄河两岸的黄土丘陵区。燕山则东西向横亘于华北平原北缘。辽西低山、冀西低山、豫北低山、豫西黄土丘陵海拔一般在1 000米以下，小五台山、东灵山、雾灵山、恒山、太岳山、中条山等山峰在2 000米以上，最高峰为五台山，海拔3 058米，其余均在1 000米左右。豫西伏牛山为秦岭东部的延伸部分，其北坡山势陡峻，坡陡谷深，最高峰老鸦岔海拔2 414米，其东北部有著名的中岳嵩山。

本类型区地跨黄河、海河、辽河、淮河4大流域，是海河的主要发源地，也是华北地区主要的水源地。本类型区内及周围广泛分布有重要的能源基地、工业基地、粮食生产基地，以及重要城市、交通设施，地理区位十分重要。

本类型区主要为暖温带，长城以北的燕山和恒山北坡山地为中温带。属大陆性气候，受东南海洋季风影响，气候温和，无霜期较长，水热同期。但在西北大陆干冷季风的影响下，春季多风少雨，十年九旱，夏季炎热多雨，冬季寒冷干燥。加之本类型区峰峦起伏，地形复杂，纬度跨度大，以致全区气温、降水等时空变化很大。一般年平均气温4～14℃，≥10℃年积温2 200～4 400℃，少数地方高达4 800℃，无霜期100～200天，年降水量一般为400～700毫米，70%左右集中在7～9月。

本类型区的地带性土壤为褐土，并有棕壤、山地草甸土及浅色草甸土等分布，由花岗岩、石灰岩、片麻岩、砂页岩等基岩及黄土母质发育而成。山地褐土常与棕壤呈复区分布，除太行山西侧部分土层较厚宜林条件较好外，从辽宁省西部至河南省西部海拔800～1 000米的山地褐土多干旱瘠薄，尤其是阳坡和山前地带的粗骨性褐土，造林难度很大。此外，在黄土母质上发育的褐土，土质疏松，植被稀少，侵蚀严重，立地条件很差。

本类型区的植被主要为暖温带落叶阔叶林，分布高度一般达海拔1 800米左右，南部分布较高，树种增多，如麻栎、栓皮栎、槲栎、辽东栎、蒙古栎、白桦、山杨、鹅耳枥等。此外，还有针叶纯林和针阔混交林，针叶树有油松、华山松、白皮松和侧柏等，少数海拔2 000米以上的山地分布有云杉、华北落叶松、冷杉等。太行山的中、北段和燕山有油松、辽东栎、槲树组成的混交林，太行山南端至伏牛山北坡为油松、栓皮栎、锐齿槲栎等混交林。一般广大低山丘陵为灌草丛类型，主要植物有荆条、酸枣、野皂荚、黄背草、白羊草等。山间盆地及沟谷地带分布有人工栽培的杨、柳、榆、槐、核桃、枣、花椒、板栗、柿及其他果树。部分低山区还有毛梾、猕猴桃、翅果油树等珍稀经济树种。

本类型区的主要生态问题是：受历史上人为活动的影响，森林生态系统遭到严重破坏，水源涵养和水土保持能力很低。夏季暴雨后易形成山洪，威胁到华北平原的安全；水土流失对大中型水库的使用年限构成较大威胁；春旱、伏旱、冻害、雹灾等气象灾害也常有发生。

本类型区林业生态建设与治理的主攻方向是：在保护好现有植被的基础上，开展以小流域为单元，生物措施与工程措施相结合、植树造林和人工封育相结合的综合治理，绿化荒山，恢复植被，保持水土，涵养水源。造林以培育针阔混交防护型用材林为主，条件适宜的低山及山麓地区进行以林果业为主的综合治理开发，陡坡农地退耕还林（草），多林种配置绿化荒山荒坡荒沟，形成综合防治体系。

根据本类型区地貌、土壤、气候因子的地带性差异，共划分为4个亚区，分别是：冀北高原亚区，燕山山地亚区，冀西北山地亚区，太行山山地亚区。

一、冀北高原亚区（E1-1）

冀北高原亚区地处河北省最北部，属内蒙古高原延伸的南缘，东北西南走向，长约350千米，东高西低，为坝头山地及内蒙古边界所围成的一个楔形地带。包括河北省张家口市的张北县、康保县、沽源县的全部，以及河北省张家口市的尚义县、赤城县，承德市的丰宁满族自治县、围场满族蒙古族自治县等4个县的部分地区，地理位置介于东经113°31′48″～117°43′17″，北纬41°1′38″～42°43′8″，面积22 406平方千米。

本亚区西部为半干旱区，由石质低山、疏缓丘陵、盆地滩淖、坝头山地等地貌单元构成。西北部为石质低山，系阴山余脉的延伸，海拔1 500～1 800米，坡梁较陡，盆谷相间，基岩为花岗岩、片麻岩和沉积岩类，土壤为淡栗钙土，植被稀疏，水土流失严重；疏缓丘陵为岗梁、湖淖和滩地相间分布，呈典型波状高原景观，基岩多为花岗岩、片麻岩，土壤多为栗钙土；盆地滩淖呈环状分布，土壤呈碱性反应，有碳酸盐栗钙土、草甸栗钙土、草甸土、盐渍化草甸土和碱土，水系除闪电河、鸳鸯河外，都属于内陆河，有10余条，分别注入区内的湖淖中。坝头山地位于南缘，东起丰宁满族自治县西北部，中经赤城县独石口、张北县狼窝沟，西至尚义县套里庄的低、中山一线，一般海拔1 500米，少数山峰超出2 000米，基岩东部为片麻岩、粗面岩，西部为玄武岩，土壤多为栗钙土。东部是半湿润区，由坝缘山地、疏缓丘陵、滩川地构成。坝缘山地包括丰宁满族自治县、围场满族蒙古族自治县坝上南缘的低、中山地，主要基岩为玄武岩、凝灰岩，山坡较陡，呈垄状高原，平缓坡梁槽形低洼处，形成漫甸，土壤有黑土性土及灰色森林土，容易发生水土流失，这里是滦河、小滦河的发源地；疏缓丘陵分布在鱼儿山、御道口、三道河口一带，土壤为栗钙土、黑沙土，为沙砾或沙质风积物，一旦表层被破坏，极易发生风蚀或水蚀。滩川地主要在御道口、平安堡、大滩一带。

本亚区的气候特点是：春季西北风大，冬季酷寒，少雨干旱，蒸发量大，秋霜早，春霜晚，生长季节短；受蒙古高压控制，西伯利亚冷环流直冲而入，风大且多，最大风速30米/秒，大风日数年均50余天，最多130天。年降水量340～470毫米，蒸发量1 700～1 800毫米；无霜期西部80～100天，东部70～90天，早霜8月中下旬，晚霜5月下旬，最晚6月中旬；雹灾严重，成灾率70%～90%，年平均气温－1～3℃，≥10℃年积温2 100～2 800℃。

本亚区的野生植物均为旱生、旱中生的耐寒植物，有320余种。西部为凉温带干草原，常见草本植物有针茅类、羊草、冰草等，下湿滩地多寸草苔、水葫芦苗等；盐碱滩多盐爪爪和碱蓬，散生灌木有小叶锦鸡儿、绣线菊等，仅在坝头有少量的次生桦、杨疏林分布。东部以凉温带森林草原、草甸草原为主，也有部分的干草原和零星的草甸、沼泽。森林草原的植物，乔木有白桦、落叶松、山杨、蒙古栎、白榆等，灌木有山荆子、山刺玫、山杏等，草本有贝加尔针茅、沙生冰草等；草甸草原的优势植物，草本有羊草、兔毛蒿、地榆等，灌木主要有山毛柳和沙柳；干草原主要是贝加尔针茅；沼泽主要是芦苇。

本亚区是农牧交错区，过度放牧，过度开垦，土地超载严重。主要生态问题是：土地沙化、草场退化问题突出，风沙危害、水土流失严重。

本亚区是滦河、潮白河等水系的源头，是北京市、天津市的水源区，也是北京市、天津市及周边地区沙尘暴的主要沙源区，因此，该地区的林业生态建设直接影响着京津地区的生态质量。根据实际情况，本亚区林业生态建设与治理的对策是：以防沙治沙、防治水土流失为主要目标，采取退耕还林（草）、乔灌草相结合、林带林网片林相结合的手段，构筑沿边（河北省、内蒙古自治区边界）沿坝2条防护林带，中间营造农田牧场高标准林网和多林种树种的片林，同时实施封山封沙育林育草，保护好现有植被。

本亚区共收录3个典型模式，分别是：冀北坝上高原坡耕地退耕还林（草）模式，冀北坝上高原农牧交错区防护林网建设模式，接坝山地水土保持林建设模式。

【模式E1-1-1】 冀北坝上高原坡耕地退耕还林（草）模式

（1）立地条件特征

模式区位于河北省沽源县和康保县。模式区所在地海拔在1 200米以上，土壤沙质、松散，土壤类型为栗钙土、黑沙土，无霜期70～100天，风大，冻害、雹灾频繁，年降水量仅340～450毫米，蒸发量大，由于长期开垦耕作，植被遭到破坏，土地沙化严重，生态环境日趋恶化。

（2）治理技术思路

乔、灌、草相结合，林带、林网、片林相结合，有计划地退耕还林（草），增加地表覆盖，构筑京津圈立体防护体系，改善农业生产条件，防沙治沙和防治水土流失。

（3）技术要点及配套措施

①树种选择与配置：根据退耕地的立地条件不同，因地制宜地选择树种及确定造林模式。地势平缓，肥力较好的地块可选择樟子松、落叶松、云杉、杨、榆等乔木树种与柠条、沙棘等灌木混交［图E1-1-1（1）］，或选择樟子松、落叶松、杨、榆等乔木树种与牧草或金银花、甘草、草麻黄、柴胡等药用植物混交［图E1-1-1（2）］；在风口、流沙较多、土壤贫瘠的耕地上可考虑柠条、沙棘、沙柳、枸杞等耐干旱、抗风蚀灌木与草（药）混交［图E1-1-1（3）］。草本为多年生牧草。

②整地与栽植：栽植乔木或灌木，采取穴状或沟状整地；栽植草本，采取犁耕整地。乔灌混交的乔木造林按单行或双行配置，原则上株行距2.0米×2.0米～2.0米×3.0米，灌木按1.0米×2.0米～1.0米×3.0米栽植，带宽10～18米，每亩栽植167～333株。灌草（药）混交，栽植灌木3～5行，其间草带宽5.0～7.0米，灌木株行距原则上按1.0米×1.5米～1.0米×2.0米

栽植，灌木栽植株数每亩不少于 170 株。乔草混交，乔木原则上按 1.5 米×2.0 米（3 行）×7.0 米或 1.5 米×2.0 米（4 行）×9.0 米配置，每亩株数不少于 120 株。乔草、灌草结合的模式，各树种的造林密度不得低于规定密度的 90%。

1 年生（针叶树 2 年生）以上实生苗植苗造林，春秋季造林皆可，柠条可在雨季直播造林，直播时间宜为第 1 次透雨后。

③抚育管理：栽植后连续抚育管理 3 年，以除草、定株、松土和防治病虫害为主。

④配套措施：严格执行退耕还林政策；退耕还林地禁耕禁牧、牲畜圈养。

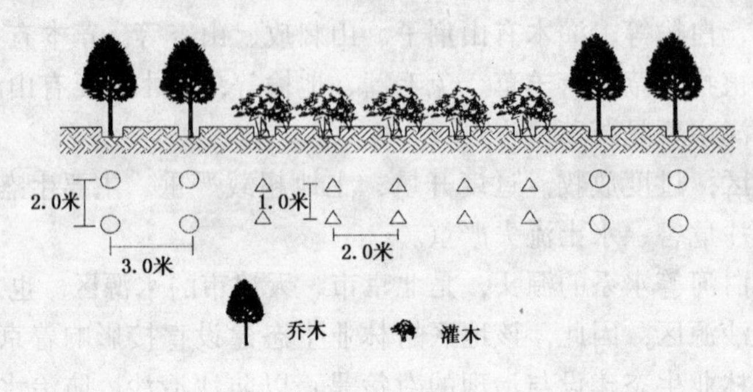

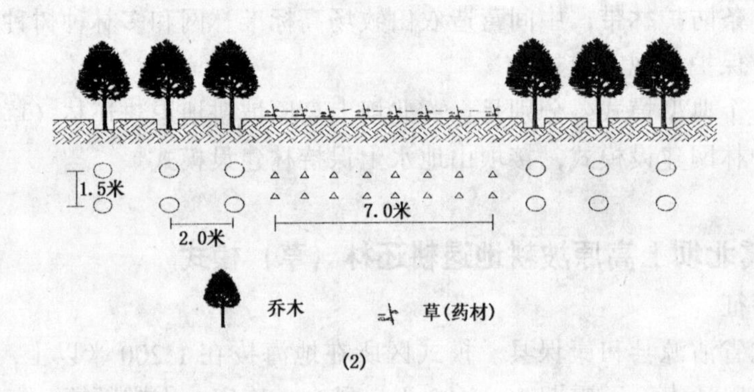

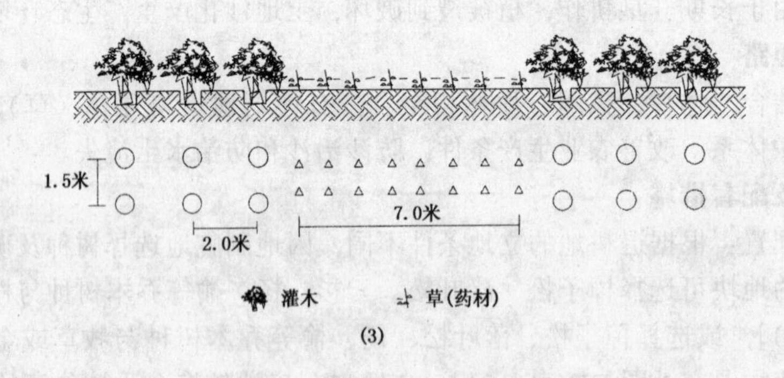

图 E1-1-1　冀北坝上高原坡耕地退耕还林（草）模式图

(4) 模式成效

本模式的优点是投入资金较少，利用当地种源，方便易行，可在短期内明显改善生态环境，而且可以获得一定的经济效益，适宜在劳动力较缺乏的地区推广。

(5) 适宜推广区域

本模式适宜在河北省北部坝上地区推广。

【模式 E1-1-2】 冀北坝上高原农牧交错区防护林网建设模式

（1）立地条件特征

模式区位于河北省坝上沽源县，是坝上土壤条件较好的农牧交错地区。海拔 800～1 400 米，年平均气温 1～4℃，年平均日照时数 2 700 小时，年降水量 300～460 毫米，无霜期 80～170 天，属大陆性半干旱高原气候。灌溉条件差，生长季短，风沙、干旱是主要灾害。作物以耐寒、耐旱、生长期短的作物为主。由于灾害频繁，广种薄收，产量低而不稳，经济落后，群众生活困难。

（2）治理技术思路

按照宽林带小网格的要求，营造以乔木为主的农田（牧场）防护林网，提高防风固沙能力，防止土壤风蚀沙化，达到改变农田和牧场小气候的目标，解决好农、林、牧矛盾。

（3）技术要点及配套措施

①树种选择：根据退耕地立地条件，本着适地适树的原则选择树种。针叶树以樟子松等树种为主；阔叶树以杨树、榆树等树种为主；灌木以柠条、沙棘等为主。

②布局与结构：林网设主林带与副林带，主林带与主风方向垂直，副林带与主林带垂直构成防护林网，主林带间距 150～200 米，由 5～7 行林木组成，副林带间距 400 米，由 3～5 行林木组成。林带采用透风或疏透结构，由乔木带和 1 行灌木组成，风蚀沙化严重的，在网格内可发展灌木饲用、固沙片林；条件较好的，在网格内采取种草或灌草间作的方式。

③整地、造林：采取穴状或沟状整地。株行距按 2.0 米×3.0 米、1.5 米×2.0 米，林带内每亩栽植乔木 120～222 株。一般采用 2 年生以上实生大苗灌水栽植或埋干造林，以春、秋造林为主。

④配套措施：农牧交错区是人类生产生活对土地压力较大的地区，生态环境脆弱，容易发生土地荒漠化，要加强土地利用结构的调整。

（4）模式成效

营造以乔木为主的农田（牧场）防护林网，可防止土壤风蚀沙化，改善农田和牧场小气候，为农牧业生产提供优良环境，同时获取高寒区群众所需的燃料。

（5）适宜推广区域

本模式适宜在河北省张家口市、承德市等坝上的农田、牧场推广。

【模式 E1-1-3】 接坝山地水土保持林建设模式

（1）立地条件特征

模式区位于河北省丰宁满族自治县。接坝山地是指燕山丘陵北部低地与坝上高原间的过渡地带，海拔900～1 700米，砾石母质，土壤以棕壤、栗钙土为主，土层厚度阳坡较薄，阴坡适中，肥力中等。气候寒冷，无霜期约 90 天左右，降水量少，植物生长不良，植被破坏严重。

（2）治理技术思路

在保护好现有植被的前提下，采取生物措施和必要的工程措施，选择抗旱耐寒树种造林，进行坡面综合治理，防治水土流失，有效地改善生态环境。

（3）技术要点及配套措施

①树种选择：在干旱阳坡，由于土层较薄，栽植山杏、柠条、樟子松等抗逆性强的树种；在土层较厚的阴坡，营造油松、落叶松、沙棘等树种。实施乔灌混交，针阔混交。

②整地：沿等高线鱼鳞坑和穴状整地，规格为50厘米×40厘米×30厘米，鱼鳞坑埂高15厘米，整地时生土做埂，熟土回填。

③造林：落叶松及樟子松容器苗宜春季顶浆栽植，山杏秋季直播造林。为防止鸟、鼠危害，直播时要用驱避剂拌种。沙棘栽植在土埂上，在土埂沙坨挖30厘米×30厘米×30厘米的小穴，随挖随栽。

④抚育管理：造林后连续抚育3年，主要是除草、扩穴、培土及病虫害防治。

⑤配套措施：保护现有天然植被，强化自然恢复。

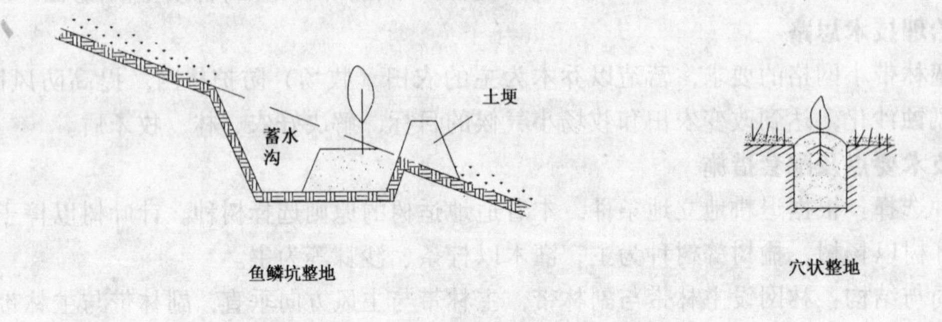

图 E1-1-3　接坝山地水土保持林建设模式图

(4) 模式成效

用本模式造林，投入的劳力少，成本低，能够迅速恢复植被。

(5) 适宜推广区域

本模式适宜在接坝、坝上周边及燕山干旱区大力推广。

二、燕山山地亚区（E1-2）

本亚区北接坝上高原，西靠太行山，南与华北平原接壤，东与大兴安岭余脉连接。包括河北省承德市的双滦区、鹰手营子矿区、双桥区、隆化县、承德县、兴隆县、平泉县、宽城满族自治县、滦平县，唐山市的遵化市、迁安市、迁西县、滦县，秦皇岛市的青龙满族自治县、卢龙县；北京市的延庆县、怀柔县；天津市的蓟县；辽宁省阜新市的海州区、新邱区、太平区、清河门区、细河区、阜新蒙古族自治县，锦州市的太和区、古塔区、凌河区、北宁市、义县、凌海市；朝阳市的龙城区、双塔区、凌源市、北票市、建平县、朝阳县、喀喇沁左翼蒙古族自治县，葫芦岛市的龙港区、连山区、南票区、建昌县、绥中县、兴城市；内蒙古自治区赤峰市的松山区、红山区、元宝山区、喀喇沁旗、宁城县等48个县（市、区）的全部，以及河北省秦皇岛市的抚宁县，承德市的丰宁满族自治县、围场满族蒙古族自治县，张家口市的赤城县，唐山市的丰润县；北京市的昌平区、密云县、平谷县；内蒙古自治区赤峰市的克什克腾旗、翁牛特旗、敖汉旗，通辽市的库伦旗、奈曼旗等13个县（旗）的部分地区，地理位置介于东经115°7′27″～122°11′14″，北纬39°46′6″～43°23′28″，面积131 793平方千米。

本亚区地势自西北向东南呈阶梯下降，山脉绵延，峰峦起伏，长川峡谷，沟深流急，为滦河、潮白河、辽河等河系的上游流域。其中滦河最长，几乎贯穿全区，流入潘家口水库，潮白河次之，流入密云水库，是北京市、天津市、唐山市的重要水源区。全区海拔一般在500～1 500米之间，个别山峰在2 000米以上，南部丘陵边缘海拔仅100米左右。

本亚区气候具有明显的垂直差异和南北差异。北部山地，海拔较高，热量较低，年平均气温

4.8～9℃，≥10℃年积温2 000～3 650℃，无霜期80～170天，年降水量430～500毫米，从北向南递增，降雨集中在7、8月份。南部丘陵区，气候温和，降雨较多，日照充足，温差较大，年平均气温7～11℃，极端最低气温-28℃，极端最高气温36～40℃，≥10℃年积温3 100～4 000℃，无霜期150～190天，年降水量600～800毫米，长城以南迎风坡因受东南季风的影响，地形雨较多。

本亚区土壤类型较多，垂直带谱明显。海拔1 500米以上的亚高山地带为灰色森林土，800～1 500米为山地棕壤，800米以下为山地褐土，河谷地带有少量浅色草甸土和冲积土。棕壤发育在片麻岩、花岗岩等酸性基岩母质上，质地疏松，含石砾较多，保水保肥能力较差；褐土在低山丘陵地带分布较广，随海拔由高到低分别出现粗骨性褐土、淋溶褐土、典型褐土和草甸褐土等亚类。森林植被分布不均，北部较好，南部较差，阴坡较好，阳坡较差。植被类型北部为落叶阔叶林区，以桦、蒙古栎、山杨为主，伴生椴树、枫树、白蜡、黄波罗和松树，人工种植的落叶松、油松、樟子松等表现良好；在南部低山丘陵有人工种植的板栗、核桃、苹果、梨、红果、桑以及杨、柳、榆、槐、椿等树种。灌木种类较多，分布较广，主要有虎榛子、胡枝子、绣线菊、荆条。丰富的树种资源，为发展林业提供了良好物质条件。

本亚区的生态环境很脆弱，森林资源少且分布不均、质量不高，防护效能低，涵养水源能力差，水土流失严重，自然灾害频繁。泥沙堵塞河道、淤积水库问题突出；河谷地带土地沙化、退化加剧；洪水对山区以及下游平原地区的城市、村庄和农田威胁较大。

本亚区林业生态建设与治理的思路是：因地制宜，采取有效措施，加快恢复森林植被，提高森林涵养水源和保持水土的功能，确保北京市、天津市、唐山市及周边地区的生态安全。具体思路是：在山高沟长的水源地带，发展水源涵养林；在植被差、水土流失严重的浅山丘陵和水利工程周围，营造水土保持林；在水热条件较好的低山丘陵植果栽桑，发展经济林；在沟谷河川滩地发展速生丰产用材林。

本亚区共收录13个典型模式，分别是：燕山山地低山丘陵水土流失综合治理模式，北京周边浅山区爆破造林模式，燕山北麓土石山地飞机播种恢复植被模式，燕山北麓低山丘陵生态经济沟建设模式，燕山北麓黄土丘陵区草田林网建设模式，燕山北麓石质山地水源涵养林建设模式，燕山北麓半石质山地林业生态治理模式，辽西低山丘陵沟底综合治理模式，辽西低山丘陵沟坡防护林建设模式，辽西低山丘陵沟头防护林建设模式，辽西丘陵缓坡地针阔混交林建设模式，辽西丘陵缓坡地生态经济型防护林建设模式，辽西丘陵缓坡地沙棘水土保持经济林建设模式。

【模式E1-2-1】 燕山山地低山丘陵水土流失综合治理模式

（1）立地条件特征

模式区位于河北省滦县。属燕山南部低山丘陵，海拔在500米以下，地形破碎，坡度较缓，天然植被少，水土流失严重。土壤大部分为淋溶褐土，局部有粗骨土，较瘠薄。气温和热量较高，雨量较多。

（2）治理技术思路

以小流域为单元，根据水土资源条件，科学规划，合理布局，工程措施和生物措施相结合，顶、坡、沟综合治理，山水林田路配套开发，乔灌草立体种植，改善荒山生态景观，提高蓄水保土能力，增加农民收入，提高综合效益。

（3）技术要点及配套措施

①总体布局：在山顶土层瘠薄地段栽植油松、刺槐等水土保持树种；坡中部发展板栗等经济

林；在谷地可以避免洪水威胁的地方发展果树或者农作物。

②工程措施：按照 3.0～4.0 米的高差在自然坡面上沿等高线依山就势开挖深宽各 1.0 米以上的水平沟，表土回填，整修成里低外高宽 2.0 米左右的环山水平条田。在坡底沟谷修筑谷坊、坝闸，淤泥造地。

③树种选择及配置：乔灌草立体配置。斜坡上部栽种油松、刺槐，坡中部栽植板栗等乔木经济树种，梯田地埂中部栽植紫穗槐等灌木护坡，台面果树营养面积之外间作豆类等矮秆经济作物或豆科牧草，梯田地埂上原有的荒草带予以保留。

④栽植：坡上部油松与刺槐可块状混交，株行距 1.5 米×2.0 米～2.0 米×3.0 米，刺槐用截干苗春秋造林，油松可用 2 年生苗或容器苗雨季造林，或雨季直播造林。果树用 2 年生以上树苗，人工栽植，植苗时蘸生根粉水溶液或者泥浆，栽植密度为 2.5 米×3.0（4.0）米。紫穗槐等灌木密度应大些，1.0 米×1.0 米为宜，栽植穴的规格 40 厘米×40 厘米×40 厘米，一般 1～2 行。

⑤抚育管理：造林后 3～4 年内每年抚育 1～2 次，穴内除草松土、盖草，以后随树木生长，适时修枝或间伐。行间草本植物应保留。林地必须保护，防止人畜破坏。坡中部板栗按果树要求经营，修剪、打药、施肥、穴周覆盖，旱时筑池蓄水、穴灌，进行蓄水和节水灌溉。坡底、沟谷经营果树或农作物，尽可能集约经营，提高科技含量，以获丰收。

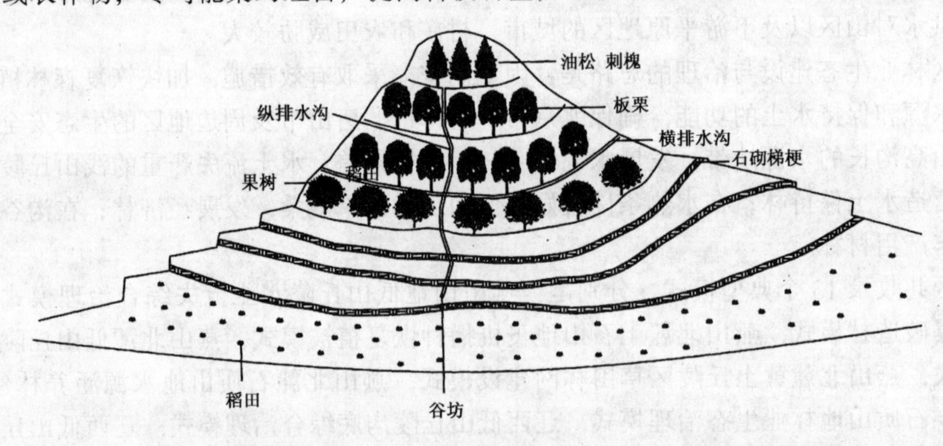

图 E1-2-1　燕山山地低山丘陵水土流失综合治理模式图

(4) 模式成效

本模式生物措施和工程措施相结合，乔灌草相结合，增加了植被覆盖，既改善了生态环境，又解决了当地的生产问题，提高了群众收入，解决了"三料"（木料、燃料、饲料）和温饱问题，减轻了自然灾害的影响程度，一举多得，易为当地群众所接受，在燕山南部、东部低山丘陵地区广泛采用，取得了显著的经济效果和生态效益，水土流失明显降低。

(5) 适宜推广区域

本模式适宜在水热条件较好的燕山低山区推广应用。

【模式 E1-2-2】　北京周边浅山区爆破造林模式

(1) 立地条件特征

模式区位于北京市的怀柔县，属燕山低山侵蚀山地、丘陵和山间河谷漫滩阶地地貌，平均海拔 100～400 米，个别山峰在 800 米以上，坡度在 15～35 度，主要岩石为石灰岩、砂页岩、片麻岩、花岗岩等。由于历史上过度开发，原生天然林遭受严重破坏，植被稀疏，岩石裸露，森林生态系统功能失调，水源涵养能力低。

北京是我国的政治、经济、文化和对外交流的中心，其生态质量在很大程度上代表着我国生态建设的水平和成效。北京周边的浅山区经济、社会、生态价值极高，自然景观秀丽，名胜古迹丰富，厂矿企业、科研单位云集，水库星罗棋布，不仅是重要的旅游风景区，还是首都的重要水源区之一。充分利用这一地区的各种有利条件，加速实现该地区的全面绿化，对巩固造林成果，开发北京周边地区的发展潜力，发挥森林的多种效益，有着十分重要的意义。

(2) 治理技术思路

针对石质、干旱、阳坡等困难立地条件下造林采用一般方法难以成功的实际情况，从改善苗木根部生长环境入手，爆破整地、客土造林，保障苗木早期生长的条件，增强其对恶劣生态环境的适应性，加快石质山地的绿化、美化步伐。

(3) 技术要点及配套措施

①树种选择与配置：树种选择是造林绿化的首要问题和成败的关键，从北京现代化建设的要求出发，树种选择在遵循适地适树原则下，还要充分考虑色彩、冠型、干型、层次等树型、林相指标。常绿树种有：侧柏、油松、白皮松、圆柏、沙地柏；阔叶树有：元宝枫、栎树、刺槐、栾树；灌木有：黄栌、火炬树、连翘、丁香；经济树种有：山桃、山杏、花椒、柿树。

在造林树种的搭配上，以常绿树种为主，以落叶树种作点缀，针阔结合，乔灌搭配，色彩丰富，层次突出，四季生机勃勃。

②爆破整地：

爆破整地要求：爆破整地必须坚持质量第一，安全第一的原则，严格按《爆破整地技术规定》和《施工技术指导和操作细则》的要求进行，不得有半点疏忽与大意。对爆破整地施工成果按规定程序和标准检查验收。

爆破整地规格：爆破整地可采取鱼鳞坑、穴状2种方式。在山脚、缓坡、沟谷地带，立地条件相对较好，一般采用大穴整地，规格是100厘米×100厘米×80厘米，每亩56个；坡度在15～35度的地方，采用中穴整地，规格是80厘米×80厘米×60厘米，每亩74个；坡度在35度以上的地段，采用小穴或水平条整地，规格是60厘米×50厘米×40厘米，每亩166个。在整地前先行布点，布点时随山就势，不要求株行距绝对整齐，但坑与坑之间要呈“品”字形排列，以利蓄水保土，爆破整地先挖后爆，挖爆结合。具体整地作业时，将土放在坑的上方，拣出土中粒径超过3厘米的石块，并放在坑的下侧，达到规定的长、宽和深度时，晾坑，待验收合格后才可将土回填。用石块（无石块时用土）砌好外埂，外埂要坚固整齐，人踩不塌，埂面高出坑面20厘米以拦截雨水，坑上坡做出导流坎，以利雨水流入坑内。

③造林方法：

客土造林：客土造林是爆破整地造林的一大特色，由于原造林地土层很薄，且石砾含量很大，不利于苗木根系生长，雨水通过地表径流和下渗又会大量损失，保水保肥能力差。通过取用其他地方的土，可以加厚土层，扩大根系的营养体积，增加土壤中营养物质，增强保水保肥能力，有利于提高造林成活率和保存率。

大苗带土移栽造林：带土坨大苗移栽及大容器苗造林是爆破整地造林的又一特色，这一措施有利于减轻对苗木根系的破坏，造林后可以缩短缓苗期。大苗移栽及大容器苗造林首先要严把苗木质量关，常绿针叶树苗木，在重点区选用苗高在2.0米以上的Ⅰ级苗；次重点区选用苗高1.5米以上的Ⅰ、Ⅱ级苗；一般地区选用高0.5米、苗龄2.5年以上的移栽苗。阔叶树苗木，重点区要求胸径3厘米以上；次重点区要求胸径2厘米以上。灌木，选用地径1厘米以上的2年生苗。

针叶树容器苗，2.5年生以上（袋装培育应1年以上）。Ⅰ级苗要求树冠丰满度90%以上，偏冠率在10%以下；Ⅱ级苗要求树冠丰满度80%以上，偏冠率在20%以下。侧柏结籽率20%以下。爆破整地造林不允许使用不符合规格、质量的苗木。其次，根据树种根系生长特性和苗木规格，确定适宜的土坨大小，一般土坨直径应在30～50厘米，起苗时要保持土坨完整，包扎结实，运输和搬运过程中注意不要散坨，起苗后应该及时栽植。

④配套措施：植苗后要及时灌溉，保证成活率，同时要加强管理，封山育林育草，防止鼠、兔、病、虫害，提高保存率。

(4) 模式成效

爆破整地造林的实施，开创了北方石质山区干旱阳坡等立地条件极差的地区造林成功的先例。截至2000年底，共造林5.8万亩，栽植各类针、阔叶苗木604万株，平均成活率达92.6%。保存率达91.4%。已建成千亩以上规模的造林地段21处，其中2 000亩以上规模的8处。首都第一道绿色生态屏障已初步形成。

(5) 适宜推广区域

本模式适宜在北方石质山区立地条件极差干旱阳坡的以及绿化和美化任务紧迫的地区推广。本模式的造林成本较高，各地在使用时应予注意。

【模式 E1-2-3】　燕山北麓土石山地飞机播种恢复植被模式

(1) 立地条件特征

模式区位于内蒙古自治区喀喇沁旗龙山乡白太沟。属半干旱土石山区，山高坡陡，起伏较大，海拔700～1 200米，土层厚20～50厘米，植被稀疏，灌草盖度20%～30%，水土流失严重。山高、路远、土壤瘠薄、干旱是模式区的基本特征。

(2) 治理技术思路

高山、远山区大面积、快速绿化的最好方法是飞播。实行乔灌草混播，形成多层次林分、针阔混交覆盖，又能有效地解决干旱瘠薄立地条件下成活率低的问题。

(3) 技术要点及配套措施

①树种选择与播种方式：树种选择正确与否是飞播造林成败的关键。根据以往的研究成果和绿化的需要，模式区适宜飞播的乔木树种是油松，灌木树种是柠条，草本植物为沙打旺，一般采取乔灌草混播。

②播量与配比：亩播种量为0.7千克，其中油松0.3千克/亩，柠条0.2千克/亩，沙打旺0.2千克/亩。

③种子准备：于飞播前1年对飞播的种子进行采收、筛选、调运、检验、保管，飞播前1～2个月用鸟鼠驱避剂拌种。

④飞播时间：每年6月中旬开始，7月上旬结束。要充分研究当地气候，注意天气预报，按照技术部门的要求，待条件适宜时实施飞播作业。

⑤抚育管理：在飞播后的2～3年内进行补植补播，过密的地方进行移密补稀，使苗木密度达到油松200株/亩，柠条333株/亩，沙打旺1 334株/亩左右。

⑥封育管护：造林后严格封育3～5年，全封期间严禁开垦、放牧、割草、砍柴等。需有专人管护并加强宣传，提高群众护林爱林的自觉性；加强法制建设，对破坏植被的事件严肃查处。

⑦配套措施：采用GPS导航配合飞机播种。

(4) 模式成效

飞播造林是解决高山、远山等人工造林难度大的区域快速恢复植被的有效措施。乔灌草混播，可形成多层次林分、针阔混交覆盖，能有效控制水土流失、改善生态环境，取得良好的生态、社会与经济效益。模式区通过多年实践取得了飞播造林的成功经验，加快了恢复植被步伐，对控制水土流失、改善生态环境起到了较好的作用。

(5) 适宜推广区域

本模式适宜在燕山土石山地海拔 1 000 米以下、人烟稀少、植被覆盖率 20% 以上有大面积荒山的地区推广。

【模式 E1-2-4】 燕山北麓低山丘陵生态经济沟建设模式

(1) 立地条件特征

模式区所在地属半干旱低山丘陵，坡面较平缓，地势起伏不大，坡度为 5～20 度，土层深厚，达 40～80 厘米，中度水土流失。

(2) 治理技术思路

以小流域为单元，充分利用土地、空间、光热条件，科学规划，合理布局，工程措施与生物措施相结合，建成多林种、多层次的立体生态经济林，达到治理荒山、荒沟、改善生态环境、致富山区人民的目的。

(3) 技术要点及配套措施

①林种选择及总体布局：本着因地制宜、适地适树的原则，采取"两松"（油松、樟子松）带帽，"三杏"（山杏、家杏、大扁杏）缠腰，坡脚苹果、梨、桃，沟边栽杨柳，川地、条田、梯田种粮的配置格局。

表 E1-2-4　造林模型设计

造林树种	立地条件	整地季节、方式	株行距（米）	造林密度（株/亩）	造林季节	苗木准备	抚育措施
油　松 樟子松	山上部	雨季，水平沟、穴状整地	2.0×2.0	167	春季	2 年生Ⅰ级苗	5 年 2、2、1、1、1
山杏（家杏） 大扁杏	山中部	条田	2.0×2.0 2.0×3.0	167 111	春季	2 年生Ⅰ级苗 1 年生嫁接苗	5 年 2、2、1、1、1
苹　果	山下部及坡脚	梯田	3.0×4.0	30～50	春季	2 年生Ⅰ级苗	5 年 2、2、1、1、1
杨　树	沟边	大坑	2.0×2.0	167	春季	2 年生Ⅰ级苗	5 年 2、2、1、1、1

②工程整地措施：在土层较薄的坡上部，进行水平沟整地，规格为 200 厘米×80 厘米×60 厘米，在较缓坡面实行穴状整地，规格为 40 厘米×40 厘米×30 厘米，在山坡中部修窄带梯田，田面宽 2.0 米，每一田面按造林密度挖栽植坑，规格 80 厘米×80 厘米×60 厘米，回填表土 40 厘米。山下坡脚大穴整地，100 厘米×100 厘米×80 厘米，沟边杨柳以 60 厘米×60 厘米×60 厘米的规格穴状整地。同时在沟道筑坝闸沟，确保免遭洪水冲袭，挖栽植坑，造林。

③栽植技术：大扁杏、苹果在栽植前用 ABT 生根粉浸根，栽植时座水灌溉、覆膜；杨树深

栽；山杏采用套袋栽植。选用良种壮苗造林，保证成活率、保存率。

④抚育管理措施：加强对山顶松树的管护与抚育，坡中、坡脚果树要重点管理，适时进行补植、松土，对果树必须浇水和修枝定干，设专人常年管护，聘请果树农艺师进行技术指导。果树栽植穴地表种植禾本科、豆科牧草，或用卵、砾、片石覆盖。水分不足区可采用穴灌、膜下灌等节水措施。禁止在林地内樵采、放牧。定期调查病虫害，发现问题及时处理。

⑤配套措施：由于本模式投入较高，在山区农村推行应采取股份制方式，群众以投工入股，集体以土地入股，国家给予一定的扶持。按股分红，长期受益。

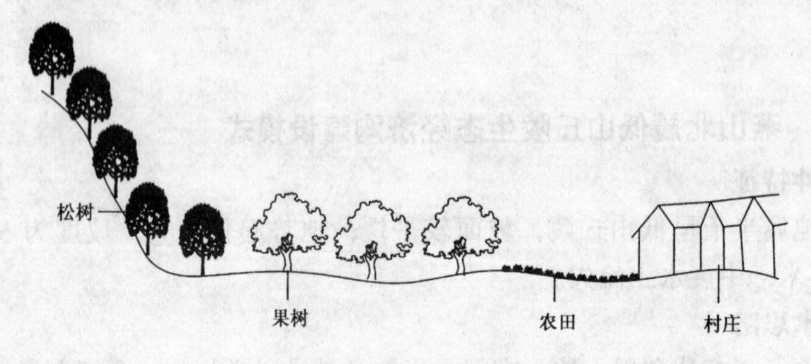

图 E1-2-4 燕山北麓低山丘陵生态经济沟建设模式图

(4) 模式成效

本模式是措施比较齐全的、综合的林业生态经济型治理模式，把生态环境的改善、经济效益的提高等长远目标与近期利益都有效地结合起来，在治理区表现良好，受到群众的普遍欢迎。

(5) 适宜推广区域

模式区位于内蒙古自治区赤峰市松山区五三镇龙潭、碱场乡韩信洼，河北省迁安、迁西为本模式的发源地。适宜推广的区域为燕山低山丘陵的立地条件好、距村屯较近、劳动力充足、靠近水源或修建有水利设施的小流域。

【模式 E1-2-5】 燕山北麓黄土丘陵区草田林网建设模式

(1) 立地条件特征

模式区所在地属典型的黄土丘陵沟壑地区，土壤为褐土、栗褐土、栗钙土，土体深厚，质地较细。由于植被早已遭到严重破坏，水土流失严重，当地农林牧生产落后，群众生活较困难。

(2) 治理技术思路

科学整地与生物措施相结合，因地制宜，合理规划，因害设防，在缓坡营造小网宽带、针阔混交、乔灌草结合的格状林网；在沟头、侵蚀坡面营造护坡林。建成带网片结合的水土保持防护林体系。

(3) 技术要点及配套措施

①树种选择：主要造林树种有杨树、榆树、油松、樟子松、紫穗槐、锦鸡儿等。

②布局与配置：较大的缓坡地建成网格状防护林，横向短坡面建成条带状、长廊状、燕翅状林带，沟边坡面营建片林。

方格状草田林网：地形坡度小于15度的坡面。沿等高线设横山林带，带宽20～30米，布设6～9行杨树、油松混交林。带距根据坡度和土地利用方向而定，一般以60～120米为宜；与横山带垂直设置顺山林带，带宽30米，带距200米。

长廊状草田林网：地形坡度为10～20度的坡面，横山坡面较短。按等高线设横山林带或环山林带，林带宽 5.0～10 米，2～4 行针阔混交林，林带间距一般为 20～30 米。坡陡宜窄，坡缓宜宽。

雁翅形草田林网：地形条件为具明显梁脊，两侧有比较平直的坡面，坡度在 15 度以上。沿梁脊布设分水岭防护林带，带宽 30～40 米，沿等高线方向设置与梁脊林带成雁翅形相交的横山林带，带宽 10～15 米，林带间距 20～40 米。

水土保持护坡林：在陡坡和沟坡坡面营造护坡林，乔灌混交。

③整地：水平沟整地，规格为 200 厘米×100 厘米×60 厘米。方法是先将上层 20 厘米深的表土挖出，放在坑的上侧，然后挖出心土放在坑的下坡筑成底宽 80 厘米，顶宽 40 厘米的土埂，回填表土。鱼鳞坑整地规格为长 100 厘米，宽 70 厘米，坑深 50 厘米，将表土剥离放置在坑的上方，用心土在坑的下缘筑月牙型土埂，回填表土，坑间距 1.5 米，“品”字形排列。保护坑外草被，穴内除草就地覆盖。

④造林：用Ⅰ级苗春季造林。苗木不能风吹日晒失水，针叶树必须顶芽完整、健壮。

表 E1-2-5　造林模型设计

	造林树种	林　种	混交方式	株行距（米）	整地方式	造林季节	苗木标准	幼林抚育
横山林带	杨树、榆树 油松 紫穗槐	防护林	杨树、油松带状混交，每带 3 行，杨树、榆树、紫穗槐行间混交	4.0×1.5 2.0×1.5 （紫穗槐株距 1.0 米）	水平沟、鱼鳞坑，水平沟埂上穴植紫穗槐	春季植苗	1 年生 2 年生 1 年生	3 年 2、2、1
顺山林带	杨树、榆树 紫穗槐（锦鸡儿）	防护林	行间混交	4.0×1.0 1.0×1.0	鱼鳞坑	春季植苗	1 年生 1 年生	3 年 2、2、1
护坡林	油松（樟子松） 锦鸡儿	防护林	带间混交	4.0×1.0，2 行 1.0×1.0，2 行 带距 3.0 米	2 行水平沟 2 行鱼鳞坑	春季植苗	2 年生 1 年生	3 年 2、2、1

⑤配套措施：造林后要加强管理，缺苗断带时须及时补植；特别要严加保护，禁止人畜破坏，不准樵采、放牧，重点发挥防护作用。

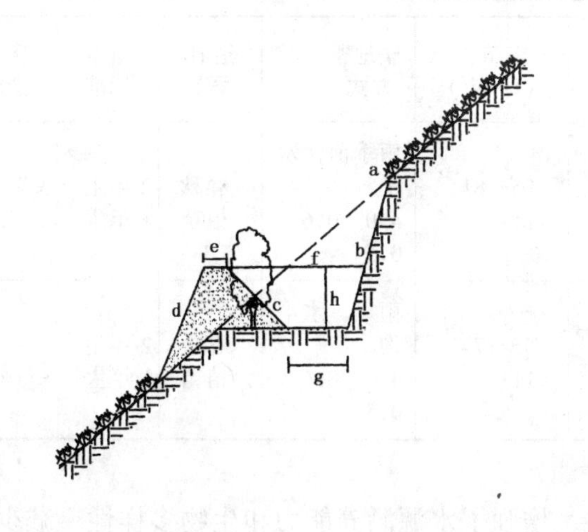

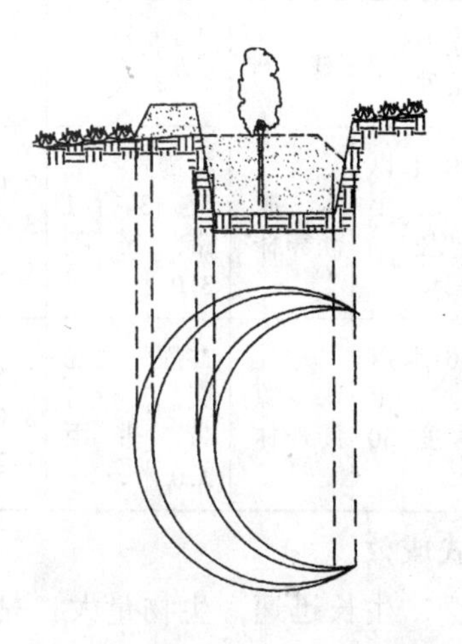

图 E1-2-5　燕山北麓黄土丘陵区草田林网建设模式图

a. 自然坡度　b. 内斜坡　c. 植树斜坡　d. 外斜坡

e. 土埂顶宽　f. 沟上口宽　g. 沟底宽　h. 沟深

(4) 模式成效

植被覆盖率有大幅度提高，生态环境得到有效改变，水土流失基本得到控制，空气湿度提高5%左右，水分蒸发减少8%以上，最高温度和最低温度得到调节，土壤含水量以及土壤腐殖质含量以及氮、磷等营养增多，风速降低30%左右，生物多样性增加，为模式区内的粮草果树生长创造了良好的条件，对解决当地长期存在的“三料”（木料、燃料、饲料）不足、经济不富的困难提供了可靠途径，具有显著的生态效益和经济效益，促进了当地经济、社会可持续发展。

(5) 适宜推广区域

模式区位于内蒙古自治区赤峰市松山区城子乡。适宜在年降水量400毫米左右的黄土丘陵区推广应用。

【模式 E1-2-6】　燕山北麓石质山地水源涵养林建设模式

(1) 立地条件特征

模式区属半干旱中山石质山地，海拔700～1 500米，地形破碎复杂、土层厚度在30厘米以上，水分缺乏、植被稀疏、水源涵养能力差。

(2) 治理技术思路

燕山北麓石质山地是京津地区的重要水源涵养区，针对本区自然地理特点和区域概况，实行乔灌混交、针阔混交，工程措施与生物措施相结合，建设以水源涵养为主导功能的森林植被，形成生物多样性显著、景观优美、生态效益突出、水源涵养性能强的森林生态系统。

(3) 技术要点及配套措施

①树种：海拔1 800米以上选华北落叶松、沙棘，海拔1 800米以下选油松、沙棘。

②栽植：选用优质Ⅰ级苗木，根系完整，针叶树要保证顶芽健壮完整。春季顶凌造林，灌水栽植；秋季造林，要覆土越冬，翌年春季扒土，将苗木扶正、踩实。灌木、乔木苗木均不能风吹日晒造成根系失水。栽植时可用ABT生根粉，栽后地表覆盖砾石或碎秸秆、杂草保墒。

③抚育管理：造林后3年内每年都要松土除草，深度在5～10厘米，适时补植。

④封禁保护：严防人畜破坏，保护好栽植穴以外的植被。

表 E1-2-6　造林模型设计

造林树种	立地条件	林　种	混交方式	株行距（米）	需苗量（株/亩）	整地季节及方式（米）	造林季节	苗木标准	抚育措施
华北落叶松、沙棘	1 000米以上阴坡，土层厚度25～30厘米	水源涵养林	乔灌带状混交，3行1带，带距3.0米	2.0×2.0～3.0 1.5×2.0	55～81 111	雨季前，水平沟 4.0×0.6×0.5	春秋植苗	2年生 1年生	3年 2、2、1
油松、沙棘	1 000米以下阳坡，土层厚度30厘米	水源涵养林	乔灌带状混交，3行1带，带距3.0米	1.5×2.0～3.0 1.5×2.0	55～74 111	雨季，水平沟 4.0×0.6×0.5	春秋植苗	2年生 1年生	3年 2、2、1

(4) 模式成效

针阔混交，生长迅速，生物量大，枯落物多，增强了水源涵养能力和生物多样性，减少病虫害发生；随乔灌草覆盖程度的增加，林分的生态效益、经济效益、社会效益日益突出。同时群众生产生活的条件逐步得到改善，以往的荒凉景观和恶劣气候也有明显变化。随治理年限的延长，水源涵养能力不断增强。

(5) 适宜推广区域

模式区位于内蒙古自治区喀喇沁旗、宁城县等山地。适宜在燕山石质山区相似条件地区推广。

【模式 E1-2-7】 燕山北麓半石质山地林业生态治理模式

(1) 立地条件特征

模式区地处半石质山区，岩石裸露，地形复杂，土地瘠薄，土层厚度一般小于30厘米，植被稀疏。降水集中，多暴雨，水土流失严重。大部分地区社会经济落后，群众生活条件差。影响林业生态建设的主要因子是干旱。

(2) 治理技术思路

以生物措施为主，辅以必要的工程措施，全面、高质量地恢复植被。乔灌草结合，针阔混交，生态树种与经济树种结合，全面治理水土流失，增强水源涵养作用，实现生态环境和生产条件的全面改善，确保京津地区的环境和水资源安全。

(3) 技术要点及配套措施

①树种选择：主要选落叶松、油松、大枣、山杏、沙棘。

②整地与造林：在土壤瘠薄的石质坑内，采用穴状整地，规格40厘米×40厘米×40厘米。客土，营养袋苗造林。穴内铺超薄膜防渗，栽植穴地表覆草、覆砾石或覆盖薄膜。造林要严把苗木质量关，防止根系失水、顶芽受损。认真做到三埋两踩一提苗，保证造林质量。

表 E1-2-7 造林模型设计

造林树种	造林部位	混交方式	株行距（米）	整地季节、方式	造林季节、方式	苗木标准	抚育管理措施
沙　棘	石质山顶	纯林	1.0×1.5	雨季，水平沟	春季植苗	1年生优质苗	3年 2、2、1
油松、山杏	中部阳坡、半阳坡，干旱贫瘠	2:6带状混交	1.5× 2.0～3.0	水平沟	春季植苗或播种	2年生优质苗	3年 2、2、1
沙棘、油松	阴坡，土质瘠薄，较湿润	2:6带状混交	1.0×1.0 1.5×2.0	水平沟	春季植苗 春秋植苗或秋季播种	1年生优质苗 2年生优质苗	3年 2、2、1
落叶松	阴坡，土质肥沃，较湿润	纯林	2.0× 2.0～3.0	水平沟	春季植苗	1年生优质苗	3年 2、2、1
大　枣	阳坡，土质肥沃，较干旱	纯林	3.0×4.0	水平梯田	春季植苗	2年生优质苗	水肥管理、病虫害防治

③配套措施：造林成活率不足80%时要适时补植补种；造林后要专人负责，禁止人畜破坏，严加管护，最少5年以上；对大枣要集约经营，对山杏也要注意施肥，除草扩穴，注意蓄水节水灌溉，争取较好的经济效益。

(4) 模式成效

本模式的实施，成功解决石质山区造林难的问题，成活率在90%以上。水土流失得到遏制，干旱逐步得到缓解，水源涵养作用显著增强，群众的生产、生活条件改善。昔日干旱、瘠薄、岩石光裸、景色荒凉、群众生活困难、“四料”俱缺的境况开始扭转，为当地群众脱贫致富奔小康打下了坚实的基础。

(5) 适宜推广区域

模式区位于内蒙古自治区敖汉旗宝国图。适宜在土壤瘠薄的燕山石质山区推广应用。

【模式 E1-2-8】　辽西低山丘陵沟底综合治理模式

(1) 立地条件特征

模式区位于辽宁省朝阳市的建平县，属辽西低山丘陵区，年平均气温 7~10℃，平均相对湿度 50%~70%，年降水量 500 毫米左右。降雨季节分布不均匀，雨量主要集中在 6~8 月份，占全年的 51%~69%。区内沟壑纵横，自然植被大部分遭到破坏，植物种类少而生长低矮，盖度较小。土壤主要有棕色森林土和淋溶褐色土，因多暴雨，易产生强度土壤侵蚀。

(2) 治理技术思路

一条完整的侵蚀沟主要由沟头、沟底、沟坡等部分组成。侵蚀沟底是洪水集中的区域，为了调节径流、淤淀泥沙、防止沟底冲刷下切，必须在修筑谷坊等工程措施的基础上，建立乔灌混交的防护体系。小钻杨抗性强，又是良好的用材树种；紫穗槐枝冠浓密、固持和淤积泥沙的能力强，是优良的侵蚀沟防护林树种。小钻杨、紫穗槐合理混交，不仅可以发挥较强的防护功能，而且还能充分利用沟底水分状况较好的条件生产木材。

(3) 技术要点及配套措施

①栽植部位：侵蚀沟沟底。

②树种选择：小钻杨、紫穗槐、灌木柳等。

③苗木标准：小钻杨为 1 年生插条苗，地径 1.0 厘米，苗高 100 厘米，根长 18 厘米；紫穗槐为 1 年生播种苗，地径 0.4 厘米，截干，根长 18 厘米。

④整地：对不同发展阶段的侵蚀沟，采取不同的整地措施，大致分为以下 2 种类型：

U 字形沟底：沟床沟底分化明显，沟床是径流通道，沟底属于阶地，地势坦阔，土壤深厚肥沃，此处可直接进行穴状整地造林。另外，阶地周边筑一圈小坝，并在坝上栽植灌木柳等防冲树种。

V 字形的沟底：沟床沟底合二为一，可以修筑杨柳谷坊或土、石谷坊，待谷坊淤平后再在谷坊上和淤地上进行穴状整地造林，或不整地直接造林。

⑤树种配置与栽植：小钻杨与紫穗槐块状混交，具体配置为 3.0 米×4.0 米或 4.0 米×5.0 米。行距为：小钻杨 2.0 米，紫穗槐 1.0 米；株距为：小钻杨 1.0 米，紫穗槐 0.5 米。栽植时，先在栽植点用铁锹挖直径 30 厘米、深 25 厘米的坑穴，然后把苗木置于穴的中央，埋土踩实，每株灌水 2 千克，待水渗下后，再覆 1 层虚土。

(4) 模式成效

小钻杨适应能力强，生长迅速，干形直，材质好；紫穗槐枝冠浓密，根量大，具有较强的水土保持功能。按这种模式进行治理，能较好地防护沟底，同时可获取一定的木材和饲料、条材或薪材。

(5) 适宜推广区域

本模式适宜在朝阳市的其他地区以及辽宁省西部的阜新市、葫芦岛市、凌源市、北票市、锦州市等地区推广。

【模式 E1-2-9】 辽西低山丘陵沟坡防护林建设模式

（1）立地条件特征

模式区位于辽宁省朝阳市建平县。年平均气温 7～10℃，平均相对湿度 50%～70%，年降水量 500 毫米左右。自然植被大部分遭到破坏，植物种类少而且生长低矮，盖度较小。主要土壤有棕色森林土和淋溶褐土。因降雨集中，多暴雨，土壤强度侵蚀，沟蚀发育。

（2）治理技术思路

沟坡造林是侵蚀沟防护的重要组成部分，固定好沟坡，还可防止沟底进一步冲刷。固定沟坡的有效手段就是建立和恢复植被。在坡度较陡的情况下，应选择适应性强、耐干旱、枝冠茂密、水土保持性能强的灌木树种进行造林；在坡度较小的情况下，可以选择优良的乔木用材树种造林，不仅能够达到固定沟坡的目的，而且还可获得一定的木材和薪材。

（3）技术要点及配套措施

①造林部位：稳定沟坡或处于侵蚀进展期的侵蚀沟沟坡。

②树种选择：陡坡选用胡枝子、沙棘；缓坡选用小钻杨。

③苗木规格：胡枝子、沙棘用 1 年生播种苗，苗高 30 厘米，根长 18 厘米，地径 0.4 厘米以上；小钻杨用 1 年生插条苗，地径 1.0 厘米，苗高 100 厘米，根长 18 厘米。

④整地措施：雨季之前进行整地，整地方式为鱼鳞坑，规格为：长径 70 厘米、短径 40 厘米、深度 40 厘米，“品”字形排列。达到规格后要进行回土。在坡度较陡、整地很不方便的情况下，可不提前整地，直接造林。

⑤配置及栽植：造林密度要求大些，胡枝子、沙棘行距为 1.0 米，株距为 0.5 米；小钻杨一般行距在1.5～2.0 米，株距为 1.0 米。栽植固坡林时，先用铁锹在鱼鳞坑内（或没整地的坡面上）挖直径 30 厘米、深 25 厘米的坑穴，然后把苗木紧靠上端坑壁置于坑中，埋土踩实，每穴灌水2 千克，待水渗下后再覆 1 层虚土。

⑥配套措施：造林后封禁管理，并注意防治病虫害。

（4）模式成效

胡枝子和沙棘适应性强，具有一定的经济价值；小钻杨生长迅速、材质好，干形直，10～15 年即可成材利用，因而利用此模式营造固坡林，不仅可以达到固坡的防护目的，而且能够获得一定的木材和燃料，是良好的沟坡防护模式。

（5）适宜推广区域

本模式可推广至辽宁省西部的朝阳市、阜新市、锦州市、葫芦岛市等地。

【模式 E1-2-10】 辽西低山丘陵沟头防护林建设模式

（1）立地条件特征

典型模式区位于辽西低山丘陵区，年平均气温 7～10℃，平均相对湿度 50%～70%，年降水量 500 毫米左右，降雨季节分配不均匀，雨量集中在 6～8 月份，占全年的51%～69%，多暴雨。自然植被大部分遭到破坏，植物种类少而生长低矮，盖度较小。主要分布棕色森林土和淋溶褐土。侵蚀沟发育。

（2）治理技术思路

在沟头营造刺槐、胡枝子混交林，分流沟头汇水，降低进入沟头的水流速度，阻止侵蚀沟沟头延伸，减轻沟道下切，保护坡面和沟底农田。

(3) 技术要点及配套措施

①造林部位：侵蚀沟沟头。

②树种选择：刺槐、胡枝子等。

③苗木规格：刺槐为 1 年生播种苗，地径 0.6 厘米，截干，根长 18 厘米；胡枝子为 1 年生播种苗，地径 0.4 厘米，苗高 30 厘米，根长 18 厘米。

④配置及栽植：侵蚀沟沟头侵蚀剧烈，冲淘严重，所以不进行提前整地而直接造林。刺槐与胡枝子呈块状混交，具体配置为 4.0 米×4.0 米或 5.0 米×5.0 米。栽植密度要大，行距可以在 0.5～1.0 米；株距：刺槐 0.5 米左右，胡枝子 0.3～0.4 米。栽植时，先在栽植点用铁锹挖深 25 厘米的坑穴，然后把苗木置于穴的中央，埋土踩实，每株灌水 2 千克，待水渗下后，再覆 1 层虚土。

⑤配套措施：对于侵蚀严重的沟头，可修筑截水沟等工程防护措施。

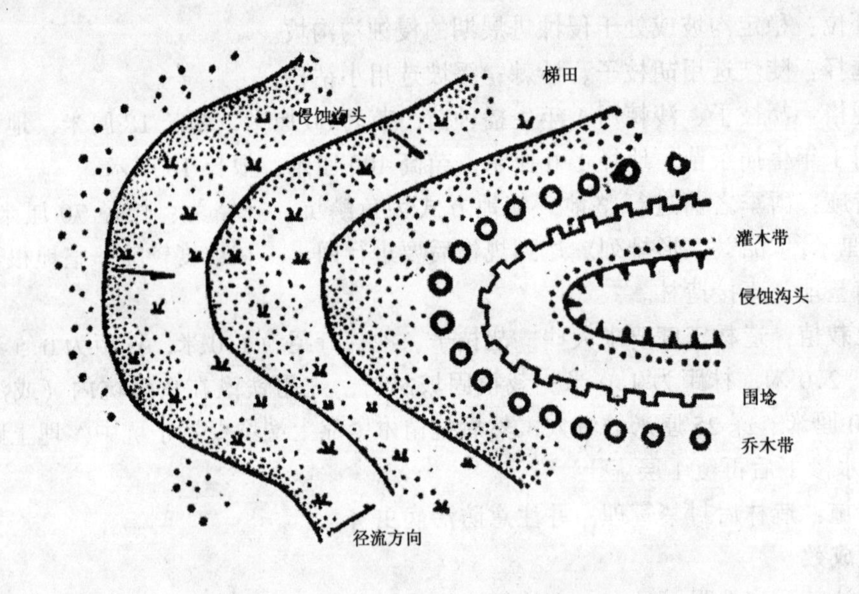

图 E1-2-10　辽西低山丘陵沟头防护林建设模式图

(4) 模式成效

本模式在示范区获得较大成功。刺槐与胡枝子均为适应性强、易成活的树种，造林成林后，浓密的复层林冠分流减速、淤淀泥沙能力很强，可很好地发挥沟头防护效能，沟头溯源侵蚀彻底被遏制。

(5) 适宜推广区域

典型模式区位于辽宁省朝阳市的建平县、凌源市、北票市，适宜在朝阳市的其他地区以及辽宁省西部的阜新市、葫芦岛市、锦州市等地推广。

【模式 E1-2-11】　辽西丘陵缓坡地针阔混交林建设模式

(1) 立地条件特征

模式区位于辽宁省西部的凌源市，缓坡丘陵地形，年平均气温 7～10℃，极端最低气温 －28℃。平均相对湿度 50%～70%，年降水量 450～650 毫米，蒸发量 1 600～1 800 毫米，无霜期

120天左右。土壤为山地棕色森林土、淋溶褐土及少部分碳酸盐褐土。水土流失严重。

（2）治理技术思路

低山丘陵缓坡地，自然条件较差，加之植被遭受破坏，水土流失严重，造林效果差，许多树种难以成林。依据适地适树的原则，选用适宜的阔叶树种（刺槐）与针叶树（油松、樟子松）进行带状混交，形成稳定、可持续的森林生态系统，改善生态环境，同时不断提高林地生产力。

（3）技术要点及配套措施

①树种：油松、樟子松、刺槐。

②整地：水平沟整地，规格为长160厘米，宽60厘米，深40厘米。整地时先把上层熟土置于沟上沿，然后将底土或母质放于沟下沿筑拦水埂，埂高视地形而定，一般为15～25厘米。待沟挖到标准后，将上沿的熟土拣净杂草、灌木根和石块后回填到沟内，回土厚度30～40厘米。整地时间以造林前1年的雨季前为宜。

③苗木标准：油松、樟子松用2年生移植苗，地径为0.3～0.35厘米，苗高10～12厘米，根长18厘米；刺槐用1年生播种苗，地径为0.6厘米，根长18厘米。

④树种配置：带状混交。油松（樟子松）与刺槐的混交比为5:5或6:4。油松（樟子松）的株行距为1.0米×2.0米，每亩170～200株；刺槐株行距为1.0米×2.0米，每亩170～200株。

⑤造林季节：以4月上中旬栽植为宜。

⑥抚育管理：造林后1～3年内应进行松土、除草、防寒等工作。第1年2次，栽后为第1次，以踏实、培土、扶正为主要内容；第2次在6～7月，主要是除草、松土、培埂。第2年再除草松土2次，第1次在6月中上旬，第2次在7月下旬。第3年1次，在6月间以松土、除草为主。以后注意适时间伐，保持合理密度。

⑦配套措施：保护天然植被，防止松毛虫等油松病虫害。

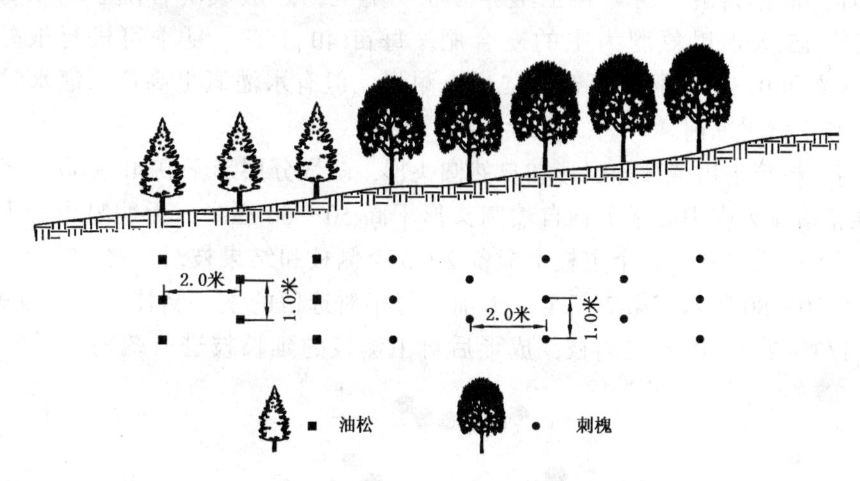

图E1-2-11　辽西丘陵缓坡地针阔混交林建设模式图

（4）模式成效

在辽宁省西部丘陵缓坡地区营造油松（樟子松）、刺槐混交林具有显著的生态效益、经济效益和社会效益。14年的试验观测表明，林分生长稳定，油松（樟子松）和刺槐混交林中的油松与纯林中的油松相比，树高和胸径分别提高了14.9%和22.9%，混交林土壤中有机质、全氮含量以及脲酶、磷酸酶活性分别比纯林提高11.7%、55.8%、6.4%和73.9%。

(5) 适宜推广区域

本模式适宜在辽宁省西部地区的朝阳市、阜新市、葫芦岛市及锦州市南部的同类地区大范围推广应用。

【模式 E1-2-12】 辽西丘陵缓坡地生态经济型防护林建设模式

(1) 立地条件特征

模式区地处温带半干旱区，年降水量350毫米左右，年平均气温8℃以上，无霜期140天。土壤质地为壤土、沙壤土、轻黏壤土，地下水位在1.5米以下。缓坡丘陵的阳坡和半阳坡适宜发展生态经济型防护林。

(2) 治理技术思路

辽西地区自然概貌总体为七山、一水、二分田。可利用山地资源多、光照充足的优势，选择仁用杏优良品种，以抗旱、保墒、增肥为着眼点，辅以树盘覆草、合理施肥、整形修剪等配套技术，建设大面积仁用杏生态经济林基地，在实现经济林生产良种化、规模化和产业化的同时，客观上提高林木覆盖率，治理水土流失、改变荒山景观。

(3) 技术要点及配套措施

①品种选择：选择优质、丰产的龙王帽等优良品种，并按5:1比例配置北山大扁、优一等作为授粉树。

②整地：栽植前1年雨季水平沟整地，沿等高线挖宽1.0米、深70～80厘米的沟，回填后修成环山等高梯田。稀植采用大穴整地，规格为80厘米×80厘米×80厘米，"品"字形布设。

③栽植密度：株行距为4.0米×4.0米，每亩栽植41株。

④水肥管理：依据树龄、树势和土壤养分状况施肥，一般成龄杏园于初秋每亩施农家肥5 000千克，花前15天追以氮肥为主的复合肥，每亩40千克，夏季可进行根外追肥，常用0.3%～0.5%尿素和0.5%磷酸二氢钾。仁用杏耐旱，但有水灌溉更高产，灌水时期在花前10天、花后20天和土壤封冻前。

⑤整形修剪：树形采用疏散分层形和自然圆头形，疏散分层形干高40～60厘米，6～8个主枝，分2～3层错落排列在中心干上；自然圆头形干高50～60厘米，无明显中心干，全株5～6个主枝，在主干上分散排列，每个主枝上配备2～3个侧枝和结果枝组。修剪方法，定植的当年进行定干，高度70～80厘米，第2年至成形前，每年对选留的主、侧枝和中心枝进行短截，剪去新梢长度的1/3～2/5，培养主侧枝，成形后对主侧枝的延长枝进行疏剪、缓放、回缩更新，

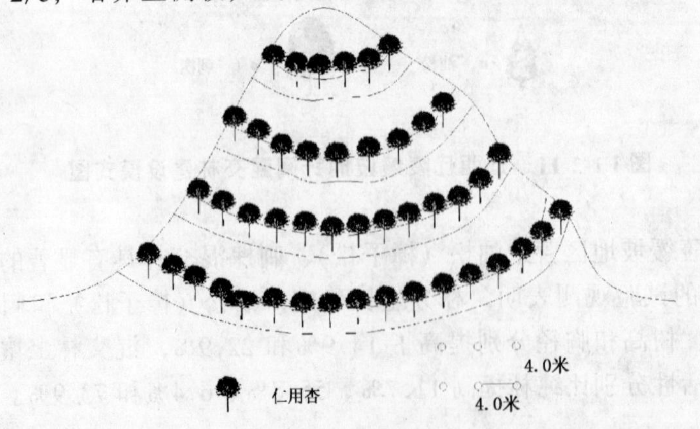

图 E1-2-12 辽西丘陵缓坡地生态经济型防护林建设模式图

保证连年丰产。

⑥配套措施：每年刈割行间播种的绿肥作物、自然生长的杂草，或利用细碎农作物秸秆，将其均匀地铺放在树盘内。

（4）模式成效

凌源市累计治理水土流失面积130万亩，其中发展仁用杏治理面积达84.8万亩，年径流量下降了60%。1993年辽西受到特大旱灾，杏仁产量却达到了156万千克，产值1 340万元。仁用杏生产的发展把治荒和治穷结合在一起，改变了这一地区荒秃与贫穷的面貌，成为该区农业经济的一大增长点和支柱产业。

（5）适宜推广区域

模式区位于辽宁省建平县，适宜在辽宁省西部及燕山南部丘陵区推广应用。

【模式E1-2-13】　辽西丘陵缓坡地沙棘水土保持经济林建设模式

（1）立地条件特征

模式区位于辽宁省建平县，丘陵缓坡集中连片，交通方便，土壤以疏松肥沃的壤土和沙壤土为宜，pH值中性，土层较厚，大于60厘米。

（2）治理技术思路

沙棘是集生态效益和经济效益于一身的重要树种，不仅具有很高的经济价值和开发前景，而且抗旱抗寒，萌蘖能力强，种植简单，便于经营管理，水土保持效果好。选择优良的沙棘品种，配套集约栽培技术，建立沙棘水土保持经济林，既可改善当地的生态环境，同时会带来巨大的经济效益。可综合运用轮作法、自然农作法和适度聚集栽培法，提高单位面积产果量和经济效益。

（3）技术要点及配套措施

①良种选用及苗木规格：中国沙棘宜选用果实大、少刺、产量高的优良雌株。引进的俄罗斯沙棘优良品种有向阳沙棘、巨人沙棘、卡图沙棘、乌兰格木沙棘等。苗木采用无性繁殖的雌雄株，苗高70厘米以上，地径0.45厘米以上，根长25厘米。

②栽植密度：根据栽植的品种、立地条件、管理措施等综合考虑加以确定。通常采用的株行距有3.0米×2.0米、4.0米×2.0米、4.0米×2.5米。

③整地：穴状整地，规格为50厘米×50厘米×40厘米。

④雌雄株配置：沙棘为雌雄异株植物，沙棘水土保持经济林中雄株所占的比例应为10%～15%，即雌雄株比为8:2或9:1。俄罗斯沙棘雄株采用阿烈伊，中国沙棘雄株采用少刺、花粉量多的优良雄株。为保证足够授粉，应在雌株周边栽植雄株沙棘。

⑤抚育管理：从栽植后2～3年开始，每隔2～3年施1次有机肥，施肥量1 500～2 000千克/亩，于秋季结合中耕施入。每隔1～2年施1次无机肥，以磷钾肥为主，施用量15～20千克/亩，在春末夏初结合灌溉施入，浅耕覆土7～10厘米。在花期和坐果期要保证水分的需要。

⑥配套措施：保留造林地中的草本植被，减少水分蒸发，保持土壤水分，提高抗径流冲刷能力。

（4）模式成效

沙棘具有极好的水土保持作用，同时可肥地、改土，还可提供一定数量的燃料和饲料。营造沙棘经济林，5年生进入盛果期，果实产量达到530～670千克/亩，年产值430～530元/亩。进行沙棘经济林示范基地建设，可有效地解决资源与加工业的矛盾，有力地促进沙棘产业化的发展，将带来显著的经济和社会效益。

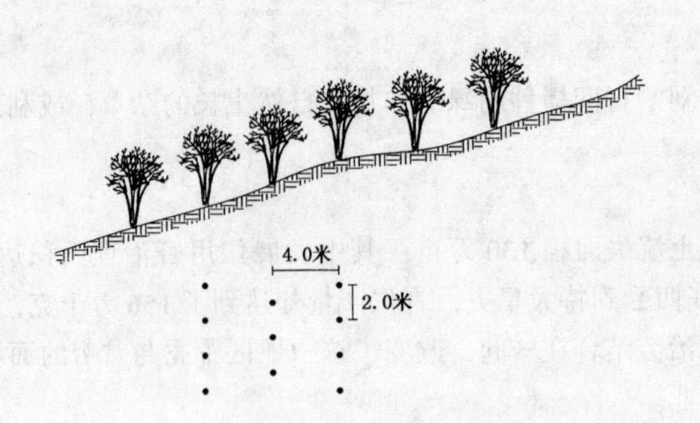

图 E1-2-13　辽西丘陵缓坡地沙棘水土保持经济林建设模式图

(5) 适宜推广区域

本模式适宜在我国广大三北地区降水在300毫米以上、水分条件较好的黄土区、山区及地下水位较高的沙区推广。

三、冀西北山地亚区（E1-3）

冀西北山地亚区位于燕山丘陵与太行山的连接处，北接坝头边缘，南临小五台自然保护区，东连冀北山地，西临山西省。包括河北省张家口市的桥西区、桥东区、宣化区、下花园区、崇礼县、怀安县、万全县、宣化县、阳原县的全部，以及张家口市的尚义县、蔚县、涿鹿县、怀来县、赤城县的部分地区，地理位置介于东经113°35′12″～115°28′20″，北纬39°56′26″～41°23′42″，面积14 499平方千米。

本亚区地势西北高东南低，山峦起伏，地形复杂，桑干河、洋河横贯其中，串连着各个盆地，在山地谷盆之间，为阴山、恒山余支组成的半山半川的近山丘陵和山前堆积平原，主要丘陵类型有黄土丘陵、卵石丘陵和次生黄土丘陵。

本亚区气候具有冬季寒冷漫长、夏季凉爽短促的特点，一般冬季长达7～8个月，夏季仅1～2个月，无明显的酷热期，严寒期长达4个月。气温由北向南增高，北部年平均气温3～6℃，东南部年平均气温8～9℃，无霜期100～150天；年降水量只有330～550毫米，且分布不均，6～8月降水量占全年的70%，10月至翌年5月降水量只占28%，春旱严重。冬季受蒙古高压控制，经常有大风降温天气，春季大风日数最多。

本亚区的黄土质地以粉沙为主，石质山地有褐土及栗钙土，养分含量低。森林破坏较早，天然林极少，现有的植被种类均为多次破坏后次生的旱生灌草。灌木有锦鸡儿、鼠李、酸枣、荆条等；草本多为蒿类，植被盖度较低。

本亚区的主要生态问题是：由于特殊的地形地貌、气候条件和植被状况，生态环境恶劣，水蚀、风蚀、干旱等自然灾害严重。

本亚区林业生态建设与治理的思路是：在合理调整产业结构的基础上，科学规划，合理布局，保护现有的天然植被，因地制宜地扩大人工植被。山地丘陵大力植树栽灌种草，营造水土保持林，增加植被，并结合水保工程，治理水土流失；在河川沟谷发展经济林和用材林。

本亚区收录1个典型模式：冀西北山地水土流失综合治理模式。

【模式 E1-3-1】 冀西北山地水土流失综合治理模式

（1）立地条件特征

模式区位于河北省张家口市宣化县。黄土质地以粉沙为主，石质山地有褐土及栗钙土，土层较薄，养分含量低。生态环境恶劣，水蚀、风蚀、干旱等自然灾害严重，降水少而集中，植被破坏严重。

（2）治理技术思路

由于模式区山地生态条件较差，必须在保护好现有植被的前提下，生物措施和工程措施相结合，实行乔灌混交、针阔混交，进行坡面综合治理，提高森林覆盖率，治理水土流失。

（3）技术要点及配套措施

①树种及其配置：根据模式区的自然条件，宜选择耐旱抗寒，适应性强的针阔叶乔灌木树种，如山杏、柠条、油松、落叶松、沙棘、紫穗槐等。造林配置上，阳坡营造山杏、柠条、油松林；阴坡半阴坡营造落叶松、沙棘、紫穗槐林。

②整地：鱼鳞坑整地，标准为 70 厘米×50 厘米×30 厘米，“品”字形排列。地形较整齐、坡面较一致的地区也可修筑梯田，栽紫穗槐防护坡埂。

③造林与抚育管理：落叶松、油松春（雨）季造林。落叶松使用 2 年生以上合格苗木，油松应尽量使用容器苗，苗木一律采用生根粉水溶液或泥浆蘸根，以提高造林成活率。山杏秋季直播造林，柠条在春（雨）季第 1 次透雨后直播造林。山杏和柠条种子一律用驱避剂拌种，栽后 3 年抚育 3 次，以松土、除草、病虫鼠害防治为主。同时在山杏苗木生长稳定后要及时定株、扩穴、培埂。

山杏嫁接大扁杏或直接栽植大扁杏成品苗建立大扁杏园，株行距宜为 3.0 米×4.0 米或 4.0 米×5.0 米。在建大扁杏园时要注意保护地表草本植被，推广蓄水节水措施，加强抚育管理，并用紫穗槐保护地埂，或建外围防护林。

（4）模式成效

本模式可以在立地条件差的地区较快地恢复植被，取得较好的生态与经济效益，减少水土流失，并能够为当地农民增加经济收入，把治荒与治穷有效地结合起来。

（5）适宜推广区域

本模式适宜在河北省西北地区海拔 800 米以上的丘陵地带和燕山北麓部分地区推广。

四、太行山山地亚区（E1-4）

本亚区西以汾河为界，西北至山西省的广灵县、浑源县，东接华北平原，北部接燕山，南临黄河。包括河北省石家庄市的井陉县、平山县、灵寿县，邯郸市的涉县、武安市，保定市的阜平县、易县、涞源县、涞水县；山西省太原市的阳曲县，运城市的芮城县、平陆县、垣曲县，晋城市的城区、阳城县、泽州县、高平市、陵川县、沁水县，临汾市的浮山县、古县、霍州市、安泽县，长治市的城区、郊区、长子县、沁源县、壶关县、平顺县、长治县、屯留县、潞城市、黎城县、襄垣县、沁县、武乡县，晋中市的灵石县、榆社县、左权县、和顺县、昔阳县、寿阳县，阳泉市的城区、矿区、郊区、平定县、盂县，忻州市的五台县、繁峙县、定襄县、代县，大同市的灵丘县、广灵县；北京市的门头沟区；河南省安阳市的林州市，鹤壁市的山城区、鹤山区、郊区，焦作市的中站区、马村区、山阳区、解放区等 62 个县（市、区）的全部，以及河北省石家庄市的鹿泉市、行唐县、赞皇县、元氏县，张家口市的蔚县、涿鹿县、怀来县，保定市的顺平县、曲阳县、唐县、徐水县、满城县，邢台市的沙河市、邢台县、临城县、内丘县，邯郸市的磁县；河南省安阳市的安阳县，鹤壁市的淇县，新乡市的卫辉市、辉县市，焦作市的孟州市、沁阳市、博爱县、修武县，省直辖的济源市；北京市的房山区、石景山区等 28 个县（市、区）的部分地区，地理位置介于东经 109°51′39″～115°41′17″，北纬 34°45′36″～40°37′12″，面积103 649平方千米。

太行山山脉为南北走向，是黄土高原与华北平原的分界线。受燕山时期断裂活动和新生代喜马拉雅山运动的影响，山地切割深邃，多悬崖峭壁，地形复杂，山体崩塌、滑坡多发，水土流失严重。以河南省博爱县月山-柏山一线为界，发育形成 2 大水系，该线以东属海河水系，以西属黄河水系。气候属暖温带大陆性季风气候，基本特点是四季分明，春季干旱、少雨、多风，夏季炎热多雨，秋季晴朗日照长，冬季寒冷少雪。年平均气温 6.8～13.7℃，无霜期 120～200 天，从北向南递增。年降水量为 500～700 毫米，从东南向西北递减，主要集中在 7～9 月，东坡、南坡降水量要比西坡、北坡大 50～100 毫米。多山洪。主要土壤类型有褐土、棕壤 2 大类和石灰性褐土、褐土、淋溶性褐土、棕壤 4 个亚类，土层较薄，有机质含量低，土壤贫瘠。

本亚区属暖温带落叶阔叶林地带，自然条件复杂，森林植被稀少，但植物种类丰富，有落叶阔叶林、针阔混交林、常绿针叶林及灌草丛植被，原始植被已破坏殆尽，现以天然次生林或人工植被为主。海拔 1 600 米以上，主要分布有华山松、辽东栎、桦木为主的针阔混交林和六道木、天目琼花、苔草、蕨类等灌草丛植被；海拔 800～1 600 米，主要分布有油松、栓皮栎等为主的纯林及栎类混交林和胡枝子、绣线菊、黄栌、羊胡子草、铁杆蒿等灌丛植被；海拔 800 米以下，主要分布有侧柏、刺槐、栓皮栎等为主的纯林和以酸枣、野皂角、黄背草等为主的旱生灌丛，经济林树种有山楂、柿树、核桃、花椒、板栗、枣、桑、香椿、黄楝等，四旁树种有泡桐、杨树、楸树、臭椿、苦楝等。

本亚区的主要生态问题是：原生植被因过度砍伐而退化，水源涵养能力低下，水土流失严重，山洪、崩塌、滑坡等灾害时有发生；旱灾严重，土地生产力低下，经济落后。

本亚区林业生态建设与治理的对策是：以小流域为单元，以生态经济沟建设为重点，综合运用生物措施和工程措施，提高防护标准，控制水土流失；保护和利用好现有植被，大力造林种草，抓好植被建设，逐步实现生态环境的良性循环；调整林业内部结构，建立以林果为基础的多种经营基地，提高经济效益，实现生态效益和经济效益、社会效益的共同提高，为经济、社会的持续发展奠定基础。建设布局和主要治理措施是：从长远利益着眼、近期利益着手，走长短结合，以短养长的道路。深山区分别发展水源涵养林、水土保持林和用材林，主要措施是“以封为主，以造补封”，大力进行封山育林，选择重点进行造林，积极推行飞播造林，以加快绿化速度。东部浅山区、丘陵区因地制宜地发展水保林和经济林，措施是“以造为主，以封保造”，大力造林，普遍封山养草，尽快收到经济效益和生态效益。治理的重点是河流上游、水库周围、窗口地带、水土流失严重地区。

本亚区共收录 13 个典型模式，分别是：冀西低中山石灰岩山地林业生态综合治理模式，冀西低中山花岗岩、片麻岩山地综合治理模式，冀西高中山石质山地植被恢复模式，冀西石质山区沟谷地生态经济林建设模式，冀西黄土丘陵生态经济型水土保持林建设模式，太行山石灰岩干石山绿色通道建设模式，太行山石灰岩干石山地植被恢复模式，太行山石灰岩裸岩区微域抗旱造林模式，太行山中段石灰岩山区生态经济林建设模式，太行山偏远土石山地飞播造林植被恢复模式，太行山中山区水源涵养林建设模式，太行山中山区油松飞播造林模式，太行山低山丘陵区生态经济沟建设模式。

【模式 E1-4-1】 冀西低中山石灰岩山地林业生态综合治理模式

(1) 立地条件特征

模式区位于河北省满城县、易县、涉县、武安市等地，属冀西低中山石灰岩山地。低山海拔在800米以下，中山海拔800～1 500米，基岩为石灰岩、白云岩、大理岩。低山土壤为褐土，以典型褐土、碳酸盐褐土为主，中山土壤主要为生草棕壤、淋溶褐土；土层厚度坡面上下差异明显。土壤干旱，贫瘠，植被盖度在60%左右，水土流失严重。

(2) 治理技术思路

冀西低中山石灰岩山地为北京周边水库和河流的重要水源涵养区，气候干旱，水土流失严重，给当地的生产和生存环境带来很大影响。应以植被建设为中心，采取封造结合的手段，建成中、低山完善的水源涵养林和生态经济林体系。达到既能保持水土、保护河流下游水利工程，又能生产林、果产品，增加经济收入的目的。

(3) 技术要点及配套措施

①水源涵养林营造技术：

树种选择：低山石灰岩山地适生的树种有辽东栎、油松、侧柏、刺槐、黄连木、紫穗槐、臭椿等；中山石灰岩山地适生的树种有油松、侧柏、蒙古栎、辽东栎。

树种配置：不规则块状混交，最小株行距1.5米×2.0米。

种苗规格：选用无病的健壮Ⅰ级苗。针叶树尽量用容器苗，苗木必须有健壮顶芽，雨季造林。

整地：穴状整地，提前1年或1个季节进行整地。整地规格，针叶裸根苗30厘米×30厘米×30厘米，外沿土埂高10厘米；阔叶乔木苗50厘米×50厘米×40厘米。

造林：植苗造林，春秋季栽植。为了提高造林成活率，要大力推广生根粉蘸根技术、保水剂应用技术，以提高苗木的抗旱能力。

抚育管理：从造林当年起连续抚育3年，抚育的主要内容有除草、松土、病虫害防治等，时间为5～7月份。1年除草2次。

②水土保持经济林营造技术：

树种选择：山杏，宜布置在立地条件较好的山坡中下部。

种苗规格：选择2年生Ⅰ级或Ⅱ级苗木。Ⅰ级苗苗高要大于100厘米，地径要大于1厘米，根长要大于20厘米；Ⅱ级苗苗高要在80～100厘米，地径要在0.8～1厘米，根长15～20厘米。

整地：鱼鳞坑整地，三角形配置。提前1年或1个季节整地，规格100厘米×70厘米×40厘米。

造林：植苗造林，株行距2.5米×5.0米，每亩栽植67株。秋季或春季栽植。在栽植过程中要大力推广应用保水剂，提高苗木的抗旱能力。

抚育管理：从造林当年起连续抚育3年，抚育的主要内容包括除草、松土、病虫害防治等。每年中耕除草2次。

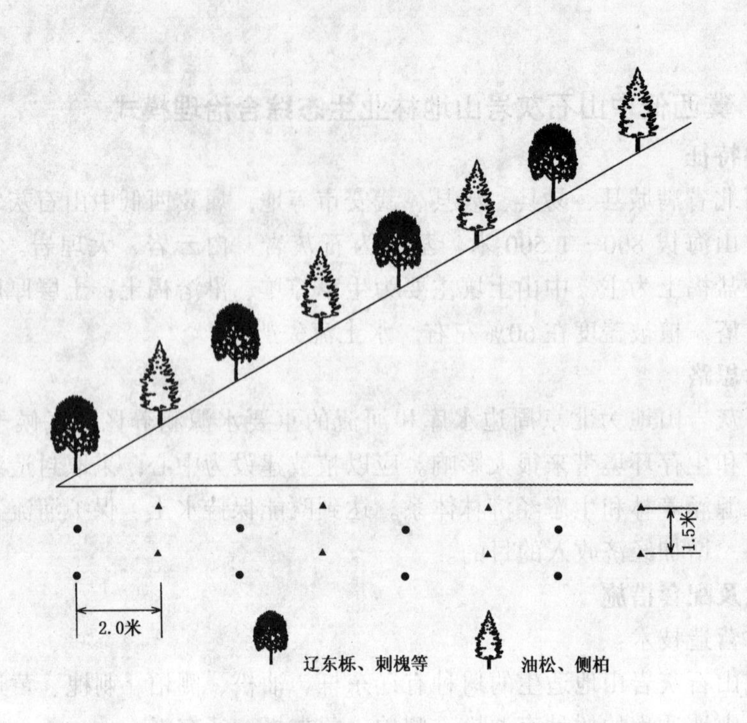

图 E1-4-1　冀西低中山石灰岩山地林业生态综合治理模式图

(4) 模式成效

本模式在土壤瘠薄、干旱的区域推广，能有效提高造林成活率，增加植被盖度，既保持水土、保护下游水利工程，又生产林、果产品，增加经济效益，提高当地人民的生活水平。

(5) 适宜推广区域

本模式适宜在太行山海拔 800～1 500 米的低、中山石灰岩山区推广应用。

【模式 E1-4-2】　冀西低中山花岗岩、片麻岩山地综合治理模式

(1) 立地条件特征

模式区位于河北省赞皇县、平山县、邢台县、阜平县等地海拔 1 500 米以下的地区，基岩为花岗岩、片麻岩，土壤种类为典型褐土、淋溶褐土、褐土、棕壤、生草棕壤，土层厚，土壤质地为轻壤、中壤，团粒结构，保水性能好。

(2) 治理技术思路

低中山花岗岩、片麻岩山区，立地条件较好。林业生态治理的主要思路是：以植被建设为主，工程措施与生物措施相结合，采用高标准整地技术，因地制宜，适地适树，大力推广优良品种，做到水保林与经济林兼顾，保持水土和经济效益并重，建成水保林戴帽，经济林缠腰的模式。

(3) 技术要点及配套措施

①水土保持林和水源涵养林建设：

树种选择：低山花岗岩、片麻岩山地的适宜树种有刺槐、紫穗槐、栓皮栎、油松、侧柏、山杏、枣、桑树、栎类、臭椿、黄连木等；中山花岗岩、片麻岩山地的适宜树种有华北落叶松、油松、侧柏、刺槐、辽东栎、山杏等。

树种配置：根据小地形变化，不规则块状混交或营造纯林。刺槐、侧柏混交，混交比为2∶1；油松、紫穗槐混交，混交比为3∶2。

整地：提前1年或1个季节，鱼鳞坑和穴状整地。鱼鳞坑规格100厘米×70厘米×40厘米，穴状整地规格30厘米×30厘米×30厘米，在中山营造油松、华北落叶松纯林以穴状整地为主。株行距2.0米×2.0米，油松-紫穗槐、刺槐-侧柏混交林，鱼鳞坑整地，两坑中心距4.0米，行距2.5米，每坑2株。

造林：植苗造林，油松、侧柏、华北落叶松雨季栽植，刺槐、紫穗槐可春季或秋季栽植。

抚育管理：从造林当年起，连续抚育3年，抚育内容以除草、松土、病虫害防治为主。每年除草2次。

配套措施：油松、华北落叶松10年开始间伐；刺槐每10年平茬1次。

②生态经济型防护林建设：

树种选择：主要以大扁杏、板栗、枣树为主。

树种配置：纯林，株行距5.0米×7.0米，每亩栽植32～44株，用紫穗槐或冰草、沙打旺、小冠花等水土保持草种护坡。

种苗规格：均用2年生嫁接苗，规格为I级苗，要求苗高1.0米以上，地径1厘米以上，根长20厘米以上。

整地：提前1年或1个季节进行，爆破整地后沿等高线整成外高里低宽2.0米、深1.0米的水平阶，回填表土形成一道宽1.5～1.7米，埂高0.2～0.3米的高标准水平条田。

造林：春季或秋季栽植，未嫁接的在夏季适时就地嫁接，栽前苗根蘸泥浆或ABT生根粉，栽植时施入适量保水剂，同时每坑内施用有机肥40千克，并混施磷酸二铵0.5千克，浇透水，7天后再灌1次透水，每株覆1.0米×1.0米地膜。

抚育管理：注意及时定干、追肥、浇水、中耕除草。造林后2～3年开始整形修剪，防治病虫害；4～5年时促花控制过旺生长，利用护坡种植的紫穗槐，进行压青或覆草压土保墒，提高土壤有机质含量，尽快实现丰产。

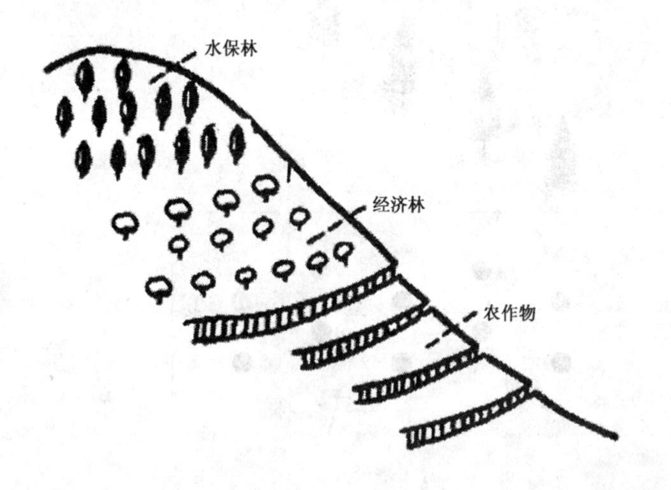

图 E1-4-2 冀西低中山花岗岩、片麻岩山地综合治理模式图

(4) 模式成效

本模式具有显著的经济、生态和社会效益。林种配置科学合理，树种多样，土地资源得到合理利用，既可以造林绿化、保持水土，又可以使群众脱贫致富。如赞皇县近几年大力发展大枣，

面积达到15万亩，仅此一项就人均收入350多元。

(5) 适宜推广区域

本模式适宜在区域海拔800～1 500米的花岗岩、片麻岩山地推广。

【模式 E1-4-3】　冀西高中山石质山地植被恢复模式

(1) 立地条件特征

模式区位于河北省阜平县和平山县海拔1 500米以上的地带，基岩多为石灰岩，花岗岩、片麻岩较少。土壤多为山地棕壤、生草棕壤。土层25厘米以上，团粒结构，轻壤或中壤，呈微酸性反应，有机质含量5%～6%以上。

(2) 治理技术思路

高、中山地以发展水源涵养林、水保林和用材林为目标，在封育、飞播的基础上，选择重点进行人工造林，以加快绿化速度。

(3) 技术要点及配套措施

①树种选择与配置：选择落叶松、油松为主要造林树种，株行距1.5米×2.0米，三角形配置，每亩需要苗木222株。

②整地：提前1年或1个季节穴状整地，规格30厘米×30厘米×30厘米，外沿土埂高10厘米。

③造林：春季或雨季均可。采用百日以上的Ⅰ级容器苗，苗高大于10厘米。

④抚育管理：从造林当年起连续抚育3年，5～7月份实施，除草、松土、病虫害防治等要同时进行。

⑤配套措施：深远山区可考虑飞播造林；大力开展封山育林育草，恢复植被；适时适度合理间伐，保持适宜的密度和透光度，保证林分健康成长和持续发展。

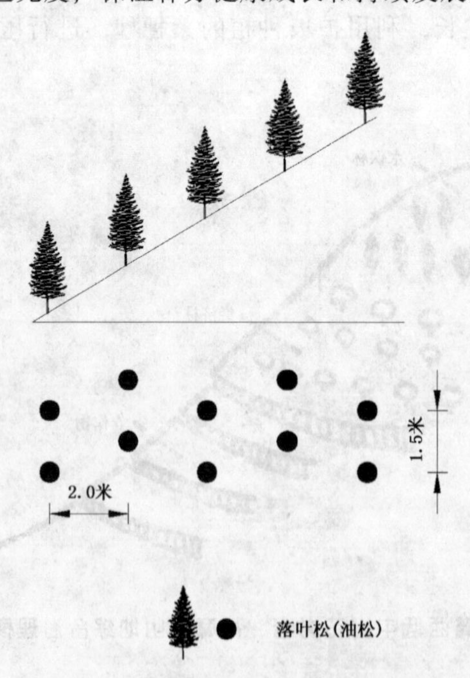

E1-4-3　冀西高中山石质山地植被恢复模式图

(4) **模式成效**

本模式解决了高、中山大面积快速绿化、恢复植被的问题，绿化效果好，造林成本低，同时保证四季常青。

(5) **适宜推广区域**

本模式适宜在太行山海拔 1 500 米以上的区域推广。

【模式 E1-4-4】 冀西石质山区沟谷地生态经济林建设模式

(1) **立地条件特征**

模式区位于河北省易县、涉县、邢台县等地。主要土壤为坡积物或黄土积物上发育的碳酸盐褐土，砂石砾含量高，土层深厚，多垦为农地。植被以人工植被为主，主要为经济树种和青杨、刺槐、臭椿、毛白杨。坡脚、台地、梯田、地埂等适宜发展生态经济林。

(2) **治理技术思路**

沟谷土壤肥沃，光热条件较好，是农业生产和发展经济的良好基地，必须充分合理利用这里的水土资源。可配合工程措施营造片状、带状、点状生态经济林，或林农间作，发展混农经济林。

(3) **技术要点及配套措施**

①树种选择：核桃、柿、花椒等。

②配置：果园，株行距 4.0（5.0）米×6.0 米，以花椒、牧草围园。必要时可加大行距，行间种植作物，需苗量每亩 22～28 株。

③种苗规格：2 年生嫁接苗，苗木规格为Ⅰ级苗，苗高 120 厘米以上，地径 1.2 厘米，根长 30 厘米。

④整地措施：提前 1 年或 1 个季节整地，必要时先修梯田然后挖穴，果树穴深 80 厘米，长宽各为 100 厘米，回填表土。

⑤造林：春季萌芽前进行。栽前苗根蘸泥浆和 ABT 生根粉，穴内施有机肥 40 千克，混磷酸二铵 0.5 千克。栽植时注意造林质量，要求根系舒展，栽后踏实灌透水，7 天后再灌 1 次透水，并扶正苗木，每株覆 1.0 米×1.0 米地膜。花椒沿果园外围或地埂栽植，单行株距 3.0 米。

⑥抚育管理：及时定干和整形修剪，防治病虫害，2～5 年促花控制过旺生长，覆草压土保墒，越冬保护防抽条。

(4) **模式成效**

本模式不仅可以充分利用沟谷地水土优越的条件，发展经济林，增加收入，还可林农混作，收获粮食。或采用用材林与农混作，获得木材，同时也可控制水土流失，有较好生态效益，果树一般 3 年成花，4 年结果，5～10 年进入初果期，10 年以后进入盛果期。生态效益和经济效益兼顾，是山区群众乐意接受的一种模式。

(5) **适宜推广区域**

本模式适宜在太行山沟谷地带推广。

【模式 E1-4-5】 冀西黄土丘陵生态经济型水土保持林建设模式

(1) **立地条件特征**

模式区位于河北省蔚县、涿鹿县。海拔 1 000 米左右，相对高差不大，土厚 80 厘米以上，有机质含量1%～2%。植被主要有杨、榆、酸枣、臭椿、山杏、山菊、羊胡子草、野豌豆等。水土流失严重。

(2) 治理技术思路

黄土丘陵地区土层深厚,肥力中等,但比较干旱,植被覆盖不良时,容易发生水土流失。在保护好现有人工和天然植被的情况下,发展生态经济型水土保持林是该区生态环境建设的发展方向。

(3) 技术要点及配套措施

①树种及其配置：大扁杏、紫穗槐。大扁杏株行距3.0米×6.0米；埂沿栽植紫穗槐护坡，株距1.0米。

②种苗规格：大扁杏用2年生嫁接苗，苗高100厘米以上，地径1厘米，根长20厘米，需苗量每亩34株。

③整地：提前1年或1个季节整地，地形较整齐时沿等高线整成外高里低的“围山转”水平条田，比降3/1 000。整地挖深宽各100厘米的水平沟，里切外垫，表土回填，形成2米宽的水平畦面。若地形破碎时则可实行燕尾槽整地。按株行距挖长100厘米，宽70厘米，深40厘米的半月形鱼鳞坑，表土回填，“品”字形排列，沿外沿在坑的斜上方两侧筑20厘米高的燕尾形土埂，以集流蓄水。整地时注意保留树坑周围的原生草本植物，以减少水土流失。

④造林：植苗造林，蘸浆或蘸生根粉、根宝栽植，坑内施肥浇水，地膜覆盖。

⑤抚育管理：及时定干，追肥浇水，2～3年整形修剪，防治病虫害。4～5年促花控制过旺生长，覆草压土保墒。

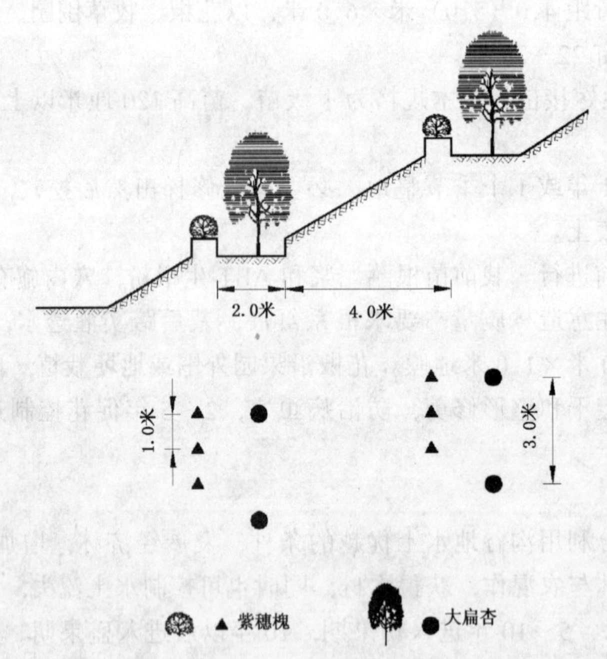

图 E1-4-5　冀西黄土丘陵生态经济型水土保持林建设模式图

(4) 模式成效

本模式不仅能够防止水土流失，而且有较好的经济效益，有利于发展当地经济，增加农民收入，是一个生态、经济双优的模式，在河北省蔚县、涿鹿县等地的示范区，森林覆盖率提高10%，每亩年收益达到1 100元。

(5) 适宜推广区域

本模式适宜在海拔1 000米左右、相对高差不大、土层厚80厘米以上的区域推广，也适合于在冀西北山地推广。

【模式 E1-4-6】 太行山石灰岩干石山绿色通道建设模式

(1) 立地条件特征

模式区位于山西省平定县寺垴山。公路两侧为石灰岩干石山，石多土薄，裸岩面积占30%左右，土层厚一般15厘米左右，干旱贫瘠，植被稀疏，生态景观效果不佳，急需治理。

(2) 治理技术思路

模式区立地条件极差，需实行大穴低密度石埂整地，最大限度的汇集地表径流，增加活土层。同时采用浇水、地膜或石片覆盖措施来提高并保持土壤水分，再采用带土坨大苗或大营养袋苗加花灌木造林，形成乔、灌、花、草相结合的林相结构。达到一次造林、一次成林、一次成景的目的。

(3) 技术要点及配套措施

①整地：在造林前1年雨季，由山上往山下沿等高线，采取一打桩，二放线，三操平，四调弯，五定点，六平基，七下挖，八垒堰，九回填，十整面，再涂边的操作规程施工。炸药爆破与人工开挖相结合，整出石埂大鱼鳞坑。鱼鳞坑规格为200厘米×150厘米×100厘米，即长径200厘米，短径150厘米，活土深100厘米,石埂高于穴内土表25厘米。鱼鳞坑呈“品”字形排列，密度为3.0米×3.0米～3.0米×4.0米,每亩73～55穴，每穴栽大苗2株。整地要注意往下深挖，要隔过裸岩并保留灌木，防止整出四面都高出地面的台坑。

②树种选择：海拔1 300米以下的干石山阳坡主栽树种以侧柏为宜，可用5～10年生带土坨大侧柏苗，也可用3年生大营养袋侧柏苗。其他地区和坡向可主栽大营养袋油松和侧柏苗。同时以山桃、山杏、火炬树、元宝枫、黄刺玫、山皂角作为伴生树种，进行带状或不规则块状针阔、乔灌混交。

③栽植：春夏秋三季均可栽植，春季宜早栽。因近年来气候十分干旱，降水量极少，栽植大苗成活的关键环节是及时浇足水，视土壤干旱情况一般浇1次水即可。浇水后要及时用地膜覆盖，同时就地取材，再利用石片进行整穴覆盖。

④管理：栽后要明确管护机制，严禁放牧牛羊，及时补植补造，补植仍采用同龄苗。

⑤配套措施：这种模式必须注意和通道绿化、重点地段景点美化、园林化相结合，整体效果将会更佳。

(4) 模式成效

本模式整地规格大，可达到小雨不出坑，中雨不下山，大雨不成灾，最大限度地改地适树。同时由于实施大苗低密度造林，乔灌花草相结合，有利于林下植被的恢复生长，可形成复层林相结构。既利于生物多样性的提高，又利于保持水土，改善景观效果。地膜加石片覆盖技术，具有尽量减少蒸发，达到小旱不显旱，大旱保成活的抗旱保墒效果。这种模式在山西省平定县、黎城县等地实施后，效果甚好。1997年百年不遇的大旱之年，庄稼旱死绝收，而平定县寺垴山0.5万亩防护林工程、灵岭山沟0.6万亩防护林工程的造林成活率却高达95%。

(5) 适宜推广区域

本模式适宜在山西省太行山区从南到北的干线公路两侧荒山、旅游风景区、重点城镇、工矿区周围干石山绿化中推广应用，对北方其他土石山区交通干线两侧的绿化也有参考价值。

【模式 E1-4-7】　太行山石灰岩干石山地植被恢复模式

(1) 立地条件特征

模式区位于山西省平顺县干石山、土石山的阳坡、半阳坡，海拔1 500米以下，土层厚20厘米左右，贫瘠而干旱，植被稀疏，造林难度大。

(2) 治理技术思路

太行山区土壤瘠薄的干石山阳坡、半阳坡，属困难立地区，一般的造林方式很难成功。采用塑膜容器袋育苗造林技术，可大大加快苗木培育速度，人为改善苗木的水分和土壤环境，提高造林成活率。

(3) 技术要点及配套措施

①育苗：

圃地选择：最好选择在离造林地近，靠近水源，地势平坦，易排水，通风良好，交通方便，没有病虫害和家禽野兽危害的地方。菜地、瓜地、玉米地等耕地不宜作圃地。

容器育苗：以清明前后为宜。容器采用山西省林业科学研究所生产的直径4～5厘米、长15厘米、厚2毫米的蜂窝状营养杯。营养土最好用林地或草地的土加肥料消毒处理。将配置好的营养土装入容器内，分层振实，装土量以低于容器口1厘米为宜。容器袋互相靠实。用消毒催芽的种子进行播种，每袋播3～5粒，然后覆盖细沙土。下种后要浇水、喷药、防晒、防鸟畜害。待苗木长到120天左右即可出圃上山造林。

②整地：造林前1年雨季鱼鳞坑整地，长轴100～150厘米，短轴80～100厘米，深40～60厘米。要求石头垒埂，外侧高出穴面25厘米。

③造林：春夏秋三季均可栽植。油松、侧柏以百日容器苗或1年生苗造成林效果较好。注意起苗前浇透水，平铲起苗不伤根，搬运过程不散土。栽植深度与袋口相平。

④树种配置：由于立地条件很差，树种主要选择油松、侧柏。阴坡、半阴坡海拔1 400米左右地段应以油松为主，阳坡、半阳坡低海拔区以侧柏为主。同时注意配置一定比例的山桃、山杏、沙棘、火炬树、黄刺玫等，形成乔灌混交的林分结构。带状或块状混交。乔木树种的株行距为2.0米×3.0米，灌木树种的株行距为1.5米×3.0米，灌木比例应占30%以上。

⑤配套措施：造林后用石片整穴或局部覆盖，以利保墒。

(4) 模式成效

百日容器苗的应用加快了林业生态工程建设速度，提高了造林成活率。据调查，容器苗造林成活率和保存率在阳坡、半阳坡比裸根苗造林提高47.9%和78%，在阴坡提高15.7%和25.8%，相对成本低于裸根苗的造林成本。同时采取乔灌混交造林，具有稳定的林分结构和较好的水土保持效果。

(5) 适宜推广区域

本模式适宜在太行山区中低山干石山地的植被恢复中推广使用。

【模式 E1-4-8】　太行山石灰岩裸岩区微域抗旱造林模式

（1）立地条件特征

模式区位于山西省壶关县的石灰岩山地，海拔 1 000～1 300 米，裸岩面积占 40%左右，局部地区更高，以活石为主，也有露头的基岩，绝大部分为阳坡。土壤多为石灰岩山地褐土，植被稀少。裸岩区裸露石块构成多种微域小地形，如由 3～5 个石块构成的一个中间积蓄土壤的小土坑石间“盆地”；由 2 块以上石块形成的中间蓄截土壤和水分过水夹缝；横坡向由 1 块或数块石块构成上侧拦蓄水土的埂坝—石埂、石缝；突出于坡面，大石块周边保留的较湿润地块—石侧阴湿地。

（2）治理技术思路

上述微域小地形，土层厚 20 厘米以上，石块间的缝隙较宽敞，适宜于用抗逆性强的油松、侧柏小苗造林。利用裸岩区石块间构成的小地形中的土水“资源”，采取见缝插针的措施，实行不整坑现挖现栽的造林方式，营造乔灌木林，增加植被盖度，防止水土流失，改善生态条件。

（3）技术要点及配套措施

①苗木培育：为提高苗木的抗性和适应性，采用“阳坡育苗阳坡栽，阴坡育苗阴坡栽，就地育苗就地栽”的育苗方法。

②巧用小地形：根据当地的特殊立地条件，合理利用水土资源。具体总结为：“石上集水，石下栽树”；“石头截水，石上栽树”“石隙过水，见缝栽树”“石间盆地，中间栽树”“石侧阴湿，可以栽树”。

③抓好保苗关：起苗开沟保全根，运苗带坨不干根，水中分苗保须根，泥浆蘸根保润根。具体要求为：起苗时先在苗行一侧开沟深达苗木根，然后在另一侧用镢或锹直挖带坨起苗，保持根系完整。随苗起出的土坨不要打碎，土坨较湿时可直接运往造林地。阳坡土松不易成坨，需把苗木立刻浸入水中，使苗根全部离土，再把一株株苗根轻轻分开，这样可保全毛根，苗木上山时要用配有适宜浓度根宝、生根粉的泥浆蘸根，使根系一直处于湿润环境。

④栽植：油松、侧柏选用 2 年生裸根苗造林，直壁靠边栽植。即刨栽树坑时，靠近坡下面的坑壁要垂直，不要破坏原状土壤结构，栽苗时，苗木靠直壁一面，还要注意选择湿度大、土质肥的“围根土”，围根土放好后，向穴内填表层土和湿土，注意提苗防止窝根，并埋土砸实，上覆 1 层土。穴面要整成外高里低的反坡，最后覆盖石块保墒。

⑤树种配置：以油松、侧柏与山桃、山杏不规则“品”字或星状混交。

⑥配套措施：防止放牧破坏天然植被，防止病虫害的产生。

（4）模式成效

本模式是岩石裸露的暂难利用地造林的有效办法，随挖坑随造林，有利于保持水分，减少水土流失，可充分发挥资源潜力。在干石山干旱坡面有显著的成效。据调查，应用本模式造林成活率、保存率可分别提高 16.5%和 9.8%，并大大降低造林成本。

（5）适宜推广区域

本模式适宜在太行山区岩石裸露地、局部有微域造林环境的地段推广应用，对北方其他干旱的土石山区植被恢复也有参考价值。

【模式 E1-4-9】　太行山中段石灰岩山区生态经济林建设模式

(1) 立地条件特征

模式区位于山西省平顺县。年平均气温12.8℃，年降水量约520毫米，无霜期220天左右。

(2) 治理技术思路

太行山石灰岩干石山地阳坡、半阳坡分布面积较大，占现有宜林地的绝大部分，利用适宜条件，发挥光热资源优势，通过提高整地标准，修建各类梯田，加强经营管理，阳坡种植喜温耐干旱瘠薄的花椒等经济树种，实现林业三大效益的有机结合。

(3) 技术要点及配套措施

①立地：海拔1 200米以下，石灰岩干石山阳坡、半阳坡，以半阴坡（东向坡）为最好，坡位中下部，土层相对较厚处，避开山梁和风口。

②整地：阳坡山地土层较薄，种植花椒等经济林必须注意保水保土，蓄水集水，要求细致整地。可采用梯田整地方式，沿等高线由下向上逐条修筑。

水平梯田：沿等高线修筑，长度视坡面而定，田面宽1.5米以上。外沿土层厚度0.7米以上。

反坡梯田：坡度较陡的20度以上山坡，修成宽1.5米的反坡梯田，栽植1行花椒树；15度左右的较平缓坡面可修成4.0～5.0米宽的田面，栽2行花椒树。梯田外沿高0.6～1.3米，田面里低外高，反坡3～5度。

隔坡梯田：适于坡度较陡、土壤瘠薄干旱的阳坡，要求田面宽不小于1.0米，外沿土层厚0.7米以上。石坎砌成后，将坡面上的土集中起来，填到石坎内形成梯田，使后部的基岩裸露出来，梯田间距一般为4.0～5.0米。采用这种方式一是增加土层厚度，二是在梯田后部的裸岩地段形成集水区，将雨水全部聚在梯田内，提高土壤湿度。

块状梯田：在地形较为破碎的地方修建。

③造林密度：株距2.0～2.5米，行距3.0～4.0米，每亩80～100株。隔坡梯田株行距一般

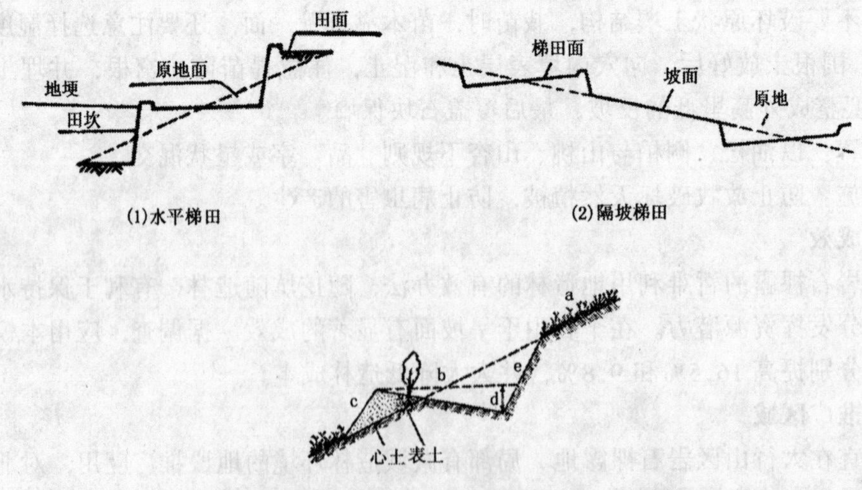

图 E1-4-9　太行山中段石灰岩山区生态经济林建设模式图

为 2.0 米×3.0 米～4.0 米×1.5 米，适当密植。

④品种：以大红袍为主，适当配置小红袍。

⑤栽植：春、夏、秋三季均可。春季以惊蛰到春分前后为宜，秋季在白露以后苗木开始落叶时进行。春秋季用 2 年生苗，要求苗高 80 厘米，根径 0.8 厘米以上。可用传统的直插法和平埋压苗法，而尤以平埋压苗法为好。即在整好的梯田上挖长 30～50 厘米，宽 20～25 厘米，深 20～30 厘米的沟，栽种时把苗木下部的 2/3 部分平埋于沟内，使苗木根系舒展，并将苗木上部的 1/3 露出地面扶正，埋土踩实，栽后用地膜覆盖保墒增温。

⑥管理：造林后的 1～3 年内可间作药材以及马铃薯、豆类等低秆农作物。施肥：每年早春和秋季施肥 1 次。在肥源紧缺的情况下，可早春株施碳铵 0.25 千克，花椒采收后，株施饼肥 1.5 千克，土壤封冻前株施人粪尿 5 千克加过磷酸钙 0.5～1 千克。另外注意中耕除草，整形修剪和防治病虫害。

（4）模式成效

在石灰岩干石山坡面，通过高质量整地措施和经济林建设，既增加了植被，保持了水土，也给当地群众增加了经济收入，充分发挥了土地的生产潜力，使林业的三大效益得到有机结合。花椒幼龄期 1～3 年，初果期 4～7 年，盛果期 8～25 年。据考察，25 年生的山地花椒园，每亩一次性投入和逐年投入总计为 3 147 元，较差的 25 年每亩共产出 41 644 元，较好的 62 746 元，平均每年每亩产出 1 660～2 510 元，投入产出比为 1:13.1～1:19.8，经济效益十分显著。

（5）适宜推广区域

本模式适宜在山西省中部及东南部的石灰岩干石山海拔 1 200 米以下的阳坡、半阳坡推广。

【模式 E1-4-10】 太行山偏远土石山区飞播恢复植被模式

（1）立地条件特征

模式区位于山西省左权县、垣曲县，地处中条山脉海拔 400～800 米。冬季少雪，春季干旱多风，年降水量 667.6 毫米，主要集中在 7～9 月。无霜期 228 天，平均气温 13.3℃。距离村庄较远，有大面积连片荒山，阴坡、半阴坡面积占 70% 以上。灌木盖度小于 0.3，草类盖度在 0.3～0.6 之间，草灌盖度适宜。

（2）治理技术思路

飞播造林具有速度快，成本低，省劳力，效果好，不受地形限制等优势，可以使人烟稀少、交通不便、荒山面积大的边远山区进一步加快绿化步伐。油松、侧柏，是太行山中低山区的主要造林树种，生长迅速，适应性强，耐干旱瘠薄，同时油松在阴坡，侧柏在阳坡，天然更新容易，能飞籽成林，是荒山造林的先锋树种。

（3）技术要点及配套措施

①树种选择：油松和侧柏混合播种，混交比例为 4:6，阳坡要适当加大侧柏的比例。

②播种量及种子处理：播种前应对种子质量进行检验，主要包括发芽率、发芽势、含水量，纯度等，防止不合格种子上机。播种量每亩最多 0.4 千克，一般 0.2～0.3 千克。使用 ABT 生根粉、鸟鼠驱避剂等进行浸种或拌种，以提高飞播成效。

③播前地面处理：对于草灌盖度大的地区，组织播区村民进行割灌和简易整地，为播后成苗创造条件。或在春、夏季节发动播区附近村民进入播区挖药，也能起到同样的效果。

④播期选择：一般在 6 月底至 7 月初，播后降雨较多，促进发芽。

⑤飞播作业：云高不低于当日播带最高峰 500 米，能见度不少于 5 千米，侧风风速不大于

5.0米/秒。使用GPS导航技术。

⑥播后管护：落实管护机构与人员。飞播要做到死封，纯播油松死封5年，混播侧柏要死封10年。播后要明确权属。落实管护责任人，签订管护合同，同时制定切实可行的护林公约和乡规民约，并大力宣传，做到护林者奖，毁林者罚。要解决好林牧矛盾，严防牛羊入山，同时注意护林防火。

(4) 模式成效

在干旱的太行山区，油松宜生长在阴坡和较高海拔地带，侧柏宜生长在阳坡和低山地区，2个树种混播比单播一个树种容易获得成功，且侧柏比油松成苗率高。该模式在山西省左权县、垣曲县土石山区播种后均获成功。垣曲县1983～1989年飞播的6个播区12.6万亩，有效面积为10.2万亩，有林面积为5.7万亩，占有效面积的55.9%，达到部颁飞播造林"优"的标准。

(5) 适宜推广区域

本模式适宜在太行山偏远中低土石山区推广。

【模式E1-4-11】　太行山中山区水源涵养林建设模式

(1) 立地条件特征

模式区位于河南省辉县市、林州市、济源市的太行山中山地区，海拔800米以上，沁、漭、卫、漳等河流及众多水库的上游汇水区分布于此。年平均气温8～12℃，日温差大，年降水量700～900毫米。棕壤或淋溶性褐土，少部分褐土，pH值6～7，土层厚30～40厘米左右，土壤较肥沃。坡度一般25～36度。

(2) 治理技术思路

栓皮栎、油松是太行山区的优良乡土树种，适应性强，分布广泛，是中山地带的主要造林树种，也是飞播造林的主要树种。油松、栓皮栎二者混交，利用种间关系相互促进，可有效地保持水土，涵养水源，改良土壤，并可防止或减少火灾和病虫害。华山松、华北落叶松、辽东栎也是太行山中山地带的乡土树种，它们的混交同样有油松、栓皮栎混交的优点。通过针阔混交形成复合生态系统，是该区保持水土、涵养水源的最佳途径。

(3) 技术要点及配套措施

①树种选择：海拔800～1 600米，选油松、栓皮栎；海拔1 600米以上选华山松、华北落叶松、辽东栎。

②整地：穴状整地，规格30厘米×30厘米×30厘米，随整随造；或于前一年雨季或秋季鱼鳞坑整地，规格40厘米×30厘米×30厘米。鱼鳞坑整地的方法是沿等高线自上而下按1.0米×2.0米的株行距在坡面上开挖"品"字形排列的穴，在穴下沿做一小土埂，苗木栽在鱼鳞坑内下沿，种子可点于埂坡上。

③种植：就近育苗，有条件的地方可培育容器油松苗；无鼠害地区，栓皮栎可直播造林。油松，雨季随起随造，裸根苗泥浆蘸根或保水剂泥浆蘸根，保水剂泥浆水与保水剂的重量比为100∶1。栓皮栎，春季植苗造林或秋季随采随播直播造林，每穴4～6粒。带状混交，1个树种的带宽2～7行。

④配套措施：栎类播种后至发芽期应防鼠害。幼苗周围杂草在造林后的1～2年内不要除掉，用于保护幼苗和遮荫，第3年可除去。幼苗幼树成林前防止人畜破坏。

表 E1-4-11 针阔混交型水源涵养林建设技术指标

造林树种		混交		株行距（米）	苗木规格			每亩种苗量		造林季节
主要树种	替代树种	方式	比例		苗龄	地径（厘米）	苗高（米）	株数	千克	
油松	华山松 落叶松	带状	1:1	1.0×2.0	1～2	0.3～0.4	≥0.15	167	—	雨季
栓皮栎	辽东栎				1～2	0.6～0.8	0.4～0.5	167	4	春、秋季

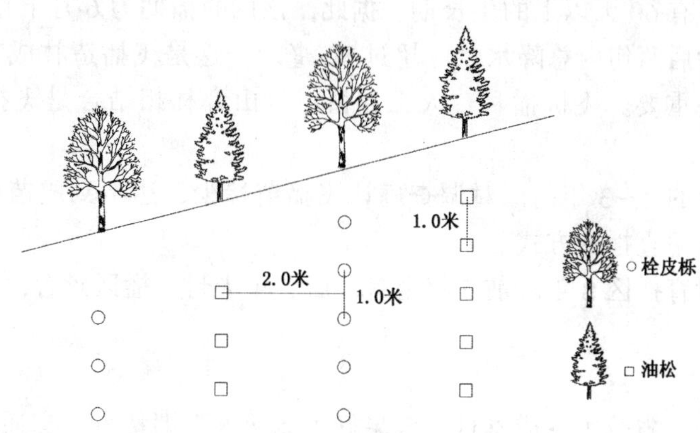

图 E-14-11 太行山中山区水源涵养林建设模式图

(4) 模式成效

采用本模式营造的松栎针阔混交林已经在太行山区形成大面积的地带性森林植被。针阔混交，互相促进，林木生长旺盛，林相整齐，生产力高，生态效益好，是该地区主要的种群结构类型，应大力推广。

(5) 适宜推广区域

本模式适宜在太行山区海拔 800 米以上的地带推广。

【模式 E1-4-12】 太行山中山区油松飞播造林模式

(1) 立地条件征

模式区位于河南省林州市、辉县市海拔 800～1 600 米的中山地带，年平均气温 8～12℃，年降水量 800 毫米左右，降水集中。山高沟深，人烟稀少，4 500 亩左右的连片荒山，其有效面积约为 70%。土壤以棕壤为主，其次为淋溶性褐土。土壤中性，土层厚 25 厘米以上，土壤较肥沃。坡度较缓，植被盖度小于 80%。

(2) 治理思路

太行山中山区山高沟深，劳动力少，荒山面积大，经济条件差，交通不便，影响了该区的荒山绿化步伐，飞播造林是实现快速绿化的主要手段，通过山地飞播造林，可尽快恢复该区的森林植被，发挥涵养水源、保持水土的生态作用。

(3) 技术要点及配套措施

①飞播造林技术措施：

树种选择：主要是油松。

种子准备：华北地区种源，经发芽试验检验合格的Ⅰ级种子，在飞播前调往机场。

播区选择：播区与机场距离不宜超过120千米，播区两端净空条件良好，无突出山峰和影响飞行的障碍物，区内地形起伏要小，其比率不宜超过30%：播区面积2 000亩以上，且集中连片，海拔800～1 400米之间为佳；植被盖度30%～70%为宜。

播区设计：播区选择后，对播区的具体面积、航线、航标、播幅等进行设计。

林地准备：播区植被盖度过大时，要适度人工清理灌草。

播种量：350～500克/亩。

播期：满足油松的适播条件是播前有透雨，播后2旬内有5天以上、降水量80～100毫米以上的连阴雨天气，幼苗有60天以上的生长期。据此，该区的播期为6月下旬至7月下旬。

②配套措施：播种后两旬内总降水量应超过80毫米，这是飞播造林成功的关键，而要满足此条件，天气预报至关重要。飞机播种、人工补植、封山育林相结合是飞播造林成功的重要保障。

人工补植：飞播后的2～3年内，对调查确认飞播苗稀少、达不到成苗标准的地段，应在雨季人工补播，补播宜采用直播的方式。

封山育林：播后封育播区8年，前5年全封，后3年半封。播区封育，要设立标志，建封山育林牌。

(4) 模式成效

本模式具有速度快、省劳力、成本低、效果好，能深入人烟稀少、交通不便的边远山区等优点，是加快荒山造林绿化的主要措施之一。河南省林州市、辉县市17年前的飞播区现已蔚然成林。

(5) 适宜推广区域

本模式适宜在太行山海拔800米以上土壤及水分条件比较好的中山区推广。

【模式E1-4-13】　太行山低山丘陵区生态经济沟建设模式

(1) 立地条件特征

模式区位于河南省济源市思礼乡史寨村，属低山丘陵。海拔一般400～800米，山体浑圆状，坡陡，一般25～30度，但顶部较缓。基岩多为石灰岩和砂页岩，土壤以石灰性褐土和褐土为主，土层薄，通常不超过30厘米，砾石含量高，有机质含量低，贫瘠。年平均气温12～14℃，年降水量500～700毫米，春季干旱，夏季多出现暴雨，无霜期190～205天。植被稀疏，水土流失严重。植物种类有麻栎、栓皮栎、黄连木等乔木，酸枣、荆条、野皂角、黄刺玫等灌木，白草、黄背草、荩草、蒿类等草本植物。天然植被以旱生灌丛为主，人工林以侧柏、刺槐为主，经济林有核桃、山楂、柿、花椒、黄楝等，在省内外享有盛名。

(2) 治理技术思路

生态经济沟是在一定规模的集水区，以小流域治理为基础，依据生态学和生态经济学原理，运用科学的治理方法，坚持生态效益、经济效益、社会效益并重的原则，实行山水林田路统一规划、综合治理，充分发挥土地的生产潜力，以林果为主，农、牧、副、渔配套，工程措施与生物措施相结合，使一个小流域形成一个相对独立的、以生物为主的人工生态经济系统。

(3) 技术要点及配套措施

①总体布局：从山顶到沟底构筑两道防线：一是乔灌草结合的人工林地，拦截降水，涵养水源，保持水土，防止土壤侵蚀。二是鱼鳞坑、台田、水平拦洪沟、林用条田、谷坊坝、小塘坝拦泥蓄水。这样一截再截，一缓再缓，就能达到土不下坡、清水沟里流的良好成效，生态系统逐步

走向良性循环。

②生物措施：

山顶（山脊）治理：包括生态经济沟周边的山顶（山脊）、重要防火地段及其他坡段。

生态经济沟周边的山顶（山脊），可设石围墙；土壤条件较好的地段，可搞刺槐、花椒等绿篱，建成封闭式的生态经济沟。

重要防火地段，在土层很薄几乎是裸岩的地方，开12米宽的裸岩式防火隔离带；条件较好的地方搞20米宽的生物防火林带，选用刺槐、栎类、元宝枫、火炬树、侧柏、山杏等耐火、耐旱、耐瘠薄树种，尽量配置成有少量针叶树种的针阔混交林。

其他坡段，安排油松、侧柏、元宝枫、黄连木、火炬树、山杏、红花山桃等乔木树种，土壤较好处配毛桃；灌木可选配黄栌、黄刺玫、连翘、胡枝子、绣线菊，过于瘠薄的地方可就地取材，利用野皂角、酸枣、荆条、鼠李等造林。

坡面治理：根据坡度等立地条件，本着适地适树、科学布局、提高效益的原则，从上而下灵活安排若干带，各带均选用适宜树种。梯田地埂，广植花椒并间作黄花菜。

针阔混交林带：侧柏、刺槐混交；油松、刺槐混交；侧柏、元宝枫混交；栎类、油松混交；侧柏、黄连木混交；侧柏、山杏混交；油松、山杏混交；林内混配少量毛桃，供观花。

花椒带：水平条田、台田、梯田广植花椒。

药用林带：杜仲、银杏、木瓜、望春玉兰、黄檗。

干果带：仁用杏、板栗、柿、大枣、核桃。

沟谷治理：上部区域以槐树、毛白杨、栾树、楸树、核桃楸、泡桐、刺槐、白榆、臭椿、苦楝等为主，混以油松形成针阔混交用材林，并与紫穗槐、白蜡条、药材及其他绿肥植物间作；中下部谷、台地，以经济树种为主，如梨、柿、杜仲、仁用杏、香椿、核桃、板栗、苹果、桃、李、葡萄、杏、石榴、樱桃等；溪、河两岸，采用杨、柳、枫杨等造林；洪水线以上的滩地，可栽植适宜的竹子和桑树。

道路绿化：生态经济沟纵横道路及盘山弯道两侧，以常绿树种为主造林，保证冬季有绿，既增加美感，又起到较好的防护作用。树种重点安排油松、侧柏，同时配置黄刺玫、连翘、冬青、大叶黄杨等。土壤条件好的，还可间作黄花菜。

困难地造林：孤峰、石台、石堆、裸岩等困难立地，首先要充分保护现有石头缝隙中的乔灌草植物，并加以管理；对大的石头缝隙，点缀补植些风景树木，如松、柏、枫、山杏、山桃及连翘、黄栌等。必要时可适当开石挖坑，客土植树，设法形成常绿“岛”。

③农业综合开发措施：梯田果树行间合理间作低秆高效作物，如蔬菜、油料作物、中草药、草莓；林内培养食用菌，或养鸡、养猪、养羊、养牛、养兔，既增加收入，又增加有机肥；利用池、塘、库等水面，发展水产养殖业；利用果、菜、药、油、蛋、奶和水产品为原料，兴办加工业，加工后的副产品又是养殖业的饲料。这样农、林、牧、种、养、加互相依赖，协调发展，步入生态效益型的良性循环轨道。

④配套水利工程措施：把生态经济沟内的地下水、地表水，采取蓄、引、挖、提等办法加以充分利用，在有关技术部门的指导下有计划地采用节水微灌技术，以尽量满足生产、生活对水的需求。此外，注意搞好雨季排水防涝设施。

打井开发地下水，提水上山；利用泉水修建池、塘，引水、蓄水；沟道下部修塘、筑库，拦截雨水，山坡中上部修筑水窖、水井蓄水。

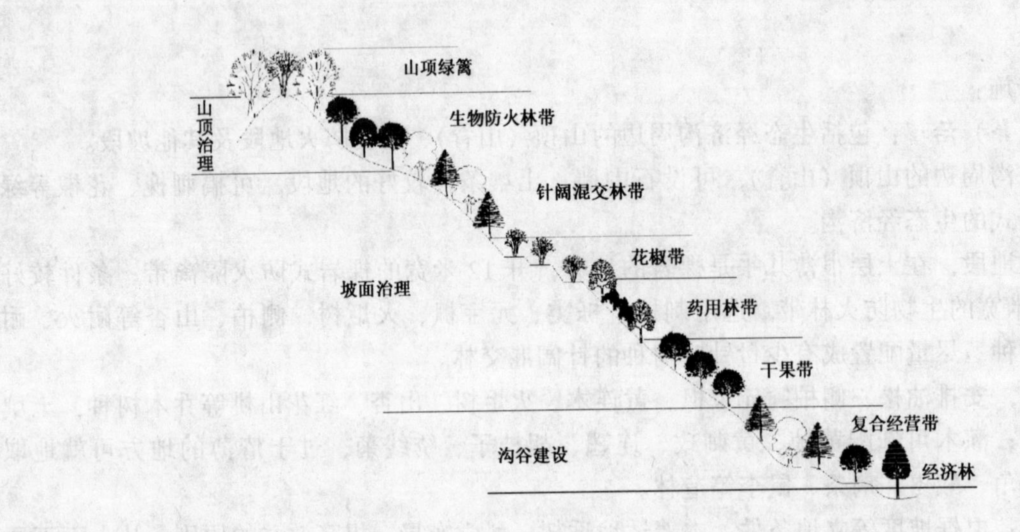

图 E1-4-13　太行山低山丘陵区生态经济沟建设模式图

(4) 模式成效

本模式的实施，在改善局部生态环境的同时，也取得了经济效益，对经济比较落后、生态相当恶化的太行山区无疑具有较强的示范作用，能够提高当地群众绿化荒山、治理生态环境的积极性。

(5) 适宜推广区域

本模式适宜在人口较密集的太行山低山丘陵区推广。

第 26 章

华北平原类型区(E2)

华北平原是我国的四大平原之一，位于黄河、淮河、海河下游区域，背靠太行山和燕山山脉，东邻渤海及鲁中南低山丘陵，南部以淮河为界，是我国重要的粮、棉、油产区和政治、经济、文化的中心地区之一。地理位置介于东经 112°7′3″～119°58′43″，北纬 32°25′13″～40°35′54″。包括北京市、天津市、河北省、山东省的平原区，河南省的古黄河泛滥区，安徽省、江苏省的黄淮平原，总面积 301 290 平方千米。

华北平原整个地势由西向东下降，并止于渤海和黄海。大部分地区海拔在 50 米以下，山麓地带地势稍高，地面坡降 1/10 000 左右。本类型区属暖温带半湿润气候区，南北气温差异显著，冬夏温差大，夏秋高温而降水集中，冬季寒冷干燥，春季干旱多风。年平均气温 12.7℃，7 月份平均气温 26.5℃，1 月份平均气温 -3.1℃，≥10℃年积温 4 368.6℃，无霜期约 210.7 天，年平均日照时数 2 500 小时，干燥度 1.5～2.0，年蒸发量 1 851 毫米。

本类型区的土壤是在河流冲积物的基础上发育而成，地带性土壤为褐土，还有潮土、盐碱土、风沙土以及小范围的砂礓黑土、沼泽土、草甸土和水稻土。地带性植被为暖温带落叶阔叶林，但原始植被仅残存于局部地段。目前区内多为人工林，主要树种有杨、柳、刺槐、泡桐及梨、苹果等。

本类型区的主要生态问题是：水、旱灾害频繁；干热风危害严重；河道干涸，地下水位下降，湿地生态系统基本消失；土地沙化以及潜在沙化趋势明显；局部地区存在土壤盐渍化问题。

本类型区林业生态建设与治理的主攻方向是：从区域、经济、社会可持续发展的角度出发，重新审视并确立林业在区域经济、社会发展和生态环境改善中的作用和地位。在认真分析区域资源，尤其是水资源状况的基础上，调整产业结构，减少高耗水种植业的比重，适当发展节水、高效、环保的林业，减轻区域环境和资源压力，遏制土地沙化的趋势；进一步完善农田防护林体系，减轻干热风危害；通过工程和生物措施改良并合理利用盐渍化土地；高度重视农村城镇化过程中的绿化、美化。

本类型区共划分为 3 大亚区，分别是：海河平原亚区，华北平原滨海亚区，黄淮平原亚区。

一、海河平原亚区（E2-1）

本亚区北接燕山，西至太行山，南以黄河为界，东部与渤海湾滨海区相接，系由海河、滦河水系及古黄河水系长期洪积、冲积而成，大部分地区海拔低于 50 米。总的趋势是由山麓向渤海湾倾斜，外流各河系也循向进入渤海。包括河南省濮阳市的市区、南乐县、清丰县、濮阳县、台前县、范县，新乡市的郊区、北战区、新华区、红旗区、获嘉县、封丘县、长垣县、延津县、新乡县、原阳县，鹤壁市的浚县，安阳市的北关区、文峰区、铁西区、郊区、内黄县、滑县、汤阴县，焦作市的武陟县、温县；北京市的通州区、海淀区、东城区、西城区、丰台区、崇文区、朝阳区、宣武区、顺义区、大兴县；天津市的南开区、河北区、红桥区、武清区、津南区、河西区、河东区、和平区、东丽区、西青区、北辰区、宝坻县、静海县、宁河县；山东省济南市的商河县、济阳县，德州市的德城区、庆云县、乐陵市、宁津县、临邑县、陵县、武城县、平原县、禹城市、夏津县、齐河县，聊城市的东昌府区、高唐县、茌平县、临清市、东阿县、阳谷县、莘县、冠县；河北省石家庄市的长安区、桥东区、桥西区、新华区、郊区、井陉矿区、新乐市、正定县、栾城县、高邑县、赵县、藁城市、无极县、深泽县、晋州市、辛集市，保定市的新市区、北市区、南市区、涿州市、高碑店市、定兴县、望都县、定州市、安国市、博野县、蠡县、清苑县、高阳县、安新县、雄县、容城县，廊坊市的安次区、广阳区、三河市、大厂回族自治县、香河县、固安县、永清县、霸州市、文安县、大城县，唐山市的路北区、路南区、古冶区、开平区、新区、玉田县，沧州市的任丘市、肃宁县、河间市、献县、泊头市、南皮县、东光县、吴桥县，衡水市的桃城区、安平县、饶阳县、深州市、武强县、武邑县、冀州市、枣强县、故城县、景县、阜城县，邢台市的桥东区、桥西区、柏乡县、南和县、任县、隆尧县、宁晋县、新河县、巨鹿县、平乡县、广宗县、威县、临西县、清河县、南宫市，邯郸市的丛台区、邯山区、复兴区、峰峰矿区、永年县、邯郸县、临漳县、魏县、成安县、肥乡县、鸡泽县、曲周县、邱县、馆陶县、广平县、大名县等169个县（市、区）的全部，以及河南省焦作市的沁阳市、孟州市、博爱县、修武县，新乡市的卫辉市、辉县市，鹤壁市的淇县，安阳市的安阳县；河北省石家庄市的元氏县、鹿泉市、行唐县、赞皇县，保定市的的徐水县、满城县、顺平县、唐县、曲阳县，邢台市的临城县、内丘县、沙河市、邢台县，邯郸市的磁县，沧州市的沧县，唐山市的丰润县；北京市的平谷县、昌平区、房山区、石景山区、密云县等29个县（市、区）的部分地区，地理位置介于东经112°7′3″～118°7′27″，北纬34°58′41″～40°35′54″，面积117 375平方千米。

本亚区属温带季风气候区，年平均日照时数2 400～2 900小时，年平均气温11～13.5℃，≥10℃年积温4 200～4 500℃，无霜期180～210天，年降水量500～750毫米，但时空分配不均，可利用水资源不足。光热水季节性峰值基本上是同季出现，有利于提高农作物的光能利用率。由于降水分布不均且变率大，导致旱、涝灾害频繁。春季常是“十年九旱”，而7～8月间又多暴雨、洪灾。冬季西北风约持续4个月，大风持续日期平均为30天，风沙日数约25～30天，常造成风害、沙害。干热风危害较普遍，特别是5、6月份，经常造成不同程度的小麦减产。土壤母质多为第四纪黄土性冲积物，土层深厚。在山麓平原、低平原相应分布着褐土、潮土、盐土3个土类，杂有沼泽土、水稻土和风沙土。本亚区自然植被早已被人工植被所代替，主要为小麦、玉米、棉花等农作物，并有杨、柳、榆、槐等落叶阔叶树分布。本亚区是我国重要的粮、棉、油主产区，区内经济、社会、文化发展水平较高，交通便利。

本亚区的主要生态问题是：水资源短缺问题突出；春旱严重；土地沙化及潜在沙化趋势明显；盐渍化土地分布较广；河流沿岸工厂、企业多，污染严重。

本亚区林业生态建设与治理的对策是：适应农村产业结构调整和城乡环境保护需要，根据本亚区的自然、经济特点、林业发展现状和存在的问题，重新确定林业在本亚区经济社会发展中的地位和作用。发展优质、高效的生态经济林产业，部分替代高耗水的农业，减轻环境、资源压力，从根本上遏制土地沙化趋势；进一步加强农田防护林体系建设，积极搞好农林、农果间作、四旁绿化及盐碱地造林，实行防护林与用材林相结合、防护林与经济林相结合。生产布局上，本着因害设防、积极发挥优势的原则，在风沙危害处营造防护林网（带），配合其他林种，形成区域性的多功能林业生态生产系统；利用骨干河堤、渠沟和道路边坡，分别营造固土护坡与薪炭、绿肥、饲料等兼用材，因地制宜扩大果粮、林粮等间作面积，积极改造现有低产林，并有计划地营造速生丰产林；充分发掘赵县雪花梨、深州蜜枣、沧州小枣、昌黎玫瑰香葡萄等名牌果品的市场价值和生产潜力，在有条件的地方大力发展特色水果及条、杆、杈等商品生产，提高经济效益，保障产业转轨但经济效益不滑坡。

本亚区共收录7个典型模式，分别是：太行山山前冲积平原防护林体系建设模式，鲁西北平原枣粮间作模式，山东禹城低洼盐碱地“上林下鱼”生态治理模式，黑龙港低平原盐碱地农林间作模式，北京市大兴城郊园林景观型防沙治沙模式，河南延津黄泛平原沙地综合治理模式，山东冠县沙化土地综合治理模式。

【模式 E2-1-1】　太行山山前冲积平原防护林体系建设模式

（1）立地条件特征

模式区位于河北省辛集市、任丘市。模式区所在地为山前冲积扇平原，海拔10～100米，地势平缓。气候较湿润，降雨在季节上分布不均。水资源较丰富，便于灌溉。农业生产水平高，是河北省粮、棉、油的主要产地。自然灾害以干旱最为突出，干热风危害面广，其次是涝、风沙、冻害。区内城镇多，经济较发达，木材和各种林产品具有广泛的消费市场。

（2）治理技术思路

为减轻和抵御各种自然灾害对农业生产的影响，保证农业的持续稳产高产，林业生产应从保农促农出发，以防护林体系建设为中心，农田防护林与用材林或经济林相结合，因地制宜地发展速生丰产林、防风固沙林、薪炭林。

（3）技术要点及配套措施

① 农田林网建设：

布局与结构：按照田、林、路、渠统一规划，综合治理的原则，使农田能受到林网的有效保护，并结合村镇与“四旁”绿化，建立起互相联系、互相促进的综合防护林体系。林带采取疏透结构，以乔木树种为主，适当配置辅助树种或灌木，树种主要有毛白杨、刺槐、紫穗槐等，主林带间距为200～300米，副林带350～500米，林带宽度以2～4行为宜，株距一般为4.0米。

造林与管理：选用胸径大于2.5厘米、根径不小于6厘米的无病虫害2～3年生优质大苗，穴状整地，规格80厘米×80厘米×80厘米，以春季造林为主，随整地随造林。结合农田耕作进行抚育除草，3年后春季修枝。

② 农林间作：

造林地选择：平原地区应选择地势平坦，土壤深厚（A层+B层在0.7米以上），水源充足，相对集中连片的地方。土壤以壤土、沙壤土、夹黏和黏沙壤土为宜，通体和漏底粗沙不宜营造速生丰产用材林。土壤pH值6～8，含盐量0.3%以下，地下水位1.5米以下。

树种选择：以优良乡土树种为主，也可适当引种适生的外地优良树种，主要有河北毛白杨、刺槐、沙兰杨等。

造林密度：要适当考虑农民间种农作物的要求，行距宜大，株距宜小，长方形或三角形配置，1次定株，不搞中间利用。株距4.0米，行距15～20米。

整地：一般应提前1年或1季度完成。根据土壤条件和树种根系特性合理确定整地方式和规格。平原造林在局部平整、全面耕翻20～30厘米、及时耙平镇压的基础上，先按植树行进行带状整地，带宽100厘米，深30～50厘米，带内再按植树点挖100厘米×100厘米×100厘米的大

坑，栽树后每行保留宽100厘米、深30～50厘米的垄沟，垄沟底部要平，保证浇水畅通。

造林：苗木必须选用长势旺盛、顶芽饱满、通直健壮、高径比合适、根系发达、无病虫害和机械损伤的达到国家一级标准的同龄苗木。人工植苗造林，春、秋季均可。春季造林，一般于苗木萌动前、土壤解冻达到栽植深度时进行，宜早不宜晚。刺槐、沙兰杨、I-214杨在树叶萌动期造林较好。秋季造林应在树液停止流动、树木落叶时栽植，土壤结冻前结束。

抚育管理：包括松土、除草、浇水、施肥、修枝、防治病虫害等。通过间作矮秆作物，起到以耕代抚的作用。林木行间不能间作和不易间作的林地，每年春、秋要耕翻2次，夏季进行松土除草，以起到灭草、压青、蓄水的作用，每年春季树木发芽前浇1次返青水。夏季在树木进入生长旺盛期前的5～6月份浇1～2次生长水，同时每株追施化肥0.25千克。秋季在土壤封冻前浇1次封冻水。造林后2年内不进行修枝抚育，只剪除影响主干生长的竞争枝。修枝抚育在造林后的第3年春季萌芽前或秋季落叶后进行，修枝量不宜太大，林分郁闭后保留树冠应占树高的1/2。

配套措施：及时作好林木病虫害防治工作，保证林木正常生长。

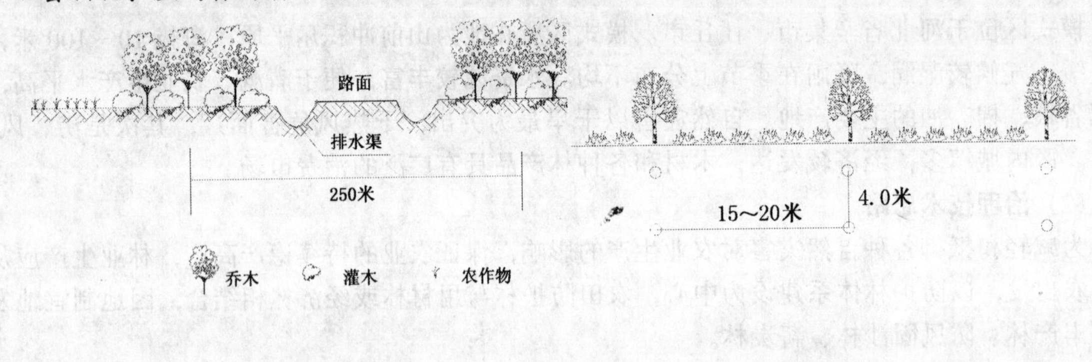

图 E2-1-1　太行山山前冲积平原防护林体系建设模式图

(4) 模式成效

本模式在燕山、太行山山麓平原推广10年，已取得很大成功。它既防治了风沙危害，保护了生态环境，又达到以林促农和满足农民增收的需求。

(5) 适宜推广区域

本模式适宜在太行山山麓平原、燕山山麓平原及京山铁路、京广铁路两侧大范围农田推广应用。

【模式 E2-1-2】　鲁西北平原枣粮间作模式

(1) 立地条件特征

模式区位于山东省乐陵市，地处鲁西北平原的北部，属黄河冲积平原区。年平均气温12.4℃，年降水量687毫米，无霜期196天，极端最高气温40.9℃，极端最低气温－21.3℃。土地资源丰富，但地下水位高，矿化度大，土壤含盐量高，一般树种很难适应。枣树耐盐碱能力强，适应性强，在当地有较长的栽培历史，适宜枣粮间作。

(2) 治理技术思路

枣粮间作是成功的农林复合形式，不但可以提高土地利用率和单位面积产出率，有利于提高农田生态系统的稳定性，增强其抗风、抗盐碱及其他自然灾害的能力，而且可以达到以林促粮，以粮促林的效果。枣粮间作，加快了造林步伐，提高了森林覆盖率，改善了农区生态环境和景观，同时调整了产业结构，可取得最佳的生态、经济、社会效益。

(3) 技术要点及配套措施

①作物选择：以矮秆、耐荫、生长期短，需肥、水高峰与枣树交错，且与枣树无共同病虫害的作物为宜，常见的有小麦、大豆、花生等。

②整地：穴状整地，规格80厘米×80厘米×80厘米，秋季整地，翌年春造林。

③造林配置：株距3.0～4.0米，行距15～20米，每亩栽植8～15株。

④苗木标准：苗高1.0米以上、地径1厘米以上、生长健壮的2年生苗木。

⑤抚育技术：造林后3年内松土、除草、浇水、施肥。

⑥配套措施：注意病虫害防治，并及时进行整形修剪。

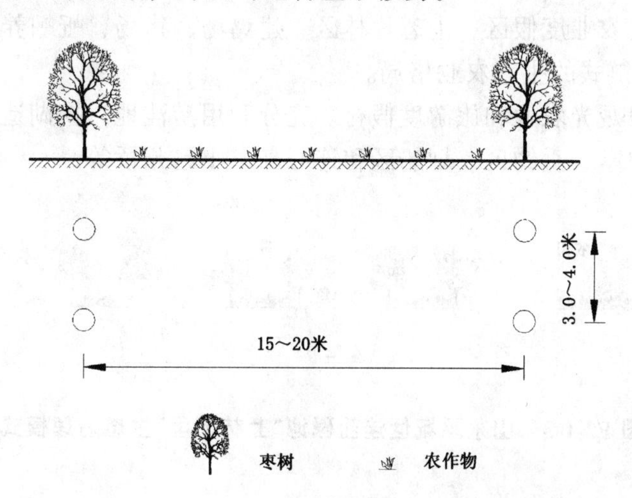

图 E2-1-2 鲁西北平原枣粮间作模式图

(4) 模式成效

枣粮间作使农作物与枣树相互促进，达到有序高效的农林复合经营目的。枣粮间作是一种集经济效益、社会效益、生态效益于一体的先进农作方式，实地测产表明，平均亩产小麦256.7千克，大豆133.08千克，产干枣26.6千克，每亩纯收入是纯粮田的2.7倍以上，对于改善区域生态环境也有良好作用。

(5) 适宜推广区域

本模式适宜在黄河冲积平原农区及渤海平原农区推广应用。

【模式 E2-1-3】 山东禹城低洼盐碱地"上林下鱼"生态治理模式

(1) 立地条件特征

山东省禹城市总面积990平方千米，耕地80.4万亩。禹城西部分布着10万亩的盐碱涝洼地，涉及坊寺、大成两个乡镇的11个村。这里地势低洼，地下水位浅，土壤含盐量高，十年九不收，群众生活水平低。

(2) 治理技术思路

统一规划，综合治理，充分发掘当地水土资源的生产潜力，调整产业结构，在修筑好沟、渠、路配套设施、搞好方田的基础上，开挖鱼池，养殖鱼、蟹和鸭等，鱼池的两侧修筑台田，种粮种果，植树造林，变害为利，改善基本生产条件和生态环境，增加农民经济收入。

(3) 技术要点及配套措施

①布局规划：对开发区实行田、林、路、沟、渠、桥、涵、闸统一规划。先开挖沟渠，修筑道路，道路两侧植树造林，形成面积为 150～225 亩的方田。

②开挖鱼池：鱼池一般宽 30 米、长 120 米，面积 5.4 亩，池深 2.5 米，水深 2.0 米，池内进行养殖。

③修筑台田：鱼池挖出的土放置在两侧的土地上，修成台田，一般可抬高地面 0.5 米左右，四周筑 0.2 米高的土堰，以便蓄水压碱。台面上种植农作物，建杏园、葡萄园，或育苗、培养蘑菇等，台田四周造林，树种选择 J172 柳、J194 柳、J333 柳、枣、绒毛白蜡等。

④开发建设：水面以养殖水白鲳、罗氏沼虾和鱼鳖、鱼蟹、鱼鸭混养为主，建成各具特色的水产养殖区；台田建成无公害蔬菜区、食用菌区、葡萄园区、高科技生态养殖区、无毒地瓜区、花卉区、莲花区、观光农业度假区、生态片林区，建鸡场、猪场、蚯蚓养殖室等，形成鸡-猪-沼-肥、食用菌-蚯蚓-鸡的链式的生态农业格局。

⑤配套措施：建设观光农业和旅游度假村。充分利用涝洼地，挖湖造山，绿化美化，建起葡萄长廊、小西湖、碧波亭、垂钓区、划船区和连心岛、小赵州桥等。

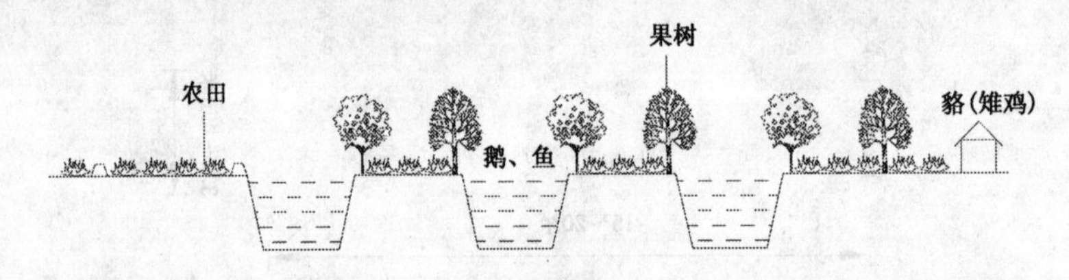

图 E2-1-3　山东禹城低洼盐碱地"上林下鱼"生态治理模式图

(4) 模式成效

本模式使原来低洼易涝的盐碱荒地变成路相通、沟相连、地成方、池成排，台田鱼塘错落有致，集生态、经济、社会三大效益于一体的新型农业综合生产区。并且当年开发治理，当年见效，每亩台田、水面效益平均达到 2 000 元以上。自 1994 年以来，已开发治理盐碱涝洼地1 420 公顷，效果良好。

(5) 适宜推广区域

本模式适宜在山东省其他地区相同立地条件的地方推广应用。

【模式 E2-1-4】　黑龙港低平原盐碱地农林间作模式

(1) 立地条件特征

模式区位于河北省的黑龙港，大部分地区海拔在 5.0～10 米，南部为 30 米，地势低平，比降1/6 000～1/4 000，低洼易涝。土壤以浅色草甸土和盐渍土为主。

(2) 治理技术思路

以护田林网为中心，大力发展林粮间作，特别是枣粮间作，提高农田生态系统的稳定性，提高抗风、抗盐碱及其他自然灾害的能力，有效提高土地的利用率。

(3) 技术要点及配套措施

①树种选择：主要间作树种有枣、泡桐、条桑、毛白杨等。

②配置方式：造林株行距为 3.0～4.0 米×15～20 米，每亩用苗 8～15 株。

③整地：整地时间春、夏、秋三季节均可，整地形式为全面整地后挖穴，坑的长、宽、深均为 70 厘米。

④造林：苗高100厘米以上，基径大于1厘米，根长40～50厘米。春、夏、秋三季节均可栽植，以春季萌芽前栽植最好。每坑施加厩肥5～10千克，与表土混合填坑，填到坑深1/2处栽苗，边填土边轻提苗，使根系舒展，栽深超过树苗原土印3厘米。最后踏实、踩平、浇水，水渗后培土保墒。

⑤配套措施：一是要修剪，幼树栽植后要及时定干，一般干高20厘米。二是中耕除草，春季中耕除草，松土保墒；雨季翻耕压草；落实落叶后翻树盘。三是浇水施肥，每年浇水3～4次，结合5月和7月浇水施肥1～2次。秋季施加圈肥。

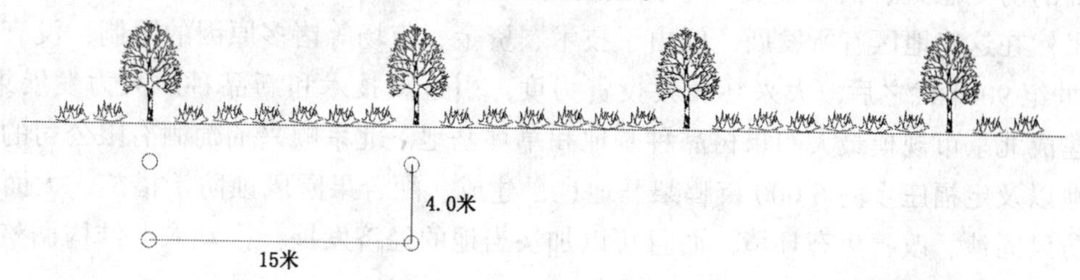

图 E2-1-4 黑龙港低平原盐碱地农林间作模式图

(4) 模式成效

在黑龙港地区枣粮间作是比较成功的农林复合经营形式，历史悠久，技术易推广，农民易接受，有利于农作物的生长，提高农业抗灾能力，有效提高土地的利用率，提高土地单位面积的产出，增加农民的收入。

(5) 适宜推广区域

本模式适宜在河北省衡水市、沧州市、邯郸市、保定市、廊坊市等条件类似的农田中推广。

【模式 E2-1-5】北京市大兴城郊园林景观型防沙治沙模式

(1) 立地条件特征

大兴县位于北京市南郊，总面积1 031平方千米。地势西北高东南低，海拔15～45米，自然坡降1/1 250。温带亚湿润气候，冬春气候寒冷少雨雪，夏季炎热多雨，秋季天高气爽，四季分明。年降水量568.9毫米，年平均日照时数2 772.3小时，1月平均气温-5℃，7月平均气温26℃，年平均气温11.5℃，无霜期209天，年平均风速2.6米/秒，冬春盛行偏北风，风向变化显著，风沙危害曾十分严重。

(2) 治理技术思路

历史上永定河的多次泛滥、冲淤，形成北京市面积最大的沙荒地。20世纪70年代以后，因永定河干涸，缺乏必要的灌溉水源，风沙危害更加严重，土地生产力下降，生态环境极其恶劣，工农业生产及城镇居民的生活受到极大的威胁。为了实现全县资源、环境、经济、社会的可持续发展，保护和改善北京市的环境质量，发挥郊区城市延伸和农副产品生产供应基地的功能，防沙治沙工作应发挥地处城市近郊的区位优势，从服务北京市的总体目标出发，防治、开发相结合，建设集防护、美化于一体的多功能城郊型林业保护下的优质高效农业。

(3) 技术要点及配套措施

①林草植被建设：以改善生态条件、提高环境质量，获取最大的生态、经济和社会效益为目标，根据大兴县境内的风口、沙化和潜在沙化土地、植被、村镇、企业、路、渠等的分布状况，以及土地利用现状和规划，结合经济结构调整，因地制宜地安排林业、果树、特色经济作物、渔

业、牧草、旅游、工贸等多项用地，充分注意发挥灌草的生态和经济效用，注重林草措施的景观效果，乔、灌、草科学搭配，点、带、网、片相结合，以造林治沙、农田防护林建设、永定河百里长堤绿色长廊建设工程、京九铁路绿化工程、村镇绿化等为龙头，营造兼具防护、生产、美化、游憩功能的综合性防护林体系，使全县基本形成林、果、田、渠、路、景相配套的具有京郊特色的功能复合型防护林体系。

②果品、草坪基地建设：大兴县一些地区的水、土、气候条件非常适宜发展果树生产，采育镇种植葡萄的历史悠久、品质优良，定福庄乡的“金把黄”鸭梨在市场上有一定的知名度。过去，果树虽然在这些地区有所发展，但由于技术、资金、市场等诸多原因的限制，没有形成规模经济。20世纪90年代之后，大兴县加大投资力度，引进新技术和新品种，大力发展果品基地。目前，已建成北京市规模最大的果树品种基地和草坪基地，北京顺兴葡萄酒有限公司的采育双万亩葡萄基地以及定福庄乡的6 000亩鸭梨基地也已建成。配合果园风蚀防治措施，大面积的果园不仅可以防风固沙、改善生态环境，而且可以加快当地的经济发展，推动农业结构调整，提高农民的收入。

③组合配套应用先进技术：以建设永定河沙地高效和谐的人工-自然景观和生态经济系统为目标，研究、引进、集成和示范先进技术和产品，改善沙区群众的生存环境和生产条件。近几十年来，主要试验、推广了自动化控制节水灌溉技术、生物改良土壤技术、沙地缓释新型肥料、化学固沙、沙地节水型果农复合种植技术、节水型草坪规模化建植技术、组织培养等新技术。

(4) 模式成效

北京林业大学、中国林业科学研究院、北京市林业局、中国科学院寒区旱区研究所等单位先后参加或指导了大兴县的防沙治沙工作。截至1996年底，大兴县已经建成林带总长近8 000千米的3 800多个防护林网格，98.5%的农田实现了林网化；建成400余千米长的主干河、渠、路绿化带，京开、京良、通黄公路已成为四季常青的绿色长廊；开发沙荒地营造人工林68 000亩，其中千亩以上的片林多达10余片，半壁店森林公园、榆垡片林、环城片林的面积分别高达1 500亩、11 490亩和7 005亩；利用荒地和沙地定植果树，发展果园165 795亩，其中1 000亩以上的连片果园就有13处；全县526个自然村有478个绿化达标。目前，大兴县大约保存有林木1 939万株，林地面积369 000亩，林木覆盖率达到了24.6%，卫星城绿化覆盖率31.4%，网、带、片、点结合的防护体系已经形成。

(5) 适宜推广区域

本模式适宜在亚湿润干旱区沿河沙地的治理开发中推广应用。

【模式E2-1-6】　河南延津黄泛平原沙地综合治理模式

(1) 立地条件特征

延津县位于黄淮海平原的豫北沙区，沙地面积453.3平方千米，约占全县总土地面积的48.6%。年降水量600.4毫米，年平均日照时数2 504.5小时，年平均气温14℃，1月份平均气温0.9℃，7月份平均气温27.2℃，无霜期216天，旱、涝、风、沙灾害俱全。模式区位于延津县东北部胙城以东的沙区，以平沙地、缓起伏沙地为主。

(2) 治理技术思路

模式区水热条件较好，适生树草种较多，沙地面积小，分布零散，治理难度相对较小。防沙治沙工作要以林草建设、防止风蚀为基础，恢复和提高土地生产力，建立高效的农业生态系统。

(3) 技术要点及配套措施

①风蚀防治：建设网格面积51亩左右的窄林带小网格，乔灌结合、灌草结合，建立防风固沙体系。同时，农田采用带状覆盖种植措施，沙地采用格状覆盖种植措施，棉花、玉米等高秆留茬，防治风蚀沙化。

②农果复合：在沙地的利用上采用长短结合、以短养长的方式。在发展果树的1～3年内以农养果，以短养长；第4～5年，以果养果；6年以后，以果养农，以果促副。

③节水灌溉：在充分利用天然降水进行灌溉的基础上，引进先进的节水灌溉技术，适度发展机井节水灌溉，增加复种指数，提高农作物产量，结合有机肥的施用改善土壤结构，增强土壤的抗风蚀能力。

(4) 模式成效

模式区80%的沙化土地得到了治理，人均新增耕地1.2亩，人均收入增加1.78倍，生态效益、经济效益十分显著。

(5) 适宜推广区域

本模式适宜在包括黄河古河床、古河道内的沙丘，黄河决口泛淤扇上的沙丘以及亚湿润地区河流故道或洪积、冲积平原上的沙地治理中应用。

【模式E2-1-7】 山东冠县沙化土地综合治理模式

(1) 立地条件特征

山东省冠县位于黄河下游，土地总面积172.8万亩，其中沙化土地21.5万亩。沙地多为通体沙，局部地段有10～20厘米的夹壤层，有机质含量0.15%。温带半湿润气候，年降水量408毫米，年蒸发量2 211.7毫米，极端最高气温41.8℃，极端最低气温-21.6℃，无霜期210天，年平均风速2.3米/秒，年平均8级以上大风日数27.8天。

(2) 治理技术思路

冠县沙地因历史上黄河的历次泛滥和改道而成。因降水、地下水条件相对较好，热量较为充足，而且开发的历史较长，有一定的防沙治沙基础，具备了依靠科技进步防沙治沙和进行沙产业开发的条件。因此，模式区的防沙治沙工作应紧紧依靠科技进步，把突破口放在由粗放治理向科学化、集约化治理和开发的转换上，大力开展科学治沙，发展市场林业、效益林业和高效沙产业，最终实现沙化土地的综合治理与高效开发。

(3) 技术要点及配套措施

①选育林木优良品种：与北京林业大学等教学科研单位紧密合作，采取引进、选择培育相结合的措施，大力培育林木、果树优良品种，建设良种基地，在改善和优化本地树种结构的同时，示范推广新品种、新技术。近10年来，已选育出适合沙区栽培的用材林优良无性系13个，经济林优良品种8个。

②规范化治理：不同类型的沙地采取不同的治理开发方法。固定沙地，建设由通风结构林带组成的大网格林网，网格内果粮间作；半固定、流动沙地，建设由稀疏结构林带构成的中等林网，格内建设经济林基地。

③引进、引用新技术：在大力发展防护林、用材林、经济林的基础上，引进、应用果品储存保鲜、果树节水微灌、油桃反季节栽培、淡水鱼高产养殖、木材综合加工利用等技术，培植新的经济增长点，促进沙产业的发展。

(4) 模式成效

20世纪50年代以来，冠县沙区人民就和风沙灾害进行着长期卓绝的斗争，沙区的林种、树种以及农业生产结构发生了巨大变化，取得了巨大的经济、社会和经济效益，仅治沙和沙产业开发就累计增加经济效益1.8亿元，先后被原林业部评为“全国高标准平原绿化试点县”“全国科技兴林示范县”“全国林业标准化示范试点县”。

(5) 适宜推广区域

本模式适宜在黄河故道半干旱、半湿润平原沙化土地的治理开中推广应用。

二、华北平原滨海亚区（E2-2）

华北平原滨海亚区位于渤海之滨，海拔5.0～10米，地势低平，坡降极缓，排水不畅。本亚区包括河北省秦皇岛市的海港区、山海关区、北戴河区、昌黎县，唐山市的乐亭县、滦南县、丰南市、唐海县，沧州市的运河区、新华区、海兴县、盐山县、黄骅市、孟村回族自治县、青县；山东省东营市的东营区、河口区、利津县、垦利县、广饶县，滨州市的滨城区、无棣县、阳信县、沾化县、惠民县、博兴县，潍坊市的潍城区、寒亭区、坊子区、奎文区、寿光市、昌邑市，淄博市的高青县；天津市的塘沽区、汉沽区、大港区等36个县（市、区）的全部，以及河北省沧州市的沧县，秦皇岛市的抚宁县的部分地区，地理位置介于东经116°10′52″～119°15′41″，北纬36°36′48″～40°22′54″，面积34 676平方千米。

本亚区具有典型海岸性气候特点：冬夏温差变幅小，昼夜温差大，气候湿凉，风力较大，光照较强，年平均气温9～12.5℃，≥10℃年积温3 700～4 400℃，无霜期180～210天。年降水量630～680毫米，多集中在夏末秋初，常造成沥涝。年平均风速5.0～6.0米/秒，尤以春季风多风大。土壤主要有潮土、沼泽土、盐碱土和盐土。由于盐碱的影响，土壤结构不良，通透性差，形象地说就是：“湿了黏，干了硬，不湿不干耕不动。”土壤肥力低，水资源不足，且浅层水有50%的面积为咸水区。主要植物有柽柳、白刺、止血草、羊角菜等盐生植物，芦苇、马绊草等耐盐植物以及旋花、紫苑、刺菜、茅草等。人工栽培树种有刺槐、白榆、白蜡、旱柳、紫穗槐、枸杞、柽柳等。

本亚区的主要生态问题是：沥涝严重，淡水资源缺乏；土壤板结与盐渍化严重；海风强劲，风害较多。

本亚区林业生态建设与治理的对策是：搞好沿海防护林体系建设，在现有沿海防护林基干林带建设的基础上，通过新植、补缺、改造等措施，提高基干林带的标准和质量；抓好路渠造林绿化，增强抗灾能力，给农、牧、副、渔业创造良好的生态条件；积极栽培枣、梨、苹果、葡萄等经济树种，提高产品的产量和质量，发展商品生产；改变当地农村能源结构和肥料结构，有计划地发展肥料林和薪炭林，提高秸秆还田比重，肥地改碱；必要时通过工程手段排碱排涝。

本亚区共收录5个典型模式，分别是：华北滨海沙质海岸防护林建设模式，华北滨海轻度盐渍化土地林业生态治理模式，津郊滨海重度盐渍化土地绿化美化模式，北方泥质海岸沿海防护林建设模式，鲁北平原涝洼地综合治理模式。

【模式 E2-2-1】　华北滨海沙质海岸防护林建设模式

(1) 立地条件特征

模式区位于秦皇岛市的海滨林场和渤海林场。沙丘、沙地交错，沙丘高3.0米以下，沙丘间为平坦沙地和低湿洼地，地下水位0.5～1.5米，矿化度4～5克/升。大部分沙荒、沙丘植被覆盖较高，已趋固定。但局部地区和高大沙丘仍呈半固定状态，受海风吹袭移动，使附近农田沙化成灾。

（2）治理技术思路

对于植被盖度较低的沙丘和沙地，以固沙造林为主恢复植被，重点发展防护林和经济林。对于植被覆盖较好，但树木已经达到过熟龄或因受病虫害危害，树木生长衰弱、防护功能较弱的地区，应在不破坏原有植被的基础上，通过嫁接等方式更新衰老林分，防风固沙，改善沿海地区生态环境。

（3）技术要点及配套措施

①树种选择：选择根深、不易风倒、风折，固沙性能好、耐盐碱、耐瘠薄的树种，主要有刺槐、紫穗槐、柽柳、毛白杨、山海关杨、白蜡等，条件好的地方可发展果树，如苹果、梨、葡萄等。

②整地与造林：春、秋季随整地随造林，整地方式为穴状整地，规格为长、宽、深各40厘米。以刺槐和紫穗槐为例，株行距1.0米×2.0米，用基径1～1.5厘米、根幅不小于40厘米的1年生苗造林。栽植分两步进行，第一步先在迎风坡下部2/3部位造林；第二步在迎风坡上部1/3和整个落沙坡造林。采用截干造林，留干长15厘米，每穴1株，栽植时苗端与地面取平，踩实。

③抚育与管理：造林后如发现风蚀沙埋，应及时扒沙、培土和扶苗。为避免风吹沙揭，刺槐应适当深栽，并保护现有植被，抓好封丘育草。

④低产林改造：由于立地条件较差，原有以北京杨、加杨等树种为主的海防林经过20年的生长，目前树木矮小、材质差、病虫害严重、防护功能差，选择生长迅速、材质好、生命力强的优质毛白杨，通过嫁接方式加以改良。具体方法是：春季采伐后，韧皮部可以离骨时，在每个树桩紧靠树皮的韧皮部嫁接3～5个接穗。嫁接后用稀泥涂抹，用沙土埋好，防止接穗失水。在接穗长稳固后，要根据防护林的密度要求，将多余苗木移走，扩大造林面积或适当进行间伐，增加一定的经济效益。

⑤配套措施：通过拍卖、承包等方式，明确林地、林木权属，调动农民育苗、造林、育林和护林的积极性。

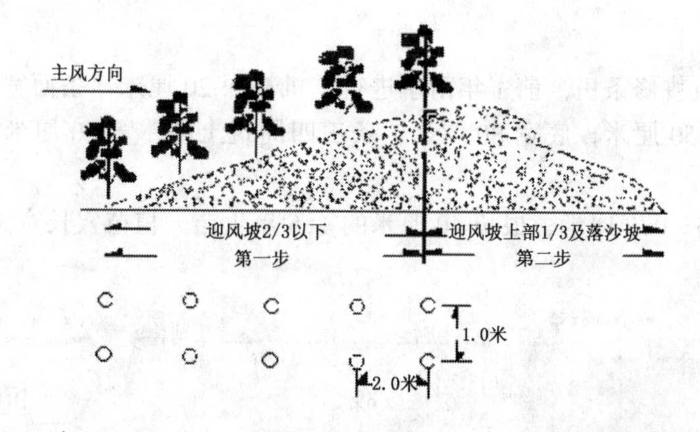

图 E2-2-1　华北滨海沙质海岸防护林建设模式图

（4）模式成效

本模式在秦皇岛市的海滨林场和渤海林场建设中取得了较好的成效。通过毛白杨嫁接改造，林木生长茂盛，进一步巩固了海防林建设成效，防止了重新造林对环境的干扰，而且生长速度快。由于每棵树桩上嫁接多个接穗，在2～3年后，即可间伐出售苗木，取得一定的经济收益。

(5) 适宜推广区域

本模式适宜在华北滨海沙质海岸推广。

【模式 E2-2-2】　华北滨海轻度盐渍化土地林业生态治理模式

(1) 立地条件特征

模式区位于河北省海兴县、盐山县、大城县。地势低洼，海拔小于10米；荒滩面积大，河流、道路及各级渠道多；滨海盐渍土，土壤黏重，含盐量高，地力瘠薄；地下水位较高，但淡水资源不足。旱涝、盐碱灾害严重，粮棉产量低。

(2) 治理技术思路

以减轻旱涝、盐碱、海风等的危害，保障农、牧、渔、盐业生产为目标，建设沿海防护林基干林带，搞好农田林网及河堤、渠边、路旁的绿化，形成防护林体系，提高抗灾能力。同时，大力发展经济林，增加群众收入。

(3) 技术要点及配套措施

针对当地造林难度大的特点，选择柽柳、紫穗槐、白蜡、刺槐、桑树和金丝小枣、冬枣、梨、葡萄、枸杞等耐盐碱、耐干旱的树种。通过人工整地改变盐碱状况后人工造林。因地制宜配置林种和树种。

①台田用材林营建：

树种：主要有白蜡、白榆、刺槐等。

整地：整地时间为前1年雨季，整地形式为全面机耕修梯田。耕深20厘米，条田宽30米，两侧挖深1.0米，上口宽1.5米，底宽0.8米的排水沟。条田四周筑土埂，底宽60厘米，高30厘米，余土撒在田面。整地方式如图所示。

苗木：苗高20～30厘米、基径0.4～0.6厘米的1年生苗。

造林：栽植穴长、宽、深各40厘米。株行距为2.0米×4.0米，每亩83穴。春、秋季截干造林，留干长15厘米，栽后顶部露出地面2～3厘米，踩实。

②台田条子林营建：

树种：柽柳。

整地：整地为全面机耕修条田，前1年雨季进行。机耕深20厘米，条面宽30～50米，两侧挖沟深1.0米，上口宽150厘米，底宽80厘米；条田四周筑土埂，宽60厘米，高30厘米。余土均匀撒开。

苗木：采用基径0.6～0.8厘米、根长40厘米的1.5年生苗。植苗穴长宽深各30厘米。

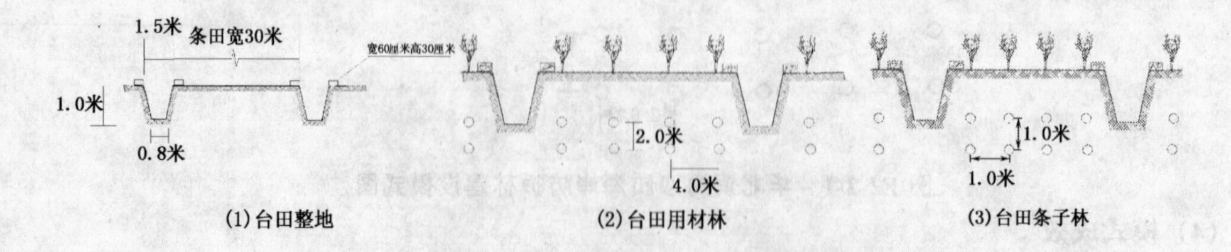

图 E2-2-2　华北滨海轻度盐渍化土地林业生态治理模式图

造林：株行距为1.0米×1.0米，每亩666穴，用苗1 332株。修条田后第2年春、雨、秋季截干造林，留干长15厘米，每穴2株，栽后苗顶部露出地面3～5厘米，踩实。

③配套措施：造林后3年内每年4～7月除草松土2～3次。

(4) 模式成效

本模式通过条田淋盐、小沟排碱后，长期改良土壤结构，又不影响机械耕作，是改良盐碱地的重要工程措施。在条田上种植用材林或条子林，既可以防风减灾，也能产生大量的木材，取得较高的经济效益。

(5) 适宜推广区域

本模式适用于含盐量小于0.6%的滨海平原盐碱地滩涂或华北平原盐碱地。

【模式E2-2-3】 津郊滨海重度盐渍化土地绿化美化模式

(1) 立地条件特征

模式区位于天津市塘沽开发区。靠近海岸，地势低洼，土壤黏重，地下水位较浅，矿化度高，土壤平均含盐量4%以上。年降水量600毫米左右，集中在夏季，淡水资源不足。旱、涝、盐碱危害并存。

(2) 治理技术思路

工程措施与生物措施相结合，在重度盐碱地上建设生态林和风景林，绿化美化滨海城市。工程措施主要是进行排盐、治碱，再通过客土造林的方法恢复与重建植被。

(3) 技术要点及配套措施

①排盐治碱工程：

挖沟铺设盲管：在预造林地上开挖宽1.0米、深1.0～1.5米的沟道。沟深依据所栽植物品种确定，草坪、浅根花卉一般1.0～1.3米，乔灌木1.3～1.5米。然后在沟内铺设PVC或水泥盲管，进行排碱。面积较大的预造林地应平行开多排沟，沟间距5～10米，沟内分别铺设盲管，盲管的末端与排水沟相连。为简化施工过程，降低排水工程成本，排水处可就近接入市政雨水井内，否则，需在排水管末端建设集水井，再通过泵站将水排到市政雨水井内。

铺设淋水层：在盲管的上层铺设0.5～0.7米厚的淋水层，由下到上一般依次为石砾、炉灰、沙子、稻草（麦秸），可掺拌有机质、土壤改良剂、黄腐酸等增加土壤有机质，抑制碱化程度。淋水层的目的是改造土壤的物理性质，增加通透性，使碱通过该层顺利地排到盲管中。

②客土造林：

铺客土：淋水层上方为客土层，厚度0.5～0.8米，草坪、浅根花卉的客土层略浅，客土需选用地力肥沃的农田土。

树种：选择适应性强的耐盐碱树种，常绿树有圆柏、龙柏、云杉、冬青、卫矛、黄杨、金叶女贞；落叶乔木有绒毛白蜡、国槐、椿树、桑树、白榆、毛白杨；小乔木有火炬树、紫叶李、柽柳；经济果木有杏树、桃树、苹果、山楂、杜梨和梨树；花灌木有蔷薇、月季、紫薇、连翘、西府海棠、花石榴、黄刺玫、珍珠梅、木槿、金银木、紫穗槐；爬藤植物有凌霄、紫藤、五叶地锦、金银花、葡萄等。

造林：客土层植树或植草坪。针阔混交，一般树种与花灌木混栽，乔灌草结合，体现景观效果。造林密度根据树种而定，淡水浇灌。

③配套措施：合理规划设计，防止病虫害，配套节水设施。

(4) 模式成效

在盐碱度比较大的滨海地区，通过排盐、治碱、改土等措施进行综合治理，充分利用了当地土地资源，丰富了景观层次和内容，达到了绿化美化滨海城市的目的。

(5) 适宜推广区域

本模式适用于北方滨海平原城市郊区泥质重度盐碱地的绿化美化。

【模式 E2-2-4】　北方泥质海岸沿海防护林建设模式

(1) 立地条件特征

模式区位于山东省寿光市、东营市的河口区。泥质海岸地势低平，坡降1/10 000～1/5 000，地下水埋深1.0～1.5米，矿化度很高，一般在30～50克/升，重者可达100克/升。土壤为海浸型盐碱土。草本植物以盐吸、黄须菜、碱蓬、碱蔓荆、马绊草、黑蒿等为主。年平均气温13℃，年降水量600毫米，年蒸发量2 200毫米，无霜期190天。由于立地条件差，植被稀少，海潮、旱、涝、碱、冰雹等自然灾害较重，生态环境十分脆弱。

(2) 治理技术思路

根据泥质海岸立地组成、结构和功能的不同，因地制宜，因害设防，以植被恢复和重建为核心，合理规划与布局，采取生物措施、工程措施和农业技术措施相结合的方法，建立起较为完善的沿海防护林体系，提高森林覆盖率，减少地面蒸发，降低地下水位，改善生态环境。

(3) 技术要点及配套措施

①规划与布局：在海潮线或防潮坝以内盐碱特别严重的地方实行封滩育草（灌），以增加植被覆盖；在立地条件相对较好，基本适宜树木生长的地方，选用一些耐盐碱的树种，建设宽度为100米以上的乔木基干林带或200米以上的灌木林带；基干林带以内营造小网格窄林带的农田林网，发展枣粮间作，种植梨、葡萄、桑等果树和进行村庄绿化，有条件的地方建设工业用材林基地。

②封育管理：海潮线或防潮坝以里的封滩育草（灌）带，应处理好封滩与放牧的关系，县级以上人民政府划界立标确定牧场和封育区，在交通要道树立警示牌，公布封滩育林区的范围和有关规定。搞好封育设施，建立封护队伍，严禁放牧、割草、拾柴等。

③基干林带营造技术：

修筑条田、台田：条田面宽70～100米，长800米，田面两边挖深1.0～2.0米、底宽1.0米、沟坡1:1.5的农排沟，夏秋季节蓄洪洗盐。台田，挖深1.5～1.6米、底宽1.0米、沟坡1:1.5的排盐沟，台面宽30～40米，将地面抬高15～20厘米，台田四周修筑高、宽各0.4米的土埂，雨季蓄淡压碱。

田面整治：秋季深耕晒垡，使盐分遇水后溶解、渗入地下，加快表土的脱盐淡化。整平地面，使地面浸水均匀，脱盐均匀。土壤脱盐达到一定程度后，种植田菁、紫穗槐等植物，巩固土壤脱盐效果。

造林技术：选择J172柳、J194柳、J333柳、绒毛白蜡、刺槐、白榆、臭椿、毛白杨、八里庄杨、金丝小枣、冬枣、桑树、柽柳、紫穗槐、沙枣、枸杞等耐盐碱树种作为造林树种。整地以头年雨季为好，也可在当年春秋季随整地随造林，穴状或带状为主。穴状整地，栽植乔木穴长、宽、深各60厘米，灌木栽植穴长、宽各40厘米，深35厘米；高垅带状整地，垅宽30厘～70厘米，垅面高于地表20～30厘米，垅长不限，垅面应便于垅旁犁沟排水，乔木每亩栽植110～220株，灌木每亩200～400穴。栽植，栽植以春秋季为好，乔木每穴1株，栽后浇水、填土、踏实，灌木用截干苗，每穴2株，栽后苗端露出地面2～3厘米，填土踩实。

抚育管理：造林当年应注意排水和苗木定干，防止倾斜和倒伏；灌木第3年开始平茬；造林地内前3年严格封禁保护，防止人畜破坏。

④农田林网建设：农田林网建设在基干林带以里，以乔木为主，可选白榆、臭椿、毛白杨、八里庄杨等树种，建设布局为窄林带、小网格，农田内发展枣粮间作。

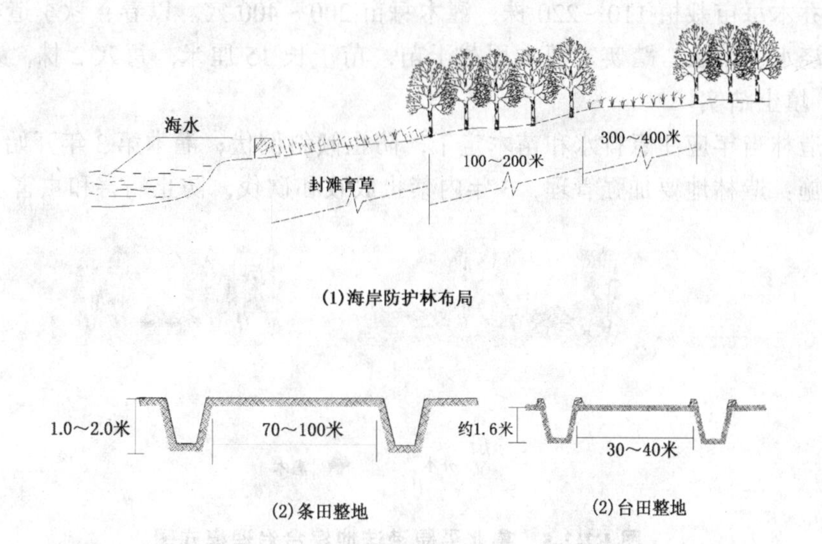

图 E2-2-4　北方泥质海岸沿海防护林建设模式图

(4) 模式成效

通过模式建设，区域的生态环境明显改善，土壤结构趋向良好，土壤含盐量下降0.2%左右，地下水矿化度下降到5～10克/升；造林成活率提高20%，树木生长量显著提高。如绒毛白蜡良种6年生胸径生长量可达2厘米/年；森林覆盖率提高5个百分点，经济林、工业原料林基地建设已粗具规模。

(5) 适宜推广区域

本模式适宜在华北平原滨海地区泥质海岸推广应用。

【模式 E2-2-5】　鲁北平原涝洼地综合治理模式

(1) 立地条件特征

模式区位于山东省高青县。模式区所在地系由黄河下游洪水泛滥冲积而成的鲁北平原涝洼地，地势平坦，海拔较低，一般小于20米。土壤肥沃，气候温和，年平均气温13.7℃。大小沼泽分布较多，土壤盐碱化严重，不宜耕作，需经工程改造后才能利用。

(2) 治理思路及目标

对于重盐碱地、季节性河道、沟渠边等涝洼地，通过工程方法加以改造，降低水位，减轻盐碱化程度，然后配置耐水淹、耐盐碱的乔、灌木进行生物治理，达到防止或减轻水涝灾害的目的，并逐步将其改造成农林业生产的理想基地。

(3) 技术要点及配套措施

①措施布局：紧密结合清淤、河道疏通、挖沟排涝、扶堤、深翻改土、深沟大台田等工程措施，河流两侧营造大型护岸林带，库、渠、池、塘周围营造护岸护堤林带，盐碱地营造抗盐碱的工业原料林。

②树种选择：耐水淹乔灌木，主要有杨树、白蜡、旱柳、柽柳、杞柳、紫穗槐等。

③整地：时间以头年雨季为好，也可在当年春秋季随整地随造林。整地方式以穴状或带状为主。穴状整地规格因树种而异，如栽植旱柳，穴长、宽、深各60厘米；如栽植紫穗槐，穴长、宽各40厘米，深35厘米。高垅带状整地，垅宽0.3～0.7米，垅面高于地表0.2～0.3米，垅长不限，垅面应便于垅旁犁沟排水。

④造林：乔木每亩栽植110～220株，灌木每亩200～400穴。以春、秋季造林为好。乔木每穴1株，栽后浇水、填土、踏实。灌木用截干苗，苗干长15厘米，每穴2株，栽后苗端露出地面2～3厘米，填土踏实。

⑤抚育：造林当年应注意排水和苗木定干，防止倾斜倒伏；灌木第3年开始平茬。

⑥配套措施：造林地要加强管理，3年内禁止放牧和砍伐，防止病害和虫害。

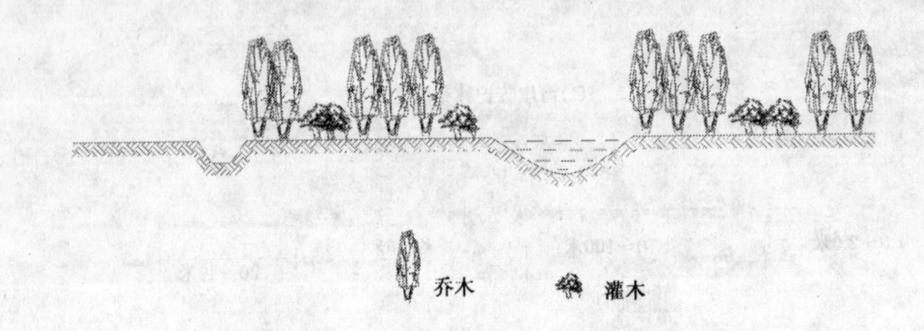

图 E2-2-5　鲁北平原涝洼地综合治理模式图

(4) 模式成效

本模式是黄河冲积平原治理盐碱地的主要方法。通过对涝洼地的综合治理，生产条件明显改善，土地含盐量降低1%，地下水位下降0.5～1.0米，排碱除涝能力显著提高，森林覆盖率提高5%，农作物产量增加1倍。基本形成路、渠、田、林配套的复合生态系统，保障农业生产的同时，还能增加当地群众收入。

(5) 适宜推广区域

本模式适宜在鲁北平原涝洼地、鲁南冲积平原及河流两岸推广应用。

三、黄淮平原亚区（E2-3）

本亚区主要指黄河以南的华北平原部分，北起黄河，南达淮河及苏北灌溉总渠，西起太行山伏牛山麓，东邻黄海。地跨河南省、山东省、安徽省、江苏省的部分地区。包括河南省郑州市的中原区、二七区、管城回族区、金水区、上街区、邙山区、新郑市、中牟县，商丘市的睢阳区、梁园区、夏邑县、永城市、柘城县、民权县、虞城县、睢县、宁陵县，周口市的川汇区、扶沟县、太康县、西华县、淮阳县、鹿邑县、郸城县、商水县、项城市、沈丘县，许昌市的魏都区、长葛市、许昌县、襄城县、鄢陵县，漯河市的源汇区、郾城县、临颍县、舞阳县，开封市的鼓楼区、龙亭区、顺河回族区、南关区、郊区、开封县、兰考县、尉氏县、通许县、杞县，驻马店市的驿城区、西平县、上蔡县、汝南县、平舆县、新蔡县、正阳县；江苏省徐州市的云龙区、鼓楼区、九里区、贾汪区、泉山区、邳州市、新沂市、铜山县、睢宁县、沛县、丰县，连云港市的新浦区、连云区、云台区、海州区、赣榆县、灌云县、东海县、灌南县，盐城市的响水县，淮安市的清河区、清浦区、楚州区、淮阴区、涟水县，宿迁市的宿城区、沭阳县、泗洪县、泗阳县、宿豫县；山东省济宁市的梁山县、嘉祥县、金乡县、鱼台县，菏泽市的牡丹区、郓城县、东明县、巨野县、定陶县、曹县、成武县、鄄城县、单县；安徽省宿州市的埇桥区、萧县、灵璧县、泗县、砀山县，蚌埠市的中市区、东市区、西市区、郊区、五河县、怀远县、固镇县，淮北市的相山区、杜集区、烈山区、濉溪县，淮南市的田家庵区、大通区、谢家集区、八公山区、潘集区、凤台县，阜阳市的颍州区、颍东区、颍泉区、颍上县、阜南县、临泉县、界首市、太和县，亳州市的谯城区、利辛县、涡阳县、蒙城县等129个县（市、区）的全部，以及河南省郑州市的新密市，信阳市的息县、淮滨县，平顶山市的舞钢市、叶县、郏县、宝丰县，许昌市的禹州市，驻马店市的遂平县、确山县；江苏省盐城市的滨海县；安徽省滁州市的明光市、凤阳县，六安市的寿县、霍邱县；山东省泰安市的东平县等16个县（市、区）的部分地区，地理位置介于东经112°38′48″～119°58′43″，北纬32°25′13″～36°20′25″，面积149 239平方千米。

本亚区属暖温带半湿润气候。冬季受西北寒流影响，多西北风，夏季受东南海洋湿热气流影响，盛行东南季风。年平均气温14.3℃，年降水量820毫米，分布规律由东南向西北渐减，降水季节性分配不均，年蒸发量1 751.3毫米。土壤为褐土和潮土两大土类，还有较大面积零星分布的砂礓黑土，以及少量的水稻土。地带性植被为落叶阔叶林。常见树种有杨、旱柳、臭椿、兰考泡桐、侧柏等；主要灌木有荆条、酸枣等；草本多为苍耳、细叶益母、马唐、牛筋草、狗尾草、知风草等。

本亚区的主要生态问题是：黄河故道的土地沙化，黄河、淮河流域的洪涝灾害，区域性干热风灾害和干旱等问题非常突出。

本亚区林业生态建设与治理的对策是：以防治土地沙化、服务农业生产为目标，建设平原农区的生态防护体系。重点营造农田防护林、用材林，同时也要适当发展经济林和薪炭林，条件好的地方还可营造速生丰产林，河流沿岸建设护岸林。

本亚区共收录7个典型模式，分别是：鲁西南沙性土地桐粮间作模式，皖北平原沙性土地林药复合建设模式，苏北平原农田防护林体系建设模式，淮北黄河故道风沙、盐碱地治理模式，淮北平原石灰岩残丘植被恢复模式，黄淮平原沿河沙地造林治理模式，黄淮平原村镇绿化美化模式。

【模式 E2-3-1】 鲁西南沙性土地桐粮间作模式

（1）立地条件特征

模式区位于山东省成武县，属鲁西南平原地区。地势平坦，光热充足，水源丰富，地下水埋深2.0米左右。土壤以沙壤、轻壤和中壤为主，土壤肥沃，交通方便，是重要的粮棉产区。历史上洪水危害较重，目前主要是干旱和干热风。

（2）治理技术思路

依据生态经济学的原理，运用现代生物学和生态工程技术，选择优良品种，在平原农区把林业与农业有机地结合在一起，发展农桐间作，调整林粮间作的比例，采用以耕代抚技术，达到林木速生丰产、防护和粮食丰收的多重目标，提高土地利用率和产出率。

（3）技术要点及配套措施

①树种及作物种选择：农桐间作的树种主要是兰考泡桐、白花泡桐，其优良品种有鄄优一号、鄄优二号、睢优一号、睢优二号、毛白33、毛白23等，适宜间作的农作物有小麦、大豆、谷子、油菜、土豆、棉花等矮秆作物。

②整地造林：在全面耕翻的前提下进行穴状整地，规格80厘米×80厘米×80厘米，沙质土采取随挖穴随栽植的造林方法，黏质土可冬季挖穴，翌年春季栽植。株行距有5.0米×40米，

5.0米×50米，5.0米×60米3种。

③栽植及幼林抚育：选择2年生埋根平茬苗，一般用苗高4.0米以上、地径5厘米以上的无病虫害良种壮苗。造林后结合农作物管理，以耕代抚，对主干上3.0米以下的萌芽全部抹去。3～4年生林木若树高偏低，可采取人工截干，培养高度。对有丛枝病的枝干采取环剥或修剪的方法防治，对大袋蛾采用冬季人工收集和发生期化学防治的方法进行防治。

④配套措施：加强田间管理，注意引进造林新品种。

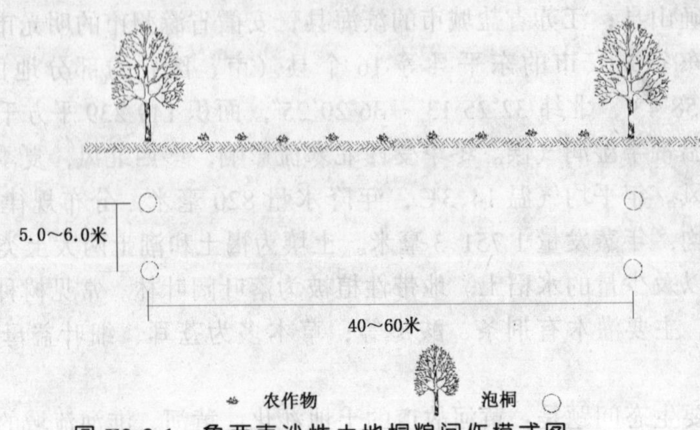

图 E2-3-1　鲁西南沙性土地桐粮间作模式图

(4) 模式成效

对模式区的典型调查结果显示：农桐间作可降低风速46.65%（有叶期）和25.9%（无叶期），提高地表温度0.78℃，增加空气湿度5.73%，提高小麦产量6.3%～15.23%。每株泡桐每年增加木材价值30元，按每亩平均定植3株泡桐计，每年木材增值90元，等于每亩年增收100～125千克小麦。

(5) 适宜推广区域

本模式适宜在黄淮海平原农区推广应用。

【模式 E2-3-2】　皖北平原沙性土地林药复合建设模式

(1) 立地条件特征

模式区位于皖北平原的亳州市。海拔在15～46米，年平均气温14～15.3℃，年降水量750～900毫米，土壤为沙土、沙壤土。主要自然灾害为春旱、干热风、盐碱和涝灾。当地交通发达，人口稠密，是安徽省的粮棉主产区。

(2) 治理技术思路

结合当地的资源优势，大力开展种植业结构调整，通过多层次空间配置，提高土地利用率，以农田防护林网作为基础和保障，发展具有市场潜力的名贵药材（白芍、亳菊、红花等），形成具有地方特色的林药间作的人工植被群落。

(3) 技术要点及配套措施

①树种选择：主要选择泡桐和白芍。泡桐一般以兰考泡桐为宜，并应注意选择符合间作条件的优良无性系；白芍分为“线条”“蒲棒”“鸡爪”“麻茬”4种。其中“线条”具有品质优、产量高的特点，但生长周期较长，4年以上方可起挖。而“蒲棒”品质虽次于“线条”，但产量较高，生产期短，28个月就可收获。

②适宜条件选择：泡桐和白芍在潮土类型的各种土壤上均能生长。泡桐以沙土生长最佳，红

淤土次之，淤土稍差。而白芍在沙土、两合土上生长最佳，红淤土次之，淤土稍差。因泡桐为多汁近肉质的根系，而白芍是肉质的块根，都需要土层深厚、质地疏松、湿润、通气良好，尤其是土壤通气度是影响两者生长的重要因素，一般土壤总孔隙度在50%以上，其生长旺盛。白芍对土壤肥力比泡桐要求高，须每年加强肥水管理才能达到丰产目的，同时也促进了泡桐生长。

③栽植密度：桐药立体经营的关键在于泡桐的栽植密度，一般根据间作形式而定。

片林间作型：在条件好、经营管理水平较高的地方，可选择片林间作型。泡桐栽植密度为3.0米×4.0米～4.0米×5.0米，而白芍的株行距大多采用0.5～0.67米。栽培的前3年可在白芍行间套种油菜、蚕豆、大蒜、苔菜、生姜等，以后可套种白芍小苗，以最大限度地利用土地和光、热、水等自然资源。

大田间作型：在农桐间作的基础上，在泡桐两侧间作白芍。泡桐栽植的株行距为5.0米×20米～5.0米×40米，白芍栽植的株行距为0.5米×0.67米。

④配套措施：加强田间管理，实行节水灌溉；及时引进新的药材品种，并大力拓宽中草药市场。

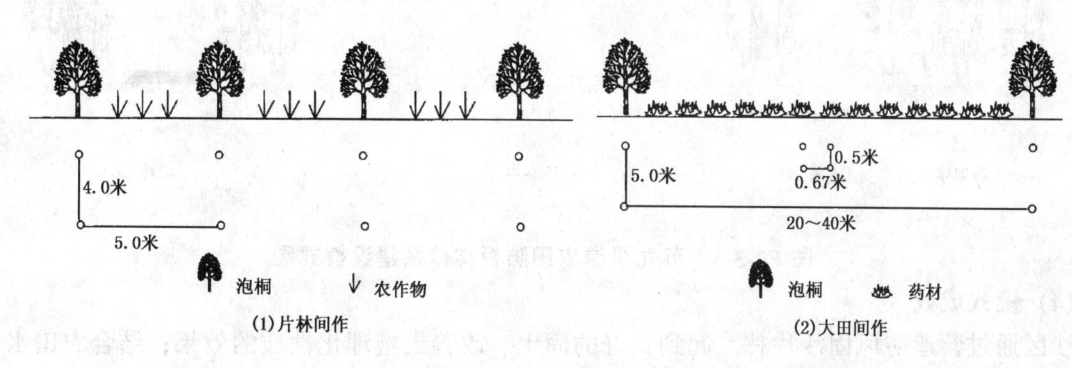

图 E2-3-2　皖北平原沙性土地林药复合建设模式图

(4) 模式成效

本模式在淮北地区推广后，生态效益、经济效益和社会效益十分显著。桐药间作，既有利于保护生态环境，防风固沙，又提高土地利用率，增加农民收入，是当地群众愿意接受的种植模式。

(5) 适宜推广区域

本模式适宜在淮北平原以及江苏省的徐州地区推广。

【模式 E2-3-3】　苏北平原农田防护林体系建设模式

(1) 立地条件特征

模式区位于徐州市炮车镇。地势平坦，海拔一般在30～50米，土壤为在黄河泛滥形成的冲积母质上发育的沙壤土、沙土以及沂河沭河洪积土，西部的土壤pH值：8.0～8.5，东部7.0～7.5。制约林业生态建设的主导因子是土壤盐碱和地下水位高。

(2) 治理技术思路

按照防风固沙、改善农业生态环境和创造平原生态景观的要求，充分利用农田田边、隙地、荒地，营造复层带状混交林带，建设点、带、片、面结合的综合防护林体系，既有效地利用沟、渠、路等设施，又可起到防护效果，改善林网控制下的农田小气候。

(3) 技术要点及配套措施

①树种及其配置：人工造林树种以华北平原常用的乔木树种为主，包括杨、柳、榆、槐、泡桐、刺槐和南方的水杉、池杉、落羽杉等，以及苹果、梨、桃、杏、李等经济树种。林网总体要求立体配置，渠、路防护林呈单行或双行，片林或条林带状或行间混交。经济林适当疏植。

②整地：结合水利工程建设进行造林整地。

③造林：春季或秋末造林；林带造林密度可根据树种的不同采用5.0米×3.0米、5.0米×4.0米或3.0米×4.0米等3种，经济林6.0米×6.0米、8.0米×8.0米均可。新造片林和幼林进行林农间作，种植农作物或牧草，提高土地利用率。

④管护措施：适时进行松土、除草、施肥、灌溉、修枝等抚育措施，管护年限不低于5年。

⑤配套措施：农田林网要根据不同的立地质量确定初植密度和抚育间伐强度，以使林带形成透风系数0.5左右的疏透结构。可通过乔木修枝调整林带透风系数，达到最佳防护效能。

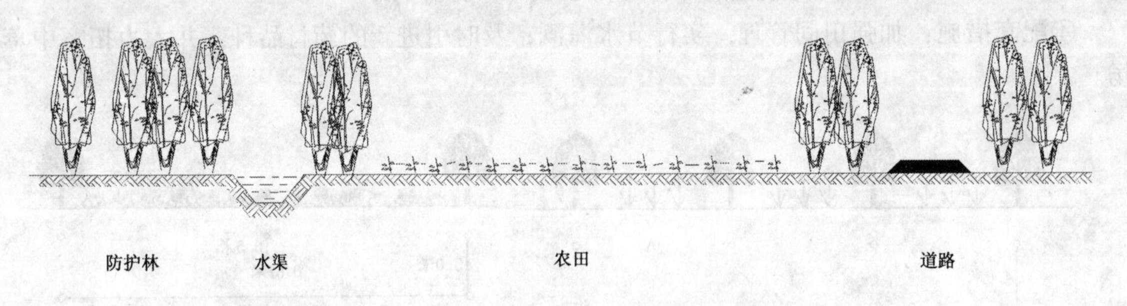

图 E2-3-3　苏北平原农田防护林体系建设模式图

(4) 模式成效

沙区通过营造防风固沙片林，起到良好的固土、改善土壤理化性质的效果；结合农田水利工程的各级沟、渠建设防护林网，改善农田小气候，林网内风速降低30%左右，相对湿度提高5%～10%，蒸散减少20%～40%，改善了农作物生长条件，提高了产量和品质，有效保护水利工程设施和农田、道路。此外，农田的立地条件好，林网生长快，自身的经济效益也很大。苏北地区木材加工业发达，对木材的需求量大，每棵树每年可增值50元左右。

(5) 适宜推广区域

本模式适宜在苏北平原推广应用。

【模式 E2-3-4】　淮北黄河故道风沙、盐碱地治理模式

(1) 立地条件特征

模式区位于安徽省的黄河故道上，是淮北平原风沙危害较为严重的地方。建国初期，春播作物常被风刮沙压，常常要复种3～4次。比较难治理的飞沙土、泡沙土和盐碱土大面积分布。飞沙土，质地疏松，干旱多风季节易扬沙，有机质含量低，易旱易涝。依地下水位高低，又可分为高水位飞沙区和低水位干旱飞沙区；泡沙土，地下水位低，有机质含量少，流动性差；盐碱土，地势低洼，地下水位一般1.0～1.5米，雨季水位上升到1.0米以内，表土板结，排水条件差，天晴后土壤表层有白色盐霜。

(2) 治理技术思路

针对不同的立地条件特点，以防风固沙和治理盐碱为核心，在合理选择造林树种的基础上，通过科学规划、科学配置、科学栽植、科学管理，建立良好的人工生态系统，改善当地的生态环境，保证农业生产和农村经济的持续发展。

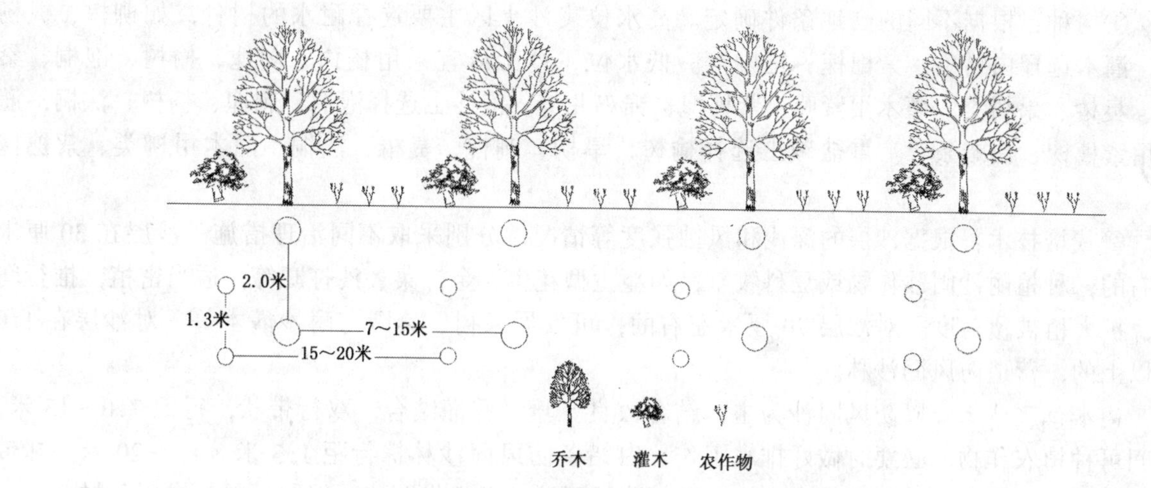

(1) 黄泛区高水位飞沙土治理

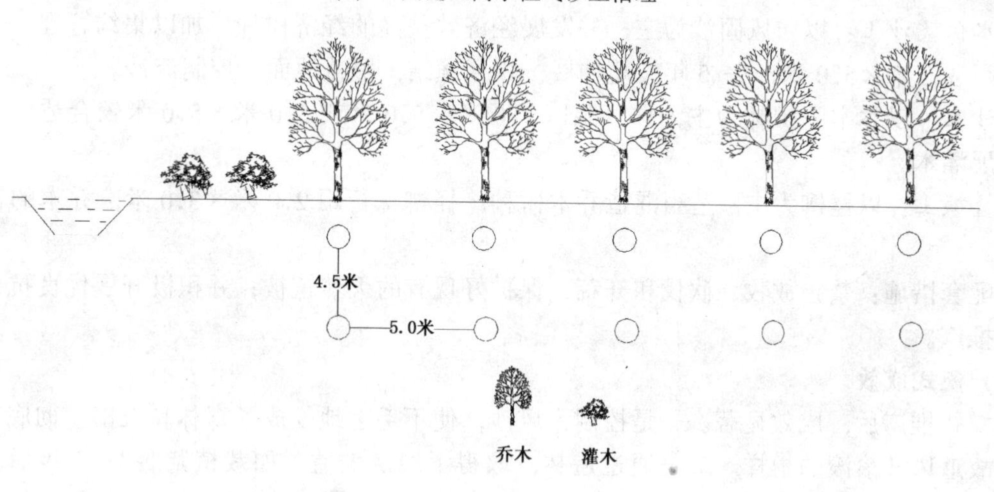

(2) 黄泛区泡沙土治理

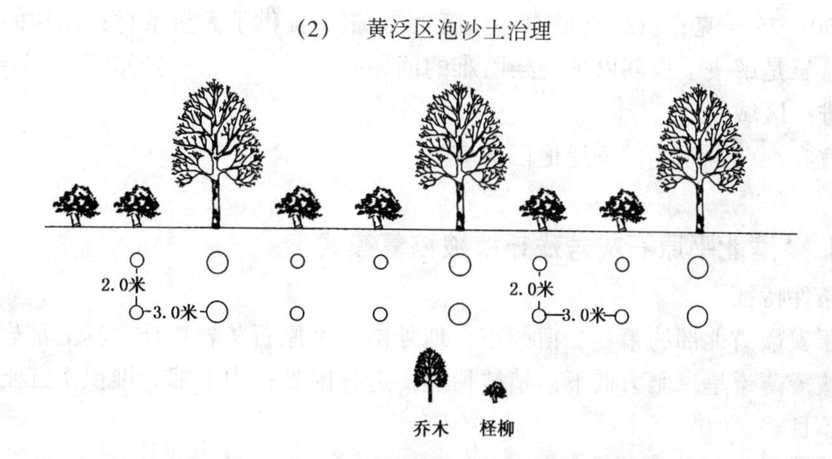

(3) 黄泛区重盐碱土治理

图 E2-3-4 淮北黄河故道风沙、盐碱地治理模式图

(3) 技术要点及配套措施

①树种：根据不同的立地条件确定。高水位飞沙土区主要选择耐水的树种，如柳树、枫杨等，灌木选择白蜡条、紫穗槐、杞柳等。低水位飞沙土区宜采用杨树、刺槐、榆树、泡桐、桑树、臭椿、果树类，灌木用紫藤、紫穗槐、锦鸡儿等。泡沙土选择泡桐、刺槐、杨树、法桐，灌木用紫穗槐、白蜡条等。重盐碱土选择榆树、旱柳、刺槐、臭椿、法桐，灌木用柳类、紫穗槐等。

②栽培技术：根据沙层的深浅和风蚀强度等情况，分别采取不同治理措施。沙层在30厘米左右的，种植耐沙固沙作物或豆科牧草，如蔓生型花生、金针菜、沙打旺等，适当密植，推行间作，扩大植被覆盖度。对沙层70厘米左右的，可发展果树、桑园与耐沙灌木等。对沙层在1.0米以上的，营造防风固沙林。

高水位飞沙土：以防风固沙为主，结合改良土壤，乔灌结合，双行带状，行距7.0～15米，行间可种植农作物，必要时做好排水工作。白蜡条防风固沙林株行距1.3米×15～20米，林带走向与主风向垂直，行间种植农作物，既可防风固沙，又提供薪柴、编制材料、农用条材。

低水位飞沙土：以防风固沙为主，并发展经济效益高的经济树种，加以集约管理。紫藤固沙林株行距3.0米×5.0米，3～5年枝蔓伸展，相互缠结，覆盖地面，控制流沙。

泡沙土：以乔木防护林为主，株行距以4.0米×5.0米或5.0米×5.0米较合适，距水面一侧可发展灌木。

重盐碱土：以柽柳为主，适当混造乔木树种，柽柳株行距2.0米×3.0米，乔木的株行距适当大些。

③配套措施：禁止放牧、砍伐和开荒，保护好现有的天然植被；并积极开展优良抗逆品种的引进和推广。

(4) 模式成效

本模式推广后，成效显著。一是控制了风沙，使不毛之地变成了森林和农田，彻底改变了昔日黄河故道风沙滚滚的模样。二是通过造林，取得了经济效益。如栽植紫藤3～5年后，每株紫藤可年收鲜花50～75千克；白蜡条平均每丛萌生36根，提供了大量条材；间作的农作物还可以解决粮食问题。三是解决了长期以来烧柴困难的问题。

(5) 适宜推广区域

本模式适宜在淮北平原北部黄泛地区推广。

【模式 E2-3-5】　淮北平原石灰岩残丘植被恢复模式

(1) 立地条件特征

模式区位于安徽省北部的萧县、宿州市，地处淮北平原石灰岩残丘，其上部岩石裸露，发育黑碎石土，土壤瘠薄干旱，肥力低下，植被稀疏，造林困难；中下部为堆积山红土、山黄土，土质黏重，排水不良。

(2) 治理技术思路

侧柏和铅笔柏等树种为浅根性树种，侧、须根发达，适应性强，繁殖容易，有利于保持水土，是石灰岩山地良好的防护用材树种。麻栎适应性强，微酸、微碱土壤都能生长，具有庞大的树冠和繁茂的枝叶，对改造较差立地条件有较大的作用。石灰岩残丘比较适合侧柏、铅笔柏、麻栎的生长，通过人工造林，营造柏类和以麻栎为主的阔叶树形成混交林，形成稳定的防护体系，以改善石灰岩残丘的生态环境。

(3) **技术要点及配套措施**

①树种及其配置：以侧柏和铅笔柏等柏类为主，阔叶树选择麻栎、栓皮栎、青檀、黄檀、刺槐、榆树、榉树等，灌木树种可以选择酸枣、山里红。针阔乔木树种行间或小块状混交，林下栽植灌木。

②整地：对丘顶黑碎石土，采取见缝插针式的造林方式，可以不整地，以利于保持水土；中下部可以清除栽植点上的草灌，实行穴状整地，整地规格为50厘米×50厘米×50厘米。

③造林：春季植苗造林。使用地径0.2厘米、苗高20厘米的侧柏实生苗，以及地径0.5厘米、苗高45厘米的麻栎造林。柏类造林密度为240～300株/亩，阔叶树150～240株/亩。造林后每年松土锄草2次。

图 E2-3-5　淮北平原石灰岩残丘植被恢复模式图

(4) **模式成效**

本模式在安徽省北部萧县、宿州市应用获得较大成功，造林成活率达到了70%。

(5) **适宜推广区域**

本模式适宜在淮北、江淮石灰岩丘陵山地推广应用。

【模式 E2-3-6】　黄淮平原沿河沙地造林治理模式

(1) **立地条件特征**

模式区位于安徽省宿州市，淮河的多条一级支流穿市而过。由于河流两岸的土壤受严重侵蚀后形成沙土或流沙经冲积形成河床沙滩地，有机质含量极低，作物低产，一遇干旱，作物减产或绝收，风沙化土地面积逐年扩大。

(2) **治理技术思路**

在不影响河道行洪的前提下，在沿河两岸沙荒地上植树种草，提高沙地植被覆盖度，遏制当地风蚀和水蚀的发生与发展，同时以丰富的生物量改善沙地土壤物理结构，实现对沙地的治理、开发与利用。

(3) **技术要点及配套措施**

①树种选择：根据立地条件的差异确定造林树种。沙丘沙地选择刺槐、马尾松、麻栎等；冲积沙地选择意杨、池杉、枫杨等。

②密度与配置：刺槐、马尾松、栎类1.5米×1.5米，同时亦可配置草本植物。意杨4.0米×4.0米。枫杨1.5米×2.0米。林木行间可间种豆科或禾本科草本植物。

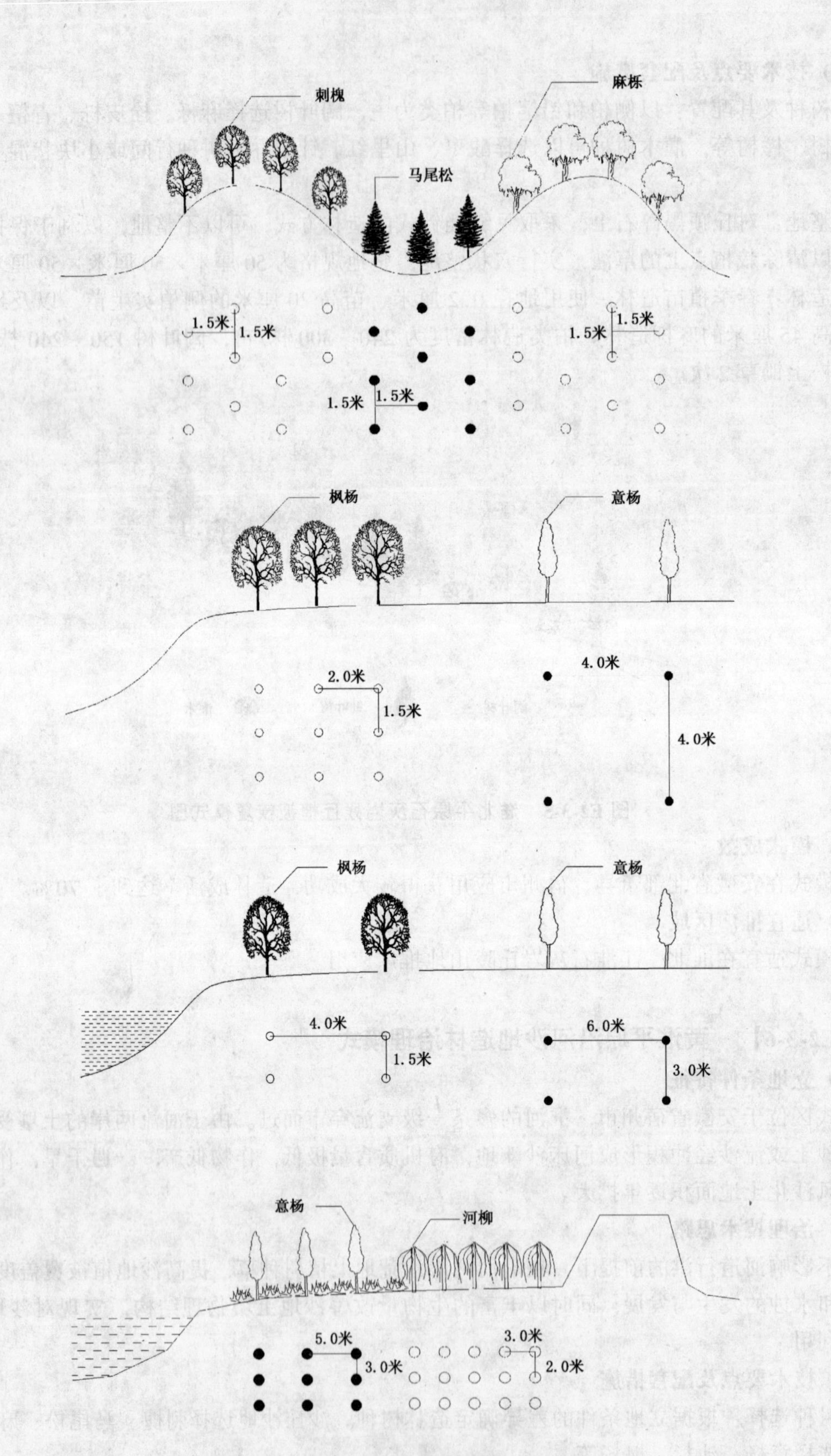

图 E2-3-6　黄淮平原沿河沙地造林治理模式图

③抚育管理：造林后第1年扶苗补植，第2年以后管护为主，防治病虫害，培育林草植被。杨树2～3年后修枝除蘖，防治杨小舟蛾等食叶虫和杨树桑天牛之类的蛀干害虫，保持林草地卫生，使林木正常生长。

(4) 模式效益

冲积形成的沙滩地，杂草丛生，不能利用，这类闲散土地经过生态治理后，不仅改变了生态景观，同时提高了森林覆盖率和土地利用率，效果十分显著。

(5) 适宜推广区域

本模式适宜在安徽省东北沿河两岸推广。

【模式 E2-3-7】 黄淮平原村镇绿化美化模式

(1) 立地条件特征

模式区位于河南省鹿邑县、商水县、项城市等地。模式区所在地地势平坦，地形起伏很小，气候温暖，光热充足，年平均气温13～15℃，年降水量为600～900毫米，区内因古河道冲淤和农业生产形成褐土、潮土、砂礓黑土、风沙土等。现有森林为建国后营造保存下来的人工林，主要树种有杨、柳、槐、椿、白蜡等，经济树种有苹果、梨、桃、柿、山楂、葡萄等。

(2) 治理技术思路

紧紧围绕提高农村、城镇居民生活质量，改善村民居住地生态环境，美化环境，发展庭院经济，创建平原绿化、绿色文明达标村镇。

(3) 技术要点及配套措施

①绿化配置：

围村林：利用村庄周围的闲散地或荒草地植树造林，逐渐形成围绕村庄的片林或林带，以用材林为主。

护村林带：村庄周围设一环村路，路宽4.0～6.0米，路距最近住房10～15米，路两侧各栽2～4行树，形成护村林带。

村庄道路绿化：村庄的道路因村庄的大小而有多种规格。一般主路宽7.0～10米，每边栽植高大乔木1～2行，株行距3.0米×4.5米；副路宽5.0～7.0米，每边栽树1行，株距2.0～3.0米；支路即排房前的道路，一般宽3.0～4.0米，每边栽树1行；小路即宅院相连的宅间小路，一般宽2.0米左右，每边栽树1行。

庭院绿化：多数以用材林为主，兼顾绿化、美化。近几年兴起的庭院经济则把庭院绿化与经济、生态结合起来。在庭院内种植用材树种、经济树种或药材等。

坑、塘绿化：庄内、村旁的坑塘四周多数种植用材树种，或实行乔灌结合，既美化环境，又增加经济收入。

公共场所绿化：多数是以绿化美化为主，同时兼顾用材。

②树种选择：村镇绿化的常见树种主要有：泡桐、沙兰杨、白榆、刺槐、楸树、臭椿、苦楝、皂荚、槐树、构树、紫荆、白蜡、旱柳、杞柳、桑树、香椿、银杏、苹果、枣、杏、桃、石榴、葡萄等。

③整地及造林：以高大乔木为主的用材林、经济林，一律采用穴状整地，规格100厘米×100厘米×100厘米；灌木采用小穴整地，规格60厘米×60厘米×60厘米，以植苗造林为主。

④配套措施：严加管护，加强执法。

(4) 模式成效

通过高标准村镇绿化，使村镇周围林木覆盖率达到40%以上，生态环境大大改善，景观效果也极为显著，实现了创建平原绿化、绿色文明达标村镇的目的。

(5) 适宜推广区域

本模式适宜在华北平原村镇广泛推广，对其他平原地区的农村城镇化过程中的绿化、美化具参考价值。

第27章

鲁中南及胶东低山丘陵类型区(E3)

本类型区西起京杭大运河，北至黄河、胶济铁路，东至渤海，南至山东省省界，地理位置介于东经115°47′58″～122°28′13″，北纬34°40′12″～38°10′30″。包括山东省的临沂市、莱芜市、滨州市、枣庄市、泰安市、潍坊市、淄博市、济宁市、济南市、烟台市、威海市、青岛市、日照市等11个市的全部或部分地区，总面积96 893平方千米。

本类型区地貌类型主要是低山丘陵，鲁中南的泰山、蒙山、鲁山、沂山、徂徕山及胶东半岛的崂山等山峰，海拔在1 000米以上，属中山山地。中山区地形陡峻，切割侵蚀强烈；低山及丘陵区呈现宽谷缓丘地貌特点，地形破碎，沟谷众多，切割密度大，但切割深度相对较浅。

本类型区属暖温带季风气候，四季分明。冬季寒冷干燥，由于受蒙古高压的控制，寒流频繁。春季干旱、少雨、多风，夏季高温多雨，秋季天晴气爽。半岛沿海常有海风、海雾、海潮侵袭。年平均气温11～14.2℃。年降水量650～850毫米，主要集中在7～9月。大风日数10～15天。无霜期100～150天。太阳年辐射总量500千焦/平方厘米左右。

本类型区的土壤有棕壤、褐土。中高、中低山地基岩裸露、土层浅薄、肥力差，丘陵山地多开垦为果园或农田，肥力中等，宜林宜果。由于山势陡峭，地形破碎，沟谷众多，天然植被破坏较早，因此造成该地区植被带分布不均，形成了地域性疏林地。乔木和灌木种类单一，现有林多为人工林，乔木主要有松类、柏类、栎类等，灌木以荆条、酸枣等为主。

本类型区的主要生态问题是：土地退化，水土流失导致的裸岩地常以片状出现；水源涵养能力低；干旱缺水已经影响到正常的生产、生活。

本类型区林业生态建设与治理的主攻方向是：综合考虑生态环境改善和经济发展等多方面的因素，因地制宜，开展林业生态综合整治。中山地带以封育为主，辅以植树造林，配合工程措施进行综合治理，减轻水土流失强度，增强水源涵养能力。低山丘陵区以经济林为主，主要发展高品质的苹果、梨、葡萄、枣、板栗、核桃等果品。在平原地带建设高标准农田防护林体系，大力发展设施林业，提高农民经济收入。

本类型区共划分为2个亚区，分别是：鲁中南中低山山地亚区，胶东低山丘陵亚区。

一、鲁中南中低山山地亚区（E3-1）

本亚区西部以京杭运河为界，东至胶莱河、沭河，北起黄河、小清河，南至江苏省省界。包括山东省济南市的历城区、天桥区、市中区、槐荫区、历下区、长清县、平阴县、章丘市，滨州市的邹平县，淄博市的张店区、淄川区、博山区、临淄区、周村区、桓台县、沂源县，潍坊市的临朐县、青州市、昌乐县、安丘市，济宁市的市中区、任城区、汶上县、泗水县、微山县、兖州市、曲阜市、邹城市，泰安市的泰山区、岱岳区、肥城市、宁阳县、新泰市，莱芜市的莱城区、钢城区，枣庄市的山亭区、市中区、薛城区、峄城区、台儿庄区、滕州市，临沂市的兰山区、罗庄区、河东区、沂水县、蒙阴县、沂南县、费县、平邑县、郯城县、苍山县、临沭县等 52 个县（市、区）的全部，以及山东省泰安市的东平县的部分地区，地理位置介于东经 115°47′58″～119°7′21″，北纬 34°40′12″～37°19′38″，面积 55 147 平方千米。

本亚区为温带季风气候，四季分明。春季干旱、少雨多风；夏季高温多雨；秋季天晴气爽；冬季寒冷干燥。年平均气温 11～12.2℃，年降水量 700～800 毫米，主要集中在 7～9 月，大风日数 10～15 天，无霜期因海拔差异较大，一般 100～120 天。土壤类型有棕壤、褐土。现有林多为人工林，乔木主要有油松、侧柏、麻栎、刺槐、杨树、苹果、板栗、核桃、银杏、花椒、柿子等，灌木以荆条、酸枣等为主。

本亚区山地陡峭，基岩裸露，土层一般在 15 厘米左右。植被布局不均，树种搭配不合理，加之天然植被已破坏，造成了严重的水土流失。水库、塘坝淤积，河流干枯，部分地区干旱缺水，以至影响到人民的生活用水，生产用水则更困难。

本亚区林业生态建设与治理的对策是：在山区合理布局林种和树种，大力发展水土保持林、水源涵养林，加大封山育林的力度，坚持封造管并举的方针，提高山区的植被覆盖，防止水土流失；在丘陵地区，积极开展地堰开发，种植干鲜果，发展名特优经济林，提高经济效益；在平原区，营造高标准的农田林网，为农业的高产稳产创造条件。在水库周围和河流两岸营造护堤护岸林，确保水利设施长期发挥效益。

本亚区共收录 7 个典型模式，分别是：鲁中南低山丘陵干瘠薄陡山地治理模式，沂南花岗岩山地防护林体系建设模式，沂蒙山区生态村建设模式，沂蒙山区小流域林业生态建设模式，沂蒙山区河滩地生态型速生丰产林建设模式，山东兖州市郊园林式小康村建设模式，鲁西南山前平原高标准农田林网建设模式。

【模式 E3-1-1】　鲁中南低山丘陵干瘠薄陡山地治理模式

（1）立地条件特征

模式区位于沂蒙山区的临朐县。山坡陡峻，土层薄，一般 15 厘米左右。干旱，植被稀疏，水土流失严重。天然植被以侧柏、油松、麻栎、刺槐、荆条、酸枣、葛藤、黄白草为主。

（2）治理技术思路

根据干瘠山地的立地条件特点，提高整地标准，选择抗干旱耐瘠薄的生态经济树种，确定适宜的造林时机，坚持封、造、管并举，加快荒山造林绿化步伐。采用容器苗、盖石板、覆草覆地膜、使用 ABT 生根粉、吸水剂等造林技术和抗旱保墒措施，提高造林成活率和保存率。

（3）技术要点及配套措施

①树种及配置：主要适宜造林树种有侧柏、刺槐、臭椿、苦楝、楸树、柿子、杏、花椒、枣、香椿、黄栌、紫穗槐、胡枝子、黄荆等。山的中上部主要安排侧柏、刺槐、花椒、紫穗槐、火炬树、胡枝子、黄荆等，形成不规则的块状混交林。山的中下部安排刺槐、柿子、花椒、山楂、樱桃、杏、枣、楸树、紫穗槐等树种，形成干杂果园或用材林。在适地适树的原则下，尽可能安排经济树种，使其既有防护效益，又有经济效益。

②整地：雨季前或春秋冬闲期进行。整地方式、方法和规格主要依据造林地地形、地势、植被、土壤、造林树种及劳力情况等确定。35 度以上坡度采取小穴状，规格为穴径 30 厘米左右，深 20～30 厘米，随整地随造林；25～35 度山坡，采取穴状及鱼鳞坑相结合的整地方式，穴状规

格为穴径40厘米左右，深20～40厘米。鱼鳞坑的规格为短径30～40厘米，长径30～50厘米。两种整地方式的土堰高均为10～20厘米。针叶树种因造林密度较大，一般采用穴状整地；15～24度山坡，土层厚度大于30厘米，采取水平阶整地，规格为宽100～150厘米。土层厚度小于30厘米，采取鱼鳞坑整地，坑长径100～150厘米；坡度15度以下的中厚层土山坡、沟底及较平缓的崮顶，应采用窄幅梯田整地，规格为田面宽130～150厘米，深50～80厘米，长以便于整平田面为限。整地时，穴状及鱼鳞坑要沿山坡等高线成行，上下呈“品”字形排列。水平阶及窄幅梯田要因地制宜，沿等高线呈水平面。并注意尽量减少破土面，保护原有植被。

③造林：侧柏、刺槐、火炬树等，株行距2.0米×3.0米～1.0米×2.0米，密度111～330株/亩；柿子，株行距5.0米×6.0米～4.0米×5.0米，密度22～33株/亩；杏，株行距4.0米×5.0米～2.0米×4.0米，密度33～80株/亩；大枣，株行距5.0米×5.0米～3.0米×4.0米，密度44～56株/亩；香椿，株行距1.0米×2.0米～1.0米×1.0米，密度330～660株/亩；紫穗槐，株行距1.0米×1.0米，密度660株/亩；苦楝，株行距4.0米×5.0米～4.0米×4.0米，密度33～44株/亩。一般树种植苗造林，侧柏、枣容器苗造林，侧柏、枣、花椒、火炬树、苦楝、臭椿可以播种造林。春季、雨季、秋末、冬初植苗均可。刺槐和经济树种可春季造林，宜在腋芽萌动前栽植；侧柏、火炬树宜在雨季透雨过后3天内栽植，要随雨而动，集中造林；秋末冬初造林，一般在树木落叶后到土地封冻前进行。植苗要做到随起苗随运输、随栽植，有水浇条件的最好随时浇水。直播以春季和秋季为宜。植苗、直播造林要采用盖石板、覆草、覆地膜、ABT生根粉、高分子吸水剂等抗旱保墒措施，以提高造林成活率。

④抚育管理：造林后第2年，对造林成活率小于85%的小班进行补植或补播；造林后翌年解冻后进行1次踏穴培土；从造林当年开始，连续3年进行除草，每年2次；造林后进行封山，严禁人畜破坏。

⑤配套措施：对立地条件差、造林难度大、有天然萌生条件的宜林地和疏残林，制订封山公约，建立护林组织，严禁上山放牧等人为破坏，封山育林。

(4) 模式成效

模式区所在地是山东省造林绿化的重点和难点地区。应用该模式进行治理后，提高了生物多样性，增大了植被盖度。据调查：灌木种类增加5种以上，草本增加10种以上，森林覆盖率约提高5%。水土流失明显减轻，土壤结构得到改善，肥力提高，生态环境进入良性循环。群众收入增加，经济效益也很突出。

(5) 适宜推广区域

本模式适宜在山东省所有石灰岩山区推广应用。

【模式E3-1-2】 沂南花岗岩山地防护林体系建设模式

(1) 立地条件特征

模式区位于山东省沂南县，属于花岗岩低山区，海拔220～770米。年平均气温12.9℃，年降水量700毫米，无霜期220天。土壤以山地棕壤为主，有机质含量低。主要树种有赤松、黑松、刺槐、麻栎、臭椿、赤杨等；主要灌木有胡枝子、酸枣、黄荆等；草本主要有结缕草、狗尾草、羊胡子草等。现有林种和树种布局不合理，生态林面积少，防护效果差，水土流失严重。

(2) 治理技术思路

遵循因地制宜、适地适树、先易后难的原则，合理确定林种、树种比例，营造生态林与生态经济型防护林结合的防护林体系。

(3) **技术要点及配套措施**

①规划与布局：在有天然下种和萌芽更新能力的疏林地、采伐迹地、灌木林地采取封育的方式；无林地或少林地的山地中上部营造生态型针阔混交林；山地中下部营造生态经济型防护林。在整个造林过程中，应尽量保护原有植被，增加植被覆盖度，控制水土流失。

②封山育林：以封为主，补种为辅，尽快恢复天然植被。封育地段要划界立标，竖立封育标牌，建立封山育林组织，制定封山育林公约，严禁人畜危害。

③人工造林：

树种选择：主要树种有刺槐、麻栎、油松、火炬松、黑松、落叶松、赤松、马尾松、紫穗槐、黄荆、酸枣、桃、仁用杏、花椒、大枣、板栗、核桃等。

树种配置：山上部实行针阔、乔灌草块状不规则混交，主要有松刺、松栎混交方式。山中下部以营造干杂果密植园和地堰开发为主。"密植园"的种植密度为110～220株/亩；"地边果-农"混作以农为主，农果兼顾，经济树种呈单行配置，株距一般为2米，在地边50厘米内或土地堰边坡上，构成上看一片地，下看一片林，横看一条经济林带的格局。

种苗规格：用Ⅰ、Ⅱ级苗木上山造林，山上部防护林尽量使用容器苗造林；直播造林要使用合格的优质种子。

整地：一般采用鱼鳞坑、水平阶、窄幅梯田和穴状整地。整地时间应在造林前1年的雨季或秋季进行。整地时要注意保护原有的植被，并尽量减少破土面。山上部坡度大的薄层土地段，以鱼鳞坑整地为宜，其规格一般为长径60～80厘米，短径50～60厘米，深30厘米，堰宽15厘米，坑面外高里低，上下呈"品"字形排列。坡度25度以下的中厚层土地段，宜采用水平阶整地，要求等高设置，阶长200～250厘米，阶宽80～120厘米，深度40～50厘米，堰宽20厘米，上下呈"品"字形排列。坡缓土厚地段采用梯田整地，等高设置，田面宽130～300厘米，深度50厘米以上，堰宽30厘米以上。在缓坡、沟谷、坡脚土层深处可采用穴状或条带状整地，穴状整地为大穴100厘米×100厘米，100厘米深，小穴50厘米×50厘米，30厘米深，呈"品"字形排列。条带状整地，一般带宽100厘米，深80厘米。

造林方法：以植苗造林为主，也可辅以播种造林。造林时间以春季为主，针叶树和花椒亦可夏季造林，经济苗木也可秋季造林。针叶树造林密度220～330株/亩，阔叶防护林树种110～220株/亩。

抚育管理：主要是穴内松土除草、覆草、压石板，修整雨后冲毁的堰边，增强穴内保土蓄水能力。对当年成活率85%以下的要进行补植或补播。

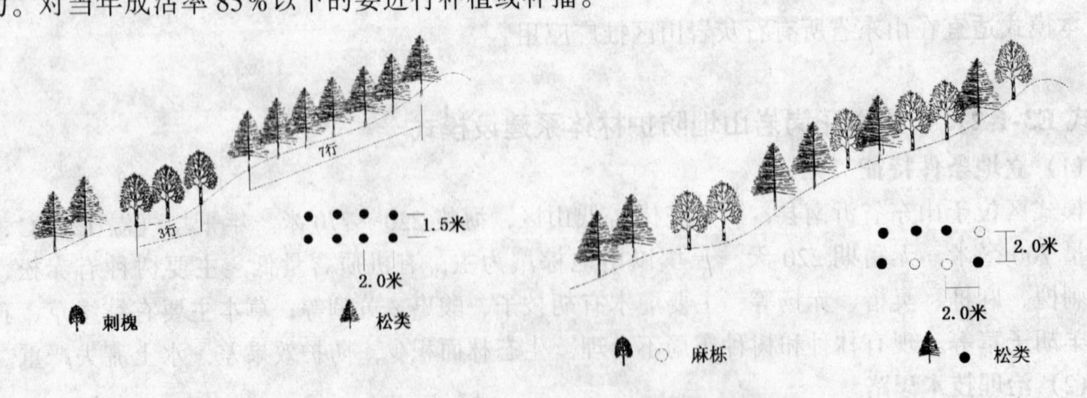

(1) 松类、刺槐 7:3 带状混交　　(2) 松类、麻栎不规则混交

图 E3-1-2　沂南花岗岩山地防护林体系建设模式图

(4) **模式成效**

采用本模式治理，形成了山顶松槐带帽，山中果树缠腰，山下沟渠路配套，高效农田环抱的格局。森林覆盖率提高 3%～5%，林种和树种布局趋于合理，生态公益林比例增加了近 10%，生态经济林的防护和经济效益均有显著提高，调动了群众造林的积极性，促进了当地经济的发展。

(5) **适宜推广区域**

本模式适宜在山东省花岗岩山地推广应用。

【模式 E3-1-3】 沂蒙山区生态村建设模式

(1) **立地条件特征**

模式区位于蒙阴县小山口村，地处沂蒙山腹地，全村共有 117 户 415 人，总面积5 100亩，其中可耕地 609 亩，林业用地 3 600 亩。模式区位于海拔 400 米以上的石灰岩山地，岩石裸露、干旱瘠薄，立地条件很差。过去由于缺乏有效治理，山荒岭秃，林木植被稀少，水土流失严重，生态环境恶劣，水源常年奇缺，再加上交通条件很差，生产效益十分低下，成为当地有名的贫困村。

(2) **治理技术思路**

山水田林路综合治理。山上营造防护林、封造管并举，增加森林覆盖；山沟修建蓄水池、小塘坝，打大口井，铺设输水管线，解决人们生产生活用水；修建道路，解决交通不便的问题。

(3) **技术要点及配套措施**

①合理规划与布局：邀请有关专家和技术人员现场咨询、实地勘查，制订了详细、科学、合理的治理开发规划。在山区大力开展植被建设，山上部以营造水源涵养林、水土保持林为主，山下部发展苹果、梨、柿子、核桃、枣、花椒等经济林。

②科学造林：包括应用营养袋育苗造林、实行自采自育自造林（发动村民到健壮侧柏母树上采种，利用山地实行小块状育苗）和采取抗旱保墒造林（在幼树周围覆盖草皮、压石板）等，确保造林一次成功。

③加强管护：实行牛座槽、羊圈养，落实了严格的封山育林措施，如配置专职护林员和管护责任制，沿边界垒砌了防护墙，制订护林公约，实行管护责任制等。

④整修道路：发动群众，自力更生，建设高标准进山公路。

⑤兴修水利设施：坚持生物措施与工程措施相结合，在植树造林的同时，修建蓄水池 10 个，塘坝 3 座，打大口井 2 眼，铺设输水管线 10 000 米，蓄水能力达到 8 万立方米。既防止了雨季洪水下山造成洪涝灾害，减轻水土流失，又留蓄了水源，解决了人畜吃水问题。

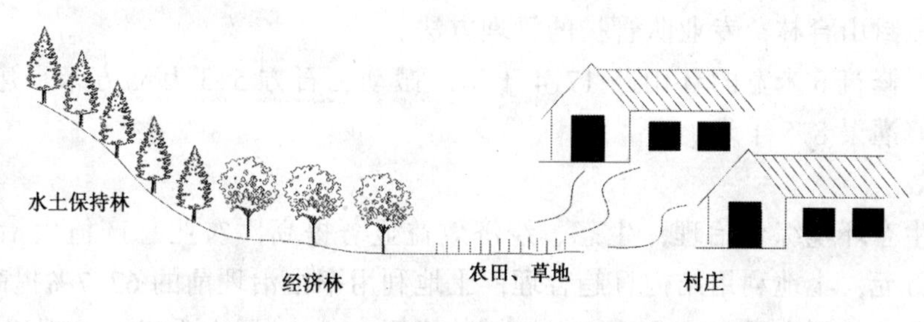

图 E3-1-3 沂蒙山区生态村建设模式图

(4) 模式成效

小山口村共营造防护林3 017亩、经济林470亩，在造林后连续72天未降雨的情况下，造林成活率仍达到87%，使昔日的荒山披上了绿装，水土流失基本得到控制，生态环境得到明显改善，水源涵养作用明显，最近5年来人畜用水正常，2001年虽遭遇大旱之年，但水井水位仅比常年下降0.5米。山区综合开发治理使农村经济得到了快速发展，2000年该村实现总收入280万元，林果业收入占农业总收入的40%，人均收入达到2 680元。自1995年以来连年被评为“明星村”“先进村”。随着生态环境和交通条件的改善，该村已由过去的穷山恶水变为如今的山清水秀，吸引了大批外地的参观者和旅游者前来观光，成为沂蒙山深处的一颗明珠。

(5) 适宜推广区域

本模式适宜在山东省沂蒙山区推广。

【模式 E3-1-4】 沂蒙山区小流域林业生态建设模式

(1) 立地条件特征

模式区位于山东省泰安市赵峪村。全村430户1 506人，土地面积8 571亩，其中林果面积7 000亩，人均收入2 560元。年降水量800毫米，年平均气温12.8℃。土壤为棕壤，质地多为中壤和沙壤，pH值6.5~7.0之间，土层薄，土壤沙化，裸岩增加，土壤流失严重。治理前水土流失面积2.6平方千米，占总面积的46%，土壤年侵蚀模数3 210吨/平方千米，年土壤侵蚀量8 346吨。

(2) 治理技术思路

以小流域为单元，合理布局，合理规划。采用“山顶松槐戴帽，山中果树缠腰，山脚桑园铺底，水利、河道水保工程设施齐全配套，坡沟渠路成网”的治理思路。坚持经济、生态和社会效益相统一，山水林田路综合治理，高标准、高起点，加大科技含量，建成农林牧结构合理、生态环境良好的科技示范样板。

(3) 技术要点及配套措施

①树种选择：依据立地条件，选择生物生态特性与其地形、土壤、水分相适应的乔灌树种。山中上部25度以上陡坡地，栽植松树、刺槐等防护林；山中下部15~25度坡地，栽植板栗等经济树种。

②整地改土：在山的中上部25度以上的陡坡，采用鱼鳞坑整地，山的中下部15~25度的坡地，采取在窄幅反坡梯田中再挖大穴的整地方法。

③科学栽植：包括刺槐截干造林，板栗截干蜡封覆膜造林，板栗和黄花菜立体种植，环山路、梯田堰边栽植紫穗槐，果园周围种植刺梨等。

④加强管理：对经济林采用穴贮肥水、地膜覆盖、果粮间作、以耕代抚、配方施肥等管理技术；对防护林采取封山育林，专业队管护的管理方法。

⑤配套措施：修筑6米宽的环山路17.4千米，搬动土石方5.3万立方米，建663立方米的蓄水池1座，整修灌渠8.5千米。

(4) 模式成效

模式区通过生态环境综合治理，生态、经济效益显著提高，农业总产值由治理前的280.47万元增加到685万元，土地利用结构日趋合理，土地利用率由治理前的62.7%提高到98%以上，治理水土流失面积2.5平方千米，土地年侵蚀模数降至405吨/平方千米，治理程度达到96%以

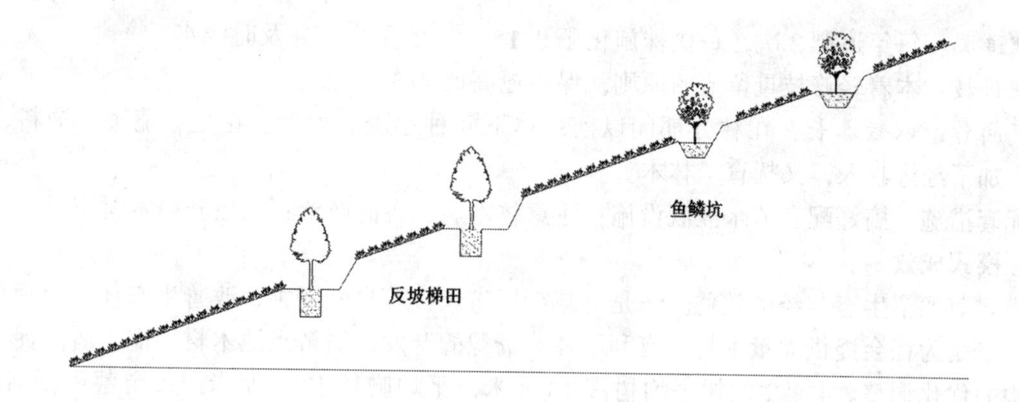

图 E3-1-4　沂蒙山区小流域林业生态建设模式图

上。林木覆盖率由治理前的39.4%提高到81.7%，修建大量蓄水设施，整修了水平梯田，提高了绿化程度，生态环境趋于好转，农业抵御自然灾害，尤其是抗旱灾、风灾的能力大大提高，为赵峪村经济可持续发展提供了良好条件。

（5）适宜推广区域

本模式适宜在山东省及华北低山丘陵区推广应用。

【模式 E3-1-5】　沂蒙山区河滩地生态型速生丰产林建设模式

（1）立地条件特征

模式区位于山东省曲阜市，地处沂蒙山前冲积扇的中上部，北、东、南三面环山，北高南低，东高西低，主要河流有泗河、沂河、瘳河、险河等四条。土壤主要是河滩壤质潮土、滩地轻壤、滩地沙壤。年平均气温13.6℃，极端最高气温40.3℃，极端最低气温－18.1℃，≥10℃年积温5 053.2℃，年降水量691.1毫米。

（2）治理技术思路

河滩地多种植农作物，产量低、效益差，生态环境得不到改观。针对造林地立地条件较差的实际，加大整地改土措施，选用速生优良树种和品种，进行多系造林，综合抚育管理措施，建立速生丰产林基地，为工农业生产提供木材，最大限度地增加经营者的经济收入，改善生态环境。

（3）技术要点及配套措施

①优良品种选择：杨树作为主造树种，选择中林-46、中林-23、中林-28、I-69、107杨等8个欧美杨新品种造林。

②整地：秋或冬季进行整地，根据立地条件的不同采取不同的整地方式。立地条件较好的造林地，采用100厘米×100厘米×100厘米的大穴整地；含沙量较高的造林地，先整平深翻、再进行带状整地，带宽不少于1.5米，深不小于0.5米，每亩抽沙换土80～100立方米。

③造林：把好三关。一是苗木关，选用“DB/3700 B61001主要造林树种苗木标准”中规定的Ⅰ级苗木，起苗前对苗圃地灌水，使苗木吸足水分；二是运输关，做到随起苗随运输，运输前搞好包装，以防失水，苗木运抵造林地后，将苗木放入流动的清水中浸泡12小时以上，使苗木充分吸足水分；三是栽植关，栽植季节春季和秋季均可，栽植深度在80厘米以上，扶正踏实浇透水。

④抚育管理：

结合整地，施足底肥：每株施土杂肥25千克、磷肥1千克、氮肥0.15～0.25千克。

合理追肥：每年追肥2次，每次株施化肥0.15～0.25千克，并及时浇水。

合理修枝：本着轻修枝重留冠的原则，保持冠高比2/3。

林下间作，以短养长：在林分郁闭以前，林下间种小麦、大豆、花生、蔬菜、饲料、中药等，既增加了经济收入，又抚育了林木。

⑤配套措施：搞好配套节水灌溉设施；注意林木病虫害的防治；积极开拓木材市场。

(4) 模式成效

本模式兼顾了生态与经济效益。一是对减少旱涝风沙等自然灾害、改善生态环境起到很重要的作用。二是为社会提供大量木材，有利于林业资源的开发，缓解当地木材供需矛盾，促进农业产业结构的优化调整。4年生幼树平均树高13.8米，平均胸径17.7厘米，每亩蓄积量高达3.2立方米。43 555.5亩丰产林目前的蓄积量可达12.03万立方米，产值5 170万元，间作作物产值达1 048万元，总产值6 218万元。随着幼林逐渐进入材积速生期，其经济效益将会更大。

(5) 适宜推广区域

本模式适宜在鲁中南、胶东低山丘陵类型区的山前平原、沟谷河滩地及华北同类地区推广。

【模式E3-1-6】　山东兖州市郊园林式小康村建设模式

(1) 立地条件特征

模式区位于山东省兖州市城郊小马青村，交通便利，民营经济发达，人口1 160人，面积165亩，农户已经达到小康生活水平。

(2) 治理技术思路

结合当地自然条件、地区经济和社会发展需求，统一规划，统一布局，并按照乔、灌、花、草结合，四季常青，三季有花的原则，根据各小区功能和特点的不同，植树造林种草，以建成绿化、美化、香化、净化于一体的园林式村庄，满足富裕农村新生活、新面貌等方面的现实要求。

(3) 技术要点及配套措施

①总体布局：小康村总体规划为5大区，即村民住宅区、行政公益事业区、养殖区、工业加工区、休闲区（绿化广场），各区面积比为5:1:2:1:1。

②绿化布局：

农民文化广场：占村庄总面积的1/10，绿化率达90%，以乔木和草坪为主，草坪配置花卉和灌木。

小游园：利用自然地形，结合村内坑塘治理，种植荷花、垂柳等，面积15亩。

街头景点、绿地：按照见缝插绿的原则对小空地进行绿化，建成不同植物景观，面积1～2公顷，达到住宅面积的1/10。街道绿化以乔木为主，采用胸径5厘米的大规格苗木，一次成景。

庭院绿化：行政公益事业区（村委、小学等），按照花园式标准进行绿化。住宅（别墅小区）绿化，形成风格各异的绿化植物景观。

裸露地绿化：裸露地面全部种花植草，做到黄土不见天。

③造林技术：

树种：主要树种有银杏、雪松、法桐、水杉、大叶女贞、垂柳、紫叶李、欧美杨、石榴、柿树、冬青、黄杨、洒金柏、海棠、紫薇、月季等。

整地与造林：高大乔木行道树，一律采用穴状整地，规格100厘米×100厘米×100厘米，花灌木采用小穴整地，规格60厘米×60厘米×60厘米。植苗造林为主，常绿树种和一些花木带土球栽植。

④配套措施：加强道路等基础设施的建设，大力发展区域经济；同时重视教育，提高农民素质和生态环境意识。

（4）模式成效

模式区的绿化率达到30%以上，改善了农民居住环境，提高了生活质量，满足了农民居住和生产经营活动的要求，形成了经济和生态环境协调发展的格局，促进了农村多项事业的发展。

（5）适宜推广区域

本模式适宜在山东及华北富裕村镇推广应用。

【模式 E3-1-7】 鲁西南山前平原高标准农田林网建设模式

（1）立地条件特征

模式区地处山东省西南部的山前冲积平原，土壤类型有褐土、潮土、砂礓黑土等3大类，土层深厚肥沃，地下水资源丰富。气候属于暖温带大陆性季风气候，四季分明，年平均气温13.5℃，年平均日照时数2 610.7小时，年降水量725.9毫米。主要自然灾害为旱涝、干热风、大风、冰雹和霜冻。

（2）治理技术思路

按照田、水、路、林统一规划的原则，把耕地划分为250米×250米的方田，道路按一、二、三、四级进行整修，在路、沟上合理配置乔、灌、花、草，以防止风、沙、旱、涝等自然灾害，改善农田小气候环境，创造有利于农业生产的良好环境，保证农业高产稳产，改善农民的生活环境，达到最佳的生态效益、社会效益和经济效益。

（3）技术要点及配套措施

①树种：乔木，选择抗病虫、速生、冠小的用材或经济树种；灌木，选择常绿或观花、观叶的树种；花草，选择颜色艳丽、适合粗放管理的品种。主要有黑杨、银杏、刺槐、三倍体毛白杨、紫薇、紫叶李、合欢、大叶黄杨、小叶女贞、球柏、紫穗槐、白蜡、金银花、金针花、地被菊、百日草、鸡冠花、虞美人等。

②整地：乔木，开沟撩壕，深、宽各100厘米，或100厘米×100厘米×100厘米的大穴；灌木，穴状整地，规格80厘米×80厘米×80厘米。

③造林配置：乡村柏油路、水泥路、一级路等主要道路，在沟底或沟坡植1行乔木，株距2.0米，在路沿栽植小乔木或灌木，株距为5.0米，中间点缀花草，按乔、灌、花、草栽植；二、三级生产路，在路沿上栽植1行乔木，株距3.0米，在沟底、沟坡栽植一些低矮的藤本或草本经济植物，如金针花、金银花等。

④苗木规格：选择大规格良种壮苗，黑杨用2年根1年干、苗高4.0米以上的苗木。

⑤管护：每千米配置1名护林员，加强新植幼树的抚育管理；适时防治病虫害，以保证林网正常发挥防护功能。

（4）模式成效

应用本模式建设农田林网投资少，易管护，见效快，营建后2～3年就可发挥防护功能，具有显著的经济效益、社会效益和生态效益，每千米林网每年直接经济收入平均可达万元以上。

（5）适宜推广区域

本模式适宜在华北平原条件较好的地区推广应用。

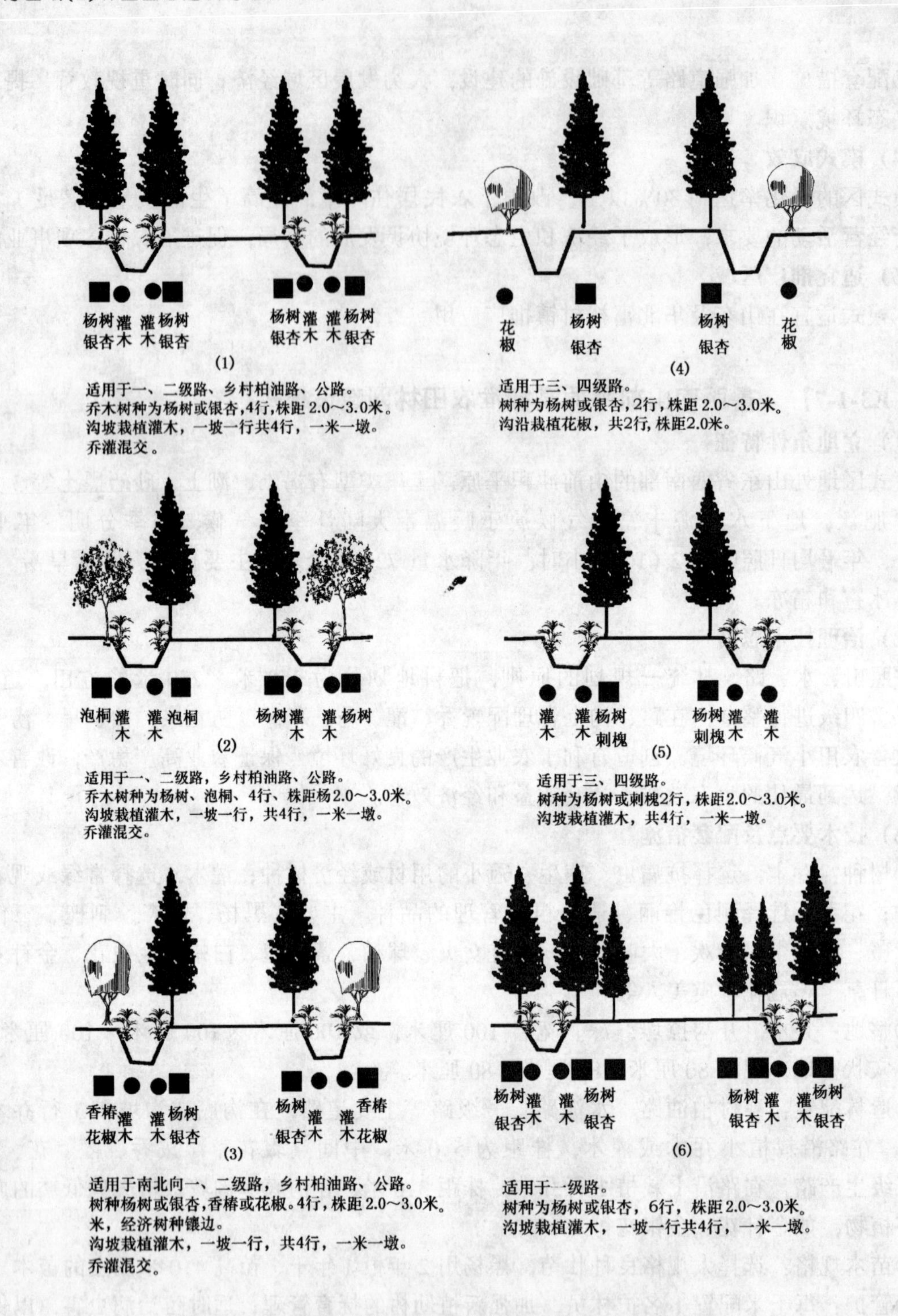

图 E3-1-7　鲁西南山前平原高标准农田林网建设模式图

二、胶东低山丘陵亚区（E3-2）

本亚区位于胶莱河及沭河以东的低山丘陵区。包括山东省日照市的东港区、五莲县、莒县，临沂市的莒南县，潍坊市的诸城市、高密市，青岛市的黄岛区、市南区、市北区、四方区、李沧区、崂山区、城阳区、胶南市、平度市、莱西市、即墨市、胶州市，烟台市的芝罘区、福山区、莱山区、牟平区、长岛县、蓬莱市、莱阳市、龙口市、栖霞市、招远市、海阳市、莱州市，威海市的环翠区、荣成市、文登市、乳山市等34个县（市、区）的全部，地理位置介于东经118°11′50″～122°28′13″，北纬35°10′59″～38°10′30″，面积41 746平方千米。

本亚区地貌以丘陵为主，平原洼地较少。胶东海拔500米以上的山岭主要有昆嵛山（海拔923米），崂山（海拔1 138米）、大泽山、牙山、罗山、艾山、纬德山等。沭东地区的山丘一般在400米左右，仅五莲山海拔在700米以上。河流呈辐射状，均源近流短。气候温和湿润，年平均气温11～12℃，年降水量600～900毫米，无霜期200天左右。成土母岩多为花岗岩、片麻岩，土壤以棕壤为主，土质疏松。植物区系仍以华北种类占优势。如昆嵛山、艾山海拔200～300米的丘陵上，主要分布赤松、麻栎、栓皮栎、槲栎、枹树、蒙古栎等纯林或混交林，还有刺槐、光叶榉、榆、白杨、泡桐、楸树、槭树、黄连木、枫杨、臭椿等。加杨、毛白杨主要分布在西部的胶潍平原上。海滨盐渍土零星分布着翅碱蓬和獐茅，沙滩上生长着以山扁豆为主的沙生草丛以及刺沙蓬、滨旋花等。本亚区是山东省的主要水果产地，品种繁多，以苹果、梨等著称，也产葡萄、桃、樱桃、柿、板栗、山楂等。胶东半岛南、北部植物种类稍有变化，北部常见蒙古栎、糖椴、紫椴、蒙古椴、榛子等；南部包括崂山以南地区，出现常绿阔叶树，如红楠、野山茶等，还有南方的乌桕、刺楸、盐肤木等。引种的日本落叶松和水杉、杉木也长势良好。

本亚区的主要生态问题是：沿海地区经常受海风、海雾和海潮的侵袭，有时受倒春寒和台风的危害。水土流失严重而分布广，约占总面积的50%左右。森林病虫害危害较严重。

本亚区林业生态建设与治理的对策是：以营造沿海防护林、水源涵养林、护岸林、防风林、农田防护林等为主，兼顾发展经济林，因地制宜地营造用材林和薪炭林。

本亚区共收录2个典型模式，分别是：胶东半岛沙质海岸防护林体系建设模式，胶东半岛低山丘陵区植被恢复模式。

【模式 E3-2-1】 胶东半岛沙质海岸防护林体系建设模式

(1) 立地条件特征

模式区位于山东省荣成市，地处胶东半岛最东端，属低山丘陵区。暖温带海洋性季风气候，年平均气温11.7℃，年降水量744.5毫米。荣成市北、东、南三面临海，西与威海市环翠区、文登市接壤，海岸线长505.9千米。模式区所在地成山林场位于北部沙质海岸地段，过去几乎全是流沙，加之海风较大，风沙危害极为严重，群众曾用顺口溜来形容这种情形："海风漫天刮，普天盖黄沙，庄稼受危害，房屋被沙压。"恶劣的生态环境严重影响农业生产和人民生活。

(2) 治理技术思路

针对沿海沙地流动性强，海风、海雾大，而且经常受台风危害的特点，选择适宜的乔灌草植物种，大力开展植树造林，固定流沙，建设完善的沿海沙地防护林体系，为人们的生产和生活创造良好的环境。

(3) 技术要点及配套措施

①空间布局：针对沿海大面积沙地和荒山的自然景观格局，建设完善的防护林体系应包括三道防线：灌草固沙阻沙带为第一道防线，该防线位于高潮线以上，宽度不等，视地形而定，缓坡则宽，陡坡则窄；第二道防线为海边基干林带，是海防林体系的主体，位于灌草固沙带里面的流沙上，宽度不等，最初可形成大面积片林；第三道防线为农田林网，位于基干林带里侧的沿海农区，一般采用小网格窄林带，常与护路护渠林、苗圃、用材林、果园等组成一体。

②树种：沿海防护林必须适应流沙环境，耐干旱、瘠薄，抗海风、海雾、海浪、台风、盐碱，病虫害少，生长快，有较好的生态效益和较高的经济价值。乔木树种选择日本黑松、刺槐、

毛白杨；灌木选择紫穗槐、单叶蔓荆；草本选择沙钻苔草；果树选择苹果、葡萄、梨等。

③整地：日本黑松、单叶蔓荆均怕海水侵淹和水位太高，故单叶蔓荆须选植在稍高的沙地部位，日本黑松在低洼海边沙地造林。必须先规划，按规划挖沟建台田，排除盐碱，降低水位。台田宽度在20米或更宽，视坡度大小而定，长短视地形和排水需要而定，沟深大约1.0米左右，看排水需要而定。刺槐、毛白杨不能布置在根系可能受海水影响的地方。栽植时均采用穴状整地，乔木栽植穴的规格为80厘米×80厘米×60厘米，灌木40厘米×40厘米×30厘米。

④造林技术：

配置：黑松可造纯林，也可与紫穗槐进行行状、带状混交。数年后，当黑松起主导作用时，紫穗槐因林内光线不足而衰退。

苗木：黑松最好就地育苗。采用根系完整、顶芽健壮的1～2年生Ⅰ级苗造林，雨季植苗造林为主；应开展容器苗造林。造林时，严防根系风吹日晒失水；单叶蔓荆用健壮枝条扦插造林；紫穗槐用常规法植苗造林；毛白杨、刺槐用大苗造林，干旱时可截干。

造林密度：黑松初期宜密，株行距1.0米×1.0米或1.0米×1.5米；紫穗槐株行距1.0米×1.0米或1.0米×1.5米；单叶蔓荆匍匐生长、速生，密度宜小，可为2.0米×2.0米。

⑤抚育管理：造林后必须严格封禁保护，禁止人畜破坏，5年内每年除草1～2次，将除掉的杂草均匀覆盖于地表，有条件时可雨季追肥。当8年左右林地近郁闭时，要适时适度剪枝、间伐，经3次间伐后，最终达到80～90株/亩的密度，郁闭度保持在0.6～0.7；灌木应适时平茬，单叶蔓荆的果实是贵重药材，要注意采收，并尽可能强化经营。

⑥配套措施：注意松毛虫、松干蚧等病虫害的防治，注意保护天敌，提倡生物防治；注意森林防火，最好每年将落地松针清出林地以外作燃料；海防林体系完善后，可考虑在较宽的黑松林带间发展经济林、药材或经济作物。

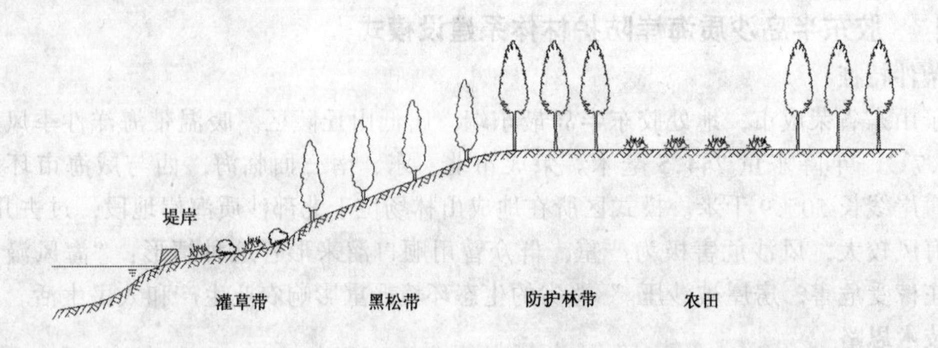

图E3-2-1　胶东半岛沙质海岸防护林体系建设模式图

(4) 模式成效

从20世纪50～60年代起，成山林场就开展了大规模的海滩造林会战，经过多年奋斗建起万亩黑松林，使许多荒地变为粮田、果园，改善了生态环境，大大增强了抗御风沙等自然灾害的能力，荒凉的滨海流沙和荒山变成了绿色的海洋，成为东海之滨的一道生态屏障。

(5) 适宜推广区域

本模式适宜在山东省沙质海岸及北方条件类似区推广应用。

【模式 E3-2-2】　胶东半岛低山丘陵植被恢复模式

(1) 立地条件特征

模式区位于山东威海文登市，三面环海，西与烟台市接壤，地形为低山丘陵。境内群山连绵，丘陵起伏，山脉大部分呈东西走向。主要由花岗岩、片麻岩构成，坡陡，山脉临近海岸，源近流短，水土流失严重，土层瘠薄，裸岩多。土壤为棕色森林土。受海洋影响，气候温和湿润，年平均气温 12℃，年降水量 801.9 毫米，年平均相对湿度 76%，无霜期 221 天。

(2) 治理技术思路

针对模式区荒山、荒滩、裸岩面积较大的现状，实行以封山育林为主，并辅以人工造林和抚育管理的措施，加速恢复植被，遏制水土流失，实现荒山绿化。

(3) 技术要点及配套措施

①死封与活封相结合：对荒山荒滩多、水土流失严重的沟坡，实行一次性死封，插标立界设置死封区，10 年内严禁一切经营活动。对原有的次生林和人工幼林实行活封，生长季节封山，休眠期开山，有计划进行修剪、间伐等。

②留苗与幼林抚育相结合：除松树和灌木苗全部保留外，刺槐、栎树、臭椿等用材树种和干果类树种，每 2.0 平方米留苗 1 株。

③疏残林补植与改建相结合：土层 30 厘米以下、林分郁闭度不到 0.3 的疏残林进行人工植苗或直播造林。土层在 30 厘米以上的，采取人工更新的方法，改造成适生的针阔混交林。

④乔灌草相结合：在山脊地区发展灌草植被，土壤稍好地区发展乔木。

⑤生物防治与化学防治相结合：对封山育林中发现的松毛虫、松干蚧等病虫害，以生物防治为主，保护昆虫天敌，缩小化学防治的使用范围。

(4) 模式成效

模式区通过 20 年的封山育林，天然幼林每亩增加了 60%，植被盖度增加了 8.6%～11.0%，6 年生林木生长量提高了 60%；土壤养分含量明显提高，土壤碱解氮和速效磷含量分别增加了 16.5%和 29.5%；天敌数量比封育前多 46%。水土流失明显减少，经济效益和生态效益提高了 2～5 倍。

(5) 适宜推广区域

本模式适宜在山东省及其他条件类似地区推广。

第7篇

南方区域(F)
林业生态建设与治理模式

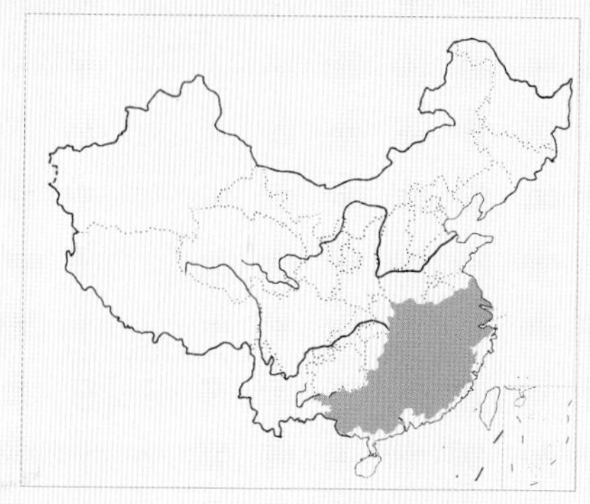

南方区域林业生态建设与治理类型区分布图

广西壮族自治区苍梧县珠江防护林封山育林建设模式（黄清楷摄）

桂南山区八角水源涵养林建设模式（蒋桂雄摄）

桂西山地西南桦－杉树混交治理模式（蒋桂雄摄）

贵州省贞丰县木豆造林石漠化土地治理模式（孙建昌摄）

安徽省桐药间作模式（付军摄）

广东省仁化县山地丘陵竹林建设模式（黄锦添摄）

湖北省通山县闯王镇佛堂村封山育林植被恢复模式（湖北省林业厅提供）

湖南省隆回县石灰岩山地水土保持林建设模式（陈卫战、马社军、朱民权摄）

江西省兴国县针阔混交型水源涵养林建设模式（兴国县林业局提供）

河南省新县陡山河小流域综合治理模式（河南省林业厅提供）

江西省兴国县龙口镇低效防护林补植建设模式治理前后效果比较　（兴国县林业局提供）

概　述

本区域地处我国东南部，北起大别山、桐柏山、淮河苏北灌溉总渠一线，南抵广西壮族自治区十万大山、莲花山，东界浙江省雁荡山、福建省戴云山，西至雪峰山脉。罗霄山、九岭山、仙霞山、武夷山、南岭等山脉及其支脉纵横其间。长江干流由西向东穿区而过，淮河、钱塘江、瓯江、闽江、珠江和韩江等河流直接注入黄海、东海和南海，京杭大运河沟通大江南北，长江中下游流域占本区域面积的80%以上。地理位置介于东经104°53′58″～121°46′12″，北纬21°36′59″～33°19′43″。横跨河南省、湖北省、湖南省、安徽省、浙江省、江西省、福建省、广西壮族自治区、广东省、江苏省、上海市等11个省（自治区、直辖市），总面积1 146 954平方千米。

本区域地貌类型较多，山地、丘陵、平原交错分布，总的特点是地势西高东低，地形复杂。主要山地包括大别山-桐柏山地、南岭-雪峰山山地、罗霄山-幕阜山地以及皖浙闽赣山地等，除个别山地海拔达到2 000米以上外，大部分山地在1 000米左右，而江南丘陵海拔一般在500米以下；长江中下游滨湖平原包括江汉平原、沿江平原和长江三角洲平原，在洞庭湖、鄱阳湖、太湖一带水网交织，湖泊星布，地势更加平坦，靠近长江、湖滨沿岸，海拔仅20～30米。此外，黄海沿海尚有众多岛屿及大面积的浅海滩涂，在广西还有独特的岩溶地貌。

亚热带湿润季风气候，年平均气温14～21℃，≥10℃年积温4 500～7 000℃，温度自北向南递增。1月平均气温3～8℃，7月平均气温28℃，无霜期220～350天。年降水量800～2 000毫米，总趋势是由东向西、由南向北递减。区域东部与中部，春季或春末夏初为梅雨季节，多阴雨天，夏季气温较高。总体来说，本区域热量丰富，雨量充足，特别是中、低山地，夏季温凉湿润，日照少，湿度大，适宜于杉木、毛竹等多林种生长。

地带性土壤有红壤、黄壤和黄棕壤3种。红壤缺乏有机质和磷钾肥，并有板、瘦、弱等缺点，但红壤大多分布在人口众多、交通方便的丘陵地带，只要树种适宜和精耕细作，林木均能生长良好。黄壤有机质含量高，呈酸性反应，是本区域最重要的宜林土类，特别是发育在板页岩上的黄壤，质地疏松，肥力高，是建立速生丰产林的重要基地。黄棕壤肥力介于红壤和黄壤之间，常为落叶阔叶林的发展基地。在中、高山地，土壤的垂直分布也较明显，自下而上有红壤、黄壤、黄棕壤、棕壤和山地草甸土。此外，还分布有石灰土、紫色土、盐土和潮土等。

地带性植被以栲、石栎、青冈、樟树、茶树、木兰、金缕梅科等树种组成的常绿阔叶林为主，针叶林有马尾松、杉木、云南松、柏木等。在长江以北地区，落叶阔叶树如麻栎、白栎、栓皮栎等比重增多。我国特有的孑遗树种水杉、银杉和珍贵动物大熊猫原产本区域中西部。此外，本区域还分布珙桐、青钱柳、黄杉、香果树、长苞铁杉、红豆杉等孑遗树种，以及小熊猫、金丝猴、黑颈鹤、白唇鹿、华南虎、羚、麝等珍稀动物。

本区域水、热条件优越，工、农业生产和水陆交通发达，经济发展水平较高。长江中下游平原土地肥沃，水网密布，灌溉条件好，是南方的商品粮、棉基地，尤其以长江三角洲农业产量最高。上海、南京、武汉、长沙、南昌、杭州、合肥等大中城市发达的工业，为本区域的经济发展奠定了坚实的基础。近年来，高速发展的旅游业、服务业等第三产业，已形成了新的经济增长点，大大拉动了区域经济的迅猛发展。

本区域是我国历史上最为富庶的区域之一，但由于过度开发，对森林植被造成了较大的破坏，水土流失加剧，泥沙下泄淤积于江河湖库，部分地区土地严重退化，甚至出现了“江南沙漠”的可怕现象，在一定程度上影响了农业生产和经济发展。自20世纪80年代以来，国家开展了以绿化灭荒为重点的大规模的林业生态建设，到90年代中期，本区域内大部分省（自治区、直辖市）已经基本消灭了宜林荒山，是我国林业生态环境建设成效最为突出的区域之一。森林覆盖率大幅度提高，水土流失、土地沙化得到了初步控制，生物多样性开始逐步恢复，生态恶化的趋势得到了初步的遏制，经济、社会、生态环境协调发展的格局初步形成。

但本区域的生态建设仍然滞后于经济、社会的发展，生态问题仍然比较突出：一是森林生态系统只是得到初步恢复，系统稳定性较差，生态功能还需进一步恢复，主要表现在：人工林以针叶纯林为主，林种、树种林龄结构不合理，90%以上为中幼林，林分质量差，受病虫害、火灾等的威胁较大；二是局部地区群众生活贫困，陡坡开垦、破坏森林植被的现象仍然存在，水土流失尚未得到根本性治理；三是森林景观破碎，森林资源培育水平低，与区域整体经济、社会的发展水平不相称；四是区域内的沿海低山丘陵处于海陆交替的气候突变地带，极易遭受台风、海啸、洪涝等自然灾害的袭击。

本区域是我国社会经济发展速度较快的地区，部分地区已经率先实现了农业现代化，社会经济的发展必然对生态建设提出新的要求。此外，本区域有近20年持续不断进行生态建设的基础，有优越的水热条件，其生态建设具备向较高层次发展的可能。为此，本区域林业生态建设与治理的思路是：以封山育林、低效防护林改造、中幼林抚育为手段，加大退耕还林力度，在保持森林面积继续增长的前提下，巩固、提高森林质量，增强、丰富森林生态功能，建立多目标、多层次、多功能的森林生态系统，进一步满足社会、经济发展以及人民生活水平提高后对森林多样化、高质量的需求。同时，通过改灶节能、发展沼气及小水电等措施，解决农村能源不足的问题，为保护森林资源创造条件。沿海地区继续大力植树造林，建设防护林体系，减轻台风等自然灾害的危害。

本区域共划分为5个类型区，分别是：大别山-桐柏山山地类型区，长江中下游滨湖平原类型区，罗霄山-幕阜山山地高丘类型区，南岭-雪峰山山地类型区，皖浙闽赣山地丘陵类型区。

第28章

大别山-桐柏山山地类型区(F1)

本类型区位于淮河以南，江汉平原以北，东起安徽省的天长市、来安县、滁州市，中经河南省南部的商城县、信阳市，西至湖北省的襄樊市、老河口市。地理位置介于东经110°58′19″～118°59′17″，北纬30°29′6″～33°19′43″。包括河南省的南阳市、信阳市、驻马店市，安徽省的六安市、安庆市、滁州市、巢湖市、合肥市，湖北省的武汉市、黄冈市、襄樊市、随州市、孝感市、宜昌市、荆门市等15个市的全部或部分，总面积115 638平方千米。

本类型区地势东高西低，以大别山山脊线为中心，分别向南北两侧伸展出若干条支脉，并由中低山地貌依次降为丘陵和岗地。境内大别山主峰白马尖海拔1 174米，桐柏山主峰太白顶海拔1 140米，超过1 000米的山峰还有金刚台、九峰尖、黄毛尖等，大部分地区海拔在200～700米之间，对形成本类型区气候、土壤、植被等自然因素的南北过渡特点起了重要作用。本类型区气候为从暖温带半湿润区向亚热带湿润区的过渡类型。年平均日照时数2 000～2 200小时，年平均气温14.7～16.5℃，1月平均气温为1～3.5℃，极端最低气温为－24.1℃（安徽省寿县正阳关），7月平均气温为27.5～28.5℃，极端最高气温为43.3℃，≥10℃年积温为4 500～5 200℃，无霜期250天。年降水量800～1 600毫米，个别地区高达1 700毫米。地带性植被为亚热带常绿落叶阔叶混交林，以落叶树种占优势，大别山区多含华东植被区系成分，常绿阔叶树种由南往北递减，明显地表现出亚热带向暖温带过渡的特点。

本类型区的岩石以花岗岩系、片麻岩系为主，土壤母质主要为花岗岩、片麻岩等的风化物。土壤为红壤、黄棕壤、棕壤等，地带性土壤为黄棕壤，非地带性土壤主要有水稻土、潮土、紫色土等。

本类型区内农业生产低而不稳，农民生活比较贫困，群众烧柴困难，薪材消耗量大，环境资源压力较大。主要生态问题是：森林资源破坏严重，生态系统稳定性下降，水土流失加剧，土地严重退化，旱涝灾害频繁。现有人工林林分质量差，林分蓄积量低，经济林普遍存在荒、老、疏、杂、劣等问题，单位面积产量低。

本类型区林业生态建设与治理的主攻方向是：以建设水土保持林和水源涵养林为重点，同时结合生产生活需要，大力发展生态用材林、薪炭林和经济林，为工农业生产和人民生活建立起比较稳定的生态体系。

本类型区共划分为5个亚区，分别是：桐柏山低山丘陵亚区，大别山低山丘陵亚区，江淮丘陵亚区，鄂北岗地亚区，鄂中丘陵亚区。

一、桐柏山低山丘陵亚区（F1-1）

本亚区位于大别山-桐柏山类型区西部，包括河南省南阳市桐柏县的全部，以及驻马店市泌阳县、确山县的部分区域，西部地势平坦，岗地辽阔，南部大洪山是汉江与涓水的分水岭，中部桐柏山又是长江流域和淮河流域的分水岭，淮河源头就在桐柏县太白顶山下固庙的碑坊洞。桐柏山最高峰太白顶海拔 1 140 米，山麓地带地形破碎，盆地和平原相当发育。地理位置介于东经 112°34′12″～113°47′17″，北纬 32°27′8″～32°56′31″，面积 3 491 平方千米。

本亚区处在暖温带半湿润区向亚热带湿润区的过渡区域，年平均气温 14.7～16.5℃，≥10℃年积温 4 500～5 200℃，年降水量 800～1 000 毫米。

成土母岩为片麻岩、花岗岩。地带性土壤为黄棕壤，海拔 1 000 米以上的中山山地分布有山地棕壤，丘岗地带有石灰土、紫色土、黄褐土等。区内土壤肥沃，土层深厚，植被生长茂盛。

本亚区的主要生态问题是：长期以来，由于滥伐、滥牧、滥樵等原因，天然林多被破坏，森林覆盖率下降，土壤侵蚀日趋严重，地表径流加大，河床淤积，水旱灾害频繁，致使农业产量低而不稳，木料、肥料、燃料奇缺。

本亚区林业生态建设与治理的对策是：根据不同的自然和社会经济特点，兼顾不同的社会需求，采取封山育林育草和人工造林等措施，恢复林草植被，提高森林覆盖率，改善生态环境。利用当地气候温暖，水热条件较好，林业生产潜力大等优势，在大力培育防护林、薪炭林的同时，重视用材林和经济林的建设。

本亚区收录 1 个典型模式：桐柏山低山丘陵区水源涵养林建设模式。

【模式 F1-1-1】 桐柏山低山丘陵区水源涵养林建设模式

(1) 立地条件特征

模式区位于河南省信阳市南湾实验林场，为南湾水库的主要汇水区。海拔 200～700 米，土壤为黄棕壤和黄褐土，土层厚度为 20～60 厘米，土壤质地为轻壤、中壤，pH 值 6.0～7.0。模式建设前土壤瘠薄，植被生长差，盖度低，水源涵养能力差，水土流失比较严重。

(2) 治理技术思路

遵循因地制宜，适地适树、先易后难的原则，重点在淮河干支流的源头、两岸及大中型水库集水区，采取封山育林、人工造林等方式，恢复和建设乔、灌、草复层混交的水源涵养林，提高水源涵养能力。

(3) 技术要点及配套措施

①树种：选择生长快、根系发达、深根性及根蘖性强、树冠浓密、耐干旱瘠薄且有一定经济价值的乔木、灌木及草类。主要乔木树种有马尾松、黄山松、杉木、湿地松、火炬松、麻栎、栓皮栎、化香、刺槐等；灌木为紫穗槐、山胡椒、胡枝子、黄荆等。

②整地：一般穴状或水平阶整地，在土层浅薄、植被稀少、水土流失严重的地方宜采用鱼鳞坑整地。秋冬季进行。整地时要保护原有的植被带，株行距为 1.5 米×2.0 米或 2.0 米×2.0 米。穴状整地规格 30～40 厘米×30～40 厘米；水平阶长度不定，宽 50～100 厘米；鱼鳞坑整地规格 30～50 厘米×30 厘米～40 厘米×20～30 厘米，坑呈半圆形，破土面水平，土、石埂呈弯月形，埂高和宽度各为 20～30 厘米。

③造林：以阔叶混交、针阔混交为主，实行乔、灌、草结合。主要混交方式有松-栎混交、松-杉混交、栎类-刺槐混交等。植苗造林或直播造林，造林时间宜选择在春节后的阴雨天。就近育苗，随起随栽。苗木要求良种壮苗并达到Ⅱ级苗规格以上，在土壤特别瘠薄的地段，可采取直播造林的方式，所用种子必须选用良种。

④幼林抚育：为保护地表植被，主要进行穴内松土、除草，同时培土；修整被冲坏的水平

阶、鱼鳞坑等，增强其保土蓄水的能力；连续抚育3年，每年1～2次。

⑤配套措施：对具有天然下种母树或单位面积幼树株数达到封育条件的疏林地、无立木林，可采取封山育林措施恢复林草植被。封育方式为全封，封育年限为8～10年，封育期间禁止采伐、樵采、放牧、割草等人为活动。

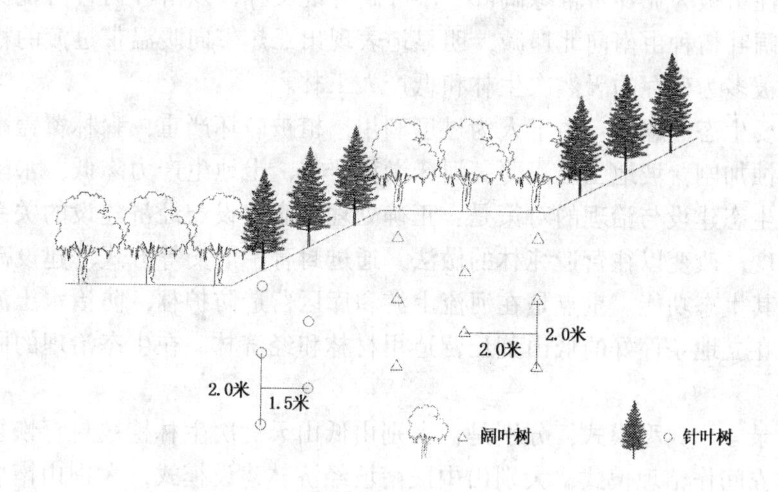

图 F1-1-1　桐柏山低山丘陵区水源涵养林建设模式图

(4) 模式成效

河南省信阳市南湾实验林场地处淮河流域，林地基本分布在南湾水库汇水区内，占汇水区总面积的80%。水源涵养林建设直接关系到信阳市居民的生活和工业用水。据观测，南湾水库建成之后，因为有南湾林场水源涵养林的生态保护，水库的年均泥沙淤积厚度不足1厘米。

(5) 适宜推广区域

本模式适宜在桐柏山低山丘陵地带推广。

二、大别山低山丘陵亚区（F1-2）

大别山为大巴山余脉东延部分。本亚区东至皖东平原，南面与长江滨湖地区接壤，北面与河南省淮河水系相连，包括河南省信阳市的新县；安徽省六安市的金寨县、霍山县，安庆市的岳西县；湖北省孝感市的大悟县、孝昌县，黄冈市的红安县、罗田县、英山县、麻城市等10个县（市）的全部，以及安徽省安庆市的太湖县、潜山县、桐城市，六安市的舒城县；河南省信阳市的浉河区、平桥区、罗山县、光山县、商城县、固始县；湖北省武汉市的黄陂区，黄冈市的浠水县、蕲春县等13个县（市、区）的部分区域，地理位置介于东经113°23′14″～116°46′10″，北纬30°29′6″～32°31′9″，面积32 410平方千米。

本亚区地处亚热带湿润区和暖温带半湿润区的过渡地带。年平均气温14～15℃，1月平均气温1.5～2.5℃，极端最低气温－19.5～－15℃，极端最高气温39～43℃（安徽省霍山县），≥10℃年积温4 500～4 900℃，无霜期为210～220天。年降水量1 250～1 400毫米，多集中在春夏季，秋季较少，冬季更缺。年平均相对湿度为75%～80%。

本亚区的地质构造属大别山台背斜，具有峰峦叠嶂、河谷纵横、山势雄伟等地貌特点。大别山南、北坡地貌差异较大。北坡山峰林立，坡度陡峻，地形复杂。南坡分水岭一带为中低山，最高海拔1 800米，其余多为海拔200～500米的丘陵，气候温和，水热条件较好。南坡主要水系巴河、举水、倒水、浠水、蕲水、滠水、环水和龙感湖等8条一级支流直接注入长江，是白莲河、明山、浮桥河等14座大型水库、36座中型水库的水源区。土壤多发育在变质岩、花岗岩等母岩的残积物和坡积物上，主要类型有普通黄棕壤、山地黄棕壤、山地棕壤和山地草甸土，南部下坡有少量的黄红壤，土质疏松，土层浅薄，一遇暴雨，地表侵蚀严重。

本亚区地带性植被为亚热带常绿阔叶、落叶阔叶混交林，以落叶树种占优势，多含华东植被区系成分，常绿阔叶树种由南向北递减，明显地表现出亚热带向暖温带过渡的特点，但因人为破坏，现有森林植被多为残存的天然次生林和低产人工林。

本亚区的主要生态问题是：由于人为过度利用，植被破坏严重，森林覆盖率下降，水源涵养能力差，土壤侵蚀加剧，坡地土层浅薄，河床淤积严重，土地生产力降低，水旱灾害频繁。

本亚区林业生态建设与治理的对策是：正确处理生态建设与经济建设的关系，加大生态环境的保护、治理力度，改变以往营造纯林的做法，通过封育、混交等方式，建设高质量森林生态系统，恢复、强化其生态功能。重点是在河流上游和库区营造防护林，防治水土流失，提高水源涵养能力；同时，在立地条件好的低山荒丘营造用材林和经济林，在生态治理的同时兼顾经济效益的实现。

本亚区共收录4个典型模式，分别是：大别山低山天然次生林植被封育恢复模式，大别山低山丘陵坡耕地林农间作治理模式，大别山中段南坡经济林建设模式，大别山南坡丘陵岗地林业生态经济园区建设开发模式。

【模式 F1-2-1】 大别山低山天然次生林植被封育恢复模式

(1) 立地条件特征

模式区位于河南省罗山县北安村。海拔500～600米，坡度大于35度，土壤为黄棕壤，轻中壤质地，土层厚度小于40厘米。治理前，森林植被破坏比较严重，现多为天然次生残次林，森林生态防护效益低。

(2) 治理技术思路

根据当地水热条件好、天然次生林分布相对集中的特点，采取以封为主、封造结合的方式，增加森林面积，增加地表覆盖，提高森林涵养水源、保持水土的综合效益。

(3) 技术要点及配套措施

①封育方式：封育方式分全封、半封和轮封3种，一般在边远山区、江河上游、水库集水区、水土流失严重地区以及植被恢复较困难的宜封地进行全封；有一定目的树种、生长良好、林木覆盖率较大的地区，可进行半封；对于当地群众生产、生活和燃料有实际困难的地方，可采取轮封。

②树种确定：主要以马尾松、黄山松、栎类、化香等树种为主。海拔700米以下，以马尾松与栎类混交为主，海拔700米以上，则以黄山松与化香、栎类混交为主。

③封育措施：首先划定封育区，注明四边界限，树立标牌；其次要落实管护人员，明确责任区，严格奖罚制度；第三是做好宣传工作，制定严格的封育管护制度；第四是加强护林防火和病虫害防治工作。

④封补结合：主要适于海拔在700米以下的山地，通过人工补植调整植被类型。造林方式以植苗为主，采用穴状整地。造林时要保护现有植被，以便形成乔、灌、草结合的立体结构。

(4) 模式成效

本模式投资少、见效快。采用封山育林的方式，同时辅以人工措施，可加快植被恢复，迅速有效地改善生态环境。

(5) 适宜推广区域

本模式适宜在大别山区推广。

【模式 F1-2-2】 大别山低山丘陵坡耕地林农间作治理模式

(1) 立地条件特征

模式区位于安徽省潜山县官庄、水贵、后冲3个镇相邻的8个行政村。土壤以红壤和黄红壤为主，是南方重点产材地区，农民以经营森林为主，经济比较落后。由于人口的增加和不合理的经营方式，毁林开荒日益严重，造成严重的水土流失，对森林生态系统的稳定性造成一定的威胁。

(2) 治理技术思路

根据土地资源缺乏、坡耕地水土流失严重的现状，通过采用经济林与粮食作物的相互套种，改变单一的耕作方式，以达到合理利用土地空间、提高光能利用率、增强生态环境的稳定性和抗御自然灾害能力的目的。

(3) 技术要点及配套措施

对于25度以下的坡耕地，采用混农造林治理。大别山区林木资源丰富，长期以来形成了多种混农造林类型。

①板栗（桑）-茶-粮类型：主栽茶树，上层为板栗或桑树，下层为耐荫的茶树，行间套种农作物，适用于坡耕地上老式茶园的改造和退耕还林。板栗株行距10米×10米，“品”字形配置，茶树栽于梯埂，能起到保持水土的作用。

②枣-茶-粮类型：枣树侧根发达、落叶早、发叶迟，将其植于梯埂边缘，株行距3.0米×4.0米，每亩50～60株。梯地上种2～3行茶树，行间套种花生、大豆等农作物，梯埂边沿种植黄花菜等固土。

③青檀-茶-粮类型：青檀皮是制造宣纸的重要原料，经济价值高，3～4年可采伐，萌发力强，盘根可固土，将其植于梯埂边，梯地上种茶树，行间种农作物。

④板栗-三桠-粮（肥）类型：板栗株行距5.0米×8.0米，三桠1.5米×1.5米，“品”字形配置。三桠行间种植以豆类为主的矮秆农作物及苜蓿、苕子等绿肥。也可以板栗8.0米×8.0米，三桠作埂，板栗下套种农作物。

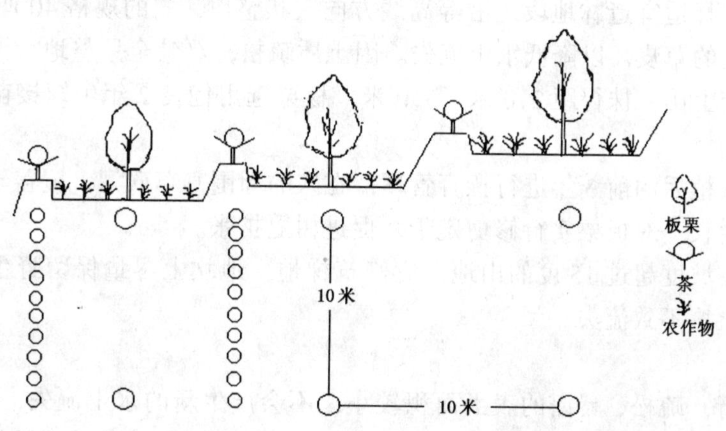

图 F1-2-2 大别山低山丘陵坡耕地林农间作治理模式图

⑤银杏-三椏（茶）-粮（肥）类型：银杏株行距 8.0 米×8.0 米，“品”字形配置，三椏（茶）作埂，梯地中部种豆类、矮秆农作物及绿肥。

⑥杜仲-三椏（茶）-粮（肥）类型：杜仲株行距 4.0 米×8.0 米，“品”字形配置，三椏（茶）作埂，林下种豆类、矮秆农作物及绿肥。

⑦其他经济树种-粮（肥）类型：利用经济果木林的行间空地套种粮食、豆类或绿肥，1 年可收粮、豆两茬。农作物覆盖了地表，既可减少水土流失，又可林粮双丰收。

⑧除上述混农类型外，还有桑树和山芋、望春花和山芋、猕猴桃和油菜（绞股蓝）等多种混农类型。

(4) 模式成效

混农造林充分利用营养空间，提高光能利用率，增强了生态环境的稳定性和抗御自然灾害的能力。不同层次的乔、灌、草削弱了雨水对土壤的侵蚀和径流冲刷，强大的根系固结土壤，生物带埂截阻径流。此外，乔、灌木的落叶也可减少雨水对土壤的冲击力，增加土壤肥力。据调查，混农造林 2～3 年后，土壤侵蚀量比旱粮坡耕地减少 70%～80%，年侵蚀模数由 4 000 吨/平方千米降至 1 000 吨/平方千米。林下茶园夏季可提高相对湿度 6%～11%，降低日均温 0.6～1.8℃，直射光减少，散射光增强，茶树发芽早而整齐，提高了茶叶的产量和质量，提高了经济效益。

(5) 适宜推广区域

本模式适宜在大别山和皖南山区推广。

【模式 F1-2-3】　大别山中段南坡经济林建设模式

(1) 立地条件特征

模式区位于大别山南麓中段湖北省罗田县，属低山丘陵地区。海拔 200～500 米，地势大致呈西北东南走向，以丘陵地貌为主，境内酸性麻骨土分布广泛，立地条件较差。罗田是湖北省暴雨中心之一，降雨强度大，暴雨集中，水土流失十分严重，由于土壤贫瘠，目的树种难以恢复，形成杂灌丛生的荒山景象。

(2) 治理技术思路

根据当地的自然条件和社会经济特征，选择适宜当地生长的油茶、板栗、甜柿等经济树种，大力发展经济林，既能实现绿化荒山、美化景观的目的，又能提高当地群众的经济收入。

(3) 技术要点及配套措施

①造林措施：选择适宜造林地段，沿等高线方向穴状整地，穴的规格 40 厘米×40 厘米×40 厘米，尽量保留穴间的草皮，以降低水土流失。因土质疏松，严禁全垦整地。油茶选用优良品种育苗，选 1 年生壮苗上山，株行距 2.0 米×3.0 米，板栗选用优良 2 年生嫁接苗上山造林，株行距 3.0 米×4.0 米。

②抚育管理：栽植后的前 3 年进行抚育管理，在穴的周围割草砍灌，覆盖于根基周围，并实行施肥，促进幼林生长，对板栗实行修剪定干，促进树冠扩张。

③配套措施：在坡度超过 15 度的山地，应修筑梯地，地坎上尽量保留野生灌木和杂草以形成草灌埂带，保护土壤不致流失。

(4) 模式成效

整地在局部进行，疏松、暴露的表土面积较小，不会产生新的水土流失，对保护环境有利。油茶、板栗、甜柿为当地适生树种，群众具有长期栽培的习惯，茶油为纯天然绿色食用油，在市场上具有较强的竞争力，农民愿意种植。

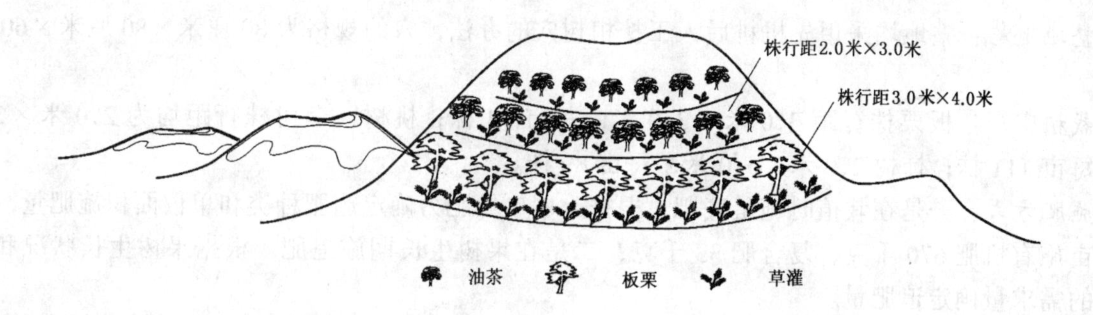

图 F1-2-3　大别山中段南坡经济林建设模式图

(5) 适宜推广区域

本模式适宜在湖北省低山丘陵地区推广。

【模式 F1-2-4】　大别山南坡丘陵岗地林业生态经济园区建设开发模式

(1) 立地条件特征

模式区位于湖北省蕲春县，地处大别山南坡坡下部，地貌为海拔50～300米之间的岗地丘陵，坡度15～35度，土壤厚度40～80厘米，林地、旱坡地与洼畈相互交错。大部分旱地由于坡度较陡，土壤侵蚀面广，水土流失严重；洼畈一般为农田或经济作物用地，水土流失较轻。

(2) 治理技术思路

以生态治理为前提，经济开发为支柱，连片进行生态药材园、生态果品园、生态林农牧渔观光园等综合生态经济园建设与开发，加快农村产业结构调整，改善农村生态环境及景观构成，促进农村经济发展和社会的文明与进步。

(3) 技术要点及配套措施

①生态药材园：

地块选择：水源方便的平岗缓坡地。

规划布局：实施前，对道路、排洪沟、蓄水池塘、灌溉（喷、滴灌）水管网等基础设施进行统一规划，分步建设。

品种配置：药材品种选择辛夷花、山茱萸、栀子、射干、生地、玄参、桔梗、杭菊、紫苏、白术、芍药等。道路网栽植辛夷、栀子；15～30度坡地种植山茱萸；平地或台地分片种植射干、生地、玄参、桔梗、杭菊、紫苏、白术、芍药等。

种植密度：辛夷定植园内干道两旁，株距3.0米；栀子栽植于小路两旁，株距1.2米；山茱萸营造片林，布置于山脊以下坡地，株行距2.0米×2.5米，按“品”字形排列；射干、玄参、桔梗、杭菊、紫苏、白术、芍药等草本药用植物按块布置于园内平缓地块，栽植密度为16株/平方米左右。

药园管理：生长季节及时松土、除草、施肥；旱季灌水、雨季排渍，春、夏防治病虫。

配套措施：采用沙凼、沉沙池与蓄水池等工程措施，结合药材品种种植等生物措施，改善环境条件，提高园区生态、经济效益。

②生态果品园：

果树选择：以板栗、柿、桃、李为主要栽培果树。

园地条件：根据确定的主要果品树种，选择适宜生长的立地作园地。一般要求有水源和排渍条件，土壤厚度在60厘米以上，地块相对集中连片，交通方便。

整地规格：整地均采用先机耕后人工挖植树穴的办法，穴的规格为80厘米×80厘米×60厘米。

栽植密度：板栗株行距3.0米×3.0米，每亩74株；桃树、李树株行距均为2.0米×3.0米，每亩111株；柿树2.0米×3.0米，每亩89株。

施肥方式：一是在栽植时施足底肥，根据土壤自然肥力确定施肥种类和单位面积施肥量，一般每亩施有机肥670千克、复合肥33千克；二是在果树生长期施追肥，根据果树生长状况和对肥料的需求量确定追肥量。

抚育管理：松土除草，坡度15度以下可全垦松土、除草，15度以上坡地宜采用水平带垦松土或除草。修枝定形，板栗主干高70～80厘米，树冠控制在3.0米左右；柿树主干高度控制在1.5～2.0米；桃树和李树主干高度在40～50厘米，冠幅半径1.0～1.5米为宜。追肥，宜在深秋果园清理时采用挖环型（半环）沟或短沟的方法进行，以供树体在生殖孕育期的营养需求，为果树丰产提供肥力保障。

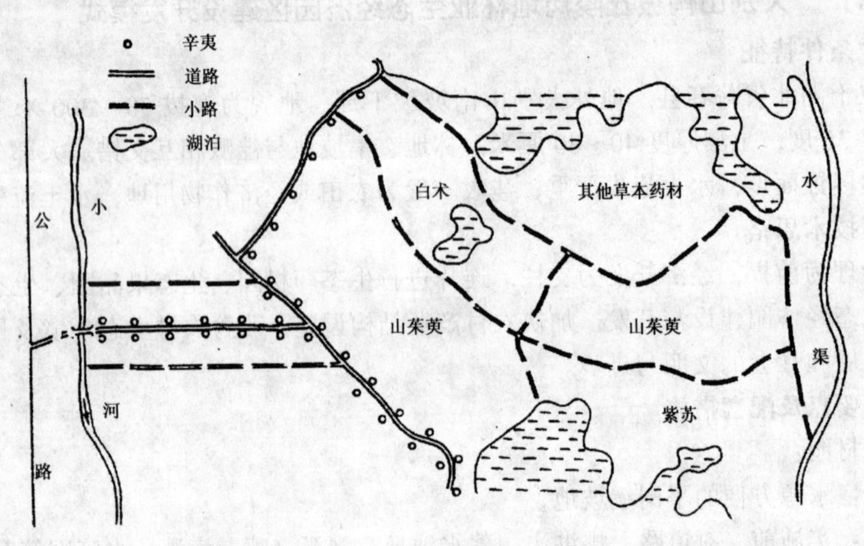

(1)　生态药材园

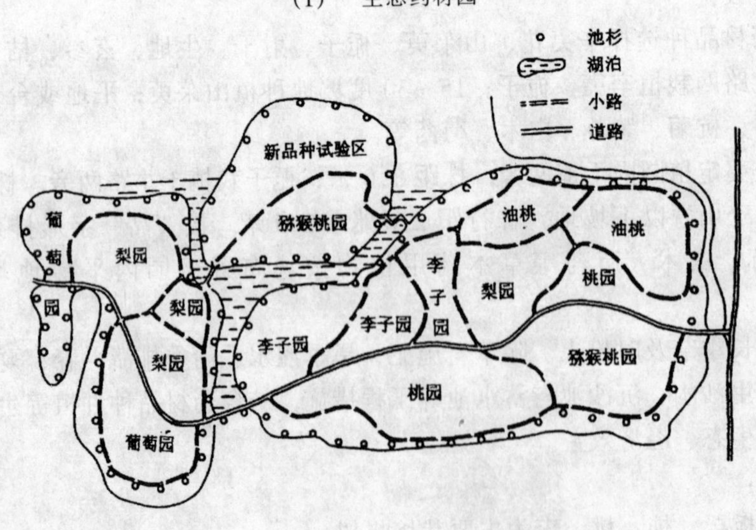

(2)　生态果品园

图 F1-2-4　大别山南坡丘陵岗地林业生态经济园区建设开发模式图

病虫防治：常年进行果树病虫监测，防重于治，多用生物防治，控制化学农药在果园的使用期和使用量。

③生态林、农、牧、渔观光园：

林业：选择杨树、池杉、水杉、樟树、玉兰等树种在道路沿线造林绿化。

农业：发展特色瓜、菜，配合种植饲料，进行现代化种植。

牧业：发展鸡、鸭、鹅及特色畜牧。

渔业：发展特产鱼、优质食用鱼、观赏鱼以及珍贵水生动物养殖。

(4) 模式成效

蕲春县作为全国山区现代林、农、牧、渔业综合开发示范县，率先成功地建设了十大果林药科技示范园、名特优新水产园、丘陵库区生态经济观光园等生态经济园区，其生态、经济、社会效益十分显著。

(5) 适宜推广区域

本模式适宜在长江流域的山地丘陵推广。

三、江淮丘陵亚区（F1-3）

本亚区位于大别山-桐柏山山地类型区东北部，东与大别山亚区相邻，东南部与长江下游滨湖平原接壤，北邻黄淮平原。包括安徽省合肥市的中市区、东市区、西市区、郊区、长丰县、肥东县、肥西县，滁州市的琅琊区、南谯区、天长市、来安县、全椒县、定远县，巢湖市的居巢区、庐江县，六安市的金安区、裕安区；河南省信阳市的潢川县等 18 个县（市、区）的全部，以及安徽省六安市的舒城县、霍邱县、寿县，滁州市的明光市、凤阳县，巢湖市的含山县、和县，河南信阳市的浉河区、平桥区、罗山县、光山县、固始县、息县、淮滨县、商城县等 15 个县（市、区）的部分区域，地理位置介于东经 113°23′11″～118°59′17″，北纬 31°6′56″～33°19′43″，面积 45 264 平方千米。

本亚区在大地构造上属郯庐深大断裂带和北大别山沉降带的范畴，是大别山体向东扩展的延伸部分，地势起伏不大，地貌支离破碎。中部广大地区为岗峦起伏的丘陵区，海拔一般在 200 米以下，个别山岗达 300～600 米；向南为长江、巢湖地区的湖积平原；向北至淮河沿岸为冲积平原。

本亚区地处暖温带和亚热带的过渡带，属北亚热带湿润季风气候。年平均气温 14.7～16℃，极端最低气温 -24～-13℃，极端最高气温 40～41.5℃，≥10℃年积温 4 757～5 133℃，无霜期 210～235 天。年降水量 900～1 100 毫米，6～7 月有长短不等的梅雨天气。由于地势低平，故冬季易受寒潮侵袭，夏季受东南季风影响显著，总的特点是冬寒夏热，四季分明，雨量适中。

地带性土壤多为黄棕壤。在滁州、定远、凤阳一带为花岗岩、片麻岩、千枚岩、砂页岩等酸性残积坡积物发育的普通黄棕壤；在肥东以南，含山县、巢湖市西北部一带有断续分布的由玄武岩残坡积物发育的暗岩黄棕壤；在石灰岩地区有红色石灰土分布；本亚区分布范围最广的岗地，多为下蜀黄土母质发育形成的黄褐土和黄刚土。

地带性植被以落叶阔叶林为主，并有少量落叶乔灌木树种与常绿阔叶树的混交林。亚热带森林植物虽然有一定的数量，但优势树种不多。常绿阔叶树种仅呈零星分布。以马尾松为代表的地带性森林植物多为人工林，生长较差。另外，人工营造的刺槐、侧柏、臭椿等生长尚好。石灰性土上分布有较多的榆科植物。

本亚区森林资源极端贫乏，农村燃料紧缺。据河南省统计，当地群众常年缺柴都在半年以上。群众缺柴问题不但影响农业生产的发展，给群众增加经济负担，而且加剧对现有植被的破坏。由此导致的主要生态问题是：森林植被盖度低，质量差，保持水土、减灾防灾等生态功能差，生态系统极为脆弱。

本亚区林业生态建设与治理的对策是：大力发展水土保持林、水源涵养林和薪炭林，适当培育用材林和经济林，扩大林地面积，增加森林覆盖率；充分利用四旁隙地，积极发展泡桐、刺槐、椿、榆等乡土适生树种，尽快解决当地农民的生产生活用材。

本亚区共收录6个典型模式，分别是：江淮丘陵生态经济沟建设模式，淮南平原稻作区"梨、稻、渔"复合经营模式，江淮丘陵岗地林农间作经营模式，江淮丘陵松、杉低效防护林改造模式，江淮丘陵绿色通道建设模式，皖东丘陵水土保持薪炭林建设模式。

【模式F1-3-1】　江淮丘陵生态经济沟建设模式

(1) 立地条件特征

模式区位于河南省信阳市浉河区金牛山小流域。海拔200～500米，坡度平缓。土壤为黄褐土，土壤质地黏重，通透性差，土层厚薄不均，肥力差。植被盖度低，水土流失严重。

(2) 治理技术思路

遵循因地制宜、适地适树的原则以生物措施为主，生物措施、工程措施和农耕措施相结合，实行山水田林路综合治理，尽快改善当地的生态环境，促进农、林、牧、副、渔全面发展，实现农村经济的根本好转。

(3) 技术要点及配套措施

①林种及布局：山上部营造防护林，主要树种为马尾松、栎类、刺槐、杉木等；坡上台地营造干果经济林，主要树种为板栗、油桐、油茶；坡脚台地营造水果经济林，主要树种为桃、猕猴桃、梨、李等。台地间隔部分种植部分用材或薪炭林，选用杉木、马尾松、木荷等树种。

②造林整地：坡度25度以上的陡坡挖鱼鳞坑，规格为0.3米×0.3米×0.3米；坡度15～25度的山坡采用反坡梯田整地，梯田田面宽1.5～2.0米，外高内低。

③种植方式：

经济林密植园方式：种植密度一般为300株/亩。

经济林用材林结合方式：本方式以经济林为主，水平梯田上栽植经济树种，梯田边栽植用材或薪炭林树种。

果农间作方式：果树株行距为4.0米×5.0米、3.0米×3.0米，果树行间间作花生、豆科植物等。

地边果农混作方式：以农为主，农果兼顾，经济树种栽植在地边或者是梯坎边坡上，构成经济林带。

④工程措施：在山腰、沟底及沟口修建截留沟、沉沙池、拦沙坝等；林间修小路，路边挖沟引水下山；山洼修水库。

⑤农耕措施：坡度15度以下山坡改造成梯田种植农作物，同时积极推行免耕措施。

(4) 模式成效

本模式实施后，不仅形成了水土保持林体系，控制了水土流失，而且实现了春天一山花，夏天一山荫，秋天一山果，冬天一山青的园林生态景观。农民人均纯收入比治理前增加了9.6倍，群众生活水平较过去显著提高。

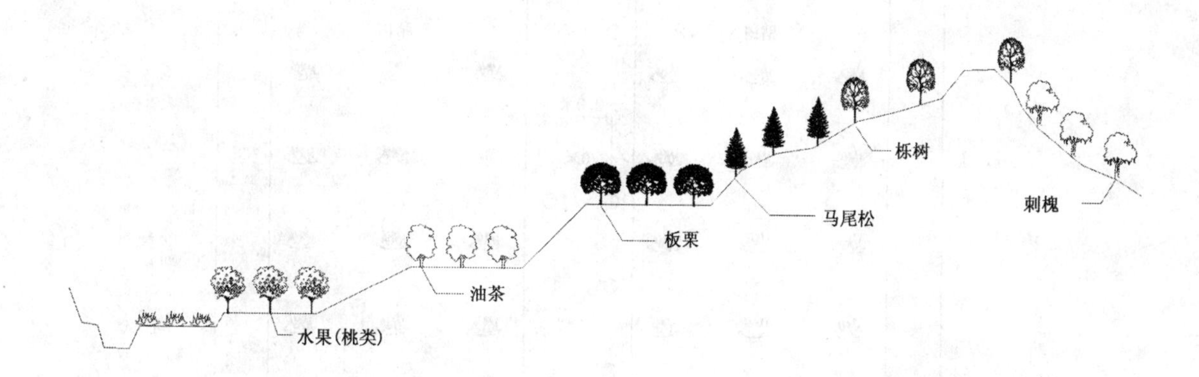

图 F1-3-1　江淮丘陵生态经济沟建设模式图

（5）适宜推广区域

本模式适宜在人口密集的丘陵垄岗地区推广。

【模式 F1-3-2】　淮南平原稻作区“梨、稻、渔”复合经营模式

（1）立地条件特征

模式区位于河南省息县孙庙乡胡庄村，属于江淮平原稻作区，地势平坦开阔。土壤为水稻土，pH 值 7.1 左右，平均有机质含量 1.36%，地下水位 1.0 米左右。森林资源匮乏，风灾、暴雨、旱涝等自然灾害比较频繁，农业产量不稳。

（2）治理技术思路

根据生态经济学的原理，运用现代生物学和生态工程技术，“梨、稻、渔”循环经营，在同一块地上，把农业、林业、渔业完美结合，扩大森林面积，逐步改善生产、生活条件，促进农林牧渔业的丰产、稳产、高产。

（3）技术要点及配套措施

①规划布局：选择交通方便、地势平坦、开阔、排灌良好、具备水源条件且地下水位较高的稻作区。田面宽为 5.0 米或 10 米，四周挖 2.0 米宽、1.5 米深的水沟，梨植于两田面间的平台上。平台宽 4.0 米，且高出水田面 0.5 米。

②梨树品种选择：选择丰产、品质好、抗逆性强的品种，早、中、晚熟品种按 2∶4∶4 的比例搭配。经过多年的试验，早熟品种有金水 2 号、黄花；中熟品种有湘南、金水 1 号；晚熟品种有爱岩、蒲瓜。

③梨树栽植：平台上植梨树 2 行，株行距 2.0 米×3.0 米。穴状整地，规格为 50 厘米×50 厘米×50 厘米，栽植时间为当年 12 月至翌年 3 月。栽植前要施足底肥，底肥以农家肥为主，栽植时要踩实，浇透水，封细土。

④种稻：根据季节选择良种，合理适时种植。

⑤养鱼：春季水沟内放满水后投放鱼苗，鱼种以草、鲫、鲤为主，每亩投放 200 尾，投放比例 5∶2∶3。

⑥抚育管理：梨树要进行整形修剪、病虫害防治、以耕代抚、施肥等工作；做好水稻和鱼类的管理工作，在水稻生长中后期，应扒开水沟与稻田的埂，将鱼放进稻田。

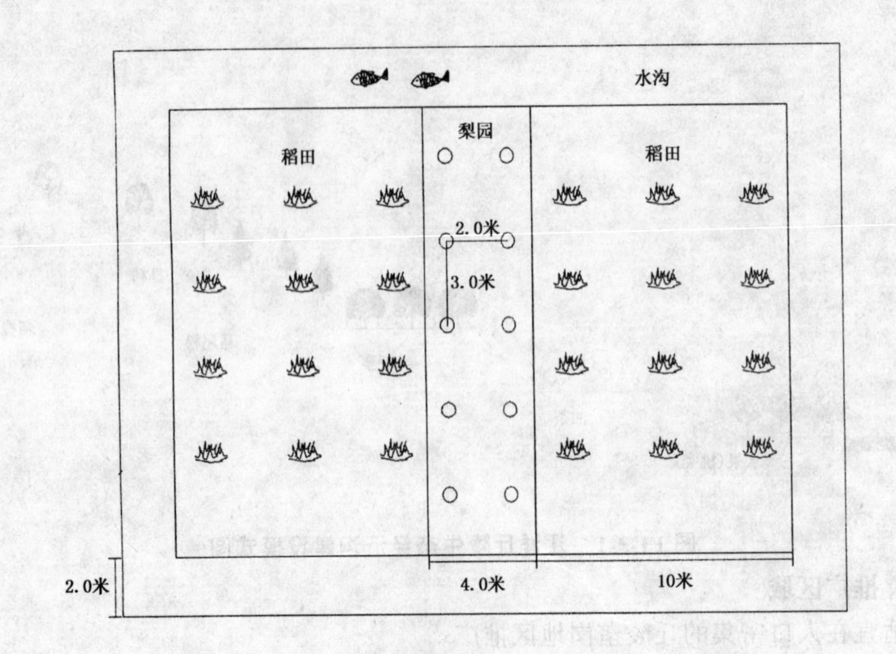

图 F1-3-2　淮南平原稻作区"梨、稻、渔"复合经营模式图

(4) 模式成效

示范点经过多年的实践，"梨、稻、渔"复合经营产生了显著的经济、生态和社会效益，模式实施前 5 年的平均产值是常规种植的 2 倍，5 年后是常规种植的 6 倍，投入产出比高达 1∶10。按本模式每户发展 10 亩，户均年收入近 4 万元。息县现在已有 200 余户推广了"梨、稻、渔"复合经营模式。

(5) 适宜推广区域

本模式适宜在淮南平原稻作区推广。

【模式 F1-3-3】　江淮丘陵岗地林农间作经营模式

(1) 立地条件特征

模式区位于安徽省肥东县路口乡焦干坪村、陆家板村和居巢区赵柳镇长岗林场，岗地地貌，成土母质为下蜀系黄土，质地黏重，透水保肥性能差。由于地处北亚热带边缘，冷暖气流频繁交替，加之森林覆盖率低，生态环境恶劣，常有干旱、冰雹、低温和连绵阴雨等灾害性天气。同时，由于当地以农业生产为主，林业经营水平低，森林质量差，生态环境极为脆弱。

(2) 治理技术思路

通过加大造林行距，利用行间空隙地间种农作物，形成林粮、林菜、林果等农林间作经营形式。充分利用土地和空间，提高光能利用效率。以林保农，以农促林，既取得生态效益，又获得农作物和林木收入，以短养长。

(3) 技术要点及配套措施

①整地：12 月中旬前完成。为了便于间作，减少水土流失，应先行坡改梯。梯面宽度 2.0 米以上，并根据地形特点，逐段开挖较深的纵向排水沟，在梯内再开挖小的横向排水沟。坡改梯后挖穴，穴的规格为 80 厘米×80 厘米×80 厘米。

②树种选择及种苗要求：板栗，选用 1 年生地径在 1 厘米、苗高在 80 厘米、主侧根长在 20 厘米以上，无病虫害及机械损伤的嫁接苗。品种主要为处暑红、大红袍、大油栗、叶里藏、黏底

板、蜜蜂球、早栗子等。

③造林：栽植前施入农家肥作基肥，并辅以长效化肥。对于沙砾与黏粒含量高的土壤，应进行客土。以2月底至3月上旬栽植为宜。栽植时先将苗木伤残根段及过长根端剪整后，放入100毫克/千克 ABT3号生根粉的泥浆中浸蘸全根，然后把苗木放入穴的中心扶正，并使苗根展开，填土时先填表土后填心土。栽植后浇透定根水。每亩栽植板栗44株，按3.0米×5.0米的株行距进行配置。

④幼林抚育：造林后以耕代抚2次，分别于5～6月和8月中下旬进行。结合抚育进行松土、扩穴。当年造林后10月进行松土，松土深度为30～40厘米，松土时，根系分布较浅较多的树干四周应浅，根系分布较少的树冠外围可深。栽植后第2～3年的春季或秋季进行扩穴，每年向四周扩大50厘米左右，深度80厘米。

⑤合理间作：间作的目的是以耕代抚、以短养长、以农养林。在造林的当年即可间种花生(豆类)。在栽植后1～2年内，花生应距树干基部1.0米以上，随着树龄的增加、树冠的扩大，间种花生离树干的距离应逐渐加大，直至中止间作。花生秸秆要就地还田，以增加肥力。

⑥林木管理：

定干：嫁接苗木定植的当年春季发芽前，根据品种特性、芽体状况、经营方式等逐株剪顶定干，定干高度以60～90厘米为宜。

整形：根据品种干形的强弱、立地的好坏、苗木长势的优劣等，整成疏层形或自然开心形。

修剪：一般于冬、春季疏除过密枝、交叉枝、病虫枝。

施肥：板栗适应性较强，但要达到稳产、丰产，必须有充足的营养。江淮地区由于土壤板结，造林前5年每株施家杂肥20～30千克或饼肥和磷肥各0.5千克或复合肥1千克。施肥以环状施肥方法为好，即在沿树冠的边缘挖一深约30～50厘米、宽约40厘米的环状沟，将肥料均匀地施入，然后覆土。家杂肥应深施，饼肥、磷肥和复合肥宜浅施。进入结果期后，按每生产1千克栗子施入6千克有机肥的用量进行施肥。施肥结合秋季翻地与扩穴在结冻以前施入。进入结果期后追施以氮、磷、钾肥为主的化肥。通常追肥2次，第1次于4月追施促花肥，第2次于果实膨大前的7月追施壮果肥。追肥量应根据树龄、树势、林地肥力、肥料种类而定。为满足树体对肥料的需要，在其生长期中，可用浓度为0.3%～0.5%的尿素和0.5%～2.0%的过磷酸钙以及0.3%～0.5%的磷酸二氢钾喷施叶面，花期可加喷浓度为0.2%的硼肥，果期还可喷浓度为0.5%的复合肥。

病虫害防治：江淮丘陵地区板栗的主要病虫害有栗疫病、枝枯病、膏药病、白粉病、栗瘿蜂、栗球蚧、栗链蚧、栗大蚜、袋蛾、刺蛾、金龟子、透翅蛾、红蜘蛛、云斑天牛、剪枝象鼻虫、栗实象虫、桃蛀螟等。防治应以营林为基础，因地制宜地采用物理、化学、生物等方法综合防治。发现病虫要及时清除林内林缘其他寄主，修除病虫枝条，拣烧落地病虫刺苞，冬季将树干涂白。对江淮地区经常出现的袋蛾、金龟子、刺蛾等食叶害虫，在每年6月份喷施1次乐果与敌敌畏混合液，乐果、敌敌畏与水比例为1:1:1 500。

(4) 模式成效

本模式可以改善局部生态环境，改良土壤，起到以耕代抚、以短养长的作用，使林木与农作物相互促进，以获得良好的综合效益。肥东等县通过实施板栗-花生经营模式，每亩年收入约500元，大大调动了群众发展生态林业的积极性。

(5) 适宜推广区域

本模式适宜在江淮丘陵岗地推广。

【模式 F1-3-4】 江淮丘陵松、杉低效防护林改造模式

(1) 立地条件特征

模式区位于安徽省滁州市宽店林场。坡面中上部土壤大多比较瘠薄，以砾质和砂质为多，多由花岗岩、片麻岩、砂岩等酸性岩石的残积物、坡积物发育而成。成林前主要是天然或人工松类纯林，林下植被少，水土流失严重，松毛虫时有发生。

(2) 治理技术思路

按照不同的立地条件和低质低效林特点，采用林内点播或栽植、间伐栽植等方法，引入阔叶树种，形成针阔混交林，达到改善森林生态环境，提高生态效益和经济效益的目的。

(3) 技术要点及配套措施

①树种选择：阔叶树以耐干旱瘠薄的栎类为主，主要有麻栎、小叶栎、栓皮栎、刺槐等。

②改造技术：

林下补植：适合于林分郁闭度0.4以下，层次单一，林下灌木盖度20%、草本盖度50%以下的针叶纯林，可直接在林冠下造林。

间伐补植：适合林分郁闭度超过0.4，但林下灌木草本甚少、水土流失严重的针叶纯林，可先隔行间伐，再补植或点播阔叶树。

③造林技术：采用穴状整地，规格40厘米×40厘米×40厘米，春季补植或点播，使用省标Ⅰ级或Ⅱ级苗。对于土层浅薄、坡度较大的石质山地，在林内见缝插针地进行补植。每年抚育1～2次，连续4～5年。补植后封禁。

(4) 模式成效

实施低质低效林分改造，促进了林分生长，增加了生态系统多样性和稳定性，同时水土保持效果明显，是一项既经济又实际的植被恢复措施。

(5) 适宜推广区域

本模式适宜在江淮丘陵岗地推广。

【模式 F1-3-5】 江淮丘陵绿色通道建设模式

(1) 立地条件特征

模式区位于安徽省肥东县合徐路肥东段，途经费集、草庙等乡镇。属江淮分水岭地区，典型的丘陵岗地地貌，土壤瘠薄，雨量充足，但分配不均。治理前，易涝易旱，森林质量差，水土流失严重，农业生产低而不稳，经济发展极为缓慢。

(2) 治理技术思路

以道路为主线，将村庄集镇、农田等作为有机整体，因地制宜，选择乔灌草种，进行高标准、全方位、立体式全面绿化、美化、香化，改善交通干线两侧的生态景观。

(3) 技术要点及配套措施

①树种选择：根据环境建设需要及树种特性，乔木选择杨树、水杉、枫杨、悬铃木、红叶李、银杏、松类、柏类、雪松、女贞、樱桃、李、杏、桃、石榴、柿等树种；灌木树种有黄杨、海桐、夹竹桃、木槿、白蜡、紫穗槐等。还可以根据具体情况选择一些草本花卉和花灌木。

②绿化布局：

公路绿化：以国道、省道为重点，县、乡公路配合，对道路路肩、线路两侧、迎坡面分别采

取绿化措施。两侧路肩各栽1行以上灌木或乔木，乔、灌、草结合，落叶常绿结合，进行线路绿化；高速公路铁丝网以内以小乔木和灌木为主。要求突出区域特色，既绿化、美化交通环境，又确保交通安全。铁丝网以外、农田以内栽3行以上乔木或乔灌结合，增加主干道路两侧的林木覆盖率，进行林带建设。

铁路绿化：乔木应在距离铁轨12米外栽植。铁轨和乔木之间栽灌木。铁路与公路交叉口，铁路前后400米、公路前后50米不栽乔木。

沟渠绿化：可以选择用材或经济树种，但在沟渠内侧宜选择耐水湿的树种，坡面以栽灌木为好。

村庄绿化：以营造各种小林园为主，如小果园、小药园、小竹园、小桑园、小花园等。

城镇绿化：按照城镇总体设计，建设公共绿地、防护绿地、风景绿地、生产绿地，搞好行道绿化，提高绿地覆盖率。同时建设一批高起点、高质量的乔灌花草结合的人工景观。

农田林网：平原农区结合农田水利基本建设，实行沟、渠、田、林、路综合治理，实现田成方、渠相通、路相连、林成网；林网网格面积一般在300亩左右，疏透结构，在现有林带的基础上，完善、提高防护和观赏价值。地形变化较大的农区，因地制宜，实现有路有沟就有树，形成相对规则的农田防护林网。

丘陵岗地绿化：公路两侧各1千米范围内（山区面向公路迎坡面），符合退耕还林条件的实施退耕还林，适宜造林的栽植经济林或用材林、防护林。

③整地：进行块状整地的乔木树种，穴径和穴深均要达到40～50厘米。小乔木和灌木树种依据根系大小适当降低。整地在秋冬进行，做到底土、表土分开堆放。

④造林：苗木必须达到Ⅱ级以上。杨树苗木栽前要浸泡。实行专业队栽植，做到根系舒展、深栽扶正、分层填土、踩紧踏实、浇水培土。

⑤抚育管理：造林后3～5年，每年及时进行培土扶正、浇水抗旱、排水除涝、修枝除萌、土壤施肥、锄草松土、防治病虫等；实行间作，以耕代抚；制定管护制度，确定护林人员；落实林业政策，及时发放林权证。

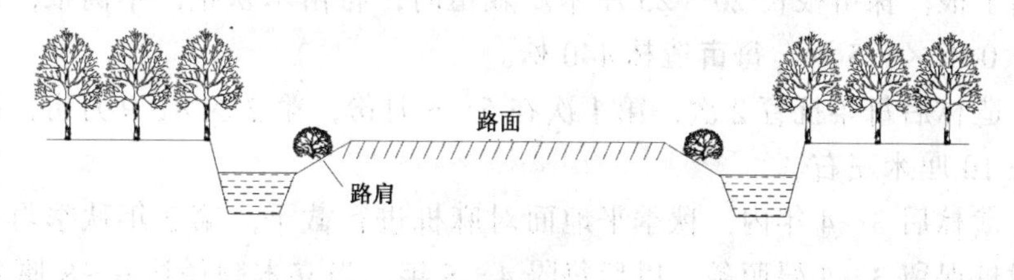

(1) 公路绿化

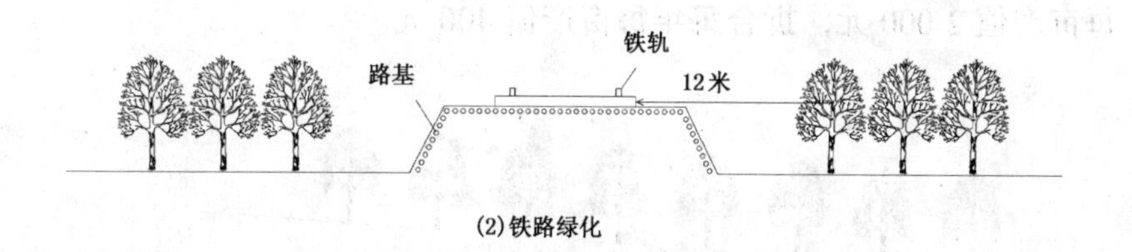

(2) 铁路绿化

图 F1-3-5　江淮丘陵绿色通道建设模式图

(4) 模式成效

本模式可以改善公路、铁路沿线的生态环境和区域景观效果，具有较大的生态、社会和经济效益。示范点经过治理，已完成了 38 千米的绿化，两侧农田林网控制面积 3 万余亩，绿化美化自然村庄 102 个，大大改善和稳定了当地的生态环境，水土流失得到控制，农作物产量明显提高。

(5) 适宜推广区域

本模式适宜在江淮丘陵岗地及平原地区推广。

【模式 F1-3-6】　皖东丘陵水土保持薪炭林建设模式

(1) 立地条件特征

模式区位于安徽省滁州市南谯区施集乡。山地土壤主要为黄棕壤，母岩为砂岩、花岗岩。治理前，林下植被稀少，水土流失严重。

(2) 治理技术思路

麻栎为壳斗科落叶乔木，为江淮丘陵的乡土树种，具有生长快、适应性强、耐干旱瘠薄、萌芽能力强、耐平茬、产薪量大、热值高、燃烧性能好的特点，是江淮丘陵理想的水土保持林和薪炭林造林树种。经营麻栎薪炭林在皖东丘陵地区有悠久历史。由于麻栎造林成活率高，管理容易，生长迅速，近年来发展很快。江淮地区人口稠密，能源匮乏，大力发展薪炭林，可有效解决农村能源紧缺的矛盾，从而达到保护森林植被、改善生态环境的目的。

(3) 技术要点及配套措施

①定向育苗：为提高造林成效，改传统点播造林为植苗造林，大田育苗和容器育苗相结合，定向培育合格苗木。

②整地：一般在造林前 1 年秋冬进行全垦或块状整地，然后进行定点挖穴，穴的规格 60 厘米×60 厘米×40 厘米。

③造林：选用 I、II 级 1 年生实生苗在春季进行植苗造林，做到随起随栽。造林前蘸黏泥浆，并截去部分麻栎苗主根，保留根长 20～25 厘米。栽植时，将苗木扶正，不窝根，踩紧踏实。实行密植，株行距 1.0 米×1.5 米，每亩造林 440 株。

④抚育管理：造林后每年抚育 2 次，第 1 次在 5、6 月份，第 2 次 8、9 月份，抚育采取扩盘方式，抚育深度在 10 厘米左右。

⑤采伐利用：造林后 3～4 年内，秋季平地面对麻栎进行截干，第 2 年秋季再对伐根上萌条进行定植，每个伐桩保留 3～5 根萌条，以后每隔 4～5 年，当立木胸径达 6～8 厘米，高度 4～5 米，平均单株重 5～10 千克时进行皆伐，收获期 8 次，每次每亩可产薪材 8 000 千克，可烧成栎炭 2 000 千克，每亩产值 2 000 元，折合每年每亩产值 400 元。

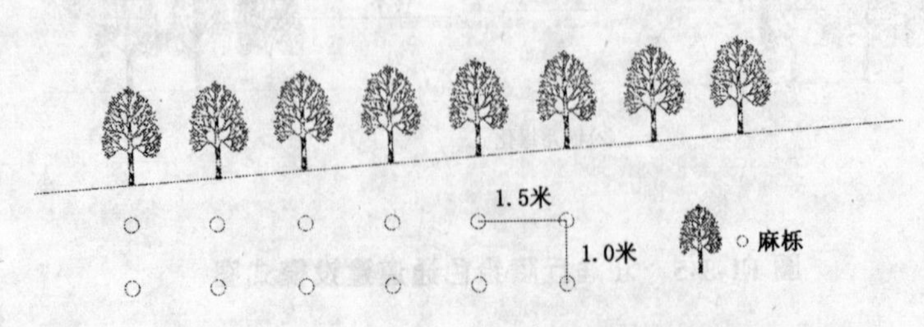

图 F1-3-6　皖东丘陵水土保持薪炭林建设模式图

(4) 模式成效

麻栎薪炭林除提供薪材外，还可加工成木片，放养柞蚕。此外，由于麻栎薪炭造林密度大，经营周期长，不仅改善了生态环境，保持了水土，为农业生产和群众生活提供稳定的生态保障，而且也产生良好的经济效益。示范点经过多年的改造和培育，已建成安徽省的麻栎薪炭林基地，林业经营水平较高，薪炭林收入达400元/亩，群众经营薪炭林积极性高。

(5) 适宜推广区域

本模式适宜在整个江淮丘陵和沿江丘陵地区推广。

四、鄂北岗地亚区（F1-4）

本亚区位于南阳盆地以南、江汉平原以北，东接桐柏山山地区，西至丹江口市。包括湖北省襄樊市的襄城区、樊城区、老河口市、襄阳县的全部，以及湖北省襄樊市的枣阳市、宜城市的部分区域，地理位置介于东经111°11′16″～112°22′29″，北纬31°45′36″～32°43′58″，面积5 633平方千米。

本亚区河谷阶地、岗地及丘陵均有分布，但以岗地、丘陵为主。滚江以北、汉水以东为辽阔的岗地，俗称湖北的“三北岗地”。岗地受江水切割程度不同，大致分为平岗、丘岗和长岗，南部多为平岗，常与滩地交接，起伏而平缓。汉水流域滩涂地面积较大，是本亚区宝贵的土地资源，亟待开发利用。本亚区是湖北通向北方惟一的低平缺口，冷空气常由此长驱南下，年平均风速达2.0～3.0米/秒，是湖北省冬季最干冷和年温差较大的地区，年平均气温为15℃，无霜期仅230～240天。年降水量一般为900毫米以下，也是湖北省降水量最少的地区。

本亚区的主要生态问题是：自然条件较差，冷空气活动频繁，干旱灾害几乎连年发生；土壤黏重、板结，有机质含量低，透水性差，地表径流十分发达，水土流失严重。

本亚区林业生态建设与治理的对策是：在保护好现有植被的基础上，大力营造生态经济型农田防护林，增加植被覆盖度，降低风速和坡面地表径流，防治风灾和水土流失；合理开发、利用沙洲滩涂地，加快经济发展，促进农民致富。

本亚区共收录3个典型模式，分别是：鄂北岗地风口防护林建设模式，鄂北岗地生态型经济林建设模式，汉江沙洲滩涂治理模式。

【模式 F1-4-1】 鄂北岗地风口防护林建设模式

(1) 立地条件特征

模式区位于湖北省枣阳市四方镇，地处风口影响范围内，常年受风灾危害，土壤板结，透水性差。雨量较少，几乎每年发生干旱，对农业生产造成较大影响。

(2) 治理技术思路

根据风向和立地条件特征，从适地适树的原则出发，大力营造以意杨、水杉、池杉、泡桐为主要树种的防护林网和防护林带，以减缓风速，防止农田风害，改善区域性气候，为农业高产稳产创造条件。

(3) 技术要点及配套措施

①总体布局：在“风口”地带垂直主风向营造一条宽30米的主防风林带，在主防风林带南侧，根据地势走向，与主林带垂直，建副林带若干条，带宽10～15米，并向腹地延伸。对大面积岗地，则结合沟、渠、路走向及村庄的位置建设农田林网。

②基干防风林带：主防风林带植树10行，副林带3～5行，株行距2.0米×3.0米，造林树种以意杨为主，榆树、女贞、臭椿、白花泡桐等作为替代树种。

③农田林网：为了更好地降低风速，在大面积的岗地平原区，东西方向按500～750米，南北方向按250～300米，形成180～300亩面积不等的大小网络，主林带沿道路及沟渠营造4排(每边各2排)，副林带在步道或灌溉沟道营造2排（每边1排)，树种以意杨、水杉、池杉、白花泡桐为主。苗木采用1年生意杨截干苗或2年根1年干的大苗营造，株行距2.0米×3.0米。

④整地造林：在春节前整地，以穴垦为主，穴的规格为60厘米×60厘米×80厘米。春节后至3月进行栽植，每穴施农家肥25千克左右，且表土回穴，栽植时，苗要扶正、分层填土、踩实。

⑤配套措施：岗地土壤黏重板结，有机质含量低，为提高肥力，在林带内种植豆科植物或间种其他农作物，既增加农民收入，提高土壤有机质含量，又改善土壤结构，促进林木生长。

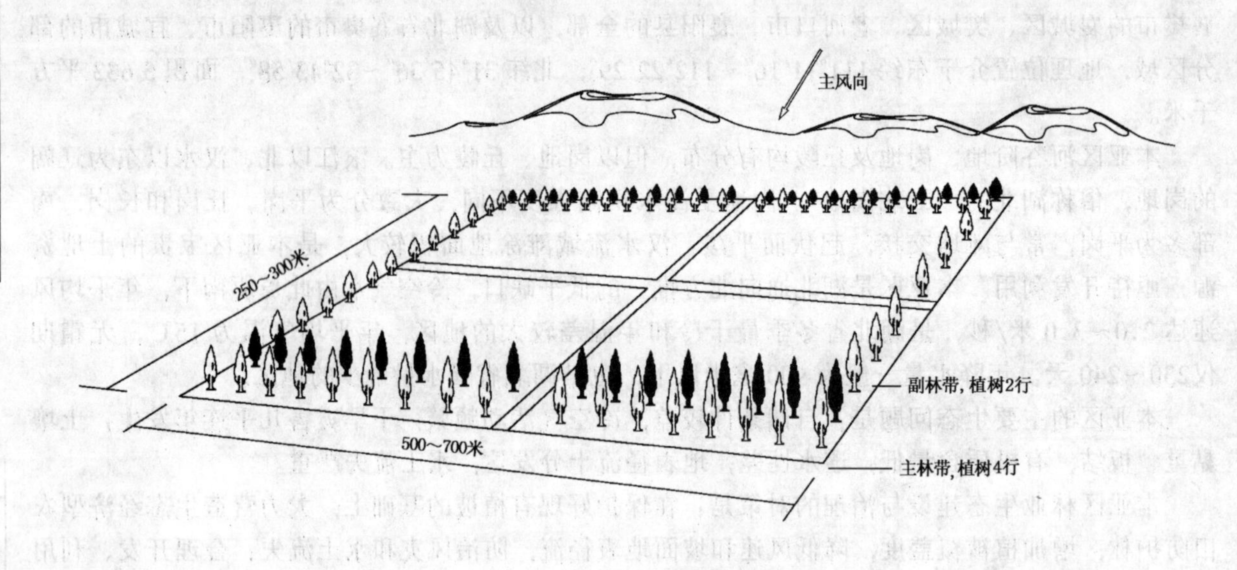

图F1-4-1　鄂北岗地风口防护林建设模式图

(4) 模式成效

本模式的实施，使森林覆盖率有较大的提高，有效地改善了岗地农田小气候，农田风害的发生明显减少，农业生产达到稳产高产，生态系统步入良性发展的轨道。

(5) 适宜推广区域

本模式也适宜在河南省南阳地区气候条件较差、干旱频繁、风力大的岗地推广。

【模式F1-4-2】　鄂北岗地生态型经济林建设模式

(1) 立地条件特征

模式区位于湖北省枣阳市，地处南襄隘道的“风口”，属鄂北岗地。土壤黏重板结，冬季气温较低，降雨量较少。汉渝铁路、316国道贯穿全境，交通方便，是经济林产品集散地，具备发展生态型经济林的良好市场条件。

(2) 治理技术思路

随着市场经济的发展，人民生活水平的不断提高，人们对果品的要求越来越多。利用岗地、四旁隙地、荒地、坡耕地及坡度15度以下的荒山发展经济林并采取科学的经营措施，既能改善生态环境，又能提高经济效益，是农民乐于接受的新型产业。

(3) 技术要点及配套措施

① 果树品种选择：选择抗风能力强、耐干旱、根系发达，具有良好的固土蓄水能力的果树品种，如：苹果、柰、桃、梨等。

②造林：穴状整地，规格80厘米×80厘米×80厘米，穴内施有机质渣肥，选用2年生优良品种嫁接苗，栽植时浇定根水，栽后若长期无雨，需进行灌溉，以保证苗木成活。

③抚育管理：果园管理工作要按生长季节和果树生物学特性，要求各项措施一定要到位，如冬季修剪、施肥，夏季防治病虫、中耕抚育等。

④配套措施：在栽植头5年内套种粮食、油料作物，以耕代抚；5～8年后树冠逐渐郁闭，停止套种，改种绿肥，适时翻耕入土以增加土壤有机质。

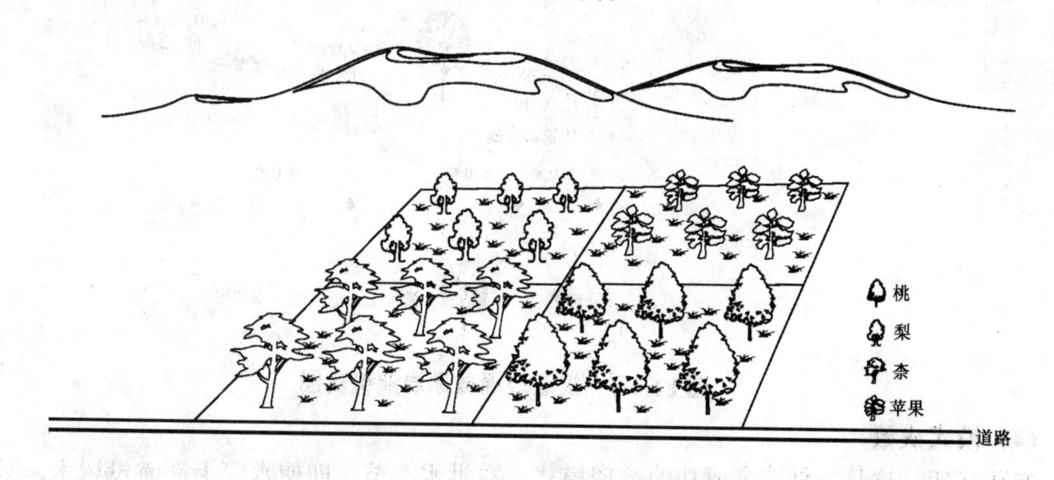

图 F1-4-2　鄂北岗地生态型经济林建设模式图

(4) 模式成效

本模式在湖北省北部岗地见效快，农民容易接受。柰每亩经济收益可达8 000元，桃、梨、枣等收益亦相当可观。由于规模大，果品数量多，已成为一个大型果品生产基地及批发市场。

(5) 适宜推广区域

本模式也适宜在河南省南部丘陵岗地、黄河以南的岗地推广。

【模式 F1-4-3】　汉江沙洲滩涂治理模式

(1) 立地条件特征

模式区位于湖北省老河口市王府洲沙滩地。汉江河床较宽，一般几千米，少数地方达10多千米。从主河道向两岸过渡，其沙地呈规律性变化，即卵石-流沙-半流沙-泥质沙土-农耕地。在秋冬季节，流沙、半流沙在西北风的作用下，很容易造成周边土地沙化，使沿河生态环境恶化。

(2) 治理技术思路

沙洲滩涂是一种宝贵的土地资源，但稳定性较差，易沙化。选择耐水淹、生长快的意杨、枫杨等适宜树种，在半流动沙地、泥质沙土地或有潜在沙化可能的土地上开展植被建设，能够很好地控制流沙活动，变沙洲为绿洲，改善当地的生态环境。

(3) 技术要点及配套措施

①整体布局：半流动沙地表面，由于水浮物沉积和风蚀作用，表土层往往有一定有机质和泥

质成分，但下层全属沙性，地下水位较高，土层贫瘠，宜营造以意杨为主的固沙林。泥质沙土地，由于沉积年代稍久，泥质成分相对较高，保水保肥能力好，不仅可以植树，而且能套种农作物，进行农林混合经营。

②造林技术：在半流沙地上，2行意杨、1行枫杨带状混交，株行距3.0米×4.0米，三角形布置。意杨采用木棒打孔栽培。枫杨挖穴栽培，穴的规格40厘米×40厘米×40厘米，穴内填入少量渣肥，以利苗木生长。在泥质沙地上，意杨株行距8.0米×8.0米，用木棒打孔插入截干苗，林下不同季节套种不同作物。冬季套种小麦和油菜，夏季套种芝麻、黄豆，或种植西瓜等，以耕代抚，对林木生长有利。

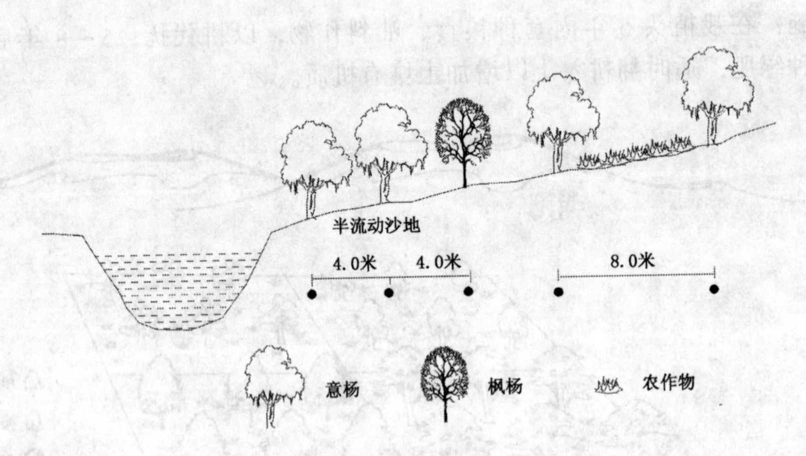

图 F1-4-3　汉江沙洲滩涂治理模式图

(4) 模式成效

实践证明，这是一种非常成功的治理模式。在洪水季节，即使水面上涨淹没树木，只要水不捂顶，水退后树木照常生长，一般淹没2～3个月也影响不大；在管理过程中如果所采取的措施得当，树木10年左右便可成材利用，不仅改善了生态环境，而且可以创造较高的经济效益。

(5) 适宜推广区域

本模式适宜在汉江流域条件类似地区推广。

五、鄂中丘陵亚区（F1-5）

本亚区位于湖北省中北部，桐柏山南坡，大洪山及荆山山脉东部与南部。主要水系有涢水(中上游)、滚沙河（中上游)、莺河。包括湖北省随州市的曾都区、广水市，孝感市的安陆市，宜昌市的远安县等4个县（市、区）的全部，以及湖北省襄樊市的枣阳市、宜城市，宜昌市的当阳市，荆门市的东宝区、钟祥市、京山县，孝感市的应城市等7个县（市、区）的部分区域，地理位置介于东经110°58′19″～113°45′2″，北纬30°49′11″～32°31′8″，面积28 840平方千米。

本亚区气候温和，年平均气温15～16℃，≥10℃年积温3 296～5 154℃，极端最高气温41.6℃，极端最低气温－17.3℃，年降水量850～1 120毫米，无霜期220～269天。土壤主要有黄棕壤、潮土、黄壤、紫色土、水稻土5个土类。森林植被以马尾松、麻栎、栓皮栎、青冈栎、牡荆、胡枝子等乔灌草为主。

本亚区的主要生态问题是：过度利用导致植被退化普遍，现有森林生态系统中林种、树种结构单一，林分质量低，可开发利用的成林资源极少，生态功能弱，水土流失严重，水源涵养能力差。

本亚区林业生态建设与治理的对策是：在保护好现有森林植被的基础上，加大改造力度，恢复和培育多树种、多林种的复层林结构，加大生物多样性建设规模，强化水源涵养功能，遏制水土流失；在立地条件较好的地区建设工业原料林和以林果产品为目标的生态型经济林，使林业生态建设和林产品开发与利用走上科学化、规范化轨道。

本亚区共收录 2 个典型模式，分别是：鄂中天然松栎林恢复与建设模式，鄂中平丘岗地生态经济型果品基地建设模式。

【模式 F1-5-1】　鄂中天然松栎林恢复与建设模式

(1) 立地条件特征

模式区位于湖北省随州市桐柏镇，属桐柏山南坡。山地黄棕壤为主要土类，土层瘠薄，质地疏松，植被稀少，水土流失严重。同时桐柏山是陨水与淮河的发源地，水源涵养功能的加强尤为重要。

(2) 治理技术思路

在以青冈栎、麻栎和马尾松为主要树种的天然林分布区，由于人为活动频繁，植被破坏严重，森林立地环境较差。采取封山育林和人工补植相结合的方法，建成针阔混交、乔灌草结合的立体结构，尽快恢复林草植被。

(3) 技术要点及配套措施

①封造结合：对江河源头区、水库、河流的迎水坡面及陡坡以上生态脆弱区实行全封育，期限 10 年，保护和发展天然林植被，恢复以马尾松、麻栎、青冈栎等乔木树种为主的森林植物群落。对封山区的林中空地、陡坡退耕地进行人工造林，营造以控制水土流失为主要目标的生态林，造林树种选择原则为“遇针补阔，遇阔补针”，可选择杉木、木荷、毛竹、枫香、湿地松等树种。

②加强管理：在封山区交通要道设置封山宣传标牌，并安排专人管护。采取生物措施防治森林病虫害，如白僵菌、马尾松松毛虫害等。

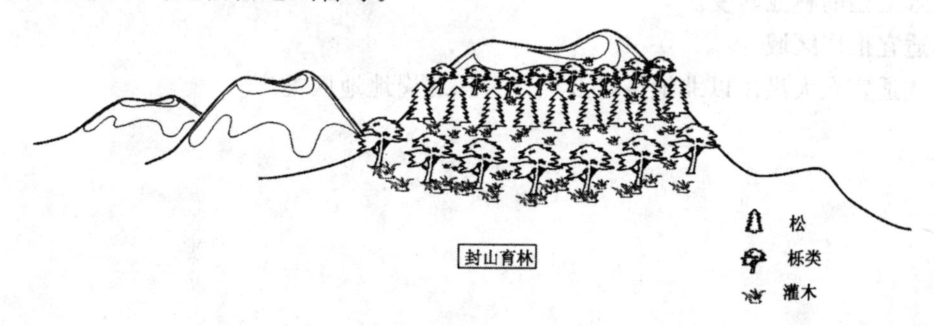

图 F1-5-1　鄂中天然松栎林恢复与建设模式图

(4) 模式成效

本模式的实施，使得当地植被迅速恢复，森林覆盖率提高，生物多样性增强，生态系统趋于稳定，生态环境状况明显好转。

(5) 适宜推广区域

本模式适宜在长江流域低山丘陵地区推广。

【模式 F1-5-2】　鄂中平丘岗地生态经济型果品基地建设模式

(1) 立地条件特征

模式区位于湖北省随州市大洪山。地形为坡度不足 25 度的丘陵、岗地，土层较厚；年平均气温 15.6℃左右，≥10℃年积温 4 000℃左右。无霜期 220～240 天，年降水量 1 000 毫米。适合发展苹果、梨、桃等多种果木林。

(2) 治理技术思路

针对模式区的自然条件和林业生产现状，结合植被建设，大力发展名特优新苹果、梨、桃品种，建成生态经济复合型果品基地，在改善当地生态环境的同时，增加经济收入，促进农村经济的可持续发展。

(3) 技术要点及配套措施

①树（品）种选择：苹果选择乔纳金、红富士等优良品种，采用嫁接苗春季定植；梨选用金丰二号等早熟梨；桃树选择早蜜桃、肥桃、大仙桃等优质品种。

②整地：造林前 1 个季节进行，一般采用抽槽或大坑穴整地，穴槽规格为宽 100 厘米，长 120 厘米，深 80 厘米。在 16～25 度缓坡地带修筑反坡梯田，规格为：长 10～20 米，宽 2.0～3.0 米，深 0.8 米。

③造林密度：苹果株行距 3.0 米×3.0 米；梨 3.0 米×3.5 米；桃 2.5 米×3.0 米。

④抚育管理：定植成活后及时定干，主干高度 0.7 米左右。萌发后及时抹去整形高度以下的萌芽。未成活的植株及时进行补植。在冬季结合松土清园，施用有机肥与复合肥；春夏干旱季节应及时浇（灌）水，并追施饼肥。对苹果腐烂病采用斑状细匀刮皮法和红泥包括法防治；桃、梨食心虫采用氯氰菊酯 1 800～2 000 倍液进行防治。

(4) 模式成效

本模式的实施，使当地森林覆盖率显著增加，景观改善，土地资源得到充分利用，农村产业结构得到合理的调整。林业产业结构由单一的以木材生产为主的粗放型林业，向综合型集约化、高产优质效益型的林业转变。

(5) 适宜推广区域

本模式适宜在大洪山以北地区以及襄北等鄂北岗地地区推广。

第29章

长江中下游滨湖平原类型区(F2)

本类型区北起苏北灌溉总渠，南至宁波市，东濒东海，西至江汉平原的枝江市，是沿长江中下游河道分布的一个狭长地带。地理位置介于东经110°57′17″～121°46′12″，北纬27°31′12″～34°29′55″。包括湖北省的孝感市、潜江市、荆州市、宜昌市、黄冈市、咸宁市、武汉市、荆门市、鄂州市、省直辖的天门市、仙桃市，湖南省的岳阳市、常德市、益阳市，江西省的南昌市、宜春市、九江市、上饶市、景德镇市、鹰潭市、抚州市，安徽省的芜湖市、马鞍山市、安庆市、巢湖市、池州市、宣城市，江苏省的镇江市、泰州市、扬州市、南通市、苏州市、无锡市、常州市、盐城市、淮安市、南京市，上海市的黄浦区、卢湾区、徐汇区、长宁区、静安区、普陀区、闸北区、虹口区、杨浦区、奉贤县、南汇县、浦东新区、宝山区、金山区、闵行区、松江区、青浦区、嘉定区，浙江省的嘉兴市、宁波市、绍兴市、杭州市、湖州市等7个省（直辖市）60个市（区）的全部或部分，是我国南方最大的平原地区，总面积229 643平方千米。

本类型区以长江主河道为中轴，湖泊众多，北岸大部分是广阔的平原，南岸则以丘陵岗地为主，形成地貌上的明显不对称状态。自枝江以下有江汉平原、洞庭湖平原、鄱阳湖平原、皖中沿江平原和长江三角洲平原。平原地势开阔平坦，以三角洲平原地势最低，平均海拔在10米左右，其他平原海拔也在50米以下，在平原边缘的丘陵地带，海拔一般不超过200米。主要湖泊有鄱阳湖、洞庭湖、洪泽湖和太湖，水面广阔，水量丰盈，具有灌溉、航运、水产、调蓄等功能。湖周是平原，平原外为波状起伏的丘陵岗地，长江将各大湖泊串联，形成水网纵横、湖泊密布的“水乡泽国”的特有景观。

本类型区地处中亚热带向北亚热带的过渡地带，气候温和湿润，年平均气温为13.7～18℃，1月平均气温为0～5.5℃，极端最低气温－18～－4℃，7月平均气温为26.6～29℃，极端最高气温为39～40.9℃。无霜期205～276天。≥10℃年积温4 450～5 332℃。年降水量930～1 800毫米，多集中在4～7月，约占全年的60%～70%。年平均日照时数1 700～1 800小时，日照率低，约35%～40%。气候总的特点是：热量丰富，雨量充沛，温暖湿润，四季分明，生长期长。

本类型区平原地带的成土母质为河、湖、海沉积物，经长期耕后形成水稻土和旱作土，土壤肥沃；在沿海一带有部分盐土，经雨水淋溶和生化过程，逐步脱盐，形成轻盐土（含盐量1.0%～0.2%）和脱盐土（含盐量0.1%以下）；长江南岸的丘陵以红壤为主；北岸丘陵则以黄棕壤为主，但在湖北省蕲春县、黄梅县，安徽省宿松县、望江县等地，仍以红壤为多。海拔1 000米以上的庐山由砂岩、页岩、千枚岩构成，自下而上依次分布有红壤、黄壤和黄棕壤。

本类型区地带性植被兼有中亚热带常绿阔叶林和北亚热带落叶阔叶-常绿阔叶混交林的特点。北部以落叶阔叶树种占优势，向南逐渐向常绿阔叶林过渡。原生的天然植被大多已被破坏。人工栽植的树种在平原区主要有水杉、池杉、杨、柳、槐、香椿、榆、喜树、枫杨、泡桐、苦楝等，丘陵岗地主要是马尾松、湿地松和竹类。

本类型区的主要生态问题是：围湖造田问题突出，湖区面积大幅缩小，严重降低区内的湿地生态系统，加之上游地区泥沙大量淤积于湖区，湖泊的调蓄能力大幅降低，干旱、洪水威胁十分严重；林地面积小，受经济活动影响大，林分质量差；部分地区存在土壤沙化、水土流失等问题，农业生产受风害影响也较大。

本类型区林业生态建设与治理的主攻方向是：围绕当地生态安全的主要矛盾，在平垸还湖、恢复湿地生态系统的基础上，充分利用当地的水热资源，抓住农村产业结构调整的有利时机，加强林业生态建设，保护湿地生态系统，大力发展堤岸防护林、农田防护林，加强城市、著名风景区、道路、河流、村庄的绿化美化，积极发展用材林、经济林，推广滨湖平原区生态农林业复合经营技术，不断增强平原区的生态稳定性。

本类型区共划分为8个亚区，分别是：江汉平原亚区，洞庭湖滨湖平原亚区，鄱阳湖滨湖平原亚区，沿江平原亚区，江北冲积平原亚区，江苏沿江丘陵岗地亚区，长江滨海平原沙洲亚区，苏南、浙北水网平原亚区。

一、江汉平原亚区（F2-1）

江汉平原是两湖（洞庭湖、鄱阳湖）平原的一部分，大致范围是西自枝江市，北抵钟祥市，南与洞庭湖相连，东随长江延伸至黄梅县。包括湖北省武汉市的江岸区、江汉区、硚口区、汉阳区、武昌区、青山区、洪山区、东西湖区、汉南区、蔡甸区、江夏区、新洲区，孝感市的孝南区、汉川市、云梦县，荆州市的沙市区、荆州区、洪湖市、石首市、松滋市、监利县、公安县、江陵县，宜昌市的枝江市，黄冈市的黄州区、黄梅县、武穴市、团风县，黄石市的黄石港区、石灰窑区、下陆区、铁山区、阳新县、大冶市，咸宁市的咸安区、赤壁市、嘉鱼县，荆门市的沙洋县，鄂州市的鄂城区、梁子湖区、华容区，省直辖的天门市、仙桃市、潜江市等44个县（市、区）的全部，以及湖北省武汉市的黄陂区，孝感市的应城市，黄冈市的蕲春县、浠水县，荆门市的东宝区、钟祥市、京山县，宜昌市的当阳市等8个县（市、区）的部分区域，地理位置介于东经111°1′39″～115°57′10″，北纬29°34′33″～31°17′58″，面积55 344平方千米。

本亚区自西向东是一望无际的千里沃野，地势低平，自西北向东南微微倾斜，中部向洞庭湖敞开，东南沿江一带海拔最低仅35米左右。汉江由西北向东南至汉口注入长江，境内大、中、小湖泊1 000余个。热量丰富，年平均温度16.1～16.9℃，≥10℃年积温5 100～5 300℃，年降水量1 100～1 300毫米，水资源丰富，雨热同季，对农作物生长十分有利。

本亚区的主要生态问题是：湿地资源遭到一定程度的破坏；洪、涝、渍等灾害几乎连年发生；春季常有北方冷空气侵入并长期滞留，对农作物生长造成一定危害；长江、汉水两岸堤防受洪水威胁较大。

本亚区林业生态建设与治理的对策是：在发展生态农业和合理利用湿地的基础上，依据适地适树、生态效益和经济效益兼顾的原则，在广大农区、湖区大力恢复森林植被，提高农田、湿地、湖垸等生态系统的相对稳定性；在江河沿岸建设堤岸防护林，防浪固堤。

本亚区共收录6个典型模式，分别是：汉江堤岸防浪林建设模式，荆江堤岸风浪淘刷生物综合防治模式，荆江滩涂生态型工业原料林建设模式，洪湖湿地周边林草禽生态型建设开发模式，洪湖水产养殖区林、牧、渔综合发展模式，武汉市低产湖田林农立体治理开发模式。

【模式 F2-1-1】 汉江堤岸防浪林建设模式

（1）立地条件特征

模式区位于汉江中下游段潜江市，汉江河道在此弯曲狭窄，回旋往复，且由于沿途汇入众多河流，江水流量大，河水较深，江水对堤岸的冲击力较大，在洪水季节，江面上风大浪急，对堤岸形成强大的冲击力，经常发生崩塌现象。

（2）治理技术思路

"栽树在河岸，防洪保堤岸""沿岸多插柳，堤岸自然久"。事实证明，营造防浪林是保护堤岸的最基本措施。据此，选择耐水湿、耐水淹且生根发达、固土能力强的树种，进行合理布局、科学栽植，成林后，能够有效地防止水力对堤岸的冲击。

（3）技术要点及配套措施

①整体布局：根据历年来江汉中下游汛期河水对沿岸的冲击情况，防浪林营造在堤脚线以外25～35米的范围内，栽植行数为8～20排。

②树种选择：在临水面选用耐水湿、生长快、萌发能力强、树冠大、根系发达的旱柳为主，背水面则选用防冲刷、固泥沙、护堤岸、生长迅速且耐水湿的水杉、池杉、枫杨等。

③造林技术：旱柳和枫杨苗一般选择健壮通直无病虫害的大树枝条做成苗桩，采用直接插干或挖坑栽培方法造林；水杉、池杉则选用1～2年实生苗或扦插苗，采用挖坑植树造林方式，梅花形配置，株行距2.5米×3.0米，树行方向与流水方向一致。

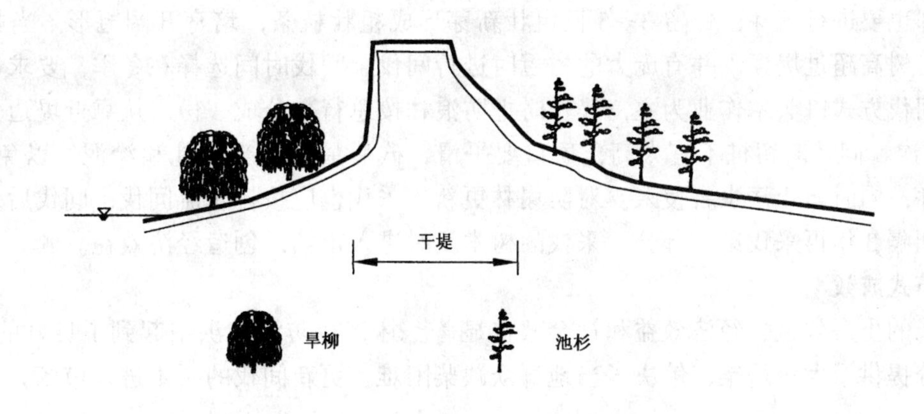

图 F2-1-1 汉江堤岸防浪林建设模式图

（4）模式成效

江汉防浪林建成后，发挥了显著的防护效益。据多年观测，当防浪林外风力达到4～5级，林内风力只有一级；林外浪高0.3米，林内浪高只有0.1米；林外水流速度0.5米/秒，林内一般为0.1米/秒，基本接近静水状态。钟祥县旧口镇潘家湾3 000米长的堤段，营造防护林以前，当水位达到40～45米时，每遇一次大风，堤身就要冲刷0.3～0.5米的浪坎，直接威胁大堤的安全；营造了防浪林后，有效地控制了汛期风浪的冲刷，从而保护了堤身，巩固了堤防。

（5）适宜推广区域

本模式适宜在长江汉口以下条件类似长江堤段推广。

【模式 F2-1-2】　荆江堤岸风浪淘刷生物综合防治模式

(1) 立地条件特征

模式区位于石首市沿江地带，此处江堤称荆江大堤。“万里长江，险在荆江”，长江在此九曲回转，波浪循环往复拍打堤岸，尤其在洪水季节，堤防常发生崩塌。

(2) 治理技术思路

“堤边多栽树，堤岸更坚固”“水中栽植几排柳，抗风减浪堤无忧”。这是当地群众从多年防汛抗洪中得出的结论，也是符合客观现实的。为此，在充分研究江岸水力冲蚀规律的基础上，选用适宜的造林树种，进行合理配置、科学栽植，通过生物措施来保护堤岸是对水利工程的重要补充，也是改善长江大堤生态环境的重要措施。

(3) 技术要点及配套措施

①造林措施：由于大堤内外生态条件的差异和防护林所起作用的不同，造林时宜选取不同的树种和配置方式。一般来说，对堤外缓坡、长坡堤段，选择耐水湿、生长快、根系发达的旱柳、枫杨、意杨等速生树种，栽植 10～20 排，形成 30～40 米宽的防浪、防塌林带；堤外陡坡、短坡堤段，由于江水直接冲击堤岸，选择固土能力强、耐水湿、生长快的旱柳、枫杨等树种，栽植 5～10 排防塌林，林下种草皮，起固土保堤的作用。堤内一般均为缓坡、长坡，栽种 30 排以上耐水湿的水杉、池杉，形成 40～50 米宽的护堤林带。

②抚育管理：防浪林栽植成活后，应及时抹芽定型，即把顶部 30～40 厘米以下的侧芽全部抹去，上部也要进行疏芽，保留 3～5 根粗壮新芽形成粗壮枝条，培育开阔冠形。当林木进入生长旺盛期，树高超过堤顶，并有庞大的树冠时进行间伐，间伐时间选择在冬季，要求每隔 3 年间伐 1 次，间伐方式以头木作业为主，操作时把防浪林按总行数分成 3 份，从靠近堤边先砍，依次 3 年轮伐 1 次，间伐时留桩不宜太高，砍口要平滑，砍后最好适当包扎和涂泥，以免砍口干枯，不利于萌芽，同时防止病虫害侵入。对防塌林更新、采伐也应按排轮流间伐，间伐后及时更新栽植，一般间隔 3 年再采伐第二部分，采伐的树木及时进入市场，创造经济效益。

(4) 模式成效

本模式的生态效益、经济效益和社会效益显著。林带在防汛抗洪中起到了良好的保障作用，其柯枝部分提供了大量薪柴，解决了当地群众缺柴困难。更新间伐的树木进入市场，获得了一定的经济收入。

(5) 适宜推广区域

本模式适宜在江河堤岸推广应用。

【模式 F2-1-3】　荆江滩涂生态型工业原料林建设模式

(1) 立地条件特征

模式区位于荆江河段石首市长江外滩地。由于江水改道，在两岸形成滩涂地，尤其在公安县、石首市、监利县等地较为集中。滩涂地属沉积沙地，土壤组成中含有一定的泥土，湿润状态下，手捏能成团，具有耕作属性。但种植农作物易干易涝，风险大。

(2) 治理技术思路

针对沿江滩涂地的立地特点，选择适生意杨作为目的树种，通过合理布局，科学栽植与管理，建立滩涂地生态型工业原料林基地，达到调整产业结构，抵御自然灾害，合理利用土地资源和增加当地经济收入的目的。

（3）技术要点及配套措施

①育苗：春季育苗，扦插前苗床施足底肥。选用耐水湿意杨良种枝条，截成长20厘米左右的插穗，用ABT生根粉或911生根素处理后，按株距10厘米、行距20厘米插入苗床上，覆盖稻草浇透水，生长期内定期除草。翌年春季用利刀距地面5厘米左右截干，截干苗用于造林，苗根保留在苗床上萌发新苗。

②造林：林带方向与江水流向平行，穴状整地。造林密度视立地条件而定。土地稍肥沃的地段株行距3.0米×4.0米，10年左右砍伐利用；土质条件稍差地段宜用4.0米×4.0米株行距，12～15年砍伐利用。

③配套措施：造林后在林下种植豆科绿肥植物，并在植物枝叶鲜嫩时，翻耕入土，以改良土壤肥力，促进林木生长。意杨纯林易遭受病虫害的危害，注意及时防治。

（4）模式成效

监利县和石首市营造的短周期工业原料林，不仅改善了当地的生态环境，稳定了河道，还为大型人造板厂提供了大量木质原料，生态效益和经济效益可观。

（5）适宜推广区域

本模式适宜在长江中下游及南方各地类似区域推广应用。

【模式F2-1-4】 洪湖湿地周边林草禽生态型建设开发模式

（1）立地条件特征

模式区位于湖北省洪湖市境内。属水网湖区，有大面积的沙滩地，土壤主要为沉积沙土，比较贫瘠，易旱易涝，常被弃耕。

（2）治理技术思路

从生态学的基本原理出发，利用水网湖区大面积沙滩地及低产田的资源条件，林下种草，草地放禽养畜，畜禽粪便促进林草生长，形成林、草、禽互惠共生的复合生态系统。在改善当地生态环境的同时，增加群众的经济收入。

（3）技术要点及配套措施

①林草栽培：造林树种选择意杨和池杉，株行距以2.0米×3.0米为宜。意杨选用1年生截

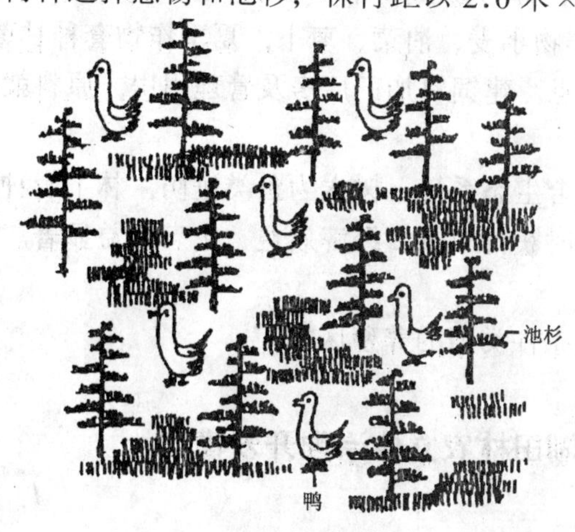

图F2-1-4 洪湖湿地周边林草禽生态型建设开发模式图

干苗打孔栽植，池杉则选用2年生扦插苗。3～5年内林下套种花生、大豆等农作物，5年后停止套种，选用耐阴性的黑麦草、三叶草、苜蓿等于早春撒播种植，播种后封禁2～3个月。

②禽畜管理：待草类进入旺盛生长阶段（大致在5月中下旬），开始放养禽畜。为便于管理，需在林内设置一定的养殖设施和修建管理人员住处。如搭鸭棚，在夜间或恶劣天气发生时，将鸭群集中到棚内，避免受害。

③配套措施：加强禽畜防疫工作。

(4) 模式成效

饲养喜水性家禽是发挥湖区优势的措施之一，过去是一家一户饲养，不仅数量少，而且难以管理，林、草、禽复合经营，不仅为家禽提供了良好的生活环境和足够的饲料，而且由于鸭、鹅生长快，一般在一个生长期内（4～9个月）便可出笼出售，经济效益可观。

(5) 适宜推广区域

本模式适宜在长江中下游水网湖区推广。

【模式 F2-1-5】　洪湖水产养殖区林、牧、渔综合发展模式

(1) 立地条件特征

模式区位于江汉平原水网湖区的洪湖市境内的人工养殖区，人多地少，森林资源匮乏，植被覆盖率低，农区自然景观单调，农业综合效益不高。

(2) 治理技术思路

从生态经济学的基本原理出发，充分利用当地丰富的光、热、水资源，通过调整产业结构，开展多种经营，建立立体高效的林、牧、渔复合生态系统，以改善当地的环境条件，发展农村经济。

(3) 技术要点及配套措施

①总体布局：选择洪湖周边适宜区域，按要求开挖整齐一致的鱼池群，池间通过堤埂相隔。堤埂宽度一般为3.0～5.0米，大的8.0～10米。堤埂上植树，林下种植饲料作物。池面上建高架式猪圈，以甘薯作饲料养猪，猪的粪便向池内排放，可供鱼类作饲料，一举多得。

②造林：由于地下水位较高，宜选择池杉、意杨为造林树种，按堤埂宽度不同，栽植3～5排。意杨用1年生截干大苗造林，株行距3.0米×4.0米；池杉则采用2年生扦插苗，株行距3.0米×3.0米。林下套种冬季作物小麦、油菜、萝卜，夏季作物套种甘薯。

③配套措施：为管理方便起见，建饲料加工厂房及管理用房，原料就地取用。

(4) 模式成效

本模式是一个良性循环的复合生态系统，树木为鱼类遮荫，林下套种饲料喂猪，猪的粪便作鱼类饲料，到冬季林、牧、渔同时获得丰收，经济效益、生态效益显著。

(5) 适宜推广区域

本模式适宜在南方水网地区条件类似的养殖区推广。

【模式 F2-1-6】　武汉市低产湖田林农立体治理开发模式

(1) 立地条件特征

模式区位于武汉市新洲区林业科学研究所。属平原水网湖区，地面平坦，土地主要用来种植水稻，单一种植，收成较低。

(2) 治理技术思路

充分发挥当地水资源丰富的优势条件，以水稻种植作为湖区生产的主导产业，同时利用池杉能够在水中生长的生物生态学特性，将池杉栽植于稻田中，充分利用空间，林农相长，互相促进。在水稻生长的3个月内，稻田内可养鱼放鸭，形成农、林、禽、渔共生互利、稳定的立体生态系统。

(3) 技术要点及配套措施

①造林及插秧：池杉在稻田灌水前栽植，宜采用8.0米×8.0米的大株行距，以减少对水稻的遮荫。使用耕牛、犁耙整田时，一定要注意保护树木，以防耕牛摇曳树干。水稻插秧后施化肥，适当增加施肥量，以保证禾苗和林木生长的需要。

②养鱼放鸭：选择生长快的白鲢每亩放养500尾，尽量选用长约10厘米以上的大鱼苗；鸭群按100只/亩放养。幼鸭和大鱼苗可以共生，不会出现鸭吃鱼的现象。鱼鸭觅食水生杂草，同时鸭子排粪，可为水环境提供营养物质，有利于林、农生长。

③配套措施：放养鱼类的水域要兼有深水区和浅水区，水稻田一般较为平整，为了给鱼类创造适宜的环境，在水稻田里挖边沟和中沟，沟深0.5～0.8米，夏季水温过高时，鱼类可在深水区休闲。水稻收割期间，鱼类在深水区生活，水稻收割后，再灌水供鱼类生长至冬季。

(4) 模式成效

利用生物共生互惠的原理，建立成农、林、禽、渔良性循环的稳定的立体生态体系，既充分利用了空间，又改善了生态环境，同时增加了经济收入，一举多得，前景可观。

(5) 适宜推广区域

本模式适宜在长江中下游水网湖区内推广。

二、洞庭湖滨湖平原亚区（F2-2）

本亚区位于长江中游以南、湖南省北部，是长江（指城陵矶、调弦口、太平口、松滋口、藕池口）、湘江、资江、沅水、澧水尾闾冲积平原，包括湖南省岳阳市的岳阳楼区、君山区、云溪区、岳阳县、临湘市、湘阴县、华容县，益阳市的沅江市、南县，常德市的武陵区、鼎城区、汉寿县、安乡县、津市市、澧县、临澧县，益阳市的赫山区、资阳区等18个县（市、区）的全部，地理位置介于东经110°57′17″～118°59′16″，北纬28°19′3″～33°19′39″，面积23 931平方千米。

本亚区地貌为山地、丘陵、平原、湖泊呈环带状组合形成的碟形盆地结构。洞庭湖滨湖平原镶嵌在湖南省凹状地貌轮廓的朝北低落的“缺口”部分，洞庭湖适居其中，容纳四水，吞吐长江，形成向心状水系，属于河湖交汇、蓄泄兼行的“水口”地段。年平均入湖径流量为3 018亿立方米。区内有3 471千米一级防洪大堤，其中长江防洪大堤340千米。区内铁路、公路、水路交通方便，是湖南省的北大门。

本亚区是北方冷空气频繁入境的“风口”所在，冬季冷空气长驱直入，春夏冷暖气流交替频繁，夏秋晴热少雨，秋寒偏旱。年平均气温16.5～17℃，1月平均气温3.8～4.7℃，7月平均气温29℃左右，无霜期258～275天，年降水量1 250～1 450毫米。整个湖区平原广阔，土壤肥沃，气候适宜，雨量充沛，物富人丰，素称“鱼米之乡”，是全国重要的商品粮基地之一。

本亚区的主要生态问题是：洪涝灾害严重；荒滩、荒坡面积大，土地利用率低；现有森林生态系统的林种、树种、林龄结构不合理，农田防护林网老化问题突出。

本亚区林业生态建设与治理的对策是：加大荒山植树和现有低效防护林改造力度，提高森林质量和森林生态系统的稳定性；加大林业措施防治血吸虫病的力度，逐步增加湖区森林面积，改善湖区生态环境。

本亚区收录 1 个典型模式：洞庭湖湖洲滩区血吸虫病源林业防治模式。

【模式 F2-2-1】　洞庭湖湖洲滩区血吸虫病源林业防治模式

(1) 立地条件特征

模式区位于湖南省沅江市洞庭湖畔的湖洲滩地。土壤深厚、肥沃，有季节性淹水，芦苇、杂草丛生，是血吸虫寄主——钉螺的滋生地。

(2) 治理技术思路

洞庭湖洲滩由于季节性淹水，种植农作物难以保收，又易滋生血吸虫。通过杨树防护林带建设，改变地面植被结构，破坏血吸虫原生环境，减轻其危害；同时可降低和抵御波浪对大堤的冲击。其木材还可作为工业原料。

(3) 技术要点及配套措施

①树种选择：选择耐水淹、速生的黑杨系列树种。林内配置柳树、三蕊柳等作为下层防浪林。

②整地：秋末冬初，芦苇、杂草枯萎后，砍倒杂草，在低洼处开沟排水，沟宽 30～50 厘米，深度以能排干积水为度，沟距为 10 米。

③造林：大苗造林，一般要求高 5.0 米以上。密度一般在 33～50 株/亩，种植时一定要踏实表土，有条件的地方可以用木棍支撑。

④抚育管理：由于造林苗木高，不需要定期抚育，只需补植、扶正、培土，2～3 年后修枝 1 次。采伐时隔行、隔株进行，以保证其防浪作用。

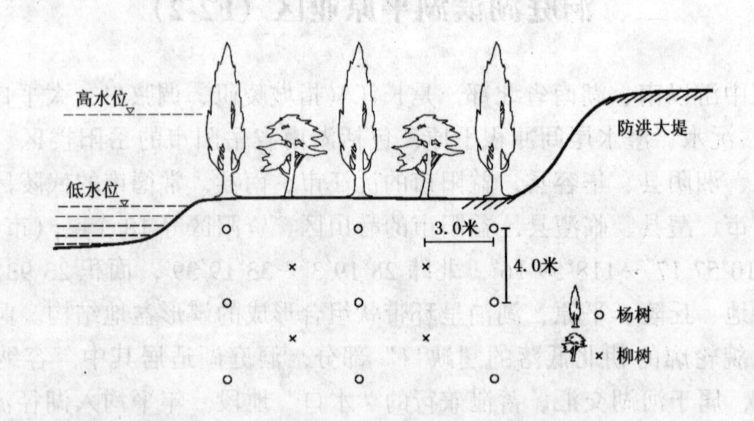

图 F2-2-1　洞庭湖湖洲滩区血吸虫病源林业防治模式图

(4) 模式成效

本模式具有良好的生态和经济效益。治理当年，血吸虫的中间寄主钉螺减少 30% 以上，木材每亩年增长 1 立方米左右。

(5) 适宜推广区域

本模式适宜在湖南省洞庭湖区周边县市及湖洲滩地推广应用。

三、鄱阳湖滨湖平原亚区（F2-3）

本亚区地处长江南岸鄱阳湖及其周边地区。包括江西省南昌市的东湖区、西湖区、青云谱区、湾里区、郊区、南昌县、新建县、进贤县、安义县，宜春市的高安市、丰城市、樟树市，九江市的浔阳区、庐山区、永修县、德安县、九江县、瑞昌市、湖口县、彭泽县、都昌县、星子县，上饶市的波阳县、余干县、万年县，景德镇市的珠山区、昌江区、乐平市，鹰潭市的月湖区、余江县，抚州市的临川区、东乡县等32个县（市、区）的全部，地理位置介于东经114°48′54″～117°19′51″，北纬27°31′12″～30°7′31″，面积40 048平方千米。

本亚区地貌以丘陵、岗地、平原为主。地势整体特征是西北高、东南低平，中部是滨湖平原。属亚热带季风区，气候温暖、雨量充沛、光照充足、四季分明。土壤类型有红壤、湖洲草甸土和水稻土，其中红壤占本亚区山地面积的70%以上，土层深厚、质地黏、肥力差，呈酸性反应。丘岗地植被以马尾松林为主，还有呈块状分布的人工杉木、湿地松林和阔叶林。

本亚区的主要生态问题是：森林资源破坏严重，覆盖率低，木材和薪材奇缺，生态系统脆弱；土地沙化、地力退化严重，风害普遍，石灰岩山地有水土流失现象。

本亚区林业生态建设与治理的对策是：大力营造农田防护林，防止滨湖平原农田区风害的侵袭；加强植树种草等生物措施，以控制土地沙化，进行土地改良；营造以香椿、棕榈、杉木、杜仲、马尾松为主的针阔混交林或阔叶混交林，遏制江南岸沿线石灰岩区的水土流失。

本亚区共收录3个典型模式，分别是：鄱阳湖滨沙化土地综合治理模式，鄱阳湖滨农田防护林建设模式，鄱阳湖滨石灰岩山地水土流失治理模式。

【模式 F2-3-1】　鄱阳湖滨沙化土地综合治理模式

（1）立地条件特征

模式区位于江西省南昌县冈上乡兴农村。地处鄱阳湖湖畔，地貌以低丘、平原为主，海拔一般为30～50米。以沙土为主，土地瘠薄，治理前当地沙化土地零星分散，分布广泛，风沙危害严重，自然灾害频繁，生态环境恶化，严重制约农业生产和当地经济的发展。

（2）治理技术思路

通过人工造林、封沙育林（草）等措施，提高林草覆盖率，控制沙化蔓延，减少风沙危害，以改善当地的生态环境，实现农村经济的可持续发展。

（3）技术要点及配套措施

①整体布局：流动沙丘区，先种植草本蔓荆子、百喜草及灌木胡枝子，2～3年后，沙丘处于半固定或固定状态，再营造湿地松、刺槐、桑树等树种，形成针阔混交林；半固定沙丘区直接营造湿地松、刺槐等乔木。

②造林：苗木选用Ⅱ级以上壮苗，适当密植。针叶树种每亩240株（2.0米×1.4米）左右，阔叶树种每亩200株（2.0米×1.7米）左右，灌木树种每亩670株（1.0米×1.0米）左右。1～3月间的阴雨天气栽植，苗木必须用黄泥浆蘸根，并适当深栽。造林后全面封育，一般不进行抚育作业。

③配套措施：栽植后适当覆盖稻草或其他覆盖物，以提高造林成效。一般一次性造林难以达到固沙效果，需在造林后1～2年内进行补植。

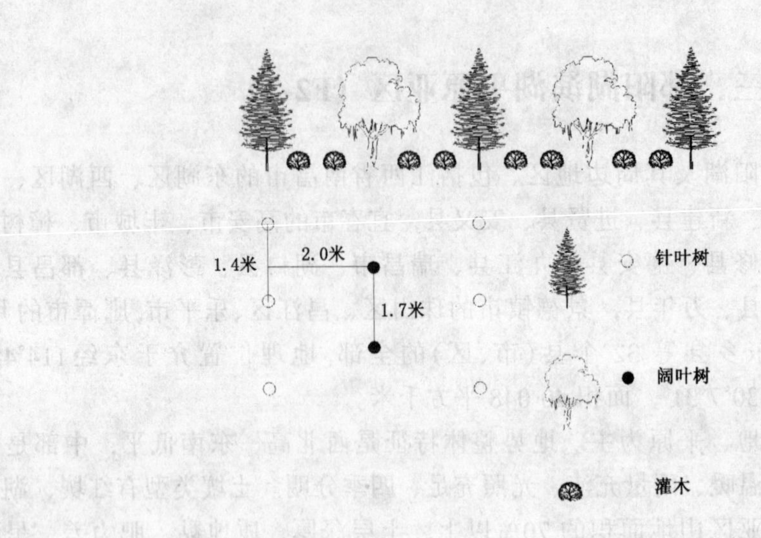

图 F2-3-1　鄱阳湖滨沙化土地综合治理模式图

(4) 模式成效

本模式技术先进，操作方便，投入小，见效快。模式所在地通过16年坚持不懈地治理开发，取得了明显的生态、经济、社会效益，流动、半流动沙丘全部得以固定，森林覆盖率提高20%以上；粮食总产量由1982年的270万千克增加到1996年的650万千克，畜禽由7 253头（羽）发展到21万头（羽），农民人均年纯收入由89.54元提高到1 680元。

(5) 适宜推广区域

本模式适宜在长江中下游南岸湖滨平原区风沙化危害严重的地区推广。

【模式 F2-3-2】　鄱阳湖滨农田防护林建设模式

(1) 立地条件特征

模式区位于江西省高安市兰坊乡上杭村。典型湖滨平原，地势低平开阔，农用地占土地总面积的90%以上，以水稻土为主。风灾、水灾、干旱和病虫害时有发生，严重影响着农业生产和人民生活。

(2) 治理技术思路

以路、渠、田埂为对象，因地制宜，选择水杉、意杨、椪柑等树种，进行合理配置，形成农田林网，以减缓风速，改善农田区小气候，增加生物多样性。充分发挥林网的蓄水保土、防风减灾功能，实现农业生产的高产、稳产，改善居民生活环境。

(3) 技术要点及配套措施

①整体布局：在大面积农田区域内以平均200～300亩为一个林网格，修建和完善路、渠设施，形成以机耕道、渠道为干线，田埂为支线的四通八达的交通网络，然后，林随路走，林随渠走，营造农田防护林网，形成“田成方，林成网”的结构布局。

②造林：路、渠旁隙地上种植用材树种水杉、池杉；田埂上种椪柑、椪柑与水杉（或池杉）带状混交，混交比为1:4，每亩造林控制在22～26株，株行距为2.0米×2.0米。穴状整地，椪柑栽植穴规格为40厘米×40厘米×40厘米，每穴施10千克农家肥作基肥；水杉（池杉）栽植穴规格为30厘米×30厘米×40厘米。

③抚育管理：经济林抚育以锄草、松土、施肥为主，每年1～2次；用材林一般不抚育。

④配套措施：由林业部门负责技术指导、乡政府组织劳力进行栽植，造林成活后按田地归属

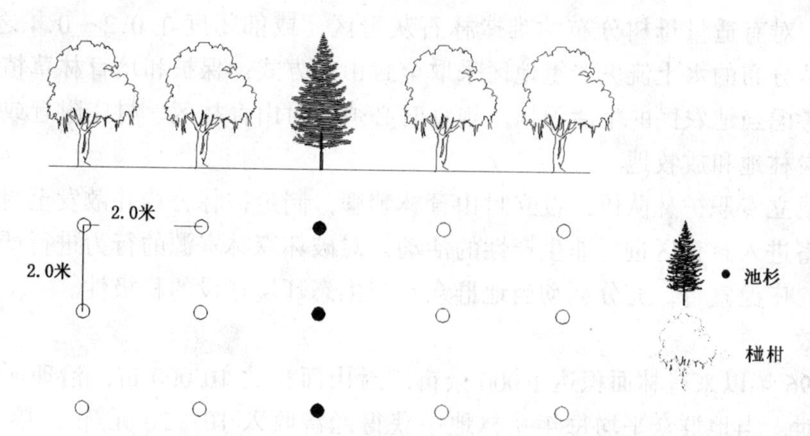

图 F2-3-2 鄱阳湖滨农田防护林建设模式图

划分，将全部林木落实到农户管理，实行责、权、利相统一；加强治理区周围的造林绿化，从更大范围进行环境治理。

(4) 模式成效

本模式兼顾防护效益和经济效益，深受当地群众的喜欢。从 1990～1993 年，累计种植水杉 14.56 万株、椪柑 3.64 万株，林网控制面积达 1 380 亩。目前水杉的平均胸径达到 16～18 厘米，椪柑单株产量达 15 千克。大风、干旱等自然灾害明显减少，粮食产量有较大提高。一些以往难得觅见的益鸟，如燕子、啄木鸟又随处可见，有效地遏制了虫害的发生，生态环境得到了改善。

(5) 适宜推广区域

本模式适宜在长江中下游湖滨有 500 亩以上集中连片的农田、平原区域推广。

【模式 F2-3-3】 鄱阳湖滨石灰岩山地水土流失治理模式

(1) 立地条件特征

模式区位于江西省瑞昌市花园乡。成土母岩主要是石灰岩，土壤以红壤为主，pH 值 7～9，呈微碱性。山地裸露的石灰岩较多，约占总面积的 20%～60%，土层瘠薄，植被结构简单，森林覆盖率低，水土流失严重。

(2) 治理技术思路

根据石灰岩山地的生态特点，在保护好现有植被的基础上，人工造林与封山育林相结合，扩大森林植被面积，控制水土流失，提高人民生活水平。

(3) 技术要点及配套措施

①人工造林：在石灰岩地区，依据适地适树的原则和当地的具体情况，选择香椿、杜仲、板栗为主要造林树种，柏木、枫香等为预选树种，开展人工造林。株行距为 2.0 米×2.0 米或 2.0 米×1.5 米。以穴垦整地为主，严禁炼山，注重保护和培育天然阔叶树幼树。主要树种的造林配置模型见表 F2-3-3。

表 F2-3-3 石灰岩山地主要树种造林配置模型

配置模型	坡度(度)	树种比例	苗木等级	初植密度(株/公顷)	株行距(米)	整地方式	整地规格(厘米)	抚育方式	抚育年次	造林时间
1	<25	5椿5杜 5椿5栗	Ⅰ>85% Ⅱ<15%	2500	2.0×2.0 2.0×1.5	穴垦	40×40×30	穴抚	2-2-1	1～3月
2	>25	5柏5枫 5柏5栗	Ⅰ>70% Ⅱ<30%	2500	2.0×2.0 2.0×1.5	穴垦	40×40×30	穴抚	2-2-1	1～3月

②封山育林：对有适量母树分布的难造林石灰岩区，或郁闭度在0.2～0.4之间的残次林、低效林地或有灌丛分布的水土流失严重地区采取全封山的方式，保护和培育林草植被，以减轻或控制水土流失。考虑当地农民的生活习惯，规划时必须在封山育林区、村庄附近或人为活动频繁区，单独划出薪炭林地和放牧地。

封山育林要成立专职护林队伍，设立封山育林禁牌，制定护林公约并散发至封山区的每家农户。严禁任何人畜进入封育区进行非生产性的活动，对破坏森林资源的行为进行严厉惩罚。

③配套措施：广泛宣传，充分调动当地群众参与生态环境建设的积极性。

(4) 模式成效

模式区从1996年以来造林面积达1 000余亩，封山面积达10 000亩，治理区的水土流失基本得到控制。同时，当地群众平均每年从林地中获得经济收入10～20元/亩，粮食平均增产30～40千克/亩，生态环境得到较大的改善。

(5) 适宜推广区域

本模式适宜在南方湖滨丘陵岗地石灰岩分布集中、水土流失严重的地区推广。

四、沿江平原亚区（F2-4）

本亚区西出湖北省黄梅县，东至江苏省通州市、启东市，沿长江河道呈狭长带状分布。包括安徽省芜湖市的镜湖区、马塘区、新芜区、鸠江区、繁昌县，马鞍山市的雨山区、金家庄区、花山区、向山区、当涂县，安庆市的迎江区、大观区、郊区、枞阳县，怀宁县、望江县、宿松县，巢湖市的无为县，铜陵市的铜官山区、狮子山区、郊区、铜陵县；江苏省镇江市的扬中市，泰州市的海陵区、高港区、泰兴市、靖江市，扬州市的广陵区、邗江区、郊区，南通市的崇川区、港闸区、通州市、海门市、启东市、如皋市、如东县等37个县（市、区）的全部，以及安徽省巢湖市的和县、含山县，池州市的贵池区、东至县，芜湖市的南陵县、芜湖县，安庆市的桐城市、潜山县、太湖县，宣城市的宣州区、郎溪县；江苏省扬州市的江都市、仪征市，镇江市的丹徒县、京口区、润州区，苏州市的张家港市、常熟市、太仓市，常州市的武进市，无锡市的江阴市等21个县（市、区）的部分区域，地理位置介于东经115°40′50″～121°44′56″，北纬29°55′1″～32°49′48″，面积37 198平方千米。

本亚区地貌以湖积平原为主，丘陵起伏，岗冲相间，湖泊密布，沙洲众多，河流纵横。地处于北亚热带中部，气候温和湿润，年平均气温14.8～16.6℃，无霜期220～230天，年降水量1 050～1 323毫米。强弱多变的冷暖气流交替频繁，春季容易形成倒春寒，夏季常发生伏旱、秋涝、台风等危害。

土壤可分3种类型：高沙土地区多属灰潮土类，沙性大，持水力弱，易漏水漏肥，水土流失严重，有机质含量较低，pH值大多在7.0以上，局部地区为弱酸性土壤；沿江两侧或沿江平原属淤泥土，土壤较黏，pH值为中性至弱碱性，肥力一般较好；东部沿海属滨海次生盐渍土类型，土质为沙壤及中壤，由于多年的淋洗及改良，基本脱盐，pH值一般在7.1以下，土壤肥力较好。

本亚区的主要生态问题是：人口稠密，原地带性森林植被已经被破坏，现有人工林或天然次生林林种单一，林相破碎，结构布局不合理；风害、水旱灾害频繁，水土流失导致土地退化；防护林网老化，防护功能降低；沿江堤岸冲刷严重，沿江洲滩地是血吸虫寄主钉螺的滋生地。

本亚区林业生态建设与治理的对策是：以江河堤岸为主，植树与种草相结合，营造防护林和水土保持林；以窄林带（1～2行）小网格（120～750亩）为主，因地制宜地建设和完善农田林网；积极利用江滩，营造防浪林；大力发展村庄及四旁隙地绿化，积极鼓励个人植树；根据当地的传统习惯，大力发展有基础的林业产业，例如银杏、淡竹、杞柳等经济林木，把防浪固堤、保持水土、农田防护、环境保护、四旁绿化、城乡工矿美化有机结合起来，发展综合高效的沿江平原绿化防护体系。

本亚区收录 1 个典型模式：沿江洲滩多品系混合杨树护岸林建设模式。

【模式 F2-4-1】 沿江洲滩多品系混合杨树护岸林建设模式

（1）立地条件特征

模式区位于安徽省芜湖市沿江洲滩。土壤为冲积土，因部位不同分清水沙、沙土、壤土；土壤肥力不等，水缓区有淤泥存积。地下水位高，多雨季节易受水淹，局部地段长期积水。

（2）治理技术思路

长期以来，杨树护岸林均为单一无性系。一旦发生毁灭性病虫害，其危险系数极高。采用杨树多品系造林，利用各品系不同的生物学特性，扬长避短，相互促进，提高防护效果，减少病虫害，促进林分生长。

（3）技术要点及配套措施

①品种选择：主栽品种选择生长量大、抗性强、材性优良的欧美杨新无性系，如中林 490、中林 487、中林 715、中林 789 等。多系混合造林应选择高生长差别不大的 10～20 个无性系，雄株比例应大于 20%，单株混栽效果最好。

②整地：根据土壤等具体条件决定整地规格。在长江洲滩，整地规格应适当小一些，60 厘米×60 厘米×60 厘米即可，以利于抵抗洪水的冲击。在土壤黏重的地方，规格可以 1.0 米×1.0 米×1.0 米。为增加防浪效果，采用三角形配置。

③造林：考虑到经常要受到水淹，杨树多系混合造林苗木全部用健壮的 1 年生Ⅰ级苗（苗高 4.0 米，地径 3.5 厘米）或 1 根 1 干苗。造林一般在春季进行。造林前苗木要泡水 2～3 天。有条件的地方可施基肥。造林密度根据立地条件和培养目标而定。考虑到防浪效果，密度不宜太小，一般为 5.0 米×6.0 米左右。

④抚育管理：连续抚育 3 年以上，抚育管理尽量避免大面积破坏表土，以穴内松土锄草为主。在地势比较高的地方，可以栽一些耐水的灌木，同时施追肥。提倡林下间种，以耕代抚。加强杨树整枝、修剪、防治病虫害。

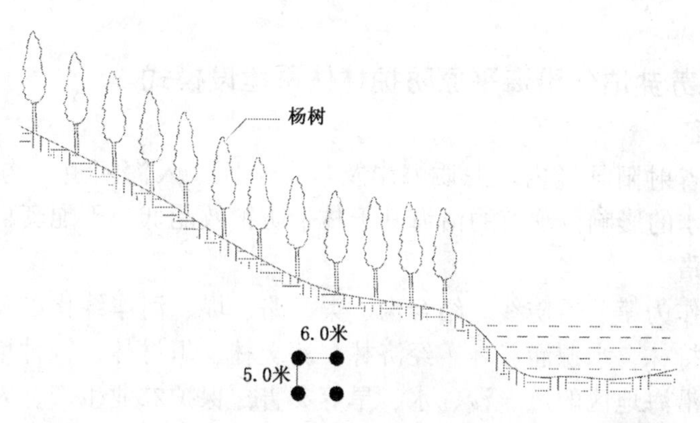

图 F2-4-1 沿江洲滩多品系混合杨树护岸林建设模式图

(4) **模式成效**

欧美杨南方型无性系混合护岸林具有防浪效果好、林分稳定、生长量大、抗性强、材性优良、技术简单、减少病虫害发生、为今后提供新的优良无性系、经济效益显著等特点。由于生长迅速，林分稳定，护堤防浪效果较单系造林提高。据观测，栽5～10排防浪林，林外风力4级，林内减为1级；林外浪高0.3米，林内0.1米；林外流速0.5米/秒，林内为0.1～0.2米/秒。汛期护岸林使水流受阻，泥沙落淤，起到稳定堤脚和固岸的作用。

(5) **适宜推广区域**

本模式适宜在江河两岸洲滩、河道及湖泊周边推广。

五、江北冲积平原亚区（F2-5）

本亚区位于苏北灌溉总渠以南，江苏省海门市、启东市以北，东至海滨。包括江苏省盐城市的城区、射阳县、大丰市、东台市、盐都县、阜宁县、建湖县，南通市的海安县，泰州市的兴化市、姜堰市，扬州市的宝应县，淮安市的洪泽县等12个县（市、区）的全部，以及江苏省扬州市的江都市、高邮市，盐城市的滨海县，淮安市的金湖县等4个县（市）的部分区域，地理位置介于东经118°6′45″～120°43′12″，北纬32°26′46″～34°29′55″，面积23 613平方千米。

北亚热带湿润季风气候，四季分明，雨量充沛，日照充足。年平均气温13.7～14.9℃，无霜期210～220天，年降水量900～1 100毫米，年平均相对湿度77%。土壤母质以淮河冲积物黏黄土、黄泛沉积物黄潮土和滨海盐渍土为主。

本亚区为富庶的农区，但在历史上是湿地沼泽区。在人为因素的影响下，区内原生植被基本为人工栽培植被所代替，仅存少量原生灌草植被；主要农作物为水稻、小麦、油菜等；主要造林树种有杨树、水杉、池杉、柳树、刺槐、泡桐等。

本亚区的主要生态问题是：过境客水多，地势低洼，洪涝灾害严重，尤其以渍害为甚。沿海地区易受台风危害，局部盐渍化、干旱严重。

本亚区林业生态建设与治理的对策是：针对当地农业生产高度密集的情况，因地制宜，因害设防，扬长避短，农林结合，建设多屏障、多层次、多功能的综合防护林体系。以带为主，构成林业生态工程骨架；以网为辅，布成林业生态工程网络；以片林为核心，建成林业生态工程基地。

本亚区收录1个典型模式：江苏盐渍化沿海平原防护林体系建设模式。

【模式F2-5-1】　江苏盐渍化沿海平原防护林体系建设模式

(1) **立地条件特征**

模式区位于江苏省射阳县境内。泥质海岸及盐土平原，入海河道、沟渠众多，泥沙淤积严重。由于受含盐地下水的影响，现有的沿海基干林带防护效能低，不配套，防护体系不完善。

(2) **治理技术思路**

以沿海基干林带作为第一道防线，结合沟、渠、路、堤、河岸绿化以及农田林网建设，形成带网片结合，水土保持林、水源涵养林、经济林、薪炭林、用材林、特种用途林等合理布局的综合防护林体系，防止沿海地区的风、沙、水、旱等灾害，保护农业生产、人民生命财产及海堤安全，促进盐渍土改良，改善沿海地区的生态环境。

(3) **技术要点及配套措施**

①总体布局：

老海堤：土壤含盐量低，首先在堤上及其两侧营造宽30米左右，贯穿南北的沿海基干林带，并逐步拓宽到100～200米，形成海岸"绿色长城"。树种间采用行状、带状、块状混交以及乔灌立体混交等方式。

大中型河堤沟渠：土壤含盐量低，作为农田林网的骨架，营造林网骨干林带。树种间采用行状混交以及乔灌立体混交等方式。

垦区道路、中排沟：土壤基本脱盐或中度盐渍化，作为农田林网的主副林带，道路林带植树2～3行，排沟林带植树3～5行。乔灌立体混交。

②树种选择：强盐渍化土壤（含盐量>0.4%）选择柽柳、刺槐、紫穗槐等；中度盐渍化土壤（含盐量0.2%～0.4%）选择苦楝、乌桕、桑树、意杨、良种柳、白榆、柏、女贞等树种；轻度盐渍化或脱盐土（含盐量<0.2%），选择香椿、柳杉、泡桐、水杉、淡竹、银杏、杜仲、柿等。造林时根据具体的立地类型确定树种及其混交方式，并注重推广优良品种，如35号杨、7号杨等。

③ 造林：一般在2月上中旬至3月中旬进行，植苗造林采用"三埋两踩一提苗"的技术要领，有条件的地方要带肥、带水种植，栽后覆土培丘或覆草保湿防返盐，及时浇水。主要树种造林技术见表F2-5-1（1）和表F2-5-1（2）。

④抚育管理：沿海风大，幼树容易被风折断或倾斜，要注意及时补植、培土、扶正；严密监控病虫害的发生发展动态，严防暴发和流行；适时修枝，以培育干形和调节林带疏透度，重点剪除顶梢竞争枝、畸形枝、徒长枝、病虫枝及过量下层枝；密度过大的林带，可进行隔行或隔株间伐，在冬季进行；林网成材后不要连片大面积更新，可采取隔带更新、半带更新方式，更新后要换植新树种，尽量避免重茬。

表F2-5-1（1）　海堤防护林主要树种造林技术

树　　种	株行距（米）	整地规格（厘米）	苗木规格	
			苗高（米）	地径（厘米）
良刺9201	2.0×2.0	穴状60×60×60	1.5	2.0
J799、J795	3.0×3.0	穴状50×50×50	3.0	3.5
69、72、35、7号杨	4.0×4.0	穴状100×100×100	3.5	3.5
柱形铅笔柏	2.0×2.0	穴状60×60×50	0.6	0.7
水　杉	2.0×3.0	穴状60×60×60	2.0	2.6

注：在穴状整地中，表中3个数字分别表示栽植穴的长、宽、深。

表F2-5-1（2）　河堤、沟渠、道路防护林主要树（草）种造林技术

树　种	株（行）距（米）	整地要求（厘米）	苗木规格	
			苗高（米）	地径（厘米）
良　刺	3.0	穴状60×60×60	1.5	2.0
良　柳	4.0×5.0	穴状50×50×50	3.0	3.5
杨树属	5.0×6.0或6.0×6.0	穴状100×100×100	3.5	3.5
柱形铅笔柏	3.0	穴状60×60×50	0.5	0.7
银　杏	4.0×4.0	穴状80×80×80	1.5	2.5
落羽杉	3.0	穴状60×60×50	1.4	1.5
紫穗槐	2.0	穴状40×40×40		
杞　柳	1.0	条状50×40		
黄花菜	0.5	条状30×20		

注：在穴状整地中，表中3个数字分别表示栽植穴的长、宽、深。

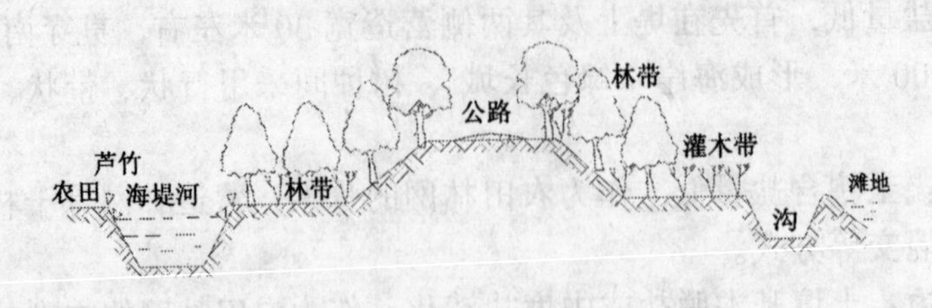

(1) 海堤林带

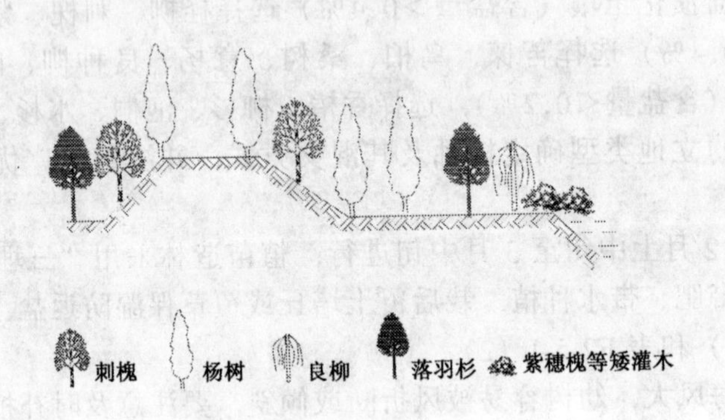

(2) 典型河堤林带

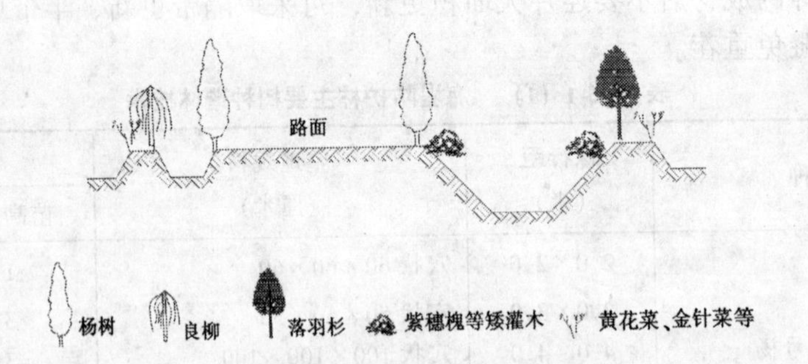

(3) 典型路沟林带

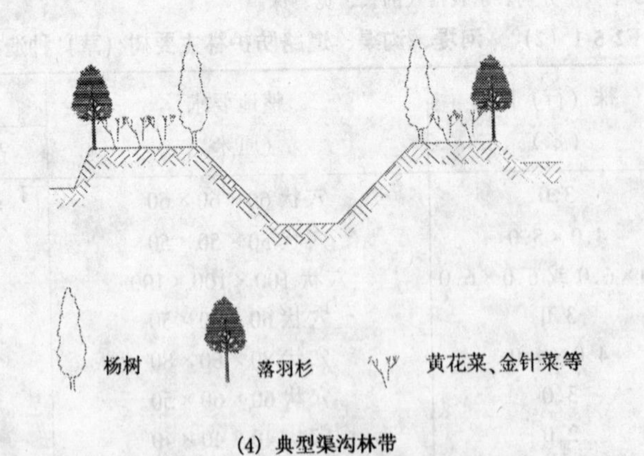

(4) 典型渠沟林带

图 F2-5-1　江苏盐渍化沿海平原防护林体系建设模式图

⑤配套措施：进行全面科学规划，详细掌握所选树种的生物学特征；制订落实年度造林计划，推行承包造林、招标造林等政策，层层签订责任状，落实管护责任制；此外，由于沿海地区的土壤含盐且地下水位较高，外来苗木适应性差，成活率低。为了培养苗木的适应性和减少长途运输而造成的损失，必须在沿海地区建立专用苗圃，以保证海防林建设的顺利进行。

（4）模式成效

沿海平原防护林体系是一个复合人工生态经济系统。一方面可提供木材、薪材和林副产品，另一方面可大力开发畜禽养殖、旅游、食品加工等第二、第三产业。模式的实施为沿海城乡构筑起一道海岸“绿色长城”，改善了生态环境，减轻了灾害性天气造成的经济损失，促进了农业生产的发展，增加了农民收入。

（5）适宜推广区域

本模式适宜在江苏省沿海各地推广。

六、江苏沿江丘陵岗地亚区（F2-6）

本亚区位于江苏省西南长江两岸。包括江苏省南京市的玄武区、白下区、秦淮区、雨花台区、建邺区、鼓楼区、下关区、浦口区、大厂区、栖霞区、江宁区、六合县、江浦县、溧水县、高淳县，镇江市的句容市，常州市的溧阳市，淮安市的盱眙县等18个县（市、区）的全部，以及江苏省常州市的金坛市，镇江市的丹徒县、丹阳市，淮安市的金湖县，扬州市的高邮市、仪征市，无锡市的宜兴市等7个县（市）的部分区域，地理位置介于东经117°55′47″～119°35′44″，北纬31°13′51″～33°20′1″，面积16 529平方千米。

本亚区属北亚热带气候，冬冷夏热，四季分明。年平均日照时数为2 155小时，年平均气温15.0～15.9℃，无霜期为224～239天。雨量充沛，年降水量1 000～1 100毫米。地貌以低山丘陵、岗地为主。宁镇山脉、茅山山脉、淮阳山脉的海拔多在200米以下，山顶岩石裸露，中下坡林木葱郁。土壤为黄棕壤土、石灰岩土、暗色土。岗地一般高程20～40米，沉积古老深厚的黄土层，岗顶为黄岗土。植被类型属常绿阔叶林向落叶阔叶林过渡地带，以暖温带湿润区的落叶阔叶林居优势。由于人类长期的生产活动，自然植被逐渐被人工森林植被和农田植被所替代。

本亚区的主要生态问题是：因长期耕作，特别是一些陡坡岗地作为耕地开垦，造成地面冲刷和水土流失；部分地区土壤里的粗沙、砾石多，地面渗漏严重，加之土层含有铁锰结核层，成土母质风化不充分，肥力低；一些地区造林成活率低，林木长势差，保存率不高。

本亚区林业生态建设与治理的对策是：坚持生态优先的战略，重点实施退耕还林、封山育林，加强人工造林，增加有林面积；按照防护林体系建设的要求，以沟渠路堤设置林带，建设点、带、片、面相结合的综合农田防护林体系；把林业建设定位在生态环境建设的主体上，进一步加强森林资源的培育，调整优化林业结构，强化科教兴林，构筑城郊林业新框架。

本亚区收录1个典型模式：江苏沿江丘陵岗地多树种混交林建设模式。

【模式F2-6-1】 江苏沿江丘陵岗地多树种混交林建设模式

（1）立地条件特征

丘陵岗地为平原间孤山残丘，海拔100～200米。土壤为石灰岩发育的淋溶褐土、紫色砂岩和片麻岩发育的棕壤。淋溶褐土为黏壤土或黏土，pH值为中性，石砾含量高，土层瘠薄，水土流失严重，陡坡地带有裸岩，立地条件较差。棕壤为轻壤土，有黏性，具有一定的通气性，但有机含量较低，有铁锰结合层，不利于林木根系生长。

(2) 治理技术思路

从水土保持和景观生态学的原理出发，因地制宜选择造林树种，建设以地带性植物种群为特征的多树种阔叶混交林，形成稳定的防护体系。

(3) 技术要点及配套措施

①树种选择：以壳斗科、榆科、蔷薇科、蝶形花科、椴树科树种为主，土层瘠薄地带或荒山可选用侧柏、臭椿、火炬树等作为先锋树种。

②造林：采用穴状、鱼鳞坑或带状、条沟整地方式。苗木按树种不同采取截干、吸水剂处理、生根粉处理、牲畜驱避剂等措施进行处理。以株间混交为主，个别地段也可团状、带状和块状混交。株行距为2.0米×3.0米和3.0米×3.0米。

③抚育管理：幼林期封山，防止人畜毁坏，防止森林火灾以及适时间伐调整密度等，管护年限5～8年。

④配套措施：结合封山育林，辅以飞播造林，缓坡地带退耕还林。

(4) 模式成效

应用地带性落叶阔叶树种营造多树种混交林，很好利用了丘陵岗地立地条件，有利于森林生长发育，利于生物多样性保护，生物产量高。混交林生态稳定性强，可有效地防止病虫害的发生。

(5) 适宜推广区域

本模式适宜在北亚热带丘陵岗地区域推广。

七、长江滨海平原沙洲亚区（F2-7）

本亚区位于长江入海口，由沙洲及东部滨海平原组成。包括崇明岛、长兴岛、横沙岛和九段沙等几个长江口的冲积岛，上海市的黄浦区、卢湾区、徐汇区、长宁区、静安区、普陀区、闸北区、虹口区、杨浦区、浦东区、奉贤县、南汇县、崇明县的全部，以及上海市宝山区、金山区的部分区域，地理位置介于东经120°58′4″～121°46′12″，北纬30°47′16″～31°57′39″，面积3 489平方千米。

滨海平原由潮滩淤涨逐渐成陆，地形坦荡，地表沉积物中普遍含有孔虫，并具潮汐层理，为滨海沼泽沉积。土壤类型主要为滨海盐土类、潮土类和水稻土类。区内湿地资源丰富，湿地类型为典型的沙洲岛屿湿地立地类型，具丰富的生物多样性，对于本亚区生物多样性建设及其综合开发利用有着重要的地位与作用，在发展岛屿生态旅游方面具有极大潜力。

本亚区主要由上海市区及其郊区县市组成，人口密度高，土地资源紧张，经济发达，城市化程度高，文化品位高，生态建设投入力度大，层次高。目前主要生态问题是：林业生态建设空间局促，自然植物景观资源不足，与社会经济高速发展的水平还有一定的差距。“三废”和城市扩展对湿地生态系统造成一定的影响和破坏；汛期存在洪水及内涝威胁；本亚区还是上海市海岸线的集中分布地带，存在风暴、涝渍、低温等农业自然灾害，限制着农业尤其是高效特种养殖业如河鳗、螃蟹养殖业的发展。

本亚区林业生态建设与治理的对策是：高度重视城市扩张中湿地等自然生态系统的保护，加强湿地资源的自然保护与合理开发，慎重地处理城区河道填埋等问题。在城市建设过程中，加强城乡绿化建设，根据区内海陆位置以及城郊的空间关系，积极开展滨海湿地生态、城郊农田防护林、城镇生态景观林和村落庭园绿化建设，在完善林业生态体系减灾防灾能力的基础上，有效地改善城市生态环境质量及其景观风貌，加强城乡的产业和文化联系，以实现生态、社会、景观文化功能的综合优化。

本亚区共收录10个典型模式，分别是：长江入海口沙洲岛屿湿地自然保护区建设模式，长江入海口沙洲岛屿湿地滩堤生态防护林建设模式，长江入海口沙洲平原农田林网建设模式，长江入海口沙洲平原人工森林公园生态景观林建设模式，上海市郊多功能生态景观型苗木基地生态建设模式，沪东滨海湿地生态景观型防护林建设模式，上海市郊生态经济型观光果园建设模式，上海市郊生态景观经济型竹园建设模式，上海市郊水系生态景观林建设模式，上海市生态景观型环城林带建设模式。

【模式 F2-7-1】 长江入海口沙洲岛屿湿地自然保护区建设模式

(1) 立地条件特征

模式区位于上海市崇明县东滩自然保护区，地处长江入海口涨淤型湿地滩涂上。长江每年从上游带来大量泥沙，其中50%左右沉积在长江口，形成了一系列沙洲型滨海湿地。

(2) 治理技术思路

上海市需要有若干良好的生态地域，以维持城市生态平衡。滩涂、湿地等自然生态系统是城市生态系统的重要组成部分，必须加以保护。借鉴和采纳国内外建设湿地、鸟类保护区的成功经验，从可持续发展的原则出发，科学、有序地保护、建设和开发湿地资源。

(3) 技术要点及配套措施

①规划分区：根据保护目标，科学规划、合理分区，划分一级保护区域、二级保护区域和三级保护区域。一级保护区域为绝对保护区，即鸟类食源地和活动的核心区；二级保护区域为潮上滩或芦苇带内设置的缓冲区；三级保护区域为外围保护地带，指对鸟类保护具有一定影响的保护区外围区域。

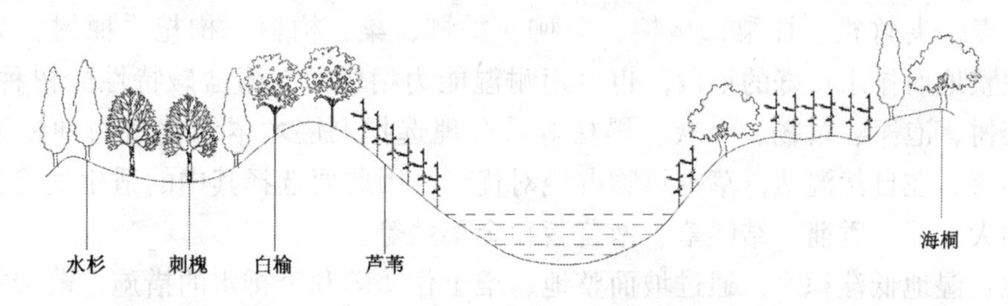

图 F2-7-1 长江入海口沙洲岛屿湿地自然保护区建设模式图

②保护措施：

一级保护区域：禁止任何与湿地和鸟类保护无关的活动，实行绝对保护。依法保护，制定相关制度，强化管理措施；开展湿地资源调查、动态监测；加强科教协作，加强生态保护、湿地保护等方面的教育培训工作。

二级保护区域：以植被恢复为主，适当发展以生态教育和科普为主的生态旅游项目；设置迁徙水鸟救护保育区、湿地科研教育区、观鸟步道区和行政管理区。在二级保护区内合理布置湿地景观和植物群落，形成系统稳定、适于开展科教和生态旅游的湿地景观。主要群落类型有芦苇群落、海三棱藨草群落、田箐群落、苜蓿群落、刺槐群落、苦楝群落、皂荚群落、柽柳群落、白榆群落等。

三级保护区域：在生态保护的基础上，进行一些限制性开发。限制性措施包括禁止围垦、退养殖还林还草。开展野生动植物的驯化繁殖、产品深加工等资源的合理开发利用；建立生态农业观光园区。使湿地资源的保护和合理利用有机地结合起来。

(4) 模式成效

本模式有效地保护了湿地资源、扩大了鸟类的数量，并将生态保护和科研教育、生态旅游及产品开发相结合，解决了保护和开发的矛盾。崇明东滩自然保护区鸟类的种类和数量明显增加，提高滩涂生物多样性计划已初见成效。

(5) 适宜推广区域

本模式适宜在我国沿江沿海湿地、河口岛屿与沙洲湿地的生态保护中推广应用。

【模式 F2-7-2】　长江入海口沙洲岛屿湿地滩堤生态防护林建设模式

(1) 立地条件特征

模式区位于上海市崇明岛东端，为人工围垦而成的滩涂及堤岸地带。由于长期受海水浸渍影响，土壤为滨海盐土类，盐分组成以氯化物为主，土体盐分含量0.2%～0.4%，土壤质地以沙壤土、轻壤土为主，土层深厚。地势低洼、平坦，地下水位较高。综合立地条件表现为滨海盐碱湿地的特征，土壤盐碱和低洼水湿成为树木生长的主要限制因子，又常受风暴影响，造林绿化难度较大。

(2) 治理技术思路

生物措施、工程措施和其他措施相结合进行综合治理，降低土壤盐分，改良土壤结构，提高土壤肥力，改善造林条件，实行生态造林与生态治理并举的治理思路，以实现防风增产、堤岸防护、盐碱湿地治理和优化景观的综合目标。

(3) 技术要点及配套措施

①树种选择：盐碱湿地生境，选择既有耐湿特性又有耐盐碱能力的植物种，主要有柽柳、紫穗槐、白蜡、女贞、夹竹桃、杜梨、乌桕、旱柳、垂柳、桑、构树、枸杞、楝树、臭椿、加杨等；在经过合理整地而排水良好的地段，也可用耐湿能力稍弱而有耐盐碱特性的树种，如刺槐、白榆、皂荚、栾树、泡桐、黄杨、合欢、黑松等。合理选择上层木本绿化植物种和下层草本植物，构成复层群落。在自然湿地，草本植物占绝对优势，因此要选择其中的适生优势种作为绿化地被层植物，如大米草、香蒲、结缕草、南苜蓿和金粟兰等。

②整地造林：湿地低洼积水，通过坡面整地、堆土作垄等利于排水的措施，改善植物生长的水分条件。结合挖排水沟等来加强灌排水管理及加快土壤脱盐。造林平台用机械进行全面整地，纵横排水沟配套成网，人工挖栽植坑，主栽乔木树种采用三角形配置方式。

③布局：在一、二线大堤及平台选择抗风、耐盐碱的乔灌木，采取乔乔、乔灌块状混交方式，形成结构稳定、防护性能强的生态屏障。三线大堤及平台土壤脱盐和熟化程度较好，选种经济价值较高的林木，发展经济林。在主栽造林树种选择上，一、二线大堤平台以耐湿、耐盐碱的池杉为主栽树种，堤坡以常绿树种柳杉为主栽树种，坡顶路一侧，乔木层为单行棕榈与柳杉的株间混交，中下层树种以女贞、蚊母树、海桐等有较强耐盐碱能力的树种为主栽树种。

④保障技术：在湿地绿化建设中，除了选择植物种，还可应用土壤改良剂、生长调节物质，提高成活率和保存率。栽植时，在根围施用种植基质，结合局部土壤改良措施用生根粉等处理苗木根系。

⑤管理措施：由于湿地生境的特殊性，栽后管理尤其重要。湿地土壤淋失较为严重，沿海风

频且大，应立支柱和及时培土，减少风害。加强灌排水管理，保证适宜的水分条件。初栽密度较大，通过修剪树冠或间伐保持适当郁闭度，减少病虫害。

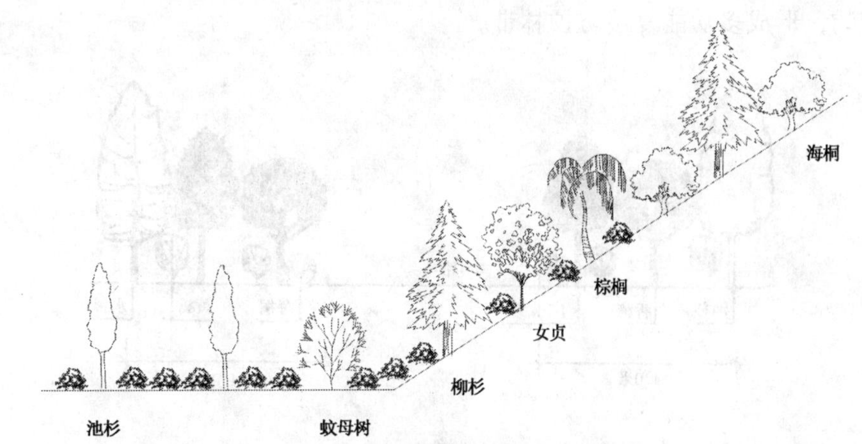

图 F2-7-2　长江入海口沙洲岛屿湿地滩堤生态防护林建设模式图

（4）模式成效

本模式具有堤岸防护和保护沿江、沿海农田的综合防护功能，同时具有景观旅游功能，综合效益明显，有利于模式区生态环境的可持续发展。

（5）适宜推广区域

本模式适宜在上海地区及东部沿海或江河入海口等处的沙洲岛屿湿地立地类型区推广。

【模式 F2-7-3】　长江入海口沙洲平原农田林网建设模式

（1）立地条件特征

模式区位于上海市崇明县大新乡，由长江泥沙淤积形成，地势低平、地下水位高，发育的主要土壤类型为黄泥、夹沙泥，pH 值偏碱性，养分含量低。低洼水湿和风暴危害是农作物以及树木生长的主要限制因子。

（2）治理技术思路

模式区为上海市主要的商品粮基地之一，但农林业气象灾害频仍，除遭受阴雨、低温、旱涝等全市性共性灾害外，尤以遭受热带气旋带来的暴风雨袭击为突出。因此，林业生态建设应以改善农业生态环境、发展农村社会经济为主体目标，通过重点建设以骨干道路、河道护路、护堤岸林为主框架的农田防护林生态网络体系，形成控制整体区域的林网生态场，以有效调节温度、湿度和风等小气候因子，为发展高效农业创造有利生态环境，减轻低温、风及其它灾害性气候的影响，减灾防灾，增产增效。同时，在构建林网生态场的过程中，充分利用区内的资源优势，积极发展经济林和其它配套经济产业，促进三大效益的综合发展。

（3）技术要点及配套措施

①林网规划设计：重视林网的系统性与整体性，以乡村道埂、沟渠二侧植树为基础，结合四旁绿化和庭院经济绿化，以村为单位营建林网化村，统一规划，分期实施，最终将农田林网规划设计成联结局部、覆盖和控制整体的生态网络系统。为保证林网的生态效益，林网的网格面积应控制在 50 亩以下。

②树种及其配置：一般道埂、沟渠采用单一层次复行种植的形式，树种以当地栽植历史较长、生长表现良好、耐湿、耐盐碱的水杉、池杉为主，清沟抬地，按照 2.0 米×3.0 米的株行距种植，根据实际情况采用双行式或三行式种植；主要道路、河沟两侧均设置 4 米宽的防护林带，

乔灌草复层群落式配置，上层以香樟、广玉兰为主的常绿阔叶树种与水杉、池杉等落叶针叶树种混交，中层点缀种植黄杨、海桐等观赏灌木树种，下层种植白花三叶草等既具观赏价值又有改土功能的草本植物，形成多功能复层防护林带。

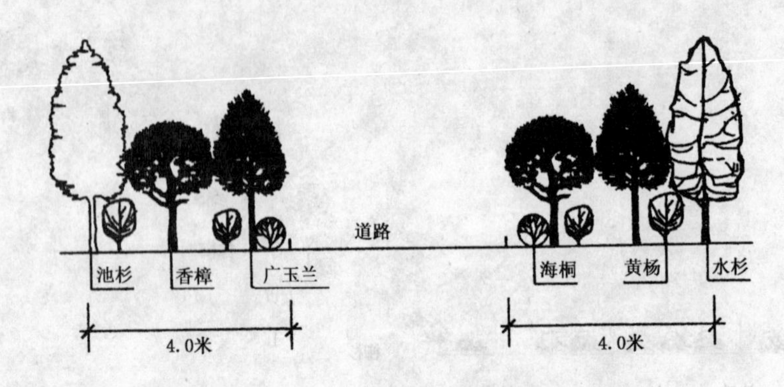

图 F2-7-3　长江入海口沙洲平原农田林网建设模式图

(4) 模式成效

模式区通过三年的建设，建成大小 246 个林网网格，林网控制面积率达到了 93.7%，林木覆盖率由过去的 4.3%提高到现在的 10.7%，可有效防风减轻风暴危害，调节温、湿小气候，缓和温度变化，显著减少极端高温、极端低温的不良影响，区域生态环境大改善，并为在农田林网控制区发展螃蟹、河鳄等高效益水产养殖项目提供了适宜的生态保障，社会经济效益良好。

(5) 适宜推广区域

本模式适宜在上海市的农区广泛推广。

【模式 F2-7-4】　长江入海口沙洲平原人工森林公园生态景观林建设模式

(1) 立地条件特征

模式区为位于上海市崇明县境内我国第三大岛——崇明岛中北部的东平国家森林公园，是上海目前最大的森林公园，总面积 5 370 亩。区内地势低洼、平坦，土层深厚，地下水位较高。土壤类型属滨海盐土类，土壤质地以黏土为主，含盐 0.2%～0.4%，盐分组成以氯化物为主。低洼水湿与土壤粘重、盐碱成为树木生长的主要限制因子。

(2) 治理技术思路

森林公园是一种以森林景观为主体，融其它自然景观和人文景观的生态型郊野公园。东平国家森林公园由于邻近森林极少的国际化大都市上海，区位性质独特，对于崇明县发展岛屿生态旅游，实施旅游兴县，乃至对于发展上海城市森林生态旅游都有重要的价值。此外，我国的森林公园大都为山地类型，东平国家森林公园则是目前华东地区最大的平原森林公园，风景林全部是人工林。因此，东平国家森林公园的建设与发展，对于探索我国平原地区森林公园的建设思路与方法具有重要的示范意义。

模式区原有风景林为以水杉为主的单一林相，存在着树种贫乏、风景林景观单调等问题，不能满足建设目标的需要。因此，需采取景观理水工程措施和生物措施改善立地条件，通过风景林改造和经营管理技术优化风景林结构与景观效果，并增加配套设施，优化生态旅游功能及综合功能，实现以休闲度假、生态保健和风景旅游为主的综合目标。

(3) 技术要点及配套措施

①景区结构布局与旅游配套设施建设：东平国家森林公园规划建设八个景区，包括入口区、

动物乐园区、森林运动区、游览游乐区、森林狩猎区、观光果园区、度假休养区、野营区。根据既要突出和保持森林原野的自然趣味，又要有利于旅游活动开展，提供充分的设施与场所的总体目标，再在各景区根据生态旅游的需要建设相应的配套设施。位于公园的东北部游览游乐区，是公园内面积最大的一个景区，该景区围绕中部水体进行布置，景点的设置紧扣该景区主题——游览游乐而进行，主要有水上乐园、原野乐园、碰碰车、攀岩、游泳池、森林阳光浴场等景点及配套设施，通过水体、森林植物景观配置、旅游服务设施、道路系统等的综合规划与实施，形成良好的景观效果和生态旅游功能。

②景观理水与排水洗盐：低洼水湿和盐碱是当地树木生长的主要限制因子，因此需结合景观理水工程措施，挖沟洗盐，每隔30米挖2.0米宽、1.5米深的沟渠，并连接成网，使与大型水体景观相连通，降低地下水位和土壤含盐量。同时，结合游泳池、天鹅湖等较大型水体景观的构建，堆土成坡，整理地形。

③生物改善立地条件：对盐碱土壤首先实施农耕措施，种植水稻、大豆等农作物，通过深翻、施有机肥等措施，改善土壤性质。随后种植刺槐、胡枝子等有改善土壤作用的先锋树种，再过渡到风景林目的树种的种植。林下结合地被物管理种植野豌豆、接骨补等草本改土植物，实现对立地条件的持续改造。

④风景林改造：

增加树种，丰富景观：由于立地条件和自然资源的局限性，东平森林公园的风景林树种并不丰富。风景林落叶树种面积大，常绿树种面积偏小；针叶树种面积大，阔叶尤其常绿阔叶树种较少而面积也小；观花树种少。树种单调的结果直接导致风景林层次单一，缺乏景色的空间多样和四季色彩变化。因此，应增加常绿树种和观花树种的种类和面积比例。虽然东平国家森林公园的风景林主要是人工林，但作为位于上海郊县的森林公园仍应保持一定的乡土特色和较好的自然特性，因此森林公园中需保留一定的乡土树种，发展食饵树种，招引鸟类，形成新的复合景观。

加强地被物管理，改善卫生状况：林地卫生状况是影响风景林质量的一个重要因素。林下地被物杂乱，十分影响风景林的景观价值。采取定期割杂或栽植改土人工地被的方法，保证风景林的地被卫生状况，改良林下环境，减少病虫害，改善风景林的透视度。

修枝改良透视条件：东平国家森林公园水平郁闭型风景林面积较大，其观赏质量受透视条件的影响较大。其中水杉林林龄较大，林分较高，经过疏伐后一般透视条件较好。柳杉林大都为中龄林，郁闭度也较适宜，只是初植密度不高，自然整枝不强，枝下高较低，透视条件相对较差，影响观赏，所以要采取适当的修枝措施，在注意保持下部树干光洁的基础上，调整枝下高，改善通视状况。

风景林改造：要从根本上提高风景林的整体质量，必须进行风景林的更新与改造。通过利用间伐林隙、小面积皆伐等更新改造措施，丰富树种，调整类型比例和空间格局，在特定的空间范围内形成较高的景观多样性，达到改造风景林的目的。如在保持森林环境的前提下进行单株间伐或小面积块状择伐，栽植常绿景观树种、花灌木和观赏地被植物，逐渐形成复层异龄林，构成空间上小面积斑块的镶嵌结构，既有利于形成景观的空间多样变化，也有利于病虫害的预防和控制。

(4) 模式成效

本模式该模式具有工程技术的系统性、经营管理持续动态性和功能效益的综合性等优点。目前风景林树种日渐丰富，景观多样性与景观质量提高，园内森林繁茂、野趣浓郁、环境优美，以“幽、静、秀、野”见长，生态效益与旅游效益日渐优化。

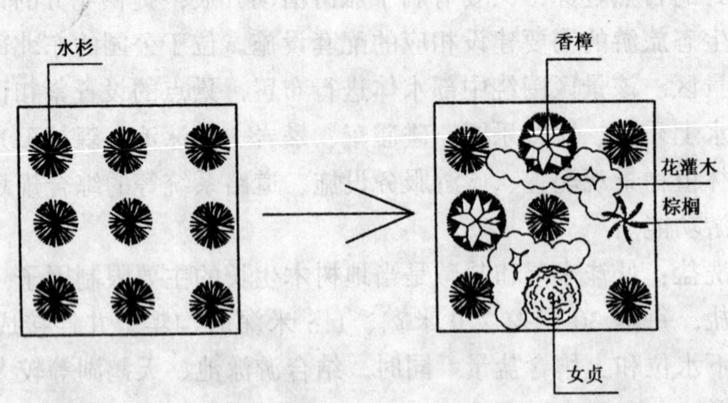

F2-7-4　长江入海口沙洲平原人工森林公园生态景观林建设模式图

(5) 适宜推广区域

本模式适宜在南方平原城郊地区的景观林改造与建设中推广。

【模式 F2-7-5】　上海市郊多功能生态景观型苗木基地生态建设模式

(1) 立地条件特征

模式区位于上海市崇明县。年平均气温为15～16℃，年降水量为1 500毫米左右，盛行东南季风。地面高程在4.0～4.2米，土壤以由长江泥沙淤积形成的水稻土和盐碱土为主，pH值偏高，养分含量低。

(2) 治理技术思路

针对上海市郊土地资源紧张的特点，将生态建设和苗木生产、生态旅游相结合，在为当地生态建设提供优质苗木的同时，本身也成为生态建设的组成部分，而且符合农业产业结构调整的方向，还为城市人口提供生态教育、自然认知和休闲旅游的理想场所，改善了生态环境，产生了较好的景观效果，提高生态治理成果的内涵，实现了生态效益、社会效益和经济效益的有机结合，适应高速发展的经济对生态的需求。

(3) 技术要点及配套措施

①总体布局：根据区域内的具体条件，将生态整治、森林苗圃、游憩观赏、科普教育有机结合。设置旅游步道、人工造景和休闲娱乐项目，使景点融于自然森林当中。带状、片状或不规则布设防护林，乔灌草、路沟渠综合配套。

②土壤改良：模式区内土地低平，地下水位较高，土壤碱性较大，限制了许多苗木的生长。为此，通过部分水系开挖、堆土塑造小地形，力争土方就地平衡，创造多样性的生境，并通过水系排盐碱、地形高处压盐等方法，为苗木生长创造适宜的生境。

③人工森林群落建设：打破苗圃常规的行列式和规则式种植的传统做法，按照苗木的生态习性，仿照自然生境中植物群落，喜光树种、耐荫树种、地被植物合理搭配，形成具有复合结构的多层次多功能的高效植物群落体系。群落构成形式主要有：银杏-香樟，香樟-小叶女贞-瓜子黄杨，石楠-海桐，浙江樟-蚊母树-凤尾兰，刚竹-箬竹，慈孝竹-华东箬竹，广玉兰-夹竹桃-梾木，女贞-枇杷-泡桐，厚皮香-珊瑚树-糙叶树，罗汉松-火炬漆，香榧-化香，侧柏-刺槐，圆柏-日本花柏，雪松-蜀桧柏等。

④苗木培育与管理：以培育绿化大苗为主。利用时以保证群落景观和防护功能不受破坏为原

则，隔株、隔带起苗。培土后及时植小苗更新，如此反复，林地上始终保持异龄的乔灌草复合森林群落。

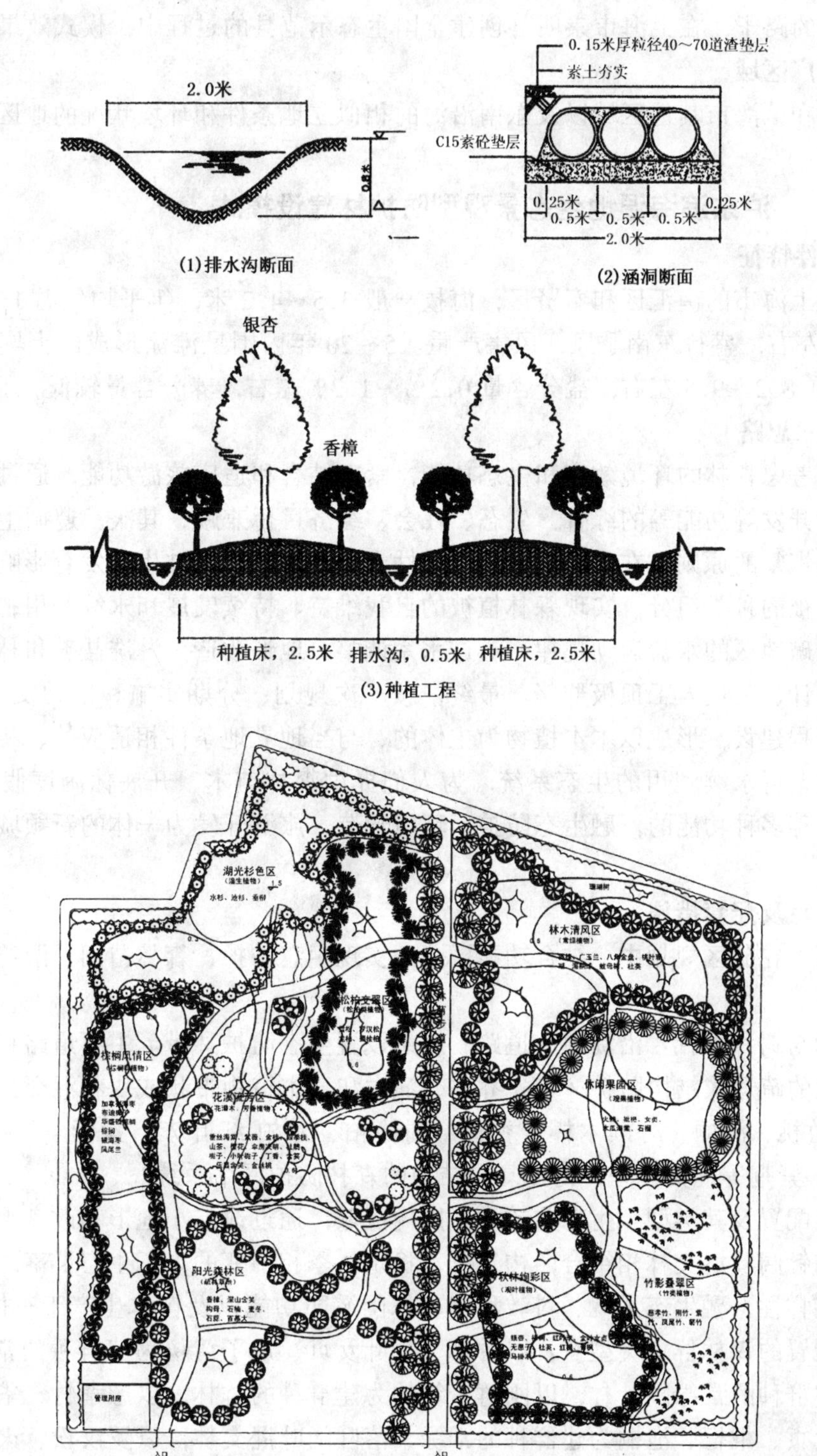

图 F2-7-5 上海市郊多功能生态景观型苗木基地生态建设模式图

(4) 模式成效

将生态治理和上海市郊区农业结构调整相结合，对于解决大城市郊区生态建设空间局促而言是一条十分可行的路子，在上海市崇明县创建全国生态示范县的过程中，模式效果良好。

(5) 适宜推广区域

本模式适宜在上海市其他区域以及东南沿海的相似立地条件和环境状况的地区推广。

【模式 F2-7-6】　沪东滨海湿地生态景观型防护林建设模式

(1) 立地条件特征

模式区位于上海市的南汇区和奉贤区，海拔一般3.5～4.2米，年平均气温15～16℃，年降水量1 500毫米左右，盛行东南季风，风害严重。5～20年内围垦滩涂形成的土壤，夹沙泥为主要土类，pH值在8.2～9.5左右，盐分含量0.2%～1.2%左右，养分含量较低。

(2) 治理技术思路

首先，综合考虑森林的环境效应和生态功能，紧密结合和适应旅游功能，通过科学分区实现环境保护、旅游开发等功能等的综合，生态、社会、经济目标兼顾；其次，遵循生物多样性、景观多样性保护与恢复的原则，在充分考虑非地带性土壤对地带性植被生长发育影响的基础上，主要选择地带性植被的种类组分，实现森林植被的自我维持、持续发展和永续利用；第三，通过研究和应用滨海盐碱地区的水盐运动规律，通过水系调整、地形改造，淋洗盐碱和林地土壤改良等措施，规划、设计、营造人工顶极群落。最终，按一次规划、分期实施和滚动发展的实践程序，开展林业生态工程建设，形成以木本植物为主体的、与当地立地条件相适应的、相对稳定的、具有森林景观外貌、可永续利用的生态系统，为人们提供森林苗木、开展休闲度假和森林生态旅游、科研、科普等多种功能的，融生态防护、环境塑造、旅游开发为一体的新颖城市森林生态经济系统。

(3) 技术要点及配套措施

①科学分区：在分区规划中，结合功能区分，实现生态防护、森林苗圃、游憩观赏、科普教育的有机结合。

②林带结构与树种配置：沿堤坝、道路、水系设置生态防护林带。主要道路和水系两侧各设置50～100米宽的疏透式结构防护林带，乔木、灌木和草本植物带状或块状混交，形成水杉、池杉、落羽杉-夹竹桃、海桐、海滨木槿，香樟、蜀桧柏、龙柏-红叶李、紫薇、日本珊瑚，女贞、合欢-小叶女贞、紫荆等混交类型，构建复层结构的森林防护网络系统。

③植物群落配置及其类型：生态防护林带以内区域，通过改造小地形和改良土壤，常绿阔叶林、落叶阔叶和针阔叶混交林相结合，构筑群落稳定、季相多变的人工生态群落，形成兼具景观多样性和生态多样性，融生态景观、科教科普、休闲游憩功能以及苗木生产于一体的生态景观。模式区内主要配置的森林群落类型有：以香樟、小叶女贞、瓜子黄杨为建群种的常绿阔叶林，以石楠、海桐为建群种的常绿阔叶林，以刚竹、箬竹为建群种的竹林，以慈孝竹、华东箬竹为建群种的竹林，以女贞、枇杷、泡桐为建群种的常绿、落叶阔叶混交林，以罗汉松、火炬漆为建群种的针阔叶混交林，以香榧、化香为建群种的针阔叶混交林，以侧柏、刺槐为建群种的针阔叶混交林，以雪松、蜀桧柏为建群种的混交林，以水杉、柽柳为建群种的针阔叶混交林，以旱柳、意大利杨为建群种的阔叶混交林，以垂柳、紫穗槐为建群种的阔叶混交林，以枫杨、金丝桃为建群种的阔叶混交林，以及杞柳灌丛、红瑞木灌丛等。

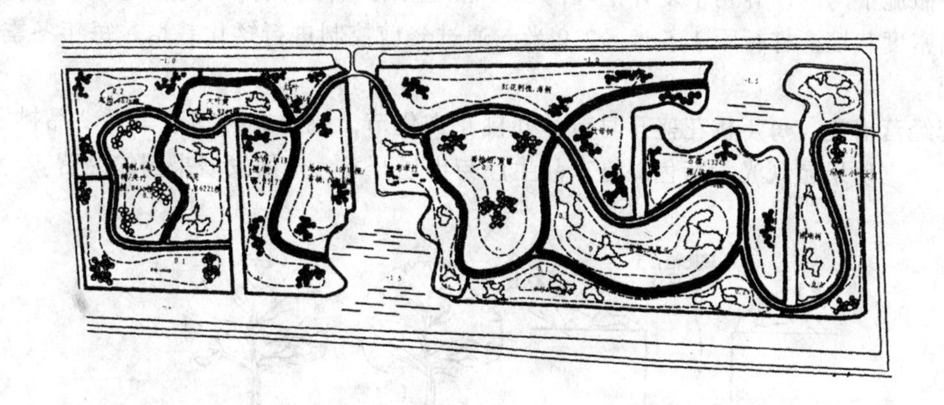

图 F2-7-6　沪东滨海湿地生态景观型防护林建设模式图

(4) 模式成效

将沿海生态防护和城市生态环境改善、旅游开发相结合，实现生态治理和经济发展的有机结合，保障了生态治理的良性运转，带动了相关产业的发展，是发展生态产业的良好模式，在大中型城市的外围地带具有较强的推广优势。

(5) 适宜推广区域

本模式可在上海市的其他区域以及东南沿海立地与社会经济条件相似的地区推广。

【模式 F2-7-7】　上海市郊生态经济型观光果园建设模式

(1) 立地条件特征

模式区位于上海市南汇区，地势低平，主要发育水稻土，土壤 pH 值 7.4～7.6，有机质含量 3.2%～3.4%，碱解氮含量 120 毫克/千克左右，速效磷含量 6～7 毫克/千克，土壤肥力较高而宜耕作土壤农药残留与重金属污染低，灌溉水无污染，大气质量良好，具备发展绿色果品生产的有利条件。地下水位较高是树木生长的限制因子。

(2) 治理技术思路

通过工程整治，利用较为良好的生态环境本底，发展名特水果生产，在保持和发展生态环境质量优势的同时，将生态优势转化为经济优势。利用位于都市郊区的特殊区位优势，进行集约经营，培育郊区农业现代文化，发展观光旅游，巩固城乡联系，提高经济效益，发挥广告效应，促进农业品牌的形成，实现郊区农村生态系统良性循环和持续发展之目标。

(3) 技术要点及配套措施

①工程设施配套与规划：在原有农田水利工程的基础上，进一步完善和修建永久性园路系统和沟渠排水系统，提高排水能力，降低地下水位，改善立地条件。选择树冠开张、叶片宽大浓郁、相对耐湿的枇杷果树品种为主要树种，建设 6.0 米宽的环园防护林系统，适当配置早园竹和绿篱树种枸桔、法国冬青等，形成防护绿带，改善果园小气候。在果园内部的水体周边和行道种植香樟、马褂木、银杏等观赏防护树种。

②树种选择：以水蜜桃等优良桃树品种为主要栽培树种，形成鲜明的果园景观和文化特色。适当小面积配植临猗梨枣、曙光油桃、田中枇杷、矮化樱桃、美国金太阳杏、黑琥珀李、日本甜柿等国内外优良名特水果品种，以为补充和调节。

③栽培技术：冬末开挖定植沟，深 70 厘米、宽 40 厘米，表、心土分开堆放，厩肥与土充分

混合后分层撒施于沟内，春初平复开挖畦沟 30～50 厘米，并与大排水沟相连通。主栽树种水蜜桃采用较高密度栽培，株行距 1.5 米×2.0 米。通过修剪控制进行矮化栽培。每年冬季以环施法施有机基肥。

④配套经营措施：每年桃花盛开时节举办桃花文化节，桃果成熟季节举行“品桃游”，发展观光旅游活动，以果园观光为特色促进产品生产与市场开发，全面发展果园的经营。

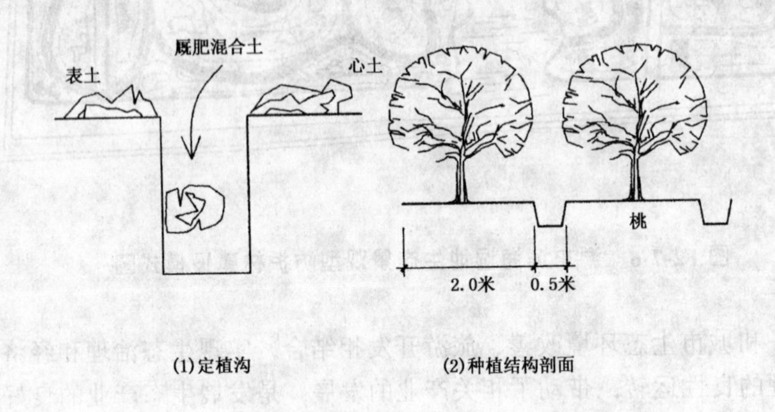

图 F2-7-7　上海市郊生态经济型观光果园建设模式图

(4) 模式成效

本模式集绿色果品生产与文化观光功能于一体，广受城乡居民的欢迎，有良好的社会经济效益，同时有利于城郊生态环境的保持和改善，是城市地区的发展生态林业的一个重要范式，具有极大的推广价值。

(5) 适宜推广区域

本模式适宜在各大中城市周边地区推广应用。

【模式 F2-7-8】　上海市郊生态景观经济型竹园建设模式

(1) 立地条件特征

模式区位于上海市浦东新区孙桥镇的万竹园。区内地势低洼，地下水位较高。水稻土类土壤为主，质地较为黏重，土壤 pH 值中偏碱，宜耕性较好。土壤偏碱与黏重水湿，是树木尤其是竹类生长的主要限制因子。

(2) 治理技术思路

我国是竹类资源的分布中心之一，竹林面积占世界竹林总面积的 25%。上海属长江-南岭竹区，气候温暖湿润，竹类的引种栽培及推广具备一定的潜力。但竹类适宜的土壤 pH 值为4.5～7.0，喜排水良好立地条件，与模式区的土壤条件存在一定差异，因此，在规划建设中，应以生态学、园艺学等多学科的理论为指导，应用现代园林设计手法与工程措施，以竹类资源引种栽培为主题，追求生产性、休闲性、公共性和文化性的综合优化。

(3) 技术要点及配套措施

①功能区划：模式区总面积 400 亩，共划分种植结构调整区和休闲观光区两大功能区。在种植结构调整区，以早园竹等笋用竹林为主体，进行林菜复合经营和林禽复合经营；在休闲观光区，又进一步区划出竹种资源区、山水休闲观光区和科普教育区三个小区。园区外围设置以防风为主导功能的防护林带，改善园内及其周边的生态环境。

②工程措施：采用园林工程，挖湖堆山，建设水体景观，丰富景观多样性，改善景观质量；

同时，整理地形，形成利于排水的缓坡地，在平地则挖沟排水，改地适竹。种植时用锯末、谷糠等种植基质改良土壤，提高成活率，促进生长。

③竹种选择与配置：以竹为主，遵循气候相似性原理，根据模式区的立地条件特点、竹种的生物学特性以及竹子引种栽培经验，合理选择引种、栽培的竹种。在群落植物的空间配置上，着重体现竹子的高矮、叶形、色彩渐变等方面的形态与色彩变化，形成以竹为主体的全园背景。在此前提下，选择松、红叶李、垂柳、梅、桃、海棠、樱花、白玉兰等适宜观赏植物，创造竹文化园林意境，为开展观光旅游创造条件。

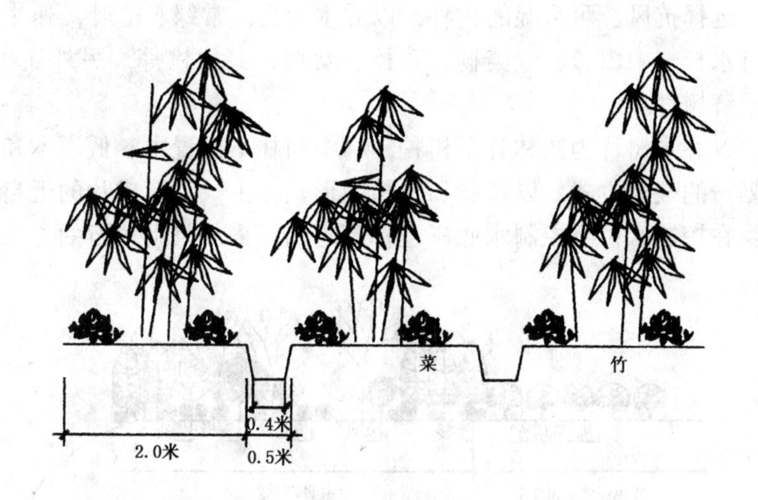

图 F2-7-8　上海市郊生态景观经济型竹园建设模式图

(4) 模式成效

竹子为优良绿化植物材料及用材，竹笋向为佳肴。通过竹类资源的引种栽培与推广应用，加快了城郊结合部种植业结构的调整，可实现竹园的生产性；通过植物挂牌，营造科普氛围，加强科学知识的普及，克实现竹园的科学普及性；通过宣传和展示竹文化，保存和发展传统文化，充实现代农业文化的底蕴，克实现竹园的文化性；通过创造良好生态环境，可满足都市居民生态观光和休闲娱乐的需求，改善和提高居民的生活质量。目前，模式区现已栽培 39 种竹，约占上海市现有竹种数量的80%，其中属新引种栽培的竹种就多达 18 种，以笋用竹为主体的林菜复合经营和林禽复合经营具有较高经济效益，初步形成一个集资源生产、储备、开发、示范、观光旅游和科技普及于一体的现代农林业示范点。

(5) 适宜推广区域

本模式适宜在南方有类似特色资源的大中型城市城郊结合部或郊区农村推广。

【模式 F2-7-9】　上海市郊水系生态景观林建设模式

(1) 立地条件特征

模式区位于上海市闵行区和南汇区城区主要水系的两侧，地势低平。气候条件同本亚区。绝大部分为水稻土，土壤中偏碱，较黏重。

(2) 治理技术思路

首先，在城市水系沿岸通过配置相当宽度的林带，可大幅度改善水系周边景观，有效保持水土，阻止、过滤和吸收沿岸两侧的农药、化肥等污染物顺水进入河流，保持水体清洁卫生；水系沿岸地势平坦，农业用地可耕性良好，在选择退耕还林树种时，通过生态和经济效益的结合，如将水源涵养和苗圃相结合，水源涵养和林果生产相结合等，实现生态景观建设与经济开发相结合的目标，促使水源涵养林经营的良性运转。

(3) 技术要点及配套措施

①林带布局：沿河两侧布置500米宽的沿岸生态景观林，其中靠近河流两侧的200米为生态景观林带，主要以大型的乔木和灌木、地被植物结合种植为主，其余300米为特色经济林带，种植优质果木。

②树种选择：选择抗风、耐水湿的树种，以乔木为主，常绿、落叶，速生、慢生相结合。主要的可选用树种有水杉、中山杉、欧美杨、香樟、女贞、夹竹桃等，另外还可利用银杏、枇杷、黄桃、水蜜桃等经济树种。

③树种配置：以乔木树种为造林骨干树种，林中和林下配置中、低灌木和地被植物，打破传统的行列式整齐划一的栽植方式，以带状和丛植的形式为主，营造成片的近自然森林景观。

④配套措施：在控制水位至控制水底岸边标高之间，采用浆砌块石的方法进行驳岸处理。

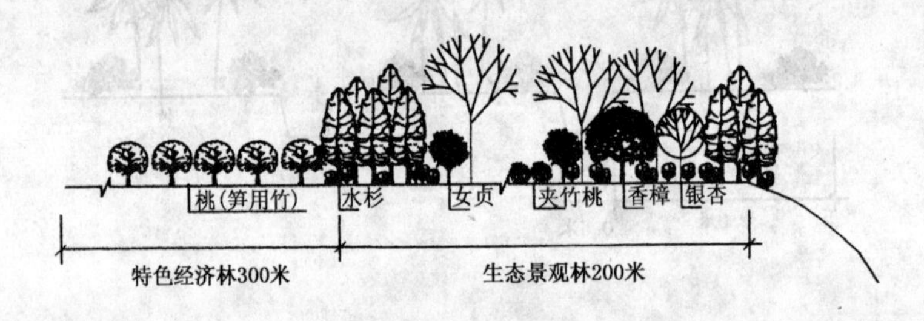

(1) 生态景观林横断面

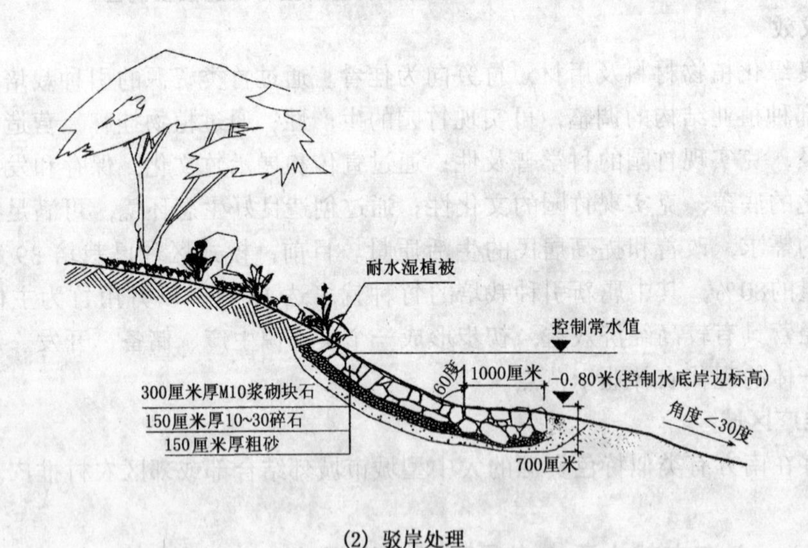

(2) 驳岸处理

图 F2-7-9　上海市郊水系生态景观林建设模式图

(4) 模式成效

本模式根据上海地区的立地条件和土地利用状况，在充分发挥水源涵养林的作用的前提下，结合林木、果木生产，促进水源涵养林的经营的可持续发展，已在上海闵行区和南汇区取得初步成效。

(5) 适宜推广区域

本模式适宜在长江三角洲等广大平原地区推广。

【模式 F2-7-10】 上海市生态景观型环城林带建设模式

(1) 立地条件特征

模式区为环绕上海建成区的外环线绿化带，所围面积约为640平方千米。沿线立地条件不尽相同，但总体地势较为低平，高程一般在3.5～4.5米，水系丰富，地下水位较高。以水稻土为主，多数中性偏碱。

(2) 治理技术思路

生态景观型环城林带具有改善城市生态环境，提高城市生命力，保证城乡合理过渡的功能。林带建设必须选择适生植物种，形成稳定的植物群落，满足充分发挥生态功能，完善城市中的自然系统，维护城市生物多样性，为野生动植物迁移提供廊道等要求；其次，环城林带具有规模大、森林覆盖率高等特点，是城市森林的重要组成部分，其规划建设必须同时考虑开展森林旅游和游憩休闲的功能需求特点；第三，政策上允许在环城林带中建设低密度别墅等居住用房，可通过地价补差的方式，实现林带建设和经营的良性运转。

(3) 技术要点及配套措施

①总体规划：总宽500米，其中紧邻道路的100米为生态景观林带，主要靠政府投入，采取人工造林的方法先期完成；其余的400米为经济复合林带，其内允许安排比例小于20%的建筑用地，主要用来开发别墅等低层建筑，通过农业结构调整和综合经营，实现投入和产出的平衡。

②地形利用与再塑：根据原有地形，充分利用原有水域进行林带水体设计，水体尽可能贯通，以满足林带的抗旱排涝需要。水体边缘采用自然落坡，并用植物材料护坡。林带内土方应该就地平衡，原则上不进客土，可适当挖湖造地形，保证林带内排水通畅。

③植物配置：通过大面积片植多层次复合结构的乔灌草植物，构成自然的森林景观。同时，通过不同视角的分析，形成起伏、连续的林冠线和林缘线。在重要景观地段，植物布置应强调景观的视觉要求，在植物布置及品种选择上要精致一些。考虑“近期和远期”相结合，在林带的边缘及游道两侧多植常绿或速生乔木，植物材料的规格应相对大一些，林带中间的视线不及之处，多植一些适生、长寿、远期效果好的苗木。

④道路规划设计：原有道路应尽量保留利用。建议采用工业废渣、成品地面材料的边角料等自然材料组合铺装林带内道路。

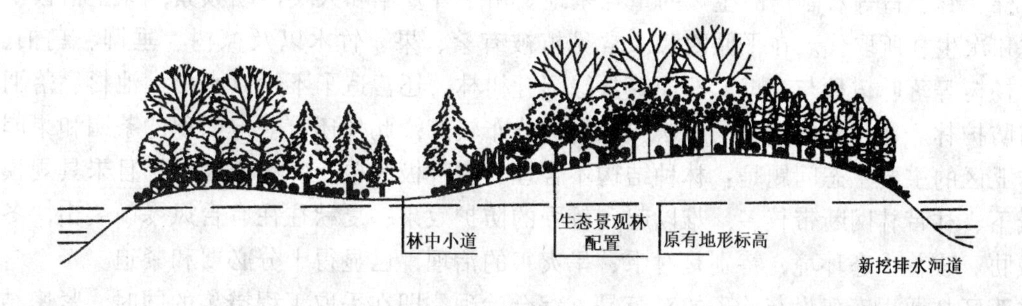

图 F2-7-10 上海市生态景观型环城林带建设模式图

(4) 模式成效

生态景观型环城林带在城市环境建设中具有多种功能，在提高城市生态环境质量，创造城市景观特色，形成完整的森林景观格局方面都有着不可替代的作用。上海市已建设的环城林带取得了良好的生态和社会效益。

(5) 适宜推广区域

本模式适宜在南方各大城市推广。

八、苏南、浙北水网平原亚区（F2-8）

本亚区位于太湖、杭州湾附近的苏南地区及杭嘉湖地区，属泥质海岸和湖泊水网地带，山地面积少、地势低平、河港纵横、湖泊众多，具有典型的江南水乡风貌。包括上海市的闵行区、松江区、青浦区、嘉定区；江苏省苏州市的金阊区、平江区、沧浪区、虎丘区、吴中区、相城区、昆山市、吴江市，无锡市的崇安区、南长区、北塘区、滨湖区、惠山区、锡山区，常州市的钟楼区、天宁区、戚墅堰区、郊区；浙江省杭州市的拱墅区、上城区、下城区、江干区、西湖区、滨江区，嘉兴市的秀城区、秀洲区、嘉善县、平湖市、海盐县、海宁市、桐乡市，宁波市的海曙区、江东区、江北区、镇海区、慈溪市，绍兴市的越城区等41个县（市、区）的全部，以及上海市的宝山区、金山区；江苏省苏州市的常熟市，镇江市的丹阳市、京口区、润州区，常州市的金坛市、武进市，无锡市的宜兴市、江阴市，苏州市的太仓市、张家港市；浙江省湖州市的长兴县、德清县，杭州市的余杭市、萧山市，绍兴市的绍兴县、上虞市，宁波市的余姚市、奉化市、鄞县等21个县(市、区)的部分区域，地理位置介于东经119°19′47″～121°44′3″，北纬29°43′29″～32°4′53″，面积29 491平方千米。

本亚区地处中亚热带和北亚热带的过渡区，气候温和，光照充足，光、温、水配合良好。大风天气较多，特别是杭州湾两岸的滨海县，常年平均风速在3.0～5.5米/秒以上。灾害性天气主要是冬春的寒潮和夏秋的台风暴雨，常受低温与风涝危害。

土壤以水稻土、潮土为主。由于母质多为河海沉积相，土壤深厚肥沃。山地土壤主要是红壤，pH值一般5～6，有机质含量多在2%左右。滨海盐土分布在杭州湾沿岸，由潮间带到岸，土壤的水平分布带谱为：滩涂-涂泥土-咸泥土-灰潮土的淡涂泥，含盐量由高而低，质地由沙壤逐步向中壤或重壤过渡。

本亚区田多山少，人烟稠密，商品经济发达，工农业产值和人均收入居全国先进水平，是我国粮、棉、麻、畜等农副产品生产的重点基地。由于开发早和人类活动频繁，原生植被早已被人工植被和次生林所取代。在平原四旁，常见植被有桑、果、竹木以及楝树、垂柳、乌桕、泡桐、榔榆、杨树等落叶树种与女贞、石楠等常绿阔叶树林，还营造了不少以水杉、池杉、落羽杉为主的农田防护林。在丘陵山地，马尾松和毛竹林分布较广，此外还有一定面积的茶园和果园。

本亚区的主要生态问题是：林种结构不合理、树种极为单一、稳定性差，且未具规模；林分质量低下、林带林网断带较多，难以起到较强的防护效果；夏秋往往有台风暴雨袭击，冬季常有低温威胁。改善生态环境，特别是对水、旱灾害的治理，已显得十分必要和紧迫。

本亚区林业生态建设与治理的对策是：综合治理，即在采取工程措施的同时，紧密结合生物措施，大力发展林业，提高本区的森林覆盖率，充分发挥森林所具有的多种生态效益。立足于水系源头、中下游以及库、塘、河、公路周围低山丘陵区的水源涵养和水土保持工作，采取封山育林、栽阔促松、人工造林等多种措施，大力营造水土保持林、水源涵养林和护岸、护堤、护路林等，提高林分质量、防止水土流失、改善水质、保障水利工程发挥正常效能，提高防洪抗旱能力；进一步建立和完善广大平原的农田防护林体系，改善农业生态环境，引进名特优新品种，开展高效农林复合经营，保障农业高产稳产；加强村镇绿化和风景林建设，把绿化、美化、净化、香化有机结合起来，进一步改善生活工作环境和投资旅游环境。

本亚区在林业生态建设方面取得了许多成功的经验与模式，共收录7个典型模式，分别是：浙北水网平原高标准农田防护林网建设模式，杭州湾南岸新围涂区农田林网复合高效经营模式，苏南地区城乡一体化现代林业生态建设与综合治理模式，沪西淀泖低地河道生态经济型防护林建设模式，上海市郊庭院绿化模式，上海市郊村落绿化模式，水网平原低丘森林植被恢复与生物多样性保护模式。

【模式 F2-8-1】 浙北水网平原高标准农田防护林网建设模式

（1）立地条件特征

模式区位于浙北平原的海盐县。海盐县地势平坦，土壤主要为水稻土潮土，母质以海积物、冲积物为主，经人类长期水耕熟化而成，大多呈酸性或中性。土壤肥沃，雨量充沛，水资源丰富，河网密布，且具“雨热同步”和“光温互补”的特点，是浙江省的主要商品粮食基地和重点蚕桑产区。但是由于季风气候的不稳定性，常带来频繁的自然灾害，如高温伤害、秋季低温等，特别是台风的侵袭，平均每年有4次左右，严重影响着农业的稳产高产。

模式区所在地长山河，属环太湖地区南排出海的排涝工程，于1978年冬人工开挖而成，河道宽80米，两侧各为100米宽的堆土带，境内长15.3千米，河道两侧1千米区域内涉及澉浦、六里、通元、石泉4个乡镇28个行政村，农田面积22 950亩。由于在河道开挖过程中，毁掉了开挖区原有的许多树木、桑园、果园，使河区的林木显著减少，森林覆盖率从原来的16.5%降到6.3%，河道周边的生态环境急剧下降，对沿岸农民生活和农业生产带来很大危害。

（2）治理技术思路

充分利用乡村公路、机耕路、排灌渠、主要河道两旁、田头地角和四旁隙地营造林带、林网或小片林，形成带、网、片结合的农田防护林体系，以防止自然灾害、改善农田小气候、创造有利于农业生产的良好环境、保证农业稳产高产，并为人民群众生产、生活带来直接经济收入。

（3）技术要点及配套措施

①科学规划、合理布局：乔灌结合，使林带透风系数在0.48～0.58，以提高防护效能；由于以小网格林网为主，对无论任何方向吹来的风均有显著防护作用，林网布置不必拘于风向的影响；河流、渠道、池塘、道路、居民点的植树造林与扩大桑园种植面积相结合，从而建立起高效农田防护林综合体系。

②树种选择与林带结构：乔木树种为主，灌木次之。可选用的主要乔木树种为：水杉、池杉、落羽杉、桤木、意杨、国外松、杞柳、紫穗槐等。四旁绿化及片林选用的乔木树种为：樟树、榉树、泡桐、水杉、池杉、落羽杉、桤木、意杨、国外松、银杏、无患子、喜树、香椿、臭椿、棕榈，及李、桃、梨、杏、枇杷等经济树种；竹类主要有：早竹、哺鸡竹、角竹、刚竹、淡竹、红壳竹等；灌木及藤本有：木槿、木芙蓉等。株距一般控制在2.0米左右，林带下补植杞柳或株间混交棕榈。

③整地造林：造林前，将高低不平的堆土平整，清理乱石乱砖杂物。按2.0米×2.0米的株行距开挖50厘米×50厘米×80厘米的栽植穴，种植高1.5～1.8米、根径2.5～3厘米的粗壮苗木。坚持随起苗、随调运、随种植的“三随”原则。

④农耕措施：造林结束后，立即在林地条播艾青种子，割青翻埋于林地，既结合松土除草，又淡化盐分。

⑤抚育管理：组建护林队伍，共选定28名护林员，按村、组地域界线分段管护，并建立护林责任制。确定栽植后4年内，每年松土、除草3次，每年增施肥料2次，每株施用尿素0.25～0.5克，冲水浇株；幼林期禁止剪枝打桠，5年后适度除萌修剪，但打枝高度不超过树高的1/4～1/3。同时加强林带的抚育间伐、幼林抚育及病虫害防治。

鉴于造林地含盐量偏高，植后部分水杉、池杉呈“黄化”生理性病状，为此需撬皮嵌施分析纯硫酸亚铁。具体做法是：在地径部位，分3～4个不同方向，用利刀切成“Δ”形，撬开切口皮层，嵌入硫酸亚铁粉剂，贴紧表皮后用烂泥涂抹。通过树木自身输导作用，将硫酸亚铁输送到叶部，使呈“黄化”的植株较快“退黄还绿”。

⑥配套措施：管理形式上根据土地所有权分为户管和集体管2种，其中林带管护由沿途各村选派护林员，组成护林队负责管护，县级林业技术部门负责技术指导和检查监督，统称松散型联合体制。

在投入上由国家出土地、树苗和套种的艾青种子，补助部分护林员报酬费及肥料费，村级集体组织劳力造林，投入肥料、进行管护等，采用国家集体合作造林形式。林权属国有，收益按国家三成，村级七成的比例分成，并签订协议。

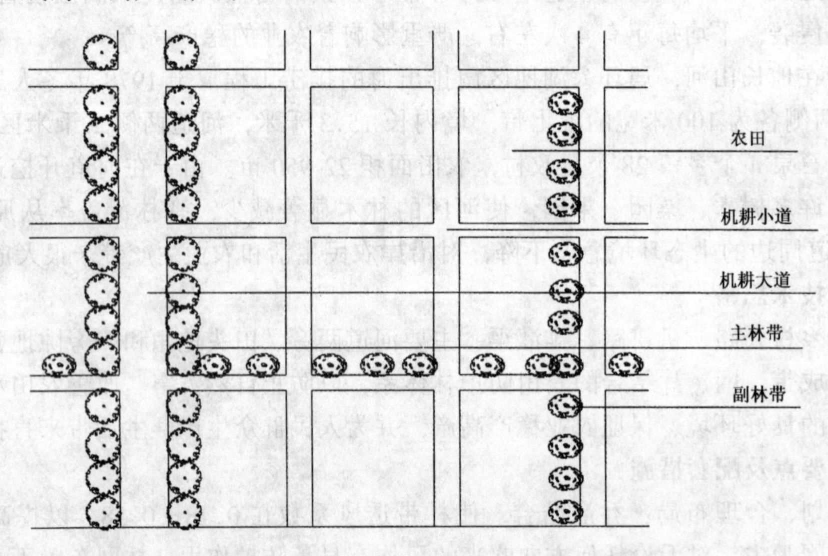

图 F2-8-1　浙北水网平原高标准农田防护林网建设模式图

(4) 模式成效

生态环境大为改善。沿河两岸在治理前无树少桑，森林覆盖率仅为6.3%，治理后提高到18.4%，提高了12个百分点，两岸树木成行，桑园成片，郁郁葱葱，风景秀丽如画。

社会效益良好。示范点带动了海盐县内类似大小河道两岸的绿化建设和周边农田防护林建设，盐嘉塘、盐平塘骨干河道，盐北河、六忠港等河道两岸都以此为样例，因地制宜地建起总长为40多千米的林带。全县在5年时间内，营造农田林网框架1 450多千米。

经济效益明显。示范林带现有林木蓄积5 000立方米，价值100万元左右，是投资的11.1倍。在实施模式的最初4年，年均饲养蚕种5 597.25吨，产茧186.3吨，单产达55千克/亩；而在后4年，由于林网形成后，起到了较好的防护效能，桑疫病得到控制，产量大幅上升，年均饲养蚕种12 960.68吨，产茧434.3吨，单产高达129千克/亩。农户从桑园中的收入，前4年平均每亩 199.18 元，后 4 年猛增到 726.64 元，净增加 527.46 元。

(5) 适宜推广区域

本模式适宜在长江中下游水网平原区推广。

【模式 F2-8-2】　杭州湾南岸新围涂区农田林网复合高效经营模式

(1) 立地条件特征

模式区位于杭州湾南岸的浙江省上虞市，为 1984 年经人工填海围垦而成的涂区，总面积 9 万亩，1990 年列入国家农业综合开发试验示范区，主要种植棉花。年降水量 1 300 毫米左右，但全年降水不匀，夏季伏旱明显。年平均气温 16℃左右。年平均台风 2～3 次，最多可达 7 次。土壤质地以轻壤质或沙壤质为主，土层深厚，质地均一，粗粉砂（0.01～0.05 毫米）含量可达 80%以上，长年地下水位在1.0～2.0米，矿化度 2～5 克/升，耕作层土壤有机质含量在 0.5%左右，平均含盐量在0.1%～0.5%。土壤粗粉砂含量高，保水保肥性能差，毛管作用强烈，洗盐和返盐速度都较快，土体淹水时板结，失水后又较松散，土壤冲刷严重，是农业、林业发展的主要限制因子。

(2) 治理技术思路

运用生态工程的技术方法，充分利用海堤、河道、路、渠营造和完善海堤林带、公路林带、主要河道的护岸林带，并以此为骨架设置农田林网。在涂区建立以林为框架，农、林、渔、草等有机结合的复合农林体系，达到减轻自然灾害，为涂区综合开发提供生态屏障作用之目的。

(3) 技术要点及配套措施

①科学规划、合理布局：林带走向及林网网格面积的设计应根据沟、渠、田、路配套工程，做到林随水走，带随路渠。根据道路、河岸、总排沟、排沟的不同，因地制宜设置主副林带。林带设计采用小网格、窄林带。典型网格为：主林带成东西或西北-东南走向，与主风方向垂直或成一小偏角，带距为 200～300 米左右；副林带间距为 200～400 米左右，林网网格面积为 100～200 亩左右。

主干林带：在路旁边坡栽植 2～4 行乔木，6.0～10 米宽，形成疏透结构。在总排沟、中心河、环塘河等一般设计 5～10 行乔木，10～20 米宽，在堤坡种植灌木护坡，品种以紫穗槐为主。造林以杨树、水杉、池杉等为主栽树种。杨树株行距为 3.0 米×2.0 米或 3.0 米×3.0 米，水杉、池杉株行距为 2.0 米×2.0 米或 2.0 米×1.5 米。

副林带：选择南北走向的渠路，沿渠路造林构成林网的副林带。在靠近农田的一边，设计栽植单行乔木林或灌丛，生产路的另一边及渠顶、渠角栽植 3～6 行乔木，并在乔木下栽植灌木，使之形成疏透结构，疏透度为 0.3～0.4。造林树种以杨树、水杉、池杉、紫穗槐等为主。杨树株行距为 3.0 米×2.0 米，水杉、池杉等树种为 2.0 米×1.5～2.0 米、2.0 米×1.0～2.0 米。

林带胁地控制：东西走向的道路，林带设计在道路南侧（2 行），而在北边不建林带；选用冠幅小的深根性树种，如水杉、池杉、臭椿，并在林带的两侧挖沟断根，一般沟深 0.5 米以上，以减少林带的胁地作用。

②树种选择与配置：海涂区土壤盐分和沿海大风等立地因子限制林木生长，环境较为恶劣，宜选择抗逆性强、能迅速成林的先锋树种，如杨树、喜树、白蜡、刺槐、海滨木槿、白榆、臭椿、女贞、侧柏、紫穗槐、珊瑚树、小叶白蜡、海桐等；对于立地条件已得到一定程度改善的涂地，如经过第 1 代先锋树种造林地段、地势较高且围垦时间 10 年以上地段、因外围又筑新海堤而海风有所减弱且地下水位降低的地段，可选择一些抗逆性相对较弱，但具有较高经济和生态价

值的后继树种：香樟、柏木、铅笔柏、大叶黄杨、桂花、枳壳、棕榈及桑树、梨树、葡萄、银杏、雷竹、角竹、早竹、哺鸡竹等。

纯林带：选择速生树种，如杨树、水杉等。成林迅速，整齐美观，防风效果较好。

混交林带：根据立地条件可选择杨树-刺槐、杨树-臭椿、杨树-女贞、杨树-臭椿-珊瑚树、杨树-香樟等多种混交方式。

乔灌草结合：在营造杨树等高大乔木防护林时，应配置灌草植物。适宜的灌木树种有紫穗槐、海滨木槿、女贞、海桐、小叶白蜡等，配置方式如杨树-紫穗槐等，同时在边坡、排水沟、鱼塘四周带状种植多年生护坡草，如羊茅、龙爪稷、苏丹草等，形成复层空间结构，以防止海涂粉砂冲刷，改善生态环境。

果树林网：在立地条件较好的地段，适当发展经济防护林树种，如桑树、无花果、枇杷、柿树、枣树、葡萄、竹类（雷竹、角竹、哺鸡竹）、梨树。在鱼塘四周，营造小网格林网，面积应小于100亩。

③造林技术：

适地适树，合理配置：造林的主要障碍因子是土壤含盐量高，因此根据不同树种的耐盐性和立地条件的差异，科学选择树种并进行合理配置是造林成败的关键。

选好苗木，适时栽植：选用大苗、壮苗造林，提高抗逆性、保证成活率。对一些易萌芽树种可进行截干造林，减少叶片蒸腾量，保证苗木根系所需水分，促进根系生长，如杨树、杂交柳、香樟、泡桐等；起苗要做到根系完整，随起随栽和适时栽植，根据各树种的不同生物学特性，选择最佳栽植时间。

洗盐改土，改种结合：根据盐随水来，盐跟水去的规律，在含盐量大于0.3%的条件下造林时，进行开沟排水，抬高地面，洗盐改土，降低地下水位；对一些高盐地段，采用客土做墩方法，即用黄泥、猪栏肥分层做成一个底宽1.0～1.2米，高0.6米，墩部直径0.8～1.0米的平墩，把树苗定植在平墩上。

严格整地，大穴移栽：在一些主要造林地段如路边，渠边、河边，土体经过人为挤压已相当紧实，许多地段土壤容重大于1.25克/平方厘米，土体通气性差，非毛管孔隙小于8%，这种土壤环境对根系生长极为不利。因此，造林时必须严格整地，大穴移栽，穴的大小要能保证苗木根系伸展为宜，促进苗木健康成长。

林农结合，改善立地：新造林地由于地面覆盖度少，土壤盐分变化剧烈，尤其是地下水位较高（小于1.5米）和地下水矿化度大于3克/升的林地，采用套种作物，如大豆、花生、蚕豆、或牧草等，或实行林地覆盖，以达到保水、调温、培肥，加速土壤脱盐，提高防护林的保存率，促进林木生长之目的。

(4) 模式成效

本模式实施后第5年净收益现值达24.6万元，产投比为4.96，内部收益率为0.86。以杨树为主要树种的林带3年后就能发挥明显的防护效益，在林带有效防护距离内棉花可增产10%左右。

(5) 适宜推广区域

本模式适宜在亚热带沿海的新围垦涂区推广应用。

【模式 F2-8-3】 苏南地区城乡一体化现代林业生态建设与综合治理模式

(1) 立地条件特征

模式区位于苏州市、无锡市，地处新华系第二巨型隆起带与秦岭东西向复杂构造带东延的复合部位。地质构造为远古代形成的华南地台，构造错综复杂，主要由石灰岩、砂岩和石英石组成。土壤类型有水稻土、老红土、石灰岩土、石质土等。年平均气温 15.7℃，无霜期 230 天左右，年平均日照时数为 2 000～2 150 小时，年降水量 1 100 毫米。水资源富营养化指数为 66.1，有机污染逐渐加重。

(2) 治理技术思路

考虑到当地经济较为发达、城市化程度高等特点，林业生态治理应该走园林化道路，即林业生态建设与区域经济、社会发展相衔接，在生态优先、兼顾经济效益的前提下，统一规划，合理布局，城乡兼顾，发挥特色，在全国率先建成城乡一体、结构优化、功能健全、设施先进、完备高效的生态林业体系。

(3) 技术要点及配套措施

①总体布局：针对苏南一带城郊结合部的自然地理、社会经济条件，现代林业生态建设必须围绕现有林保护、高效防护林的营建、绿色通道建设、风景林建设、名优特色基地和城镇村落绿化美化建设等方面总体推进，实现区域性功能一体化，并同时提供苗木等保障措施。

②防护林建设：主要包括高标准农田林网建设、水源涵养林、水土保持林建设和江河湖泊防浪护堤林建设。

将农田林网建设纳入农业高产、丰产建设范围，统一规划。在林网配置上，坚持乔灌合理配置，优先构筑干道两侧的高标准农田林网，突出农田防护整体效益。主林带随地形变化，不强求全部方格化。主林带树种选择以高大乔木为主，主要有南方型杨树、杂交柳、榉树、香椿、重阳木、黄连木、枫香、喜树、枫杨、水杉、池杉和杞柳等。

荒山荒地全部绿化，迅速关闭临湖采石场，尽快恢复植被；采石塘口种植攀缘植物，以免水土流失。坡度 25 度以上的全部退耕还林。树种选择：松类、杉木、柳杉、侧柏、榉树、黄连木、麻栎、马褂木、香椿、臭椿、檫木、樟树、苦楝、苦槠、枫香以及椴树等。

以太湖流域综合防护林体系为龙头，各级堤防全面绿化，充分发挥林业生态屏障作用。多栽耐湿树种、乔木树种和片林，突出防浪护堤效果，兼顾护路和美化环境。树种采用垂柳、重阳木、紫薇、乌桕、枫香、香樟、薄壳山核桃、白蜡、赤杉、棠梨、枫杨、水杉、落羽杉、三角枫和杞柳等。

③丘陵山地现有森林保护：实施范围在宜兴、吴县、无锡市郊区、马山区等丘陵山区的针阔叶林地区。通过加强封山育林，防止乱砍滥伐和人为破坏，严防森林火灾和森林病虫害，对疏林、残次林进行人工改造，促进天然更新，并进行必要的补植，林中空地因地制宜栽植适当的乔木树种等措施，对宜兴等丘陵山区的森林加强保护。规划培育树种有：松类、杉木、柳杉、侧柏、毛竹、榉树、黄连木、麻栎、马褂木、香椿、臭椿、檫木、樟树、苦楝、苦槠、枫香、椴树等。

④交通干线高标准绿化：在骨干道路两旁建设高标准绿化带，以乔木树种为主，增加绿化量，建设林荫道。多树种、多林种相配合，落叶阔叶树、常绿阔叶树、针叶树相结合，重点地段乔灌花草相结合。在有条件的地方建设复合林带。树种主要选用主干挺直、树大荫浓、抗烟尘污染的树种，如悬铃木、南方型杨树、枫杨、杂种鹅掌楸、榉树、香椿、银杏、重阳木、黄连木、

枫香、喜树、樟树等。

⑤风景林建设和生物多样性保护：在靠近城市、城镇和居民点集中的地方大力建设风景林，以适应人们日益增长的旅游、休憩需要。加强种质资源的保护、研究、开发和利用，通过建立植物园、养殖场、禁猎区、鸟类和野生动物迁徙繁殖保护区等多种方式，加强珍稀动、植物资源的保护，实现生物资源的永续利用。主要选用杂种鹅掌楸、榉树、香椿、银杏、七叶树、墨西哥落羽杉、栾树、无患子、南酸枣、美国山核桃、重阳木、黄连木、枫香、喜树、刺楸、悬铃木、紫荆、石楠以及其他乔木、花灌木和经济灌木。

⑥名特优新经济林基地建设：根据因地制宜、推广良种、合理布局、保持水土的原则，在土层深厚肥沃、高地位级的山麓地带发展经济林。进行高标准整地，兴修水平阶，加强水土保持措施。进行立体林业集约经营，注意市场预测，发展名特优新品种，慎用农药化肥，生产绿色食品，实行山水田林路综合治理开发。

⑦优良种苗繁育基地建设：大力繁殖适生优良乡土树种、防护树种、用材树种、景观树种、行道树种和花灌木，采用高技术，迅速推广适宜当地生态环境的外来优良树种。特别注意种苗质量和品种规格，做到定向培育，精心准备。

⑧城市（镇）绿化美化：以全面绿化、美化、香化、净化环境为原则，建设园林化城市为目标，突出城乡结合部的大环境绿化，重点增加绿地面积和总绿量，形成上规模的绿化氛围，同时着力提高文化品位和景观效益，建设各具特色的景观园林路。主要选用杂种鹅掌楸、榉树、香椿、银杏（雄性，作行道树）、合欢、七叶树、墨西哥落羽杉、栾树、无患子、南酸枣、美国山核桃、重阳木、黄连木、枫香、喜树、刺楸、悬铃木、紫荆、石楠、桃叶珊瑚、十大功劳、杞柳、花石榴、日本樱花以及其他乔木、花灌木和经济灌木。

小城镇绿化美化应以主要街道绿化美化为突破口，乔灌花草相结合，大力发展高大乔木。挖掘土地潜力，加强企事业单位和居住区的庭院绿化。规划树种：杂种鹅掌楸、榉树、香椿、银杏(雄性，作行道树)、合欢、七叶树、墨西哥落羽杉、栾树、无患子、南酸枣、美国山核桃、重阳木、黄连木、枫香、喜树、刺楸、悬铃木、紫荆、石楠、桃叶珊瑚、十大功劳、杞柳、花石榴、日本樱花以及其他乔木、花灌木和经济灌木。

⑨农村居民点、村庄绿化：家前屋后和庭院美化坚持以高大乔木为主，针阔结合，落叶常绿结合，林果结合，乔灌花草结合，科学合理配置。可选配榉树、香椿、银杏、重阳木、黄连木、枫香、喜树、刺楸、石楠、桃叶珊瑚、十大功劳、枫杨、樟树、柑橘、杨梅、枇杷等。

(4) 模式成效

本模式各项工程总体上构成了一个循序渐进的区域性生态林业可持续发展战略体系，有效地改善了示范区农业生态环境，提高了人民生活质量，增加了土地产出，产生了巨大的生态效益、社会效益和经济效益，促进了该地区农业现代化进程。

(5) 适宜推广区域

本模式适宜在我国东南沿海经济较发达地区推广。

【模式 F2-8-4】　沪西淀泖低地河道生态经济型防护林建设模式

(1) 立地条件特征

模式区位于上海市油墩港，是上海连接外省市的重要水上干道，也是贯穿全区的泄排夏秋涝水的重要通道。地势低洼、地下水位高，地面高程大部分在3.5米以下，部分区域在3.5～4.5米。港汊密布，土壤盐渍化严重，主要土壤类型为养分储量高而供肥能力弱的青紫泥，还有潮泥、潮砂泥、菜园灰潮土等。

（2）治理技术思路

利用和完善现有治涝排灌工程设施，通过合理的树种选择与群落配置，充分发挥林木强大的生物排水、固土护堤作用，改善立地条件，形成生态、景观与社会经济功能优化的群落结构，以覆盖保护土壤、阻滞径流，涵养水源，防止水土流失，固土护堤，实现改善生态环境和减灾防灾的目标。

（3）技术要点及配套措施

①规划布局：以高标准护堤护岸林带为主体，带动两侧农田林网配套建设与生态经济林建设，以线带面形成多功能、高效益的生态林体系，并注重与道路绿化、村落绿化工程的联系与空间配置。

②治涝排灌工程的利用和完善：通过驳岸改造和排水系统的建立，利用和完善已有治涝排灌工程设施，有效降低地下水位，改善立地条件，提高减灾防灾能力。

③改土整地：以现有治涝排灌工程设施为基础，进行全面整地，合理开挖排水沟，配套纵横排水沟，升高垄面，减低地下水位，增施有机基肥，改善土壤结构，提高土壤肥力。

④造林配置：沿岸设置25米宽的生态防护林带，以复层群落配置方式营造混交林。主要群落配置形式为沿水栽植云南黄馨，从驳岸边依次栽植垂柳与红花檵木的复层群落、湖北女贞与香樟的株间混交林带，外沿为3～4排水杉林带。

在菜园灰潮土等土壤肥力条件较好地段，林带宽度扩大至50米，林带内侧配置上述防护林群落，外侧种植柿、枣、橘、桃等经济树种，在地势较高地段种植笋用旱竹，形成经济型防护林带。在道路、河道交叉处设置以观赏树种为主的景观绿化群落，综合形成寓生态防护、经济、景观于一体的林业生态工程体系。

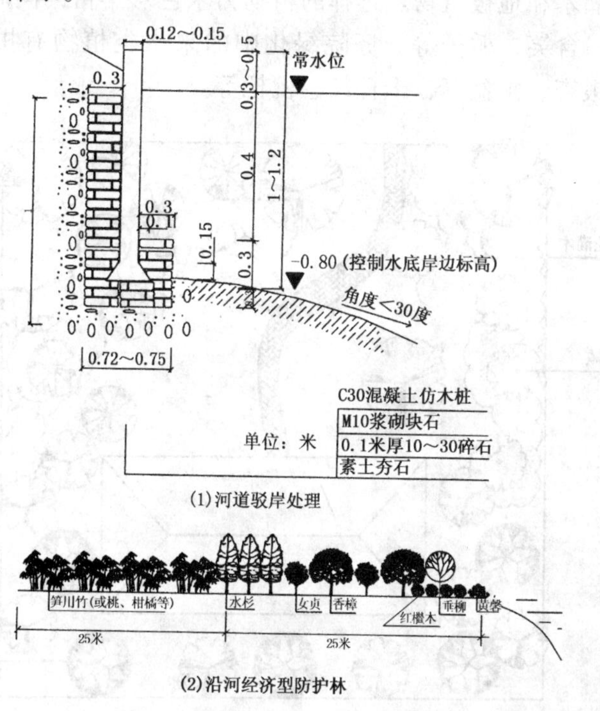

F2-8-4　沪西淀泖低地河道生态经济型防护林建设模式图

（4）模式成效

本模式以生态防护效益为主，能有效改善所在区域生态环境质量，增强减灾防灾能力，提高景观质量，同时具有一定的经济效益，实现多种效益的综合优化。

(5) 适宜推广区域

本模式适宜在湖沼平原和湖叉河网区推广。

【模式 F2-8-5】　上海市郊庭院绿化模式

(1) 立地条件特征

模式区位于上海市闵行区旗忠村。原为菜地或农田生境，土壤为经过长期改造的水稻土或菜园土，土壤深厚，pH值中性偏碱，土壤肥力较高，但有一定的建筑垃圾和生活垃圾的污染，对土壤肥力造成一定影响。

(2) 治理技术思路

充分利用庭院有限的空间，种植一些当地成功栽培的果木类、观花赏叶类植物或其他经济植物，实现庭院经济型、观赏型和生态型的多重良性组合，提高居民的生活质量。

(3) 技术要点及配套措施

①绿化布局：庭院绿化要与村落的整体绿化相结合，形成一街一景、一街一个风格。郊区庭院一般在100平方米左右，绿化布局时要留出一定的活动空间，因可供绿化的面积有限，应合理利用每一个空间。绿化布局中要考虑植物的背景、中景和前景的关系。在房后可栽植水杉、香樟、银杏等高大的乔木，以阻挡寒风；在房屋的西侧以及南侧应考虑栽植一些遮荫效果好的乔木，但同时不影响冬季采光和采暖，以落叶乔木为宜，如合欢、榉树、乌桕等。面积较小的庭院其树种的选择应以一些中、小乔木为主，否则会产生压抑感。

②植物选择：庭院是一个小的空间，植物选择不宜过多，否则会显得凌乱和混杂。选择2～3种乔木，再配置一些花灌木和地被植物。选择的植物力求色彩丰富，同时，可考虑选择芳香型植物如蔷薇、木香、桂花、含笑、栀子等。庭院绿化中的果木类植物有柑橘、柿子、枇杷、杨梅等。药用植物如杜仲、银杏、垂盆草、千日红、枇杷等。

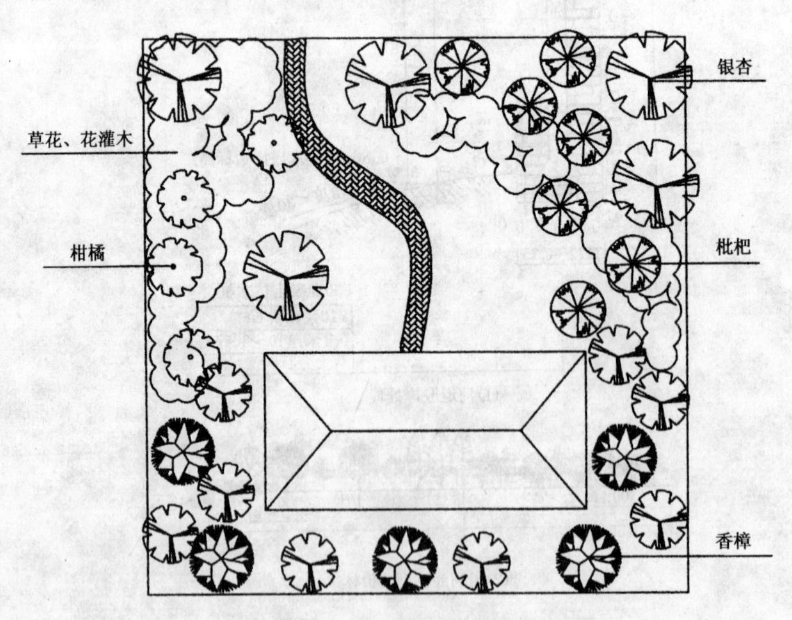

图 F2-8-5　上海市郊庭院绿化模式图

（4）模式成效

本模式有效地利用城郊农村的庭院空间，通过合理规划，科学栽植，整体上达到了生态化、美化、彩化、经济化相结合的目标。在上海闵行区、浦东新区等已取得良好的效果。

（5）适宜推广区域

本模式适宜在华东地区城郊型农村村落进行推广应用。

【模式 F2-8-6】 上海市郊村落绿化模式

（1）立地条件特征

模式区位于上海市闵行区旗忠村，地势低洼，地下水位较高。土壤以水稻土为主，土壤中偏碱，质地较为黏重，较宜耕作。土壤偏碱以及黏重水湿的特点，是树木生长的主要限制因子。

（2）治理技术思路

传统郊区村落，民居自然散落，不利于生态环境的综合整治，沟渠灌草丛生，绿化树种只有如构树、水杉、榆树等少数几种乡土树种，缺乏规划管理，树势较差，更无整体绿化整治效果。随着都市效区社会经济的快速发展，原有效区村落的居住形式与绿化配套已远远不能反映都市效区农村的现代化水平与精神文明风貌。因此，应在郊区村落民居统一规划的基础上，按照“村中有林，林中有村”的生态绿化构思，采取集现代化特征与乡村文化氛围特色于一体的绿化形式，并通过完善和建设配套设施，改善郊区乡村的人居生态环境和居民的生活质量，反映都市郊区村落浓郁的现代化气息和社会经济文化的全面发展。

（3）技术要点及配套措施

①绿化布局：首先在村落民宅规划中，将村落区划为若干小区，然后以小区为单位，形成若干绿化组团。小区间依托村主干道路的绿化进行联结，与村公园和其它配套设施的绿化形成一体。

在居住小区中，以无患子、水杉等树种作为小区道路的绿化树种，小区道路与民宅间规则种植香樟、女贞、桂 花等常绿树种，以乡土树种构建绿化景观主调，树下零星自然式置石，形成“村中有林”的自然野趣意境。在小区四周自然式配置观赏林带，带宽 10～15 米，树种以龙柏、香樟、桂花、红叶李等观赏树种构成，形成“林中有村”的格局。

在村落居住区的外围地带，建立以苗圃为主体的绿化林带，使整个村落座落在更大范围的生态林之中。

②树种及其配置：以香樟等乡土树种为主，进行规则式种植，适当密植。大规格苗木一般采用 1.0 米×1.5 米的株行距。苗圃树种以香樟为主，实行容器育苗。小苗移植采用 0.25 米×0.25 米的株行距。

③设施配套：在村落的绿化与生态建设工作中，应注重设施配套的建设。可在生态林中建立网球场、村落休闲公园以及成立文化中心等，在保障优良生态环境的前提下，提供设施完善的休闲娱乐场所。

（4）模式成效

本模式已在上海地区推广发展。模式强调自然乡土景观特色与现代化气息共存，能有效反映都市郊区的社会经济和生态文化特点，绿化景观稳定，管理简便，且与调整郊区农村种植产业结构相结合，具有一定的生产功能，在优化郊区农村居住环境，发展农村文化和精神文明建设，以及服务于种植产业结构调整等方面都显著成效。

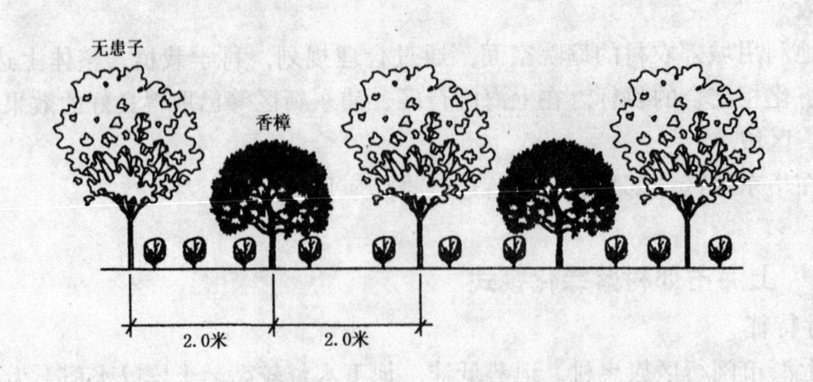

图 F2-8-6　上海市郊村落绿化模式图

(5) 适宜推广区域

本模式适宜在经济发达城市的郊区进行推广应用。

【模式 F2-8-7】　水网平原低丘森林植被恢复与生物多样性保护模式

(1) 立地条件特征

模式区位于上海市松江区的佘山平原低丘地带。佘山为天目山余脉，形成于7 000万年前的中生代后期，山系呈东北-西南走向，长约12公里，散布于松江区的佘山、天马山与小昆山镇，山地总面积6 270亩，有林地面积为5 353亩。山体海拔一般在60～70米。地带性土壤为黄棕壤，典型地带性植被类型为亚热带常绿阔林。因地处北亚热带与中亚热带过渡地带，呈季风型气候，全年温暖湿润，四季分明。年平均气温14.6℃，年降水量1 102毫米，平均相对湿度82.5%，无霜期338天。

(2) 治理技术思路

佘山位于上海市西南，为上海历史文化的发源地之一。佘山地区共有12座山，俗称九峰十二山，为上海目前惟一保留有半自然植被的地区，建有佘山国家旅游度假区、佘山国家森林公园和佘山自然保护区，目前面临着基础设施建设和超容量旅游的生态影响，森林植被的结构和质量亟待改善，人工林病虫害较为严重，人工毛竹林的扩大对周缘植物群落生境的影响，森林景观的质量、旅游功能以及物种多样性不够丰富等问题，对于实现上海城市地区的生物多样性保护与建设，为城市提供回归自然的高质量生态环境的目标，存在一定的差距。

因此，在佘山平原低丘地带，主要是通过基础设施建设和旅游容量的控制，防止生态退化；对无林地进行造林绿化恢复森林植被；对次生林和人工林实行封育改造措施，恢复以地带性常绿阔叶林为特征的地带性植被景观。通过丰富森林植物种类，奠定保护和发展生物多样性资源的生态学基础，配合其它措施实施生物多样性的保护与建设。这样，以森林植被的生态恢复为基础，以自然保护为依托，最终建设具有丰富生物多样性特点和地带性森林植物景观特征的多功能优化的城郊森林生态系统。

(3) 技术要点及配套措施

①景观区划与分区管理对策：根据总体规划的多方面功能目标要求，将佘山地区区划为旅游活动区、过渡缓冲区与试验区、核心保护区等区域，制订不同的管理措施，实施不同的目标管理，进行景观管理与多功能开发利用。

②人工建筑的规划控制：人工建筑的增加是导致佘山景观及生物多样性破坏的重要影响因素

之一。一方面通过控制开发利用规模，减少人工建筑的数量与面积；另一方面要采取适当的建筑形式，减轻人工建筑的负面影响，减轻对自然景观的压力，达到人与自然景观合理和谐共存的目标。

③发展生态旅游，控制人为干扰：为使景观尤其是自然景观得到有效的保护，必须结合景观的分区管理，控制旅游开发利用规模，减少游客流量，缩小旅游开发利用对自然景观的干扰范围，减少对过渡缓冲区、试验区的影响，保障核心保护区的自然恢复。在旅游活动区，制订及宣传提倡生态旅游措施，减少人为破坏，控制人为干扰。

④植被景观建设规划：在植被景观现状调查的基础上，进行植被景观的整体规划，形成植被景观的整体特点。确定植被景观中人工植被景观与自然植被景观的面积比例，进而确定各类森林植物群落在景观中的面积比例。根据佘山地区景观总体规划目标及相应原则，植被景观的整体规划中应控制人工植被景观的面积比例，努力恢复自然植被的面积比例，增加自然特色。尤其是要考虑恢复适当面积比例的典型地带性植物群落类型，如白栎群落、苦槠群落等，恢复地带性特点。

⑤封育和人工促进天然更新：在分区区划管理的基础上，积极开展封山育林，充分考虑植被的自然演替动态特点，利用自然恢复能力恢复自然森林植被。适当辅助增加地带性植物种源或于林下补植地带性植物幼苗，人工促进天然更新。如在香樟、黑松人工林和以白栎、榆树等为优势树种的次生林中补植红楠、青冈栎、苦槠等常绿阔叶树种的幼苗，根据相似地域的地带性植物群落类型的物种构成，促进景观中自然植被演替后期阶段优势树种的生长发育与种群复壮，加快次生植被的自然恢复过程。

⑥生物多样性保护：佘山地区具有较为丰富的生物多样性，是城市生物多样性维护建设的重要基地。在生物多样性保护中，首先加强主要植物群落类型的保护，恢复一定的面积比例，通过群落类型的保护来恢复濒危高等植物的种群大小，保存动物生境以及林下植物、低等植物的生长环境，保护、恢复和发展群落的物种多样性。对于濒于绝迹的一些植物种类，尤其是关系到典型植物群落结构功能恢复的关键种和地区特色种，提出重点保护名录予以保护，如苦槠、白栎、麻栎、紫弹树、糙叶树和佘山羊奶子等。对于动物生物多样性的保护，不仅要保护其典型生境类型，适当恢复发展其典型生境类型的面积，而且应该通过景观规划，优化景观空间格局，加强典型生境类型斑块间的连通性，来缓和生境破碎化带来的可能影响。

⑦景观美学质量管理：以保持和提高景观美学质量为目标加强抚育管理。开展卫生伐，伐除长势不良的树木和枯死木，为下层林、次生林生长创造条件。做好病虫害的预测预报和防治工作。对遭受破坏、林相较差的疏林地进行人工改造，以地带性植被为参照，规划设计近自然人工风景林，创造美学质量良好的森林植被景观。

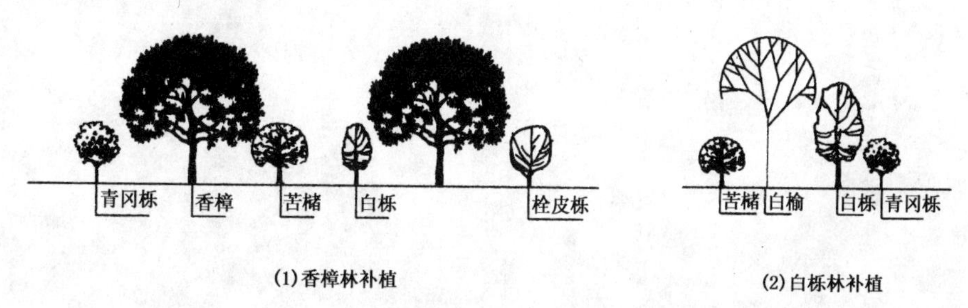

图 F2-8-7　水网平原低丘森林植被恢复与生物多样性保护模式图

⑧加强人文景观资源保护：佘山地区有着悠久的历史积淀，蕴含丰富的文化古韵。在新中国成立以来上海市已经出土的25处古文化遗迹中，佘山地区就占了七处。九峰十二山人文景观十分丰富，有许多著名的泉溪、洞壁，还有许多名人旧址遗迹和大量的著名宗教建筑，董其昌多此曾有“九点芙蓉堕淼茫茫”的生动描绘。清康熙帝南巡时曾到佘山，品尝了佘山竹笋后，又赐名为“兰笋山”。这些丰富的人文景观资源是开展森林旅游的重要基础，在开展森林植被生态恢复和生物多样性保护的同时，必须重视人文景观资源的保护。

(4) 模式成效

①封山育林与造林绿化成效明显：佘山地区在清代还是保存了良好森林植被的自然风景胜地，在人类干扰的破坏下，尤其是抗日战争时期的破坏，这里的有些山头基本成了荒山，原来以青冈、苦槠等为优势树种的常绿阔叶林自然植被已破坏殆尽、荡然无存。经过植树造林和封育恢复，到20世纪50～60年代，已经逐渐恢复了半自然的森林植被。至80年代，无林地造林绿化取得一定成绩，原来以灌丛和多年生禾草为主的群落发展了较多的人工林类型，如黑松林、湿地松林、水杉林、池杉林、柏木林、香樟林等，并营造了一定面积的毛竹林。佘山地区人为干扰较少的北竿山、天马山等地，经多年封山育林，次生灌丛已经非常茂密，表现出良好的恢复演替态势。目前，佘山地区的植被景观由人工林景观与经次生演替形成的半自然植被景观构成。除上述人工林外，自然植被群落类型主要有禾草群落、灌丛群落、白栎、榆科植物群落和白栎苦槠群落等，特别是在佘山地区分布的栎类林、苦槠林、香榧林已成为上海惟一的现有群落。人工林也形成了一定的景观特色，如1300余亩的毛竹林既为上海地区惟一的大面积竹林景观，且生产的由乾隆赐名的“兰花笋”又增加了文化韵味，提高了景观品位，有较好的景观旅游价值。

②生物多样性保护成效突出：由于适宜的气候、土壤条件，以及存在一定的森林植物资源，又通过森林植被生态恢复和生物多样性保护措施，佘山地区已成为上海地域生物多样性最为丰富的地段，有较为丰富的动植物种类。1996年的调查表明，佘山现有种子植物65科115属144种，其中木本植物69种，草本植物75种。与20世纪60年代相比，虽然科、属、种有所减少，但木本植物种类却有所增加。有些在平原地区绝迹的植物种类如六月雪、灵芝、明党参等，在佘山地区也保有一定的野生群落。与此同时，森林植被的恢复给野生动物提供了栖息环境，目前在北竿山栖息有白鹭等珍稀鸟类种群，横云山曾有“豹猫”出现，九峰上的留鸟和候鸟达到了250余种。

(5) 适宜推广区域

本模式的思路与技术适宜在大中型城市郊区保持有一定森林植被的地区推广。

第30章

罗霄山-幕阜山山地高丘类型区(F3)

本类型区位于长江南岸，北靠江汉平原，南与南岭主峰相连，西接洞庭湖滨，东连鄱阳湖和赣抚平原，地跨湖南省、湖北省、江西省，包括湖南省的岳阳市、长沙市、株洲市、郴州市，湖北省的咸宁市，江西省的九江市、宜春市、新余市、萍乡市、吉安市等10个市的部分或全部，地理位置介于东经112°59′43″～115°48′9″，北纬25°21′26″～29°59′29″，总面积84 037平方千米。本区内发育修水、浏阳河，建有亚洲最大的土坝水库——柘林水库。区内还分布有大量近代革命遗址，是爱国主义教育基地。

罗霄山、幕阜山主脉是湖南省、湖北省、江西省的界山，中部高峻，西北和东南相对逐渐低倾，形成一山两坡的山地地形。地貌具有江南山地奇峰突起、沟壑险峻、相对高差较大的特点。区内山峰林立，仅江西省宜丰县境内海拔1 000米以上高峰就有10座。据统计，海拔500米以上的山地面积占该土地总面积的64.8%，高丘面积仅占16.6%。

中亚热带季风气候，四季分明、雨量充沛、水热资源丰富，年平均气温16.4～17.1℃，极端最高气温40.1℃，极端最低气温－13℃，≥10 ℃年积温5 047.7～5 300℃。年降水量1 400～1 900毫米，4～6月降水占很大比例。

成土母质有花岗岩、片麻岩、页岩、砂岩、千枚岩等风化物，局部地区有石灰岩。土壤以黄红壤和红壤为主，黄壤和黄棕壤次之。区内土壤垂直分布比较明显：海拔400米以下为红壤，400～800米为黄红壤，800～1 000米为山地黄壤，海拔1 000米以上为山地黄棕壤（局部地区垂直分布下限可至850米），在高山顶部、山鞍垭口等风口地带常为山地草甸土。各种土壤的肥力以山地黄壤最佳，有机质含量达3%～5%，黄红壤次之，红壤和紫色土较差。类型区北部多粗骨性红壤，石砾含量较多，土层较薄，呈强酸性反应；南部以黄红壤为主，土层较北部深厚，质地和结构亦较北部为佳。北部一些地区水土流失较严重，而南部地区由于气候温和，空气湿度大，土壤肥沃，植被覆盖普遍较好。

本类型区地处常绿阔叶林与落叶阔叶林过渡地带，是南方重点产材区，植物种类较多，主要类型有：常绿阔叶林、常绿落叶阔叶林、针叶林、竹林、油茶林等。

本类型区的主要生态问题是：由于一直“重采轻育”，森林数量和质量下降，森林保持水土、涵养水源等生态功能削弱，水土流失加剧，地力衰退，生物多样性降低。

本类型区林业生态建设与治理的主攻方向是：转变林业经营思想，提高林业经营水平，逐步恢复和增强森林保持水土，涵养水源的生态功能，建立比较稳定的森林生态系统。

本类型区共划分为2个亚区，分别是：罗霄山山地亚区，幕阜山山地高丘亚区。

一、罗霄山山地亚区（F3-1）

罗霄山是湖南省和江西省的界山，处于湖南省东南与江西省西南交界地带。包括江西省萍乡市的莲花县，吉安市的吉州区、青原区、安福县、峡江县、新干县、吉水县、吉安县、泰和县、永新县、永丰县、井冈山市、万安县、遂川县；湖南省株洲市的醴陵市、攸县、茶陵县、炎陵县，郴州市的桂东县、资兴市、汝城县等21个县(市、区)的全部，地理位置介于东经113°3′33″～115°48′9″，北纬25°21′26″～28°0′45″，面积43 648平方千米。区内有许多革命老区和爱国主义教育基地，如著名的井冈山革命根据地等。社会经济以农业为基础，林业一直是重要经济来源，工业欠发达。随着105国道和京九铁路的开通，旅游业迅速发展起来，仅井冈山年接待中外游客达60万人次。旅游业的兴旺也带动了社会经济的快速发展。

典型山地地貌，罗霄山由北向南贯穿全区。东部以丘陵为主，中部群峰密布、山脊纵横，海拔1 000米以上的高峰有10余座。中亚热带季风气候，年平均气温18～19℃，无霜期230～290天，年降水量1 400～1 600毫米。海拔500米以下的山地以红壤为主，成土母岩有泥质岩风化物和第四纪红色黏土，土层深厚，表层疏松、结构良好，有机质含量中等；海拔500～700米的山地为黄红壤，成土母质有泥质岩类和花岗岩类，土层深厚、肥沃，有机质含量较高；海拔700～1 200米的山地以黄壤为主，成土母质主要有片岩、砂页岩、千枚岩等，土层较深厚，质地为中壤质，有机质含量高。

本亚区地处南北植物区系差异明显的分界线上，植被类型以中亚热带植物区系为主，同时具有亚热带过渡性质，也包含部分温暖带成分。山地植被类型主要有：以壳斗科、木兰科、樟科、杜英科为主的常绿阔叶林；以杉木、马尾松与阔叶树混交的针阔混交林；800米以上的山地主要有常绿与落叶阔叶混交林和落叶阔叶林。丘陵植被类型有：以杉木、马尾松、湿地松为主的人工针叶林；以马尾松为主的天然针叶林；此外，以油茶、果木林为主的经济林广泛分布在本区的丘陵地带。

本亚区的主要生态问题是：长期以来，山区群众生活过分依赖于森林，对天然森林大肆采伐，水土流失加剧，生物多样性遭破坏，一些著名的风景点由于没有高质量天然林的衬托而逐渐失去昔日的光彩。京九铁路和105国道两侧的丘陵地区，由于交通便利，人口稠密，森林资源破坏更为严重，生态环境十分脆弱。大面积建设人工林虽然绿化了荒山，但生态结构的稳定性较差，树种单一，生态功能较弱。

本亚区林业生态建设与治理的对策是：西部以井冈山市为中心，应大力加强周边县（市）天然林资源保护，在革命纪念胜地和风景点建立森林公园，采取营造混交林、稀疏林补阔和全面封山等措施，恢复林草植被，提高森林质量，建立稳定的森林生态系统。对赣江沿岸、105国道、京九铁路沿线，生物措施和工程措施相结合，治理水土流失，绿化、美化环境。对大面积人工林，加大补植阔叶树的力度，改造林种、林龄结构，提高林分质量。

本亚区共收录4个典型模式，分别是：井冈山景观生态林建设模式，赣中绿色通道近自然林建设模式，赣中南低山丘陵针叶纯林改造模式，湘东丘陵岗地低效杉木林改造模式。

【模式F3-1-1】 井冈山景观生态林建设模式

（1）立地条件特征

模式区位于江西省西南部井冈山，属罗霄山脉中段万洋山的中部。年平均气温14.2℃，最冷月平均气温3.2℃，最热月平均气温23.9℃。年降水量1 856.2毫米，无霜期241天。井冈山群峰密布，山脊纵横，海拔300～1 200米，土壤以红壤、黄红壤为主，土地肥沃，以天然林为主的森林覆盖率达85%以上，森林小气候明显。区内林相不整齐，观赏性不强，森林质量下降，动植物种类减少，局部地区有水土流失。

(2) 治理技术思路

井冈山是我国著名的爱国主义教育基地和风景旅游胜地。通过建立森林公园并采取"以封为主、以改为次、以造为辅"的经营方式，采用人工模拟自然生境等手段，恢复风景区的自然面貌，提高森林的环境保护作用和观赏旅游价值。

(3) 技术要点及配套措施

①总体布局：将有革命遗址、旅游价值的地区以山脉、水系为界线规划为森林公园，根据森林公园的规模、纪念价值、旅游价值及森林质量等确定其等级。对具有重点保护价值的动植物区域或特定保护意义的区域，划为国家级、省级自然保护区。各级森林公园（含风景林）的总面积应占各区（县）林业用地面积的20%以上。加强对森林公园和自然保护区的保护，清除林内病腐木、"霸王林"，保留干形通直或具有观赏价值的林木或国家级、省级保护物种，如枫香、檫木、黄檀、杜鹃、方竹、楠木、银杏等树种，保持良好的森林卫生状况，逐步增强森林观赏性，改善生态环境。

②封山育林：森林公园内所有的林地均为封山对象。采取有力的措施控制人畜对森林资源的破坏，成立专职护林队伍，印制护林公约并在封育区内所有的村庄散发，利用广播、电视等新闻媒体大力宣传保护森林的重要性，在景区的主要出入口设置封山禁牌、张贴标语等。

在封育的同时，对郁闭度低于0.5的森林采取见缝插针的方式，在林中空地补植枫香、毛竹、檫木或其他观赏、实用价值兼有的乔灌木树种，丰富森林景观。

③人工造林：对景区内及景区周边的无立木林地或荒地等进行人工造林。宜选择既有观赏性又兼有实用价值的树种，如枫香、南酸枣、檫木、毛竹、白（紫）玉兰、杉木、红叶李、湿地松、柏木等。提倡营造混交林，以带状混交为佳，每个小班不少于2种阔叶树种，且阔叶树比例不得低于70%，并且根据观赏内容、季节的不同进行合理配置和造型。株行距按一般造林标准确定，以穴状整地为主，规格可视树种而定，但要尽量保留原生植被，严禁全垦或炼山，做到山顶戴帽、山腰山脚设置植被保留带等。

④配套措施：建立森林公园管理和保护机制，对破坏森林资源的行为采取严厉的惩罚措施；森林公园建成后所需的森林资源保护、培育与管理投资主要来源于旅游收入。

(4) 模式成效

本模式操作简单、见效快、效果明显，有利于培育高质量的森林，为人们提供旅游、登山考察等良好的自然环境；有利于建立稳定的生态体系，维护地区生态环境的持续健康发展。

(5) 适宜推广区域

本模式适宜在南方地区森林公园、自然保护区等森林景观景点及其周围推广。

【模式F3-1-2】 赣中绿色通道近自然林建设模式

(1) 立地条件特征

模式区位于江西省万安县境内京九铁路沿线。年平均气温14.2℃，最冷月平均气温3.2℃，最热月平均气温23.9℃，无霜期241天，年降水量1 856.2毫米。地貌以低山丘陵为主。治理前，森林资源破坏比较严重，以天然马尾松为主，森林覆盖率不足60%，土壤瘠薄，水土流失比较严重，且塌方、山体滑坡等灾害时有发生，生态环境比较脆弱。

(2) 治理技术思路

以培育水土保持林、水源涵养林、风景林为主，坚持生态建设与山、水、田、林、路等工程建设相结合，采取人工造林、封山育林等措施，保护与培育森林植被，提高森林质量。突出森林保持水土、涵养水源、美化环境的生态功效，改善江河、铁路、公路沿线的生态环境和景观。

(3) 技术要点及配套措施

①合理布局：对公路、铁路以及河流沿线两侧的迎坡面进行实地调查，对沿路（河）的生态林建设进行全面规划。在河流源头两侧迎坡面建设水源涵养林，在道路两侧重点建设水土保持林，在村庄附近或城镇周围重点建设风景林。建设措施主要有人工造林、封山育林，并辅以工程措施。

②封山育林：

立地：山顶（脊）部、陡坡及土壤瘠薄、水土流失中度以上、森林植被易破坏难恢复且具有天然恢复林草植被能力的疏林地、低效残次林、荒山荒地等。

措施：明确划定封育范围，禁止一切人为活动，保护现有的林草植被，根据植被状况和生态脆弱程度确定封育年限，一般不少于10年。通过封山育林，使林草植被得到恢复，最终要求林木郁闭度达到0.6以上，灌草盖度达到50%以上且分布均匀。

③人工造林：

立地：沿线坡度比较平缓、立地条件较好，但森林植被破坏严重的采伐地、退耕地及其他无立木林地或疏林地，宜通过人工造林措施尽快恢复林草植被。

树种及其配置：选择樟树、檫木、南酸枣、毛竹、黄竹、木荷、枫香、马尾松、胡枝子等，营造阔叶混交林或针阔混交林，阔叶林的比例不低于50%。根据树种的生物学特性及沿线景观建设需要进行树种配置，如枫香与檫木及杉木混交，毛竹与檫木及杉木混交，黄竹与樟树混交则宜栽植在山下部及河边。

造林：具体技术要求见表F3-1-2。对造林困难的小班宜先种灌草，2～3年后再种植乔木。

④工程措施：在临河、临路地区，由于坡度陡、泥土裸露，极易发生山体滑坡、崩塌等灾害。因此，先铺砌水泥网格，然后在网格内种草，草种可选择狗牙根、百喜草、香根草等。

⑤配套措施：由于沿线人为活动频繁，造林和封山后必须加强管护，指定专人看管，明确责任，制定护林公约；鼓励国有、集体、个人、联户等多种经营形式并存。

表F3-1-2　绿色通道近自然林营造技术　　单位：株/亩、米

模型号	位置	林种	树种	苗木等级	初植密度	株行距	整地	抚育	造林时间
							方式,规格	方式,年次	
Ⅰ	山体中上部	水土保持林	马尾松 枫香	Ⅰ或Ⅱ	330	1.0×2.0	穴垦 0.3×0.3×0.3	穴抚 2-2-1	1～3月份
Ⅱ	山下部或山谷	景观型防护林	樟树 檫木 南酸枣 毛竹	Ⅰ	110	2.0×3.0	穴垦 0.4×0.4×0.4	穴抚 2-2-1	1～3月份

(4) 模式成效

本模式治理措施针对性强，绿化、美化相结合，易于操作，见效快，效果明显。万安县境内京九铁路沿线，通过补植枫香、南酸枣、黄竹等兼用型数种，改善了沿线的生态环境，提高了森

林景观的多样性，效果极为明显。

（5）适宜推广区域

本模式适宜在因过度采伐致使森林退化、水土流失比较严重的山地丘陵区推广。

【模式 F3-1-3】 赣中南低山丘陵针叶纯林改造模式

（1）立地条件特征

模式区位于江西省中部吉水县双村乡，地貌以低山丘陵为主。中亚热带季风气候，雨量充沛（1 700 毫米/年），光照充足。红壤是区域性的典型土壤种类。20 世纪 80 年代中期以来，该乡大力发展以湿地松为主的人工纯林，湿地松占全乡森林面积的 70％以上。治理前，湿地松生长缓慢，灌草植被盖度低，林内依然存在较严重的水土流失，且地力明显衰退，湿地松褐斑病、流脂病危害严重。

（2）治理技术思路

根据林分的林龄、郁闭度等状况，选择速生树种，根据坡向、坡位及杉、松生物学特性，合理搭配树种，采取直接补植阔叶树或间伐后在间伐空地上营造阔叶林的措施，逐步将针叶纯林尽快转变为针阔混交复层林，既改善林木生长环境、促进林木生长，又达到保持水土、增强土壤肥力、有效防治病虫害的目的。

（3）技术要点及配套措施

①郁闭度 0.2～0.5 的中幼龄林：

树种：林下植被少，水土流失中度以上，在林中空地补植木荷、香椿、南酸枣、枫香、桤木、拟赤杨、刺槐等速生阔叶树。

补植密度：根据森林郁闭度确定，平均为 42～74 株/亩，在山顶、山脚、林缘适当提高补植密度或营造以木荷为主的防火林带。

苗木：Ⅰ级苗要达到 80％以上，Ⅱ级苗 20％。

造林：秋冬季整地，规格 40 厘米×40 厘米×30 厘米，1～3 月份栽植。栽植时，对常绿树种适当摘除老叶，只保留 3～5 片嫩叶，以减少蒸发提高成活率。

抚育管理：造林后 3 年内，每年扩穴抚育2 次。

②郁闭度大于 0.5 的中幼龄林：

间伐：在秋冬季，沿等高线相间伐除 2.0～6.0 米带宽内的针叶树，保留采伐带内阔叶树，保留带与采伐带等宽。

补阔：造林树种选择木荷、香椿、南酸枣、枫香、桤木、拟赤杨、杜英等速生树种；密度为 170 株/亩（2.0 米×2.0 米），在采伐带内栽植 1～2 行。造林苗木Ⅰ级苗要达到 80％以上，Ⅱ级苗 20％；秋冬季整地，规格 40 厘米×40 厘米×30 厘米，1～3 月份栽植；栽植时，对常绿树种适当摘除老叶，只保留 3～5 片嫩叶，以减少蒸发提高成活率；造林后 3 年内，每年扩穴抚育 2 次。

（4）模式成效

本模式针对性强，对针叶纯林的改造效果明显。据调查，补植阔叶树后，加速林木生长，增加生物多样性，提高林地保水保肥能力，林地生物量提高 30％，且可有效防治水土流失及森林病虫害发生。

（5）适宜推广区域

本模式适宜在南方中、幼纯针叶林区内推广。

【模式 F3-1-4】　湘东丘陵岗地低效杉木林改造模式

(1) 立地条件特征

模式区位于湖南省茶陵县马江镇马江林场。年平均气温 17.9℃，气温日均差 10.0℃，≥10℃年积温 5 344.9℃，极端最低气温 -9℃，极端最高气温 40℃。年降水量 1 339 毫米，无霜期 290 天，年平均日照时数 1 800 小时。林地土壤为红色砂岩分化而成，土层浅薄、多石、黏重、干旱，植被稀疏，林内杂灌丛少，林地裸露率高，水土流失严重，个别地方的侵蚀沟深达 30～50 厘米，加之人为活动频繁，林分系统稳定性退化，呈逆向演替。

(2) 治理技术思路

在保护好现有林地植被的条件下，选择适生的阔叶树种人工造林，逐步取代杉木林，增加生物多样性，增强群落的自我调节能力，促进林分正向演替，提高森林的生态功能。

(3) 技术要点及配套措施

①造林技术：

树种：选择适生的木荷、湿地松、樟树、枫香、桤木、檫木、光皮桦、南酸枣、栎类等阔叶树种。

配置：营造针阔混交型、常绿与落叶混交型、耐荫与喜光树种混交型混交林。淘汰 40%～60%长势较差的杉木“小老头树”。

造林：按不规则株行距进行穴垦整地，规格 30 厘米×30 厘米×30 厘米；苗木采用 1 年生Ⅰ级苗，阔叶树密度每亩 80 株左右；林地裸露的地方种草；侵蚀沟采用本地的草蔸筑成小埂，每隔 1.0～2.0 米 1 个，呈竹节状，多级拦截地表径流。从而形成稳定的针、阔，乔、灌、草结合的复层结构，达到逐步改造低效林的目的。

②配套措施：每年抚育 2 次，夏季刀抚，刀抚物覆盖树蔸或裸地，降低地表温度，保水保土；秋季锄抚、培蔸、除萌，连续 3 年。加强林地管护，防止牲畜危害。

图 F3-1-4　湘东丘陵岗地低效杉木林改造模式图

(4) 模式成效

示范点通过几年改造实践，形成 6 000 亩示范林，林地郁闭度由 0.2 增加到 0.6 左右。侵蚀沟减少，林下杂草、灌丛增加，土壤理化性能有所改善，昆虫、鸟类数量增加。

(5) 适宜推广区域

本模式适宜在中亚热带低山丘陵推广。

二、幕阜山山地高丘亚区（F3-2）

本亚区位于湖北省、湖南省和江西省交界的幕阜山区。包括江西省九江市的修水县、武宁县，宜春市的袁州区、铜鼓县、万载县、宜丰县、靖安县、奉新县、上高县，萍乡市的安源区、湘东区、上栗县、芦溪县，新余市的渝水区、分宜县；湖南省岳阳市的平江县，长沙市的浏阳市；湖北省咸宁市的通山县、崇阳县、通城县等20个县（市、区）的全部，地理位置介于东经112°59′43″～115°20′22″，北纬27°24′19″～29°59′29″，面积40 389平方千米。

本亚区地貌以山地、丘陵为主，整个地势西北较高，东南较平缓。最高山峰为幕阜山、连云山，海拔分别为1 598米、1 600米，多数山地海拔300～1 000米。中亚热带季风气候，气候温和，雨量充沛，热量丰富。年平均气温15.8～17.7℃，无霜期230～280天。年降水量1 400～1 700毫米，年平均降水天数为160天，夏秋酷热少雨。土壤以红壤为主，其次为黄红壤、黄壤和少量石灰土。由于雨量充足，热量丰富，淋溶作用强烈，一般土质黏重，有机质含量较低，多呈强酸性反应。黄红壤和黄壤垂直分布多在海拔400米以上，结构与肥力均较好。

本亚区植被类型属中亚热带常绿阔叶林带，地带性植被为常绿阔叶林与落叶阔叶林，植被种类较丰富，但由于长期的不合理经营，森林植被遭到破坏，现有植物群落结构比较简单，以马尾松-映山红-禾本科草群落分布最广泛。天然树种主要有青冈栎、栲树、槠树、马尾松、木荷、枫香、油茶、毛竹，人工林主要有杉木林、湿地松林及经济林。

本亚区的主要生态问题是：长期的不合理经营导致森林植被遭到破坏，天然林不断减少，人工针叶纯林则有所增加，现有植物群落结构比较简单，森林生态稳定性下降。特别是南部白沙岭一带，为发育于花岗岩风化物的粗骨性沙质红壤，石英沙粒含量较高，土壤由“红化”变为“白化”，质地疏松，贫瘠，肥力差，植被稀少，水土流失严重。

本亚区林业生态建设与治理的对策是：加强生态脆弱区域的森林植被保护和恢复，对毛竹林、人工针叶纯林进行科学改造、抚育，增强其生态防护效能。

本亚区共收录8个典型模式，分别是：赣西北山地高丘水土流失重点治理模式，赣西北山地高丘低效毛竹林生态功能恢复模式，赣西高丘森林生态功能恢复提升治理模式，鄂东南采矿迹地林业生态治理模式，鄂东南低山丘陵岭脊险坡生态治理模式，鄂东南生态型用材（竹）林建设模式，鄂东南坡耕地退耕还林模式，湘东花岗岩山地乔、灌、草综合治理模式。

【模式F3-2-1】　赣西北山地高丘水土流失重点治理模式

（1）立地条件特征

模式区位于江西省修水县古市镇古岭，地处修河上游，海拔450～600米，年降水量1 600毫米，无霜期240天。以粗骨型沙土为主。在治理前，由于对森林过度采伐利用，森林资源急剧减少，质量下降，中度以上水土流失面积占林地面积的50%以上，局部已退化为荒地，大量泥沙通过地表径流直接下泄于修河，土层逐渐瘠薄，地力下降。

（2）治理技术思路

以小流域为治理单元，采取营造水土保持林（草）和少量经济林及封山育林等生物措施恢复森林植被，同时修建拦沙坝、谷坊等工程措施，以有效控制水土流失。

（3）技术要点及配套措施

①总体布局：在水土流失严重、土壤特别瘠薄的不毛之地，采取工程措施，先固土蓄水，为

实施生物措施创造条件；在立地条件相对较好的区域，可采取人工造林或封山育林等措施，恢复森林植被。

②生物措施：

人工造林：对坡度30度以下的水土流失山地，选择耐旱、耐瘠薄、生长快、固土蓄水能力强的树种实行人工造林。如：木荷、枫香、拟赤杨、刺槐、马尾松、湿地松等。在每个小班内必须营造针阔混交林或阔叶混交林，阔叶树比例必须大于50%。在山体中下部或山沟内土壤肥力较好的区域，营造少量经济林。主要树种造林技术见表F3-2-1。

表 F3-2-1　主要水土保持树种造林技术

坡度(度)	林种	树种	初植密度(株/亩)	整地方式	整地规格(厘米)	造林时间(月份)	抚育方式	年抚育次数
25～30	防护林	木荷、刺槐、马尾松	200	穴垦	30×30×40	1～3	穴抚	2-1-1
15～25	防护林	枫香、湿地松、拟赤杨	170	穴垦	30×30×40	1～3	穴抚	2-2-1
＜15	防护林	板栗	56	穴垦	60×60×60	1～3	穴抚	2-2-1

人工种草：在坡度大于25度、土层瘠薄、植被盖度小于40%的难造林地可先种植百喜草、狗牙草等草本或胡枝子等灌木，以控制水土流失。

封山育林：对坡度大于30度或小于30度但植被稀少、岩石裸露面大，且有适量母树分布的难造林地实行全封山，封育时间在10年以上。其主要措施包括成立专职护林队伍，制定护林公约，设置封山禁牌等。

③工程措施：

拦沙坝：在面积大于1 000亩的重点流失区的主侵蚀沟内，修建土石结构的拦沙坝，以阻滞泥沙下山。平均每1 000亩修建1座，拦沙坝的规格依具体情况而定。

谷坊：对强度沟蚀以上（含强度）的地区，如侵蚀沟脚宽度大于5.0米，应修建木竹结构的栅栏式谷坊或土石结构的谷坊。

清理小水库（小山塘）：对由于泥沙淤积致满而丧失蓄水能力的山间小水库（小山塘），人工清除淤泥，恢复其蓄水贮沙功能，减轻水土流失对农田、村庄的危害。

④配套措施：实行治理责任承包制，责任到人，强化治理效果；鼓励农民参与水土流失治理，同时鼓励以气代柴、以电代柴，解决农民生活烧柴问题，降低因为采伐薪材对森林的破坏。

(4) 模式成效

本模式采取乔、灌、草结合，造林、封山并举，水土保持生物、工程措施相配套的做法，以迅速减轻水土流失，具有较强的实用性。治理区已营造水土保持林4 400亩、经济林1 500亩，种植水土保持牧草1 700亩，封山育林8 400亩，修建拦沙坝3座、谷坊130座，清理小水库7座。使森林覆盖率提高到30%，森林植被类型新增5种，减沙率为82%，河床平均刷深降低40厘米，有效控制了水土流失，改善了人们的生活环境，提高了生活质量。

(5) 适宜推广区域

本模式适宜在江西省修水县、武宁县等森林资源过度采伐而形成强度水土流失的地区推广，对其他条件类似地区有参考价值。

【模式 F3-2-2】 赣西北山地高丘低效毛竹林生态功能恢复模式

（1）立地条件特征

模式区位于江西省铜鼓县港口乡，地处湖南省与江西省边界。年平均气温16.2℃，年降水量1 730毫米，无霜期265天。成土母质以花岗岩为主，主要发育红壤。森林资源比较丰富，其中尤以毛竹林分布比较集中。治理前，由于人们只注重竹林的经济效益，进行超量采伐，以至于大部分竹林越砍越小，越砍越稀，林分质量日益下降，竹龄结构不合理，毛竹产量下降，造成了竹林保持水土、涵养水源、维护地力的生态效能大为削弱，已成为生态环境持续恶化的重要因素之一。

（2）治理技术思路

加强低产低效毛竹林改造和培育，在提高毛竹林的经营水平和经济效益的同时，加大对毛竹林生态环境的治理力度，采取科学抚育、垦复和合理采伐等措施，调整竹林结构和竹木混交比例，不断提高竹林经营水平，保护生物多样性，培育既能速生、丰产、高效又具备良好生态防护功能的优良毛竹林分。

（3）技术要点及配套措施

①清杂抚育：适当清除林内杂灌，控制伐桩不高于10厘米，并将杂灌归集成水平带状就地覆盖于林地，以增加林地肥力，同时为竹林创造良好的生长空间。同时必须保留山顶（脊）部、陡坡及环山脚的灌草植被和有经济、观赏或其他特殊价值的植物物种，以有效防止水土流失和保护生物多样性。

在砍杂抚育的过程，应适当保留竹林内的混生树木，以形成竹木混交林，有效防止病虫害的发生和危害，同时防止风倒和雪压。

②合理经营：对竹林适当进行铲山或垦复，清除竹蔸、老鞭、石头等，以改善林地通透性，促进竹林生长，在实施过程中，根据土壤板结程度及水土流失状况采取相应的保护措施，严格禁止全面垦复和铲山，实行沿等高线带状垦复，每隔4.0米设置2.0～3.0米宽的垦复带，35度以上的陡坡严禁铲山垦复。

实施以上改造措施后3年内严禁挖笋，3年后严禁追鞭寻笋，做到科学合理挖笋，挖松散的土必须还穴，保护竹鞭，保持水土，维护地力。

及时清理林内枯竹、老竹、病腐竹、小竹，打通竹蔸隔，保持林内卫生，不断优化竹林的遗传品质。

③合理采伐：坚持按合理年龄进行采伐，不断调整竹龄组成，使1、2、3、4年生竹的组成比达到3:3:3:1的合理竹龄结构，做到砍密留疏、砍老留小、砍弱留强，保持立竹密度150株/亩以上、平均眉径10厘米以上，形成具有产量高、生态防护功能强的优良毛竹林。

④配套措施：鼓励个人、联户或乡、村办林场，联营、国有林场多种形式并存，充分调动各方面的积极性，提高经营水平，改善林分质量。

（4）模式成效

毛竹林通过治理改造，形成了生长旺盛的木竹混交林，生态环境明显改善。据调查，通过治理、改造，竹林地表径流量降低60%，土壤年侵蚀量平均减少70%，毛竹产量平均增加50%，立竹平均密度由80根/亩增加到130根/亩，增加林地产出，提高了经济效益。竹业已成为当地的支柱产业，大大促进了山区农民脱贫致富。

(5) 适宜推广区域

本模式适宜在毛竹林相对集中，而林分质量低下、生态防护效益差的区域内推广。

【模式 F3-2-3】　赣西高丘森林生态功能恢复提升治理模式

(1) 立地条件特征

模式区位于江西省分宜县苑坑乡。年平均气温在15.8～17.7℃，无霜期265天。土壤多为砂页岩、板页岩上发育的红壤。境内人工针叶纯林占森林总面积的80%以上，致使植物群落简单，森林生态稳定性下降，物种种群数量减少，地力衰退严重，大部分山场的土壤有机质含量下降了1%～2%，森林生长缓慢，林地产出率低。

(2) 治理技术思路

通过新造针阔混交林、封山育林和对人工针叶纯林补阔改造等措施，同时辅以必要的保水整地措施，提高森林蓄水、保土、保肥功能，达到增加肥力、防治红壤退化之目的。

(3) 技术要点及配套措施

①新造针阔混交林：

造林地段：在无天然下种能力的无立木林地，采取人工造林方式恢复植被。

树种：针叶树主要包括杉木、湿地松；阔叶树主要包括木荷、枫香、南酸枣、香椿等。

配置：每个小班至少营造2个树种，且至少有1个阔叶树种，阔叶树比例应大于50%，主要造林树种混交比为：5杉5荷（枫）、5湿5荷（枫）、5杉3荷2酸、5湿3荷2椿等。块状、带状、株间混交，以小块状混交为宜。

造林：造林密度宜在130～170株/亩。以穴垦整地为主，“品”字形排列，规格为针叶树30厘米×30厘米×30厘米，阔叶树40厘米×40厘米×40厘米，整地清理时，注意保留有培育前途的阔叶幼树，严禁炼山；对易产生水土流失的坡地，不论坡度大小，都采用修筑反坡梯田方式整地。

②封山育林：

封育对象：郁闭度在0.3～0.4之间且容易造成水土流失的低效林地；有天然更新幼树且有培育前途的树种分布的疏林地；地带偏远、坡度陡峭或岩石裸露地区；有灌丛和适量母树分布，并且有水土流失现象，造林难度大或造林效果不佳的地块。

封育措施：在封育区设置封山育林禁牌，禁牌上明确注明封山界线、时间、方法、责任人及护林公约，每1 000亩配置1名专职护林员。封育区内严禁砍柴、伐木、烧山、放牧等人为活动。

③人工针叶林补阔改造：

补植地段：林龄在4～15年的人工针叶纯林有林地（杉木、湿地松林）；林龄在1～3年内的人工针叶林未成林造林地。

主要措施：在林中空地补栽以木荷、枫香、南酸枣为主的阔叶树；在山脊补栽以木荷为主的防火林带；补栽后，阔叶树（含天然阔叶树）株数应占整个小班内各树种株数的30%以上；砍伐林内的病、腐、弯、枯树木。

(4) 模式成效

红壤退化治理以造林、封山、改造为主，都是群众所熟悉的营造林方式，群众容易接受，参与积极性高；模式区治理后效果明显，红壤有机质含量提高到了2%～4%，水土流失得到有效遏制，病虫害、火灾等自然灾害明显减少。

(5) 适宜推广区域

本模式适宜在江西省宜春市上高县，萍乡市的湘东区、安源区、上栗县、芦溪县推广。

【模式 F3-2-4】 鄂东南采矿迹地林业生态治理模式

(1) 立地条件特征

模式区位于湖北省大冶市金山店矿区。主要矿种为铜矿、铁矿等。由于大量丢弃尾矿，给当地生态环境造成严重污染，且尾矿区植被稀少，在土体与母岩被机械迁移后逐渐呈现石漠化景观。大面积的土地石砾含量较高，甚至为石渣地。

(2) 治理技术思路

采取合理规划、分类设计、分区治理的原则，在有土壤的弃矿地带直接进行造林，对石渣地带的地块客土植树造林，对石山等石漠化地块进行自然景观开发利用，对弃矿进行综合利用，在水土流失较强的沟谷设置沙凼、谷坊等工程控制水土流失，在泥沙稳定后建设生物带、埂。

(3) 技术要点及配套措施

①措施体系：根据治理区的自然条件、弃矿种类等，将弃矿区分为石山、石渣及尾矿区 3 类，对不同区域采用不同治理对策，分类规划设计。

开采强度不大、弃矿较少、土壤表面积较大的区域，可直接植树造林。

石渣地带或石漠化地块应分步骤进行生态治理。首先客土栽植刺槐、马尾松和藤本植物等先锋树种，当立地条件得到一定程度改善后，再安排营造用材商品树种或经济林树种等目的树种，进一步治理。

废弃矿石一般是建筑、修路、坡改梯等工程的良好材料。对于弃矿较多的地段，首先应与建筑等部门合作，共同对弃矿进行二次开发和利用，在利用或搬走大量弃矿以后，再按造林技术规程要求进行整地造林。

②矿地清理与整地：一般采矿石地均具有良好的土壤层，可先对有土壤的弃矿地挖穴整地，规格 80 厘米×80 厘米×60 厘米。对已经利用的弃矿石地，需清除残留弃矿后再行植树造林。

③造林：杨树，株行距 4.0 米×4.0 米，每亩 42 株；香椿，株行距 1.5 米×2.5 米，每亩 178 株；水杉，株行距 2.0 米×3.0 米，每亩 111 株。

④抚育管理：苗木定植后，须精心培土、灌水和进行病虫害防治，保证造林的存活率和保存率。一般 3～5 年后成林。

(4) 模式成效

矿区生态建设是矿区治理的主要内容，矿区植被恢复历来是生态环境建设的难点，本模式的实施为类似地区提供了可供借鉴的经验。根据国家环境保护条例中"谁污染谁治理"的原则，矿区生态建设与矿区建设应同时设计、同时施工、同时竣工验收，因此，本模式对矿区建设有较强的实用价值。

(5) 适宜推广区域

本模式适宜在长江中下游低山丘陵区的矿山推广。

【模式 F3-2-5】 鄂东南低山丘陵岭脊险坡生态治理模式

(1) 立地条件特征

模式区位于湖北省东南部通山县境内，地处山地岭脊险坡地带，一般坡度在 45 度左右，土层厚不足 40 厘米，岩石裸露率 30%以上。植被稀少，生态环境恶化。

(2) 治理技术思路

采取有效保护措施恢复天然林草植被，特别在苦槠、青冈、马尾松、杉木等主要针、阔叶乔木树种的天然分布区，严禁采伐，实施天然林的生态保护。对土层厚度在 25 厘米以上的稀疏林地，实施人工造林后补植，提高单位面积林木株数。调整树种结构，配置合理的树种资源。乔木、灌木、竹类、藤草植物综合配置，建成连片生态公益林，保护生物多样性。

(3) 技术要点及配套措施

①封山育林：对现有林地、宜林地或疏林地，土层厚度在 25 厘米以下的地段，或坡度在 45 度以上的地带，全部封山育林，禁止任何人为的伐木、樵采和狩猎活动。

②人工补植：选择苦槠、杉木和马尾松等乔木树种，对土层厚度在 25 厘米以上的疏林地，进行人工补造，造林密度视树种而定。苦槠采用容器苗造林，按 2.5 米×3.0 米株行距栽植，补植时可根据实地状况按相应密度进行配置；杉木株行距为 2.0 米×2.0 米；马尾松初植密度的株行距为 2.0 米×3.0 米。

③抚育管理：对 35 度坡以下的片林进行抚育管理。抚育方式采用人工穴抚或一定程度的割抚，以利幼树获得足够的水分、养分、光照等生长条件。管理的重点是森林防火、森林病虫害防治和防止人为滥伐林木。森林防火通过建立防火制度和落实责任人来控制森林火灾的发生；森林病虫害防治的重点是采用白僵菌等生物农药防治马尾松毛虫；采用封山护林制度和落实护林人员及其责任人，控制乱砍滥伐林木现象发生。

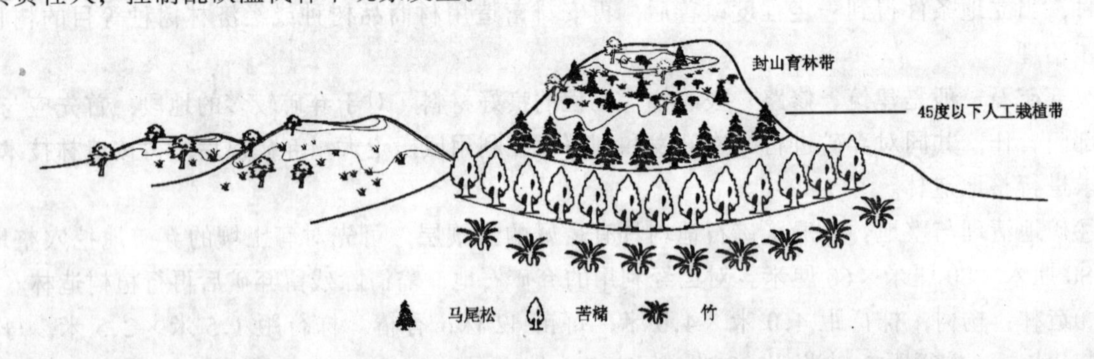

图 F3-2-5　鄂东南低山丘陵岭脊险坡生态治理模式图

(4) 模式成效

本模式在湖北省各地近 10 年来的长江防护林体系工程建设中，得到广泛推广运用，收益良好，成效显著。

(5) 适宜推广区域

本模式适宜在山地外围的丘陵区推广。

【模式 F3-2-6】　鄂东南生态型用材（竹）林建设模式

(1) 立地条件特征

模式区位于湖北省东南部的崇阳县境内，地处低山丘陵地带，海拔 1 000 米以下，坡度小于 45 度，土壤厚度大于 40 厘米。土壤石砾含量较高，透气性较好，适宜竹类生长。

(2) 治理技术思路

杉木、毛竹是湖北省东南部地区主要林产品树种资源，天然适生环境优越，充分利用当地的自然条件并采用先进的造林经营技术，提高单位面积生长量及其林产品产量，在改善生态环境的前提下，为工业民用建筑市场和城乡居民生活提供需要的用材（竹）产品，为社会经济建设服务。

(3) 技术要点及配套措施

①杉木林营造与管理：选择高产、稳产和抗旱性能强的四川临水县的杉木优良种源。培育Ⅰ、Ⅱ级标准壮苗用于生态用材林营造。杉木人工植苗造林地均采用穴状整地，穴的规格为60厘米×60厘米×50厘米。坡度小于16度的地块可先机耕后挖穴。初植株行距为1.5米×2.0米。

造林后连续抚育3年，同时可间作花生、黄豆、西瓜等农作物；3～6年进行必要的除萌定株。郁闭后进行封育，防治病虫。到第10～12年时进行必要的透光间伐，间伐强度为初植株树的25%，16～18年后，再间伐25%，每亩保留成林株数111株。

②毛竹林营造与管理：株行距4.0米×5.0米，密度33株/亩。坡度小于15度的造林地先条垦整地，再挖150厘米×60厘米×60厘米的短沟状植株穴。

就近随起随栽。挖移母竹时，保证竹篼两边竹鞭之间连接处的“螺丝钉”免受损伤，若竹鞭脱落，则不能作母竹。栽植时节宜在春季，栽竹时先回填表土，并在施足底肥的基础上，将竹鞭顺槽小心轻放于穴槽内，分层填土，填满后浇足水，再回笼表土于竹篼，约高于地面10～15厘米。

栽植后加强管理。干旱天气应定时浇水，保持土壤湿度；大风、暴雨天气后，应及时回填培土，以防止地表水分过分蒸发影响母竹成活率。新栽竹林须封山管护，禁止人畜破坏，保护母竹和新竹正常繁育生长。对大径竹林的一字竹象虫，在成虫始见时注射50%钾胺磷乳油原液，每笋1.0～1.5毫升；小径竹林采用2.5%溴氰菊酯，于成虫发生高峰期喷雾2次，每次每亩5毫升原液，可取得良好防治效果。在各季垦复竹林对一字竹象虫也有一定的抑制作用，每2年垦复1次，坡度大于15度的竹林采取轮换水平带垦方式。

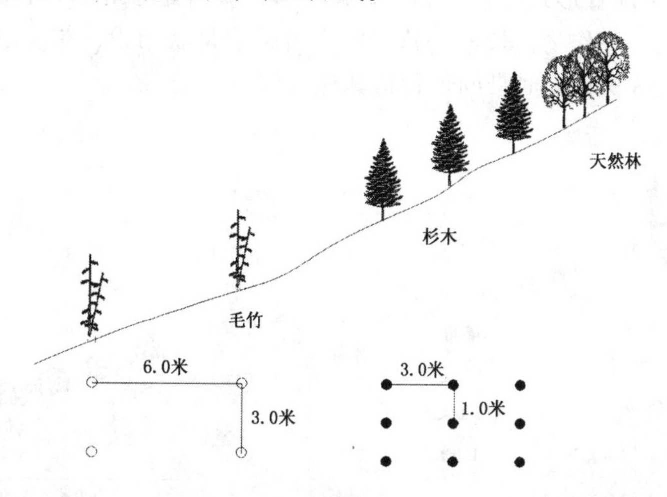

图 F3-2-6　鄂东南生态型用材（竹）林建设模式图

(4) 模式成效

杉木为湖北省东南部地区农户十分喜爱的速生用材树种，也是优良的建材产品之一。同时杉木萌芽能力强，对林地的覆盖率高，具有良好的生态功能。因此，培育生态型杉木用材林，具有广泛的社会、经济和生态意义。毛竹为湖北省的主要竹种，湖北省东南部地区是毛竹材（笋）的中心产区。毛竹不仅有很好的经济利用价值，而且具有林木不可替代的生态功能。建设毛竹生态用材（笋）林，不仅可生产大量的出口创汇产品，同时为国内市场提供更多的建材产品和林产工业原料。因此，建设毛竹生态用材（笋）林，一次投入，长期受益，具有巨大的社会、经济效益。

（5）适宜推广区域

本模式适宜在湖北省东南1 100米以下山地、丘陵，湖北省东北900米以下山地丘陵及其他地区条件类似的山地丘陵推广。

【模式F3-2-7】　鄂东南坡耕地退耕还林模式

（1）立地条件特征

模式区位于湖北省崇阳县境内。属山地丘陵区，土质疏松，一遇降雨，即产生地表径流，水土流失严重。特别是25度以上的坡耕地尤为强烈。

（2）治理技术思路

陡坡耕种是引起水土流失的主要原因之一，选择优良适生树（草、竹）种，采用先进造林种草技术和方法，通过退耕还林，恢复林草植被，增大地表覆盖，防止水土流失，改善生态环境，同时发展林业产业，增加农民的经济收入。

（3）技术要点及配套措施

①规划布局：大于25度的坡耕地全部退耕还林；坡度16～25度、土层厚度不足40厘米的坡耕地，采用生物与工程相结合的方法进行治理。

②树（草）种选择：选择杉木、香椿为主要造林树种，毛竹为主要竹种，苎麻为主要草种。

③造林技术：25度以上坡耕地以杉木、毛竹为主。采取水平株距进行排列，其中，杉木株行距1.0米×3.0米，每亩37株。对于16～25度的坡耕地，有条件的地带可先进行水平阶整地再植树种草，采用宽行带配置形式造林，其中香椿两排，株行距1.0米×1.0米，带间距16米，每亩42株，行间可种植经济作物，长期经营。麻类可采取带状布设，带宽5.0米，麻篼株行距1.0米×1.2米，每亩556株；同时带间可种植其他农作物。

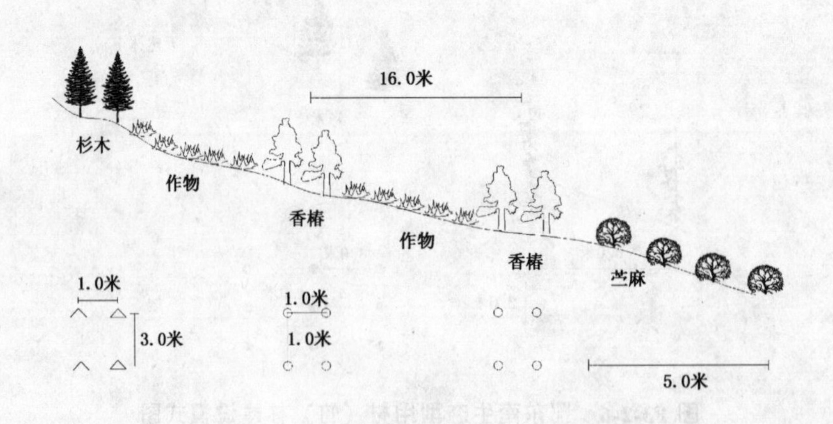

图F3-2-7　鄂东南坡耕地退耕还林模式图

（4）模式成效

本模式科学适用，生态治理、资源配置及林特产业建设有机结合，生态效益、经济效益及社会效益并重，受到农民普遍欢迎。

(5) **适宜推广区域**

本模式适宜在长江中下游地区海拔 1 000 米以下山地丘陵的坡耕地推广。

【模式 F3-2-8】 湘东花岗岩山地乔、灌、草综合治理模式

(1) **立地条件特征**

模式区位于湖南省平江县南江乡，地处湖南省、湖北省、江西省交界地带，海拔 600 米左右。主要土壤为由花岗岩风化发育而成的沙质土壤，质地以沙性为主，加之降水量大，山体高，坡面长，地表径流量大，土壤侵蚀严重。西北面受洞庭湖平原和江汉平原的影响大，冬季易受南下寒流的侵袭，南面有罗霄山脉的阻拦，暖湿气流难以进入。降雨较湖南其他区少，夏季干旱，冬季寒冷。

(2) **治理技术思路**

选择马尾松、黄山松等深根性乔木树种，作为建群种；选择木荷、栎类等树种作为群落的第 2 层；选择当地宿根型草种作地表植物，乔、灌、草立体配置，对降雨进行层层截留，遏制地表径流和水土流失。同时，强大的植被根系层，还可以固土、保水。

(3) **技术要点及配套措施**

①树（草）种选择：乔木宜选择马尾松、黄山松等深根性树种；灌木宜选择当地适生的木荷、乌药、栀子、栎类等树种；牧草选择经济价值高、符合当地群众养羊习惯的牛鞭草、黄竹草、白三叶、东茅、画眉草等，

②苗木培育：选择光照好、排水灌溉方便、略带沙质的稻田为圃地，采用优良种源种子播种育苗。9 月份进行苗床截根处理，增加苗木的须根数，提高造林成活率。截根前浇透水，截根后及时浇水保证截根成功。苗木应达到当地Ⅰ级苗标准。

③栽植：乔木树种植苗造林，灌木点播或植苗造林；草本采用分蔸繁殖的方法，植于林内土壤裸露处、水土流失区及侵蚀沟内。

④配套技术：牧草以收割为主，减少放牧；制订一些保护措施，封育 1～3 年。

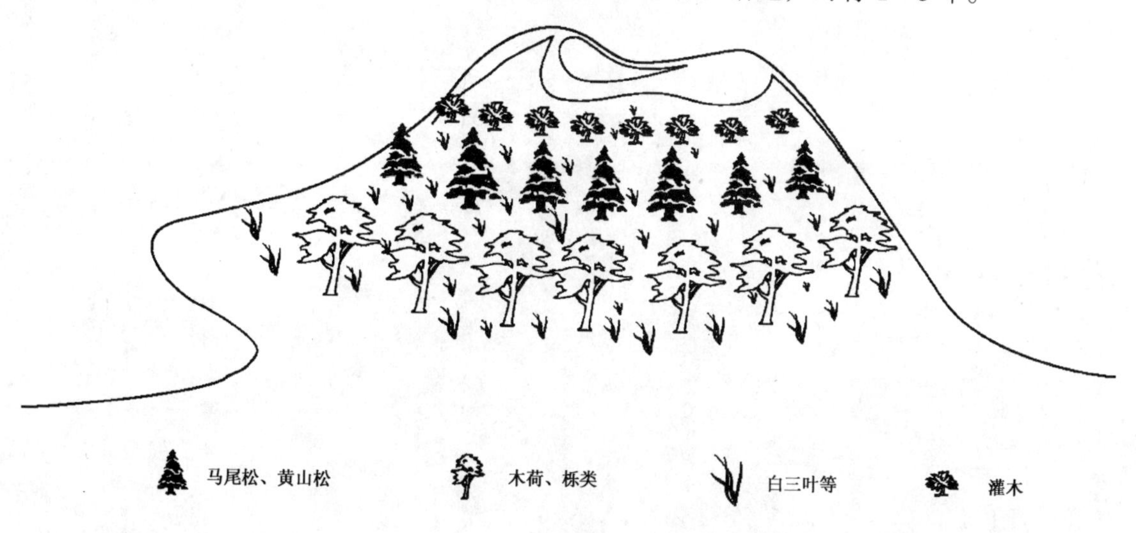

图 F3-2-8 湘东花岗岩山地乔、灌、草综合治理模式图

(4) **模式成效**

本模式是一个以短养长，配套养畜的经营方式。前期牧草生长快，可很快见到保土保水效

果，促进养羊业的发展；后期牧草生长衰退，灌木和乔木树种开始见效，可充分发挥林地的生长能力。预计每亩年收入可达300元左右。

(5) 适宜推广区域

本模式适宜在幕阜山地条件类似地区推广。

第31章

南岭-雪峰山山地类型区(F4)

南岭是我国华中、华南分界线，是长江、珠江两大水系的分水岭。南岭北坡西起雷公山，向东依次分布雪峰山、阳明山、八面山、万洋山、罗霄山；南坡东起九连山，向西依次分布瑶山、海洋山、猫儿山、元宝山、九万大山，再接雷公山。本类型区横跨湖南省南部、江西省南部、广西壮族自治区北部、广东省北部地区，地理位置介于东经104°53′58″～117°6′9″，北纬21°36′59″～29°28′6″。包括湖南省的益阳市、怀化市、邵阳市、娄底市、常德市、长沙市、株洲市、湘潭市、岳阳市、衡阳市、郴州市、永州市，江西省赣州市，广东省清远市、河源市、肇庆市、广州市、云浮市、阳江市、茂名市、佛山市、江门市、梅州市、汕尾市、潮州市、惠州市、揭阳市，广西壮族自治区桂林市、梧州市、玉林市、贵港市、钦州市、柳州市、南宁市、防城港市、百色地区、河池地区、柳州地区、贺州地区、南宁地区等40个市（区）的部分或全部，总面积481 434平方千米。

本类型区地形以山地、丘陵为主，总的特点为山岭连绵，河流纵横，山地丘陵交错，地形复杂。地貌类型主要有岩溶地貌、红层地貌、丹霞地貌。中亚热带和南亚热带过渡气候。年平均气温18～19℃，日平均气温稳定通过10℃以上的喜温作物生长季为259～276天，无霜期230～290天，≥10℃年积温6 898.5℃，年降水量1 400～1 600毫米。土壤多为板页岩发育的黄壤、黄棕壤。海拔500米以下的山地以红壤为主，成土母岩为泥质岩风化物和第四纪红色黏土红壤，土层深厚，表层疏松、结构良好，有机质含量中等；海拔500～700米的山地以黄红壤为主，成土母质为泥质岩类和花岗岩类，土层深厚、肥沃，有机质含量较高；海拔700～1200米的山地土壤以黄壤为主，成土母质主要有片岩、砂页岩、千枚岩等，土层较薄，质地为中壤质，有机质含量高。植被类型以中亚热带植被区系为主，同时具有向亚热带过渡的特征，也包含部分暖温带成分。山地植被类型主要是以壳斗科、木兰科、樟科、杜英科为主的常绿阔叶林和以杉木、马尾松与阔叶树混交的针阔混交林；丘陵植被类型主要是以马尾松为主的天然针叶林及杉木、马尾松、湿地松为主的人工针叶林。

本类型区的主要生态问题是：森林覆盖率较高，但分布不均，低产低效林分比重较大；局部地区对森林和土地资源开发过度，导致水土流失严重、水源涵养功能减弱；西部岩溶石山地区植被破坏严重，加上陡坡开垦、过度放牧等，造成越来越来越严重的土地石漠化，生态环境恶劣。

本类型区林业生态建设与治理的主攻方向是：建设自然保护区，保护生物多样性；加大森林资源监管力度，合理开发利用森林资源；改造低产低效林，提高森林的稳定性和防护功能；加快人工造林和封山育林的步伐，建设水源涵养和水土保持林，治理石漠化，改善生态环境。充分利用得天独厚的自然条件，发展速生丰产用材林和具有区域特色的经济林、果木林。

本类型区共划分为10个亚区，分别是：雪峰山山地亚区，湘中丘陵盆地亚区，南岭北部山地亚区，赣南山地亚区，粤北山地亚区，粤中山地丘陵亚区，粤东丘陵山地亚区，桂北山地亚区，桂东南山地丘陵亚区，桂中、桂西岩溶山地亚区。

一、雪峰山山地亚区（F4-1）

本亚区位于湖南省西部，西起雷公山，东至越城岭，中部雪峰山主脉向北延伸至洞庭湖西侧，区内西为沅水谷地，东为资水谷地。资江从雪峰山东侧由南向北而去，贯穿全境。包括湖南省益阳市的安化县、桃江县，怀化市的溆浦县，邵阳市的双清区、大祥区、北塔区、邵阳县、洞口县、隆回县、邵东县、新邵县，娄底市的娄星区、新化县、双峰县、冷水江市、涟源市，常德市的桃源县等17个县（市、区）的全部，地理位置介于东经110°13′50″～112°20′20″，北纬26°44′14″～29°28′6″，面积45 291平方千米。柘溪水库位于资江中上游的安化县城附近。东部丘陵工矿区较多，是湖南的煤炭产区和工业区。

雪峰山为我国地势第三阶梯向江南丘陵的过渡地带，山地广阔，山势雄伟，一般海拔1 000米左右，最高为苏宝顶2 142米。母岩主要为板页岩、砂岩、花岗岩等。由于地壳几经升降，褶皱断裂，侵蚀严重，地貌形态多样，山脊到河谷形成多级剥夷面，山体北坡破碎，南部完整。

中亚热带山地季风湿润气候，总的特点是雨多、雾多、湿度大。年平均日照时数1 300～1 500小时，年平均气温15～17℃，由南向北递减，温差3～5℃，无霜期263～307天，由北向南递增；1月平均气温4.3～5.3℃，极端最低气温－6.8℃。年降水量1 200～1 700毫米。

雪峰山是我国植物区系的东西分界线，自山顶到河谷，光热水垂直变化明显，土壤、植被带谱明显，自然植被有阔叶林、马尾松林、山地矮林或灌丛。

本亚区的主要生态问题是：山区花岗岩发育的土壤，沙性较重，易造成水土流失；森林结构单一，针叶林面积集中，森林的生态功能低下；丘陵区人口稠密，小矿（窑）集中，山体破碎，地下水位降低，植被破坏严重，环境污染严重。

本亚区林业生态建设与治理的对策是：调整林种、树种结构，封造结合，增加森林覆盖率和阔叶树种的比例，提高森林的自我调节功能，防治水土流失，改善生态环境；加大退耕还林、果、药的力度，通过还果、还药等措施，增加林农收入，以果、药养林。

本亚区收录1个典型模式：雪峰山坡耕地林、药结合治理模式。

【模式F4-1-1】　雪峰山坡耕地林、药结合治理模式

（1）立地条件特征

模式区位于湖南省隆回县小沙江。海拔1 000米以上，退耕还林面积大、分布广、水土流失十分严重，耕地少，群众生活困难。为了较好地解决农林矛盾，使群众脱贫致富，采取退耕还林、还药方式，逐步恢复植被，控制水土流失。

（2）治理技术思路

在保留基本耕地的前提下，在坡度25度以上及毁林开垦地退耕还林。坚持因地制宜，适地适树，选择适宜的树种、中药材，按先易后难的原则，退耕、造林、种药。建立生态经济型林地，既保持水土，又为群众的脱贫致富奔小康提供保证。

（3）技术要点及配套措施

①树种选择：

退耕还林：主要选择有杉木、马尾松、湿地松、日本落叶松、柏木、桤木、刺槐、楠木、蓝

果树、南酸枣等。

退耕还药：主要可选择的有黄柏、杜仲、厚朴、金银花、白术、黄精等药用植物。

②营建技术：

配置：树种组合配置以营造混交林为主，主要混交（套种）形式有马尾松-金银花，马尾松-厚朴，马尾松-白术，杉木-金银花，檫木-黄精，杉木-黄柏。

苗木规格：退耕还林采用1年生合格实生苗；药材苗木采用1～2年生合格实生苗或直接进行播种；金银花采用扦插苗。

整地：穴状整地，种植穴60厘米×60厘米×50厘米。

造林：乔-灌林药型，乔木树种60株/亩；乔-草林药型，乔木树种80株/亩；乔-乔林药型，如针阔混交时，每亩120株，针阔比1∶1。栽植前要适当施底肥或压青，栽植时要“苗正，根舒，踏紧，压实”；栽植后加强管理，及时抚育，适量施肥，防止病虫害危害；合理修枝。

③配套措施：坡改梯，营建生物埂或筑水土保持埂。

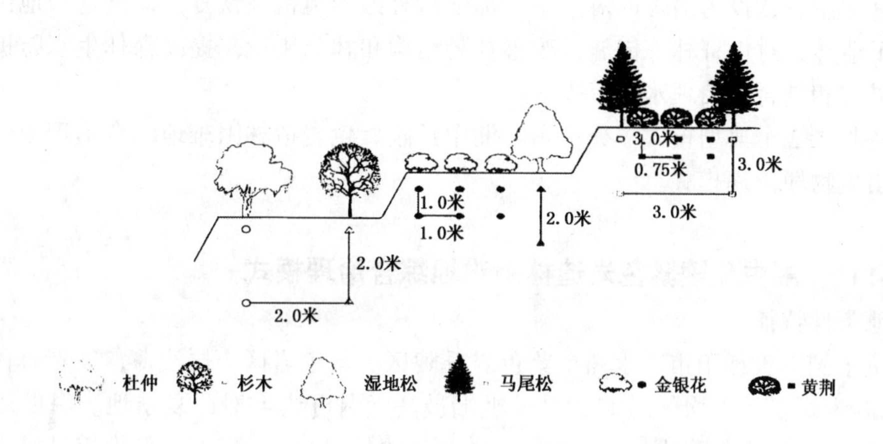

图 F4-1-1　雪峰山坡耕地林、药结合治理模式图

(4) 模式成效

本模式较好地解决了农林矛盾，见效快，效益好，群众容易接受，既能提高群众参与造林绿化的积极性，又能增加群众经济收入，达到脱贫致富奔小康的目的。在隆回县的小沙江乡退耕地林药试点示范面积10 000余亩，收到了很好的经济效益和生态效益。杉木-金银花的形式，5年后药材收入3 000元/亩，该乡财政收入的60%靠药材，群众已脱贫，开始步入小康水平。

(5) 适宜推广区域

本模式适宜在雪峰山中高山区推广。

二、湘中丘陵盆地亚区（F4-2）

本亚区位于湘江中下游，东部为罗霄山脉，西部为雪峰山脉，南部为南岭山脉，北部为洞庭湖平原，南北相距400千米，东西宽150千米。包括湖南省长沙市的岳麓区、芙蓉区、天心区、开福区、雨花区、长沙县、宁乡县、望城县，株洲市的天元区、荷塘区、芦淞区、石峰区、株洲县，湘潭市的雨湖区、岳塘区、湘乡市、韶山市、湘潭县，岳阳市的汨罗市，衡阳市的城南区、城北区、江东区、南岳区、郊区、衡山县、衡东县、衡南县、衡阳县、祁东县、耒阳市、常宁市，郴州市的安仁县、永兴县、桂阳县等34个县(市、区)的全部，地理位置介于东经111°31′1″～

113°33′43″, 北纬25°30′52″～29°5′31″, 面积36 442平方千米。本亚区是湖南省政治、经济、文化的中心，人口稠密、经济发达。近代名人辈出，具有丰富的人文资源。著名的佛教胜地南岳衡山坐落于本亚区中部，是湖南省除了张家界之外的独具特色的旅游区。

本亚区地势南高北低，除个别山峰外，海拔均在200米以下。主要土壤为第四纪红色红壤，在衡阳市四周紫色页岩、砂岩分布面积较大（60万亩），我国南方红色沙漠就是指的这类地区。土壤颜色深，夏季地表温度高达83℃，被称之为造林困难地，造林成活率低。天然植被为以马尾松、栎类、槠、栲等为建群种的常绿针阔混交林，由于人为活动频繁，大部分已被次生的马尾松林取代，形成马尾松纯林，在一些林场和村庄周围保留了一些常绿阔叶林。

本亚区的主要生态问题是：森林覆盖率较低，林龄结构不合理，中龄林、成熟林比例过低；树种单一，马尾松多，常绿阔叶树种少；单位面积蓄积量较低，森林质量不高；林地开垦严重，特别是一些所谓的"开发区""基地"，形成一些新的水土流失区；紫色岩区植被恢复困难；湘江沿线空气、水源污染严重。

本亚区林业生态建设与治理的对策是：加强造林困难地植被恢复，促进这一地区的绿化、美化；采取人工造林、封山育林等措施，改善林龄结构和林分质量，提高森林生态防护功能；生物措施与工程措施相结合，治理水土流失。

本亚区共收录2个典型模式，分别是：湘中丘陵紫色岩造林困难地综合治理模式，湘中丘陵水平带、梯田生物埂治理模式。

【模式F4-2-1】　湘中丘陵紫色岩造林困难地综合治理模式

（1）立地条件特征

模式区位于湖南省衡阳市、永州市紫色岩丘陵区。紫色岩区土层浅薄，属造林困难地。海拔一般100～400米，多年平均气温17.8℃，极端最高气温可达47℃，夏季地表温度达83.5℃，极端最低气温达－9.9℃，年降水量1 268.8毫米，蒸发量1 396.1毫米，平均相对湿度80%，全年无霜期280天，属中亚热带季风湿润气候区。山峦起伏不大，植被稀少，覆盖率仅11%左右；天然木本植物有牡荆、六月雪、紫薇、糯米条等，草本植物主要有狗牙根、假俭草、野燕麦、画眉草、飞蓬、狗尾草、野菊花等。部分地段岩石裸露率达90%以上，由于夏季高温，冬季冰冻，岩石破裂，遇上大的降水，石粒及土壤微粒全部冲走，水土流失严重，部分地段土壤年侵蚀模数达6 700吨/平方千米。

（2）治理技术思路

紫色岩区是林业生态工程建设的一块"硬骨头"，采用传统的造林方法，恢复森林群落十分困难。必须因地制宜，充分利用原有植被，遵循植被演替规律，用草本过渡，灌木改良，乔木定型的治理思路。在治理过程中抓住土层浅、夏季地面气温高、土壤缺氮、呈微碱性等主要矛盾，治理水土流失，提高草本植被覆盖度，降低地面温度，采用封山育林与补植灌木、乔木树种的办法，逐步建立起较为稳定的森林群落。

（3）技术要点及配套措施

①生物措施：

植物种及配置：选择芦竹进行高密度种植，每亩300株以上，保留及补植灌木马桑，然后定植乔木树种柏木。

整地：芦竹采用"下挖上堆"的办法，在堆旁或空旷地点播马桑，选择土壤条件好的地方挖穴植柏。整地可以不考虑株行距，找土植树，适当密些，保留原有植被，过高、过密的杂草用刀砍除，并覆盖裸地。

栽植：芦竹一般采用扦插苗，苗木与地面呈45度角斜植于土堆上；造林季节在3月初；马桑种子点播每穴10～20粒种，覆土1～2厘米；柏木采用1年生实生苗，密度200～300株/亩。

②工程措施：根据侵蚀沟的长短，采用“竹节沟”、“集流池”等措施进行配套治理。

③抚育管护：对新造林地采用锄抚蔸、刀抚面的办法，刀抚物覆盖树蔸，1年2次。每年追施氮肥1次；5年内林地禁止放牧、烧草。连续管护5年以上。

图 F4-2-1 湘中丘陵紫色岩造林困难地综合治理模式图

(4) 模式成效

本模式在湖南省常宁市推广应用近4年，收到较好的效果。其主要优点在于早期芦竹生长快、平均每株每年发笋3～5株，成活率可达98%，林地郁闭早；芦竹耐干旱、高温，产量高，2～3年后每亩每年可产芦竹3～4吨，作为造纸的优质原料，比传统原料芦苇好。马桑适应性强、生长快、四季常绿，是荒山荒坡、红色沙漠绿化见效最快的树种。柏木寿命长，适应微碱性土壤，早期受芦竹、马桑的荫蔽，可免受恶劣环境的伤害，5～7年后抗性增强，生长速度加快，高度上超过芦竹和马桑，与封山育林后生长出来的乡土树种一起建起较为稳定的林相。

(5) 适宜推广区域

本模式适宜在湖南省相似立地条件的丘陵区推广应用。

【模式 F4-2-2】 湘中丘陵水平带、梯田地生物埂治理模式

(1) 立地条件特征

模式区位于湖南省衡阳县英陂林果场，海拔300米以下，年降水量1 400毫米左右，红色土壤，微酸性，中等厚度土层。水平梯土带主要栽植经济树种，植被种类单一，郁闭度低，经济林果产量、品质不高，单位面积产值低，生态环境差。此外，“丘岗开发”修建水平梯田，破坏表层土壤结构，加之区域内降水量大，而且集中，也导致十分严重的水土流失。

(2) 治理技术思路

在不破坏已有梯地的基础上，采取生物措施，建立生物埂、篱、带，增加地面覆盖指数，改善区内微域生态环境，达到减少水土流失，增加土地产值之目的。

(3) 技术要点及配套措施

①梯埂整理：主要是将梯面整成外高、内低，使地表径流从内沟排出。

②生物埂建设：主要植物有萱草（黄花菜）、茶叶、黄栀子等。呈双行种植于梯埂的外缘，株距可以比常规种植密些，三角形配置；种植茶叶和黄栀子时实行矮林作业，一般控制株高70厘米左右。

③防风林带营造：在经济林果园的外围、边缘，设置防风林带。面积在100亩以上的果园，

中间设隔离林带，三行树，三角形配置，株行距60厘米×60厘米，树种选择枳壳、松树、马甲子等，其树冠的高度应高于经济林的高度。

④抚育管理：生物埂、带的管理一般与经济林果的管理同步进行，其次就是修剪，生物埂控制高度和密度，修剪防风林带的侧生枝，以不影响经济树种的正常生长为宜。

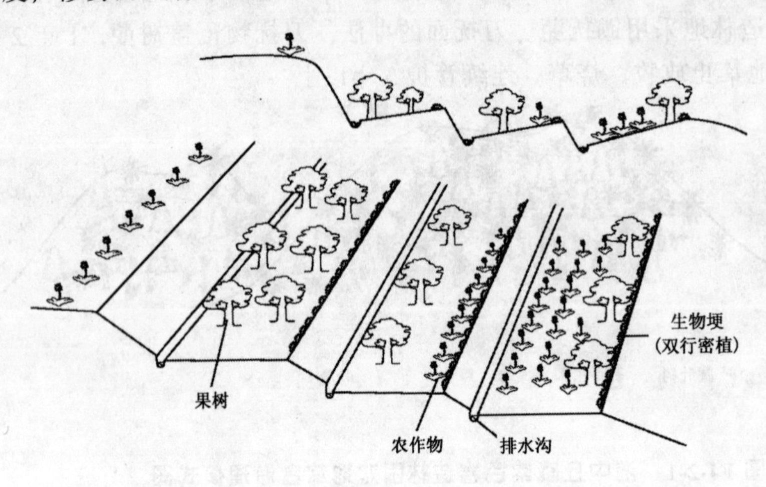

图 F4-2-2　湘中丘陵水平带、梯田地生物埂治理模式图

(4) 模式成效

衡阳县英陂林果场的松树防风林带和板栗幼林中的萱草埂已具规模，效果很好。植物措施直接拦截减少土壤流失30%左右，生物埂的直接经济效益提高10%左右，防风林带可以有效降低经济林果花期的风害影响，增加经济林果产量。

(5) 适宜推广区域

本模式适宜在湖南省中部丘陵原有水平梯地经济林果开发区推广。

三、南岭北部山地亚区（F4-3）

本亚区位于湖南省南部的南岭北坡，数座1 800米以上的大山呈东西向排列，素有“五岭”之称，是南岭的重要组成部分。南与广东省、广西壮族自治区相邻，西与贵州省接壤。包括湖南省郴州市的北湖区、苏仙区、宜章县、临武县、嘉禾县，永州市的冷水滩区、芝山区、蓝山县、江华瑶族自治县、江永县、道县、宁远县、新田县、双牌县、祁阳县、东安县，怀化市的会同县、靖州苗族侗族自治县、通道侗族自治县，邵阳市的绥宁县、城步苗族自治县、武冈市、新宁县等23个县（市、区）的全部，地理位置介于东经109°21′35″～113°18′31″，北纬24°41′34″～27°12′41″，面积45 291平方千米。

本亚区以山地地貌为主，以中部山系为主体，中间高，四周低，逐渐降为丘陵，山岭之间有大小不等的石灰岩盆地和红岩盆地，山系间多隘口。主要山系有阳明山、萌渚岭、九凝山、骑田岭等。发育有湘江、沅水、资水，水力资源丰富。山地面积较大，盛产杉木、马尾松等，是湖南省重要商品材基地，尤其是杉木远销全国各地。矿产资源丰富，特别是有色金属、稀有金属在全国占有很大比例，是著名的“有色金属之乡”。

由于地形因素的影响，南方的暖湿气流在岭南易形成降水，北方干冷气流受其影响，在北坡停留，南北差别很大，与粤北、桂北明显不同。本亚区光热资源丰富，降水充沛，年平均气温15～18℃，年降水量1 000～1 500毫米，无霜期300天以上。

成土母质主要为燕山期花岗岩侵入体，阳明山、九凝山为寒武纪浅变质板页岩，石英砂岩。土壤类型在丘陵盆地为红壤，低山为黄红壤，中低山为黄棕壤，肥力以板页岩上发育的土壤为高，极适宜杉木生长。

植被具有中亚热带向南亚热带的过渡特征，垂直带谱明显，海拔300米以下多为农田及小片柑橘、茶叶、油茶等，300～700米为红壤阔叶林，700～1 100米为黄壤常绿及落叶阔叶林，1 100～1 300米为落叶阔叶林及灌木。

本亚区的主要生态问题是：自然灾害频繁，以旱灾、山洪为主；水土流失普遍，塘、库、河泥沙淤积严重；森林资源消耗过快，天然植被破坏严重，森林质量下降，生物多样性减少。

本亚区林业生态建设与治理的对策是：充分利用有利的自然资源和特殊生态环境，发展特色农林产品；利用小河、小溪多的特点，兴修水利，发展小水电，拦截泥沙和洪水；抓住天保工程、退耕还林工程的机遇，调整林种、树种结构，实行分类经营；大量营造水保林、水源涵养林，封山育林，治理水土流失；低山丘陵区发展商品林和经济林，实行以短养长，以商品林养生态林。林业生态环境建设的主要内容是建设速生丰产林基地，封山育林，建立水源涵养林等。

本亚区收录1个典型模式：湘南山地多代杉木林补阔改造模式。

【模式 F4-3-1】 湘南山地多代杉木林补阔改造模式

（1）立地条件特征

模式区位于湖南省会同县、靖州苗族侗族自治县、江华瑶族自治县等杉木重点产区。海拔400～700米，母岩以变质岩为主，山地黄壤，土层厚度50厘米以上。年降水量1200毫米以上，植物种类多，适宜杉木生长，是我国杉木的中心产区之一，群众对杉木具有特别的爱好。在经济利益的驱使下，人为单向经营杉木纯林且多代连作，出现地力衰退、生长量下降、长势减弱、林地生态功能下降、土壤结构肥力变差、杉木一代不如一代的现象。

（2）治理技术思路

针对多代杉木纯林目前的现状，从林分的生态功能恢复、增加生物多样性、恢复生态系统的自我调控功能出发，通过增加阔叶树种，提高林地生物归还量等手段加以改造，使地力休养生息，达到持续经营的目的。

（3）技术要点及配套措施

①技术措施：选择适宜的阔叶树种，尤其是具有固氮功能和枯落物较多而易于分解的落叶或常绿树种，如桤木、檫木、马褂木、刺楸、拟赤杨、光皮桦、紫穗槐、樟树等，形成针阔混交林。每亩30株左右，用2个以上阔叶树种与杉木形成针阔混交林。

在现有杉木幼林中补植阔叶树时，先伐掉30%的长势弱的杉木幼树，然后随机混交补植阔叶树。针阔同时营造时，可以采取行状、块状混交方式。杉木、阔叶树均应选用优良种源的1年生Ⅰ级壮苗。

②配套措施：在有条件的地方，造林前施基肥，1年抚育2次，刀抚1次、锄抚1次，连续2年，用刀抚物覆盖林地，增加土壤有机质。

（4）模式成效

本模式能够很快恢复原有低效植被，起到保持水土的效果；对于呈逆向发展的林地可协调和稳定林分系统，起到涵养水源、增加其生态功能的作用；同时在杉木滞销的情况下，种植阔叶树

图 F4-3-1　湘南山地多代杉木林补阔改造模式图

种，既可调整树种、林种结构，又能增加经济效益。

(5) 适宜推广区域

本模式适宜在湖南省所有杉木产区推广。

四、赣南山地亚区（F4-4）

本亚区位于江西省南部的赣州市境内，南部以九连山脉与广东省交界，西部以诸广山和大庾岭与湖南省为界，包括江西省赣州市的崇义县、大余县、上犹县、信丰县、龙南县、全南县、定南县、安远县、寻乌县等 9 个县的全部，地理位置介于东经 113°57′12″～115°54′2″，北纬 24°34′11″～26°12′0″，面积 16 794 平方千米。

本亚区峰峦重叠，山高谷多，低山、中山面积约占林业用地总面积的 40.4%，高丘面积占 43.4%。发育赣江、珠江，主要河流有章江、桃江、东江。本亚区既是江西省木竹的重点产区之一，又是长江防护林建设的重点区域之一。

典型的中亚热带温暖湿润气候，具有明显的山地气候特征。年平均气温 18.9℃，≥10℃ 年积温 6 898.5℃，日平均气温稳定通过 5℃ 以上的生长期为 324～347 天，日平均气温稳定通过 10℃ 以上的喜温作物生长季为 259～276 天，年平均无霜期 287 天。年降水量1 586.9毫米。

地带性植被为常绿阔叶林，主要由壳斗科、樟科、山茶科、杜英科、木兰科的一些种属组成，主要的树种有南岭栲、石栎、甜槠、楠木、马尾松、杉木、毛竹等，另有木莲、大果马蹄荷、大叶楠、油杉、长苞铁杉、红豆杉等珍稀濒危树种。

土壤类型主要有红壤、黄红壤、黄壤、紫色土等，成土母质有花岗岩、红色砂砾岩、千枚岩、片岩及第四纪红黏土等。土层深厚，表土有明显的枯枝落叶层，有机质含量大于 4%，土壤呈微酸性，pH 值 5.0 左右。适合杉木、马尾松、毛竹及常绿阔叶树的生长，具备发展速生丰产林的自然条件。

本亚区的主要生态问题是：人工纯林面积大，森林生态系统稳定性差，抗病虫害、防火能力差，涵养水源、保持水土、维护生物多样性等生态功能不强，水旱灾害时有发生。

本亚区林业生态建设与治理的对策是：通过封山育林、补植阔叶树和营造针阔混交林等措施，加大对低产低效林的改造力度，提高林分质量，增强森林涵养水源、保持水土等生态功能，基本控制水土流失，减轻水库、河床淤积，保持水源的稳定、有效供给。

本亚区收录 1 个典型模式：赣南山地水源涵养林保护和培育模式。

【模式 F4-4-1】　赣南山地水源涵养林保护和培育模式

(1) 立地条件特征

模式区位于江西省崇义县过埠乡和关田乡。过埠乡位于上犹江水库源头，森林资源丰富，但长期重采轻造，森林质量有所下降，生态功能削弱，林地水土流失加剧，泥沙下泄淤积于水库。关田乡立地条件优越，森林资源极为丰富，但人们长期视阔叶林为“杂木”，肆意进行破坏性采伐，逐渐形成了大面积的马尾松纯林，森林保持水土、涵养水源等功能被削弱。

林业是崇义县重要经济支柱，林业收入占县财政的50%以上，农村人均耕地不足1亩，但人均林业用地达10亩。随着京九铁路的开通，当地的交通运输得到了极大的改善，同时也带动了地方经济的快速发展。

(2) 治理技术思路

以培育水源涵养林为重点，采取封山禁伐等措施，加强天然林资源保护和改造，逐步恢复扩大林草植被，进一步提高天然林质量，使天然林得以恢复和发展，以进一步增强森林蓄水保土等生态功能，改善生态环境。

(3) 技术要点及配套措施

根据治理思路和目标，以生物治理措施为主，针对林地不同的立地条件和生态建设要求，分别采取封山育林、低产林改造等治理措施。

①封山育林：对山顶（脊）部、陡坡及东江、章江、桃江、大中型水库源头与迎水坡面，水土流失中度以上、森林植被易破坏难恢复的具有天然恢复林草植被能力的林地实行封山育林(草)，禁止一切人为活动，根据当地生态建设要求可连续封育10年、20年或永久性封山，配置专职护林员，建立相应的封山育林公约，加强林地管护。通过封山育林，提高森林质量，增加生物资源总量，使林木郁闭度达到0.6以上，灌草盖度达到50%以上且分布均匀。

②低效林改造：在不影响森林生态效益正常发挥的前提下，对低产林进行砍杂、抚育、间伐，清除林地中部分藤灌和杂草，就地覆盖于地表，并砍除林内的霸王树、病腐木、弯曲木，为保留木创造有利的生长条件和生存空间。

在实施过程中，保留生长旺盛、干形通直的马尾松、杉木及硬阔、软阔等目的树种和珍贵树种，并保留珍贵、稀有的灌、草物种等目的种，并相对形成上下2～3层的复层林，使上层林(主林层) 保留木平均为100株/亩，郁闭度控制在0.4～0.6。

根据林分生长状况，以后每隔8～12年进行1次择伐，择伐强度为活立木蓄积的20%～30%，形成不间断的循环作业，以达到森林资源总量不断增加、质量不断提高的目的，充分发挥森林的生态效益，同时兼顾其经济效益。

③配套措施：加强管理，确立“村办林场、租赁经营、责任到人”的集体生态林经营模式，实现一村一场全面有效管理；以抚育间伐、改造为目的所生产的部分木材免交乡、村提留，只征收8.8%的农林特产税，并适当减免林业费，鼓励经营者增加投入，提高经营水平，改善林分质量；落实森林资源限额采伐政策，从源头抓起，加强林政资源管理，严厉打击乱砍、滥伐、偷盗木材的不法行为，严格规范山区木材流通秩序。

(4) 模式成效

本模式的实施，既维护了天然林多树种、乔灌草相结合的原始风貌，生态防护效能明显提高，极大地减少了泥沙对水库的淤积，对江河水库在旱季与汛期的水资源调节发挥了重要作用，病虫害发生几率减少。同时还极大地促进林木生长，活立木蓄积年平均生长量提高40%，明显增加林地产出，提高经济效益，为林业再生产提供资金来源。

（5）适宜推广区域

本模式适宜在自然条件优越，森林资源丰富，但过伐严重，森林质量不高，生态防护效能低的天然林区推广。

五、粤北山地亚区（F4-5）

本亚区位于广东省北部，西起湖南省、广西壮族自治区、广东省边界的瑶山，东到九连山。包括广东省清远市的连山壮族瑶族自治县、连南瑶族自治县、阳山县、清新县、连州市、英德市，韶关市的北江区、浈江区、武江区、乐昌市、乳源瑶族自治县、仁化县、南雄市、始兴县、翁源县、曲江县、新丰县，河源市的连平县、和平县，肇庆市的广宁县、怀集县等21个县（市、区）的全部，以及广东省广州市的从化市，清远市的佛冈县等2个县（市）的部分区域，地理位置介于东经112°1′51″～115°14′42″，北纬23°23′32″～25°30′27″，面积47 019平方千米。

本亚区地貌以山地为主，山岭重叠，北部有三列弧形山脉：大庾岭、大东山、连南瑶山。大东山的东面有广东省最高峰石坑崆（1 902米），一般山地海拔约1 000～1 500米。间有一些山间盆地。因地处广东最北部，地势高，穿插有绥水、连水、浈水谷地，皆汇入北江。

典型的南亚热带季风气候，年平均气温17～21℃，最冷月均温5.3℃，极端最低气温－2℃，极端最高气温超过40℃；年降水量一般在1 500～2 200毫米，雨季长达7～8个月，主要集中在5～8月份。是广东省夏季最热、降水最多的地区。

土壤主要是由花岗岩、砂页岩、变质岩、石英石发育成的山地红壤、山地黄壤、山地草甸土；还有由石灰岩、紫色岩系发育成的红（黑）色石灰土、紫色土等。

植被以华南区系植物为主，为亚热带南部常绿阔叶林带。原生植被保存不多，人工林主要有杉木、马尾松、毛竹、木荷、大叶锥栗、南酸枣、檫木、青梣、广东松、铁杉、福建柏、油茶、油桐、板栗、青皮竹、茶秆竹等。

本亚区的主要生态问题是：林种结构不合理，用材林比重大，其他林种比重小；针叶纯林、阔叶纯林多，混交林少。北部紫色土区及一些县农业生产经营利用土地不合理，采矿业发达，由此引起的水土流失比较严重。江河、水库多，水源涵养林建设和管护亟待加强。中、西部石灰岩地区森林植被较少，造林困难。

本亚区林业生态建设与治理的对策是：根据本区的自然特点和生态环境建设中存在的问题，通过开展天然林保护，建设江河、大中型水库水源涵养林，水土流失严重区和石灰岩区治理等工程，恢复和增加林草植被，建立稳定的生态系统；在立地条件较好的地区发展用材林、竹林及木本经济林。

本亚区共收录5个典型模式，分别是：粤北江河两岸、大中型水库库周水源涵养林建设模式，粤北石灰岩山地封山育林恢复植被治理模式，粤北北部水土保持林建设模式，粤北北部低山高丘杉木用材林建设模式，粤北山地丘陵生态型竹林建设模式。

【模式F4-5-1】　粤北江河两岸、大中型水库库周水源涵养林建设模式

（1）立地条件特征

模式区位于广东省乳源瑶族自治县，境内江河中上游两岸、大中型水库集水区。地形平缓，土地肥沃。土壤以沙壤土和亚黏土为主。

（2）**治理技术思路**

模式区江河两岸、大中型水库周围大部分地方森林植被比较好，但针叶纯林多，阔叶林及混交林少，局部地区林木比较稀疏，并有少量林中空地和荒山需要绿化。针对这一情况，通过人工造林和封山育林相结合，改善林分结构，提高林分质量，增加植被覆盖度，提高森林涵养水源的作用。

（3）**技术要点及配套措施**

①封山育林：坡度在30度以上的荒地、郁闭度大于0.4的森林，实行严格保护，全面封禁，严禁砍伐、滥伐、割草、放牧及一切人为破坏活动。对针叶纯林进行阔叶树混交化改造。

②疏林补植：根据立地条件，选择黧蒴栲、木荷、麻栎等最适宜乡土树种。穴状整地，规格40厘米×40厘米×30厘米。用1年生Ⅰ级苗于春雨期补植。

③人工造林：

树种及其配置：人工造林主要在坡度30度以下的荒地进行。根据本区立地条件，选择生长快、根系发达、深根、叶茂、涵养水源、保土保水力强的树种，如马尾松、木荷、麻栎等。配置方式为带状混交或块状混交。树种比例为5:3:2。

整地：为保护原生植被，一般对不妨碍实施造林的散生幼树、灌木、草木等应尽量保留，整地采用小块状穴垦，规格40厘米×40厘米×30厘米，造林前1个月挖穴整地，造林时回填表土栽植。

造林：采用马尾松百日苗，木荷1年生苗，麻栎1年生苗于春雨初期阴雨天造林。株行距1.7米×1.7米，每亩230株。

抚育管理：造林后第1、2年，每年夏初除草、补植1次，并清理有碍苗木正常生长的穴外灌木、杂草，封山育林3～5年。

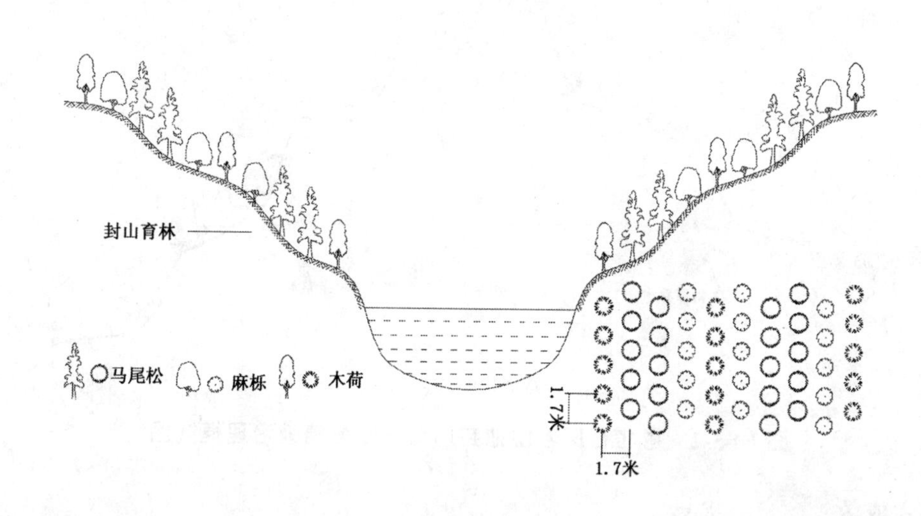

图 F4-5-1 粤北江河两岸、大中型水库库周水源涵养林建设模式图

（4）**模式成效**

本模式技术简单，易于掌握和实施，在现有针叶林的基础上尽快形成混交植被，增强森林涵养水源的功能，具有很高的生态价值。特别是针阔混交林能建立稳定的森林生态体系，大大提高土壤肥力，明显提高单位面积木材的产量和质量，减少水土流失，减轻松毛虫危害和其他病害。

(5) 适宜推广区域

本模式适宜在广东省、广西壮族自治区推广应用。

【模式 F4-5-2】　粤北石灰岩山地封山育林恢复植被治理模式

(1) 立地条件特征

模式区位于广东省英德市、阳山县、连州市、清新县等地。石灰岩裸露60%以上，土层极薄，以砂砾、石砾为主，山上长有少量林木及草灌木，或植被很少。

(2) 治理技术思路

模式区立地条件差，土层很薄，人工造林比较困难，可以采取全面封禁，减少人为活动和牲畜破坏，促进土壤积累，利用天然下种能力，自然形成乔灌草相结合的植被群落。对乔、灌、草极少的地方，可采取人工种草、植灌和栽植马尾松等手段，促进植被恢复。

(3) 技术要点及配套措施

①封山育林：对一些乔灌木生长较好的地区，采取全封措施，封育期间禁止采伐、砍柴、放牧、割草和其他一切不利于植物生长的人为活动。

②人工促进更新：对于乔、灌、草植被很少，但有一定厚度土层的地方，选择一些适宜石灰岩地区生长的树种，如马尾松、任豆、泡桐、棕榈等，进行人工种植或点播，促进林草更新，然后对这些地区进行全面封山，加强管护，使这部分地区尽快恢复，发展成乔、灌、草相结合的植被群落。

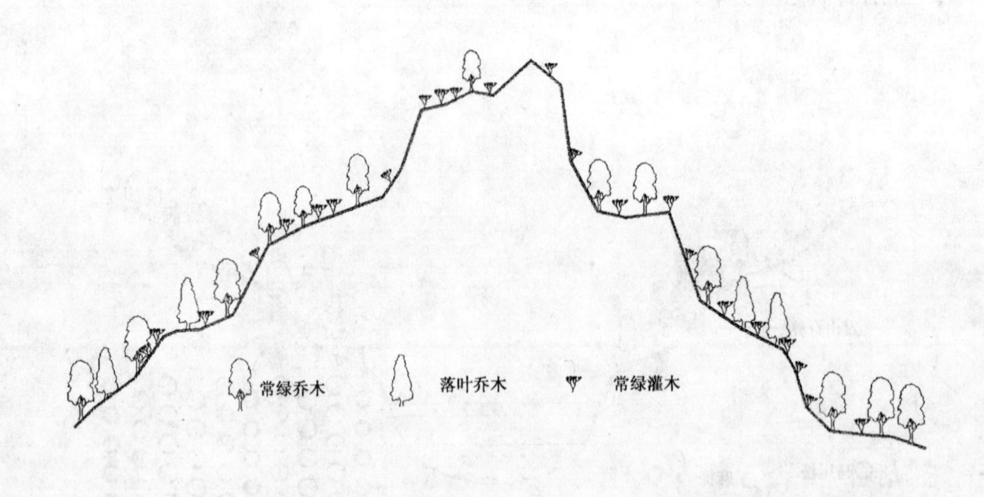

图 F4-5-2　粤北石灰岩山地封山育林恢复植被治理模式图

(4) 模式成效

采用这种治理模式投资少，见效快。对一些有乔、灌、草植被、有天然下种能力的地方，全封3～5年后就能自然形成乔灌草植被群落；乔、灌、草较少地方，通过人工促进更新再全封，也可以逐渐形成乔、灌、草植被群落。

(5) 适宜推广区域

本模式适宜在在广东省、广西壮族自治区石灰岩地区推广应用。

【模式 F4-5-3】 粤北北部水土保持林建设模式

（1）立地条件特征

模式区位于广东省北部南雄市。属于紫色土分布区，坡度在15～30度，土层薄，土体松散，土壤保水力差，肥力低，植物一般生长不良，大多是水土流失严重地区。

（2）治理技术思路

在保护好现有植被的前提下，生物措施与工程措施相结合进行坡面综合治理，防止水土流失。采用穴状整地或鱼鳞坑整地，营造针阔混交林或乔灌木混交林。

（3）技术要点及配套措施

① 封山育林：为了保护好现有森林植被不受破坏，对郁闭度0.4以上的林分，必须采取全面封禁措施，严禁砍伐、滥伐、放牧、割草等一切人为破坏活动。

②疏林补植：郁闭度0.2～0.4的疏林地，根据林木分布状况，在树木稀少的地方及林中空地补植阔叶树阴春、油茶、乌桕等树种，栽植穴40厘米×40厘米×30厘米，春季阴雨天补植。

③人工造林：乔木选择木荷、黄檀，灌木选择胡枝子或山毛豆，行间混交，混交比为荷5黄5，灌木不占比例。秋、冬季穴状整地，乔木穴规格40厘米×40厘米×30厘米，灌木穴规格30厘米×30厘米×20厘米。乔木株行距1.8米×1.8米，每亩206株。灌木直播造林，每穴播5～8粒种子，在乔木行中间播种。木荷、黄檀用1年生裸根苗，苗高分别为30厘米以上和50厘米以上，修剪根及苗叶1/3～1/2后，于春季阴雨天造林，注意舒根、栽直、踩实。或采用苗高25厘米以上的容器苗造林。

④抚育管理：造林后连续抚育3年，每年4～5月进行除草、松土1次。

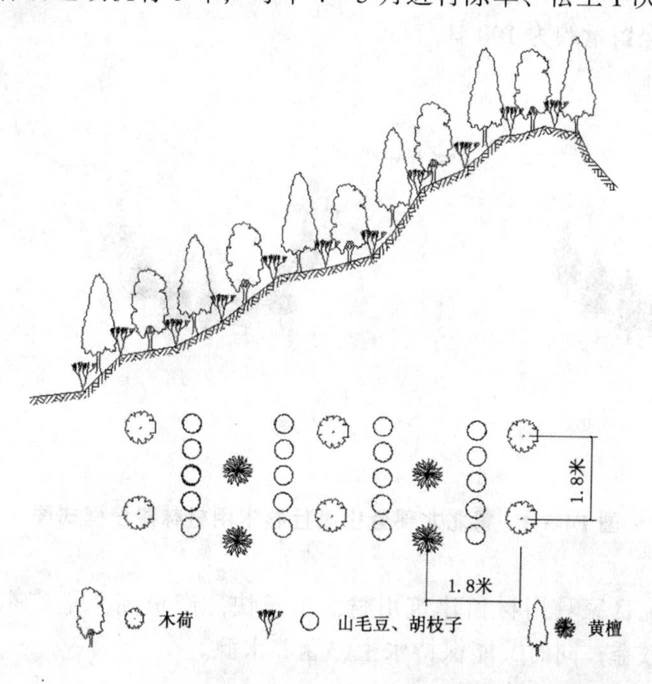

图 F4-5-3　粤北北部水土保持林建设模式图

（4）模式成效

本模式采用适宜密度、合理的规格和配置形式整地造林，可以迅速提高林草覆盖，有效拦截地表径流，保持水土。

(5) **适宜推广区域**

本模式适宜在广东省始兴县、仁化县、曲江县、连州市、翁源县等地区的紫色土水土流失严重地区推广。

【模式 F4-5-4】　粤北北部低山高丘杉木用材林建设模式

(1) **立地条件特征**

模式区位于广东省连南瑶族自治县素有“杉都”之称的金坑镇。年平均气温 17～21℃，极端最低气温为－2℃，年降水量 1 500 毫米以上，台风少。低山高丘中下部、山谷、阴坡、半阴坡的林地，土壤以山地红壤、黄壤为主，土层厚 80 厘米以上，质地疏松，土壤肥沃湿润。

(2) **治理技术思路**

选择速生树种杉木，在适宜地区营造人工林，扩大森林植被盖度，消灭局部荒山，完成采伐迹地的及时更新。并通过集约经营，形成速生丰产林，为韶关市新兴工业区和采矿区解决木材，增加林区群众经济来源。

(3) **技术要点及配套措施**

①整地：秋冬季节劈山除杂，水平带垦，带宽 0.6 米，深翻 25～30 厘米，挖除杂草灌木，让其自然风化一段时间。穴状整地，规格 50 厘米×50 厘米×40 厘米，回填表土。

②造林技术：选用 1 年生Ⅰ级苗于春雨期间造林。株行距 2.0 米×2.0 米，每亩 167 株。每穴施磷肥 100 克、复合肥 50～100 克、与穴内底土充分混合作为基肥。

③抚育管理：造林当年秋季抚育 1 次，以后连续 3 年每年抚育 1～2 次，抚育季节为夏、秋两季。抚育方法为带垦铲草除杂，株间松土、扩带、压青、除萌、培土，并要注意结合补苗。10～12 年间伐 1 次，保留量约为 100 株/亩。

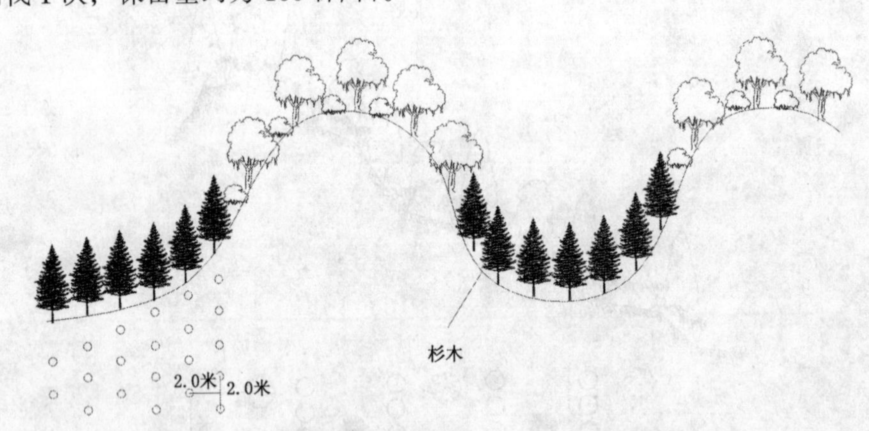

图 F4-5-4　粤北北部低山高丘杉木用材林建设模式图

(4) **模式成效**

杉木材质好，是优良家具用材和建筑用材，生长快，产量高，是广东群众最喜爱的用材树种，具有较高的经济效益，同时又能保持水土、涵养水源。

(5) **适宜推广区域**

本模式适宜在广东省北部及条件相似的地区推广应用。

【模式 F4-5-5】 粤北山地丘陵生态型竹林建设模式

（1）立地条件特征

模式区位于广东省乐昌市五山。山坡中下部、阴坡、山洼、河流两岸冲积土、近河谷地带，土层深厚、湿润、肥沃，为毛竹、青皮竹、茶秆竹的适生地。

（2）治理技术思路

竹子生长快、经济效益高，当地群众喜欢种植且有经验。根据立地条件类型选择适生竹种，结合整地、抚育措施，营造大面积竹林，既可发挥竹林保水、保土和涵养水源的功能，又能以竹产加工业、竹产品带动地方经济发展。

（3）技术要点及配套措施

①竹种选择：根据立地条件选择竹种。在山地丘陵坡下部、山洼、阴坡土层深厚、土壤肥沃湿润的地方适宜种毛竹，在河流两岸冲积土及河谷适合种青皮竹。

②整地：

毛竹：秋冬季整地。坡度20度以下的坡地，带状劈山炼山，全面翻土，深度20～30厘米，然后按设计株行距开穴。移竹造林开长方形穴，规格为150厘米×80厘米×50厘米；实生苗造林的挖穴规格为60厘米×60厘米×40厘米。坡度20度以上可水平带状整地，带宽0.7～1.5米，沿带翻土深0.4米，然后按前述规格在带内开穴。

青皮竹：秋冬季整地。地势平坦、坡度20度以下的地方适宜全垦整地，丘陵山区可水平带垦，带宽0.8～1.0米，然后按设计株行距开植穴，规格50厘米×50厘米×40厘米。

③造林：

毛竹：冬季和早春造林，移竹造林和实生苗造林为主，但实生苗造林经济、生命力强，成活率高。掘苗时应尽量多带宿土，用泥浆蘸根，留枝3～4盘，切去梢部，适当疏叶，包扎好上山栽植。株行距4.3米×4.3米，每亩36株。

青皮竹：造林季节4～7月。埋节育苗，用地径0.5～1.0厘米的1年生苗。造林前先将竹苗劈去部分枝叶，如竹丛多，可分为2～3株1丛，浆根后造林，栽植时，放正、浅种、舒根、回土踏实、淋水。株行距3.0米×4.0米，每亩56株。

⑤抚育：

毛竹：对新造竹林必须专人管护，如检查有死亡缺株，立即补种；除草松土，逐年扩穴，深30厘米；有条件地方要适当施肥，以土杂肥为宜；间伐抚育，新竹株多细小，要适时间伐，砍小、留大、去病、留强。

青皮竹：造林后要加紧管护，特别是出笋前后要严禁人畜进入林地；除草松土，深度15～20厘米，每年1～2次，连续3年。1年1次在8月进行；1年2次在6月和8～9月分别进行；有条件地方可竹农间作，竹林内种植豆类、番茨、木茨等作物，以耕代抚。

（4）模式成效

竹类造林后生长快，成材早，产量高，用途广，可用于建筑、造纸、编织、乐器、工艺美术等；竹笋味道鲜美、营养丰富，是人们喜爱的食品，笋干、罐头行销国内外。短期内即可取得较高经济效益，并有较好的保土保水、涵养水源功能。

（5）适宜推广区域

本模式适宜在广东省北部各地区推广。

六、粤中山地丘陵亚区（F4-6）

本亚区位于西江中游及漠阳江、鉴江上游，包括广东省肇庆市的封开县、德庆县，云浮市的云城区、郁南县、罗定市、新兴县、云安县，阳江市的阳春市，茂名市的信宜市等9个县（市、区）的全部，以及广东省阳江市的阳东县，肇庆市的四会市、高要市，佛山市的高明市，江门市的鹤山市，茂名市的电白县、高州市等7个县（市）的部分区域，地理位置介于东经111°3′28″～113°12′2″，北纬21°46′42″～23°57′50″，面积24 927平方千米。

本亚区山地约占65%，主要山脉有云开大山，以云雾山为主体，山体连绵，高度变化较大，一般海拔500～1 000米，也有不少超过1 000米的山峰。

南亚热带气候，气候温暖，雨量充沛。年平均气温20～22℃，最冷月12～14℃，最热月27℃，极端最低气温0℃。年降水量1 500～2 000毫米，集中在夏秋两季。

成土母岩主要为花岗岩、片麻岩、砂页岩、红色岩及石灰岩。地带性土壤为赤红壤，垂直分布有山地红壤、山地黄壤、山地草甸土等，呈酸性反应。紫色土主要分布在罗定盆地。

植被属南亚热带季风常绿林带，物种资源丰富；主要人工用材树种有马尾松、杉木、湿地松、桉树、木荷、红锥、黧蒴栲、厚壳桂、樟树等，经济林以油茶、肉桂、八角、板栗为主。

本亚区的主要生态问题是：森林结构不合理，用材林比重大，其他林种比重小；针叶林多、混交林少。花岗岩分布区水土流失比较严重；部分石灰岩区林木植被较少，难于造林。

本亚区林业生态建设与治理的对策是：保护好天然阔叶林，营造水土保持林，加快治理花岗岩崩岗区的水土流失，恢复石灰岩地区的植被。在立地条件较好的地区发展速生丰产用材林、竹子及经济林果。

本亚区共收录3个典型模式，分别是：粤中西部紫色土区水土保持林建设模式，粤中中部石灰岩区封山育林恢复植被模式，粤中低山丘陵阴坡、山谷生态经济林建设模式。

【模式 F4-6-1】　粤中西部紫色土区水土保持林建设模式

（1）立地条件特征

模式区位于广东省罗定市西部紫色土区，海拔500～1 000米，水热条件好。缓坡至中坡，土层薄，土质疏松，植被稀少，水土流失严重。

（2）治理技术思路

对已初步采取生物和工程措施，但水土流失仍然相当严重的地区，为了达到根治的目的，在保护好现有森林植被的基础上，选择适宜树种，通过封山育林、疏林补植、人工造林等方法，积极营造乔灌草结合的水土保持林，不断提高森林植被的覆盖率。

（3）技术要点及配套措施

①封山育林：为了保护好现有森林植被不受破坏，对郁闭度0.4以上的林分，必须采取全面封禁措施，严禁砍伐、滥伐、放牧、割草等一切人为破坏活动。

②疏林补植：郁闭度0.2～0.4的疏林地，根据林木分布情况，在林木稀疏地方及林中空地补种阔叶树黧蒴栲、大叶相思等树种，栽植穴的规格为40厘米×40厘米×30厘米，春雨阴雨天进行补植。

③人工造林：

树种：乔木选择湿地松和台湾相思，灌木为黄荆等。

整地：秋、冬季进行。穴状整地，规格为40厘米×40厘米×30厘米，或水平状整地；侵蚀沟坡用鱼鳞坑整地；灌木用小穴整地，规格30厘米×30厘米×20厘米。

造林：春雨初期阴雨天造林。株行距不要求规整，"品"字形排列，株行距1.2～1.8米，每亩296株，湿地松与台湾相思比例5:5。灌木直播造林，每穴放种子5～8粒，播后覆细土2厘米左右，不占乔木树种组成比例。湿地松采用容器苗，台湾相思用1年生苗。

抚育管理：造林后抚育2年，雨季初期松土或扩穴1次。

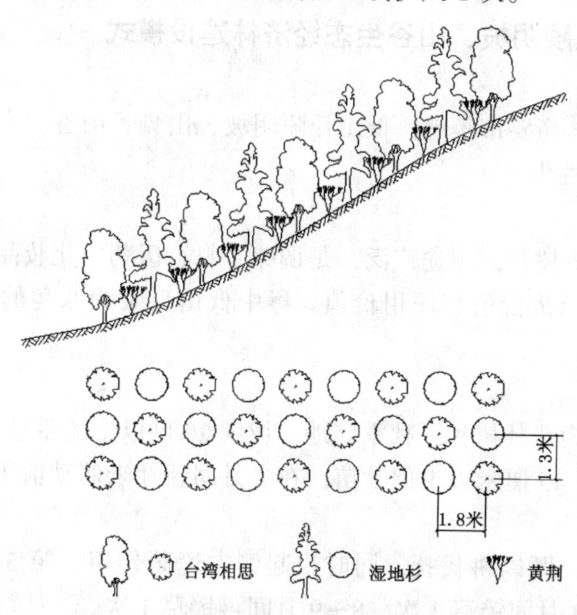

图 F4-6-1 粤中西部紫色土区水土保持林建设模式图

(4) 模式成效

水土保持林的建设，使当地的植被覆盖度明显提高，有效地拦截地表径流，水土保持效果显著，生态环境得到很大改善。

(5) 适宜推广区域

本模式适宜在广东省各地水土流失严重的紫色土区推广。

【模式 F4-6-2】 粤中中部石灰岩区封山育林恢复植被模式

(1) 立地条件特征

模式区位于广东省云浮市、肇庆市等地。立地条件极差，土层极薄，以砂石为主，石灰岩及其他岩石大量裸露。人工造林、更新困难。

(2) 治理技术思路

在岩石裸露区，采取全面封禁治理，依靠原有林木天然下种，自然形成乔、灌、草植被群落；在植被稀疏、立地条件稍好一点的地方，可采取人工促进更新的办法恢复植被。

(3) 技术要点及配套措施

①封山育林：对岩石裸露且有一定乔、灌木生长的地区，采取全封措施，封育期间禁止采伐、砍柴、放牧、割草和其他一切不利于植物生长的人为活动。

②人工促进：乔、灌、草植被很少，但有一定厚度土层的地方，选择一些适宜石灰岩地区生长的树种，如马尾松、任豆、泡桐、棕榈，进行人工种植或点播，并通过封山和人工促进更新，恢复发展形成乔灌草相结合的植被群落。

(4) 模式成效

本模式投资少，见效快。通过各种措施的结合，逐渐形成乔灌草一体的复层群落，植被覆盖度迅速提高，生物多样性明显增加，生态环境进入良性发展阶段。

(5) 适宜推广区域

本模式适宜在广东省、广西壮族自治区的石灰岩区推广应用。

【模式 F4-6-3】　粤中低山丘陵阴坡、山谷生态经济林建设模式

(1) 立地条件特征

模式区位于广东省郁南县、高要市等地。低山丘陵阴坡、山脚、山谷，土层深厚，表土层厚10厘米以上，土壤为湿润的酸性土。

(2) 治理技术思路

八角是我国南方特有的经济树种，用途广泛，是调味香料、医药、化妆品、食品等重要工业原料及家具用材，具有极高的经济价值和医用价值。粤中低山丘陵为八角的适生区，可大力发展，以增加农民的经济收入。

(3) 技术要点及配套措施

选择经济价值高的八角作为造林树种。秋季整地，坡度20度以上的带垦，开植穴50厘米×50厘米×40厘米。用2年生高45厘米以上健壮苗，在2月间新芽未萌动前于阴雨天造林。株行距4.0米×4.0米，每亩42株。

造林后头3年间种农作物，既以耕代抚，同时也起侧方遮荫作用。第3～5年再翻土1次。10年已进入盛果期，每年2～3月间铲草1次，8～9月间再铲草1次。

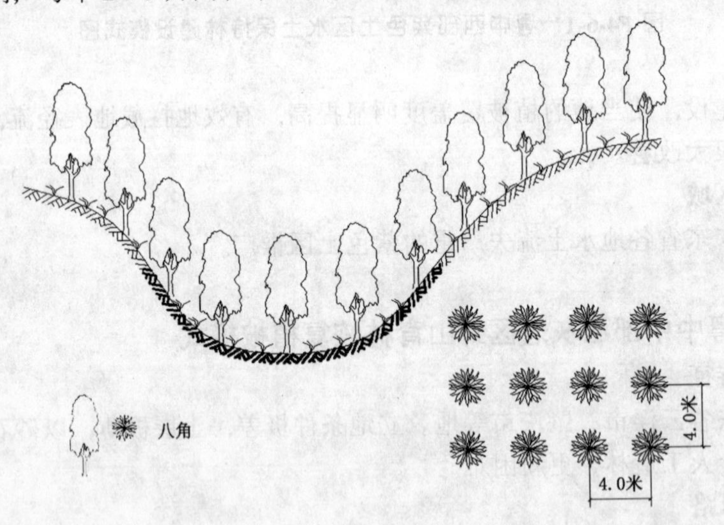

图 F4-6-3　粤中低山丘陵阴坡、山谷生态经济林建设模式图

(4) 模式成效

生态经济林的建设，取得了较好的生态效益和经济效益。模式区植被覆盖度提高15%，农民的经济收入是治理前的2倍。

(5) 适宜推广区域

本模式适宜在广东省中部及广西壮族自治区中部低山丘陵的阴坡、山谷、静风区推广。

七、粤东丘陵山地亚区（F4-7）

本亚区位于广东省东北部，其北部及东北部分别与江西省、福建省相邻。包括广东省梅州市的梅江区、大埔县、蕉岭县、平远县、梅县、兴宁市、丰顺县、五华县，河源市的源城区、龙川县、紫金县、东源县，惠州市的龙门县，汕尾市的陆河县，潮州市的湘桥区等15个县（市、区）的全部，以及广东省惠州市的惠东县、博罗县，广州市的增城市，汕尾市的海丰县，揭阳市的揭西县，潮州市的潮安县、饶平县等7个县（市）的部分区域，地理位置介于东经113°28′13″～117°6′9″，北纬22°51′45″～24°57′23″，面积40 319平方千米。

本亚区以丘陵为主，丘陵与低山交错分布，山地丘陵与盆地谷地相间。主要山脉有南昆山、罗浮山、七目樟、阴那山等，海拔大多在1 300米以下。

南亚热带湿润季风气候。年平均气温20～21.5℃，最冷月平均气温12℃左右，极端最低气温-2℃，平均年霜期30～60天。年降水量1 500～1 900毫米，受台风影响较少。

成土母质主要为花岗岩、砂页岩、流纹岩等，在兴梅盆地、灯塔盆地成土母岩为红色砂页岩。土壤以赤红壤为主，北部及海拔300～700米为山地红壤，其次为山地黄壤，海拔1200米以上为山地草甸土。

本亚区森林资源丰富，仅次于广东省北部地区。主要造林树种有马尾松、湿地松、杉木、青栲、南岭栲、宝汉栎、南桦木、木荷、木兰、桢楠等；东江、韩江及其支流盛产黄竹、坭竹、粉单竹等；经济林有油茶、油桐、板栗、柿子、茶叶等。

本亚区的主要生态问题是：森林资源分布不均，丘陵盆地林木资源较少。在有林地中，林种结构不合理，用材林比重大，防护林、经济林比重小；针叶林多、混交林少。中部丘陵、盆地紫色土土体松散，植被较少，有机质含量低，加上人们对土地利用不合理，及乱砍滥伐破坏森林，造成相当严重的水土流失，河道淤塞、河床升高，旱涝灾害较多。

本亚区林业生态建设与治理的对策是：在保护好现有森林植被的前提下，采取封山育林和人工造林相结合的方法治理水土流失，搞好水源涵养林建设，积极发展用材林，适当扩大经济林种植面积。

本亚区共收录4个典型模式，分别是：粤东中部丘陵盆地水土流失治理模式，粤东山地天然阔叶林、风景林保护及植被恢复治理模式，粤东丘陵山地生态经济型茶园建设模式，粤东低山高丘杉木、马尾松混交林建设模式。

【模式F4-7-1】　粤东中部丘陵盆地水土流失治理模式

（1）立地条件特征

模式区位于广东省兴宁市、五华县、梅县、龙川县等地，地处丘陵、盆地紫色土分布区，土体松散，植被少，存在局部或大面积水蚀沟，水土流失严重。

（2）治理技术思路

根据当地的自然条件特点和以往的建设基础，分别采取封山育林、人工补植和人工造林的办法恢复森林植被，有效地防止水土流失。

（3）技术要点及配套措施

①封山育林：为了保护好现有森林植被不受破坏，对郁闭度0.4以上的林分，采取全面封禁措施，严禁砍伐、滥伐、放牧、割草等一切人为破坏活动。

②疏林补植：在郁闭度0.2～0.4的疏林地，根据林木分布状况，在林木稀疏的地方及林中空地补植阔叶树木荷、新银合欢、油茶等。植穴40厘米×40厘米×30厘米。春雨期间补植。

③人工造林：根据立地类型选择耐干旱瘠薄、保土保水能力强的乡土树种和外来树种如黧蒴栲、乌桕、绢毛相思等，灌木为银合欢或黄荆。秋、冬季穴状整地，乔木规格40厘米×40厘米×30厘米，灌木为30厘米×30厘米×20厘米。

采用苗高25厘米以上的容器苗或1、2年实生健壮苗木于春季阴雨天栽植，带状混交，混交比例为乌3黧4绢3，灌木不占比例。乔木株行距1.5米×1.5米，每亩296株。灌木种植在乔木行间，直播造林，每穴放5～8粒种子，覆盖2厘米细土。

造林后连续抚育3年，每年4～5月间除草、松土。

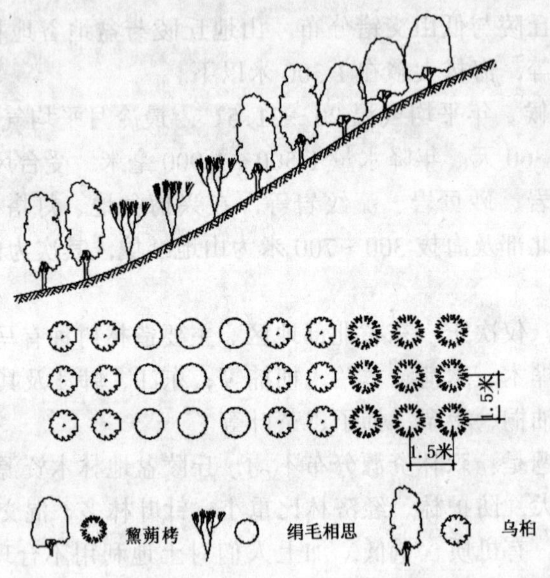

图 F4-7-1　粤东中部丘陵盆地水土流失治理模式图

(4) **模式成效**

经过长期的治理和建设，模式区的森林植被增加，覆盖度增大，有效地防止了水土流失，各种自然灾害也明显减少，生物多样性提高，生态系统趋于稳定。

(5) **适宜推广区域**

本模式适宜在广东省其他地区水土流失严重地区推广。

【模式 F4-7-2】　粤东山地天然阔叶林、风景林保护及植被恢复治理模式

(1) **立地条件特征**

模式区位于广东省龙门县的南昆山。海拔600米以上，山地红壤为主，土层厚60厘米以上，排水良好，较湿润，肥力中等。

(2) **治理技术思路**

模式区分布的天然阔叶林及一些风景旅游区、名胜古迹区的森林受人为影响较大，发生一定程度的退化，急需保护和恢复。根据本区的自然、气候、土壤和林分植被等情况，采取封山育林等办法保护现有森林植被，对一些被破坏、砍伐的地方，采用人工造林的办法恢复森林植被。

(3) **技术要点及配套措施**

①封禁：所有森林都要实行封禁，尤其是对土层浅薄、岩石裸露、更新困难的森林，寺庙、

神山中的森林，科研教学实验林，母树林，种子园，环境保护林，名胜古迹风景区、自然保护区等一些特殊地带的森林，更要严加保护，实行全面封山。

②封育：对具有较强天然更新能力，每亩有 80～149 株乔灌木幼树均匀分布的荒山及郁闭度 0.4 以上的林分，封山育林育草，恢复植被。封育期间严禁采伐、砍伐、放牧、割草和其他一切不利于植物生长的人为活动。

③人工造林：选择红锥、樟树、木荷等树种，营造混交林或纯林。秋冬季节，块状整地，规格 50 厘米×50 厘米×40 厘米。水平带垦，宽 60 厘米、深 30 厘米，带内加开植穴，规格 50 厘米×50 厘米×40 厘米。株行距 2.0 米×2.0 米，每亩 170 株。苗木选用 1 年生高 30 厘米以上的壮苗造林，造林季节以初春叶芽开放前为宜。注意适当深挖、栽直、舒根、回细土，栽后踏实。

连续抚育 3～5 年，每年 2 次，铲除植穴内的杂草并松土。

（4）模式成效

本模式有效地保护了风景区、旅游区、自然保护区、文物寺庙的森林植被及一些珍稀动植物，为人们提供了观光游览的场所，丰富了群众生活，美化了生活环境。

（5）适宜推广区域

本模式适宜在广东省境内山高坡陡、交通不便、更新不易、天然阔叶林面积较大的地区推广应用。

【模式 F4-7-3】 粤东丘陵山地生态经济型茶园建设模式

（1）立地条件特征

模式区位于本亚区东南部的凤凰山。地处丘陵、山地的山坡中部缓坡、半阳坡、阳坡，山地红壤或赤红壤，土层厚 70 厘米以上，排水良好，沙壤或黏壤质，较湿润，肥力中等。

（2）治理技术思路

茶树是具有较高经济价值的树种，适宜本区的气候条件。为此，在选择优良茶树品种的基础上，通过适地适种，精细管理，提高其产量和质量，为当地增加经济收入，同时提高植被覆盖率。

（3）技术要点及配套措施

①整地：先清除杂灌木然后进行炼山，水平带状整地，宽 80 厘米，深 30 厘米，带中开行植树。

②造林技术：用 1 年生苗于春季阴雨天种植。株行距 0.3 米×1.3 米，每亩 1 710 株。

③抚育管理：造林后，每年要及时除草松土；每年每亩施氮肥 3～5 千克、复合肥 5 千克，在 2～3 月、8～9 月份分 2 次施放，以利增产。

（4）模式成效

凤凰山周围是广东省乌龙茶的主要产地，乌龙茶出口价格很高，每吨高达 3 000 多美元，其中单丛、浪菜等名茶每吨在 1 万美元以上，但目前产量仍不能满足国际市场的需要，发展前景广阔。

（5）适宜推广区域

本模式适宜在广东省各地条件类似区推广。

【模式 F4-7-4】　粤东低山高丘杉木、马尾松混交林建设模式

(1) 立地条件特征

模式区位于广东省兴宁市，低山、高丘地貌，山地土壤以黄壤、赤红壤为主。阴坡、半阴坡及阳坡中下部、山脚、山谷地带，土壤肥沃、湿润，土层深厚、疏松。

(2) 治理技术思路

选择杉木、马尾松等适宜树种，通过合理配置建成混交林，消灭荒山及采伐迹地，提高森林覆盖率，达到改善生态环境、解决当地用材和薪材，使森林得到永续利用的目的。

(3) 技术要点及配套措施

①整地：冬前带状或块状整地，带宽60厘米，深35厘米，造林前挖规格为40厘米×40厘米×35厘米的穴；块状整地的规格为50厘米×50厘米×35厘米。

②造林技术：杉木用苗高25厘米以上的1年生裸根苗，或Ⅰ级健壮容器苗，马尾松用Ⅰ级百日容器苗。春雨栽植，株行距1.7米×2.0米，每亩196株，其中杉木137株，马尾松59株。垂直带状混交，树种比例为杉7马3。

③抚育管理：造林后杉木抚育3年，第1、2年每年2次，夏初、秋初进行松土、扩穴、除草。第3年抚育除草1次。马尾松仅除草不松土。10～12年后间伐1次，每亩保留杉木100株，马尾松30株左右。

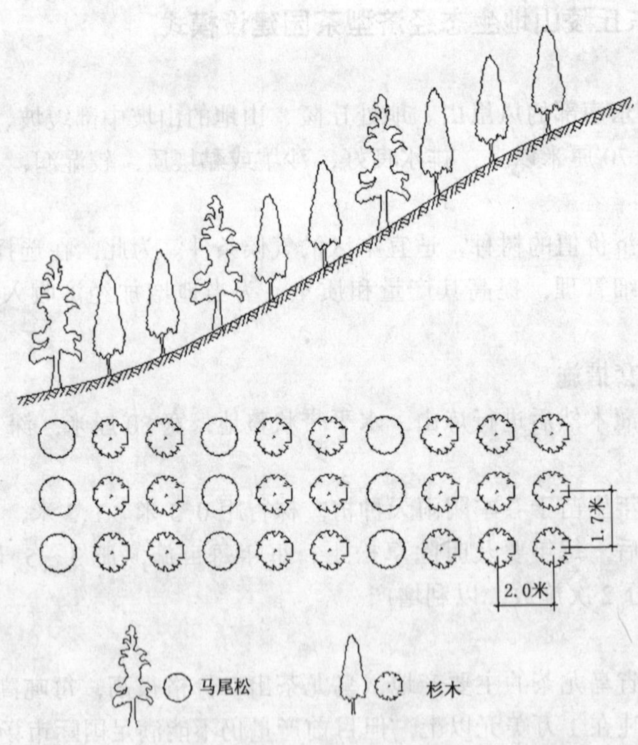

图 F4-7-4　粤东低山高丘杉木、马尾松混交林建设模式图

(4) 模式成效

本模式取得较大成效。杉木和马尾松都是广东省主要用材树种，材质好，产量高，出材率高，是优良的建筑和家具用材。马尾松产脂高，经济价值高，木材畅销全国各省、市，并有较好的保持水土、涵养水源作用。

(5) 适宜推广区域

本模式适宜在广东省北部、中部地区推广应用。

八、桂北山地亚区（F4-8）

本亚区位于广西壮族自治区东北部及西北部，属西江支流的漓江流域、柳江流域上游和右江流域源头区。包括广西壮族自治区桂林市的秀峰区、叠彩区、象山区、七星区、雁山区、恭城瑶族自治县、龙胜各族自治县、永福县、临桂县、阳朔县、灵川县、资源县、全州县、平乐县、灌阳县、荔浦县、兴安县，百色地区的百色市、西林县、田林县、隆林各族自治县、乐业县，河池地区的环江毛南族自治县、天峨县、南丹县、罗城仫佬族自治县，柳州地区的鹿寨县、融水苗族自治县、融安县、三江侗族自治县，贺州地区的富川瑶族自治县、昭平县、贺州市、钟山县，梧州市的蒙山县等 35 个县（市、区）的全部，地理位置介于东经 104°53′58″～112°9′16″，北纬 23°31′27″～26°22′57″，面积 87 166 平方千米。

地貌以山地丘陵为主，境内分布有驾桥岭、越城岭、九万大山和岑王老山等山系，北部越城岭主峰猫儿山海拔 2 141.5 米，为华南第一高峰。

中亚热带湿润季风气候。年降水量 1 100～2 000 毫米，热量丰富，年平均气温 16～20℃，≥10℃年积温 5 000～7 500℃，年太阳辐射量在 357～441 千焦/平方厘米之间，是广西壮族自治区热量较少的地区，湘桂走廊又是北方冷空气南侵的主要通道。自然灾害以水灾和寒潮为多。

土壤多以发育在花岗岩、砂页岩、变质岩母质上的红壤为主。山地土壤有黄壤、黄棕壤和石灰性土。红壤多分布在海拔 500 米以下山地、丘陵，黄壤则分布在海拔 700 米以上的山地。植被属常绿阔叶混交林地带，常绿阔叶林主要有壳斗科、樟科等，常见的种类有青冈、米锥、白锥、麻栎、栓皮栎等栎类，生物资源极其丰富，对广西生态环境建设具有重大影响。因地处江河源头，同时也是重要的水源涵养林区。

本亚区的主要生态问题是：在现有林分中，用材林比重大，防护林比重小，而且人工造林中针叶化严重，林种、树种结构不合理，有待进一步调整；西部边远山区，毁林开垦时有发生，水土流失较严重，特别是桂西北地区处于珠江干流的红水河流域，由于过去长期垦山耕作，形成大量的坡耕地，如不及时退耕还林，恢复林草植被，流域生态平衡将遭到更加严重的破坏，必将造成水土流失加剧、江河湖库淤积加快、洪涝灾害频繁，对红水河梯级电站的寿命和珠江下游地区，以及港澳地区的供水安全构成巨大的威胁。

本亚区林业生态建设与治理的对策是：保护好天然林，加强水源涵养林和水土保持林的建设，利用树种资源丰富和立地条件较好的优势，生态、经济和用材林综合开发，以满足社会、经济可持续发展的需要。

本亚区共收录 3 个典型模式，分别是：桂北山地江河源头水源涵养林建设模式，桂北中低山“一坡三带”林业生态建设模式，桂北山地生态经济型毛竹林建设开发模式。

【模式 F4-8-1】 桂北山地江河源头水源涵养林建设模式

(1) 立地条件特征

模式区位于广西壮族自治区龙胜各族自治县。江河源头中低山区主山脊分水岭两侧，土层浅薄，坡度多在 25 度以上，土壤为红壤、黄红壤，原为天然阔叶林，后经采伐、开垦，形成次生林、疏林、灌丛地或荒山荒地。

(2) 治理技术思路

江河源头森林植被防护功能的强弱，对区域内乃至下游的旱、涝灾害的发生有很大影响。针对江河源头具体的自然条件特征，因地制宜，在保护好原有植被的基础上，通过封山育林和人工造林相结合的方式恢复森林植被，形成乔、灌、草混交的复层林分，以涵养水源，防止自然灾害。

(3) 技术要点及配套措施

①树种及配置：选择马尾松、杉木、栎类、南酸枣、木荷、米锥、枫香、拟赤杨等树种营造各种混交林。在植被稀疏的山顶（脊）部及林中空地种植马尾松、枫香等先锋树种；坡面针阔、乔灌混交，混交方式有马尾松-木荷、马尾松-栎类（大叶栎、米锥等)、马尾松-枫香、杉木-南酸枣、杉木-木荷或拟赤杨等，针阔混交比例6:4。保护原有的灌草，形成复层人工、天然混交林。

②整地：整地时要注意保护好原有植被，尽量减少对地表的破坏。一般为穴（块）状整地；在土层浅薄、植被稀少，水土流失严重的地方，采用鱼鳞坑整地。整地规格：穴（块）状，40厘米×40厘米×30厘米；鱼鳞坑呈半圆形，破土面水平，埂呈弯月形，埂宽和高各为20～30厘米，规格50～100厘米×30～80厘米×20～40厘米。

③造林：马尾松用半年生容器苗，苗高25～35厘米；杉及其他阔叶树用1年生苗。造林时间以冬、春为宜。纯林造林密度一般100～130株/亩，针阔混交林83～111株/亩，按混交比确定各树种的密度。

④抚育管理：造林后连续抚育2～3年。为保护地表植被，减少水土流失，幼林抚育主要进行穴内松土除草，同时培土，修整被冲坏的水平阶、鱼鳞坑，以增强保土蓄水能力。

⑤配套措施：加强对现有植被的保护，禁止砍伐和破坏。造林后实行全面封山，严禁放牧、采伐、挖蔸、铲草等活动，避免人、畜破坏。

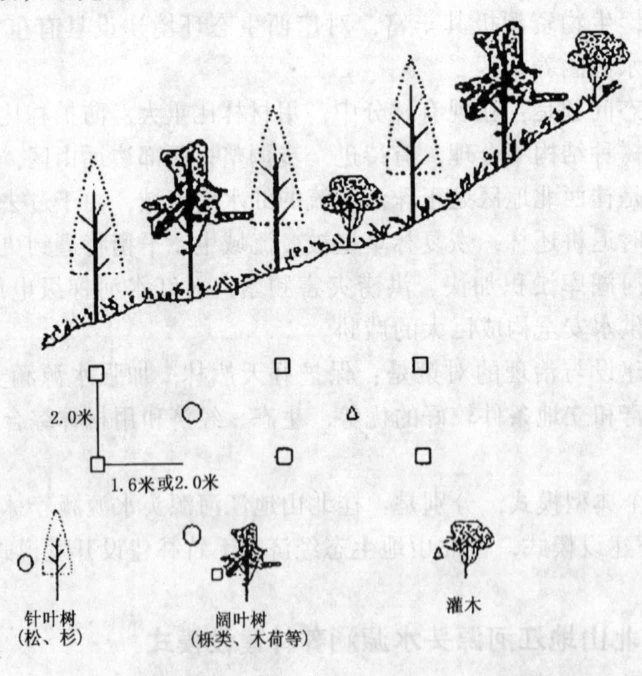

图 F4-8-1　桂北山地江河源头水源涵养林建设模式图

(4) 模式成效

本模式的实施，有利于保护和培育天然林资源，使当地的森林植被覆盖率显著提高，森林结构趋于合理，迅速改变了江河源头区的景观，达到了涵养水源的目的。同时森林质量提高带来的经济效益也很可观，极大地调动了群众参与建设的积极性。

(5) 适宜推广区域

本模式适宜在广西壮族自治区北部各种类型次生林、低效林、疏林、灌丛地及宜林山地推广。

【模式 F4-8-2】 桂北中低山“一坡三带”林业生态建设模式

(1) 立地条件特征

模式区位于广西壮族自治区北部的三江侗族自治县。中低山地区中下坡，土层较厚；上坡，土层浅薄。长期以来由于群众的广种薄收，毁林开垦和弃荒，形成了大面积的宜林荒山地或低效林区，森林植被遭到破坏，水土流失加剧。

(2) 治理技术思路

“一坡三带”是林区群众对“山顶戴帽、山腰系带、山脚穿鞋”治理模式的惯称，即在山顶营造水源涵养林，山腰营造用材林，山脚营造经济林。通过“一坡三带”式治理，从整体上既可增加不同类型的森林植被，有效地控制水土流失，又能提供用材林和经济林产品，解决当地群众用材、烧柴等实际问题，增加群众经济收入，很好地解决生态效益和经济效益之间的矛盾，实现长短结合、以短养长的目标。

(3) 技术要点及配套措施

①山顶水源涵养林：选择涵养水源功能强、耐贫瘠的树种，如马尾松、粗皮桦、余甘子、木荷、杨梅等营造混交林，混交方式有带状、块状，林分郁闭度维持在0.5～0.7。

②山腰水土保持用材林：选择保土能力强的树种，如松、杉、木荷、枫香、南酸枣、檫木等，进行针阔混交，混交比例为7:3，带状混交，主要树种带比伴生树种带要宽些。林分郁闭度保持在0.5～0.7。

③ 山脚经济林：选择适宜本地生长且品种优良的果树、木本粮油及药材为主的经济树种，如水果类的柑橘、李、桃、柚子等，木本粮油类的板栗、柿子、油茶及工业用油的油桐等，药材类的黄柏、厚朴、杜仲等。水平阶或大穴整地，水平阶宽1.0～1.5米。穴的规格为，水果类及板栗、柿子等树种为100厘米×100厘米×80厘米，密度33～66株/亩；药材类及油茶、油桐等树种60厘米×60厘米×50厘米，密度130株/亩。间隔20～30米配置一条等高生草带或灌木带，以减少水土流失。

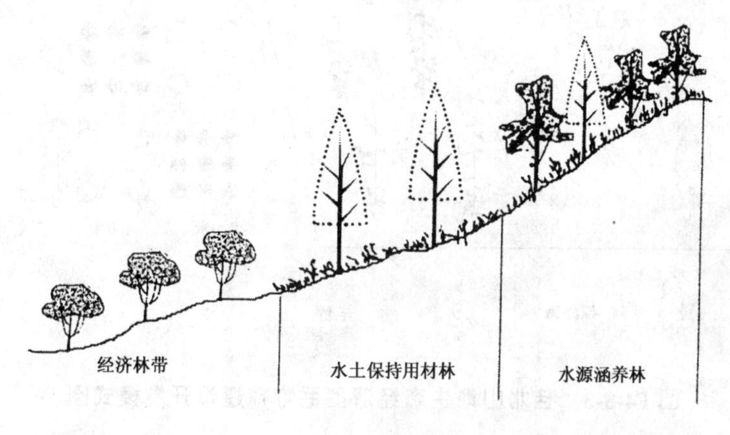

图 F4-8-2 桂北中低山“一坡三带”林业生态建设模式图

(4) 模式成效

本模式根据不同的立地条件选择不同的造林树种、配置方式及营造方法，有效地利用了土地资源，提高了植被建设的科技含量，不但改变了森林结构，提高植被覆盖率，有效地防止了水土流失，而且很好地解决了山区群众的近期和长期经济收入问题，经济效益显著，具有强大的生命力和推广应用价值。

(5) 适宜推广区域

本模式适宜在本亚区各地及其他条件类似山区推广。

【模式 F4-8-3】　桂北山地生态经济型毛竹林建设开发模式

(1) 立地条件特征

模式区位于广西壮族自治区兴安县。海拔 300～800 米。山谷、洼地或背风的阴坡山谷，土层深厚湿润。

(2) 治理技术思路

毛竹是优良的生态和经济两用树种。利用当地适宜的自然条件，在合理布局的基础上，通过毛竹与杉树或拟赤杨混交，形成复层林结构，增强林分生态功能，提高木、竹材产出率，并利用竹材进行加工，增加经济收入。

(3) 技术要点及配套措施

①整地：坡度在 15 度以下的地段带状整地，15 度以上的地段块状整地。毛竹种植穴规格有 100 厘米×60 厘米×40 厘米和 60 厘米×60 厘米×40 厘米 2 种；混交树种按常规挖穴。

②毛竹育苗：毛竹一般以 3～4 月育苗为宜。按育苗所用的材料分为种子育苗和埋鞭育苗。在整个育苗期间要保持圃地湿润，抽笋前要注意遮荫，当新发幼苗长根后，每隔半个月施 1 次肥，连续 2～4 次，以腐熟人畜肥或复合肥为好，入冬后可停止施肥和灌溉。

③造林：毛竹、拟赤杨（或杉树）星状混交，混交比例毛 5 拟 5，毛竹株行距为 3.0 米×4.0 米或4.0 米×4.0 米，每亩 21～28 株；拟赤杨株行距为 2.0 米×2.0 米，每亩 83 株。

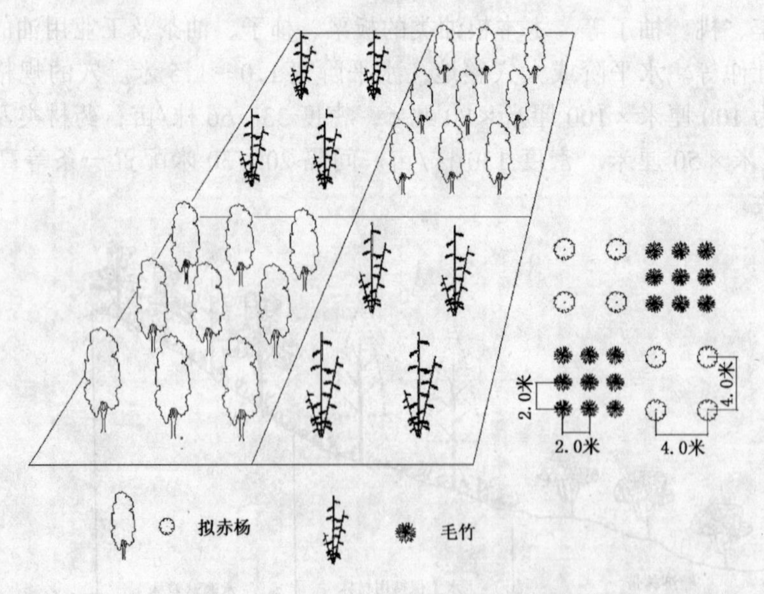

图 F4-8-3　桂北山地生态经济型毛竹林建设开发模式图

④抚育管理：栽植后，每年都要进行除草松土、施肥和防治病虫害。幼林期每年抚育2次，成林每年1次。

(4) 模式成效

毛竹是广西壮族自治区北部地区群众最喜欢种植的树种之一，既可绿化美化、保持水土，又可增加经济收入，有“十年一根木，一年一根竹”的说法。人工经营的笋竹两用林，经济效益十分可观，每亩产值可达2 000～3 000元。利用毛竹制作保健凉席，产品畅销国内外。种毛竹已成为兴安县农民增加经济收入的主要途径。特别是毛竹与拟赤杨（或杉树）形成的混交林，生态功能增强且稳定，林产品更为丰富，经济效益明显提高。

(5) 适宜推广区域

本模式适宜在广西壮族自治区北部山地毛竹适生区推广。

九、桂东南山地丘陵亚区（F4-9）

本亚区包括广西壮族自治区南宁市的新城区、兴宁区、城北区、江南区、永新区、市郊区、邕宁县，玉林市的玉州区、北流市、容县、陆川县、兴业县、博白县，柳州地区的金秀瑶族自治县、象州县、武宣县，贵港市的港北区、港南区、桂平市、平南县，梧州市的万秀区、蝶山区、市郊区、岑溪市、藤县、苍梧县，钦州市的浦北县、灵山县，南宁地区的横县、宁明县、宾阳县、凭祥市，防城港市的上思县等33个县（市、区）的全部，地理位置介于东经106°3′10″～109°57′23″，北纬21°36′59″～24°24′47″，面积70 265平方千米。

本亚区地貌以低山、丘陵为主。区内北靠大瑶山，东倚云开大山北坡，中有六万大山，西止十万大山北坡，地形复杂多变。区内主要水系有珠江中上游的浔江、郁江、左江、北流江等。

南亚热带湿润季风气候。光照充足，气候温暖，雨量丰富，年平均气温18～21℃，≥10℃年积温6 500～8 000℃，年降水量1 200～2 400毫米。

地带性土壤为赤红壤、红壤，主要由花岗岩、砂页岩、第四纪红土母质发育而成。山地、丘陵土壤结构相对较好，土壤肥力中偏下；平原台地土壤多为第四纪红土母质发育而成，土壤贫瘠黏重，有机质含量低，缺磷缺钾，肥力较低。本亚区东部水土流失严重，尤其是花岗岩地区，土壤质地较疏松，土壤侵蚀更为严重，对区域生态环境具有重大影响。

植被为具有热带成分的南亚热带常绿阔叶林。海拔较高的山地生长有樟科的厚壳桂、壳斗科的红锥、稠木及木荷、枫香的常绿落叶混交林，海拔较低的丘陵广泛分布着次生马尾松林，人工林主要有杉木、马尾松、桉树、八角、肉桂、油茶、竹类等。

本亚区的主要生态问题是：乡镇企业造成的环境污染较严重；区域内人多耕地少，土地利用结构不合理，林业用地较少；现有林林种结构不合理，树种单一，人工林针叶化明显，生态功能减弱，水土流失日趋严重。

本亚区林业生态建设与治理的对策是：保护和发展并重，在保护好天然林的前提下，将治理水土流失作为重点和突破口，加强水土保持防护体系的建设。利用得天独厚的自然条件，加大发展速生丰产用材林和经济林的力度，积极开发短周期工业用材林和名特优经济果木林，提高林业经济的综合实力，发展生态林业。

本亚区共收录3个典型模式，分别是：桂东山地针阔混交型水土保持林建设模式，桂南丘陵台地丛生竹林生态治理开发模式，浔江流域丘陵台地生态经济林建设模式。

【模式 F4-9-1】　桂东山地针阔混交型水土保持林建设模式

(1) 立地条件特征

模式区位于广西壮族自治区的苍梧县、陆川县。区内的河流两岸和盆地周围，是由花岗岩和第四纪红土母质等发育形成的红壤，水分充足，土壤较肥沃，加上人多耕地少，农业活动频繁，极易引起水土流失。原有森林植被多为以马尾松、湿地松为主的人工纯林，易遭受病虫危害，形成低效林分，森林生态功能特别是水土保持功能脆弱，经济效益低。这种类型的林分亟需加快改造成针阔混交林。

(2) 治理技术思路

当地人口稠密，人为活动频繁，烧柴、用材缺乏，因此要通过封山育林与人工造林相结合，促进植被的恢复，形成人工、天然混交林，培育具有用材、薪材功能的复合型森林。红锥、栎类、椤、木荷和稠木在广西壮族自治区东南山地丘陵生长良好，在自然条件下，一般年平均高生长达0.6～0.8米，年平均胸径生长达0.5～0.8厘米，在人工管护情况下生长更快。在生长不良的松类纯林中混交红锥、栎类、椤、稠木，改造低效林，可改善树种结构，增强生态功能，提高经济效益。

(3) 技术要点及配套措施

选择红锥、稠木、木荷、椤、栎类等作为松树纯林的混交树种。在马尾松、湿地松林中空地或在稀疏的株间、行间挖坑补播补植，形成块状或行株间混交。坑规格为40厘米×40厘米×30厘米。用1年生裸根苗或容器苗定植，每亩种植密度为40～53株左右。

定植后要加强抚育和管护，连续抚育3年，每年坑内松土抚育1次，对缺苗的要及时移苗补缺。同时要采取封育措施，防止人畜破坏，促进混交林分形成。

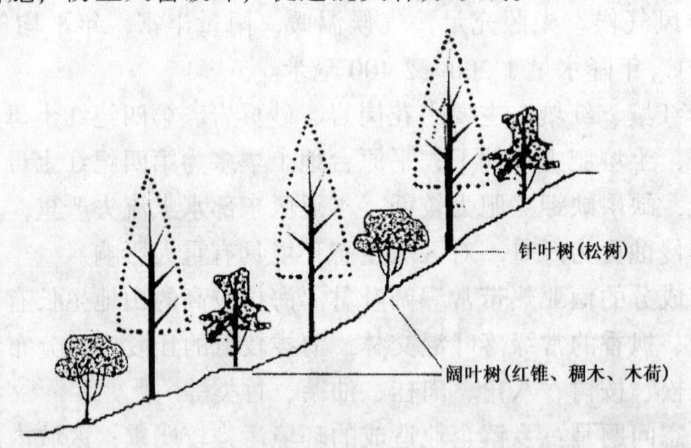

图 F4-9-1　桂东山地针阔混交型水土保持林建设模式图

(4) 模式成效

本模式技术简单，易于掌握和实施，能尽快形成混交植被，增强森林生态功能，具有很高的生态价值。特别是针阔混交林能建立稳定的森林生态体系，大大提高土壤肥力。据研究，多年生的混交林，每亩立木蓄积比纯林多5.64～10.6立方米，生物量比纯林高41%，表土有机质比纯林增加80%，相对湿度比纯林大6.5%，土壤含水量比纯林高50%。松树分别与椤、红锥、栎类、稠木混交，可明显提高单位面积木材的产量和质量，并能够改良土壤条件，减少水土流失，减轻松毛虫危害和其他病害。

（5）适宜推广区域

本模式适宜在广西壮族自治区东部、南部及广东省西部的河流两岸丘陵台地和盆地周围的山地及丘陵区推广。

【模式 F4-9-2】 桂南丘陵台地丛生竹林生态治理开发模式

（1）立地条件特征

模式区位于广西壮族自治区容县和岑溪市。南亚热带气候，缓坡，土壤肥沃，土层较厚。是丛生竹最适宜生长的地区，种植的品种多，面积大。

（2）治理技术思路

丘陵及江河两岸台地、冲积平原均适宜种植各种丛生竹。丛生竹生长快，种植后 2～3 年就可择伐利用，而且生产力高，可笋材兼用。利用其生长快、根系发达、四季常绿的特性，在江河两岸、库区周围种植，既可固岸护堤，又可采收竹笋、竹材，实现生态、经济协调发展。

（3）技术要点及配套措施

①竹种选择：根据开发的目的选择造林竹种。

竹材开发式：主要通过培育竹林，提供建筑用材和工业用材（造纸竹材）。造林竹种为撑篙竹、撑绿杂交竹、簕竹、吊丝球竹、粉单竹、黄竹、吊丝竹等。

竹编开发式：利用竹材及竹枝条编制生产生活用具及工艺品。造林竹种为粉单竹、黄竹、吊丝竹等。

笋竹培育式：以培育食用笋为主。造林竹种为甜竹、麻竹、吊丝球竹等。

②种苗培育：用 1 年龄竹苗造林或移母竹造林。一般在 3～4 月育苗为宜。按育苗所用的材料分为埋秆、埋枝、带蔸埋秆育苗等。在整个育苗期间要保持圃地湿润，抽笋前要注意遮荫，当新发幼苗长根后，每隔半个月施 1 次肥，连续 2～4 次，以腐熟人畜肥或复合肥为好，入冬后可停止施肥和灌溉。

③林地选择：宜选择在溪流江河沿岸、宅边四旁，以及山坡、丘陵土壤肥沃、土层深厚的地方。

④造林：块状或带状整地。种植穴规格一般为 80 厘米×50 厘米×35 厘米或 60 厘米×60 厘米×30 厘米。株行距一般为 4.0 米×4.0 米或 3.0 米×4.0 米，种植密度为每亩 42～56 株。

⑤抚育管理：竹林栽植后，每年进行除草松土，并结合进行施肥和防治虫害。幼林期每年

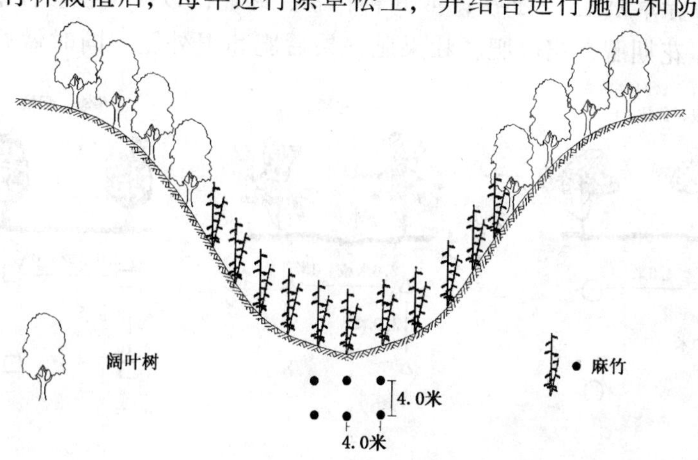

图 F4-9-2　桂南丘陵台地丛生竹林生态治理开发模式图

2次，成林每年1次。

(4) **模式成效**

竹类在广西壮族自治区普遍分布，是农民最喜欢种植的绿化树种之一。竹林既可绿化美化环境、保持水土，改善生态环境，又可增加群众经济收入，促进群众脱贫致富，故有“今年种竹，明年吃笋”的说法。特别是人工经营的笋竹两用林，每亩产值可达2 000元以上，经济效益良好。丛生竹综合开发是桂南地区发展高效林业的重要模式。在广西壮族自治区岑溪市、容县、宾阳县、田林县、田阳县等地，种植丛生竹已成为快捷的致富之路。

(5) **适宜推广区域**

本模式适宜在广西壮族自治区范围内的其他丘陵、台地推广。

【模式 F4-9-3】　浔江流域丘陵台地生态经济林建设模式

(1) **立地条件特征**

模式区位于广西壮族自治区北流市、平南县。地处北回归线以南，年平均气温19℃以上，≥10℃年积温6 500℃以上，年降水量1 500～1 900毫米。海拔400米以下的丘陵台地，坡度平缓，土层深厚肥沃，适宜发展热带、亚热带经济果木林。

(2) **治理技术思路**

丘陵区交通条件较好，人均农耕地比较少，水热条件优越，充分利用自然条件和市场优势，在丘陵台地种植热带名特优经济果木林，既可增加农民收入，又可防止水土流失，改善生态环境，发挥多功能复合效益。

(3) **技术要点及配套措施**

①树种：选择龙眼、荔枝、杧果、柑橘、三华李、阳桃等经济树种。

②整地：平缓地可带垦，深度为30厘米；坡地采用水平梯地。栽植穴为100厘米×100厘米×80厘米或80厘米×80厘米×60厘米等。每穴施基肥25～50千克。每隔100米保留5.0米宽生草保护带。采用平畦、垒畦、浅沟畦等而种菠萝。

③造林：采用1～2年生的嫁接苗，苗高50厘米以上，地径1厘米以上。龙眼、荔枝、杧果株行距为4.0米×4.0米，每亩42株；柑橘为3.0米×4.0米或3.0米×3.0米，每56～74株；三华李、阳桃为3.5米×4.0米或3.0米×3.0米，每亩48～74株。定植时间1～3月。

④抚育管理：每年除草松土1～2次，或间种作物、绿肥，以耕代抚。注意修剪、施肥，施肥1年分4次进行，即花期肥、花后肥、壮果肥、果后肥和根外肥。同时做好病虫害的综合防

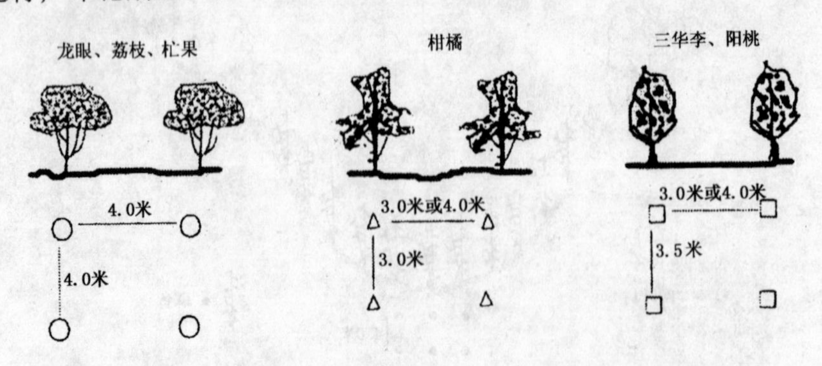

图 F4-9-3　浔江流域丘陵台地生态经济林建设模式图

治，提高果品产量和质量。

（4）模式成效

本模式既减少水土流失，改善了生态环境，又提高农民的经济收入，有较好的生态、经济效益，是广西壮族自治区南部丘陵地区一种重要的林业生态治理模式。

（5）适宜推广区域

本模式适宜在广西壮族自治区南部丘陵台地及条件类似地区推广。

十、桂中、桂西岩溶山地亚区（F4-10）

本亚区位于广西壮族自治区的中部和西部地区，地处珠江流域中上游，属红水河流域，左、右江流域，柳江中游地区。包括广西壮族自治区南宁市的武鸣县，南宁地区的上林县、马山县、天等县、隆安瑶族自治县、大新县、龙州县、崇左县、扶绥县，河池地区的凤山县、都安瑶族自治县、大化瑶族自治县、巴马瑶族自治县、东兰县、宜州市、河池市，柳州市的城中区、鱼峰区、柳南区、柳北区、市郊区、柳城县、柳江县，百色地区的田阳县、田东县、德保县、平果县、那坡县、靖西县、凌云县，柳州地区的忻城县、合山市、来宾县等33个县（市、区）的全部，地理位置介于东经106°3′10″～109°57′23″，北纬22°9′56″～24°54′16″，面积67 920平方千米。

地貌类型以岩溶地貌和丘陵地貌为主，特别是岩溶地貌极端发育，峰丛、峰林石山大面积分布，是广西壮族自治区的岩溶山地主要分布区。本区海拔一般为200～700米。

南亚热带湿润季风气候。气候干热、少雨，年平均气温19～22.5℃，≥10℃年积温5 500～7 500℃，年降水量1 000～1 500毫米。本亚区因岩溶地貌面积广阔，地处岩溶干旱地带，是广西壮族自治区最主要的干旱区。

土壤以发育在石灰岩地带的石灰性土和发育在页岩、砂页岩母质上的赤红壤为主。土壤干燥、板结、贫瘠，缺磷缺钾。这些地区岩石的风化以溶蚀为主，大量的碳酸钙、碳酸镁等易溶物质随水流走，不溶性的残留物甚少，在水热条件较好的情况下，其成土速度每年也只有10.4～26吨/平方千米，一般需要600～1 500年才能溶蚀30厘米厚的岩石，积累1厘米的土壤。而缺乏植被覆盖的石山区的土壤流失量却大大超过成土速度，是其成土速度的6.5～17倍，属毁坏型侵蚀，使石山土壤呈现不可逆的负增长态势。

本亚区的主要生态问题是：生态极端脆弱，长期以来的人为破坏，森林植被稀少，水土流失、土地退化严重，出现了严重的“石漠化”，成为制约当地经济建设的主要因素，是灾害之源、贫困之源。

本亚区林业生态建设与治理的对策是：加强现有森林植被的保护，退耕还林，主要通过封山育林，并与补播补植及人工造林相结合，加强植被恢复与重建，加快石漠化土地治理。同时在适宜的林地适量发展木、竹用材林和名优经济林。

本亚区共收录2个典型模式，分别是：桂西石漠化立地人工造林生态建设模式，桂中石漠化立地封山育林恢复植被模式。

【模式F4-10-1】　桂西石漠化立地人工造林生态建设模式

（1）立地条件特征

模式区位于广西壮族自治区平果县果化镇。地处岩溶石山区、孤峰下部缓坡、峰丛洼地地带，岩石裸露在50%以下，水热条件好，但土壤石砾量含多，土层浅薄而贫瘠。

(2) 治理技术思路

岩溶山地通过人工造林和封山育林，加速岩溶山地植被的恢复，提高森林保持水土、涵养水源的功能。从而达到遏制石漠化、治理石漠化，改善生产生活条件，增加农民经济收入的目的。

(3) 技术要点及配套措施

①树种及配置：在尽量保留造林地原有植被的基础上，根据气候条件和适地适树原则进行补种或新造林，造林密度一般80～130株/亩。适宜石山造林的树种有任豆（木材、薪材、饲料树种）、木豆（饲料树种）、香椿、苏木（药材树种）、金银花（药材树种）、山葡萄、银合欢、菜豆树、望天树、木棉、肥牛树（饲料树种）、青檀、岭南黄檀、苦楝、竹类、棕榈等。混交方式主要有：任豆分别与木豆、吊丝竹、苏木、金银花、山葡萄、银合欢、木棉等混交，吊丝竹分别与苏木、银合欢、木棉、肥牛树、苦楝、香椿等混交，混交比30%以上。

②造林技术：

种苗：木豆采用点播造林，山葡萄、金银花、木棉采用扦插苗造林，竹子采用1年生竹篼苗造林，其他阔叶树种一般采用1年生裸根苗或3月龄容器苗造林。

整地造林：不炼山，保留林地原生植被。局部或块状整地，根据地形和树种要求，整地规格不要求一致，保证树苗根系舒展即可。秋冬季整地，裸根苗、扦插苗造林以冬春为宜。容器苗以春季雨天种植为宜。种植后要用石头和细土围筑成圆盘，并覆盖杂草，以减少水土流失和保持土壤湿润，提高造林成活率。

③抚育管护：造林后连续抚育3年，每年1～2次，主要是穴内除草松土。对竹类和棕榈还要适当施肥。同时，要特别注意加强封育措施，严禁放牧、打柴、挖蔸、割草等活动，以保护新造林地，促进石山植被恢复。

④配套措施：在石山脚建设地头水柜，解决农作物和经济果木林的浇水水源问题；发展养猪业，建设农户户用型沼气池，以沼气替代薪柴。

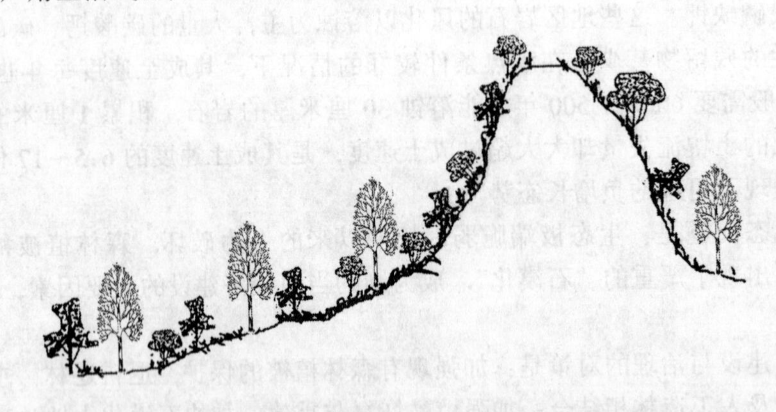

图 F4-10-1　桂西石漠化立地人工造林生态建设模式图

(4) 模式成效

广西壮族自治区岩溶石山地区多是少数民族聚居的地方，石漠化严重，生态环境恶劣，经济落后，农民群众生活贫困。大力种植任豆、吊丝竹等石山树种培育混交林，既可加速恢复石山森林植被，改善生态环境，同时还可解决群众的烧柴、用材问题，并提供竹材、木材，带动竹木加工业的发展。而且任豆、木豆、肥牛树的枝叶都是牛、羊的良好饲料，可带动畜牧业的发展，增加群众经济收入。因此，本模式可有效地调整石山区农业产业结构，促进农民增收，具有显著的生态效益、经济效益和社会效益。

（5）适宜推广区域

本模式适宜在条件相似的岩溶石山地区推广。

【模式 F4-10-2】 桂中石漠化立地封山育林恢复植被模式

（1）立地条件特征

模式区位于广西壮族自治区马山县古零乡。为岩石裸露率在70%以上的石漠化严重的石山和白云质砂石山区，土壤极少，土层极薄，一般不超过2～3厘米，以砂砾、石砾为主，植被恢复艰难，但周围地区有稀疏或零星分布的乔灌木母树，基本具备封育的条件。

（2）治理技术思路

模式区岩石裸露率在70%以上，人工造林较为困难，可是通过封育措施，利用周围地区树木有天然下种能力和萌蘖、萌芽能力的特点，在形成一定灌草的基础上，逐步演变为乔灌草相结合的植被群落，人工促进恢复植被。

（3）技术要点及配套措施

①总体布局：石漠化严重地区、远山、高山、深山居民少、山场面积大和岩石裸露比例大的山地实行全封（也叫死封），封育期内严禁放牧、割草和一切不利于林木生长繁育的人为活动。完全依靠天然更新和萌蘖能力恢复森林植被。

在有一定土层覆盖、山场面积小，群众樵采、放牧困难的地区，每年只封春、夏季，山脚局部地方可补播补植。在不影响森林植被恢复的前提下，组织、指导群众有计划、有选择地定期上山割草，并注意保护目的树种和幼苗幼树。这种形式也叫半封，适用于封育用材林、薪炭林。封山育林年限5年。

②管护措施：在植被自然恢复过程中无性更新具有重要的作用，因此封山育林地区杜绝挖掘树蔸。在促进天然更新的同时，要加强管护措施，层层建立护林组织，做到有固定护林员专门管护，有宣传标志，有村规民约，有管护合同和检查制度，使封山育林措施能够落到实处。

③配套措施：发展养猪，建设户用型沼气池，以沼气替代薪柴，减少森林樵采量。

（4）模式成效

本模式投资少，见效快，对于加快植被恢复进程，治理石漠化有重要意义。马山县古零乡弄拉屯是一个石漠化严重的村屯，经过多年的封山育林，山沟里流出了潺潺流水，解决了人畜饮水和农田浇灌问题，农民脱下了贫困的帽子。

（5）适宜推广区域

本模式适宜在广西壮族自治区中部、西部及其他岩溶石山地区推广。

第32章

皖浙闽赣山地丘陵类型区(F5)

本类型区北起长江中下游的怀玉山脉和黄山支脉，西南至福建省汀江流域的武平县、平和县，东至浙江省仙居县、缙云县、丽水市、文成县、泰顺县和福建省柘荣县、福安市、龙海市一线。地理位置介于东经114°28′16″～120″33′21″，北纬24°5′0″～31°15′36″。包括安徽省宣城市、黄山市、池州市、芜湖市，浙江省杭州市、湖州市、衢州市、绍兴市、金华市、丽水市、宁波市，福建省福州市、南平市、三明市、宁德市、龙岩市、泉州市、漳州市，江西省赣州市、抚州市、上饶市、鹰潭市、景德镇市的全部或部分，总面积236 202平方千米。

本类型区总的地貌特征是丘陵和山地为主，中山广布、群峰耸峙、山岭蜿蜒、丘陵多样、山间盆地与河谷盆地相间排列。武夷山余脉由东北向西南贯穿全区，山体庞大，东北部有浙江省的洞宫山，福建省的鹫峰山、戴云山等，海拔均在1 200米以上。本类型区还是闽江、钱塘江、瓯江等主要河流的发源地，水系流向多与山脉走向垂直，形成典型的格状水系，水网密度大，河流比降大，多峡谷、暗礁。由于众多山脉多呈西南至东北走向并列绵亘于境内，对阻挡西北寒潮的侵袭、接受来自太平洋的暖湿气流以及我国南北植物区系的渗透产生很大的影响。沿东天目山至浙江省东部，地势逐渐平缓，地貌以低山丘陵和部分山间盆地为主。

气候属中亚热带湿润气候区，总的特点是：季风气候明显，四季分明，气候温和，雨量适中。年平均气温15.3～21.5℃，1月平均气温5～12℃，极端最低气温-9～-4℃，≥10℃年积温6 000～7 000℃。年平均霜期30～70天，连续日数最多达9～11天，在高海拔山区偶见积雪，年降水量1 100～2 000毫米，雨量集中在夏季。年平均相对湿度75%～88%。局部地区由于受地形影响和山体的抬升（如黄山诸峰）可达2 400毫米以上，成为本类型区的多雨中心。

成土母岩以花岗岩为主，其次是砂页岩、石英石、流纹岩和石灰岩。地带性土壤为红壤和黄壤。地带性森林植被为亚热带常绿阔叶林，总的特点是物种种类丰富、古老孑遗植物及特有属种较多。南部原生植被为亚热带季风常绿阔叶林，主要分布在福建省西部梅花山，破坏后大部分沦为次生植被。北部为亚热带常绿落叶阔叶混交林地带，植被组成明显反映了暖温带和亚热带过渡地带的特征。较典型的植被类型以落叶栎类为主，伴有少量常绿树种。人工林多为用材林和经济林，用材林以杉木、松树、竹类为主；经济林有茶树、油茶、板栗、花椒、杜仲、龙眼、荔枝等。森林覆盖率高达50%以上，不仅珍稀动、植物物种丰富多样，药材资源亦相当丰富，但分布很不均匀。

20世纪90年代以来，本类型区林业生态建设以“灭荒”为重点，大力开展防护林体系建设，目前已经实现了森林面积、蓄积量的双增长，生态环境恶化的趋势得到一定程度的遏止。目前，本类型区的主要生态问题是：历史上森林受到过量采伐，特别是大面积天然林、阔叶林的破坏，对生态平衡造成了较大的影响，虽经恢复，但林种、树种结构和林分结构仍不合理，林分质量差，森林生态系统仍然脆弱，风灾、洪涝、旱灾等自然灾害严重，水土流失、大气污染、酸雨等生态问题仍然是影响经济发展和人民生命财产安全的制约因素，生态环境远远不能满足国民经济和社会发展的需要。

本类型区林业生态建设与治理的主攻方向是：通过保护天然森林，发展城乡森林，建设通道森林，营造绿色环境，建立起一个比较完备的林业生态体系，从而满足生物多样性保护和国土保安的需要，全面优化生态环境。①调整各林种、树种结构，提高阔叶林、混交林比重，明显改善林分质量；②扩建自然保护区，创建一批自然保护小区、自然保护区、风景名胜区和森林公园，重点保护生物多样性；③全面保护水系源头、大中型水库库区周围的森林，提高水源涵养能力，保障水资源安全；④大中型城市郊区及城乡结合部建成环城林带、林网，形成环城绿化屏障；⑤提高已建铁路、高速公路、国道、省道等交通干线万里绿色通道的绿化水平；⑥实行陡坡耕地退耕还林，控制生态脆弱区的水土流失。

本类型区包括13个亚区，分别是：皖南山地丘陵亚区，浙西北山地丘陵亚区，浙东低山丘陵亚区，浙中低丘盆地亚区，浙西南中山山地亚区，汀江流域山地丘陵亚区，闽江上游山地丘陵亚区，闽江中游山地丘陵亚区，闽江下游山地丘陵亚区，闽南低山丘陵亚区，雩山山地丘陵亚区，武夷山山地丘陵亚区，赣东北山地亚区。

一、皖南山地丘陵亚区（F5-1）

本亚区位于本类型区的西北部，安徽省南部，北接沿江冲积平原亚区，东、南、西三面分别与江苏省、浙江省、江西省接壤。包括安徽省宣城市的广德县、宁国市、泾县、旌德县、绩溪县，黄山市的屯溪区、黄山区、徽州区、休宁县、祁门县、歙县、黟县，池州市的石台县、青阳县等14个县（市、区）的全部，以及安徽省芜湖市的南陵县、芜湖县，宣州市的宣州区、郎溪县，池州市的贵池区、东至县等6个县（市、区）的部分区域，地理位置介于东经116°29′55″～120°33′21″，北纬28°28′27″～31°19′43″，面积29 589平方千米。

本亚区以中低山地貌为主，间有丘陵、盆地及河谷平原，是江南古陆的组成部分。山地占总面积的55%，丘陵占35%，层峦叠嶂，地势陡峻，河川深切。

中亚热带湿润气候，光照充足，雨量充沛，雨热同期，温和湿润，利于经济作物和传统名特产品的生产。多年平均气温15.4～16.3℃，≥10℃年积温4 800～5 200℃，无霜期214～240天。年降水量1 200～1 700毫米，为安徽省降雨中心，降雨分布上，春夏多雨，秋季干旱，冬季少雪。

土壤类型多样，地带性土壤以红、黄壤为主。由于地方性小气候及山地垂直气候带的作用，土壤类型多样化发育，结构复杂。

地带性植被为亚热带常绿阔叶林、常绿与落叶混交林，植物资源丰富，并具有独特性。人口密度较小，具有发展林业的土地条件，是安徽省森林资源较丰富、林木生长率较高的地区，也是自然植被和珍贵树种资源保存较好的基因库。

本亚区的主要生态问题是：农村产业结构不合理，林地量少质差。由于长期不合理的采伐利用，天然林大量减少，水土流失、土地污染等因素，致使土地退化严重，生态环境明显恶化。

本亚区林业生态建设与治理的对策是：坚持"以林为主，多种经营"，大力开展封山育林、退耕还林和植树造林，实行封、造、育、改并举，优化林分质量，提高林地蓄水保土能力，同时增加防护林、特种用途林的比重；加强中幼林的抚育管理，改造低产林分，提高单位面积木材产量，增加森林蓄积，开展多种经营和综合利用，提高森林资源的利用率和产出率，实现林业生态良性循环。

本亚区共收录4个典型模式，分别是：皖南瘠薄山地丘陵松阔混交林建设模式，皖南山区封山育林生态建设模式，皖南山地丘陵杉木混交林营造模式，皖南山地毛竹-阔叶树混交林建设模式。

【模式 F5-1-1】 皖南瘠薄山地丘陵松阔混交林建设模式

(1) 立地条件特征

模式区位于安徽省黄山市，地处阳坡面的上中部和山脊，海拔400～950米，坡度20～35度，土壤瘠薄，水土流失严重，肥力低下，有机质含量在1%左右。林下植被有冬青、杜鹃、山矾、山苍子、白栎等灌木。灌木层总盖度不足0.4，草本层盖度0.65。

(2) 治理技术思路

对植被恢复困难的瘠薄林地，充分利用先锋树种、乡土树种，实施松阔混交，以利于改善贫瘠立地的土壤结构，促进林分生长，增强抵御自然灾害的能力，防止水土流失，建立稳定的森林群落。

(3) 技术要点及配套措施

①造林技术：选择栓皮栎、麻栎、枫香、木荷、马尾松、黄山松等树种，带状或块状混交，带的长度和每带的行数、块的大小依据具体条件而定。可以采用4行松树与4行或2行阔叶树混交，株间配置呈三角形。清除栽植点上的草灌，块状整地，穴规格为30厘米×30厘米×30厘米；阔叶树整地规格为40厘米×40厘米×50厘米。

马尾松和黄山松用地径0.5厘米、苗高20厘米的Ⅰ级苗造林；栓皮栎和麻栎用地径0.8厘米、苗高75厘米的苗木。马尾松或黄山松的密度为120～330株/亩，阔叶树为50～70株/亩，于春季造林。

②抚育管理：造林后每年5～6月、8～9月松土锄草2次，第1年以锄草为主，松土宜浅。以后进行扩盘抚育。造林后第3年，对生长不良的栎类进行平茬培土，促进生长。

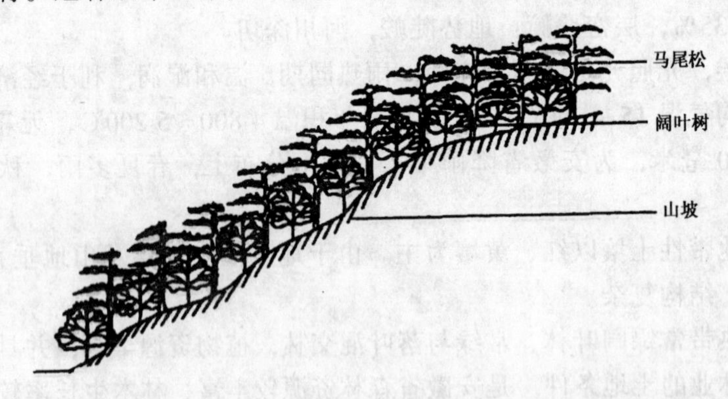

图 F5-1-1 皖南瘠薄山地丘陵松阔混交林建设模式图

(4) 模式成效

栎类耐火、耐旱、落叶量大，可以改良土壤，减轻松毛虫发生危害，抑制森林火灾蔓延。马尾松林密枝茂，林冠对降水的截留量达20.0%，每公顷净增持水量899吨，地表径流比不封山的减少2～3倍。混交林形成良好的林分结构，给动物和土壤微生物创造了良好的生态环境，枯枝落叶的增加，有利于改善土壤结构，提高土壤肥力。据测定，在0～20厘米土层，土壤有机质、全氮、全磷、水解氮、速效磷、速效钾含量分别增加64.87%、43.60%、32.97%、40.28%、35.71%和33.85%。

(5) 适宜推广区域

本模式适宜在南方山地丘陵区、东南沿海丘陵区土层瘠薄的立地推广。

【模式 F5-1-2】 皖南山区封山育林生态建设模式

(1) 立地条件特征

模式区位于安徽省宁国市、绩溪县。气候湿润，降水丰富，温度适宜，适合于多种林木生长。但长期以来的掠夺性采伐，使天然次生林的结构遭到破坏，形成了许多疏林地、灌木林地、灌丛地、采伐迹地。土壤为红壤、黄壤、山地黄棕壤，pH值5.1～6.2，石砾含量较高，水土流失严重。

(2) 治理技术思路

为节约造林成本，对坡度陡、立地类型复杂、造林难度大、有一定数量的乔灌木或具有乔木天然下种条件的林地，充分利用水热条件，采取封禁保护、人工促进天然更新、栽针补阔等措施，迅速恢复植被，防止水土流失，改善生态环境。

(3) 技术要点及配套措施

①封育形式：封山育林分为全封、半封、轮封。全封地区在封育期内，严禁樵采、放牧、割草和其他一切不利于林木生长繁育的人为活动，适合于远山、高山、江河上游、库区和水土流失严重的地区。半封区在树木生长旺盛和种子成熟期内封禁，其余时间在不影响林木生长和森林植被恢复的前提下，可组织群众有计划、有指导地定期上山砍柴、割草，注意保护目的树种的幼苗和幼树。轮封区将封山育林区划片分段，轮流封禁，轮封期一般间隔3～5年，适用于近山、低山和严重缺柴地区。

②封育林分类型：主要有黄山松封山育林，马尾松封山育林，马尾松、枫香混交林封山育林，马尾松、山槐、短柄枹、黄檀混交林封山育林，枫香、栓皮栎、苦槠、青冈栎混交林封山育林，以及青冈栎封山育林等类型。

③辅助封育措施：建立健全封育管护制度，及时采取合理的育林措施，根据情况栽针补阔，抚育间伐，清除杂灌和病弱植株，竖立封山标牌，推广节能措施等。

(4) 模式成效

封山育林具有成本低、效益高的特点。它能加快绿化速度，保护珍贵稀有物种，形成多树种和多层次混交林，对保持水土、防止病虫害和森林火灾、改善生态环境等都具有显著的效益。自1986年以来，安徽省南部各地封育马尾松林600多万亩，不仅在消灭荒山，实现绿化中起到了重要作用，而且是重要的后备森林资源。松阔、阔叶树混交林虽处于封山育林过程中的次生演替阶段，但其中部分林分由于封育年限在10年以上，所处立地条件优越，且得到严格的管理和保护，林分已恢复和发展到具有地带性森林植被类型——常绿阔叶混交林阶段，是北亚热带低海拔地区通过封山育林形成的较典型的植被类型。

(5) 适宜推广区域

本模式适宜在南方山地丘陵地区推广。

【模式 F5-1-3】　皖南山地丘陵杉木混交林营造模式

(1) 立地条件特征

模式区位于安徽省休宁县山后乡。海拔 500～800 米，处于山坡的中下部，土层厚度一般在 50 厘米以上。由于长期处于过伐状态或毁林开荒，导致水土流失加剧，局部退化为荒山、坡耕地。但气候条件优越，森林植被恢复快，适宜发展以杉木为主的用材型防护混交林。

(2) 治理技术思路

根据当地生态环境特征，结合树种生物学特性，以发展杉木为主的用材型防护混交林为目的，采取针阔乔木混交、乔灌混交等造林方式，对无立木林地进行人工造林，增加植被覆盖，改善林分结构。

(3) 技术要点及配套措施

①混交方式：视具体情况而异，一般采用块状混交、行带混交、带状混交、不规则镶嵌式混交等方式。混交类型包括：杉木-马尾松-檫树混交；杉木-檫木-黄山松混交；杉木-檫树（樟树、马褂木）混交；杉木-麻栎混交；杉木-毛竹混交；杉木-油桐混交等。

②整地：带状、块状或穴状整地。针叶树栽植穴的规格为 40 厘米×40 厘米×30 厘米，阔叶树为 50 厘米×50 厘米×50 厘米。

③造林：宜于春季进行。造林密度根据立地条件、混交树种确定。一般杉木 120～150 株/亩，阔叶树 17～57 株/亩。各种混交类型的混交比例因培育目的、立地条件等有所不同。

杉木-檫树-马尾松（黄山松）混交林：利用马尾松适应性强的特点，为杉木创造良好的生存空间。立地条件差时，混交比例为 1:2:1，立地条件好时，混交比例可以变为 2:1:1。

杉木-檫树混交林：适宜海拔 800 米以下的山地黄棕壤，混交林中的杉木密度不宜过大，株行距 2.0 米×2.0 米，杉、檫每亩 150～170 株为宜。

杉木-麻栎混交林：适宜于皖南丘陵，杉木与麻栎的比例约 2:1。

杉木-毛竹混交林：杉木与毛竹的比例控制在 1:2 或 1:4 比较恰当，即杉木 30 株/亩，毛竹 60～120 株/亩，可以维持林分的稳定生长。

杉木-油桐混交林：混交比例 3:1 或 4:1。造林 6～7 年后，随着杉木的郁闭，油桐逐渐被淘汰，但早期可促进杉木生长。

④抚育管理：造林后的前 5 年，每年对杉木幼林全面进行 2 次除草、松土，造林当年稍浅，以后逐年加深。同时，结合除草松土，对幼林进行除蘖防萌。注意要随着时间的推移，不断调整混交树种的比例，以促进生长。

(4) 模式成效

杉木混交林大大提高了林分的生态效益，水土保持效果良好，改善了土壤结构，增强林分抗性，林地生产力明显提高。如杉木-马尾松混交林中，10 年生的杉木与纯林相比，平均高大 10%；杉木-黄山松混交林中 11 年生的杉木较纯林高 18.6%；杉木-麻栎混交，杉木的树高和胸径生长分别比纯林高 14% 和 29%，使生态与经济效益同步增长。

(5) 适宜推广区域

本模式适宜在皖南山区及其周边的低山丘陵地区推广。

【模式 F5-1-4】　皖南山地丘陵毛竹-阔叶树混交林建设模式

（1）立地条件特征

模式区位于安徽省广德县风榕乡同心村，低山丘陵地貌。当地森林资源丰富，土层深厚肥沃，光、热、水等自然条件优越，农民有经营森林、毛竹的习惯和经验，但经营比较粗放，生态、经济效益不明显，良好的自然条件没有得到充分的利用。

（2）治理技术思路

利用毛竹根系庞大，阔叶树枯落物较多，能盘结土壤、保持水土，且具有较高经济价值的特点，在治理区土壤较肥沃的荒山或疏林地大力营造毛竹与阔叶树混交林，达到保持水土、涵养水源的目的，又可利用竹林、竹笋，提高农民收入，加速农民脱贫致富。

（3）技术要点及配套措施

①树种：以毛竹为主，混交树种选择深根性、窄冠型的檫木、杉木、木荷等。

②整地：清除栽植点上的草灌，进行块状整地，毛竹穴大小为100厘米×80厘米×30厘米，阔叶树穴为40厘米×40厘米×40厘米。

③造林：宜在春季进行。星状混交，混交比例以毛竹与阔叶树树冠投影比例计算，以9∶1或8∶2为宜，过大会影响竹林产量。

④抚育管理：造林后每年全面进行穴复、除草、松土2次，连续3年。

（4）模式成效

毛竹与阔叶树混交的优点在于阔叶树枯枝落叶回归地面，有利于林地肥力的自我调节和长期稳定，减少病虫害，减轻雪压、风灾危害。混交林中竹子个体生长很好，节间长、尖削度小、枝下高长。

（5）适宜推广区域

本模式适宜在皖南山区及丘陵、大别山、沿江平原丘陵地区推广。

二、浙西北山地丘陵亚区（F5-2）

本亚区位于杭嘉湖平原以西及金衢盆地以北，为浙江省的西北部山区，西与安徽省毗邻，北与江苏省接壤。包括浙江省杭州市的临安市、富阳市、桐庐县、建德市、淳安县，湖州市的安吉县，衢州市的开化县等7个县（市）的全部，以及浙江省杭州市的余杭市、萧山市，湖州市的长兴县、德清县等4个县（市）的部分区域，地理位置介于东经117°54′54″～120°0′27″，北纬28°59′27″～31°15′36″，面积18 188平方千米。

地貌以低山丘陵为主。区内山多坡陡，地势高峻，海拔1 000米以上的山峰有几十座，最高的清凉峰高达1 787米。低山丘陵占全区的80%以上。地形切割较深，起伏变化较大，伴有许多丘陵盆地和河谷小平原，还有新安江、富春江、钱塘江等河流，构成多种地貌类型。

本亚区降水丰沛、相对湿度较大，光照、热量为浙江省最低区。山多、雾大，年平均气温15.5～16℃，年降水量1 400～1 800毫米，年相对湿度80%左右。温、湿条件有利于杉木、毛竹、茶叶、山核桃等经济林果的生长。

地带性土壤为红壤。由于生物、气候条件的影响，红壤主要分布在海拔400～600米以下的低山丘陵区。丘陵山地土壤分布具有明显的垂直带谱，自下而上依次分布棕红壤→黄红壤→黄壤。

植被与土壤的分布有着密切的关系。本亚区的主要地带性植被为以青冈栎、苦槠为主的常绿阔叶林，分布在海拔600米以下，海拔800米以上分布常绿阔叶和落叶阔叶混交林，海拔1 000米以上山地分布落叶阔叶混交林和落叶阔叶矮林。现有森林植被以马尾松林、杉木林、竹林及经济林为主。

本亚区的主要生态问题是：林种、树种结构不合理，用材林针叶化严重；由于人为活动频繁，加上不合理的传统耕作方式，水土流失严重，地力逐年衰退；下游河道淤积严重，河床逐年提高，自然灾害愈趋濒发；作为全国著名的黄金旅游线，虽然有美丽的千岛湖、富春江等，但景区周围的森林景观已越来越显得不协调，特别是绿化水平、林种结构、林相季相变化及斑块配置等有碍生态景观环境要求。

本亚区林业生态建设与治理的对策是：调整林种、树种、林分结构，明显增强病虫害抗御能力等生态功能，维护地力永续经营和培育大径材；经济开发与生态保护并重，大力发展竹产业；以水源涵养林为重点，充分利用青山绿水的自然风光，大力开发和发展森林旅游业，实现以旅游促经济，以经济促森林，以森林促旅游的良好机制。

本亚区共收录3个典型模式，分别是：浙西北早园竹综合开发与治理模式，千岛湖库区生态景观型水源涵养林建设模式，富春江两岸多功能防护林及休闲农家乐建设模式。

【模式F5-2-1】　浙西北早园竹综合开发与治理模式

(1) 立地条件特征

模式区位于浙江省临安市。海拔一般100～200米。成片丘陵的外围及绵延地区，背风向阳缓坡地带，坡度7～10度，地势稍高，不易积水。土层深厚，质地疏松，土壤肥沃，酸性或微酸性。

(2) 治理技术思路

在村落附近、交通便利的低丘缓坡深土地段，发展早园竹笋用林，发展以早园竹为代表的竹产业，在利用其地下竹鞭及枯落物所形成的地表覆盖物，保持水土、涵养水源的同时，迅速提高经济效益，实现山丘区的快速脱贫致富。

(3) 技术要点及配套措施

①早园竹种植：选择1～2年生带有一定长度母竹竹鞭的竹苗，挖定植穴栽植，穴的规格为40厘米×40厘米×60厘米，穴内施入2千克左右的饼肥作基肥，每亩定植60～70株，3年投产，5年持续增产，8年稳产高产。

②幼竹抚育：新竹移植后，适当浇水，成活后每隔10～15天施粪水1次。新发笋一般保留

图F5-2-1　浙西北早园竹综合开发与治理模式图

1～2 株充作母竹。及时中耕除草，也可林间套种，以耕代抚。

③成林管理：立竹密度控制在 670 株/亩左右，母竹年龄以 1～3 年为主，4 年生以上的可伐除；在做好施肥、松土、留养新竹等常规管理的基础上，为提早出笋，秋末初冬实行竹叶或砻糠覆盖技术，可在春节前后出笋上市，新造竹林 5 年以上成林，立竹量 600 株/亩，可采取覆盖控温技术，即采用竹叶、谷壳、稻草及麦壳、杂草、树叶等，根据市场与气候条件于10～12 月进行覆盖，覆盖厚度为 20～30 厘米，控制地表温度在 15℃左右，春季气温转暖，撤除覆盖物；在 6 月进行钩梢，留枝 15 盘以上，以防雪压。

(4) 模式成效

早园竹笋味美可口，群众非常喜欢，在房前屋后、村落附近、路边缓丘地种植早园竹，不仅绿化了环境，还可获得较好的经济效益。在一般情况下，1 亩早园竹年产值有 2 000 元，如果采用覆盖技术，每亩产值可达上万元，经济效益十分可观。模式区发展早园竹已有较长历史，推出的"山芽儿"早园竹笋品牌，畅销杭州、上海等地。

(5) 适宜推广区域

本模式适宜在长江以南广大丘陵、农业用地推广。

【模式 F5-2-2】 千岛湖库区生态景观型水源涵养林建设模式

(1) 立地条件特征

模式区位于浙江省淳安县千岛湖库区周围及库内山体。海拔在 600 米以下，母岩主要为泥盆系的砂岩、石英砂岩、砂砾岩，土壤以黄红壤为主。在建库前由于人为活动较频繁，土壤遭到不同程度侵蚀，土壤肥力主要依赖于腐殖质层，肥力中等。现存植被主要是马尾松林和杉木人工林及竹林，林下植被常见有连蕊茶、隔药林、映山红、白栎等灌木或萌条，草本植物主要有芒萁、鳞毛蕨、白茅、野古草等。

(2) 治理技术思路

以涵养水源为主要目的，通过封山育林及人工改造等措施，使原生的常绿阔叶林植被得到全面恢复，充分发挥森林生态系统的多种功能。同时增加色叶树种，提高森林景观多样性，为进一步开发旅游业服务。

(3) 技术要点及配套措施

①封山育林：严格按照封山育林规程，禁伐森林，使群落逐步演变成松阔复层林或次生常绿阔叶林，以增强植被保持水土、涵养水源的功能。

②补植色叶阔叶树：对于有些植被严重破坏的地段，或者主要旅游景点，疏伐马尾松上层木

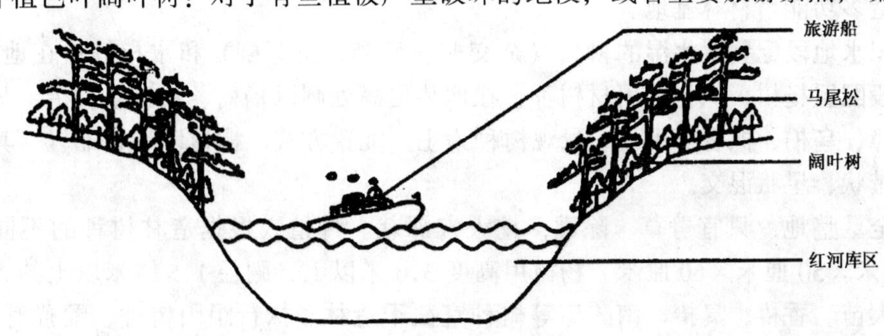

图 F5-2-2　千岛湖库区生态景观型水源涵养林建设模式图

郁闭度至0.5～0.7，块状、团状或不规则补植枫香、银杏、山乌桕等变色叶树种。

③营造木本花卉园：在立地较好、缓坡地带种植杜鹃、紫荆、月季等灌木类木本花卉，并与乔木树种成带状或块状混交，形成四季花香、常绿树种搭配、乔灌结合的花木观光区。

(4) 模式成效

千岛湖通过几十年的封山育林及其他人工辅助措施开发治理，库区周边山体遗留的严重退化马尾松林，已逐渐恢复成马尾松与阔叶树混交林，并建起了各色花木结合的生态屏障，生态效益明显提高。而且开发了千岛湖旅游业和“农夫山泉”矿泉水等拳头产品，经济效益亦相当可观。

(5) 适宜推广区域

本模式适宜在新建库区的风景林、防护林规划建设中推广。

【模式 F5-2-3】　富春江两岸多功能防护林及休闲农家乐建设模式

(1) 立地条件特征

模式区位于浙江省富阳市境内的钱塘江流域富春江段两岸滩地。富春江-新安江为国家级风景名胜区，江水清澈明净，碧波滟滟，沿江群山蜿蜒，有“第二漓江”之称。两岸地势平缓，砂石含量极高，土壤养分低，地下水位较高，南方梅雨季节性的水淹特别突出。因此，水淹、水湿、养分含量低和砂石含量高是江河滩地的共同特点，也是栽种树木的主要限制因素。

(2) 治理技术思路

富春江两岸滩地不仅是集约经营工业用材林的良好基地，还具备较高的美学价值，是理想的旅游、休闲和观光场所，同时还具有防风抗洪、保持水土、阻止沙丘移动、护堤防浪、减轻对农田和房屋破坏等作用，通过合理布局、巧妙配置，使森林与农居浑然一体，改善江滩地的生态环境，沿江形成一条绿色长廊，达到经济效益、景观效益和社会效益综合发挥的目的。

(3) 技术要点及配套措施

①总体布局：在江河两岸堤坝外滩地布设防浪林、多功能防护林，堤内农田与农舍布设农家乐休闲区，二者组合，构成有机整体。

②营造防浪林、多功能防护林：由河缘向内，先种2～3排银芽柳或河柳作为防浪林，再种3～5排杂交柳或金丝柳作为风景林，内部营建大径材基地或短周期纸浆林基地。

防浪林选择河柳、银芽柳、苏柳、金丝柳、乌桕等树种，三角形排列，形成集防浪、景观于一体的绿化林带。

离河缘5～8排林带后，利用大面积的滩地资源，选择杨树、银杏、桤木、枫香、香椿、大叶榉、榆树、朴树、枫杨、水杉、南酸枣等落叶树种和中山柏、香樟、水竹、侧柏、杜英、湿地松等常绿树种营造多功能用材林基地。

在沿江低湿积水地段配置耐水湿的柳树（杂交柳、河柳、银芽柳）和水杉等；在地势稍高、受季节性水淹地段配置杨树、枫杨等用材树种；在地势更高处则以杨树、银杏、香椿、臭椿、南酸枣、桤木、香樟、乌桕、枫香等用材、景观树种为主。配置方式，柳树以带状配置，其他树种可纯林或块状、带状、星状混交。

江滩地不宜全垦整地，只宜劈草、除灌，挖大穴深栽。种植穴根据造林树种的不同有所区别，一般为50厘米×50厘米×60厘米。杨树用高度3.0米以上、胸径1.5厘米以上的大苗，其他树种亦宜采用大苗。香椿、臭椿、南酸枣等树种宜截干造林。株行距因树种、配置有所区别，杨树为4.0米×4.0米～6.0米×8.0米，柳树为1.0米×2.0米～3.0米×4.0米，其他阔叶树种为2.0米×2.0米～4.0米×5.0米。

滩地优质大径杨木产业化经营的关键技术为：在立地控制、遗传控制、密度控制的基础上，采取“2根1苗”“萌蘖造林”和“优势配置式”等造林方法，等高或等径修枝方法，控制节痕技术和复合轮伐期经营技术。造林前2年割灌、除萌1～2次，并及时防治病虫害。

③营造复层混交林：总体上增加林相景观的混交类型，如杨树与中山柏、杨树与枫香、桤木与乌桕、香椿与肉花卫矛、杨树与银杏等进行混交；在洼湿地选择池杉、干旱沙地选择胡枝子或紫穗槐、洲头滩地选择河柳等作为伴生树种以改造低产林分的混交类型；多功能林以条带状或大块状混交，建成功能互补的混交林型。

④农家乐休闲区建设：路、沟、渠统一规划，根据近自然林业理论，营造以香樟、乐东拟单性木兰、水松、山杜英、乌桕、枫香、乐昌含笑和珊瑚树、肉花卫矛等树种为主的景观防护林。配置上有散生、条带状或片状复层混交林。

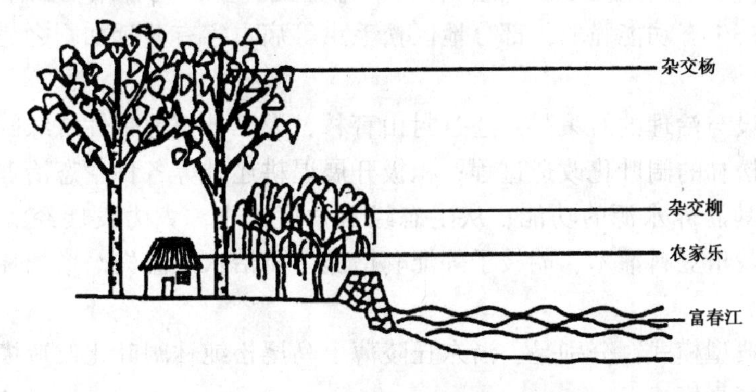

图 F5-2-3　富春江两岸多功能防护林及休闲农家乐建设模式图

（4）模式成效

本模式利用荒芜江滩地营造多功能用材林，丰富了滩地造林树种，因地制宜、适地适树的配置形式，改变了滩地的荒芜状况，形成多树种的复层混交林带，改善了沿江两岸的生态环境，同时能获取大量的用材。如8年生杨树单株材积达0.52～0.66立方米，8年生产优质大径材9.1～9.7立方米/亩，净贴现值0.34～0.36万元/亩，大大提高了滩地的经济效益。浙江省林业科学研究院与富阳市林业局在富春江边690亩的沙滩地上，以营造美洲黑杨、杂交柳树新品种为起点，开发了富阳“农家乐园”，为江滩防护与农家绿化建立了样板，吸引了杭州、上海等地的许多游客前来观光旅游，取得了较好的经济效益，同时带动模式区居民利用独特的地理环境，开展“农家乐”旅游度假区建设，社会效益相当明显。

（5）适宜推广区域

本模式适宜在南方江边滩地推广应用。

三、浙东低山丘陵亚区（F5-3）

本亚区位于浙江省东部略偏北，包括浙江省绍兴市的诸暨市、嵊州市、新昌县3个县（市）的全部以及浙江省杭州市的萧山市，绍兴市的绍兴县、上虞市，宁波市的余姚市、奉化市、宁海县、鄞县等7个县（市）的部分区域，是浙江省的农业经济综合区，乡镇企业和个体、私营经济比较发达，但地域间发展不平衡，山区发展缓慢。地理位置介于东经119°45′30″～121°15′48″，北纬29°13′12″～30°15′1″，面积9 334平方千米。

地貌以低山丘陵为主，盆地相间分布，山地坡陡，台地平缓，地势南高北低。超过1 000米的高山不多，括苍山主峰海拔 1 375 米，为本区最高峰。主要盆地有诸暨丘陵盆地、新（昌）嵊（县）丘陵盆地等。盆地内流经多条大的河流，河流两岸形成大小不等的河谷平原。

亚热带季风气候，光照充足，雨量充沛，四季分明，气候宜人。年平均气温 15.3～17.0℃，年降水量 1 100～1 600 毫米。无霜期 230～250 天。气候条件的垂直差异十分显著，有利于发展立体农林业。

地带性土壤以红壤为主，其次为水稻土、粗骨土、黄壤及紫色土、潮土等。自然植被为以甜槠、木荷、青冈为建群树种的常绿阔叶林，由于人为活动频繁，大部分已被次生的马尾松林所取代，在一些国有林场尚残留一部分常绿阔叶林原生植被。

本亚区的主要生态问题是：山地陡坡开垦严重，局部地区植被樵采过度，曹娥江和浦阳江中上游流域水土流失严重，成了两条闻名的“小黄河”；针叶纯林多，树种结构极不合理，林分质量差，物种多样性丧失；生态功能脆弱，部分地区松毛虫等病虫害有蔓延加剧之势，森林旅游等第三产业还比较薄弱。

本亚区林业生态建设与治理的对策是：通过封山育林、人工补植地带性常绿阔叶建群树种等多方面措施，加快马尾松林的阔叶化改造进程；积极开展退耕还林等各种生态治理措施，提高森林覆盖率和林分质量及其涵养水源的功能；从生态经营角度出发，大力发展经济果木林和毛竹林，通过修筑水平带，栽植豆科灌木、胡枝子等配套措施，防治水土流失，增加林地覆盖率，提高土壤肥力。

本亚区共收录 2 个典型模式，分别是：浙东丘陵薄土马尾松纯林阔叶化改造模式，绍兴公路沿线采石（矿）区植被恢复模式。

【模式 F5-3-1】　浙东丘陵薄土马尾松纯林阔叶化改造模式

（1）立地条件特征

模式区位于浙江省宁海县双峰林场。由于历史的原因和长期的人为活动，原生的地带性常绿阔叶林植被遭到破坏，并且土壤屡经侵蚀，土层变薄，有些地段母质层出露，尤其是在凝灰岩、沙砾岩等母岩之上常见，石砾含量较高，常大于 50%，层次过渡不明显，色淡，保水保肥能力差，自然肥力中偏下，生态系统十分脆弱。与常绿阔叶林相比，物种多样性丧失，调节小气候效能低，持水保肥能力差，群落结构相当不稳定。现存植被为马尾松纯林，根据林下破坏的程度，表现为 3 种林型：其一为以灌木植被占优势的林型，种类有隔药林、连蕊茶、马银花等灌木，以及青冈、木荷、石栎等常绿乔木树种的萌芽条；其二为以草本植被占优势的林型，种类有野古草、白茅、芒萁等；其三是灌木和草本植被各占一半的林型，灌木种类有白栎、檵木、映山红等，草本种类有蕨、芒萁、苔草等。

（2）治理技术思路

以生态恢复为主要目标，区别马尾松不同退化林型，宜封则封，宜补则补。通过封山育林、补植阔叶树种等方法进行阔叶化改造，一方面提高森林覆盖率，另一方面提高林分质量，增加物种多样性，促进森林群落的稳定性，使退化生态系统得到有效的恢复，同时培育马尾松大径级用材林。

（3）技术要点及配套措施

①对于林下遭受严重破坏，退化为以草本植被占优势的林型，土壤十分干燥瘠薄，马尾松林通常成为“未老先衰”的残次林，缺乏水、肥和夏季林窗下炎热的阳光是造林的主要障碍因子。如单纯采取封育措施，至少需要 50 年，甚至 100 多年的漫长时间，而采取林下栽种阔叶树的方

式是一种行之有效的快速途径。采用基质型容器苗进行补植造林，是常规露根苗造林成效的5～6倍，加上马尾松林本身给林下创造的适当的庇荫环境，阔叶树种能够比较正常的生长。阔叶树种可选择苦槠、木荷、杜英、青冈等地带性常绿阔叶建群树种或马褂木、小果冬青、响叶杨、山乌桕等优良乡土树种。

②林下灌木较丰富，并具有青冈、木荷等常绿阔叶树种萌条的林型，则采取封山育林的方法，同时加上人工促成定向培育措施，保留青冈、木荷等目的树种，让其得以生长。

图 F5-3-1　浙东丘陵薄土马尾松纯林阔叶化改造模式图

（4）模式成效

林下栽种阔叶树，造林后5年林下密闭，10年可构成颇具优势的阔叶乔木亚层，物种多样性明显提高，群落结构相对稳定，马尾松毛虫的自控能力明显增强，持水保肥能力增强。浙江省宁海县双峰林场自1959年开始封山，1970年进行定向改造形成的混交林，占据林冠最上层的是高大马尾松，平均高度15米以上，林冠的亚层是浓密的常绿阔叶树种如青冈、木荷、栲树等，形成全林分的主要林冠层。这种混交林的结构不仅产量高，而且结构复杂，抗干扰能力强，群落相对稳定，生态效益好，是马尾松纯林阔叶化改造的理想类型。

（5）适宜推广区域

本模式适宜在浙江省东南部低山丘陵区推广应用。

【模式 F5-3-2】　绍兴公路沿线采石（矿）区植被恢复模式

（1）立地条件特征

模式区位于浙江省绍兴市。一级公路旁已开采15年以上、总面积0.35平方千米的大型露天采石场，周围植被均为刺灌，零星分布马尾松、枫香等乔木树种，郁闭度小于0.4。母岩为花岗岩，土层厚度20～40厘米，植被恢复的主要限制因子是土壤干旱瘠薄。

（2）治理技术思路

选择抗逆性强的树种，以人工造林、种草为主，结合封育等措施，尽快恢复和重建植被。对于采石（矿）区的废弃塘渣，采取回填客土等方法，人工种植耐干旱瘠薄的树种，同时进行封育。对于一面坡采石（矿）口，选择抗逆性强的攀援植物，塘底栽往上攀援的植物，塘顶栽往下生长悬挂的植物，使塘口披上绿装。

（3）技术要点及配套措施

①露天采石区：为了加快采石区植被恢复，人工点播当地乡土乔木、灌木树种和草种，形成乔、灌、草结合的多层次林分，有效控制水土流失。植树造林中，松类采取营养袋育苗和菌根技术。对于一些人为活动频繁的采石区废弃地，需严格进行封育。造林季节为春季，注意清除石块，播种前浇足水，以促进生根发芽。

②露天采矿区：对于磷矿、铝矿等露天采矿区，将先期剥离物回填后，覆盖表土。选择抗逆性强、耐干旱、耐瘠薄、生长快的树种，如胡枝子、刺槐、紫穗槐、山苍子、花香、栎类和松类营造人工混交林。

③难分化石（矿）渣库区：对于倾倒难分化石（矿）渣的沟谷，先采取工程措施，修建拦挡库坝，保证石（矿）渣库的稳定。经客土覆盖后点播、撒播草种或种植绿肥。

④废弃采石（矿）区一面坡塘口：选择抗逆性强的攀援植物，如爬山虎、葛藤、扶芳藤、常春藤等，采用塘底栽植向上攀援植物，塘顶栽植向下悬挂植物的方式，使废弃塘口尽快披上绿装。

(4) 模式成效

本模式因地制宜，根据公路沿线不同类型的采石（矿）区，选择不同的植物种，确定不同的治理对策，成功地开展了矿区植被恢复和重建工作，获得了较大的成效，具有较好的推广价值。

(5) 适宜推广区域

本模式适宜在浙江省乃至西南、华东地区因开山采石而形成的废弃采石（矿）区推广。

四、浙中低丘盆地亚区（F5-4）

本亚区位于浙江省中部，包括浙江省金华市的浦江县、义乌市、东阳市、兰溪市、永康市，衢州市的柯城区、常山县等 7 个县（市、区）的全部，以及浙江省金华市的婺城区、金东区、武义县，衢州市的衢县、龙游县、江山市等 6 个县（市、区）的部分区域，地理位置介于东经 118°3′44″～120°33′21″，北纬 28°28′27″～29°45′31″，面积 13 434 平方千米。

地貌类型以丘陵盆地为主，丘陵岗地、平原和中低山地交错分布。盆地地貌以金衢盆地为主体，与四周十多个盆地构成环状相间的盆地群，盆地内有衢江、兰江、金华江等多条河流。丘陵呈浅丘状起伏，底部开阔，底部高程多在 40～100 米之间。

亚热带季风气候，四季分明，气温适中，热量丰富，雨量较多，有明显干、湿两季。年平均气温 16～18℃，年降水量 1 400 毫米左右，无霜期约 250 天左右。盆地小气候多样，有一定垂直差异。

土壤以红壤为主，其次为水稻土和紫色土。红壤分布在海拔 700 米以下的丘陵、低山，成土母质主要是沙砾岩、凝灰岩、片麻岩和第四纪红色黏土。在海拔 400～600 米的山地，多为黄红壤亚类，土层厚度一般为 30～80 厘米，质地中壤至轻黏，有机质含量多在 2%～4%，含沙砾较多，肥力中等，在海拔 400～600 米以下低丘盆地，多为老红壤，土层深厚，具有“酸、黏、瘦”特征，土壤 pH 值在 4.5～5.5 之间，质地多为重壤至轻黏，容易板结和遭侵蚀，肥力较低，有机质含量一般小于 1.5%，全氮量在 0.05%左右。

自然植被为青冈、苦槠常绿阔叶林。由于人为活动频繁，残剩的常绿阔叶林原生植被十分破碎，形成了大面积的以马尾松为主的针叶林，林下灌木疏少。

本亚区的主要生态问题是：盆地内的森林已基本绝迹，取而代之的是茶、果、柑橘等经济林和大片农田，森林覆盖率低，经济林和用材林比重大，防护林和特种用途林比重很少，森林生态系统十分单调和脆弱，物种多样性丧失严重，不少地段的马尾松林下退化成禾草一片，甚至退化成禾草都难以着生、蓄持水分功能特别差的光板林地，水土流失加剧；区内的黄泥土、紫砂土、红紫砂土、酸性紫砂土、红砂土、片石砂土等土壤的面蚀、片蚀或沟蚀现象比较严重，大面积而又十分单调的马尾松林，松毛虫等病虫害发生特别严重。

本亚区林业生态建设与治理的对策是：积极调整产业结构，开展退耕还林还草，加大生态林的比重；保护现有的森林植被，通过伐针补阔、增加灌草等措施，建设混交或复层混交林，涵养水源，提高空间利用率，增强抵御自然灾害的能力。

本亚区共收录2个典型模式，分别是：金衢盆地开发式植被恢复模式，浙中低丘盆地片石砂土综合治理与开发模式。

【模式 F5-4-1】　金衢盆地开发式植被恢复模式

（1）立地条件特征

模式区位于浙江省兰溪市马达镇。缓丘或平丘地貌，坡度平缓，上覆第四纪更新世湿热气候条件下形成的古红土。土层深厚，石砾含量较少，土壤全氮量和有机质含量很少，缺磷少钾，保水透水性差，土质黏而酸、瘦。地形较开阔，交通相对较方便，人为活动频繁。由于历史的原因，特别是15年前的缺薪少柴，原生的常绿阔叶林植被遭到严重的破坏，林下植被稀少，持水能力特别差，“雨时出门一身泥，旱时泥土变成石板地”，生态系统十分脆弱。

（2）治理技术思路

以经济果木林、笋用竹林为主体，兼营特种用材林、风景防护林，以经济开发促进植被恢复，以植被恢复保障经济发展。统一规划，合理布局，集约经营，重施基肥，从整体上改变盆地丘陵景观生态效果，通过开发式治理达到生态、经济和社会效益全面发展的目的。

（3）技术要点及配套措施

①总体布局：经济果木林小块状分布，以防护林带相隔。土地平缓地带，林带多以井字形有规则分隔，坡度较大地段沿地埂营造林带。块状大小一般为60～150亩。丘顶和丘上坡的土层瘠薄，丘下坡土层深厚，树种布局上要适地适树。

②经济果木林：营造板栗、梨、桃、柑橘、胡柚、葡萄、早竹等干鲜果林和毛竹等笋用竹林，株行距以3.0米×4.0米或4.0米×4.0米为宜。引进优良新品种，集约经营，改产量型为质量型。栽培措施上，重点在于施足基肥和改良土壤。采用开深沟和基肥层铺法，沟深1.0米，宽1.0米，回土30厘米铺施1层猪粪或鸭粪等栏肥，厚度15厘米，铺3层。

③防护林：根据小地形特点规划防护林。在经济果木林的外围或林地间，栽种杉木、马褂木、枫香等优良针阔叶树种，达到防护、绿化、用材等多重目的；在城镇近郊，适度规模开发风景防护林，栽种香樟、杜英、马褂木、乐东拟单性木兰、深山含笑等风景绿化树种，将风景、观

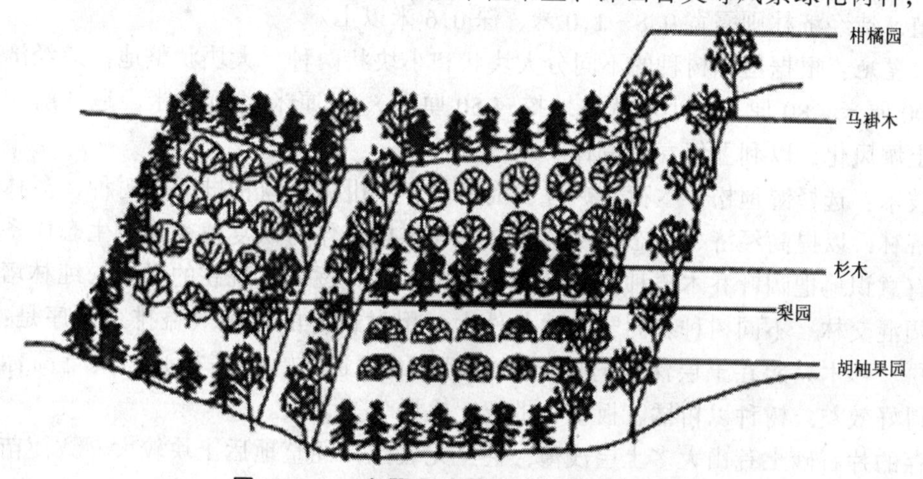

图 F5-4-1　金衢盆地开发式植被恢复模式图

光、郊游和防护等功效融为一体；丘顶和上坡瘠薄地栽种抗旱性强的马尾松、湿地松、枫香、木荷、山乌桕等树种。

(4) 模式成效

选择市场看好的经济果木，如胡柚、雪梨等。3 年开始挂果，5 年后产量持续稳定增长，10 年盛产，每亩年均利润达 500～1 000 元。果园周围及果木林间用杉木作保护林带，产量稳定，经济效益高，而且植被得到开发性恢复。栽种雷竹等笋用竹、胡柚、柑橘、雪梨等经济树种，经济和生态效益同步，使原来的稀树荒草丛，变成了郁郁葱葱的经济果园，为当地植被恢复和经济开发起到了示范作用。

(5) 适宜推广区域

本模式适宜在我国长江以南红土丘陵的大部分地区推广应用。

【模式 F5-4-2】　浙中低丘盆地片石砂土综合治理与开发模式

(1) 立地条件特征

模式区位于浙江省江山市。成土母质多为页岩、千枚岩、板岩、变质砂岩的半风化残积或坡积物，土壤主要为粗骨性片石砂土，pH 值 5.5～6，有机质缺乏，植被稀疏，水土流失严重，土层浅薄，土壤持水力差，热容量小，昼夜温差大，夏季土表温度高达 60℃左右，夏季高温日灼与干旱对幼苗幼树和农作物威胁大，采用常规技术造林或种植农作物，成活率、保存率仅10%～30%，作物产量极低。

(2) 治理技术思路

在充分考查片石砂土的特征、特性、开发利用现状，摸清主要障碍因素、有利因素及开发利用价值的基础上，因地制宜地采取综合措施，尽快恢复和发展森林植被，以提高造林成活率、保存率，达到片石砂土的“灭荒”绿化，全面推广综合的营林技术措施，加强资源林政管理，以加速森林资源和农村经济的发展。

(3) 技术要点及配套措施

①整地措施：

环山等高水平挖槽整地：心土外翻，表土回填。槽长 2.5 米、宽 0.5 米、深 0.4 米，槽间距 0.5 米，槽槽相连，行距 2.0 米。每槽植苗 2 株，每亩约栽植 222 株。

撩壕整地：沿等高线每隔 2.0～3.0 米挖一条宽 0.6 米、深 0.5 米的水平沟，然后按所需的造林密度栽植，造经济林则需宽 0.8～1.0 米、深 0.6 米以上。

块状大穴整地：根据造林树种的不同分大块状和小块状两种。大块状整地营造经济林，挖穴 100 厘米×100 厘米×80 厘米，小块状整地挖穴 50 厘米×50 厘米×40 厘米。造林前一年的秋冬整地，促使土壤风化，以利翌年春季造林。

②造林技术：选择湿地松、木荷、枫香、枇杷、枣、柑橘等树种进行多树种、多林种混交造林，发展经济林，以提高经济、生态和社会效益。马尾松应作为恢复植被建设生态体系的主要树种，但也要有意识地把阔叶乔木树种作为目的树种来培育。逐步将现在的马尾松纯林培育成为结构合理的松阔混交林。不同树种在同一立地条件上，用材树种的生长效益排列顺序是：国外松、木荷、马尾松。杉木只能在土层深厚的山坞、山脚小面积造林，经济林必需实行高标准、高投入，才能取得好效益，树种以柑橘、板栗、枇杷、桃形李等为主。

由于现存的片石砂土荒山大多土层浅薄，甚至无表土，经整地后土块较大，致使苗木根系不易与土壤密接。因此对基本无土的造林地应挑客土（黄泥或塘泥）造林，湿地松、木荷等每穴

25千克，经济林每穴50～100千克。并推行容器苗造林，提高成活率。

③封山育林：对有一定数量母树或伐根的荒山、疏林山，通过封山育林恢复森林植被，严禁放牧和采樵；对营造松类的未成林造林地进行封山育林，除进行补植外不得进行其他人为活动；对稀疏又无阔叶树伐根的马尾松疏林，先行补植枫香、木荷、湿地松后再封山育林。根据林地条件采用全封，半封、轮封和死封。

④配套措施：严格控制以薪柴为燃料的土砖瓦窑，改建燃煤机制窑，采取大力推广节柴灶，发展沼气，鼓励烧煤，发展机制砖瓦窑，消灭土砖瓦窑等多种节能措施，保护森林植被。

(4) 模式成效

本模式的实施，使得森林资源迅速增长，大大改善了生态环境，产生了巨大的生态和社会效益。片石砂土有林地土壤含水量比无林地高28立方米/亩，水土流失量平均比无林地减少70%左右，年降水量增加79.5毫米，其中8月份增加27.7毫米。据测算，森林资源所产生的生态、社会效益价值已达2.08亿元/年，相当于农业总产值的2.5倍。

(5) 适宜推广区域

本模式适宜在长江中下游的片石砂土及土层瘠薄山地丘陵、石砾山地推广应用。

五、浙西南中山山地亚区（F5-5）

本亚区位于浙江省西南部，西与江西省接壤，南与福建省毗邻。包括浙江省丽水市的遂昌县、龙泉市、庆元县、景宁畲族自治县4个县（市）的全部以及浙江省金华市的武义县、婺城区、金东区，丽水市的松阳县、云和县，衢州市的衢县、龙游县、江山市等8县（市、区）的部分区域，地理位置介于东经118°14′51″～119°48′23″，北纬27°28′4″～29°4′38″，面积14 135平方千米。

地貌以中山地貌类型广布、峡谷众多和狭长的山间盆地为特色，欧江上游贯穿其中。由于高大的仙霞岭和洞宫山横亘于西北与东南，成为北方寒流及东南吹来的温暖湿润季风的天然屏障。

中亚热带季风气候，具有四季分明，气候温和，雨水充沛，冬暖春早，无霜期长的特点。

成土母质以侏罗纪的酸性流纹斑岩、流纹岩、熔凝灰岩夹少量凝灰质砂岩为主，其次为片岩、片麻岩等变质岩和花岗岩。山地土壤以红壤和黄壤为主，其次为粗骨土。一般土壤较深厚，有机质含量较高。红壤分布在海拔700～800米以下的低山丘陵，面积占山地土壤的44%；黄壤分布在红壤之上，占山地面积的40%，自然肥力高于红壤；粗骨土多零星或局部分布于岗脊、险坡或盆地边缘，面积约占山地土壤的15%。

自然植被是以槠栲类、樟楠类为建群树种的常绿阔叶林，由于长期以来的人为影响，常绿阔叶林面积不断减少。凤阳山、百山祖等国家自然保护区的建立，使常绿阔叶林原生植被得到一定的保存，世界著名的百山祖冷杉就分布在百山祖自然保护区内。但大部分地区已被马尾松林所取代。常见的人工林有柑橘、毛竹林、杉木林等。全区有木本植物97科351属1 340种。

本亚区山地广阔，人烟稀少，人均收入相对较低。主要生态问题是：山体滑坡等地质灾害频频发生，严重威胁当地人民的生命财产和生存环境；由于长时间的林地剥蚀，土壤表层年年被冲刷，土层变薄，马尾松林的林下植被在减少，自然植被恢复困难；大面积的杉木人工林的连续栽种，生长量逐代下降，地力逐年衰退；由于香菇产业发展，乱砍滥伐阔叶树的现象较为普遍，森林过伐严重。

本亚区林业生态建设与治理的对策是：快速发展欧江源头的水源涵养林，进行退化生态系统的恢复和重建，建设以阔叶树种为主的针阔混交林，采取严格的封山育林措施，将次生灌丛恢复成乔木林；加强菇木林的经营管理与营建，使菇木林的建设与香菇的产业化发展走上平稳发展的道路；积极发展特种经济植物或树木，如厚朴中药材林，功能型森林蔬菜等，逐步退耕还林防治水土流失。

本亚区共收录2个典型模式，分别是：浙西南缓坡深土菇木林永续经营利用模式，浙西南低山丘陵杉木纯林阔叶化改造模式。

【模式 F5-5-1】　浙西南缓坡深土菇木林永续经营利用模式

(1) 立地条件特征

模式区位于浙江省庆元县林业局竹口林场。斜坡坡度20～25度，土层厚度大于60厘米，质地较疏松，石砾含量较高，黏性较弱，pH值4.5～5.5，肥力良好。原主要植被为次生性灌木林、常绿阔叶林、马尾松林等，林下具有一定数量的灌木，主要种类有连蕊茶、隔药柃、白檀、山莓等，以及甜槠、栲树等萌蘖条或幼树，草本植物种类主要有芒萁、蕨、疏花野青茅、鳞毛蕨、苔草等。

(2) 治理技术思路

浙江省西南山区是全国香菇的主要产区，菇木材消耗量很大，尤其在海拔400～600米以下，人为活动相对频繁，菇农几乎每年上山寻找并砍伐直径4～5厘米的生长正值旺盛时期的小菇木。以维护生态系统稳定为主要目标，以发展菇木林为目的，针对森林类型和森林树种构成，合理规划，有计划地进行块状周期性采伐，确保菇木资源的永续高效利用，同时维护森林生态系统的良性平衡。

(3) 技术要点及配套措施

①次生林定向改造：选择坡度小于25度，作业方便，立地条件相对较好，土层较深厚，阔叶林种、林型为常绿成分占优势，树种组成以甜诸、栲树等壳斗科优良菇木树种为优势的次生性灌木林。选择性留养甜槠、米槠、栲树等壳斗科优良菇木树种，砍去其他杂木，以15亩左右面积为单位小块状人工定向培养，每亩留养萌条或幼树300～400株，砍丛留单，砍弱留强，郁闭度宜保持在0.6左右，保留林下灌木和草本。菇木树种萌芽力强，生长十分迅速，每5年间伐1次，30年以上可实行小片采伐，由此进行周期作业。

②短周期茹木林营造：选择坡度平缓（小于25度）、土层较厚（大于50厘米）的阶梯式坡耕地，营造杜英、南酸枣、马褂木等菇木林，每亩株数为300株左右，并在阶梯边缘栽种2行豆科灌木胡枝子，固土护梯和促肥。对于坡度大于25度的陡坡耕地，以防护林为主，选植杜英、细叶青冈、甜槠和锥栗等阔叶树种，首先恢复植被，同时可以考虑以后作为菇木材利用。

图 F5-5-1　浙西南缓坡深土菇木林永续经营利用模式图

(4) **模式成效**

萌蘖更新生长快，定向培育成林早，一般5年成林；投资少，每亩约需20～23元；投产早，5年可收获；周期短，每5年收获1次，30年轮伐1次；可永续利用，平均每年可收获菇木材1 000千克/亩。浙江省丽水市林业科学研究所的试验表明，在1991年冬被皆伐的残次阔叶林中，1993年进行抚育间伐、补植造林等定向培育措施后，1994年平均树高3.2米，鲜重达1 333.3千克/亩，超过封山林和新造林。

(5) **适宜推广区域**

本模式适宜在浙江省南部类似地区推广应用。

【模式 F5-5-2】 浙西南低山丘陵杉木纯林阔叶化改造模式

(1) **立地条件特征**

模式区位于浙江省庆元县庆元林场。海拔600～800米以下，母岩为凝灰岩、花岗岩等火成岩。土层较深厚，大于50厘米，质地较好，结构疏松，石砾含量30%左右，坡度大多小于30度。植被为80年代营造的杉木针叶林，林龄20年，也有部分二代萌芽更新林；林下灌木比较丰富，盖度30%～50%，主要有柃木、乌药、连蕊茶、白栎等，草本主要有蕨、野古草、鳞毛蕨等，盖度一般在30%左右。杉木人工林地力衰退比较严重，土壤肥力减退，生化、微生物也发生了一定的变化，杉木连栽生长量明显下降，主要表现在连栽杉木成活率低，而且地位指数下降近1个级次。

(2) **治理技术思路**

以提高林分质量、增强森林生态功能为主要目标，通过对杉木纯林进行阔叶化改造，形成以阔叶树种为主的针阔混交用材林。一方面保留林下灌木，提高林地覆盖率，增强持水保肥能力；另一方面，对现有杉木林地分别林龄进行合理规划，采取主动而积极的间伐措施，补栽一定数量的阔叶树种，进行杉木人工林退化生态系统的阔叶化改造。

(3) **技术要点及配套措施**

①调整林分密度：通过隔行或小块状间伐，调整林冠结构，每亩一般保留杉木80株左右，并将保留木逐步培养大径材。

②完善林下植被：特别是一些地带性常绿阔叶建群树种，通过移植、复壮等措施促进下层木生长。

③补植阔叶树种：选择杜英、青冈、枫香、木荷、山乌桕、楠木、深山含笑等前期较耐荫的阔叶树种，每亩栽植200株左右，当秋季或冬季间伐林木的工作完成后，及时挖定植穴，穴径约40厘米、深35厘米，春季栽种，有利于提高成活率。因为在原有的杉木林下，杉木林冠密闭，林下植被相对较少，及时栽种以避免杂灌草的竞争，有利于快速成林和退化生态系统的快速恢复。

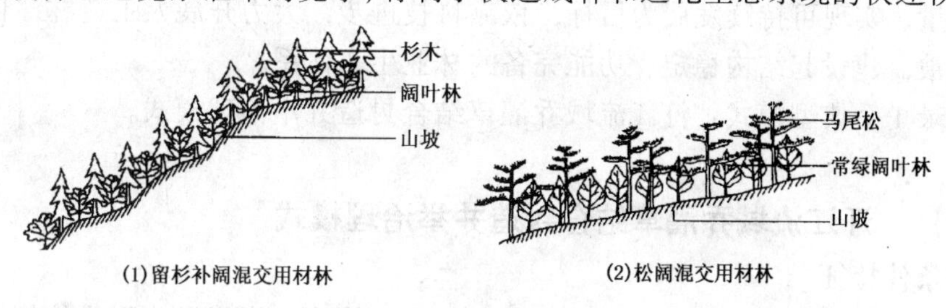

图 F5-5-2 浙西南低山丘陵杉木纯林阔叶化改造模式图

(4) 模式成效

在杉木采伐迹地上连栽杉木，地力衰退，生长量下降。运用留杉补阔培育混交用材林的生态治理模式，不仅能够维护地力，及时恢复并保持森林生态功能，而且能够促进杉木生长而培育杉木大径材，提高生态和经济效益。调查表明，马褂木和杉木混交林地土壤微生物活性加强，加速了林地有机质的转化，促进了林木生长，年生长量比对照的杉木纯林增加了32.3%，混交效果非常显著。

(5) 适宜推广区域

本模式适宜在现有杉木林更新改造区推广应用。

六、汀江流域山地丘陵亚区（F5-6）

本亚区位于福建省西南隅，西与江西省接壤，南与广东省毗邻。包括福建省龙岩市的新罗区、长汀县、连城县、武平县、上杭县、永定县等6个县（市、区）的全部，以及福建省龙岩市的漳平市的部分区域，地理位置介于东经115°52′23″～117°37′8″，北纬24°22′35″～26°4′13″，面积17 896平方千米。汀江被称为“天下客家第一江”，由北向南穿过闽西流入广东境内，与梅江汇合成为韩江，奔流直入南海。

中亚热带季风气候，热量稍差，雨量充沛，冬无严寒，夏无酷热。多年平均日照时数1 700～2 000小时，年平均气温19～20℃，≥10℃年积温4 500～6 500℃，年降水量1 450～2 200毫米，年平均相对湿度77%～80%，雨季湿度大，冬季干燥。风向在5～9月份以南风和西南风为主，10月至翌年4月份以北风和东北风为主，风力一般不强。

成土母质除火成岩风化残积、坡积物外，还有紫色砂页岩、石灰岩的残积、坡积物。土壤以红壤、黄壤、紫色土为主，其次为山地草甸土。土壤较肥沃，热量和水分条件尚好，矿物质和有机质的分解转化较快。

由于人为活动的结果，大部分天然林已被砍伐，形成次生森林植被。照叶林树种以壳斗科的甜槠为主，常成大片纯林；其次是闽粤栲、苦槠、料槠等稍占优势。分布有一些热带、亚热带木本植物和一些藤本植物。针叶林以马尾松林居多，竹林也多。

本亚区的主要生态问题是：由于砍伐森林等人为因素的作用，植被覆盖率下降，水土流失严重，集中分布在山坡的无林地、疏林地上；土壤肥力差异较大，除坡麓及低山丘陵缓坡外，土层浅薄，土壤干燥，有机质含量较少，肥力偏低；部分地区由于工业企业集中，废气废水排放量大，大气环境质量和水质较差。

本亚区林业生态建设与治理的对策是：紧紧抓住区内山地多、降水量大、台风多、生态环境脆弱、生态公益林效益低下、动植物物种不断减少的矛盾，以改善生态环境、减少自然灾害、提高人民生活质量、实现可持续发展为目标，依靠科技进步，大力开展人工造林，依法护林，恢复和增加森林植被，建设起结构稳定、功能完备的林业生态体系。

本亚区收录1个典型模式：汀江流域乔灌草结合封造并举治理模式。

【模式 F5-6-1】　汀江流域乔灌草结合封造并举治理模式

(1) 立地条件特征

模式区位于福建省长汀河、八十里河流域。山地土壤为花岗岩风化形成的红壤，表土冲失殆尽，部分基岩裸露，年侵蚀模数达8 580～10 000吨/平方千米，沟壑密布，强度水土流失面积占

96%。土壤有机质含量只有0.03%。

(2) 治理技术思路

对于水土流失较为严重的地区，因地制宜地采用有效的农业技术措施、生物治理措施和常规工程治理措施，恢复林草植被，遏制水土流失，实现区域生态经济的可持续发展。

(3) 技术要点及配套措施

①农业技术措施：在农业经营上，采取带状间作、横坡耕种、深耕、种密生作物等措施；陡坡耕地要坚决退耕还林带草。

②工程措施：主要采取修梯田、培地埂、挖截水沟（竹节沟）、鱼鳞坑和谷坊等措施。

③造林措施：

树种：乔木选择马尾松、杨梅、南酸枣、木荷、泡桐、桤木、福建柏、侧柏、木麻黄等树种；灌木有南岭黄檀、丁香、大叶女贞、胡枝子、胡颓子等树种；竹种有花吊石竹、淡竹；草种有百喜草、宽叶雀稗等。

配置结构：针阔、乔灌草、常绿落叶混交，形成复层混交结构。主要混交形式有马尾松-杨梅、马尾松-南岭黄檀、马尾松-泡桐、马尾松-木荷、杨梅-木荷、胡枝子-马尾松等。

整地：穴状、块状、水平阶整地。整地时要注意保护原有植被，并尽量使地表少受破坏，块（穴）状整地规格以50厘米×40厘米×30厘米为宜在薄层土、水土流失严重地方采用鱼鳞坑整地方式，鱼鳞坑长径0.6米，短径0.4米，深0.4米。

管护：为保护地表植被，水土保持林的幼林抚育主要进行穴内松土除草，有条件时可适量培土施肥；修整被冲坏的水平阶、鱼鳞坑等，促进植被生长，近早发挥水保效益。

④封山育林：造林后全面封山，严禁人、畜破坏。

(4) 模式成效

治理区的植被覆盖度从治理前的不到10%提高至50%～85%，水土流失得到有效控制，小气候明显改善，促进了马尾松生长，并大大减轻了松毛虫的危害，大面积针阔叶混交林中虫口密度降至1以下，基本不产生危害。

(5) 适宜推广区域

本模式适宜在南方丘陵及东南沿海地区的中、强度水土流失区推广。

七、闽江上游山地丘陵亚区（F5-7）

本亚区位于闽江上游，包括福建省南平市的延平区、建阳市、建瓯市、顺昌县、松溪县、政和县、浦城县、光泽县、邵武市、武夷山市，三明市的梅列区、三元区、宁化县、清流县、永安市、明溪县、沙县、将乐县、泰宁县、建宁县等20个县（市、区）的全部，以及福建省龙岩市的漳平市的部分区域，地理位置介于东经116°20′18″～119°9′39″，北纬25°22′15″～28°20′7″，面积45 109平方千米。闽江是福建第一大河流，发源于武夷山脉，组成闽江流域的三大支流建溪、富屯溪、沙溪皆位于本区。

本亚区以山地和丘陵地貌为主。年均温14～19℃，最冷月平均气温5～10℃，最热月平均气温24～28℃，冬季河流不结冰，仅部分水田和积水地结薄冰，冰期短；降水为福建省最多地区之一，年降水量1 800毫米以上，年蒸发量在1 400～1 600毫米，一般霜期约3个月；主风多为东北风，风力小，在东南部最大风力可达10级。

土壤呈明显的水平分布和垂直分布。水平分布规律为：丘陵地带广泛分布红壤，中山地带分布黄壤和山地草甸土。紫色土主要分布在武夷山市、松溪县、永安市、沙县、建宁县以及清流县、宁化县等县（市），永安大湖等地分布有少量红色石灰性土，河谷两旁有冲积土分布。土壤的垂直分布规律为：海拔 500～800 米为红壤；800～1 500 米为黄壤；山地草甸土多分布于中山顶的洼地、缓坡处。

本亚区森林覆盖率较高，水质和大气质量较好，生物多样性非常丰富。区内分布有 9 个自然保护区，其中武夷山国家自然保护区，保存着我国东南地区最完好的植被，生物资源具有古老性、过渡型、特殊性和多样性的特点；龙栖山国家级自然保护区保存着丰富完美的原始森林，景观独特，古树参天；同时格氏栲自然保护区也有着丰富的生物资源。境内典型森林植被为照叶林。在武夷山脉主峰黄岗山南麓的低山和丘陵地带一线以南地区，常绿阔叶林主要是壳斗科树种，以北地区的常绿阔叶林，以壳斗科和木兰科树种为主，但比以南地区多出现落叶或半常绿树种，在次生林中甚至有以落叶乔灌木为主的群落。

本亚区的主要生态问题是：由于地处福建省第一大河——闽江的源头和中上游汇水范围，河道比降大，河流水急，森林过伐，发生洪涝灾害的危险系数较高；人工针叶纯林多，林种结构和树种结构欠佳，导致生态环境质量下降，径流增大，含沙量提高；局部地区环境污染严重，红壤区由于长期用地养地不当，土壤肥力有衰退的趋势。

本亚区林业生态建设与治理的对策是：大力开展天然林保护，积极推进退耕还林还草，加强水源涵养林、水土保持林和护岸、护路林建设，遏制水土流失和各种自然灾害，改善区域生态环境，实现可持续发展。

本亚区收录 1 个典型模式：闽江溪河源头水源涵养林建设模式。

【模式 F5-7-1】　闽江溪河源头水源涵养林建设模式

（1）立地条件特征

模式区位于福建省河田镇。低山丘陵陡坡由于人为影响，水土流失严重，土层较薄，腐殖质少，有效养分低，母岩有时出露地表。现有植被为甜槠、木荷、猴头杜鹃等常绿阔叶林，在遭受烧炭、采薪等人为影响较大的地段为灌草丛，灌木种类主要有映山红、乌饭树、小果南烛等以及甜槠、木荷等萌蘖条，草本主要有野古草、蕨、白茅等，生态系统较脆弱。

（2）治理技术思路

依托残存的次生林或草灌植物等，通过封山育林，逐步恢复植被，形成目的树种占优势的林分结构，以发挥较好的调节坡面径流，防止土壤侵蚀，涵养水源和生产木材的作用。

（3）技术要点及配套措施

①树种选择：水源涵养林特殊的功能决定了树种选择的特殊性，要求生长快、郁闭早、根系发达、再生能力强、涵养水源功能持久。合理宜造树种有柏木、马尾松、湿地松、木荷等。

②林分结构：水源涵养林应以混交林为主，人工营造乔木树种与封育林内天然乔灌木树种相结合，形成多树种、多层次的混交林。第 1 层为喜光树种，阔叶树郁闭度 0.6～0.7；第 2 层为耐荫树种，针阔混交郁闭度 0.5～0.6；第 3 层为灌木，阔叶灌木郁闭度 0.4；第 4 层为草本，阴湿性草类覆盖度 0.6 以上；第 5 层为死地被物（枯枝落叶层）。依植被区系和类型规律决定水源涵养林的树种结构，形成稳定的水源保护林典型组成种类。

③整地：首先进行林地清理，然后选择合适的整地时间、整地方式和方法，对造林地进行人工处理，消灭杂草，增加光照，提高土温，加速土壤熟化，改良土壤的理化性质，以改善立地环境，为树木生长提供条件。整地方法包括水平阶、反坡梯田、水平沟、鱼鳞坑等。

④造林：一般以植苗造林为主，先锋灌木树种可以采用直播造林方法；在阴坡土壤水分条件较好地段，一些针阔叶乔木树种也可以直播造林。同一地块植苗造林不要Ⅰ、Ⅱ级苗混栽，以求林木生长整齐。一般植苗采用明穴植树法。开穴深、宽要大于根幅、根长，深浅适宜，苗木扶直，根系舒展，先填表土、湿土，分层踏实，最后覆1层虚土。

⑤幼林抚育：包括除草松土、培土壅根、正苗、踏实、除萌、除藤蔓植物以及对分枝性强的灌木树种进行平茬等。除草松土作业，应从造林当年的夏季开始，第2年、第3年分别进行1～2次，直到幼林郁闭为止。个别适应性强的树种，如马尾松等，可以只割草不松土。根据整地方式进行带状或穴状松土除草，严禁间种有害幼树生长的藤本和高秆作物。直播造林要注意防止鸟兽危害。

(4) 模式成效

本模式的实施，使当地的森林结构趋于合理，生物多样性显著提高，林草植被覆盖度增大，生态系统稳定，水土流失得到有效遏制，起到涵养水源的作用。1983～1987年应用本模式共治理水土流失面积6 840公顷，占该区水土流失面积的43%，治理区的植被覆盖度从治理前的不到10%提高至50%～85%。马尾松的松毛虫危害明显减轻，大面积针阔叶混交林中的虫口密度降至了1以下。

(5) 适宜推广区域

本模式适宜在我国水热条件良好的南方中、强度水土流失区推广。

八、闽江中游山地丘陵亚区（F5-8）

本亚区位于福建省中部，戴云山北麓至鹫峰山之间。包括福建省三明市的尤溪县、大田县，宁德市的古田县、屏南县、周宁县、寿宁县等6个县的全部，地理位置介于东经117°26′23″～119°36′7″，北纬25°22′15″～28°20′7″，面积11 572平方千米。闽江重要支流尤溪流经本区。

中亚热带季风气候。热量差异很大，年平均气温16.9℃，最冷月平均气温5～9℃，最热月平均气温24～31℃，鹫峰山区是福建省气温最低的地区之一。年降水量1 758毫米，年蒸发量在1 400～1 600毫米。一般霜期约3个月，偶有降雪。

土壤类型呈现垂直地带性分布，一般海拔200～630米为红壤，460～1 140米为黄红壤，950～1550米为黄壤，并随着地形、海拔、植被分布的不同而变化。在森林茂密、植被良好、水热条件好的低山丘陵和坡脚，分布暗红壤、水化红壤；而在植被稀疏的山坡、山顶和山脊，分布有粗骨性红壤和粗骨性黄壤。

森林覆盖率较高，植物资源丰富，区内有大片天然林存在。主要植被类型有常绿阔叶林、落叶阔叶林、常绿针叶林、针阔混交林、毛竹林、经济林、灌丛草坡、中山灌丛草坡等。

本亚区的主要生态问题是：近年来，随着农业生产的发展，种果、种茶等新开垦的土地面积不断扩大，加上工矿、交通和基本建设的不断发展，生态植被破坏严重，水土流失日益加剧，对当地经济和社会发展造成一定的影响。

本亚区林业生态建设与治理对策是：以水土保持林、环境保护林和经济林建设为重点，因地制宜地发展层带布局的立体农业，在雨水充足、光热条件稍好的缓坡地带，适当发展当地名优特产品，充分发挥森林的综合效益。

本亚区收录1个典型模式：闽中裸露山体植被恢复模式。

【模式F5-8-1】　闽中裸露山体植被恢复模式

(1) 立地条件特征

模式区位于福建省大田县。因修筑公路、水库开挖山体或开采石料，造成山体大面积裸露，水土流失严重，对农业、水利及生态环境构成威胁。

(2) 治理技术思路

石质山地岩石裸露率高、造林难度大，充分利用亚热带地区充足的水热条件，采取天然更新与人工造林相结合的措施，达到裸露山体植被恢复的目的。

(3) 技术要点及配套措施

①公路、铁路两侧一重山裸露山体绿化技术：高20米以下的石壁，在石壁基部栽植爬山虎，3年内就能达到绿化石壁的目的；高20～40米石壁，通过基部种植与顶部种植两种绿化措施来绿化，主要栽植爬山虎和粉叶爬墙虎；高40米以上石壁，必须通过基部种植、顶部种植、两侧种植和石壁上种植四种措施进行绿化，主要栽植爬山虎、粉叶爬墙虎、葛藤和鸡血藤；乱石堆绿化栽植油麻藤；石泥堆绿化栽植冠盖藤。

②水库两侧一重山裸露山体绿化技术：高20米以下的石壁，栽植藤金合欢；高度20～40米的石壁，栽植藤金合欢和藤黄檀；40米以上的石壁，栽植藤金合欢、藤黄檀和薜荔；乱石堆绿化栽植云石和类芦；石泥堆绿化栽植五节芒。

③村镇周围裸露山体绿化技术：高20米以下的石壁，栽植斑茅；高度20～40米的石壁，栽植斑茅和柘树；40米以上的石壁，栽植斑茅、畏芝和柘树；乱石堆和石泥堆绿化，栽植台湾相思；乱石堆和石泥堆外围绿化，栽植马占相思。

④山区裸露山体绿化：以类芦为主，山麻油、相思、夹竹桃等为伴生树种。高20米以下的石壁，栽植大叶相思；高20米以上的石壁，栽植大叶相思和南洋楹；乱石堆绿化，栽植夹竹桃和黑荆；石泥堆绿化，栽植金合欢。

(4) 模式成效

模式区通过人工种植常绿或落叶藤本，3～5年基本达到全面绿化裸露山体的目的。一方面有效地保护了水土，同时有力地促进了绿色通道建设和荒地绿化，生态景观效果明显。

(5) 适宜推广区域

本模式适宜在亚热带有裸露山体的地区推广。

九、闽江下游山地丘陵亚区（F5-9）

本亚区位于福建省东部。包括福建省福州市的闽清县和闽侯县的全部，以及福建省福州市的永泰县的部分区域，地理位置介于东经118°28′24″～119°20′59″，北纬25°45′21″～26°45′15″，面积4 747平方千米。

闽江自西而东深切本区内的戴云-鹫峰山脉，将本区分为南、北两部。南部低山丘陵，为戴云山脉东北麓；北部为中低山地，系鹫峰山脉南麓。区间发育河谷盆地，闽江下游出现一些年轻的、以侵蚀作用为主的河段，形成河谷宽度狭小的峡谷、河口，两岸陡峭，水流湍急。夏长冬短、温暖湿润，年平均气温19.7℃，年降水量1494毫米，但区内气候差异悬殊，自闽江谷地往南经北朝山地，气候渐变。

土壤类型呈地带性垂直分布，一般海拔750米以下的低山、丘陵为红壤；750～1 050米为黄红壤，1 050 米以上为黄壤。耕地土壤养分、有机质较为丰富。植被的主要类型有常绿针叶林、常绿阔叶林、竹林或竹松混交林，针阔混交林以及荒山草坡。

本亚区的主要生态问题是：植被稀疏，且用材林面积大，其他林种面积小；针叶林多，阔叶林少；幼龄林面积大，中龄林和成龄林面积小，森林的生态和社会效益较差。闽江两侧山地森林覆盖率低，雨量集中，农田水利设施防洪能力弱，极易造成水土流失。

本亚区林业生态建设与治理的对策是：实行封山育林育草，严禁在江河沿岸尤其是一重山内砍伐，同时增加蓄水、防洪工程以及机电排灌工程的建设。以改善森林结构、提高森林功能为目标，重点考虑水源涵养林、水土保持林建设，最终建成森林生态综合网络系统。

本亚区收录 1 个典型模式：闽江下游森林生态网络系统建设模式。

【模式 F5-9-1】　闽江下游森林生态网络系统建设模式

（1）立地条件特征

模式区位于福建省闽清县和闽侯县。中亚热带温热湿润气候。闽江横贯其中，乡镇分布在闽江沿岸，人地矛盾突出，社会经济较发达，第二、三产业比例大，交通便利，建设森林生态网络系统是本区社会经济发展的要求。

（2）治理技术思路

在山水田林路综合治理中，实行点、线、面结合，封、管、造结合，山区、城郊、城镇一体化，重点考虑水源涵养林、水土保持林建设，营造大片生态公益林，形成森林生态网络体系。

（3）技术要点及配套措施

①天然次生林封育：划定封育区，标明四旁界线，树立标牌，封育期间禁止采伐和其他一切不利于林木生长的人为活动；修筑防护设施，落实管护人员，分片划段、明确责任区，制订严格的封育管护制度，严格管理，以法治林，及时查处各类毁林案件；加强护林防火和病虫害防治工作；在育林（草）技术措施上，根据不同的立地条件确定不同的目的树种，在天然更新不易成林的地区应适当采用人工播种、飞播造林、移植补植等方法。主要以全封为主。

②溪河护岸林建设：以建设水土保持林为主，选取蓄水保水能力强的树种进行荒山造林，对原有林分应有步骤地进行阔叶纯林的混交化改造、针叶纯林的阔叶化改造，从而提高森林的水土保持作用，调节水分循环，减轻洪涝灾害。

树种选择：适宜营造护岸林的树种，乔木中有黑松、马尾松、板栗、柿子、木荷、杨梅等；灌木中有胡枝子、紫穗槐、金合欢等；草本中有蟋蟀草、老鼠刺等；竹类有绿竹、麻竹、苦竹等。

造林技术：一般穴状整地，规格为 60 厘米×40 厘米×50 厘米，龙眼、荔枝等经济树种规格为 80 厘米×70 厘米×60 厘米；根据山地坡面和土壤侵蚀情况不同，采取相应的生物措施和工程措施相结合的办法。乔木树种株行距 1.5 米×2.0 米～2.0 米×3.0 米，竹类采用分蔸造林，株行距均为 2.5 米×3.0 米，经济树种株行距可适当加大。乔木层下可按 50 株/亩的密度套种灌木或草本。

幼林抚育：为保证地表不受较大破坏，防冲护岸林抚育主要采用穴内松土除草、培土、壅根、正苗，清除藤蔓和病株，对缺窝进行补植等措施。对栽种的经济林应按需要灌水施肥、修枝整形，加强病虫害防治。封育管理，促进灌草生长。

配套要求：要与江河沿岸建设整体规划相衔接。

③交通沿线绿化美化：在修建公路、铁路时，由于挖建土石方，造成了公路、铁路两侧植被

的破坏和严重的水土流失，必须对公路、铁路两侧进行植树种草，达到绿化、美化、香化的效果。主要有生态型和生态经济型2种方式。

树种选择及配置：生态型主要造林树种有桉树、水杉、楠木、银杏、小叶榕、榕树、樟树、桂花、玉兰、天竺桂、棕榈类植物、木荷、女贞、柳树、银桦、木麻黄等；生态经济型主要造林树种有银杏、柚、柑橘、桃、枇杷、龙眼、荔枝等。采用三角形配置，植苗造林。生态型，3～5行，株行距为1.5米×2.0米～2.0米×3.0米；生态经济型，株行距为2.0米×2.0米～3.0米×4.0米。

造林技术：生态经济型林带，秋冬大窝整地，规格一般为80厘米×80厘米×60厘米；生态型林带，秋冬穴状整地，规格一般为60厘米×60厘米×40厘米。采用大苗栽植，苗高一般为2.0～3.0米。

配套措施：通道绿化应与公路铁路建设、近山造林、农耕措施相结合。添土挖方公路要配建护坡墙等保护措施，防止坡面垮塌，消除事故隐患。交通、林业、农业部门分工合作，各负其责，共同建设通道生态经济绿色带。

④城镇环境风景林：城镇周围以营造环境保护林为主，以保护城市和乡镇生态环境、净化空气，实现城市绿化和乡镇园林化。实现森林生态城市的理想目标，促使乡镇自然、社会、经济走上协调、健康、持续发展的道路。

树种选择：乔灌木树种主要有天竺桂、泡桐、柳树、槐树、圆柏、侧柏、广玉兰、白玉兰、榕树、胡枝子、紫荆、夹竹桃等；经济树种有桃、李、柿、板栗、龙眼、荔枝、柚、柑橘等。

整地造林：以高大乔木为主组成的速生丰产林、经济林，一律穴状整地，规格为100厘米×100厘米×100厘米；花灌木采用小穴整地，规格为60厘米×60厘米×60厘米。植苗造林为主。

(4) 模式成效

作为生态环境建设，必须全方位综合治理。模式区经过几年治理已初见成效，森林面积、蓄积量均有明显提高；靠近江河附近的沿岸重点营造了水土保持林，在稍远的流域内重点营造了水源涵养林；对公路、铁路两侧进行植树种草，达到绿化、美化、香化的效果；城镇周围以营造环境保护林为主，保护了城市和乡镇的生态环境、净化了空气，实现了城市绿化和乡镇园林化和森林生态城市的理想目标，促使乡镇自然、社会、经济走上协调、健康、持续发展的道路。

(5) 适宜推广区域

本模式适宜在长江以南丘陵地区的小流域治理和区域性森林生态环境建设中推广。

十、闽南低山丘陵亚区（F5-10）

本亚区是由戴云山和博平岭东麓组成的一条狭长的山地丘陵地带，包括福建省泉州市的安溪县、永春县、德化县，漳州市的平和县、南靖县、华安县、长泰县等7个县的全部以及福建省福州市的永泰县的部分区域，地理位置介于东经116°57′24″～119°0′24″，北纬24°5′0″～26°0′26″，面积14 050平方千米。

地貌以丘陵、台地为主，地势自西北的山地向东南的丘陵倾斜，表现出明显的阶梯状下降特点。西侧切割较强烈，地势起伏较大，以高丘和低丘为主，还有部分冲积平原。九龙江为本区最大的河流，此外还有晋江、木兰溪等水系。

本亚区分成南亚热带和中亚热带两个过渡性的气候带，年平均气温19.1℃，7月为最热月25～29℃，1月为最冷月气温8～12℃。年平均霜期51天，年平均霜日9.9天。年平均降水日

130～160天，年降水量1 600～2 100毫米，因属于季风气候，干湿季明显，主要降水时段3～9月为湿季。

本亚区内人口密度较高，一方面带来用材林紧张、燃料缺乏，使地表植被反复遭到破坏，难以恢复；另一方面人多地少，土地开垦率高，进一步加剧了水土流失与生态环境退化。因此，本亚区的主要生态问题是：土层浅薄沙化，形成粗骨土，植被稀疏，土壤瘠薄，岩石地面裸露，水土流失严重；台风暴雨频繁，强度大，是台风雨量最多的地区之一，极易造成灾害；境内原生森林植被经长期破坏几乎荡然无存，广大地面常为次生萌芽林、稀疏喜光林分或疏灌丛草地所占据，生态功能极差。

本亚区林业生态建设与治理的对策是：大力营造各种防护林（尤其是水土保持林）和薪炭林，发挥森林多种效益，并充分利用自然条件的有利因素，积极发展南亚热带经济果木，如龙眼、荔枝、枇杷、橄榄和香蕉等，实现山地的综合开发。

本亚区收录1个典型模式：闽南低山丘陵生态果园建设模式。

【模式 F5-10-1】 闽南低山丘陵生态果园建设模式

（1）立地条件特征

模式区位于福建省永泰县。基岩主要为火成岩，主要土壤有红壤、黄壤、草甸土、紫色土、冲积土5个土类。山地经过较长时间的旱地作物耕作，已退化为土层浅薄、肥力很低的无林地。地形坡度20～28度，土层厚度40厘米以上，石砾含量较高，质地中黏，保水保肥性能差。

（2）治理技术思路

充分利用自然条件的有利因素，积极发展南亚热带经济果木，如龙眼、荔枝、枇杷、橄榄和香蕉等。改变传统的栽培经营模式，在果园中套种优良牧草，改土培肥、增加有机质成分，减少其水土流失，实现山地的综合开发。

（3）技术要点及配套措施

①植物种选择：经济果木选择杨梅、板栗、余甘子、龙眼、荔枝、枇杷、橄榄、香蕉等；草本选择落叶少、易腐烂、速生的百喜草、象草、苜蓿草、雀稗、印度刚豆、香根草等。

②布局与配置：丘陵区采用林下种草的方式，盆、谷山地采用林带和草带相结合的配置方式。营建的关键技术是消除和防止杂草生长，造林株行距宜大些，维持林分郁闭度在0.5～0.7。

套种禾本科草或豆科草种：在果园或林下套种宽叶雀稗、象草、印度刚豆。

套种灌木或草种：在余甘子林林下套种胡枝子、胡颓子等灌木以及上述草种。

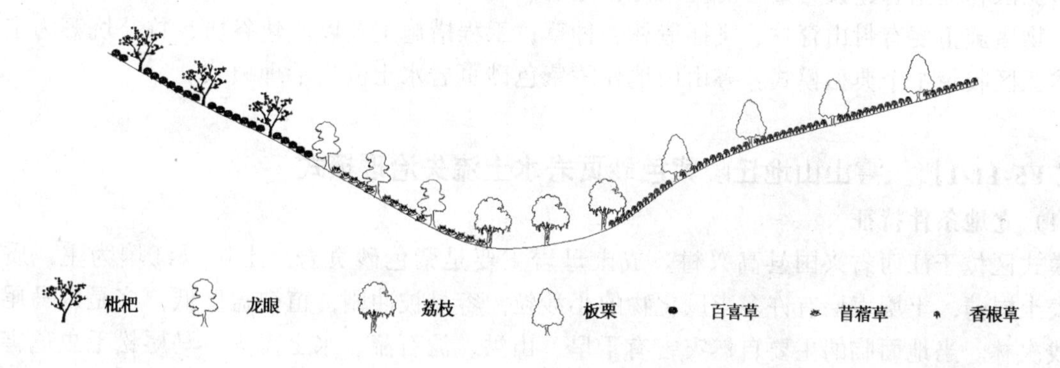

图 F5-10-1 闽南低山丘陵生态果园建设模式图

多种经济林混交：杨梅、板栗和其他干果、水果树进行多树种的块状混交并套种苜蓿等牧草或在地埂上种植白喜草和香根草，以减少山地水土流失 。

③管理：在生态果园中适时放养牛、羊等牲畜，使之成为草-饲牛、羊-排泄物-增加果园有机质-促进果树的开花结实等完整生物链结构。

(4) 模式成效

模式区选择有市场前景的优良果木品种，1年投资，3年投产，5年持续高产，每年可净增产值80～1 000元/亩，并且使植被得到了恢复，水土流失得到了有效遏制，生态、经济效益明显。

(5) 适宜推广区域

本模式适宜在福建省有较矮低丘和较平坦的地区推广。

十一、雩山山地丘陵亚区（F5-11）

本亚区位于江西省南部，属武夷山支脉。包括江西省赣州市的章贡区、赣县、南康市、兴国县、于都县、宁都县、石城县、瑞金市、会昌县等9个县（市、区）的全部，地理位置介于东经114°28′16″～116°30′40″，北纬25°12′38″～27°9′25″，面积22 303平方千米。

本亚区地间貌以丘陵、低山为主，分散有大小不一的小盆地。丘陵、山地面积占80％以上。整个地势周边高中间低，南高北低，四周环山。主要的水系有章江、贡江。中亚热带山地丘陵湿润季风气候，气候温暖、热量丰富，夏无酷热，冬无严寒。年平均气温19.0℃，年降水量1 586.9毫米，无霜期为287天。

土壤类型有红壤、紫色土、黄壤等，以红壤为主。红壤成土母质主要是紫红色砂页岩、石灰岩、花岗岩等，其特点是质地黏重，结构不良，酸性大，有机质含量低。在植被破坏严重的地方，表土剥蚀很厉害，水土流失严重，有的成了不毛之地。紫色土成土母质为紫色砂页岩、紫色沙砾岩，表土层很薄，土层表面有许多半风化的小砂粒，一旦被雨水冲刷，表层土流失，只剩下小棱状的砂粒。

地带性植被是常绿阔叶林，主要的天然树种有丝栗栲、南岭栲、黄樟、厚皮香、木荷、枫香、山苍子等。人工植被有杉木林、马尾松林、油茶林。

本亚区的主要生态问题是：由于森林植被破坏严重，表土被雨水冲刷后水土流失极为严重，水灾、旱灾、山体滑坡、塌方等自然灾害频繁发生，对人们的生活和生产构成严重的威胁。

本亚区林业生态建设与治理的对策是：生物措施和工程措施相结合，逐步减少并控制水土流失。生物措施主要有封山育林、飞播造林、种草；工程措施主要以修建谷坊、竹节坑等为主。

本亚区收录1个典型模式：雩山山地丘陵紫色砂页岩水土流失治理模式。

【模式 F5-11-1】　雩山山地丘陵紫色砂页岩水土流失治理模式

(1) 立地条件特征

模式区位于江西省兴国县高兴村。成土母岩主要是紫色砂页岩，土壤以红壤为主，质地黏重，表土层薄，土壤表层有许多半风化物的小沙粒，容易被冲刷，植被盖度低，多是以马尾松为主的残次林。当地面临的主要自然灾害有干旱、山洪、泥石流、水土流失、马尾松毛虫危害等。

(2) 治理技术思路

采取修建谷坊和竹间沟等工程措施，固土蓄水，同时辅以必要的生物措施如种草等，改良土壤，1～2年后，再实施人工造林、飞播造林，逐步恢复植被，减少水土流失。

(3) 技术要点及配套措施

①工程措施：在林草盖度不足40%、水土流失极为严重的区域，宜先采取工程措施，对水土流失等级在强度以上的侵蚀沟修建水泥砖块结构的谷坊。水土流失在中度以下的侵蚀沟修建木材栅栏结构的谷坊。利用谷坊阻滞侵蚀泥沙直接下泄而威胁农田、村庄、河流、水库。在侵蚀坡面挖竹节沟，竹节沟宽30～40厘米，深30～50厘米，蓄水滞泥。

②生物措施：在水土流失严重区域种植草本或灌木。草种有马尼拉、狗牙根等，灌木有胡枝子、紫穗槐、茶叶等，可与工程措施同步进行。

③封山育林：对地处偏远山区、坡度陡峭但具有天然下种能力的生态脆弱和敏感区，划定封育范围，配置专职人员，制定护林公约，设置封山育林禁牌，实行全封山，封育年限10年以上，甚至永久性封山。

④人工造林：森林郁闭度低于0.3，且分布不均，立地条件中等的通过封山育林难以恢复森林植被的林地，造林树种以木荷、枫香、桤木等阔叶树为主。秋冬进行穴状整地，规格30厘米×30厘米×20厘米，严禁全垦和炼山，注意保留林地中的阔叶树种幼苗；春季造林，株行距一般为1.5米×2.0米或2.0米×2.0米。

由于土壤瘠薄，要求造林前每穴均匀拌50克尿素置入穴底。造林苗木要求达到Ⅱ级苗规格以上。造林时表土回穴，做到扶正、舒根、踏实，并要选择阴雨天造林。

⑤飞播造林：对连片面积1 000亩以上、林木郁闭度低于0.2、且土壤十分瘠薄的造林困难地，以马尾松为主要飞播树种，同时混播木荷等阔叶树种子。对播区进行飞播造林设计，在地形图和实地上标明播区具体地理位置。若播区灌草植被盖度大于40%，则在飞播前应适当清除播区的杂灌，提高飞播造林成效。

(4) 模式成效

治理效果明显，减缓了泥沙对江河水库及农田的淤积，改善了农业生态环境，具有可操作性强、实用有效、标本兼治等优点。模式区总面积10 060亩，从1997年开始治理，累计人工造林1 600亩、飞播造林1 200亩、封山育林7 260亩。通过治理，区内的植被覆盖度由治理前的15%增加到67%，逐步形成针阔混交林，提高了森林质量，增强了森林蓄水保土功能，为农业生产和生物多样性保护创造了良好的生态环境。据调查，治理后当地粮食平均产量增长6%，有100亩一季田转为二季田，新增了野兔、野雉、花木兰、胡枝子等动植物种类。

(5) 适宜推广区域

本模式适宜在雩山山地丘陵紫色砂页岩水土流失严重的地区推广。

十二、武夷山山地丘陵亚区（F5-12）

本亚区位于武夷山以北，怀玉山以南，属江西省东部边缘，东部与福建省接壤，东北部与浙江省毗邻。包括江西省上饶市的信州区、广丰县、上饶县、铅山县、弋阳县、横峰县，鹰潭市的贵溪市，抚州市的资溪县、金溪县、崇仁县、乐安县、黎川县、广昌县、南城县、南丰县、宜黄县等16个县（市、区）的全部，地理位置介于东经115°27′32″～119°9′39″，北纬25°22′11″～28°55′33″，面积26 032平方千米。

东南季风气候，具有夏凉冬寒、多雨的特点，山地小气候特征明显。区内热量差异较大，水分充沛，年平均气温14～19℃，最冷月平均气温5～10℃，最热月平均气温24～28℃。年降水量

1 700～2 100毫米，年蒸发量1 400～1 600毫米，一般霜期约3个月。冬季河流不结冰，仅部分水田和积水地结薄冰，冰期短。主风多为东北风，风力小，在东南部最大风力可达10级。

典型山地地貌，东部地势高峻，峰峦重叠，中西部山地、丘陵岗地交错，以丘陵为主。地带性土壤以红壤为主。红壤分布于海拔700米以下，700～1 400米是山地黄壤，1 400～1 800米是山地黄棕壤，海拔1 800米以上则是山地草甸土。红壤的成土母岩主要有花岗岩、片麻岩、页岩等。

植被类型丰富且垂直分布特征明显。常绿阔叶林，分布于海拔200～1 000米地带；常绿、落叶混交林，分布于900～1 400米地带；针叶、阔叶混交林，分布于海拔1 000～1 600米地带；针叶林，分布于1 500～1 800米地带；高山矮林，分布于海拔1 800米以上的地带。主要树种有：栲、槠、木荷、麻栎、枫香等。

本亚区的主要生态问题是：人多田少，农牧业经营面积不断扩大，毁林开荒的现象普遍，长期以来产生了大量的坡耕地，致使水土流失、物种减少、水质变差等，甚至发生泥石流和塌方，严重影响了人们的生活和生存。

本亚区林业生态建设与治理的对策是：退耕还林，恢复森林植被，维护生态环境。

本亚区收录1个典型模式：武夷山山地丘陵坡耕地退耕还林模式。

【模式 F5-12-1】 武夷山山地丘陵坡耕地退耕还林模式

(1) 立地条件特征

模式区位于江西省广丰县永丰村。人口密度大，且随着人口的不断增加，放牧采樵、毁林开垦日益严重，坡耕地面积达1 850亩，加上不合理的耕作方式，坡耕地逐渐成为跑水、跑土、跑肥的“三跑”田，水土流失日益严重，土地日益瘠薄，生态体系稳定性较差。

(2) 治理技术思路

以控制水土流失、改善生态环境，减少自然灾害为目的，根据坡耕地开垦的不同年限及不同坡度采取退耕还林（草）、坡改梯及改变不合理的耕作方式等有效措施，培育多树种、多林种、乔灌草、针阔混交的生态型防护林，恢复和培育林草植被，逐步治理坡耕地的水土流失。

(3) 技术要点及配套措施

根据坡耕地立地条件及国家政策要求，对必须退耕还林（草）的坡耕地，采取以培育水土保持林为主，加大人工造林种草的力度，尽快培育扩大森林植被，对暂时不退耕的坡耕地则采取坡改梯等工程治理措施，将顺坡耕作的坡耕地改成水平梯田。

①工程措施：根据立地条件和国家退耕还林政策，对1994年以前开垦的坡度不大于25度的坡耕地通过平整土地，全部修筑成水平梯田，以有效拦截泥沙，减缓水流速度，以有效防止水土流失。

②生物措施：优先治理坡度大于25度的坡耕地，坡度陡，水土流失严重，是退耕还林的重点和难点，应全部营造生态型防护林。根据立地条件和农民经营习惯，选择适应性强、耐干旱瘠薄、生长迅速、蓄水固土、生态防护效益好的针叶和阔叶树种，营造多种树种针阔混交林，阔叶树所占比例不低于30%，争取达50%。对土壤严重侵蚀、立地条件极差、土壤贫瘠的坡耕地可先种草（或灌木）以增加地表植被，形成良好的保护层，以减少雨水对地表的直接冲刷。根据立地条件，用于坡耕地造林的树种可选择马尾松、湿地松、杉木、木荷、枫香、刺槐、拟赤杨、栎类、栲类等，适宜种植的草本与灌木有紫穗槐、胡枝子、茶树、狗牙根、百喜草、香根草等。

表 F5-12-1　退耕还林典型造林模型　　　　单位：株/亩、米

模型号	立地特征	林种	树种	苗木等级	初植密度	株行距	整地		抚育		造林时间
							方式	规格	方式	年次	
Ⅰ	陡坡或贫瘠 生境恶劣	防护林	马尾松 枫香 刺槐	Ⅰ或Ⅱ	444	1.0×1.5	穴垦	0.3×0.3×0.3	穴抚	2、2、1	1~3月
Ⅱ	坡度≤25度 土壤肥力中等	用材林 薪炭林	杉木 木荷 南酸枣	Ⅰ	200	2.0×1.67	穴垦	0.4×0.4×0.4	穴抚	2、2、1	1~3月
Ⅲ	坡度≤15度 土壤肥力好	经济林	板栗	Ⅰ	56	3.0×4.0	穴垦	1×1×0.6	穴抚	2、2、1	1~3月

对坡度小于25度的坡耕地，可根据不同的立地条件，选择培育防护林、用材林、薪炭林或竹林。水土流失严重、生态环境恶劣的坡耕地必须营造防护林；对立地条件较好、坡度为缓坡的坡耕地在保护生态环境的前提下，可培育用材林、薪炭林或竹林，或培育多用林，可选择的树种有杉木、马尾松、湿地松、木荷、香椿、枫香、黑荆树、桉树、毛竹等。对立地条件较好，坡度平缓的坡耕地可适当培育名、特、优、新经济林，如油茶、板栗、银杏、棕榈及笋用竹等，将退耕还林与开发扶贫、促进山区经济综合开发紧密结合。

③配套措施：落实土地承包政策，按照“谁造林、谁受益”的原则，实行责权利挂钩，积极引导和支持退耕后的农民大力治理荒山荒地，有条件的地方实行“退一还二还三”甚至更多，把植树种草和管护任务长期承包到户到人，并由政府及时核发林草权属证明，纳入规范化管理，防止林地出现逆耕。

（4）模式成效

模式区生态环境迅速改善，土壤侵蚀、水土流失得到有效遏制，治理效果明显。选择的树种、草种适应性强，耐干旱、瘠薄，因此，造林种草的成活率、保存率高，林草植被迅速恢复；操作简单易行，有广泛群众基础。江西省广丰县永丰镇南山村治理前坡耕地面积达1 850亩，通过采取退耕还林的各种措施，森林植被扩大了1 600亩，增加森林覆盖率10个百分点，大大增加动植物种群数量，改善了当地农业生产和群众生活的环境条件，平均提高粮食产量100千克/亩。

（5）适宜推广区域

本模式适宜在条件类似、坡耕地相对集中的山地、丘陵区推广。

十三、赣东北山地亚区（F5-13）

本亚区位于江西省东北部，北与安徽省接壤，东与浙江省毗邻。包括江西省景德镇的浮梁县，上饶市的婺源县、德兴市、玉山县等4个县（市）的全部，地理位置介于东经116°49′0″~118°16′53″，北纬28°36′43″~29°57′10″，面积9 813平方千米。

本亚区属怀玉山脉、黄山支脉及其余脉，怀玉山贯穿整个亚区，是昌江、乐安河的发源地。山地地貌典型，中、低山地面积占总面积的60%以上。

中亚热带季风气候，雨量充沛、空气湿润，冷暖有序，四季分明。年平均气温为16.7℃，年降水量1 821毫米，无霜期252天。

土壤以黄壤、红黄壤和红壤为主，其中黄壤和黄棕壤多分布在海拔700米以上的高山，海拔300~700米的高丘和低山以红黄壤为主，红壤则分布在300米以下的丘陵。土壤肥力中上，适宜杉、栎、竹的生长。

植被类型十分丰富，海拔1 700米以上为矮灌丛；1 400～1 700米为黄山松纯林，1 000～1 400米为黄山松和华东黄杉林，并伴有常绿阔叶混交林，500米以下则为常绿落叶混交林、毛竹林和人工杉木林。本亚区特殊的自然条件孕育了物种丰富的植物群落，良好的森林生态环境为多种珍稀动物提供了栖息场所，是江南著名的植物基因库。同时，该区是南方木材重点产区之一，山多田少，森林资源十分丰富，以景德镇的陶瓷和德兴市的铜矿为主的工矿业带动了区域经济的发展。农民人均年纯收入达2 000元以上。

本亚区的主要生态问题是：局部地区的水土流失和生物多样性的减少。由于长期以来的过度采伐，天然阔叶林、原始林面积不断减少，虽然通过人工造林方式恢复森林，但人工林树种单一，针叶林多，阔叶林少。

本亚区林业生态建设与治理的对策是：培育和保护以天然阔叶林为主的水源涵养林，提高森林质量，充分发挥森林的生态防护效能；建立多个生态保护区和自然生态小区，采取封山、禁伐等措施保护区内的珍稀动植物物种，保护生态环境和物种多样性。

本亚区收录1个典型模式：赣东北婺源自然生态保护小区建设模式。

【模式 F5-13-1】　赣东北婺源自然生态保护小区建设模式

（1）立地条件特征

模式区位于江西省婺源县秋口镇渔谭村。自然条件优越，森林资源丰富，孕育了丰富的动植物物种资源，具备了鹭鸟生存的良好条件。但由于当地干部、群众认识不足，对天然林资源过度采伐利用，局部生态环境退化，鹭鸟种群数量在逐年减少。

（2）治理技术思路

根据环境建设要求及林地所处的特殊自然地理位置，对具有保护意义的珍稀野生动物栖息地、具有保护价值的原始森林、风景旅游区及村庄、城镇周围的景观林、资源破坏比较严重的低效林及立地条件优越、森林资源丰富的用材林进行分区调查、规划，确定不同类型、不同级别的自然保护（小）区。根据各小区的生态建设方向，采取补植、卫生伐、封山或抚育等相应的保护管理措施，建设各具特色的生态小区。

（3）技术要点及配套措施

①总体规划：按照“自愿申报、统一规划、逐步规范”的原则，由县林业局派技术人员到现场勘察，将全县需要治理、保护的小区分类规划，具体落实小区边界和权属单位，由权属单位提出申请建立保护小区。

②管理保护措施：

自然生态型：

对象：本类保护区地处边远山区，人为活动少，是江河源头的发源地，几乎近似原始森林，但这类森林逐年减少，现存的原始森林具有重要的保护意义。

措施：除只允许科学考察等少量人为活动外，禁止打猎、种香菇、挖笋等其他一切人为活动，依然保持其自然林状态，为科学研究创造条件。

珍稀动物型：

对象：本类自然保护区建在国家级或省级保护动物的生活栖息地特定范围。

措施：加强小区的自然生态环境保护，禁止捕猎、砍伐等人为活动，同时根据珍稀动物的生活习惯有针对性的保护、放养，为珍稀动物生存、繁衍创造更好的条件。

自然景观型：

对象：本类型区在城镇、村庄、居民点周边及物种资源丰富、观赏性强的天然林区。

措施：对保护区（森林公园）内的林中空地补植枫香、白（紫）玉兰、毛竹、檫木、桃、李、樟树、楠木等观赏、用材、经济兼用型树种。同时，对保护区（森林公园）只进行适当卫生伐，清除林内病、虫、腐木，促进森林自然更新，保持良好的森林景观。

水源涵养林型：

对象：江河源头、沿岸、大中型水库周围及森林植被破坏比较严重、生态比较脆弱的地段。

措施：以培育水源涵养林和水土保持林为主，采取封山、禁伐等措施加强森林植被的保护和恢复，增强森林保土蓄水的生态功能。

资源保护型：

对象：天然林资源丰富，且森林生态系统比较稳定的林区。

措施：主要采取禁伐、轮封等措施保护森林。规定每隔5～8年择伐1次，视林分生长状况确定。间隔期内实行封山，严禁营业性采伐，适当进行抚育、间伐，保持森林良好生长环境。以保护区为计算单位，根据生长量不大于消耗量的原则，控制择伐强度，择伐后森林郁闭度不得低于0.6，择伐时要保护有培育价值的幼树幼苗。

(4) 模式成效

群众参与的积极性高。由于生态小区的设立都与当地生态环境建设息息相关，符合当地群众的普遍愿望，得到群众的支持和拥护。

可操作性强。自然保护区的设立完全按照各地的自然条件而定，婺源县已设立188个自然保护小区，并在不断增加，面积大的几万亩，小的只有20余亩；按类型划分有自然生态型、珍稀动物型、自然景观型、水源涵养型和资源保护型；按事权范围划分有国家级森林公园及县、乡、村、组4级自然保护小区。

成本低、见效快。由于生态小区的建设技术要求以封禁、管护为主，所需的资金投入较少，但效果明显。

婺源县通过建立自然保护小区，形成独特的县级自然保护区体系，这种作法获维也纳世界发明协会颁发的“世界发明奖”，婺源县因此获“世界科学与和平贡献奖”。

(5) 适宜推广区域

本模式适宜在珍稀动植物群分布较多、森林植被保存较完整的类似地区推广。

[illegible]

[illegible]

（4）模式成效

[illegible]

[illegible]

（5）适宜推广区域

[illegible]

第8篇

东南沿海及热带区域（G）林业生态建设与治理模式

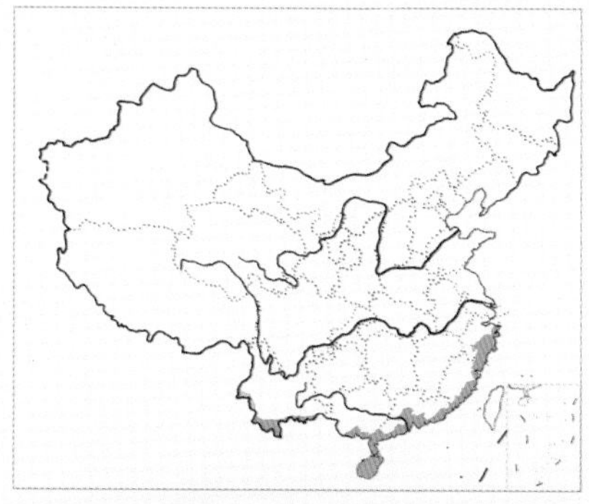

东南沿海及热带区域林业生态建设与治理类型区分布图

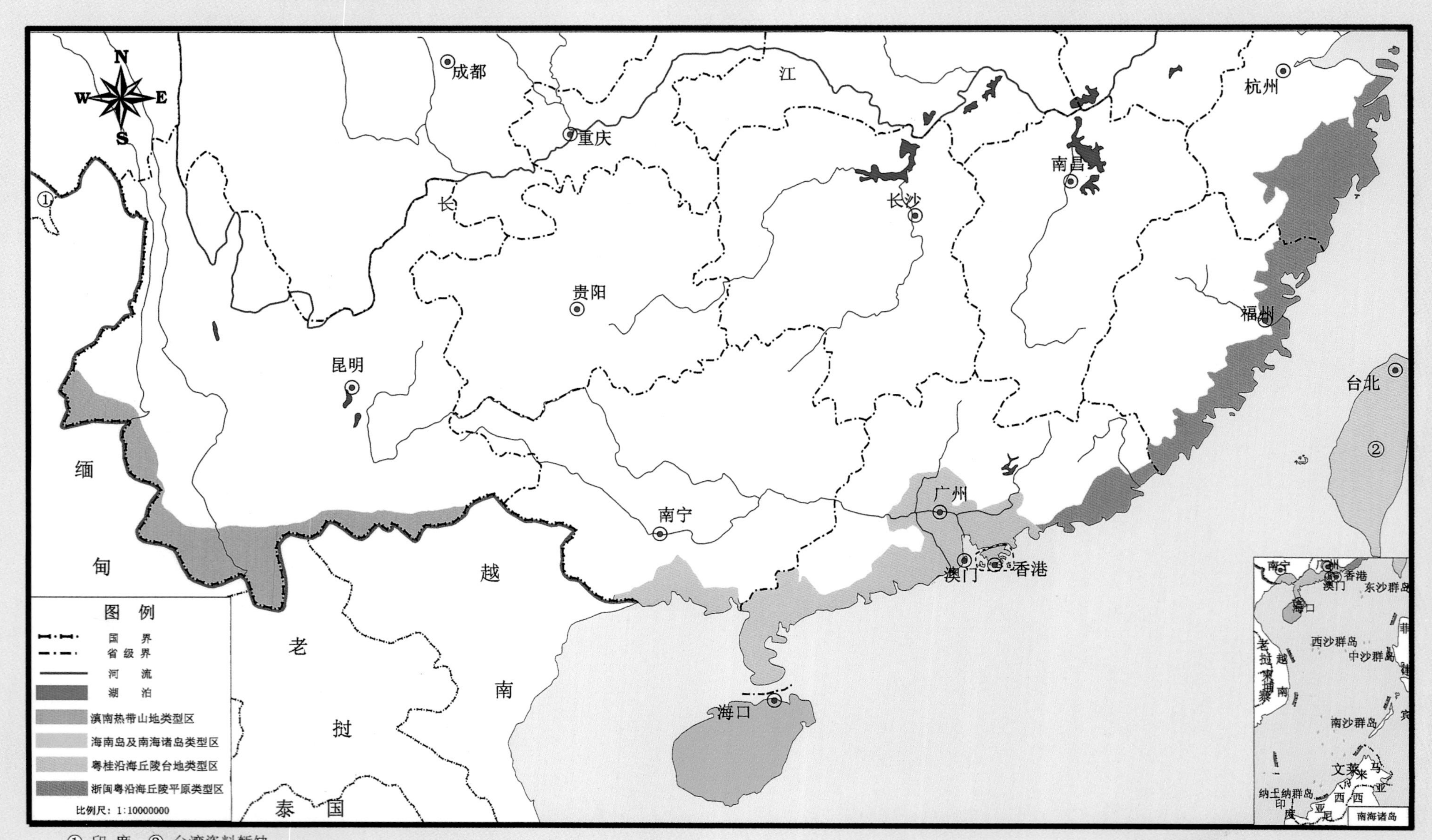

① 印度 ② 台湾资料暂缺

珠江三角洲大中型水库护岸林建设模式（广州市流溪河林场）（温金溪摄）

珠江三角洲中部平原农田防护林建设模式（新会市林业局提供）

海南省雅星林场农林牧生态系统人工复合经营模式（黄金城摄）

珠江三角洲丘陵平原（从化市）荔枝经济林建设模式（黄锦添摄）

海南省沿海（文昌市）沙化土地椰林建设治理模式（卢家川摄）

粤西（阳西县）低中丘陵台地桉树用材林建设模式（黄锦添摄）

海南省西部（昌江黎族自治县）荒漠化土地木麻黄造林治理模式（李广翘摄）

福建省平潭县海滨风沙口治理模式（杨业武摄）

福建省漳浦县石质山地水土保持林建设模式（福建省林业厅提供）

广西壮族自治区沿海滩涂红树林保护与建设模式（蒋桂雄摄）

粤西沿海（湛江市）滩涂红树林保护与建设模式（湛江市林业局提供）

广西壮族自治区沿海沙化土地木麻黄防风固沙林模式（蒋桂雄摄）

概　述

东南沿海及热带区域位于我国大陆东南部与东海、南海等的交界地带及等广大领海海域，具体是指浙江省舟山群岛以南到广西壮族自治区北仑河口的沿海地区和领海范围内的陆地、岛屿，以及云南省盈江县、江城哈尼族彝族自治县、屏边苗族自治县、麻栗坡县一线以南澜沧江、元江流域的河谷低地。地理位置介于东经98°26′23″～122°12′2″，北纬18°8′15″～30°30′53″，总面积220 098平方千米。整个区域的陆地部分呈弧带形，云南省南部边境地区与沿海区域不连续。包括浙江省、福建省、广东省、广西壮族自治区的沿海地区及岛屿，香港和澳门特别行政区，台湾省及所属岛屿，海南岛及南海诸岛，云南省南部边境地区，海岸线漫长。

本区域地势由西北向东南倾斜。杭州湾以南的大部分海岸为基岩海岸或沙质海岸，岸线蜿蜒曲折多港湾，除个别岸段有中山地貌外，多数呈低山丘陵地貌。钱塘江、珠江、闽江、韩江、南流江等多条河流在本区入海，河流输送的泥沙经第四纪以来的漫长堆积，形成了大面积冲积、海积平原及海涂，如珠江三角洲平原等。由于地处陆、海交替地带，海陆之间巨大的热力差异形成本区显著的海洋性季风气候，夏季普受海洋季风之惠，高温多雨，大部分地区的年降水量1 400毫米以上。同时，因处于低纬度地带，光热资源充裕，水、光、热资源同期。土壤地带性明显。舟山群岛至福建省闽江口一段为中亚热带常绿阔叶林红壤和黄壤地带；闽江口至广西壮族自治区北仑河口一段为南亚热带混生季雨常绿阔叶林砖红壤地带；雷州半岛和海南岛为热带季雨林砖红壤地带；云南省南部也为砖红壤。

本区域动植物种类繁多，被称为天然种质资源基因库。适生树种极为丰富，据测算，仅乔木就超过200余种，如果加上草、灌则要超过2 000种。原始森林植被呈地带性分布，热带雨林集中分布于本区域。但破坏较为严重，除个别地区仍保留小面积天然森林植被特征外，绝大部分地区代之以人类长期经济活动影响下建立起来的由人工引种而成的森林植被类型。

本区域港口城市分布集中，是我国东部沿海改革开放的前沿地区和经济发展的重点地区。经过近20多年的改革开放，沿海地区的基础设施建设得到了飞速发展和加强，陆、海、空多层次交通网络发达，科技、文化、教育各项事业蓬勃发展，工业门类齐全，商品经济意识浓厚，旅游业发展势头迅猛，邮电、通信发达。

本区域存在的主要生态问题是：热带雨林生态功能严重受损；海洋生态系统破坏严重；台风、海潮、海啸、海雾、暴雨、山洪等自然灾害危害严重，对低平泥质海岸影响较大；低洼泥质海岸存在大面积土地盐渍化问题；沙质海岸及海岛有风沙危害。

本区域林业生态建设与治理的思路是：在加强对现存天然林保护的基础上，以沿海防护林体系建设为切入点，全面恢复森林植被，促进各种陆地生态系统和近海生态系统的恢复及重建。以天然林保护和退耕还林为契机，保护和恢复地带性森林植被，丰富生物多样性；以沿海防护林第一道防线为基础，加快近海生态系统的恢复，减轻海浪对海岸的淘蚀；加快基干林带建设和改造步伐，提高其防护功能；充分发挥沿海地区的有利条件，发展特色经济林、珍贵用材林、景观林、国防林，改善生态景观，提高沿海地区生态建设的质量和层次，为沿海地区进一步改革开放和经济社会可持续发展服务。

本区域共划分为4个类型区，分别是：浙闽粤沿海丘陵平原类型区，粤桂沿海丘陵台地类型区，滇南热带山地类型区，海南岛及南海诸岛类型区。

第33章

浙闽粤沿海丘陵平原类型区(G1)

本类型区位于我国东南沿海自舟山群岛沿海岸线向南延伸至广东省的红海湾一带。地理位置介于东经115°4′27″～122°12′2″，北纬22°43′36″～30°30′53″。包括浙江省的舟山市、宁波市、台州市、温州市、丽水市、金华市，福建省的宁德市、福州市、莆田市、泉州市、漳州市、厦门市，广东省的汕头市、揭阳市、汕尾市、潮州市的全部或部分区域，总面积73 952平方千米。

本类型区地貌以低山丘陵、台地为主，兼有中山与平原，海岸线复杂，港湾众多，岛屿星罗棋布。主要山脉有天台山、括苍山、雁荡山、太姥山、戴云山等，最高峰是戴云山，海拔1 900米。整个地势由西南向东北方向层状递降，相对高差200～500米左右，地势起伏大。主要河流有瓯江、飞云江、闽江、韩江等，河流下游形成冲积平原和河口三角洲。平原多集中在滨海狭长地带，多水网，间有孤山、残丘。

亚热带海洋性季风气候。福州市以南的福建省部分、广东省为南亚热带气候，福州市到舟山群岛为中亚热带气候。总的气候特点是冬夏季风交替显著，气温适中，温差变化小，雨热同期，水热资源丰富。年平均气温16～21℃，1月份均温5～12℃，7月份平均气温25～29℃；年降水量1 100～2 000毫米，年平均相对湿度78％～85％。

本类型区的成土母质主要是花岗岩，其次为玄武岩、石英石、砂页岩及近代河海相沉积物，主要土壤为红壤、黄壤、水稻土、脱盐土和盐土。由于森林过度樵采，植被稀少，土层较薄，有机质积累较少，矿物质养分淋失较强，土壤肥力偏低。

地带性植被为亚热带常绿阔叶林和南亚热带季雨林，主要有山毛榉科、山茶科、金缕梅科、樟科、无患子科、番荔枝科以及栲属、槠属等科属的树种，原生植被目前大多已被破坏。针叶林中以马尾松幼林分布最广，沿海丘陵与岛屿主要分布有黑松，杉木、竹林主要分布在低山丘陵地带，沿海防护林基干林带的主要造林树种为木麻黄、桉树、大叶相思、湿地松、黑松、杨树等，防浪护堤、淤泥林主要以红树林、亚红树林及柽柳等种类为主。此外，本类型区还是柑橘、文旦柚、龙眼、荔枝、橄榄等的主产区。

本类型区的主要生态问题是：一是台风频繁，特别是沿海岛屿为台风的重灾区，对森林植被，特别是沿海基干林带破坏较为严重；二是山区受毁林开垦及长期不合理耕作方式的影响，水土流失严重、地力衰退，并引发河床抬高、水库淤塞、洪旱灾害频发等生态问题；三是森林生态系统脆弱，树种、林种结构不合理，抗病虫害能力低，防护功能不强。

本类型区林业生态建设与治理的主攻方向是：因地制宜，因害设防，开展以沿海防护林为主的综合防护林体系建设。在大陆海岸沿线和海岛上，重点是绿化荒山、荒地，改造疏林，建设以抗御台风为中心的防护林；在水土流失严重的山地营造水土保持林、水源涵养林；在滨海平原(包括已围垦的海涂)，建设农田、果园防护林网；涂区湿地、堤岸、公路、溪河两旁营造防浪、护堤、护路、防护林带；在盐场周围等含盐量特别高的空隙地，营造林带或片林；充分利用水热条件充足的优势，发展特色经济林果。与此同时，注重调整和优化林种、树种结构，充分发挥森林以防护为主的多种功能，全面改善生态环境。

本类型区共划分为9个亚区，分别是：舟山群岛亚区，浙东港湾、岛屿及岩质海岸亚区，浙南港湾、岛屿、岩质海岸及河口平原亚区，浙东南低山丘陵亚区，闽东沿海中低山丘陵与岛屿亚区，闽东南沿海平原亚区，闽东南沿海丘陵亚区，闽东南沿海岛屿及半岛亚区，潮汕沿海丘陵台地亚区。

一、舟山群岛亚区（G1-1）

本亚区位于东海北部的洋面，包括浙江省舟山市的定海区、普陀区、岱山县、嵊泗县的全部，地理位置介于东经121°43′44″～122°12′2″，北纬30°5′14″～30°30′53″，面积745平方千米。

本亚区港湾资源、水产资源、海岛旅游资源丰富。879个岛屿的岸线长达2 278千米，其中沙质海岸64千米，泥岸617千米，岩质海岸1 597千米。有围垦滩涂15.68万亩、沙滩0.6万亩、泥涂23.6万亩。地貌类型为山地和平原，其中山地占72%，平原占28%。亚热带海洋性季风气候，年平均气温15.7～17.0℃，极端最低气温-7.0℃，最高气温38.0℃，≥10℃年积温5 000℃左右，年平均日照时数在2 100小时以上，是浙江省日照时数最多的区域。年降水量899.5～1 500毫米。土壤主要为红壤、滨海盐土、水稻土、潮土等。原生植被多已破坏，仅普陀山慧济寺周围尚存40余亩以蚊母树为主的常绿阔叶林，杂有苦槠、冬青、柃木类等，还有1株全国仅有的二级保护植物——普陀鹅耳枥。海滨盐生植被由碱蓬、盐蒿、海蓬子、拟漆姑草及野塘蒿等组成。沙滩植被则为沙钻苔草、绢毛飘拂草、沙苦苣等组成。人工造林树种以黑松、马尾松为主，木麻黄、杉木也较多应用，此外还有少量的柏木、香樟等，近年来湿地松发展也较快；经济树种主要有毛竹、杨梅、金塘李等。此外，舟山群岛附近海域是我国主要的渔场之一，普陀山是佛教胜地之一，已经被开发为旅游风景区，每年吸引大批的海内外游客。

本亚区的主要生态问题是：大风、台风、寒潮、暴雨和干旱等灾害频繁，每年6级以上大风日数多达145天，台风4.4次，对沿海基干林带破坏严重；土壤贫瘠，表土多裸露基岩，山地水土流失严重，淤塞山塘、水库；松材线虫病呈大面积扩散趋势，严重威胁现有的以黑松人工林和马尾松人工林为主的森林植被的安全。

本亚区林业生态建设与治理的对策是：结合普陀山风景旅游点的绿化和美化，在主要风景点、港口、码头及靠近航道、水道两侧的岛屿营建景观型防护林，加快恢复松材线虫病危害区的植被，形成具有景观和屏蔽风灾双重作用的森林，改善旅游区的自然环境。此外，在依山傍海的滨海小平原的海堤、公路、河道等处营建基干林带和农田林网，利用堤内荒滩、闲涂营造小片状农田防护林，营建果园防护林网，减少灾害性天气的影响。

本亚区共收录2个典型模式，分别是：舟山群岛松材线虫病危害区采伐迹地生态恢复治理模式，舟山群岛滨海平原海塘岸堤防护林带建设模式。

【模式G1-1-1】　舟山群岛松材线虫病危害区采伐迹地生态恢复治理模式

（1）立地条件特征

模式区位于浙江省舟山市定海区，属海岛立地类型。北部岛屿丘陵山地土壤以饱和红壤为主，中部岛屿为黄红壤，南部则为红壤。受暴雨径流冲刷的作用，粗骨土分布较广，土层浅、瘠薄，盐基饱和度较高，淡水资源缺乏。

原有林分多以马尾松、黑松纯林或马尾松、黑松混交林为主，林相单一，松材线虫危害严重。目前对松材线虫病较为有效的防治办法是砍伐病死木及周围的大片松林，并焚烧病树。大片松林的砍伐，造成林相的毁灭性破坏，林地裸露，水土流失加剧，同时影响普陀山旅游区的自然景观。因此采伐迹地的生态恢复十分迫切。

（2）治理技术思路

选用适宜的阔叶树种，采取人工造林、封育、补植等方式，新造和改造相结合，以提高森林质量为核心，大量营造针阔混交林，形成稳定的森林群落。如立地条件过于低劣则辅以容器苗、保水剂、施缓释肥等手段，加快生态环境恢复，并彻底根除松材线虫病的生存与传播空间。

（3）技术要点及配套措施

①更新树种选择：通过树种对比试验和生产力评价，从已有的乡土树种和外来树种中，为防护林体系建设筛选出一批抗盐、抗风、耐干旱瘠薄、防护效能和经济价值均较高的阔叶树种，如：青冈、枫香、木荷、苦槠、白栎、石栎、豹皮樟、丝栗栲、沙朴、含笑、红楠、刨花楠、浙江新木姜子、紫楠、檫木、香樟、鹅掌楸、拟赤杨、杜英、蓝果树、浙江柿、南酸枣、麻栎等。

②封育：对留有较多灌木、阔叶类乔木幼树的采伐迹地封山育林。通过几年的封、禁，能较快形成阔叶混交林相。

③人工补植：对留有少量阔叶类幼树或林中空地较大的采伐迹地，宜采用补植阔叶树种的办法恢复林相。补植方式分林中空地补植、带状补植、零星补植和带状直播（胡枝子）等4种。

④人工造林：在林相较差或阔叶类幼树几乎没有的林地，应块状、带状、星状混交。采用全面造林的方式恢复林相。在立地条件较差地区，用添加保水剂、缓释肥的容器苗造林，提高造林成活率。

⑤抚育管理：通过间苗、修枝、平茬、抚育间伐、防治病虫害，促进林木生长。

⑥配套措施：通过清理病虫树、病虫枝、开隔离带、林分改造等措施，消灭残留病源，阻止松褐天牛的自然扩散，降低松材线虫危害的几率和程度，避免森林生态系统再度受到松材线虫的威胁。

图 G1-1-1　舟山群岛松材线虫病危害区采伐迹地生态恢复治理模式图

（4）模式成效

本模式能使采伐迹地的植被较快恢复并形成复层阔叶混交林相，景观及生态环境迅速得到恢复和改善，涵养水源、保持水土的功能明显加强。据测定，调查点的土壤含水率提高15%以上，径流量减少10%～25%，侵蚀量减少8%～20%。

（5）适宜推广区域

本模式适宜在舟山群岛松材线虫病发生区推广应用，对其他省区松材线虫危害区的森林植被恢复具有参考价值。

【模式 G1-1-2】　舟山群岛滨海平原海塘岸堤防护林带建设模式

(1) 立地条件特征

模式区位于浙江省舟山市的定海区、台州市的三门县，地处海塘圈围而成的依山傍海的滨海小平原，土壤主要是滨海盐土、灰潮土。农作物以大麦、棉花、柑橘为主。遇台风、暴雨易导致塘堤倒塌，发生海水倒灌，形成涝灾。

(2) 治理技术思路

在海湾小平原的外缘（即堤内荒滩、闲涂）营造小片林，在路、渠、堤上营造具有防风、防冲、防塌、防浪、挂淤等多种功能的防护林，组成滨海平原基干林带，减少灾害性天气影响所造成的损失。

(3) 技术要点及配套措施

①合理布局：在海塘堤岸以外的潮汐带，种植海滨木槿、柽柳等树种营建防浪淤泥林；堤岸内沿公路边营造防护林主林带；核心区是现代农业综合开发园区，沿路、沟、渠营建多林种的生态经济景观型防护林体系。

②树种选择：模式区淡水资源缺乏，洗盐速度较大陆缓慢，应选择生长快、根系发达、耐盐碱、抗风能力强的树种，如：杨树、白榆、臭椿、朴树、樟树、柏木、苦楝、女贞、刺槐、乌桕、棕榈等乔木树种，哺鸡竹、青皮竹等竹类，黄槿、枸杞、柽柳、田菁等灌木，芦苇、蒿等草类植物。

③主林带形式：主林带的形式可以采取单带型、双带型和多带型等3种形式。单带型为基本形式，林带宽度为15～20米。双带型和多带型为单带型的组合类型。多带型又可采取草本-乔木-经济果树多带型、草本-灌木-乔木多带型2种形式。

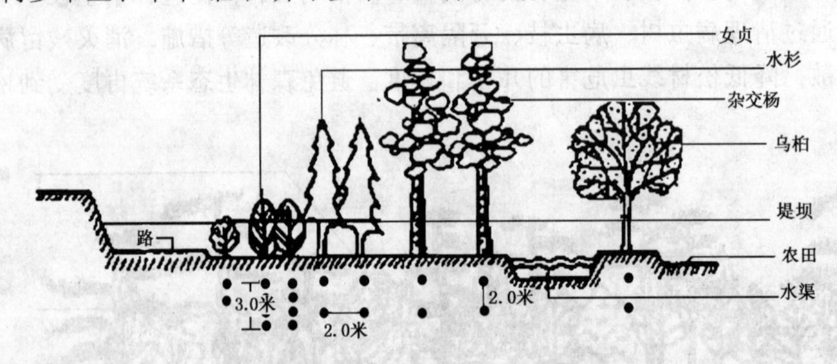

图 G1-1-2　舟山群岛滨海平原海塘岸堤防护林带建设模式图

(4) 模式成效

本模式设计的树种、林带宽度及混合结构科学合理，多带型护堤林的防护效益尤其显著。实测结果表明：在5倍树高范围内风速可降低50%，25倍树高范围内风速可降低25%，林网内的风速平均降低30%～60%；气温降低0.1～1.0℃；湿度提高3%～5%；海水对堤岸的冲刷力降低40%～60%。作物增产10%以上。

(5) 适宜推广区域

本模式适宜在海岛、浙江省东南滨海平原防护林建设中推广应用。

二、浙东港湾、岛屿及岩质海岸亚区（G1-2）

本亚区位于浙江省东部沿海甬江以南、椒江以北的沿海地带及附近岛屿，包括浙江省宁波市的象山县、北仑区，台州市的三门县等3个县（区）的全部，以及浙江省宁波市的鄞县、奉化市、宁海县，台州市的临海市等4个县（市）的部分区域，地理位置介于东经120°50′34″～122°1′13″，北纬28°43′14″～30°2′53″。面积6 779平方千米。岩质海岸线曲折蜿蜒，多港口。地形为沿海丘陵山地，起伏明显，相对高差400米左右。东部为岸线曲折、三面环水的陆连半岛及众多的岛屿，受潮汐波浪冲蚀形成峻峭崖岸。土壤类型，山区及岛屿主要是红壤，沿海平原为水稻土及盐土。

本亚区的主要生态问题是：台风危害严重，平均每年受到6次台风侵袭，最多达11次，森林植被，特别是天然森林资源已经遭到严重破坏，20世纪50年代以来建设的沿海防护林也普遍存在老化问题。对当地农业和渔业生产以及群众生命财产安全造成极大威胁。除此之外，滨海盐土普遍存在盐害问题，同时也是松材线虫病的高发区。

本亚区林业生态建设与治理的对策是：以抗御台风为核心，大力开展以沿海防护林为主的综合防护林体系建设，保护滨海平原（包括已围垦的海涂）的农田、果园及海堤、公路等交通设施，减轻台风对当地经济及群众生命财产安全的威胁。同时，封、育、造、保护相结合，加强滨海旅游休闲区景观型防护林建设，加速恢复地带性森林植被，丰富景色层次，增强蔽荫效果，为当地政府发挥自然地理优势，发展以海滨城郊森林旅游度假等为主要内容的第三产业。

本亚区共收录2个典型模式，分别是：浙东岩质海岸马尾松残次林防护功能恢复与强化建设模式，浙东基岩海岸防护林体系建设模式。

【模式G1-2-1】　浙东岩质海岸马尾松残次林防护功能恢复与强化建设模式

（1）立地条件特征

模式区位于浙江省台州市的临海县。模式区所在地土层瘠薄，一般只有30～40厘米，pH值5.1～5.4，有机质含量1.79%，全氮0.06%，缺磷、少钾，肥力差。由于历史原因，原生地带性常绿阔叶林已遭到不同程度的破坏，大部分退化或逆向演替成马尾松林，生长状况不良，20年左右的马尾松高度通常在7.0～9.0米，林内灌木稀少，盖度仅10%左右，只有檵木、山莓、白栎等，是典型的马尾松残次林。林下植被主要是草本植物，以蕨类植物的芒萁占优势，盖度可达50%～60%。森林生态系统明显衰退，防护功能差。

（2）治理技术思路

马尾松残次林的立地条件差，土层干燥瘠薄，保水保肥能力差，林窗空间大，夏季林内气温如同裸地，属于造林困难地之一。治理的思路是：从改良土壤入手，采取人工补植阔叶树种等方法分阶段对马尾松残次林进行阔叶化改造，逐步恢复和丰富植被类型和层次，强化森林生态系统应具有的防风、涵养水源、保持水土、调节小气候和保护物种多样性等多种功能，提高森林质量，最终达到恢复森林生态系统的目标。

（3）技术要点及配套措施

制约造林成活率的主要因子是干旱、缺肥和夏季日灼，常绿阔叶树种造林成活非常困难，宜采用阶段性人工造林方法逐渐恢复植被。

①改善生境：选择胡枝子、紫穗槐等耐干旱瘠薄豆科灌木，不仅造林方便，成本低，生长

快，效果好，高度通常可达 1.5～2.0 米，还能逐渐改良土壤、保持水土和提供肥料，提供适当庇荫，为青冈、木荷、甜槠等目的常绿阔叶树种创造良好更新条件，是恢复和发展马尾松残次林下植被的较好灌木树种，可播种或植苗造林。种子直播，每穴播 5～6 粒种子，播前在穴内施入适量磷肥，铲除穴周 30 厘米范围内的杂草，每亩控制密度 530 穴左右；植苗造林，3 株 1 丛，密度约 530 丛/亩。

②营造目的树种：选植青冈、木荷、甜槠、乐东拟单性木兰、深山含笑等目的树种。营造时间为胡枝子和紫穗槐种植 1 年以后，此时胡枝子高度已普遍在 1.0 米以上，盖度达到 50%以上，常绿阔叶树种更新的基本条件已经形成。整地穴的规格为 50 厘米×50 厘米×60 厘米，回填心土或客土；一般采用自养型容器小苗造林，密度每亩 200 株左右。

③林木复壮：种植 1～2 年后，对生长不良、主干不明显的植株，进行平桩，施复合肥，利用大多数常绿阔叶树种萌芽力强的优势，促进林木快速生长。

(4) 模式成效

1990 年，浙江省林业科学研究院与台州林业局在临海营造 80 亩马尾松林下栽种美丽胡枝子试验林，同时还在永康的红土丘陵和缙云的低山丘陵进行多点营造试验，效果非常显著，在马尾松残次林下栽植胡枝子，土壤养分状况得到了明显的改善，土壤有机质、全氮、速效磷等都比不栽植的对照增加 17.84%～38.28%，土壤微生物数量比对照高 27%～32%。林下栽种的苦槠等常绿阔叶树种更新良好。

(5) 适宜推广区域

本模式非常适宜在我国南方大部分地区的马尾松林下植被为芒萁等草本植物占优势的残次林改造中推广。

【模式 G1-2-2】　浙东基岩海岸防护林体系建设模式

(1) 立地条件特征

模式区所在地沥浦镇草头村牛山位于浙江省三门县以东，依山傍海，岩质海岸。地貌以丘陵山地为主，海拔多在 50～100 米。年平均风速 5.0～8.0 米/秒，年平均 6 级以上大风日数38～180 天，暴风和台风年平均 3～4 次，以7～8 月份最为集中。土壤有机质含量 0.886%，速效氮含量为 4.824mg/kg，速效磷含量 0.731mg/kg，速效钾含量 28.75mg/kg，土层厚度为 30～55 厘米。山丘与岛屿植被破坏严重，原有树木稀少，植被种类单一，临海坡面土壤冲刷严重，土层浅薄，水源涵养能力差。

(2) 治理技术思路

针对岩质海岸存在着树种单一、结构简单、自我维持能力差和经济效益低等问题，治理技术思路为：利用抗盐分、耐干旱瘠薄及防护效能和经济价值均较高的树种营造混交林，优化岩质海岸防护林空间配置、林分结构及相应经营管理技术，提高造林成活率，改善防护效果，实现生态、经济和社会效益的统一，促进社会经济的可持续发展。

(3) 技术要点及配套措施

①树种选择：水土保持林树种主要有湿地松、日本扁柏、木荷、火炬松、刺玫等，生态经济型树种主要有板栗、桃形李、胡柚、日本甜柿、杨梅以及毛竹等。

②空间布局：根据临海坡面立地条件和树种生物学特性进行配置。山顶布设湿地松、晚松等抗干旱耐瘠薄的先锋树种；主山脊布设木荷等生物防火树种；山腰布设枫香、木荷、杜英、南酸枣等兼具用材和风景等多用途防护树种；山凹避风处及部分立地条件较好的山中部背风坡面布设

板栗、杨梅、玉环长柿、胡柚等名特优经济林树种，同时在林下套种黑麦草；山脚所在的海岸线前沿布设化香等灌木植物，后缘则布设湿地松、香椿、火炬松等较耐盐的树种，形成多树种多林种对位配置、多层次点线面合理布局的岩质海岸防护林体系空间配置格局。

③混交形式：密度2.0米×2.0米，混交比例为5:1和7:1，一般形成如下3种混交形式：

生态景观型混交形式：湿地松-杜英（木荷）。

生态型混交形式：湿地松-枫香（南酸枣），特点是通过引入水土保持效益好的阔叶树种，形成常绿落叶针阔叶混交林，改善以往的水土保持、水源涵养效益差的针叶纯林林分层次结构，提高防护林的综合效益。

生态经济型混交形式：湿地松-杨梅（板栗）、杨梅-桃形李，特点是充分利用现有防护林地，通过引入经济价值高、水土保持效果高的树种，改善林分层次结构，提高防护林的综合效益，并增加直接经济收入。

④整地方法：生态经济型树种采取1.0～2.0米宽的水平梯带；对坡度大的山地采用修筑鱼鳞坑的块状保土整地方式；阔叶树采用60厘米×60厘米、针叶树30厘米×30厘米的挖穴规格。

⑤苗木：全面采用良种Ⅰ级苗，严禁非良种苗和Ⅲ级苗上山。湿地松Ⅰ级苗的标准为，1年生苗地径0.7厘米以上，苗高30厘米以上，容器苗高25～30厘米以上，地径0.5厘米以上，粗壮无病虫害。

⑥建设措施：采取落叶阔叶树截干、ABT生根粉蘸根，针叶树磷肥蘸根、集团造林，以及容器苗造林、施用生物肥料等造林新技术，确保造林保存率达到90%以上。生物措施主要是在水平带的梯壁上播种胡枝子、紫穗槐等豆科灌木形成生物防护带，梯面再套种草本绿肥。

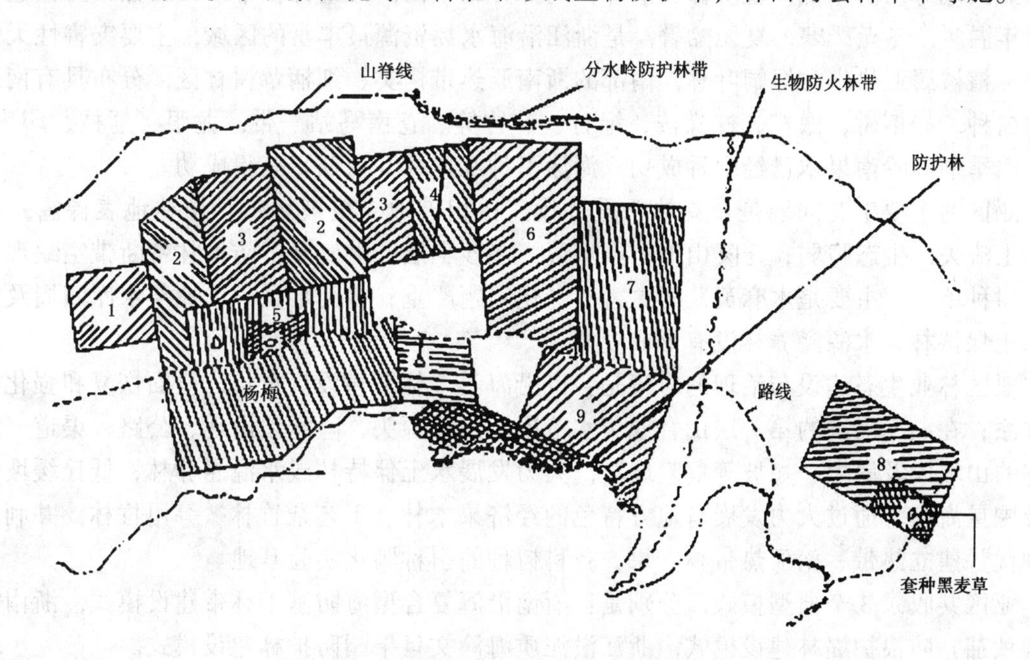

图 G1-2-2 浙东基岩海岸防护林体系建设模式图

1. 杨梅＋湿地松 4. 枫香＋湿地松 7. 南酸枣＋湿地松
2. 木荷＋湿地松 5. 板栗＋湿地松 8. 胡柚＋湿地松
3. 杜英＋湿地松 6. 对比试验林 9. 香椿＋湿地松

(4) 模式成效

模式区营造的以水源涵养林、水土保持林为主体的示范林621亩，使用造林树种15种、草本植物 1 种，造林平均成活率达 90.5%。其中山脊、山顶部位的先锋树种造林保存率为 85%以上，山脚护岸林在 90%以上，生态型经济树种在 92%以上。

本模式使海岸带防护林造林成活率从 30%～60%提高到 90%以上，4 年后郁闭成林，林分郁闭度从 0.3～0.7 提高到 0.8 以上。平均削减地表径流 32.22%，平均削减土壤侵蚀量 50.15%，提高土壤含水率 17.94%。同时在增加林、农作物产量，改善沿海地区投资环境和提高旅游收入等方面的间接收益亦有很大改观。

(5) 适宜推广区域

本模式适宜在沿海岩质海岸带易遭受台风侵袭、土壤瘠薄的地区以及大面积松材线虫病更新迹地和内陆相关生态脆弱地区推广应用。

三、浙南港湾、岛屿、岩质海岸及河口平原亚区（G1-3）

本亚区位于浙江省南部沿海地区，包括椒江以南的浙江省沿海地区及附近岛屿。海岸线漫长而曲折，港湾和岛屿众多，海涂资源十分丰富。椒江、瓯江、飞云江、鳌江等几大河流在该处入海，河口处有面积较大的沿海平原。包括浙江省台州市的椒江区、路桥区、温岭市、玉环县，温州市的龙湾区、乐清市、洞头县等 7 个县（市、区）的全部，以及浙江省台州市的临海市、黄岩区，温州市的瓯海区、鹿城区、瑞安市、平阳县、苍南县等 7 个县（市、区）的部分区域，地理位置介于东经 120°5′5″～121°34′48″，北纬 27°9′32″～28°53′37″，面积 8 226 平方千米。

本亚区地势西高东低，呈阶梯状下降，局部分布中山，丘岗比较平缓。亚热带海洋性季风气候，常年温暖，冬无严寒，夏无酷暑，是浙江沿海水热资源最丰富的区域，主要灾害性天气是台风。森林植被属亚热带常绿阔叶林，南部的浙南亚热带栲类、细柄蕈树林区，分布具有南亚热带特点的树种，如榕树、橄榄、柠檬桉、绿竹、麻竹等。苍南马站一带，龙眼、荔枝、印度黄檀、橄榄、四季柚等岭南果木已经引种成功。海涂引种红树林（秋茄）获得成功。

本亚区的主要生态问题是：森林严重过伐，林相破败，植被稀疏；松林地表裸露，山坡开垦，水土流失，生态脆弱；丘陵山地土壤瘠薄，多沙土层；沿海基干防护林带断带空缺现象比较普遍，树种单一，主要是木麻黄，病虫害和老化问题严重；林网罕见，山地与水库四周及河流两岸的水土保持林、水源涵养林没有形成规模。

本亚区林业生态建设与治理的对策是：以沿海基干林带建设为重点，全面恢复和强化沿海防护林体系；在湖库周围的第一层山脊或集水范围、山溪源头、险急坡山地、公路、渠道、居民点等紧靠的山坡以及崩塌、塌坡等危险地段，大力发展水土保持林或水源涵养林；低丘缓坡的开垦山地及围垦海涂，通过大力发展有地方特色的经济果木林、工艺杂竹林、笋用竹林，并利用马站的地理优势建立热带、南亚热带林、果、香科树种的引种驯化实验基地。

本亚区共收录 3 个典型模式，分别是：浙南沿海复合型海防基干林带建设模式，浙南海涂红树林（秋茄）防浪护堤林建设模式，浙江淤泥质海涂文旦果园防护林建设模式。

【模式 G1-3-1】　浙南沿海复合型海防基干林带建设模式

(1) 立地条件特征

模式区位于浙江省苍南县淤泥质滨海围涂，地势平坦开阔，土体深厚达数米以上。土壤黏性重，含盐量高（0.1%～0.7%），养分含量低，耕层土壤有机质含量 0.5%左右，土壤保水保肥性能差，洗盐和返盐速度较快，土壤冲刷严重。淡水资源短缺，排灌条件差。森林覆盖率低，树种单一，难以支持现代农业生态系统的健康发展。

（2）治理技术思路

在涂区现有堤岸、道路、河流等隙地，选择抗逆性强的树种，采用“窄林带、小网格”的布局，应用生物与工程措施相结合改良盐渍化土壤的造林综合配套技术，建立多林种、多树种的沿海防护林复合型基干林带。

（3）技术要点及配套措施

①林网规划：小网格、窄林带，林带走向始终掌握“主林带与主风方向，副林带与主林带相垂直”的要求，林带结构选用疏透结构，既起到防护作用，又有利农作物的生长发育。网格面积控制在45~60亩之间，边缘网格的面积控制在80亩以内。

②林带配置：主林带按照海岸线的走向而定，副林带结合道路、排盐渠设置。林带的滨海前沿采用木麻黄密植造林，株行距1.0米×1.5米，保持林带的紧密结构；后沿林带株行距稍大，以1.5米×2.0米~2.0米×2.0米为宜，木麻黄、湿地松行带状混交，多采用以湿地松3行、木麻黄1行的行带状混交或湿地松1行、木麻黄1行的行间混交形式。

③整地造林：根据“盐随水来，盐跟水去”的原理，在一些造林地段采用挖沟排水、抬高地面等工程措施，洗盐改土，降低地下水位，确保幼苗成长。在一些主要造林地段如路边、渠边、河边，土体受人为活动后易变紧实，通气性差，造林时须细致整地，穴的大小以能保证苗木根系舒展为宜。

④抚育管理：为尽早发挥木麻黄防护林带的效能，一般采用密植造林，但林带容易衰退。因此，应及时间伐，调整林带结构。间伐一般在造林后第5年开始，进行多次，直至达到每亩100~120株的密度。

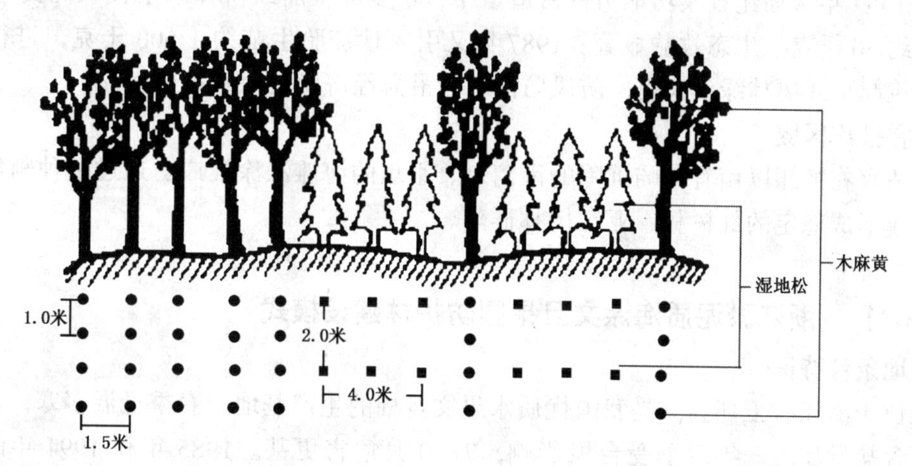

图 G1-3-1 浙南沿海复合型海防基干林带建设模式图

（4）模式成效

本模式在林带滨海前沿选用木麻黄，可将林带推进到海边100米，在后沿林带采用木麻黄和湿地松混交，避免了单一树种防护林易遭病虫害等弊端，丰富了树种，改善了林带景观，提高了林带质量，充分发挥了防护效能。

（5）适宜推广区域

本模式适宜在浙江省椒江以南的滨海平原农田防护林、护堤防浪林建设中推广应用。

【模式 G1-3-2】　浙南海涂红树林（秋茄）防浪护堤林建设模式

(1) 立地条件特征

模式区位于浙江省瑞安市，包括椒江、瓯江、飞云江、鳌江河口两侧平原外缘的海涂，面积约100 万亩，分布集中连片，涂面宽阔，坡度平缓，土壤质地以黏壤至粉沙质黏壤为主，含盐量约 1%～1.5%，有机质含量约为 1.2%～1.4%，是红树林的适生区。

(2) 治理技术思路

浙江省椒江以南地区的人口密度大，平原土地资源紧缺，通过筑堤围涂开发不断淤涨的海涂资源，是缓和人多地少矛盾的主要途径。红树林生长于陆地与海洋交界区的潮间带，在沿海防护林体系中是最前缘的一道屏障，具有保护海岸、滩涂、滋养鱼虾蟹的作用。大力营建红树林，是建设滨海堤围、农田、村庄生态屏障的有效措施，也可直接带来经济效益，促进沿海经济发展。

(3) 技术要点及配套措施

①栽培技术：造林树种主要选用秋茄，采用胎生苗插植造林，成活率高达 95%以上。种植时间以 4～5 月为宜，宜早不宜迟；密度为 0.5 米×1.0 米或 1.0 米×1.0 米，三角形或正方形配置，林带宽度应大于 40～50 米。

②幼树管理：一是防止涂区作业时人为干扰；二是应在台风大潮后及时扶苗，清除病株；三是 4～5 年后中弱度整枝，剪去茎基侧枝 1～2 对，以后每年修剪 1 次。

③病虫害防治：注意根茎腐病、红树卷叶蛾的防治。

(4) 模式成效

瑞安市 1957 年从福建省成功地引种营造了 7 500 多亩秋茄红树林，生长状况良好，1964 年采收胎生苗约 50 千克，生态效益显著。1987 年又引入秋茄胎生苗约 1 500 千克，进行大规模造林，目前已筑起了红树林绿色大堤，防风防浪，为沿海经济发展保驾护航。

(5) 适宜推广区域

本模式适宜在椒江以南有岛屿屏障的港湾口、平坦的海滩江涂推广。通过引种驯化，有望在椒江以北营建形成稳定的红树林、亚红树林群落。

【模式 G1-3-3】　浙江淤泥质海涂文旦果园防护林建设模式

(1) 立地条件特征

模式区位于浙江省玉环县，是我国优质水果文旦柚的生产基地。春季低温多寒，潮土、盐土的黏性重，含盐量高，一年四季受台风影响，7～9 月危害更甚。1985 年和 1994 年的 6 号、17 号台风最大风速曾高达 47.5 米/秒和 54.3 米/秒。因位于强海潮区，常出现坡堤决口，海水倒灌现象。风害和盐害是危害当地发展文旦柚产业的主要生态制约因素。干旱和“返盐”也是危害因子。

(2) 治理技术思路

充分利用围海滩涂上现有堤岸、路、河流等隙地，以高效林业生产和防风为重点，建立以林网和果园为主体，带、网、片配套，多林种、多树种相结合，有防风抗冲以及抵御其他各种自然灾害能力的生态经济型防护体系，解除风害和盐害对文旦柚开发的制约。

(3) 技术要点及配套措施

①林带走向：主林带与主风方向相垂直，副林带与主林带相垂直，做到果园成方，林带成

网，河、沟、路成荫的要求，使其既规整又自然，设计效果最佳。

②林带结构：“窄林带、小网格”的林网选用乔灌结合的疏透结构，既能起到防护作用，又有利文旦柚等生长发育。林带成林后的疏透度应为0.3～0.4。主林带一般4～10行，副林带2～4行，株行距1.5米～2.0米，单行株距为1.0米，网格内的文旦柚等经济片林的株行距为4.0米×5.0米，单行株距为1.0米，林下木配置1～2行（前堤坡2～4行），株行距1.0～1.5米×1.5～2.0米。

③网格面积：主林带带距一般为100～150米，副林带带距200～300米，网格以长方形为主，正方形也可，面积40～45亩，少数可为30或60亩。

④树种配置：文旦柚等果园的防护林配置的主要树种为木麻黄，另外还有桉树、女贞、玉环长柿、苦槛蓝、紫穗槐、水杉、池杉、柳树等。前堤内侧（包括部分老堤、河流），用耐盐碱及潮水的常绿灌木苦槛蓝建设防浪固堤林。前堤脚（包括老堤脚）配置主林带，以营造木麻黄林为主。河岸、机耕路、沟等两侧，营造2～4行木麻黄（中间林网也有1行），混交1～2行女贞、桉树、玉环长柿等。靠近水田的公路、河流等地段营造1～2行木麻黄、水杉、池杉、柳树等，配置文旦柚、柑橘、柿等经济林。

⑤抚育管理：造林后前3年认真落实抚育管理工作，尤其是抗旱排涝工作，经济林着重抓好肥水和病虫害、修枝管理等。

⑥生草栽培：为保持水土，可在果园林下种植黑麦草、百喜草、籽粒苋等优质牧草，既可用作饲料，发展畜牧业，增加收入，也可翻埋作为肥料，促进文旦柚的生长，提高产量。

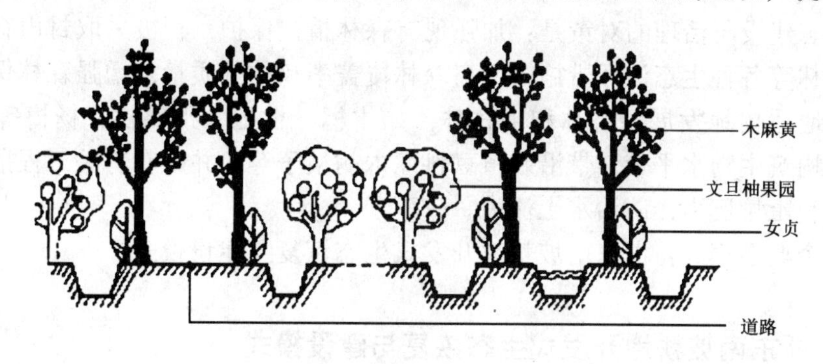

图 G1-3-3　浙江淤泥质海涂文旦果园防护林建设模式图

（4）模式成效

本模式防风效能好，具有降低风速，保持田间湿度，调节气温，削弱高、低温影响，改善小气候，提高单产量等作用，综合体现了创收、防风、防旱、抗盐、御寒等5种功能。平均防风效能达20%～30%，最大70.3%，林网内各季节平均减少水分蒸发38.5%，林网内的文旦柚增产约18.8%。1994虽遭特大台风（最大风速54.3米/秒）的袭击，平均产量仍达到了1 380千克/亩，文旦柚是优质水果，市场价格高于一般柚，经济效益也很高。

（5）适宜推广区域

本模式适宜在浙江玉环港以南的淤泥质围垦海涂的大部分地区推广应用。

四、浙东南低山丘陵亚区（G1-4）

本亚区位于浙江省东南部的沿海地带及近海地区，瓯江下游贯穿本亚区陆地部分。包括浙江省台州市的天台县、仙居县，温州市的永嘉县、文成县、泰顺县，丽水市的莲都区、青田县、缙云县，金华市的磐安县等9个县（区）的全部，以及浙江省台州市的黄岩区、临海市，温州市的瓯海区、鹿城区、永嘉县、瑞安市、平阳县、苍南县，丽水市松阳县、云和县等10个县（市、区）的部分区域，地理位置介于东经119°9′34″～121°8′30″，北纬27°20′59″～29°24′27″，面积18 403平方千米。

本亚区地貌以低山丘陵为主，山地宽广陡峻，整个地势西高东低呈阶梯状下降，间有中山和盆地，河谷平原占18%。气候温暖，降水量丰富，无霜期长。母岩以酸性流纹斑岩、流纹岩、熔凝灰岩夹少量凝灰质砂岩分布最广，其次为仙居、天台、文成、丽水等盆地四周的斑岩、粉砂岩与页岩等。土壤以红壤为主，占65%，分布在海拔700～800米以下山地，多以厚、中层为主，肥力偏低，质地为重壤土；其次为黄壤、粗骨土和水稻土。天然植被是以槠、栲、樟、楠等为建群树种的常绿阔叶林，由于人为的长期影响，大部分原生常绿阔叶林植被已被次生的马尾松林所取代。常见的人工林有毛竹林、杉木林、黑荆树林等，以及柑橘、杨梅、板栗等经济林。

本亚区的主要生态问题是：受人为活动的影响，森林生态系统十分单调和脆弱，林种结构很不合理，物种多样性受到威胁，森林保持水土、涵养水源能力很弱。针叶纯林所占比重大，林分质量差，乔木林分蓄积量每亩只有1.15立方米，为浙江省平均数的58.4%，其中松林更低，每亩平均只有1.22立方米；许多马尾松林已成为“未老先衰”的残次林，甚至已经退化成以芒萁、禾草占优势的林型；灵江始丰溪段与乌云江文成-百丈口区间是浙江省水土流失最严重的区域之一。

本亚区林业生态建设与治理的对策是：加强现有森林植被保护，积极采取封山育林、低效防护林改造、退耕还林等各种生态治理措施，提高森林覆盖率和林分质量，增强森林保持水土、涵养水源的功能；适地适树地发展经济林和毛竹林，如柑橘、枇杷、猕猴桃、杨梅等名特优果木林；通过在山坡地构筑生物水平带，带沿栽植豆科灌木胡枝子等，并配套有关工程措施，恢复林草植被提高覆被率和土壤肥力，防治水土流失。

本亚区收录1个典型模式：浙东南坡耕地开发式生态恢复与建设模式。

【模式G1-4-1】　浙东南坡耕地开发式生态恢复与建设模式

(1) 立地条件特征

模式区位于浙江省云和县交通干线两侧的坡耕地上。村落附近或交通方便地区原属林业用地的山坡地，由于不合理开垦并长时间地栽种玉米、花生、小麦、番薯等旱地作物，地表土壤久经剥蚀，土层浅薄，自然肥力低下，通常退化成广种薄收的无林地。不少地段甚至被改造为阶梯式旱地和冷水田，边缘用小石块砌埂，若遇大雨，山石顺坡而下，给坡下公路、村落及河道造成很大威胁。

(2) 治理技术思路

以生态优先、经济效益兼顾为原则，结合当地生产实际，利用生态经济型树种营造生态公益林，使退耕还林在生态恢复的主导目标基础上，尽可能地考虑采取经济和生态双重意义上的治理措施，使农民获得尽可能多的经济效益，同时也能确保退耕还林工作的具体落实，确保“退得下，还得上，稳得住，有效益”。

(3) 技术要点及配套措施

①树种选择：生态经济型树种应选择树体高大、树冠茂密，林内枯枝落叶丰富和枯落物容易分解，具有深根性、根量多和根域广、长寿、生长稳定且抗性强的树种，在山地要能抗风、抗干

旱、耐瘠薄，在平原海岸要能防风、耐水浸、耐盐碱、改良土壤，在经营管理上能耐粗放管理、便于生态经营并具有较高的经济开发价值。根据当地实际情况，选定的生态经济型树种主要有：毛竹、小竹、银杏、山核桃、薄壳山核桃、黑核桃、香榧、油茶、板栗、锥栗、茅栗、红豆杉、厚朴、杜仲、山茱萸、乌桕、香椿、杨梅、枇杷、柿子等20多个树种，其中后4种主要用于平原绿化。

②配置形式：生态经济型树种的配置应根据各树种的生物生态学特性，采用乔灌草、常绿与落叶经济树种，投产早与投产迟的树种，衰败早与寿命长的树种，经济果木型与相适应的生态防护树种混交等方式，以达到优势互补、长短结合、提高土地利用率和防护效益的目的。为此，必须把握住新造林地树种配置、现有林经营设计和低效林改造设计3个技术环节。

③造林技术：布局设计，造林地应选择交通方便、土层深厚、疏松肥沃的低丘或坡度≤25度的山地，或在平原、沙滩、海涂结合平原绿化、农田防护林建设营造多功能防护林；种子苗木，大力提倡自养型、可载式轻型基质容器苗的生产与应用；造林密度与配置，应大于作为经济林集约经营的密度，以提早郁闭成林，达到水土保持效果；整地方式，穴（块）状和带状整地，禁止全垦整地；幼树管理，根据林种和树种的需要适时进行除蘖、修枝、整形等抚育工作，对具有萌芽能力的树种，因干旱、冻害、机械损伤以及病虫兽危害造成生长不良的，应及时平茬复壮，混交林可采用修枝、平茬、间伐等措施调节各树种之间的关系，保证其正常生长。

④地被物管理：采取多树种混交、间作绿肥等措施，在整个培育过程中增加生物多样性，改善地被物的组成成分，恢复保护林下植被，促进凋落物分解。抚育管理时，应尽可能保留林下灌木和其他阔叶树种。

⑤后续管理：部分采伐利用后，应根据规划设计及时进行林下更新。采后林地土肥管理包括：块状松土抚育，在一定范围内进行劈草除萌、割灌松土；科学施肥、补充营养，增施以有机肥为主的土壤肥料；防止林地水土流失；对经济果木林，要根据树种生物学特性及林地自然条件和栽培技术进行必要的整形。

(4) 模式成效

浙江省林业科学研究院与仙居县林业局、云和县林业局合作，于1995～1998年在退耕地营建了银杏-枫香、厚朴等生态经济型试验示范林，面积分别为525亩和690亩。现银杏叶、厚朴皮已有产出，桃形李、杨梅也已投产，市场前景看好，经济收益可观。退耕还林后经济效益比退耕前高，劳动力相对减少50%以上，而且林地植被得到恢复，实现了生态恢复和经济效益的双赢。

(5) 适宜推广区域

本模式适宜在南方丘陵山地及东南沿海一般生态公益林建设中推广。

五、闽东沿海中低山丘陵与岛屿亚区（G1-5）

本亚区位于福建省东北部沿海地区，中亚热带海洋性气候，夏长冬短，温暖湿润，雨水资源丰富。冬夏季风交替显著，温差较小，年温适中。包括福建省宁德市的福鼎市、福安市、蕉城区、霞浦县、柘荣县，福州市的罗源县等6个县（市、区）的全部，以及福建省福州市的连江县的部分地区，地理位置介于东经119°2′47″～120°24′15″，北纬26°15′26″～27°26′5″，面积9 079平方千米。

本亚区地貌有山地丘陵和沿海岛屿2种。西北部属以中山为主的地貌类型，东南部为低山丘陵地貌，地势起伏较大，相对高差在300～500米之间，整个地势西北-东南向渐次下降；沿海散布岛屿304个，海岸线曲折。主要河流有岱江、交溪、霍童溪等，流程短，比降大，沿途多峡谷、险滩，河口地带有小片冲积平原，在宁德市一带沿海有大片淤泥海滩。植被稀少、土层较薄、有机质积累较少、土壤肥力差。

本亚区的主要生态问题是：原生植被多为次生植被以及人工植被所代替，人工林树种单一，以杉木、马尾松为主，生态系统较为脆弱。现有沿海防护林老化、退化严重，抵御台风能力不强，蓄水保土能力差，水土流失和塌方、滑坡等问题突出。

本亚区林业生态建设与治理的对策是：对丘陵山地进行全面综合治理，营造水源涵养林、水土保持林等；在低山山地特别是离居民区较近的低丘可适当发展生态茶园等经济林，在公路旁发展护路林；在沿海岛屿大力营造防风固沙林。

本亚区收录1个典型模式：闽东沿海低效基干防护林带更新改造模式。

【模式 G1-5-1】　闽东沿海低效基干防护林带更新改造模式

(1) 立地条件特征

模式区位于福建省霞浦县、福鼎市，所在地的成土母岩为花岗岩，土壤为滨海沙土，土层浅薄，地表岩石裸露，少腐殖质，多石质壤土或石质黏土，结构紧密，质地干燥，肥力较低。

(2) 治理技术思路

目前的林带为几十年前人工所营造，多为木麻黄纯林，因品种杂乱，良莠不齐，长期粗放经营以及未能及时进行更新改造，生长很不一致，且常受台风袭击，林带老化、退化问题突出，防护、经济、景观效益均不理想。按照因地制宜的原则，针对各种低效林的形成特点，分别采取加强抚育管理、更换适生优良树种、合理混交等措施进行改造，提高防护林的质量、效益及稳定性。

(3) 技术要点及配套措施

①加强抚育管理，合理间伐：木麻黄低效林的产生与林分经营管理是否得当有密切关系，必须加强抚育管护，及时处理受害植株，补植或混栽适生树种。对于侧枝较多的低效林可修除一些枝条，调节林内光照条件，改善林地环境，也可采取平茬复壮的方法，恢复林木长势。现有木黄麻密度普遍偏大，应及时间伐，以调节营养空间和林分结构，改善林分组成和环境条件，提高林分的稳定性和防护林效益。

②用适生树种和优良品系进行改造：宜选用湿地松、加勒比松、刚果桉等树种，改造方式有小面积皆伐重造、带状皆伐套种和林下补植等，对于特殊林地，需要继续发挥木麻黄的防风固沙效能，可采用套种和补植湿地松的方式；对进入衰老状态的木麻黄过熟林，宜及时主伐更新。

③选定合理的改造方式及配套措施：根据低效林的分布状况、生长发育特点和低效程度，主要有块状改造、间隔带状、隔行套种、林下补植等低效林改造方式，基干林带以间隔带状更新方式较好，后沿片林以块状更新方式为宜。除此之外，还必须从树种选择、密度控制、土壤管理等综合措施入手，重视各项技术措施的配套应用，才能提高林分集约经营水平，促进沿海防护林体系的持续发展。

(4) 模式成效

通过稀疏和低效基干林带林下用木麻黄优良无性系、湿地松、厚英相思等树种进行混交造林，平均保存率75%～96%，2年生幼林高度为老林带1/3左右，2～3年后便可达到林带高度，完全能够实现对低效基干林带快速更新，并形成多树种组成的复层林结构的目标，大大提高了林带的防护功能。

(5) 适宜推广区域

本模式适宜在沿海海岸线，包括各半岛和岛屿上推广。

六、闽东南沿海平原亚区（G1-6）

本亚区位于闽江入海口及以南的沿海区域。包括福建省福州市的晋安区、鼓楼区、台江区、仓山区、马尾区，莆田市的城厢区，泉州市的鲤城区、丰泽区、洛江区、泉港区，漳州市的芗城区、龙文区等12个区的全部，以及福建省福州市的福清市、连江县，莆田市的莆田县、仙游县，泉州市的惠安县、晋江市，漳州市的诏安县、漳浦县、云霄县、龙海市，厦门市的同安区等11个县（市、区）的部分区域，地理位置介于东经117°6′5″～119°38′30″，北纬23°38′47″～26°24′33″，面积8 198平方千米。

本亚区地貌以冲积平原和三角洲为主，包括了福州平原和兴化平原。南亚热带气候，温暖湿润，年平均气温17～21℃，年降水量1 100～1 800毫米，平均相对湿度78%左右，热量资源丰富。受台风暴雨影响，常造成风灾及涝灾。境内水系发达，矿产资源较丰富。原生植被为亚热带雨林，但大部分已遭破坏，仅在偏僻的山区和名胜风景区有小面积残存。现有森林植被多为马尾松幼、中龄林，分布范围广，面积较大。其次为杉木、相思树、毛竹等林分。经济树种有茶树、油茶、油桐等，果树以柑橘、龙眼、荔枝、枇杷等为主，多分布在低丘、台地、平原地带。

本亚区的主要生态问题是：夏秋之间常受台风、洪涝和干旱的影响，平均每年有6级以上大风日数为154天，易涝易旱。降水量小于蒸发量，易形成土壤盐碱化。原生植被破坏严重，现有林中低效林比重大，生态功能低。

本亚区林业生态建设与治理的对策是：建设高效农田防护林和环境保护林，以发挥森林的生态效益和社会效益，维护生态平衡，改善投资环境，实现城乡一体化绿化。

本亚区收录1个典型模式：闽东南沿海平原农田防护林网建设模式。

【模式 G1-6-1】 闽东南沿海平原农田防护林网建设模式

(1) 立地条件特征

模式区位于福建省惠安县。地势平坦，路、渠、堤、河道成网密布，具有平原防护林生态网络系统建设的有利条件。不利条件是地下水位较高，易遭受台风袭击，人为破坏严重。

(2) 治理技术思路

将护路林、护岸林、城乡居民区环境保护林、点状分布的经济林和沿海防护林连成片，构造一个多树种、多层次、多景观、功能稳定的体系，发挥森林的生态效益和社会效益。

(3) 技术要点及配套措施

①林网布局：本着“因地制宜，田、林、路、沟、渠统一安排，农、林、牧、副、渔合理布局”的原则，以占最少的耕地获得最大的防护效益为前提，合理安排林带走向、林带结构、林带宽度和林带距离。

②树种选择：农田防护林网建设要选择抗风力强、生长迅速、树形高大、枝叶繁茂、具窄冠形树冠、寿命相对较长、生长稳定的常绿树种，在滩涂或围垦地区还要选择有较强抗盐碱能力的树种。根据多年的经验，适合福建省沿海地区营造农田林网的主要树种是长枝木麻黄，其次是柠檬桉、桫椤、直干桉等。同时，要适当选择一些花灌木，以实现绿化和美化的结合。

③整地：在沙质农地上营造农田林网，以边整地边栽植的方式为好。在围海造田的滩涂地营

造农田林网，应提早整地，一般宜冬、春整地，整地时应推土起垅或起埝。

④造林密度：因树种而异，木麻黄一般采取1.0米×2.0米的株行距，三角形排列。

⑤栽植技术：一般选择春天或夏天雨季造林；应推广使用容器苗造林，以提高造林成活率；沙质农地上应适当深栽。

(4) 模式成效

多年实践证明，因地制宜地营造防护林网和四旁植树，成效十分显著。一是能有效地减低风速，一般可达20%～30%；二是可有效地保护和促进农业生产，粮食产量增加8.1%～16.4%；三是可为当地群众提供部分用材或林副产品，并带动相关产业的发展。四是实现城乡一体化绿化。

(5) 适宜推广区域

本模式适宜在东南沿海平原农区推广应用。

七、闽东南沿海丘陵亚区（G1-7）

本亚区位于福建省沿海地区的东南部，包括福建省厦门市的同安区，莆田市的仙游县、莆田县，泉州市的惠安县、南安市，漳州市的龙海市、漳浦县、云霄县、诏安县等9个县（市、区）的部分区域，地理位置介于东经117°1′33″～118°54′42″，北纬23°49′48″～25°44′32″，面积6 796平方千米。。

本亚区年平均气温20.5℃，1月平均气温12～13℃，7月平均气温28～29℃，由西向东递增。无霜期328天。年降水量1 372毫米，且自东南向西部递增。光照充足，年积温大，基本上可满足农作物三熟制的要求。水稻土多分布于较平缓的地区，耕作年代较长，剖面发育完全，养分丰富；砖红壤性红壤分布于海拔200～300米的丘陵台地，风化壳深厚，由于自然植被遭到破坏，造成土壤侵蚀，土壤呈酸性，肥力较低；红壤分布于300～800米的丘陵山区，腐殖质层较厚，一般为酸性，剖面红色，质地黏重。森林植被主要有温带常绿针叶林、暖温带常绿针叶林、暖温带针阔混交林、南亚热带常绿阔叶林、南亚热带次生雨林、暖温带竹林、常绿阔叶灌丛等。

本亚区气候、土壤、耕地条件等较好，物产丰富，特别是经济作物品种多，单位面积产量高。甘蔗、黄麻、花生、大豆等经济作物，不仅种植面积大，而且单产高，平均亩产均高于福建平均水平。果树种类品种更多，除了龙眼、荔枝、枇杷、橄榄四大名果外，香蕉、桃、李、柿、杨梅、余甘子、阳桃等产量也不少，在丘陵适宜地带和丘陵山地中的沟谷底、小盆地，均可种植颇具本地特色的亚热带果树及其他经济作物。

本亚区的主要生态问题是：区域性森林生态系统的结构不稳定，生态功能低下。人口密度大，历史上薪柴短缺，对林地的人为影响相对较大，原生森林已无分布，形成大面积的低效次生林，植被稀疏，水土流失严重，土层薄、肥力低。人工营造的大面积针叶纯林，因林地肥力不足，病虫害蔓延，也多形成低效林分，有些已退化成以草本植被为主的林型。这种树种少、结构不合理、生长差、质量低、效益低的林分在闽东南沿海丘陵比较常见，是生态脆弱的主要原因，亟须治理。

本亚区林业生态建设与治理的对策是：一是加大低效林改造力度，逐步恢复原生地带性植被，建立稳定的森林群落。二是注意合理适度开发。本亚区是高效农业种植区，气候适宜，物产丰富，土地使用率高，因此要在农田、居民点周围及沿路、沿溪两岸建设防护林，适当发展生态型特产经济林，改善生态景观，促进当地经济林产业的健康发展。

本亚区共收录 2 个典型模式，分别是：闽东南沿海低丘生态果园改造与建设模式，闽东南沿海丘陵低效林改造模式。

【模式 G1-7-1】 闽东南沿海低丘生态果园改造与建设模式

（1）立地条件特征

模式区位于福建省惠安县。海拔 300～400 米以下，坡度小于 25 度，土层相对较厚，大于 50 厘米，黏性较弱，石砾较多，pH 值 5.5～6.6，有一定肥力。模式区现存植被主要为马尾松林和一定面积的毛竹林等，林下灌木常见有映山红、山莓、檵木等，草本植物主要常见有芒萁、蕨、白茅、野古草等。有些马尾松林已退化成林下以草本植被为主的林型，生态系统较脆弱。

（2）治理技术思路

充分利用现有林地资源，采取生物措施和工程措施并举的方法，改造现存果园，发展新果园，围绕果园建设构建局域性新型生物链，恢复地力，提高土地产出，减少水土流失，同时实现经济和生态的双重目标。

（3）技术要点及配套措施

①构建生物链：改变传统的栽培经营模式，在果园中套种具有自肥作用的多用途牧草，通过灌草改土培肥、增加有机质。另一方面，在生态果园区圈养牛、羊等牲畜，使之成为草-牛、羊-排泄物-增加果园有机质-促进果树开花结实的循环体系，从而形成果园局域性生态系统中的完整生物链。

②新建果园：水平带整地，大穴栽种，施足基肥。水平带宽 2.0～3.0 米，水平带边沿直播 2 行胡枝子等豆科灌木。定植穴 80 厘米见方，深 60 厘米，分 2 层施足鸭粪或猪粪等基肥，每穴 40 千克。

③改造方式：

牧草套种：在果园或余甘子林林下套种宽叶雀稗、象草、印度刚豆、小冠花、百脉根、白三叶、柱花草、南方葛藤等优良豆科牧草。

灌草套种：在余甘子林林下套种胡枝子、胡颓子等灌木以及宽叶雀稗、象草、印度刚豆、小冠花、百脉根、白三叶、柱花草、南方葛藤等优良豆科牧草。

经济作物混作与牧草套种：进行果树和杨梅、板栗等多树种的块状混交，并套种宽叶雀稗、象草、印度刚豆、小冠花、百脉根、白三叶、柱花草、南方葛藤等优良豆科牧草。

④配套措施：在护坡、田埂上种植百喜草和香根草，减少山地水土流失。此外，还要特别注意解决好林牧矛盾。建议采取刈割青草圈养家畜、畜粪还果园的方式。尽量避免果园内放养牛羊。同时要注意牧草的科学利用。

（4）模式成效

本模式应用效果很好，植被得到恢复，水土流失得到治理，果畜生产步入良性循环，生态经济双丰收。模式区生态果园建设 1 年投资，3 年开始投产，5 年持续增产，10 年稳定高产，每年净增产值可达 800～1 000 元/亩。

（5）适宜推广区域

本模式适宜在我国热带、亚热带山地、丘陵、台地甚至平原果园的建设中推广应用。

【模式 G1-7-2】　闽东南沿海丘陵低效林改造模式

(1) 立地条件特征

模式区位于福建省惠安县。由于人类活动的影响，当地原生森林已无分布，形成大面积的低效次生林，植被稀疏，水土流失严重，土层薄、肥力低。人工营造的大面积针叶纯林，因林地肥力不足，病虫害蔓延，也多形成低效林分。这种树种少、结构不合理、生长差、质量低的低效林分不仅在闽东南沿海丘陵而且在整个亚热带、热带地区都广泛存在。

(2) 治理技术思路

改造低效林要从森林的生态功能、协调及稳定性等多方面考虑。按照不同的经营类型、低效林成因的特点、立地条件，分别采用间伐补植、林下补植、全面改造和封山育林等措施，关键要把握好树种的合理搭配，以形成多树种混交林、乔灌草复层林。

(3) 技术要点及配套措施

①改造方式及适宜条件：树冠下补植补播，适宜乔木层郁闭度 0.4 以下、层次单一的纯林，及灌木盖度 20%、草本盖度 30%以下的低效林；间伐补植，适宜林分密度较大、树冠狭小，林下几乎无灌木或草本、侵蚀严重的低效林；全面改造，适宜于立地条件好、林木生长衰弱、病虫害严重或非目的树种的低效林分。

②树种选择：补植的树种有桤木、刺槐、光皮桦、泡桐、木荷、胡枝子、枫香、映山红、盐肤木、杨梅、南酸枣等。选择补植树种时要特别注意不同立地条件下树种的合理搭配。同时，林下应尽可能地种植优良豆科牧草，如小冠花、柱花草等，以改良土壤，提高地力，促进树木生长。

③造林及抚育：春秋季补植，在林冠下空地或林隙补植；苗木使用国家规定的Ⅰ级或Ⅱ级苗；穴状整地，规格为 50 厘米×50 厘米×40 厘米，均匀分布；每年锄草松土 1～2 次，连续 4～5 年。

④配套措施：在土壤侵蚀严重的林分及林下植被极少的中幼龄林，应采用全封的方式，禁止一切人为活动；对中度土壤侵蚀的林分及林下植被盖度在 50%左右的中幼龄林，可以半封。

(4) 模式成效

由于本模式中主要措施科学合理，总体设计切实可行，改造后低效林的变化都很明显，林地生态系统很快由衰败转向繁盛，形成充满生机、生长良好、多样性丰富的复层混交森林系统，森林质量全面提高，景观面貌发生了根本变化。

(5) 适宜推广区域

本模式对我国南方热带、亚热带低山丘陵等地区所有条件类似的低效林分改造均有参照价值。

八、闽东南沿海岛屿及半岛亚区（G1-8）

本亚区位于福建省东南部的沿海地区，包括福建省福州市的长乐市、平潭县，莆田市的涵江区，漳州市的东山县，厦门市的杏林区、集美区、湖里区、鼓浪屿区、开元区、思明区，泉州市的石狮市、金门县等 12 个县（市、区）的全部，以及福建省福州市的福清市，莆田市的莆田县，泉州市的惠安县、晋江市、南安市，厦门市的同安区，漳州市的诏安县、漳浦县等 8 个县（市）的部分区域，主要由沿海的岛屿、半岛组成，海岸线长，良港多，湄洲湾内的秀屿港、肖厝港以及泉州湾的后诸港，都是福建省对外贸易的重要港口。地理位置介于东经 117°13′48″～119°40′4″，北纬 23°35′13″～26°5′59″，面积 5 180 平方千米。

南亚热带海洋性季风气候，年平均气温 20～21.5℃，年降水量 900～1 800 毫米，干湿季明显，季风影响频繁，台风影响严重，每年多达 10 余次。主要土壤类型有红壤、砖红壤性红壤，其中尤以红壤分布最广，主要见于海拔 150～600 米的低山与丘陵坡地，土层深厚，肥力中等。原生植被为亚热带季雨林，大部分已破坏殆尽，现多为次生植被和人工林。现有森林植被为马尾松、木麻黄、杉木、相思树、桉树、木荷等；其他有茶树、油茶、橡胶、南洋楹、福建柏、柳杉、枫香等。热带海洋植被有红树林，多呈矮灌状断续分布，主要种类有秋茄、木榄、桐花树、白骨壤、老鼠簕等。林况总体较差，加之雨季集中，土地利用不合理，水土流失比较严重。海岸土地沙化，密布沙滩。

本亚区的主要生态问题是：以人工林为主的森林植被覆盖率低，没有形成稳定的森林群落，部分防护林带遭到破坏。受海洋性季风气候影响，本区水土流失除受水力作用外，都不同程度地受风力作用的影响，为福建省主要风蚀区，土壤沙化严重，沿海岛屿和半岛沙害成灾。

本亚区林业生态建设与治理的对策是：加快建设沿海防护林体系，在沿海主要风口和平原地带建立有效的防风林网、带系统；低丘地可根据林地条件，发展南亚热带经济果木；福州、莆田、泉州等人口密集的城市，应大力开展城市绿化、城郊绿化和村屯四旁植树，提高绿化水平。

本亚区共收录 2 个典型模式，分别是：闽东南滨海红树林湿地植被恢复模式，闽东南海岛防护林体系建设模式。

【模式 G1-8-1】 闽东南滨海红树林湿地植被恢复模式

（1）立地条件特征

模式区为南亚热带滨海淤泥滩地，为红树类植被适生区。原有各类植被已遭到破坏，滩涂容易遭受海蚀、风浪、风暴的侵袭。

（2）治理技术思路

人工恢复海滩红树湿地植被，防浪护堤，保护泥质滩涂资源。

（3）技术要点及配套措施

①立地选择：宜选择潮水能涨到的浅海淤泥滩地且海湾深、风浪较平静的地带或含有沙质的淤泥地。一般淤泥海滩地，只要潮水能涨到，也可以种植。

②造林方法：

插植胎生苗：采集时可用竹竿打枝条，落下的为成树苗（即胎生苗）；栽植胎生苗时，不要除去果壳，要让它自然脱落；宜随采随造，以提高其成活率；造林时间一般在 5～6 月，插植一般在退潮后的阴天或晴天进行。

移植天然生苗：从在稀疏的红树林下生长培育的苗木中挖取天然生苗。一般应移植高30～50厘米并有 3～4 个分枝的苗木。苗木栽植深度视苗木高度和根长而定。一般苗高 30 厘米的入土深 12～15 厘米，苗高 40～50 厘米高的苗木，入土比根痕深些。移植时将苗木放入穴中，并回填淤泥。

③抚育管理：一般幼林期不进行除萌、松土等工作，但要注意管护，防止人畜等损伤幼林。造林后 4～5 年可适当间伐。

（4）模式成效

在浅海滩地及一般淤泥滩地栽植后，红树均能正常生长，在短期内即可初步发挥防护效益，改善海岸生态条件及景观。

(5) 适宜推广区域

本模式适宜在南亚热带及热带岛屿、半岛的海岸、泥质海滩推广。

【模式 G1-8-2】 闽东南海岛防护林体系建设模式

(1) 模式区基本情况

模式区位于福建省东山县，该县是个海岛小县，全县土地面积 302 700 亩，其中林业用地 105 300亩，耕地 79 995 亩，人口 18.3 万人。治理前风大沙多，淡水缺乏，年均 8 级以上大风日数 121.6 天，全县 413 座山丘一片光秃，30 000 亩沙滩寸草不长，生态环境极为恶劣，群众生活极其困难。建国初期曾经采取修筑防沙堤、挑土压沙、种草固沙等措施，但都未能有效地遏制风沙危害。1957～1966 年，在试种木麻黄成功的基础上，营建沙滩防风固沙林 34 005 亩、水土保持林 64 995 亩、农田林带网 166 条（总长 184 千米），生态环境得到显著改善。1966～1976 年，原防护林体系遭到严重破坏。目前存留下来的第一代防护林树种单一，沙滩上都是木麻黄，山地上都是马尾松或相思树纯林。

(2) 治理技术思路

引进新树种，改善树种结构，通过恢复和大规模改造，形成新的防护林体系，为县域经济发展创造良好的生态环境。

(3) 技术要点及配套措施

①引进新树种、改善树种结构：筛选出湿地松、大叶相思、肯氏相思、柠檬桉、霍霍巴等适宜在闽东南海岛生长的优良树种。

②因地制宜，科学规划：针对东山县的具体情况，大力发展城镇绿化和四旁植树，带、网、片相结合，将治理难度最大的风口造林作为主攻目标，构建林种、树种结构合理的防护林体系。同时，适当发展经济林。

③科学造林、强化营林：采用优良壮苗、容器苗、土球苗等造林，以生物措施为主，并配合客土、覆土、砌石堤、筑防护堤、扎设挡风篱笆等工程措施，进行综合治理。

④落实政策，明确责权：对生态公益林坚持国有林场、乡村林场和自然村集体所有，专业队管护或者专人护林的办法，落实承包管护责任和收益分成制；对薪炭林因地制宜地落实自然村、联合体、专业户等多种形式的承包责任制；对四旁的零星荒山、荒地，在统一规划的指导下，全部承包到户，做到谁造谁管谁受益；坡耕地田埂林由集体组织造林后，林随地走，把管护责任、林木受益权落实到户。

⑤强化管理、巩固造林成果：坚持造林、管护同时抓，实行“五抓”。即，一抓采伐审批，二抓乡规民约，三抓砂、石资源开采审批，四抓管护队伍和设施建设，五抓依法治林。

(4) 模式成效

据测定，在林带防护下，模式区的风力平均减弱 41.3%～61%，冬季气温平均提高 1.15℃，蒸发量平均减少 22%。全县 14 座流动沙丘全部固定；6 000 亩因风沙危害而被迫弃耕的土地被重新开发利用；25 005 亩风沙地由过去 1 年只种 1 季，每亩只产 100 千克的低产田改变为 1 年 2 季或 2 年 5 季，每亩产 500 千克的高产农田；原有 49 995 亩农田持续稳产高产。发展果树 12 600 亩，年产水果 819 吨，结束了东山不产水果的历史。模式区的生态、社会和经济效益十分显著。

(5) 适宜推广区域

本模式适宜在热带、亚热带风沙危害严重的海岛推广。

九、潮汕沿海丘陵台地亚区（G1-9）

本亚区位于广东省东南部沿海地区，北倚莲花山、凤凰山，东与福建省毗邻，西与珠江三角洲接壤，包括广东省汕头市的达濠区、金园区、龙湖区、河浦区、升平区、南澳县、澄海市、潮阳市，揭阳市的榕城区、惠来县、揭东县、普宁市，汕尾市的城区、陆丰市等14个县（市、区）的全部，以及广东省潮州市的饶平县、潮安县，汕尾市的海丰县，揭阳市的揭西县等4个县的部分区域，地理位置介于东经115°4′27″～117°17′4″，北纬22°43′36″～23°49′41″，面积10 546平方千米。

本亚区地貌主要为丘陵台地，滨海为平原台地；区内东部有较大的韩江三角洲平原。土壤以赤红壤、山地红壤为主，沿海为滨海沙土。属南亚热带海洋湿润季风气候，年平均气温21.5～22℃，最热月平均气温28.3℃，最冷月平均气温13～14℃，极端最低气温多在0℃以上。除山地外，全年无霜。年降水量1 400～2 000毫米，雨季4～9月，夏秋多台风暴雨。天然植被残存极少，丘陵山地多为马尾松次生林，人工林主要有马尾松、湿地松、杉木、桉树、大叶相思、木麻黄、油茶、茶树、柑、橘、橙、橄榄、余甘子、梅、李等。

本亚区的主要生态问题是：森林生态系统结构失衡，林种结构不合理，用材林比重大，用材林中以松树纯林为主；沿海防护林树种结构单纯，局部地段树种老化、断带；台风暴雨危害较重，夏秋暴雨集中，水土流失和沿海土地沙化进一步加剧。

本亚区林业生态建设与治理的对策是：调整林种、树种结构，营造混交林；封育补阔，改造现有低效防护林，提高林分质量。加强沿海防护林体系建设，合理配置农田防护林，大力发展经济林和薪炭林，适当发展用材林。

本亚区共收录3个典型模式，分别是：潮汕平原农田防护林建设模式，潮汕丘陵台地防护型薪炭林建设模式，潮汕丘陵台地生态经济林建设模式。其他方面如红树林、沿海基干林带和用材林建设可参考粤桂沿海丘陵台地类型区的有关模式。

【模式G1-9-1】　潮汕平原农田防护林建设模式

（1）立地条件特征

模式区位于广东省陆丰市，属地势平坦、气候温暖、雨量充足的潮汕沿海平原地区，人口多，耕地少，粮食不足，农业生产经常遭受风、沙、暴雨危害。模式区为平原农耕区，自然分布有河流和人工水渠及道路。堤坝、道路的边坡土层深厚，立地条件较好。

（2）治理技术思路

因地制宜地利用河堤、道路、水渠两旁的基地、边坡栽植树木，组成林带林网，促进农业生产。

（3）技术要点及配套措施

①整地：造林前1个月明穴整地，规格50厘米×50厘米×40厘米或40厘米×40厘米×30厘米。

②造林：早春2～3月阴雨天植苗造林，栽植前应修剪苗木枝叶，树苗要正，根要舒展，回土，踏实，浇足定根水。树种及相应的造林密度详见表G1-9-1。

表 G1-9-1　潮汕平原主要农田防护林树种造林技术

树种	苗木	株行距（米）			每百米长株数			备注
		1行	2行	3行	1行	2行	3行	
落羽杉	>1.2 米/1 年	2.0	2.5	3.0	50	80	100	水网地带选用落羽杉或水松；干地地段选用木麻黄或桉树
水松	>1.5 米/2 年	2.0	2.5	3.0	50	80	100	
木麻黄	>1.5 米/1 年	2.0	2.5	3.0	50	80	100	
桉树	>1.5 米/1 年	1.5	2.0	2.5	67	100	80	
蒲葵	3 年生	2.5			40			

③抚育管理：造林后严禁人畜破坏，3 个月后检查成活情况，及时进行补植。2～3 年内每年夏初除草、松土，培土抚育 1 次。

(4) 模式成效

本模式利用河堤、道路、水渠两旁的闲散土地营造防护林带林网，使农田、经济作物及人畜免受风、雨、涝灾害，改变了小气候，确保农业、经济作物稳产、高产，而且还美化人们居住环境。

(5) 适宜推广区域

本模式适宜在广东珠江三角洲等平原以及福建省东南丘陵平原推广。

【模式 G1-9-2】　潮汕丘陵台地防护型薪炭林建设模式

(1) 立地条件特征

模式区位于广东省潮阳市，潮汕台地、丘陵平原地势较平坦，土壤为赤红壤或山地红壤，土层厚度在 50 厘米以上，土壤有机质含量 2% 以下，大多为砾质性土。

(2) 治理技术思路

模式区人口稠密，陶瓷工业发达，燃料消耗量大，供应紧张，应适当发展薪炭林。必须注意选择萌芽能力强、产量高、热值高的树种，并适当密植，以保持水土。

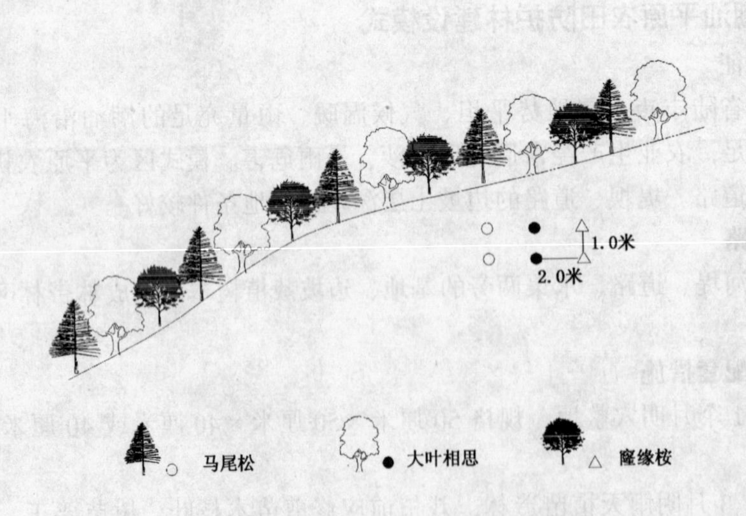

图 G1-9-2　潮汕丘陵台地防护型薪炭林建设模式图

（3）技术要点及配套措施

①树种选择：根据模式区气候及立地条件，可以选择台湾相思、窿缘桉、尾叶桉、赤桉、大叶相思、马尾松等树种。

②整地：冬季整地，规格50厘米×50厘米×30厘米。

③造林：用1年生高50厘米以上裸根苗，春季用黄泥水浆蘸根造林或雨季初期用20厘米以上容器苗造林（要除去容器袋）。栽植时不能屈根，回土后踏实。株行距1.0米×2.0米，每亩333株。

④抚育利用：造林后2～3年要实行封山，每年夏秋两季松土、除草1次，第4～5年进行"平茬"利用，伐后萌芽更新，以后每隔3～4年伐1次。作为薪炭林经营，第10年左右开始第1次主伐利用，以后每隔8～10年轮伐1次。

（4）模式成效

本模式能为人们生产和生活提供燃料，保护了植被，减少了农民开支，又有效地控制了水土流失，具有良好的生态、经济和社会效益。

（5）适宜推广区域

本模式适宜在广东省珠江三角洲、潮汕丘陵平原等人口稠密、生产和生活需要大量薪材及缺煤少柴的地区推广。

【模式 G1-9-3】 潮汕丘陵台地生态经济林建设模式

（1）立地条件特征

模式区位于广东省揭西县。在丘陵山地中下部、山脚坡地以及平地，土层深厚、排水能力良好的酸性沙质红壤、赤红壤、平原冲积土适宜于橄榄生长；海拔500米以下的丘陵山区，阴坡的中下部、山脚、山窝深谷，土层深厚、肥力中等、排水良好的酸性沙质土壤上适宜杨梅生长；海拔500米以下阳坡中下部、土壤疏松、排水良好的酸性土上适宜余甘子生长。

（2）治理技术思路

在注意选择优良品种及实行集约经营和精细管理的前提下，在潮汕丘陵、台地发展经济价值高的亚热带杂果，既可取得较高的经济效益，使农民富裕，也可取得一定的水土保持、水源涵养和美化环境的生态、社会效益。

（3）技术要点及配套措施

①整地：橄榄、杨梅，一般在冬季穴状整地，规格70厘米×70厘米×50厘米，放一定数量的土杂肥作基肥，回表土；余甘子，冬季块状穴垦，规格50厘米×50厘米×40厘米，回表土，每穴放土杂肥5～10千克。

②造林：橄榄、杨梅，用2年生实生嫁接苗（或定植后第2年嫁接），2～4月阴雨天栽植，回细土，压实，淋水。余甘子，2～3月份阴雨天，用1年生高80厘米以上健壮苗造林，第2年用优良品种进行嫁接。

③密度：橄榄，株行距8.0米×8.0米，每亩11株。杨梅，4.0米×4.0米，每亩42株。余甘子，2.7米×2.7米，每亩91株。

④抚育管理：橄榄，间种农作物，以耕代抚，促进橄榄的生长，当幼树长至2.5米高左右时留3～4个侧枝、主枝，其余从基部剪除，以使树姿整齐。3～4年后开始结果，采果后应及时松土，每株施人粪尿50千克以上，具体方法是在离树干1～2米处开环形沟，施肥后盖土；杨梅，造林后2年，每年3～4月除草、除杂、松土、扩穴1次；余甘子，造林后1～2年，每年夏初除

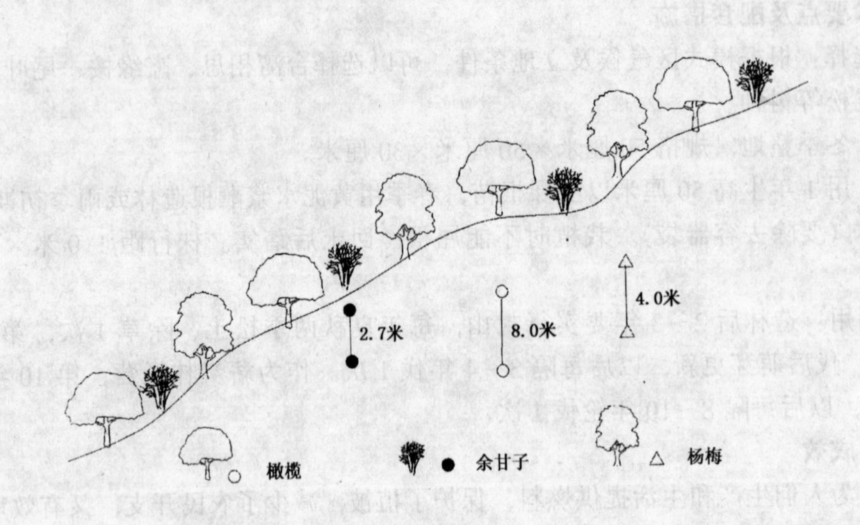

图 G1-9-3　潮汕丘陵台地生态经济林建设模式图

草、松土、扩穴1次，并施一些磷、钾肥。

(4) 模式成效

橄榄是我国特产果树，除了生食外，还可以加工成甘草榄、和顺榄、盐渍榄、蜜饯榄等，果、根还可以做药，同时具有良好的保持水土、涵养水源作用。杨梅是南方重要山果之一，既可鲜食，又可制成罐头、蜜饯和酿酒等，果实、树皮、根皮可入药，木材是良好的用材和薪炭材，并具有保持水土、涵养水源的作用。余甘子果实可生食及加工蜜饯等，果、根、叶都能作药，树皮、树叶又可提取烤胶，且具有一定的保持水土、涵养水源作用。

(5) 适宜推广区域

本模式适宜在广东省、广西壮族自治区沿海丘陵地区推广。

第34章

粤桂沿海丘陵台地类型区(G2)

本类型区位于广东省和广西壮族自治区毗邻地区的南海沿岸，东起广东省的红海湾，西止北仑河，北倚南岭山地，地理位置介于东经108°6′35″~ 115°13′16″，北纬20°14′30″~23°55′40″。包括广东省的西部地区和珠江三角洲地区、广西壮族自治区的南部沿海地区，具体涉及广东省湛江市、茂名市、阳江市、广州市、佛山市、东莞市、江门市、珠海市、深圳市、肇庆市、惠州市、清远市、中山市，广西壮族自治区北海市、钦州市、防城港市等市的全部或部分区域，总面积64 896平方千米。

本类型区地貌主要为丘陵台地，东部为珠江入海口冲积平原即珠江三角洲平原，中部是雷州半岛，南部为桂南沿海丘陵台地。热带海洋季风气候，水热条件优越，年平均气温22~23℃，≥10℃年积温7 000~8 000℃。年降水量1 500~2 200毫米，多集中于夏秋两季。全区地势平缓，台风侵袭较多，每年3~5次登陆。土壤以砖红壤、赤红壤为主，沿海为滨海沙土。天然植被以常绿季雨林为主，经人类长期活动干扰，多已演变为次生类型或开垦为农田。从20世纪60年代起，该区大力营造海防林和农田防护林，特别是从1988年起实施“全国沿海防护林体系建设工程”以来，已形成相对完善的海岸基干林带和农田防护林网。本区优越的自然条件对林业生态建设和发展热带特色经济林果、速生丰产用材林非常有利。

本类型区的工业化、城镇化程度高，农业综合开发强度高，技术密集，资金充足，社会生活水平高，是我国改革开放的前沿和社会、经济发展最快的地区之一，也是我国要率先实现农业现代化的重点区域之一。

本类型区的主要生态问题是：一是现有森林系统结构存在缺陷，防护功能不强。具体表现在以下几个方面：林种结构不合理，用材林多，防护林少；树种结构不合理，人工林多为针叶纯林，阔叶树种比重很小；低效防护林比重大，20世纪60年代起营造的海防林和农田防护林，已经开始出现老化、林带断缺残损等问题。二是沿海土地沙化仍较严重，全区约有525万亩沙化土地尚待进一步治理。三是局部地区，尤其是大中型水库库区水土流失仍较严重。四是工业和城市“三废”排放量大。

针对本类型区经济发达、水热条件优越的特点，林业生态建设与治理的主攻方向是：在协调好经济开发与生态保护与建设的基础上，以减轻灾害性生态因子对经济建设的影响、满足当地群众高质量生活要求为目标，全面建立起稳定的森林生态系统，促进区域经济、社会、环境的协调发展。具体内容：一是充分利用本区优越的水热条件和丰富的树种资源，调整林种、树种结构，营造混交林；封育补阔，改造现有低效防护林，提高林分质量。二是加强沿海防护林一、二、三道防线的建设，有针对性地建设水土保持林和防风固沙林，完善和提高防护林体系的质量和功能。三是大力发展高效经济林、速生丰产用材林和沿海旅游风景林。

本类型区划分为 2 个亚区，分别是：粤桂东部沿海丘陵台地亚区，珠江三角洲丘陵平原台地亚区。

一、粤桂东部沿海丘陵台地亚区（G2-1）

本亚区位于广东省西部沿海和广西壮族自治区南部沿海地区，北倚广东省西部的云雾山和广西壮族自治区南部的十万大山，东起镇海湾，西止北仑河，中部是雷州半岛。包括广东省湛江市的赤坎区、霞山区、坡头区、麻章区、廉江市、吴川市、遂溪县、雷州市、徐闻县，茂名市的茂南区、化州市，阳江市的江城区、阳西县；广西壮族自治区北海市的海城区、银海区、铁山港区、合浦县，钦州市的钦南区、钦北区，防城港市的港口区、防城区、东兴市等 22 个县（市、区）的全部，以及广东省阳江市的阳东县，茂名市的电白县、高州市等 3 个县（市）的部分区域，地理位置介于东经 108°6′35″～112°42′33″，北纬 20°14′30″～22°26′49″，面积 30 803 平方千米。

本亚区毗邻南海，地貌主要为丘陵台地，滨海为平原台地，是北热带向南亚热带过渡的区域。水热条件优越，年平均气温 22～23.5℃，≥10℃年积温 7 000～8 000℃，年降水量 1 500～2 200毫米，多集中于夏秋两季。土壤以砖红壤、赤红壤为主，沿海为滨海沙土。森林植被系为半常绿季雨林，由椴类、长叶山竹子、番荔枝科等植物组成。人工造林树种主要有马尾松、湿地松、桉树、相思、木麻黄、橄榄等。

本亚区的主要生态问题是：现存森林生态系统中林种、树种结构不合理。用材林、经济林比重大，防护林比重小；用材林中以纯林为主，湿地松、马尾松占优势。沿海防护林树种单一，结构单纯，树种老化，树木风折问题突出，挖筑高位虾塘对基干林带构成直接威胁；台风暴雨危害较重，夏秋暴雨集中，水土流失和沿海土地沙化进一步加剧。

本亚区林业生态建设与治理的对策是：充分利用本区优越的水热条件和丰富的树种资源，采取营造混交林、封育补阔改造现有纯林和低效林等手段，调整林种、树种结构，提高林分质量，强化森林生态系统的各项功能。协调海产养殖与基干林带保护的矛盾，加强沿海防护林体系的一、二、三道防线的保护与建设，完善和提高沿海防护林体系的质量和功能。

本亚区共收录 7 个典型模式，分别是：粤桂沿海滩涂红树林保护与恢复模式，粤桂沿海基干防护林带建设模式，粤桂沿海平原农田防护林建设模式，粤桂沿海沙地防风固沙林营造模式，桂南沿海丘陵生态经济林建设模式，粤桂丘陵台地桉树相思混交林建设模式，北海市近陆海岛景观型生态林营造模式。

【模式 G2-1-1】　粤桂沿海滩涂红树林保护与恢复模式

（1）立地条件特征

模式区位于广东省湛江市和广西壮族自治区北海市山口国家级红树林保护区，海湾泥质海岸或内海浅海滩涂，高潮期间几乎全为海水淹没，水深一般在 100 厘米以下，退潮时又全部露出海面。土壤是泥质盐碱土。受海浪、潮汐冲蚀、淘蚀，岸缘崩塌严重。

红树林是指热带海岸潮间带的木本植物群落，高潮位附近的红树林品种具有水陆两栖现象，其生态特征具有旱生结构和抗盐适应性及风浪适应性。红树林为胎生植物，果实成熟后仍然留在树上，种子在树上的果实内发芽，幼苗成熟后才落下，垂直插入淤泥中，生根并固定于土壤中。受温暖海洋气流的影响，红树林分布范围可延伸到部分亚热带沿海地区。

(2) 治理技术思路

红树林是沿海防护林体系中的第一道防线，也是沿海湿地生态系统中的关键环节，对于稳定岸线、恢复沿海地区生物多样性、丰富海产资源具有重要作用。红树林生态系统的恢复，首先要采取封禁措施保护好现有红树林，其次要因地制宜地人工营造红树林，扩大红树林的面积和规模。

(3) 技术要点及配套措施

①封禁：对现有的红树林应进行严格保护，严禁砍伐和一切人为破坏活动。

②树种及其配置：低潮泥滩带，在中潮线、中低潮线之间种植以白骨壤、桐花树、海桑等为主的先锋树种；中潮海滩地带，在中潮线以上、中高潮线以下的中潮滩地种植老鼠簕、木榄、角果木、秋茄、红海榄等生长繁茂的树种；高潮带或特大高潮带，以水陆两栖的半红树类植物为主，如卤蕨、海檬果、海漆、黄槿、榄李。

③造林：采集硕大的胎苗，选择条件较好、一般不受海潮影响的滩涂地进行育苗，待培育到25～40厘米以上时出圃造林。因红树类植物种类多，果实和幼苗的成熟期不一致，人工移植栽种的时间也不同，一般无需整地，春秋两季造林，可在退潮时插穴栽植，栽后压紧，以防潮水淹没时漂起。既可营造纯林，也可营造混交林，混交林可采用随机混交方式。营造纯林时，一般树种的造林密度为1.2米×1.8米，约每亩300株。海桑、无瓣海桑的造林密度为3.0米×3.0米，约每亩74株。混交林的混交比例和株行距见表G2-1-1。

④管护：造林后，连续3年全封育林，不准在新造林区内捕捉鱼、虾、蟹和圈养鱼虾及放鸭。设置专职护林员，建立护林队伍巡护，同时做好宣传教育工作，提高人们对保护红树林的认识。

表G2-1-1 主要树种混交比例及株行距

树 种	混交比例	株行距（米）	每亩株数
白骨壤	白3	1.0×1.0	200
海 桑	海3	3.0×3.0	22
桐花树	桐4	1.0×1.0	200

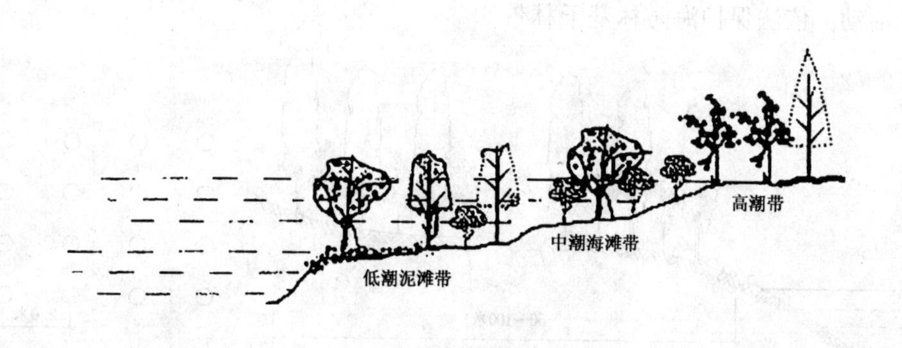

图G2-1-1 粤桂沿海滩涂红树林保护与恢复模式图

(4) 模式成效

本模式通过保护和恢复红树林资源，能有效地抵御和降低海潮、风浪等自然灾害对堤岸的危害，改善生产、生活环境，保障和促进当地的渔业生产，在保护沿海湿地生态系统、生物多样性方面具有不可代替的作用，还丰富了沿海旅游观光的海上森林资源。

(5) 适宜推广区域

本模式适宜在广东省、广西壮族自治区、海南省沿海泥质滩涂推广。

【模式 G2-1-2】　粤桂沿海基干防护林带建设模式

(1) 立地条件特征

模式区位于广西壮族自治区合浦县、东兴市和广东省湛江市沿海的沙质海岸或石质海岸上，地势平缓，沙质海岸沙层深厚，分布滨海沙土或盐碱地，石质海岸的土层较浅薄。

(2) 治理技术思路

沿海地区常受到台风侵害，建设基干林带，形成沿海防护林体系的第二道防线，既可防风害，又可固定流沙，还可以促进海产养殖等经济活动。泥质或沙质海岸，陆地上多为农耕地或高位养虾池塘等，通过营造基干林带，达到减弱风速、固定流沙，确保农业、渔业的稳产、丰产；石质海岸，陆地上常常是丘陵地带，选择抗风力强的树种营造基干林带，可保护经济林或其他热带作物。

(3) 技术要点及配套措施

①树种选择：选择抗风、抗盐碱力强的树种，主要有木麻黄、马占相思、直杆相思、台湾相思、黄槿、窿缘桉等。

②基干林带配置：沿海岸线配置基干林带，带宽 50～100 米。以乔木、亚乔木混交组成半疏透结构林带。株间或带状混交，株行距 1.5 米×2.0 米。

③整地：穴垦 50 厘米×50 厘米×40 厘米，边整地边造林。

④造林：春雨期间阴雨天造林，木麻黄用 1 年生高 1 米以上健壮苗，应比原地径深栽10～15 厘米，栽后踏实。也可用半年龄、苗高 30～40 厘米的容器苗造林。

⑤抚育管理：大风或台风过后要及时拨开埋沙、扶正苗木，培土，清除死株并及时补植。郁闭后，适当疏伐，林带郁闭度控制在 0.6～0.8。

⑥辅助措施：加强宣传，提高群众爱林护林的自觉性。建立护林组织，专人负责巡护，严禁一切人畜破坏活动，依法保护海防林基干林带。

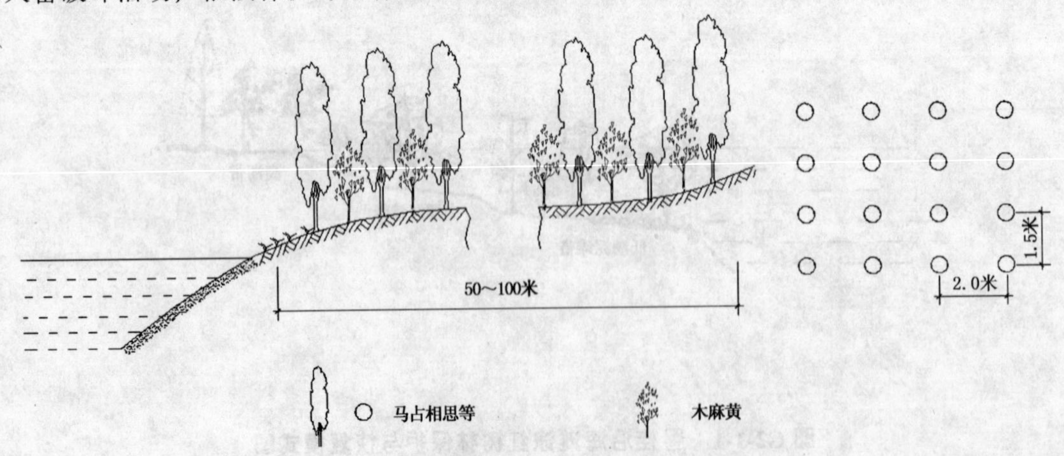

图 G2-1-2　粤桂沿海基干防护林带建设模式图

(4) **模式成效**

本模式在广西壮族自治区沿海合浦县、东兴市等地已开始发挥作用，流动沙地已逐步逆转为半固定沙地，半固定沙地逆转为固定沙地，土壤颜色已逐步由白变黑。区域性生态环境发生了明显变化。气象资料表明：年平均气温升高0.02℃，年降水量增加5%～10%，年平均相对湿度提高3.2个百分点，年平均风速由原来4.0米/秒降低到2.8米/秒。农作物产量提高20%～30%。

(5) **适宜推广区域**

本模式适宜在广东省、广西壮族自治区、海南省沿海地区推广。

【模式 G2-1-3】 粤桂沿海平原农田防护林建设模式

(1) **立地条件特征**

模式区位于广西壮族自治区合浦县及国有珠光农场的沿海平原农业耕作区，地势平坦，台风为害严重。

(2) **治理技术思路**

模式区及周边地区人多地少，粮食不足，薪柴紧缺，防护林建设必须遵循因地制宜、因害设防的原则，在农田中布设防风林带的同时，充分利用河堤、道路、水渠两旁的边坡地，栽植树木，组成林带林网，形成沿海防护林体系的第三道防线。

(3) **技术要点及配套措施**

①林带配置：首先沿河堤、道路、水渠进行自然配置，然后在大片农耕区中每隔约300米垂直主风向种植2～4行疏透结构林带。

②树种与密度：见表G2-1-3。

表 G2-1-3 粤桂沿海平原农田防护林主要树种造林技术

树种	苗木		株行距（米）			备注
	苗龄（年）	苗高（厘米）	2行	3行	4行	
木麻黄	1	120	1.5×2.0	2.0×2.0	2.5×3.0	水网地带可选用水松
大叶相思	0.5	30～50	1.5×2.0	2.0×2.0	2.0×3.0	
厚荚相思	0.5	30～40	1.5×2.0	2.0×2.0	2.0×3.0	
桉树	0.5～1	40～120	1.5×2.0	2.0×2.0	2.0×3.0	
水松	1	100	1.5×2.0	2.0×2.0	2.0×3.0	

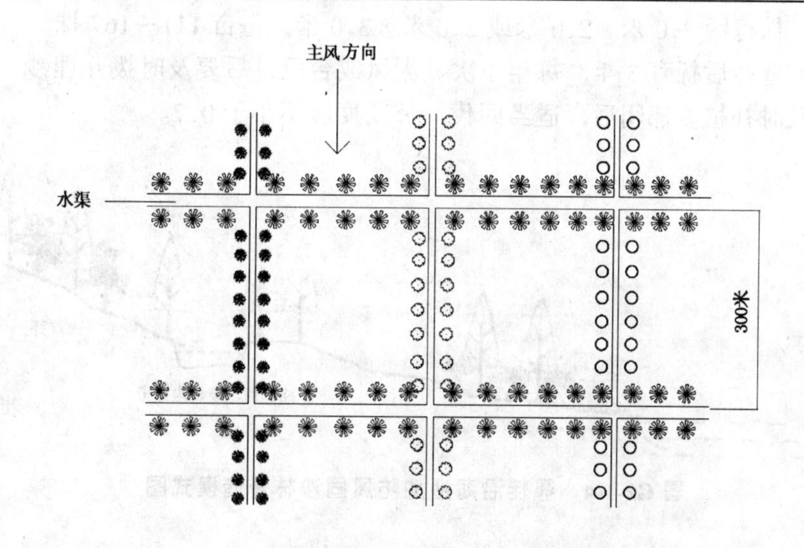

图 G2-1-3 粤桂沿海平原农田防护林建设模式图

③整地：造林前1个月明穴整地，规格50厘米×50厘米×40厘米或40厘米×40厘米×30厘米。

④造林：选择冬末早春阴雨天造林，栽植前修剪苗木枝叶，栽植时做到苗正、根舒，回土，踏实，浇足定根水。

⑤抚育管理：造林后严禁人畜破坏，1个月后检查成活情况，及时进行补植。2～3年内每年夏初松土、培土抚育1次。

(4) 模式成效

本模式利用河堤、道路、水渠两旁的闲散土地营造防护林带林网，既可使农田、经济作物及人畜免受台风、暴雨危害，确保农业、经济作物稳产、高产，又能改变小气候，美化居住环境。

(5) 适宜推广区域

本模式适宜在广东省、广西壮族自治区沿海平原地区推广。

【模式 G2-1-4】 粤桂沿海沙地防风固沙林营造模式

(1) 立地条件特征

模式区位于广东省电白县和广西壮族自治区合浦县的沿海沙地，有大面积固定、半固定或流动沙滩，土壤为滨海沙土或盐渍土，农作物常受风、沙危害。

(2) 治理技术思路

在保护好现有防风固沙林带的前提下，选择抗风沙能力强、适应性强的树种，用人工营造的方法迅速恢复和完善沿海防风固沙林（林带和片林），固定沙荒地，防止已经固定的沙地逆转，并逐步改良沙化土地。

(3) 技术要点及配套措施

①树种选择：木麻黄、窿缘桉、台湾相思、马占相思、直干相思、落羽杉、水松等。

②树种配置：在基干林带后向内布设，按地形确定营造林带或片林。林带结构为半疏透结构，带宽依沙地宽度而定；片林营造带状或块状混交林，水网边缘配置水松或落羽杉。

③造林：穴垦整地，规格50厘米×50厘米×40厘米，边整地边造林。春季至夏初期间阴雨天造林，木麻黄、落羽杉、水松用1年生高1米以上健壮苗，窿缘桉、台湾相思、马占相思、直杆相思用3～5月龄容器苗。种植应比原地茎深栽10～15厘米，栽后踏实。

④造林密度：株行距2.0米×2.0米或2.0米×3.0米，每亩111～167株。

⑤抚育管理：造林后抚育3年，每年1次。大风或台风过后要及时拨开埋沙、扶正苗木、培土，清除死株并及时补植。郁闭后，适当间伐，郁闭度应不小于0.7。

图 G2-1-4 粤桂沿海沙地防风固沙林营造模式图

⑥配套措施：建立护林组织，专人负责巡护，严禁一切人畜破坏活动；建立沙化土地监测网点，通过监测研究风沙土地变化的原因和规律，为防风治沙提供科学依据，为林带的更新和替代树种的选择提供依据；配套建设薪炭林基地和沼气池，满足农村能源供应。

(4) 模式成效

本模式在广东省、广西壮族自治区沿海地区获得良好的成效，控制和固定了流沙，防止了风沙危害，改良了沙地性质，保护了当地群众正常的生产生活。同时，合理经营取得的木材还可作家具板材、建筑用材或薪炭材。

(5) 适宜推广区域

本模式适宜在广东省、广西壮族自治区、海南省的沿海沙地推广。

【模式 G2-1-5】 桂南沿海丘陵生态经济林建设模式

(1) 立地条件特征

模式区位于广西壮族自治区钦州市钦北区。属桂南沿海丘陵，北热带海洋性气候，年平均气温20～22.5℃，年降水量1 600～2 300毫米。砖红壤或赤红壤。宜林地包括：高丘陵区坡度15～30度、静风向阳表土层50厘米以上的下坡厚层土立地，表土厚10厘米以上，中上坡中层土立地。

(2) 治理技术思路

在坡下部土层厚度80厘米、表土厚10厘米以上立地条件较好的宜林地，种植特种经济林；在立地条件中等的宜林地，种植速生用材林，带状或块状混交；上坡则保留原生植被并采取封育措施。培育稳定的森林生态系统，提高森林保持水土、涵养水源等生态效益。

(3) 技术要点及配套措施

①树种选择与配置：经济林树种是八角或玉桂，在下坡种植。中上坡造林树种为桉树、相思树及湿地松等，带状或块状混交。株行距和造林密度，八角4.0米×5.0米、33.3株/亩，玉桂1.0米×1.0米、667株/亩；松类2.0米×2.0米、167株/亩，桉树2.0米×3.0米、111株/亩，相思树2.0米×4.0米、83株/亩。

②整地：经济林采取带状整地，带间留1.0米宽的生草带，八角种植坑规格60厘米×60厘米×40厘米，玉桂种植坑规格50厘米×50厘米×30厘米。用材林采用穴状整地，规格50厘米×50厘米×30厘米。整地时要注意保护原有植被，减少对地表植被的破坏，绝对禁止全面垦山。

③造林：春季造林，八角和玉桂用1～2年生播种苗，苗高在40厘米以上；桉树、相思树及湿地松用百日龄容器苗，苗高20厘米以上。容器苗也可在雨季造林。

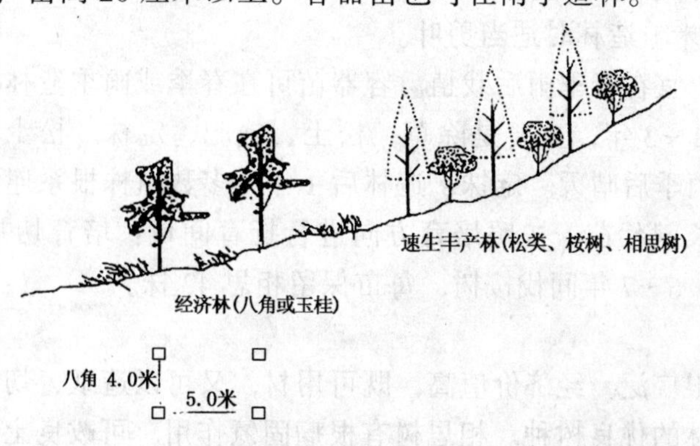

图 G2-1-5 桂南沿海丘陵生态经济林建设模式图

④抚育管理：幼林抚育管理包括除草、松土、施肥、间苗、补植、病虫害防治。一般在造林后要连续抚育 3 年，每年 1～2 次。加强防火，防止人畜危害。造林后至郁闭前，要对造林地实行封山管护，禁止放牧割草。

(4) 模式成效

本模式是南亚热带山地丘陵比较理想的、经济和生态效益兼顾的建设治理模式。采用的树种都是常绿树种，有良好的水土保持、涵养水源作用；八角在第 6 年产果，第 10 年进入盛产期，每亩年收入 1 300～2 700 元。既合理利用了土地资源和优越的水热条件，发展了珍贵经济林，取得很好的经济效益，提高农民的经济收入，又增加了森林植被覆盖率，达到了改善生态环境的目的，经济、生态、社会三大效益明显。

(5) 适宜推广区域

本模式适宜在广东省、广西壮族自治区北热带和南亚热带山地丘陵区推广。

【模式 G2-1-6】　粤桂丘陵台地桉树相思混交林建设模式

(1) 立地条件特征

模式区位于广西壮族自治区山口林场及广东省雷州市。模式区所在地为中、低丘陵坡度 20 度以下的平缓坡地以及沿海台地、平地，土壤为湿润的沙质砖红壤、赤红壤或滨海沙土，土层深厚、肥力中等。

(2) 治理技术思路

当地的气候、地形、地貌和立地条件最适宜桉树、相思树生长，是桉树、相思树发展的中心区域。根据立地条件，选择最适合当地生长、产量高、生长快、出材率高的生态经济型造林树种桉树、相思，采取混交造林方式，实现生态、经济效益双赢。

(3) 技术要点及配套措施

①树种及其配置：桉树品种有尾叶桉、巨尾桉、雷林 1 号桉等；相思树有马占相思、直干相思、厚荚相思和大叶相思等。带状或块状混交造林，混交比为桉 5 相 5。株行距，桉树 2.0 米×3.0 米，相思树 2.0 米×4.0 米，每亩混交造林 97 株。

②整地：秋末冬初整地。建议采用带垦整地或穴状整地，避免机耕全垦。带垦整地，带宽 80～100 厘米，深 25～30 厘米；穴状整地，造林前开栽植穴，规格 40 厘米×40 厘米×35 厘米；不宜带垦的地方采用块状整地，规格 50 厘米×50 厘米×35 厘米。

③造林：

苗木：营养砖苗或容器苗，每砖 2 株，90 天苗高 15～20 厘米；2.5～3 个月扦插苗、半年生大床苗，苗高 15～20 厘米。造林时适当剪叶。

季节：裸根苗造林，宜在春季雨后栽植。容器苗可在春季或雨季造林。

④抚育：连续抚育 2～3 年，主要是除草、松土、施肥、定株。松土、除草每年 2 次，第 1 次在雨季前，第 2 次在雨季后晴天。定株，造林后 1 年，多数植株根系连生并开始分化，此时应定株，每穴保留 1 株生长健壮苗。按照培育方向进行抚育间伐：培育切片材、浆粕材不需要间伐；培育相思大径材的，6～7 年间伐桉树，每亩保留相思 42 株。

(4) 模式成效

桉树、相思树用途很广泛，经济价值高，既可用材，又可以造纸、切片，同时又是道路、庭院绿化和防风林、薪炭林的优良树种。相思树有根瘤固氮作用，可改良土壤；混交造林又有良好的水土保持、涵养水源作用。依本模式造林 7 年后采伐，每亩可生产木材 6～8 立方米。

(5) 适宜推广区域

本模式适宜在广东省、广西壮族自治区北热带和南亚热带山地丘陵区推广。

【模式 G2-1-7】 北海市近陆海岛景观型生态林营造模式

(1) 立地条件特征

模式区位于广西壮族自治区北海市西南 36 海里的涠洲岛，该岛系火山喷发而成，具有火山地貌的独特景观，由于长年的波浪作用，形成了许多海蚀洞穴、海蚀岩、海蚀蘑菇等，已经被开发为旅游度假胜地。沙质、泥质和岩质海岸，村庄庭院以石砾质土为主，土层 40～60 厘米，肥力较低。

(2) 治理技术思路

在旅游业发达的海岛上建设防护林体系，要综合考虑防护、生产、景观等多重功能，因此，其防护林建设应该定位在景观型生态林。即：发展海岛高质量的生态林业体系，减轻台风等自然灾害的影响，满足旅游资源开发的要求。

(3) 技术要点及配套措施

①建设内容：建设环岛防护林，既能防御台风，又能增添沙滩景色，让游客漫步于绿荫林带，休闲观海；建设花带果园，建设既能观花、又能尝果的花园，考虑到观花尝果的季节序列，要配置不同花期及早、中、晚熟品种，做到四季花果常存；建设绿盘农舍，以农户庭院或村庄绿化为主，在农舍或村庄配置花、果，既绿化美化庭院、村庄，又可开展第三产业服务，吸引游客前来休闲度假。

②营造技术：环岛观光防护林带，选择木麻黄、窿缘桉、椰子、大王椰、大叶相思、假槟榔等树种，错落有致地进行配置；绿盘农舍，选择大王椰、假槟榔、木麻黄、大叶相思、窿缘桉、黄槿、竹类等树种，以农舍或村庄为中心在其四周造林；农舍前空旷、稀疏，建花带果园，花带选种美人蕉、文殊兰、千日红、鸡冠花、凤仙花、九里香、女贞、红铁树、南天竹，果树可选配荔枝、龙眼、杧果、木波罗、香蕉、人心果、椰子、油梨、火龙果等，一般株行距为4.0 米×4.0 米或 4.0 米×5.0 米。

③抚育管理：锄草、松土、施肥、培土相结合，注意病虫害防治。

图 G2-1-7 北海市近陆海岛景观型生态林营造模式图

(4) 模式成效

按照上述模式建设的涠州岛已成为具热带美丽风光的海岛，吸引了大批游客前往观光旅游。

(5) 适宜推广区域

本模式适宜在我国热带的近陆岛屿推广。

二、珠江三角洲丘陵平原台地亚区（G2-2）

本亚区位于广东省南部，是珠江入海口及周边地区，北起九莲山，南部濒海，东起红海湾，西止镇海湾，具体包括广东省广州市的越秀区、东山区、荔湾区、海珠区、天河区、芳村区、白云区、黄埔区、番禺区、花都区，佛山市的城区、石湾区、南海市、三水市、顺德市，东莞市，江门市的江海区、蓬江区、新会市、台山市、开平市、恩平市，珠海市的香洲区、斗门县，深圳市的福田区、罗湖区、南山区、宝安区、龙岗区、盐田区，肇庆市的端州区、鼎湖区，惠州市的惠城区、惠阳市，清远市的清城区，中山市等36个县（市、区）的全部，以及广东省广州市的从化市、增城市，清远市的佛冈县，肇庆市的四会市、高要市，佛山市的高明市，江门市的鹤山市，惠州市的博罗县、惠东县等9个县（市）的部分区域，地理位置介于东经112°19′55″～115°13′16″，北纬21°45′24″～23°55′40″，面积34 093平方千米。

本亚区中部为珠江三角洲平原台地，东西两侧为丘陵台地，北部亦有部分山地。海洋湿润季风气候，年平均气温20～22℃，最热月平均气温27～28℃，最冷月平均气温10～12℃，年降水量1 500～2 000毫米，夏季雨多，平均每年有1～2次台风在本区登陆，台风暴雨经常成灾。土壤以赤红壤为主，山地红壤和黄红壤也有分布。

本亚区是我国改革开放的前沿，技术密集，资金充裕，城市化、工业化、农业现代化程度和社会经济发展均处于较高水平。广东也是我国率先实现消灭荒山的省份之一，林业生态建设起步早，成效突出，有力地支持了区域社会经济环境的协调发展。随着本区经济社会的进一步发展，对生态建设的层次和质量又有了较高的要求。

本亚区的主要生态问题是：现有森林的林种、树种结构不合理，不能满足区域社会经济高速发展的需要；“三废”排放量大；局部地区水土流失仍然存在；珠江三角洲冲积平原和沿海沙地沙化仍较严重；常受风、雨、涝等自然灾害危害。

本亚区林业生态建设与治理的对策是：加强生态保护意识，强化生态建设管理；依托本区优越的水热条件和较丰富的树种资源，通过营造混交林、封育补阔改造现有低效防护林等方式，调整林种、树种结构，全面绿化，突出美化，进一步完善和提高森林体系的质量和功能，适应当地社会和经济快速发展的需要；加强保护和建设沿海旅游风景林并兼顾发展高效经济林、速生丰产用材林。

本亚区共收录6个典型模式，分别是：珠江三角洲沿海沙化土地防风固沙林建设模式，珠江三角洲大中型水库护岸林建设模式，珠江三角洲中部平原农田防护林建设模式，珠江三角洲丘陵马占相思生态林建设模式，珠江三角洲旅游区风景名胜林保护与恢复模式，珠江三角洲丘陵平原龙眼、荔枝经济林建设模式。

【模式 G2-2-1】　珠江三角洲沿海沙化土地防风固沙林建设模式

(1) 立地条件特征

模式区位于广东省斗门县沿海固定、半固定沙滩上，天然植被极少或无植被，土壤为滨海沙土或盐渍土。

(2) 治理技术思路

模式区沿海防风固沙林带已基本形成，只有局部地段林带因受台风侵袭而遭破坏，少部分半固定沙滩没有林带，需要人工造林完善林带。治理思路是：在严格保护好现有林带的基础上，选择抗风能力强的先锋树种木麻黄进行造林，完善林带，防风固沙。

(3) 技术要点及配套措施

①保护现有林带：对现有防风固沙林带，采取严格的封禁保护措施，严禁砍伐、盗伐、割草、放牧、采矿、挖虾池等一切人为破坏活动。

②营造防风固沙林带：

林带结构：半疏透结构，沿海岸最高潮水位线布设，带宽按沙滩具体宽度而定。

整地：边整地边造林，穴垦50厘米×50厘米×40厘米。

造林：春雨期间阴雨天造林；苗木采用木麻黄1年生1.0米以上健壮苗；深栽，比原地茎深10～15厘米，栽后踏实；也可用无性系容器苗种植，苗高30～40厘米。

密度：株行距1.5米×2.0米，每亩222株。

抚育管理：大风或台风过后要及时拨开埋沙、扶正苗木并培土，清除死株并及时补植。郁闭后，适当间伐，控制郁闭度不小于0.7。

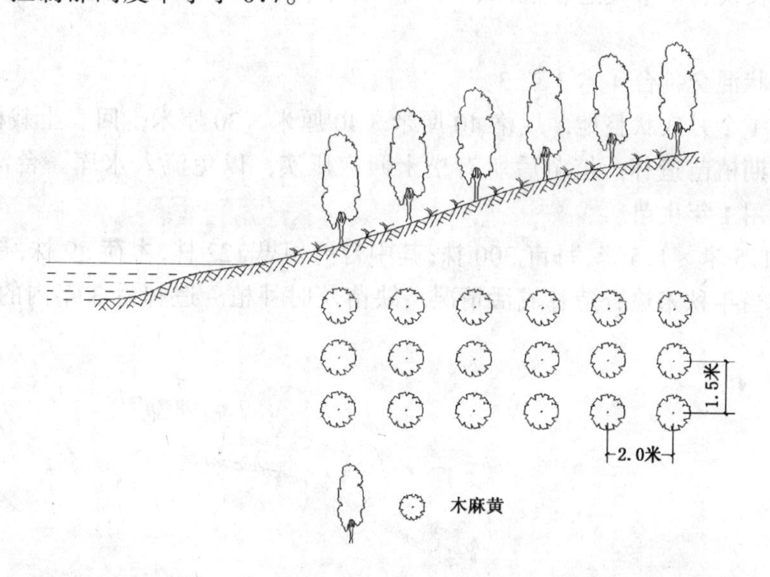

图 G2-2-1 珠江三角洲沿海沙化土地防风固沙林建设模式图

(4) 模式成效

本模式固定了沙滩，保护了农作物和人、畜免受风沙危害。同时，木麻黄还可作家具、建筑用材，能够获取一定的经济收益。

(5) 适宜推广区域

本模式适宜位于广东省、广西壮族自治区、海南省沿海地区推广。

【模式 G2-2-2】 珠江三角洲大中型水库护岸林建设模式

(1) 立地条件特征

模式区在广东省开平市的大中型水库集水区。模式区下游有4个大型水库及许多中小型水库。集水区内土壤主要为赤红壤或砖红壤，多薄土层。林草植被盖度虽普遍大于50%，但针叶纯林多，阔叶林、混交林少，局部地区还存在疏林及少量荒山，水土流失现象较为严重，影响水库运行与使用年限。

(2) 治理技术思路

在保护好现有森林植被的前提下，因地制宜，分类指导，采取有效措施调整树种结构，提高林草植被盖度，改善林分结构和质量，增强库区森林涵养水源、保持水土的功效。具体的内容是：在森林植被稀疏的地方补植阔叶树，在荒山营造阔叶林或针阔混交林，对大中型水库集水区范围内的针叶纯林逐步进行阔叶化和针阔混交化改造。

(3) 技术要点及配套措施

①封禁：对大、中型水库集水区内第一层山脊中郁闭度 0.4 以上的森林进行严格保护，禁止砍伐、割草、放牧等一切人为破坏活动。

②疏林补植：对大中型水库集水区范围内第一层山脊中郁闭度 0.2～0.4 的森林，在比较稀疏的地方补种阔叶树。

以木荷、黧蒴栲、三角枫、红锥、火力楠、台湾相思、大叶相思等乡土树种为主。秋冬季穴状整地，规格 50 厘米×50 厘米×40 厘米。选用 1 年生 I 级苗木，于春季雨期补植。

③人工造林：

树种：选择生长快、根系发达、根深、叶茂、保水固土能力强的树种，如台湾相思、木荷、黧蒴栲。

配置方式：带状混交，台 4 木 3 黧 3。

整地：造林前 1 个月穴状整地，规格 40 厘米×40 厘米×30 厘米，回表土栽植。

造林：春雨初期植苗造林，植苗后所有松土回穴压实，以免流入水库。台湾相思用半年生苗，木荷、黧蒴栲用 1 年生苗。

密度：株行距 1.5 米×1.5 米，每亩 300 株，其中台湾相思 122 株，木荷 89 株，黧蒴栲 89 株。

抚育：于造林当年秋末检查造林成活情况，缺苗及时补植。造林后 3 年内的每年 4～5 月除草松土 1 次。

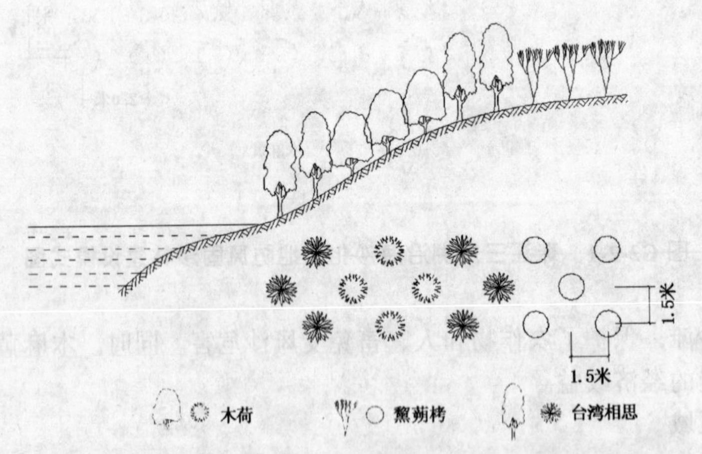

图 G2-2-2　珠江三角洲大中型水库护岸林建设模式图

(4) 模式成效

本模式对防治水土流失、护岸、涵养水源有良好的作用，同时又能取得一定的经济效益。

(5) 适宜推广区域

本模式适宜在广东省各地库岸周围推广。

【模式 G2-2-3】 珠江三角洲中部平原农田防护林建设模式

(1) 立地条件特征

模式区位于广东省台山市的平原地区，地势平坦，土壤肥沃，气候温暖，雨量充沛，河渠密集。每年台风登陆1～2次，风、雨、涝灾害频繁。

(2) 治理技术思路

根据模式区内人多地少的特点，在不影响防护效益的前提下，因地制宜，尽量少占用耕地，主要利用河堤、道路、水渠两旁的基地、坡地栽植林木，组成防护林带林网，减轻台风对农业生产的危害，并与城郊绿化相结合，城乡一体化绿化。

(3) 技术要点及配套措施

①整地：造林前1个月明穴整地，规格为50厘米×50厘米×40厘米或40厘米×40厘米×30厘米。

②造林：早春2～3月阴雨天栽植造林，栽植前应修剪苗木枝叶，栽植树苗要正，根要舒展，回土，踏实，淋足定根水。

③树种及密度：详见表G2-2-3。

表 G2-2-3 珠江三角洲中部平原农田防护林建设技术

树种	苗木	株行距（米）			每百米长株数			备注
		1行	2行	3行	1行	2行	3行	
落羽杉	>1.2米/1年	2.0	2.5	3.0	50	80	100	水网地带选用落羽杉或水松；干地地带选木麻黄或桉树
水松	>1.5米/2年	2.0	2.5	3.0	50	80	100	
木麻黄	>1.5米/1年	2.0	2.5	3.0	50	80	100	
桉树	>1.5米/1年	1.5	2.0	2.5	67	100	80	
蒲葵	3年生	2.5			40			

④抚育管理：造林后进行封禁，严禁人畜破坏，3个月后检查成活情况，并及时进行补植。造林后2～3年内每年夏初除草、松土、培土抚育1次。

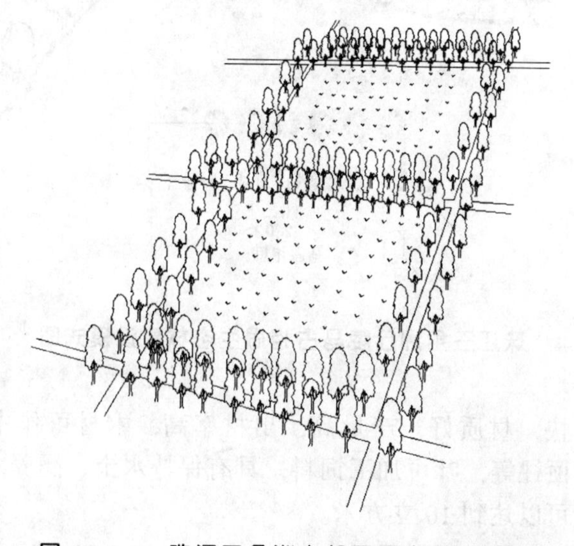

图 G2-2-3 珠江三角洲中部平原农田防护林建设模式图

(4) 模式成效

本模式利用河堤、道路、水渠两旁的闲散土地营造防护林带林网，减轻风、雨、涝对农田、经济作物及人畜的威胁，确保农业稳产、高产，还可以显著地改善小气候，美化人们的居住环境，提高城乡绿化的整体水平。

(5) 适宜推广区域

本模式适宜在广东省和广西壮族自治区沿海平原地区推广。

【模式 G2-2-4】　珠江三角洲丘陵马占相思生态林建设模式

(1) 立地条件特征

模式区位于广东省台山市珠江三角洲平原周边的丘陵地带，海拔 400 米以下，气候温暖，雨量充沛；土壤以赤红壤为主，土层厚度 60 厘米以上，土质疏松，肥力中等。

(2) 治理技术思路

模式区自然条件优越，进行生态建设应兼顾森林资源培育。针对当地情况，选择适宜于丘陵地区生长，且生长快、材质好、生物量高的马占相思作为生态林建设树种。

(3) 技术要点及配套措施

①整地：冬前块状整地，规格 50 厘米×50 厘米×40 厘米。穴内土块挖出经一个冬天风化后，于造林前打碎回穴。

②造林：采用半年生、高 25 厘米以上的容器苗。容器为塑料袋时，造林时要撕去塑料袋。春季阴雨天栽种，栽后压实。

③密度：株行距 2.0 米×3.0 米，每亩 111 株。

④抚育：造林后每年除草、松土 1～2 次，连续 3 年。成林后林木分化激烈，可适当进行 1 次间伐，每亩保留 60～80 株。

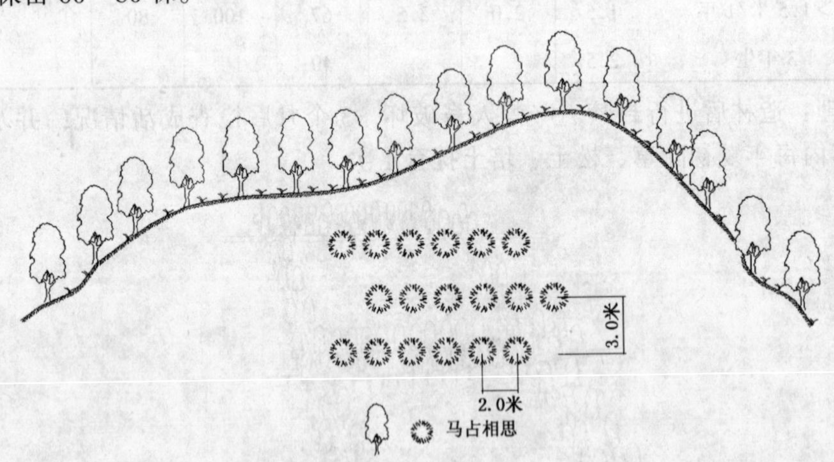

图 G2-2-4　珠江三角洲丘陵马占相思生态林建设模式图

(4) 模式成效

马占相思适应性强，生长快，材质好，产量高，出材率高，木材可作中纤板、胶合板、家具、工艺用材、纸浆材、建筑顶柱等，叶可加工饲料，具有保持水土、涵养水源的功能。马占相思林生长 8 年后，每亩蓄积量可以达到 10 立方米。

(5) 适宜推广区域

本模式适宜在珠江三角洲周边丘陵及马占相思的适生区广泛推广。

【模式 G2-2-5】 珠江三角洲旅游区风景名胜林保护与恢复模式

（1）立地条件特征

模式区位于广东省四会市。珠江三角洲地区的风景区、旅游区、自然保护区以及寺院等名胜古迹周边地区，大多保留一些珍贵常绿阔叶树种、片林，它们不仅能够显著改善旅游点的景观效果和旅游价值，而且可以起到强化旅游者生态保护意识的作用。但这些地区森林植被比较稀疏，景观效果差。模式区水热资源丰富，土壤条件适宜多种植物生长，尤其是花灌木的生长。

（2）治理技术思路

在保护好现有古树及森林的基础上，对森林植被比较稀少的地方，采用人工补植的方法恢复森林植被，增加花灌木，增强景观和美化效果。

（3）技术要点及配套措施

①保护：对风景区、旅游区、自然保护区以及寺院等名胜古迹周边的古树名木登记造册，建立档案；严格保护珍贵常绿阔叶林中的一草一木，严禁砍伐、割草、放牧等一切人为破坏活动。

②补植造林：对风景区及其周边以及旅游线路两侧影响景观效果的比较稀疏的森林，人工补植常绿阔叶树，种植一些观赏价值高、树姿好、花色鲜艳的树种，如榕树、木荷、木棉、南洋杉、青冈栎、玉兰、紫荆、杜鹃花、凤凰木、桃花、苏铁、海棠花等，以改善景观效果。

一般在春雨期间补植。苗木视种植地点和目的而定，如需要也可以移植大树。挖坑规格根据树种及苗木根部大小而定，但以根系舒展为宜，坑内施一些基肥或复合肥。种植后应精心管护、抚育，勤施肥、除草、松土。

（4）模式成效

本模式通过保护和恢复风景区、旅游区、自然保护区、寺庙等名胜古迹的珍稀树木及片林，保护和改善了风景名胜区的环境，提高了景观效果，更好地供人们观光游览。

（5）适宜推广区域

本模式适宜在广东省各地推广，对全国各地风景名胜林的保护、建设均有参考借鉴价值。

【模式 G2-2-6】 珠江三角洲丘陵平原龙眼、荔枝经济林建设模式

（1）立地条件特征

模式区位于广东省增城市。年平均气温 21～23℃，极端最低气温大于 -1℃；土壤的分布情况是：山地、丘陵为赤红壤、沙壤，平原为黏土、冲积土，河边为沙质土。土层深厚、疏松、湿润，有机质含量较高，地下水位低，排水良好，pH 值 5.5～6.5，微酸性。20 度以下的缓坡地为龙眼、荔枝的适宜立地。

（2）治理技术思路

龙眼、荔枝是南方名贵特水果，经济效益较高。选择优良品种并合理密植，既能够取得较好的经济收益，又可以促进当地农业种植结构的调整，还可以在土地紧张的发达地区增加森林覆盖率，而且具有较好的景观效果。

（3）技术要点及配套措施

①优良品种选择：龙眼选择石硖、储良；荔枝选择桂味、妃子笑、糯米糍。

②整地：秋末或冬初穴状整地，规格 100 厘米×100 厘米×80 厘米。挖穴时把杂草、表土放一边，把深层土放在另一边，清除其中的石砾。

③施足基肥：在种植前必须施足基肥，特别是土壤贫瘠的荒山，更要多放的基肥为，挖好穴后，经过一段时间风化，在种植前回填好树穴，同时分层施入基肥。方法是：先把杂草、绿肥、表土埋入穴底，并撒少量石灰，然后，分层施入混有禽畜粪肥、经腐熟并去掉有害物质的垃圾泥和过磷酸钙的园土。回填植穴应高出地平面20厘米。每穴施放的基肥量为，草料或垃圾50～100千克，堆肥或腐熟粪肥30千克，钙镁磷肥或过磷酸钙0.5～1千克，麦麸饼肥1～2千克，石灰1千克，拌表土分层回填植穴，底层为粗肥，中上层为精肥和表土。

④苗木：必须选择根系发达、须根多、主干直、叶片青绿、无病虫害的健壮苗木，高40厘米以上，直径0.8～1.2厘米。

⑤密度：根据栽培条件、经济实力及管理水平决定种植密度。栽培条件好、经济实力强、管理技术水平高，应当适当密植。密植株行距一般为3.0米×3.0米，每亩74株，或3.0米×4.0米，每亩56株。

⑥季节：2～5月或10月种植。种植时要把握好种植深度，嫁接苗种植深度一般按出圃深度，圈枝苗以盖过泥头6～8厘米为宜。种植前应剪去苗木的嫩梢和部分枝叶。种植时回园土、压实。种植后，淋足定根水，在以树干为中心、直径约1米的范围内整理比地表高15厘米的树盘，并用杂草覆盖，较大的植株应加桩固定。

⑦幼林抚育管理：用稻草、杂草或地膜覆盖树盘。从种植第2年开始，于5～10月结合松土、除草，浅耕树盘10～15厘米，随后覆盖土杂肥、塘泥等客土。扩穴是在原定的植穴外沿挖环形沟或条形沟，深度40～60厘米，然后分层埋入杂草、绿肥、土杂肥、塘泥、粪肥、石灰等。在定植第1年，植株第1次新梢老熟后即开始施肥，以水肥为好，薄施勤施。第2年以后，每抽1次新梢施2次肥，第1次在顶芽萌动时施，以氮肥为主，第2次在新梢生长基本停止时施。每年秋冬应施足基肥及复合肥。采用疏梢、护梢、施肥护梢、杀虫护梢措施，使枝梢早生快长，形成良好树冠。

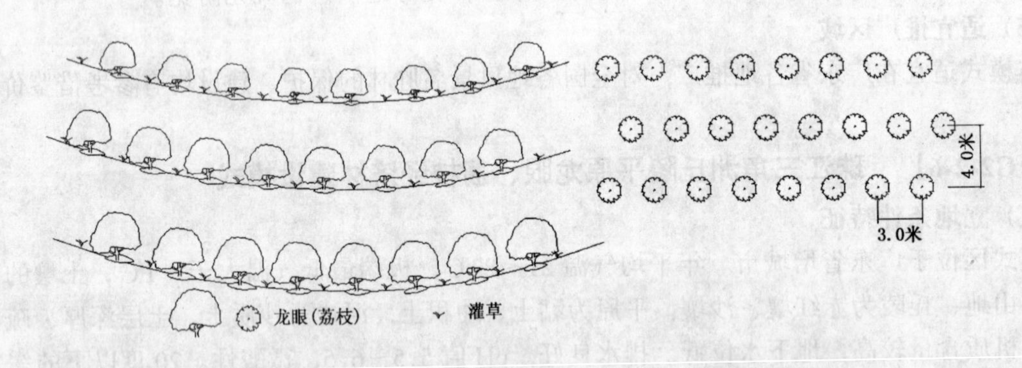

图 G2-2-6　珠江三角洲丘陵平原龙眼、荔枝经济林建设模式图

(4) 模式成效

荔枝被誉为果中之王，龙眼自古被视为滋补珍品，被喻为"南方人参"。龙眼、荔枝果实不仅是鲜食佳品，还可以制成干果、罐头、果酱、果酒等多种食品。同时，木材质地坚实，耐久坚固，是上等的雕刻工艺品的材料和优良的建筑、家具用材，在增城有悠久的种植历史。现在珠江三角洲、潮州、粤西等地种植很多，产量很高，取得很好的经济效益，增加了农民的收入。同时也有很强的保持水土、涵养水源功能。

(5) 适宜推广区域

本模式适宜在广东省、广西壮族自治区条件相似地区推广。

第35章

滇南热带山地类型区(G3)

本类型区位于云南省盈江县、江城哈尼族彝族自治县、屏边苗族自治县、麻栗坡县一线以南，地理位置介于东经98°26′23″～105°26′55″，北纬21°7′45″～24°46′19″。包括云南省西双版纳傣族自治州的勐海县、勐腊县、景洪市，思茅地区的孟连傣族拉祜族佤族自治县、西盟佤族自治县，临沧地区的镇康县，德宏傣族景颇族自治州的陇川县、瑞丽市，红河哈尼族彝族自治州的金平苗族瑶族傣族自治县、河口瑶族自治县等10个县（市）的全部，以及云南省思茅地区的江城哈尼族彝族自治县、澜沧拉祜族自治县，德宏傣族景颇族自治州的潞西市、盈江县，文山壮族苗族自治州的马关县、麻栗坡县，临沧地区的沧源佤族自治县、耿马傣族佤族自治县，保山市的龙陵县，红河哈尼族彝族自治州的绿春县、元阳县、屏边苗族自治县等12个县（市）的部分区域，总面积47 119平方千米。

中低山地貌，地势北高南低，山脉、河流均呈南北走向，东西并列。北热带季风气候，夏热多雨，冬暖干旱。北有高原屏障，寒潮影响不大，热带植物越冬条件较好。区内海拔1 000米以下低山、盆地，全年热量条件好，年平均气温大于21℃，≥10℃年积温>7 500℃，终年无霜，年降水量1 200～1 800毫米，少数谷地可达2 000毫米以上，年际水热条件变化不大，干旱期不长。谷地向上以砖红壤、赤红壤为主体，兼有黄壤、黄棕壤，一般土壤较厚，保水性能好，保肥力较高。森林植被为热带雨林、季雨林，树种以常绿热带科属如楝科、无患子科、肉豆蔻科及龙脑香科等植物为主。林中蕴藏了大量的种质资源，其中不乏珍稀物种及经济、药用植物。

本类型区的主要生态问题是：天然热带雨林遭受不同程度的破坏，已退化形成次生林或次生灌丛及禾草高草丛，生物多样性遭到严重损害，维护生态平衡的作用已大大降低，水土流失日趋严重，土壤日益瘠薄，土地退化严重。

本类型区林业生态建设与治理的主攻方向是：采取封山育林、人工改造等措施，最大限度地恢复森林植被，改善生态环境。

本类型区不再划分亚区，共收录5个典型模式，分别是：滇南热带山地次生灌丛人工改造模式，滇南热带山地禾草高草丛珍稀树种森林恢复与建设模式，滇南热带山地笋材两用林开发治理模式，滇南热带低中山混交林建设模式，滇西南热带中山宽谷混农经济林建设模式。

【模式G3-1-1】 滇南热带山地次生灌丛人工改造模式

(1) 立地条件特征

热带森林反复破坏后形成次生灌丛，主要组成为喜光、耐旱、生长迅速、萌芽力强的一些树种，如水锦树、黄牛木、毛银柴、中平树、银叶巴豆、羊蹄甲、羽叶楸、千张纸、栓皮栎、水杨柳等，结构简单，郁闭度低，水土流失较明显。模式区水热条件较好，适宜于发展珍稀树种生态林。

(2) 治理技术思路

在保护原有植被的基础上，通过封山育林、人工改造等措施，大力发展乡土珍稀树种，适当引入其他珍稀树种，调整树种结构，提高森林的质量，逐步恢复森林功能。

(3) 技术要点及配套措施

①封山育林：在封育期内禁止采伐、砍柴、放牧、采药和其他一切不利于植物生长繁育的人为活动，以加快植被的恢复，防止生态环境的进一步恶化。

②人工改造：在次生灌丛中以块状或条状的方式砍出空地，补植柚木、拟含笑、云南石梓、西南桦、肉桂、黄樟等珍贵树种的树苗。

③砍块（带）规格：灌丛中砍块、砍带规格以尽量保护原有植被，同时使补植苗木能正常进行光合作用为原则，一般情况下以1.0～1.5米×1.0～1.5米的块状地为标准，或是1.0～1.5米的带宽为标准。块间距或带间距均为5.0米。

(4) 模式成效

本模式的实施不造成新的水土流失，节约资金和劳力，能加快植被的恢复，形成珍稀树种逐渐取代次生灌丛的格局，提高森林的质量。

(5) 适宜推广区域

本模式适宜在热带雨林遭受破坏的中低山灌丛地推广应用。

【模式 G3-1-2】　滇南热带山地禾草高草丛珍稀树种森林恢复与建设模式

(1) 立地条件特征

模式区位于云南省盈江县、河口瑶族自治县、勐海县及景洪市。热带雨林经反复破坏后严重退化，形成的禾草高草丛一般高2.0～3.0米，内有少量灌木树种，水土流失较为严重，土壤肥力迅速下降。

(2) 治理技术思路

云南省北热带的生境条件本应生长价值极高的热带雨林，只是因长期人为破坏才导致森林群落严重退化，变成了高草丛生的景观。针对模式区水热条件较好的有利条件，植被恢复以选择珍稀树种营造人工生态林为主要目标，通过治理达到恢复森林植被的目的。

(3) 技术要点及配套措施

①类型选择：综合分析各地的立地条件及技术水平，选择营造柚木林、肉桂林、黄樟林、樟-茶混交林、橡胶林、拟含笑-云南石梓混交林中的1～2种类型。

②苗木：使用达标容器苗上山造林。

③造林地清理：开好防火线，在专业技术人员指导下人工穴状清除造林地上的杂草。

④整地：用穴状或水平带状整地的方法进行整地。穴的规格为40厘米×40厘米×30厘米；水平带宽1.0米左右，先筑成水平带状梯床，再在梯床上按规格挖穴造林。

⑤造林及管护：造林时间为雨季。造林前施好底肥或磷肥。造林密度5.0米×5.0米，每亩26株。幼苗期注意追施一定数量的化肥。除草，第1年3次，次年2次，第3年1次。

(4) 模式成效

模式区采取上述改造措施后，珍稀树种生长良好，优越的光、热、水、土、肥资源得到了充分的利用，退化生态系统的面貌发生了很大的改观。同时，也取得了较为可观的经济效益。柚木林以盈江县、河口瑶族自治县为典型区，肉桂林以河口为典型区，黄樟林或樟茶混交林以勐海为典型区，拟含笑-云南石梓以景洪为典型区，橡胶林在这一地区普遍种植。

（5）适宜推广区域

本模式适宜在北热带禾草高草丛立地条件下实施，凡原热带雨林反复破坏后形成的高草地均可采用本模式改造成珍稀树种优质人工林。

【模式 G3-1-3】　滇南热带山地笋材两用林开发治理模式

（1）立地条件特征

模式区位于云南省南部地区的平坝、沟谷及村庄附近，土层深厚，水分条件较好，适宜于种植笋竹两用林。

（2）治理技术思路

种植笋材两用竹，既有经济效益，又有生态效益。要选好竹子品种，采取正确的育苗方法，实现笋材两用。

（3）技术要点及配套措施

①竹种选择：能够笋材两用、又易于繁殖的品种有：牡竹、麻竹、龙竹、版纳甜龙竹、粉白黄竹等。

②育苗：苗圃应选择在交通方便，靠近水源的地方。育苗时间为初春。选择 2～3 年生竹竿作材料，削头去尾后将中间发育好、叶和芽饱满的竹竿削成2～3节竹段，削去侧枝竹叶，保留10 厘米左右的侧枝，节间砍口后放入苗床中，砍口中灌水封口后，覆土 10 厘米，床面覆草，注意经常保持床面湿润。

③造林：株行距 5.0 米×5.0 米，栽植穴的规格为 80 厘米×80 厘米×60 厘米。雨季造林。造林头年抚育以清除杂草为主，第 2 年以松土、追肥为主，第 3 年主要进行追肥、壅土。

④采笋及砍伐：第 3 年起采摘 30％左右的竹笋，第 4 年起砍伐 4 年生老竹供材用。

⑤间种：新植竹林地可间种农作物以提高土地利用率。

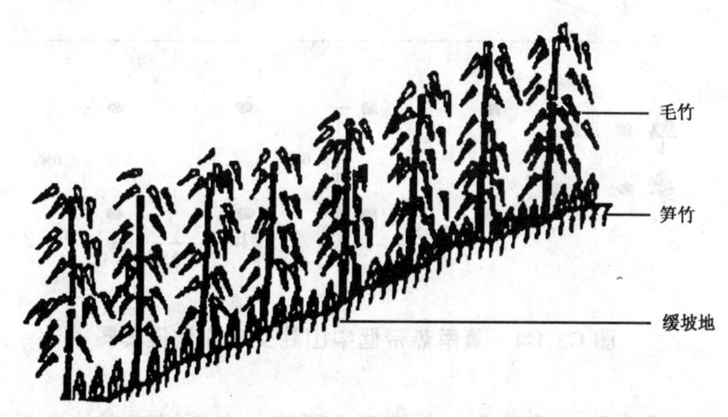

图 G3-1-3　滇南热带山地笋材两用林开发治理模式图

（4）模式成效

本模式的特点是经营风险小，生产周期短，收益年限长，产品用途广，市场有保障，同时也具有较高的景观、水土保持价值，经济、生态效益俱佳，深受群众欢迎。

（5）适宜推广区域

本模式适宜在我国北热带及亚热带土壤条件较好的地区推广。

【模式 G3-1-4】　滇南热带低中山混交林建设模式

（1）立地条件特征

模式区位于云南省思茅市海拔 900～1 800 米的中低山地段。水、热条件较好，但土壤比较瘠薄。

（2）治理技术思路

针对松林易发生病虫害的特点，在森林破坏后形成的荒山荒地及次生灌丛营造针阔混交林，扩大森林面积，减少水土流失面积，不断改善生态环境。

（3）技术要点及配套措施

①造林树种：针叶树采用思茅松，阔叶树采用西南桦、马占相思、大叶相思、台湾相思等树种。

②混交配置：思茅松-西南桦，思茅松-相思类混交。采用带状（5 行 1 带）或块状（5 株×5 株）的混交形式。株行距 2.0 米×2.0 米。

③造林技术：块状或带状整地。块状整地规格为 40 厘米×40 厘米×30 厘米，带状整地时带宽可为 50 厘米。容器苗造林。

④管护：抚育以除草为主，头年抚育 3 次，次年 2 次，第 3 年 1 次。5～6 年后间伐过密、过弱树木，使每亩保留 70 株左右。

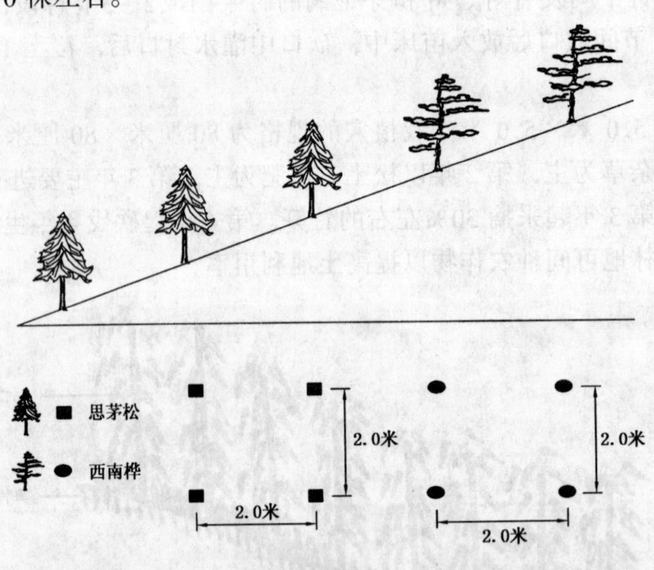

图 G3-1-4　滇南热带低中山混交林建设模式图

（4）模式成效

混交林有利于环境的改善，易形成稳定的森林群落，全面提高森林质量，增强林木抗性，减少病虫害的发生，减轻水土流失，促进树木的生长。

（5）适宜推广区域

本模式适宜在云南省南部热带中低山地推广。

【模式 G3-1-5】 滇西南热带中山宽谷混农经济林建设模式

（1）立地条件特征

模式区位于云南省景谷傣族彝族自治县、德宏傣族景颇族自治州的山区谷地。地势平坦，土层深厚，土壤肥沃，雨量较为充沛。靠近城镇或乡村，交通方便，人口稠密，劳力充足。

（2）治理技术思路

发展混农林业，协调农林矛盾，充分利用土地、光、热、水资源，增加植被覆盖，改善农区生态景观，防治坡地水土流失。

（3）技术要点及配套措施

①树种：经济树种可选择柑橘、柚子、腰果、杧果等。

②整地：将坡地改为水平梯田，以 5.0 米×5.0 米的规格种植经济树种，栽植穴规格 80 厘米×80 厘米×60 厘米。注意施用基肥。

③苗木：选用合格的嫁接苗木造林。

④间作方式：选择花生、蔬菜、黄豆、瓜类、玉米等，在树间种植。

（4）模式成效

云南省山多地少，水热条件优越，发展混农经济林既充分利用了当地自然资源，又具有较好的经济效益和生态效益，充分考虑了群众的眼前利益和长远利益，是深受群众欢迎又符合国家生态建设要求的模式。

（5）适宜推广区域

本模式适宜在云南省南部和西南部的北热带、南亚热带条件类似区推广。

第36章

海南岛及南海诸岛类型区(G4)

海南岛及南海诸岛类型区位于广东省以南的南海海域，北隔琼州海峡与广东省相对，西濒北部湾与越南相望，南达曾母暗沙，东南临辽阔的太平洋。海南岛是我国第二大岛，地理位置介于东经108°36′43″～111°2′3″，北纬18°10′4″～20°9′40″，海岸曲折，长1 528千米。南海诸岛包括东沙群岛、西沙群岛、中沙群岛和南沙群岛，地理位置介于东经109°52′0″～117°51′0″，北纬3°50′0″～20°42′0″，岛屿面积约30平方千米，海面面积约210平方千米。本类型区包括海南省海口市、三亚市、海南省直辖行政单位及西沙、南沙、中沙群岛办事处，总面积34 131平方千米。

海南岛的地势中部高四周低，自中部向外，由山地逐渐向丘陵、台地、阶地、平原过渡。海拔800米以上的中山占全岛面积的17.9%，500～800米的低山占7.6%，100～500米的丘陵占45.9%，海岸阶地和冲积平原占28.6%。山地集中分布于岛的中部偏南，主体属花岗岩穹隆体，形成多尖顶丛状山地，最高海拔五指山1867米。由于切割和构造运动，山间盆地颇为发育。南海诸岛则由珊瑚礁构成，面积小，地势低，中沙群岛是一个未露出海面的暗礁。

海南岛属热带季风气候区。年平均气温23～25℃，最冷月气温17～20℃。降水充沛，但时空变化大，东部迎风面年降水量2 000～2 500毫米，最高3 700毫米，而西部背风面仅900毫米左右。干湿季明显，5～10月为雨季，降水量占全年的70%～90%，1～4月为干季。东沙群岛、中沙群岛、西沙群岛3岛属热带季风海洋性气候，南沙群岛接近赤道，属赤道海洋性气候。年平均气温25～28℃，1月平均气温20.6～23℃，北部3岛年降水量1 000～1 500毫米，干湿季明显，南沙群岛年降水量1 800～2 000毫米。

海南岛的植被以热带成分为主，古老植物保存较多，种类丰富。如珍贵树种海南花梨、母生、坡垒、荔枝、青梅、油丹、陆均松、鸡毛松等。天然植被的垂直分布从下到上依次为热带季雨林→热带雨林→亚热带常绿阔叶林（热带针叶林）→高山矮林，局部海岸有红树林。次生植被类型有热带稀树灌草丛等。热带季雨林分布在海拔700米以下的低山丘陵，是热带周期性干湿交替的典型植被类型，热带雨林通常分布在海拔900米以下的高温湿润区，海拔900米以上是山地常绿阔叶林和高山矮林。平原阶地多出现次生灌丛和灌草丛，西南沿海干热区多肉质刺灌丛。人工林在山区以柚木等珍贵树种为主，丘陵台地为橡胶林和以桉树为主的速生丰产用材林，环岛阶地为木麻黄等的沿海防护林。南海诸岛植物种类少，结构单纯，为常绿矮林，树干低矮，分枝多。滨海地带以灌丛和沙生植物为主，分布稀疏。海南岛地带性土壤为砖红壤，主要分布在海拔40～400米的丘陵台地，其特点是风化深，层次发育不明显，土壤质地较黏重。南海诸岛的土壤是发育在珊瑚礁和海生动物残骸及鸟粪磷矿层母质上的磷质石灰土。

本类型区的主要生态问题是：天然热带雨林生态系统遭到不同程度的破坏，引发了生物多样性受到威胁、水源涵养功能减弱等一系列生态问题；沿海红树林生态系统及近海海洋生态系统遭到破坏；沿海地区土地风沙化尚未得到有效控制。

本类型区林业生态建设与治理的主攻方向是：封山育林，严禁采伐，加强红树林、热带雨林的保护；大力开展以沿海防护林体系建设为主要内容的生态公益林建设，尽快恢复天然林植被，保护生物多样性；充分利用水热资源，加大退耕还林力度，调整产业结构，大力发展热带特色经济林和热带风景旅游森林景观片林和林带，服务于当地经济建设。

本类型区林业生态建设与治理的重点是海南岛，根据其自然地理及林业生态建设的特点，共划分为3个亚区，分别是：海南岛滨海平原台地亚区，海南岛西部阶地平原亚区，海南岛中部山地丘陵亚区。南海诸岛生态建设的重点是保护好现有植被以及珊瑚礁等海洋生态系统，本节不再专门划分亚区进行论述。

一、海南岛滨海平原台地亚区（G4-1）

本亚区分布于海南岛的北部，东南部临海，北起儋州海头港，向东环海至三亚市梅山镇。具体包括海南省海口市的新华区、振东区、秀英区，省直辖的文昌市、琼山市、临高县等6县（市、区）的全部以及海南省直辖的澄迈县、儋州市、琼海市、万宁市、陵水黎族自治县，三亚市等6县（市）的沿海地带，地理位置介于东经109°53′25″～111°39′22″，北纬18°8′15″～20°5′37″，面积15 660平方千米。

本亚区地貌为滨海平原台地，向中部过渡的地带是丘陵台地。热带海洋季风气候，年平均气温23～26℃，年降水量1 500～2 000毫米，夏季多雨。平均每年有8～9次台风在本区登陆，台风雨经常成灾。土壤有滨海沙土、盐渍土和赤红壤。几十年来，为了防治风沙，当地曾大量引种木麻黄，营造了大面积的木麻黄纯林，但已经开始老化。

本亚区的主要生态问题是：土地沙化和台风。现有沙化土地110万亩，其中，流动沙地2.1万亩，半固定沙地12万亩。由于流动沙地质地疏松，易渗透，易淋溶，易随风移动，每遇台风或热带风暴，常有农田被埋，水塘被淹，庄稼及房屋被毁，对国家和当地人民群众的生命财产安全构成严重威胁。

本亚区林业生态建设与治理的对策是：加强自然资源和旅游资源的保护和管理；依托本区优越的水热条件和丰富的树种资源，加大沿海防护林体系建设力度，营造防风固沙林、热带景观林，以封育补阔等措施改造现有低效防护林带，并兼顾发展高效经济林，完善和提高防护林体系的质量和功能，防御台风、暴雨和风沙危害，保护国家和人民生命财产安全，满足社会和经济快速发展的需要。

本亚区收录1个典型模式：海南岛滨海木麻黄、椰子混交景观生态林建设模式。本亚区的红树林保护与建设是重点内容，可参考“粤桂沿海丘陵台地类型区”的相关模式。

【模式G4-1-1】　海南岛滨海木麻黄、椰子混交景观生态林建设模式

（1）立地条件特征

模式区位于海南省文昌市东郊镇现已建成的东郊椰林风景区。多为沙荒地，局部有流动沙地和半固定沙地。土壤主要是滨海沙土或盐渍土，沙层深厚，易淋溶，渗透速度快，保水保肥能力差，自然肥力很低。现有植被主要是木麻黄、椰子、琼海棠、仙人掌、蔓荆及野菠萝等。

（2）治理技术思路

首先在海岸线上种植木麻黄、露兜等先锋树木，初步筑起一道绿色屏障，使流动沙地变为固

定沙地；然后在林中套种椰子等经济树种，将木麻黄纯林改造成为木麻黄和椰子的混交林，将单纯的防护林转变为集经济、防护、景观为一体的生态经济景观型防护林。

(3) 技术要点及配套措施

①树种及其配置：沿海地区的沙化土地因风大风多，更有台风登陆，极易造成风沙危害。本模式造林分2个层次：一是在现有木麻黄林带或片林的林中空地或老化树木择伐后的迹地，套种椰子树和草本植物；二是在没有林的流动沙地或半固定沙地上选用木麻黄营造沿海沙地防护林，固定流沙，2～3年后再在林带或片林中套种椰子树。

②良种壮苗：挑选优良种群和优良母树，采摘优良种子育苗。木麻黄营养袋苗要求达到高0.7～1.0米，地径0.5厘米以上，椰子苗须为高度1.0米以上、具有6片叶子以上的阳光苗。

③雨季造林：沿海地区的雨季是每年的6～8月，要在6月前搞好造林准备工作，雨季一到就组织造林。此前，应搞好规划设计和林地备耕，并在雨季到来前定标挖穴，每株施1千克磷肥和0.5千克复合肥做底肥。晴天造林时，要将木麻黄苗木营养袋及椰子果壳泡足水后栽植。套种椰子时，如果木麻黄林分郁闭度在0.6以上，要适度间伐修枝后再栽植，确保椰树幼苗有充分的阳光。株行距为7.0米×9.0米，每公顷套种150株，

④配套措施：造林后，在新造林地周围建围栏或挖壕沟，并确定专人管护，防止人畜破坏；对新套种的椰子树苗定期施肥，每年每株施1千克复合肥。4年后逐步间伐上层木麻黄，改善光热条件，促进椰子生长及开花结果。

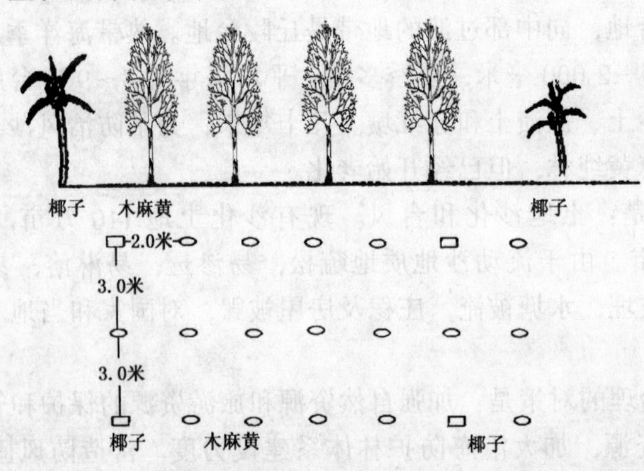

图 G4-1-1　海南岛滨海木麻黄、椰子混交景观生态林建设模式图

(4) 模式成效

木麻黄林中套种椰子的治理模式，是从20世纪60年代由广大群众在长期生产实践中摸索总结出来的，群众基础好，经济效益高，套种的椰子第7年进入产果期，按每株年产果60个计，每亩年产果600个，产值400元。据不完全统计，在海南文昌市的东郊、龙楼、清澜及琼海市的长坡等乡镇已套种有49 500多亩，椰果产值达2 000多万元。本模式通过调整树种结构，不仅增强了沿海防护林的防护功能，而且提高了土地综合生产力，增加了当地群众的经济收入，从而调动群众造林护林的积极性，促进沿海防护林建设走上健康的、可持续发展的道路。

沿海木麻黄林带套种椰子，还促进了旅游业的发展。白沙碧水，椰树亭亭玉立，构成一幅迷人的椰风海韵风景，强化了热带沿海地区的景观特色，优化美化了旅游环境，仅1998年就接待游客10多万人次，旅游收入1 100多万元。

(5) 适宜推广区域

本模式适宜在海南岛沙质海岸推广种植。

二、海南岛西部阶地平原亚区（G4-2）

本亚区位于海南岛西部，北至海头港，南止英锣湾，包括海南省直辖的昌江黎族自治县、东方市、乐东黎族自治县3个县（市）的沿海地区，地理位置介于东经109°29′10″～109°59′38″，北纬18°20′34″～19°27′11″，面积3 139平方千米。滨海平原台地地貌。年平均气温24.6℃，极端最高气温39.7℃，地表温度最高达52℃。年降水量983.9毫米，几乎全部集中于8～10月，其他月份几乎无雨。年平均风速4.6米/秒，最大月平均风速6.0米/秒。土壤以滨海沙土、滨海沉积土为主，沙层深厚，淋溶强烈，渗透速度快，持水能力极差。在沿海低洼处分布有露兜、蔓荆、厚藤、刺葵、鼠刺和仙人掌等，背风坡有福建茶、绢毛飘拂草等，高丘迎风处无植被生长，无植被地带为白茫茫的流动沙地。

本亚区的主要生态问题是：土地沙化。最为严重的昌江海岸，流动沙地、半流动沙地长达46千米，面积18 900亩，流沙不断蚕食灌丛地、农田、村庄、渔港。高温、干旱、风大是本亚区林业生态建设的限制因子。

本亚区林业生态建设与治理的对策是：在加强对现有植被保护的基础上，以沿海防护林体系建设为突破口，营造防风固沙林，加快治理沙化土地。

本亚区收录1个典型模式：海南岛西部沙化土地林业生态治理模式。其他方面可参考“海南岛滨海平原台地亚区”和“粤桂沿海丘陵台地类型区”的相关模式。

【模式G4-2-1】 海南岛西部沙化土地林业生态治理模式

（1）立地条件特征

模式区位于海南省昌江黎族自治县。近海土壤主要是滨海盐渍土，有流动沙地和固定沙地分布，远海岸土壤以滨海沙土为主。

（2）治理技术思路

第一步，先用沙生先锋乔灌木固定流沙；第二步，在固定沙地上引入经济价值高的树种，进行低效林改造。露兜和蔓荆具有良好的固沙效果，并能降低地表气温，促进木麻黄生长。为此，初期应营造露兜、木麻黄乔灌木混交林，实现流沙地向固定沙地的转变。当沙地固定后，露兜便要退出林地，蔓荆也因木麻黄的荫蔽作用而减弱生长，这时再套种椰子（或印楝）。

（3）技术要点及配套措施

①造林技术：林带与主害风方向垂直配置。露兜与木麻黄的混交比为2∶5，露兜切干留尾，植株直径越大越好，3～5月份成行种植，株行距0.7米×1.0米。露兜作为防风固沙先锋物种应用时，苗木要求达到直径10厘米以上，高70～100厘米，埋深40～50厘米；木麻黄造林用大苗、壮苗，深栽。营养袋规格16厘米×20厘米，苗高1.5米以上，造林深度50厘米以上，确保将根系埋到湿润层以下，保持营养土团不散，根系完整无损；旱天造林，在雨季到来前1个月前（7月份）造林，即使是在雨季也要在晴天造林。造林前，将营养袋浸水，种植时剥去营养袋，也可保证土团不散，根系完整无损。

②套种技术：待木麻黄生长2～3年稳定并起到一定固沙防护、荫蔽作用后再套种椰子（或印楝），套种时浇足定根水。栽植后1年内的旱天仍需定时浇水。

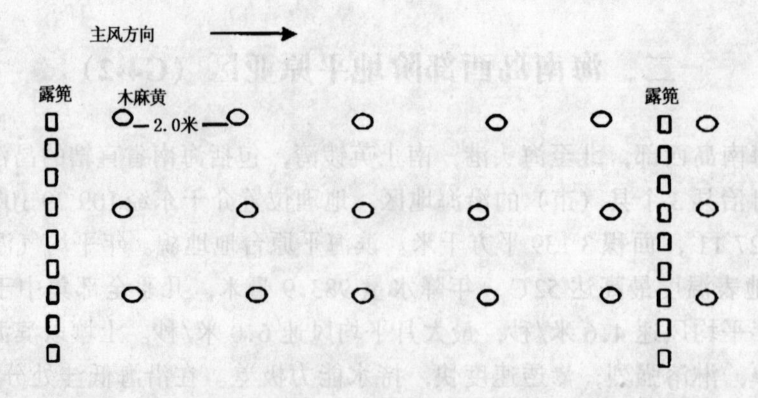

图 G4-2-1　海南岛西部沙化土地林业生态治理模式图

③配套措施：落实管理责任，加强林地保护，新造林地 5 年内实行封禁。

(4) 模式成效

本模式选用当地植物和旱天造林法固沙造林，符合西部干热风沙地区的特点，造林成本低，效果好，适应性强，易于操作推广。1997～1999 年营造试验林 2 805 亩，保存率 88.5% 以上，现已长成幼林。昌江县在长达 46 千米的沿海流动沙地推广造林 15 000 亩，合格率达 85% 以上，已形成块状“绿洲”，沙地固定，沙波纹消失，新生 2～5 种杂草，盖度达 40%～80%，生物多样性有所增加。为此，曾获 1999 年海南省科技进步三等奖。

(5) 适宜推广区域

本模式适宜在海南省西南部的东方市、乐东黎族自治县、陵水黎族自治县等地的海滨及其他条件类似地区推广。

三、海南岛中部山地丘陵亚区（G4-3）

本亚区位于海南岛中部，包括海南省直辖的定安县、屯昌县、通什市、保亭黎族苗族自治县、琼中黎族苗族自治县、白沙黎族自治县等 6 个县（市）的全部及海南省直辖的澄迈县、儋州市、琼海市、万宁市、陵水黎族自治县、昌江黎族自治县、乐东黎族自治县、东方市，三亚市等 9 个县（市）的部分区域，地理位置介于东经 109°42′30″～111°4′48″，北纬 18°22′49″～19°33′20″，面积 15 332 平方千米。

本亚区地貌为山地丘陵，五指山最高，海拔 1 867 米。中部山区冬无严寒，夏无酷暑，四季如春，雨量充沛，年平均气温 22～23℃，年降水量 1 400～2 000 毫米。土壤主要为山地黄壤、山地淋溶黄壤，深厚、疏松。由于山地云雾大，气温低和蒸发量小，形成终年湿润的热带山地生境特点，是我国生长有热带雨林最大和最典型的地区，生物多样性十分丰富，素有“海南之肺”之称，也被称为物种基因库。本亚区是海南岛重要的水源地，90% 以上的河流都发源于本区，其中南渡江、昌化江、万泉河 3 大河流流域面积占海南省陆地总面积的 47%。本亚区还是黎族、苗族的聚居区，人口约 200 多万。

本亚区的主要生态问题是：由于长期的“刀耕火种”，近几十年来热带雨林绝大部分退化为次生群落或森林迹地灌草坡，原始森林所剩无几，原始植物群落仅见于深山局部地区。森林涵养水源能力不断下降，生物多样性受到严重威胁。森林生态功能严重衰退。

本亚区林业生态建设与治理的对策是：首先要加强对现有天然林保护。其次要加大封山育林力度，辅以人工补播补植措施，加快恢复受破坏的天然林。三是开展人工造林，提高森林覆盖率，恢复本区森林特有的维护生物多样性、涵养水源等重要功能。同时还要兼顾当地群众的生产，在坡度平缓、交通方便、立地条件较好的地段，适当发展高效经济林。

本亚区共收录2个典型模式，分别是：海南岛中部山区水源涵养林建设模式，海南岛中部山地退化热带雨林封育与人工促进建设模式。

【模式 G4-3-1】 海南岛中部山区水源涵养林建设模式

（1）立地条件特征

模式区位于海南省琼中黎族苗族自治县。海拔500～1 800米，年平均气温22～23℃，年降水量1 400～2 000毫米。土壤主要为山地黄壤、山地淋溶黄壤，土层深厚，质地疏松。由于山地云雾大、气温低、蒸发量小，形成了终年湿润的热带山地生境特点。

（2）治理技术思路

针对不同情况采取有效的综合措施，如人工造林、人工促进更新、发展高效经济林、农业措施、管护措施等，逐步恢复热带雨林生态系统，提高其水源涵养、水土保持等生态效益。同时考虑在森林旅游等方面挖潜增效，即在实现恢复生态的同时，帮助黎族、苗族群众脱贫致富。

（3）技术要点及配套措施

①无林地造林：对于大面积连片的宜林荒草地，开展人工补植，主要补植加勒比松和马占相思，并保留天然林，形成混交林。人工撒播必须在雨季进行（4月份后），最好是降雨前后播撒，以利于种子发芽扎根。撒播要混以粉沙土及防鼠、防鸟农药，以保证种子撒播均匀并防止鼠、鸟害。

对于小面积宜林迹地，采取人工促进更新或人工造林的方式。人工促进更新要注意保护原有的树种，选择速生耐阴的树种进行补植，一般以加勒比松及马占相思为主，要求采用3～6个月苗龄、苗高25～30厘米的苗木。挖穴尺寸40厘米×40厘米×40厘米，株行距2.0米×3.0米或2.5米×3.0米。有条件的每穴施用150～250克复合化肥。栽植需选在雨季进行，一般在4～10月份。人工造林整地采用块状穴垦，坡度较大的可修环山水平带，以蓄水保土。一般山腰以上种植加勒比松，山腰以下土层厚，水肥条件好的地段种植马占相思。大面积营造加勒比松应规划好防火带，沿着山脊或山沟开设10米宽的防火带或种植耐火林带（如木荷、台湾相思、马占相思等）。

在坡度平缓、交通方便、立地条件较好的地段，划出一定数量的适林地用于发展高效经济林，种植荔枝、杧果、龙眼、番石榴等优质水果以及藤竹，提高群众收入，有利于天然林的保护和发展。

②封山管理：对郁闭度不足0.2～0.4的林分进行全封，禁采禁猎。

③农耕措施：对于生活在林区周边的黎、苗群众，施行科技及资金扶贫，逐步改变当地群众的传统耕作及游牧生产方式。具体做法是：为群众的生产及放牧划出固定用地，杜绝各种毁林垦殖，禁止在25度以上坡地、水土流失易发区进行垦殖。

④管护措施：对新造林分要进行抚育和管护。幼林抚育管理应保持3年，每年抚育2次，主要是砍除杂草，松土施肥，补植保留；结合块状松土，每株每次施用复合肥150克，以促进幼木生长；同时，在牛、兽害严重地区，设置防护栏或开挖防牛沟，并派专人管护；加强巡视，防止森林火灾发生。

（4）模式成效

本模式应用后已经初见成效。由于水热条件优越，人工植被生长良好，森林植被覆盖率增加

图 G4-3-1　海南岛中部山区水源涵养林建设模式图

较迅速，林地涵养水源、保持水土的作用已经显示出来，森林生态系统正向着良性方向发展，群众生产生活条件已有所改善。

(5) 适宜推广区域

本模式适宜在海南省各地的山地丘陵地区及广东省、广西壮族自治区、云南省北热带山区推广。

【模式 G4-3-2】　海南岛中部山地退化热带雨林封育与人工促进建设模式

(1) 立地条件特征

模式区位于五指山市。年平均气温 22.1℃，年降水量 1 500～2 500 毫米，年平均相对湿度 85%；土壤为花岗岩风化发育而成的砖红壤，灰棕色或灰黄色，pH 值 5.5～6.5。原生性热带雨林被大面积砍伐并又受反复破坏后，土壤条件恶化，逐渐形成三角枫占绝对优势的次生乔木群落，以桃金娘、大沙叶、黄牛木为主的次生灌木群落，以及次生草本植物群落等偏干性次生植被类型。

(2) 治理技术思路

充分利用水热条件好的优势，根据热带雨林的演替规律，因地制宜地在三角枫占绝对优势的次生乔木群落分布的地带进行封山育林，在发育次生灌木群落及次生草本植物群落的地带营造速生丰产的乡土树种——黄桐、三角枫，恢复森林植被，促进退化热带雨林向原生性热带雨林演替。

(3) 技术要点及配套措施

①造林：

树种选择：在次生灌木群落、次生草本植物群落分布的地区，选用黄桐、三角枫造林。

混交方式及规格：带状混交，3 行 1 带（图 G4-3-2）；块状混交，5 株×5 株 1 块。

整地：造林前穴状清理造林地块的杂草灌木，保留散生林木。砍伐的杂桩头不得高于 10 厘米，归带处理。沿等高线环山穴状整地，规格 40 厘米×40 厘米×30 厘米。雨季前把四周的表土、草木灰回填穴内，并下好基肥。

栽植：选用 25～30 厘米高的Ⅰ、Ⅱ级容器苗，按 2.0 米×3.0 米的株行距（111 株/亩）于

雨季植苗造林，造林成活率须确保在90%以上。

抚育：造林后要进行刀管锄管抚育，除净行带上的杂草，杂物归置于带间，同时扩穴、平整至1.0米×1.0米。第1、2年，每年抚育2次，第3年抚育1次。

②封育：在三角枫占绝对优势的次生乔木群落分布区内，采取封育措施。主要做法是：通过抓好宣传教育工作，提高群众对封山育林重要性的认识，完善承包责任制，使山林有人管，管者有其责，依法治林，依法护林，对偷砍滥伐者严格执法。此外，还要在林间空地上补栽黄桐、三角枫等树种，以加快植被恢复的进度，提高林分质量。

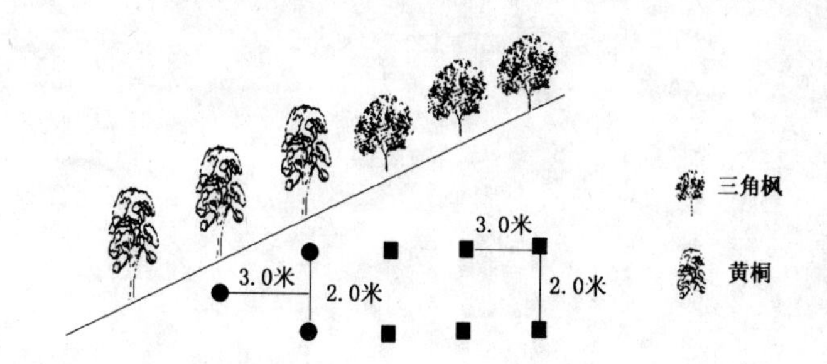

图 G4-3-2 海南岛中部山地退化热带雨林封育与人工促进建设模式图

(4) 模式成效

通过对模式区大面积退化热带雨林的科学治理，促进了热带雨林植物群落的恢复，改善了生态环境，减少了水土流失，实现了青山常在，细水长流。

(5) 适宜推广区域

本模式适宜在海南省海拔400～1 200米的高丘或山地推广。

第9篇

青藏高原区域（H）林业生态建设与治理模式

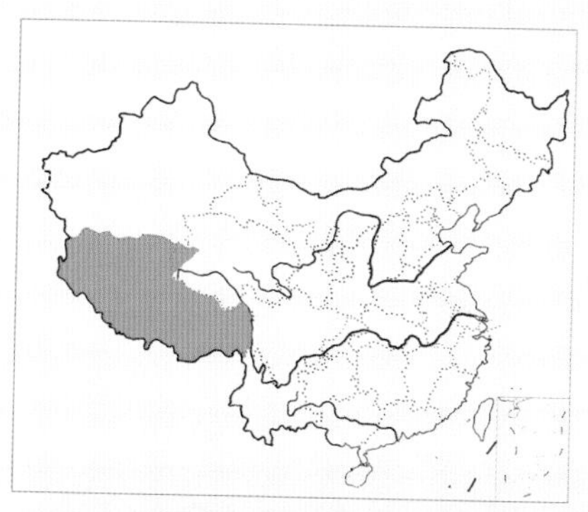

青藏高原区域林业生态建设与治理类型区分布图

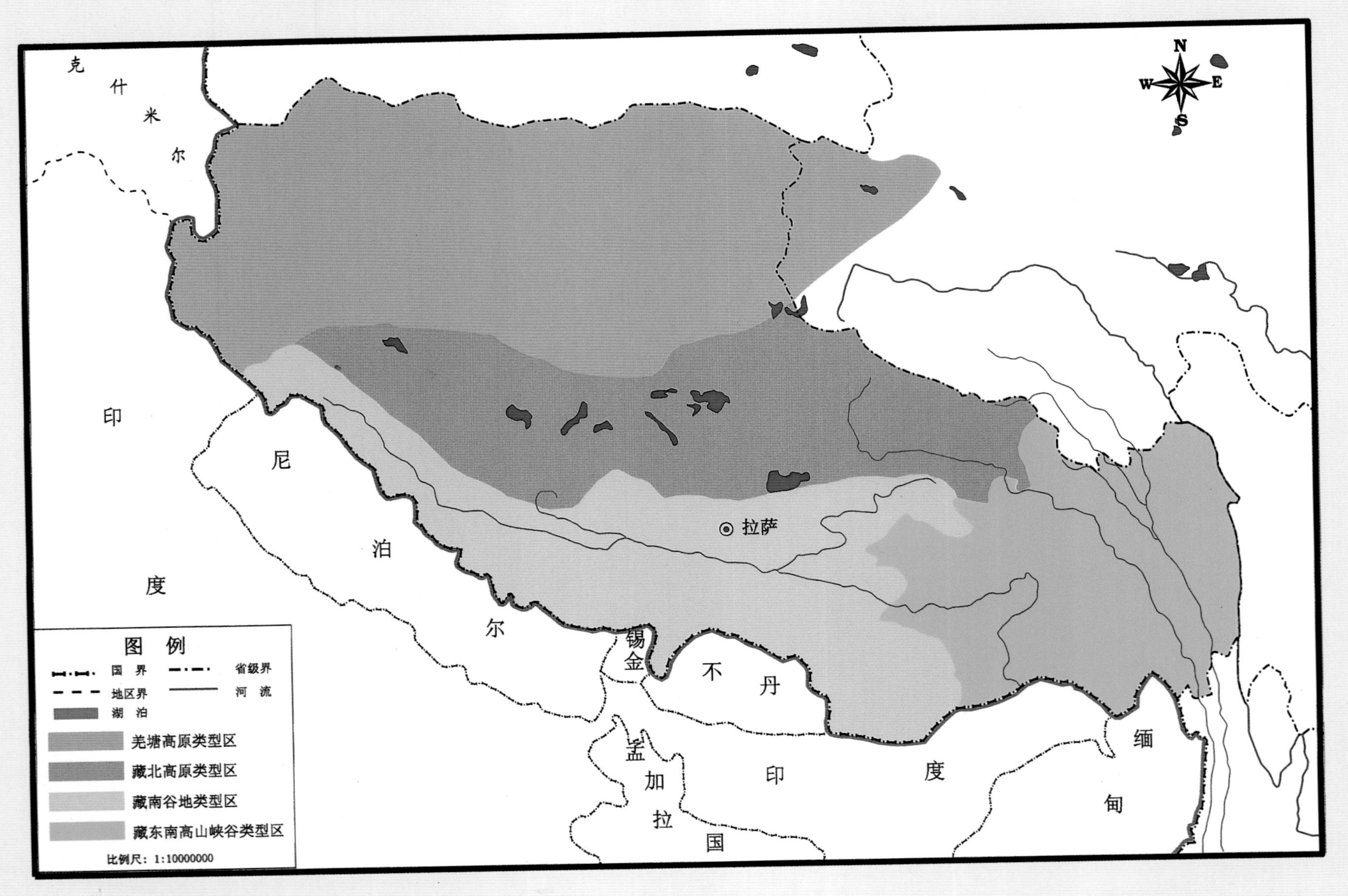

概　述

本区域位于地球上隆起面积最大，素有“世界屋脊”、“地球第三极”以及“中华水塔”之称的青藏高原，东起横断山脉及川西高山峡谷，西抵克什米尔国界，南以喜马拉雅山与印度、不丹、锡金、尼泊尔为界，北以昆仑山及祁连山北麓与新疆维吾尔自治区、甘肃省接壤，包括青海省、西藏自治区全部及新疆维吾尔自治区、甘肃省、四川省、云南省的部分地区，即新疆维吾尔自治区南部的昆仑山部分及青海省和新疆维吾尔自治区的阿尔金山，甘肃省临夏回族自治州及祁连山部分，四川省西部的甘孜藏族自治州高山峡谷，四川省西北部阿坝藏族羌族自治州的高山草原，云南省北部的迪庆藏族自治州。地理位置介于东经 78°49′55″～99°4′3″，北纬 26°46′51″～35°17′35″，总面积1 251 333平方千米。高原中部的唐古拉山为青海省、西藏自治区的大致分界线。

青藏高原地势高耸，面积辽阔，东西向高山绵亘，惟北部柴达木盆地地势较低。高原海拔多在 4 000 米以上，青藏高原地质构造运动活跃，地形地貌复杂，区域性差异十分明显。海拔8 848米的世界最高峰珠穆朗玛峰沿国境横亘于高原的西南边缘，向北依次排列着冈底斯山-念青唐古拉山、喀喇昆仑山-唐古拉山、昆仑山。高原隆起过程中的多次造山运动形成的一系列巨大山系，构成青藏高原目前的基本骨架和轮廓，其平均海拔多在5 500～6 000 米，从而成为青藏高原的主体。这些巨大山脉高耸入云，终年积雪，发育有大面积的现代冰川和冻土带；由唐古拉山脉、可可西里山脉、巴颜喀拉山脉以及阿尼玛卿山等包围的广大区域，海拔 4 000～5 000 米，地势稍低，是黄河、长江、澜沧江、怒江等重要河流的河源区，地位十分重要；北部为海拔较低的柴达木盆地；东南部地势渐倾，高山峡谷地貌发育，成为长江、澜沧江、怒江等河流的上游河道；高山宽谷及众多湖盆地带则见于高原南部，海拔变化大，地势陡峻。

从青藏高原所处的经纬度分析，它虽然纵贯亚热带和暖温带，但因地势高耸、面积辽阔，致使大气西风环流向高原南北两侧分流，形成青藏高原气候与四周差异极端悬殊、对比十分强烈、分异规律十分明显的、独特的大陆性高原气候，呈现高寒低温，气温年较差小，日较差大，空气稀薄，辐射强烈，干旱多风，多雷暴、冰雹，气候变化无常等高原气候特征。以逐渐抬升的高原复杂地势地貌为基础，在西南季风和西风环流两大基本气流的强烈影响与控制下，东南至西北的气候明显表现出从暖温湿润（区域外）向寒冷半湿润、寒冷半干旱、寒冷干旱变化的高原水平梯次变化。各气候区相应发育、分布着常绿阔叶林、寒温针叶林、高寒灌丛、高寒草甸——高寒草原（海拔较低的谷地为温带草原)、高寒荒漠（海拔较低的干旱宽谷和谷坡为温性山地荒漠）等植被类型。高原南侧，高山林立，地形陡急，为潮湿多雨和森林繁茂的北亚热带高山——喜马拉雅山南坡，面临热带印度平原；高原北面，有世界上荒漠性最强的高山——昆仑山，脚下铺展着浩瀚的中亚温带荒漠，既是亚洲大陆干旱的核心地带，也是地球上荒漠分布的最北界限（北纬50°)。高原的东面，越过层叠的横断山脉，进入湿润的亚热带常绿阔叶林区。由干旱的克什米尔高原谷地向西，中亚西部的荒漠山原绵延，并进而延伸至北非大陆。

青藏高原土壤的种类和分布是：高原中部横贯东西的草原、草甸区为高山草原土、高山草甸土及沼泽土；羌塘北部、可可西里山地为寒漠土；东南林区为褐土、棕壤；林区之上为亚高山草甸土，藏南谷地以亚高山草原土、亚高山草甸土为主，具有少量沼泽土；柴达木为风沙土、棕漠土、盐土、盐渍沼泽土；高原东北部以黄土为主。

本区域生态环境总体保持的比较完整，人为影响产生的生态恶化问题主要局限在一些特殊的地区，如：盗猎珍贵野生动物，导致生物多样性急剧下降，其中尤以可可西里地区藏羚羊的大量减少最为严重；河谷陡坡开荒，过度樵采，导致森林生态系统退化，引发严重水土流失和土地贫瘠化，雅鲁藏布江两岸土地沙化明显。其他如冰川后退、大面积草场退化、湿地萎缩等生态问题主要是全球气候变化导致的，与当地的经济活动关系不大。尽管如此，我们仍然要注意，青藏高原的生态系统比较脆弱，一旦遭到破坏，将面临无法恢复的局面。

本区域的林业生态建设与治理的思路是：重点加强对青藏高原生态系统的保护和监控，有计划、有组织地逐步恢复遭破坏的森林、草场。严格保护天然植被和野生动物，严厉打击滥砍滥伐和非法盗猎行为；转变工农业生产方式和内容，如采取控制载畜量等措施，避免生产活动对生态环境产生毁灭性破坏；禁止陡坡开垦，实施陡坡农田退耕还林还草；在有条件的地方，采取有效措施，加大植树种草的力度，因地制宜地恢复森林植被和草场资源，改善生态条件。

本区域共划分为4个类型区，分别是：羌塘高原类型区，藏北高原类型区，藏南谷地类型区，藏东南高山峡谷类型区。类型区下不再划分亚区。

第37章

羌塘高原类型区(H1)

本类型区主要分布于西藏自治区羌塘高原及青海省南部长江源头以西的可可西里山地区，为一呈西宽东窄的三角形地带。地理位置介于东经78°49′55″～92°17′51″，北纬30°8′48″～35°17′35″。包括西藏自治区阿里地区的札达县、噶尔县、日土县的全部，以及西藏自治区阿里地区的革吉县中、北部，改则县绝大部分，那曲地区尼玛县的绝大部分、班戈县北部，青海省南部玉树藏族自治州的治多县，海西蒙古族藏族自治州格尔木市的唐古拉乡，总面积479 400平方千米。

本类型区地势高峻，气候严寒，降水稀少，风大，天气变化无常，植被为低矮稀疏垫状高寒荒漠植被，生态条件极为严酷，是世界上最高的高寒荒漠区，土壤为高寒荒漠土和多年冻土。

本类型区的主要生态问题是：超载放牧，土地沙化；由于滥捕、盗猎，野生动物数量减少，生物链被破坏。

本类型区林业生态建设与治理的主攻方向是：注意保护脆弱的生态环境，防治过度放牧和人为破坏，严禁捕杀野生动物，为珍贵野生动物繁衍生息留下一片安康乐土。

【模式H1-1】　西藏阿里地区狮泉河综合防沙治沙模式

（1）立地条件特征

模式区位于西藏自治区阿里地区的狮泉河镇，地处阿里高原的西南部，是西藏自治区阿里地区的首府。平均海拔4 500米以上，是西藏自治区海拔最高、最干冷的地区，有“世界屋脊的屋脊”之称。受地理位置和海拔影响，当地气候寒冷且极为干旱，年降水量为68毫米，集中在6～9月份，降水与蒸发比高达1∶34，年平均气温在0℃以下，每年的10月至翌年5月风力强劲，气候干燥。植被以高山灌丛草原和草甸为主，土壤类型主要为高山寒漠土和高山草原土两大类。当地自然条件的突出特征是：地形复杂，气候干冷，风力强劲频繁，寒冷季节、干旱和大风季节基本同步，植被稀疏低矮，土壤瘠薄、砂砾含量高，自然生产力低下，抗灾能力差，风沙活动强烈。

狮泉河镇为世界上海拔最高的城镇，过去曾是林木茂盛、牛羊成群。近年来，由于人口增加，过度放牧和樵采，大片植被受到严重破坏，再加上极端恶劣的自然条件，致使土地沙化严重、沙丘前移、草场退化、交通堵塞、水利设施被沙埋，严重危及当地人民的生产生活，制约着当地社会经济的可持续发展。

（2）治理技术思路

生物、砌石挡风工程和水利工程等措施相结合，综合治理。

（3）技术要点及配套措施

①工程措施：单列砾石堤，垂直主风方向修建高1.0米、底宽1.5米的砾石沙障，等腰三角

形横断面。砾石就近、就地收集。在施工过程中将沙障间的砾石筛选出来，在拟设置沙障的位置堆砌好。单条砾石沙障的防护宽度约为10米，对过境风沙流有明显的阻滞作用；排沙沟，布设于砾石堤的下风方向，上宽6.5米，底宽4.0米，深4.5米，沟宽恰好在砾石堤产生的阻滞回流低速区，促使风沙流中的沙粒沉积，减轻城镇风沙堆积的危害；挡风墙，布设于城镇近缘，高2.4米，宽0.7米，土坯砌成，能增大风沙流的运动阻力，降低风速，促进沉积。

②生物措施：在砾石沙障间，建立乔灌草结合的条带状人工植被，固定沙地并阻止流沙蔓延和风沙活动，使沙地生态环境逐步进入良性循环。主要树种有柳树、水柏枝、沙蒿等适生植物种，草种有披碱草等。

③其他措施：修建水渠两条，从狮泉河引水灌溉；在模式区中部开挖了一个667平方米的人工湖，蓄水，提供灌溉水源。

(4) 模式成效

通过生物、工程和其他措施相结合的综合治理，大大降低了当地土壤风蚀，减缓了戈壁风沙流的运动，减轻了粉尘吹扬和沙尘暴的危害，提高了城镇植被的覆盖度，对净化空气，增加空气湿度起到了明显的作用，为高寒干旱地区城镇防风治沙提供了成功的经验。

(5) 适宜推广区域

本模式适宜在高寒干旱且受风沙危害的城镇周围推广。

第 38 章

藏北高原类型区(H2)

本类型区分布于西藏自治区昌都地区以西，念青唐古拉山以北，唐古拉山以南，面积辽阔，东西向横贯青藏高原中部地区，可谓高原的主体区域。地理位置介于东经 81°21′27″～95°2′35″，北纬 29°20′7″～33°30′3″。包括西藏自治区阿里地区的措勤县，那曲地区的申扎县、安多县、聂荣县、巴青县、索县、比如县等 7 县的全部，以及西藏自治区拉萨市的当雄县最北端，阿里地区的革吉县南部、改则县最南端，那曲地区的尼玛县南部、班戈县中南部、那曲县中北部，日喀则地区的仲巴县东北部、昂仁县北部，总面积 270 536 平方千米。

本类型区海拔 4 000～5 000 米，地貌为广大的山原，辽阔的宽谷，众多的湖泊与湿地。植被类型为高山草甸和高山草原。以那曲县为界，东部为高寒半湿润气候，发育以嵩草为主的灌丛草甸植被；那曲县以西为高山草原区，以高山草原植被（紫花针茅等）为主，土壤为高山草原土，局部为沼泽土。本类型区是西藏自治区的主要牧业区，因低温寒冷，草层低矮，生产力不高，牧业发展受到限制。

本类型区的主要生态问题是：局部地区草原鼠害猖獗，草场过牧、挖药，导致草原植被退化。

本类型区林业生态建设与治理的主攻方向是：保护草原，防止过牧，治理鼠害，使牧民早日定居；禁挖虫草，防止破坏草原；对退化草场进行封育，禁牧养草。

第39章

藏南谷地类型区(H3)

本类型区位于西藏自治区冈底斯山、念青唐古拉山与喜马拉雅山之间，雅鲁藏布江及其支流自西向东从中间流过。本类型区西窄东宽，至拉萨市达最宽，可分为山南地区和日喀则地区两部分。本类型区西部至普兰县西界，东部到林芝地区西界，向北至边坝县、比如县、嘉黎县3县交汇处。地理位置介于东经80°39′6″～94°41′17″，北纬26°46′51″～30°52′28″。包括西藏自治区阿里地区的普兰县，日喀则地区的萨嘎县、吉隆县、聂拉木县、定日县、谢通门县、拉孜县、萨迦县、定结县、岗巴县、日喀则市、南木林县、白朗县、亚东县、仁布县、江孜县、康马县，拉萨市的城关区、堆龙德庆县、尼木县、曲水县、墨竹工卡县、林周县、达孜县，山南地区的加查县、桑日县、贡嘎县、曲松县、隆子县、错那县、措美县、琼结县、扎囊县、乃东县、浪卡子县、洛扎县，那曲地区的嘉黎县等37个县（区）的全部，以及西藏自治区拉萨市当雄县的中南大部，日喀则地区的仲巴县西南、昂仁县南部，那曲地区的班戈县最南端、那曲县南部，总面积277 557平方千米。

本类型区大部分海拔不足4 000米，河谷至山麓多湖泊、湿地、草甸、草原，部分地带有风沙出现，海拔低，水热条件相对较好，是西藏自治区主要农业区。山南地区地处雅鲁藏布江流域，地势平缓，原为森林草原，北部温带，南部亚热带，降水多，湿润，是西藏自治区最主要的风景优美、经济较发达的农业区。日喀则地区为高原温带草原区。

本类型区的主要生态问题是：日喀则地区的干旱、水土流失、草场退化等问题突出，其中尤以风沙灾害最为严重，已经威胁到国际、省际公路、机场公路的安全，流沙吞食牧场和农田，影响社会经济的发展。

本类型区林业生态建设与治理的主攻方向是：山南地区主要是在合理利用资源、发展生产的同时，注意荒山植树种草增加植被，防治水土流失；日喀则地区则要重点抓好草场保护和合理利用，改良退化草场和建设人工优质草地，防止过牧退化，同时，加大对河谷两侧风沙化土地的综合治理，恢复植被和草场。

【模式 H3-1】 拉萨河流域曲水县河谷风沙治理模式

(1) 立地条件特征

模式区在拉萨市曲水县茶巴郎的风沙危害区，地处中国—尼泊尔，拉萨—贡嘎机场公路的重要地段。海拔3 500米，为温带半干旱季风气候区，年平均气温4.4℃，年降水量430毫米，干湿季明显。植物要经过当年12月至翌年6月近7个月的冬春干冷季节，受干旱限制和人为因素影响，河谷地带天然林稀少，由砂生槐、小角柱花、三刺草、白草、固沙草、劲直黄芪等组成的灌丛草原是河谷地区的优势植被类型，其下发育山地灌丛草原土，质地以沙壤为主，为主要耕种土壤。治理区地下水位2.0～3.0米，因提灌设施成本很高，拉萨河水基本无法利用。雅鲁藏布江与拉萨河交汇口位于曲水县境内，河谷风沙危及沿线公路，新月形流动沙丘已成链状，高度达1.0～4.0米。

（2）治理技术思路

利用夏季雨量充沛的条件，学习内地沙区已有的治沙经验和技术，选用当地和引进北方适宜流沙环境的植物种，通过固沙和封育措施，能够较好地恢复植被，消除沙害，保护机场和国际公路，改善生态环境。

（3）技术要点及配套措施

①机械固沙：在专业技术人员的指导下，于秋冬农闲季节组织农民在流沙上垂直主风方向全面扎设1.0米×1.0米的麦草方格沙障。

②造林：注意气象预报，在雨季来临前的6月底，于草方格沙障中撒播沙蒿、砂生槐、花棒等沙生植物，播后用耙子轻耙，覆土2～3厘米。条、穴播时切忌覆土太深，可根据种子大小掌握在2～5厘米之间。沙蒿可直播于地表。

③封育保护：在造林的同时，要对治理区实行严格的封禁保护，将封沙育林（草）列入村规民约，严禁放牧、樵采及其他破坏活动。

（4）模式成效

利用雨季雨量充沛的条件，通过治理和封育试验，植被恢复较好，减弱了风沙流活动强度，减轻了拉贡公路的沙害，改善了局部生态环境。治理后经数年观测，沙蒿播种当年生长极慢，高仅3～5厘米，翌年生长很快，高约30厘米，第3年已基本长大。通过封育，保护了沙生植物，一些天然植被如白草、固沙草、刺蓬、毛瓣棘豆等得到一定恢复。麦草方格的地上部分在3～4年后腐烂，这时沙丘已基本被人工和天然植被固定，风沙危害得到遏制。

（5）适宜推广区域

本模式适宜在青藏高原条件类似的风沙区推广。在资金充足的情况下可考虑采取引水提灌等措施，加快治理速度。

【模式H3-2】 西藏日喀则市沙地综合治理与开发模式

（1）立地条件特征

模式区位于西藏自治区日喀则市江当乡，地处雅鲁藏布江南岸二级阶地，海拔3 800米，地表风蚀、风积作用强烈，不少地段形成高2.0～5.0米的新月形沙丘或沙丘链等风沙地貌形态，属重度沙化区，气候属高原温带季风半干旱河谷气候，年降水量422毫米，集中在7～9月，无霜期125天，干湿季分明，干季长达8个月（从10月至翌年5月），多大风及沙尘暴，对越冬作物保苗及春播作物播种、出苗都不利。

地带性土壤为山地灌丛草原土，土层厚度一般较薄，仅20～40厘米，土壤质地粗且养分含量低。植被属雅江中游河谷地带亚高山灌丛草原，天然植被盖度10%～30%，主要有砂生槐、白草、三刺草等。

（2）治理技术思路

模式区生态条件虽恶劣，但水力资源较为优越，存在着治理风沙和进行农业开发的基本条件。因此，可将二者结合起来，将风沙治理寓于开发之中，在开发中搞好生态建设。通过水利开发、防护林建设和农业开发，达到固定流沙、改善生态、发展农业生产的目的，为高原沙地的治理、开发与生态农业建设做出示范。

(3) 技术要点及配套措施

①水利开发：规划、修建了2条浆砌石引水渠，从江当幸福总干渠2处开口取水，为林网建设和农业开发提供灌溉水源。

②农田防护林网建设：先在河流二级阶地治理区建立疏透式结构的农田林网，结合必要的灌溉，采用速生耐旱的乔灌木树种如藏川杨、北京杨、长蕊柳和沙棘等树种，"品"字形配置，建设窄林带小网格，网格面积控制在100亩左右。

③种植业发展：先清除地表石砾，打埂做畦，必要时换土，同时施足农家肥作底肥。把土地规划成长方形条田，以利灌溉和方便机械、半机械化作业。在耕作制度方面，改青稞连作、小麦重茬为小麦—青稞—小麦+青稞—油菜—豌豆的4年轮作制，改单一粮食生产为粮、油、菜、绿肥全面生产。引进和推广优良品种，选优淘劣，试种西瓜、白菜、土豆、萝卜，栽植桃树，进行选种、播种、施肥、灌溉、间作套种等多种试验，以期改进种植技术。

④草地建设与改良：在翻耕天然草地，播种优良牧草，建设优质人工草地的同时，封育退化草场，消灭鼠害，补播牧草，改良天然草场。

⑤流沙治理：沙丘上全面扎设1.0米×1.0米的麦草方格沙障，沙障内雨季播种固沙草和沙蒿等植物。在丘间低地进行造林并封沙育草。

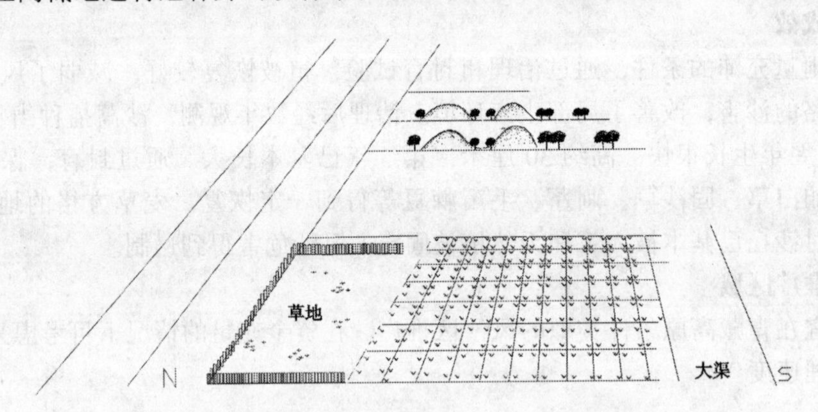

图 H3-2　西藏日喀则市沙地综合治理与开发模式图

(4) 模式成效

通过沙化土地综合治理，流沙得到固定，农作物、经济林和经济作物试种成功，其中西瓜亩产达4 100千克，青稞、小麦平均亩产达400千克，桃、白菜、萝卜、土豆等亩产均有大幅度提高，为西藏高原沙地高效生态农业的发展树立了样板。

(5) 适宜推广区域

模式区东距拉萨市220千米，西距日喀则市40千米，北靠中尼公路，南临日喀则市幸福水渠。在青藏高原类似风沙地区进行农业综合治理与开发，建设高原高效生态农业时，均可采用本模式。

【模式 H3-3】　雅鲁藏布江沿岸造林治沙护路模式

(1) 立地条件特征

模式区位于西藏自治区扎囊县郎赛岭乡，地处雅鲁藏布江中游南岸阶地及河漫滩，平均海拔4 000米，高原温凉半干旱大陆性气候，年平均气温8.5℃，无霜期138.5天，气候干旱，年降水量373.2毫米，年蒸发量2 599毫米，风大而多。高山寒漠土、草甸土等土壤的粗骨性较强。植被以温性草原植被为主，主要有针茅、白草、固沙草、砂生槐等。

由于当地气候干冷多风，降水少，风速大，风蚀强烈，地表沙砾含量高，植被稀疏低矮，再加上雅鲁藏布江沉积泥沙的吹蚀、搬运和堆积作用，以及滥樵、过牧等因素，导致了严重的沙化。拉萨—山南泽当公路治理区段1994年以前曾因沙害多次被迫改道，路面沙埋阻车现象时有发生，每年需投巨资清理积沙，急需采取有效措施治沙护路。

(2) 治理技术思路

模式区植被为半干旱草原植被。可修涵洞引水灌溉，造林固沙，还可利用洪水浇灌丘间地，恢复天然植被。利用当地和外来乔灌木树种，在丘间地大面积造林种草，包围沙丘，造成前挡后拉之势，进而逐步消平高大沙丘，控制沙丘流动，遏制风沙危害，保障公路安全畅通。

(3) 技术要点及配套措施

①引水工程：修涵洞引水，在流沙地灌溉造林，仅在造林时为保证苗木成活而灌溉，要浇足浇透定根水。

②整地工程：在丘间地整地要求浅沟大穴，栽植时行距大些、株距小些。浅沟以利雨季拦截径流灌沙，大穴既有利于根系发育，又可多吸纳洪水，提高土壤湿度，促进林木生长。

③造林种草：在丘间低地人工营造红柳、新疆杨、沙棘等10多个耐干旱瘠薄的乔灌木树种，播种优良牧草。在洪水年，引洪集流，灌沙淤泥，提高沙地肥力，促进天然植被的恢复与林木生长。直播时需扎设沙障防止风蚀沙埋，以免失败。

④围栏封育：对治理区进行严格的围栏封育，保护人工植被不受破坏，使砂生槐、固沙草等天然草灌木逐步恢复。

(4) 模式成效

从1995年开始造林治沙，首先在丘间地引种乔灌木树种获得成功。至1999年底，共植树7万余株，治理1.3万余亩沙化土地，形成了乔灌草结合的大面积防风固沙林，基本控制了流沙前移，减轻了公路沙害。

(5) 适宜推广区域

穿越粗骨沙化土地及流动沙地，受风沙危害的高原公路均可参考本模式治理沙害。

第 40 章

藏东南高山峡谷类型区(H4)

本类型区位于西藏自治区东部，与四川省接壤，是长江、澜沧江、怒江等江河水系的上游。地理位置介于东经 92°25′28″～99°4′3″，北纬 27°27′7″～ 32°29′51″。包括西藏自治区的昌都地区和林芝地区的全部，具体包括西藏自治区林芝地区的米林县、墨脱县、察隅县、工布江达县、林芝县、波密县、朗县，昌都地区的左贡县、八宿县、洛隆县、边坝县、丁青县、类乌齐县、昌都县、察雅县、江达县、贡觉县、芒康县等 18 个县的全部，总面积223 840平方千米。

本类型区地形为高山峡谷，北部海拔 5 200 米，南部海拔 4 000 米左右，山势陡峻，山顶长年积雪。气候湿润，年降水量 500～700 毫米左右，植被垂直分布十分明显，河谷及山地呈现茂密森林景观，上部为亚高山灌丛草甸植被，河谷缓坡上有农田分布。本类型区是西藏自治区的重点林区和农区。

本类型区的主要生态问题是：河谷农区的陡坡开垦，森林植被的滥樵和过量采伐，山地灌丛草甸草场的过牧等。

本类型区林业生态建设与治理的主攻方向是：严格保护森林及其上方的灌丛草甸；禁止在河谷农业区陡坡开垦，已开垦的要坚决退耕还林草；协调经济发展与生态保护的关系，合理确定载畜量，防止过度放牧，发展生态型的探险、旅游；加大森林、草场等植被的恢复力度，在宜林区加速造林绿化步伐。

附表1 全国林业生态建设与治理区划表

区域	类型区	亚区	全部县(市、区、旗)	部分县(市、区、旗)
黄河上中游区域(A)	黄河源头高原类型区(A1)		青海省果洛藏族自治州的玛多县、达日县、玛沁县、甘德县、久治县,海南藏族自治州的兴海县、同德县,黄南藏族自治州的泽库县、河南蒙古族自治县,海北藏族自治州的刚察县、祁连县、海晏县,海西蒙古族藏族自治州的天峻县。	青海省海南藏族自治州的贵南县。
	黄河上游山地类型区(A2)	青海东部黄土丘陵亚区(A2-1)	青海省西宁市的城中区、城东区、城西区、城北区、湟源县、湟中县、大通回族土族自治县,黄南藏族自治州的同仁县、尖扎县,海东地区的循化撒拉族自治县、化隆回族自治县、民和回族土族自治县、互助土族自治县、乐都县、平安县,海南藏族自治州的贵德县,海北藏族自治州的门源回族自治县。	
		甘南高原亚区(A2-2)	甘肃省甘南藏族自治州的合作市、夏河县、临潭县、卓尼县、碌曲县、玛曲县,定西地区的岷县。	
	黄河河套平原类型区(A3)	贺兰山山地亚区(A3-1)		内蒙古自治区阿拉善盟的阿拉善左旗;宁夏回族自治区银川市的郊区、贺兰县、永宁县,石嘴山市的大武口区、石炭井区、平罗县、惠农县。
		银川平原亚区(A3-2)	宁夏回族自治区银川市的城区、新城区,石嘴山市的石嘴山区。	宁夏回族自治区银川市的郊区、永宁县、贺兰县,石嘴山市的大武口区、石灰井区,平罗县、陶乐县、惠农县,吴忠市的利通区、青铜峡市、灵武市、中卫县、中宁县。
		内蒙古河套平原亚区(A3-3)	内蒙古自治区呼和浩特市的玉泉区、赛罕区。	内蒙古自治区呼和浩特市的回民区、新城区、土默特左旗、托克托县、和林格尔县、清水河县,包头市的昆都仑区、东河区、青山区、九原区、土默特右旗,伊克昭盟的杭锦旗、达拉特旗、准格尔旗,巴彦淖尔盟的磴口县、杭锦后旗、乌拉特前旗、临河市、五原县。
	内蒙古及宁陕沙地(漠)类型区(A4)	库布齐沙漠亚区(A4-1)		内蒙古自治区伊克昭盟的杭锦旗、准格尔旗、达拉特旗。
		毛乌素沙地亚区(A4-2)	内蒙古自治区伊克昭盟的鄂托克前旗、乌审旗;宁夏回族自治区吴忠市的盐池县。	内蒙古自治区伊克昭盟的杭锦旗、鄂托克旗、伊金霍洛旗;宁夏回族自治区吴忠市的利通区、中卫县、同心县、灵武市、青铜峡市、中宁县,石嘴山市的陶乐县。
		陕北长城沿线风沙滩地亚区(A4-3)		陕西省榆林市的榆阳区、定边县、靖边县、横山县、神木县、府谷县。
	黄土高原类型区(A5)	陇中北部黄土丘陵谷川盆地亚区(A5-1)	甘肃省兰州市的城关区、七里河区、西固区、安宁区、红古区、永登县、皋兰县,白银市的白银区、平川区、靖远县。	甘肃省兰州市的榆中县,临夏回族自治州的东乡族自治县、永靖县,白银市的会宁县、景泰县,定西地区的定西县。

（续）

区域	类型区	亚区	全部县(市、区、旗)	部分县(市、区、旗)
黄河上中游区域(A)	黄土高原类型区(A5)	陇西黄土丘陵沟壑亚区(A5-2)	甘肃省临夏回族自治州的临夏市、广河县、康乐县、和政县、临夏县、积石山保安族东乡族撒拉族自治县，定西地区的临洮县、渭源县、陇西县、通渭县、漳县，天水市的秦安县、甘谷县、武山县，平凉地区的庄浪县、静宁县。	甘肃省兰州市的榆中县，天水市的秦城区、北道区、张家川回族自治县、清水县，临夏回族自治州的永靖县、东乡族自治县，定西地区的定西县，白银市的会宁县。
		宁夏南部黄土丘陵沟壑亚区(A5-3)		宁夏回族自治区固原地区的固原县、西吉县、彭阳县、海原县、隆德县，吴忠市的同心县。
		陇东黄土高塬沟壑亚区(A5-4)	甘肃省庆阳地区的西峰市、环县、庆阳县、镇原县，平凉地区的平凉市、泾川县、灵台县、崇信县、华亭县。	甘肃省天水市的张家川回族自治县、清水县。
		晋陕及内蒙古黄土丘陵亚区(A5-5)	内蒙古自治区乌兰察布盟的集宁市、察哈尔右翼前旗、凉城县、丰镇市，伊克昭盟的东胜市；山西省忻州市的河曲县、保德县、偏关县、神池县、五寨县，大同市的南郊区、新荣区、城区、矿区、大同县、左云县、天镇县、阳高县、浑源县，朔州市的朔城区、平鲁区、右玉县、怀仁县、应县、山阴县。	内蒙古自治区呼和浩特市的清水河县、和林格尔县、托克托县，乌兰察布盟的兴和县、卓资县，伊克昭盟的准格尔旗、达拉特旗、伊金霍洛旗；陕西省榆林市的府谷县、神木县。
		晋陕黄土丘陵沟壑亚区(A5-6)	陕西省榆林市的吴堡县、米脂县、绥德县、子洲县、清涧县、佳县，延安市的吴旗县、子长县、延川县、延长县；山西省吕梁地区的兴县、临县、方山县、离石市、中阳县、石楼县、柳林县、交城县、岚县、交口县、孝义市，太原市的娄烦县、古交市，忻州市的忻府区、岢岚县、宁武县、静乐县、原平市。	陕西省榆林市的榆阳区、横山县、定边县、靖边县，延安市的宝塔区、志丹县、安塞县、宜川县。
		晋陕黄土高塬沟壑亚区(A5-7)	陕西省宝鸡市的千阳县、麟游县，咸阳市的长武县、永寿县、彬县，渭南市的白水县、合阳县、澄城县；山西省临汾市的永和县、隰县、大宁县、蒲县、吉县、乡宁县、汾西县。	陕西省宝鸡市的宝鸡县、陇县、凤翔县、岐山县、扶风县，咸阳市的乾县、礼泉县、淳化县、泾阳县、旬邑县，延安市的洛川县、黄陵县、富县，铜川市的宜君县、耀县，渭南市的韩城市、蒲城县、富平县。
		豫西黄土丘陵沟壑亚区(A5-8)	河南省郑州市的荥阳市，三门峡市的湖滨区、渑池县、义马市、陕县，洛阳市的西工区、老城区、瀍河回族区、涧西区、吉利区、洛龙区、孟津县、偃师市、伊川县、新安县。	河南省郑州市的登封市、巩义市，焦作市的孟州市，三门峡市的灵宝市，洛阳市的洛宁县、嵩县、宜阳县、汝阳县，平顶山市的汝州市，省直辖的济源市。
		六盘山山地亚区(A5-9)	宁夏回族自治区固原地区的泾源县。	宁夏回族自治区固原地区的固原县、隆德县、西吉县、彭阳县、海原县。
		黄龙山、乔山、子午岭山地亚区(A5-10)	甘肃省庆阳地区的华池县、合水县、宁县、正宁县；陕西省延安市的甘泉县、黄龙县，铜川市的王益区、印台区。	陕西省延安市的宝塔区、富县、黄陵县、宜川县、志丹县、安塞县、洛川县，咸阳市的旬邑县、淳化县，渭南市的韩城市，铜川市的宜君县、耀县。

(续)

区域	类型区	亚区	全部县(市、区、旗)	部分县(市、区、旗)
黄河上中游区域(A)	秦岭北坡山地类型区(A6)	秦岭北坡关山山地亚区(A6-1)		陕西省西安市的周至县、户县、长安县、蓝田县，宝鸡市的宝鸡县、太白县、陇县、岐山县、眉县，渭南市的潼关县、华县、华阴市。
		伏牛山北坡山地亚区(A6-2)	河南省洛阳市的栾川县，三门峡市的卢氏县，平顶山市的新华区，卫东区，湛河区，石龙区。	河南省郑州市的巩义市、登封市、新密市，洛阳市的嵩县、洛宁县、汝阳县、宜阳县，平顶山市的汝州市、郏县、鲁山县、宝丰县，许昌市的禹州市，三门峡市的灵宝市，南阳市的西峡县。
	汾渭平原类型区(A7)	汾河平原亚区(A7-1)	山西省太原市的小店区、晋源区、迎泽区、杏花岭区、万柏林区、尖草坪区、清徐县，晋中市的榆次区、祁县、太谷县、平遥县、介休市，临汾市的尧都区、曲沃县、襄汾县、洪洞县、翼城县、侯马市，运城市的盐湖区、新绛县、稷山县、万荣县、临猗县、夏县、闻喜县、绛县、河津市、永济市，吕梁地区的汾阳市、文水县。	
		关中平原亚区(A7-2)	陕西省西安市的未央区、莲湖区、新城区、碑林区、雁塔区、灞桥区、临潼区、阎良区、高陵县，宝鸡市的金台区、渭滨区，咸阳市的杨凌区、秦都区、渭城区、武功县、兴平市、三原县，渭南市的临渭区、大荔县。	陕西省西安市的周至县、长安县、户县、蓝田县，宝鸡市的宝鸡县、凤翔县、眉县、扶风县、岐山县，咸阳市的乾县、礼泉县、泾阳县，渭南市的华县、华阴市、潼关县、富平县、蒲城县。
长江上游区域(B)	长江源头高原高山类型区(B1)	长江源头高原亚区(B1-1)	青海省玉树藏族自治州的曲麻莱县、杂多县、玉树县、称多县、囊谦县，果洛藏族自治州的班玛县；四川省甘孜藏族自治州的石渠县，阿坝藏族羌族自治州的阿坝县。	四川省甘孜藏族自治州的甘孜县、色达县、德格县，阿坝藏族羌族自治州的若尔盖县、松潘县、红原县、壤塘县；青海省玉树藏族自治州的治多县，海西蒙古族藏族自治州的格尔木市。
		白龙江中上游山地亚区(B1-2)	甘肃省甘南藏族自治州的迭部县、舟曲县，陇南地区的宕昌县。	甘肃省陇南地区的文县。
		川西北高原亚区(B1-3)	四川省甘孜藏族自治州的德格县、甘孜县、白玉县、新龙县、理塘县、炉霍县、色达县、巴塘县、稻城县、道孚县，阿坝藏族羌族自治州的红原县、马尔康县。	四川省阿坝藏族羌族自治州的壤塘县。
	西南高山峡谷类型区(B2)	川西高山峡谷东部亚区(B2-1)	四川省甘孜藏族自治州的丹巴县、泸定县，阿坝藏族羌族自治州的金川县、小金县、黑水县、理县、汶川县、九寨沟县、茂县。	四川省阿坝藏族羌族自治州的马尔康县、松潘县、若尔盖县，甘孜藏族自治州的康定县、道孚县。
		川西高山峡谷西部亚区(B2-2)	四川省甘孜藏族自治州的得荣县、九龙县、雅江县、乡城县，凉山彝族自治州的木里藏族自治县。	四川省甘孜藏族自治州的康定县、稻城县、道孚县、巴塘县、理塘县、新龙县、炉霍县、白玉县。
		滇西北高山峡谷亚区(B2-3)	云南省丽江地区的丽江纳西族自治县、宁蒗彝族自治县，迪庆藏族自治州的德钦县、中甸县、维西傈僳族自治县，怒江傈僳族自治州的贡山独龙族怒族自治县、福贡县、兰坪白族普米族自治县、泸水县，大理白族自治州的云龙县、剑川县。	

（续）

区域	类型区	亚区	全部县(市、区、旗)	部分县(市、区、旗)
长江上游区域(B)	云贵高原类型区(B3)	滇中高原西部高中山峡谷亚区(B3-1)	云南省大理白族自治州的鹤庆县，丽江地区的永胜县、华坪县，楚雄彝族自治州的永仁县。	云南省大理白族自治州的宾川县、祥云县。
		川西南中山山地亚区(B3-2)	四川省凉山彝族自治州的西昌市、会东县、会理县、宁南县、盐源县、德昌县、普格县、布拖县、金阳县、喜德县、昭觉县、冕宁县、越西县、甘洛县、美姑县、雷波县，攀枝花市的东区、西区、仁和区、盐边县、米易县，雅安市的石棉县、汉源县。	
		滇中高原湖盆山地亚区(B3-3)	云南省昆明市的盘龙区、五华区、官渡区、西山区、富民县、安宁市、呈贡县、宜良县、晋宁县、寻甸回族彝族自治县、石林彝族自治县、嵩明县，大理白族自治州的大理市、洱源县、弥渡县、永平县、漾濞彝族自治县、巍山彝族回族自治县、南涧彝族自治县，保山市的隆阳区、腾冲县，楚雄彝族自治州的楚雄市、大姚县、姚安县、牟定县、南华县、禄丰县、双柏县，玉溪市的红塔区、峨山彝族自治县、易门县、澄江县、江川县、通海县、华宁县，曲靖市的麒麟区、宣威市、富源县、马龙县、陆良县、沾益县。	云南省昆明市的禄劝彝族苗族自治县，大理白族自治州的祥云县、宾川县，临沧地区的凤庆县，楚雄彝族自治州的武定县、元谋县，曲靖市的会泽县、罗平县、师宗县，保山市的昌宁县，思茅地区的景东彝族自治县。
		滇北干热河谷亚区(B3-4)	云南省昆明市的东川区，昭通地区的巧家县。	云南省昆明市的禄劝彝族苗族自治县，楚雄彝族自治州的元谋县、武定县，曲靖市的会泽县。
		金沙江下游中低山切割山塬亚区(B3-5)	云南省昭通地区的昭通市、水富县、盐津县、永善县、威信县、大关县、镇雄县、鲁甸县、彝良县、绥江县。	
		黔西喀斯特高原山地亚区(B3-6)	贵州省毕节地区的毕节市、威宁彝族回族苗族自治县、大方县、黔西县、纳雍县、织金县、赫章县，六盘水市的钟山区、六枝特区、水城县、盘县。	
		黔中喀斯特山塬亚区(B3-7)	贵州省贵阳市的云岩区、南明区、乌当区、花溪区、白云区、小河区、清镇市、修文县、开阳县、息烽县，遵义市的红花岗区、桐梓县、赤水市、习水县、正安县、湄潭县、余庆县、道真仡佬族苗族自治县、遵义县、仁怀市、绥阳县、凤冈县、务川仡佬族苗族自治县，铜仁地区的沿河土家族自治县、德江县、印江土家族苗族自治县、思南县、石阡县，毕节地区的金沙县，黔南布依族苗族自治州的瓮安县、长顺县、惠水县、平塘县、独山县、荔波县、罗甸县、福泉市、贵定县、龙里县、三都水族自治县，安顺市的西秀区、平坝县、普定县、镇宁布依族苗族自治县、关岭布依族苗族自治县、紫云苗族布依族自治县，黔西南布依族苗族自治州的望谟县、册亨县、兴义市、安龙县、兴仁县、贞丰县、普安县、晴隆县，黔东南苗族侗族自治州的凯里市、黄平县、施秉县、三穗县、镇远县、岑巩县、天柱县、锦屏县、剑河县、台江县、黎平县、榕江县、从江县、雷山县、麻江县、丹寨县。	

（续）

区域	类型区	亚区	全部县(市、区、旗)	部分县(市、区、旗)
长江上游区域(B)	四川盆地丘陵平原类型区(B4)	盆周西部山地亚区(B4-1)	四川省广元市的青川县，绵阳市的北川县、平武县，雅安市的雨城区、芦山县、宝兴县、天全县、荥经县，乐山市的峨边彝族自治县、马边彝族自治县。	四川省绵阳市的江油市、安县，德阳市的绵竹市、什邡市，成都市的大邑县、彭州市、都江堰市、崇州市、邛崃市，乐山市的峨眉山市、沐川县，眉山市的洪雅县，宜宾市的屏山县。
		盆周南部山地亚区(B4-2)	四川省泸州市的纳溪区、古蔺县、叙永县，宜宾市的兴文县、筠连县、珙县。	四川省宜宾市的高县、屏山县、长宁县、江安县，泸州市的合江县。
		成都平原亚区(B4-3)	四川省成都市的青羊区、锦江区、金牛区、武侯区、成华区、龙泉驿区、青白江区、蒲江县、温江县、郫县、新津县、双流县、新都县，眉山市的东坡区、青神县、丹棱县、彭山县，德阳市的旌阳区、广汉市、罗江县，雅安市的名山县，乐山市的市中区、沙湾区、五通桥区、金河口区、夹江县。	四川成都市的崇州市、都江堰市、大邑县、邛崃市、彭州市，眉山市的洪雅县、仁寿县，乐山市的峨眉山市，德阳市的什邡市、绵竹市。
		盆中丘陵亚区(B4-4)	四川省成都市的金堂县，广元市的市中区、元坝区、剑阁县、苍溪县，绵阳市的涪城区、游仙区、三台县、盐亭县、梓潼县，南充市的顺庆区、高坪区、嘉陵区、仪陇县、营山县、西充县、阆中市、蓬安县、南部县，德阳市的中江县，遂宁市的市中区、大英县、蓬溪县、射洪县，广安市的广安区、岳池县、武胜县、华蓥市，达州市的渠县，资阳市的雁江区、乐至县、安岳县、简阳市，内江市的市中区、东兴区、资中县、威远县、隆昌县，自贡市的自流井区、贡井区、大安区、沿滩区、荣县、富顺县，泸州市的江阳区、龙马潭区、泸县，宜宾市的翠屏区、宜宾县、南溪县，乐山市的井研县、犍为县；重庆市的双桥区、大足县、潼南县、荣昌县。	四川省宜宾市的长宁县、江安县、高县，眉山市的仁寿县，乐山市的沐川县，泸州市的合江县，绵阳市的安县，江油市；重庆市的铜梁县、合川市。
		盆周北部山地亚区(B4-5)	四川省广元市的朝天区、旺苍县，达州市的万源市，巴中市的巴州区、通江县、南江县；重庆市的城口县。	四川省巴州市的平昌县，达州市的宣汉县。
		川渝平行岭谷低山丘陵亚区(B4-6)	四川省达州市的通川区、达县、开江县、大竹县，广安市的邻水县；重庆市的渝中区、大渡口区、江北区、沙坪坝区、九龙坡区、南岸区、北碚区、渝北区、巴南区、长寿县、永川市、璧山县。	四川省达州市的宣汉县，巴中市的平昌县；重庆市的江津市、綦江县、铜梁县、合川市。
	秦巴山地类型区(B5)	秦岭南坡中高山山地亚区(B5-1)	陕西省宝鸡市的凤县，汉中市的留坝县、佛坪县，商洛地区的商州市、洛南县，安康市的宁陕县。	陕西省汉中市的勉县，商洛地区的柞水县、镇安县、商南县、丹凤县，宝鸡市的太白县，汉中市的略阳县、城固县、洋县，安康市的汉滨区、石泉县、汉阴县。
		大巴山北坡中山山地亚区(B5-2)	陕西省汉中市的镇巴县，安康市的镇坪县。	陕西省汉中市的南郑县、西乡县、宁强县、勉县、城固县，安康市的紫阳县、岚皋县、平利县。

（续）

区域	类型区	亚区	全部县(市、区、旗)	部分县(市、区、旗)
长江上游区域(B)	秦巴山地类型区(B5)	汉水谷地亚区(B5-3)	陕西省商洛地区的山阳县，安康市的旬阳县、白河县。	陕西省商洛地区的商南县、丹凤县、镇安县、柞水县，安康市的汉滨区、汉阴县、石泉县、紫阳县、岚皋县、平利县，汉中市的洋县、宁强县、略阳县、西乡县、南郑县、勉县、城固县。
		汉中盆地亚区(B5-4)	陕西省汉中市的汉台区。	陕西省汉中市的勉县、城固县、洋县、南郑县。
		伏牛山南坡低中山亚区(B5-5)	河南省南阳市的南召县。	河南省南阳市的方城县、内乡县、西峡县、淅川县，驻马店市的泌阳县、确山县、遂平县，洛阳市的嵩县，平顶山市的鲁山县、叶县、舞钢市。
		南阳盆地亚区(B5-6)	河南省南阳市的宛城区、卧龙区、邓州市、唐河县、社旗县、新野县、镇平县。	河南省南阳市的淅川县、内乡县、方城县，驻马店市的泌阳县。
		鄂西北山地亚区(B5-7)	湖北省襄樊市的保康县、南漳县、谷城县，十堰市的张湾区、茅箭区、丹江口市、郧县、郧西县、竹山县、竹溪县、房县。	湖北省直辖的神农架林区。
		陇南山地亚区(B5-8)	甘肃省陇南地区的西和县、礼县、徽县、两当县、成县、康县、武都县。	甘肃省天水市的北道区、秦城区，陇南地区的文县。
	湘鄂渝黔山地丘陵类型区(B6)	三峡库区山地亚区(B6-1)	重庆市的涪陵区、万州区、巫山县、巫溪县、垫江县、梁平县、忠县、奉节县、云阳县、开县。	重庆市的万盛区、丰都县、南川市、武隆县、綦江县、江津市、石柱土家族自治县；湖北省宜昌市的秭归县、兴山县、宜昌县，恩施土家族苗族自治州的巴东县，省直辖的神农架林区。
		鄂西南清江流域山地丘陵亚区(B6-2)	湖北省恩施土家族苗族自治州的恩施市、利川市、建始县、宣恩县、咸丰县、来凤县、鹤峰县，宜昌市的西陵区、伍家岗区、点军区、猇亭区、长阳土家族自治县、五峰土家族自治县、宜都市。	湖北省恩施土家族苗族自治州的巴东县，宜昌市的兴山县、秭归县、宜昌县。
		渝湘黔山地丘陵亚区(B6-3)	湖南省张家界市的永定区、武陵源区、慈利县、桑植县，常德市的石门县，湘西土家族苗族自治州的吉首市、泸溪县、凤凰县、花垣县、保靖县、古丈县、永顺县、龙山县，怀化市的鹤城区、洪江市、中方县、沅陵县、辰溪县、新晃侗族自治县、芷江侗族自治县、麻阳苗族自治县；贵州省铜仁地区的万山特区、铜仁市、玉屏侗族自治县、江口县、松桃苗族自治县；重庆市的黔江区、秀山土家族苗族自治县、彭水苗族土家族自治县、酉阳土家族苗族自治县。	重庆市的石柱土家族自治县、綦江县、武隆县、万盛区、丰都县、南川市、江津市。
	滇南南亚热带山地类型区(B7)	滇西南中山宽谷亚区(B7-1)	云南省思茅地区的思茅市、墨江哈尼族自治县、普洱哈尼族彝族自治县、镇沅彝族哈尼族拉祜族自治县、景谷傣族彝族自治县，临沧地区的云县、双江拉祜族佤族布朗族傣族自治县、永德县、临沧县，德宏傣族景颇族自治州的梁河县，保山市的施甸县，红河哈尼族彝族自治州的红河县。	云南省思茅地区的澜沧拉祜族自治县、江城哈尼族彝族自治县、景东彝族自治县，临沧地区的耿马傣族佤族自治县、沧源佤族自治县、凤庆县，德宏傣族景颇族自治州的盈江县、潞西市，保山市的龙陵县、昌宁县，玉溪市的元江哈尼族彝族傣族自治县、新平彝族傣族自治县，红河哈尼族彝族自治州的绿春县、元阳县、个旧市。
		滇东及滇东南河谷亚区(B7-2)	云南省红河哈尼族彝族自治州的建水县、石屏县、蒙自县、开远市，文山壮族苗族自治州的西畴县、文山县、富宁县。	云南省玉溪市的新平彝族傣族自治县、元江哈尼族彝族傣族自治县、红河哈尼族彝族自治州的个旧市、屏边苗族自治县，文山壮族苗族自治州的麻栗坡县、砚山县、马关县、广南县。
		滇东及滇东南岩溶山地亚区(B7-3)	云南省红河哈尼族彝族自治州的弥勒县、泸西县，文山壮族苗族自治州丘北县。	云南曲靖市的罗平县、师宗县，文山壮族苗族自治州的砚山县、广南县。

（续）

区域	类型区	亚区	全部县(市、区、旗)	部分县(市、区、旗)
三北区域(C)	天山及北疆山地盆地类型区(C1)	准噶尔盆地北部亚区(C1-1)	新疆维吾尔自治区阿勒泰地区的阿勒泰市、哈巴河县、布尔津县、吉木乃县、福海县、青河县、富蕴县,塔城地区的塔城市、额敏县、和布克赛尔蒙古自治县。	
		准噶尔盆地西部亚区(C1-2)	新疆维吾尔自治区博尔塔拉蒙古自治州的博乐市、温泉县、精河县,塔城地区的裕民县、托里县、乌苏市。	
		伊犁河谷亚区(C1-3)	新疆维吾尔自治区伊犁地区的伊宁县、伊宁市、霍城县、察布查尔锡伯自治县、特克斯县、昭苏县、巩留县、新源县、尼勒克县。	
		天山北麓亚区(C1-4)	新疆维吾尔自治区乌鲁木齐市的天山区、沙依巴克区、新市区、水磨沟区、头屯河区、南泉区、东山区、乌鲁木齐县,克拉玛依市的克拉玛依区、独山子区、白碱滩区、乌尔禾区,伊犁哈萨克自治州的的奎屯市,塔城地区的沙湾县,昌吉回族自治州的玛纳斯县、呼图壁县、昌吉市、米泉市、阜康市、吉木萨尔县、奇台县、木垒哈萨克自治县,哈密地区的巴里坤哈萨克自治县、伊吾县,自治区直辖的石河子市。	
	南疆盆地类型区(C2)	塔里木盆地北部亚区(C2-1)	新疆维吾尔自治区克孜勒苏柯尔克孜自治州的阿合奇县,阿克苏地区的柯坪县、乌什县、阿克苏市、温宿县、阿瓦提县、拜城县、新和县、库车县、沙雅县,巴音郭楞蒙古自治州的轮台县、库尔勒市、尉犁县、焉耆回族自治县、和静县、和硕县、博湖县。	
		吐鲁番-哈密盆地亚区(C2-2)	新疆维吾尔自治区吐鲁番地区的吐鲁番市、鄯善县、托克逊县,哈密地区的哈密市。	
		塔里木盆地西部亚区(C2-3)	新疆维吾尔自治区克孜勒苏柯尔克孜自治州的阿图什市、乌恰县、阿克陶县,喀什地区的喀什市、疏附县、疏勒县、伽师县、巴楚县、英吉沙县、岳普湖县、莎车县、泽普县、叶城县、麦盖提县、塔什库尔干塔吉克自治县。	
		塔里木盆地南部亚区(C2-4)	新疆维吾尔自治区和田地区的和田市、皮山县、墨玉县、和田县、洛浦县、策勒县、于田县、民丰县,巴音郭楞蒙古自治州的且末县、若羌县。	
	河西走廊及阿拉善高平原类型区(C3)	阿拉善高平原及河西走廊北部低山丘陵亚区(C3-1)	内蒙古自治区阿拉善盟的额济纳旗、阿拉善右旗,乌海市的海勃湾区、海南区、乌达区。	内蒙古自治区阿拉善盟的阿拉善左旗,巴彦淖尔盟的乌拉特后旗、磴口县,伊克昭盟的鄂托克旗;甘肃省酒泉地区的敦煌市、玉门市、安西县、金塔县、肃北蒙古族自治县(北部),武威地区的武威市、古浪县、民勤县,张掖地区的张掖市、高台县、临泽县、山丹县,金昌市的金川区、永昌县,白银市的景泰县。
		河西走廊绿洲亚区(C3-2)	甘肃省的嘉峪关市,酒泉地区的酒泉市。	甘肃省酒泉地区的敦煌市、玉门市、金塔县、安西县,张掖地区的张掖市、高台县、临泽县、山丹县、民乐县,金昌市的金川区、永昌县,武威地区的武威市、古浪县、天祝藏族自治县、民勤县。

（续）

区域	类型区	亚区	全部县(市、区、旗)	部分县(市、区、旗)
三北区域(C)	河西走廊及阿拉善高平原类型区(C3)	祁连山西段-阿尔金山山地亚区(C3-3)	甘肃省酒泉地区的阿克塞哈萨克族自治县。	甘肃省酒泉地区的肃北蒙古族自治县(南部)。
		祁连山东段亚区(C3-4)	甘肃省张掖地区的肃南裕固族自治县。	甘肃省武威地区的天祝藏族自治县,张掖地区的民乐县、山丹县。
		青海西北部高原盆地亚区(C3-5)	青海省海西蒙古族藏族自治州的格尔木市、德令哈市、都兰县、乌兰县,省直辖的茫崖镇、冷湖镇、大柴旦镇,海南藏族自治州的共和县。	青海省海南藏族自治州的贵南县。
		乌兰察布高平原亚区(C3-6)	内蒙古自治区锡林郭勒盟的二连浩特市。	内蒙古自治区锡林郭勒盟的苏尼特左旗、苏尼特右旗,包头市的达尔罕茂明安联合旗、固阳县,乌兰察布盟的四子王旗,巴彦淖尔盟的乌拉特中旗、乌拉特后旗。
	阴山山地类型区(C4)	阴山山地西段亚区(C4-1)		内蒙古自治区巴彦淖尔盟的磴口县、杭锦后旗、乌拉特后旗、乌拉特中旗、乌拉特前旗、临河市、五原县。
		阴山山地东段亚区(C4-2)	内蒙古自治区包头市的石拐区、白云矿区。	内蒙古自治区呼和浩特市的回民区、新城区、土默特左旗、武川县,包头市的昆都仑区、东河区、青山区、九原区、土默特右旗、固阳县,巴彦淖尔盟的乌拉特前旗,乌兰察布盟的卓资县。
		阴山北麓丘陵亚区(C4-3)	内蒙古自治区乌兰察布盟的察哈尔右翼后旗、察哈尔右翼中旗、化德县、商都县,锡林郭勒盟的太仆寺旗。	内蒙古自治区包头市的达尔罕茂明安联合旗,乌兰察布盟的四子王旗、卓资县、兴和县,锡林郭勒盟的镶黄旗、正镶白旗、正蓝族、多伦县,呼和浩特市的武川县。
	内蒙古高原及辽西平原类型区(C5)	浑善达克沙地亚区(C5-1)		内蒙古自治区锡林郭勒盟的锡林浩特市、苏尼特右旗、苏尼特左旗、阿巴嘎旗、镶黄旗、正镶白旗、正蓝旗、多伦县,赤峰市的克什克腾旗。
		科尔沁沙地及辽西沙地亚区(C5-2)	辽宁省阜新市的彰武县;内蒙古自治区通辽市的科尔沁左翼后旗、开鲁县、科尔沁区、科尔沁左翼中旗。	内蒙古自治区赤峰市的阿鲁科尔沁旗、巴林右旗、巴林左旗、林西县、克什克腾旗、翁牛特旗、敖汉旗,兴安盟的科尔沁右翼中旗,通辽市的扎鲁特旗、奈曼旗、库伦旗。
		呼伦贝尔及锡林郭勒高平原亚区(C5-3)	内蒙古自治区呼伦贝尔盟的海拉尔市、满洲里市、新巴尔虎右旗,锡林郭勒盟的东乌珠穆沁旗、西乌珠穆沁旗。	内蒙古自治区呼伦贝尔盟的新巴尔虎左旗、陈巴尔虎旗、鄂温克族自治旗、额尔古纳市,锡林郭勒盟的阿巴嘎旗、苏尼特左旗、苏尼特右旗、锡林浩特市,兴安盟的阿尔山市、科尔沁右翼前旗。

(续)

区域	类型区	亚区	全部县(市、区、旗)	部分县(市、区、旗)
东北区域(D)	大兴安岭山地类型区(D1)	大兴安岭北部山地亚区(D1-1)	内蒙古自治区呼伦贝尔盟的鄂伦春自治旗、莫力达瓦达斡尔族自治旗、阿荣旗、牙克石市、根河市、扎兰屯市;黑龙江省大兴安岭地区的呼玛县、漠河县、塔河县。	内蒙古自治区呼伦贝尔盟的额尔古纳市、陈巴尔虎旗、新巴尔虎左旗、鄂温克族自治旗。
		大兴安岭南段山地亚区(D1-2)	内蒙古自治区兴安盟的乌兰浩特市、扎赉特旗。	内蒙古自治区兴安盟的科尔沁右翼前旗、阿尔山市、突泉县、科尔沁右翼中旗,通辽市的扎鲁特旗。
		大兴安岭南段低山丘陵亚区(D1-3)	内蒙古自治区通辽市的霍林郭勒市。	内蒙古自治区兴安盟的科尔沁右翼中旗、突泉县、扎赉特旗,赤峰市的阿鲁科尔沁旗、巴林左旗、巴林右旗、林西县、克什克腾旗。
	小兴安岭山地类型区(D2)	小兴安岭西北部山地亚区(D2-1)	黑龙江省黑河市的嫩江县、爱辉区、北安市、五大连池市、孙吴县、逊克县。	
		小兴安岭东南部山地亚区(D2-2)	黑龙江省哈尔滨市的木兰县、通河县,绥化市的绥棱县、庆安县,伊春市的伊春区、南岔区、友好区、西林区、翠峦区、新青区、美溪区、金山屯区、五营区、乌马河区、汤旺河区、带岭区、乌伊岭区、红星区、上甘岭区、铁力市、嘉荫县,鹤岗市的兴山区、向阳区、工农区、南山区、兴安区、东山区。	黑龙江省鹤岗市的萝北县,佳木斯市的汤原县。
	东北东部山地丘陵类型区(D3)	长白山中山山地亚区(D3-1)	黑龙江省哈尔滨市的方正县、延寿县、尚志市,七台河市的桃山区、新兴区、茄子河区,双鸭山市的尖山区、岭东区、四方台区、宝山区,牡丹江市的爱民区、东安区、阳明区、西安区、宁安市、绥芬河市、海林市、林口县、穆棱市、东宁县,鸡西市的鸡冠区、恒山区、滴道区、梨树区、城子河区、麻山区;吉林省延边朝鲜族自治州的延吉市、珲春市、龙井市、敦化市、安图县、汪清县、图们市、和龙市,白山市的八道江区、抚松县、靖宇县、长白朝鲜族自治县、临江市、江源县,通化市的东昌区、二道江区、通化县、集安市。	吉林省通化市的柳河县、辉南县,吉林市的桦甸市、蛟河市;黑龙江省哈尔滨市的依兰县,双鸭山市的宝清县、友谊县、集贤县、饶河县,七台河市的勃利县,佳木斯市的桦南县、桦川县,鸡西市的鸡东县、虎林市、密山市。
		长白山西麓低山丘陵亚区(D3-2)	吉林省吉林市的船营区、龙潭区、昌邑区、丰满区、永吉县、磐石市,通化市的梅河口市,辽源市的龙山区、西安区、东辽县、东丰县。	吉林省长春市的双阳区、九台市、榆树市,四平市的伊通满族自治县、梨树县,吉林市的蛟河市、舒兰市、桦甸市,通化市的柳河县、辉南县。

（续）

区域	类型区	亚区	全部县(市、区、旗)	部分县(市、区、旗)
东北区域(D)	东北东部山地丘陵类型区(D3)	辽东低山丘陵亚区(D3-3)	辽宁省铁岭市的清河区、银州区、西丰县、开原市、铁岭县，抚顺市的新抚区、东洲区、望花区、顺城区、清原满族自治县、新宾满族自治县、抚顺县，本溪市的明山区、平山区、南芬区、溪湖区、桓仁满族自治县、本溪满族自治县，丹东市的振兴区、元宝区、振安区、宽甸满族自治县、东港市、凤城市，鞍山市的铁东区、铁西区、立山区、千山区、岫岩满族自治县、海城市，辽阳市的白塔区、文圣区、宏伟区、弓长岭区、太子河区、辽阳县、灯塔市，大连市的西岗区、中山区、沙河口区、甘井子区、旅顺口区、金州区、庄河市，普兰店市、长海县、瓦房店市，营口市的站前区、西市区、鲅鱼圈区、老边区、盖州市、大石桥市。	
	东北平原类型区(D4)	松嫩平原亚区(D4-1)	辽宁省沈阳市的康平县、法库县，铁岭市的铁法市、昌图县；黑龙江省哈尔滨市的道里区、南岗区、道外区、太平区、香坊区、动力区、平房区、五常市、阿城市、双城市、宾县、巴彦县、呼兰县，齐齐哈尔市的龙沙区、建华区、铁锋区、昂昂溪区、富拉尔基区、碾子山区、梅里斯达斡尔族区、讷河市、拜泉县、克山县、克东县、甘南县、龙江县、泰来县、富裕县、依安县，大庆市的萨尔图区、龙凤区、让胡路区、大同区、红岗区、林甸县、杜尔伯特蒙古族自治县、肇州县、肇源县，绥化市的北林区、安达市、明水县、肇东市、海伦市、望奎县、兰西县、青冈县；吉林省长春市的朝阳区、南关区、二道区、绿园区、宽城区、农安县、德惠市，白城市的洮北区、镇赉县、大安市、洮南市、通榆县，松原市的宁江区、乾安县、长岭县、扶余县、前郭尔罗斯蒙古族自治县，四平市的铁西区、铁东区、双辽市、公主岭市。	吉林省长春市的双阳区、榆树市、九台市，吉林市的舒兰市，四平市的梨树县、伊通满族自治县。
		辽河平原亚区(D4-2)	辽宁省沈阳市的沈河区、和平区、大东区、皇姑区、铁西区、苏家屯区、东陵区、新城子区、于洪区、新民市、辽中县，鞍山市的台安县，锦州市的黑山县，盘锦市的双台子区、兴隆台区、大洼县、盘山县。	
	三江平原类型区(D5)	三江平原西部亚区(D5-1)	黑龙江省鹤岗市的绥滨县，佳木斯市的前进区、永红区、向阳区、东风区、郊区。	黑龙江省哈尔滨市的依兰县，佳木斯市的汤原县、桦南县、桦川县，双鸭山市的集贤县、友谊县，鹤岗市的萝北县，七台河市的勃利县。
		三江平原东部亚区(D5-2)	黑龙江省佳木斯市的同江市、富锦市、抚远县。	黑龙江省双鸭山市的宝清县、饶河县。
		三江平原南部亚区(D5-3)		黑龙江省鸡西市的鸡东县、密山市、虎林市。

(续)

区域	类型区	亚区	全部县(市、区、旗)	部分县(市、区、旗)
北方区域(E)	燕山、太行山山地类型区(E1)	冀北高原亚区(E1-1)	河北省张家口市的张北县、康保县、沽源县。	河北省张家口市的尚义县、赤城县,承德市的丰宁满族自治县、围场满族蒙古族自治县。
		燕山山地亚区(E1-2)	河北省承德市的双滦区、鹰手营子矿区、双桥区、隆化县、承德县、兴隆县、平泉县、宽城满族自治县、滦平县,唐山市的遵化市、迁安市、迁西县、滦县,秦皇岛市的青龙满族自治县、卢龙县;北京市的延庆县、怀柔县;天津市的蓟县;辽宁省阜新市的海州区、新邱区、太平区、清河门区、细河区、阜新蒙古族自治县,锦州市的太和区、古塔区、凌河区、北宁市、义县、凌海市,朝阳市的龙城区、双塔区、凌源市、北票市、建平县、朝阳县、喀喇沁左翼蒙古族自治县,葫芦岛市的龙港区、连山区、南票区、建昌县、绥中县、兴城市;内蒙古自治区赤峰市的松山区、红山区、元宝山区、喀喇沁旗、宁城县。	河北省秦皇岛市的抚宁县,承德市的丰宁满族自治县、围场满族蒙古族自治县,张家口市的赤城县,唐山市的丰润县;北京市的昌平区、密云县、平谷县;内蒙古自治区赤峰市的克什克腾旗、翁牛特旗、敖汉旗,通辽市的库伦旗、奈曼旗。
		冀西北山地亚区(E1-3)	河北省张家口市的桥西区、桥东区、宣化区、下花园区、崇礼县、怀安县、万全县、宣化县、阳原县。	河北省张家口市的尚义县、蔚县、涿鹿县、怀来县、赤城县。
		太行山山地亚区(E1-4)	河北省石家庄市的井陉县、平山县、灵寿县,邯郸市的涉县、武安市,保定市的阜平县、易县、涞源县、涞水县;山西省太原市的阳曲县,运城市的芮城县、平陆县、垣曲县,晋城市的城区、阳城县、泽州县、高平市、陵川县、沁水县,临汾市的浮山县、古县、霍州市、安泽县,长治市的城区、郊区、长子县、沁源县、壶关县、平顺县、长治县、屯留县、潞城市、黎城县、襄垣县、沁县、武乡县,晋中市的灵石县、榆社县、左权县、和顺县、昔阳县、寿阳县,阳泉市的城区、矿区、郊区、平定县、盂县,忻州市的五台县、繁峙县、定襄县、代县,大同市的灵丘县、广灵县;北京市的门头沟区;河南省安阳市的林州市,鹤壁市的山城区、鹤山区、郊区,焦作市的中站区、马村区、山阳区、解放区。	河北省石家庄市的鹿泉市、行唐县、赞皇县、元氏县,张家口市的蔚县、涿鹿县、怀来县,保定市的顺平县、曲阳县、唐县、徐水县、满城县,邢台市的沙河市、邢台县、临城县、内丘县,邯郸市的磁县;河南省安阳市的安阳县,鹤壁市的淇县,新乡市的卫辉市、辉县市,焦作市的孟州市、沁阳市、博爱县、修武县,省直辖的济源市;北京市的房山区、石景山区。

(续)

区域	类型区	亚区	全部县(市、区、旗)	部分县(市、区、旗)
北方区域(E)	华北平原类型区(E2)	海河平原亚区(E2-1)	河南省濮阳市的市区、南乐县、清丰县、濮阳县、台前县、范县,新乡市的郊区、北战区、新华区、红旗区、获嘉县、封丘县、长垣县、延津县、新乡县、原阳县,鹤壁市的浚县,安阳市的北关区、文峰区、铁西区、郊区、内黄县、滑县、汤阴县,焦作市的武陟县、温县;北京市的通州区、海淀区、东城区、西城区、丰台区、崇文区、朝阳区、宣武区、顺义区、大兴县;天津市的南开区、河北区、红桥区、武清区、津南区、河西区、河东区、和平区、东丽区、西青区、北辰区、宝坻县、静海县、宁河县;山东省济南市的商河县、济阳县,德州市的德城区、庆云县、乐陵市、宁津县、临邑县、陵县、武城县、平原县、禹城市、夏津县、齐河县,聊城市的东昌府区、高唐县、茌平县、临清市、东阿县、阳谷县、莘县、冠县;河北省石家庄市的长安区、桥东区、桥西区、新华区、郊区、井陉矿区、新乐市、正定县、栾城县、高邑县、赵县、藁城市、无极县、深泽县、晋州市、辛集市,保定市的新市区、北市区、南市区、涿州市、高碑店市、定兴县、望都县、定州市、安国市、博野县、蠡县、清苑县、高阳县、安新县、雄县、容城县,廊坊市的安次区、广阳区、三河市、大厂回族自治县、香河县、固安县、永清县、霸州市、文安县、大城县,唐山市的路北区、路南区、古冶区、开平区、新区、玉田县,沧州市的任丘市、肃宁县、河间市、献县、泊头市、南皮县、东光县、吴桥县,衡水市的桃城区、安平县、饶阳县、深州市、武强县、武邑县、冀州市、枣强县、故城县、景县、阜城县,邢台市的桥东区、桥西区、柏乡县、南和县、任县、隆尧县、宁晋县、新河县、巨鹿县、平乡县、广宗县、威县、临西县、清河县、南宫市,邯郸市的丛台区、邯山区、复兴区、峰峰矿区、永年县、邯郸县、临漳县、魏县、成安县、肥乡县、鸡泽县、曲周县、邱县、馆陶县、广平县、大名县。	河南省焦作市的沁阳市、孟州市、博爱县、修武县,新乡市的卫辉市、辉县市,鹤壁市的淇县,安阳市的安阳县;河北省石家庄市的元氏县、鹿泉市、行唐县、赞皇县,保定市的的徐水县、满城县、顺平县、唐县、曲阳县,邢台市的临城县、内丘县、沙河市、邢台县,邯郸市的磁县,沧州市的沧县,唐山市的丰润县;北京市的平谷县、昌平区、房山区、石景山区、密云县。

(续)

区域	类型区	亚区	全部县(市、区、旗)	部分县(市、区、旗)
北方区域(E)	华北平原类型区(E2)	华北平原滨海亚区(E2-2)	河北秦皇岛市的海港区、山海关区、北戴河区、昌黎县，唐山市的乐亭县、滦南县、丰南市、唐海县，沧州市的运河区、新华区、海兴县、盐山县、黄骅市、孟村回族自治县、青县，山东省东营市的东营区、河口区、利津县、垦利县、广饶县，滨州市的滨城区、无棣县、阳信县、沾化县、惠民县、博兴县，潍坊市的潍城区、寒亭区、坊子区、奎文区、寿光市、昌邑市，淄博市的高青县；天津市的塘沽区、汉沽区、大港区。	河北省沧州市的沧县，秦皇岛市的抚宁县。
		黄淮平原亚区(E2-3)	河南省郑州市的中原区、二七区、管城回族区、金水区、上街区、邙山区、新郑市、中牟县，商丘市的睢阳区、梁园区、夏邑县、永城市、柘城县、民权县、虞城县、睢县、宁陵县，周口市的川汇区、扶沟县、太康县、西华县、淮阳县、鹿邑县、郸城县、商水县、项城市、沈丘县，许昌市的魏都区、长葛市、许昌县、襄城县、鄢陵县，漯河市的源汇区、郾城县、临颍县、舞阳县，开封市的鼓楼区、龙亭区、顺河回族区、南关区、郊区、开封县、兰考县、尉氏县、通许县、杞县，驻马店市的驿城区、西平县、上蔡县、汝南县、平舆县、新蔡县、正阳县；江苏省徐州市的云龙区、鼓楼区、九里区、贾汪区、泉山区、邳州市、新沂市、铜山县、睢宁县、沛县、丰县，连云港市的新浦区、连云区、云台区、海州区、赣榆县、灌云县、东海县、灌南县，盐城市的响水县，淮安市的清河区、清浦区、楚州区、淮阴区、涟水县，宿迁市的宿城区、沭阳县、泗洪县、泗阳县、宿豫县；山东省济宁市的梁山县、嘉祥县、金乡县、鱼台县，菏泽市的牡丹区、郓城县、东明县、巨野县、定陶县、曹县、成武县、鄄城县、单县；安徽省宿州市的埇桥区、萧县、灵璧县、泗县、砀山县，蚌埠市的中市区、东市区、西市区、郊区、五河县、怀远县、固镇县，淮北市的相山区、杜集区、烈山区、濉溪县，淮南市的田家庵区、大通区、谢家集区、八公山区、潘集区、凤台县，阜阳市的颍州区、颍东区、颍泉区、颍上县、阜南县、临泉县、界首市、太和县，亳州市的谯城区、利辛县、涡阳县、蒙城县。	河南省郑州市的新密市，信阳市的息县、淮滨县，平顶山市的舞钢市、叶县、郏县、宝丰县，许昌市的禹州市，驻马店市的遂平县、确山县；江苏省盐城市的滨海县；安徽省滁州市的明光市、凤阳县，六安市的寿县、霍邱县；山东省泰安市的东平县。

（续）

区域	类型区	亚区	全部县(市、区、旗)	部分县(市、区、旗)
北方区域(E)	鲁中南及胶东低山丘陵类型区(E3)	鲁中南中低山山地亚区(E3-1)	山东省济南市的历城区、天桥区、市中区、槐荫区、历下区、长清县、平阴县、章丘市，滨州市的邹平县，淄博市的张店区、淄川区、博山区、临淄区、周村区、桓台县、沂源县，潍坊市的临朐县、青州市、昌乐县、安丘市，济宁市的市中区、任城区、汶上县、泗水县、微山县、兖州市、曲阜市、邹城市，泰安市的泰山区、岱岳区、肥城市、宁阳县、新泰市，莱芜市的莱城区、钢城区，枣庄市的山亭区、市中区、薛城区、峄城区、台儿庄区、滕州市，临沂市的兰山区、罗庄区、河东区、沂水县、蒙阴县、沂南县、费县、平邑县、郯城县、苍山县、临沭县。	山东省泰安市的东平县。
		胶东低山丘陵亚区(E3-2)	山东省日照市的东港区、五莲县、莒县，临沂市的莒南县，潍坊市的诸城市、高密市，青岛市的黄岛区、市南区、市北区、四方区、李沧区、崂山区、城阳区、胶南市、平度市、莱西市、即墨市、胶州市，烟台市的芝罘区、福山区、莱山区、牟平区、长岛县、蓬莱市、莱阳市、龙口市、栖霞市、招远市、海阳市、莱州市，威海市的环翠区、荣成市、文登市、乳山市。	
南方区域(F)	大别山-桐柏山山地类型区(F1)	桐柏山低山丘陵亚区(F1-1)	河南省南阳市的桐柏县。	河南省驻马店市的泌阳县、确山县。
		大别山低山丘陵亚区(F1-2)	河南省信阳市的新县；安徽省六安市的金寨县、霍山县，安庆市的岳西县；湖北省孝感市的大悟县、孝昌县，黄冈市的红安县、罗田县、英山县、麻城市。	安徽省安庆市的太湖县、潜山县、桐城市，六安市的舒城县；河南省信阳市的浉河区、平桥区、罗山县、光山县、商城县、固始县；湖北省武汉市的黄陂区，黄冈市的浠水县、蕲春县。
		江淮丘陵亚区(F1-3)	安徽省合肥市的中市区、东市区、西市区、郊区、长丰县、肥东县、肥西县，滁州市的琅琊区、南谯区、天长市、来安县、全椒县、定远县，巢湖市的居巢区、庐江县，六安市的金安区、裕安区；河南省信阳市的潢川县。	安徽省六安市的舒城县、霍邱县、寿县，滁州市的明光市、凤阳县，巢湖市的含山县、和县，河南信阳市的浉河区、平桥区、罗山县、光山县、固始县、息县、淮滨县、商城县。
		鄂北岗地亚区(F1-4)	湖北省襄樊市的襄城区、樊城区、老河口市、襄阳县。	湖北省襄樊市的枣阳市、宜城市。
		鄂中丘陵亚区(F1-5)	湖北省随州市的曾都区、广水市，孝感市的安陆市，宜昌市的远安县。	湖北省襄樊市的枣阳市、宜城市，宜昌市的当阳市，荆门市的东宝区、钟祥市、京山县，孝感市的应城市。

（续）

区域	类型区	亚区	全部县(市、区、旗)	部分县(市、区、旗)
南方区域(F)	长江中下游滨湖平原类型区(F2)	江汉平原亚区(F2-1)	湖北省武汉市的江岸区、江汉区、硚口区、汉阳区、武昌区、青山区、洪山区、东西湖区、汉南区、蔡甸区、江夏区、新洲区，孝感市的孝南区、汉川市、云梦县，荆州市的沙市区、荆州区、洪湖市、石首市、松滋市、监利县、公安县、江陵县，宜昌市的枝江市，黄冈市的黄州区、黄梅县、武穴市、团风县，黄石市的黄石港区、石灰窑区、下陆区、铁山区、阳新县、大冶市，咸宁市的咸安区、赤壁市、嘉鱼县，荆门市的沙洋县，鄂州市的鄂城区、梁子湖区、华容区，省直辖的天门市、仙桃市、潜江市。	湖北省武汉市的黄陂区，孝感市的应城市，黄冈市的蕲春县、浠水县，荆门市的东宝区、钟祥市、京山县，宜昌市的当阳市。
		洞庭湖滨湖平原亚区(F2-2)	湖南省岳阳市的岳阳楼区、君山区、云溪区、岳阳县、临湘市、湘阴县、华容县，益阳市的沅江市、南县，常德市的武陵区、鼎城区、汉寿县、安乡县、津市市、澧县、临澧县，益阳市的赫山区、资阳区。	
		鄱阳湖滨湖平原亚区(F2-3)	江西省南昌市的东湖区、西湖区、青云谱区、湾里区、郊区、南昌县、新建县、进贤县、安义县，宜春市的高安市、丰城市、樟树市，九江市的浔阳区、庐山区、永修县、德安县、九江县、瑞昌市、湖口县、彭泽县、都昌县、星子县，上饶市的波阳县、余干县、万年县，景德镇市的珠山区、昌江区、乐平市，鹰潭市的月湖区、余江县，抚州市的临川区、东乡县。	
		沿江平原亚区(F2-4)	安徽省芜湖市的镜湖区、马塘区、新芜区、鸠江区、繁昌县，马鞍山市的雨山区、金家庄区、花山区、向山区、当涂县，安庆市的迎江区、大观区、郊区、枞阳县、怀宁县、望江县、宿松县，巢湖市的无为县，铜陵市的铜官山区、狮子河区、郊区、铜陵县；江苏省镇江市的扬中市，泰州市的海陵区、高港区、泰兴市、靖江市，扬州市的广陵区、邗江区、郊区，南通市的崇川区、港闸区、通州市、海门市、启东市、如皋市、如东县。	安徽省巢湖市的和县、含山县，池州市的贵池区、东至县，芜湖市的南陵县、芜湖县，安庆市的桐城市、潜山县、太湖县，宣城市的宣州区、郎溪县；江苏省扬州市的江都市、仪征市，镇江市的丹徒县、京口区、润州区，苏州市的张家港市、常熟市、太仓市，常州市的武进市，无锡市的江阴市。
		江北冲积平原亚区(F2-5)	江苏省盐城市的城区、射阳县、大丰市、东台市、盐都县、阜宁县、建湖县，南通市的海安县，泰州市的兴化市、姜堰市，扬州市的宝应县，淮安市的洪泽县。	江苏省扬州市的江都市、高邮市，盐城市的滨海县，淮安市的金湖县。
		江苏沿江丘陵岗地亚区(F2-6)	江苏省南京市的玄武区、白下区、秦淮区、雨花台区、建邺区、鼓楼区、下关区、浦口区、大厂区、栖霞区、江宁区、六合县、江浦县、溧水县、高淳县，镇江市的句容市，常州市的溧阳市，淮安市的盱眙县。	江苏省常州市的金坛市，镇江市的丹徒县、丹阳市，淮安市的金湖县，扬州市的高邮市、仪征市，无锡市的宜兴市。
		长江滨海平原沙洲亚区(F2-7)	上海市的黄浦区、卢湾区、徐汇区、长宁区、静安区、普陀区、闸北区、虹口区、杨浦区、浦东新区、奉贤县、南汇县、崇明县。	上海市的宝山区、金山区。

（续）

区域	类　型　区	亚　区	全部县(市、区、旗)	部分县(市、区、旗)
南方区域(F)	长江中下游滨湖平原类型区(F2)	苏南、浙北水网平原亚区(F2-8)	上海市的闵行区、松江区、青浦区、嘉定区；江苏省苏州市的金阊区、平江区、沧浪区、虎丘区、吴中区、相城区、昆山市，吴江市，无锡市的崇安区、南长区、北塘区、滨湖区、惠山区、锡山区，常州市的钟楼区、天宁区、戚墅堰区、郊区；浙江省杭州市的拱墅区、上城区、下城区、江干区、西湖区、滨江区，嘉兴市的秀城区、秀洲区、嘉善县、平湖市、海盐县、海宁市、桐乡市，宁波市的海曙区、江东区、江北区、镇海区、慈溪市，绍兴市的越城区。	上海市的宝山区、金山区；江苏省苏州市的常熟市，镇江市的丹阳市、京口区、润州区，常州市的金坛市、武进市，无锡市的宜兴市、江阴市，苏州市的太仓市、张家港市；浙江省湖州市的长兴县、德清县，杭州市的余杭市、萧山市，绍兴市的绍兴县、上虞市，宁波市的余姚市、奉化市、鄞县。
	罗霄山-幕阜山山地高丘类型区(F3)	罗霄山山地亚区(F3-1)	江西省萍乡市的莲花县，吉安市的吉州区、青原区、安福县、峡江县、新干县、吉水县、吉安县、泰和县、永新县、永丰县、井冈山市、万安县、遂川县；湖南省株洲市的醴陵市、攸县、茶陵县、炎陵县，郴州市的桂东县、资兴市、汝城县。	
		幕阜山山地高丘亚区(F3-2)	江西省九江市的修水县、武宁县，宜春市的袁州区、铜鼓县、万载县、宜丰县、靖安县、奉新县、上高县，萍乡市的安源区、湘东区、上栗县、芦溪县，新余市的渝水区、分宜县；湖南省岳阳市的平江县，长沙市的浏阳市；湖北省咸宁市的通山县、崇阳县、通城县。	
	南岭-雪峰山山地类型区(F4)	雪峰山山地亚区(F4-1)	湖南省益阳市的安化县、桃江县，怀化市的溆浦县，邵阳市的双清区、大祥区、北塔区、邵阳县、洞口县、隆回县、邵东县、新邵县，娄底市的娄星区、新化县、双峰县、冷水江市、涟源市，常德市的桃源县。	
		湘中丘陵盆地亚区(F4-2)	湖南省长沙市的岳麓区、芙蓉区、天心区、开福区、雨花区、长沙县、宁乡县、望城县，株洲市的天元区、荷塘区、芦淞区、石峰区、株洲县，湘潭市的雨湖区、岳塘区、湘乡市、韶山市、湘潭县，岳阳市的汨罗市，衡阳市的城南区、城北区、江东区、南岳区、郊区、衡山县、衡东县、衡南县、衡阳县、祁东县、耒阳市、常宁市，郴州市的安仁县、永兴县、桂阳县。	
		南岭北部山地亚区(F4-3)	湖南省郴州市的北湖区、苏仙区、宜章县、临武县、嘉禾县，永州市的冷水滩区、芝山区、蓝山县、江华瑶族自治县、江永县、道县、宁远县、新田县、双牌县、祁阳县、东安县，怀化市的会同县、靖州苗族侗族自治县、通道侗族自治县，邵阳市的绥宁县、城步苗族自治县、武冈市、新宁县。	
		赣南山地亚区(F4-4)	江西省赣州市的崇义县、大余县、上犹县、信丰县、龙南县、全南县、定南县、安远县、寻乌县。	

(续)

区域	类型区	亚区	全部县(市、区、旗)	部分县(市、区、旗)
南方区域(F)	南岭-雪峰山山地类型区(F4)	粤北山地亚区(F4-5)	广东省清远市的连山壮族瑶族自治县、连南瑶族自治县、阳山县、清新县、连州市、英德市,韶关市的北江区、浈江区、武江区、乐昌市、乳源瑶族自治县、仁化县、南雄市、始兴县、翁源县、曲江县、新丰县,河源市的连平县、和平县,肇庆市的广宁县、怀集县。	广东省广州市的从化市,清远市的佛冈县。
		粤中山地丘陵亚区(F4-6)	广东省肇庆市的封开县、德庆县,云浮市的云城区、郁南县、罗定市、新兴县、云安县,阳江市的阳春市,茂名市的信宜市。	广东省阳江市的阳东县,肇庆市的四会市、高要市,佛山市的高明市,江门市的鹤山市,茂名市的电白县、高州市。
		粤东丘陵山地亚区(F4-7)	广东省梅州市的梅江区、大埔县、蕉岭县、平远县、梅县、兴宁市、丰顺县、五华县,河源市的源城区、龙川县、紫金县、东源县,惠州市的龙门县,汕尾市的陆河县,潮州市的湘桥区。	广东省惠州市的惠东县、博罗县,广州市的增城市,汕尾市的海丰县,揭阳市的揭西县,潮州市的潮安县、饶平县。
		桂北山地亚区(F4-8)	广西壮族自治区桂林市的秀峰区、叠彩区、象山区、七星区、雁山区、恭城瑶族自治县、龙胜各族自治县、永福县、临桂县、阳朔县、灵川县、资源县、全州县、平乐县、灌阳县、荔浦县、兴安县,百色地区的百色市、西林县、田林县、隆林各族自治县、乐业县,河池地区的环江毛南族自治县、天峨县、南丹县、罗城仫佬族自治县,柳州地区的鹿寨县、融水苗族自治县、融安县、三江侗族自治县,贺州地区的富川瑶族自治县、昭平县、贺州市、钟山县,梧州市的蒙山县。	
		桂东南山地丘陵亚区(F4-9)	广西壮族自治区南宁市的新城区、兴宁区、城北区、江南区、永新区、市郊区、邕宁县,玉林市的玉州区、北流市、容县、陆川县、兴业县、博白县,柳州地区的金秀瑶族自治县、象州县、武宣县,贵港市的港北区、港南区、桂平市、平南县,梧州市的万秀区、蝶山区、市郊区、岑溪市、藤县、苍梧县,钦州市的浦北县、灵山县,南宁地区的横县、宁明县、宾阳县、凭祥市,防城港市的上思县。	
		桂中、桂西岩溶山地亚区(F4-10)	广西壮族自治区南宁市的武鸣县,南宁地区的上林县、马山县、天等县、隆安瑶族自治县、大新县、龙州县、崇左县、扶绥县,河池地区的凤山县、都安瑶族自治县、大化瑶族自治县、巴马瑶族自治县、东兰县、宜州市、河池市,柳州市的城中区、鱼峰区、柳南区、柳北区、市郊区、柳城县、柳江县,百色地区的田阳县、田东县、德保县、平果县、那坡县、靖西县、凌云县,柳州地区的忻城县、合山市、来宾县。	
	皖浙闽赣山地丘陵类型区(F5)	皖南山地丘陵亚区(F5-1)	安徽省宣城市的广德县、宁国市、泾县、旌德县、绩溪县,黄山市的屯溪区、黄山区、徽州区、休宁县、祁门县、歙县、黟县,池州市的石台县、青阳县。	安徽省芜湖市的南陵县、芜湖县,宣城市的宣州区、郎溪县,池州市的贵池区、东至县。

（续）

区域	类型区	亚区	全部县(市、区、旗)	部分县(市、区、旗)
南方区域(F)	皖浙闽赣山地丘陵类型区(F5)	浙西北山地丘陵亚区(F5-2)	浙江省杭州市的临安市、富阳市、桐庐县、建德市、淳安县，湖州市的安吉县，衢州市的开化县。	浙江省杭州市的余杭市、萧山市，湖州市的长兴县、德清县。
		浙东低山丘陵亚区(F5-3)	浙江省绍兴市的诸暨市、嵊州市、新昌县。	浙江省杭州市的萧山市，绍兴市的绍兴县、上虞市，宁波市的余姚市、奉化市、宁海县、鄞县。
		浙中低丘盆地亚区(F5-4)	浙江省金华市的浦江县、义乌市、东阳市、兰溪市、永康市，衢州市的柯城区、常山县。	浙江省金华市的婺城区、金东区、武义县，衢州市的衢县、龙游县、江山市。
		浙西南中山山地亚区(F5-5)	浙江省丽水市的遂昌县、龙泉市、庆元县、景宁畲族自治县。	浙江省金华市的武义县、婺城区、金东区，丽水市的松阳县、云和县，衢州市的衢县、龙游县、江山市。
		汀江流域山地丘陵亚区(F5-6)	福建省龙岩市的新罗区、长汀县、连城县、武平县、上杭县、永定县。	福建省龙岩市的漳平市。
		闽江上游山地丘陵亚区(F5-7)	福建省南平市的延平区、建阳市、建瓯市、顺昌县、松溪县、政和县、浦城县、光泽县、邵武市、武夷山市，三明市的梅列区、三元区、宁化县、清流县、永安市、明溪县、沙县、将乐县、泰宁县、建宁县。	福建省龙岩市的漳平市。
		闽江中游山地丘陵亚区(F5-8)	福建省三明市的尤溪县、大田县，宁德市的古田县、屏南县、周宁县、寿宁县。	
		闽江下游山地丘陵亚区(F5-9)	福建省福州市的闽清县和闽候县。	福建省福州市的永泰县。
		闽南低山丘陵亚区(F5-10)	福建省泉州市的安溪县、永春县、德化县，漳州市的平和县、南靖县、华安县、长泰县。	福建省福州市的永泰县。
		雩山山地丘陵亚区(F5-11)	江西省赣州市的章贡区、赣县、南康市、兴国县、于都县、宁都县、石城县、瑞金市、会昌县。	
		武夷山山地丘陵亚区(F5-12)	江西省上饶市的信州区、广丰县、上饶县、铅山县、弋阳县、横峰县，鹰潭市的贵溪市，抚州市的资溪县、金溪县、崇仁县、乐安县、黎川县、广昌县、南城县、南丰县、宜黄县。	
		赣东北山地亚区(F5-13)	江西省景德镇市的浮梁县，上饶市的婺源县、德兴市、玉山县。	

(续)

区域	类型区	亚区	全部县(市、区、旗)	部分县(市、区、旗)
东南沿海及热带区域(G)	浙闽粤沿海丘陵平原类型区(G1)	舟山群岛亚区(G1-1)	浙江省舟山市的定海区、普陀区、岱山县、嵊泗县。	
		浙东港湾、岛屿及岩质海岸亚区(G1-2)	浙江省宁波市的象山县、北仑区,台州市的三门县。	浙江省宁波市的鄞县、奉化市、宁海县,台州市的临海市。
		浙南港湾、岛屿、岩质海岸及河口平原亚区(G1-3)	浙江省台州市的椒江区、路桥区、温岭市、玉环县,温州市的龙湾区、乐清市、洞头县。	浙江省台州市的临海市、黄岩区,温州市的瓯海区、鹿城区、瑞安市、平阳县、苍南县。
		浙东南低山丘陵亚区(G1-4)	浙江省台州市的天台县、仙居县,温州市的永嘉县、文成县、泰顺县,丽水市的莲都区、青田县、缙云县,金华市的磐安县。	浙江省台州市的黄岩区、临海市,温州市的瓯海区、鹿城区、永嘉县、瑞安市、平阳县、苍南县,丽水市的松阳县、云和县。
		闽东沿海中低山丘陵与岛屿亚区(G1-5)	福建省宁德市的福鼎市、福安市、蕉城区、霞浦县、柘荣县,福州市的罗源县。	福建省福州市的连江县。
		闽东南沿海平原亚区(G1-6)	福建省福州市的晋安区、鼓楼区、台江区、仓山区、马尾区,莆田市的城厢区,泉州市的鲤城区、丰泽区、洛江区、泉港区,漳州市的的芗城区、龙文区。	福建省福州市的福清市、连江县,莆田市的莆田县、仙游县,泉州市的惠安县、晋江市,漳州市的诏安县、漳浦县、云霄县、龙海市,厦门市的同安区。
		闽东南沿海丘陵亚区(G1-7)		福建省厦门市的同安区,莆田市的仙游县、莆田县,泉州市的惠安县、南安市,漳州市的龙海市、漳浦县、云霄县、诏安县。
		闽东南沿海岛屿及半岛亚区(G1-8)	福建省福州市的长乐市、平潭县,莆田市的涵江区,漳州市的东山县,厦门市的杏林区、集美区、湖里区、鼓浪屿区、开元区、思明区,泉州市的石狮市、金门县。	福建省福州市的福清市,莆田市的莆田县,泉州市的惠安县、晋江县、南安市,厦门市的同安县,漳州市的诏安县、漳浦县。
		潮汕沿海丘陵台地亚区(G1-9)	广东省汕头市的达濠区、金园区、龙湖区、河浦区、升平区、南澳县、澄海市、潮阳市,揭阳市的榕城区、惠来县、揭东县、普宁市,汕尾市的城区、陆丰市。	广东省潮州市的饶平县、潮安县,汕尾市的海丰县,揭阳市的揭西县。
	粤桂沿海丘陵台地类型区(G2)	粤桂东部沿海丘陵台地亚区(G2-1)	广东省湛江市的赤坎区、霞山区、坡头区、麻章区、廉江市、吴川市、遂溪县、雷州市、徐闻县,茂名市的茂南区、化州市,阳江市的江城区、阳西县;广西壮族自治区北海市的海城区、银海区、铁山港区、合浦县,钦州市的钦南区、钦北区,防城港市的港口区、防城区、东兴市。	广东省阳江市的阳东县,茂名市的电白县、高州市。
		珠江三角洲丘陵平原台地亚区(G2-2)	广东省广州市的越秀区、东山区、荔湾区、海珠区、天河区、芳村区、白云区、黄埔区、番禺区、花都区,佛山市的城区、石湾区、南海市、三水市、顺德市,东莞市,江门市的江海区、蓬江区、新会市、台山市、开平市、恩平市,珠海市的香洲区、斗门县,深圳市的福田区、罗湖区、南山区、宝安区、龙岗区、盐田区,肇庆市的端州区、鼎湖区,惠州市的惠城区、惠阳市,清远市的清城区,中山市。	广东省广州市的从化市、增城市,清远市的佛冈县,肇庆市的四会市、高要市,佛山市的高明市,江门市的鹤山市,惠州市的博罗县、惠东县。

（续）

区域	类型区	亚区	全部县(市、区、旗)	部分县(市、区、旗)
东南沿海区域(G)	滇南热带山地类型区(G3)		云南省西双版纳傣族自治州的勐海县、勐腊县、景洪市，思茅地区的孟连傣族拉祜族佤族自治县、西盟佤族自治县，临沧地区的镇康县，德宏傣族景颇族自治州的陇川县、瑞丽市，红河哈尼族彝族自治州的金平苗族瑶族傣族自治县、河口瑶族自治县。	云南省思茅地区的江城哈尼族彝族自治县、澜沧拉祜族自治县，德宏傣族景颇族自治州的潞西市、盈江县，文山壮族苗族自治州的马关县、麻栗坡县，临沧地区的沧源佤族自治县、耿马傣族佤族自治县，保山市的龙陵县，红河哈尼族彝族自治州的绿春县、元阳县、屏边苗族自治县。
	海南岛及南海诸岛类型区(G4)	海南岛滨海平原台地亚区(G4-1)	海南省海口市的新华区、振东区、秀英区，省直辖的文昌市、琼山市、临高县。	海南省直辖的澄迈县、儋州市、琼海市、万宁市、陵水黎族自治县，三亚市。
		海南岛西部阶地平原亚区(G4-2)		海南省直辖的昌江黎族自治县、东方市、乐东黎族自治县。
		海南岛中部山地丘陵亚区(G4-3)	海南省直辖的定安县、屯昌县、通什市、保亭黎族苗族自治县、琼中黎族苗族自治县、白沙黎族自治县。	海南省直辖的澄迈县、儋州市、琼海市、万宁市、陵水黎族自治县、昌江黎族自治县、乐东黎族自治县、东方市，三亚市。
青藏高原区域(H)	羌塘高原类型区(H1)		西藏自治区阿里地区的札达县、噶尔县、日土县。	西藏自治区阿里地区的革吉县、改则县，那曲地区的尼玛县、班戈县；青海省玉树藏族自治州的治多县，海西蒙古族藏族自治州格尔木市的唐古拉乡。
	藏北高原类型区(H2)		西藏自治区阿里地区的措勤县，那曲地区的申扎县、安多县、聂荣县、巴青县、索县、比如县。	西藏自治区拉萨市的当雄县，阿里地区的革吉县、改则县，那曲地区的尼玛县、班戈县、那曲县，日喀则地区的仲巴县、昂仁县。
	藏南谷地类型区(H3)		西藏自治区阿里地区的普兰县，日喀则地区的萨嘎县、吉隆县、聂拉木县、定日县、谢通门县、拉孜县、萨迦县、定结县、岗巴县、日喀则市、南木林县、白朗县、亚东县、仁布县、江孜县、康马县，拉萨市的城关区、堆龙德庆县、尼木县、曲水县、墨竹工卡县、林周县、达孜县，山南地区的加查县、桑日县、贡嘎县、曲松县、隆子县、错那县、措美县、琼结县、扎囊县、乃东县、浪卡子县、洛扎县，那曲地区的嘉黎县。	西藏自治区拉萨市的当雄县，日喀则地区的仲巴县、昂仁县，那曲地区的班戈县、那曲县。
	藏东南高山峡谷类型区(H4)		西藏自治区林芝地区的米林县、墨脱县、察隅县、工布江达县、林芝县、波密县、朗县，昌都地区的左贡县、八宿县、洛隆县、边坝县、丁青县、类乌齐县、昌都县、察雅县、江达县、贡觉县、芒康县。	

注：表中所列各县级以上行政区域，均来源于国务院批准的2000年底全国县级以上行政区划资料。

附表 2　全国林业生态建设与治理区划信息简表

分区代码			地理范围		包括的县(市、区、旗)数		面 积 (平方千米)
区 域	类型区	亚 区	东 经	北 纬	全部县	部分县	
A	合计		96°46′9″～114° 5′19″	32°48′17″～41°18′35″			798 033
	A1	小计	96°46′9″～101°51′54″	32°48′17″～39°16′4″	13	1	158 049
	A2	小计	100°37′32″～104°37′10″	33°14′48″～37°59′ 5″			65 066
		A2-1	100°37′32″～102°41′18″	35° 7′45″～37°59′ 5″	17	0	32 842
		A2-2	100°37′36″～104°37′10″	33°14′48″～35°38′ 1″	7	0	32 224
	A3	小计	103°34′30″～111°23′39″	37°23′23″～41°16′26″			72 525
		A3-1	103°34′30″～106°27′16″	37°32′10″～39°36′28″	0	8	30 144
		A3-2	104°45′56″～106°32′36″	37°23′23″～39°22′10″	3	13	8 812
		A3-3	106°12′38″～111°23′39″	39°14′ 6″～41°16′26″	2	19	33 569
	A4	小计	103°49′53″～110°58′45″	36°43′31″～40°50′30″			106 724
		A4-1	107° 9′36″～110°58′45″	39°48′ 4″～40°50′30″	0	3	19 768
		A4-2	103°49′53″～109°45′ 1″	36°43′31″～39°56′20″	3	10	66 828
		A4-3	106°53′29″～110°24′ 6″	37°27′57″～39°34′ 6″	0	6	20 128
	A5	小计	102°16′34″～114° 5′19″	34° 6′34″～41°18′35″			323 392
		A5-1	102°28′17″～104°55′39″	35°34′ 4″～37°40′50″	10	6	33 156
		A5-2	102°16′34″～106° 3′53″	34°29′19″～36°43′ 2″	16	9	37 438
		A5-3	104°49′32″～106°32′19″	35°38′15″～37°10′27″	0	6	11 968
		A5-4	105°54′42″～107°39′12″	34°45′56″～37°15′ 6″	9	2	25 594
		A5-5	108°46′56″～114° 5′19″	38°18′51″～41°18′35″	25	10	59 085
		A5-6	106°52′27″～112°38′11″	36°10′17″～39°17′57″	28	8	69 603
		A5-7	106°18′24″～111°12′36″	34°28′32″～37° 3′56″	15	18	31 842
		A5-8	109°58′ 3″～113° 9′ 9″	34° 6′34″～35°16′16″	15	10	19 549
		A5-9	105°25′56″～106°7′10″	35°27′58″～37° 3′14″	1	5	6 273
		A5-10	107° 7′48″～110°5′56″	35° 4′ 6″～37° 3′14″	8	12	28 884
	A6	小计	106° 2′47″～113°13′30″	33°39′55″～35°11′28″			27 802
		A6-1	106° 2′47″～110°13′54″	33°48′17″～35°11′28″	0	12	10 924
		A6-2	110° 4′47″～113°13′30″	33°39′55″～34°45′13″	6	14	16 878
	A7	小计	106°37′24″～112°37′31″	34° 2′56″～38°10′19″			44 475
		A7-1	109°50′33″～112°37′31″	34°52′53″～38°10′19″	30	0	24 320
		A7-2	106°37′24″～109°59′59″	34° 2′56″～35° 9′ 7″	19	17	20 155

（续）

区域	类型区	亚区	东经	北纬	全部县	部分县	面积（平方千米）
分区代码			地理范围		包括的县（市、区、旗）数		
B	合计		98°21′20″～113°39′11″	23°55′41″～36°0′32″			1 558 033
	B1	小计	90° 3′18″～104°45′58″	29° 8′43″～36°0′32″			341 971
		B1-1	90° 3′18″～103°25′49″	31°34′30″～36°0′32″	8	9	275 395
		B1-2	102°35′ 3″～104°45′58″	32°59′29″～34°27′0″	3	1	13 823
		B1-3	98°10′17″～102°26′ 9″	29° 8′43″～32°14′47″	12	1	52 753
	B2	小计	99° 5′43″～104° 6′0″	25°29′48″～34°21′51″			185 450
		B2-1	101° 8′31″～104° 6′0″	29°17′30″～34°21′51″	9	5	58 104
		B2-2	98°51′18″～102°11′21″	27°39′38″～31°48′38″	5	8	73 401
		B2-3	99° 5′43″～101°33′30″	25°29′48″～29°37′ 2″	11	0	53 945
	B3	小计	98°36′6″～109°34′44″	23°55′41″～29°45′39″			384 349
		B3-1	100°22′35″～102° 8′ 6″	25°23′22″～27° 0′22″	4	2	15 309
		B3-2	100°48′36″～103°52′ 5″	26° 6′46″～29°45′39″	23	0	58 570
		B3-3	98°36′6″～105° 6′12″	23°55′41″～27° 2′41″	41	11	108 266
		B3-4	101°56′ 7″～103°40′28″	25°29′36″～27°27′48″	2	4	12 314
		B3-5	103°13′38″～105°26′41″	26°57′17″～28°41′46″	10	0	20 181
		B3-6	103°47′17″～106°30′ 7″	25°19′54″～27°47′32″	11	0	34 354
		B3-7	104°56′25″～109°34′44″	24°39′56″～29°14′ 5″	69	0	135 355
	B4	小计	102°18′19″～108°59′11″	27°44′48″～33° 4′15″			202 453
		B4-1	102°18′19″～105°19′ 5″	28°28′28″～33° 4′15″	10	13	34 920
		B4-2	104°18′53″～106°18′33″	27°44′48″～28°46′33″	6	5	12 511
		B4-3	105°11′36″～108°59′11″	31°27′37″～32°56′ 1″	26	10	26 010
		B4-4	102°57′20″～104°28′12″	29°13′16″～31°40′43″	56	10	19 720
		B4-5	103°38′58″～106°58′24″	28°26′21″～32°40′58″	7	2	84 123
		B4-6	105°34′ 2″～108° 1′57″	28°57′35″～31°48′42″	17	6	25 169
	B5	小计	104° 4′ 8″～113°39′11″	31°20′26″～34°43′55″			160 752
		B5-1	105°29′ 6″～110°31′44″	33° 5′41″～34°23′56″	6	12	24 291
		B5-2	105°49′23″～109°18′29″	31°48′30″～33° 6′33″	2	6	15 920
		B5-3	105°11′31″～110°38′33″	32°26′35″～33°50′ 5″	3	17	30 958
		B5-4	106°27′15″～107° 9′20″	33° 6′25″～33°30′14″	1	4	1 840
		B5-5	110°36′25″～113°39′11″	32°53′36″～33°51′57″	1	11	12 738
		B5-6	111° 0′32″～113° 7′30″	32°28′23″～33°30′21″	7	4	15 927
		B5-7	109° 7′22″～111°46′ 8″	31°20′26″～33°24′ 1″	11	1	33 896
		B5-8	104° 4′ 8″～106°14′39″	32°44′19″～34°43′55″	7	3	25 182

（续）

分区代码			地理范围		包括的县(市、区、旗)数		面 积
区 域	类型区	亚 区	东 经	北 纬	全部县	部分县	(平方千米)
B	B6	小计	105°56′51″～111°19′49″	27° 6′54″～31°50′24″			154 318
		B6-1	106° 8′15″～111°17′34″	27° 6′54″～30°17′18″	10	12	74 560
		B6-2	108°14′20″～111°19′49″	29°12′59″～31°24′38″	14	4	35 380
		B6-3	105°56′51″～111° 7′53″	28°53′48″～31°50′24″	30	7	44 378
	B7	小计	98°21′20″～106°34′46″	22°22′ 3″～25°15′30″			128 740
		B7-1	98°21′20″～103°53′ 1″	22°22′ 3″～25°15′30″	12	14	71 640
		B7-2	103°38′25″～105°59′49″	23°28′22″～25° 5′51″	7	8	23 586
		B7-3	101°52′ 1″～106°34′46″	22°56′12″～24°19′50″	3	4	33 514
C	合计		73°31′ 1″～123°30′56″	35°19′ 2″～50°52′53″			2 925 783
	C1	小计	80°29′36″～ 96°19′16″	42°29′47″～49° 0′46″			452 259
		C1-1	83°23′49″～ 91°31′41″	44°58′31″～49° 0′46″	10	0	162 377
		C1-2	80°35′13″～ 86° 1′42″	43°26′56″～46°27′54″	6	0	65 827
		C1-3	80°29′36″～ 85°13′25″	42°29′47″～44°51′43″	9	0	55 856
		C1-4	85°17′21″～ 96°19′16″	42°47′30″～46° 9′ 9″	25	0	168 199
	C2	小计	73°31′ 1″～ 96°22′ 6″	35°19′ 2″～43°34′57″			1 192 512
		C2-1	76°45′38″～ 89°56′50″	40°10′10″～43°26′35″	17	0	283 917
		C2-2	87°35′ 5″～ 96°22′ 6″	40°50′45″～43°34′57″	4	0	147 916
		C2-3	73°31′ 1″～ 79°54′46″	35°19′ 2″～40°28′40″	15	0	173 975
		C2-4	77°39′37″～ 93°41′ 4″	36° 5′40″～43°27′43″	10	0	586 704
	C3	小计	90°10′28″～112°20′43″	35°10′50″～44° 7′55″			814 513
		C3-1	93°15′22″～107°32′34″	37°27′27″～42°47′23″	5	19	329 768
		C3-2	92°35′28″～103°27′11″	37°13′37″～40°32′31″	2	15	76 297
		C3-3	92°47′ 9″～ 97°22′47″	38°29′39″～40° 9′53″	1	1	35 390
		C3-4	90°10′28″～100°55′38″	35°10′50″～39°18′31″	1	3	273 918
		C3-5	97°13′53″～103°16′ 8″	36°35′16″～39°43′55″	8	1	25 813
		C3-6	106°28′16″～112°20′43″	41°14′43″～44° 7′55″			73 327
	C4	小计	106°12′ 2″～115°49′31″	40°43′ 5″～42°25′24″			95 138
		C4-1	106°12′ 2″～109°15′49″	40°51′24″～41°25′55″	0	7	5 804
		C4-2	109° 6′29″～112°28′56″	40°43′ 5″～41°22′16″	2	12	14 761
		C4-3	108°47′25″～115°49′31″	41°10′45″～42°25′24″	5	9	74 573
	C5	小计	111°10′40″～123°30′56″	41°46′16″～50°52′53″			371 361
		C5-1	111°43′38″～118°31′31″	41°46′16″～44°33′32″	0	9	74 573
		C5-2	116°49′13″～123°30′56″	42°21′ 3″～45° 5′10″	5	11	79 685
		C5-3	111°10′40″～120°43′42″	43°39′ 4″～50°52′53″	5	10	217 103

（续）

分区代码			地理范围		包括的县(市、区、旗)数		面积
区域	类型区	亚区	东经	北纬	全部县	部分县	(平方千米)
D	合计		118°25′ 7″～135°31′25″	38°58′47″～53°20′16″			992 630
	D1	小计	118°25′ 7″～127°11′37″	43°48′39″～53°20′16″			312 667
		D1-1	119°37′12″～127°11′37″	47°12′24″～53°20′16″	9	4	243 634
		D1-2	119°28′ 6″～123°26′34″	45°35′30″～47°35′27″	2	5	33 448
		D1-3	118°25′ 7″～121°53′48″	43°48′39″～45°52′56″	1	8	35 585
	D2	小计	124°40′40″～131°10′ 8″	46° 9′ 3″～50°56′37″			131 416
		D2-1	124°40′40″～129°30′42″	47°48′ 1″～50°56′37″	6	0	69 962
		D2-2	126°58′ 7″～131°10′ 8″	46° 9′ 3″～49°36′46″	27	2	61 454
	D3	小计	120°52′ 5″～134° 9′59″	38°58′47″～47°13′32″			276 539
		D3-1	125°14′24″～134° 9′59″	41°8′16″～47°13′32″	44	15	163 861
		D3-2	124° 3′24″～128° 0′ 9″	42°15′53″～44°56′58″	11	10	40 355
		D3-3	120°52′ 5″～125°40′54″	38°58′47″～43°22′59″	53	0	72 323
	D4	小计	121°27′40″～134°10′3″	40°55′41″～50°6′41″			211 343
		D4-1	121°32′27″～134°10′3″	41°8′ 40″～50°6′41″	71	11	196 363
		D4-2	121°27′40″～123°35′19″	40°55′41″～42°30′37″	17	0	14 980
	D5	小计	129°15′59″～135°31′25″	45°11′43″～48°50′12″			60 665
		D5-1	129°15′59″～132°52′28″	45°52′ 4″～48° 7′52″	6	8	19 748
		D5-2	131°41′48″～135°31′25″	46°51′55″～48°50′12″	3	2	29 065
		D5-3	131° 8′54″～134°19′24″	45°11′43″～46°52′52″	0	3	11 852
E	合计		109°51′39″～122°28′13″	32°25′13″～43°23′28″			670 530
	E1	小计	109°51′39″～122°11′14″	39°46′ 6″～43°23′28″			272 347
		E1-1	113°31′48″～117°43′17″	41° 1′38″～42°43′ 8″	3	4	22 406
		E1-2	115° 7′27″～122°11′14″	39°46′ 6″～43°23′28″	48	13	131 793
		E1-3	113°35′12″～115°28′20″	39°56′26″～41°23′42″	9	5	14 499
		E1-4	109°51′39″～115°41′17″	34°45′36″～40°37′12″	62	28	103 649
	E2	小计	112° 7′ 3″～119°58′43″	32°25′13″～40°35′54″			301 290
		E2-1	112° 7′ 3″～118° 7′27″	34°58′41″～40°35′54″	169	29	117 375
		E2-2	116°10′52″～119°15′41″	36°36′48″～40°22′54″	36	2	34 676
		E2-3	112°38′48″～119°58′43″	32°25′13″～36°20′25″	129	16	149 239
	E3	小计	115°47′58″～122°28′13″	34°40′12″～38°10′30″			96 893
		E3-1	115°47′58″～119° 7′21″	34°40′12″～37°19′38″	52	1	55 147
		E3-2	118°11′50″～122°28′13″	35°10′59″～38°10′30″	34	0	41 746

（续）

分区代码			地理范围		包括的县(市、区、旗)数		面 积
区 域	类型区	亚 区	东 经	北 纬	全部县	部分县	(平方千米)
合计			104°53′58″～121°46′12″	21°36′59″～33°19′43″			1 146 954
F	F1	小计	110°58′19″～118°59′17″	30°29′ 6″～33°19′43″			115 638
		F1-1	112°34′12″～113°47′17″	32°27′ 8″～32°56′31″	1	2	3 491
		F1-2	113°23′14″～116°46′10″	30°29′ 6″～32°31′ 9″	10	13	32 410
		F1-3	113°23′11″～118°59′17″	31° 6′56″～33°19′43″	18	15	45 264
		F1-4	111°11′16″～112°22′29″	31°45′36″～32°43′58″	4	2	5 633
		F1-5	110°58′19″～113°45′ 2″	30°49′11″～32°31′ 8″	4	7	28 840
	F2	小计	110°57′17″～121°46′12″	27°31′12″～34°29′55″			229 643
		F2-1	111° 1′39″～115°57′10″	29°34′33″～31°17′58″	44	8	55 344
		F2-2	110°57′17″～118°59′16″	28°19′ 3″～33°19′39″	18	0	23 931
		F2-3	114°48′54″～117°19′51″	27°31′12″～30° 7′31″	32	0	40 048
		F2-4	115°40′50″～121°44′56″	29°55′ 1″～32°49′48″	37	21	37 198
		F2-5	118° 6′45″～120°43′12″	32°26′46″～34°29′55″	12	4	23 613
		F2-6	117°55′47″～119°35′44″	31°13′51″～33°20′ 1″	18	7	16 529
		F2-7	120°58′ 4″～121°46′12″	30°47′16″～31°57′39″	13	2	3 489
		F2-8	119°19′47″～121°44′ 3″	29°43′29″～32° 4′53″	41	21	29 491
	F3	小计	112°59′43″～115°48′ 9″	25°21′26″～29°59′29″			84 037
		F3-1	113° 3′33″～115°48′ 9″	25°21′26″～28° 0′45″	21	0	43 648
		F3-2	112°59′43″～115°20′22″	27°24′19″～29°59′29″	20	0	40 389
	F4	小计	104°53′58″～117° 6′ 9″	21°36′59″～29°28′ 6″			481 434
		F4-1	110°13′50″～112°20′20″	26°44′14″～29°28′ 6″	17	0	45 291
		F4-2	111°31′ 1″～113°33′43″	25°30′52″～29° 5′31″	34	0	36 442
		F4-3	109°21′35″～113°18′31″	24°41′34″～27°12′41″	23	0	45 291
		F4-4	113°57′12″～115°54′ 2″	24°34′11″～26°12′0″	9	0	16 794
		F4-5	112° 1′51″～115°14′42″	23°23′32″～25°30′27″	21	2	47 019
		F4-6	111° 3′28″～113°12′ 2″	21°46′42″～23°57′50″	9	7	24 927
		F4-7	113°28′13″～117° 6′ 9″	22°51′45″～24°57′23″	15	7	40 319
		F4-8	104°53′58″～112° 9′16″	23°31′27″～26°22′57″	35	0	87 166
		F4-9	106° 3′10″～109°57′23″	21°36′59″～24°24′47″	33	0	70 265
		F4-10	106° 3′10″～109°57′23″	22° 9′56″～24°54′16″	33	0	67 920
	F5	小计	114°28′16″～120°33′21″	24° 5′0″～31°15′36″			236 202
		F5-1	116°29′55″～120°33′21″	28°28′27″～31°19′43″	14	6	29 589
		F5-2	117°54′54″～120° 0′27″	28°59′27″～31°15′36″	7	4	18 188
		F5-3	119°45′30″～121°15′48″	29°13′12″～30°15′ 1″	3	7	9 334

（续）

分区代码			地理范围		包括的县(市、区、旗)数		面　积
区 域	类型区	亚 区	东 经	北 纬	全部县	部分县	(平方千米)
F	F5	F5-4	118° 3′44″～120°33′21″	28°28′27″～29°45′31″	7	6	13 434
		F5-5	118°14′51″～119°48′23″	27°28′ 4″～29° 4′38″	4	8	14 135
		F5-6	115°52′23″～117°37′ 8″	24°22′35″～26° 4′13″	6	1	17 896
		F5-7	116°20′18″～119° 9′39″	25°22′15″～28°20′ 7″	20	1	45 109
		F5-8	117°26′23″～119°36′ 7″	25°22′15″～28°20′ 7″	6	0	11 572
		F5-9	118°28′24″～119°20′59″	25°45′21″～26°45′15″	2	1	4 747
		F5-10	116°57′24″～119° 0′24″	24° 5′0″～26° 0′26″	7	1	14 050
		F5-11	114°28′16″～116°30′40″	25°12′38″～27° 9′25″	9	0	22 303
		F5-12	115°27′32″～119°9′39″	25°22′11″～28°55′33″	16	0	26 032
		F5-13	116°49′ 0″～118°16′53″	28°36′43″～29°57′10″	4	0	9 813
G	合计		98°26′23″～122°12′ 2″	18° 8′15″～30°30′53″			220 098
	G1	小计	115° 4′27″～122°12′ 2″	22°43′36″～30°30′53″			73 952
		G1-1	121°43′44″～122°12′ 2″	30° 5′14″～30°30′53″	4	0	745
		G1-2	120°50′34″～122° 1′13″	28°43′14″～30° 2′53″	3	4	6 779
		G1-3	120° 5′ 5″～121°34′48″	27° 9′32″～28°53′37″	7	7	8 226
		G1-4	119° 9′34″～121° 8′30″	27°20′59″～29°24′27″	9	10	18 403
		G1-5	119° 2′47″～120°24′15″	26°15′26″～27°26′ 5″	6	1	9 079
		G1-6	117° 6′ 5″～119°38′30″	23°38′47″～26°24′33″	12	11	8 198
		G1-7	117° 1′33″～118°54′42″	23°49′48″～25°44′32″	0	9	6 796
		G1-8	117°13′48″～119°40′ 4″	23°35′13″～26° 5′59″	12	8	5 180
		G1-9	115° 4′27″～117°17′ 4″	22°43′36″～23°49′41″	14	4	10 546
	G2	小计	108° 6′35″～115°13′16″	20°14′30″～23°55′40″			64 896
		G2-1	108° 6′35″～112°42′33″	20°14′30″～22°26′49″	22	3	30 803
		G2-2	112°19′55″～115°13′16″	21°45′24″～23°55′40″	36	9	34 093
	G3	小计	98°26′23″～105°26′55″	21° 7′45″～24°46′19″	10	12	47 119
	G4	小计	108°36′43″～117°51′0″	3° 50′0″～20°42′0″			34 131
		G4-1	109°53′25″～111°39′22″	18° 8′15″～20° 5′37″	6	6	15 660
		G4-2	109°29′10″～109°59′38″	18°20′34″～19°27′11″	0	3	3 139
		G4-3	109°42′30″～111° 4′48″	18°22′49″～19°33′20″	6	9	15 332

(续)

分区代码			地理范围		包括的县(市、区、旗)数		面 积(平方千米)
区 域	类型区	亚 区	东 经	北 纬	全部县	部分县	
H	合计		78°49′55″～ 99° 4′ 3″	26°46′51″～35°17′35″			1 251 333
		H1	78°49′55″～ 92°17′51″	30° 8′48″～35°17′35″	3	6	479 400
		H2	81°21′27″～ 95° 2′35″	29°20′ 7″～33°30′ 3″	7	8	270 536
		H3	80°39′ 6″～ 94°41′17″	26°46′51″～30°52′28″	37	5	277 557
		H4	92°25′28″～ 99° 4′ 3″	27°27′ 7″～32°29′51″	18	0	223 840

参考文献

[1] 中国自然资源丛书编辑委员会．中国自然资源丛书．北京：中国环境科学出版社，1995
[2] 陈灵芝，陈伟烈．中国退化生态系统研究．北京：科学出版社，1995
[3] 刘光明．中国自然地理图集．北京：中国地图出版社，1998
[4] 赵跃龙．中国脆弱生态环境类型分布及其综合整治．北京：中国环境科学出版社，1999
[5] 张佩昌，袁嘉祖等．中国林业生态环境评价、区划与建设．北京：中国经济出版社，1996
[6] 刘江．中国可持续发展战略研究．北京：中国农业出版社，2001
[7] 吴征镒．中国植被．北京：科学出版社，1980
[8] 周以良，李世友等．中国森林．北京：科学出版社，1990
[9] 中国森林立地分类编写组．中国森林立地分类．北京：中国林业出版社，1989
[10] 周生贤．充满希望的十年，新时期中国林业跨越式发展规划．北京：中国林业出版社，2001
[11] 李育材．退耕还林技术模式．北京：中国林业出版社，2001
[12] 雷加富．西部地区林业生态建设与治理模式．北京：中国林业出版社，2000
[13] 中华人民共和国民政部．中华人民共和国行政区划简册．2001．北京：中国地图出版社，2001
[14] 袁嘉祖，张学培．三北地区淡水资源可持续利用研究．北京：中国林业出版社，2001
[15] 塔里木盆地沙漠化防治与水管理课题组．塔里木盆地沙漠化防治与水管理．北京：中国农业出版社，1998
[16] 中华人民共和国民政部，中华人民共和国建设部．中国县情大全．北京：中国社会出版社，1993
[17] 王文德，张云龙．山西太行山绿化模式研究．太原：山西经济出版社，1997
[18] 朱俊凤．三北防护林地区自然资源与综合农业区划．北京：中国林业出版社，1985
[19] 王治国等．林业生态工程学．北京：中国林业出版社，2001
[20] 杨俊平．中国西部地区林业生态建设理论与实践．北京：中国林业出版社，2001
[21] 盛炜彤．人工林地力衰退研究．北京：中国科学技术出版社，1992
[22] 于志民等．水源保护林技术手册．北京：中国林业出版社，2000
[23] 张佩昌，周晓峰，王凤友等．天然林保护工程概论．北京：中国林业出版社，1999
[24] 祝列克．西藏的森林资源与林业可持续发展战略．哈尔滨：东北林业大学出版社，1999
[25] 马世骏．现代生态学透视．北京：科学出版社，1990
[26] 中国树木志编委会．中国主要树种造林技术．北京：中国林业出版社，1981
[27] 中国科学院地理研究所经济地理研究室．中国农业地理总论．北京：科学出版社，1980
[28] 全国农业区划委员会《中国自然区划概要》编写组．中国自然区划概要．北京：科学出版社，1984
[29] 刘江．全国生态环境建设规划．北京：中华工商联合出版社，1999
[30] 国家林业局科学技术司．黄河上中游主要树种造林技术．北京：中国农业出版社，2000
[31] 国家林业局科学技术司．黄河上中游干旱半干旱地区造林技术．北京：中国农业出版社，2000
[32] 陕西省农林科学院林业研究所．黄土高原造林．北京：中国林业出版社，1981
[33] 蒋定生等．黄土高原水土流失与治理模式．北京：中国水利水电出版社，1997
[34] 王正秋，刘利年．无定河流域综合治理技术与研究．西安：陕西科学技术出版社，1994
[35] 国家林业局科学技术司．长江上游天然林保护及植被恢复技术．北京：中国农业出版社，2000
[36] 国家林业局科学技术司．长江上游主要树种造林技术．北京：中国农业出版社，2000
[37] 中国科学院黄土高原综合科学考察队．黄土高原地区环境治理与资源开发研究．北京：中国环境科学出版社，1995
[38] 李昌哲．太行山水土保持林营造技术及效益研究．北京：中国科学技术出版社，1991